ENGENHARIA ECONÔMICA

Dados Internacionais de Catalogação na Publicação (CIP)
(Câmara Brasileira do Livro, SP, Brasil)

B642e   Blank, Leland.
          Engenharia econômica / Leland Blank, Anthony Tarquin;
     tradução: José Carlos Barbosa dos Santos ; revisão técnica:
     Daisy Aparecida do Nascimento Rebelatto. – 6. ed. – Porto
     Alegre : AMGH, 2008.
         xix, 756 p. : il. ; 25 cm.

        ISBN 978-85-7726-026-3

        1. Engenharia econômica. I. Tarquin, Anthony. II. Título.

                                                         CDU 658.152

Catalogação na publicação: Poliana Sanchez de Araujo – CRB 10/2094

Sexta Edição

ENGENHARIA ECONÔMICA

Leland Blank, P.E.
Universidade Americana de Sharjad,
Emirados Árabes Unidos e Universidade A&M do Texas

Anthony Tarquin, P.E.
Universidade do Texas em El Paso

Tradução
José Carlos Barbosa dos Santos

Revisão técnica
Daisy Aparecida do Nascimento Rebelatto
Livre-Docente
Escola de Engenharia de São Carlos – EESC
Universidade de São Paulo – USP

Reimpressão 2014

AMGH Editora Ltda.

2008

Obra originalmente publicada sob o título:
Engineering Economy, Sixth Edition
© 2005 de McGraw-Hill Companies, Inc.
ISBN da obra original: 0-07-320382-3

Diretor: *Adilson Pereira*
Editoras de Desenvolvimento: *Gisélia Costa e Alessandra Borges*
Supervisora de Produção: *Guacira Simonelli*
Preparação de Texto: *Virgínia Finzetto*
Composição editorial: *Globaltec – Artes Gráficas Ltda.*

Reservados todos os direitos de publicação, em língua portuguesa, à
AMGH EDITORA LTDA., uma parceria entre GRUPO A EDUCAÇÃO S.A. e
McGRAW-HILL EDUCATION
Av. Jerônimo de Ornelas, 670 – Santana
90040-340 – Porto Alegre – RS
Fone: (51) 3027-7000 Fax: (51) 3027-7070

É proibida a duplicação ou reprodução deste volume, no todo ou em parte, sob quaisquer formas ou por quaisquer meios (eletrônico, mecânico, gravação, fotocópia, distribuição na Web e outros), sem permissão expressa da Editora.

Unidade São Paulo
Av. Embaixador Macedo Soares, 10.735 – Pavilhão 5 – Cond. Espace Center
Vila Anastácio – 05095-035 – São Paulo – SP
Fone: (11) 3665-1100 Fax: (11) 3667-1333

SAC 0800 703-3444 – www.grupoa.com.br

IMPRESSO NO BRASIL
PRINTED IN BRAZIL

Dedicamos este livro a nossas mães, que sempre nos encorajaram a sermos bem-sucedidos em todos os aspectos da vida.

SUMÁRIO

Prefácio xv

NÍVEL UM	**EIS COMO TUDO COMEÇA**	**2**
Capítulo 1	**Fundamentos da Engenharia Econômica**	**4**
1.1	Por que a Engenharia Econômica é Importante para Engenheiros (e Outros Profissionais)	6
1.2	Papel da Engenharia Econômica na Tomada de Decisões	7
1.3	Realizando um Estudo de Engenharia Econômica	9
1.4	Taxa de Juros e Taxa de Retorno	12
1.5	Equivalência	15
1.6	Juros Simples e Compostos	17
1.7	Terminologia e Símbolos	23
1.8	Introdução à Solução por Computador	26
1.9	Taxa Mínima de Atratividade	28
1.10	Fluxos de Caixa: Sua Estimativa e Diagramação	30
1.11	Regra de 72: Estimar o Tempo de Duplicação (do Valor Presente) e a Taxa de Juros	35
1.12	Aplicação de Planilhas Eletrônicas – Juros Simples e Compostos e Estimativas de Fluxo de Caixa Mutáveis	36
	Exemplos Adicionais	39
	Resumo do Capítulo	41
	Problemas	42
	Problemas de Revisão de Fundamentos de Engenharia (FE)	45
	Exercício Ampliado — Efeitos dos Juros Compostos	45
	Estudo de Caso — Descrevendo Alternativas para Produzir Gabinetes de Geladeira	46
Capítulo 2	**Fatores: Como o Tempo e os Juros Afetam o Dinheiro**	**48**
2.1	Fatores de Pagamento Único (F/P e P/F)	50
2.2	Fator de Valor Presente de Seqüências Uniformes e Fator de Recuperação de Capital (P/A e A/P)	56
2.3	Fator Fundo de Amortização e Fator Montante Composto de Seqüências Uniformes (A/F e F/A)	60
2.4	Interpolação em Tabelas de Juros	63
2.5	Fatores de Gradiente Aritmético (P/G e A/G)	65
2.6	Fatores de Série Gradiente Geométrico	71
2.7	Determinação de Uma Taxa de Juros Desconhecida	74
2.8	Determinação do Número de Períodos	77
2.9	Aplicação de Planilhas Eletrônicas — Análise de Sensibilidade Básica	78
	Exemplo Adicional	80
	Resumo do Capítulo	81
	Problemas	81
	Problemas de Revisão de Fundamentos de Engenharia (FE)	88
	Estudo de Caso — Que Diferença Pode Fazer o Número de Anos e a Taxa de Juros Compostos?	90

Capítulo 3 Combinação de Fatores — 92

- 3.1 Cálculos de Séries Uniformes Deslocadas — 94
- 3.2 Cálculos Envolvendo Séries Uniformes e Quantias Únicas Localizadas Aleatoriamente — 98
- 3.3 Cálculos de Gradientes Deslocados — 103
- 3.4 Gradientes Aritméticos Deslocados Decrescentes — 108
- 3.5 Aplicação de Planilha – Usando Diferentes Funções — 110
- **Exemplo Adicional** — 114
- **Resumo do Capítulo** — 115
- **Problemas** — 115
- **Problemas de Revisão de Fundamentos de Engenharia (FE)** — 121
- **Exercício Ampliado** — Preservação de Terras para uso Público — 123

Capítulo 4 Taxas Nominais de Juros e Taxas Efetivas de Juros — 124

- 4.1 Demonstração da Taxa Nominal de Juros e da Taxa Efetiva de Juros — 126
- 4.2 Taxas Anuais Efetivas de Juros — 130
- 4.3 Taxas Efetivas de Juros para Qualquer Período de Tempo — 136
- 4.4 Relações de Equivalência: Comparação da Extensão do Período de Pagamento (PP) e do Período de Capitalização (PC) — 138
- 4.5 Relações de Equivalência: Quantias Únicas com PP ≥ PC — 139
- 4.6 Relações de Equivalência: Séries com PP ≥ PC — 142
- 4.7 Relações de Equivalência: Quantias Únicas e Séries com PP < PC — 147
- 4.8 Taxa Efetiva de Juros com Capitalização Contínua — 149
- 4.9 Taxas de Juros que Variam ao Longo do Tempo — 151
- **Resumo do Capítulo** — 153
- **Problemas** — 154
- **Problemas de Revisão de Fundamentos de Engenharia (FE)** — 159
- **Estudo de Caso** — Financiamento de uma Casa — 162

NÍVEL DOIS FERRAMENTAS PARA AVALIAR ALTERNATIVAS — 166

Capítulo 5 Análise do Valor Presente — 168

- 5.1 Formulação de Alternativas Mutuamente Exclusivas — 170
- 5.2 Análise do Valor Presente de Alternativas com Ciclos de Vida Iguais — 172
- 5.3 Análise do Valor Presente de Alternativas com Ciclos de Vida Diferentes — 174
- 5.4 Análise do Valor Futuro — 177
- 5.5 Cálculo e Análise do Custo Capitalizado — 179
- 5.6 Análise do Período de Recuperação do Investimento — 185
- 5.7 Custo do Ciclo de Vida — 190
- 5.8 Valor Presente de Títulos — 194
- 5.9 Aplicações de Planilha – Análise do VP e Período de Recuperação do Investimento — 197
- **Resumo do Capítulo** — 202
- **Problemas** — 202
- **Problemas de Revisão de Fundamentos de Engenharia (FE)** — 210
- **Exercício Ampliado** — Avaliação de Estimativas de Aposentadoria do Seguro Social — 212
- **Estudo de Caso** — Avaliação do Período de Recuperação do Investimento do Programa de Instalação de Vasos Sanitários com Volume de Descarga Reduzido — 213

Capítulo 6 — Análise do Valor Anual — 216

- 6.1 Vantagens e Usos da Análise do Valor Anual — 218
- 6.2 Cálculo da Recuperação de Capital e dos Valores VA — 220
- 6.3 Avaliando Alternativas por Meio da Análise do Valor Anual — 223
- 6.4 VA de um Investimento Permanente — 228
- **Resumo do Capítulo** — 231
- **Problemas** — 232
- **Problemas de Revisão de Fundamentos de Engenharia (FE)** — 235
- **Estudo de Caso** — Cenário Mutável de Uma Análise do Valor Anual — 236

Capítulo 7 — Análise da Taxa de Retorno: Alternativa Única — 238

- 7.1 Interpretação do Valor de Uma Taxa de Retorno — 240
- 7.2 Cálculo da Taxa de Retorno Utilizando Uma Equação VP ou VA — 242
- 7.3 Cuidados ao Utilizar o Método ROR — 248
- 7.4 Valores Múltiplos da Taxa de Retorno — 249
- 7.5 Taxa Composta de Retorno: Eliminando Valores Múltiplos de i^* — 255
- 7.6 Taxa de Retorno de Um Investimento em Títulos — 261
- **Resumo do Capítulo** — 263
- **Problemas** — 264
- **Problemas de Revisão de Fundamentos de Engenharia (FE)** — 270
- **Exercício Ampliado 1** — Custo de Uma Avaliação de Crédito Ruim — 272
- **Exercício Ampliado 2** — Quando é Melhor Vender Um Negócio? — 272
- **Estudo de Caso** — Bob Aprende o que São Taxas de Retorno Múltiplas — 273

Capítulo 8 — Análise da Taxa de Retorno: Múltiplas Alternativas — 276

- 8.1 Por que a Análise Incremental é Necessária? — 278
- 8.2 Cálculo de Fluxos de Caixa Incrementais para Análise da ROR — 279
- 8.3 Interpretação da Taxa de Retorno do Investimento Adicional — 282
- 8.4 Avaliação da Taxa de Retorno por Meio do Valor Presente (VP): Incremental e de *Breakeven* — 283
- 8.5 Avaliação da Taxa de Retorno Utilizando o Valor Anual (VA) — 291
- 8.6 Análise da ROR Incremental de Alternativas Múltiplas e Mutuamente Exclusivas — 292
- 8.7 Aplicação de Planilha – Análise Conjunta do Valor Presente (VP), do Valor Anual (VA) e da Taxa de Retorno (ROR) — 297
- **Resumo do Capítulo** — 300
- **Problemas** — 300
- **Problemas de Revisão de Fundamentos de Engenharia (FE)** — 306
- **Exercício Ampliado** — Análise da Taxa de Retorno (ROR) Incremental Quando as Estimativas de Vida Útil das Alternativas São Incertas — 308
- **Estudo de Caso 1** — São Tantas as Opções! Um Engenheiro Recém-Formado é Capaz de Ajudar Seu Pai? — 309
- **Estudo de Caso 2** — Análise do Valor Presente (VP) Quando Múltiplas Taxas de Juros Estão Presentes — 310

Capítulo 9 — Análise de Custo-Benefício e Economia do Setor Público — 312

- 9.1 Projetos do Setor Público — 314
- 9.2 Análise de Custo/Benefício de um Projeto Único — 319

9.3	Escolha da Alternativa por Meio da Análise de C/B Incremental	324
9.4	Análise de C/B Incremental de Alternativas Múltiplas e Mutuamente Exclusivas	326
	Resumo do Capítulo	332
	Problemas	333
	Problemas de Revisão de Fundamentos de Engenharia (FE)	340
	Exercício Ampliado — Custos para Prestar Serviços de Combate a Incêndios com Uma Auto-Escada Mecânica	341
	Estudo de Caso — Iluminação na Auto-Estrada	342

Capítulo 10 — Fazendo Escolhas: O Método, a TMA e os Atributos Múltiplos   346

10.1	Comparação de Alternativas Mutuamente Exclusivas por Meio de Diferentes Métodos de Avaliação	348
10.2	A TMA Relativa ao Custo de Capital	351
10.3	A Combinação *Debt-Equity* e o Custo Médio Ponderado do Capital	354
10.4	Determinação de Custo do Capital de Terceiros	357
10.5	Determinação de Custo do Capital Próprio e da TMA	359
10.6	Efeito da Combinação *Debt-Equity* sobre o Risco do Investimento	362
10.7	Análise de Atributos Múltiplos: Identificação e Importância de Cada Atributo	364
10.8	Medida de Avaliação para Atributos Múltiplos	369
	Resumo do Capítulo	371
	Problemas	372
	Exercício Ampliado — Enfatizando as Coisas Certas	381
	Estudo de Caso — Qual Caminho Seguir: Financiamento com Capital de Terceiros ou com Capital Próprio?	382

NÍVEL TRÊS — TOMADA DE DECISÕES EM PROJETOS DO MUNDO REAL

Capítulo 11 — Decisões sobre Substituição e Retenção   386

11.1	Fundamentos do Estudo de Substituição	388
11.2	Vida Útil Econômica	391
11.3	Realizando um Estudo de Substituição	397
11.4	Considerações Adicionais em um Estudo de Substituição	402
11.5	Estudo de Substituição ao Longo de um Período de Estudo Especificado	403
	Resumo do Capítulo	409
	Problemas	409
	Problemas de Revisão de Fundamentos de Engenharia (FE)	416
	Exercício Ampliado — Vida Útil Econômica sob Condições Variáveis	417
	Estudo de Caso — Análise da Substituição de um Equipamento para Pedreira	418

Capítulo 12 — Escolha de Projetos Independentes sob Limitação Orçamentária   420

12.1	Visão Geral da Racionalização do Capital entre Projetos	422
12.2	Racionalização do Capital Utilizando a Análise do VP de Projetos com Ciclos de Vida Iguais	424

	12.3	Racionalização do Capital Utilizando a Análise do VP de Projetos com Ciclos de Vida Desiguais	426
	12.4	Formulação do Problema de Orçamento de Capital Utilizando Programação Linear	430
		Resumo do Capítulo	434
		Problemas	435
		Estudo de Caso — Educação Permanente de Engenharia em um Ambiente da Web	438

Capítulo 13 — Análise do Ponto de Equilíbrio (*Breakeven*) — 440

	13.1	Análise do *Breakeven* de um Único Projeto	442
	13.2	Análise do *Breakeven* entre Duas Alternativas	449
	13.3	Aplicação de Planilha – Utilizando o Solver do Excel para Análise do *Breakeven*	453
		Resumo do Capítulo	457
		Problemas	457
		Estudo de Caso — Custos de Processo em uma Estação de Tratamento de Água	462

NÍVEL QUATRO — COMPLETANDO O ESTUDO

Capítulo 14 — Efeitos da Inflação — 468

	14.1	Entendendo o Impacto da Inflação	470
	14.2	Cálculo do Valor Presente Ajustado à Inflação	472
	14.3	Cálculo do Valor Futuro Ajustado à Inflação	478
	14.4	Cálculo do Tempo de Recuperação de Capital Ajustado à Inflação	482
		Resumo do Capítulo	483
		Problemas	484
		Problemas de Revisão de Fundamentos de Engenharia (FE)	488
		Exercício Ampliado — Investimentos de Renda Fixa *versus* as Forças da Inflação	488

Capítulo 15 — Estimativa dos Custos e Alocação dos Custos Indiretos — 490

	15.1	Entendendo como a Estimativa dos Custos é Realizada	492
	15.2	Índices de Custo	495
	15.3	Relações de Estimativa dos Custos: Equações de Custo/Capacidade	499
	15.4	Relações de Estimativa dos Custos: Método dos Fatores	501
	15.5	Taxas de Custos Indiretos Tradicionais e sua Alocação	504
	15.6	Custeio Baseado em Atividades (ABC) para Alocar Custos Indiretos	508
		Resumo do Capítulo	512
		Problemas	513
		Problemas de Revisão de Fundamentos de Engenharia (FE)	521
		Estudo de Caso 1 — Estimativas dos Custos Totais para Otimizar a Dosagem de Coagulantes	521
		Estudo de Caso 2 — Comparação dos Custos Indiretos de Uma Unidade de Esterilização de Equipamentos Médicos	524

Capítulo 16 — Métodos da Depreciação — 526

- 16.1 Terminologia da Depreciação — 528
- 16.2 Depreciação Linear ou em Linha Reta (LR) — 531
- 16.3 Balanço Declinante (BD) e Balanço Declinante Duplo (BDD) — 532
- 16.4 Sistema Acelerado Modificado de Recuperação de Custos (MACRS) — 537
- 16.5 Determinando o Período de Recuperação por Meio do Método MACRS — 541
- 16.6 Métodos de Depleção — 541
- Resumo do Capítulo — 544
- Problemas — 549
- Problemas de Revisão de Fundamentos de Engenharia (FE) — 549

Apêndice
- 16A.1 Depreciação por Meio da Soma dos Dígitos dos Anos (SDA) — 550
- 16A.2 Mudança entre Métodos da Depreciação — 552
- 16A.3 Determinação de Taxas MACRS — 557
- Problemas do Apêndice — 561

Capítulo 17 — Análise Econômica Depois do Desconto dos Impostos — 562

- 17.1 Terminologia e Relações do Imposto de Renda para Pessoas Jurídicas (e Físicas) — 564
- 17.2 Fluxo de Caixa Antes e Depois do Desconto dos Impostos — 568
- 17.3 Efeito dos Diferentes Métodos da Depreciação e dos Períodos de Recuperação sobre os Impostos — 572
- 17.4 Retomada da Depreciação e Ganhos (Perdas) de Capital: para Empresas — 575
- 17.5 Avaliação do VP, do VA e da ROR após Desconto de Impostos — 580
- 17.6 Aplicações de Planilha – Análise da ROR Incremental Depois do Desconto dos Impostos — 585
- 17.7 Estudo da Substituição Depois do Desconto dos Impostos — 588
- 17.8 Análise do Valor Adicionado Depois do Desconto dos Impostos — 592
- 17.9 Análise de Projetos Internacionais Depois do Desconto dos Impostos — 596
- Resumo do Capítulo — 598
- Problemas — 599
- Estudo de Caso — Avaliação do Financiamento com Capital de Terceiros e com Capital Próprio Depois do Desconto dos Impostos — 610

Capítulo 18 — Análise de Sensibilidade Formalizada e Decisões sobre o Valor Esperado — 612

- 18.1 Determinando a Sensibilidade aos Parâmetros — 614
- 18.2 Análise de Sensibilidade Formalizada Utilizando Três Estimativas — 621
- 18.3 Variabilidade Econômica e o Valor Esperado — 623
- 18.4 Cálculos do Valor Esperado de Alternativas — 624
- 18.5 Etapas da Avaliação de Alternativas por Meio de Uma Árvore de Decisão — 626
- Resumo do Capítulo — 630
- Problemas — 631
- Exercício Ampliado — Olhando para as Alternativas de Diferentes Ângulos — 638
- Estudo de Caso — Análise de Sensibilidade de Projetos do Setor Público – Planos de Abastecimento de Água — 642

Capítulo 19 — Ampliação do Estudo sobre Variação e Tomada de Decisões sob Risco — 642

- 19.1 Interpretação de Certeza, Risco e Incerteza — 644

	19.2	Elementos Importantes para a Tomada de Decisão sob Risco	647
	19.3	Amostras Aleatórias	653
	19.4	Valor Esperado e Desvio Padrão	657
	19.5	Amostragem e Análise de Simulação de Monte Carlo	662
		Exemplos Adicionais	**671**
		Resumo do Capítulo	**675**
		Problemas	**675**
		Exercício Ampliado — Utilização de Simulação e da Ferramenta GNA do Excel para Análise de Sensibilidade	679

Apêndice A Usando Planilhas e o Microsoft Excel© 680

	A.1	Introdução ao Uso do Excel	680
	A.2	Organização (Layout) da Planilha	684
	A.3	Funções do Excel Importantes para a Engenharia Econômica	686
	A.4	Solver – Uma Ferramenta do Excel para Análise do Ponto de Equilíbrio e Cálculo de Probabilidades "What If?"	695
	A.5	Lista de Funções Financeiras do Excel	696
	A.6	Mensagens de Erro	698

Apêndice B Informações Básicas sobre Relatórios Contábeis e Índices Comerciais 699

	B.1	O Balanço	699
	B.2	Declaração do Imposto de Renda e Declaração do Custo dos Bens Vendidos	700
	B.3	Índices Comerciais	702
		Problemas	**705**

Apêndice C Apoio ao Conteúdo 707

Referências 712
Tabelas de Fatores 714
Índice 743

PREFÁCIO

O propósito principal deste livro é apresentar, de maneira clara, os princípios e aplicações da análise econômica, sustentados por uma ampla variedade de exemplos clássicos da engenharia, de problemas de fim de capítulo e de opções de aprendizagem. Nosso objetivo foi apresentar a matéria de maneira clara e concisa, sem sacrifício de escopo ou do verdadeiro entendimento pelo estudante. A seqüência de tópicos e a flexibilidade na escolha dos capítulos, para acomodar diferentes objetivos de ensino, serão descritas posteriormente.

NÍVEL EDUCACIONAL E USO DO TEXTO

Este texto destina-se ao ensino universitário e, também, como referência em cálculos básicos de análise da engenharia econômica. É mais adequado às disciplinas de análise em engenharia econômica, análise de projetos ou análise de custos de engenharia. Além disso, devido à sua estrutura com base no comportamento, é perfeito para pessoas autodidatas, que estão tendo contato com a matéria pela primeira vez, e para pessoas que queiram simplesmente revisá-la. Os estudantes devem estar, no mínimo, cursando o segundo ano universitário, a fim de apreciarem melhor o contexto de engenharia dos problemas. Não é necessário ter conhecimento de cálculo diferencial e integral para compreender os cálculos, mas uma familiaridade básica com a terminologia da engenharia torna a matéria mais significativa e, portanto, mais agradável o aprendizado. No entanto, o tratamento em blocos utilizado na composição do texto permite ao profissional, que não está familiarizado com os princípios de economia e engenharia, aprender e aplicar de maneira correta os princípios e técnicas para tomar decisões eficazmente.

ESTE LIVRO TRAZ:

- Matérias dependentes do tempo como, por exemplo, as alíquotas e os índices de custo.
- Problemas de fim de capítulo para exercitar o que foi aprendido.
- Evidências da dimensão internacional do livro. Ao tratar de assuntos como alíquotas de impostos, por exemplo, o autor comenta valores de outros países, e não apenas dos Estados Unidos.
- Problemas de Revisão dos Fundamentos de Engenharia (FE).

ESTRUTURA DO LIVRO E OPÇÕES DE PROGRESSÃO AO LONGO DOS CAPÍTULOS

O livro foi escrito de forma modular, proporcionando várias maneiras de integração dos tópicos, de modo a atender diferentes propósitos, estruturas e limitações de tempo para o aprendizado.
Há um total de 19 capítulos, divididos em quatro níveis. Conforme indicamos no fluxograma apresentado a seguir, alguns capítulos foram tratados de maneira seqüencial; contudo, o desenho modular possibilita flexibilidade na escolha e seqüência dos tópicos. O gráfico de progressão (que se segue ao fluxograma) apresenta algumas opções de desenvolvimento dos capítulos, independentemente de sua ordem numérica. Por exemplo, se a disciplina foi projetada para enfatizar a análise do retorno depois da tributação (*after-tax*) no início do semestre ou do trimestre, o Capítulo 16 e as sessões iniciais do Capítulo 17 podem ser analisados em qualquer ponto depois do Capítulo 6, sem prejuízo para a preparação básica. São indicados

claramente pontos de entrada principais e alternativos para as categorias de inflação, estimativa do custo, impostos e risco. As entradas alternativas são identificadas no gráfico por uma seta tracejada.

O conteúdo do Nível Um enfatiza as habilidades básicas para cálculo, de modo que esses capítulos são pré-requisitos para estudar todos os outros capítulos do livro. Os capítulos do Nível Dois são dedicados principalmente às técnicas analíticas mais comuns na comparação de alternativas. Embora seja aconselhável investigar todos os capítulos desse nível, somente os dois primeiros (Capítulo 5 e Capítulo 6) podem ser considerados fundamentais para estudar o restante do livro. Os três capítulos do Nível Três mostram como as técnicas desenvolvidas no Nível Dois podem ser utilizadas para avaliar uma substituição de ativos ou as alternativas independentes, enquanto os capítulos do Nível Quatro enfatizam as conseqüências fiscais da tomada de decisões e alguns conceitos adicionais sobre estimativa de custos, custeio baseado em atividades, análise de sensibilidade e risco, tratados com o uso da simulação de Monte Carlo.

Organização dos Capítulos e Problemas de Fim de Capítulo Cada capítulo contém um propósito e uma série de objetivos progressivos de aprendizagem, seguidos do material de estudo. Os cabeçalhos das seções correspondem a cada objetivo de aprendizagem; por exemplo, a Seção 5.1 contém o material pertencente ao primeiro objetivo do Capítulo 5. Cada seção contém um ou mais exemplos ilustrativos resolvidos manualmente, ou manualmente e por computador. Os exemplos estão separados da matéria do texto e incluem comentários sobre as soluções e conexões pertinentes com outros tópicos do livro. Os resumos de fim de capítulo reúnem, elegantemente, os principais conceitos e tópicos tratados, reforçando a compreensão do leitor antes de ele se ocupar com os problemas de fim de capítulo.

Os problemas não resolvidos de fim de capítulo estão agrupados e rotulados na mesma ordem geral das seções do capítulo. Esse tipo de organização é uma oportunidade para aplicar o material seção por seção, ou programar a solução dos problemas quando o capítulo for concluído.

Os Apêndices A e B contêm informações complementares: uma introdução básica ao uso de planilhas eletrônicas (Microsoft Excel), para leitores que não estão familiarizados com esse aplicativo, e os princípios básicos dos relatórios contábeis e administrativos. As tabelas de fatores de juros estão localizadas no fim do texto, para facilitar o acesso. Finalmente, o Apêndice C traz uma rápida referência à notação de fatores, fórmulas e diagramas de fluxo de caixa, além de um guia para o formato das funções de planilha mais comumente usadas e também um glossário dos termos e os símbolos comuns usados em engenharia econômica.

PREFÁCIO xvii

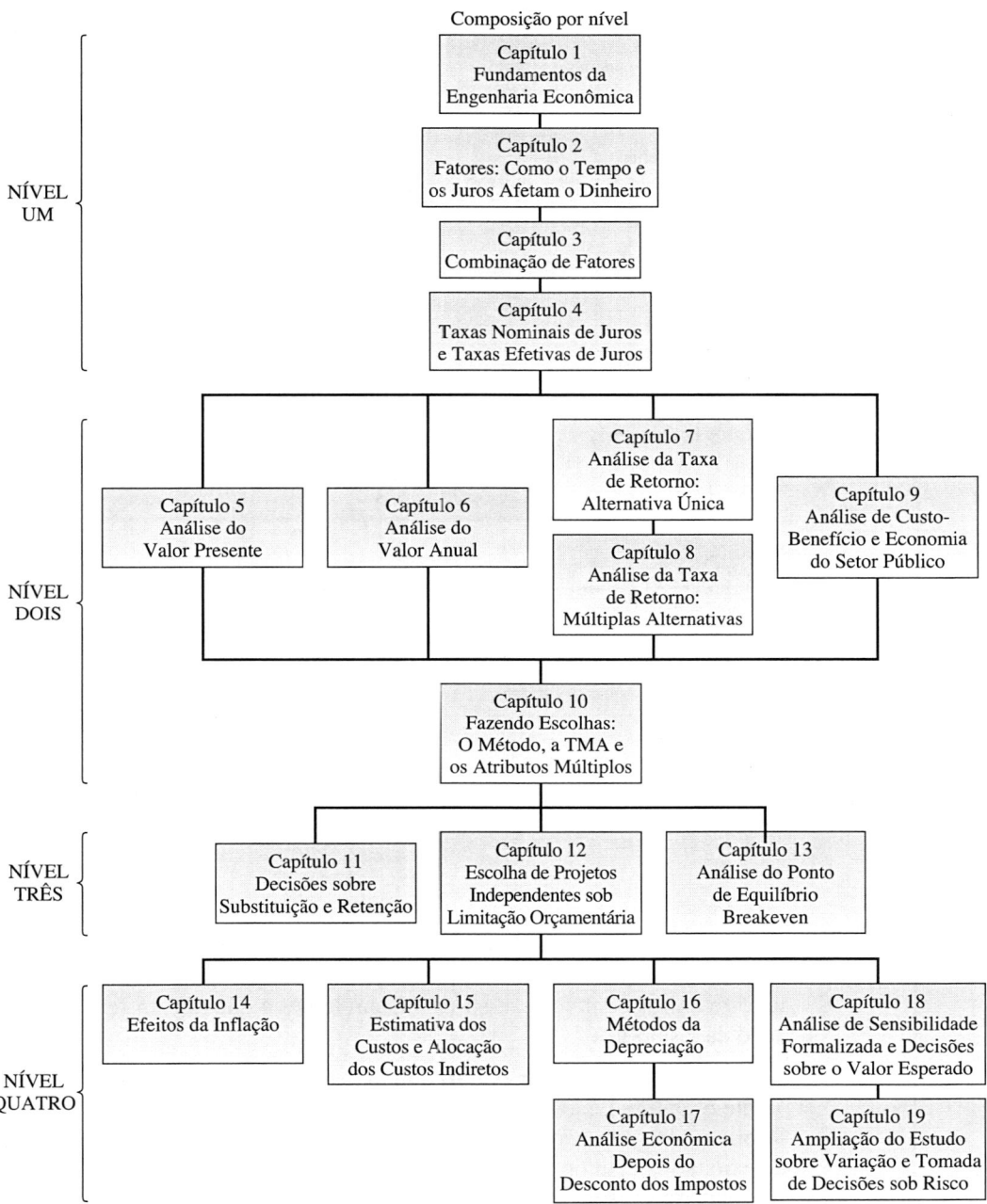

OPÇÕES DE PROGRESSÃO ATRAVÉS DOS CAPÍTULOS

Os tópicos podem ser introduzidos no ponto indicado ou em qualquer ponto depois dele.
(Pontos de ingresso alternativos são indicados por ←---)

Progressão numérica ao longo dos capítulos	Inflação	Estimativa do Custo	Impostos e Depreciação	Análise Adicional de Sensibilidade e Risco

1. Fundamentos
2. Fatores
3. Mais Fatores
4. Taxa (*i*) efetiva
5. Valor Presente
6. Valor Anual

7. Taxa de Retorno (TR)
8. Mais Detalhes sobre a TR
9. Custo/Benefício

10. Fazendo Escolhas
11. Substituição
12. Orçamento de Capital
13. Ponto de Equilíbrio

14. Inflação

15. Estimativa

16. Depreciação
17. Depois do Desconto dos Impostos

18. Análise de Sensibilidade
19. Risco e Simulação

MATERIAL COMPLEMENTAR

Alguns recursos adicionais foram desenvolvidos para complementar este livro, alguns gratuitos e outros comercias, disponíveis em inglês e que podem ser úteis no ensino e aprendizado da disciplina.

Online Learning Center (Centro de Aprendizagem Online)

Visite o Online Learning Cennter (OLC) deste livro em **www.mhhe.com.blank6**. Contém informações gerais sobre o livro, soluções dos problemas de fim de capítulo, exercícios, questionários com opções "true/false" *links* para sites importantes da Internet e muito mais. São materiais disponíveis em inglês e alguns são comerciais, caso seja de seu interesse, você precisará comprá-los.

Recursos para o Professor

Para o prefessor, o Online Learning Center em **www.mhhe.com.blank6**, disponibiliza resumos dos capítulos, biblioteca de imagens, soluções dos problemas, apresentações de aulas em *slides*, entre outros. Tudo disponível em inglês.

Para terem acesso aos recusos on-line, os professores brasileiros precisam obter uma senha com a McGraw-Hill Interamericana do Brasil. A senha deve ser solicitada por e-mail: **divulgacao_brasil@mcgraw-hill.com**. Na Europa, a senha deve ser obtida com a McGraw-Hill de Portugal: **servico_clientes@mcgraw-hill.com**.

Recursos para o Estudante

O Online Learning Center, em **www.mhhe.com/blank6**, também contém recursos voltados ao estudante que complementam o aprendizado: visão geral dos capítulos; testes de auto-avaliação – que auxiliarão a testar os conhecimentos adquiridos durante a leitura; exercícios complementares. Todo esse material está disponível em inglês.

C.O.S.M.O.S.

Outra novidade é a ferramenta de gerenciamento de banco de dados da McGraw-Hill, o Complete Online Solutions Manual Organization System (C.O.S.M.O.S.), que permite aos professores desenvolverem provas e questionários, mantendo registro dos problemas que já foram designados aos alunos. É um CD-ROM comercial, para comprá-lo faça o pedido em uma livraria informando o ISBN do produto: 0-07-298450-3.

AGRADECIMENTO AOS NOSSOS COLABORADORES

Ao longo desta edição e das anteriores, muitas pessoas das universidades, da indústria e do setor privado nos auxiliaram no desenvolvimento dos textos. Somos gratos a todos, pela colaboração e pelo privilégio de trabalharmos juntos. Algumas dessas pessoas são as seguintes:

Roza Abubaker, American University of Sharjah
Robin Adams, 12th Man Foundation, Texas A&M University
Jeffrey Adler, Mindbox, Inc., anteriormente integrante do Renssealaer Polytechnic Institute
Richard H. Bernhard, North Carolina State University
Stanley F. Bullington, Mississippi State University
Peter Chan, CSA Engineering, Inc.
Ronald T. Cutwright, Florida A&M University
John F. Dacquisto, Gonzaga University
John Yancey Easley, Mississippi State University
Nader D. Ebrahimi, University of New Mexico
Charles Edmonson, University of Dayton, Ohio
Sebastian Fixson, University of Michigan
Louis Gennaro, Rochester Institute of Technology
Joseph Hartman, Lehigh University
John Hunsucker, University of Houston
Cengiz Kahraman, Istanbul Technical University, Turquia
Walter E. LeFevre, University of Arkansas
Kim LaScola Needy, University of Pittsburgh
Robert Lundquist, Ohio State University

Gerald T. Mackulak, Arizona State University
Mike Momot, University of Wisconsin, Platteville
James S. Noble, University of Missouri–Columbia
Richard Patterson, University of Florida
Antonio Pertence Jr., Faculdade de Sabará, Minas Gerais, Brasil
William R. Peterson, Old Dominion University
Stephen M. Robinson, University of Wisconsin–Madison
David Salladay, San Jose State University
Mathew Sanders, Kettering University
Tep Sastri, anteriormente, da Texas A&M University
Michael J. Schwandt, Tennessee Technological University
Frank Sheppard, III, The Trust for Public Land
Sallie Sheppard, American University of Sharjah
Don Smith, Texas A&M University
Alan Stewart, Accenture LLP
Mathias Sutton, Purdue University
Ghassan Tarakji, San Francisco State University
Ciriaco Valdez-Flores, Sielken and Associates Consulting
Richard West, CPA, Sanders and West

Gostaríamos, também, de agradecer a Jack Beltran, pela verificação da exatidão dos dados. Seu trabalho tem ajudado este livro a se transformar em um sucesso.

Finalmente, quaisquer comentários ou sugestões que você possa ter, para nos ajudar a melhorar este livro didático ou o Online Learning Center, serão bem-vindos. Você poderá entrar em contato conosco por meio destes endereços de e-mail: lblank@ausharjah.edu ou lblank@tamu.edu e atarquin@utep.edu. Aguardamos sua opinião.

Lee Blank
Tony Tarquin

VISÃO GERAL DO LIVRO

EXEMPLOS E EXERCÍCIOS DOS CAPÍTULOS Os leitores contam com diversas maneiras para reforçar os conceitos aprendidos neste livro. Os *problemas de fim de capítulo*, os *exercícios contidos nos capítulos*, os *exercícios ampliados*, os *estudos de caso* e os *problemas de revisão de Fundamentos de Engenharia* (*FE*) oferecem aos estudantes a oportunidade de desenvolverem a análise econômica de várias maneiras. Os vários exercícios variam de problemas de revisão relativamente simples, de uma única etapa, a séries de questões abrangentes e detalhadas, com base em casos reais. Os exemplos contidos nos capítulos também são úteis para reforçar os conceitos aprendidos.

PROBLEMAS DE FIM DE CAPÍTULO
Cada capítulo contém muitos problemas representativos de situações reais, para serem resolvidos em casa.

EXERCÍCIOS AMPLIADOS
Os exercícios ampliados foram projetados de maneira a exigirem uma análise com planilhas eletrônicas, com ênfase geral na análise de sensibilidade.

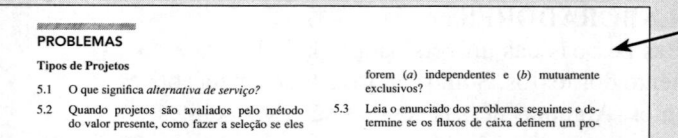

PROBLEMAS DE REVISÃO DE FUNDAMENTOS DE ENGENHARIA (FE)
Os problemas de revisão de FE abordam os tópicos do exame Fundamentos de Engenharia e são descritos no mesmo formato de múltipla escolha utilizado nas provas.

ESTUDOS DE CASO

Os Estudos de Caso apresentam situações reais, em profundidade e exercícios, que tratam do amplo espectro da análise econômica na profissão da engenharia.

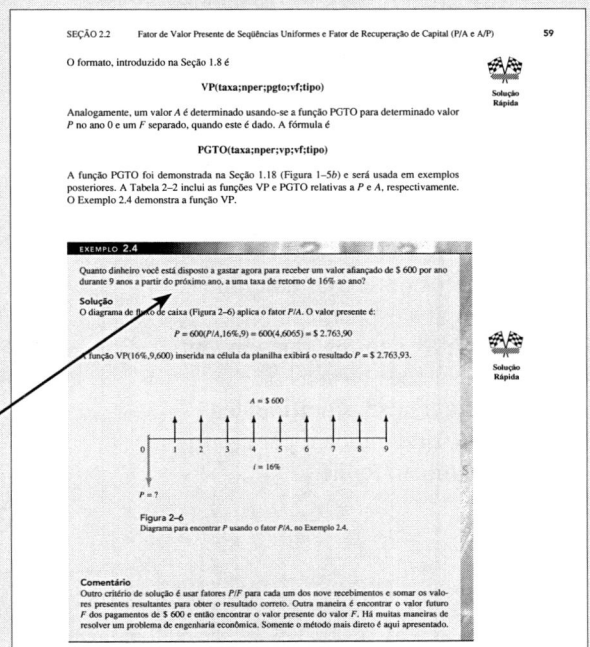

EXEMPLOS CONTIDOS NOS CAPÍTULOS

Os exemplos contidos nos capítulos são relevantes para todos os cursos de engenharia que utilizam este livro, inclusive engenharia industrial, civil, ambiental, mecânica, petrolífera e elétrica.

USO DE PLANILHAS ELETRÔNICAS

O texto integra planilhas eletrônicas e mostra como é fácil usá-las para solucionar a maioria dos problemas de análise de engenharia econômica. O quanto essas planilhas podem ser poderosas para tratar alternativas, de modo a se obter um melhor entendimento das consequências econômicas e de sensibilidade inerentes a todas as previsões. Desde o Capítulo 1, Blank e Tarquin ilustram a discussão a respeito das planilhas eletrônicas com instantâneos de tela (*screenshots*) do Microsoft Excel™*.
Quando uma função incorporada, de uma única célula do Excel pode ser usada para solucionar um problema, um ícone com o rótulo *Solução Rápida* (Q-Solv) aparece na margem do texto.
Se for o ícone *Sol. Excel* (Solução com o Excel)

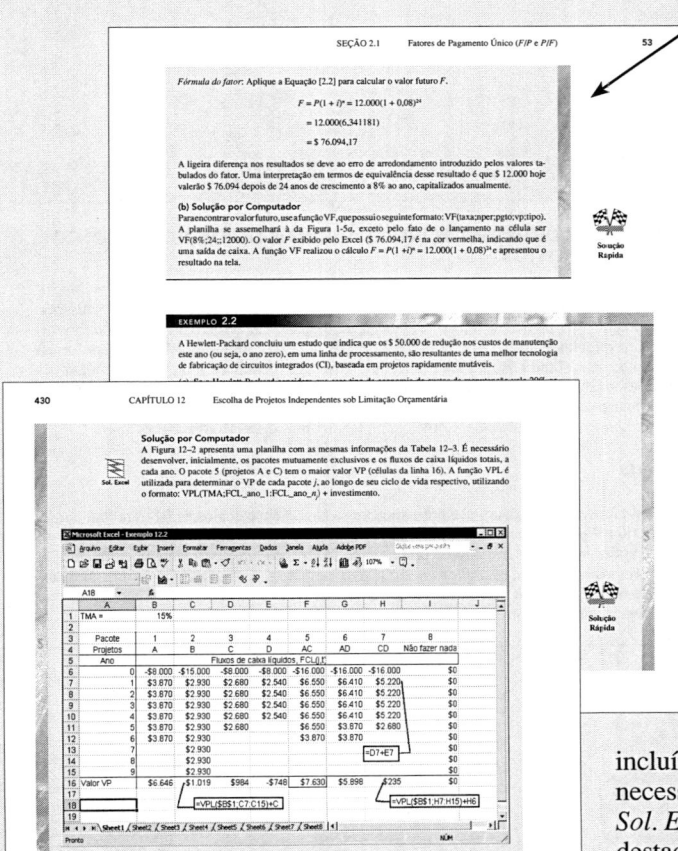

, significa que uma planilha mais complexa e sofisticada foi desenvolvida para solucionar o problema. A planilha conterá dados e diversas funções e, possivelmente, um diagrama ou gráfico do Excel, para ilustrar a resposta, e a análise de sensibilidade da solução, para dados mutáveis.
Tanto nos exemplos de Solução Rápida como nos exemplos de Solução com o Excel, os autores incluíram células que mostram a função exata do Excel necessária para obter o valor em uma célula específica. O ícone *Sol. Excel* também é usado, ao longo dos capítulos, para dar destaque a descrições sobre como usar melhor o computador para tratar o tópico de engenharia econômica em questão.

REFERÊNCIA CRUZADA

Blank e Tarquin reforçam os conceitos de engenharia apresentados ao longo do texto ao torná-los facilmente acessíveis em outras seções do livro. Os ícones de referência cruzada nas margens do texto remetem o leitor a números de seções adicionais, exemplos específicos ou capítulos inteiros, que contêm informações básicas ou mais avançadas pertinentes àquilo que indica o parágrafo próximo ao ícone.

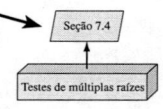
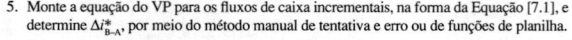
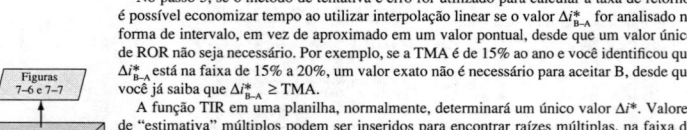
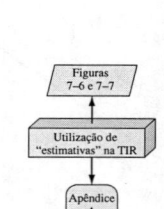

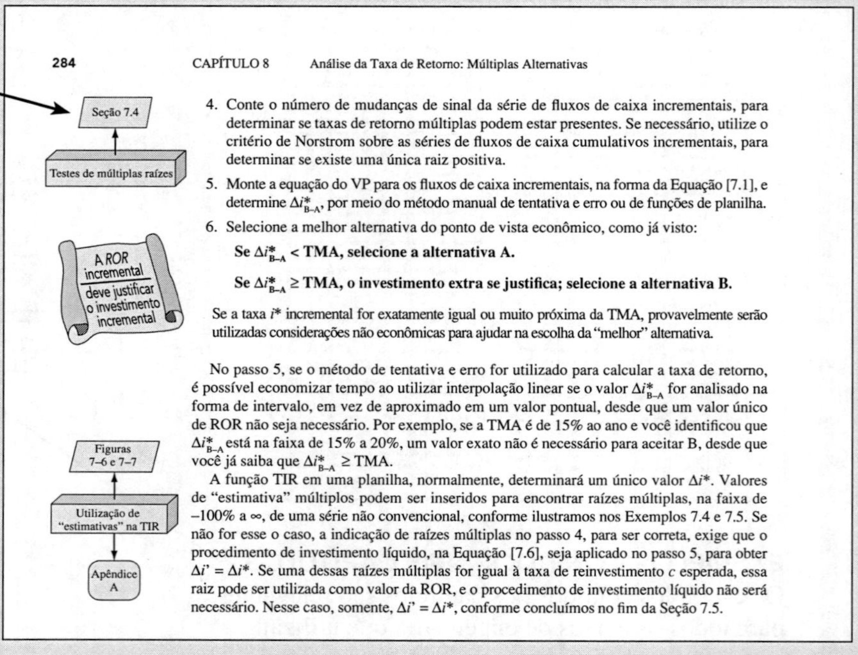

284   CAPÍTULO 8   Análise da Taxa de Retorno: Múltiplas Alternativas

4. Conte o número de mudanças de sinal da série de fluxos de caixa incrementais, para determinar se taxas de retorno múltiplas podem estar presentes. Se necessário, utilize o critério de Norstrom sobre as séries de fluxos de caixa cumulativos incrementais, para determinar se existe uma única raiz positiva.
5. Monte a equação do VP para os fluxos de caixa incrementais, na forma da Equação [7.1], e determine Δi^*_{B-A}, por meio do método manual de tentativa e erro ou de funções de planilha.
6. Selecione a melhor alternativa do ponto de vista econômico, como já visto:

    Se $\Delta i^*_{B-A} <$ TMA, selecione a alternativa A.

    Se $\Delta i^*_{B-A} \geq$ TMA, o investimento extra se justifica; selecione a alternativa B.

Se a taxa i^* incremental for exatamente igual ou muito próxima da TMA, provavelmente serão utilizadas considerações não econômicas para ajudar na escolha da "melhor" alternativa.

No passo 5, se o método de tentativa e erro for utilizado para calcular a taxa de retorno, é possível economizar tempo ao utilizar interpolação linear se o valor Δi^*_{B-A} for analisado na forma de intervalo, em vez de aproximado em um valor pontual, desde que um valor único de ROR não seja necessário. Por exemplo, se a TMA é de 15% ao ano e você identificou que Δi^*_{B-A} está na faixa de 15% a 20%, um valor exato não é necessário para aceitar B, desde que você já saiba que $\Delta i^*_{B-A} \geq$ TMA.

A função TIR em uma planilha, normalmente, determinará um único valor Δi^*. Valores de "estimativa" múltiplos podem ser inseridos para encontrar raízes múltiplas, na faixa de -100% a ∞, de uma série não convencional, conforme ilustramos nos Exemplos 7.4 e 7.5. Se não for esse o caso, a indicação de raízes múltiplas no passo 4, para ser correta, exige que o procedimento de investimento líquido, na Equação [7.6], seja aplicado no passo 5, para obter $\Delta i' = \Delta i^*$. Se uma dessas raízes múltiplas for igual à taxa de reinvestimento c esperada, essa raiz pode ser utilizada como valor da ROR, e o procedimento de investimento líquido não será necessário. Nesse caso, somente, $\Delta i' = \Delta i^*$, conforme concluímos no fim da Seção 7.5.

APELO INTERNACIONAL

As dimensões internacionais deste livro são evidentes. Seções sobre depreciação corporativa internacional, além de considerações sobre tributação e formas de contrato internacionais como, por exemplo, o método BOT[1] de subcontratar. O impacto da hiperinflação e os ciclos deflacionários são discutidos a partir de uma perspectiva internacional.

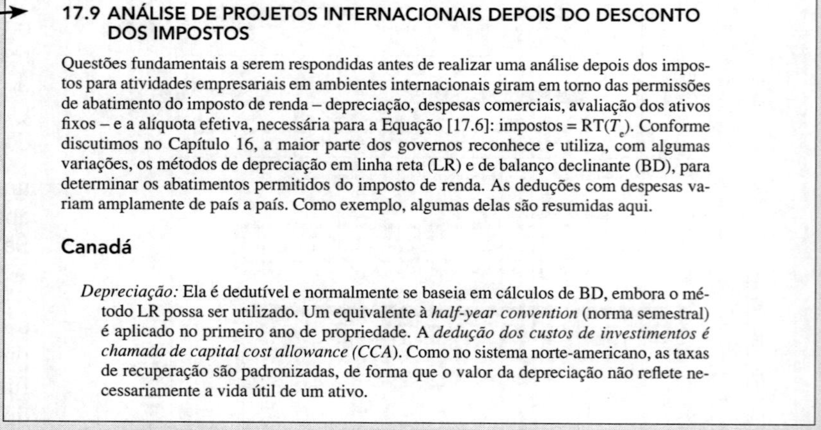

17.9 ANÁLISE DE PROJETOS INTERNACIONAIS DEPOIS DO DESCONTO DOS IMPOSTOS

Questões fundamentais a serem respondidas antes de realizar uma análise depois dos impostos para atividades empresariais em ambientes internacionais giram em torno das permissões de abatimento do imposto de renda – depreciação, despesas comerciais, avaliação dos ativos fixos – e a alíquota efetiva, necessária para a Equação [17.6]: impostos = RT(T_e). Conforme discutimos no Capítulo 16, a maior parte dos governos reconhece e utiliza, com algumas variações, os métodos de depreciação em linha reta (LR) e de balanço declinante (BD), para determinar os abatimentos permitidos do imposto de renda. As deduções com despesas variam amplamente de país a país. Como exemplo, algumas delas são resumidas aqui.

Canadá

Depreciação: Ela é dedutível e normalmente se baseia em cálculos de BD, embora o método LR possa ser utilizado. Um equivalente à *half-year convention* (norma semestral) é aplicado no primeiro ano de propriedade. A *dedução dos custos de investimentos é chamada de capital cost allowance (CCA)*. Como no sistema norte-americano, as taxas de recuperação são padronizadas, de forma que o valor da depreciação não reflete necessariamente a vida útil de um ativo.

---

[1] **BOT:** Sigla de *Build, Operate and Transfer* (Construção, Operação e Transferência).

RECURSOS ADICIONAIS

Esta edição da obra de Blank e Tarquin apresenta um Online Learning Center – OLC (Centro de Aprendizagem Online), que está disponível a estudantes e professores que usam o texto. O endereço do site é http://www.mhhe.com/blank6.

O OLC disponibiliza soluções de problemas de fim de capítulo, questionários de preparação para as provas de Fundamentos de Engenharia (FE)*, exercícios com planilhas, combinações contendo opções de resposta "verdadeiro ou falso", links para sites importantes, objetivos do capítulo, apresentações de aulas em slides, resumos de fim de capítulo e muito mais! O site foi desenvolvido em inglês.

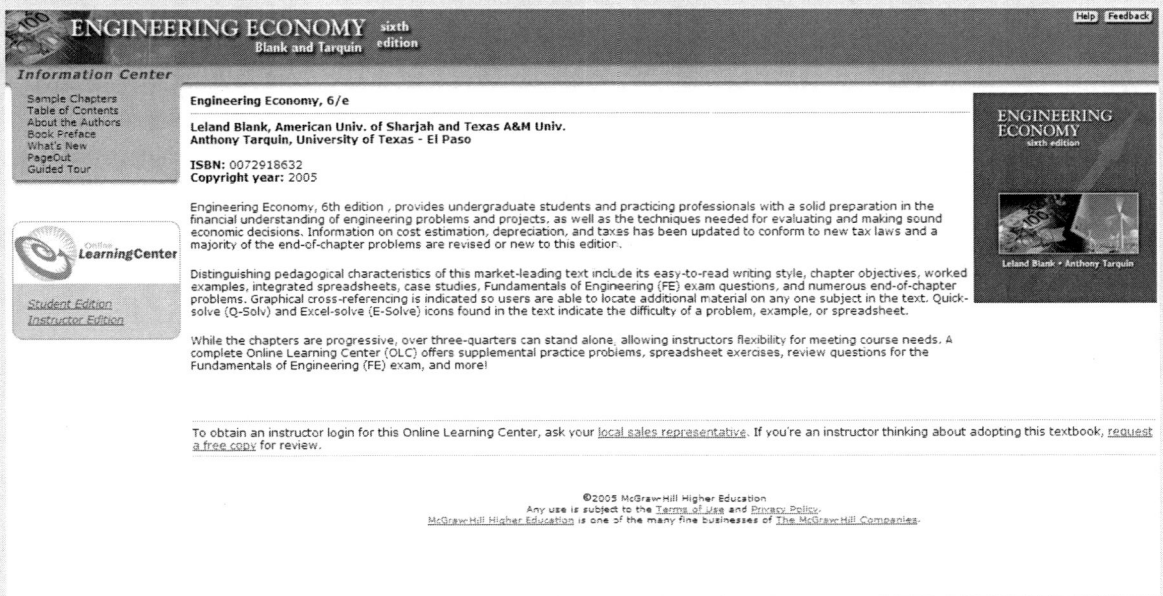

* O FE é um exame de certificação profissional, realizado nos Estados Unidos.

Uma vantagem é a nova ferramenta de gerenciamento de dados da McGraw-Hill: o *Complete Online Solutions Manual Organization System* (C.O.S.M.O.S.). O C.O.S.M.O.S. é distribuído por meio de um CD-ROM, que ajuda os professores a organizar e compartilhar soluções e a acompanharem os conjuntos de problemas designados aos alunos do curso. Os professores podem encontrar rapidamente as soluções e, assim, manter um registro dos problemas designados, evitando a reprodução das mesmas provas e perguntas nos semestres subseqüentes. O ISBN do CD-ROM do C.O.S.M.O.S. do livro *Engenharia Econômica* é 0-07-298450-3. Entre em contato com o seu representante McGraw-Hill, para obter uma cópia.

ENGENHARIA ECONÔMICA

NÍVEL UM

EIS COMO TUDO COMEÇA

NÍVEL UM Eis Como Tudo Começa	NÍVEL DOIS Ferramentas para Avaliar Alternativas	NÍVEL TRÊS Tomada de Decisões em Projetos do Mundo Real	NÍVEL QUATRO Completando o Estudo
Capítulo 1 Fundamentos da Engenharia Econômica **Capítulo 2** Fatores: Como o Tempo e os Juros Afetam o Dinheiro **Capítulo 3** Combinação de Fatores **Capítulo 4** Taxas Nominais de Juros e Taxas Efetivas de Juros	**Capítulo 5** Análise do Valor Presente **Capítulo 6** Análise do Valor Anual **Capítulo 7** Análise da Taxa de Retorno: Alternativa Única **Capítulo 8** Análise da Taxa de Retorno: Múltiplas Alternativas **Capítulo 9** Análise de Custo-Benefício e Economia do Setor Público **Capítulo 10** Fazendo Escolhas: O Método, a TMA e os Atributos Múltiplos	**Capítulo 11** Decisões sobre Substituição e Retenção **Capítulo 12** Escolha de Projetos Independentes sob Limitação Orçamentária **Capítulo 13** Análise do Ponto de Equilíbrio *Breakeven*	**Capítulo 14** Efeitos da Inflação **Capítulo 15** Estimativa dos Custos e Alocação dos Custos Indiretos **Capítulo 16** Métodos da Depreciação **Capítulo 17** Análise Econômica Depois do Desconto dos Impostos **Capítulo 18** Análise de Sensibilidade Formalizada e Decisões sobre o Valor Esperado **Capítulo 19** Ampliação do Estudo sobre Variação e Tomada de Decisões sob Risco

As bases da engenharia econômica são introduzidas nos quatro capítulos seguintes. Quando tiver concluído o Nível Um, você será capaz de entender e trabalhar os problemas que tratam do valor do dinheiro no tempo, fluxos de caixa que ocorrem em diferentes tempos com diferentes valores e equivalência de diferentes taxas de juros. As técnicas que você domina aqui constituem a base de como um engenheiro de qualquer área pode levar em conta o valor econômico em, praticamente, qualquer ambiente de projeto.

Os oito fatores comumente utilizados em todos os cálculos de engenharia econômica são introduzidos e aplicados neste nível. As combinações desses fatores ajudam a movimentar os valores para frente e para trás, ao longo do tempo, e com diferentes taxas de juros. Além disso, após esses quatro capítulos, você se sentirá à vontade para usar muitas das funções de planilha do Excel na resolução de problemas.

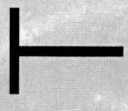

CAPÍTULO 1
Fundamentos da Engenharia Econômica

A necessidade de conhecimentos em engenharia econômica é motivada principalmente pelo trabalho que os engenheiros desenvolvem em análises de desempenho, síntese e conclusão em projetos de todas as dimensões. Em outras palavras, a engenharia econômica está no âmago do processo de tomada de decisões. Essas decisões envolvem os seguintes elementos fundamentais: *fluxos de caixa financeiros, tempo* e *taxas de juros*. Este capítulo introduz os conceitos e a terminologia básicos de que o engenheiro necessita para combinar esses três elementos essenciais, de maneira organizada e matematicamente correta, para resolver os problemas que o levará a tomar as melhores decisões. Muitos dos termos comuns aos processos de tomada de decisões econômicas são abordados aqui e serão usados nos próximos capítulos do livro. Os ícones nas margens servem de referências cruzadas a tópicos com conteúdo relacionado ao longo do livro.

Os estudos de caso, incluídos após os problemas ao final do capítulo, concentram-se no desenvolvimento de alternativas de engenharia econômica.

OBJETIVOS DE APRENDIZAGEM

Propósito: Entender os conceitos fundamentais da engenharia econômica.

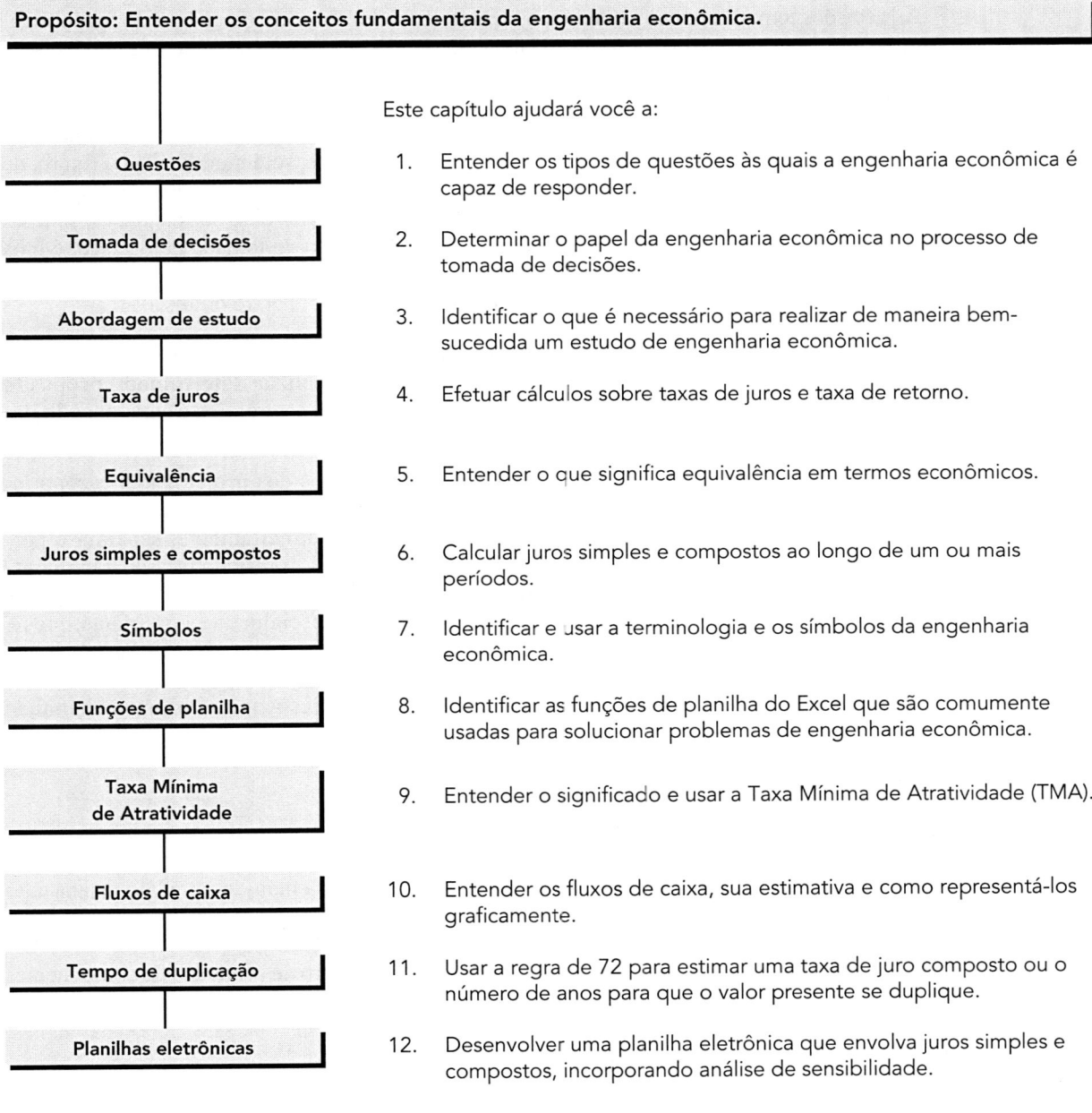

Este capítulo ajudará você a:

1. Entender os tipos de questões às quais a engenharia econômica é capaz de responder.

2. Determinar o papel da engenharia econômica no processo de tomada de decisões.

3. Identificar o que é necessário para realizar de maneira bem-sucedida um estudo de engenharia econômica.

4. Efetuar cálculos sobre taxas de juros e taxa de retorno.

5. Entender o que significa equivalência em termos econômicos.

6. Calcular juros simples e compostos ao longo de um ou mais períodos.

7. Identificar e usar a terminologia e os símbolos da engenharia econômica.

8. Identificar as funções de planilha do Excel que são comumente usadas para solucionar problemas de engenharia econômica.

9. Entender o significado e usar a Taxa Mínima de Atratividade (TMA).

10. Entender os fluxos de caixa, sua estimativa e como representá-los graficamente.

11. Usar a regra de 72 para estimar uma taxa de juro composto ou o número de anos para que o valor presente se duplique.

12. Desenvolver uma planilha eletrônica que envolva juros simples e compostos, incorporando análise de sensibilidade.

1.1 POR QUE A ENGENHARIA ECONÔMICA É IMPORTANTE PARA ENGENHEIROS (e Outros Profissionais)

As decisões tomadas por engenheiros, gerentes, presidentes de corporações e indivíduos comumente são o resultado da escolha de uma alternativa em detrimento de outra. As decisões refletem com freqüência uma escolha bem fundamentada a respeito de como melhor investir os fundos financeiros, também chamados de *capitais*. A quantidade de capital em geral é restrita, da mesma forma que o caixa de que uma pessoa dispõe habitualmente é limitado. A decisão a respeito de como investir o capital, invariavelmente, será modificada no futuro, de preferência, para melhor, ou seja, *agregar-se-á valor a ela*. Os engenheiros desempenham um papel importante nas decisões de investimento, tendo como base suas análises, sínteses e esforços de projeto. O que é levado em conta, no processo de tomada de decisão, é uma combinação de fatores econômicos e não econômicos. Os fatores adicionais podem ser intangíveis, como, por exemplo, conveniência, disposição, amizade, entre outros.

> **Fundamentalmente, a engenharia econômica envolve formular, estimar e avaliar os resultados econômicos, quando alternativas para realizar determinado propósito estão disponíveis. Outra maneira de definir engenharia econômica é considerá-la um conjunto de técnicas matemáticas que simplifica a comparação econômica.**

Em muitas corporações, especialmente nas maiores, muitos dos projetos têm escopo internacional. Eles podem ser desenvolvidos em um país para serem aplicados em outro. Instalações industriais localizadas em diferentes países, rotineiramente, separam o projeto de manufatura do produto final. As abordagens aqui apresentadas são facilmente implementadas em ambientes multinacionais ou em um único país ou uma localização. O uso correto das técnicas de engenharia econômica é especialmente importante, pois é provável que qualquer projeto – local, nacional ou internacional – afete os custos e/ou a receita.

Algumas questões comuns, como as seguintes, podem ser respondidas por meio do estudo do conteúdo deste livro.

Para Atividades de Engenharia

- Uma nova técnica de aglutinação deve ser incorporada à manufatura de pastilhas de freio de automóveis?
- Se um sistema de verificação computadorizado substituir a mão-de-obra humana na execução de testes de qualidade em uma linha de soldagem de automóveis, os custos operacionais decrescerão em cinco anos?
- É uma decisão economicamente prudente atualizar o centro de produção de componentes de uma fábrica de aviões a fim de reduzir os custos em 20%?
- Um desvio rodoviário deve ser construído em torno de uma cidade de 25.000 habitantes, ou a atual rodovia que atravessa a cidade deve ser ampliada?
- Obteremos a taxa de retorno necessária se adotarmos a tecnologia recentemente proposta para nossa linha de manufatura de produtos médicos a laser?

Para Projetos Destinados ao Setor Público e a Órgãos Governamentais

- Que incremento na arrecadação de impostos uma cidade deve fazer para pagar os custos de atualização do sistema de distribuição de energia elétrica?
- Os benefícios compensam os custos de construção de uma ponte sobre o canal de navegação intracosteiro?

- É rentável para o Estado dividir custos com uma empreiteira para construir um pedágio rodoviário?
- A universidade pública deve contratar o colégio de uma comunidade local para ministrar cursos acadêmicos básicos, ou o corpo docente da universidade deve ministrá-los?

Para Pessoas
- Devo liquidar minha conta de cartão de crédito com dinheiro emprestado?
- Quais cursos de pós-graduação valem a pena, do ponto de vista financeiro, ao longo de minha carreira?
- As deduções do imposto de renda da hipoteca de minha casa são um bom negócio ou devo acelerar os pagamentos de minha hipoteca?
- Exatamente qual taxa de retorno obteremos para os nossos investimentos em ações?
- Devo comprar meu próximo carro ou fazer um leasing dele, ou devo ficar com o que tenho e liquidar a dívida do empréstimo?

EXEMPLO 1.1

Dois engenheiros, um diretor de uma empresa de projetos mecânicos e o outro diretor, de uma firma de análise estrutural, trabalham juntos. Eles concluíram que, devido às freqüentes viagens que fazem pela região em vôos comerciais, deviam avaliar a possibilidade de comprar um avião, que seria uma propriedade conjunta das duas empresas. Quais são as perguntas, baseadas em aspectos econômicos, que os engenheiros deveriam responder ao avaliarem as alternativas de (1) adquirir o avião em conjunto ou (2) continuar a viajar em vôos comerciais?

Solução
Algumas das perguntas (e aquilo que é necessário para responder a elas) referentes a cada alternativa são as seguintes:

- Quanto custa um avião? (Estimativas de custo são necessárias.)
- Quanto pagaremos por ele? (Um plano de financiamento é necessário.)
- Há vantagens fiscais? (O conhecimento da legislação tributária e das taxas de imposto de renda é necessário.)
- Qual é a base para a escolha de uma alternativa? (Um critério de escolha é necessário.)
- Qual é a taxa de retorno esperada? (Equações são necessárias.)
- O que acontece se voarmos mais ou menos do que a quantidade estimada atualmente? (Uma análise de sensibilidade é necessária.)

1.2 PAPEL DA ENGENHARIA ECONÔMICA NA TOMADA DE DECISÕES

Pessoas tomam decisões. Os computadores, a Matemática e as outras ferramentas, não. As técnicas e os modelos de engenharia econômica *auxiliam as pessoas a tomar decisões*. Uma vez que essas decisões afetam aquilo que será feito, o *time-frame*[1] da engenharia econômica é, principalmente, *o futuro*. Portanto, os números usados em uma análise de engenharia econômica são *estimativas que se espera que ocorram*. Essas estimativas, freqüentemente, envolvem os três elementos fundamentais mencionados anteriormente: fluxo de caixa, tempo de ocorrência e taxas de juros. Como estão ligadas ao futuro, podem ser bem diferentes daquilo que ocorre, principalmente devido a mudanças nas circunstâncias e a eventos não

---
[1] **N.T.:** Tempo; período em que algo acontece; intervalo de tempo.

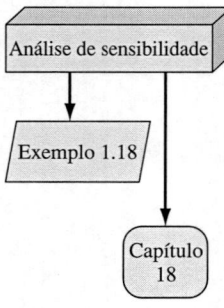

planejados. Em outras palavras, a *natureza estocástica* das estimativas provavelmente fará com que o valor observado no futuro seja diferente da estimativa feita agora.

Comumente, a *análise de sensibilidade* é executada durante o estudo de engenharia econômica para determinar como a decisão poderia ser modificada em função de estimativas variáveis, especialmente aquelas que variam bastante. Por exemplo, um engenheiro que espera que os custos de desenvolvimento de software variem até ±20% da estimativa de $ 250.000 deve executar a análise econômica correspondente às estimativas dos custos de aquisição de $ 200.000, $ 250.000 e $ 300.000. Outras estimativas incertas sobre o projeto podem passar por um "ajuste fino" usando a análise de sensibilidade. (A análise de sensibilidade é muito fácil de ser realizada com planilhas eletrônicas. Telas tabulares e gráficas tornam a análise possível, simplesmente alterando-se os valores estimados. As planilhas eletrônicas são usadas com eficiência ao longo do texto e como apoio na website.)

A engenharia econômica pode ser igualmente bem usada para analisar resultados *passados*. Os dados observados são avaliados para determinar se os resultados cumpriram ou não um critério especificado como a necessidade de obter determinada taxa de retorno. Por exemplo, vamos supor que há cinco anos uma empresa de engenharia de projetos sediada nos Estados Unidos tenha iniciado a implantação de um projeto detalhado na Ásia para chassis de automóveis. Agora, o presidente da empresa quer saber se o retorno real do investimento ultrapassou 15% ao ano.

Há um procedimento importante que é utilizado para tratar do desenvolvimento e da escolha de alternativas. Comumente chamado de *critério de solução de problemas* ou *processo de tomada de decisões*. As etapas desse procedimento são as seguintes:

1. **Entender o problema e definir o objetivo.**
2. **Coletar dados relevantes.**
3. **Definir as soluções alternativas viáveis e fazer estimativas realistas.**
4. **Identificar os critérios para a tomada de decisões usando um ou mais atributos.**
5. **Avaliar cada alternativa por meio da análise de sensibilidade para melhorar a avaliação.**
6. **Selecionar a melhor alternativa.**
7. **Implementar a solução.**
8. **Monitorar os resultados.**

A engenharia econômica tem um papel importante em todas as etapas e é fundamental para as etapas 3 a 6. As etapas 2 e 3 estabelecem as alternativas e fazem as estimativas correspondentes a cada uma. A etapa 4 exige que o analista identifique os atributos para a escolha das alternativas. Isso prepara o cenário para a aplicação das técnicas. A etapa 5 utiliza modelos da engenharia econômica para concluir a avaliação e para executar quaisquer análises de sensibilidade nas quais uma decisão se fundamenta (etapa 6).

EXEMPLO 1.2

Reconsidere as questões que se apresentaram aos engenheiros no exemplo anterior a respeito de comprarem um avião em conjunto. Cite algumas maneiras segundo as quais a engenharia econômica contribui para a tomada de decisão entre as duas alternativas.

Solução
Suponha que o objetivo seja o mesmo para cada engenheiro – um meio de transporte disponível e confiável que minimize o custo total. Use as etapas apresentadas anteriormente.

Etapas 2 e 3: A estrutura (*framework*) de um estudo de engenharia econômica ajuda a identificar aquilo que deve ser estimado ou coletado. Em relação à alternativa 1 (comprar o avião), estime o custo da aquisição, o método de financiamento e a taxa de juros, os custos operacionais anuais, o possível aumento da receita anual de vendas e as deduções do imposto de renda. Em relação à alternativa 2 (viajar em vôos comerciais), estime o custo das viagens em vôos comerciais, o número de viagens, a receita anual de vendas e outros dados relevantes.

Etapa 4: O critério de escolha é um atributo avaliado numericamente, denominado *medida do valor*. Algumas medidas de valor são as seguintes:

Valor presente (VP)	Valor futuro (VF)	Período de recuperação do investimento
Valor anual (VA)	Taxa de retorno (TR)	Valor econômico adicionado
Índice de custo/benefício (C/B)	Custo de capitalização (CC)	

Ao determinar uma medida do valor, o fato de o dinheiro hoje não corresponder ao mesmo valor no futuro é levado em consideração, ou seja, o *valor do dinheiro no tempo* é levado em conta.

Há muitos atributos não econômicos a serem considerados – sociais, ambientais, jurídicos, políticos, pessoais, somente para citarmos alguns. Esse ambiente de múltiplos atributos pode resultar em que se tenha menos confiança nos resultados econômicos da etapa 6. O tomador de decisão deve ter informações adequadas a respeito de todos os fatores – econômicos e não econômicos – a fim de fazer uma escolha bem informada. Em nosso caso, a análise econômica pode ser favorável à opção de possuírem o avião conjuntamente (alternativa 1), mas, devido aos fatores não econômicos, os engenheiros podem escolher a alternativa 2.

Etapas 5 e 6: Os cálculos reais, a análise de sensibilidade e a escolha da alternativa são levados a efeito nestas etapas.

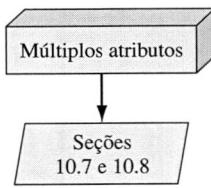

O conceito de *valor do dinheiro no tempo* foi mencionado anteriormente. Com freqüência se diz que dinheiro gera dinheiro. A afirmação é, de fato, verdadeira, porque se optarmos por investir um montante hoje, evidentemente esperamos ter mais dinheiro no futuro. Se uma pessoa ou empresa tomar dinheiro emprestado hoje, amanhã ela deverá uma quantia maior do que o capital tomado por empréstimo. Esse fato também é explicado pelo valor do dinheiro no tempo.

A mudança de valor do dinheiro ao longo de determinado período é chamada de *valor do dinheiro no tempo*; esse é o conceito mais importante em engenharia econômica.

1.3 REALIZANDO UM ESTUDO DE ENGENHARIA ECONÔMICA

Considere os termos *engenharia econômica*, *análise de engenharia econômica*, *tomada de decisão econômica*, *estudo sobre alocação de capital*, *análise econômica* e outros termos afins como sinônimos ao longo deste livro. Há uma abordagem geral, denominada *Critério de Estudo de Engenharia Econômica*, que oferece uma visão ampla do estudo da engenharia econômica. Ela é esboçada na Figura 1–1 para duas alternativas. As etapas do processo de tomada de decisão estão relacionadas aos blocos da Figura 1–1.

Descrição da Alternativa O processo de tomada de decisão da etapa 1 consiste em uma compreensão básica daquilo que o problema requer para a solução. Inicialmente, pode haver muitas alternativas, mas apenas algumas serão viáveis e avaliadas de fato. Se as alternativas

A, *B* e *C* forem selecionadas para análise, mas *D*, embora não reconhecida como alternativa, for a mais atraente, certamente a decisão errada será tomada.

Alternativas são opções independentes que envolvem uma descrição sucinta e as melhores estimativas dos parâmetros relevantes como, por exemplo, *custos de aquisição* (incluindo preço de compra, desenvolvimento e instalação), *vida útil*, *estimativas das receitas e despesas anuais*, *valor residual* (valor de revenda ou *trade-in*[2]), *taxa de juros* (taxa de retorno) e, possivelmente, *efeitos da inflação* e do *imposto de renda*. As estimativas das despesas anuais geralmente são agrupadas e chamadas genericamente de custos operacionais anuais (COA) ou custos de manutenção e operação (CMO).

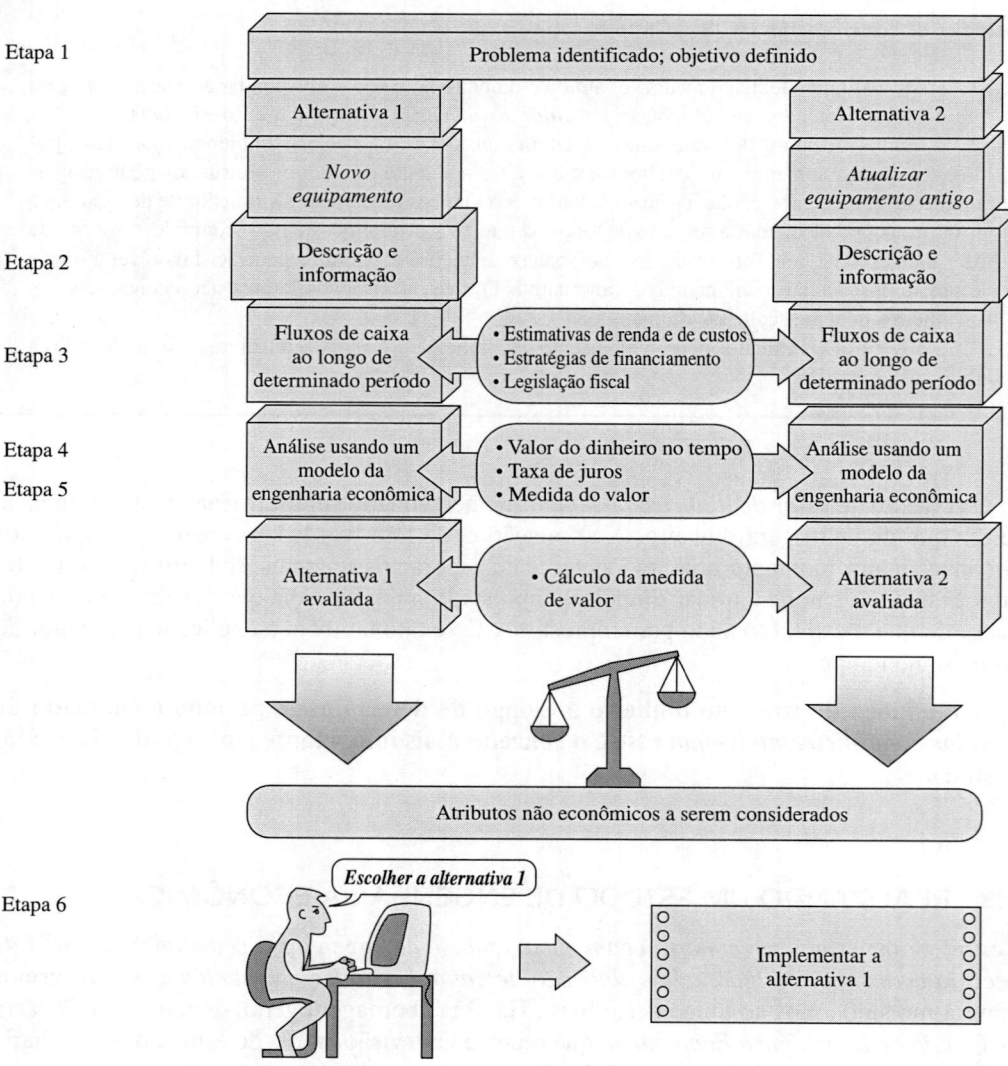

Figura 1–1
Critério de estudo de engenharia econômica.

---

[2] **N.T.:** Mercadoria dada como parte do pagamento pela aquisição de um produto similar.

Fluxos de Caixa As entradas (receitas) e saídas (custos) de capital são chamadas de fluxos de caixa. Essas estimativas são feitas para cada alternativa (etapa 3). Sem estimativas de fluxo de caixa ao longo de um período estabelecido, nenhum estudo de engenharia econômica pode ser realizado. A variação esperada dos fluxos de caixa indica uma necessidade real de análise de sensibilidade na etapa 5.

Análise Usando Engenharia Econômica Cálculos que consideram o valor do dinheiro no tempo são realizados nos fluxos de caixa de cada alternativa para se obter a medida do valor.

Escolha da Alternativa Os valores da medida do valor são comparados, e uma alternativa é escolhida. Esse é o resultado da análise de engenharia econômica. Por exemplo, o resultado da análise de uma taxa de retorno pode ser: escolher a alternativa 1, em que a taxa de retorno é estimada em 18,4% ao ano, em vez da alternativa 2, que tem uma taxa de retorno esperada de 10% ao ano. Algumas combinações de critérios econômicos usando uma medida do valor e fatores não econômicos e intangíveis podem ser aplicadas para auxiliar na escolha de uma alternativa.

Se somente uma alternativa viável for definida, uma segunda opção estará sempre presente, na forma de *alternativa de não fazer nada*. Essa é a alternativa *sem modificação* (as-is) ou de *status quo*. A alternativa de não fazer nada pode ser escolhida se nenhuma alternativa tiver uma medida de valor favorável.

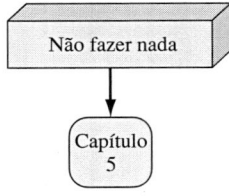

Tenhamos ou não ciência, todos os dias usamos critérios para escolher alternativas. Por exemplo, quando você se dirige ao *campus* universitário, decide tomar "o melhor" caminho. Entretanto, como você definiu *o melhor*? O melhor caminho é o mais seguro, o mais curto, o mais rápido, o mais barato, o mais bonito, ou o quê? Evidentemente, dependendo de quais critérios, ou sua combinação, são usados para identificar o melhor, um itinerário diferente poderia ser escolhido a cada vez. Em análise econômica, *unidades financeiras* (dólares ou outra moeda) geralmente são usadas como a base intangível de avaliação. Assim, quando há diversas maneiras de atingir um objetivo estabelecido, a alternativa que apresenta o mais baixo custo global ou a mais alta renda líquida global é selecionada.

Uma *análise após desconto dos impostos* é realizada durante a avaliação do projeto, geralmente apresentando efeitos significativos somente para a depreciação do ativo e quando se leva em conta o imposto de renda. Os impostos cobrados pelos governos municipais, estaduais, federais e internacionais em geral assumem a forma de imposto sobre a receita, imposto sobre o valor adicionado (IVA), impostos de importação, impostos sobre as vendas, impostos imobiliários e outros. Os impostos afetam as estimativas das alternativas para os fluxos de caixa; eles tendem a *aumentar* as estimativas de fluxo de caixa em relação a despesas, economias de custo e depreciação do ativo, ao passo que *reduzem* as estimativas de fluxo de caixa relativas à receita e à renda líquida após desconto dos impostos. Este livro posterga os detalhes da *análise após desconto dos impostos* até que as ferramentas e técnicas fundamentais da engenharia econômica sejam tratadas. Até lá, supomos que todas as alternativas sejam tributadas igualmente pela legislação fiscal vigente. (Se for necessário considerar os efeitos dos impostos antes, recomendamos que os Capítulos 16 e 17 sejam abordados depois dos Capítulos 6, 8 ou 11.)

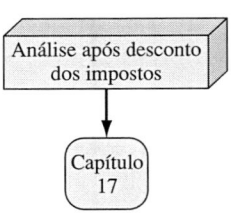

Voltamo-nos agora a alguns fundamentos da engenharia econômica aplicáveis no dia-a-dia dos profissionais da engenharia, bem como nas decisões pessoais.

1.4 TAXA DE JUROS E TAXA DE RETORNO

Juros é a manifestação do valor do dinheiro no tempo. Em termos de cálculo, juros é a diferença de valor entre uma quantia de dinheiro no fim e no início de um período. Se a diferença for igual a zero ou negativa, não há juros. Sempre há duas perspectivas para uma quantidade de juros – juros pagos e juros ganhos. Juros são *pagos* quando uma pessoa ou organização recebe capital de terceiros (obtém um empréstimo) e reembolsa uma quantia maior. Juros são *ganhos* quando uma pessoa ou organização poupa, investe ou arrenda dinheiro e obtém o retorno de uma quantia maior. Mostramos, a seguir, que os cálculos e valores numéricos são fundamentalmente idênticos para ambas as perspectivas, mas há diferentes interpretações.

Taxa de juros de empréstimo

Mutuário   Banco

Os juros pagos sobre capital de terceiros (um empréstimo) são determinados usando-se a relação:

$$\text{Juros} = \text{quantia que se deve atualmente} - \text{o valor original} \quad [1.1]$$

Quando os juros pagos ao longo de uma *unidade de tempo específica* são expressos como porcentagem do valor original (principal), o resultado denomina-se *taxa de juros*.

$$\text{Taxa de juros (\%)} = \frac{\text{juros acumulados por unidade de tempo}}{\text{valor original}} \times 100\% \quad [1.2]$$

A unidade de tempo da taxa de juros denomina-se *período de juros*. O período de juros mais comumente estabelecido é o de 1 ano. Períodos mais curtos podem ser determinados como, por exemplo, 1% ao mês. Desse modo, o período da taxa de juros sempre deve ser incluído. Se somente a taxa for declarada, por exemplo, 8,5%, presume-se que o período de juros seja de 1 ano.

EXEMPLO 1.3

Um empregado da LaserKinetics.com toma por empréstimo $ 10.000 no dia 1º de maio e deve reembolsar um total de $ 10.700 exatamente 1 ano depois. Determine o valor dos juros e a taxa de juros paga.

Solução
A perspectiva aqui é a do mutuário, uma vez que $ 10.700 é o valor a ser reembolsado pelo empréstimo. Aplique a Equação [1.1] para determinar os juros pagos.

$$\text{Juros ganhos} = \$ 10.700 - \$ 10.000 = \$ 700$$

A Equação [1.2] determina a taxa de juros paga em 1 ano.

$$\text{Taxa de juros percentual} = \frac{\$ 700}{\$ 10.000} \times 100\% = 7\% \text{ ao ano}$$

EXEMPLO 1.4

A Stereophonics Inc. planeja emprestar $ 20.000 de um banco, durante 1 ano, a taxa de juros de 9%, para adquirir o novo equipamento de gravação. (*a*) Calcule os juros e o valor devido após 1 ano. (*b*) Construa um gráfico de colunas que apresente o valor original do empréstimo e a quantia total devida depois de 1 ano, utilizados para calcular a taxa de juros do empréstimo de 9% ao ano.

Solução

(a) Calcule o total de juros acumulados utilizando a Equação [1.2]:

$$\text{Juros} = \$\,20.000 \times (0,09) = \$\,1.800$$

A quantia total devida é a soma do principal e dos juros:

$$\text{Total devido} = \$\,20.000 + \$\,1.800 = \$\,21.800$$

(b) A Figura 1–2 apresenta os valores usados na Equação [1.2]: juros de $ 1.800, principal do empréstimo original ($ 20.000) e período de juros (1 ano).

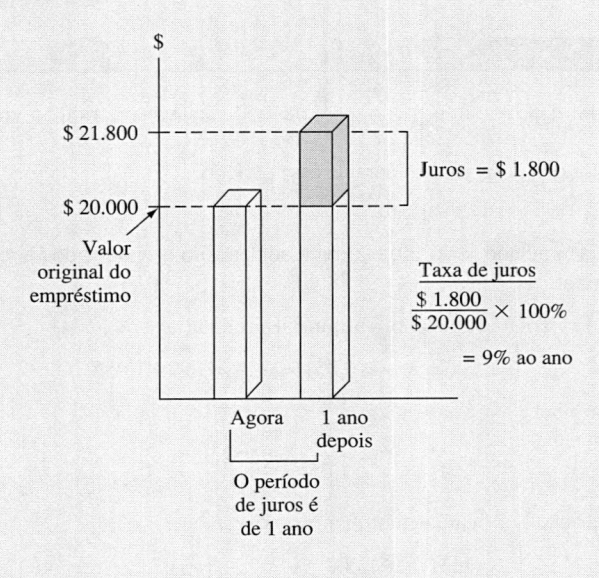

Figura 1–2
Valores usados para calcular uma taxa de juros de 9% ao ano. Exemplo 1.4.

Comentário

Note que na parte (a), o valor total devido também pode ser calculado como:

$$\text{Total devido} = \text{principal}\,(1 + \text{taxa de juros}) = \$\,20.000(1,09) = \$\,21.800$$

Posteriormente, usaremos esse método para determinar os valores futuros para tempos mais longos do que um único período de juros.

Do ponto de vista de um poupador, emprestador ou investidor, os juros ganhos são o valor final menos o valor inicial ou principal.

$$\text{Juros ganhos} = \text{valor total atual} - \text{valor original} \qquad [1.3]$$

Os juros ganhos ao longo de um período específico são expressos como uma porcentagem do valor original e denominam-se *taxa de retorno* (TR).

$$\text{Taxa de juros}\,(\%) = \frac{\text{juros acumulados por unidade de tempo}}{\text{valor original}} \times 100\% \qquad [1.4]$$

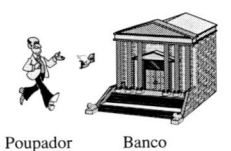

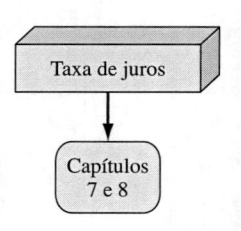

A unidade de tempo para a taxa de retorno denomina-se *período de juros*, exatamente como ocorre sob a perspectiva do mutuário. Novamente, o período mais comum é de 1 ano.

O termo *retorno do investimento* (RI) é usado de maneira equivalente à taxa de retorno (TR) em diferentes indústrias e ambientes, especialmente onde grandes fundos de capital são comprometidos em programas baseados em engenharia.

Os valores numéricos da Equação [1.2] e da Equação [1.4] são idênticos, mas o termo *taxa de juros pagos* é mais apropriado à perspectiva do mutuário, ao passo que o termo *taxa do retorno recebido* é melhor para a perspectiva do investidor.

EXEMPLO 1.5

(a) Calcule o valor depositado há 1 ano, para que se tenha agora $ 1.000 a uma taxa de juros de 5% ao ano.

(b) Calcule o valor dos juros ganhos durante esse período.

Solução

(a) O valor total acumulado ($ 1.000) é a soma do depósito original e dos juros ganhos. Se X é o depósito original,

$$\text{Total acumulado} = \text{original} + \text{original}(\text{taxa de juros})$$

$$\$ 1.000 = X + X(0{,}05) = X(1 + 0{,}05) = 1{,}05X$$

O depósito original é

$$X = \frac{1.000}{1{,}05} = \$ 952{,}38$$

(b) Aplique a Equação [1.3] para determinar os juros ganhos.

$$\text{Juros} = \$ 1.000 - \$ 952{,}38 = \$ 47{,}62$$

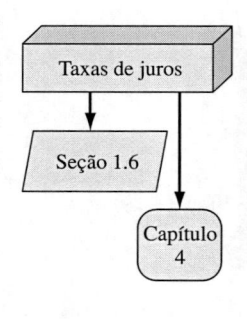

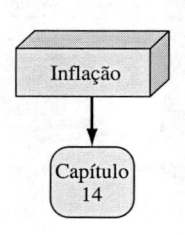

Nos Exemplos 1.3 a 1.5, o período de juros foi de 1 ano, e o valor dos juros foi calculado no fim de um período. Quando mais de um período de juros está envolvido (por exemplo, se quiséssemos saber a quantidade de juros devida depois de 3 anos no Exemplo 1.4), é necessário estabelecer se os juros são acumulados em base de juros *simples* ou *compostos*, de um período para o período seguinte.

Uma consideração econômica adicional em qualquer estudo de engenharia econômica é a *inflação*. Diversos comentários sobre os aspectos básicos da inflação são apresentados na primeira etapa. Primeiro, a inflação representa uma diminuição do valor de determinada moeda. Ou seja, $ 1 de hoje não compra o mesmo número de maçãs (ou a maioria das outras coisas) que comprava há 20 anos. O valor mutável da moeda afeta as taxas de juros do mercado. Em termos simples, as taxas de juros bancárias refletem duas coisas: a taxa de retorno real *mais* a taxa de inflação esperada. A taxa de retorno real permite ao investidor comprar mais do que poderia comprar antes do investimento. Os investimentos mais seguros (como os títulos do Tesouro americano) tipicamente têm uma taxa de retorno real de 3% a 4% incorporada às suas taxas de juros globais. Assim, uma taxa de juros, digamos, de 9% ao ano de um título do Tesouro americano significa que os investidores esperam uma taxa de inflação na faixa de 5% a 6% ao ano. Claramente, então, verificamos que a inflação faz as taxas de juros subirem.

Da perspectiva do mutuário, a taxa de inflação é simplesmente outra taxa de juros *incorporada à taxa de juros real*. E, do ponto de vista de vantagem para o poupador ou investidor que possui uma conta com juros fixos, a inflação *reduz a taxa de retorno real* do investimento. Inflação significa que as estimativas de custo e de fluxo de caixa da receita se elevarão ao longo do tempo. Essa elevação se deve ao valor mutável do dinheiro, que é imposto à moeda do país pela inflação, fazendo então que uma unidade da moeda (1 dólar, por exemplo) valha menos em relação ao que valia anteriormente. Vemos o efeito da inflação quando o dinheiro compra menos agora do que comprava antes. A inflação contribui para

- Uma redução do poder de compra de uma moeda.
- Uma elevação do IPC (índice de preços ao consumidor).
- Uma elevação do custo dos equipamentos e de sua manutenção.
- Uma elevação do custo de profissionais assalariados e dos empregados que trabalham por hora.
- Uma redução da taxa de retorno real de poupanças pessoais e certos investimentos corporativos.

Em outras palavras, a inflação pode contribuir substancialmente para que haja mudanças na análise econômica corporativa e pessoal.

Comumente, os estudos da engenharia econômica supõem que a inflação afeta igualmente todos os valores estimados. Conseqüentemente, uma taxa de juros ou uma taxa de retorno de 8% ao ano, por exemplo, é aplicada ao longo de toda a análise, sem levar em conta uma taxa de inflação adicional. Entretanto, se a inflação fosse explicitamente levada em conta e reduzisse o valor do dinheiro em, digamos, uma média de 4% ao ano, seria necessário realizar a análise econômica aplicando-se uma taxa de juros inflacionada de 12,32% ao ano. (As relações pertinentes são desenvolvidas no Capítulo 14.) Por outro lado, se a taxa de retorno de um investimento é de 8%, com a inflação incluída, a mesma taxa de inflação de 4% ao ano resulta em uma taxa de retorno real de somente 3,85% ao ano!

1.5 EQUIVALÊNCIA

Termos equivalentes são usados muito freqüentemente quando se trata da transferência de uma escala para outra. Algumas equivalências, ou conversões, comuns são as seguintes:

Comprimento: 100 centímetros = 1 metro   1.000 metros = 1 quilômetro
12 polegadas = 1 pé   3 pés = 1 jarda   39,370 polegadas = 1 metro

Pressão: 1 atmosfera = 1 newton/metro^2

1 atmosfera = 10^3 pascals = 1 quilopascal

Muitas medidas equivalentes são uma combinação de duas ou mais escalas. Por exemplo, 110 quilômetros por hora (km/h) é equivalente a 68 milhas por hora (m/h), ou 1,133 milha por minuto, baseadas na equivalência de que 1 milha = 1,6093 quilômetro e 1 hora = 60 minutos. Além disso, podemos concluir que dirigir a aproximadamente 68 m/h durante 2 horas é equivalente a viajar um total de cerca de 220 quilômetros, ou 136 milhas. Três escalas – o tempo em horas, o espaço em milhas e o espaço em quilômetros – são combinadas para desenvolvermos afirmações equivalentes. Um uso adicional dessas equivalências é calcular o tempo de viagem em horas entre duas cidades utilizando dois mapas: um indicando a distância em milhas e o segundo, em quilômetros. Observe que nessas afirmações é usada a relação fundamental: 1 milha = 1,6093 quilômetro. Se essa relação se modificar, as outras equivalências ficarão erradas.

Figura 1–3
Equivalência de três valores a uma taxa de retorno de 6% ao ano.

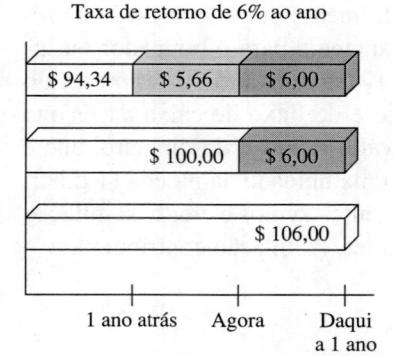

Taxa de retorno de 6% ao ano

| $ 94,34 | $ 5,66 | $ 6,00 |

| $ 100,00 | $ 6,00 |

| $ 106,00 |

1 ano atrás — Agora — Daqui a 1 ano

Quando considerados em conjunto, o tempo, o valor e a taxa de juros ajudam a desenvolver o conceito de *equivalência econômica*, que significa que diferentes somas de dinheiro em diferentes tempos seriam iguais em termos de valor econômico. Por exemplo, se a taxa de juros é de 6% ao ano, $ 100 hoje (tempo presente) é equivalente a $ 106 daqui a um ano.

$$\text{Valor acumulado} = \$100 + \$100(0{,}06) = \$100(1 + 0{,}06) = \$106$$

Desse modo, se alguém lhe oferecesse um presente de $ 100 hoje ou $ 106 daqui a um ano, do ponto de vista econômico não faria nenhuma diferença qual oferta você aceitasse. Em qualquer um dos casos, você teria $ 106 daqui a um ano. Entretanto, as duas importâncias financeiras são mutuamente equivalentes *somente* quando a taxa de juros é de 6% ao ano. A uma taxa de juros maior ou menor, $ 100 hoje não equivalem a $ 106 daqui a um ano.

Além da equivalência futura, podemos aplicar a mesma lógica para determinar a equivalência correspondente a anos anteriores. Um total de $ 100 agora é equivalente a $ 100/1,06 = $ 94,34 há um ano a uma taxa de juros de 6% ao ano. Com base nessas ilustrações, podemos afirmar o seguinte: $ 94,34 no ano passado, $ 100 agora e $ 106 daqui a um ano são equivalentes a uma taxa de 6% ao ano. O fato de essas importâncias serem equivalentes pode ser verificado calculando-se as duas taxas de juros correspondentes a períodos de juros de 1 ano:

$$\frac{\$6}{\$100} \times 100\% = 6\% \text{ ao ano}$$

e

$$\frac{\$5{,}66}{\$94{,}34} \times 100\% = 6\% \text{ ao ano}$$

A Figura 1-3 indica o valor dos juros necessários a cada ano para tornar esses diferentes valores equivalentes à taxa de 6% ao ano.

EXEMPLO 1.6

A AC-Delco põe à disposição baterias para veículos automotores nas concessionárias da General Motors por meio de empresas distribuidoras privadas. Em geral, as baterias permanecem armazenadas durante o ano inteiro, e um aumento de custo de 5% é adicionado a cada ano para cobrir os encargos de manutenção de estoques das distribuidoras. Suponha que você seja o proprietário das instalações City

Center Delco. Faça os cálculos necessários para mostrar quais das seguintes afirmações são verdadeiras e quais são falsas em relação ao custo das baterias.

(a) O valor atual de $ 98 é equivalente ao custo de $ 105,60 daqui a um ano.
(b) O custo de uma bateria de caminhão de $ 200 há um ano é equivalente a $ 205 agora.
(c) Um custo de $ 38 agora é equivalente a $ 39,90 daqui a um ano.
(d) Um custo de $ 3.000 agora é equivalente a $ 2.887,14 há um ano.
(e) Os encargos de manutenção acumulados em 1 ano para um investimento de $ 2.000 em baterias são iguais a $ 100.

Solução

(a) O valor total acumulado = $ 98(1,05) = $ 102,90 ≠ $ 105,60; portanto, a afirmação é falsa. Outra maneira de resolver é a seguinte: o custo original necessário é $ 105,60/1,05 = $ 100,57 ≠ $ 98.
(b) O custo antigo era $ 205,00/1,05 = $ 195,24 ≠ $ 200; portanto, a afirmação é falsa.
(c) O custo daqui a um ano será $ 38(1,05) = $ 39,90; verdadeira.
(d) O custo agora é $ 2.887,14(1,05) = $ 3.031,50 ≠ $ 3.000; falsa.
(e) Os encargos são de 5% de juros ao ano, ou $ 2.000(0,05) = $ 100; verdadeira.

1.6 JUROS SIMPLES E COMPOSTOS

Os termos *juros*, *período de juros* e *taxa de juros* (introduzidos na Seção 1.4) são úteis para calcular montantes equivalentes, correspondentes a um período de juros no passado e um período de juros no futuro. Entretanto, para mais de um período de juros, os termos *juros simples* e *juros compostos* tornam-se importantes.

Os *juros simples* são calculados usando-se somente o principal, ignorando-se quaisquer juros acumulados nos períodos de juros anteriores. O total dos juros simples ao longo de vários períodos é calculado da seguinte maneira

$$\text{Juros} = (\text{principal})(\text{número de períodos})(\text{taxa de juros}) \quad [1.5]$$

em que a taxa de juros é expressa na forma decimal.

EXEMPLO 1.7

A Pacific Telephone Credit Union concedeu um empréstimo a um membro da equipe de engenharia para a aquisição de um aeromodelo controlado por rádio. O empréstimo foi de $ 1.000 para um período de 3 anos, a uma taxa de juros simples de 5% ao ano. Que valor o engenheiro restituirá à empresa ao final dos 3 anos? Faça a tabulação dos resultados.

Solução

A taxa de juros correspondente a cada um dos 3 anos é

$$\text{Juros ao ano} = \$\ 1.000(0,05) = \$\ 50$$

A taxa de juros total correspondente aos 3 anos, considerando a Equação [1.5] é

$$\text{Total de juros} = \$\ 1.000(3)(0,05) = \$\ 150$$

O valor devido depois de 3 anos é

$$\text{Valor devido} = \$\ 1.000 + \$\ 150 = \$\ 1.150$$

Os juros acumulados de $ 50 no primeiro ano e os juros acumulados de $ 50 no segundo ano não ganham juros. Os juros devidos a cada ano são calculados somente sobre o principal, $ 1.000.

Os resultados do reembolso desse empréstimo estão tabulados na Tabela 1–1, na perspectiva do mutuário. O ano zero representa o presente, ou seja, quando o dinheiro é tomado por empréstimo. Nenhum pagamento é efetuado até o final do ano 3. O valor devido a cada ano se eleva uniformemente em $ 50, uma vez que os juros simples são calculados somente sobre o principal do empréstimo.

TABELA 1–1 Cálculo dos Juros Simples

(1) Fim do Ano	(2) Quantia Tomada Emprestada	(3) Juros	(4) Valor Devido	(5) Quantia Paga
0	$1.000			
1	—	$50,00	$1.050,00	$ 0
2	—	50,00	1.100,00	0
3	—	50,00	1.150,00	1.150,00

Em relação aos *juros compostos*, os juros acumulados correspondentes a cada período são calculados sobre *o principal mais o valor total dos juros acumulados em todos os períodos anteriores*. Desse modo, a expressão juros compostos significa juros sobre juros. Os juros compostos refletem o efeito do valor do dinheiro no tempo também sobre os juros.

Juros = (principal + todos os juros acumulados)(taxa de juros) [1.6]

EXEMPLO 1.8

Se um engenheiro toma emprestado $ 1.000 de uma cooperativa de crédito a 5% de juros compostos ao ano, calcule o valor total devido depois de 3 anos. Trace um gráfico e compare os resultados deste exemplo com os do anterior.

Solução
Os juros e o valor total devido a cada ano são calculados separadamente aplicando-se a Equação [1.6].

Juros do ano 1: $ 1.000(0,05) = $ 50
Valor total devido depois do ano 1: $ 1.000 + $ 50,00 = $ 1.050
Juros do ano 2: $ 1.050(0,05) = $ 52,50
Valor total devido depois do ano 2: $ 1.050 + $ 52,50 = $ 1.102,50
Juros do ano 3: $ 1.102,50(0,05) = $ 55,13
Valor total devido depois do ano 3: $ 1.102,50 + $ 55,13 = $ 1.157,63

SEÇÃO 1.6 Juros Simples e Compostos

TABELA 1–2 Cálculo dos Juros Compostos do Exemplo 1.8

(1) Fim do Ano	(2) Quantia Tomada Emprestada	(3) Juros	(4) Valor Devido	(5) Quantia Paga
0	$ 1.000			
1	—	$ 50,00	$ 1.050,00	$ 0
2	—	52,50	1.102,50	0
3	—	55,13	1.157,63	1.157,63

Os detalhes são apresentados na Tabela 1–2. O plano de reembolso é idêntico ao do exemplo dos juros simples – nenhum pagamento até que o principal mais os juros acumulados sejam pagos no fim do terceiro ano.

A Figura 1–4 apresenta o valor devido no fim de cada um dos 3 anos. A diferença devida em função do valor do dinheiro no tempo é reconhecida no caso dos juros compostos. Juros extras de $ 1.157,63 – $ 1.150,00 = $ 7,63 são pagos, em comparação com os juros simples, ao longo do período de 3 anos.

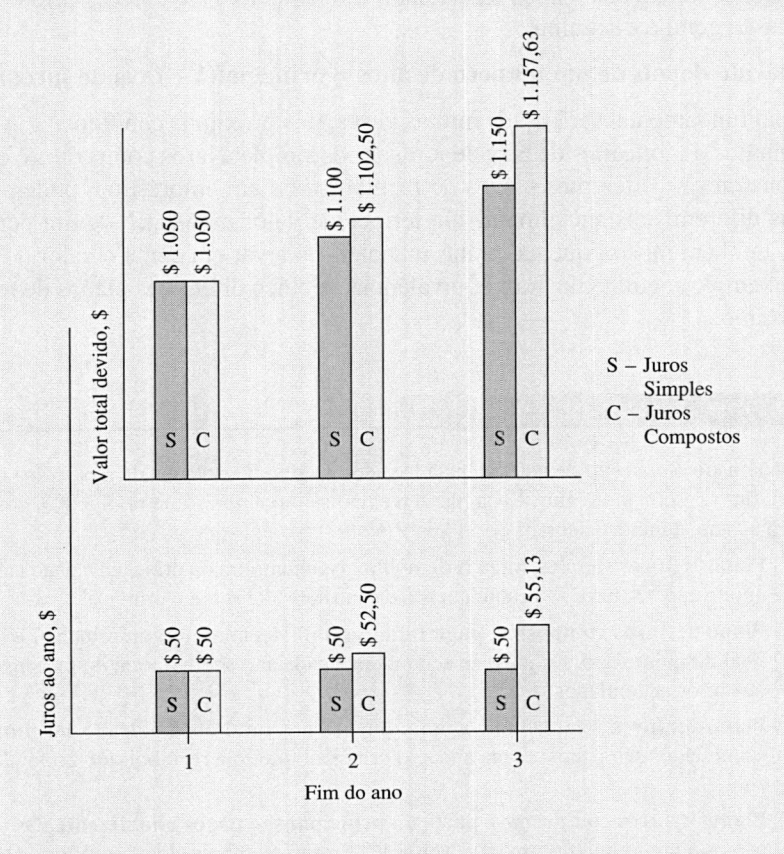

Figura 1–4
Comparação dos cálculos dos juros simples e compostos dos Exemplos 1.7 e 1.8.

> **Comentário**
> A diferença entre os juros simples e compostos aumenta a cada período. Se os cálculos forem efetuados para mais períodos, por exemplo, 10 anos, a diferença será de $ 128,90; depois de 20 anos, os juros compostos serão de $ 653,30 a mais do que no caso dos juros simples.
> Se $ 7,63 não lhe parece uma diferença significativa em somente 3 anos, lembre-se de que a quantia inicial aqui são $ 1.000. Se fizermos esses mesmos cálculos para uma quantia inicial de $ 100.000 ou $ 1 milhão, multiplique a diferença por 100 ou 1.000 e então estaremos falando de dinheiro de verdade. Isso indica que o poder da capitalização é vitalmente importante em todas as análises na economia.

Outra maneira, mais breve, de calcularmos a quantia total devida depois de 3 anos no Exemplo 1.8 é combinar cálculos em vez de os realizar ano a ano. O total devido a cada ano é o seguinte:

Ano 1: $ $1.000(1,05)^1 = \$ 1.050,00$

Ano 2: $ $1.000(1,05)^2 = \$ 1.102,50$

Ano 3: $ $1.000(1,05)^3 = \$ 1.157,63$

O total correspondente aos 3 anos é calculado diretamente. Não é necessário o total do ano 2. A expressão geral é a seguinte:

Total devido depois de um número de anos = principal(1 + taxa de juros)$^{\text{número de anos}}$

Essa relação fundamental será usada muitas vezes, nos próximos capítulos.

Combinamos os conceitos de taxa de juros, juros simples, juros compostos e equivalência para demonstrar que diferentes planos de reembolso de um empréstimo podem ser equivalentes, mas diferem substancialmente em termos de valor monetário de um período para o outro. Isso também mostra que há muitas maneiras de levar em conta o valor do dinheiro no tempo. O exemplo seguinte ilustra a equivalência de cinco diferentes planos de reembolso de um empréstimo.

EXEMPLO 1.9

(a) Demonstre o conceito de equivalência usando os diferentes planos de reembolso de um empréstimo descritos a seguir. Cada plano reembolsa um empréstimo de $ 5.000, com juros de 8% ao ano, durante 5 anos.

- **Plano 1: Juros simples, paga tudo no fim.** Nenhum juro ou principal é pago até o final do quinto ano. Os juros se acumulam a cada ano somente sobre o principal.
- **Plano 2: Juros compostos, paga tudo no fim.** Nenhum juro ou principal é pago até o final do quinto ano. Os juros se acumulam a cada ano sobre o total do principal e o total dos juros acumulados.
- **Plano 3: Juros simples pagos anualmente e o total reembolsado no fim.** Os juros acumulados são pagos a cada ano, e o principal inteiro é reembolsado no final do quinto ano.
- **Plano 4: Juros compostos e parte do principal são pagos anualmente.** Os juros compostos e um quinto do principal (ou $ 1.000) são reembolsados a cada ano. O saldo restante do empréstimo decresce a cada ano, na medida em que os juros diminuem a cada ano.

- **Plano 5: Pagamentos iguais dos juros compostos e do principal são efetuados anualmente.** Pagamentos iguais são efetuados a cada ano, uma parte vai para o reembolso do principal e o restante cobre os juros acumulados. Uma vez que o saldo do empréstimo decresce a uma taxa inferior à do plano 4 devido aos pagamentos iguais de fim de ano, os juros diminuem, mas a uma taxa menor.

(b) Faça uma afirmação sobre a equivalência de cada plano a uma taxa de juros simples ou juros compostos de 8%, quando for apropriado.

Solução

(a) A Tabela 1–3 apresenta os juros, o valor do pagamento, o total devido ao final de cada ano e a quantia total paga ao longo do período de 5 anos (totais na coluna 4).

TABELA 1–3 Diferentes Programações de Reembolso ao Longo de 5 Anos para $ 5.000 a uma Taxa de Juros de 8% ao Ano

(1) Fim do Ano	(2) Juros Devidos ao Ano	(3) Total de Juros Devidos ao Final do Ano	(4) Pagamento no Fim do Ano	(5) Total Devido Depois do Pagamento
Plano 1: Juros Simples, Paga Tudo no Fim				
0				$5.000,00
1	$400,00	$5.400,00	—	5.400,00
2	400,00	5.800,00	—	5.800,00
3	400,00	6.200,00	—	6.200,00
4	400,00	6.600,00	—	6.600,00
5	400,00	7.000,00	$7.000,00	
Total geral			$7.000,00	
Plano 2: Juros Compostos, Paga Tudo no Fim				
0				$5.000,00
1	$400,00	$5.400,00	—	5.400,00
2	432,00	5.832,00	—	5.832,00
3	466,56	6.298,56	—	6.298,56
4	503,88	6.802,44	—	6.802,44
5	544,20	7.346,64	$7.346,64	
Total geral			$7.346,64	
Plano 3: Juros Simples Pagos Anualmente; Principal Pago no Fim				
0				$5.000,00
1	$400,00	$5.400,00	$400,00	5.000,00
2	400,00	5.400,00	400,00	5.000,00
3	400,00	5.400,00	400,00	5.000,00
4	400,00	5.400,00	400,00	5.000,00
5	400,00	5.400,00	5.400,00	
Total geral			$7.000,00	

TABELA 1-3 (Continuação)

(1) Fim do Ano	(2) Juros Devidos ao Ano	(3) Total de Juros Devidos ao Final do Ano	(4) Pagamento no Fim do Ano	(5) Total Devido Depois do Pagamento
Plano 4: Juros Compostos e Parte do Principal Reembolsados Anualmente				
0				$5.000,00
1	$400,00	$5.400,00	$1.400,00	4.000,00
2	320,00	4.320,00	1.320,00	3.000,00
3	240,00	3.240,00	1.240,00	2.000,00
4	160,00	2.160,00	1.160,00	1.000,00
5	80,00	1.080,00	1.080,00	
Total geral			$6.200,00	
Plano 5: Pagamentos Anuais Iguais dos Juros Compostos e do Principal				
0				$5.000,00
1	$400,00	$5.400,00	$1.252,28	4.147,72
2	331,82	4.479,54	1.252,28	3.227,25
3	258,18	3.485,43	1.252,28	2.233,15
4	178,65	2.411,80	1.252,28	1.159,52
5	92,76	1.252,28	1.252,28	
Total geral			$6.261,41	

Os valores correspondentes aos juros (coluna 2) são determinados da seguinte maneira:

Plano 1 Juros simples = (principal original)(0,08)
Plano 2 Juros compostos = (total devido no ano anterior)(0,08)
Plano 3 Juros simples = (principal original)(0,08)
Plano 4 Juros compostos = (total devido no ano anterior)(0,08)
Plano 5 Juros compostos = (total devido no ano anterior)(0,08)

Note que os valores dos pagamentos anuais são diferentes para cada plano de reembolso e que os valores totais reembolsados, relativos a maioria dos planos, são diferentes, não obstante cada plano de reembolso exigir exatamente 5 anos. A diferença quanto aos valores totais reembolsados pode ser explicada (1) pelo valor do dinheiro no tempo, (2) pelos juros simples e compostos e (3) pelo reembolso parcial do principal antes dos 5 anos.

(*b*) A Tabela 1–3 mostra que $ 5.000 no tempo 0 é equivalente a cada uma das seguintes alternativas:

Plano 1 $ 7.000 no fim do quinto ano a uma taxa de juros simples de 8%.
Plano 2 $ 7.346,64 no fim do quinto ano a uma taxa de juros compostos de 8%.
Plano 3 $ 400 por ano durante quatro anos e $ 5.400 no fim do quinto ano a uma taxa de juros simples de 8%.
Plano 4 Pagamentos decrescentes dos juros e pagamentos parciais do principal do primeiro ($ 1.400) ao quinto ano ($ 1.080) a uma taxa de juros compostos de 8%.
Plano 5 $ 1.252,28 por ano durante 5 anos a uma taxa de juros compostos de 8%.

Um estudo de engenharia econômica usa o plano 5: a taxa de juros é composta e um valor constante é pago em cada período. Esse valor cobre os juros acumulados e uma parte do reembolso do principal.

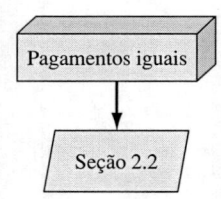

Pagamentos iguais
↓
Seção 2.2

1.7 TERMINOLOGIA E SÍMBOLOS

As equações e os procedimentos da engenharia econômica utilizam os seguintes termos e símbolos. Indicamos, a seguir, alguns exemplos:

P = valor ou quantidade de dinheiro em um tempo designado como o presente, ou tempo 0. P também é chamado de capital presente (CP), valor presente (VP), valor presente líquido (VPL), fluxo de caixa descontado (FCD) e custo capitalizado (CC); dólares.

F = valor ou quantidade de dinheiro em algum tempo futuro. F também é chamado de valor futuro (VF) e capital futuro (CF); dólares.

A = série de montantes consecutivos, iguais e em fim de período. A também é chamado de valor anual (VA) e valor anual uniforme equivalente (VAUE); dólares por ano; dólares por mês.

n = número de períodos de juros; anos, mês, dias.

i = taxa de juros ou taxa de retorno no período; porcentagem ao ano, porcentagem ao mês, porcentagem ao dia.

t = tempo declarado em períodos; anos, meses, dias.

Os símbolos P e F representam ocorrências únicas, A ocorre com o mesmo valor uma vez a cada período de juros durante um número especificado de períodos. Deve estar claro que um valor presente P representa um único montante, em algum tempo anterior a um valor futuro F ou anterior à primeira ocorrência de um valor A serial equivalente.

É importante notar que o símbolo A sempre representa um valor uniforme (ou seja, o mesmo valor a cada período), que se estende ao longo de períodos *consecutivos*. Ambas as condições devem existir para que a série seja representada por A.

Consideramos que a taxa de juros i é uma taxa composta, a menos que seja especificamente declarada como juros simples. A taxa i é expressa em porcentagem por período de juros; por exemplo, 12% ao ano. A não ser que seja declarado de outra maneira, considere que a taxa se aplica ao longo de todos os n anos ou períodos de juros. O equivalente decimal de i sempre é usado nos cálculos de engenharia econômica.

Todos os problemas de engenharia econômica envolvem o elemento de tempo n e a taxa de juros i. Em geral, todo problema envolverá pelo menos quatro dos símbolos P, F, A, n e i, sendo, no mínimo, três deles estimados ou conhecidos.

EXEMPLO 1.10

Uma recém-diplomada pela universidade tem um emprego na Boeing Aerospace. Ela planeja tomar emprestado $ 10.000, agora, para ajudá-la a comprar um carro. Organizou-se para pagar o principal por inteiro mais 8% de juros ao ano depois de 5 anos. Identifique os símbolos de engenharia econômica envolvidos e seus valores quanto ao total devido, após 5 anos.

Solução

Neste caso, P e F estão envolvidos, uma vez que todos os valores são pagamentos simples, bem como um n e um i. O tempo é expresso em anos.

$$P = \$\ 10.000 \qquad i = 8\%\ \text{ao ano} \qquad n = 5\ \text{anos} \qquad F = ?$$

O valor futuro F é desconhecido.

EXEMPLO 1.11

Suponha que você tome por empréstimo $\$\ 2.000$, agora, a uma taxa de juros de 7% ao ano, durante 10 anos, e deva reembolsar o empréstimo com pagamentos anuais iguais. Determine os símbolos envolvidos e seus valores.

Solução
O tempo é expresso em anos.

$$P = \$\ 2.000$$
$$A = ?\ \text{ao ano, durante 5 anos}$$
$$i = 7\%\ \text{ao ano}$$
$$n = 10\ \text{anos}$$

Nos Exemplos 1.10 e 1.11, o valor P é o recebimento de fundos pelo mutuário e F ou A é o desembolso feito pelo mutuário. É igualmente correto usar esses símbolos em papéis inversos.

EXEMPLO 1.12

No dia 1º de julho de 2002 seu novo empregador, a Ford Motor Company, deposita $\$\ 5.000$ em sua conta de investimentos na Bolsa de Valores, como parte de sua bonificação salarial. A conta paga juros de 5% ao ano. Você espera sacar o mesmo valor por ano, durante os próximos 10 anos. Identifique os símbolos e seus valores.

Solução
O tempo é expresso em anos.

$$P = \$\ 5.000$$
$$A = ?\ \text{ao ano}$$
$$i = 5\%\ \text{ao ano}$$
$$n = 10\ \text{anos}$$

EXEMPLO 1.13

Você planeja fazer o depósito de uma quantia global de $ 5.000, agora, em sua conta de investimentos que paga 6% ao ano e planeja sacar valores iguais de $ 1.000 no fim do ano durante 5 anos, a começar do próximo ano. No fim do sexto ano, você planeja fechar sua conta e sacar o dinheiro restante. Defina os símbolos de engenharia econômica envolvidos.

Solução
O tempo é expresso em anos.

$$P = \$\ 5.000$$

$$A = \$\ 1.000 \text{ ao ano, durante 5 anos}$$

$$F = ? \text{ no fim do sexto ano}$$

$$i = 6\% \text{ ao ano}$$

$$n = 5 \text{ anos para a série } A \text{ e } 6 \text{ para o valor } F$$

EXEMPLO 1.14

No ano passado a avó de Jane ofereceu-se para depositar dinheiro em uma conta de poupança, o suficiente para gerar $ 1.000 neste ano para ajudar a custear suas despesas universitárias. (*a*) Identifique os símbolos e (*b*) calcule o valor que teve de ser depositado exatamente há um ano para render $ 1.000 de juros agora, se a taxa de retorno é de 6% ao ano.

Solução
(*a*) O tempo é expresso em anos.

$$P = ?$$

$$i = 6\% \text{ ao ano}$$

$$n = 1 \text{ ano}$$

$$F = P + \text{juros}$$

$$= ? + \$\ 1.000$$

(*b*) Consulte as equações [1.3] e [1.4]. Digamos que F = ao valor total agora e P = ao valor original. Sabemos que $F - P = \$\ 1.000$ são os juros acumulados. Agora podemos determinar P para Jane e sua avó.

$$F = P + P(\text{taxa de juros})$$

Os juros de $ 1.000 podem ser expressos como:

$$\text{Juros} = F - P = [P + P(\text{taxa de juros})] - P$$

$$= P(\text{taxa de juros})$$

$$\$\ 1.000 = P(0,06)$$

$$P = \frac{1.000}{0,06} = \$\ 16.666,67$$

1.8 INTRODUÇÃO À SOLUÇÃO POR COMPUTADOR

As funções de uma planilha eletrônica podem reduzir de maneira considerável a quantidade de trabalho manual, assim como o uso de calculadoras, para efetuar os cálculos de equivalência envolvendo *juros compostos* e os termos P, F, A, i e n. As planilhas eletrônicas, com freqüência, tornam possível inserir uma função predefinida em uma célula e obter o resultado final imediatamente. Qualquer sistema de planilhas pode ser usado – um comercial como o Microsoft Excel© ou um especialmente desenvolvido, com funções e operadores financeiros incorporados. O Excel é usado neste livro porque está disponível e é fácil de usar.

O Apêndice A é uma cartilha sobre o uso de planilhas e do Excel. As funções usadas em engenharia econômica são descritas detalhadamente nesse apêndice, com explicações de todos os parâmetros (também chamados de argumentos) colocadas entre parênteses, logo após a função identificadora. A função de ajuda *online* do Excel fornece informações idênticas. O Apêndice A também inclui uma seção sobre *layout* de planilhas, que apresenta o *layout* utilizado na apresentação de análises econômicas a outras pessoas – um colega de trabalho, um chefe ou um professor.

Um total de seis funções do Excel pode executar a maior parte dos cálculos fundamentais de engenharia econômica. Entretanto, essas funções não substituem o conhecimento necessário de como o valor do dinheiro no tempo e os juros compostos funcionam. As funções são ótimas ferramentas complementares, mas não substituem o entendimento que se deve ter das relações, hipóteses e técnicas da engenharia econômica.

Usando os símbolos P, F, A, i e n, exatamente como foram definidos na seção anterior, as funções do Excel mais utilizadas em análises de engenharia econômica são formuladas da seguinte maneira:

Para encontrar o valor presente P: VP(taxa;nper;pgto;vf;tipo)

Para encontrar o valor futuro F: VF(taxa;nper;pgto;vp;tipo)

Para encontrar um valor periódico e igual A: PGTO(taxa;nper;vp;vf;tipo)

Para encontrar o número de períodos n: NPER(taxa;pgto;vp;vf;tipo)

Para encontrar a taxa de juros compostos i: TAXA(nper;pgto;vp;vf;tipo;estimativa)

Para encontrar a taxa de juros compostos i: TIR(valores;estimativa)

Para encontrar o valor presente P de qualquer seqüência: VPL(taxa;valor1;valor2; ...)

Se algum dos parâmetros (argumentos) não se aplicar a determinado problema, ele poderá ser omitido, e presume-se, então, que o seu valor seja zero. Se o parâmetro omitido for interno, o símbolo de ponto-e-vírgula (;) deve ser inserido. As duas últimas funções exigem que uma seqüência de números seja inserida em células de planilha contínuas, mas as cinco primeiras podem ser usadas sem nenhum dado de apoio. Em todos os casos, a função deve ser precedida de um símbolo de igualdade (=) na célula em que o resultado deve ser exibido.

Cada uma dessas funções será introduzida e ilustrada no ponto deste livro em que são mais úteis. Entretanto, para ter uma idéia de como elas funcionam, examine novamente os Exemplos 1.10 e 1.11. No Exemplo 1.10 o valor futuro F é desconhecido, como é indicado por $F = ?$ na solução. No próximo capítulo aprenderemos como o valor do dinheiro no tempo é usado para encontrar F, dados P, i e n. Para encontrar F nesse exemplo usando uma planilha eletrônica, simplesmente digite a função VF precedida de um símbolo de igualdade em qualquer célula. O formato é =VF(taxa;nper;pgto;vp;tipo), ou

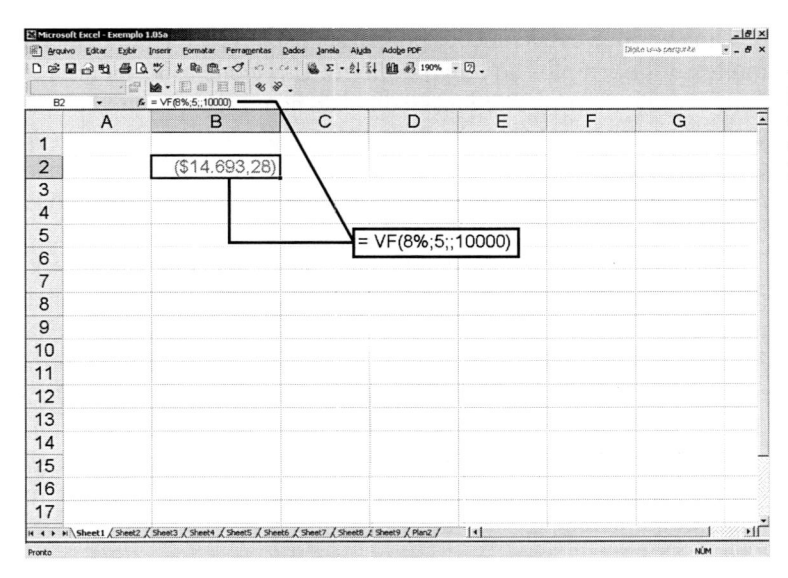

Figura 1–5
As funções de planilha do Excel (*a*) e (*b*) correspondentes, respectivamente, dos Exemplos 1.10 e 1.11.

(a)

(b)

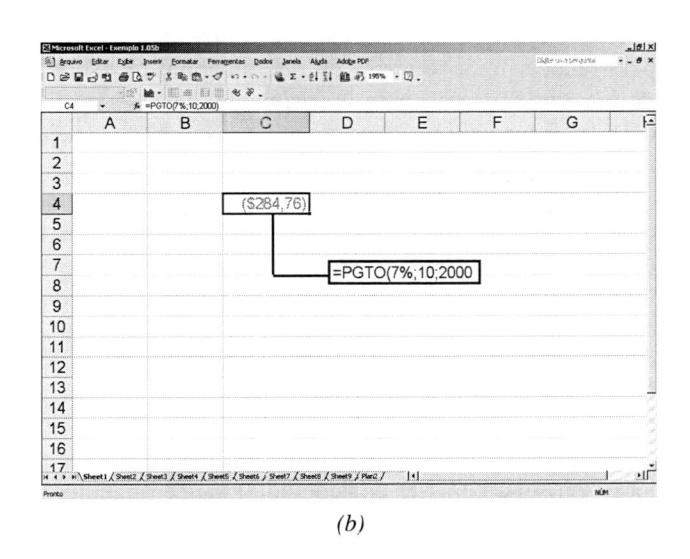

=VF(8%;5;;10.000). O ponto-e-vírgula é inserido porque não há nenhum *A* envolvido. A Figura 1–5*a* é uma tela da planilha Excel com a função VF inserida na célula B2. O resultado $ –14.693,28 é apresentado. O resultado é apresentado em vermelho na tela do Excel, para indicar um valor negativo da perspectiva do mutuário que deve reembolsar o empréstimo depois de 5 anos. A função VF é apresentada na barra de fórmulas acima da própria planilha. Além disso, adicionamos um rótulo (*tag*) à célula para mostrar o formato da função VF.

No Exemplo 1.11, o valor anual uniforme *A* é procurado, e *P*, *i* e *n* são conhecidos. Encontre *A* usando a função PGTO(taxa;nper;vp;vf;tipo) ou, nesse exemplo, PGTO(7%;10;2000). A Figura 1–5*b* apresenta o resultado na célula C4. O formato da função VF é apresentado na barra de fórmulas e no rótulo da célula.

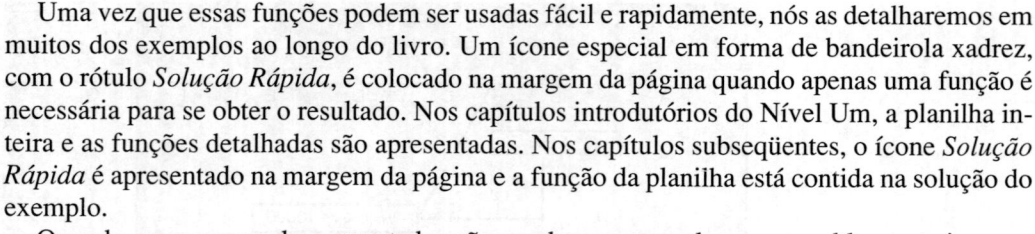

Uma vez que essas funções podem ser usadas fácil e rapidamente, nós as detalharemos em muitos dos exemplos ao longo do livro. Um ícone especial em forma de bandeirola xadrez, com o rótulo *Solução Rápida*, é colocado na margem da página quando apenas uma função é necessária para se obter o resultado. Nos capítulos introdutórios do Nível Um, a planilha inteira e as funções detalhadas são apresentadas. Nos capítulos subseqüentes, o ícone *Solução Rápida* é apresentado na margem da página e a função da planilha está contida na solução do exemplo.

Quando os recursos do computador são usados para resolver um problema mais complexo utilizando-se diversas funções e, possivelmente, um gráfico do Excel, é apresentado na margem um ícone, no formato de um raio, com o rótulo *Sol. Excel* (*Solução com o Excel*). Essas planilhas são mais complexas e contêm muito mais informação e cálculos, especialmente quando é realizada análise de sensibilidade. O resultado *Solução por Computador* de um exemplo sempre é apresentado depois da *Solução Manual*. Conforme mencionamos anteriormente, uma função de planilha não substitui o correto entendimento e aplicação das relações de engenharia econômica. Portanto, as soluções manuais e por computador se complementam mutuamente.

1.9 TAXA MÍNIMA DE ATRATIVIDADE

Para que qualquer investimento seja lucrativo, o investidor (corporativo ou individual) espera receber mais dinheiro do que o capital investido. Em outras palavras, uma justa *taxa de retorno*, ou *retorno do investimento*, deve ser realizável. A definição de taxa de retorno (TR) na Equação [1.4] é usada nesta discussão, ou seja, o valor ganho dividido pelo capital inicial.

As alternativas de engenharia são avaliadas em função do prognóstico de que uma taxa de retorno (TR) razoável pode ser esperada. Portanto, certa taxa razoável deve ser estabelecida na etapa de definição dos critérios para o estudo de engenharia econômica (Figura 1–1). A taxa razoável é chamada de *Taxa Mínima de Atratividade* (TMA) e é mais alta do que a taxa esperada de um banco ou de determinado investimento seguro, que envolva um risco mínimo de investimento. A Figura 1–6 indica as relações entre diferentes valores da taxa de retorno. Nos Estados Unidos, o retorno dos títulos do Tesouro americano, às vezes, é usado como taxa de retorno de referência.

A TMA também é chamada de *taxa anual de rendimento mínimo* (*hurdle rate*) para projetos; ou seja, para ser considerada financeiramente viável a TR esperada deve atingir ou ultrapassar a TMA, ou taxa anual de rendimento mínimo. Note que a TMA não é calculada como a TR. A TMA é estabelecida por gerentes (financeiros) e usada como um critério, em relação ao qual uma TR da alternativa é comparada, para que se tome a decisão de aceitar ou rejeitar o projeto de investimento.

Para desenvolvermos uma compreensão básica de como o valor da TMA é estabelecido e usado, devemos retornar ao termo *capital*, introduzido na Seção 1.1. O capital também é chamado de *fundos de capital* e *capital de investimento*. Ele sempre é remunerado, na forma de juros, para elevar o capital. Os juros, declarados como uma taxa percentual, são chamados de *custo do capital*. Por exemplo, se você quisesse comprar um novo aparelho de som, mas não tivesse o dinheiro (capital) suficiente, poderia obter um empréstimo de uma cooperativa de crédito a determinada taxa de juros, digamos, de 9% ao ano e usar esse dinheiro para pagar a mercadoria agora. Ou poderia usar seu (recém-adquirido) cartão de crédito e pagar a dívida mensalmente. O uso do cartão de crédito, provavelmente, lhe custará pelo menos 18% ao ano. Ou você poderia usar os fundos de sua conta de poupança, que rende 5% ao ano, e pagar em dinheiro. As taxas 9%, 18% e 5% são suas estimativas de custo do capital para

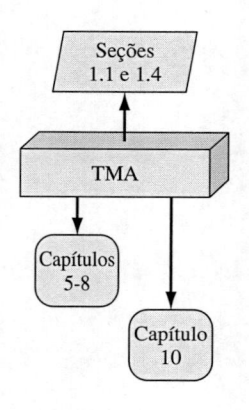

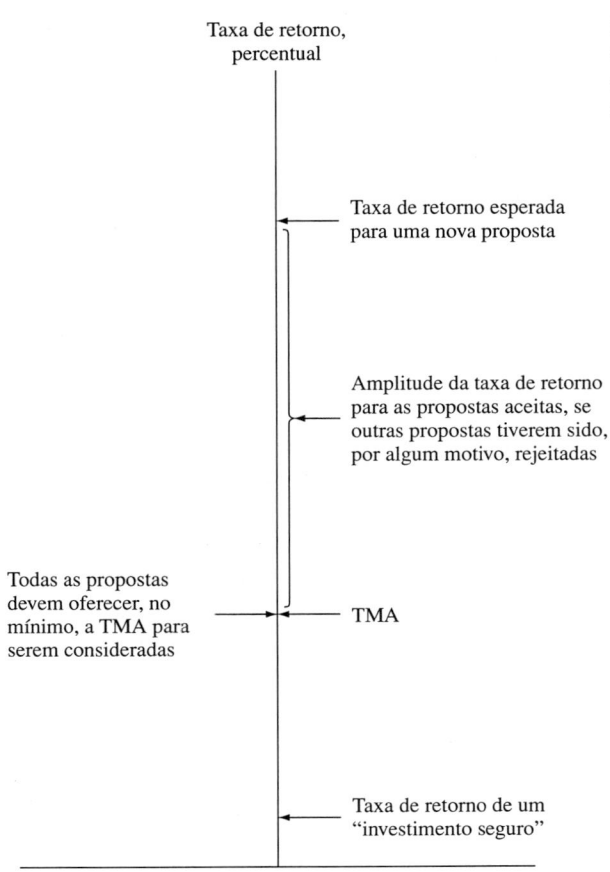

Figura 1-6
O valor da TMA em relação a outros valores de taxa de retorno.

Eixo vertical: Taxa de retorno, percentual

- Taxa de retorno esperada para uma nova proposta
- Amplitude da taxa de retorno para as propostas aceitas, se outras propostas tiverem sido, por algum motivo, rejeitadas
- TMA — Todas as propostas devem oferecer, no mínimo, a TMA para serem consideradas
- Taxa de retorno de um "investimento seguro"

---

levantar os fundos necessários à compra do aparelho de som, por meio de diferentes métodos de financiamento do capital. De maneira análoga, as corporações estimam o custo do capital de diferentes fontes a fim de levantar os fundos necessários a projetos de engenharia e outros tipos de projeto.

Em geral, o capital é desenvolvido de duas maneiras: financiamento patrimonial e financiamento da dívida. Uma combinação desses dois métodos é muito comum na maior parte dos projetos. O Capítulo 10 trata esses assuntos de maneira mais detalhada, mas apresentamos a seguir uma breve descrição deles:

Financiamento com capital próprio (*Equity financing*) A corporação usa seus próprios fundos do capital disponíveis, venda de ações ou lucros retidos. Pessoas físicas podem usar seu próprio dinheiro, poupança ou investimentos. No exemplo anterior, o uso do dinheiro da conta de poupança que rende 5% é financiamento com capital próprio.

Financiamento com capital de terceiros (*Debt financing*) A corporação toma empréstimos de fontes externas e reembolsa o principal e os juros de acordo com determinada programação, de uma maneira muito similar aos planos da Tabela 1–3. As fontes de capital obtido externamente podem ser títulos, empréstimos, hipotecas, consórcios de capital de risco e muitos outros. Pessoas físicas também podem utilizar fontes de financiamento com capital de terceiros como, por exemplo, as opções de cartão de crédito e cooperativas de empréstimo descritas no exemplo de compra do aparelho de som.

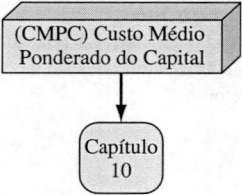

Combinações de financiamento com capital de terceiro e capital próprio (*debt-equity financing*) significam que o resultado é um custo médio ponderado do capital (CMPC). Se o aparelho de som for adquirido com 40% do montante via cartão de crédito a 18% ao ano e 60% de fundos de uma conta de poupança que rende 5% ao ano, o custo médio ponderado do capital será 0,4(18) + 0,6(5) = 10,2% ao ano.

Em relação a uma corporação, a Taxa Mínima de Atratividade, usada como critério para aceitar ou recusar uma alternativa, sempre será *maior do que o custo médio ponderado do capital* que a corporação deve suportar para obter os fundos de capital necessários. Assim, a desigualdade:

$$TR \geq TMA > CMPC \qquad [1.7]$$

deve estar correta em relação a um projeto aceito. As exceções podem ser consideradas para alternativas reguladas pelo governo (segurança, seguro, ambiental, legal etc.), aventuras economicamente lucrativas que, espera-se, levarão a outras oportunidades etc. Os projetos de engenharia com valor adicionado geralmente seguem a Equação [1.7].

Freqüentemente podem existir muitas alternativas que, supõe-se, levem a uma TR que ultrapasse a TMA, como indicamos na Figura 1–6. No entanto, pode não haver capital suficiente disponível para todas, ou o risco calculado do projeto se apresentar muito alto para a oportunidade de investimento. Dessa forma, os novos projetos que serão executados, geralmente, serão aqueles que têm uma taxa de retorno esperada, no mínimo, tão grande quanto a taxa de retorno de uma outra alternativa que ainda não foi financiada. Esse novo projeto selecionado seria uma proposta representada pela seta superior, que indica a taxa de retorno na Figura 1–6. Por exemplo, suponhamos uma TMA = 12% e que a proposta 1, com uma TR esperada de 13%, não possa ser financiada devido à falta de capital. Entretanto, a proposta 2 tem uma TR = 14,5% e é financiada com o capital disponível. Uma vez que a proposta 1 não é levada a efeito devido à falta de capital, sua TR estimada de 13% é chamada de *custo de oportunidade*, ou seja, a oportunidade de obter um retorno adicional de 13% é perdida.

1.10 FLUXOS DE CAIXA: SUA ESTIMATIVA E DIAGRAMAÇÃO

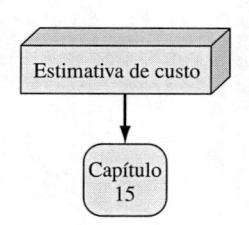

Na Seção 1.3, os fluxos de caixa são descritos como entradas e saídas de dinheiro. Esses fluxos de caixa podem ser estimativas ou valores observados. Qualquer pessoa ou empresa tem dinheiro a receber, receitas e rendimentos (entradas) e, ao mesmo tempo, também possui despesas, desembolsos e custos (saídas). Esses influxos e desembolsos constituem os fluxos de caixa, sendo que um sinal de mais (+) representa as entradas de caixa e um sinal de menos (−) representa as saídas de caixa. Os fluxos de caixa ocorrem durante intervalos de tempo específicos como, por exemplo, 1 mês ou 1 ano.

De todos os elementos utilizados no estudo de engenharia econômica (Figura 1–1), provavelmente a estimativa do fluxo de caixa seja o mais difícil e inexato. Estimativas do fluxo de caixa são simplesmente isto: estimativas a respeito de um futuro incerto. Uma vez estimadas, as técnicas deste livro orientam o processo de tomada de decisão. Mas a comprovada exatidão das estimativas de entradas e saídas de caixa da alternativa estudada determina, claramente, a qualidade da análise e conclusão econômicas.

Os *influxos de caixa*, ou entradas, podem ser compreendidos pelo seguinte, dependendo da natureza da atividade proposta e do tipo de negócio envolvido.

Exemplos de Estimativas de Influxo de Caixa

Receitas (geralmente *incrementais* resultantes de uma alternativa).

Reduções do custo operacional (resultantes de uma alternativa).

Valor recuperado do ativo.

Recebimento do principal de empréstimos.

Deduções do imposto de renda.

Recebimentos da venda de títulos e ações.

Economias de custo de construção e instalações.

Poupança ou retorno de fundos de capital corporativos.

Saídas de caixa, ou desembolsos, podem compreender o seguinte, novamente, dependendo da natureza e do tipo de negócio.

Exemplos de Estimativas de Saída de Caixa

Custo de aquisição de ativos.

Custos de projetos de engenharia.

Custos operacionais (anuais e incrementais).

Custos periódicos de manutenção e reconstrução.

Juros de empréstimos e pagamentos do principal.

Custos importantes de atualização, esperados e inesperados.

Imposto de renda.

Dispêndio de fundos de capital corporativo.

Informações de apoio para as estimativas podem estar disponíveis em departamentos como, por exemplo, de contabilidade, financeiro, marketing, vendas, engenharia, projetos, manufatura, produção, trabalho de campo e serviços de computador. A precisão das estimativas depende muito da experiência da pessoa que a faz. Habitualmente são feitas *por ponto*, ou seja, uma de um único valor é desenvolvida para cada elemento econômico de uma alternativa. Se for utilizada uma abordagem estatística no estudo de engenharia, uma *estimativa da amplitude*, ou *estimativa da distribuição*, pode ser desenvolvida. Não obstante envolver mais cálculos, um estudo estatístico apresenta resultados mais completos quando se espera que as estimativas-chave variem amplamente. Usaremos estimativas por ponto ao longo da maior parte deste livro. Os capítulos finais discutem a tomada de decisões sob risco.

Assim que as estimativas de entrada e saída de caixa são desenvolvidas, o fluxo de caixa líquido pode ser determinado.

$$\text{Fluxo de caixa líquido} = \text{recebimentos} - \text{desembolsos}$$
$$= \text{influxos de caixa} - \text{saídas de caixa} \qquad [1.8]$$

Desde que os fluxos de caixa normalmente se desenvolvam em intervalos de tempo variáveis dentro de um período de juros, uma hipótese simplificadora é feita.

Convenção "fim do período": presume-se que todos os fluxos de caixa ocorram no fim de um período de juros. Quando ocorrem diversos recebimentos e desembolsos dentro de determinado período de juros, considera-se que o fluxo de caixa líquido ocorre no *fim* do período de juros.

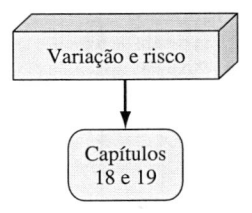

Entretanto, deve-se entender que, embora os valores F ou A *estejam* localizados no fim do período de juros, por convenção, o fim do período não é necessariamente 31 de dezembro. No Exemplo 1.12, o depósito ocorreu no dia 1º de julho de 2002 e os saques ocorrerão no dia 1º de julho de cada ano sucessivo, durante dez anos. *Nesse caso, fim do período significa o fim do período de juros, não o fim do ano do calendário.*

O *diagrama de fluxo de caixa* é uma ferramenta muito importante em análise econômica, especialmente quando a seqüência de fluxos de caixa é complexa. Trata-se de uma representação gráfica das entradas e saídas de dinheiro sobre uma escala de tempo. O diagrama inclui aquilo que é conhecido, aquilo que é estimado e aquilo que é necessário. Ou seja, tão logo o diagrama de fluxo de caixa é concluído, outra pessoa deve ser capaz de trabalhar o problema ao examinar o diagrama.

O tempo $t = 0$ do diagrama de fluxos de caixa é o presente e $t = 1$ é o fim do intervalo de tempo 1. Por ora, supomos que os períodos estejam expressos em anos. A escala de tempo da Figura 1–7 está configurada para 5 anos. Uma vez que a convenção fim do período coloca os fluxos de caixa no fim de cada ano, o "1" marca o fim do ano 1.

Embora não seja necessário usar uma escala exata nos diagramas de fluxo de caixa, provavelmente você evitará erros se for capaz de criar um diagrama claro para aproximar tanto as magnitudes de tempo quanto as de fluxos de caixa relativas.

A direção das setas no diagrama de fluxo de caixa é importante. Uma seta vertical apontando para cima indica um fluxo de caixa positivo. Inversamente, uma seta vertical apontando para baixo indica um fluxo de caixa negativo. A Figura 1–8 ilustra um recebimento (influxo de caixa) no fim do ano 1 e desembolsos iguais (saídas de caixa) no fim dos anos 2 e 3.

A perspectiva, ou ponto de vista, deve ser determinada antes de se colocar um sinal em cada fluxo de caixa e diagramá-lo. Como ilustração, se você tomar por empréstimo $ 2.500 para comprar à vista uma motocicleta Harley-Davidson usada, que custa $ 2.000, e usar os $ 500 restantes para um trabalho de funilaria que fará uma nova pintura, pode haver diferentes perspectivas a serem tomadas. Possíveis perspectivas, sinais dos fluxos de caixa

Figura 1–7
Uma escala de tempo de fluxo de caixa típica de 5 anos.

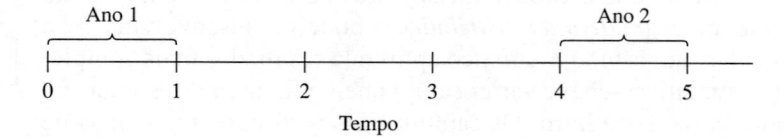

Figura 1–8
Exemplo de fluxos de caixa positivos e negativos.

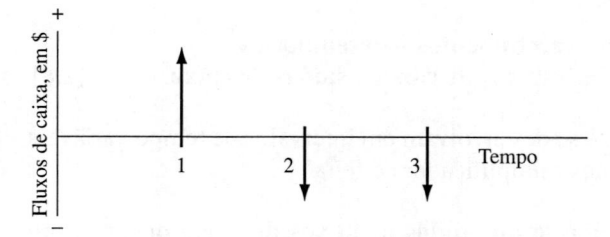

e valores dos fluxos de caixa:

Perspectiva	Fluxos de Caixa, em $
Cooperativa de crédito	− 2.500
Você, como mutuário	+ 2.500
Você, como comprador e como cliente de quem fará a pintura	−2.000 −500
Vendedor da moto usada	+ 2.000
Proprietário da funilaria que fará a pintura	+ 500

EXEMPLO 1.15

Releia o Exemplo 1.10, em que $P = \$ 10.000$ é tomado por empréstimo a 8% ao ano e se procura F depois de 5 anos. Construa o diagrama de fluxo de caixa.

Solução
A Figura 1–9 apresenta o diagrama de fluxo de caixa considerando o ponto de vista do mutuário. A importância atual P é uma entrada de caixa do principal do empréstimo no ano 0, e a importância futura F é a saída de caixa do reembolso no fim do ano 5. A taxa de juros deve ser indicada no diagrama.

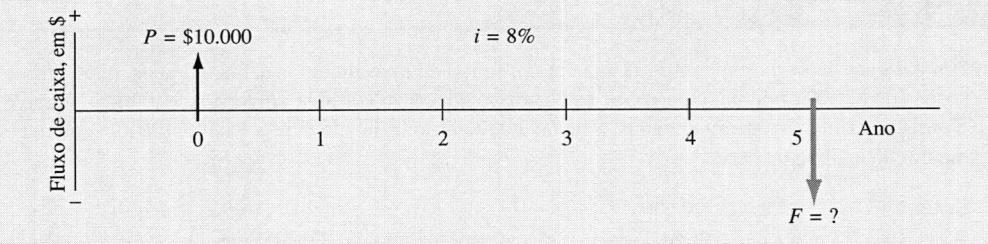

Figura 1–9
Diagrama do fluxo de caixa do Exemplo 1.15.

EXEMPLO 1.16

Anualmente, a Exxon-Mobil gasta grandes somas financeiras em dispositivos de segurança mecânica em suas operações internacionais. Carla Ramos, engenheira-chefe de operações no México e na América Central, planeja gastos de $ 1 milhão agora e em cada um dos próximos quatro anos, apenas para fazer as melhorias necessárias nas válvulas de controle de pressão do campo de base. Construa um diagrama de fluxo de dados para calcular o valor equivalente desses gastos no fim do quarto ano, usando uma estimativa do custo de capital para fundos relacionados à segurança de 12% ao ano.

Solução
A Figura 1–10 indica a seqüência de fluxos de caixa uniformes e negativos (dispêndios) correspondentes aos cinco períodos, e o valor F desconhecido (fluxo de caixa equivalente, positivo) exatamente no mesmo tempo que o quinto dispêndio. Uma vez que os dispêndios se iniciam imediatamente, o

primeiro $ 1 milhão é apresentado no tempo 0, não no tempo 1. Portanto, o último fluxo de caixa negativo ocorre no fim do quarto ano, quando F também ocorre. Para fazemos este diagrama parecer idêntico ao da Figura 1–9, com um total de 5 anos na escala, a adição do ano –1 antes do ano 0 completa o diagrama para um total de 5 anos. Essa adição demonstra que o ano 0 é o ponto de fim de período do ano –1.

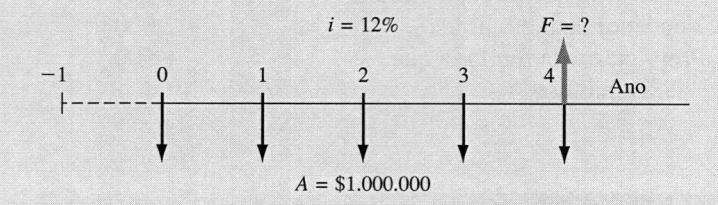

Figura 1–10
Diagrama do fluxo de caixa do Exemplo 1.16.

EXEMPLO 1.17

Um pai quer depositar uma importância em um fundo de investimentos daqui a 2 anos, que permite saques de $ 4.000 por ano para cobrir os custos de educação em uma universidade pública, durante 5 anos, a ser iniciada daqui a 3 anos. Se a taxa de retorno estimada é de $ 15,5% ao ano, construa o diagrama de fluxo de caixa.

Solução
A Figura 1–11 apresenta o fluxo de caixa, sob a perspectiva do pai. O valor presente P é uma saída de caixa daqui a 2 anos; portanto, ela precisa ser determinada ($P = ?$). Note que esse valor presente não ocorre no tempo $t = 0$, mas em um período anterior ao primeiro valor A de $ 4.000, que é a primeira entrada de caixa para o pai.

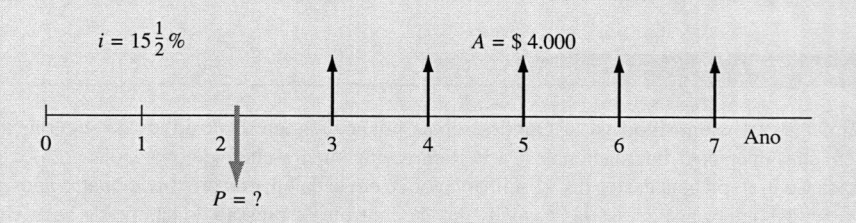

Figura 1–11
Diagrama do fluxo de caixa do Exemplo 1.17.

Exemplos adicionais 1.19 e 1.20.

1.11 REGRA DE 72: ESTIMAR O TEMPO DE DUPLICAÇÃO (DO VALOR PRESENTE) E A TAXA DE JUROS

Às vezes, é útil estimar o número de anos n ou a taxa de retorno i necessários para que um valor de fluxo de caixa simples se duplique em tamanho. A *regra de 72,* para taxas de juros compostos, pode ser usada para estimar i ou n, dado o outro valor. A estimação é simples; o tempo necessário para que um valor inicial dobre em tamanho, utilizando juros compostos, é, aproximadamente, igual a 72 dividido pela taxa de retorno em termos percentuais.

$$n \text{ estimado} = \frac{72}{i} \qquad [1.9]$$

Por exemplo, a uma taxa de 5% ao ano, seriam necessários aproximadamente 72/5 = 14,4 anos para que um valor atual se duplicasse. (O tempo real necessário são 14,3 anos, conforme mostraremos no Capítulo 2.) A Tabela 1–4 compara os tempos estimados por meio da regra de 72 com os tempos reais necessários para se obter o dobro, a diversas taxas compostas. Como pode-se ver, estimativas muito boas são obtidas.

Alternativamente, a taxa composta i, em percentuais, necessária para que o dinheiro se duplique em um intervalo de tempo n específico, pode ser estimada dividindo-se 72 pelo valor n especificado.

$$i \text{ estimado} = \frac{72}{n} \qquad [1.10]$$

Para que o dinheiro se duplique em um período de 12 anos, por exemplo, uma taxa de retorno composta de aproximadamente 72/12 = 6% ao ano seria necessária. A resposta exata é 5,946% ao ano.

Se os juros são simples, uma *regra de 100* pode ser usada da mesma maneira. Nesse caso, os resultados obtidos sempre estarão exatamente corretos. Como ilustrações, o dinheiro dobra o seu valor em exatamente 12 anos a taxa de juros simples 100/12 = 8,33%. Ou, a taxa de juros simples de 5% seriam necessários exatamente 100/5 = 20 anos para ele se duplicar.

TABELA 1–4 Estimativas do Tempo de Duplicação Usando a Regra de 72 e do Tempo Real Usando Cálculos de Juros Compostos

Taxa de Retorno, % ao Ano	Tempo de Duplicação em Anos	
	Estimativa com a Regra de 72	Anos Reais
1	72	70
2	36	35,3
5	14,4	14,3
10	7,2	7,5
20	3,6	3,9
40	1,8	2,0

1.12 APLICAÇÃO DE PLANILHAS ELETRÔNICAS – JUROS SIMPLES E COMPOSTOS E ESTIMATIVAS DE FLUXO DE CAIXA MUTÁVEIS

O exemplo a seguir demonstra como uma planilha do Excel pode ser usada para obter valores futuros equivalentes. Um recurso-chave é o uso de funções matemáticas desenvolvidas nas células para realizar análise de sensibilidade de estimativas de fluxo de caixa mutáveis e da taxa de juros. Responder a essas questões básicas usando soluções manuais pode ser algo que consome muito tempo; uma planilha eletrônica torna a tarefa muito mais simples.

EXEMPLO 1.18

Uma firma de arquitetura com sede no Japão solicitou a um grupo de engenharia de software dos Estados Unidos a inserção da capacidade de sensoriamento GIS (*geographical information system* – sistema de informações geográficas), via satélite, no software de monitoramento de estruturas elevadas, a fim de detectar movimentos horizontais maiores do que o esperado. Esse software poderia ser muito benéfico, atuando como um aviso antecipado de tremores sérios em regiões propensas a terremotos, no Japão e nos Estados Unidos. Segundo as estimativas, a inclusão de dados GIS acurados aumentaria a receita anual, comparado a do sistema de software atual, em $ 200.000 em cada um dos próximos 2 anos, e em $ 300.000 em cada um dos anos 3 e 4. O horizonte de planejamento é somente de 4 anos, devido ao rápido avanço realizado internacionalmente na área de softwares de monitoramento de construções. Desenvolva planilhas para atender às demandas seguintes.

(a) Determine o valor futuro equivalente dos fluxos de caixa aumentados no ano 4 usando uma taxa de retorno de 8% ao ano. Obtenha os resultados referentes, tanto a juros simples como compostos.

(b) Refaça a questão (a) se as estimativas de fluxo de caixa dos anos 3 e 4 se elevarem de $ 300.000 para $ 600.000.

(c) O gerente financeiro da empresa norte-americana quer considerar os efeitos de uma inflação de 4% ao ano na análise da questão (a). Conforme mencionamos na Seção 1.4, a inflação reduz a taxa de retorno real. Para uma taxa de retorno de 8%, uma taxa de inflação de 4% ao ano composta a cada ano reduz o rendimento a 3,85% ao ano.

Solução por Computador

Consulte as soluções na Figura 1–12, de *a* a *c*. Todas as três planilhas contêm as mesmas informações, mas os valores nas células são alterados quando a questão assim exige. (Na realidade, todas as questões apresentadas aqui podem ser solucionadas em uma única planilha, simplesmente alterando-se os números. Aqui, são apresentadas três planilhas, somente para fins de explicação.)

As funções do Excel são construídas com referência às células, não aos próprios valores, de forma que a análise de sensibilidade pode ser realizada sem alterações da função. Esse critério trata o valor contido em uma célula como uma *variável global* para a planilha. Por exemplo, a taxa (de juros simples ou compostos) de 8% na célula B4 será referenciada em todas as funções como B4, não 8%. Desse modo, uma modificação da taxa requer somente uma alteração no lançamento feito na célula B4, não em toda relação e função de planilha. As funções-chave do Excel são detalhadas nos rótulos da célula.

(a) *Taxa de juros simples de 8%.* Consulte as respostas nas colunas C e D na Figura 1–12a. Os juros simples ganhos a cada ano (Coluna C) incorporam a Equação [1.5], um ano de cada vez,

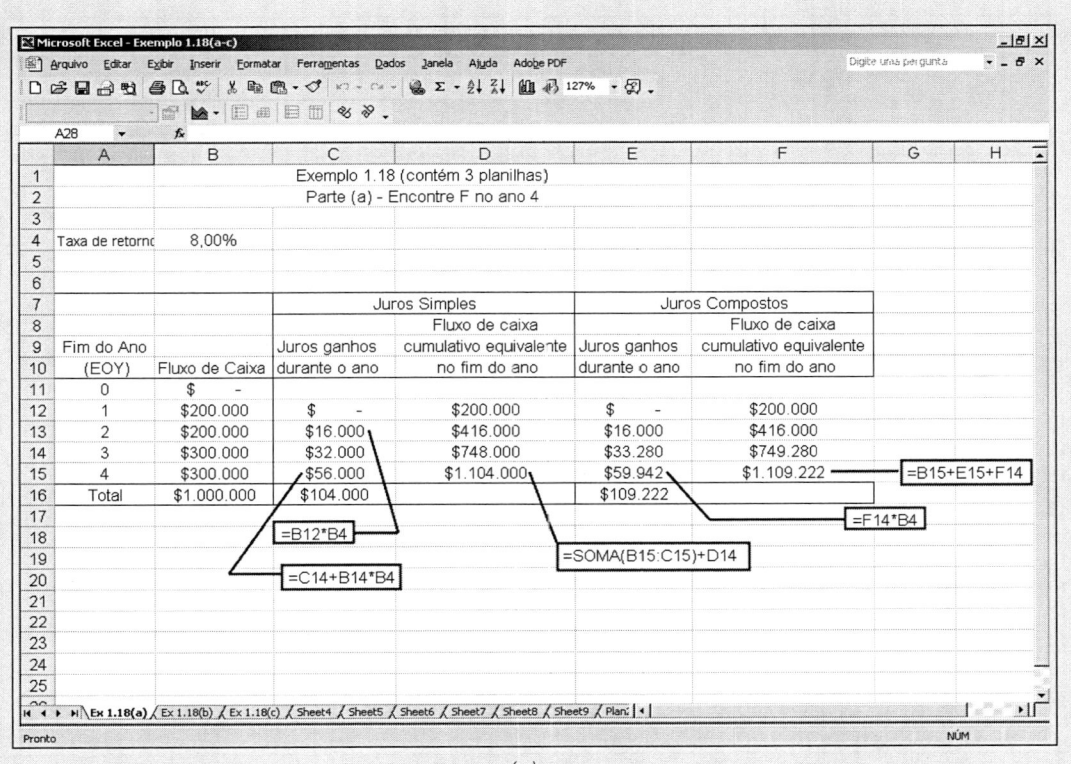

SEÇÃO 1.12   Aplicação de Planilhas Eletrônicas – Juros Simples e Compostos e Estimativas de Fluxo de Caixa Mutáveis   37

(a) Exemplo 1.18 (contém 3 planilhas) — Parte (a) - Encontre F no ano 4

Taxa de retorno: 8,00%

Fim do Ano (EOY)	Fluxo de Caixa	Juros Simples — Juros ganhos durante o ano	Juros Simples — Fluxo de caixa cumulativo equivalente no fim do ano	Juros Compostos — Juros ganhos durante o ano	Juros Compostos — Fluxo de caixa cumulativo equivalente no fim do ano
0	$ -				
1	$200.000	$ -	$200.000	$ -	$200.000
2	$200.000	$16.000	$416.000	$16.000	$416.000
3	$300.000	$32.000	$748.000	$33.280	$749.280
4	$300.000	$56.000	$1.104.000	$59.942	$1.109.222
Total	$1.000.000	$104.000		$109.222	

Fórmulas indicadas:
- =B12*B4
- =C14+B14*B4
- =SOMA(B15:C15)+D14
- =F14*B4
- =B15+E15+F14

(a)

(b) Encontre F com maiores estimativas de fluxo de caixa

Taxa de retorno: 8,00%

Fim do Ano (EOY)	Fluxo de Caixa	Juros Simples — Juros ganhos durante o ano	Juros Simples — Fluxo de caixa cumulativo equivalente no fim do ano	Juros Compostos — Juros ganhos durante o ano	Juros Compostos — Fluxo de caixa cumulativo equivalente no fim do ano
0	$ -				
1	$200.000	$ -	$200.000	$ -	$200.000
2	$200.000	$16.000	$416.000	$16.000	$416.000
3	$600.000	$32.000	$1.048.000	$33.280	$1.049.280
4	$600.000	$80.000	$1.728.000	$83.942	$1.733.222
Total	$1.600.000	$128.000		$133.222	

(b)

38   CAPÍTULO 1   Fundamentos da Engenharia Econômica

Fim do Ano (EOY)	Fluxo de Caixa	Juros Simples		Juros Compostos	
		Juros ganhos durante o ano	Fluxo de caixa cumulativo equivalente no fim do ano	Juros ganhos durante o ano	Fluxo de caixa cumulativo equivalente no fim do ano
0	$ -				
1	$200.000	$ -	$200.000	$ -	$200.000
2	$200.000	$7.700	$407.700	$7.700	$407.700
3	$300.000	$15.400	$723.100	$15.696	$723.396
4	$300.000	$26.950	$1.050.050	$27.851	$1.051.247
Total	$1.000.000	$50.050		$51.247	

Taxa de retorno   3,85%

(c) Encontre F com uma taxa de inflação de 4%

(c)

Figura 1–12
Solução por meio de planilha eletrônica incluindo análise de sensibilidade, Exemplo 1.18(*a*)-(*c*).

usando somente os valores do fluxo de caixa no fim do ano - *end-of-year* – EOY – ($ 200.000 ou $ 300.000), para determinar os juros correspondentes ao ano seguinte.

Esses juros se somam aos juros dos anos anteriores. Em unidades de $ 1.000.

Ano 2:   C13 = B12*B4 = $ 200(0,08) = $ 16 (veja o rótulo da célula)

Ano 3:   C14 = C13 + B13*B4 = $ 16 + $ 200(0,08) = $ 32

Ano 4:   C15 = C14 + B14*B4 = $ 32 + $ 300(0,08) = $ 56 (veja o rótulo da célula)

Lembre-se: um sinal de igualdade (=) deve preceder cada relação na planilha. A célula C16 contém a função SOMA(C12:C15) para exibir o total de juros simples de $ 104.000 ao longo dos 4 anos. O valor futuro está em D15. É F = $ 1.104.000 que inclui o valor cumulativo de todos os fluxos de caixa e de todos os juros simples. Em unidades de $ 1.000, as funções simples são

Ano 2:   D13 = SOMA(B13:C13) + D12 = ($ 200 + $ 16) + $ 200 = $ 416

Ano 4:   D15 = SOMA(B15:C15) + D14 = ($ 300 + $ 56) + $ 748 = $ 1.104

Juros compostos de 8%. Veja as colunas E e F da Figura 1–12*a*. A estrutura da planilha é a mesma, exceto que a Equação [1.6] é incorporada aos valores dos juros compostos na coluna E, acrescentando, assim, juros sobre os juros ganhos.

SEÇÃO 1.12 Aplicação de Planilhas Eletrônicas – Juros Simples e Compostos e Estimativas de Fluxo de Caixa Mutáveis **39**

Os juros a 8% se baseiam no fluxo de caixa acumulado no fim do ano anterior. Em unidades de $ 1.000,

Juros do ano 2:   E13 = F12*B4 = $ 200(0,08) = $ 16

Fluxo de caixa cumulativo: F13 = B13 + E13 + F12 = $ 200 + $ 16 + $ 200 = $ 416

Juros do ano 4:   E15 = F14*B4 = $ 749,28(0,08) = $ 59,942
                                        (veja o rótulo da célula)

Fluxo de caixa cumulativo: F15 = B15 + E15 + F14
                                                    = $ 300 + $ 59,942 + $ 749,280 = $ 1.109,222

O valor futuro equivalente está na célula F15, na qual F = $ 1.109.222 é apresentado.

Os fluxos de caixa são equivalentes a $ 1.104.000 a uma taxa de juros simples de 8%, e $ 1.109.222 a uma taxa de juros compostos de 8%. O uso da taxa de juros compostos aumenta o valor de F em $ 5.222.

Note que não foi possível usar a função VF, neste caso, porque os valores de A não são idênticos para todos os 4 anos. Aprenderemos a usar todas as funções básicas de uma maneira mais versátil nos próximos capítulos.

(b) Consulte a Figura 1–12b. Para iniciar a planilha com as duas estimativas de fluxo de caixa aumentadas substitua os valores $ 300.000 na célula B14 e B15 por $ 600.000. Todas as relações de planilha são idênticas, e os novos valores de juros e do fluxo de caixa acumulado são apresentados imediatamente. Os valores F equivalentes correspondentes ao quarto ano elevaram-se, tanto para as taxas de juros simples como compostos de 8% (D15 e F15, respectivamente).

(c) A Figura 1–12c é idêntica à planilha da Figura 1–12a, exceto pelo fato de a célula B4 conter agora a taxa de 3,85%. O valor correspondente de F para os juros compostos em F15 diminuiu de $ 1.109.222 para $ 1.051.247 para 8%.. Isso representa um efeito da inflação de $ 57.975 em somente quatro anos. Não surpreende que os governos, as corporações, os engenheiros e todas as pessoas se preocupem quando a inflação se eleva e a moeda passa a valer menos, no decorrer do tempo.

Comentário
Quando se trabalha com uma planilha Excel é possível exibir todos os lançamentos e funções na tela ao pressionar simultaneamente as teclas <Ctrl> e <`> que pode estar na parte superior direita do teclado. Pode ser necessário ampliar algumas colunas a fim de exibir o registro da função.

EXEMPLOS ADICIONAIS

EXEMPLO 1.19

DIAGRAMAS DE FLUXO DE CAIXA

Há sete anos, uma empresa locadora gastou $ 2.500 em um novo compressor de ar. A renda anual de locação do compressor é de $ 750. Os gastos de manutenção de $ 100, durante o primeiro ano, elevaram-se em $ 25 a cada ano. A empresa planeja vender o compressor no fim do próximo ano por $ 150. Construa o diagrama de fluxo de caixa de acordo com a perspectiva da empresa.

Solução

Use o presente como tempo $t = 0$. A renda e os custos dos anos –7 a 1 (próximo ano) estão tabulados a seguir, sendo que o fluxo de caixa líquido foi calculado usando-se a Equação [1.8]. Os fluxos de caixa líquidos (um negativo, oito positivos) estão diagramados na Figura 1–13.

Fim do Ano	Renda	Custo	Fluxo de Caixa Líquido
–7	$ 0	$ 2.500	$ –2.500
–6	750	100	650
–5	750	125	625
–4	750	150	600
–3	750	175	575
–2	750	200	550
–1	750	225	525
0	750	250	500
1	750 + 150	275	625

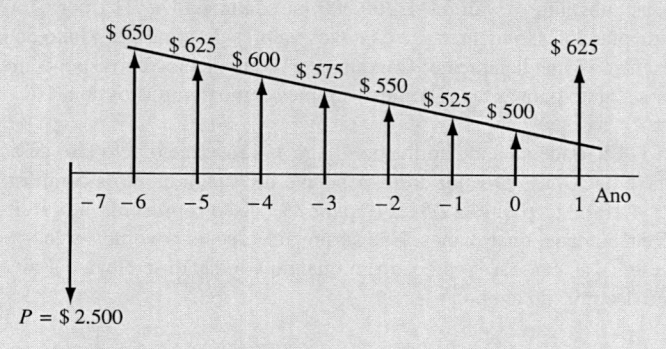

Figura 1–13
Diagrama do fluxo de caixa do Exemplo 1.19.

EXEMPLO 1.20

DIAGRAMAS DE FLUXO DE CAIXA

Uma engenheira eletricista quer depositar um valor P agora, de tal forma que possa sacar um valor anual igual correspondente a $A_1 = \$ 2.000$ por ano durante os 5 primeiros anos, a partir de 1 ano depois do depósito, e um saque anual diferente correspondente a $A_2 = \$ 3.000$ por ano durante os 3 anos seguintes. Como seria o diagrama do fluxo de caixa se $i = 8,5\%$ ao ano?

Solução

Os fluxos de caixa são apresentados na Figura 1–14. A saída de caixa negativa P ocorre agora. O primeiro saque (influxo de caixa positivo) correspondente à seqüência A_1 ocorre no fim do ano 1 e A_2 ocorre nos anos 6 a 8.

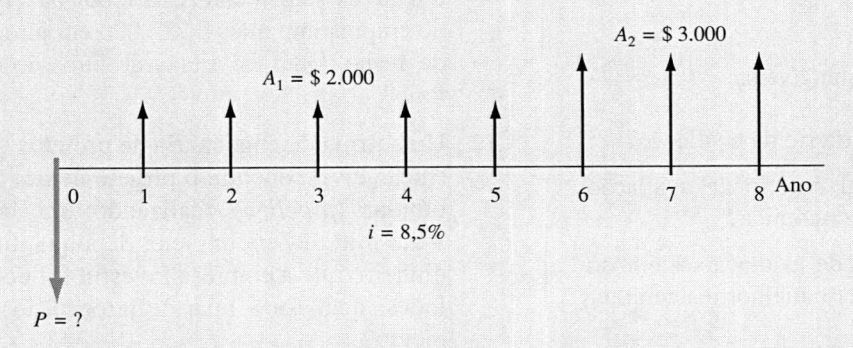

Figura 1–14
Diagrama de fluxo de caixa com duas diferentes seqüências A para o Exemplo 1.20.

RESUMO DO CAPÍTULO

Engenharia econômica é a aplicação de fatores e critérios econômicos para avaliar alternativas de investimentos, levando-se em consideração o valor do dinheiro no tempo. O estudo de engenharia econômica envolve calcular uma medida de valor econômico específica para fluxos de caixa estimados ao longo de um intervalo de tempo determinado.

O conceito de *equivalência* ajuda-nos a entender a maneira pela qual diferentes montantes são iguais em diferentes tempos, em termos econômicos. O diferencial entre juros simples (baseados somente no principal) e juros compostos (baseados no principal e nos juros sobre juros) é descrito em fórmulas, tabelas e gráficos. Esse poder de capitalização é muito perceptível, especialmente no decorrer de longos intervalos de tempo, como no caso do efeito da inflação, aqui descrito.

A TMA é uma taxa de retorno razoável estabelecida como *taxa anual de rendimento mínimo* (*hurdle rate*) para determinar se uma alternativa é economicamente viável. A TMA sempre é mais alta que o retorno de um investimento seguro.

Além disso, aprendemos o que são fluxos de caixa:

Dificuldades para sua estimação.

Diferença entre valor estimado e real.

Convenção "fim do ano" para a locação do fluxo de caixa.

Cálculo do fluxo de caixa líquido.

Diferentes perspectivas na determinação do sinal do fluxo de caixa.

Construção de um diagrama de fluxo de caixa.

PROBLEMAS

Conceitos Básicos

1.1 O que se pretende dizer com o termo *valor do dinheiro no tempo*?

1.2 Relacione três fatores intangíveis.

1.3 (*a*) O que quer dizer critério de avaliação?

(*b*) Qual é o principal critério de avaliação usado em análise econômica?

1.4 Relacione três critérios de avaliação, além do econômico, para escolher o melhor restaurante.

1.5 Discuta a importância da *identificação* das alternativas no processo de engenharia econômica.

1.6 Qual é a diferença entre juros simples e compostos?

1.7 O que se quer dizer por *taxa mínima de atratividade*?

1.8 Qual é a diferença entre financiamento com capital de terceiros (*debt financing*) e financiamento com capital próprio (*equity financing*)? Apresente um exemplo de cada um.

Taxa de Juros e Taxa de Retorno

1.9 A gigantesca empresa de transporte rodoviário Yellow Corp concordou em comprar a rival Roadway por $ 966 milhões a fim de reduzir os chamados custos de *back-office*[3] (por exemplo, folha de pagamentos e seguro) em $ 45 milhões por ano. Se as economias forem realizadas de acordo com o que foi planejado, qual será a taxa de retorno do investimento?

1.10 Se os lucros da Ford Motor Company se elevassem de 22 para 29 centavos de dólar por ação no trimestre abril-junho em comparação com o trimestre anterior, qual seria a taxa de aumento dos lucros em relação a esse trimestre?

1.11 Uma empresa de serviços de banda larga tomou por empréstimo $ 2 milhões, para a compra de um novo equipamento, e reembolsou o principal do empréstimo mais $ 275.000 em juros depois de 1 ano. Qual foi a taxa de juros do empréstimo?

1.12 Uma firma de engenharia de projetos de construção civil concluiu o projeto de um conduto tubular (*pipeline*) realizando um lucro de $ 2,3 milhões em um ano. Se a quantidade de dinheiro que a empresa investiu foi de $ 6 milhões, qual foi a taxa de retorno do investimento?

1.13 A US Filter foi contratada para realizar uma pequena instalação de dessalinização da água, em que a empresa esperava obter uma taxa de retorno de 28% em seu investimento. Se a empresa investiu $ 8 milhões em equipamentos no primeiro ano, qual foi o lucro naquele ano?

1.14 Uma empresa de construção, com títulos na Bolsa de Valores, relatou que acabou de pagar um empréstimo que recebeu 1 ano atrás. Se o montante que a empresa pagou foi de $ 1,6 milhão e a taxa de juros para o empréstimo foi de 10% ao ano, qual o valor do empréstimo há um ano?

1.15 Uma empresa química iniciante estabeleceu a meta de obter uma taxa de retorno de, no mínimo, 35% ao ano para o seu investimento. Se a empresa adquiriu $ 50 milhões em capital de risco, quanto ela deve ganhar no primeiro ano?

Equivalência

1.16 A uma taxa de juros de 8% ao ano, $ 10.000 hoje é equivalente a quanto (*a*) daqui a um ano e (*b*) um ano atrás?

1.17 Uma firma de porte médio de consultoria em assuntos de engenharia está tentando decidir se deve substituir o mobiliário de seu escritório agora ou esperar para fazê-lo daqui a um ano.

---

[3] **N.T.:** Processos de apoio; que faz parte ou se relaciona ao funcionamento interno de uma empresa ou instituição; trabalho burocrático.

Se ela aguardar um ano, espera-se que o custo seja de $ 16.000. A uma taxa de juros de 10% ao ano, qual seria o custo equivalente agora?

1.18 Um investimento de $ 40.000 há um ano e $ 50.000 agora são equivalentes de acordo com qual taxa de juros?

1.19 A qual taxa de juros $ 100.000 agora seriam equivalentes a $ 80.000 um ano atrás?

Juros Simples e Compostos

1.20 Determinados certificados de depósito acumulam juros de 10% ao ano em regime de juros simples. Se a empresa investir $ 240.000 nesses certificados para a compra de uma nova máquina daqui a 3 anos, quanto a empresa terá no fim desse período?

1.21 Um banco local se oferece a pagar juros compostos de 7% ao ano para novas contas de poupança. Um *e-bank* oferece 7,5% de juros simples ao ano para um certificado de depósitos de 5 anos. Qual oferta é mais atraente para uma empresa que queira reservar $ 1.000.000 agora para a expansão de uma planta industrial daqui a 5 anos?

1.22 A Badger Pump Company investiu $ 500.000 há cinco anos em uma nova linha de produto que agora vale $ 1.000.000. Qual taxa de retorno a empresa ganhou (*a*) em base de juros simples e (*b*) em base de juros compostos?

1.23 Quanto tempo será necessário para que um investimento se duplique a uma taxa de 5% ao ano (*a*) em juros simples e (*b*) em juros compostos?

1.24 Uma empresa que produz oxidantes térmicos regenerativos fez há dez anos um investimento que vale agora $ 1.300.000. Qual foi o investimento original a uma taxa de juros de 15% ao ano (*a*) em juros simples e (*b*) em juros compostos?

1.25 As empresas freqüentemente tomam empréstimos sob um contrato que exige que efetuem pagamentos periódicos, somente dos juros, e depois paguem o principal do empréstimo de uma só vez. Uma empresa que fabrica produtos químicos desodorantes tomou por empréstimo $ 400.000 para 3 anos, a juros compostos de 10% ao ano, sob esse tipo de contrato. Qual é a diferença em termos de *quantia total paga* entre esse contrato (identificado como plano 1) e o plano 2, no qual a empresa não faz nenhum pagamento de juros até o vencimento do empréstimo e então reembolsa seu valor integral?

1.26 Uma empresa que produz misturadores internos (*in-line*) para manufatura em grande escala considera tomar por empréstimo $ 1,75 milhão para atualizar uma linha de produção. Se tomar o empréstimo agora, poderá fazê-lo a uma taxa de juros simples de 7,5% ao ano, para 5 anos. Se tomar o empréstimo no próximo ano, a taxa de juros será de 8% ao ano com juros compostos, mas será somente para 4 anos. (*a*) Quanto será pago em juros (total) sob cada cenário? (*b*) A empresa deve tomar o empréstimo agora ou daqui a um ano? Suponha que o valor total devido será pago na data de vencimento do empréstimo, em qualquer um dos casos.

Símbolos e Planilhas

1.27 Defina os símbolos envolvidos quando uma empresa construtora quer saber quanto dinheiro pode gastar em 3 anos a partir de agora, em vez de gastar imediatamente $ 50.000 para comprar um caminhão novo quando a taxa de juros compostos for de 15% ao ano.

1.28 Declare o propósito de cada uma das seguintes funções incorporadas do Excel:

(*a*) VF(taxa;nper;pgto;vp;tipo)

(*b*) TIR(valores;estimativa)

(*c*) PGTO(taxa;nper;vp;vf;tipo)

(*d*) VP(taxa;nper;pgto;vf;tipo)

1.29 Quais são os valores dos símbolos de engenharia econômica P, F, A, i e n nas seguintes funções do Excel? Use uma interrogação (?) para o símbolo que deve ser determinado.

(*a*) VF(7%;10;2.000;9.000)

(*b*) PGTO(11%;20;14.000)

(*c*) VP(8%;15;1.000;800)

1.30 Escreva o símbolo de engenharia econômica que corresponde a cada uma das seguintes funções do Excel
(a) VP   (d) TIR
(b) PGTO   (e) VF
(c) NPER

1.31 Em uma função incorporada do Excel, em quais circunstâncias o parâmetro (argumento) pode ser deixado em branco? Quando o ponto-e-vírgula deve ser inserido em seu lugar?

A TMA e o Custo de Capital

1.32 Identifique cada uma das seguintes alternativas como investimento seguro ou investimento arriscado.
(a) Ramo de novos restaurantes
(b) Conta de poupança em um banco
(c) Certificado de depósito bancário
(d) Título do governo
(e) A idéia de "ficar rico rápido" com um parente

1.33 Identifique cada uma das seguintes alternativas como financiamento com capital de terceiros ou com capital próprio.
(a) Dinheiro de poupança
(b) Dinheiro de um certificado de depósito bancário
(c) Dinheiro de um parente que é sócio do negócio
(d) Empréstimo bancário
(e) Cartão de crédito

1.34 Classifique as seguintes alternativas, da maior para a menor taxa de retorno ou taxa de juros: título do governo, título corporativo, cartão de crédito, empréstimo bancário para um novo negócio, juros de contas correntes.

1.35 Classifique as seguintes alternativas, da maior para a menor taxa de juros: custo de capital, taxa de retorno aceitável para um investimento arriscado, taxa de retorno para um investimento seguro, juros de contas correntes, juros em contas de poupança.

1.36 Cinco projetos distintos tiveram suas taxas de retorno calculadas como 8%; 11%; 12,4%; 14% e 19% ao ano. Uma engenheira quer saber quais projetos aceitar em função da taxa de retorno. Ela é informada pelo departamento financeiro que os fundos da empresa, que têm um custo de capital de 18% ao ano, comumente são usados para custear 25% de todos os projetos financeiros. Posteriormente, ela é informada de que o dinheiro emprestado custa atualmente 10% ao ano. Se a TMA for estabelecida exatamente no custo médio ponderado do capital, quais projetos ela deve aceitar?

Fluxos de Caixa

1.37 O que significa "convenção fim do período"?

1.38 Identifique se as opções a seguir são influxos de caixa ou saídas de caixa para a Daimler-Chrysler: imposto de renda, juros de empréstimos, valor recuperado, abatimentos de preço para distribuidores, receitas de vendas, serviços contábeis e reduções de custo.

1.39 Construa um diagrama de fluxo de caixa correspondente aos seguintes fluxos de caixa: saída de caixa de $ 10.000 no tempo zero, saída de caixa de $ 3.000 por ano nos anos 1 a 3 e entrada de caixa de $ 9.000 nos anos 6 a 8, a uma taxa de juros de 8% ao ano e um valor futuro desconhecido no ano 8.

1.40 Construa um diagrama de fluxo de caixa para encontrar o valor presente de uma saída de caixa futura de $ 40.000 no ano 5, a uma taxa de juros de 15% ao ano.

Duplicação do Valor

1.41 Use a *regra de 72* para estimar o tempo necessário para que um investimento inicial de $ 10.000 se transforme em $ 20.000, a uma taxa de juros compostos de 8% ao ano.

1.42 Estime o tempo necessário (de acordo com a *regra de 72*) para que o dinheiro tenha o seu valor quadruplicado a uma taxa de juros compostos de 9% ao ano.

1.43 Use a *regra de 72* para estimar a taxa de juros necessária para que $ 5.000 se transformem em $ 10.000, em 4 anos.

1.44 Se você tem agora $ 62.500 em sua conta de aposentadoria e quer se aposentar quando a conta passar a valer $ 2 milhões, estime a taxa de retorno que a conta deve ter para que você se aposente em 20 anos sem adicionar mais dinheiro à conta.

PROBLEMAS DE REVISÃO DE FUNDAMENTOS DE ENGENHARIA (FE)

1.45 Um exemplo de fator intangível é:
  (*a*) Impostos
  (*b*) Custo de matérias-primas
  (*c*) Moral
  (*d*) Renda

1.46 O tempo necessário para que o dinheiro se duplique a uma taxa de juros simples de 5% ao ano está mais próximo de:
  (*a*) 10 anos
  (*b*) 12 anos
  (*c*) 15 anos
  (*d*) 20 anos

1.47 A uma taxa de juros compostos de 10% ao ano, $ 10.000 há um ano equivalem agora a:
  (*a*) $ 8.264
  (*b*) $ 9.091
  (*c*) $ 11.000
  (*d*) $ 12.100

1.48 Um investimento de $ 10.000 nove anos atrás transformou-se em $ 20.000 agora. A taxa de retorno composta do investimento está mais próxima de:
  (*a*) 6%
  (*b*) 8%
  (*c*) 10%
  (*d*) 12%

1.49 Na maioria dos estudos de engenharia econômica, a melhor alternativa é aquela que:
  (*a*) Durará mais tempo
  (*b*) É a mais fácil de implementar
  (*c*) Custa menos
  (*d*) É a mais politicamente correta

1.50 O custo de educação em determinada universidade pública era de $ 160 por horas-crédito há 5 anos. O custo atualmente (exatamente 5 anos depois) é de $ 235. A taxa anual de aumento está mais próxima de:
  (*a*) 4%
  (*b*) 6%
  (*c*) 8%
  (*d*) 10%

EXERCÍCIO AMPLIADO

EFEITOS DOS JUROS COMPOSTOS

Em um esforço para manter-se obediente aos padrões de emissão de ruído no setor de produção, a National Semiconductors exige o uso de instrumentos de medição de barulho. A empresa planeja adquirir novos sistemas no fim do próximo ano ao custo de $ 9.000 cada um. A National estima que o custo de manutenção será de $ 500 por ano durante 3 anos e depois eles serão resgatados por $ 2.000 cada um.

Questões

1. Construa o diagrama de fluxo de caixa. Considerando uma taxa de juros compostos de 8% ao ano, encontre o valor F equivalente depois de 4 anos, utilizando cálculos manuais.

2. Encontre o valor F da questão 1, utilizando uma planilha eletrônica.

3. Encontre o valor F se os custos de manutenção forem iguais a $ 300, $ 500 e $ 1.000 para cada um dos 3 anos. Em qual quantidade o valor F se modificou?

4. Encontre o valor F da questão 1 em termos dos dólares necessários no futuro com um ajuste pela taxa de inflação de 4% ao ano. Isso aumenta a taxa de juros de 8% para 12% ao ano.

ESTUDO DE CASO

DESCREVENDO ALTERNATIVAS PARA PRODUZIR GABINETES DE GELADEIRA

Background[4]

As grandes fábricas de geladeiras, como a Whirlpool, General Electric, Frigidaire e outras podem subcontratar a moldagem dos seus revestimentos de plástico e dos painéis das portas. Uma ótima subcontratante nacional é a Innovations Plastics. Espera-se que, em aproximadamente 2 anos, sejam obtidas melhorias das propriedades mecânicas que possibilitem ao plástico moldado suportar maiores cargas verticais e horizontais, reduzindo significativamente, então, a necessidade de anexar suportes metálicos para alguns gabinetes. Entretanto, aperfeiçoado equipamento de moldagem precisará ser introduzido nesse mercado. O presidente da empresa quer que lhe apresentem uma recomendação indicando se a Innovations deve planejar o oferecimento da nova tecnologia aos grandes fabricantes e uma estimativa do investimento de capital necessário para ingressar cedo nesse mercado.

Você trabalha como engenheiro para a Innovations. Nesta fase, não se espera que você realize uma análise de engenharia econômica completa, pois não há informações suficientes à disposição. Você é solicitado a formular alternativas razoáveis, determinar quais dados e estimativas são necessários para cada uma e definir quais critérios (econômicos e não econômicos) devem ser utilizados na tomada de decisão final.

Informação

Algumas informações úteis neste momento:
- Espera-se que a tecnologia e o equipamento durem cerca de 10 anos até que novos métodos sejam desenvolvidos.
- A inflação e o imposto de renda não serão considerados na análise.
- Os retornos esperados do capital investido usado nos três últimos projetos de nova tecnologia foram taxas compostas de 15%, 5% e 18%. A taxa de 5% foi o critério para melhorar um sistema de segurança para os empregados, em um processo de mistura química existente.
- Um financiamento com capital próprio acima de $ 5 milhões não é possível. O valor do financiamento com capital alheio e seu custo são desconhecidos.
- Os custos operacionais anuais têm atingido uma média de 8% do custo de aquisição do equipamento principal.

---

[4] **N.T.:** Elementos ou fatos que constituem a base, os antecedentes, de um acontecimento, de uma situação etc.

- Os custos anuais de treinamento e exigências salariais para manusear o novo plástico e operar o novo equipamento podem variar de $ 800.000 a $ 1,2 milhão.

Há duas fábricas que trabalham o equipamento de nova geração. Você rotula essas opções como alternativas A e B.

Exercícios do Estudo de Caso

1. Use as quatro primeiras etapas do processo de tomada de decisão para descrever, de maneira geral, as alternativas e identificar quais estimativas de caráter econômico você precisará para concluir uma análise de engenharia econômica para o presidente.
2. Identifique quaisquer fatores e critérios não econômicos a serem considerados ao fazer a escolha da alternativa.
3. Durante suas consultas a respeito da alternativa B, feitas ao seu fabricante, você é informado de que a empresa já produziu um protótipo da máquina de moldagem e a vendeu a uma empresa da Alemanha por $ 3 milhões de dólares. Depois da consulta, você descobre ainda que o equipamento de manufatura de gabinetes de plástico da empresa alemã já tem capacidade não-utilizada. Essa empresa está disposta a vender tempo de uso do equipamento imediatamente para a Innovations, a fim de que esta possa produzir seus próprios gabinetes a serem entregues nos Estados Unidos. Isso possibilitaria uma entrada antecipada no mercado norte-americano. Considere essa opção como alternativa C, e desenvolva as estimativas necessárias para avaliar C, simultaneamente com as alternativas A e B.

CAPÍTULO 2

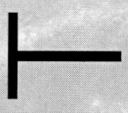

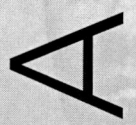

Fatores: Como o Tempo e os Juros Afetam o Dinheiro

No capítulo anterior, aprendemos os conceitos básicos da engenharia econômica e seu papel no processo de tomada de decisões. O fluxo de caixa é fundamental para todo estudo econômico. Os fluxos de caixa ocorrem de muitas maneiras e podem assumir diversos valores — valores simples isolados, seqüências que são uniformes e seqüências que crescem ou decrescem em valores constantes ou porcentagens constantes. Este capítulo desenvolve derivações de todos os fatores comumente usados em engenharia econômica que levam em conta o valor do dinheiro no tempo.

A aplicação dos fatores é ilustrada por meio de suas formas matemáticas e um formato de notação padrão. Funções de planilha são introduzidas a fim de poder trabalhar rapidamente com seqüências de fluxos de caixa e realizar análise de sensibilidade.

O estudo de caso focaliza os impactos significativos que os juros compostos e o tempo exercem sobre o valor e a quantidade do dinheiro.

OBJETIVOS DE APRENDIZAGEM

Propósito: Derivar e usar os fatores de engenharia econômica para considerar o valor do dinheiro no tempo.

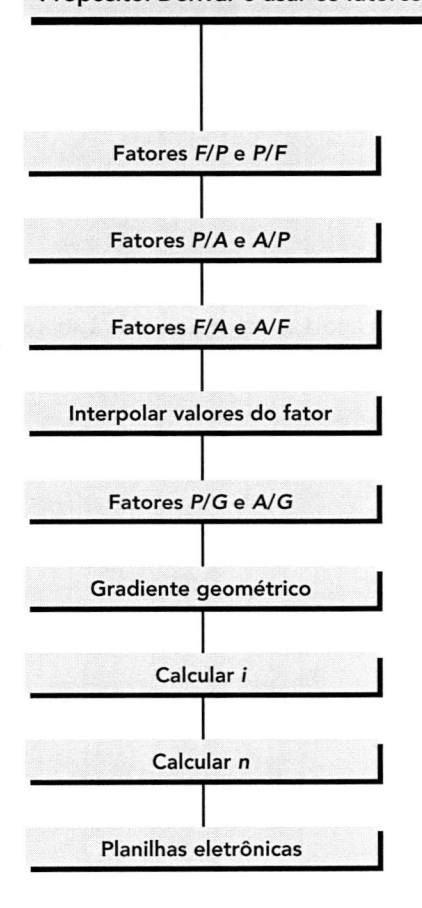

- Fatores *F/P* e *P/F*
- Fatores *P/A* e *A/P*
- Fatores *F/A* e *A/F*
- Interpolar valores do fator
- Fatores *P/G* e *A/G*
- Gradiente geométrico
- Calcular *i*
- Calcular *n*
- Planilhas eletrônicas

Este capítulo ajudará você a:

1. Derivar e usar o fator de capitalização e o fator de descapitalização para pagamentos únicos.

2. Derivar e usar o valor presente de seqüências uniformes e fatores de recuperação de capital.

3. Derivar e usar o montante composto de seqüências uniformes e fatores de fundos de amortização.

4. Interpolar linearmente para determinar o valor de um fator.

5. Derivar e usar o valor presente, dado um gradiente aritmético e fatores de seqüências (séries) uniformes.

6. Derivar e usar as fórmulas de seqüências, dado um gradiente geométrico.

7. Determinar a taxa de juros (taxa de retorno) de uma seqüência de fluxos de caixa.

8. Determinar o número de anos necessários para haver equivalência em uma seqüência de fluxos de caixa.

9. Desenvolver planilhas para realizar análises básicas de sensibilidade usando funções de planilha.

2.1 FATORES DE PAGAMENTO ÚNICO (F/P E P/F)

O fator mais fundamental em engenharia econômica é aquele que determina o montante F acumulado depois de n anos (ou períodos) a partir de um *único* valor presente P, com juros compostos uma vez por ano (ou período). Lembre-se de que a expressão *juros compostos* refere-se a juros pagos sobre juros. Portanto, se um valor P é investido no tempo $t = 0$, o montante F_1 que se acumula 1 ano a partir de então, a uma taxa de juros de i por cento ao ano, será:

$$F_1 = P + Pi$$
$$= P(1 + i)$$

em que a taxa de juros é expressa de forma decimal. No fim do segundo ano, o montante acumulado F_2 é o valor após o ano 1 mais os juros do fim do ano 1 até o fim do ano 2 sobre F_1 inteiro.

$$F_2 = F_1 + F_1 i$$
$$= P(1 + i) + P(1 + i)i \qquad [2.1]$$

Esta é a lógica usada no Capítulo 1 para os juros compostos, especificamente os exemplos 1.8 e 1.18. O valor F_2 pode ser expresso como:

$$F_2 = P(1 + i + i + i^2)$$
$$= P(1 + 2i + i^2)$$
$$= P(1 + i)^2$$

Analogamente, o montante acumulado no fim do ano 3, usando-se a Equação [2.1], será:

$$F_3 = F_2 + F_2 i$$

Substituindo $P(1 + i)^2$ por F_2 e simplificando, obtemos:

$$F_3 = P(1 + i)^3$$

Com base nos valores precedentes torna-se claro, por indução matemática, que a fórmula pode ser generalizada para n anos da seguinte maneira:

$$F = P(1 + i)^n \qquad [2.2]$$

O fator $(1 + i)^n$ denomina-se *fator de capitalização* (ou *acumulado*) de pagamento único, também conhecido como *fator F/P*. Esse é o fator de conversão que, quando multiplicado por P, produz o montante futuro F de um valor inicial P depois de n anos à taxa de juros i. O diagrama de fluxo de caixa é apresentado na Figura 2–1a.

Inverta a situação para determinar o valor P com base em um montante F, estabelecido, que ocorre em n períodos no futuro. Simplesmente, resolva a Equação [2.2] para P.

$$P = F\left[\frac{1}{(1+i)^n}\right] \qquad [2.3]$$

SEÇÃO 2.1 Fatores de Pagamento Único (F/P e P/F)

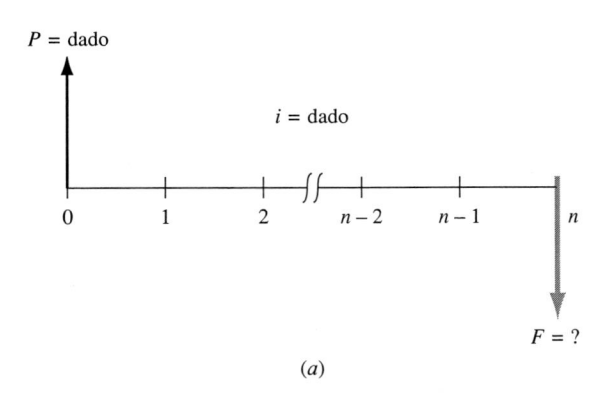

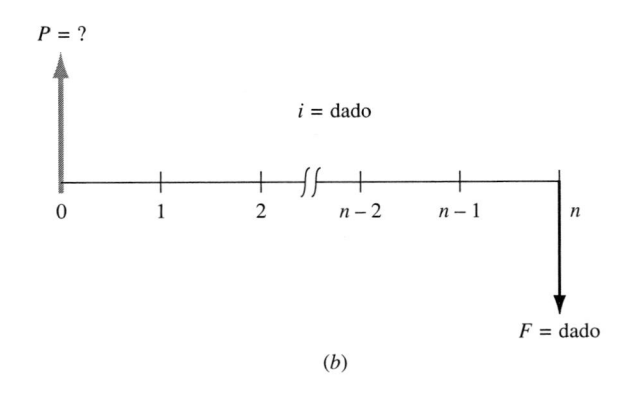

Figura 2–1
Diagramas de fluxo de caixa de fatores com pagamento único: (*a*) encontrar *F* e (*b*) encontrar *P*.

A expressão entre colchetes é conhecida como *fator de descapitalização*, ou *fator P/F*. Essa expressão determina o valor presente *P*, dado o valor de *F*, depois de *n* anos, a taxa de juros *i*. O diagrama do fluxo de caixa é apresentado na Figura 2–1*b*.

Note que os dois fatores derivados aqui são para *pagamentos únicos*, ou seja, são usados para encontrar o montante atual ou futuro quando somente um pagamento ou recebimento está envolvido.

Uma notação padrão é adotada para todos os fatores. A notação inclui dois símbolos de fluxo de caixa, a taxa de juros e o número de períodos. Ela sempre se apresenta na forma geral (*X/Y,i,n*). A letra *X* representa aquilo que é procurado, enquanto a letra *Y* representa aquilo que é dado. Por exemplo, *F/P* significa *encontrar F quando P é dado*. O *i* é a taxa de juros em termos de porcentagem e *n* representa o número de períodos envolvidos. Desse modo, (*F/P*,6%,20) representa o fator que é usado para calcular o montante futuro *F* acumulado em 20 períodos se a taxa de juros for de 6% por período. O *P* é dado. A notação padrão, mais simples de usar do que fórmulas e nomes de fatores, será usada daqui a diante.

A Tabela 2-1 resume a notação padrão e as equações correspondentes aos fatores *F/P* e *P/F*. Essa informação também está incluída no Apêndice C deste livro.

Para simplificar os cálculos rotineiros de engenharia econômica, tabelas e valores de fatores foram preparados para taxas de juros que variam de 0,25% a 50% e períodos que variam

TABELA 2–1 Fatores *F/P* e *P/F* : Notação e Equações

Notação	Fator Nome	Encontrar/ Dado	Equação com a Notação Padrão	Equação com a Fórmula do Fator	Funções do Excel
(*F/P,i,n*)	Valor futuro de pagamento único	F/P	$F = P(F/P,i,n)$	$F = P(1 + i)^n$	VF *(taxa;nper; pgto;vp;tipo)*
(*P/F,i,n*)	Valor presente (atual) para um único pagamento	P/F	$P = F(P/F,i,n)$	$P = F[1/(1 + i)^n]$	VP *(taxa;nper; pgto;vf;tipo)*

Valores dos fatores → **Tabelas 1 a 29**

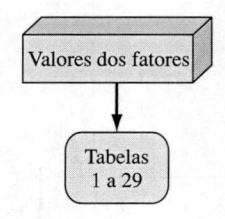

de 1 a grandes valores de *n*, dependendo do valor *i*. Essas tabelas, que se encontram no fim do livro, estão organizadas com os fatores apresentados horizontalmente na parte superior da página e o número de períodos *n* apresentados verticalmente à esquerda. A palavra *discreto* no título de cada tabela enfatiza que essas tabelas utilizam a convenção fim do período e que os juros são compostos. Para dado fator, taxa de juros e o tempo, o valor correto do fator é encontrado na intersecção do nome do fator e *n*. Por exemplo, o valor do fator (*P/F*,5%,10) é encontrado na coluna *P/F* da Tabela 10 no período 10, como 0,6139. Esse valor é determinado usando-se a Equação [2.3].

$$(P/F,5\%,10) = \frac{1}{(1+i)^n}$$

$$= \frac{1}{(1,05)^{10}}$$

$$= \frac{1}{1,6289} = 0,6139$$

Solução Rápida

Em relação à *solução por computador* o valor *F* é calculado pela função VF, que usa o formato

VF*(taxa;nper;pgto;vp;tipo)*

Um símbolo de igualdade (=) deve preceder a função quando ela é digitada.
O valor *P* é determinado usando-se a função VP que tem o formato

VP*(taxa;nper;pgto;vf;tipo)*

Essas funções estão incluídas na Tabela 2–1. Consulte o Apêndice A ou a ajuda *online* do Excel para obter mais informações sobre as funções VF e VP. Os exemplos 2.1 e 2.2 ilustram soluções por computador que usam ambas as funções.

EXEMPLO 2.1

Um engenheiro industrial recebeu uma bonificação de $ 12.000, que investirá agora. Ele quer calcular o valor equivalente após 24 anos, quando planeja usar todo o dinheiro resultante como pagamento de uma casa em uma ilha turística. Suponha uma taxa de retorno de 8% ao ano, para cada um dos 24 anos. (*a*) Encontre o montante que ele pode despender, usando tanto a notação padrão como a fórmula do fator. (*b*) Use o computador para encontrar o montante que ele pode gastar.

(a) Solução Manual
Os símbolos e seus valores são

$P = \$ 12.000 \qquad F = ? \qquad i = 8\%$ ao ano $\qquad n = 24$ anos

O diagrama de fluxo de caixa é idêntico ao da Figura 2-1*a*.
   Notação padrão: Determine *F* usando o fator *F/P* para 8% e 24 anos. A Tabela 13 (localizada no final do livro) apresenta o valor do fator

$$F = P(F/P,i,n) = 12.000(F/P,8\%,24)$$
$$= 12.000(6,3412)$$
$$= \$ 76.094,40$$

Fórmula do fator: Aplique a Equação [2.2] para calcular o valor futuro F.

$$F = P(1 + i)^n = 12.000(1 + 0,08)^{24}$$

$$= 12.000(6,341181)$$

$$= \$ 76.094,17$$

A ligeira diferença nos resultados se deve ao erro de arredondamento introduzido pelos valores tabulados do fator. Uma interpretação em termos de equivalência desse resultado é que $ 12.000 hoje valerão $ 76.094 depois de 24 anos de crescimento a 8% ao ano, capitalizados anualmente.

(b) Solução por Computador

Para encontrar o valor futuro, use a função VF, que possui o seguinte formato: VF(taxa;nper;pgto;vp;tipo). A planilha se assemelhará à da Figura 1-5a, exceto pelo fato de o lançamento na célula ser VF(8%;24;;12000). O valor F exibido pelo Excel ($ 76.094,17 é na cor vermelha, indicando que é uma saída de caixa. A função VF realizou o cálculo $F = P(1 +i)^n = 12.000(1 + 0,08)^{24}$ e apresentou o resultado na tela.

Solução Rápida

EXEMPLO 2.2

A Hewlett-Packard concluiu um estudo que indica que os $ 50.000 de redução nos custos de manutenção este ano (ou seja, o ano zero), em uma linha de processamento, são resultantes de uma melhor tecnologia de fabricação de circuitos integrados (CI), baseada em projetos rapidamente mutáveis.

(*a*) Se a Hewlett-Packard considera que esse tipo de economia de custos de manutenção vale 20% ao ano, encontre o valor equivalente a este resultado depois de 5 anos.
(*b*) Se os $ 50.000 de economia em custos de manutenção ocorrem agora, encontre o seu valor equivalente 3 anos atrás, com juros de 20% ao ano.
(*c*) Desenvolva uma planilha para responder às questões acima, considerando taxas de juros compostos de 20% e 5% ao ano. Além disso, desenvolva um gráfico de colunas do Excel indicando os valores equivalentes nos três períodos de tempo para ambos os valores de taxa de retorno.

Solução

(*a*) O diagrama de fluxo de caixa assemelha-se ao da Figura 2–1a. Os símbolos e seus valores são

$P = \$ 50.000 \qquad F =? \qquad i = 20\%$ ao ano $\qquad n = 5$ anos

Use o fator F/P para determinar F depois de 5 anos.

$$F = P(F/P,i,n) = \$ 50.000(F/P,20\%,5)$$

$$= 50.000(2,4883)$$

$$= \$ 124.415,00$$

A função VF(20%;5;;50000) fornece o mesmo resultado. Veja a Figura 2–2a, célula C4.

(*b*) Neste caso, o diagrama do fluxo de caixa se assemelha ao da Figura 2–1b, sendo F colocado no tempo $t = 0$ e o valor P colocado 3 anos antes, em $t = -3$. Os símbolos e seus valores são:

$P = ? \qquad F = \$ 50.000 \qquad i = 20\%$ ao ano $\qquad n = 3$ anos

Solução Rápida

54 CAPÍTULO 2 Fatores: Como o Tempo e os Juros Afetam o Dinheiro

(a)

(b)

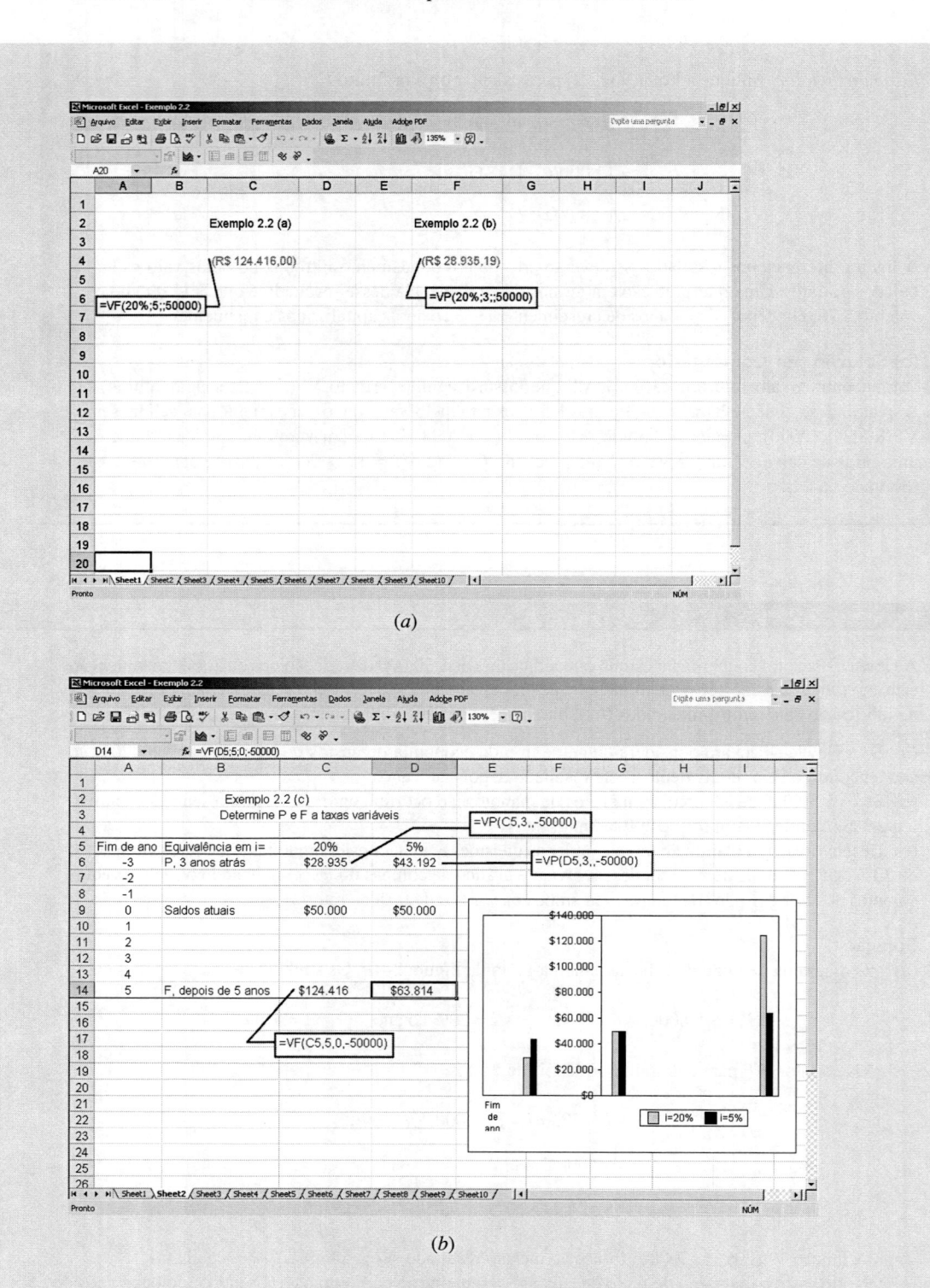

Figura 2–2
(*a*) Planilha Solução Rápida para o Exemplo 2.2(*a*) e (*b*); (*b*) planilha completa com gráfico para o Exemplo 2.2.

Use o fator *P/F* para determinar *P* 3 anos atrás.

$$P = F(P/F,i,n) = \$ 50.000(P/F,20\%,3)$$

$$= 50.000(0,5787) = \$ 28.935,00$$

Uma afirmação equivalente é que $ 28.935 há três anos equivalem a $ 50.000 hoje, que atingirá um montante de $ 124.415 daqui a 5 anos, desde que uma taxa de juros compostos de 20% ao ano seja realizada a cada ano.

Use a função VP(taxa;nper;pgto;vf;tipo) e omita o valor *A* (pagamento). A Figura 2–2*a* mostra que o resultado de digitar VP(20%;3;;50000) na célula F4 é análogo ao usar o *fator P/F*.

Solução por Computador

(c) A Figura 2–2*b* é uma solução completa por meio de planilha, que apresenta uma folha de dados contendo um gráfico.

São usadas duas colunas para os cálculos de 20% e 5%, principalmente para que o gráfico possa ser desenvolvido para comparar os valores *F* e *P*. A linha 14 apresenta os valores de *F* usando a função VF com o formato VF(i%;5,0; – 50000) em que os valores de i são tomados das células C5 e D5. O valor futuro *F* = $ 124.416 na célula C14 é idêntico (considerando-se o arredondamento) ao que foi calculado acima. O sinal de menos em 50.000 torna o resultado um número positivo no gráfico.

A função VP é usada para encontrar os valores *P* na linha 6. Por exemplo, o valor presente (atual) a 20% ao ano, correspondente a –3, é determinado na célula C6 usando-se a função VP. O resultado *P* = $ 28.935 é idêntico ao que foi obtido com o uso do fator *P/F* anteriormente. O gráfico mostra a perceptível diferença que 20% representa em relação a 5% ao longo do intervalo de 8 anos.

EXEMPLO 2.3

Um consultor independente em assuntos de engenharia reviu os lançamentos e descobriu que o custo de materiais de escritório variava de acordo com o que é mostrado no gráfico de setores ("pizza") da Figura 2–3. Se o engenheiro quer saber qual é o valor equivalente no ano 10 somente dos três maiores montantes, qual será esse valor a uma taxa de juros de 5% ao ano?

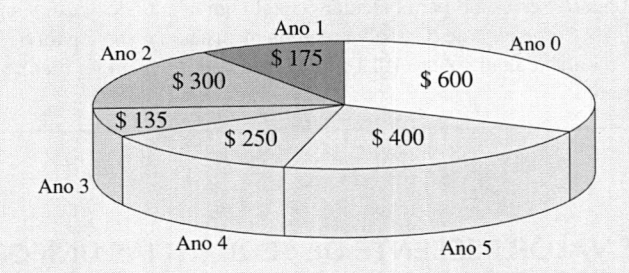

Figura 2–3
Gráfico de setores ("pizza") dos custos, no Exemplo 2.3.

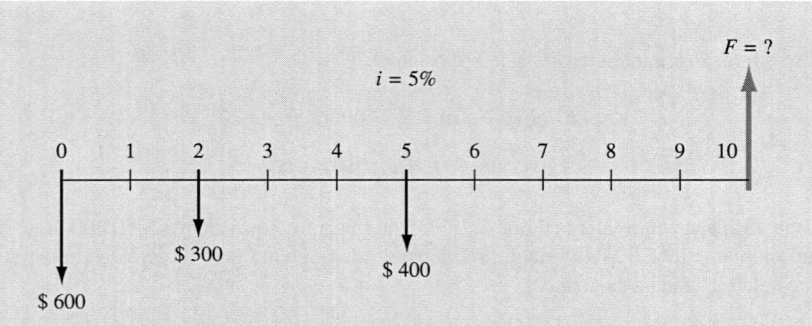

Figura 2–4
Diagrama de um valor futuro no ano 10, no Exemplo 2.3.

Solução
Desenhe o diagrama do fluxo de caixa correspondente aos valores $ 600, $ 300 e $ 400 sob a perspectiva do engenheiro (Figura 2–4). Use os fatores F/P para encontrar F no ano 10.

$$F = 600(F/P, 5\%, 10) + 300(F/P, 5\%, 8) + 400(F/P, 5\%, 5)$$

$$= 600(1,6289) + 300(1,4775) + 400(1,2763)$$

$$= \$ 1.931,11$$

O problema também poderia ser resolvido encontrando-se o valor presente no ano 0 dos custos $ 300 e $ 400 com o uso de F/P e encontrando-se depois o valor futuro do total no ano 10.

$$P = 600 + 300(P/F, 5\%, 2) + 400(P/F, 5\%, 5)$$

$$= 600 + 300(0,9070) + 400(0,7835)$$

$$= \$ 1.185,50$$

$$F = 1.185,50(F/P, 5\%, 10) = 1.185,50(1,6289)$$

$$= \$ 1.931,06$$

Comentário
Deve ficar claro que há uma série de maneiras pelas quais o problema poderia ser resolvido, uma vez que qualquer ano poderia ser usado para calcular o total equivalente dos custos antes de calcular o valor futuro no ano 10. Como exercício, resolva o problema usando o ano 5 para o total equivalente e depois determine o montante final no ano 10. Todos os resultados devem ser idênticos, a não ser pelo erro de arredondamento.

2.2 FATOR DE VALOR PRESENTE DE SEQÜÊNCIAS UNIFORMES E FATOR DE RECUPERAÇÃO DE CAPITAL (P/A E A/P)

O valor presente P equivalente de uma série uniforme A de fluxos de caixa de fim de período é apresentado na Figura 2–5a. Uma expressão do valor presente pode ser determinada considerando-se cada valor A como o valor futuro F, calculando-se o seu valor presente por meio do fator P/F e somando-se os resultados.

SEÇÃO 2.2   Fator de Valor Presente de Seqüências Uniformes e Fator de Recuperação de Capital (P/A e A/P)

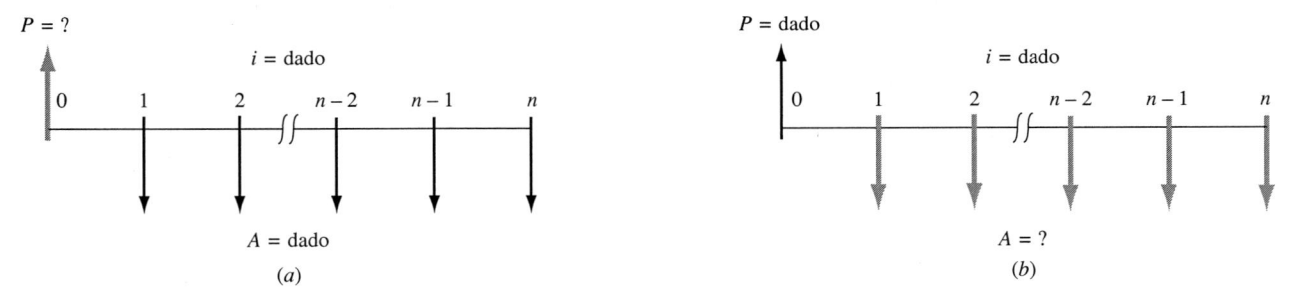

Figura 2–5
Diagramas de fluxo de caixa usados para determinar (a) P de uma seqüência uniforme e (b) A de um valor presente.

A equação é:

$$P = A\left[\frac{1}{(1+i)^1}\right] + A\left[\frac{1}{(1+i)^2}\right] + A\left[\frac{1}{(1+i)^3}\right] + \ldots$$
$$+ A\left[\frac{1}{(1+i)^{n-1}}\right] + A\left[\frac{1}{(1+i)^n}\right]$$

Os termos entre colchetes são os fatores P/F correspondentes aos anos 1 a n, respectivamente. Efetue a fatoração de A.

$$P = A\left[\frac{1}{(1+i)^1} + \frac{1}{(1+i)^2} + \frac{1}{(1+i)^3} + \ldots + \frac{1}{(1+i)^{n-1}} + \frac{1}{(1+i)^n}\right] \quad [2.4]$$

Para simplificar a Equação [2.4] e obter o fator P/A, multiplique a progressão geométrica do termo n indicado entre colchetes $1/(1+i)$ pelo fator (P/F,i%,1). Isso resulta na Equação [2.5] abaixo. Depois subtraia as duas equações, [2.4] de [2.5], e simplifique para obter a expressão correspondente a P quando $i \neq 0$ (Equação [2.6]). Segue-se esta progressão:

$$\frac{P}{1+i} = A\left[\frac{1}{(1+i)^2} + \frac{1}{(1+i)^3} + \frac{1}{(1+i)^4} + \ldots + \frac{1}{(1+i)^n} + \frac{1}{(1+i)^{n+1}}\right] \quad [2.5]$$

$$\frac{1}{1+i}P = A\left[\frac{1}{(1+i)^2} + \frac{1}{(1+i)^3} + \ldots + \frac{1}{(1+i)^n} + \frac{1}{(1+i)^{n+1}}\right]$$

$$-P = A\left[\frac{1}{(1+i)^1} + \frac{1}{(1+i)^2} + \ldots + \frac{1}{(1+i)^{n-1}} + \frac{1}{(1+i)^n}\right]$$

$$\frac{-i}{1+i}P = A\left[\frac{1}{(1+i)^{n+1}} - \frac{1}{(1+i)^1}\right]$$

$$P = \frac{A}{-i}\left[\frac{1}{(1+i)^n} - 1\right]$$

$$\boldsymbol{P = A\left[\frac{(1+i)^n - 1}{i(1+i)^n}\right]} \quad i \neq 0 \qquad [2.6]$$

O termo entre colchetes na Equação [2.6] é o fator de conversão conhecido por *fator de valor presente de seqüências uniformes* (FVPSU). Ele é o fator *P/A* usado para calcular o *valor P equivalente no ano 0*, para uma seqüência uniforme de fim do período de *A* valores, que se iniciam no fim do período 1 e se estendem por *n* períodos. O diagrama do fluxo de caixa encontra-se na Figura 2–5*a*.

Para inverter a situação, o valor presente *P* é conhecido e o montante da seqüência uniforme equivalente *A* é procurado (Figura 2–5*b*). O primeiro valor *A* ocorre no fim do período 1, ou seja, um período depois que *P* ocorre. Resolva a questão [2.6] para *A* a fim de obter:

$$A = P\left[\frac{i(1+i)^n}{(1+i)^n - 1}\right] \quad [2.7]$$

O termo entre colchetes é chamado de *fator de recuperação de capital* (FRC), ou *fator A/P*. Ele calcula o valor anual uniforme equivalente *A* ao longo de *n* anos para dado valor *P* no ano 0 quando a taxa de juros é *i*.

Essas fórmulas são derivadas considerando o valor presente *P* e o primeiro montante anual uniforme *A* distantes *um ano* (*um período*) *entre si*. Ou seja, o valor presente *P* sempre deve estar localizado *um período* antes do primeiro *A*.

Os fatores e seu uso para encontrar *P* e *A* estão resumidos na Tabela 2–2 e na guarda da primeira capa do livro. As notações padrão para esses dois fatores são (*P/A,i%,n*) e (*A/P,i%,n*). As tabelas 1 a 29 no fim do livro incluem os valores do fator. Por exemplo, se *i* = 15% e *n* = 25 anos, o valor do fator *P/A* na Tabela 19 é (*P/A*,15%,25) = 6,4641. Isso encontrará o valor presente equivalente a 15% ao ano para qualquer montante *A* que ocorra uniformemente a partir do ano 1 ao 25. Quando é usada a relação apresentada entre colchetes na Equação [2.6] para calcular o fator *P/A*, o resultado é idêntico, a não ser pelos erros de arredondamento.

$$(P/A,\ 15\%,25) = \frac{(1+i)^n - 1}{i(1+i)^n} = \frac{(1,15)^{25} - 1}{0,15(1,15)^{25}} = \frac{31,91895}{4,93784} = 6,46415$$

As funções de planilha são capazes de determinar tanto o valor *P* como o valor *A*, em vez de aplicar os fatores *P/A* e *A/P*. A função VP que usamos na última seção também calcula o valor *P*, para dado *A*, no decorrer de *n* anos e um valor *F* distinto no ano *n*, se este for dado.

TABELA 2–2 Fatores *P/A* e *A/P*: Notação e Equações

Fator		Encontrar/	Fórmula	Equação com a	Função
Notação	Nome	Dado	do Fator	Notação Padrão	do Excel
(*P/A,i,n*)	Valor presente de seqüências uniformes	*P/A*	$\dfrac{(1+i)^n - 1}{i(1+i)^n}$	*P* = *A*(*P/A,i,n*)	VP *(taxa;nper; pgto;vf;tipo)*
(*A/P,i,n*)	Recuperação de capital	*A/P*	$\dfrac{i(1+i)^n}{(1+i)^n - 1}$	*A* = *P*(*A/P,i,n*)	PGTO *(taxa;nper; vp;vf;tipo)*

SEÇÃO 2.2   Fator de Valor Presente de Seqüências Uniformes e Fator de Recuperação de Capital (*P/A* e *A/P*)   59

O formato, introduzido na Seção 1.8 é

VP(taxa;nper;pgto;vf;tipo)

Analogamente, um valor *A* é determinado usando-se a função PGTO para determinado valor *P* no ano 0 e um *F* separado, quando este é dado. A fórmula é

PGTO(taxa;nper;vp;vf;tipo)

A função PGTO foi demonstrada na Seção 1.18 (Figura 1–5*b*) e será usada em exemplos posteriores. A Tabela 2–2 inclui as funções VP e PGTO relativas a *P* e *A*, respectivamente. O Exemplo 2.4 demonstra a função VP.

EXEMPLO 2.4

Quanto dinheiro você está disposto a gastar agora para receber um valor afiançado de $ 600 por ano durante 9 anos a partir do próximo ano, a uma taxa de retorno de 16% ao ano?

Solução
O diagrama de fluxo de caixa (Figura 2–6) aplica o fator *P/A*. O valor presente é:

$$P = 600(P/A, 16\%, 9) = 600(4,6065) = \$ 2.763,90$$

A função VP(16%,9,600) inserida na célula da planilha exibirá o resultado *P* = $ 2.763,93.

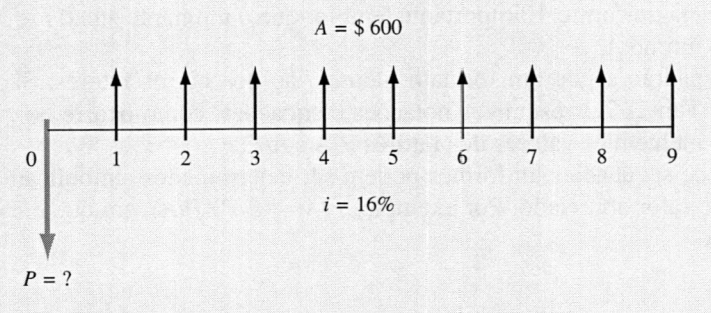

Figura 2–6
Diagrama para encontrar *P* usando o fator *P/A*, no Exemplo 2.4.

Comentário
Outro critério de solução é usar fatores *P/F* para cada um dos nove recebimentos e somar os valores presentes resultantes para obter o resultado correto. Outra maneira é encontrar o valor futuro *F* dos pagamentos de $ 600 e então encontrar o valor presente do valor *F*. Há muitas maneiras de resolver um problema de engenharia econômica. Somente o método mais direto é aqui apresentado.

2.3 FATOR FUNDO DE AMORTIZAÇÃO E FATOR MONTANTE COMPOSTO DE SEQÜÊNCIAS UNIFORMES (A/F E F/A)

A maneira mais simples de derivar o fator A/F é substituí-lo em fatores já desenvolvidos. Se P da Equação [2.3] for substituído na Equação [2.7], o resultado é a seguinte fórmula:

$$A = F \left[\frac{1}{(1+i)^n} \right] \left[\frac{i(1+i)^n}{(1+i)^n - 1} \right]$$

$$A = F \left[\frac{i}{(1+i)^n - 1} \right] \quad [2.8]$$

A expressão entre colchetes na Equação [2.8] é o fator A/F, ou fator fundo de amortização. Ele determina a seqüência anual uniforme que é equivalente a determinado valor futuro F. Isso é mostrado graficamente na Figura 2–7a.

A seqüência uniforme A se inicia no fim do período 1 e prossegue *ao longo do período do F dado.*

A Equação [2.8] pode ser reorganizada para encontrarmos o F correspondente a uma seqüência A estabelecida nos períodos 1 a n (Figura 2–7b).

$$F = A \left[\frac{(1+i)^n - 1}{i} \right] \quad [2.9]$$

O termo entre parênteses se denomina *fator de capitalização de seqüências uniformes*, ou fator F/A. Quando multiplicado pelo montante anual uniforme dado A, ele produz o valor futuro da seqüência uniforme. É importante lembrar que o montante anual F ocorre no mesmo período que o último A.

A notação padrão segue um formato idêntico ao dos outros fatores. São eles $(F/A,i,n)$ e $(A/F,i,n)$. A Tabela 2.3 resume as notações e equações, como ocorre no Apêndice C. As tabelas 1 a 29 incluem os valores dos fatores F/A e A/F.

Os fatores de seqüências uniformes podem ser determinados simbolicamente usando-se um formato de fator abreviado. Por exemplo, $F/A = (F/P)(P/A)$, em que o cancelamento de P está correto.

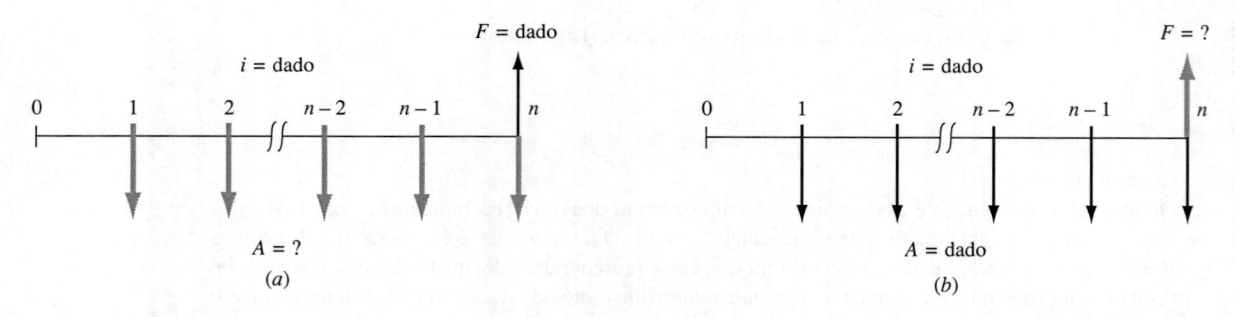

Figura 2–7
Diagramas de fluxo de caixa para (a) encontrar A, dado F e (b) encontrar F, dado A.

TABELA 2-3 Fatores F/A e A/F: Notação e Equações

Fator Notação	Fator Nome	Encontrar/ Dado	Fórmula do Fator	Equação com a Notação Padrão	Funções do Excel
$(F/A,i,n)$	Valor Futuro de seqüências uniformes	F/A	$\dfrac{(1+i)^n - 1}{i}$	$F = A(F/A,i,n)$	VF *(taxa;nper; pgto;vp;tipo)*
$(A/F,i,n)$	Fundo de amortização	A/F	$\dfrac{i}{(1+i)^n - 1}$	$A = F(A/F,i,n)$	PGTO *(taxa;nper; vp;vf;tipo)*

Usando as fórmulas de fator, obtemos:

$$(F/A,i,n) = \left[(1+i)^n\right]\left[\frac{(1+i)^n - 1}{i(1+i)^n}\right] = \frac{(1+i)^n - 1}{i}$$

Também o fator A/F da Equação [2.8] pode ser derivado do fator A/P subtraindo i.

$$(A/F,i,n) = (A/P,i,n) - i$$

Essa relação pode ser verificada empiricamente em qualquer tabela de fator de juros no final do livro, ou, matematicamente, simplificando-se a operação para derivar a fórmula do fator A/F. A mesma relação será usada posteriormente para comparar alternativas pelo método do valor anual.

Para a solução por computador, a função de planilha VF calcula F para a seqüência A estabelecida no decorrer de n anos. O formato é:

VF(taxa;nper;pgto;vp;tipo)

O P pode ser omitido quando nenhum valor presente separado é dado. A função PGTO determina o valor A para n anos, dado F em n anos e, possivelmente, um valor P separado no ano 0. O formato é:

PGTO(taxa;nper;vp;vf;tipo)

Se P for omitido, o símbolo de ponto-e-vírgula (;) deve ser inserido a fim de que o computador saiba que o último lançamento é um valor F. Essas funções estão incluídas na Tabela 2-3. Os dois exemplos a seguir incluem as funções VF e PGTO.

Método do Valor Anual (VA)

Seção 6.2

Solução Rápida

EXEMPLO 2.5

A empresa Formasa Plastics tem importantes instalações industriais no Texas e em Hong Kong. O presidente quer saber qual é o valor futuro equivalente de um investimento financeiro de $ 1 milhão, a cada ano, durante 8 anos, a partir de agora. O capital da Formasa produz rendimentos à taxa de 14% ao ano.

Solução

O diagrama de fluxo de caixa (Figura 2.8) apresenta os pagamentos anuais iniciando-se no fim do ano 1 e encerrando-se no ano em que o valor futuro é desejado. Os fluxos de caixa são indicados em unidades de $ 1.000. O valor F em 8 anos é

$$F = 1.000(F/A,14\%,8) = 1.000(13,2328) = \$ 13.232,80$$

O valor futuro real é $ 13.232.800. A função VF é (14%,8,1000000).

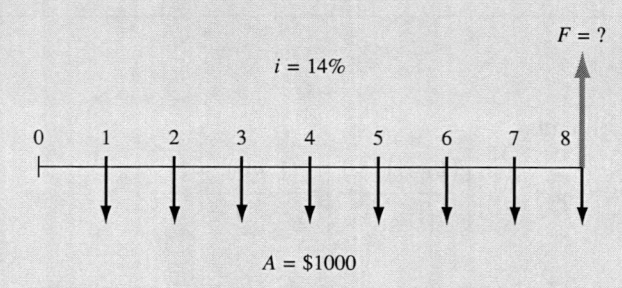

Figura 2–8
Diagrama para encontrar F de uma seqüência uniforme, no Exemplo 2.5.

EXEMPLO 2.6

Quanto dinheiro Carol deve depositar anualmente, com início daqui a 1 ano, a taxa de 5% ao ano, a fim de acumular $ 6.000 daqui a 7 anos?

Solução

O diagrama de fluxo de caixa a partir da perspectiva de Carol (Figura 2–9a) aplica o fator A/F.

$$A = \$ 6.000(A/F, 5,5\%,7) = 6.000(0,12096) = \$ 725,76 \text{ ao ano.}$$

O valor do fator A/F 0,12096 foi calculado usando-se a fórmula de fator da Equação [2.8]. Alternativamente, use a função PGTO, como é mostrado na Figura 2–9b para obter $A = \$ 725,79$ ao ano.

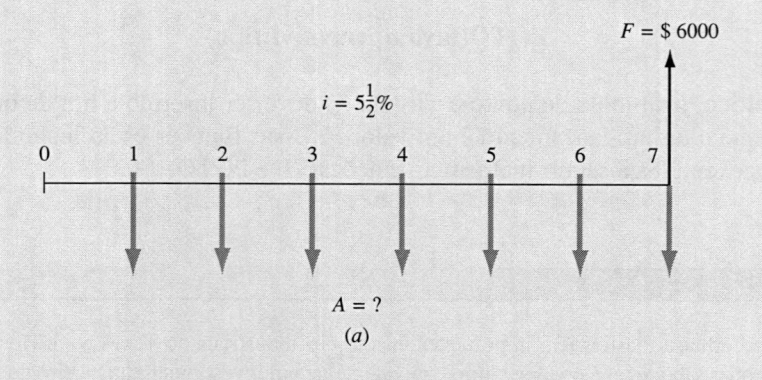

Figura 2–9
(a) Diagrama do fluxo de caixa e (b) função PGTO para determinar A, no Exemplo 2.6.

Figura 2–9
(*continuação*)

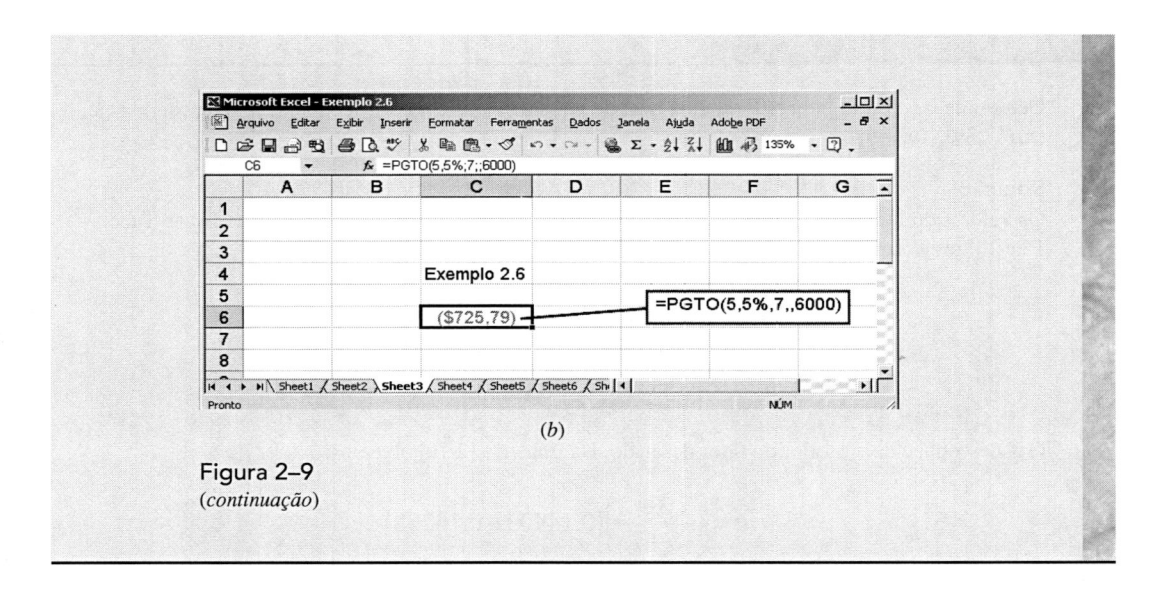

2.4 INTERPOLAÇÃO EM TABELAS DE JUROS

Quando é necessário localizar o valor de um fator para um i ou um n que não estão nas tabelas de juros, o valor desejado pode ser obtido de duas maneiras: (1) usando-se as fórmulas derivadas nas Seções 2.1 a 2.3 ou (2) efetuando interpolação linear entre os valores tabulados. Geralmente é mais fácil usar as fórmulas de uma calculadora ou uma planilha que tenha tais fórmulas programadas. Além disso, o valor obtido, não obstante ser uma interpolação linear, não é exatamente correto, uma vez que as equações não são lineares. Entretanto, a interpolação é suficiente na maior parte dos casos, contanto que os valores de i ou n não estejam demasiadamente distantes entre si.

O primeiro passo para efetuar a interpolação linear é criar os fatores conhecidos (valores 1 e 2) e desconhecidos, como indica a Tabela 2–4. Uma equação em forma de proporção é então criada e se isola c, da seguinte maneira:

$$\frac{a}{b} = \frac{c}{d} \quad \text{ou} \quad c = \frac{a}{b}d \qquad [2.10]$$

em que a, b, c e d representam as diferenças entre os números apresentados nas tabelas de juros. O valor de c da Equação [2.10] é somado ou subtraído do valor 1, caso o valor esteja crescendo ou diminuindo, respectivamente. Os exemplos seguintes ilustram o procedimento que acabamos de descrever.

TABELA 2–4 Configuração da Interpolação Linear

i ou n		Fator	
	→ Tabulado	Valor 1	
b [a [→ Desejado	não-listado	] c] d
	→ Tabulado	Valor 2	

EXEMPLO 2.7

Determine o valor do fator A/P de uma taxa de juros de 7,3% e n correspondente a 10 anos, ou seja, (A/P,7,3%,10).

Solução

Os valores do fator A/P para as taxas de juros de 7% e 8% e n = 10 estão relacionados nas Tabelas 12 e 13, respectivamente.

$$b \begin{cases} a \begin{cases} \to 7\% \\ \to 7,3\% \end{cases} \\ \to 8\% \end{cases} \qquad \begin{matrix} 0,14238 \\ X \\ 0,14903 \end{matrix} \begin{cases} c \end{cases} d$$

O X desconhecido é o valor do fator desejado. Da Equação [2.10] obtemos:

$$c = \left(\frac{7,3-7}{8-7}\right)(0,14903 - 0,14238)$$

$$= \frac{0,3}{1}(0,00665) = 0,00199$$

Uma vez que o valor do fator cresce à medida que a taxa de juros se eleva de 7% para 8%, o valor de c deve ser *adicionado* ao valor do fator 7%. Assim,

$$X = 0,14238 + 0,00199 = 0,14437$$

Comentário

Uma boa prática é conferir a razoabilidade da resposta final, ao verificar se X está *entre* os valores dos fatores conhecidos aproximadamente nas proporções corretas. Neste caso, desde que 0,14437 é menor do que 0,5 da distância entre 0,14238 e 0,14903, a resposta parece razoável. Se a Equação [2.7] for aplicada, o valor exato do fator será 0,144358.

EXEMPLO 2.8

Encontre o valor do fator (P/F,4%,48).

Solução

Na Tabela 9, correspondente a juros de 4%, encontramos os valores dos fatores P/F relativos a 45 anos e 50 anos.

$$b \begin{cases} a \begin{cases} \to 45 \\ \to 48 \end{cases} \\ \to 50 \end{cases} \qquad \begin{matrix} 0,1712 \\ X \\ 0,1407 \end{matrix} \begin{cases} c \end{cases} d$$

Da Equação [2.10], obtemos:

$$c = \frac{a}{b}(d) = \frac{48-45}{50-45}(0,1712 - 0,1407) = 0,0183$$

Uma vez que o valor do fator decresce à medida que *n* se eleva, *c* é subtraído do valor do fator *n* = 45.

$$X = 0{,}1712 - 0{,}0183 = 0{,}1529$$

Comentário
Não obstante ser possível fazer uma interpolação linear bidirecional, é muito mais fácil e mais acurado usar a fórmula de fator ou uma função de planilha.

2.5 FATORES DE GRADIENTE ARITMÉTICO (P/G E A/G)

Um *gradiente aritmético* é uma *seqüência de fluxos de caixa* que cresce ou decresce de acordo com um valor constante. O fluxo de caixa, constituído por recebimentos ou desembolsos, modifica-se de acordo com o mesmo valor aritmético a cada período. O *valor* do aumento ou diminuição é o *gradiente*. Por exemplo, se um engenheiro de manufatura prevê que o custo de manutenção de um robô se elevará $ 500 ao ano até que a máquina seja "aposentada", uma seqüência progressiva está envolvida, e o valor do gradiente é de $ 500.

As fórmulas desenvolvidas anteriormente para uma seqüência *A* têm montantes de fim de ano de valores iguais. No caso de um gradiente, cada fluxo de caixa de fim de ano é diferente; portanto, novas fórmulas devem ser derivadas. Primeiro, suponha que o fluxo de caixa no fim do ano 1 não faça parte da série gradiente, mas, em vez disso, seja um *montante básico*. Isto é conveniente porque, em aplicações reais, o montante básico habitualmente é maior ou menor do que o crescimento ou decréscimo progressivos. Por exemplo, se você compra um carro usado com um ano de garantia, pode esperar pagar os custos de combustível e seguro durante o primeiro ano de operação. Suponha que esses custos sejam de $ 1.500; ou seja, $ 1.500 é o montante básico. Depois do primeiro ano, você absorve os custos de reparos mecânicos, os quais, é de esperar, se elevem a cada ano. Se você estima que os custos totais se elevarão $ 50 anualmente, o montante no segundo ano será de $ 1.550, no terceiro ano $ 1.600 e assim por diante até o ano *n*, quando o custo total será 1.500 + (*n* − 1)50. O diagrama de fluxo de caixa é apresentado na Figura 2–10. Note que o gradiente ($ 50) é observado, pela primeira vez, entre o ano 1 e o ano 2, e que o montante básico ($ 1.500 no ano 1) não é igual ao gradiente.

Defina o símbolo *G*, de gradiente, como

G = variação aritmética constante da magnitude dos recebimentos ou desembolsos, de um intervalo de tempo para o seguinte; G pode ser positivo ou negativo.

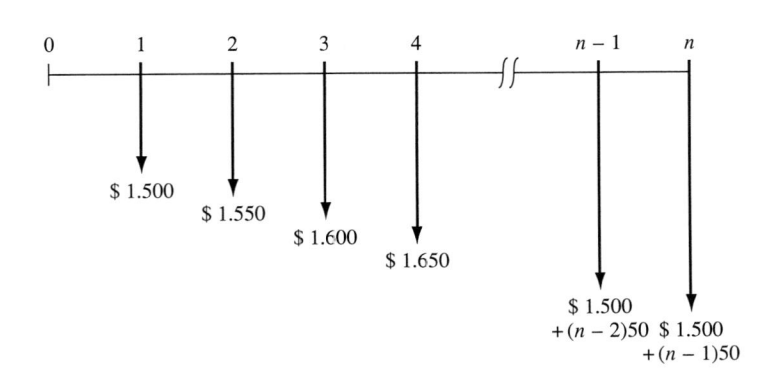

Figura 2–10
Diagrama de uma série gradiente aritmético com um montante básico de $ 1.500 e um gradiente igual a $ 50.

Figura 2–11
Série gradiente aritmético convencional sem o montante básico.

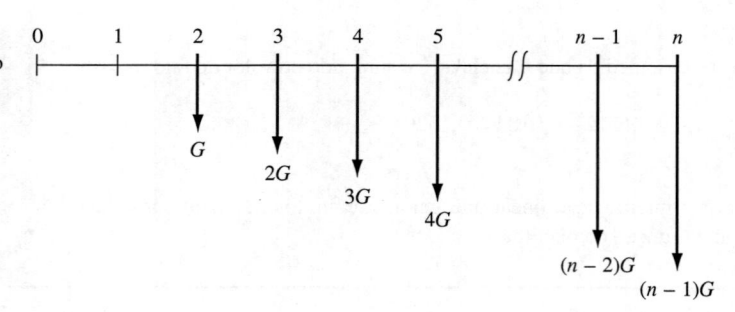

O fluxo de caixa no ano $n(CF_n)$ pode ser calculado como

$$CF_n = \text{montante básico} + (n-1)G$$

Se o montante básico for ignorado, o diagrama do fluxo de caixa, dado um gradiente aritmético (crescente) generalizado, será idêntico ao que é apresentado na Figura 2–11. Note que o gradiente se inicia entre os anos 1 e 2. Isso se denomina *gradiente convencional*.

EXEMPLO 2.9

Uma empresa de materiais esportivos iniciou um programa de licenciamento de seu logotipo. Ela espera realizar uma receita de $ 80.000, no próximo ano, das taxas da venda de seu logotipo. É esperado um incremento uniforme da receita para um nível de $ 200.000, em 9 anos. Determine o gradiente aritmético e construa o diagrama de fluxo de caixa.

Solução
O montante básico é de $ 80.000, e o total de aumento da receita é

$$\text{Aumento em 9 anos} = 200.000 - 80.000 = 120.000$$

$$\text{Gradiente} = \frac{aumento}{n-1}$$
$$= \frac{120.000}{9-1} = \$ 15.000 \text{ ao ano}$$

O diagrama do fluxo de caixa é mostrado na Figura 2-12.

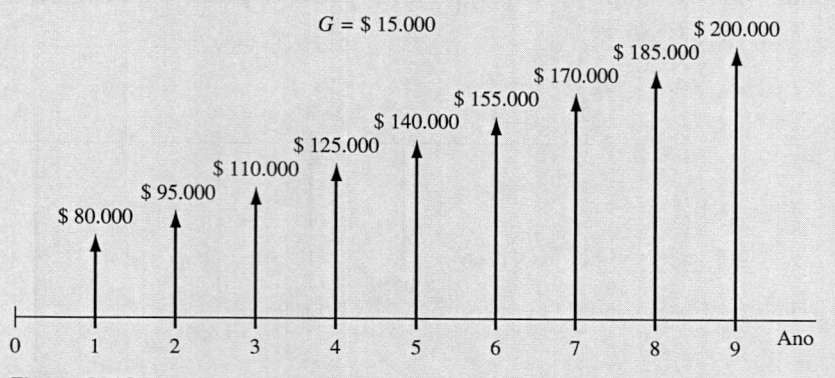

Figura 2–12
Diagrama de uma série gradiente, no Exemplo 2.9.

Neste livro, são derivados três fatores para gradientes aritméticos: o fator *P/G* para o valor presente, o fator *A/G* para seqüências anuais e o fator *F/G* para o valor futuro. Há diversas maneiras de derivá-los. Usamos o fator de descapitalização (*P/F,i,n*), mas o mesmo resultado pode ser obtido usando-se o fator *F/P*, *F/A* ou *P/A*.

Na Figura 2–11, o valor presente no ano 0, correspondente somente ao gradiente, é igual à soma dos montantes atuais dos valores individuais, em que cada valor é considerado um montante futuro.

$$P = G(P/F,i,2) + 2G(P/F,i,3) + 3G(P/F,i,4) + \ldots$$
$$+ [(n-2)G](P/F,i,n-1) + [(n-1)G](P/F,i,n)$$

Fatore *G* e use a fórmula *P/F*.

$$P = G\left[\frac{1}{(1+i)^2} + \frac{2}{(1+i)^3} + \frac{3}{(1+i)^4} + \ldots + \frac{n-2}{(1+i)^{n-1}} + \frac{n-1}{(1+i)^n}\right] \quad [2.11]$$

Ao multiplicarmos ambos os membros da equação [2.11] por $(1+i)^1$, obtemos

$$P = (1+i)^1 = G\left[\frac{1}{(1+i)^1} + \frac{2}{(1+i)^2} + \frac{3}{(1+i)^3} + \ldots + \frac{n-2}{(1+i)^{n-2}} + \frac{n-1}{(1+i)^{n-1}}\right] \quad [2.12]$$

Subtraia a Equação [2.11] da Equação [2.12] e simplifique.

$$iP = G\left[\frac{1}{(1+i)^1} + \frac{1}{(1+i)^2} + \ldots + \frac{1}{(1+i)^{n-1}} + \frac{1}{(1+i)^n}\right] - G\left[\frac{n}{(1+i)^n}\right] \quad [2.13]$$

A expressão entre colchetes, à esquerda, é idêntica à contida na Equação [2.4], em que o fator *P/A* foi derivado. Substitua a forma final do fator *P/A* da Equação [2.6] na Equação [2.13] e isole *P*. Você obterá a relação simplificada

$$P = \frac{G}{i}\left[\frac{(1+i)^n - 1}{i(1+i)^n} - \frac{n}{(1+i)^n}\right] \quad [2.14]$$

A Equação [2.14] é a relação geral para converter um gradiente aritmético *G* (sem incluir o montante básico) relativo a *n* anos em um valor presente no ano 0. A Figura 2–13*a* foi convertida no fluxo de caixa equivalente da Figura 2–13*b*. O *fator de valor presente, dado um gradiente aritmético*, ou *fator* P/G, pode ser expresso de duas maneiras:

$$(P/G,i,n) = \frac{1}{i}\left[\frac{(1+i)^n - 1}{i(1+i)^n} - \frac{n}{(1+i)^n}\right]$$

ou
$$(P/G,i,n) = \frac{(1+i)^n - in - 1}{i^2(1+i)^n}$$

[2.15]

Lembre-se: O gradiente inicia no ano 2 e *P* está localizado no ano 0. A Equação [2.14], expressa como uma relação de engenharia econômica, é

$$P = G(P/G,i,n) \quad [2.16]$$

Figura 2–13
Diagrama da conversão de um gradiente aritmético para um valor presente.

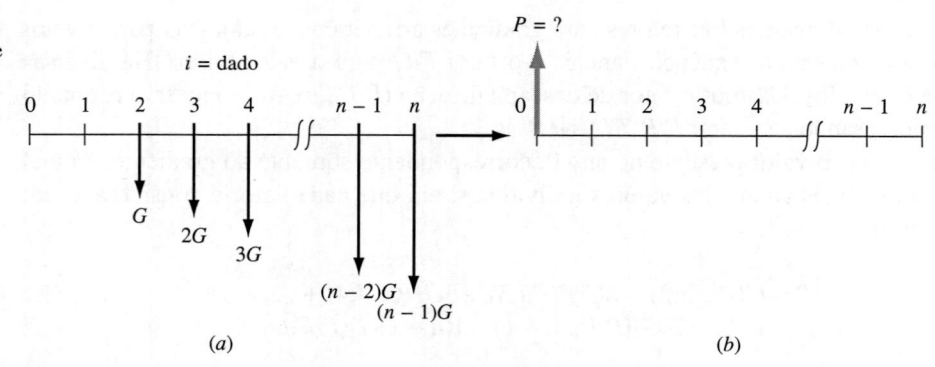

(a) *(b)*

A seqüência anual uniforme equivalente (valor *A*) de um gradiente aritmético *G* é encontrada multiplicando-se o valor presente da Equação [2.16] pela expressão do fator (*A/P,i,n*). Na forma da notação padrão, pode-se usar o equivalente algébrico de *P* para se obter o fator (*A/G,i,n*):

$$A = G(P/G,i,n)(A/P,i,n)$$

$$= G(A/G,i,n)$$

Na forma de equação:

$$A = \frac{G}{i}\left[\frac{(1+i)^n - 1}{i(1+i)^n} - \frac{n}{(1+i)^n}\right]\left[\frac{i(1+i)^n}{(1+i)^n - 1}\right]$$

$$= G\left[\frac{1}{i} - \frac{n}{(1+i)^n - 1}\right] \qquad [2.17]$$

A expressão entre colchetes na Equação [2.17] denomina-se *fator de seqüência uniforme dado um gradiente aritmético* e é identificada por (*A/G,i,n*). Esse fator converte a Figura 2–14*a* na Figura 2–14*b*.

Os fatores e as relações *P/G* e *A/G* estão resumidos no Apêndice C. Os valores do fator estão tabulados em duas colunas localizadas à direita nas tabelas 1 a 29 no final deste livro.

Figura 2–14
Diagrama da conversão de uma série gradiente aritmético em uma seqüência anual uniforme equivalente.

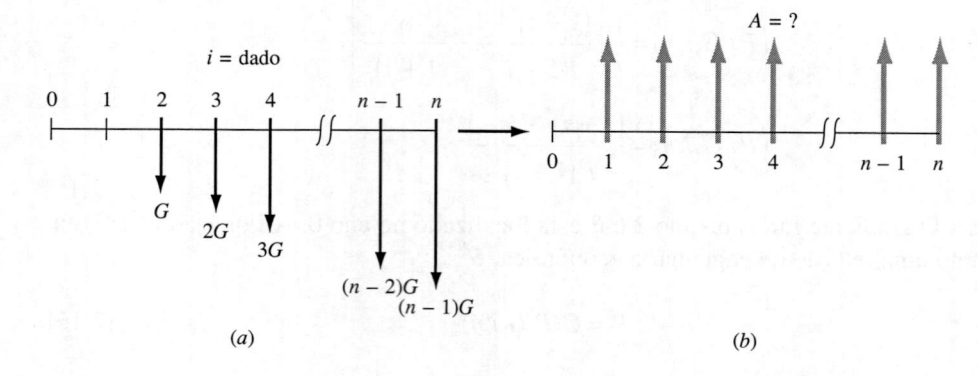

(a) *(b)*

Não há nenhuma função de planilha direta, de célula simples, para calcularmos P ou A de um gradiente aritmético. Use a função VPL para P e a função PGTO para A, depois que todos os fluxos de caixa estiverem inseridos nas células. (O uso das funções VPL e PGTO para esse tipo de seqüência de fluxos de caixa será ilustrado no Capítulo 3.)

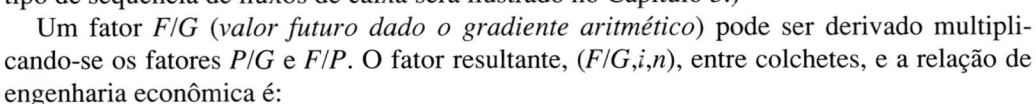

Um fator F/G (*valor futuro dado o gradiente aritmético*) pode ser derivado multiplicando-se os fatores P/G e F/P. O fator resultante, $(F/G,i,n)$, entre colchetes, e a relação de engenharia econômica é:

$$F = G\left[\left(\frac{1}{i}\right)\left(\frac{(1+i)^n - 1}{i} - n\right)\right]$$

O valor presente total P_T de uma série gradiente deve considerar a base e o gradiente separadamente. Assim, para seqüências de fluxos de caixa que envolvem gradientes convencionais:

- O *montante básico* é o montante da seqüência uniforme A, que se inicia no ano 1 e se estende até o ano n. Seu valor presente é representado por P_A.
- Em relação a um gradiente crescente, o *valor do gradiente* deve ser adicionado ao montante de série uniforme. O valor presente é P_G.
- Em relação a um gradiente decrescente, o valor do gradiente deve ser subtraído do montante de série uniforme. O valor presente é $-P_G$.

As equações gerais para calcular o total do valor presente P_T de gradientes aritméticos convencionais são

$$P_T = P_A + P_G \quad \text{e} \quad P_T = P_A - P_G \quad [2.18]$$

Analogamente, as seqüências anuais totais equivalentes são

$$A_T = A_A + A_G \quad \text{e} \quad A_T = A_A - A_G \quad [2.19]$$

em que A_A é o montante básico anual e A_G é o montante anual equivalente da série gradiente.

EXEMPLO 2.10

Três municípios vizinhos na Flórida concordaram em fazer uma combinação de recursos de impostos já designados para a reforma de pontes conservadas pelos municípios. Em uma reunião, os engenheiros estimaram que um total de $ 500.000 será depositado no fim do próximo ano em uma conta destinada ao reparo de pontes velhas, possivelmente inseguras, em todos os três municípios. Além disso, estimaram que os depósitos terão um aumento de $ 100.000 por ano durante 9 anos a partir de então, e depois cessarão. Determine (*a*) o valor presente equivalente e (*b*) os montantes das seqüências anuais se os fundos municipais renderem juros a uma taxa de 5% ao ano.

Solução

(*a*) O diagrama do fluxo de caixa da perspectiva dos municípios é apresentado na Figura 2-15. Dois cálculos devem ser feitos e adicionados: o primeiro para o valor presente do montante básico P_A, e o segundo para o valor presente do gradiente P_G. O valor presente total P_T ocorre no ano 0. Isso é ilustrado pelo diagrama de fluxo de caixa decomposto da Figura 2-16. Ao considerarmos $ 1.000 a unidade, o valor presente é,

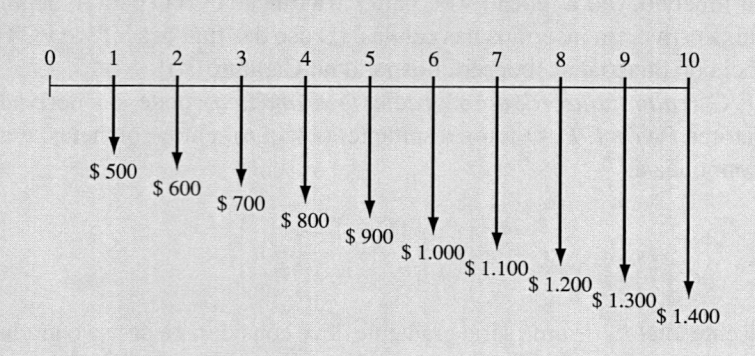

Figura 2–15
Seqüência de fluxos de caixa com um gradiente aritmético convencional (em unidades de $ 1.000), no Exemplo 2.10.

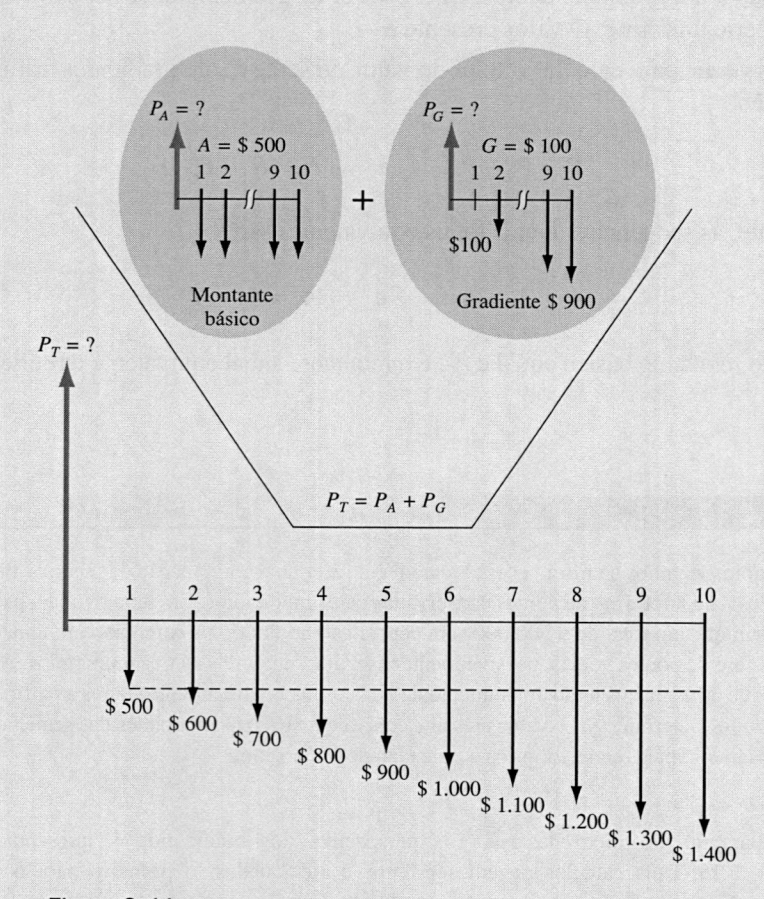

Figura 2–16
Diagrama de fluxo de caixa decomposto (em unidades de $ 1.000), no Exemplo 2.10.

a partir da Equação 2.18:

$$P_T = 500(P/A,5\%,10) + 100(P/G,5\%,10)$$
$$= 500(7,7217) + 100(31,652)$$
$$= \$ 7.026,05 \qquad (\$ 7.026.050)$$

(b) Também aqui, é necessário considerar o gradiente e o montante básico separadamente. A seqüência anual total A_T é encontrada usando-se a Equação [2.19]:

$$A_T = 500 + 100(A/G,5\%,10) = 500 + 100(4,0991)$$
$$= \$ 909,91 \text{ ao ano} \qquad (\$ 909.910)$$

E A_T ocorre do ano 1 ao ano 10.

Comentário
Lembre-se: Os fatores *P/G* e *A/G* determinam o valor presente e a seqüência anual *somente do gradiente*. Qualquer outro fluxo de caixa deve ser considerado separadamente.

Se o valor presente já tiver sido calculado [como na parte (a)], P_T pode ser multiplicado pelo fator *A/P* apropriado para se obter A_T.

$$A_T = P_T(A/P,5\%,10) = 7.026,05(0,12950)$$
$$= \$ 909,87 \qquad (\$ 909.870)$$

Arredonde as contas, para considerar a diferença de $ 40.

Exemplo Adicional 2.16.

2.6 FATORES DE SÉRIE GRADIENTE GEOMÉTRICO

Comumente as seqüências de fluxos de caixa, como os custos operacionais, custos de construção e receitas se elevam ou decrescem de período a período obedecendo a uma *porcentagem constante*; por exemplo, 5% ao ano. A taxa uniforme de variação define uma *série gradiente geométrico* de fluxos de caixa. Além dos símbolos *i* e *n* usados até este momento, precisamos agora do termo *g*.

    g = taxa de variação constante, na forma decimal, pela qual os montantes
           se elevam ou decrescem de um período para o seguinte.

A Figura 2–17 apresenta diagramas de fluxo de caixa de séries gradientes geométricos com taxas uniformes crescentes e decrescentes. A série se inicia no ano 1 com um montante inicial A_1, que *não* é considerado um montante básico como no gradiente aritmético. A relação para determinar o valor presente total P_g de *seqüências de fluxos de caixa totais* pode ser derivada multiplicando-se cada fluxo de caixa da Figura 2–17a pelo fator *P/F*, qual seja, $1/(1+i)^n$.

$$P_g = \frac{A_1}{(1+i)^1} + \frac{A_1(1+g)}{(1+i)^2} + \frac{A_1(1+g)^2}{(1+i)^3} + \ldots + \frac{A_1(1+g)^{n-1}}{(1+i)^n}$$

$$= A_1\left[\frac{1}{1+i} + \frac{(1+g)}{(1+i)^2} + \frac{(1+g)^2}{(1+i)^3} + \ldots + \frac{(1+g)^{n-1}}{(1+i)^n}\right] \qquad [2.20]$$

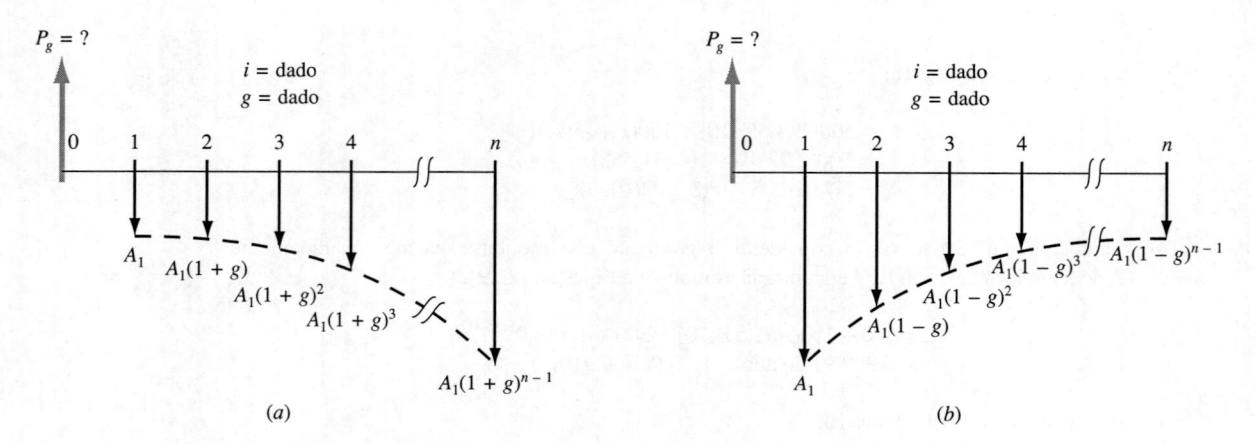

Figura 2-17
Diagrama de fluxo de caixa de uma série gradiente geométrico (a) crescente e (b) decrescente e do valor presente P_g.

Multiplique ambos os membros por $(1 + g)/(1 + i)$, subtraia a Equação [2.20] do resultado e fatore P_g para obter

$$P_g\left(\frac{1+g}{1+i} - 1\right) = A_1\left[\frac{(1+g)^n}{(1+i)^{n+1}} - \frac{1}{1+i}\right]$$

Resolva P_g e simplifique.

$$P_g = A_1\left[\frac{1 - \left(\frac{1+g}{1+i}\right)^n}{1+g}\right] \quad g \neq i \qquad [2.21]$$

O termo entre colchetes na Equação [2.21] é o fator do valor presente da série gradiente geométrico dos valores de g não iguais à taxa de juros i. A notação padrão usada é $(P/A,g,i,n)$. Quando $g = i$, substitua i por g na Equação [2.20] para obter

$$P_g = A_1\left(\frac{1}{(1+i)} + \frac{1}{(1+i)} + \frac{1}{(1+i)} + \ldots + \frac{1}{(1+i)}\right)$$

O termo $1/(1 + i)$ aparece n vezes, de forma que

$$P_g = \frac{nA_1}{(1+i)} \qquad [2.22]$$

Em suma, a relação e as fórmulas de fatores de engenharia econômica para calcular P_g no período $t = 0$ de uma série gradiente geométrico que se inicia no período 1 com montante A_1 crescendo a uma taxa constante igual a g a cada período são as seguintes

$$P_g = A_1(P/A,g,i,n) \qquad [2.23]$$

$$(P/A,g,i,n) = \begin{cases} \dfrac{1 - \left(\dfrac{1+g}{1+i}\right)^n}{i-g} & g \neq i \\ \dfrac{n}{1+i} & g = i \end{cases} \qquad [2.24]$$

É possível derivar fatores para os valores *A* e *F* equivalentes; entretanto, é mais fácil determinar o montante P_g e depois multiplicá-lo pelos fatores *A/P* ou *F/P*.

À semelhança do que ocorre com as séries gradientes aritméticas, não há nenhuma função de planilha direta para as séries gradientes geométricas. Tão logo os fluxos de caixa são inseridos, *P* e *A* são determinados usando-se as funções VPL e PGTO, respectivamente. Entretanto, sempre há a opção de desenvolver uma função na planilha que use a equação do fator para determinar um valor *P*, *F* ou *A*. O Exemplo 2.11 demonstra esse critério, para encontrar o valor presente de uma série gradiente geométrico, usando a Equação [2.24].

EXEMPLO 2.11

Os engenheiros da SeaWorld, uma divisão da Busch Gardens, Inc., concluíram uma modificação em um equipamento existente em seu parque de esportes aquáticos. A reforma custou $ 8.000, e espera-se que perdure 6 anos, com um valor recuperado de $ 1.300 para os mecanismos solenóides. Estima-se que os custos de manutenção atinjam $ 1.700 no primeiro ano, crescendo 11% ao ano a partir de então. Determine, manualmente e por computador, o valor presente equivalente da modificação e do custo de manutenção. A taxa de juros é de 8% ao ano.

Solução Manual
O diagrama do fluxo de caixa (Figura 2–18) apresenta o valor recuperado como um fluxo de caixa positivo e todos os custos como negativos. Use a Equação [2.24], para $g \neq i$, para calcular P_g. O P_T total é

$$P_T = -8.000 - P_g + 1.300(P/F, 8\%, 6)$$

$$= -8.000 - 1.700 \left[\frac{1 - (1,11/1,08)^6}{0,08 - 0,11} \right] + 1.300(P/F, 8\%, 6)$$

$$= -8.000 - 1.700(5,9559) + 819,26 = \$ -17.305,85 \qquad [2.25]$$

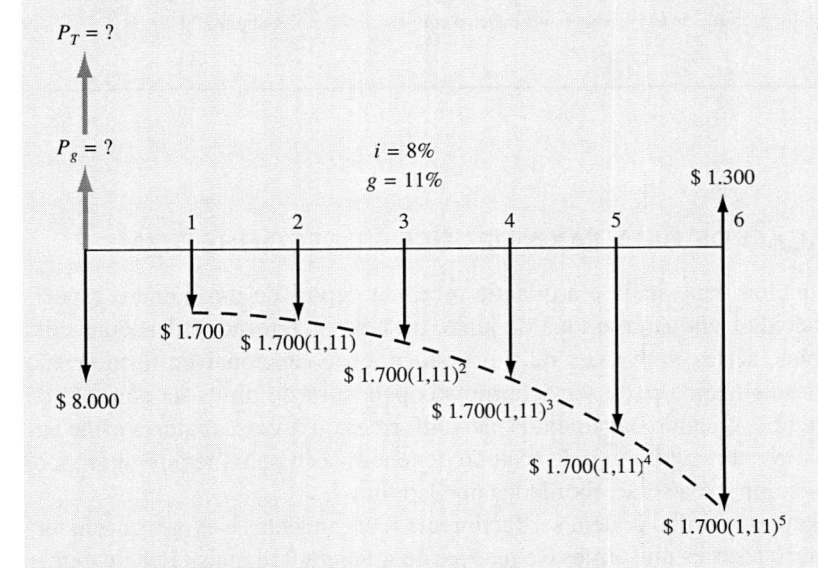

Figura 2–18
Diagrama do fluxo de caixa de um gradiente geométrico, no Exemplo 2.11.

Solução por Computador

A Figura 2–19 apresenta uma planilha eletrônica com o valor presente total na célula B13. A função usada para determinar $P_T = \$ -17.305,89$ é detalhada no rótulo da célula. É reescrita da Equação [2.25]. Uma vez que ela é complexa, as células das colunas C e D também contêm os três elementos de P_T, que são somados na célula D13, para obter o mesmo resultado.

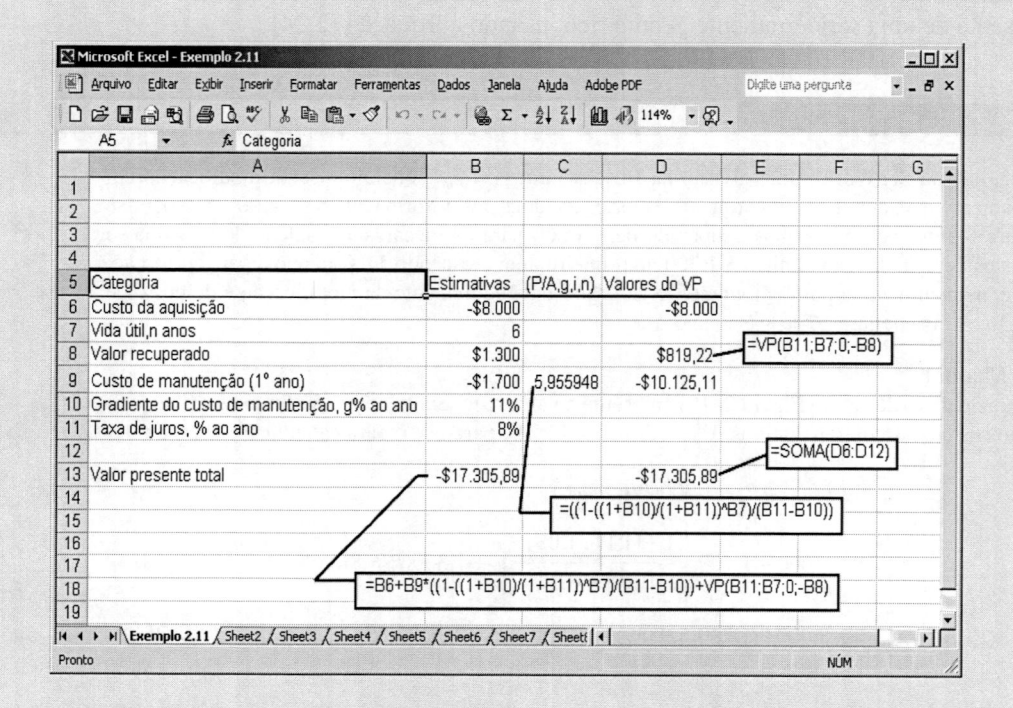

Figura 2–19
Planilha usada para determinar o valor presente de um gradiente geométrico com $g = 11\%$, no Exemplo 2.11.

2.7 DETERMINAÇÃO DE UMA TAXA DE JUROS DESCONHECIDA

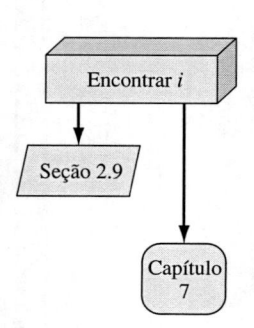

Em alguns casos, a quantia depositada e a quantia recebida depois de um número específico de anos são conhecidas, enquanto a taxa de juros, ou taxa de retorno, é desconhecida. Quando valores simples, séries uniformes ou um gradiente convencional uniforme estão envolvidos, a taxa i desconhecida pode ser determinada pela solução direta da equação de valor do dinheiro no tempo. Quando pagamentos não uniformes ou diversos fatores estão envolvidos, o problema deve ser resolvido pelo método de tentativas e pelo método numérico. Esses problemas mais complexos serão abordados no Capítulo 7.

As fórmulas de pagamento único podem ser facilmente reorganizadas e expressas em termos de i, mas, em relação a séries uniformes e equações de gradientes, é mais fácil *encontrar*

EXEMPLO 2.12

Laurel pode fazer, agora, um investimento de $ 3.000 nos negócios de um amigo e receber $ 5.000 daqui a 5 anos, ou depositar em um banco e receber 7% de juros ao ano. Qual investimento deve ser feito?

Solução
Uma vez que somente valores de pagamento único estão envolvidos, i pode ser determinado diretamente a partir do fator P/F.

$$P = F(P/F,i,n) = F \frac{1}{(1+i)^n}$$

$$3.000 = 5.000 \frac{1}{(1+i)^5}$$

$$0,600 = \frac{1}{(1+i)^5}$$

$$i = \left(\frac{1}{0,6}\right)^{0,2} - 1 = 0,1076 \ (10,76\%)$$

Alternativamente, a taxa de juros pode ser encontrada ao se montar a relação P/F da notação padrão, encontrando o fator do valor e interpolando os resultados das tabelas.

$$P = F(P/F,i,n)$$

$$\$ 3.000 = 5.000(P/F,i,5)$$

$$(P/F,i,5) = \frac{3.000}{5.000} = 0,60$$

Consultando as tabelas de juros, vemos que um fator P/F igual a 0,6000 para $n = 5$ situa-se entre 10% e 11%. Faça a interpolação entre esses dois valores para obter $i = 10,76\%$.

Uma vez que 10,76% é maior que os 7% disponíveis para o depósito, Laurel deveria fazer o investimento nos negócios do amigo, porque uma taxa de retorno mais elevada seria recebida deste investimento. Entretanto, o grau de risco associado ao investimento nos negócios não foi especificado. Evidentemente, o risco é um parâmetro permanente que pode levar à escolha do investimento que apresenta a menor taxa de retorno. A menos que seja especificado de maneira diferente, presumimos o mesmo risco para todas as alternativas apresentadas neste livro.

o valor do fator e determinar a taxa de juros utilizando tabelas de fatores de juros. Ambas as soluções são ilustradas nos exemplos que se seguem.

A função de planilha TIR é uma das mais úteis de todas as que estão disponíveis. TIR significa "taxa interna de retorno", um tópico independente discutido detalhadamente no Capítulo 7. Entretanto, mesmo nesta etapa inicial da análise de engenharia econômica, a função TIR pode ser usada de maneira benéfica para encontrar a taxa de juros (ou taxa de retorno) de quaisquer seqüências de fluxos de caixa inseridas em uma série de células de planilha adjacentes, verticais ou horizontais. É muito importante que quaisquer períodos com um fluxo de caixa igual a zero sejam lançados como "0" na célula. Uma célula em branco não basta, porque será exibido um valor i incorreto pela função TIR. O formato básico da função é:

TIR(valores;estimativa)

"Valores;estimativas" são as referências de célula correspondentes ao início e ao fim das seqüências de fluxos de caixa. O Exemplo 2.13 ilustra a função TIR.

A função TAXA, também muito útil, é uma alternativa à função TIR. TAXA é uma função que exibe a taxa de juros (ou taxa de retorno) compostos, somente quando os fluxos de caixa anuais, ou seja, valores A, são idênticos. Valores presentes e futuros diferentes dos valores A podem ser inseridos. O formato é

TAXA(nper;pgto;vp;vf;tipo;estimativa)

O valor F não inclui o montante A que ocorre no ano n. Não é necessário nenhum lançamento nas células de planilha de cada fluxo de caixa para se usar a função TAXA, de forma que ela deve ser usada sempre que houver uma seqüência uniforme ao longo de n anos com P associado e/ou valores i, declarados. O Exemplo [2.13] ilustra a função TAXA.

EXEMPLO 2.13

A Professional Engineers, Inc. exige que sejam colocados $ 500 por ano em um fundo de amortização para cobrir quaisquer operações imprevistas de refazer um trabalho nos equipamentos de campo. Em um caso, foram depositados $ 500 durante 15 anos e cobriram um custo de refazer o trabalho equivalente a $ 10.000 no ano 15. Qual taxa de retorno essa prática proporcionou à empresa? Encontre a solução manualmente e utilizando o computador.

Solução Manual

O diagrama do fluxo de caixa é apresentado na Figura 2-20. Pode-se usar o fator A/F ou o fator F/A. Usando A/F:

$$A = F(A/F,i,n)$$
$$500 = 10.000(A/F,i,15)$$
$$(A/F,i,15) = 0,0500$$

Nas tabelas de juros 8 e 9, sob a coluna A/F correspondente a 15 anos, o valor 0,0500 encontra-se entre 3% e 4%. Por interpolação, $i = 3,98\%$. (Isto é considerado um retorno baixo para um projeto de engenharia.)

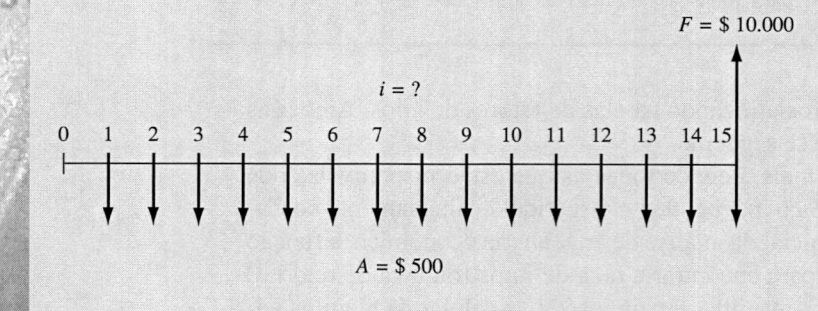

Figura 2–20
Diagrama para determinar a taxa de retorno, no Exemplo 2.13.

Solução por Computador
Consulte o diagrama de fluxo de caixa (Figura 2–20), para preencher a planilha (Figura 2–21). Uma solução em uma única célula usando a função TAXA pode ser aplicada, uma vez que $A = \$ -500$ ocorre a cada ano e o valor $F = \$ 10.000$ se desenvolve no último ano da série.

A célula A3 contém a função TAXA(15;–500;;10000) e o resultado apresentado na tela é 3,98%. O sinal de menos em 500 indica o depósito anual. O ponto-e-vírgula extra é necessário para indicar que o valor *P* não está presente. Essa função é rápida, mas possibilita somente uma análise de sensibilidade limitada; todos os valores *A* sofrem uma certa alteração. A função TIR é muito melhor para responder às questões do tipo "o que aconteceria?".

Para aplicar a função TIR e obter o mesmo resultado, digite o valor 0 em uma célula (para o ano 0), seguido de –500 para 14 anos e 9.500 (de 10.000 – 500) no ano 15. A Figura 2–21 contém esses números nas células D2 a D17. Em qualquer célula da planilha, insira a função TIR(D2:D17). O número i = 3,98% é exibido na célula E3 selecionada. É aconselhável inserir os números de ano 0 a *n* (15, neste exemplo) na coluna imediatamente à esquerda dos lançamentos de fluxo de caixa. A função TIR não necessita desses números, mas isso torna mais fácil e mais acurada a atividade de lançamento dos fluxos de caixa. Agora, qualquer fluxo de caixa pode ser modificado, e uma nova taxa será exibida imediatamente por meio da função TIR.

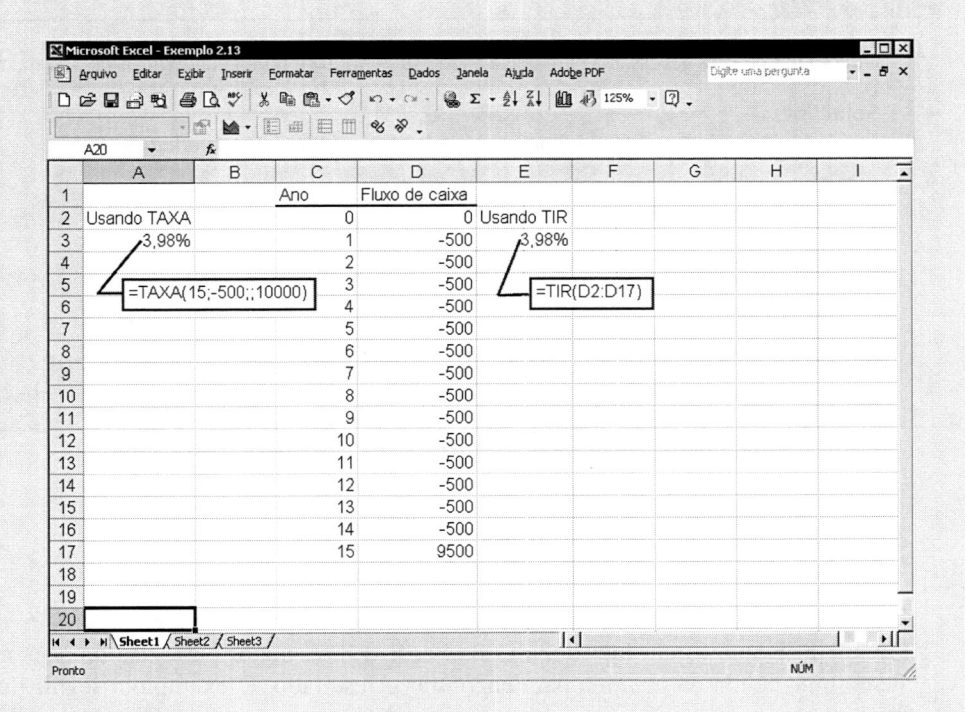

Figura 2–21
Solução da taxa de retorno por meio de uma planilha eletrônica que usa as funções TAXA e TIR, no Exemplo 2.13.

2.8 DETERMINAÇÃO DO NÚMERO DE PERÍODOS

Às vezes é necessário determinar o número de anos (períodos) necessários para que uma seqüência de fluxos de caixa forneça a taxa de retorno estabelecida. Outras vezes, é desejável determinar quando montantes específicos estarão disponíveis a partir de um investimento. Em ambos os casos, o valor desconhecido é *n*. Técnicas similares às que apresentamos na seção anterior são usadas para se encontrar *n*. Alguns problemas relativos a *n* podem ser resolvidos diretamente, manipulando-se as fórmulas de pagamento único e de séries uniformes. Em outros casos, n é encontrado por meio de interpolação dos resultados das tabelas de juros, como ilustramos a seguir.

A função de planilha NPER pode ser usada para se encontrar rapidamente o número de anos (períodos) n para valores A, P e/ou F dados. A fórmula é:

$$\text{NPER(taxa;pgto;vp;vf;tipo)}$$

Se o valor futuro F não estiver envolvido, F é omitido; entretanto, um valor presente P e um montante uniforme A devem ser inseridos. O lançamento A pode ser igual a zero quando somente os valores P e F são conhecidos, como no próximo exemplo. Pelo menos um dos lançamentos deve ter um sinal oposto ao dos demais, para se obter um resultado de NPER.

EXEMPLO 2.14

Quanto tempo será necessário para que $ 1.000 se duplique a uma taxa de juros de 5% ao ano?

Solução

O valor n pode ser determinado usando-se o fator F/P ou P/F. Usando o fator P/F,

$$P = F(P/F,i,n)$$

$$1.000 = 2.000(P/F,5\%,n)$$

$$(P/F,5\%,n) = 0,500$$

Na tabela de juros de 5%, o valor 0,500 encontra-se entre 14 e 15 anos. Por meio de interpolação, $n = 14,2$ anos. Use a função NPER(5%;0;−1000;2000) para obter como resultado um valor n igual a 14,21 anos.

2.9 APLICAÇÃO DE PLANILHAS ELETRÔNICAS — ANÁLISE DE SENSIBILIDADE BÁSICA

Realizamos cálculos de engenharia econômica com as funções de planilha VP, VF, PGTO, TIR e NPER que foram introduzidas na Seção 1.8. A maior parte das funções utilizou somente uma célula da planilha para encontrar o resultado. O exemplo a seguir ilustra como resolver um problema ligeiramente mais complexo, que envolve análise de sensibilidade; ou seja, que ajuda a responder às questões do tipo "o que aconteceria?".

EXEMPLO 2.15

Um engenheiro e um médico descobriram como desenvolver uma importante melhoria nas cirurgias de vesícula biliar, realizadas por meio de laparoscopia. Formaram uma pequena corporação empresarial para cuidar dos aspectos financeiros de sua parceria. A empresa investiu $ 500.000 no projeto já neste ano ($t = 0$) e espera gastar $ 500.000 anualmente nos próximos 4 anos e, possivelmente, em mais anos. Desenvolva uma planilha para ajudá-los a responder às seguintes questões:

(a) Suponha que $ 500.000 sejam gastos somente em 4 anos adicionais. Se a empresa vender os direitos de uso da nova tecnologia no fim do ano 5 por $ 5 milhões, qual é a taxa de retorno prevista?

SEÇÃO 2.9   Aplicação de Planilhas Eletrônicas — Análise de Sensibilidade Básica   79

(b) O engenheiro e o médico calculam que precisarão de $ 500.000 ao ano durante mais tempo do que os 4 anos adicionais. Daqui a quantos anos eles terão de concluir o trabalho de desenvolvimento e receber $ 5 milhões em taxas de licenciamento para obter, pelo menos, 10% ao ano? Suponha que os $ 500.000 ao ano se prolonguem até o ano imediatamente *anterior* ao recebimento dos $ 5 milhões.

Solução por Computador

A Figura 2–22 apresenta a planilha, e todos os valores financeiros estão expressos em unidades de $ 1.000. A função TIR é usada em todo o processo.

(a) A função TIR(B6;B11) na célula B15 exibe $i = 24,07\%$. Note que há um fluxo de caixa de $ –500 no ano 0. A declaração de equivalência é: gastar $ 500.000 agora e gastar $ 500.000 a cada ano, durante mais 4 anos, é equivalente a receber $ 5 milhões no fim do ano 5, quando a taxa de juros é de 24,07% ao ano.

(b) Encontre a taxa de retorno correspondente a um número crescente de anos em que $ 500 foram gastos. As colunas C e D da Figura 2–22 apresentam os resultados das funções TIR com o fluxo de caixa de $ 5.000 em diferentes anos. As células C15 e D15 apresentam os retornos em lados opostos a 10%. Portanto, os $ 5 milhões devem ser recebidos em algum momento antes do fim do ano 7, para se obter mais do que os 8,93% exibidos na célula D15. O engenheiro e o médico têm menos de 6 anos para concluir seu trabalho de desenvolvimento.

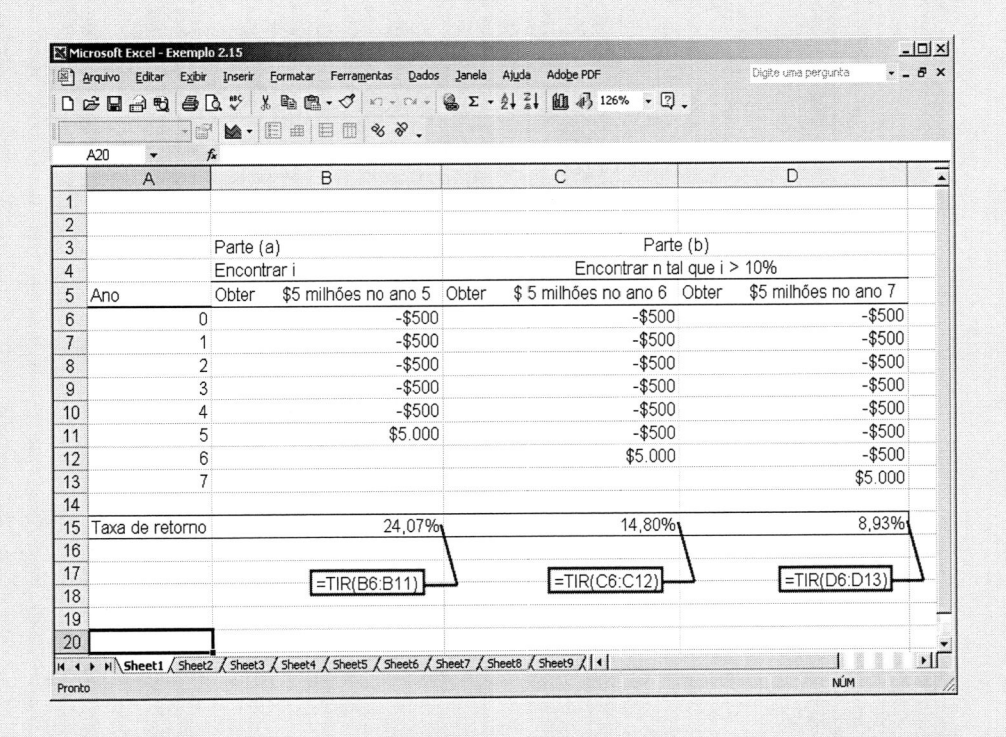

	A	B	C	D
3		Parte (a)	Parte (b)	
4		Encontrar i	Encontrar n tal que i > 10%	
5	Ano	Obter $5 milhões no ano 5	Obter $ 5 milhões no ano 6	Obter $5 milhões no ano 7
6	0	-$500	-$500	-$500
7	1	-$500	-$500	-$500
8	2	-$500	-$500	-$500
9	3	-$500	-$500	-$500
10	4	-$500	-$500	-$500
11	5	$5.000	-$500	-$500
12	6		$5.000	-$500
13	7			$5.000
14				
15	Taxa de retorno	24,07%	14,80%	8,93%
17		=TIR(B6:B11)	=TIR(C6:C12)	=TIR(D6:D13)

Figura 2–22
Solução por meio de planilha eletrônica incluindo análise de sensibilidade, no Exemplo 2.15.

EXEMPLO ADICIONAL

EXEMPLO 2.16

CÁLCULOS DE P, F E A

Explique por que os fatores de séries uniformes não podem ser usados para calcular P ou F diretamente em relação a qualquer um dos fluxos de caixa apresentados na Figura 2–23.

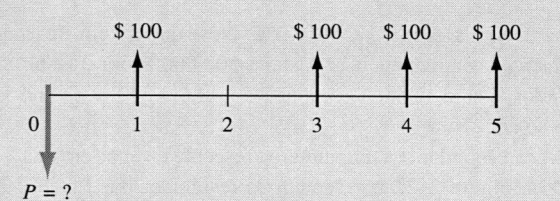

Figura 2–23
Amostra de diagramas de fluxo de caixa, no Exemplo 2.16.

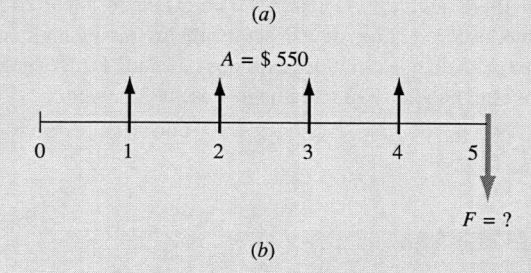

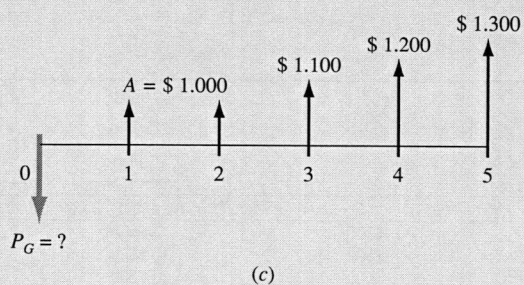

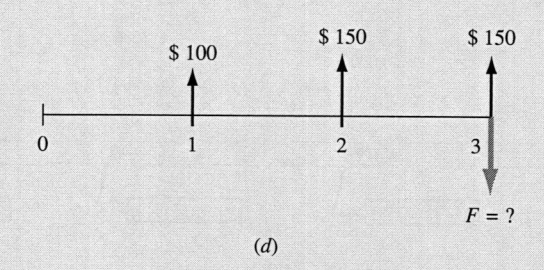

Solução

(a) O fator P/A não pode ser usado para calcular P, visto que o recebimento de $100 ao ano não ocorre em cada um dos anos 1 a 5.

(b) Uma vez que não há nenhum $A = \$550$ no ano 5, o fator F/A não pode ser usado. A relação $F = 550(F/A,i,4)$ forneceria o valor futuro no ano 4, não no ano 5.
(c) O primeiro valor gradiente $G = \$100$ ocorre no ano 3. O uso da relação $P_G = 100(P/G,i\%,4)$ calculará P_G no ano 1, não no ano 0. *(O valor presente do montante básico de $ 1.000 não está incluído aqui.)*
(d) Os valores de recebimento são desiguais; assim, a relação $F = A(F/A,i,3)$ não pode ser usada para calcular F.

RESUMO DO CAPÍTULO

As fórmulas e fatores derivados e aplicados neste capítulo realizam cálculos de equivalência para fluxos de caixa presentes, futuros, anuais e gradientes. A capacidade de usar essas fórmulas e sua notação padrão manualmente e com planilhas é crucial para se concluir um estudo de engenharia econômica. Ao usar as fórmulas e funções de planilha, você pode converter fluxos de caixa simples em fluxos de caixa uniformes, gradientes em valores presentes e muito mais. Você pode resolver problemas relativos à taxa de retorno i ou ao tempo t. Um entendimento cuidadoso de como manipular fluxos de caixa usando o material apresentado neste capítulo o(a) ajudará a lidar com questões financeiras na prática profissional, bem como em atividades do dia-a-dia.

PROBLEMAS

O Uso de Tabelas de Juros

2.1 Encontre o valor numérico correto para os seguintes fatores, usando as tabelas de juros.
1. $(F/P,8\%,25)$
2. $(P/A,3\%,8)$
3. $(P/G,9\%,20)$
4. $(F/A,15\%,18)$
5. $(A/P,30\%,15)$

Determinação de F, P e A

2.2 A U.S. Border Patrol (Polícia de Patrulhamento de Fronteiras dos Estados Unidos) está considerando a possibilidade de comprar um novo helicóptero para fazer a vigilância aérea da fronteira do Novo México — Texas com o México. Um helicóptero similar foi adquirido há quatro anos, a um custo de $ 140.000. A uma taxa de juros de 7% ao ano, qual seria o valor equivalente hoje desse dispêndio de $ 140.000?

2.3 A Pressure Systems, Inc. manufatura transdutores de nível líquido de alta precisão. Ela investiga se deve atualizar certo equipamento agora ou deixar para depois. Se o custo agora é de $ 200.000, qual será o valor equivalente daqui a 3 anos, a uma taxa de juros de 10% ao ano?

2.4 A Petroleum Products, Inc. é uma empresa produtora de tubos que fornece produtos petrolíferos a atacadistas dos Estados Unidos e Canadá. A empresa está pensando em adquirir medidores de vazão, do tipo turbina de inserção, que lhes possibilite realizar um melhor monitoramento da integridade das tubulações.

Se esses medidores impedirem um grande rompimento (por meio da detecção precoce de perda de produto) avaliado em $ 600.000 daqui a 4 anos, quanto a empresa poderia se dispor a gastar, agora, a uma taxa de juros de 12% ao ano?

2.5 A Sensotech Inc., uma empresa produtora de sistemas microeletromecânicos, acredita que pode reduzir em 10% os *recalls* de seus produtos, se adquirir agora um novo software para detectar peças defeituosas. O custo do novo software é de $ 225.000. (*a*) Quanto a empresa teria de poupar por ano, durante 4 anos, para recuperar seu investimento, se usasse uma taxa mínima de atratividade de 15% ao ano? (*b*) Qual era o custo ao ano dos *recalls* antes de o software ser comprado, considerando que a empresa recuperou exatamente em 4 anos o seu investimento em função da redução de 10% dos *recalls*?

2.6 A Thompson Mechanical Products planeja reservar $ 150.000, a partir de agora, para possivelmente substituir seus grandes motores síncronos de refino quando for necessário. Se nenhuma substituição for necessária no período de 7 anos, quanto a empresa terá em sua conta de investimento de reserva se obtiver uma taxa de retorno de 18% ao ano?

2.7 A fábrica francesa de automóveis Renault assinou um contrato de $ 75 milhões com a ABB de Zurique, na Suíça, para a criação de sistemas automatizados de linhas de montagem do chassi, em oficinas de montagem de carcaça e sistemas de controle da linha de produção. Se a ABB for paga em 2 anos (quando os sistemas estiverem prontos), qual é o valor presente do contrato à taxa de 18% ao ano?

2.8 A Atlas Long-Haul Transportation está pensando em instalar registradores de temperatura Valutemp em todos os seus caminhões frigoríficos, para monitoramento durante o transporte. Se os sistemas reduzirem as reivindicações de seguro em $ 100.000 daqui a 2 anos, quanto a empresa se disporá a gastar agora, se usar uma taxa de juros de 12% ao ano?

2.9 A GE Marine Systems planeja fornecer turbinas a gás aeroderivativas a um armador japonês, para a propulsão de *destroyers* classe 11 DD da Força de Autodefesa Japonesa. O comprador pode pagar o preço total do contrato de $ 1.700.000 agora, ou uma quantia equivalente daqui a 1 ano (quando as turbinas serão necessárias). A uma taxa de juros de 18% ao ano, qual é o valor futuro equivalente?

2.10 Qual é o valor presente de um custo no valor de $ 162.000, a ser realizado daqui a 6 anos, para a Corning, Inc., a uma taxa de juros de 12% ao ano?

2.11 Quanto a Cryogenics Inc., que produz sistemas de armazenamento de energia magnética por supercondutores, está disposta a gastar em novos equipamentos em vez de gastar $ 125.000 daqui a 5 anos, se a taxa de retorno da empresa é de 14% ao ano?

2.12 A V-Tek Systems, uma empresa que fabrica compactadores verticais, está examinando suas necessidades de fluxo de caixa para os próximos 5 anos. A empresa espera substituir as máquinas de escritório e equipamentos de informática em períodos variáveis, ao longo de 5 anos. Especificamente, a empresa espera gastar $ 9.000 daqui a 2 anos, $ 8.000 daqui a 3 anos e $ 5.000 daqui a 5 anos. Qual é o valor presente dos dispêndios planejados, a uma taxa de juros de 10% ao ano?

2.13 Um sensor de proximidade, fixado à ponta de um endoscópio, poderia reduzir os riscos nas cirurgias oculares ao alertar os cirurgiões sobre a localização de tecido retiniano crítico. Se determinado cirurgião-oftalmologista, ao usar essa tecnologia, espera evitar ações judiciais de $ 1,25 e $ 0,5 milhão daqui a 2 e 5 anos, respectivamente, quanto ele poderia concordar em gastar agora, se suas despesas com ações judiciais equivalerem somente a 10% do valor total de cada processo? Use uma taxa de juros de 8% ao ano.

2.14 O custo atual do seguro de responsabilidade civil para determinada firma de consultoria é de $ 65.000. Se há uma previsão de que o custo do seguro se eleve 4% anualmente, qual será o custo daqui a 5 anos?

2.15 A American Gas Products produz um dispositivo denominado Can-Emitor que esvazia o conteúdo de latas de aerossol usadas, em 2 a 3 segundos. Isso elimina a obrigatoriedade de se desfazer das latas como lixo perigoso. Se determinada empresa fabricante de tintas puder economizar $ 75.000 ao ano em custos de coleta e tratamento de lixo, quanto a empresa poderia gastar agora no Can-Emitor, se quiser recuperar seus investimentos em 3 anos, a uma taxa de juros de 20% ao ano?

2.16. A Atlantic Metals and Plastic usa ligas austeníticas de níquel-cromo para fabricar fios metálicos resistentes ao aquecimento. A empresa está considerando um novo processo de trefilação e recozimento para reduzir os custos. Se o novo processo custar $ 1,8 milhão agora, quanto deve ser poupado a cada ano para a empresa recuperar o investimento em 6 anos, a uma taxa de juros de 12% ao ano?

2.17 Um tipo de alga verde, a *Chlamydomonas reinhardtii*, pode produzir hidrogênio quando é temporariamente privada do enxofre, em um período de até 2 dias a cada vez. Uma pequena empresa precisa comprar um equipamento que custa $ 3,4 milhões para comercializar o processo. Se a empresa quiser receber uma taxa de retorno de 20% ao ano e recuperar seus investimentos em 8 anos, qual deve ser o valor líquido do hidrogênio produzido a cada ano?

2.18 Qual é o valor que a RTT Environmental Services poderia tomar por empréstimo para financiar um projeto de *site reclamation*[1], se ela espera obter receitas de $ 280.000 ao ano ao longo de um período de recuperação (*cleanup*) de 5 anos? A previsão de despesas associadas ao projeto é de $ 90.000 ao ano. Suponha uma taxa de juros de 10% ao ano.

2.19 A Western Playland and Aquatics Park gasta $ 75.000 por ano em serviços de consultoria para inspeção em seus equipamentos. A nova tecnologia de elemento-atuador possibilita aos engenheiros simularem movimentos complexos, em qualquer direção, controlados por computador. Quanto o parque de diversões poderia gastar agora, na nova tecnologia, se os serviços de consultoria anuais não forem mais necessários? Suponha que o parque use uma taxa de juros de 15% ao ano e queira recuperar seu investimento em 5 anos.

2.20 Mediante um contrato com a Internet Service Providers (ISPs) Association, a SBC Communications reduziu o preço que cobra dos provedores de internet, para que estes revendam seu serviço de banda-larga DSL (*digital subscriber line*), de alta velocidade, de $ 458 para $ 360 dólares por ano, para cada conta de acesso. Um provedor, em particular, que tinha 20.000 clientes planeja repassar 90% das economias aos seus clientes. Qual é o valor futuro total dessas economias em um horizonte de 5 anos a uma taxa de juros de 8% ao ano?

2.21 Para melhorar a detecção de rachaduras em aeronaves, a Força Aérea Americana combinou procedimentos de inspeção ultra-sônicos com aquecimento a laser, de forma que identifiquem rachaduras causadas por fadiga mecânica. As detecções precoces de rachaduras podem reduzir os custos de manutenção em até $ 200.000 por ano. Qual é o valor presente dessas economias em um período de 5 anos, a uma taxa de juros de 10% ao ano?

2.22 Uma recém-diplomada em engenharia foi aprovada no exame de FE (Fundamentos de Engenharia) e recebeu um aumento salarial (com início no ano 1) de $ 2.000. A uma taxa de juros de 8% ao ano, qual é o valor presente dos $ 2.000 ao ano durante uma carreira prevista de 35 anos?

---

[1] **N.T.:** O mesmo que *land reclamation*, ou seja, projeto de recuperação de terras.

2.23 A Southwestern Moving and Storage deseja ter recursos suficientes para comprar uma nova carreta de transporte em 3 anos. Se a unidade custar $ 250.000, quanto a empresa deve poupar a cada ano se a conta rende 9% de juros ao ano?

2.24 A Vision Technologies, Inc. é uma pequena empresa que usa tecnologia de banda ultralarga para desenvolver dispositivos que são capazes de detectar objetos (inclusive pessoas) no interior de edifícios, atrás de paredes ou sob o piso. A empresa tem a previsão de gastar $ 100.000 ao ano em mão-de-obra e $ 125.000 ao ano em suprimentos, antes de o produto poder ser comercializado. A uma taxa de juros de 15% ao ano, qual é o valor futuro total equivalente dos dispêndios da empresa ao final de 3 anos?

Valores dos Fatores

2.25 Encontre o valor numérico dos seguintes fatores por meio de (a) interpolação e (b) usando a fórmula apropriada.
1. (P/F,18%,33)
2. (A/G,12%,54)

2.26 Encontre o valor numérico dos seguintes fatores por meio de (a) interpolação e (b) usando a fórmula apropriada.
1. (F/A,19%,20)
2. (P/A,26%,15)

Gradiente Aritmético

2.27 Uma seqüência de fluxo de caixa se inicia no ano 1 a $ 3.000 e decresce em $ 200 a cada ano até o ano 10. (a) Determine o valor do gradiente G; (b) o valor do fluxo de caixa no ano 8; e (c) o valor de n para o gradiente.

2.28 A Cisco Systems espera que as vendas sejam representadas pela seqüência de fluxo de caixa $(6.000 + 5k)$, em que k é expresso em anos e o fluxo de caixa em milhões de dólares. Determine (a) o valor do gradiente G; (b) o valor do fluxo da caixa no ano 6 e (c) o valor de n para o gradiente se o fluxo de caixa se encerrar no ano 12.

2.29 Em relação à seqüência de fluxos de caixa que se inicia no ano 1 e é descrita por $900 - 100k$, em que k representa os anos 1 a 5, (a) determine o valor do gradiente G e (b) o fluxo de caixa no ano 5.

2.30 A Omega Instruments determinou um orçamento de $ 300.000 ao ano para pagar determinadas peças de cerâmica, durante os próximos 5 anos. Se a empresa prevê que o custo das peças se elevará uniformemente de acordo com um gradiente aritmético de $ 10.000 por ano, qual é a expectativa de custo no ano 1 se a taxa de juros é de 10% ao ano?

2.31 A Chevron-Texaco prevê que os recebimentos de um grupo de *stripper wells* (poços de petróleo que produzem menos de 10 barris por dia) decresçam de acordo com um gradiente aritmético de $ 50.000 por ano. Espera-se que os recebimentos deste ano sejam de $ 280.000 (ou seja, fim do ano 1), e a empresa espera que a vida útil dos poços seja de 5 anos. (a) Qual é o valor do fluxo de caixa no ano 3 e (b) qual é o valor anual uniforme equivalente, nos anos 1 a 5, do rendimento proveniente dos poços a uma taxa de juros de 12% ao ano?

2.32 A receita da reciclagem de papelão em Fort Bliss cresceu a uma taxa constante de $ 1.000 em cada um dos últimos 3 anos. Se a expectativa de renda para este ano (ou seja, fim do ano 1) é de $ 4.000 e a tendência de um maior crescimento prosseguir ao longo de 5 anos, (a) qual será a receita daqui a 3 anos (ou seja, fim do ano 3) e (b) qual é o valor presente da receita no período de 5 anos, a uma taxa de juros de 10% ao ano?

2.33 A Amazon está considerando a compra de um sofisticado sistema de computador para "medir o volume" de livros, de acordo com as suas dimensões — altura, comprimento e largura —, a fim de que o tamanho de caixa usado seja apropriado para embarque. Isso economizará material de embalagem, papelão e mão-de-obra. Se as economias forem de $ 150.000 no primeiro ano, $ 160.000 no segundo ano e de valores crescentes de $ 10.000 a cada ano, durante 8 anos, qual é o valor presente do sistema, a uma taxa de juros de 15% ao ano?

2.34 A West Coast Marine and RV está considerando substituir os controles pingentes acionados por fios elétricos em seus guindastes de carga pesada por novos controles portáteis de teclado que utilizam infravermelho. A empresa espera obter economias de custo de $ 14.000 no primeiro ano e valores crescentes em $ 1.500 a cada ano a partir de então, durante os próximos 4 anos. A uma taxa de juros de 12% ao ano, qual é o valor anual equivalente das economias?

2.35 A Ford Motor Company foi capaz de reduzir em 80% o custo necessário para instalar instrumentos de captação de dados em veículos de teste, ao usar transdutores de torque desenvolvidos pela MTS. (*a*) Se o custo previsto para este ano (ou seja, fim do ano 1) é de $ 2.000, qual é o custo no ano anterior à instalação dos transdutores? (*b*) Se há a expectativa de que os custos se elevem em $ 250 anualmente durante os próximos 4 anos (ou seja, até o ano 5), qual é o valor anual equivalente dos custos (anos 1 a 5) a uma taxa de juros de 18% ao ano?

2.36 Considerando o fluxo de caixa apresentado abaixo, determine o valor de G que tornará o valor futuro no ano 4 igual a $ 6.000, a uma taxa de juros de 15% ao ano.

Ano	0	1	2	3	4
Fluxo de caixa	0	$ 2.000	$2.000-G$	$2.000-2G$	$2.000-3G$

2.37 Uma grande empresa de produtos farmacêuticos prevê que no futuro poderia envolver-se em disputas judiciais, devido aos efeitos colaterais percebidos em um de seus medicamentos antidepressivos. A fim de preparar um "fundo contingente", a empresa deseja ter um capital disponível daqui a 6 anos que possua um valor presente de $ 50 milhões hoje. A empresa espera poupar $ 6 milhões no primeiro ano e aumentar uniformemente os montantes em cada um dos próximos 5 anos. Se a empresa pode obter um rendimento de 12% ao ano para o dinheiro poupado, em quanto ela deve aumentar o capital poupado a cada ano para atingir sua meta?

2.38 Uma empresa de comercialização direta de peças de carro, iniciante no mercado, espera gastar $ 1 milhão em publicidade no primeiro ano, com valores decrescentes de $ 100.000 a cada ano. A expectativa de receitas é de $ 4 milhões no primeiro ano, aumentando em $ 500.000 anualmente. Determine o valor anual equivalente nos anos 1 a 5 para o *fluxo de caixa líquido* da empresa, a uma taxa de juros de 16% ao ano.

Gradiente Geométrico

2.39 Suponha que lhe peçam para preparar uma tabela de valores de fatores (como a que se encontra no fim deste livro) para calcular o valor presente de uma série gradiente geométrica. Determine os três primeiros valores (ou seja, para $n = 1, 2$ e 3) correspondentes a uma taxa de juros de 10% ao ano e uma taxa de variação g igual a 4% ao ano.

2.40 Uma engenheira química que planeja sua aposentadoria depositará anualmente 10% de seu salário em um fundo de ações de empresas de alta tecnologia. Se o seu salário este ano (ou seja, fim do ano 1) é de $ 60.000 e ela espera que ele se eleve 4% a cada ano, qual será o valor do fundo depois de 15 anos, uma vez que este rende 4% ao ano?

2.41 Sabe-se que o esforço necessário à manutenção de um microscópio de escaneamento eletrônico se eleva em uma porcentagem fixa a cada ano. Uma empresa de manutenção de equipamentos de alta tecnologia ofereceu seus serviços a uma taxa de $ 25.000 no primeiro ano (ou seja, fim do ano 1), com aumentos de 6% ao ano a partir de então. Se a empresa de biotecnologia quer pagar imediatamente o valor de um contrato de 3 anos para tirar proveito de uma brecha fiscal, quanto deve se dispor a pagar, se usar uma taxa de juros de 15% ao ano?

2.42 A Hughes Cable Systems planeja oferecer aos seus empregados um pacote de aumento salarial que tem como principal componente a participação nos lucros. Especificamente, a empresa reservará 1% do total das vendas para conceder bonificações de fim de ano a todos os seus empregados. Espera-se que as vendas atinjam $ 5 milhões no primeiro ano, $ 6 milhões no segundo ano e valores crescentes em 20% a cada ano, durante os próximos 5 anos. A uma taxa de juros de 10% ao ano, qual é o valor anual equivalente do pacote de bonificações nos anos 1 a 5?

2.43 Determine quanto dinheiro teria uma conta de poupança que se iniciou com um depósito de $ 2.000 no ano 1, sendo que cada valor subseqüente era 10% maior a cada ano. Use uma taxa de juros de 15% ao ano e um período de 7 anos.

2.44 Descobriu-se que o valor futuro de uma série gradiente geométrico de fluxos de caixa no ano 10 seria igual a $ 80.000. Se a taxa de juros foi de 15% ao ano e a taxa anual de crescimento foi de 9% ao ano, qual foi o montante do fluxo de caixa no ano 1?

2.45 A Thomasville Furniture Industries oferece diversos tipos de tecido de alto desempenho, capazes de suportar a ação de agentes químicos potentes como, por exemplo, o cloro. Certa empresa manufatureira do Meio-Oeste, que usa o tecido em diversos produtos, tem um relatório que comprova que o valor presente das compras de tecido no decorrer de um período de 5 anos foi de $ 900.000. Sabendo-se que os custos cresceram geometricamente em 5% ao ano durante esse período e que a empresa usou uma taxa de juros de 15% ao ano para os investimentos, qual era o custo do tecido no ano 2?

2.46 Encontre o valor presente de uma série de investimentos que se inicia em $ 1.000 no ano 1 e cresce 10% ao ano, durante 20 anos. Suponha que a taxa de juros seja de 10% ao ano.

2.47 Uma firma de consultoria do norte da Califórnia quer começar a poupar dinheiro para fazer a substituição de servidores de rede. Se a empresa investir $ 3.000 no fim do ano 1 e aumentar o valor investido em 5% a cada ano, quanto haverá na conta daqui a 4 anos, se ela rende juros a uma taxa de 8% ao ano?

2.48 Uma empresa que fabrica monitores de sulfureto de hidrogênio planeja efetuar depósitos de tal maneira que cada um seja 5% maior do que o anterior. Qual deve ser o valor do primeiro depósito (no fim do ano 1), uma vez que se estenderão até o ano 10 e o valor do quarto depósito é de $ 1.250? Use uma taxa de juros de 10% ao ano.

Taxa de Juros e Taxa de Retorno

2.49 Que taxa de juros compostos ao ano é equivalente a uma taxa de juros simples de 12% ao longo de um período de 15 anos?

2.50 Uma firma de capital aberto, do ramo de consultoria em engenharia, paga uma bonificação a cada engenheiro no fim do ano, tendo como base o lucro da empresa nesse período. Se o investimento inicial da empresa foi de $ 1,2 milhão, qual taxa de retorno tem de ser obtida desse investimento, se a bonificação a cada engenheiro foi de $ 3.000 ao ano durante os últimos 10 anos? Suponha que a empresa tenha 6 engenheiros e que o dinheiro da bonificação represente 5% dos lucros da empresa.

2.51 A Danson Iron Works, Inc. fabrica rolamentos de esferas para bombas que operam em ambientes severos. Se a empresa investiu $ 2,4 milhões em um processo que resultou em lucros de $ 760.000 ao ano, durante 5 anos, qual taxa de retorno a empresa obteve em seu investimento?

2.52 Um investimento de $ 600.000 se eleva para $ 1.000.000 ao longo de um período de 5 anos. Qual foi a taxa de retorno do investimento?

2.53 Uma pequena empresa especializada em pintura a seco ampliou suas instalações e comprou um novo forno, grande o bastante para manusear carcaças de automóvel. O prédio e o forno custam $ 125.000, mas o novo negócio dos *hot-rodders*[2] tem uma receita anual maior, de $ 520.000. Se as despesas operacionais com combustível, materiais, mão-de-obra etc. atingem $ 470.000 ao ano, qual taxa de retorno será obtida para o investimento, se somente os fluxos de caixa que ocorrem nos próximos 4 anos forem incluídos nos cálculos?

2.54 O plano de negócios de uma empresa iniciante que fabrica detectores multigás portáteis apresentou fluxos de caixa anuais equivalentes de $ 400.000 durante os primeiros 5 anos. Se o fluxo de caixa no ano 1 foi de $ 320.000 e o crescimento a partir de então foi de $ 50.000 ao ano, qual taxa de juros foi usada no cálculo?

2.55 Uma nova empresa que produz acionadores automáticos (*soft-starters*) de média voltagem gastou $ 85.000 para construir um novo website. A receita líquida foi de $ 60.000 no primeiro ano, com um aumento de $ 15.000 a cada ano. Qual taxa de retorno a empresa obteve nos primeiros 5 anos?

Número de Anos

2.56 Uma empresa que manufatura válvulas de controle de plástico tem um fundo para substituição de equipamentos no valor de $ 500.000. Se a empresa gasta $ 75.000 por ano em novos equipamentos, quantos anos serão necessários para que ela reduza o fundo para um valor inferior a $ 75.000, a uma taxa de juros de 10% ao ano?

2.57 Uma firma de arquitetura e engenharia (A&E) está pensando em comprar o prédio que ocupa atualmente sob um contrato de aluguel de longo prazo, porque o proprietário colocou-o à venda, repentinamente. O prédio está sendo oferecido a um preço de $ 170.000. Uma vez que o aluguel deste ano já foi pago, o pagamento de $ 30.000 correspondente ao aluguel para o próximo ano ainda está pendente. Considerando que a firma A&E foi uma boa inquilina, o proprietário fez a oferta de lhe vender o prédio por $ 160.000. Se a firma comprar o prédio sem nenhum pagamento inicial (entrada), quanto tempo será necessário para que ela recupere seu investimento a uma taxa de juros de 12% ao ano?

2.58 Uma engenheira que investiu muito bem planeja aposentar-se agora, já que possui $ 2.000.000 em sua conta ORP (*Optional Retirement Program* — Plano de Aposentadoria Opcional). Durante quanto tempo ela poderá sacar $ 100.000 por ano (sendo que o ano 1 se inicia agora), se sua conta rende juros a uma taxa de 4% ao ano?

2.59 Uma empresa que produz sensores de vento ultra-sônicos investiu $ 1,5 milhão há 2 anos para adquirir o direito de propriedade parcial em uma empresa inovadora que produz chips. Quanto tempo será necessário (a partir da data do investimento inicial) para que sua parte da empresa produtora de chips valha $ 3 milhões, se essa empresa está crescendo a taxa de 20% ao ano?

2.60 Certo engenheiro mecânico planeja aposentar-se quando tiver $ 1,6 milhão em sua conta de crédito hipotecário. Se ele iniciou sua conta com $ 100.000, quanto tempo (a partir do momento em que ele iniciou) será necessário para que se aposente, se essa conta produz uma taxa de retorno de 18% ao ano?

2.61 Quantos anos serão necessários para que um depósito anual uniforme de tamanho *A* se acumule

---

[2] **N.T.:** Pessoa que dirige automóveis modificados (denominados *hot-rod*), usualmente ajustados ou reconstruídos para obterem rápida aceleração e grande velocidade.

em um montante 10 vezes maior do que um único depósito, se a taxa de retorno é de 10% ao ano?

2.62 Quantos anos serão necessários para que um investimento de $ 10.000 no ano 1, com aumentos de 10% ao ano, tenha um valor presente de $ 1.000.000, a uma taxa de juros de 7% ao ano?

2.63 Determinada seqüência de fluxos de caixa iniciou-se em $ 3.000 no ano 1 e elevou-se em $ 2.000 a cada ano. Quantos anos foram necessários para que o valor anual equivalente da seqüência atingisse $ 12.000, a uma taxa de juros de 10% ao ano?

PROBLEMAS DE REVISÃO DE FUNDAMENTOS DE ENGENHARIA (FE)

2.64 Uma empresa construtora tem a opção de comprar determinada escavadora para terraplanagem por $ 61.000 em um tempo qualquer entre o momento atual e os próximos 4 anos. Se a empresa planeja comprar a escavadora daqui a 4 anos, o valor presente equivalente que a empresa pagaria pela escavadora a juros de 6% ao ano está mais próximo de:

(a) $ 41.230
(b) $ 46.710
(c) $ 48.320
(d) Mais de $ 49.000

2.65 Os custos de instrução em determinada universidade pública era de $ 160 por horas-crédito há 5 anos. O custo atualmente (exatamente 5 anos depois) é de $ 235. A taxa de aumento anual está mais próxima de:

(a) 4%
(b) 6%
(c) 8%
(d) 10%

2.66 O valor presente de um gradiente geométrico crescente é de $ 23.632. A taxa de juros é de 6% ao ano e a taxa de variação é de 4% ao ano. Se o montante do fluxo de caixa no ano 1 é igual a $ 3.000, o ano em que o gradiente termina é o ano:

(a) 7
(b) 9
(c) 11
(d) 12

2.67 Foi dada ao ganhador da bolada multimilionária de uma loteria interestadual, no valor de $ 175 milhões, a opção de receber pagamentos de $ 7 milhões ao ano, durante 25 anos a partir de agora, o ano 1, ou receber $ 109.355 milhões imediatamente. Em qual taxa de juros as duas opções são mutuamente equivalentes?

(a) 4%
(b) 5%
(c) 6%
(d) 7%

2.68 Um fabricante de válvulas de descarga para sanitários deseja ter $ 2.800.000 disponíveis daqui a 10 anos, para que uma nova linha de produtos possa ser iniciada. Se a empresa planeja depositar um montante a cada ano, a partir de agora, ano 1, quanto precisará depositar anualmente, a taxa de juros de 6% ao ano, para obter a quantia desejada disponível imediatamente depois do último depósito?

(a) Menos de $ 182.000
(b) $ 182.500
(c) $ 191.300
(d) Mais de $ 210.000

2.69 A Rubbermaid Plastics Corp. investiu $ 10.000.000 em equipamentos de manufatura para produzir pequenos cestos de lixo. Se a empresa usa uma taxa de juros de 15% ao ano, quanto terá de lucrar a cada ano se quiser recuperar seu investimento em 7 anos?

(*a*) $ 2.403.600
(*b*) $ 3.530.800
(*c*) $ 3.941.800
(*d*) Mais de $ 4.000.000

2.70 Um engenheiro deposita $ 8.000 no ano 1, $ 8.500 no ano 2 e quantias crescentes de $ 500 por ano, até o ano 10. A uma taxa de juros de 10% ao ano, o valor presente no ano 0 está mais próximo de:

(*a*) $ 60.600
(*b*) $ 98.300
(*c*) $ 157.200
(*d*) $ 173.400

2.71 A quantidade de dinheiro que poderíamos gastar daqui a 7 anos, em vez de gastar $ 50.000 agora, a taxa de juros de 18% ao ano, está mais próxima de:

(*a*) $ 15.700
(*b*) $ 159.300
(*c*) $ 199.300
(*d*) $ 259.100

2.72 Um depósito de $ 10.000 daqui a 20 anos, a uma taxa de juros de 10% ao ano, terá um valor presente mais próximo de:

(*a*) $ 1.720
(*b*) $ 1.680
(*c*) $ 1.590
(*d*) $ 1.490

2.73 A receita das vendas de um aditivo de gasolina para limpeza do bico injetor atingiu uma média de $ 100.000 ao ano. A uma taxa de juros de 18% ao ano, o valor futuro da receita nos anos 1 a 5 está mais próximo de:

(*a*) $ 496.100
(*b*) $ 652.200
(*c*) $ 715.420
(*d*) Mais de $ 720.000

2.74 Os custos dos produtos químicos associados a um incinerador de efluentes gasosos industriais de leito fixo (para controle de odor) decresceram uniformemente ao longo de 5 anos devido à melhoria de sua eficiência. Se o custo no ano 1 foi de $ 100.000 e decresceu em $ 5.000 ao ano até o ano 5, o valor presente dos custos, a uma taxa de 10% ao ano, está mais próximo de:

(*a*) Menos de $ 350.000
(*b*) $ 402.200
(*c*) $ 515.400
(*d*) Mais de $ 520.000

2.75 O valor futuro no ano 10 de um investimento de $ 20.000, a uma taxa de juros de 12% ao ano, está mais próximo de:

(*a*) $ 62.120
(*b*) $ 67.560
(*c*) $ 71.900
(*d*) $ 81.030

2.76 Uma empresa de manufatura toma por empréstimo $ 100.000 com a promessa de reembolsá-lo, por meio de pagamentos anuais iguais, ao longo de um período de 5 anos. A uma taxa de juros de 12% ao ano, o pagamento anual estará mais próximo de:

(*a*) $ 23.620
(*b*) $ 27.740
(*c*) $ 29.700
(*d*) $ 31.800

2.77 A Simpson Electronics quer ter $ 100.000 disponíveis em 3 anos para substituir uma linha de produção. A quantia de dinheiro que deveria ser depositada a cada ano, a uma taxa de juros de 12% ao ano, estaria mais próxima de:

(*a*) $ 22.580
(*b*) $ 23.380
(*c*) $ 29.640
(*d*) Mais de $ 30.000

2.78 Um engenheiro civil deposita $ 10.000 por ano em uma conta de aposentadoria que proporciona uma taxa de retorno de 12% ao ano. O montante existente na conta no fim de 25 anos está mais próximo de:

(*a*) $ 670.500
(*b*) $ 902.800
(*c*) $ 1.180.900
(*d*) $ 1.333.300

2.79 O valor futuro (no ano 8) de $ 10.000 no ano 3, $ 10.000 no ano 5 e $ 10.000 no ano 8, a uma taxa de juros de 12% ao ano, está mais próximo de:
(a) $ 32.100
(b) $ 39.300
(c) $ 41.670
(d) $ 46.200

2.80 Os custos de manutenção de um oxidante térmico regenerativo cresceram uniformemente durante 5 anos. Se o custo no ano 1 foi de $ 8.000 e elevou-se em $ 900 ao ano, até o ano 5, o valor presente dos custos a uma taxa de juros de 10% ao ano está mais próximo de:
(a) $ 31.670
(b) $ 33.520
(c) $ 34.140
(d) Mais de $ 36.000

2.81 Um investimento de $ 100.000 resultou em rendimentos de $ 20.000 ao ano durante 10 anos. A taxa de retorno do investimento está mais próxima de:
(a) 15%
(b) 18%
(c) 21%
(d) 25%

2.82 Uma empresa construtora investiu $ 60.000 na aquisição de uma nova escavadora para terraplanagem. Se a renda prevista do empréstimo temporário da escavadora é de $ 15.000 ao ano, o tempo necessário para recuperar o investimento a taxa de juros de 18% ao ano está mais próximo de:
(a) 5 anos
(b) 8 anos
(c) 11 anos
(d) 13 anos

ESTUDO DE CASO

QUE DIFERENÇA PODE FAZER O NÚMERO DE ANOS E A TAXA DE JUROS COMPOSTOS?

Duas Situações Reais

1. Compra da Ilha de Manhattan. A história relata que a Ilha de Manhattan, em Nova York, foi comprada pelo equivalente a $ 24 em 1626. Em 2001, o 375º aniversário de compra da Ilha de Manhattan foi reconhecido oficialmente.
2. Compra de ações do programa *stock-option*[3]. Um jovem que se formou em engenharia com o grau BS[4] em uma universidade da Califórnia começou a trabalhar em uma empresa quando tinha 22 anos de idade e colocou $ 50 por mês no programa *stock option*. Saiu do emprego depois de 60 meses completos, aos 27 anos, e não vendeu as ações. O engenheiro não perguntou o valor das ações até completar 57 anos de idade, 30 anos mais tarde.

Exercícios do Estudo de Caso

Sobre a compra da Ilha de Manhattan:
1. Os investimentos no setor público são avaliados em 6% ao ano. Suponha que Nova York tivesse investido os $ 24 a uma taxa conservadora de 6% ao ano. Determine o valor da compra da Ilha de Manhattan em 2001 a (a) taxa de juros simples de 6% ao ano e (b) juros compostos de 6% ao ano. Observe a significativa diferença que a aplicação de juros compostos fez a 6% ao ano em um longo intervalo de tempo – 375 anos –, nesse caso.
2. Qual valor equivalente Nova York precisaria comprometer em 1626 e *a cada ano* a partir de então para igualar exatamente o montante da questão (1), a 6% ao ano, *capitalizados* anualmente?

---

[3] **N.T.:** Um programa que permite aos empregados comprarem ações de uma empresa a um preço e lucro fixos quando o desempenho da empresa eleva o valor de suas ações em Bolsa.

[4] **N.T.:** *Bachelor of Science*. (Bacharel em Ciências)

Sobre o programa de compra de ações:

1. Construa o diagrama de fluxos de caixa correspondente às idades de 22 anos a 57 anos.
2. O engenheiro soube que, no decorrer dos 35 anos subseqüentes, as ações renderam juros a uma taxa de 1,25% ao mês. Determine o valor dos $ 50 ao mês quando o engenheiro saiu da empresa depois de um total de 60 compras.
3. Determine o valor das ações da empresa, pertencentes ao engenheiro, aos 57 anos de idade. Novamente, observe a significativa diferença que 30 anos representam a uma taxa de juros compostos de 15% ao ano.
4. Suponha que o engenheiro não tivesse deixado os fundos investidos em ações aos 27 anos de idade. Determine, então, o valor que ele deveria depositar a cada ano, a partir de 50 anos de idade, para ter o valor equivalente com a idade de 57 anos, que você calculou na questão 3. Suponha que os 7 anos de depósito tenham tido um retorno de 15% ao ano.
5. Finalmente, compare a quantia total depositada durante os 5 anos, em que o engenheiro estava na faixa dos 20 anos de idade, com a quantia total que ele deveria depositar durante os 7 anos em que estava na faixa dos 50 anos, de forma que conseguisse o valor igual e equivalente ao que obteve aos 57 anos, como foi determinado na questão 3.

CAPÍTULO 3

Combinação de Fatores

A maior parte das estimativas de seqüências de fluxos de caixa não se enquadra exatamente nas séries para as quais os fatores e equações do Capítulo 2 foram desenvolvidos. Portanto, é necessário combinarmos as equações. Em relação à determinada seqüência de fluxos de caixa, há diversas maneiras corretas de determinar o valor presente equivalente P, o valor futuro F ou o valor anual A. Este capítulo explica como combinar os fatores de engenharia econômica para lidar com situações mais complexas envolvendo séries uniformes deslocadas e séries gradientes. Funções de planilha são usadas para agilizar os cálculos.

OBJETIVOS DE APRENDIZAGEM

Propósito: Usar cálculos manuais e de planilha que combinam diversos fatores de engenharia econômica.

- Séries deslocadas
- Séries deslocadas e quantias únicas
- Gradientes deslocados
- Gradientes decrescentes
- Planilhas

Este capítulo ajudará você a:

1. Determinar P, F ou A de uma série uniforme que se inicia em um tempo qualquer diferente do período 1.

2. Calcular P, F ou A de quantias únicas posicionadas aleatoriamente e séries uniformes.

3. Efetuar cálculos de equivalência de fluxos de caixa que envolvem gradientes aritméticos ou geométricos deslocados.

4. Efetuar cálculos de equivalência de fluxos de caixa que envolvem gradientes aritméticos decrescentes.

5. Demonstrar diferentes funções de planilha e comparar soluções manuais com soluções realizadas com o computador.

3.1 CÁLCULOS DE SÉRIES UNIFORMES DESLOCADAS

Quando uma série uniforme se inicia em um tempo qualquer, diferente do fim do período 1, ela é chamada de *série deslocada*. Nesse caso, diversos métodos podem ser utilizados para encontrar o valor presente equivalente P. Por exemplo, o P da série uniforme apresentada na Figura 3–1 poderia ser determinado por meio de qualquer um dos seguintes métodos:

- Utilizar o fator P/F para encontrar o valor presente de cada desembolso no ano 0 e somá-los.
- Utilizar o fator F/P para encontrar o valor futuro de cada desembolso, no último período da série (ano 13), somá-los e depois encontrar o valor presente do total, usando $P = F(P/F,i,13)$.
- Utilizar o fator F/A para encontrar o valor futuro $[F = A(F/A,i,10)]$ e depois calcular o valor presente, utilizando $P = F(P/F,i,13)$.
- Utilizar o fator P/A para calcular o "valor presente" (que estará localizado no ano 3, não no ano 0) e depois encontrar o valor presente no ano 0, usando o fator $(P/F,i,3)$. (O valor presente foi aqui apresentado entre aspas para representar o valor presente de acordo com o que é determinado pelo fator P/A no ano 3, e para diferenciá-lo do valor presente no ano 0.)

Geralmente, o último método é utilizado para calcular o valor presente de uma série uniforme que não se inicia no fim do período 1. Considerando a Figura 3–1, o "valor presente", obtido por meio do fator P/A, está localizado no ano 3. Isso é indicado como P_3 na Figura 3–2. Note que o valor P sempre está localizado *1 ano ou período antes* do início do valor da primeira série. Por quê? Porque o fator P/A foi derivado com P no período 0 e A iniciando no fim do período 1. O erro mais comum que se comete ao trabalhar-se com problemas desse tipo é a localização imprópria de P. Portanto, é extremamente importante lembrar:

O valor presente sempre se localiza um período antes do primeiro valor da série uniforme quando se usa o fator P/A.

Para determinar o valor futuro, ou valor F, lembre-se de que o fator F/A derivado na Seção 2.3 tinha o F localizado no *mesmo* período que o último valor da série uniforme. A Figura 3–2 apresenta a localização do valor futuro quando se usa F/A para os fluxos de caixa da Figura 3–1.

Figura 3–1
Uma série uniforme que está deslocada.

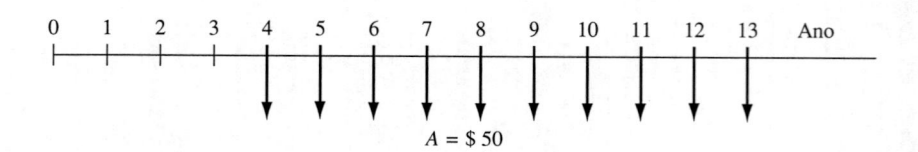

$A = \$50$

Figura 3–2
Localização do valor presente relativo à série uniforme deslocada apresentada na Figura 3–1.

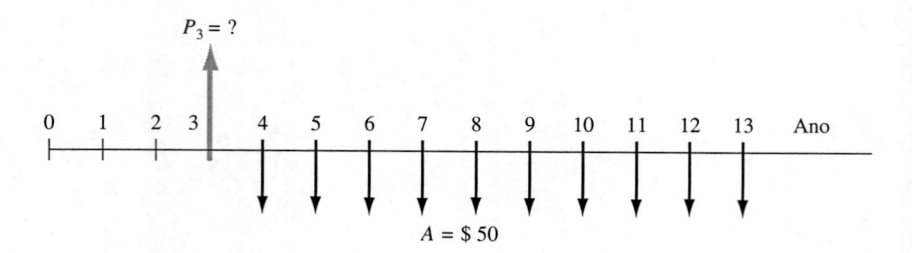

$P_3 = ?$

$A = \$50$

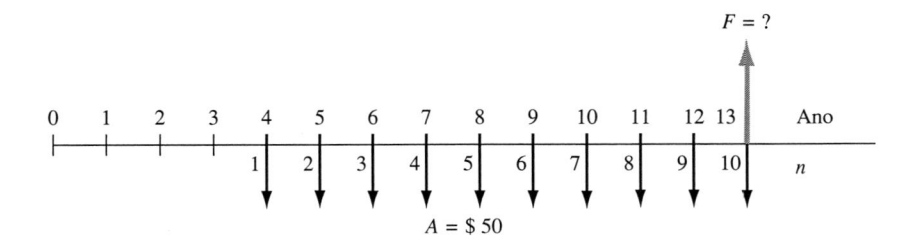

Figura 3–3
Localização de F e renumeração de n da série uniforme deslocada da Figura 3–1.

O valor futuro sempre é localizado no mesmo período que o último valor da série uniforme quando se usa o fator F/A.

Também é importante lembrar que o número de períodos n no fator P/A ou F/A é igual ao número de valores da série uniforme. Pode ser útil *renumerar* o diagrama de fluxos de caixa para evitar erros de contagem. A Figura 3–3 mostra a Figura 3–1 renumerada para determinar n = 10.

Como já afirmamos, há diversos métodos que podem ser utilizados para resolver problemas que contêm uma série uniforme deslocada. Entretanto, geralmente, é mais conveniente usar os fatores de série uniforme do que fatores de montante único. Há passos específicos que devem ser seguidos para evitar erros:

1. Desenhar um diagrama dos fluxos de caixa positivos e negativos.
2. Localizar o valor presente ou o valor futuro de cada série no diagrama de fluxos de caixa.
3. Determinar n de cada série ao renumerar o diagrama de fluxos de caixa.
4. Desenhar outro diagrama de fluxos de caixa representando o fluxo de caixa equivalente desejado.
5. Montar e resolver as equações.

Esses passos são ilustrados a seguir.

EXEMPLO 3.1

Um grupo de engenharia tecnológica comprou recentemente um novo software CAD[1] por $ 5.000 agora e pagamentos anuais de $ 500 ao ano, durante 6 anos, que começarão a ser pagos daqui a 3 anos, para obter as atualizações anuais. Qual é o valor presente dos pagamentos, sendo que a taxa de juros é de 8% ao ano?

Solução

O diagrama de fluxos de caixa é mostrado na Figura 3–4. O símbolo P_A é utilizado ao longo deste capítulo para representar o valor presente de uma série anual uniforme A, e P_A' representa o valor presente em um outro tempo diferente de 0. Similarmente, P_T representa o valor presente total no tempo 0. A localização correta de P_A' e a renumeração do diagrama para se obter n também são indicadas. Note que P_A' está localizado no ano 2 real, não no ano 3. Além disso, $n = 6$, não 8, para o fator P/A. Primeiro, encontre o valor P_A' da série deslocada.

$$P_A' = \$\,500(P/A, 8\%, 6)$$

Uma vez que P_A' está localizado no ano 2, encontre agora P_A no ano 0.

$$P_A = P_A'(P/F, 8\%, 2)$$

---

[1] **N.T.:** *Computer-Aided Design* – Projeto Auxiliado por Computador.

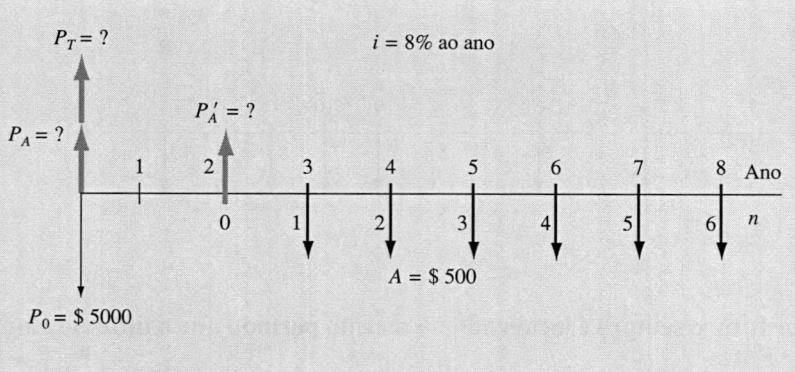

Figura 3–4
Diagrama de fluxos de caixa com a localização de valores P, no Exemplo 3.1.

O valor presente total é determinado somando-se P_A e o pagamento inicial P_0 do ano 0.

$$P_T = P_0 + P_A$$
$$= 5.000 + 500(P/A,8\%,6)(P/F,8\%,2)$$
$$= 5.000 + 500(4,6229)(0,8573)$$
$$= \$\,6.981,60$$

Quanto mais complexo esse tipo de série de fluxos de caixa se torna, mais úteis são as funções de planilha. Quando a série uniforme A é deslocada, a função VPL é utilizada para determinar P e a função PGTO determina o valor A equivalente. A função VPL, igual à função VP, determina os valores P, mas VPL pode lidar com qualquer combinação de fluxos de caixa diretamente nas células, da mesma maneira que a função TIR. Insira os fluxos de caixa líquidos em células (coluna ou linha) adjacentes, certificando-se de inserir "0" em todos os fluxos de caixa zero. Use o formato

VPL(taxa;valor2;valor3; ...) + valor1

Valor2 contém o fluxo de caixa do ano 0 e deve ser listado separadamente para que o VPL calcule corretamente o valor do dinheiro do tempo. O fluxo de caixa no ano 0 pode ser 0.

A maneira mais fácil de encontrar um A equivalente ao longo de n anos de uma série deslocada é utilizar a função PGTO, em que o valor P é proveniente da função VPL acima. O formato é o mesmo que aprendemos anteriormente, mas o lançamento correspondente a P é uma referência de célula, não um número.

PGTO(taxa;nper;vp;vf;tipo)

Alternativamente, a mesma técnica pode ser utilizada quando um valor F foi obtido por meio da função VF. Agora, o último lançamento em PGTO é "VF".

Felizmente, qualquer argumento de uma função de planilha pode, por si mesmo, ser uma função. Desse modo, é possível escrevermos a função PGTO em uma única célula ao incorporarmos a função VPL (e a função VP, quando necessário). O formato é

PGTO(taxa;nper;VPL[(taxa;valor2,valor3, ...) + valor1];vf)

Naturalmente, o resultado para A é idêntico quando se faz a operação com uma função incorporada de duas células ou de uma única célula. Todas essas três funções são ilustradas no exemplo a seguir.

EXEMPLO 3.2

A recalibragem de aparelhos de medição sensíveis custa $ 8.000 ao ano. Se o aparelho for recalibrado a cada 6 anos a partir do terceiro ano após a compra, calcule a série uniforme equivalente de 8 anos a uma taxa de 16% ao ano. Apresente as soluções obtidas manualmente e por computador.

Solução Manual

Os diagramas *a* e *b* da Figura 3–5 apresentam, respectivamente, os fluxos de caixa originais e o diagrama equivalente desejado. Para transformar a série deslocada de $ 8.000 em uma série uniforme equivalente ao longo de todos os períodos, primeiro converta a série uniforme em um valor presente ou em um montante do valor futuro; então o fator A/P ou o fator A/F poderão ser utilizados. Ambos os métodos são ilustrados aqui.

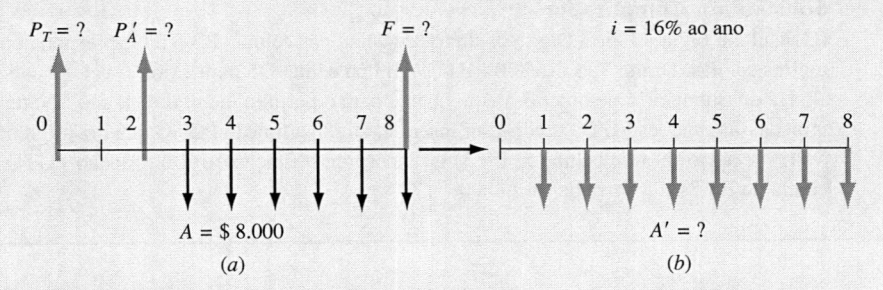

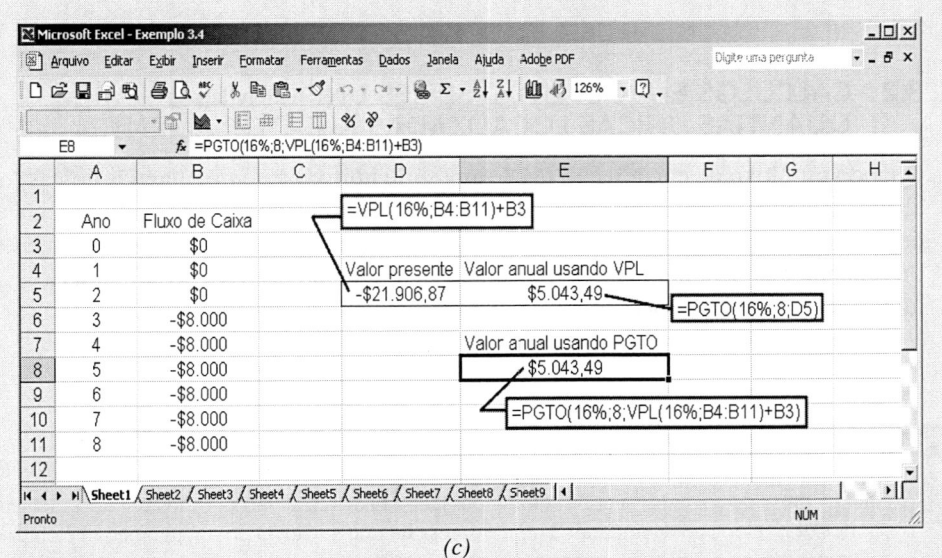

Figura 3–5
Diagramas do fluxo de caixa (*a*) original e (*b*) equivalente: (*c*) funções de planilha para determinar *P* e *A*, no Exemplo 3.2.

Método do valor presente. (Consulte a Figura 3–5a.) Calcule o P_A' correspondente à série deslocada no ano 2 e P_T no ano 0.

$$P_A' = 8.000(P/A,16\%,6)$$

$$P_T = P_A'(P/F,16\%,2) = 8.000(P/A,16\%,6)(P/F,16\%,2)$$

$$= 8.000(3,6847)(0,7432) = \$\ 21.907,75$$

A série equivalente A', *correspondente a 8 anos*, agora pode ser determinada por meio do fator A/P.

$$A' = P_T(A/P,16\%,8) = \$\ 5.043,60$$

Método do valor futuro. (Consulte a Figura 3-5a). Primeiro, calcule o valor futuro F no ano 8.

$$F = 8.000(F/A,16\%,6) = \$\ 71.820$$

O fator A/F é usado agora para se obter A' ao longo de todos os 8 anos.

$$A' = F(A/F,16\%,8) = \$\ 5.043,20.$$

Solução por Computador

(Consulte a Figura 3–5c.) Digite os fluxos de caixa nas células B3 a B11, preencha com "0" as três primeiras células. Digite VPL(16%;B4:B11) + B3 na célula D5 para exibir o valor $P = \$\ 21.906,87$.

Há duas maneiras de obter o A equivalente para o período integral de 8 anos. Naturalmente, somente uma dessas funções PGTO precisa ser inserida. Digite a função PGTO que faz referência direta ao valor VPL (veja o rótulo de célula de E/F5) ou incorpore a função VPL na função PGTO (veja o rótulo de célula de E/F8 ou a barra de fórmulas).

3.2 CÁLCULOS ENVOLVENDO SÉRIES UNIFORMES E QUANTIAS ÚNICAS LOCALIZADAS ALEATORIAMENTE

Quando um fluxo de caixa inclui tanto uma série uniforme como quantias únicas localizadas aleatoriamente, os procedimentos da Seção 3.1 são aplicados à série uniforme, e as fórmulas de valor único são aplicadas aos fluxos de caixa que ocorrem uma única vez. Este critério, ilustrado nos Exemplos 3.3 e 3.4, é simplesmente uma combinação dos anteriores. Para soluções com planilha é necessário inserir os fluxos de caixa líquidos antes de usar a função VPL e outras funções.

EXEMPLO 3.3

Uma empresa de engenharia de Wyoming possui 50 hectares de terras valiosas e decidiu arrendar os direitos de exploração de minerais a uma empresa de mineração. O principal objetivo é obter receitas de longo prazo para financiar projetos em andamento, em 6 anos e 16 anos, a partir do tempo presente. A empresa de engenharia faz a seguinte proposta à empresa de mineração: que ela pague $ 20.000 por ano durante 20 anos a partir de agora, mais $ 10.000 daqui a 6 anos e $ 15.000 daqui a 16 anos.

SEÇÃO 3.2 Cálculos Envolvendo Séries Uniformes e Quantias Únicas Localizadas Aleatoriamente

Se a empresa de mineração quiser liquidar imediatamente o seu débito de arrendamento, quanto ela deve pagar agora se o investimento precisa render 16% ao ano?

Solução
O diagrama de fluxo de caixa é apresentado na Figura 3–6, considerando a perspectiva do proprietário. Encontre o valor presente da série uniforme de 20 anos e some-a ao valor presente das duas quantias pagas de uma só vez.

$$P = 20.000(P/A,16\%,20) + 10.000(P/F,16\%,6) + 15.000(P/F,16\%,16)$$
$$= \$ 124.075$$

Note que a série uniforme de $ 20.000 inicia-se no fim do ano 1, de forma que o fator P/A determina o valor presente no ano 0.

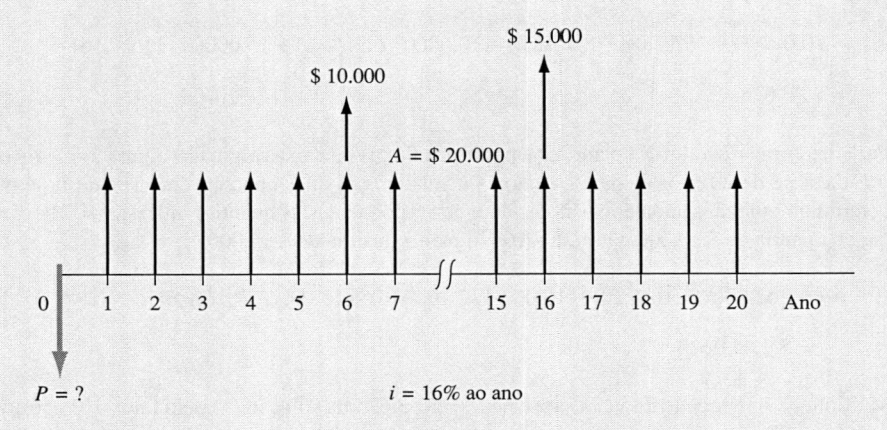

Figura 3–6
Diagrama de uma série uniforme com quantias únicas, no Exemplo 3.3.

Ao calcular o valor A de uma série de fluxos de caixa que inclui quantias únicas, localizadas aleatoriamente, e séries uniformes, *primeiro converta todos os valores da série para um valor presente ou para um valor futuro*. Depois, o valor A é obtido multiplicando-se P ou F pelo fator A/P ou A/F apropriados. O Exemplo 3.4 ilustra esse procedimento.

EXEMPLO 3.4

Suponha estimativas de fluxo de caixa similares às que foram projetadas no exemplo anterior (Exemplo 3.3), para o planejamento que a empresa de engenharia fez a fim de arrendar seus direitos de exploração mineral. Porém, desloque o ano inicial da série de pagamentos de $ 20.000 para dois anos à frente de modo que ela se inicie no ano 3. Agora, ela prosseguirá até o ano 22. Utilize relações de engenharia econômica manualmente e por computador para determinar os cinco *valores equivalentes* relacionados abaixo, a 16% ao ano.

1. Valor presente total P_T no ano 0
2. Valor futuro F no ano 22
3. Séries anuais ao longo do período total de 22 anos

4. Séries anuais ao longo dos primeiros 10 anos
5. Séries anuais ao longo dos últimos 12 anos

Solução Manual

A Figura 3–7 apresenta os fluxos de caixa com os valores P e F equivalentes indicados nos anos corretos em relação aos fatores P/A, P/F e F/A.

1. Primeiro, determine o valor presente da série no ano 2. Portanto, o valor presente total P_T é a soma de três valores P: o montante do valor presente da série que retrocedeu a $t = 0$ com o fator P/F e os valores P em $t = 0$ relativos às duas quantias únicas pagas nos anos 6 e 16.

$$P'_A = 20.000(P/A,16\%,20)$$

$$P_T = P'_A (P/F,16\%,2) + 10.000(P/F,16\%,6) + 15.000(P/F,16\%,16)$$

$$= 20.000(P/A,16\%,20)(P/F,16\%,2) + 10.000(P/F,16\%,6) + 15.000(P/F,16\%,16)$$

$$= \$ 93.625 \qquad [3.1]$$

2. Para determinar o valor F no ano 22 a partir dos fluxos de caixa originais (Figura 3–7), encontre o F da série de 20 anos e some os valores F relativos às duas quantias únicas. Certifique-se de determinar cuidadosamente os valores de n correspondentes às quantias únicas: $n = 22 - 6 = 16$ para a quantia de $\$ 10.000$ e $n = 22 - 16 = 6$ para a quantia de $\$ 15.000$.

$$F = 20.000(F/A,16\%,20) + 10.000(F/P,16\%,16) + 15.000(F/P,16\%,6) \qquad [3.2]$$

$$= \$ 2.451.626$$

3. Multiplique o montante do valor presente $P_T = \$ 93.625$ da solução (1) pelo fator A/P correspondente aos 22 anos, a fim de determinar uma série A de 22 anos equivalente, referenciada aqui como A_{1-22}.

$$A_{1-22} = P_T(A/P,16\%,22) = 93.625(0,16635) = \$ 15.575 \qquad [3.3]$$

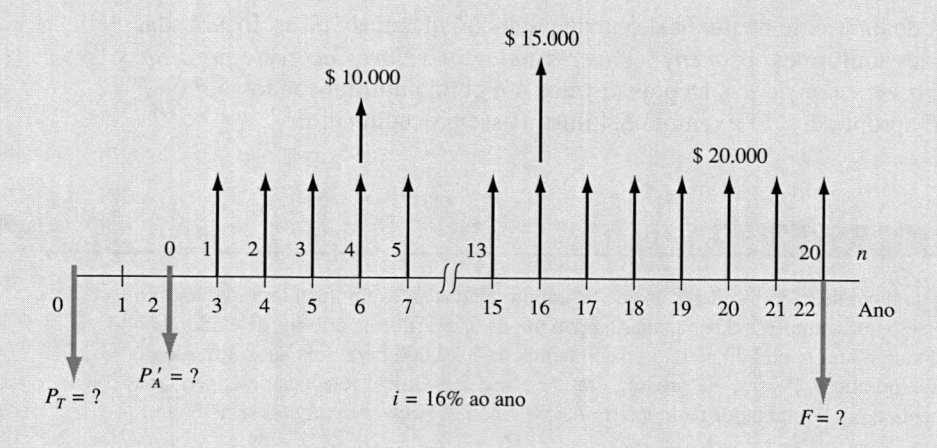

Figura 3–7
Diagrama da Figura 3–6 com a série A deslocada 2 anos, no Exemplo 3.4.

Uma maneira alternativa para determinar a série de 22 anos utiliza o valor futuro F da solução (2). Nesse caso, o cálculo é $A_{1-22} = F(A/F,16\%,22) = \$ 15.575$. Note que em ambos os métodos o P total equivalente ou o valor F é determinado primeiro, e então é aplicado o fator A/P ou A/F para os 22 anos.

4. Este caso e o (5), apresentado a seguir, são casos especiais que ocorrem freqüentemente em estudos de engenharia econômica. A série A equivalente é calculada para uma seqüência de anos diferente daquela que envolve os fluxos de caixa originais. Isso ocorre quando um *período de estudo* ou *horizonte de planejamento* definido é preestabelecido para a análise. (Falaremos a respeito dos períodos de estudo mais tarde.) Para determinar a série A equivalente somente para os anos 1 a 10 (chame-a de A_{1-10}), o *valor P_T deve ser usado* com o fator A/P para $n = 10$. Esse cálculo transformará os fluxos de caixa originais da Figura 3–7 na série A equivalente A_{1-10} da Figura 3–8a.

$$A_{1-10} = P_T(A/P,16\%,10) = 93.625(0,20690) = \$ 19.371 \quad [3.4]$$

5. Em relação à série de 12 anos equivalente envolvendo os anos 11 a 22 (chame-a de A_{11-22}), *o valor F deve ser usado com o fator A/F* relativo aos 12 anos. Isso transforma a Figura 3–7 na série de 12 anos A_{11-22}, apresentada na Figura 3–8b.

$$A_{11-22} = F(A/F,16\%,12) = 2.451.626(0,03241) = \$ 79.457 \quad [3.5]$$

Observe que ocorre uma enorme diferença, de mais de $ 60.000 em valores anuais equivalentes, quando o valor presente de $ 93.625 tem a possibilidade de capitalizar-se a 16% ao ano, durante os primeiros 10 anos. Essa é outra demonstração do valor do dinheiro no tempo.

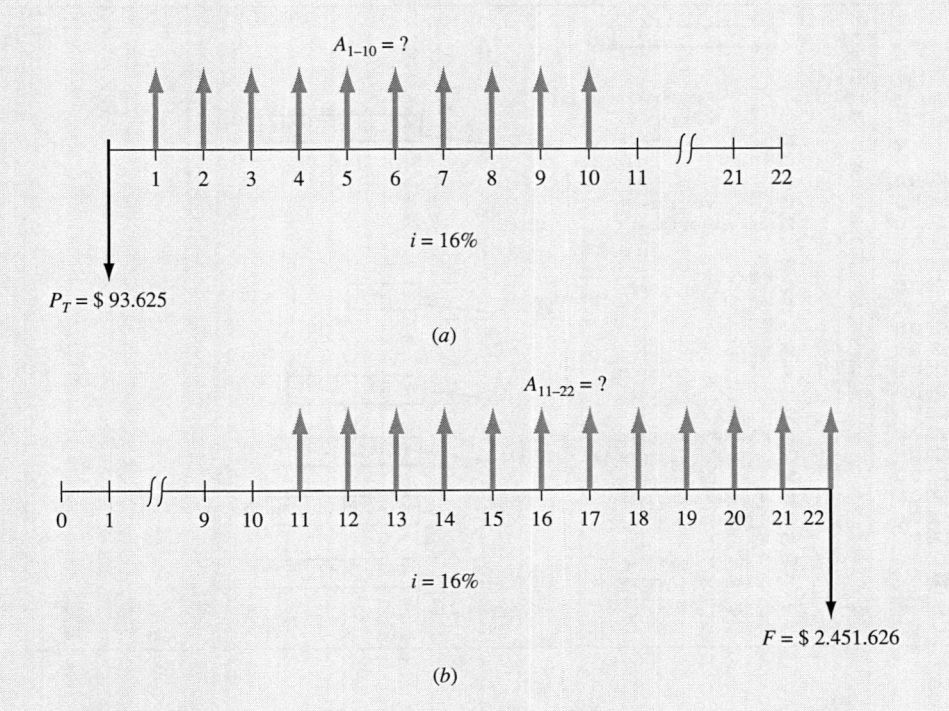

Figura 3–8
Fluxos de caixa da Figura 3–7 convertidos em séries uniformes equivalentes para (*a*) os anos 1 a 10 e (*b*) os anos 11 a 22.

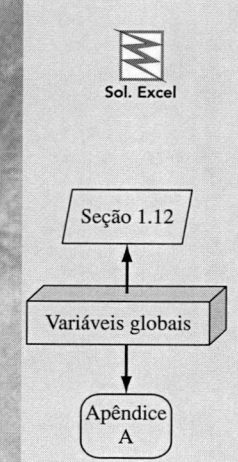

Solução por Computador

A Figura 3–9 é uma imagem de planilha eletrônica das cinco questões apresentadas. A série de $ 20.000 e as duas quantias únicas foram inseridas em colunas separadas, B e C. Os valores de fluxo de caixa iguais a zero são inseridos, de forma que as funções funcionem corretamente. Este é um excelente exemplo que demonstra a versatilidade das funções VPL, VF e PGTO. A fim de nos prepararmos para a análise de sensibilidade, as funções são desenvolvidas usando o formato de referência de célula ou variáveis globais, conforme é indicado nos rótulos das células. Isso significa que virtualmente quaisquer números — taxa de juros, estimativas de fluxos de caixa da série ou as quantias únicas e o tempo de ocorrência, dentro do intervalo de 22 anos — podem ser alterados e os novos resultados serão exibidos imediatamente na tela. Esta é uma estrutura de planilha geral utilizada para executar uma análise de engenharia econômica com análise de sensibilidade das estimativas.

1. Os montantes do valor presente relativos às séries e quantias únicas são determinados nas células E6 e E10, respectivamente, por meio da função VPL. A soma deles, em E14 é P_T = $ 93.622, que corresponde ao valor da Equação [3.1].

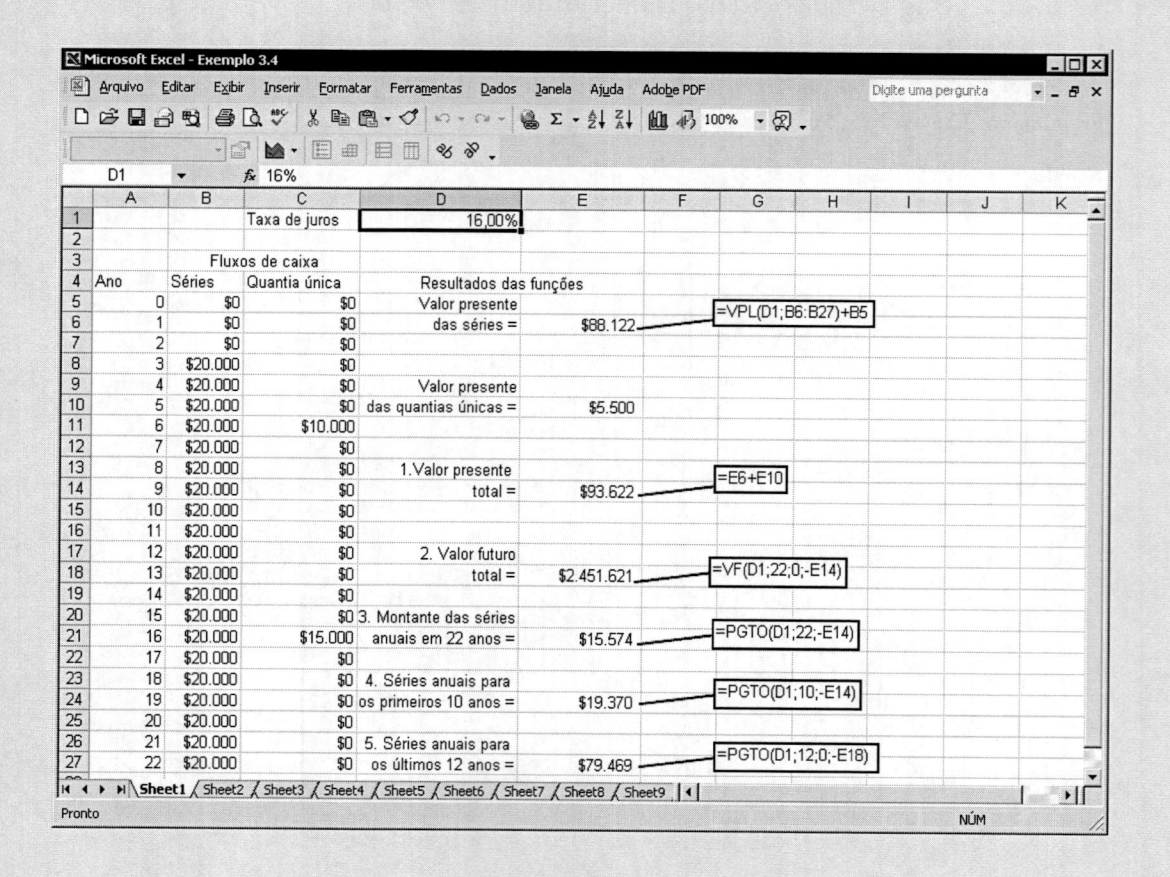

	A	B	C	D	E
1			Taxa de juros	16,00%	
2					
3			Fluxos de caixa		
4	Ano	Séries	Quantia única	Resultados das funções	
5	0	$0	$0	Valor presente	
6	1	$0	$0	das séries =	$88.122
7	2	$0	$0		
8	3	$20.000	$0		
9	4	$20.000	$0	Valor presente	
10	5	$20.000	$0	das quantias únicas =	$5.500
11	6	$20.000	$10.000		
12	7	$20.000	$0		
13	8	$20.000	$0	1. Valor presente	
14	9	$20.000	$0	total =	$93.622
15	10	$20.000	$0		
16	11	$20.000	$0		
17	12	$20.000	$0	2. Valor futuro	
18	13	$20.000	$0	total =	$2.451.621
19	14	$20.000	$0		
20	15	$20.000	$0	3. Montante das séries	
21	16	$20.000	$15.000	anuais em 22 anos =	$15.574
22	17	$20.000	$0		
23	18	$20.000	$0	4. Séries anuais para	
24	19	$20.000	$0	os primeiros 10 anos =	$19.370
25	20	$20.000	$0		
26	21	$20.000	$0	5. Séries anuais para	
27	22	$20.000	$0	os últimos 12 anos =	$79.469

Fórmulas:
- E6: =VPL(D1;B6:B27)+B5
- E14: =E6+E10
- E18: =VF(D1;22;0;-E14)
- E21: =PGTO(D1;22;-E14)
- E24: =PGTO(D1;10;-E14)
- E27: =PGTO(D1;12;0;-E18)

Figura 3–9
Planilha usando o formato de referência de células, no Exemplo 3.4.

2. A função VF na célula E18 usa o valor P em E14 (precedido de um sinal de menos) para determinar F, 22 anos mais tarde. Isso é significativamente mais fácil do que a Equação [3.2], que determina os três valores F separados e depois os soma para obter F = $ 2.451.626. Evidentemente, o uso de qualquer um dos métodos é correto.

3. Para encontrar a série A, de 22 anos, igual a $ 15.574 que se inicia no ano 1, a função PGTO em E21 referencia o valor P na célula E14. Esse é efetivamente o mesmo procedimento utilizado na Equação [3.3] para obtermos A_{1-22}.

    Para aqueles que gostam de planilhas, é possível encontrar o montante da série A, de 22 anos, em E21, usando diretamente a função PGTO com funções VPL incorporadas. O formato de referência de célula seria PGTO (D1;22;–(VPL(D1;B6:B27) + B5 + VPL(D1;C6:C27) + C5)).

4 e 5. É muito simples determinar uma série uniforme, ao longo de qualquer número de períodos, utilizando uma planilha, desde que a série se inicie um período depois do ponto em que o valor P está localizado ou termine no mesmo período em que o valor F está localizado. Ambas as afirmações são verdadeiras para as séries solicitadas aqui – a série dos primeiros 10 anos pode referenciar P na célula E14 e a série dos últimos 12 anos pode ancorar-se em F na célula E18. Os resultados em E24 e E27 são idênticos a A_{1-10} e A_{11-22} nas equações [3.4] e [3.5], respectivamente.

Comentário
Lembre-se de que o erro de arredondamento sempre estará presente ao compararmos resultados obtidos manualmente e por computador. As funções de planilha apresentam mais casas decimais do que as tabelas durante os cálculos. Além disso, seja muito cuidadoso(a) ao construir funções de planilha. É muito fácil esquecer um valor como, por exemplo, P ou F nas funções PGTO e VF ou um sinal de menos entre os lançamentos. Sempre confira cuidadosamente os lançamentos efetuados em sua função antes de pressionar <Enter>.

Exemplo Adicional 3.10.

3.3 CÁLCULOS DE GRADIENTES DESLOCADOS

Na Seção 2.5 derivamos a relação $P = G(P/G,i,n)$ para determinar o valor presente da série gradiente aritmético. O fator P/G, na Equação [2.15], foi derivado para um valor presente no ano 0, com o gradiente iniciando-se entre os períodos 1 e 2.

O valor presente de um gradiente aritmético sempre estará localizado *dois períodos antes de o gradiente se iniciar*.

Consulte a Figura 2–13, para relembrar os diagramas de fluxo de caixa.

A relação $A = G(A/G,i,n)$ também foi derivada na Seção 2.5. O fator A/G da Equação [2.17] executa a transformação equivalente de um gradiente somente em uma série A, dos anos 1 a n, como é indicado na Figura 2–14. Lembre-se de que, quando há um montante básico, ele e o gradiente aritmético devem ser tratados separadamente. Depois, os valores P ou A podem ser somados para se obter o valor presente total equivalente P_T e a série anual total A_T, de acordo com as equações [2.18] e [2.19].

Uma série gradiente convencional inicia-se entre os períodos 1 e 2 da seqüência de fluxos de caixa. Um gradiente que se inicia em qualquer outro tempo é chamado de *gradiente deslocado*. O valor n dos fatores P/G e A/G de um gradiente deslocado é determinado pela renumeração da escala de tempo. O período em que *o gradiente aparece pela primeira vez é rotulado como período 2*. O valor *n* do fator é determinado pelo período renumerado em que ocorre o último aumento de gradiente.

Decompor uma série de fluxos de caixa nas séries gradientes aritméticas e no resto dos fluxos de caixa pode tornar muito claro como deveria ser o valor *n* gradiente. O Exemplo 3.5 ilustra essa decomposição.

EXEMPLO 3.5

Gerri, um engenheiro da Fujitsu, Inc., acompanhou o custo médio de inspeção de uma linha de manufatura robótica durante 8 anos. As médias de custo permaneceram uniformes em $ 100 por unidade concluída, durante os 4 primeiros anos, mas elevaram-se consistentemente em $ 50 durante cada um dos últimos 4 anos. Gerri planeja analisar o aumento do gradiente usando o fator P/G. Onde o valor presente está localizado no gradiente? Qual é a relação geral usada para calcular o valor presente total no ano 0?

Solução

Gerri construiu o diagrama de fluxos de caixa da Figura 3–10a, que apresenta o montante básico $A = \$ 100$ e o gradiente aritmético $G = \$ 50$, iniciando-se entre os períodos 4 e 5.

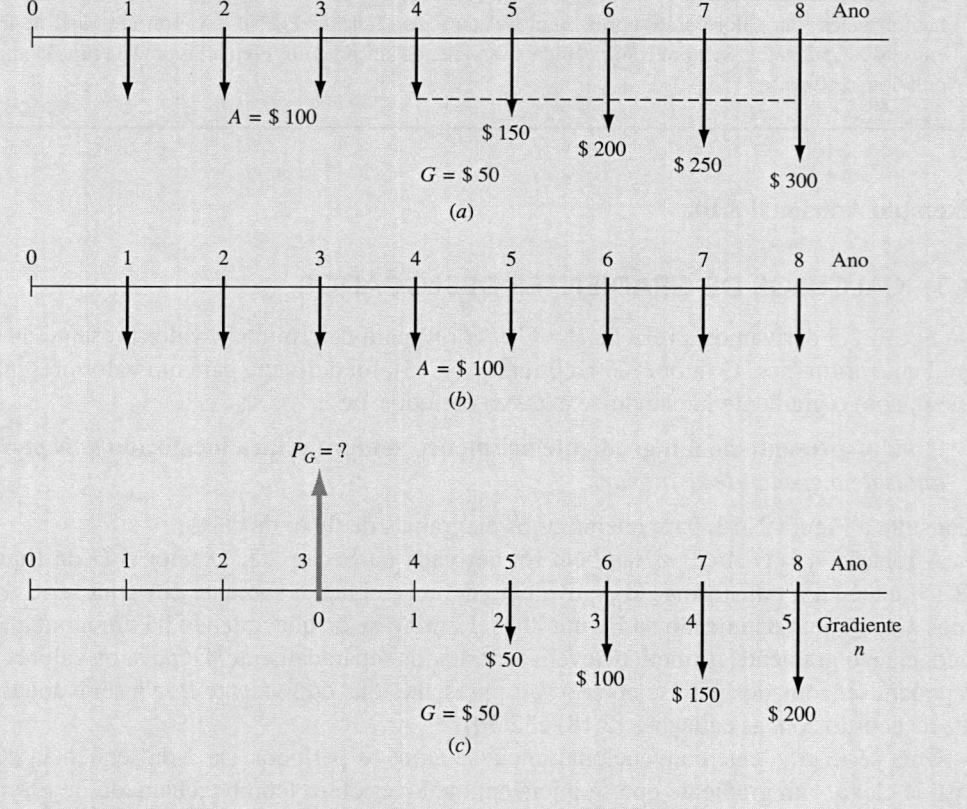

Figura 3–10
Fluxo de caixa decomposto, (a) = (b) + (c), no Exemplo 3.5.

SEÇÃO 3.3 Cálculos de Gradientes Deslocados 105

As partes *b* e *c* da Figura 3–10 decompõem essas duas séries. O gradiente ano 2 localiza-se no ano 5 da seqüência inteira, na Figura 3–10c. Torna-se claro que $n = 5$ para o fator P/G. A seta $P_G = ?$ está corretamente localizada no gradiente ano 0, que é o ano 3 na série de fluxos de caixa.

A relação geral para P_T foi tomada da Equação [2.18]. A série uniforme $A = \$100$ ocorre em todos os 8 anos, e o valor presente do gradiente $G = \$50$ aparece no ano 3.

$$P_T = P_A + P_G = 100(P/A,i,8) + 50(P/G,i,5)(P/F,i,3)$$

Os valores do fator P/G e A/G relativos aos gradientes deslocados da Figura 3–11 são apresentados abaixo de cada diagrama. Determine os fatores e compare os resultados com esses valores.

É importante notar que o fator A/G *não pode* ser utilizado para encontrar um valor A equivalente em períodos 1 a n de fluxos de caixa que envolvam um gradiente deslocado.

Considere o diagrama de fluxos de caixa da Figura 3–11*b*. Para encontrar a série anual equivalente nos anos 1 a 10, somente para a série gradiente, primeiro encontre o valor do gradiente no ano 5, leve esse valor presente de volta ao ano 0 e depois anualize o valor presente para 10 anos por meio do fator A/P. Se você aplicar o valor gradiente de série anual $(A/G,i,5)$ diretamente, o gradiente será convertido em uma série anual equivalente envolvendo os anos 6 a 10, apenas. Lembre-se:

Para encontrar a série A de um gradiente deslocado ao longo de todos os períodos, encontre primeiro o valor presente do gradiente no tempo real 0 e depois aplique o fator $(A/P,i,n)$.

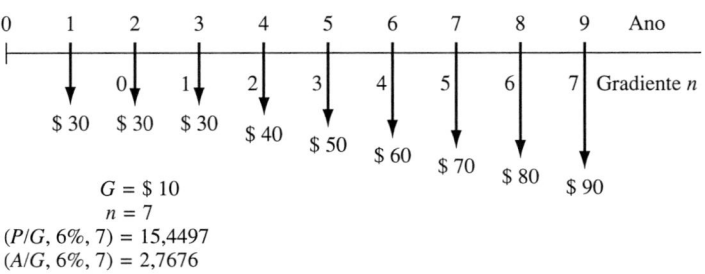

Figura 3–11
Determinação dos valores G e n utilizados em fatores para gradientes deslocados.

EXEMPLO 3.6

Aplique as relações de engenharia econômica para calcular a série anual equivalente nos anos 1 a 7 para as estimativas de fluxo de caixa na Figura 3–12.

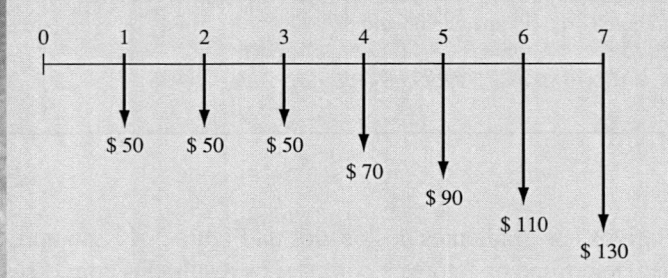

Figura 3–12 Diagrama de um gradiente deslocado, no Exemplo 3.6.

Solução

A série anual de montantes básicos é A_B = $ 50 para todos os 7 anos (Figura 3–13). Encontre o valor presente P_G no ano 2 do gradiente $ 20 que se inicia no ano real 4. O ano gradiente é $n = 5$.

$$P_G = 20(P/G,i,5)$$

Traga o valor presente gradiente para o ano real 0.

$$P_0 = P_G(P/F,i,2) = 20(P/G,i,5)(P/F,i,2)$$

Anualize o valor presente do gradiente a partir do ano 0 até o ano 7 para obter A_G.

$$A_G = P_0(A/P,i,7)$$

Finalmente, some o montante básico às séries anuais gradientes.

$$A = 20(P/G,i,5)(P/F,i,2)(A/P,i,7) + 50$$

Em se tratando de uma planilha, insira os fluxos de caixa nas células B3 a B9 e use uma função VPL incorporada na função PGTO. A função de única célula é PGTO(taxa;7;–VPL(taxa;B3:B9)).

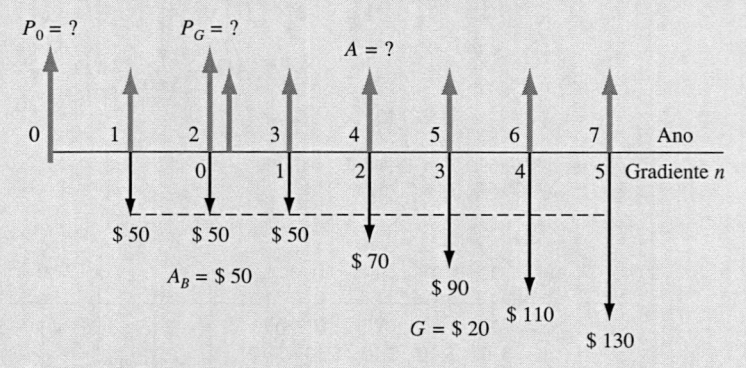

Figura 3–13 Diagrama usado para determinar o valor A de um gradiente deslocado, no Exemplo 3.6.

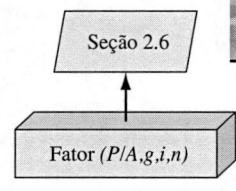

Se a série de fluxos de caixa envolve um *gradiente geométrico*, e o gradiente se inicia em outro momento que não sejam os períodos 1 e 2, trata-se de um gradiente deslocado. O P_g é localizado de maneira similar ao que ocorre com o P_G já mencionado, e a Equação [2.24] é a fórmula do fator.

EXEMPLO 3.7

Engenheiros químicos do parque industrial da Coleman Industries concluíram que uma pequena quantidade de um novo aditivo químico, agora disponível, aumentará em 20% a impermeabilidade de um tecido para tendas produzido pela Coleman. O superintendente da fábrica providenciou a compra do aditivo por meio de um contrato de 5 anos, a $ 7.000 ao ano, a começar no ano 1. Ele estima que o preço anual se eleve em 12% a partir de então, durante os próximos 8 anos. Além disso, um investimento inicial de $ 35.000 foi feito agora para preparar um lugar adequado para o contratante entregar o aditivo. Use $i = 15\%$ para determinar o valor presente total equivalente envolvendo todos os fluxos de caixa.

Solução

A Figura 3–14 apresenta os fluxos de caixa. O valor presente total P_T é encontrado usando-se $g = 0,12$ e $i = 0,15$. A Equação [2.24] é usada para determinar o valor presente P_g da série geométrica inteira no ano real 4, que é deslocado para o ano 0 utilizando $(P/F, 15\%, 4)$.

$$P_T = 35.000 + A(P/A, 15\%, 4) + A_1(P/A, 12\%, 15\%, 9)(P/F, 15\%, 4)$$

$$= 35.000 + 7.000\,(2,8550) + \left[7.000\, \frac{1-(1,12/1,15)^9}{0,15-0,12} \right](0,5718)$$

$$= 35.000 + 19.985 + 28.247$$

$$= \$\,83.232$$

Note que $n = 4$ no fator $(P/A, 15\%, 4)$, porque os $ 7.000 no ano 5 representam o montante inicial A_1 na Equação [2.23].

Na solução por computador, digite os fluxos de caixa da Figura 3–14. Se as células B1 a B14 forem utilizadas, a função para se encontrar $P = \$\,83.230$ é

$$\text{VPL}(15\%; \text{B2:B14}) + \text{B1}$$

A maneira mais rápida de inserir séries geométricas é digitar o valor de $ 7.840 para o ano 6 (na célula B7) e fazer com que cada célula subseqüente seja multiplicada por 1,12, que representa o aumento de 12%.

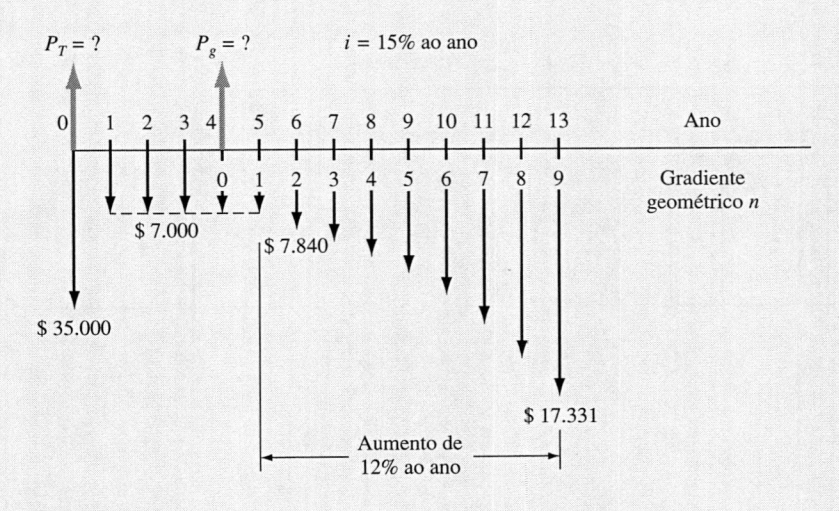

Solução Rápida

Figura 3–14
Diagrama de fluxos de caixa incluindo um gradiente geométrico com $g = 12\%$, no Exemplo 3.7.

3.4 GRADIENTES ARITMÉTICOS DESLOCADOS DECRESCENTES

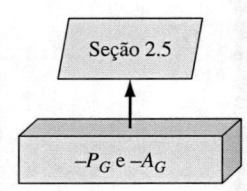

O uso dos fatores gradientes aritméticos é idêntico para gradientes crescentes e decrescentes, exceto que, no caso dos gradientes decrescentes, as seguintes considerações devem ser observadas:

1. O montante básico é igual ao *maior* montante da série gradiente, ou seja, o montante no período 1 da série.
2. O montante gradiente é *subtraído* do montante básico, em vez de ser somado a ele.
3. O termo $-G(P/G,i,n)$, ou $-G(A/G,i,n)$, é utilizado nos cálculos e nas Equações [2.18] e [2.19] para P_T e A_T, respectivamente.

O valor presente do gradiente ainda ocorrerá em dois períodos antes de o gradiente se iniciar, e o valor equivalente A se iniciará no período 1 da série gradiente e prosseguirá ao longo do período n.

A Figura 3–15 decompõe uma série gradiente decrescente com $G = \$ -100$ deslocado 1 ano para a frente. P_G ocorre no ano real 1 e P_T é a soma dos três componentes.

$$P_T = \$\,800(P/F,i,1) + 800(P/A,i,5)(P/F,i,1) - 100(P/G,i,5)(P/F,i,1)$$

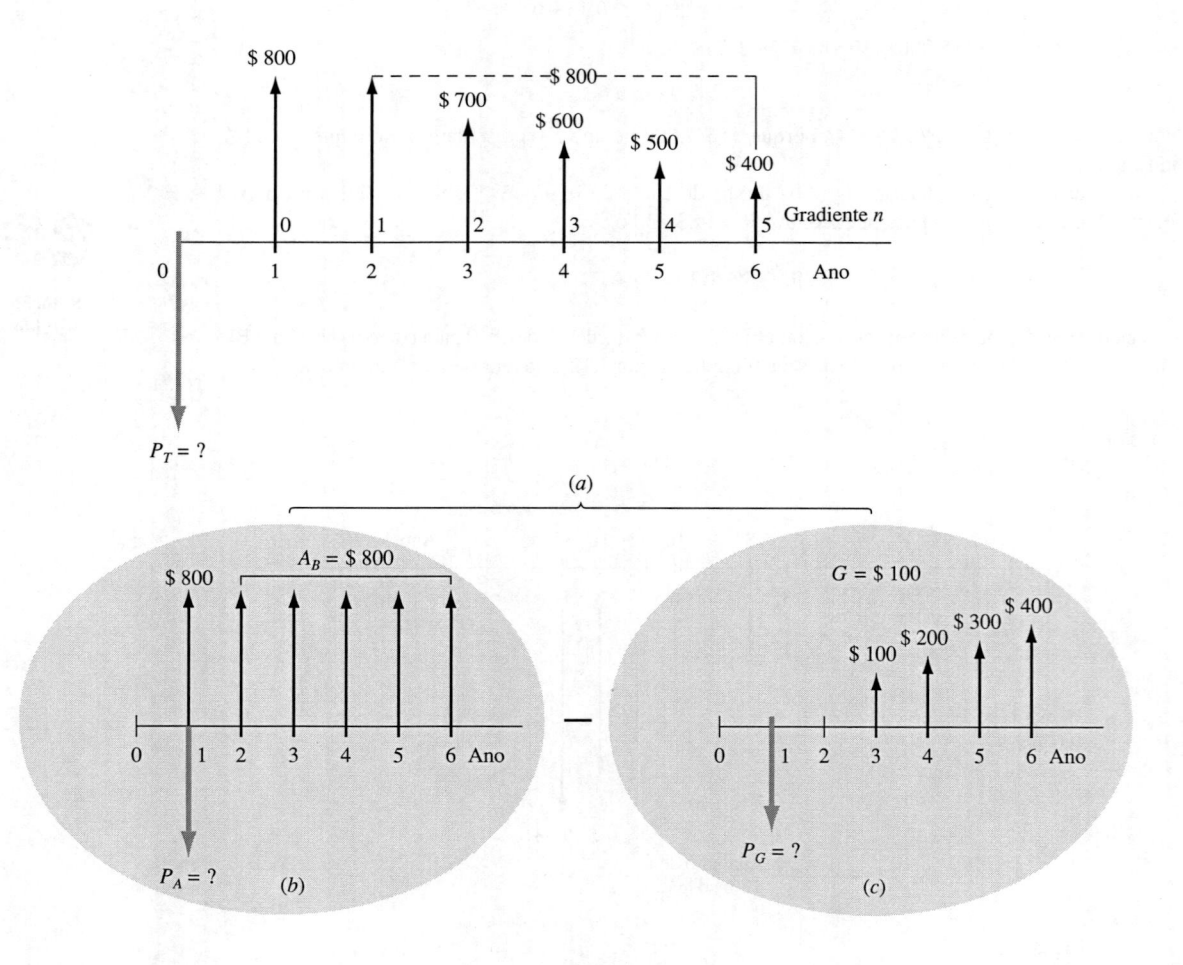

Figura 3–15
Fluxo de caixa decomposto de um gradiente aritmético deslocado, $(a) = (b) - (c)$.

EXEMPLO 3.8

Suponha que você esteja planejando investir um capital a 7% ao ano, conforme é indicado pelo gradiente crescente da Figura 3–16. Além disso, você espera efetuar saques, de acordo com o gradiente decrescente apresentado. Encontre o valor presente líquido e a série anual equivalente de toda a seqüência de fluxos de caixa e interprete os resultados.

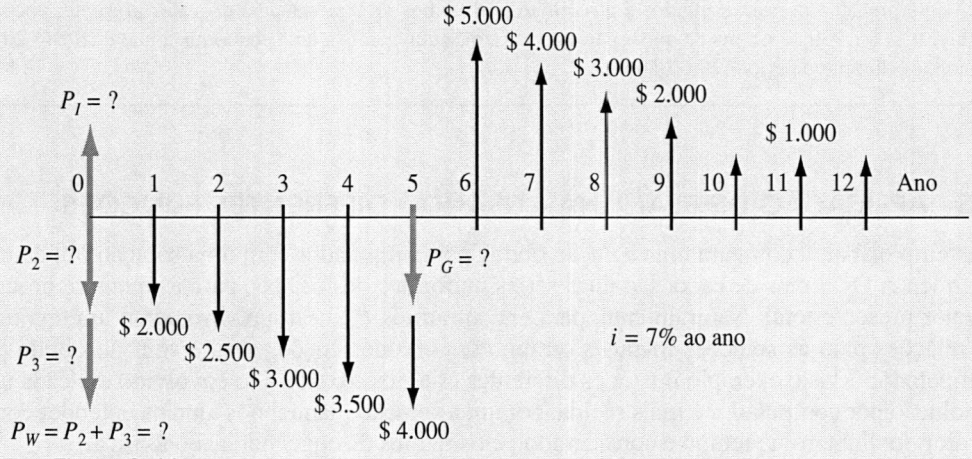

Figura 3–16
Séries de investimentos e saques, no Exemplo 3.8.

Solução

Em relação à seqüência de investimentos, G é igual a $ 500, o montante básico é $ 2.000 e $n = 5$. Em relação à seqüência de saques até o ano 10, G é igual a $ –1.000, o montante básico é $ 5.000 e $n = 5$. Há uma série anual de 2 anos com $A = $ 1.000 nos anos 11 e 12. Quanto à série de investimentos:

$$P_I = \text{valor presente dos depósitos}$$
$$= 2.000(P/A,7\%,5) + 500(P/G,7\%,5)$$
$$= 2.000(4,1002) + 500(7,6467)$$
$$= \$ 12.023,75$$

Em relação à série de saques, digamos que P_W represente o valor presente do montante básico dos saques e a série gradiente nos anos 6 a 10 (P_2), mais o valor presente dos saques nos anos 11 e 12 (P_3). Então:

$$P_W = P_2 + P_3$$
$$= P_G(P/F,7\%,5) + P_3$$
$$= [5.000(P/A,7\%,5) - 1.000(P/G,7\%,5)](P/F,7\%,5) + 1.000(P/A,7\%,2)(P/F,7\%,10)$$
$$= [5.000(4,1002) - 1.000(7,6467)](0,7130) + 1.000(1,8080)(0,5083)$$
$$= \$ 9.165,12 + \$ 919,00 = \$ 10.084,12$$

Uma vez que P_I é, na realidade, um fluxo de caixa negativo e P_W é positivo, o valor presente líquido é:

$$P = P_W - P_I = \$ 10.084,12 - \$ 12.023,75 = \$ -1.939,63$$

O valor *A* pode ser calculado usando o fator (*A/P*,7%,12).

$$A = P(A/P,7\%,12)$$
$$= \$\ -244{,}20$$

A interpretação desses resultados é a seguinte: em termos de equivalência do valor presente, você investirá $ 1.939,63 a mais do que espera sacar. Isso é equivalente a uma economia anual de $ 244,20 ao ano, durante o período de 12 anos.

3.5 APLICAÇÃO DE PLANILHA – USANDO DIFERENTES FUNÇÕES

O exemplo abaixo compara uma solução obtida por computador com uma solução obtida manualmente. Os fluxos de caixa são duas séries uniformes deslocadas, para as quais se procura o valor presente total. Naturalmente, para encontrarmos P_T, usaríamos somente um conjunto de relações para as soluções manuais ou um conjunto de funções para a solução obtida por computador. Mas o exemplo ilustra os diferentes critérios e o trabalho envolvido em cada um. A solução por computador é mais rápida, porém, a solução manual nos ajuda a entender como o valor do dinheiro no tempo é considerado pelos fatores de engenharia econômica.

EXEMPLO 3.9

Determine o valor presente total P_T no período 0% a 15% ao ano para as duas séries uniformes deslocadas da Figura 3–17. Use dois critérios: por computador, com diferentes funções, e manualmente, usando três fatores diferentes.

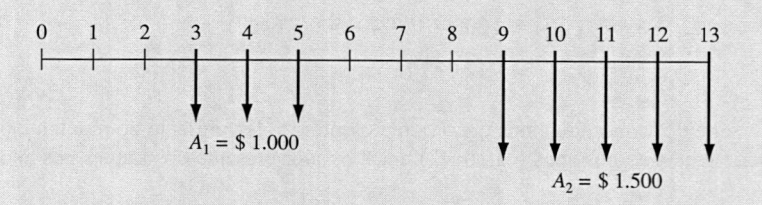

i = 15% ao ano

A_1 = $ 1.000

A_2 = $ 1.500

Figura 3–17
Séries uniformes usadas para calcular o valor presente por meio de diversos métodos, no Exemplo 3.9.

Solução por Computador
A Figura 3–18 encontra P_T usando as funções VPL e VP.

Função VPL: Esta é, sem dúvida, a maneira mais fácil de determinar P_T = $ 3.370. Os fluxos de caixa são digitados diretamente nas células e a função VPL é desenvolvida utilizando o seguinte formato

VPL(taxa;valor2;valor3; ...) + valor1 ou VPL(B1,B6:B18) + B5

SEÇÃO 3.5   Aplicação de Planilha – Usando Diferentes Funções

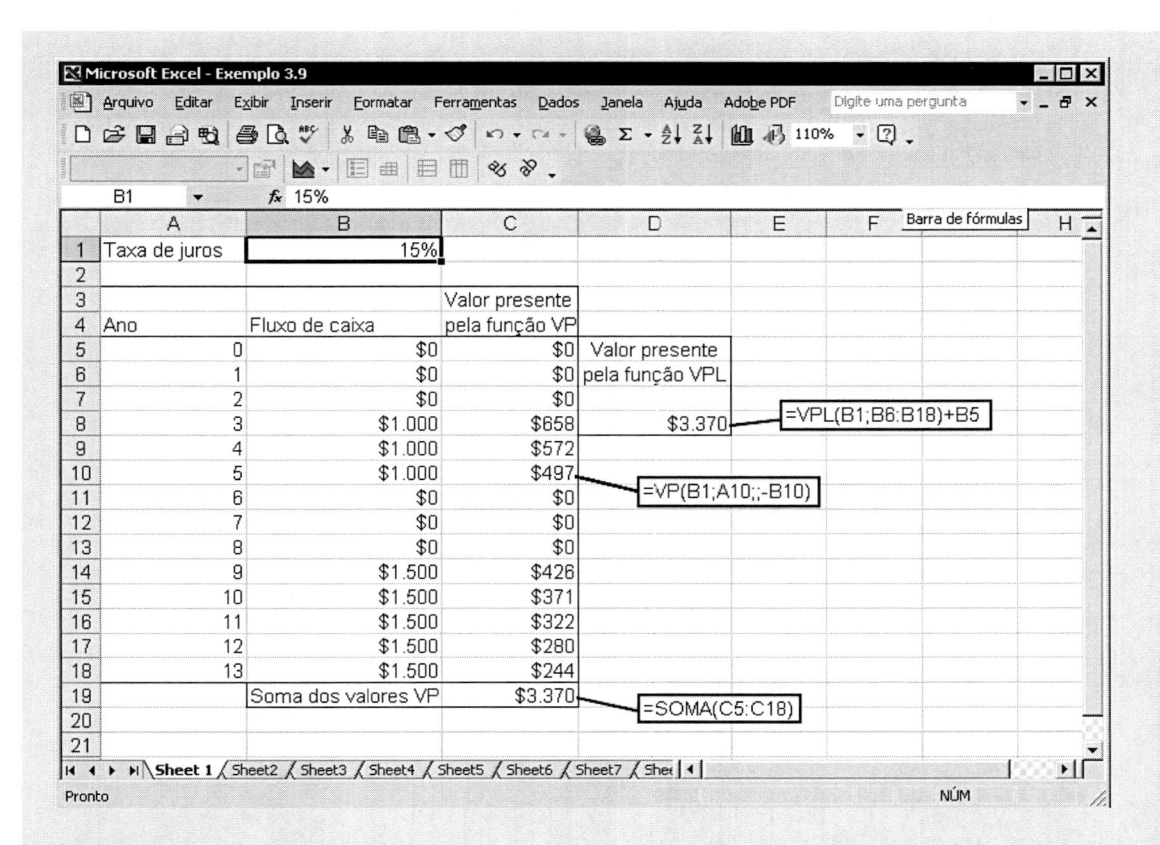

Figura 3–18
Determinação, por planilha, do valor presente total utilizando as funções VPL e VP, no Exemplo 3.9.

O valor $i = 15\%$ está na célula B1. Com os argumentos da função VPL em forma de referência de célula, qualquer valor pode ser modificado e o novo valor P_T será exibido na tela imediatamente. Além disso, se mais de 13 anos forem necessários, simplesmente adicione os fluxos de caixa ao final da coluna **B** e, conseqüentemente, aumente o lançamento **B**18. *Lembre-se*: *a função VPL exige que todas as células da planilha que representam um fluxo de caixa contenham um lançamento, inclusive aqueles períodos que têm um valor de fluxo de caixa igual a zero.* Normalmente, é gerado um resultado errado se as células forem deixadas em branco.

Função VP: Os lançamentos na coluna C da Figura 3–18 incluem a função VP que determina P no período 0, para cada fluxo de caixa separadamente. Eles são somados na célula C19, por meio da função SOMA. Essa abordagem exige mais tempo de digitação, mas fornece o valor P de cada um dos fluxos de caixa, se esses valores forem necessários. Além disso, a função VP não exige que seja feito o lançamento de cada fluxo de caixa igual a zero.

Função VF: Não é eficiente determinar P_T por meio da função VF, porque o formato dessa função não permite lançamentos de referências de célula diretamente, como ocorre com a função VPL. Cada fluxo de caixa deve ser levado para o último período, utilizando o formato geral VF(15%;nper;pgto;vp;tipo), no qual presume-se que sejam somados por meio da função SOMA. Essa SOMA é deslocada novamente para o período 0, por meio da função VP(15%;13;;SOMA). Nesse caso, ambas as funções, VPL e VP, especialmente VPL, representam um uso muito mais eficiente das capacidades da planilha do que VF.

Solução Manual
Há numerosas maneiras de encontrar P_T. Provavelmente, os dois métodos mais simples são o do *valor presente* e o do *valor futuro*. Como um terceiro método, use o ano 7 como ponto de ancoragem. Isso é chamado de *método do ano intermediário*.

(a) Método do valor presente

(b) Método do valor futuro

(c) Método do ano intermediário

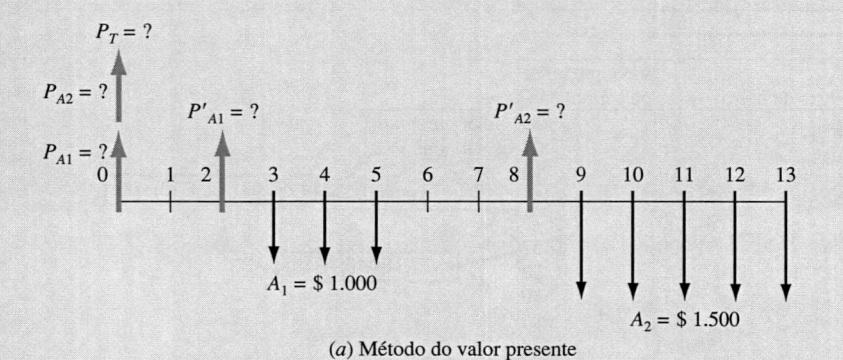

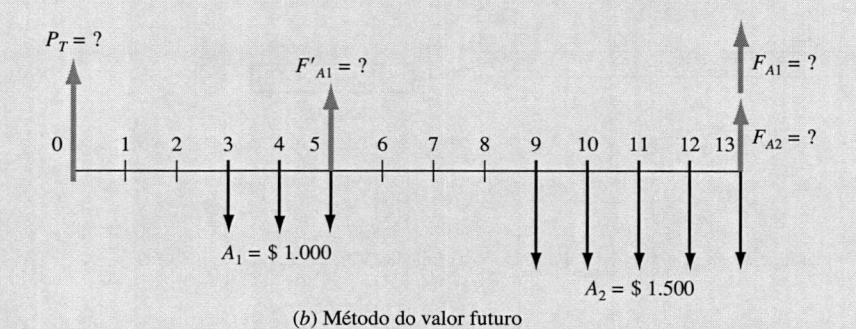

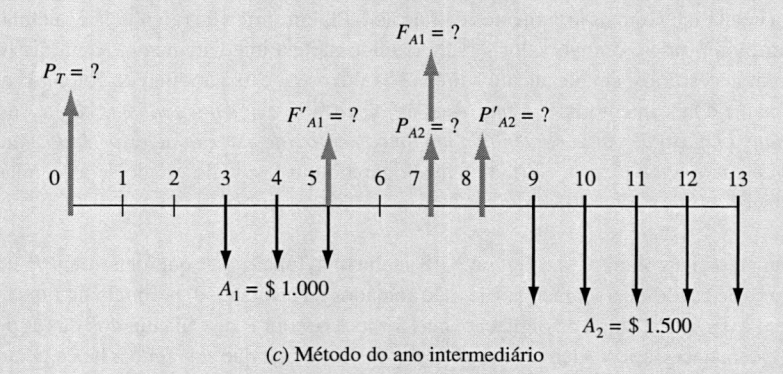

Figura 3–19
Cálculo do valor presente da Figura 3–17 pelos três métodos, no Exemplo 3.9.

Método do valor presente: Veja a Figura 3–19a. Ao usar o fator P/A para as séries uniformes seguido do fator P/F para obtermos o valor presente no ano 0, encontramos P_T.

$$P_T = P_{A1} + P_{A2}$$

$$P_{A1} = P'_{A1}(P/F,15\%,2) = A_1(P/A,15\%,3)(P/F,15\%,2)$$

$$= 1.000(2,2832)(0,7561)$$

$$= \$\ 1.726$$

$$P_{A2} = P'_{A2}(P/F,15\%,8) = A_2(P/A,15\%,5)(P/F,15\%,8)$$

$$= 1.500(3,3522)(0,3269)$$

$$= \$\ 1.644$$

$$P_T = \$\ 1.726 + \$\ 1.644 = \$\ 3.370$$

Método do valor futuro: Veja a Figura 3–19b. Use os fatores F/A, F/P e P/F.

$$P_T = (F_{A1} + F_{A2})(P/F,15\%,13)$$

$$F_{A1} = F'_{A1}(F/P,15\%,8) = A_1(F/A,15\%,3)(F/P,15\%,8)$$

$$= 1.000(3,4725)(3,0590) = \$\ 10.622$$

$$F_{A2} = A_2(F/A,15\%,5) = 1.500(6,7424) = \$\ 10.113$$

$$P_T = (F_{A1} + F_{A2})(P/F,15\%,13) = 20.735(0,1625) = \$\ 3.369$$

Método do ano intermediário: Veja a Figura 3–19c. Encontre o valor equivalente de ambas as séries no ano 7 e, depois, use o fator P/F.

$$P_T = (F_{A1} + P_{A2})(P/F,15\%,7)$$

O valor P_{A2} é calculado como o valor presente; porém, para encontrar o valor total P_T no ano 0, este deve ser tratado como um valor F. Assim,

$$F_{A1} = F'_{A1}(F/P,15\%,2) = A_1(F/A,15\%,3)(F/P,15\%,2)$$

$$= 1.000(3,4725)(1,3225) = \$\ 4.592$$

$$P_{A2} = P'_{A2}(P/F,15\%,1) = A_2(P/A,15\%,5)(P/F,15\%,1)$$

$$= 1.500(3,3522)(0,8696) = \$\ 4.373$$

$$P_T = (F_{A1} + P_{A2})(P/F,15\%,7)$$

$$= 8.965(0,3759) = \$\ 3.370$$

EXEMPLO ADICIONAL

EXEMPLO 3.10

VALOR PRESENTE POR MEIO DA COMBINAÇÃO DE FATORES

Calcule o valor presente total da seguinte série de fluxos de caixa, com $i = 18\%$ ao ano.

Ano	0	1	2	3	4	5	6	7
Fluxo de Caixa, em $	+460	+460	+460	+460	+460	+460	+460	−5.000

Solução
O diagrama do fluxo de caixa é apresentado na Figura 3–20. Uma vez que o recebimento no ano 0 é igual para a série A nos anos 1 a 6, o fator P/A pode ser usado para 6 ou 7 anos. O problema é trabalhado de ambas as maneiras.

Usando P/A e $n = 6$: O recebimento P_0 no ano 0 é somado ao valor atual dos montantes restantes, uma vez que o fator P/A para $n = 6$ posicionará P_A para o ano 0.

$$P_T = P_0 + P_A - P_F$$

$$= 460 + 460(P/A,18\%,6) - 5.000(P/F,18\%,7)$$

$$= \$ 499{,}40$$

Usando P/A e $n = 7$: Ao usar o fator P/A para $n = 7$, o "valor presente" se posiciona no ano −1, não no ano 0, pois o valor P encontra-se um período antes do primeiro A. É necessário deslocar o valor P_A um ano para a frente com o fator F/P.

$$P = 460(P/A,18\%,7)(F/P,18\%,1) - 5.000(P/F,18\%,7)$$

$$= \$ 499{,}38$$

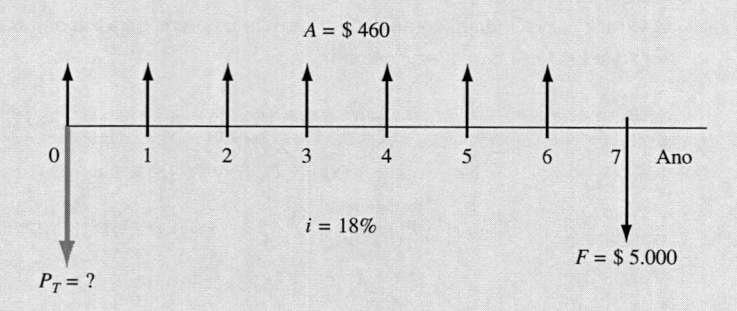

Figura 3–20
Diagrama do fluxo de caixa, no Exemplo 3.10.

RESUMO DO CAPÍTULO

No Capítulo 2, derivamos as equações para calcular os valores presente, futuro ou anual de séries de fluxo de caixa específicas. Neste capítulo, mostramos que essas equações se aplicam às séries de fluxo de caixa diferentes daquelas para as quais as relações básicas foram derivadas. Por exemplo, quando uma série uniforme não se inicia no período 1, ainda assim utilizamos o fator P/A para encontrar o "valor presente" da série, exceto quando o valor P é posicionado um período adiante do primeiro valor A, não no tempo 0. Para gradientes aritméticos e geométricos, o valor P se localiza dois períodos adiante do ponto em que o gradiente se inicia. Com essa informação, é possível encontrar a solução para qualquer símbolo — P, A ou F — relativo a quaisquer séries de fluxo de caixa imagináveis.

Experimentamos, também, parte do poder das funções de planilha, ao determinar valores P, F e A, tão logo estimativas de fluxo de caixa são inseridas nas células de uma planilha.

PROBLEMAS

Cálculos do Valor Presente

3.1 Considerando o fato de que as mudanças de pista realizadas involuntariamente por motoristas distraídos são responsáveis por 43% de todas as mortes nas rodovias, a Ford Motor Co. e a Volvo lançaram um programa de desenvolvimento de tecnologias para evitar acidentes praticados por motoristas sonolentos. Um dispositivo que custa $ 260 detecta as faixas marcadas na estrada e dispara um alarme durante as mudanças de pista. Se esses dispositivos forem incluídos em 100.000 carros novos ao ano, com início daqui a 3 anos, qual seria o valor presente de seu custo ao longo de um período de 10 anos a uma taxa de juros de 10% ao ano?

3.2 Um plano para arrecadar dinheiro para as escolas do Texas envolve um "imposto de contribuição social" (*enrichment tax*), que poderia coletar $ 56 de cada estudante de determinado distrito escolar. Se há 50.000 estudantes no distrito e o fluxo de caixa se iniciar daqui a 2 anos, qual é o valor presente do imposto de contribuição social ao longo de um período de planejamento de 5 anos a uma taxa de juros de 8% ao ano?

3.3 A empresa Amalgamated Iron and Steel comprou uma nova máquina para encurvar grandes vigas I com aríete hidráulico. A empresa espera encurvar 80 vigas, a $ 2.000 por viga, em cada um dos 3 primeiros anos. Nos períodos subseqüentes, a empresa espera encurvar 100 vigas por ano, a $ 2.500 por viga, até o ano 8. Se a taxa de mínima atratividade da empresa é de 18% ao ano, qual é o valor presente da receita esperada?

3.4 A Rubbermaid Plastics planeja comprar um robô retilíneo para retirar peças de uma máquina de moldagem por injeção. Devido à velocidade do robô, a empresa espera que os custos de produção diminuam em $ 100.000 ao ano, em cada um dos 3 primeiros anos, e em $ 200.000 ao ano, nos 2 anos seguintes. Qual é o valor presente das economias de custo se a empresa usar uma taxa de juros de 15% ao ano nesses investimentos?

3.5 A Toyco Watercraft tem um contrato com um fornecedor de peças envolvendo a realização de compras no valor de $ 150.000 ao ano. A primeira compra é realizada agora, seguida de compras similares ao longo dos próximos 5 anos. Determine o valor presente do contrato a uma taxa de juros de 10% ao ano.

3.6 Calcule o valor presente, no ano 0, das seguintes séries de desembolsos. Suponha que $i = 10\%$ ao ano.

Ano	Desembolso, $	Ano	Desembolso, $
0	0	6	5.000
1	3.500	7	5.000
2	3.500	8	5.000
3	3.500	9	5.000
4	5.000	10	5.000
5	5.000		

Cálculos do Valor Anual

3.7 A *receita bruta* (a porcentagem de receita que resta depois de se subtrair o custo dos bens vendidos) da Cisco foi de 70,1% da receita total ao longo de certo período de 4 anos. Se a *receita total foi de* $ 5,4 bilhões durante os 2 primeiros anos e de $ 6,1 bilhões durante os 2 últimos anos, qual foi o valor anual equivalente da *receita bruta* ao longo desse período de 4 anos, a uma taxa de juros de 20% ao ano?

3.8 As receitas de vendas da BKM são apresentadas a seguir. Calcule o valor anual equivalente (anos 1 a 7) utilizando uma taxa de juros de 10% ao ano.

Ano	Desembolso, $	Ano	Desembolso, $
0		4	5.000
1	4.000	5	5.000
2	4.000	6	5.000
3	4.000	7	5.000

3.9 Um engenheiro metalúrgico decide guardar dinheiro para a educação universitária de sua filha recém-nascida. Ele calcula que as necessidades financeiras dela serão de $ 20.000, quando completar 17, 18, 19 e 20 anos de idade. Se ele planeja começar a fazer depósitos uniformes daqui a 3 anos, e continuar fazendo-os até o ano 16, qual seria o valor de cada depósito, considerando que a conta rende juros a uma taxa de 8% ao ano?

3.10 Calcule o valor anual, nos anos 1 a 10, da seguinte série de receitas e despesas, considerando uma taxa de juros de 10% ao ano.

Ano	Receita, $/Ano	Despesa, $/Ano
0	10.000	2.000
1–6	800	200
7–10	900	300

3.11 Que quantia você deveria pagar anualmente, em 8 pagamentos iguais com início daqui a 2 anos, para reembolsar um empréstimo de $ 20.000 que tomou de um parente hoje, se a taxa de juros é de 8% ao ano?

3.12 Um engenheiro industrial planeja aposentar-se precocemente daqui a 25 anos. Ele acredita que pode poupar confortavelmente $ 10.000 a cada ano, a partir de agora. Se ele planeja começar a sacar o dinheiro 1 ano depois de efetuar o último depósito (ou seja, no ano 26), qual valor uniforme poderia sacar anualmente durante 30 anos se a conta rende juros a uma taxa de 8% ao ano?

3.13 Uma empresa de serviços públicos localizada na zona rural fornece energia elétrica da reserva a estações de bombeamento, utilizando geradores a diesel. Surgiu uma alternativa, na qual a empresa poderia usar gás natural para o funcionamento dos geradores, mas demandará alguns anos para que o gás esteja disponível em lugares distantes. A empresa estima que, ao realizar a mudança para o gás, economizará $ 15.000 por ano, com início daqui a 2 anos. Considerando uma taxa de juros de 8% ao ano, determine o valor anual equivalente (anos 1 a 10) das economias previstas.

3.14 Espera-se que o custo operacional de um forno ciclônico (*cyclone furnace*), a carvão pulverizado, seja de $ 80.000 ao ano. Considerando que o vapor produzido será necessário durante 5 anos somente, a partir de agora (ou seja, anos 0 a 5), qual é o valor anual equivalente nos anos 1 a 5 para o custo operacional, considerando uma taxa de juros de 10% ao ano?

3.15 Um engenheiro eletricista empreendedor procurou uma grande empresa pública de abastecimento de água com uma proposta que promete reduzir a conta de energia elétrica da empresa em, pelo menos, 15% ao ano durante os próximos 5 anos, por meio da instalação de estabilizadores de voltagem patenteados. A proposta afirma que o engenheiro receberá $ 5.000 agora e pagamentos anuais que são equivalentes a 75% das economias de energia obtidas com o uso desses dispositivos. Supondo que as economias sejam idênticas todos os anos (ou seja, 15%) e que a conta de energia elétrica da empresa seja de $ 1 milhão por ano, qual seria o montante uniforme equivalente (anos 1 a 5) dos pagamentos efetuados ao engenheiro? Suponha que a empresa utilize uma taxa de juros de 6% ao ano.

3.16 Uma grande empresa pública de abastecimento de água planeja atualizar seu sistema SCADA para controlar bombas de poços, bombas elevatórias e equipamentos de desinfecção, de forma que tudo possa ser controlado de um único lugar. A primeira etapa reduzirá os custos de mão-de-obra e viagens em $ 28.000 ao ano. A segunda etapa reduzirá os custos em mais $ 20.000 ao ano. Se as economias da primeira etapa ocorrem nos anos 0, 1, 2 e 3 e as economias da segunda etapa ocorrem nos anos 4 a 10, qual é o valor anual equivalente do sistema atualizado nos anos 1 a 10, a uma taxa de juros de 8% ao ano?

3.17 Um engenheiro mecânico que se formou recentemente, com um *Master's Degree*, está avaliando a possibilidade de iniciar sua própria empresa de sistemas de ar-condicionado. Ele tem condições de comprar um pacote de *design* de páginas da Web, dedicado à divulgação de informações, por somente $ 600 ao ano. Se o negócio for bem-sucedido, ele comprará um pacote de *e-commerce* mais elaborado, que custa $ 4.000 ao ano. Se o engenheiro comprar a página mais barata agora (pagamentos no início do ano) e o pacote de *e-commerce* daqui a 1 ano (também com pagamentos no início do ano), qual é o valor anual equivalente dos custos do Website durante um período de 5 anos (anos 1 a 5), a uma taxa de juros de 12% ao ano?

Cálculos do Valor Futuro

3.18 As contas de poupança vitalícias, conhecidas como LSAs (sigla de *lifetime savings accounts*), possibilitariam às pessoas investir dinheiro depois do desconto do imposto de renda sem serem tributadas sobre nenhum dos ganhos. Se um engenheiro investir $ 10.000 agora e $ 10.000 anualmente durante os próximos 20 anos, quanto haverá na conta, imediatamente após o último depósito, se ela cresce a uma taxa de 15% ao ano?

3.19 Que quantia foi depositada anualmente, durante 5 anos, se a conta vale agora $ 100.000 e o último depósito foi realizado há 10 anos? Suponha que a conta tenha rendido juros de 7% ao ano.

3.20 Calcule o valor futuro (no ano 11) das seguintes receitas e despesas, considerando uma taxa de juros de 8% ao ano.

Ano	Receita, $	Despesas, $
0	12.000	3.000
1–6	800	200
7–11	900	200

Localização Aleatória e Séries Uniformes

3.21 Qual é o valor equivalente no ano 5 da seguinte série de recebimentos e desembolsos, considerando uma taxa de juros de 12% ao ano?

Ano	Receita, $	Despesas, $
0	0	9.000
1–5	6.000	6.000
6–8	6.000	3.000
9–14	8.000	5.000

3.22 Utilize o diagrama de fluxos de caixa a seguir para calcular o montante no ano 5 que seja equivalente a todos os fluxos de caixa apresentados, considerando uma taxa de juros de 12% ao ano.

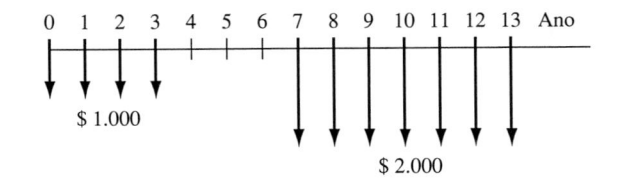

3.23 Ao gastar $ 10.000 agora e $ 25.000 daqui a 3 anos, uma empresa de galvanização de metais pode aumentar sua receita nos anos 4 a 10. A uma taxa de juros de 12% ao ano, qual o valor de receita extra ao ano seria necessário nos anos 4 a 10, para que a empresa recuperasse o investimento?

3.24 A Sierra Electric Company está considerando comprar uma propriedade rural, na encosta de uma montanha, para possivelmente utilizá-la como fazenda de moinhos de vento no futuro. O proprietário da fazenda de 202,3 hectares a venderá por $ 3.000 por hectare, se a empresa comprar em dois pagamentos: um agora e outro, duas vezes maior, daqui a 3 anos. Se a taxa de juros da transação for de 8% ao ano, qual é o valor do primeiro pagamento?

3.25 Dois depósitos iguais, realizados há 20 e 21 anos, respectivamente, possibilitarão a um aposentado sacar $ 10.000 agora e $ 10.000 por ano, durante 14 anos. Se a conta tiver rendido juros de 10% ao ano, qual foi o valor de cada depósito?

3.26 Uma empresa fornecedora de concreto e materiais de construção tenta fazer com que a parte financiada do fundo de aposentadoria dos seus empregados cumpra o que dispõe o decreto HB-301. A empresa já depositou $ 20.000 em cada um dos últimos 5 anos. Quanto deve ser depositado agora, para que o fundo tenha $ 350.000 daqui a 3 anos, se o fundo cresce a uma taxa de juros de 15% ao ano?

3.27 Encontre o valor de x, no diagrama a seguir, para que os fluxos de caixa positivos sejam exatamente equivalentes aos fluxos de caixa negativos, considerando uma taxa de juros de 14% ao ano.

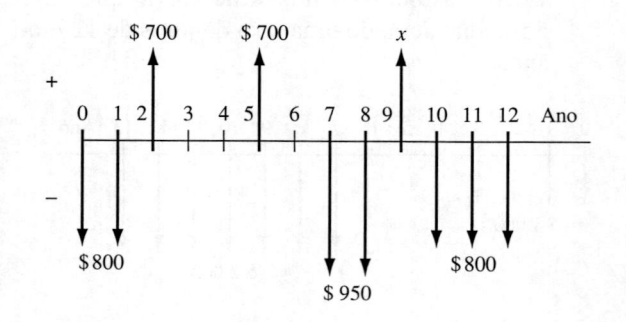

3.28 Ao tentar obter um empréstimo-ponte (*swing loan*) de um banco local, um contratante foi solicitado a fornecer uma estimativa das despesas anuais. Um componente das despesas é apresentado no diagrama de fluxos de caixa a seguir. Converta os valores apresentados em um montante anual uniforme equivalente nos anos 1 a 8, utilizando uma taxa de juros de 12% ao ano.

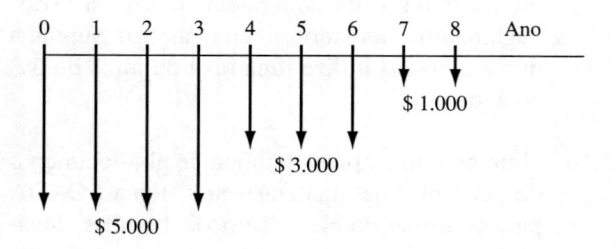

3.29 Determine o valor no ano 8 que seja equivalente aos fluxos de caixa do diagrama a seguir. Utilize uma taxa de juros de 12% ao ano.

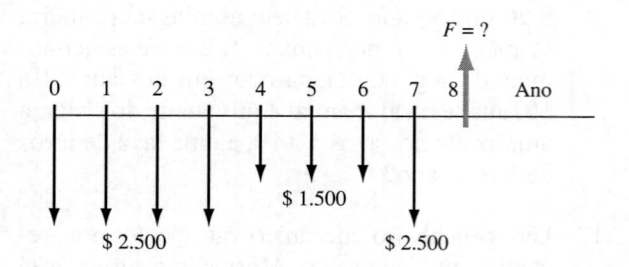

3.30 Encontre o valor de x, no diagrama a seguir, que tornará o valor presente equivalente do fluxo de caixa igual a $ 15.000, se a taxa de juros for de 15% ao ano.

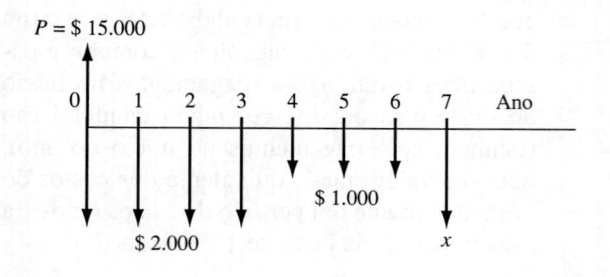

3.31 Calcule o montante no ano 3, equivalente aos fluxos de caixa do diagrama a seguir, considerando uma taxa de juros de 16% ao ano.

Ano	Montante, $	Ano	Montante, $
0	900	5	3.000
1	900	6	−1.500
2	900	7	500
3	900	8	500
4	3.000		

3.32 Calcule o valor anual (anos 1 a 7) da seguinte série de desembolsos. Considere $i = 12\%$ ao ano.

Ano	Desembolso, $	Ano	Desembolso, $
0	5.000	4	5.000
1	3.500	5	5.000
2	3.500	6	5.000
3	3.500	7	5.000

3.33 Calcule o valor de x para os fluxos de caixa do diagrama a seguir, de forma que o valor total equivalente no ano 8 seja $ 20.000, utilizando uma taxa de juros de 15% ao ano.

Ano	Fluxo de Caixa, $	Ano	Fluxo de Caixa, $
0	2.000	6	x
1	2.000	7	x
2	x	8	x
3	x	9	1.000
4	x	10	1.000
5	x	11	1.000

Gradientes Aritméticos Deslocados

3.34 O senhor Antonio está considerando várias opções para o abastecimento de água em seu plano de 50 anos, incluindo a dessalinização. Espera-se que um aqüífero salobro produza água dessalinizada, gerando receitas de $ 4,1 milhões por ano, durante os primeiros 4 anos. Depois desse período, devido à menor produção, haverá redução da receita anual em $ 50.000 ao ano. Se o aqüífero se esgotar completamente em 25 anos, qual é o valor presente da opção de dessalinizar a uma taxa de juros de 6% ao ano?

3.35 A Exxon-Mobil planeja vender uma série de poços produtores de petróleo. Espera-se que os poços produzam 100.000 barris de petróleo ao ano, durante 8 anos, a um preço de venda de $ 28 por barril, durante os próximos 2 anos. Nos períodos subseqüentes, há a projeção de aumentar o preço em $ 1 por barril até o ano 8. Quanto uma refinaria independente estaria disposta a pagar pelos poços agora, se a taxa de juros é de 12% ao ano?

3.36 A Burlington Northern está considerando a eliminação de uma passagem de nível em uma ferrovia e a construção de uma ponte sobre os trilhos com duas mãos de direção. A ferrovia subcontrata a manutenção dos portões de sua passagem de nível a $ 11.500 por ano. Com início daqui a 4 anos, entretanto, espera-se que os custos se elevem em $ 1.000 ao ano em um futuro previsível (ou seja, $ 12.500 daqui a 4 anos, $ 13.500 daqui a 5 anos etc.). A construção da ponte custará $ 1,4 milhão (agora), mas eliminará 100% das colisões entre automóveis e trens, que têm um custo de $ 250.000 por ano. Se a ferrovia utilizar um período de estudo de 10 anos e uma taxa de juros de 10% ao ano, determine se a ferrovia deve ou não construir a ponte.

3.37 A Levi Strauss tem parte dos seus jeans lavados (*stone-washed*) sob contrato com uma U.S. Garment Corp. independente. Se o custo operacional por máquina da U.S. Garment é de $ 22.000 ao ano, durante os anos 1 e 2, e depois se eleva em $ 1.000 ao ano até o ano 5, qual é o custo anual uniforme equivalente por máquina (anos 1 a 5), a uma taxa de juros de 12% ao ano?

3.38 As receitas e despesas da Herman Trucking Company (em $ 1.000) são apresentadas a seguir. Calcule o valor futuro no ano 7, a uma taxa de juros de 10% ao ano.

Ano	Fluxo de Caixa, $	Ano	Fluxo de Caixa, $
0	−10.000	4	5.000
1	4.000	5	−1.000
2	3.000	6	7.000
3	4.000	7	8.000

3.39 A Peyton Packing tem um aparelho para cozinhar presunto, cujo fluxo de custos é apresentado a seguir. Se a taxa de juros é de 15% ao ano, determine o valor anual (anos 1 a 7) dos custos.

Ano	Custo, $	Ano	Custo, $
0	4.000	4	6.000
1	4.000	5	8.000
2	3.000	6	10.000
3	2.000	7	12.000

3.40 Uma empresa iniciante vende cera para polimento de automóveis. A empresa solicitou $ 40.000 por empréstimo, a uma taxa de juros de 10% ao ano, e deseja reembolsá-lo ao longo de um período de 5 anos, em pagamentos anuais, de forma que, do terceiro ao quinto ano, os pagamentos sejam $ 2.000 maiores do que os dois primeiros. Determine o tamanho dos dois primeiros pagamentos.

3.41 Considerando os fluxos de caixa a seguir, encontre o valor de x que torna o valor presente no ano 0 igual a $ 11.000. Considere uma taxa de juros de 12% ao ano.

Ano	Fluxo de Caixa, $	Ano	Fluxo de Caixa, $
0	200	5	700
1	300	6	800
2	400	7	900
3	x	8	1.000
4	600	9	1.100

Gradientes Geométricos Deslocados

3.42 Em um esforço para compensar a redução do número de clientes das linhas telefônicas convencionais, a SBC e a Bell South (proprietárias da Cingular Wireless LLC) envolveram-se em uma guerra de lances de compra com a Vodaphone pela aquisição da AT&T Wireless. A oferta inicial de $ 11 por ação subiu para $ 13, para os 2,73 bilhões de ações da AT&T Wireless. Se a aquisição da empresa demorou exatamente 1 ano para ser fechada (ou seja, fim do ano 1), qual seria hoje (o tempo 0) o valor presente da aquisição, considerando os lucros de $ 5,3 bilhões no ano 2, com um crescimento anual de 9% até o ano 11? Suponha que a SBC e a Bell South utilizem uma taxa de retorno de 15% ao ano.

3.43 Um ex-aluno bem-sucedido planeja dar uma contribuição financeira ao *community college*[2], no qual se graduou. A doação será feita ao longo de um período de 5 anos a começar de *agora*, com um total de 6 pagamentos. Essa doação sustentará 5 alunos de engenharia por ano, durante 20 anos, sendo que a primeira bolsa de estudo será concedida imediatamente (um total de 21 bolsas de estudo). O custo de instrução na escola é de $ 4.000 por ano e espera-se que se mantenha nesse valor por mais 3 anos. Depois disso (ou seja, ano 4), espera-se que o custo educacional se eleve em 8% ao ano. Se o colégio puder investir o dinheiro e receber juros a taxa de 10% ao ano, qual deve ser o tamanho da doação?

3.44 Calcule o valor presente (ano 0) de um arrendamento que requer um pagamento de $ 20.000 agora e valores que crescem 5% ao ano até o ano 10. Utilize uma taxa de juros de 14% ao ano.

3.45 Calcule o valor presente de uma máquina que tem um custo inicial de $ 29.000, vida útil de 10 anos e um custo operacional anual de $ 13.000, durante os primeiros 4 anos, elevando-se em 10%, a partir de então. Utilize uma taxa de juros de 10% ano.

3.46 A A-1 Box Company planeja arrendar um sistema de computador que custará (com o serviço) $ 15.000 no ano 1, $ 16.500 no ano 2 e quantias crescentes em 10% a cada ano, a partir de então. Suponha que os pagamentos do arrendamento devam ser realizados *no início do ano* e que está planejado um arrendamento de 5 anos. Qual é o valor presente (ano 0), se a empresa usa uma taxa de mínima atratividade de 16% ao ano?

3.47 A Dakota Hi-C Steel assinou um contrato que gerará receitas de $ 210.000 agora, $ 222.600 no ano 1 e quantias crescentes em 8% ao ano, até o ano 5. Calcule o valor futuro do contrato a uma taxa de juros de 8% ao ano.

---

[2] **N.T.:** Nos Estados Unidos, escola pública, com cursos de dois anos, que atende uma comunidade local, geralmente um município.

Gradientes Deslocados Decrescentes

3.48 Encontre o valor presente (no tempo 0) dos custos de cromagem no diagrama dos fluxos de caixa. Suponha $i = 12\%$ ao ano.

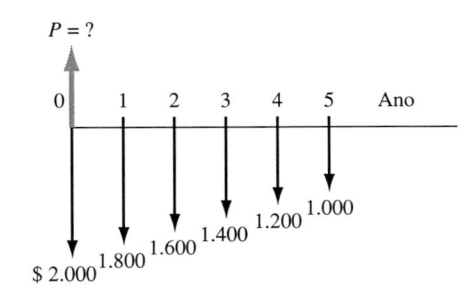

```
        P = ?
         ↑
         0   1   2   3   4   5   Ano
         |   |   |   |   |   |
             ↓   ↓   ↓   ↓   ↓
                         1.200  1.000
                     1.400
                 1.600
             1.800
         ↓
       $ 2.000
```

3.49 Calcule o valor presente (ano 0) dos seguintes fluxos de caixa, considerando uma taxa de juros de 12% ao ano.

Ano	Montante, $	Ano	Montante, $
0	5.000	8	700
1–5	1.000	9	600
6	900	10	500
7	800	11	400

3.50 Considerando a tabulação de fluxos de caixa, calcule o valor anual uniforme equivalente nos períodos 1 a 10, considerando $i = 10\%$ ao ano.

Ano	Montante, $	Ano	Montante, $
0	2.000	6	2.400
1	2.000	7	2.300
2	2.000	8	2.200
3	2.000	9	2.100
4	2.000	10	2.000
5	2.500		

3.51 A Prudential Realty tem uma conta-garantia bloqueada (*escrow account*) para um de seus clientes de administração de imóveis que contém, atualmente, $ 20.000. Quanto tempo será necessário para que esta conta se esgote, se o cliente saca $ 5.000 agora, $ 4.500 daqui a um ano e valores decrescentes em $ 500 a cada ano, a partir de então, se a conta rende juros a uma taxa de 8% ao ano?

3.52 O custo dos espaçadores utilizados ao redor das barras de combustível atômico em reatores de resfriamento rápido por metal líquido tem decrescido devido à disponibilidade de materiais cerâmicos mais resistentes à temperatura. Determine o valor presente (no ano 0) dos custos, apresentados no diagrama a seguir, utilizando uma taxa de juros de 15% ao ano.

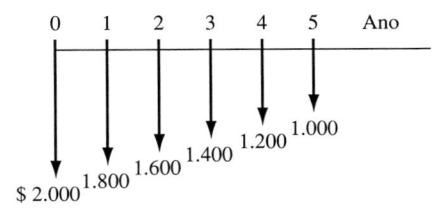

```
    0   1   2   3   4   5   Ano
    |   |   |   |   |   |
    ↓   ↓   ↓   ↓   ↓   ↓
                    1.200  1.000
                1.400
            1.600
        1.800
  $ 2.000
```

3.53 Calcule o valor futuro no ano 10, a uma taxa de juros de 10% ao ano, para o fluxo de caixa apresentado a seguir.

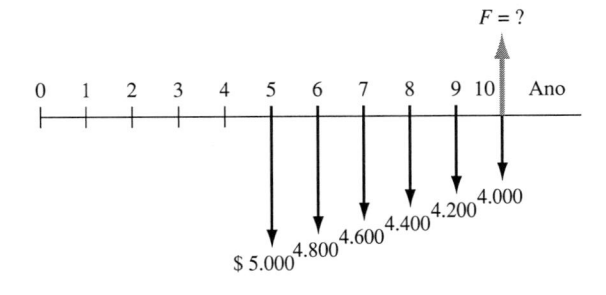

```
                                      F = ?
                                       ↑
    0  1  2  3  4  5  6  7  8  9  10  Ano
                   ↓  ↓  ↓  ↓  ↓  ↓
                                   4.000
                                4.200
                             4.400
                          4.600
                       4.800
                  $ 5.000
```

PROBLEMAS DE REVISÃO DE FUNDAMENTOS DE ENGENHARIA (FE)

3.54 O valor anual nos anos 4 a 8 de um montante *x*, que será recebido daqui a 2 anos, é igual a $ 4.000. A uma taxa de juros de 10% ao ano, o valor *x* está mais próximo de:
(*a*) Menos de $ 12.000
(*b*) $ 12.531
(*c*) $ 12.885
(*d*) Mais de $ 13.000

3.55 O prêmio da loteria interestadual Powerball, no valor de $ 182 milhões, foi ganho por uma única pessoa que comprou 5 bilhetes a $ 1 cada um. Foram apresentadas duas opções à pessoa: receber 26 pagamentos de $ 7 milhões cada um, sendo o primeiro pagamento efetuado *agora* e o restante a ser feito no fim de cada um dos 25 anos; ou receber o pagamento integral em uma única "bolada" *agora*, que seria equivalente aos 26 pagamentos de $ 7 milhões cada um. Se o Estado usar uma taxa de juros de 4% ao ano, o montante do pagamento integral em uma única "bolada" estará mais próximo de:

(*a*) Menos de $ 109 milhões
(*b*) $ 109.355.000
(*c*) $ 116.355.000
(*d*) Mais de $ 117 milhões

3.56 A freqüência do público no Live-stock Show and Rodeo anual de El Paso decresceu nos últimos 5 anos. A freqüência foi de 25.880 pessoas no ano 2000 e 13.500 em 2004 (uma diminuição de 15% ao ano). Se o preço médio dos ingressos foi de $ 10 por pessoa durante esse período, o valor presente da renda no ano 1999 (ou seja, o ano 1999 é o tempo 0) para os anos 2000 a 2004, a uma taxa de juros de 8% ao ano, é representado por qual das seguintes equações?

(*a*) $P = 250.880\{1 - [(1 + 0{,}15)^5/(1 + 0{,}08)^5]\}/(0{,}08 - 0{,}15) = \$ 1.322.123$
(*b*) $P = 250.880\{1 - [(1 - 0{,}15)^4/(1 + 0{,}08)^4]\}/(0{,}08 + 0{,}15) = \$ 672.260$
(*c*) $P = 250.880\{1 - [(1 + 0{,}15)^4/(1 + 0{,}08)^4]\}/(0{,}08 - 0{,}15) = \$ 1.023.489$
(*d*) $P = 250.880\{1 - [(1 - 0{,}15)^5/(1 + 0{,}08)^5]\}/(0{,}08 + 0{,}15) = \$ 761.390$

3.57 Uma empresa que fabrica monitores de sulfureto de hidrogênio planeja efetuar depósitos de tal maneira que cada um seja 5% maior do que o anterior. Qual deve ser o valor do primeiro depósito (no fim do ano 1), se eles se estenderem até o ano 10 e o valor do quarto depósito for de $ 1.250? Utilize uma taxa de juros de 10% ao ano.

(*a*) $ 1.312,50
(*b*) $ 1.190,48
(*c*) $ 1.133,79
(*d*) $ 1.079,80

3.58 Se $ 10.000 são tomados por empréstimo agora a uma taxa de juros de 10% ao ano, o saldo no fim do ano 2, depois de pagamentos de $ 3.000 no ano 1 e $ 3.000 no ano 2, estará mais próximo de:

(*a*) Menos de $ 5.000
(*b*) $ 5.800
(*c*) $ 6.100
(*d*) Mais de $ 7.000

3.59 O depósito anual necessário, nos anos 1 a 5, para garantir um saque anual de $ 1.000 durante 20 anos, com início daqui a 6 anos, a uma taxa de juros de 10% ao ano, está mais próximo de:

(*a*) $ 1.395
(*b*) $ 1.457
(*c*) $ 1.685
(*d*) Mais de $ 1.700

3.60 O custo de manutenção de certa máquina é de $ 1.000 ao ano, durante os primeiros 5 anos, e $ 2.000 ao ano, durante os 5 anos seguintes. A uma taxa de juros de 10% ao ano, o valor anual nos anos 1 a 10 do custo de manutenção está mais próximo de:

(*a*) $ 1.255
(*b*) $ 1.302
(*c*) $ 1.383
(*d*) $ 1.426

3.61 Se uma empresa quer ter $ 100.000 em um fundo de contingência daqui a 10 anos, o valor que ela deve depositar a cada ano, nos anos 6 a 9, a uma taxa de juros de 10% ao ano, está mais próximo de:

(*a*) $ 19.588
(*b*) $ 20.614
(*c*) $ 21.547
(*d*) $ 22.389

3.62 Se uma pessoa começa a poupar dinheiro depositando $ 1.000 agora e aumenta o valor do depósito em $ 500 a cada ano, até o ano 10, o montante que estará na conta no ano 10, a uma taxa de juros de 10% ao ano está mais próximo de:

(*a*) $ 21.662
(*b*) $ 35.687
(*c*) $ 43.872
(*d*) $ 56.186

3.63 Se uma importância de $ 5.000 é depositada agora, $ 7.000 daqui a 2 anos e $ 2.000 por ano, nos anos 6 a 10, o montante no ano 10, a uma taxa de juros de 10% ao ano estará mais próximo de:

(a) Menos de $ 40.000
(b) $ 40.185
(c) $ 42.200
(d) $ 43.565

EXERCÍCIO AMPLIADO

PRESERVAÇÃO DE TERRAS PARA USO PÚBLICO

A Trust for Public Land é uma organização nacional que adquire e supervisiona a melhoria de grandes áreas territoriais para órgãos governamentais de todos os níveis. Sua missão é garantir a preservação dos recursos naturais, enquanto provê o necessário, mas mínimo, desenvolvimento para uso de lazer pelo público. Todos os projetos da Trust são avaliados em 7% ao ano, e os fundos de reserva da Trust rendem 7% ao ano.

Um Estado do sul dos Estados Unidos, que tem antigos problemas com áreas de mananciais, solicitou à Trust que gerenciasse a compra de 4.046,85 hectares de uma área de recarga do aqüífero e o desenvolvimento de três parques com diferentes tipos de uso da terra. Os 4.046,85 hectares serão adquiridos por incrementos ao longo dos próximos 5 anos, sendo despendidos imediatamente $ 4 milhões nas compras. Espera-se que os valores totais anuais das compras decresçam 25% a cada ano, até o quinto ano, quando, enfim, encerram-se para este projeto em particular.

Uma cidade com 1,5 milhão de habitantes, localizada imediatamente a sudeste dessas terras, depende muito das águas do aqüífero. Seus cidadãos aprovaram a emissão de um título no ano passado e o governo municipal tem agora $ 3 milhões disponíveis para a compra da área. A taxa efetiva de juros do título é de 7% ao ano.

Os engenheiros civis que preparam a planta do parque pretendem concluir todo o desenvolvimento em um período de 3 anos, com início no ano 4, quando a quantia determinada no orçamento atingir $ 550.000. Espera-se que os aumentos nos custos de construção sejam de $ 100.000 ao ano, até o ano 6.

Em uma reunião recente, concordaram com o seguinte:

- Compra do incremento territorial inicial agora. Usar os fundos dos títulos emitidos para auxiliar a compra. Utilizar as reservas da Trust para completar a quantia que faltar.
- Arrecadar os fundos que restam para o projeto ao longo dos 2 anos seguintes, em quantias anuais iguais.
- Avaliar uma alternativa de financiamento (sugerida informalmente por uma pessoa durante a reunião), em que a Trust forneça todos os fundos, com exceção dos $ 3 milhões agora disponíveis, até que o desenvolvimento do parque seja iniciado no ano 4.

Questões

Use cálculos manuais e por computador para encontrar o seguinte:

1. Em relação a cada um dos 2 anos, qual é o montante anual equivalente necessário para suprir os fundos faltantes do projeto?
2. Se a Trust concordou em financiar todos os custos, com exceção dos $ 3 milhões da receita dos títulos agora disponível, determine o montante anual equivalente que deve ser arrecadado, nos anos 4 a 6, para suprir todos os fundos faltantes do projeto. Suponha que a Trust não cobre nenhum juro extra ao Estado ou município sobre os fundos tomados por empréstimo, além dos 7%.

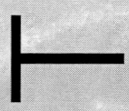

CAPÍTULO 4
Taxas Nominais de Juros e Taxas Efetivas de Juros

Em todas as relações de engenharia econômica desenvolvidas até agora, a taxa de juros tem sido um valor constante e anual. Na prática, para uma porcentagem substancial dos projetos avaliados por profissionais da engenharia, a taxa de juros é capitalizada mais freqüentemente do que uma única vez ao ano. Freqüências semestrais, trimestrais e mensais são comuns. De fato, capitalizações semanais, diárias e até mesmo contínuas podem ser experimentadas em algumas avaliações de projeto. Além disso, em nossa própria vida pessoal, muitas das considerações financeiras que fazemos — empréstimos de todos os tipos (hipotecas residenciais, cartões de crédito, automóveis, barcos), contas correntes e de poupança, investimentos, programas de *stock options*[1] etc. — têm taxas de juros capitalizadas em períodos de tempo mais breves do que 1 ano. Isso requer a introdução de dois novos termos: taxas nominais de juros e taxas efetivas de juros.

Este capítulo explica como compreender e utilizar taxas nominais de juros e taxas efetivas de juros no exercício da engenharia e em situações da vida diária. O fluxograma do cálculo de uma taxa efetiva de juros, apresentado no apêndice deste capítulo, serve de referência em todas as seções que versam sobre taxas nominais e efetivas, bem como sobre capitalização contínua de juros. Este capítulo também desenvolve cálculos de equivalência para qualquer freqüência de capitalização, em combinação com qualquer freqüência de fluxo de caixa.

O estudo de caso inclui uma avaliação de diversos programas de financiamento para a compra de uma casa.

---
[1] **N.T.:** Um programa que permite aos empregados comprarem ações de uma empresa a preço e lucro fixos.

OBJETIVOS DE APRENDIZAGEM

Propósito: Efetuar cálculos econômicos considerando taxas de juros e fluxos de caixa que ocorrem em uma base de tempo diferente de 1 ano.

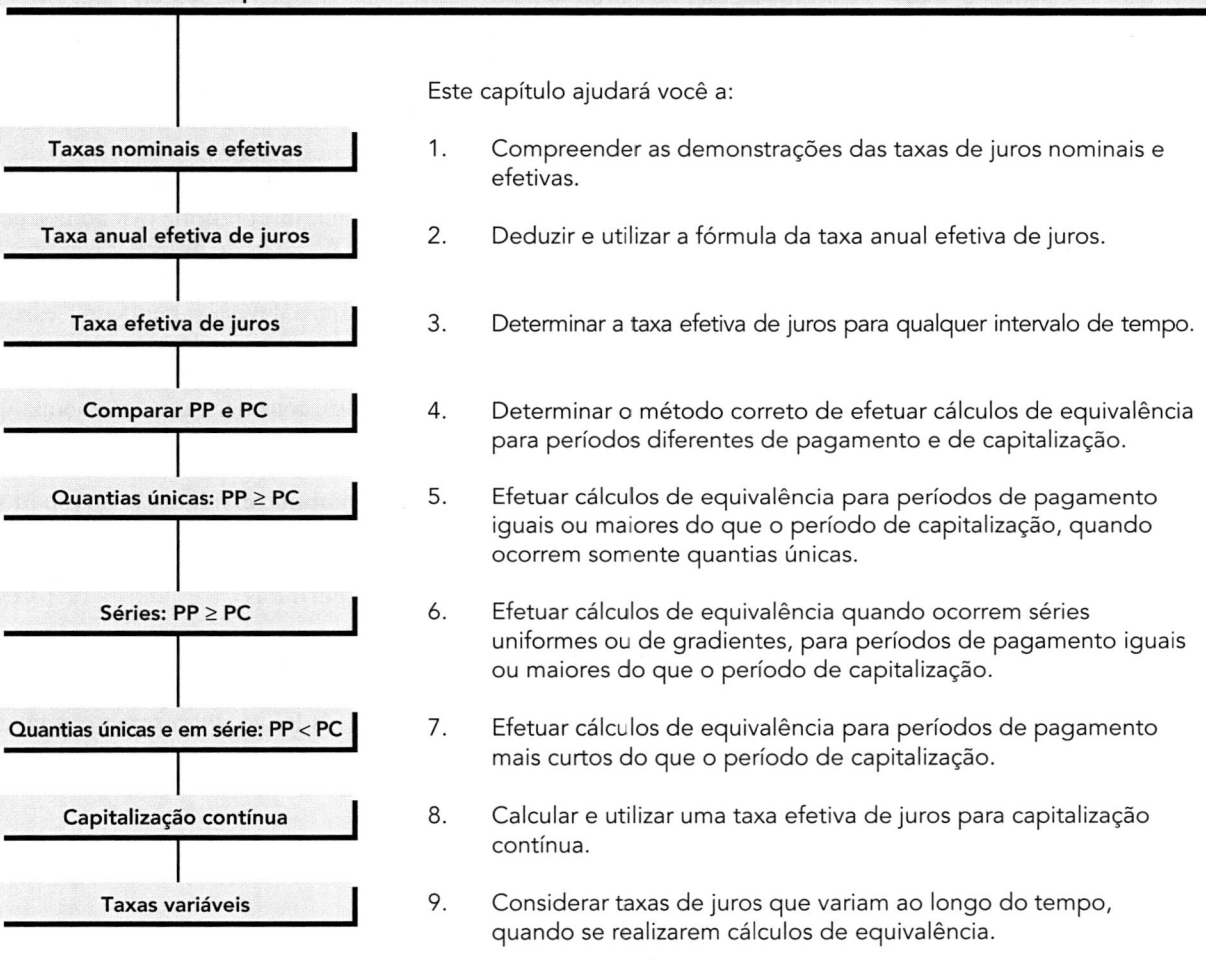

- Taxas nominais e efetivas
- Taxa anual efetiva de juros
- Taxa efetiva de juros
- Comparar PP e PC
- Quantias únicas: PP ≥ PC
- Séries: PP ≥ PC
- Quantias únicas e em série: PP < PC
- Capitalização contínua
- Taxas variáveis

Este capítulo ajudará você a:

1. Compreender as demonstrações das taxas de juros nominais e efetivas.

2. Deduzir e utilizar a fórmula da taxa anual efetiva de juros.

3. Determinar a taxa efetiva de juros para qualquer intervalo de tempo.

4. Determinar o método correto de efetuar cálculos de equivalência para períodos diferentes de pagamento e de capitalização.

5. Efetuar cálculos de equivalência para períodos de pagamento iguais ou maiores do que o período de capitalização, quando ocorrem somente quantias únicas.

6. Efetuar cálculos de equivalência quando ocorrem séries uniformes ou de gradientes, para períodos de pagamento iguais ou maiores do que o período de capitalização.

7. Efetuar cálculos de equivalência para períodos de pagamento mais curtos do que o período de capitalização.

8. Calcular e utilizar uma taxa efetiva de juros para capitalização contínua.

9. Considerar taxas de juros que variam ao longo do tempo, quando se realizarem cálculos de equivalência.

4.1 DEMONSTRAÇÃO DA TAXA NOMINAL DE JUROS E DA TAXA EFETIVA DE JUROS

No Capítulo 1, aprendemos que a principal diferença entre juros simples e juros compostos é que os juros compostos incluem os juros sobre os juros ganhos no período de tempo anterior, ao passo que os juros simples, não. Aqui, discutiremos as *taxas nominais de juros e as taxas efetivas de juros* que possuem a mesma relação básica. A diferença, neste caso, é que os conceitos de taxa nominal e taxa efetiva devem ser utilizados quando os juros são capitalizados mais de uma vez a cada ano. Por exemplo, se uma taxa de juros é expressa como 1% ao mês, os termos *nominais* e *efetivos* para taxas de juros devem ser considerados.

Entender e lidar corretamente com taxas efetivas de juros é importante na prática da engenharia, bem como nas finanças pessoais. Os projetos de engenharia, conforme discutimos no Capítulo 1, são financiados por capital próprio e de terceiros. As taxas de juros para empréstimos, hipotecas, títulos e ações baseiam-se em taxas de juros capitalizadas mais freqüentemente do que uma vez ao ano. O estudo de engenharia econômica deve levar em conta esses efeitos. Em nossas próprias finanças pessoais, gerenciamos a maior parte dos desembolsos e recebimentos em uma base de tempo não anual. Novamente, o efeito de capitalizar com uma freqüência maior do que uma vez ao ano está presente. Primeiro, considere uma taxa nominal de juros.

Taxa nominal de juros, r, é uma taxa que não inclui nenhuma consideração a respeito de capitalização. Por definição:

$$r = \text{taxa de juros por período} \times \text{número de períodos} \qquad [4.1]$$

Uma taxa nominal r pode ser estabelecida para qualquer período de tempo – 1 ano, 6 meses, trimestre, mês, semana, dia etc. A Equação [4.1] pode ser usada para encontrar o r equivalente para qualquer outro período de tempo mais breve ou mais longo. Por exemplo, a taxa nominal $r = 1,5\%$ ao mês é idêntica a cada uma das seguintes taxas:

$r = 1,5\%$ ao mês × 24 meses

   = 36% para um período de 2 anos   (mais longo que 1 mês)

   = 1,5% ao mês × 12 meses

   = 18% ao ano   (mais longo que 1 mês)

   = 1,5% ao mês × 6 meses

   = 9% por semestre   (mais longo que 1 mês)

   = 1,5 ao mês × 3 meses

   = 4,5% por trimestre   (mais longo que 1 mês)

   = 1,5% ao mês × 1 mês

   = 1,5% ao mês   (igual a 1 mês)

   = 1,5% ao mês × 0,231 mês

   = 0,346% por semana   (mais breve que 1 mês)

Note que nenhuma dessas taxas nominais faz menção à freqüência de capitalização. Todas elas estão no formato "$r\%$ por período de tempo t".

SEÇÃO 4.1   Demonstração da Taxa Nominal de Juros e da Taxa Efetiva de Juros

Considere agora uma taxa efetiva de juros.

Taxa efetiva de juros é a taxa real que se aplica durante um período de tempo específico. A capitalização dos juros, durante o período de tempo da taxa nominal correspondente, é considerada pela taxa efetiva de juros. Comumente, ela é expressa em base anual como taxa anual efetiva i_a, mas qualquer base de tempo pode ser usada.

Uma taxa efetiva de juros tem a freqüência de capitalização correspondente à da taxa nominal de juros. Se a freqüência de capitalização não for declarada, presume-se que ela tenha um período de tempo idêntico ao de r, caso em que as taxas nominais e efetivas assumem o mesmo valor. Todas as demonstrações seguintes referem-se a taxas nominais. Uma taxa nominal de juros não possui o mesmo valor de uma taxa efetiva de juros ao longo de todos os períodos de tempo, devido às diferentes freqüências de capitalização.

4% ao ano, capitalizados mensalmente	(a capitalização é mais freqüente do que um período de tempo)
12% ao ano, capitalizados trimestralmente	(a capitalização é mais freqüente do que um período de tempo)
9% ao ano, capitalizados diariamente	(a capitalização é mais freqüente do que um período de tempo)
3% ao trimestre, capitalizados mensalmente	(a capitalização é mais freqüente do que um período de tempo)
6% ao semestre, capitalizados semanalmente	(a capitalização é mais freqüente do que um período de tempo)
3% ao trimestre, capitalizados diariamente	(a capitalização é mais freqüente do que um período de tempo)

Note que todas essas taxas fazem menção à freqüência de capitalização. Todas possuem o formato "r% por período de tempo t, com uma freqüência de capitalização m". O m é um mês, um trimestre, uma semana ou outra unidade de tempo. A fórmula para calcular o valor da taxa efetiva de juros relativa a qualquer taxa nominal ou efetiva será discutida na próxima seção.

Todas as fórmulas de juros, fatores, valores tabulados e funções de planilha devem conter a taxa efetiva de juros, a fim de considerar apropriadamente o valor do dinheiro no tempo.

Portanto, nos estudos de engenharia econômica, é muito importante determinar a taxa efetiva de juros antes de avaliar o valor do dinheiro no tempo. Isso é especialmente verdadeiro quando os fluxos de caixa ocorrem em intervalos de tempo diferentes do anual.

Os termos *TPA* e *RPA* são utilizados em muitas situações financeiras específicas em lugar dos termos taxas nominais de juros e taxas efetivas de juros. A Taxa Percentual Anual (TPA) é análoga à taxa nominal de juros, e o Rendimento Percentual Anual (RPA) é utilizado em lugar da taxa efetiva de juros. Todas as definições e interpretações são idênticas às que desenvolvemos neste capítulo.

CAPÍTULO 4 Taxas Nominais de Juros e Taxas Efetivas de Juros

Considerando essas descrições, sempre há três unidades, baseadas no tempo, associadas a uma declaração da taxa de juros.

Período de tempo – O período em relação ao qual a taxa de juros é expressa. Este é o t na declaração de $r\%$ por período de tempo t; por exemplo, 1% *ao mês*. A unidade de tempo igual a 1 ano é, sem dúvida, a mais comum. Presume-se que seja essa a unidade de tempo, quando não há uma declaração contrária.

Período de capitalização (PC) – A unidade de tempo mais curta pela qual os juros são cobrados ou ganhos. Ele é definido pelo termo de capitalização na declaração da taxa de juros; por exemplo, 8% ao ano, *capitalizados mensalmente*. Se não for declarado, presume-se que seja 1 ano.

Freqüência de capitalização(m) – O número de vezes em que ocorre a capitalização de m dentro do período de tempo t. Se o período de capitalização PC e o período de tempo t forem iguais, a freqüência de capitalização será 1; por exemplo, 1% *ao mês, capitalizado mensalmente*.

Considere a taxa de 8% ao ano, capitalizados mensalmente. Ela tem um período de tempo t igual a 1 ano, um período de capitalização PC de um mês e uma freqüência de capitalização m de 12 vezes ao ano. Uma taxa de 6% ao ano, capitalizada semanalmente, tem $t = 1$ ano, PC = 1 semana e $m = 52$, baseado no período de tempo de 52 semanas por ano.

Nos capítulos anteriores, todas as taxas de juros têm valores t e m iguais a 1 ano. Isso significa que as taxas de juros são tanto efetivas quanto nominais, porque é utilizada a mesma unidade de tempo de 1 ano. É comum expressar a taxa efetiva na mesma base de tempo do período de capitalização. A taxa efetiva correspondente por PC é determinada usando-se a relação

$$\text{Taxa efetiva por PC} = \frac{r\% \text{ por período (tempo) } t}{\text{períodos } m \text{ correspondentes a } t} = \frac{r}{m} \qquad [4.2]$$

Para ilustrar, considere $r = 9\%$ ao ano, capitalizados mensalmente; então, $m = 12$. A Equação [4.2] é usada para se obter a taxa efetiva de 9%/12 = 0,75% ao mês, capitalizada mensalmente. É importante notar que modificar o período de tempo t básico não altera o período de capitalização, que é igual a 1 mês na ilustração.

EXEMPLO 4.1

As diferentes taxas de empréstimo bancário para três projetos de compra de equipamentos de geração de energia elétrica são apresentadas abaixo. Determine a taxa efetiva com base no período de capitalização para cada cotação.

(*a*) 9% ao ano, capitalizados trimestralmente

(*b*) 9% ao ano, capitalizados mensalmente

(*c*) 4,5% por 6 meses, capitalizados semanalmente

Solução
Aplique a Equação [4.2] para determinar a taxa efetiva por PC para diferentes freqüências de capitalização. O gráfico a seguir indica como a taxa de juros se distribui ao longo do tempo.

SEÇÃO 4.1 Demonstração da Taxa Nominal de Juros e da Taxa Efetiva de Juros

	r% nominal por t	Período de capitalização	m	Taxa efetiva por PC	Distribuição ao Longo do Período de Tempo t
(a)	9% ao ano	Trimestre	4	2,25%	2,25% | 2,25% | 2,25% | 2,25% (1, 2, 3, 4)
(b)	9% ao ano	Mês	12	0,75%	,75% cada mês (1–12)
(c)	4,5% por 6 meses	Semana	26	0,173%	0,173% (1 ... 12 14 16 ... 26)

Às vezes não está evidente se uma taxa de juros estabelecida é nominal ou efetiva. Basicamente, há três maneiras de expressar taxas de juros, conforme detalha a Tabela 4–1. A coluna à direita inclui uma declaração da taxa efetiva de juros. Para o primeiro formato, não é apresentada nenhuma declaração da taxa de juros, nominal ou efetiva, somente a freqüência de capitalização é declarada. A taxa efetiva de juros deve ser calculada (assunto que é discutido nas próximas seções). No segundo formato, a taxa de juros estabelecida é identificada como efetiva (RPA também poderia ser usada); assim, a taxa é utilizada diretamente nos cálculos.

No terceiro formato, nenhuma freqüência de capitalização é identificada; por exemplo, 8% ao ano. A taxa de juros é efetiva somente no período (de capitalização) de um ano nesse caso. A taxa efetiva correspondente a qualquer outro período de tempo deve ser calculada.

TABELA 4–1 Várias Maneiras de Expressar Taxas Nominais de Juros e Taxas Efetivas de Juros

Formato da Taxa de Juros	Exemplos da Taxa de Juros	E a Taxa Efetiva de Juros?
Taxa nominal de juros estabelecida, período de capitalização estabelecido.	8% ao ano, capitalizada trimestralmente.	Encontre a taxa efetiva de juros.
Taxa efetiva de juros estabelecida.	8,243% efetiva ao ano, capitalizada trimestralmente.	Use a taxa efetiva de juros diretamente.
Taxa de juros estabelecida, nenhum período de capitalização estabelecido.	8% ao ano ou 2% por trimestre.	A taxa de juros é efetiva somente para o período de tempo declarado; encontre a taxa efetiva de juros para todos os outros períodos de tempo.

4.2 TAXAS ANUAIS EFETIVAS DE JUROS

Nesta seção, discutiremos somente as taxas *anuais* efetivas de juros. Portanto, o ano é usado como período de tempo *t*, e o período de capitalização pode ser qualquer unidade de tempo inferior a 1 ano. Por exemplo, uma taxa *nominal* de juros de 6% ao ano, capitalizada trimestralmente, é similar a uma taxa *efetiva* de juros de 6,136% ao ano. Essas são, sem dúvida, as taxas de juros mais comumente cotadas nos negócios do dia-a-dia e na indústria. Os símbolos usados para as taxas de juros nominais e efetivas são os seguintes:

r = taxa nominal de juros ao ano

m = número de períodos de capitalização ao ano

i = taxa efetiva de juros por período de capitalização (PC) = r/m

i_a = taxa efetiva de juros ao ano

Conforme anteriormente mencionado, o tratamento das taxas de juros nominais e efetivas é análogo ao das taxas de juros simples e compostos. À semelhança dos juros compostos, uma taxa efetiva de juros, em qualquer ponto no decorrer do ano, inclui (compõe) a taxa de juros de todos os períodos de capitalização anteriores, durante o ano. Portanto, a dedução de uma fórmula para a taxa efetiva de juros assemelha-se diretamente à lógica utilizada para desenvolver a função do valor futuro $F = P(1 + i)^n$.

O valor futuro F no fim do ano 1 é o principal P mais os juros $P(i)$ ao longo do ano.

Uma vez que os juros podem ser capitalizados várias vezes durante o ano, substitua i pela taxa efetiva anual i_a. Agora, escreva a relação correspondente a F no fim do ano 1.

$$F = P + Pi_a = P(1 + i_a) \qquad [4.3]$$

Conforme é indicado na Figura 4–1, a taxa i por PC deve ser capitalizada ao longo de todos os períodos, para obter o efeito de capitalização total no fim do ano.

Figura 4–1
Cálculo do valor futuro à taxa i, capitalizada m vezes em um ano.

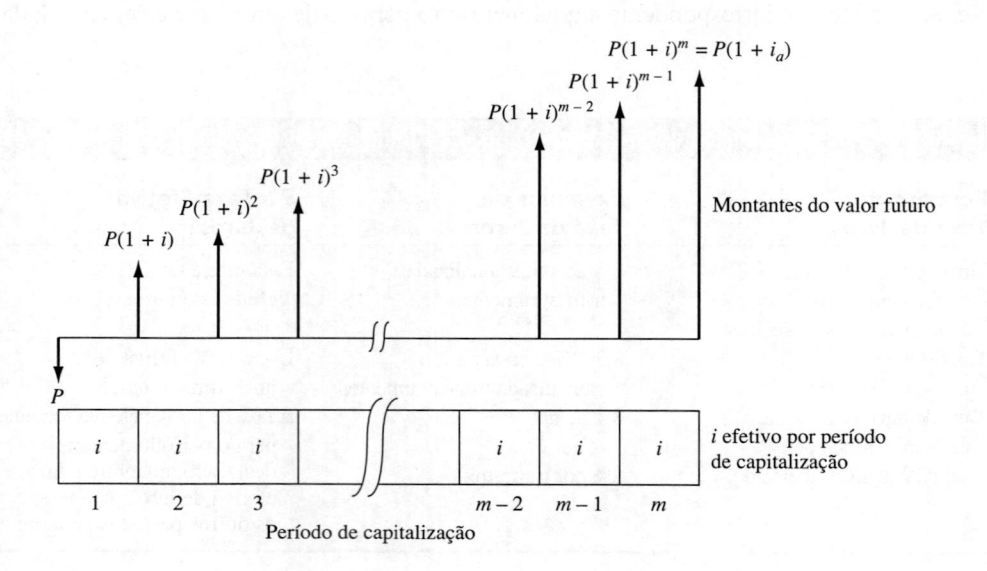

Significa que F também pode ser escrito como

$$F = P(1 + i)^m \qquad [4.4]$$

Considere o valor F para um valor presente P igual a $ 1. Igualando as duas expressões para F e substituindo $ 1 por P, deduzimos a fórmula da *taxa anual efetiva de juros* para i_a.

$$1 + i_a = (1 + i)^m$$
$$i_a = (1 + i)^m - 1 \qquad [4.5]$$

Desse modo, a Equação [4.5] calcula a taxa anual efetiva de juros, para qualquer número de períodos de capitalização, quando i é a taxa correspondente a um período de capitalização.

Se a taxa anual efetiva i_a e a freqüência de capitalização m são conhecidas, pode-se resolver i na Equação [4.5] para determinar a *taxa efetiva de juros por período de capitalização*.

$$i = (1 + i_a)^{1/m} - 1 \qquad [4.6]$$

Além disso, é possível determinar a *taxa anual nominal de juros* r usando-se a definição de i, estabelecida anteriormente, a saber, $i = r/m$.

$$\mathbf{r\% \text{ ao ano} = (i\% \text{ por PC})(\text{número de PCs por ano}) = (i)(m)} \qquad [4.7]$$

Essa equação é análoga à [4.1], em que o PC é o período de tempo.

EXEMPLO 4.2

Jacki recebeu um novo cartão de crédito de um banco nacional, o MBNA, com uma taxa declarada de juros de 18% ao ano, capitalizada mensalmente. Considerando um saldo de $ 1.000 no início do ano, encontre a taxa anual efetiva e o valor total devido ao MBNA depois de 1 ano, desde que nenhum pagamento tenha sido efetuado durante esse ano.

Solução

Há 12 períodos de capitalização por ano. Desse modo, $m = 12$ e $i = 18\%/12 = 1,5\%$ ao mês. Para um saldo de $ 1.000, que não é reduzido durante o ano, aplique a Equação [4.5] e depois a [4.3], para fornecer a informação a Jacki.

$$i_a = (1 + 0,015)^{12} - 1 = 1,19562 - 1 = 0,19562$$

$$F = \$ 1.000(1,19562) = \$ 1.195,62$$

Jacki pagará 19,562% de juros, ou $ 195,62 mais o saldo de $ 1.000, pela utilização do dinheiro do banco durante o ano.

A Tabela 4–2 utiliza a taxa de juros de 18% ao ano, capitalizada ao longo de diferentes tempos (anualmente a semanalmente) para determinar as taxas anuais efetivas de juros nesses vários períodos de capitalização. Em cada caso, a taxa composta i do período é aplicada m vezes durante o ano. A Tabela 4–3 resume a taxa anual efetiva de juros para taxas nomi-

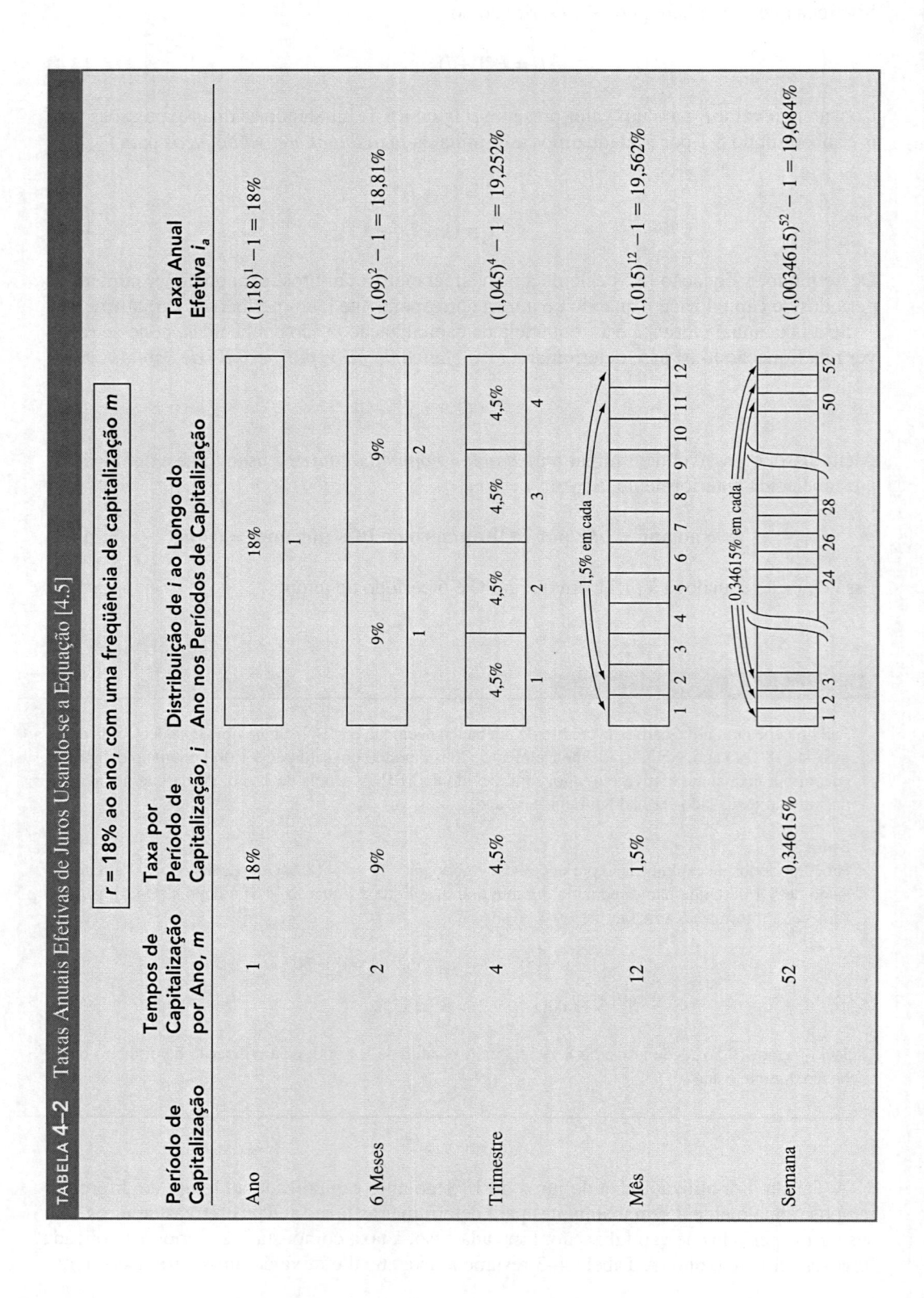

TABELA 4-2 Taxas Anuais Efetivas de Juros Usando-se a Equação [4.5]

$r = 18\%$ ao ano, com uma freqüência de capitalização m

Período de Capitalização	Tempos de Capitalização por Ano, m	Taxa por Período de Capitalização, i	Distribuição de i ao Longo do Ano nos Períodos de Capitalização	Taxa Anual Efetiva i_a
Ano	1	18%	18% (1)	$(1{,}18)^1 - 1 = 18\%$
6 Meses	2	9%	9% | 9% (1, 2)	$(1{,}09)^2 - 1 = 18{,}81\%$
Trimestre	4	4,5%	4,5% | 4,5% | 4,5% | 4,5% (1, 2, 3, 4)	$(1{,}045)^4 - 1 = 19{,}252\%$
Mês	12	1,5%	1,5% em cada (1–12)	$(1{,}015)^{12} - 1 = 19{,}562\%$
Semana	52	0,34615%	0,34615% em cada (1–52)	$(1{,}0034615)^{52} - 1 = 19{,}684\%$

TABELA 4–3 Taxas Anuais Efetivas de Juros para Taxas Nominais Selecionadas

Taxa Nominal r%	Semestralmente (m = 2)	Trimestralmente (m = 4)	Mensalmente (m = 12)	Semanalmente (m = 52)	Diariamente (m = 365)	Continuamente (m = ∞; $e^r - 1$)
0,25	0,250	0,250	0,250	0,250	0,250	0,250
0,50	0,501	0,501	0,501	0,501	0,501	0,501
1,00	1,003	1,004	1,005	1,005	1,005	1,005
1,50	1,506	1,508	1,510	1,511	1,511	1,511
2	2,010	2,015	2,018	2,020	2,020	2,020
3	3,023	3,034	3,042	3,044	3,045	3,046
4	4,040	4,060	4,074	4,079	4,081	4,081
5	5,063	5,095	5,116	5,124	5,126	5,127
6	6,090	6,136	6,168	6,180	6,180	6,184
7	7,123	7,186	7,229	7,246	7,247	7,251
8	8,160	8,243	8,300	8,322	8,328	8,329
9	9,203	9,308	9,381	9,409	9,417	9,417
10	10,250	10,381	10,471	10,506	10,516	10,517
12	12,360	12,551	12,683	12,734	12,745	12,750
15	15,563	15,865	16,076	16,158	16,177	16,183
18	18,810	19,252	19,562	19,684	19,714	19,722
20	21,000	21,551	21,939	22,093	22,132	22,140
25	26,563	27,443	28,073	28,325	28,390	28,403
30	32,250	33,547	34,489	34,869	34,968	34,986
40	44,000	46,410	48,213	48,954	49,150	49,182
50	56,250	60,181	63,209	64,479	64,816	64,872

nais de juros cotadas freqüentemente, utilizando-se a Equação [4.5]. O padrão de 52 semanas e 365 dias por ano é utilizado em todos os cálculos. Os valores apresentados na coluna de capitalização contínua são discutidos na Seção 4.8.

Quando a Equação [4.5] é aplicada, geralmente o resultado não é um número inteiro. Portanto, o fator de engenharia econômica não pode ser obtido diretamente das tabelas de fatores de juros. Há três alternativas para encontrar o valor do fator:

- Interpolar linearmente entre duas taxas de juros tabuladas (conforme discutimos na Seção 2.4).
- Desenvolver a fórmula do fator substituindo a taxa i_a por i.
- Desenvolver uma planilha usando i_a ou $i = r/m$ nas funções, quando for exigido pela função de planilha.

Utilizamos o segundo método nos exemplos que são resolvidos manualmente e o último nas soluções por computador.

EXEMPLO 4.3

Joshua trabalha para a Watson Bio, uma empresa de pesquisa e desenvolvimento de engenharia genética. Ele recebeu recentemente uma bonificação de $ 10.000 e quer investir o dinheiro durante os próximos 5 anos.

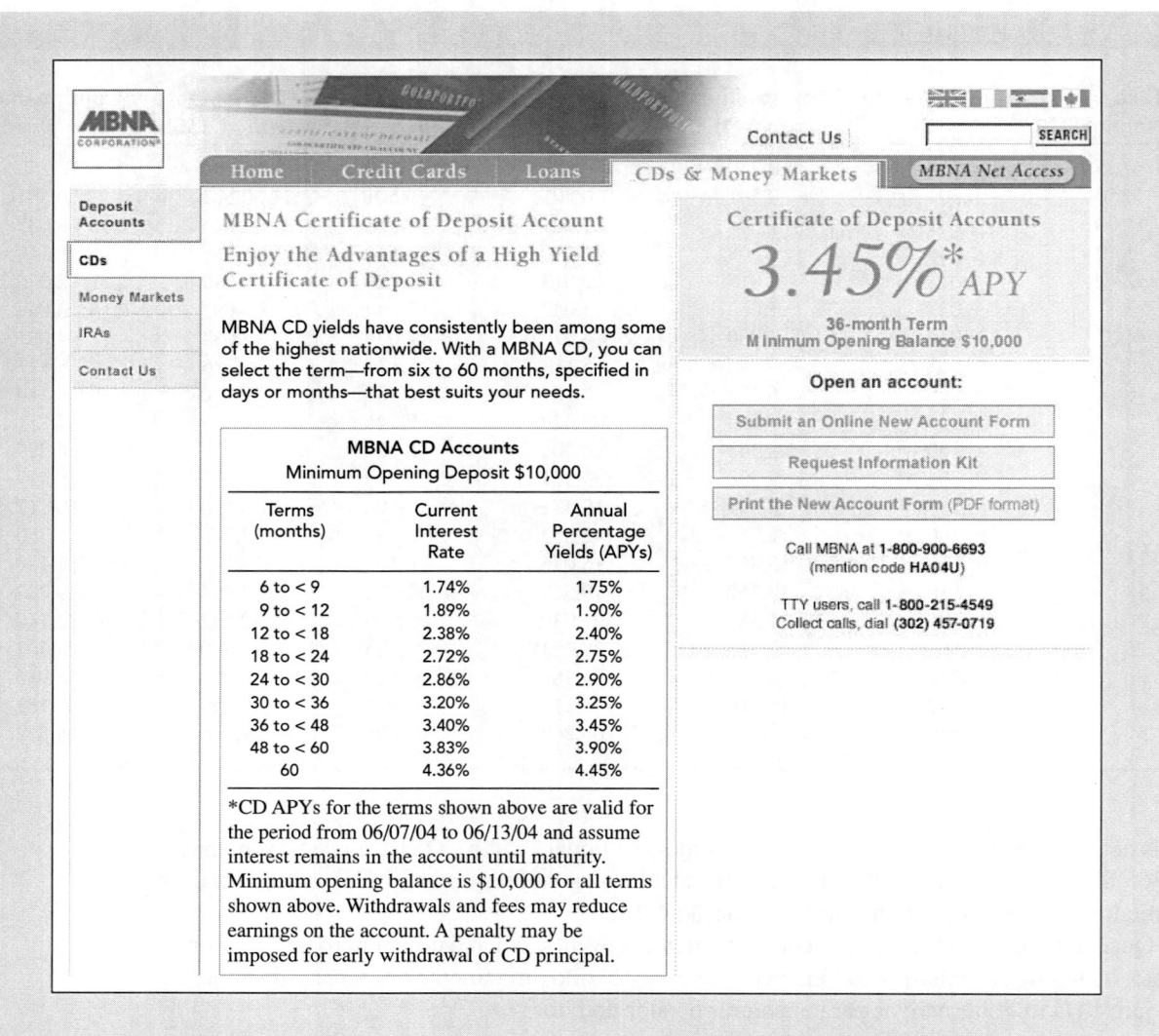

Figura 4–2

MBNA CD Accounts		
Minimum Opening Deposit $10,000		
Terms (months)	Current Interest Rate	Annual Percentage Yields (APYs)
6 to < 9	1.74%	1.75%
9 to < 12	1.89%	1.90%
12 to < 18	2.38%	2.40%
18 to < 24	2.72%	2.75%
24 to < 30	2.86%	2.90%
30 to < 36	3.20%	3.25%
36 to < 48	3.40%	3.45%
48 to < 60	3.83%	3.90%
60	4.36%	4.45%

Certificate of Deposit Accounts
3.45%* APY
36-month Term
Minimum Opening Balance $10,000

*CD APYs for the terms shown above are valid for the period from 06/07/04 to 06/13/04 and assume interest remains in the account until maturity. Minimum opening balance is $10,000 for all terms shown above. Withdrawals and fees may reduce earnings on the account. A penalty may be imposed for early withdrawal of CD principal.

Figura 4–2
Anúncio de internet apresentando as taxas de juros de Certificados de Depósito Bancário. O anúncio aqui apresentado é uma amostra similar à que era apresentada no site do MBNA América Bank (www.mbna.com) no dia 11 de junho de 2004. As taxas apresentadas não são atuais.

Joshua viu um anúncio de taxas de juros para Certificados de Depósito Bancário (CDBs) no site do MBNA América Bank (Figura 4–2). Ele está pensando em colocar os $ 10.000 em um CDB, durante 5 anos, para preservação de capital. Alternativamente, pensa em investir tudo em ações durante os próximos 2 anos, que pode obter uma taxa anual efetiva de 10%. Assim que tiver obtido esse maior retorno, Joshua se tornará, então, mais conservador e colocará toda a quantia em um CDB, nos 3 anos finais. Ajude Joshua a fazer o seguinte:

(a) Determinar o período de capitalização para os CDBs de 3 anos e 5 anos, uma vez que esses dados não são apresentados no anúncio do site. Alcance o valor mais próximo possível do RPA cotado, com arredondamento de duas casas decimais.

(b) Determinar a quantia total que ele terá depois de 5 anos, considerando as duas opções esboçadas.

Solução

(a) A taxa anual de juros é declarada, mas o período ou freqüência de capitalização não é. Substitua diferentes valores m na Equação [4.5] para obter o valor i_a correspondente. (Use a Equação [4.12] para capitalização contínua.) Compare-o com a taxa RPA listada no anúncio da Web (Figura 4–2). Considerando os resultados a seguir e arredondando as taxas de RPA estimadas em duas casas decimais, parece que o banco aplica uma capitalização mensal às suas atuais taxas de juros.

Prazo de investimento	Taxa de juros declarada	Freqüência de capitalização, m	Taxa anual efetiva de juros i_a (RPA Estimado)	Período de capitalização
3 anos	3,40%	4 trimestres	3,444	
		12 meses	3,453	Mensalmente
		52 semanas	3,457	
5 anos	4,36%	4 trimestres	4,432	
		12 meses	4,448	Mensalmente
		52 semanas	4,455	
		Contínua	4,456	

(b) *Opção 1: CDB de 5 anos.* Use a taxa RPA de 4,45% (da Figura 4–2) no fator F/P da função VF do Excel.

$$F = 10.000(F/P;4,45\%;5) = 10.000(1,2432) = \$\ 12.432$$

Opção 2: 2 anos de investimentos em ações e depois 3 anos de investimentos em CDBs. Esta é uma opção que tem um risco mais elevado, uma vez que o retorno das ações não é certo. Use 10% ao ano para as ações, que é a taxa anual efetiva estimada, seguindo-se 3 anos de investimentos a taxa anual efetiva de 3,45% para os CDBs em 3 anos. (Não é provável que a taxa dos CDBs permaneça nesse nível durante mais de 2 anos, mas essa é a melhor estimativa disponível agora.)

$$F = 10.000(F/P;10\%;2)(F/P;3,45\%;3)$$

$$= 10.000(1,21)(1,1071) = \$\ 13.396$$

A estimativa para a segunda opção é que ela renda $ 964 a mais ao longo dos 5 anos.

Comentário

As taxas de juros e períodos de capitalização utilizados neste exemplo são somente representativos; eles se modificam freqüentemente e variam de uma instituição para outra. Visite o site de qualquer instituição financeira que ofereça serviços bancários para conhecer as taxas atuais.

Todas as situações econômicas discutidas nesta seção envolvem taxas de juros anuais nominais e efetivas e fluxos de caixa anuais. Quando os fluxos de caixa não são anuais, é necessário eliminar a presunção de ano na declaração da taxa de juros "$r\%$ ao ano, com uma freqüência de capitalização m". Esse é o tópico da próxima seção.

Figura 4–3
Diagrama do fluxo de caixa de um ano para um período de pagamento (PP) mensal e um período de capitalização (PC) semestral.

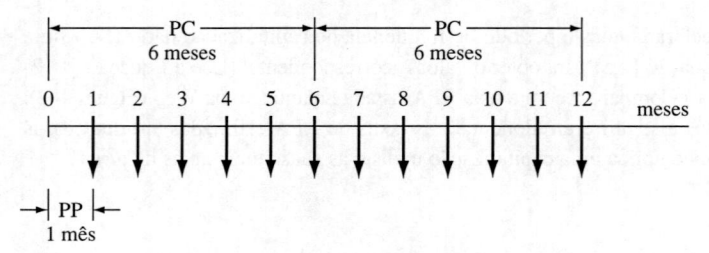

r = 14% nominais ao ano, capitalizados semestralmente

4.3 TAXAS EFETIVAS DE JUROS PARA QUALQUER PERÍODO DE TEMPO

Os conceitos de taxas de juros anuais, nominais e efetivas, já foram apresentados. Agora, além do período de capitalização (PC), é necessário considerar a freqüência dos pagamentos ou recebimentos; ou seja, o período de transações do fluxo de caixa. Para tornar mais simples, ele é chamado de *período de pagamento* (PP). É importante fazer a distinção entre período de capitalização e período de pagamento, pois, em muitos casos, os dois não coincidem. Por exemplo, se uma empresa deposita dinheiro mensalmente em uma conta que paga uma taxa nominal de juros de 14% ao ano, capitalizados semestralmente, o período de pagamento é de 1 mês, enquanto o período de capitalização é de 6 meses (Figura 4–3). Similarmente, se uma pessoa deposita dinheiro anualmente em uma conta de poupança que capitaliza trimestralmente, o período de pagamento é de 1 ano, enquanto o período de capitalização é de 3 meses.

Para avaliar fluxos de caixa que ocorrem com uma freqüência maior do que anualmente, ou seja, PP < 1 ano, a taxa efetiva de juros ao longo do PP deve ser usada nas relações de engenharia econômica. A fórmula da taxa anual efetiva de juros é facilmente generalizada para qualquer taxa nominal de juros, substituindo-se a taxa do período de juros da Equação [4.5] por *r/m*.

$$\text{Taxa Efetiva } i = (1 + r/m)^m - 1 \qquad [4.8]$$

em que:
  r = taxa nominal de juros por período de pagamento (PP)
  m = número de períodos de capitalização por período de pagamento (PC por PP)

Em vez de i_a, essa expressão geral usa *i* como símbolo para os juros efetivos. Isso está de acordo com todos os outros usos de *i* no restante do livro. Com a Equação [4.8] é possível, com base em uma taxa nominal (*r*% ao ano ou qualquer outro período de tempo), convertê-la em uma taxa efetiva *i* para qualquer base de tempo, sendo que o mais comum será o período de tempo PP. Os dois exemplos seguintes ilustram como fazer isso.

EXEMPLO 4.4

A Visteon, uma empresa derivativa (*spin-off*) da Ford Motor Company, fornece importantes componentes automobilísticos a fábricas de automóvel do mundo inteiro, e é a maior fornecedora da Ford. Um engenheiro participa de uma comissão da Visteon a fim de avaliar ofertas para a compra de um equipamento de medição de coordenadas de última geração, a ser ligado diretamente ao sistema de manufatura automatizada de componentes de alta precisão. As ofertas de três fornecedores incluem as taxas de juros apresentadas a seguir. A Visteon efetuará pagamentos somente em base semestral. O engenheiro está confuso em relação às taxas efetivas de juros – porque elas são anuais, mas possuem períodos de pagamento semestrais.

Oferta nº. 1: 9% ao ano, capitalizada trimestralmente.
Oferta nº. 2: 3% por trimestre, capitalizada trimestralmente.
Oferta nº. 3: 8,8% ao ano, capitalizada mensalmente.

(a) Determine a taxa efetiva de juros de cada oferta, com base em pagamentos semestrais, e construa um diagrama de fluxos de caixa semelhante ao da Figura 4–3 para a taxa de cada oferta.
(b) Quais são as taxas anuais efetivas de juros? Elas devem fazer parte da escolha da oferta final.
(c) Qual oferta tem a menor taxa anual efetiva de juros?

Solução

(a) Fixe o período de pagamento (PP) em 6 meses, converta a taxa nominal de juros $r\%$ para uma base anual e, então, determine m. Finalmente, use a Equação [4.8] para calcular a taxa semestral efetiva de juros i. Em relação à oferta nº. 1, os seguintes cálculos estão corretos:

$$PP = 6 \text{ meses}$$

$$r = 9\% \text{ ao ano} = 4,5\% \text{ durante 6 meses}$$

$$m = 2 \text{ trimestres, durante 6 meses}$$

$$\text{Taxa efetiva de } i\% \text{ durante 6 meses} = \left(1 + \frac{0,045}{2}\right)^2 - 1 = 1,0455 - 1 = 4,55\%$$

A Tabela 4–4 (à esquerda) resume as taxas semestrais efetivas correspondentes às três ofertas. A Figura 4–4a é o diagrama de fluxos de caixa das ofertas nº. 1 e nº. 2, com pagamentos semestrais (PP = 6 meses) e capitalização trimestral (PC = 1 trimestre). A Figura 4–4b é idêntica, para a capitalização mensal (oferta nº. 3).

(b) Quanto à taxa anual efetiva de juros, a base de tempo da Equação [4.8] é 1 ano. Isso é a mesma coisa que PP = 1 ano. Para a oferta nº. 1,

$$r = 9\% \text{ ao ano} \qquad m = 4 \text{ trimestres ao ano}$$

$$\text{Taxa efetiva } i\% \text{ ao ano} = \left(1 + \frac{0,09}{4}\right)^4 - 1 = 1,0931 - 1 = 9,31\%$$

A Tabela 4–4 inclui (à direita) um resumo das taxas anuais efetivas.

(c) A oferta nº. 3 inclui a menor taxa anual efetiva de juros de 9,16%, que é equivalente a uma taxa semestral efetiva de juros de 4,48%.

TABELA 4–4 Taxas Efetivas de Juros Semestrais e Anuais Correspondentes às Taxas para as Três Ofertas, Exemplo 4.4

	Taxas semestrais			Taxas anuais		
Oferta	Nominal para 6 meses, r	PC por PP, m	Taxa efetiva i, Equação [4.8]	Nominal por ano, r	PC por ano, m	Taxa efetiva i, Equação [4.8]
#1	4,5%	2	4,55%	9%	4	9,31%
#2	6,0%	2	6,09%	12%	4	12,55%
#3	4,4%	6	4,48%	8,8%	12	9,16%

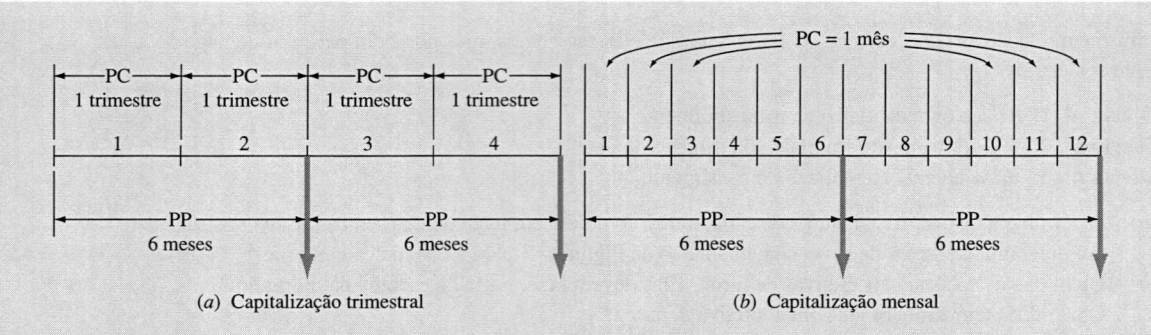

Figura 4–4
Diagrama dos fluxos de caixa apresentando o PC e o PP para as (*a*) ofertas 1 e 2 e (*b*) para a oferta 3, no Exemplo 4.

Comentário

As taxas efetivas de juros para a oferta nº. 2 apenas podem ser encontradas diretamente na Tabela 4–3. Quanto à taxa semestral efetiva de juros, examine a linha da taxa nominal de juros de 6% sob $m = 2$, que é o número de trimestres durante 6 meses. A taxa semestral efetiva é de 6%. Similarmente, para a taxa nominal de 12%, há $m = 4$ trimestres por ano; assim, a taxa efetiva é $i = 12,551\%$. Embora a Tabela 4–3 tenha sido projetada originalmente para taxas anuais nominais, ela está correta para outros períodos de taxas nominais, desde que o valor m apropriado seja incluído nos cabeçalhos das colunas.

EXEMPLO 4.5

Uma empresa "ponto com" planeja aplicar dinheiro em um novo fundo de capital de risco que tem, atualmente, um retorno de 18% ao ano, capitalizado diariamente. Qual é a taxa efetiva de juros dessa aplicação (*a*) anualmente e (*b*) semestralmente?

Solução

(*a*) Use a Equação [4.8], com $r = 0,18$ e $m = 365$.

$$\text{Taxa efetiva } i\% \text{ ao ano} = \left(1 + \frac{0,18}{365}\right)^{365} - 1 = 19,716\%$$

(*b*) Aqui, $r = 0,09$ durante 6 meses e $m = 182$ dias.

$$\text{Taxa efetiva } i\% \text{ durante 6 meses} = \left(1 + \frac{0,09}{182}\right)^{182} - 1 = 9,415\%$$

4.4 RELAÇÕES DE EQUIVALÊNCIA: COMPARAÇÃO DA EXTENSÃO DO PERÍODO DE PAGAMENTO (PP) E DO PERÍODO DE CAPITALIZAÇÃO (PC)

Na maior parte dos cálculos de equivalência, a freqüência dos fluxos de caixa não é igual à freqüência da capitalização de juros. Por exemplo, os fluxos de caixa podem ocorrer mensalmente e a capitalização ocorrer anualmente, trimestralmente, ou com maior freqüência.

TABELA 4-5	Seções de Referência para Cálculos de Equivalência Baseados na Comparação do Período de Pagamento com o Período de Capitalização	
Extensão de Tempo	Quantias Únicas (Somente *P* e *F*)	Séries Uniformes ou Séries Gradientes (A, G ou g)
PP = PC	Seção 4.5	Seção 4.6
PP > PC	Seção 4.5	Seção 4.6
PP < PC	Seção 4.7	Seção 4.7

Considere os depósitos efetuados mensalmente em uma conta de poupança em que a taxa de rendimentos é capitalizada trimestralmente. A extensão de tempo do PC é 1 trimestre, enquanto a do PP é 1 mês. Para executar corretamente qualquer cálculo de equivalência é fundamental que o período de capitalização e o período de pagamento sejam dispostos na mesma base de tempo e que a taxa de juros seja ajustada adequadamente.

As três seções seguintes descrevem os procedimentos para determinar os valores i e n corretos para os fatores de engenharia econômica e soluções de planilha. Primeiro, comparar a extensão do PP e do PC, depois identificar se a série de fluxos de caixa se caracteriza somente como quantias únicas (P e F) ou como uma série (A, G ou g). A Tabela 4-5 apresenta as seções de referência. Quando somente quantias únicas estão envolvidas, não há nenhum período de pagamento PP, em si, definido pelos fluxos de caixa. Portanto, a extensão do PP é definida pelo período de tempo T da taxa de juros. Se a taxa é de 8% para 6 meses, capitalizada trimestralmente, o PP é de 6 meses, o PC é de 3 meses e PP > PC.

Note que as seções de referência da Tabela 4-5 são idênticas quando PP = PC e PP > PC. As equações para determinar i e n são as mesmas. Além disso, a técnica para contabilizar o valor do dinheiro no tempo é a mesma, pois somente quando ocorrem fluxos de caixa é que o efeito da taxa de juros é determinado. Por exemplo, suponha que os fluxos de caixa ocorram a cada 6 meses (o PP é semestral) e que os juros sejam capitalizados a cada 3 meses (o PC é trimestral). Depois de 3 meses não há nenhum fluxo de caixa e nenhuma necessidade de determinar o efeito da capitalização trimestral. Entretanto, no período de tempo de 6 meses é necessário considerar os juros acumulados durante os 2 períodos trimestrais de capitalização.

4.5 RELAÇÕES DE EQUIVALÊNCIA: QUANTIAS ÚNICAS COM PP ≥ PC

Quando estão envolvidos fluxos de caixa que representam somente quantias únicas, há duas maneiras igualmente corretas de determinar os valores i e n dos fatores P/F e F/P. O Método 1 é mais fácil de aplicar, porque as tabelas de juros no fim do livro, geralmente, fornecem o valor do fator. O Método 2, provavelmente, requer um cálculo do fator, porque a taxa efetiva de juros resultante não é um número inteiro. Em relação às planilhas, qualquer um dos métodos é aceitável; porém, o Método 1 é o mais simples.

Método 1: Determine a taxa efetiva de juros *ao longo de um período de capitalização PC* e defina n como igual ao número de períodos de capitalização entre P e F.

As relações para calcular P e F são:

$P = F(P/F;$ taxa efetiva $i\%$ por PC; número total de períodos n) [4.9]

$F = P(F/P;$ taxa efetiva $i\%$ por PC; número total de períodos n) [4.10]

Por exemplo, suponha que uma taxa nominal de 15% ao ano, capitalizada mensalmente, seja a taxa fixada por uma empresa de cartões de crédito. Para encontrar P ou F ao longo de um intervalo de 2 anos, calcule a taxa mensal efetiva 15%/12 = 1,25% e o total de meses de 2 anos (12) = 24. Então, 1,25% e 24 são usados nos fatores P/F e F/P.

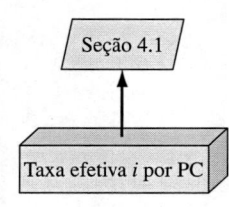

Qualquer período de tempo pode ser utilizado para determinar a taxa efetiva de juros; entretanto, o período de capitalização (PC) é a melhor base, já que somente durante esse período a taxa de capitalização pode ter o mesmo valor numérico que a taxa nominal de juros, ao longo do mesmo período de tempo que o PC. Isso foi discutido na Seção 4.1 e na Tabela 4–1 e significa que a taxa efetiva ao longo do PC, geralmente, é um número inteiro. Portanto, as tabelas de fatores no fim do livro podem ser utilizadas.

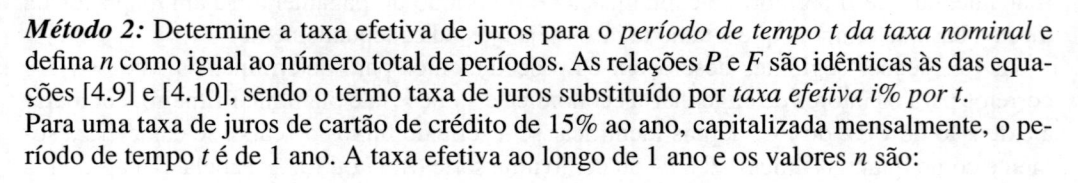

Método 2: Determine a taxa efetiva de juros para o *período de tempo t da taxa nominal* e defina n como igual ao número total de períodos. As relações P e F são idênticas às das equações [4.9] e [4.10], sendo o termo taxa de juros substituído por *taxa efetiva i% por t*.

Para uma taxa de juros de cartão de crédito de 15% ao ano, capitalizada mensalmente, o período de tempo t é de 1 ano. A taxa efetiva ao longo de 1 ano e os valores n são:

$$\text{Taxa efetiva } i\% \text{ ao ano} = \left(1+\frac{0,15}{12}\right)^{12} - 1 = 16,076\%$$

$$n = 2 \text{ anos}$$

O fator P/F é idêntico em ambos os métodos: $(P/F;1,25\%;24) = 0,7422$ utilizando-se a Tabela 5; e $(P/F;16,076\%;2) = 0,7422$ utilizando-se a fórmula de fator P/F.

EXEMPLO 4.6

Um engenheiro que trabalha como consultor independente efetuou depósitos em uma conta especial para cobrir despesas de viagem não reembolsadas. A Figura 4–5 representa o diagrama de fluxos de caixa. Encontre o montante existente na conta, depois de 10 anos, a uma taxa de juros de 12% ao ano, capitalizada semestralmente.

Solução

Somente os valores P e F estão envolvidos. Ambos os métodos são ilustrados para encontrar F no ano 10.

Método 1: Utilize o período de capitalização (PC) semestral para expressar a taxa semestral efetiva de 6%, durante o período de 6 meses. Há $n = (2)$ (número de anos) períodos semestrais para cada fluxo de caixa. Utilizando os valores de fatores da Tabela 11, vemos que o valor futuro fornecido pela Equação [4.10] é:

$$F = 1.000(F/P;6\%;20) + 3.000(F/P;6\%;12) + 1.500(F/P;6\%;8)$$
$$= 1.000(3,2071) + 3.000(2,0122) + 1.500(1,5938)$$
$$= \$ 11.634$$

```
                                                                    F = ?
                                                                     ↑
         0    1    2    3    4    5    6    7    8    9   10
         ↓              ↓         ↓
       $ 1.000                  $ 1.500
                      $ 3.000
```

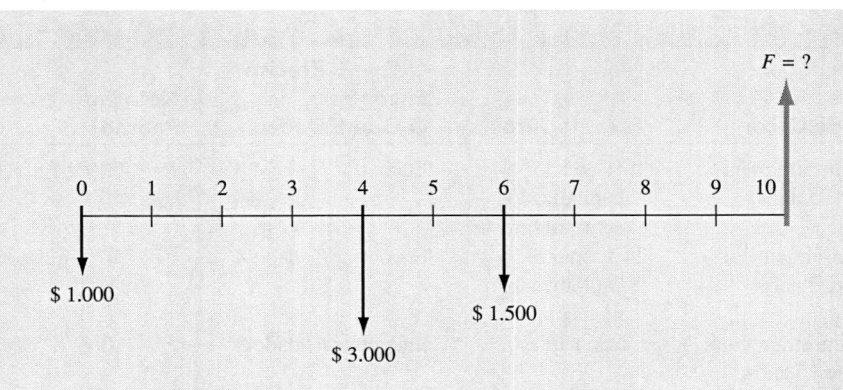

Figura 4–5
Diagrama dos fluxos de caixa, no Exemplo 4.6.

Método 2: Apresente a taxa anual efetiva baseando-se em uma capitalização semestral.

$$\text{Taxa efetiva } i\% \text{ ao ano} = \left(1 + \frac{0,12}{2}\right)^2 - 1 = 12,36\%$$

O valor n é o número real de anos. Utilize a fórmula de fatores $(F/P;i;n) = (1,1236)^n$ e a Equação [4.10] para obter o mesmo resultado obtido com o método 1.

$$F = 1.000(F/P;12,36\%;10) + 3.000(F/P;12,36\%;6) + 1.500(F/P;12,36\%;4)$$

$$= 1.000(3,2071) + 3.000(2,0122) + 1.500(1,5938)$$

$$= \$ \, 11.634$$

Comentário
Em relação a fluxos de caixa com quantias únicas, qualquer combinação de i e n deduzida da taxa nominal estabelecida pode ser utilizada nos fatores, desde que eles estejam na mesma base de tempo. Usando 12% ao ano, *capitalizados mensalmente,* a Tabela 4–6 apresenta as várias combinações aceitáveis de i e n. Outras combinações estão corretas como, por exemplo, a taxa semanal efetiva para i e semanas para n.

TABELA 4–6 Valores de i e n para Equações de Quantias Únicas que Usam $r = 12\%$ ao Ano, Capitalizados Mensalmente

Taxa Efetiva i	Unidades de n
1% ao mês	Meses
3,03% ao trimestre	Trimestres
6,15% durante 6 meses	Semestres
12,68% ao ano	Anos
26,97% durante 2 anos	Períodos de 2 anos

CAPÍTULO 4 — Taxas Nominais de Juros e Taxas Efetivas de Juros

TABELA 4–7 Exemplos de Valores n e i em que PP = PC ou PP > PC

Série de Fluxos de Caixa	Taxa de Juros	O Que É Preciso Encontrar; O Que É Dado	Notação Padrão
$ 500 semestralmente, durante 5 anos	16% ao ano; capitalizados semestralmente	Encontrar P; dado A	$P = 500(P/A, 8\%, 10)$
$ 75 mensalmente, durante 3 anos	24% ao ano; capitalizados mensalmente	Encontrar F; dado A	$F = 75(F/A, 2\%, 36)$
$ 180 trimestralmente, durante 15 anos	5% ao trimestre	Encontrar F; dado A	$F = 180(F/A, 5\%, 60)$
$ 25 ao mês, durante 4 anos	1% ao mês	Encontrar P; dado G	$P = 25(P/G, 1\%, 48)$
$ 5.000 ao trimestre, durante 6 anos	1% ao mês	Encontrar A; dado P	$A = 5.000(A/P, 3,03\%, 24)$

4.6 RELAÇÕES DE EQUIVALÊNCIA: SÉRIES COM PP ≥ PC

Quando são incluídas séries uniformes ou gradientes na seqüência de fluxos de caixa, o procedimento é basicamente o mesmo utilizado no método 2, exceto pelo fato de o período de pagamento (PP) agora ser definido pela freqüência dos fluxos de caixa. Isso também estabelece a unidade de tempo da taxa efetiva de juros. Por exemplo, se os fluxos de caixa ocorrem em base *trimestral*, o PP é igual a 1 *trimestre*; então, a taxa *trimestral* efetiva é necessária. O valor n é o número total de *trimestres*. Se o PP é igual a 1 trimestre, 5 anos correspondem a 20 trimestres ($n = 20$). Essa é uma aplicação direta da seguinte diretriz geral:

Quando os fluxos de caixa envolvem uma série (ou seja, A, G, g) e o período de pagamento é igual ou maior que o período de capitalização em termos de tamanho, é necessário:

- **Encontrar a taxa efetiva i por período de pagamento.**
- **Determinar n como o número total de períodos de pagamento.**

Ao efetuar cálculos de equivalência para séries, *somente* esses valores de i e n podem ser utilizados em tabelas de juros, fórmulas de fatores e funções de planilha. Em outras palavras, não existe nenhuma outra combinação que forneça os resultados corretos, como ocorre com os fluxos de caixa de quantias únicas.

A Tabela 4–7 apresenta a formulação correta de diversas séries de fluxos de caixa e taxas de juros. Note que n é sempre igual ao número total de períodos de pagamento, e que i é uma taxa efetiva expressa no mesmo período de tempo utilizado para n.

EXEMPLO 4.7

Durante os últimos 7 anos, um gerente de qualidade pagou $ 500 a cada 6 meses pelo contrato de manutenção do software de uma rede local (LAN). Qual é o valor equivalente depois do último pagamento se esses fundos são sacados de uma combinação de recursos que retorna 20% ao ano, capitalizados trimestralmente?

Solução

O diagrama de fluxos de caixa é apresentado na Figura 4–6. O período de pagamento (6 meses) é mais extenso do que o período de capitalização (trimestre); ou seja, PP > PC. Aplicando a diretriz, precisamos determinar uma taxa semestral efetiva de juros. Utilize a Equação [4.8] com $r = 0,10$ pelo período de 6 meses e $m = 2$ trimestres pelo período semestral.

$$\text{Taxa efetiva } i\% \text{ durante 6 meses} = \left(1 + \frac{0,10}{2}\right)^2 - 1 = 10,25\%$$

A taxa semestral efetiva de juros também pode ser obtida da Tabela 4–3, utilizando-se o valor r igual a 10% e $m = 2$, para se obter $i = 10,25\%$.

O valor $i = 10,25\%$ parece razoável, uma vez que esperamos que a taxa efetiva de juros seja ligeiramente mais alta do que a taxa nominal de juros de 10% por semestre. O número total de períodos de pagamento semestrais é $n = 2(7 \text{ anos}) = 14$. A relação para F é:

$$F = A(F/A;10,25\%;14)$$
$$= 500(28,4891)$$
$$= \$ 14.244,50$$

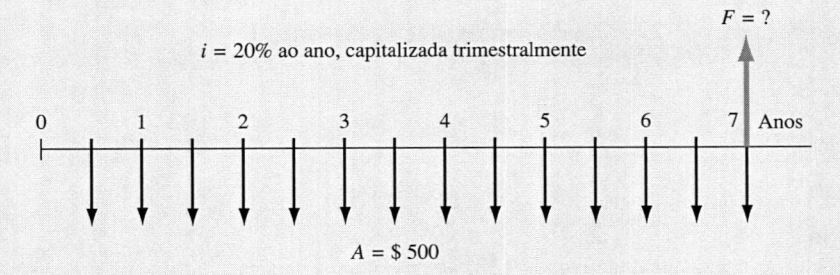

Figura 4–6
Diagrama de depósitos semestrais utilizados para determinar F, no Exemplo 4.7.

EXEMPLO 4.8

Suponha que você planeje comprar um carro e tome por empréstimo $ 12.500, a uma taxa de 9% ao ano, capitalizada mensalmente. Os pagamentos serão efetuados mensalmente, durante 4 anos. Determine o pagamento mensal. Compare as soluções obtidas manualmente e por computador.

Solução

Uma série mensal A é o que se procura; o PP e o PC são, ambos, iguais a 1 mês. Utilize as etapas correspondentes a PP = PC, quando uma série uniforme está presente. Os juros efetivos por mês são 9%/12 = 0,75%, e o número de pagamentos é (4 anos)(12 meses por ano) = 48.

Digite PGTO(9%/12,48%;–12.500) em qualquer célula e será apresentado na tela $ 311,06.

A Figura 4–7 exibe uma planilha completa, com a função PGTO na célula B5, utilizando o formato de referência de célula. Esse pagamento mensal de $ 311,06 é equivalente à solução manual apresentada a seguir, utilizando a notação padrão e as tabelas de fatores.

$$A = \$ 12.500(A/P;0,75\%;48) = \$ 12.500(0,02489) = \$ 311,13$$

Solução Rápida

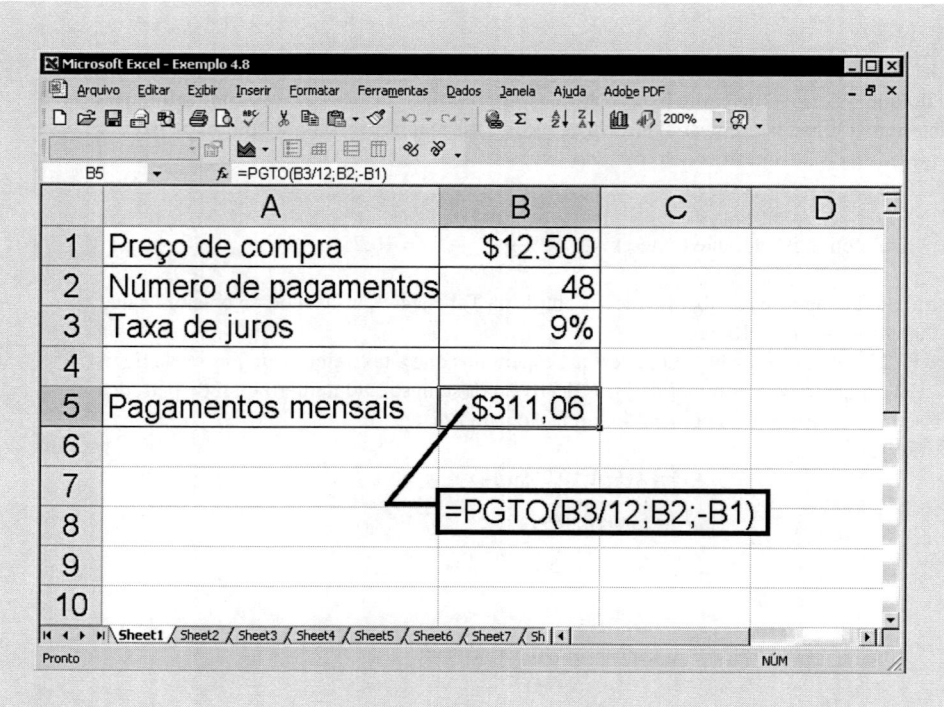

CAPÍTULO 4 Taxas Nominais de Juros e Taxas Efetivas de Juros

	A	B
1	Preço de compra	$12.500
2	Número de pagamentos	48
3	Taxa de juros	9%
4		
5	Pagamentos mensais	$311,06

=PGTO(B3/12;B2;-B1)

Figura 4–7
Planilha do Exemplo 4.8.

Comentário
É incorreto utilizar a taxa anual efetiva $i = 9,381\%$ e $n = 4$ anos para calcular o valor mensal A, seja a solução obtida manualmente ou por computador. O período de pagamento, a taxa efetiva e o número de pagamentos devem estar, todos, na mesma base de tempo; que é *mês*, neste exemplo.

EXEMPLO 4.9

A Scott and White Health Plan (SWHP) adquiriu um sistema robotizado de aviamento de receitas médicas, para entregar, de forma mais rápida e acurada, medicamentos estáveis, em forma de pílulas, a pacientes com problemas crônicos de saúde como diabetes, doenças da tireóide e hipertensão. Suponha que o sistema custe $ 3 milhões para ser instalado e que tenha uma estimativa de custo de $ 200.000 por ano, referente aos custos de materiais, operacionais, de pessoal e de manutenção. A vida útil do equipamento é de 10 anos. Um engenheiro biomédico da SWHP quer fazer uma estimativa de receitas necessárias para recuperar o investimento, os juros e os custos anuais, para cada período de 6 meses. Encontre esse valor A semestral manualmente e por computador. Considere que os fundos de capital são avaliados em 8% ao ano, utilizando dois diferentes períodos de capitalização:

1. 8% ao ano, capitalizados *semestralmente*.

2. 8% ao ano, capitalizados *mensalmente*.

Solução

A Figura 4–8 apresenta o diagrama de fluxos de caixa. Durante os 20 períodos semestrais, o custo ocorre de forma anual, ou seja, em um semestre sim e em outro semestre não, e a série de recuperação de capital é procurada para cada semestre. Esse padrão torna a solução manual muito complicada, se for utilizado o fator P/F em vez do fator P/A, para encontrar P correspondente aos 10 custos anuais de $ 200.000. A solução por computador é recomendada em casos como este aqui discutido.

Solução manual – taxa 1: Os passos para encontrar o valor A semestrais estão resumidos a seguir:

PP = PC em 6 meses; encontre a taxa efetiva por período semestral.

Taxa semestral efetiva $i = 8\%/2 = 4\%$ por semestre, capitalizada semestralmente.

Número de períodos semestrais $n = 2(10) = 20$.

Calcule P utilizando o fator P/F para $n = 2, 4, ..., 20$ períodos, uma vez que os custos são anuais, não semestrais. Depois utilize o fator A/P, ao longo de 20 períodos, para encontrar o valor A semestral.

$$P = 3.000.000 + 200.000 \left[\sum_{k=2,4}^{20} (P/F, 4\%, k) \right]$$

$$= 3.000.000 + 200.000(6,6620) = \$ 4.332.400$$

$$A = \$ 4.332.400(A/P; 4\%; 20) = \$ 318.778$$

Conclusão: A receita de $ 318.778 é necessária a cada 6 meses para cobrir todos os custos e os juros a 8% ao ano, capitalizados semestralmente.

Solução manual – taxa 2: O PP é semestral, mas o PC agora é mensal; portanto, PP > PC. Para encontrar a taxa semestral efetiva de juros, a Equação [4.8] é aplicada com $r = 4\%$ e $m = 6$ meses por período trimestral.

$$\text{Taxa semestral efetiva } i = \left(1 + \frac{0,04}{6}\right)^6 - 1 = 4,067\%$$

$$P = 3.000.000 + 200.000 \left[\sum_{k=2,4}^{20} (P/F, 4,067\%, k) \right]$$

$$= 3.000.000 + 200.000(6,6204) = \$ 4.324.080$$

$$A = \$ 4.324.080(A/P; 4,067\%; 20) = \$ 320.064$$

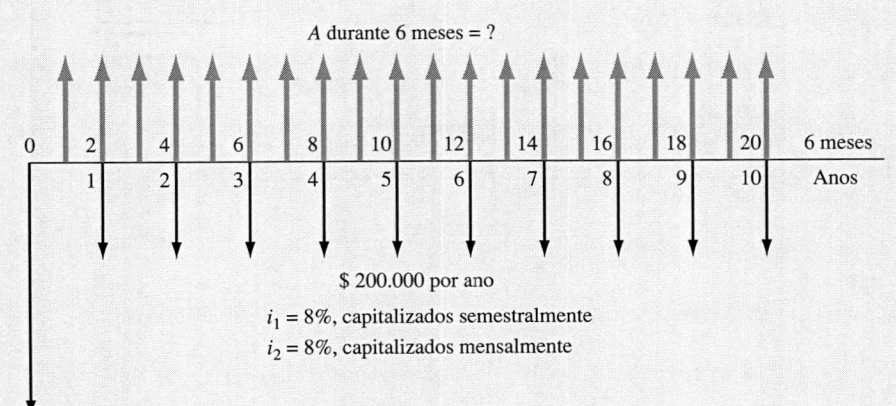

Figura 4–8 Diagrama de fluxos de caixa com dois diferentes períodos de capitalização, no Exemplo 4.9.

$ 200.000 por ano
$i_1 = 8\%$, capitalizados semestralmente
$i_2 = 8\%$, capitalizados mensalmente

$P = \$ 3$ milhões

Agora, $ 320.064, ou $ 1.286 a mais semestralmente, são necessários para cobrir a capitalização dos juros de 8% ao ano. Observe que os fatores *P/F* e *P/A* devem ser calculados com fórmulas de fatores a 4,067%. Este método geralmente utiliza mais cálculos e é mais propenso a erro do que a solução com planilha.

Solução por computador – taxas 1 e 2: A Figura 4–9 apresenta uma solução geral do problema, com ambas as taxas. (Diversas linhas na parte inferior da planilha não são impressas. Elas dão continuidade ao padrão de fluxos de caixa de $ 200.000, seis meses sim, seis meses não, até a célula B32.) As funções em C8 e E8 representam as taxas efetivas para PP, expressas em meses. Isso possibilita a realização de análise de sensibilidade para diferentes valores de PP e PC. Note que as células C7 e E7 determinam *m* para as relações de taxa efetiva. Esta técnica funciona bem para planilhas, uma vez que PP e PC são inseridos na unidade de tempo do PC.

Cada período de 6 meses é incluído nos fluxos de caixa, inclusive os lançamentos iguais a $ 0, de forma que as funções VPL e PGTO funcionem corretamente. Os valores *A* em D14 ($ 318.784) e F14 ($ 320.069) são idênticos (exceto pelo arredondamento) aos obtidos acima.

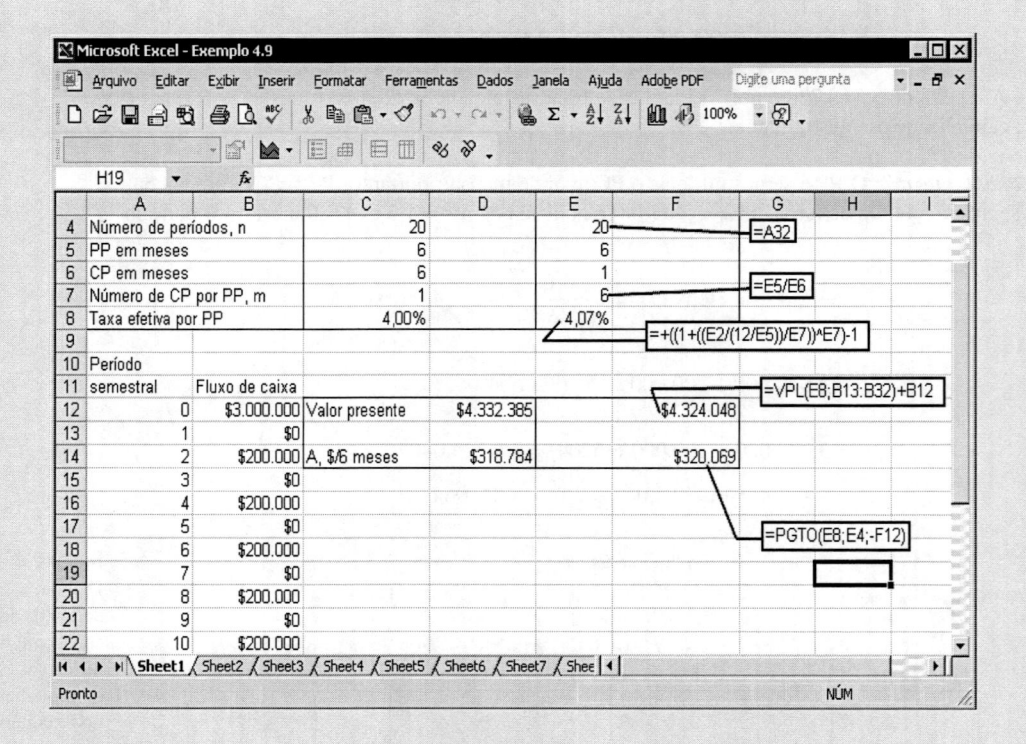

Figura 4–9
Solução de planilha para séries *A* semestrais com diferentes períodos de capitalização, no Exemplo 4.9.

4.7 RELAÇÕES DE EQUIVALÊNCIA: QUANTIAS ÚNICAS E SÉRIES COM PP < PC

Se uma pessoa deposita dinheiro mensalmente em uma conta de poupança em que os juros são capitalizados trimestralmente, todos os depósitos mensais ganham juros antes do próximo período de capitalização trimestral? Se o pagamento do cartão de crédito de uma pessoa está vencido, com juros de 15% ao mês, e se o pagamento integral for efetuado no 1º dia do mês, a instituição financeira reduzirá os juros devidos em função do pagamento antecipado? As respostas habituais são "Não". Entretanto, se o pagamento mensal de um empréstimo bancário de $ 10 milhões capitalizados trimestralmente fosse efetuado antecipadamente por uma corporação, seu diretor financeiro provavelmente insistiria para que o banco reduzisse o valor dos juros devidos, em função do pagamento antecipado. Esses são exemplos em que os períodos de pagamento (PP) são menores que os períodos de capitalização (PC). O tempo de ocorrência das transações de fluxos de caixa entre os pontos de capitalização introduz a questão de como lidar com a *capitalização interperíodos*. Fundamentalmente, há duas diretrizes: os fluxos de caixa interperíodo *não ganham juros*, ou ganham *juros compostos*.

Em relação à política de nenhum juro interperíodo, considera-se que todos os depósitos (fluxos de caixa negativos) são realizados *no fim do período de capitalização* e que todos os *saques são realizados no início*. Como ilustração, quando os juros são capitalizados trimestralmente, todos os depósitos mensais são deslocados para o fim do trimestre (não há ganho nenhum de juro interperíodo) e todos os saques são deslocados para o início (nenhum juro é pago durante o trimestre inteiro). Esse procedimento pode alterar significativamente a distribuição dos fluxos de caixa, antes de a taxa trimestral efetiva ser aplicada, para encontrar P, F ou A. Isso efetivamente força os fluxos de caixa para uma situação em que PP = PC, conforme discutimos nas Seções 4.5 e 4.6. O Exemplo 4.10 ilustra esse procedimento e o fato econômico de que, dentro do intervalo de tempo de um período de capitalização, não há nenhuma vantagem em termos de juros de efetuar pagamentos antecipados. Naturalmente, fatores não econômicos podem estar presentes.

EXEMPLO 4.10

Rob é o engenheiro responsável pela coordenação *on-site* na Alcoa Aluminum, onde uma empresa contratada local está instalando um novo equipamento de refino em uma mina que está sob restauração. Rob desenvolveu o diagrama de fluxos de caixa, Figura 4–10a, em unidades de $ 1.000, da perspectiva do projeto. Estão incluídos os pagamentos à empresa contratada, os quais ele autorizou para o ano corrente, e foram aprovados adiantamentos pelo escritório central da Alcoa. Ele sabe que a taxa de juros para equipamentos de "projetos de campo" como este é de 12% ao ano, capitalizada trimestralmente, e que a Alcoa não se importa com a capitalização interperíodo dos juros. No final do ano, as finanças de Rob relativas ao projeto estarão no "vermelho" ou no "azul"? Em quanto?

Solução
Sendo que nenhum juro interperíodo é considerado, a Figura 4–10b apresenta os fluxos de caixa deslocados. O valor futuro, depois de 4 trimestres, requer F a uma taxa efetiva por trimestre de 12%/4 = 3%. A Figura 4–10b apresenta todos os fluxos de caixa negativos (pagamentos à empresa contratada) correspondentes, deslocados para o fim do trimestre, e todos os fluxos de caixa positivos (recebimentos do escritório central)

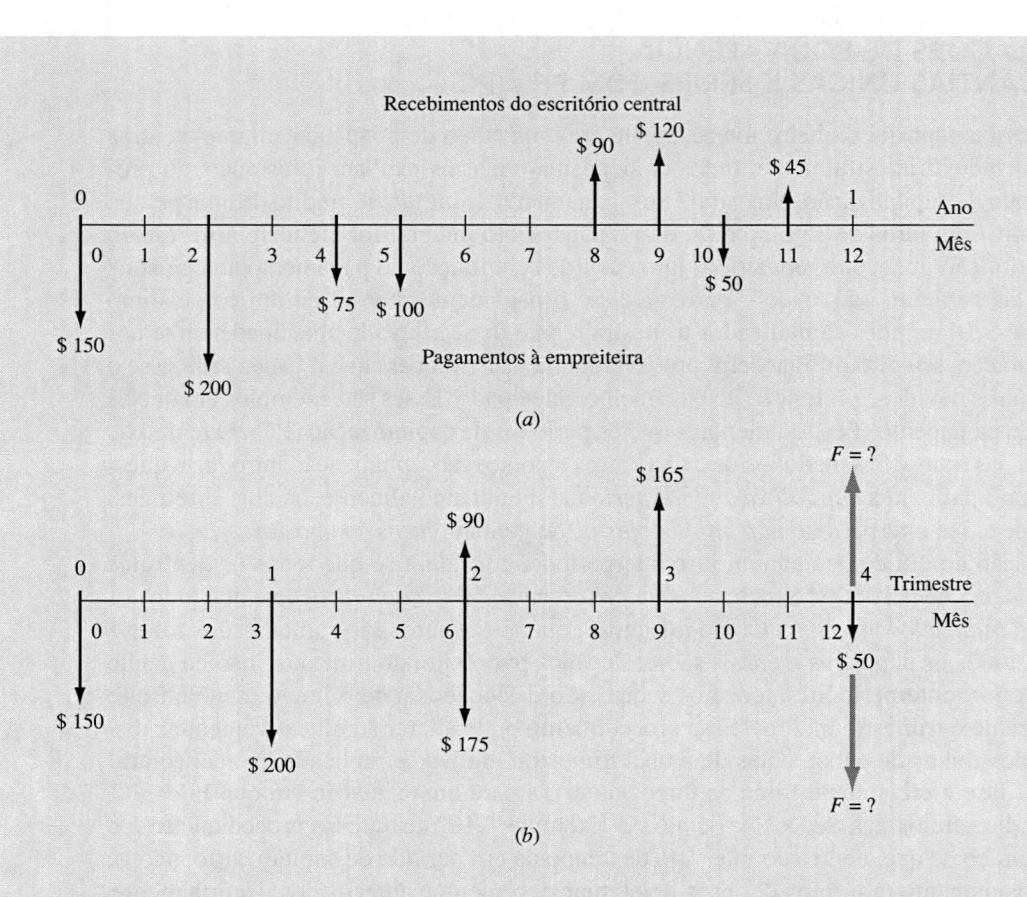

CAPÍTULO 4 Taxas Nominais de Juros e Taxas Efetivas de Juros

Figura 4–10
(*a*) Fluxos de caixa (em $ 1.000) real e (*b*) deslocado, correspondentes a períodos de capitalização trimestrais, sem nenhum juro interperíodo, no Exemplo 4.10.

deslocados para o início do trimestre correspondente. Calcule o valor F a 3%.

$$F = 1.000[-150(F/P;3\%;4) - 200(F/P;3\%;3) + (-175 + 90)(F/P;3\%;2) + 165(F/P;3\%;1) - 50]$$

$$= \$ -357.592$$

Rob pode concluir que as finanças do projeto *on-site* estarão no "vermelho" em, aproximadamente, $ 357.600, no fim do ano.

Se PP < PC e se há capitalização interperíodo, os fluxos de caixa não são deslocados e os valores P, F ou A equivalentes são determinados utilizando-se a taxa efetiva de juros por período de pagamento. As relações de engenharia econômica são determinadas de maneira idêntica à das duas seções anteriores para PP ≥ PC. A fórmula da taxa efetiva de juros terá um valor m menor do que 1, pois há somente uma parte fracionária do PC dentro do PP. Por exemplo, fluxos de caixa semanais e capitalizações trimestrais impõem que $m = 1/13$

de um trimestre. Quando a taxa nominal é de 12% ao ano, capitalizada trimestralmente (o mesmo que 3% por trimestre, capitalizados trimestralmente), a taxa efetiva por PP é:

Taxa semanal efetiva $i\% = (1{,}03)^{1/13} - 1 = 0{,}228\%$ por semana

4.8 TAXA EFETIVA DE JUROS COM CAPITALIZAÇÃO CONTÍNUA

Se admitirmos que a capitalização ocorre com uma freqüência crescente, o período de capitalização torna-se cada vez mais curto. Então, m, que é o número de períodos de capitalização por período de pagamento, eleva-se. Essa situação ocorre em negócios que têm um número muito grande de fluxos de caixa diariamente, de forma que é correto considerarmos que os juros são capitalizados continuamente. Uma vez que m tende ao infinito, a taxa efetiva de juros, Equação [4.8], deve ser escrita sob uma nova forma. Primeiro, lembre-se da definição de logaritmo natural:

$$\lim_{h \to \infty}\left(1 + \frac{1}{h}\right)^h = e = 2{,}71828+ \qquad [4.11]$$

O limite da Equação [4.8] quando m tende ao infinito é encontrado usando-se $r/m = 1/h$, que resulta em $m = hr$.

$$\lim_{m \to \infty} i = \lim_{m \to \infty}\left(1 + \frac{r}{m}\right)^m - 1$$

$$= \lim_{h \to \infty}\left(1 + \frac{1}{h}\right)^{hr} - 1 = \lim_{h \to \infty}\left[\left(1 + \frac{1}{h}\right)^h\right]^r - 1$$

$$\boldsymbol{i = e^r - 1} \qquad [4.12]$$

A Equação [4.12] é utilizada para calcular a *taxa contínua efetiva de juros*, quando os períodos de tempo em i e r são os mesmos. Como ilustração, se a taxa nominal é $r = 15\%$ ao ano, a taxa contínua efetiva ao ano é:

$$i\% = e^{0{,}15} - 1 = 16{,}183\%$$

Para facilitar seu trabalho, a Tabela 4–3 inclui em sua listagem as taxas contínuas efetivas para as taxas nominais.

EXEMPLO 4.11

a) Considerando uma taxa de juros de 18% ao ano, capitalizada continuamente, calcule as taxas mensais e anuais efetivas de juros.

b) Um investidor exige um rendimento efetivo de, pelo menos, 15%. Qual é a taxa anual nominal mínima aceitável para que haja capitalização contínua?

Solução

(a) A taxa mensal nominal é $r = 18\%/12 = 1,5\%$, ou 0,015 ao mês. Pela Equação [4.12], a taxa mensal efetiva é:

$$i\% \text{ ao mês} = e^r - 1 = e^{0,015} - 1 = 1,511\%$$

Similarmente, a taxa anual efetiva utilizando $r = 0,18$ ao ano é:

$$i\% \text{ ao ano} = e^r - 1 = e^{0,18} - 1 = 19,72\%$$

(b) Isole r na Equação [4.12] ao extrair o logaritmo natural.

$$e^r - 1 = 0,15$$

$$e^r = 1,15$$

$$\ln e^r = \ln 1,15$$

$$r\% = 13,976\%$$

Portanto, uma taxa de 13,976% ao ano, capitalizada continuamente, gerará um rendimento efetivo de 15% ao ano.

Comentário

A fórmula geral para encontrar a taxa nominal, dada a taxa contínua efetiva i, é $r = \ln(1+ i)$.

EXEMPLO 4.12

As engenheiras Marci e Suzanne investiram, ambas, $ 5.000, durante 10 anos, a 10% ao ano. Calcule o valor futuro para ambas, considerando que Marci recebe uma capitalização anual e Suzanne recebe uma capitalização contínua.

Solução

Marci: Para uma capitalização anual, o valor futuro é:

$$F = P(F/P;10\%,10) = 5.000(2,5937) = \$ 12.969$$

Suzanne: Utilizando a Equação [4.12], encontre primeiro a taxa efetiva i, ao ano, para ser utilizada no fator F/P.

$$\text{Taxa efetiva } i\% = e^{0,10} - 1 = 10,517\%$$

$$F = P(F/P;10,517\%;10) = 5.000(2,7183) = \$ 13.591$$

A capitalização contínua acarreta um aumento de $ 622 nos ganhos. Em comparação, a capitalização diária produz uma taxa efetiva de 10,516%($F = \$ 13.590$), apenas ligeiramente menor do que a taxa de 10,517% para a capitalização contínua.

SEÇÃO 4.9   Taxas de Juros que Variam ao Longo do Tempo   **151**

Para algumas atividades empresariais, os fluxos de caixa ocorrem ao longo do dia. Exemplos de custos são os de consumo de energia e água, custos de estoques e de mão-de-obra. Um modelo realístico dessas atividades é aumentar a freqüência dos fluxos de caixa para que eles se tornem contínuos. Nesses casos, a análise econômica pode ser realizada para fluxos de caixa contínuos (também chamados de fluxo contínuo de fundos) e para a capitalização contínua de juros, como discutimos anteriormente. Diferentes expressões precisam ser deduzidas para esses casos. Realmente, a diferença monetária para fluxos de caixa contínuos, em relação à hipótese de fluxos de caixa discretos e capitalização discreta, geralmente não é grande. Conseqüentemente, a maior parte dos estudos de engenharia econômica não exige que o analista utilize essas formas matemáticas para fazer uma avaliação de projeto segura e tomar decisões.

4.9 TAXAS DE JUROS QUE VARIAM AO LONGO DO TEMPO

As taxas de juros do mundo real para uma corporação variam de ano a ano, dependendo da saúde financeira da corporação, do seu setor de mercado, da economia nacional e internacional, das forças inflacionárias e de muitos outros elementos. As taxas de empréstimos podem elevar-se de um ano para o outro. As hipotecas residenciais que usam juros HTA [Hipoteca com taxa (de juros) ajustável] são bons exemplos. A taxa hipotecária é, levemente, ajustada anualmente para refletir a idade do empréstimo, o custo atual do montante da hipoteca etc. Exemplos de taxa de juros que se eleva ao longo do tempo são os títulos protegidos da inflação, emitidos pelo governo norte-americano e outros órgãos. A taxa de dividendos que os títulos pagam permanece constante ao longo de seu período de validade estabelecido, mas o montante global devido ao proprietário, quando o título atinge seu vencimento (maturidade), é ajustado para cima, de acordo com o índice de inflação do Índice de Preços ao Consumidor (IPC). Isso significa que a taxa anual de rendimentos se elevará anualmente de acordo com a inflação observada. (Títulos e inflação são temas que retornaremos nos Capítulos 5 e 14, respectivamente.)

Quando os valores P, F e A são calculados, utilizando-se uma taxa de juros constante ou média ao longo do tempo de duração de um projeto, os incrementos e reduções em i são desprezíveis. Se a variação em i for grande, os valores equivalentes variarão consideravelmente em comparação àqueles que são calculados utilizando-se uma taxa constante. Não obstante, um estudo de engenharia econômica pode acomodar valores variáveis matematicamente de i; do ponto de vista computacional, essa tarefa é mais complexa.

Para determinarmos o valor P de valores de fluxo de caixa futuros (F_t) a diferentes valores i (i_t), para cada ano t, consideraremos a existência de uma *capitalização anual*. Definida:

$$i_t = \text{taxa anual efetiva de juros por ano } t \ (t = \text{anos 1 a } n)$$

Para determinar o valor presente, calcule o P de cada valor F_t utilizando a i_t apropriada, e some os resultados. Utilizando a notação padrão e o fator P/F,

$$P = F_1(P/F;i_1;1) + F_2(P/F;i_1;1)(P/F;i_2;1) + \ldots$$
$$+ F_n(P/F;i_1;1)(P/F;i_2;1)\ldots(P/F;i_n;1) \qquad [4.13]$$

Quando somente quantias únicas estão envolvidas, ou seja, um P e um F no ano final n, o último termo da Equação [4.13] é a expressão correspondente ao valor presente do fluxo de caixa futuro.

$$P = F_n(P/F;i_1;1)(P/F;i_2;1)\ldots(P/F;i_n;1) \qquad [4.14]$$

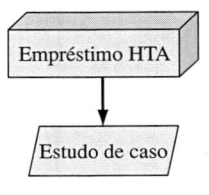

CAPÍTULO 4 Taxas Nominais de Juros e Taxas Efetivas de Juros

Se a série uniforme equivalente A, ao longo de todos os n anos, for necessária, encontre P primeiro, utilizando qualquer uma das duas últimas equações e, depois, substitua cada símbolo F_t pelo símbolo A. Uma vez que o P equivalente foi determinado numericamente, utilizando as taxas variáveis, essa nova equação terá somente uma incógnita, ou seja, A. O exemplo seguinte ilustra este procedimento.

EXEMPLO 4.13

A CE, Inc. arrenda grandes equipamentos de escavação de túneis. O lucro líquido dos equipamentos durante cada um dos últimos 4 anos decresceu, conforme é apresentado a seguir. Também são apresentadas as taxas anuais de rendimento do capital investido. O retorno aumentou. Determine o valor presente P e a série uniforme equivalente A da série de lucros líquidos. Considere a variação anual das taxas de retorno.

Ano	1	2	3	4
Lucro Líquido	$ 70.000	$ 70.000	$ 35.000	$ 25.000
Taxa Anual	7%	7%	9%	10%

Solução
A Figura 4–11 apresenta os fluxos de caixa, as taxas correspondentes a cada ano e os valores P e A equivalentes. A Equação [4.13] é utilizada para calcular P. Uma vez que, tanto no ano 1 como no ano 2, o lucro líquido é de $ 70.000 e a taxa anual é de 7%, o fator P/A pode ser utilizado somente para esses 2 anos.

$$P = [70(P/A;7\%;2) + 35(P/F;7\%;2)(P/F;9\%;1)$$
$$+ 25(P/F;7\%;2)(P/F;9\%;1)(P/F;10\%;1)](1.000)$$
$$= [70(1,8080) + 35(0,8013) + 25(0,7284)](1.000)$$
$$= \$ 172.816 \qquad [4.15]$$

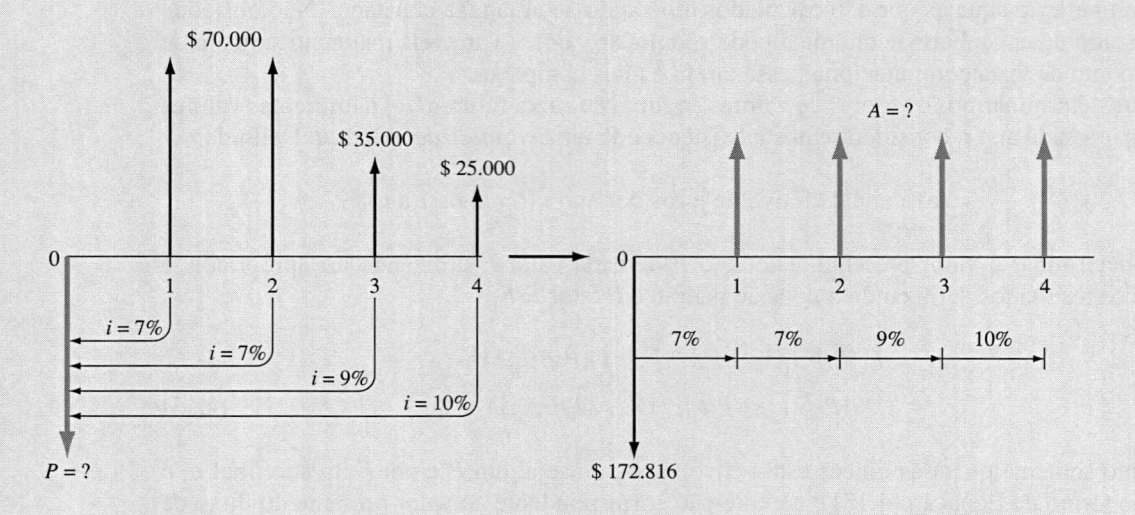

Figura 4–11
Valores P e A equivalentes para taxas variáveis de juros, no Exemplo 4.13.

Para determinar uma série anual equivalente, substitua o símbolo A por todos os valores de lucro líquido no lado direito da Equação [4.15], iguale-o a $P = \$\ 172.816$ e resolva A. Essa equação contabiliza os valores i variáveis anualmente. Veja a Figura 4–11, da transformação do diagrama de fluxos de caixa.

$$\$\ 172.816 = A[(1,8080) + (0,8013) + (0,7284)] = A[3,3377]$$

$$A = \$\ 51.777 \text{ ao ano}$$

Comentário
Se a média das quatro taxas anuais, ou seja, 8,25%, for utilizada, o resultado será $A = \$\ 52.467$. Isso é uma superestimativa de $\$\ 690$ ao ano do valor equivalente necessário.

Se há um fluxo de caixa no ano 0 e as taxas de juros variam anualmente, esse fluxo deve ser incluído quando se está determinando P. No cálculo da série uniforme equivalente A ao longo de todos os anos, inclusive o ano 0, é importante incluir esse fluxo de caixa inicial em $t = 0$. Isso é realizado inserindo-se o valor de fator para $(P/F;i_0;0)$ na relação correspondente a A. Esse valor de fator é sempre 1,00. É igualmente correto encontrar o valor A utilizando-se uma relação de valor futuro para F no ano n. Nesse caso, o valor A é determinado utilizando-se o fator F/P, e o fluxo de caixa no ano n é contabilizado ao incluir-se o fator $(F/P;i_n;0) = 1,00$.

RESUMO DO CAPÍTULO

Uma vez que muitas situações da vida real envolvem freqüências de fluxo de caixa e períodos de capitalização diferentes de ano para ano, é necessário utilizar taxas nominais e efetivas de juros. Quando uma taxa nominal r é estabelecida, a taxa efetiva de juros, por período de pagamento, é determinada utilizando-se a equação da taxa efetiva de juros a seguir.

$$\text{Taxa efetiva } i = \left(1 + \frac{r}{m}\right)^m - 1$$

O m é o número de períodos de capitalização (PC) por período de pagamento (PP). Se a capitalização dos juros se tornar cada vez mais freqüente, a extensão de um PC se aproxima de zero, os resultados são capitalizados continuamente e a taxa efetiva é $e^r - 1$.

Todos os fatores de engenharia econômica exigem o uso de uma taxa efetiva de juros. Os valores i e n colocados em um fator dependem do tipo de série de fluxos de caixa. Se somente quantias únicas (P e F) estiverem presentes, há diversas maneiras de realizar os cálculos de equivalência utilizando fatores. Entretanto, quando séries de fluxos de caixa (A, G e g) estão presentes, somente uma combinação da taxa efetiva i e do número de períodos n é correta para os fatores. Isso exige que as extensões relativas de PP e PC sejam consideradas quando i e n são determinados. *A taxa de juros e os períodos de pagamento devem ser expressos na mesma unidade de tempo* para que os fatores contabilizem corretamente o valor do dinheiro no tempo.

PROBLEMAS

Taxas Nominais de Juros e Taxas Efetivas de Juros

4.1 Identifique o período de capitalização para as seguintes taxas de juros: (*a*) 1% ao mês; (*b*) 2,5% ao trimestre e (*c*) 9,3% ao ano, capitalizadas semestralmente.

4.2 Identifique o período de capitalização para as seguintes taxas de juros: (*a*) 7% nominal ao ano, capitalizada trimestralmente; (*b*) 6,8% efetiva ao ano, capitalizada mensalmente; e (*c*) 3,4% efetiva ao trimestre, capitalizada semanalmente.

4.3 Determine o número de vezes que os juros seriam capitalizados em 1 ano, considerando as seguintes taxas de juros: (*a*) 1% ao mês; (*b*) 2% ao trimestre e (*c*) 8% ao ano, capitalizada semestralmente.

4.4 Considerando uma taxa de juros de 10% ao ano, capitalizada trimestralmente, determine o número de vezes que os juros seriam capitalizados: (*a*) por trimestre; (*b*) ao ano e (*c*) durante 3 anos.

4.5 Considerando uma taxa de juros de 0,50% por trimestre, determine a taxa nominal de juros para: (*a*) um período semestral; (*b*) 1 ano e (*c*) 2 anos.

4.6 Considerando uma taxa de juros de 12% ao ano, capitalizada a cada 2 meses, determine a taxa nominal de juros durante: (*a*) 4 meses; (*b*) 6 meses e (*c*) 2 anos.

4.7 Considerando uma taxa de juros de 10% ao ano, capitalizada trimestralmente, determine a taxa nominal de juros para: (*a*) 6 meses e (*b*) 2 anos.

4.8 Identifique as seguintes taxas de juros como nominal ou efetiva: (*a*) 1,3% ao mês; (*b*) 1% por semana, capitalizada semanalmente; (*c*) 15% nominal ao ano, capitalizada mensalmente; (*d*) 1,5% efetiva ao mês, capitalizada diariamente e (*e*) 15% ao ano, capitalizada semestralmente.

4.9 Qual taxa efetiva de juros por 6 meses é equivalente a 14% ao ano, capitalizada semestralmente?

4.10 Uma taxa de juros de 16% ao ano, capitalizada trimestralmente, é equivalente à qual taxa efetiva de juros ao ano?

4.11 Qual taxa nominal de juros ao ano é equivalente a uma taxa efetiva de 16% ao ano, capitalizada semestralmente?

4.12 Qual taxa efetiva de juros ao ano é equivalente a uma taxa efetiva de 18% ao ano, capitalizada semestralmente?

4.13 Qual período de capitalização está associado a taxas nominais e efetivas de juros de 18% e 18,81% ao ano, respectivamente?

4.14 Uma taxa de juros de 1% ao mês é equivalente à qual taxa efetiva de juros durante 2 meses?

PROBLEMAS

4.15 Uma taxa de juros de 12% ao ano, capitalizada mensalmente, é equivalente a quais taxas nominal de juros e efetiva de juros, durante 6 meses?

4.16 (a) Uma taxa de juros de 6,8% por semestre, capitalizada semanalmente, é equivalente a qual taxa de juros?
(b) A taxa semanal de juros é uma taxa nominal de juros ou uma taxa efetiva de juros? Considere 26 semanas, durante 6 meses.

Períodos de Pagamento e de Capitalização

4.17 Depósitos de $ 100 por semana são efetuados em uma conta de poupança que paga juros de 6% ao ano, capitalizados trimestralmente. Identifique os períodos de pagamento e de capitalização.

4.18 Certo banco nacional anuncia capitalizações trimestrais para contas correntes comerciais. Quais períodos de pagamento e de capitalização estão associados aos depósitos de recebimentos diários?

4.19 Determine o fator F/P para 3 anos, a uma taxa de juros de 8% ao ano, capitalizada trimestralmente.

4.20 Determine o fator P/G para 5 anos, a uma taxa efetiva de juros de 6% ao ano, capitalizada semestralmente.

Equivalência de Quantias Únicas e Séries

4.21 Uma empresa, especializada em desenvolvimento de software de seguros on-line, quer ter $ 85 milhões disponíveis em 3 anos, para pagar dividendos de ações. Qual a quantia de dinheiro que a empresa deve reservar em uma conta que rende juros a 8% ao ano, capitalizados trimestralmente?

4.22 Desde que os testes nucleares foram interrompidos em 1992, o Departamento de Energia dos Estados Unidos desenvolve um projeto a laser, que possibilitará aos engenheiros simularem (em laboratório) as condições de uma reação termonuclear. Devido aos crescentes custos dos "estouros" de orçamento, uma comissão parlamentar realizou uma investigação e descobriu que o custo estimado de desenvolvimento do projeto se elevava a uma taxa média de 3% ao mês, no decorrer de um período de 5 anos. Se o custo original foi estimado em $ 2,7 bilhões há 5 anos, qual é o custo esperado hoje?

4.23 Uma importância atual de $ 5.000 a uma taxa de juros de 8% ao ano capitalizada semestralmente, é equivalente à qual montante há 8 anos?

4.24 Em um esforço para garantir a segurança dos usuários de telefone celular, a Federal Communications Commission (FCC) exige que os telefones celulares tenham uma taxa de absorção específica de radiação (*Specific Absorbed Radiation* – SAR) de 1,6 watt ou menos por quilograma (W/kg) de tecido. Uma nova empresa de telefones celulares estima que, ao fazer a publicidade favorável de sua taxa SAR de 1,2 watt, aumentará as vendas em $ 1,2 milhão daqui a 3 meses, quando seus telefones forem colocados à venda. A uma taxa de juros de 20% ao ano, capitalizada trimestralmente, qual é o valor máximo que a empresa pode se dar ao luxo de gastar, agora, em publicidade, a fim de manter o equilíbrio financeiro?

4.25 A identificação por radiofreqüência (*Radio Frequency Identification* – RFID) é uma tecnologia utilizada por motoristas, que podem passar sem parar nas cabines de pedágio das estradas, e por criadores de gado, que rastreiam a produção de carne "do campo à mesa do computador". A Wal-Mart espera começar a utilizar essa tecnologia para rastrear produtos dentro de suas lojas. Se os produtos rotulados com a RFID resultarem em melhor controle de estoques, permitindo à empresa economizar $ 1,3 milhão por mês, com início daqui a 3 meses, quanto ela poderia gastar agora para implementar a tecnologia, a uma taxa de juros de 12% ao ano, capitalizada mensalmente, se quiser recuperar seus investimentos em dois anos e meio?

4.26 O míssil "Patriot", desenvolvido pela Lockheed Martin para o Exército norte-americano, foi projetado para derrubar aeronaves e outros mísseis. O Patriot Advanced Capability-3 foi prometido, originalmente, ao custo de $ 3,9 bilhões, mas, devido ao tempo extra necessário para escrever o código de computador e aos testes desperdiçados (pelos ventos de altitude) na White Sands Missile Range, seu custo real acabou sendo muito maior. Se o tempo de desenvolvimento total do projeto foi de 10 anos e os custos se elevaram a uma taxa de 0,5% ao mês, qual foi o custo final do projeto?

4.27 As placas de vídeo, baseadas no famoso processador GeForce2 GTS da Nvidia, custam $ 250. A Nvidia lançou uma versão *light* do chip, que custa $ 150. Se determinado fabricante de videogames comprava 3.000 chips por trimestre, qual era o valor presente das economias associadas ao chip mais barato ao longo de um período de 2 anos, a uma taxa de juros de 16% ao ano, capitalizada trimestralmente?

4.28 Uma greve de 40 dias na Boeing resultou em 50 entregas a menos de aviões comerciais no fim do primeiro trimestre de 2000. A um custo de $ 20 milhões por avião, qual o custo equivalente da greve no fim do ano (ou seja, o fim do quarto trimestre), a uma taxa de juros de 18% ao ano, capitalizada mensalmente?

4.29 A divisão de produtos ópticos da Panasonic planeja uma expansão de suas instalações, a um custo de $ 3,5 milhões, para a manufatura de sua potente câmera digital com zoom Lumix DMC. Se a empresa utilizar uma taxa de juros de 20% ao ano, capitalizada trimestralmente, para todos os novos investimentos, qual é valor uniforme por trimestre que a empresa deve produzir para recuperar seus investimentos em 3 anos?

4.30 A Thermal Systems, uma empresa especializada em controle de odores, efetua depósitos de $ 10.000 agora, $ 25.000 no fim do mês e $ 30.000 no fim do mês 9. Determine o valor futuro (fim do ano 1) dos depósitos, a uma taxa de juros de 16% ao ano, capitalizada trimestralmente.

4.31 A Lotus Development tem um programa de aluguel de softwares, denominado SmartSuite, que está disponível na internet. Uma série de programas está disponível a $ 2,99, por 48 horas. Se uma empresa de construção utiliza o serviço por 48 horas semanais, em média, qual é o valor presente dos custos de aluguel durante 10 meses, a uma taxa de juros de 1% ao mês, capitalizada semanalmente? (Considere 4 semanas por mês.)

4.32 A Northwest Iron and Steel está pensando em ingressar no comércio eletrônico. Um modesto pacote de *e-commerce* está disponível por $ 20.000. Se a empresa quiser recuperar o custo em 2 anos, qual é o valor equivalente da nova receita, que deve ser realizada semestralmente, se a taxa de juros é de 3% ao trimestre?

4.33 A Metropolitan Water Utilities compra água de superfície do Elephant Butte Irrigation District a um custo de $ 100.000 por mês, nos meses de fevereiro a setembro. Em vez de pagar mensalmente, a empresa de serviços públicos efetua um único pagamento de $ 800.000 no fim do ano (ou seja, no final de dezembro), pela água utilizada. O pagamento atrasado representa fundamentalmente um subsídio que o departamento de irrigação concede à empresa distribuidora de água. A uma taxa de juros de 0,25% ao mês, qual é o valor do subsídio?

4.34 A Scott Specialty Manufacturing considera a possibilidade de consolidar todos os seus serviços eletrônicos para uma única empresa. Ao comprar um telefone digital da AT&T Wireless, a empresa pode adquirir serviços de e-mail e fax sem fio por $ 6,99 ao mês. Por $14,99 ao mês, obterá acesso ilimitado à Internet e funções de organização pessoal. Para um período de contrato de 2 anos, qual é o valor presente da *diferença* entre os serviços, a uma taxa de juros de 12% ao ano, capitalizada mensalmente?

4.35 A Magnetek Instrument and Controls, uma empresa fabricante de sensores de nível líquido, espera que as vendas de um de seus modelos se elevem em 20% por semestre, em um futuro previsível. Se a expectativa de vendas daqui a 6 meses é de $ 150.000, determine o valor semestral equivalente das vendas para um período de 5 anos a uma taxa de juros de 15% ao ano, capitalizada semestralmente?

4.36 A Metalfab Pump and Filter projeta que o custo da carcaça de aço de certas válvulas se elevará em $ 2, a cada 3 meses. Se a expectativa de custo para o primeiro trimestre é de $ 80, qual é o valor presente dos custos para um período de 3 anos, a uma taxa de juros de 3% ao trimestre?

4.37 A Fieldsaver Technologies, uma empresa que fabrica equipamentos laboratoriais de precisão, tomou por empréstimo $ 2 milhões, para renovar um dos seus laboratórios de teste. O empréstimo foi reembolsado em 2 anos, por meio de pagamentos trimestrais que se elevavam em $ 50.000 por período. A uma taxa de juros de 3% ao trimestre, qual foi o valor do primeiro pagamento trimestral?

4.38 Considerando os fluxos de caixa apresentados a seguir, determine o valor presente (tempo 0), utilizando uma taxa de juros de 18% ao ano, capitalizada mensalmente.

Mês	Fluxo de Caixa, $/Mês
0	1.000
1–12	2.000
13–28	3.000

4.39 Os fluxos de caixa (em milhares de dólares) associados ao sistema de aprendizagem Touch, da empresa Fisher-Price´s, são apresentados a seguir. Determine a série trimestral uniforme nos trimestres 0 a 8, que seria equivalente aos fluxos de caixa apresentados, a uma taxa de juros de 16% ao ano, capitalizada trimestralmente.

Trimestre	Fluxo de Caixa, $/Trimestre
1	1.000
2–3	2.000
5–8	3.000

Equivalência Quando PP < PC

4.40 Um engenheiro deposita $ 300 por mês em uma conta de poupança que paga juros a uma taxa de 6% ao ano, capitalizada semestralmente. Quanto haverá na conta no fim de 15 anos? Suponha a existência de uma capitalização interperíodo.

4.41 No tempo $t = 0$, uma engenheira deposita $ 10.000 em uma conta que paga juros de 8% ao ano, capitalizada semestralmente. Se ela tiver sacado $ 1.000 nos meses 2, 11 e 23, qual será o valor total da conta no fim de 3 anos? Suponha não haver nenhuma capitalização interperíodo.

4.42 Considerando as transações apresentadas a seguir, determine o montante que há na conta, no fim do ano 3, se a taxa de juros é de 8% ao ano, capitalizada semestralmente. Suponha não haver nenhuma capitalização interperíodo.

Fim do Trimestre	Depósito $/Trimestre	Saques, $/Trimestre
1	900	
2–4	700	
7	1.000	2.600
11	—	1.000

4.43 O Departamento de Polícia e Segurança Pública do Estado do Novo México, EUA, possui um helicóptero que é utilizado para fornecer transporte e apoio logístico a altas autoridades do Estado. A taxa de $ 495 por hora cobre as despesas operacionais e o salário do piloto. Se o governo utiliza o helicóptero em uma média de 2 dias por mês, durante 6 horas diariamente, qual é o valor futuro equivalente dos custos durante um ano, a uma taxa de juros de 6% ao ano, capitalizada trimestralmente? Trate os custos como depósitos.

Capitalização Contínua

4.44 Qual taxa efetiva de juros ao ano, capitalizada continuamente, é equivalente a uma taxa nominal de juros de 13% ao ano?

4.45 Qual taxa efetiva de juros por 6 meses é igual a 2% de taxa nominal de juros ao mês, capitalizados continuamente?

4.46 Qual a taxa nominal de juros, por trimestre, é equivalente a uma taxa efetiva de juros de 12,7% ao ano, capitalizada continuamente?

4.47 Problemas de corrosão e defeitos de manufatura tornaram um duto de gasolina, entre El Paso e Phoenix, sujeito a falhas nos remendos de solda longitudinais. Portanto, a pressão foi reduzida a 80% do valor estabelecido no projeto. Se a pressão reduzida resulta na entrega de $ 100.000 a menos de produto por mês, qual será o valor da receita perdida depois de um período de 2 anos, a uma taxa de juros de 15% ao ano, capitalizada continuamente?

4.48 Devido à escassez crônica de água em Santa Fé, os novos campos de atletismo precisam usar grama artificial ou *xeriscaping*[2]. Se o valor da água economizada mensalmente é de $ 6.000, quanto um empreendedor particular pode gastar em grama artificial se quiser recuperar seus investimentos em 5 anos, a uma taxa de juros de 18% ao ano, capitalizada continuamente?

4.49 Uma empresa química, sediada em Taiwan, precisou pedir falência devido à descontinuidade gradual, em nível nacional, do uso do éter metil-butil terciário (MTBE). Considerando que a empresa se reorganize e invista $ 50 milhões em uma nova instalação de produção de etanol, qual receita ela deve obter mensalmente, se quiser recuperar seu investimento em 3 anos, a uma taxa de juros de 2% ao mês, capitalizada continuamente?

4.50 Para ter $ 85.000 daqui a 4 anos, para substituição de equipamentos, uma empresa construtora planeja investir dinheiro hoje, em títulos garantidos pelo governo. Considerando que os títulos rendem juros a uma taxa de 6% ao ano, capitalizada continuamente, quanto dinheiro a empresa deve investir?

4.51 Quanto tempo será necessário para que o investimento de uma importância global tenha seu valor duplicado, a uma taxa de juros de 1,5% ao mês, capitalizada continuamente?

4.52 Qual taxa efetiva de juros, por mês, capitalizada continuamente, seria necessária para que um único depósito triplique o seu valor em 5 anos?

Taxas Variáveis de Juros

4.53 Quanto dinheiro o produtor de *scrubbers* (lavadores) de leito fluidizado poderia gastar agora, em vez de gastar $ 150.000 em 5 anos se a taxa de juros é de 10% nos anos 1 a 3 e 12% nos anos 4 e 5?

4.54 Qual é o valor futuro no ano 8 de uma importância presente de $ 50.000 se a taxa de juros é de 10% ao ano, nos anos 1 a 4, e de 1% ao mês, nos anos 5 a 8?

---

[2] **N.T.:** Marca registrada de um método de paisagismo para áreas residenciais, campos de atletismo, parques etc., que usa várias técnicas para minimizar a necessidade de uso da água.

4.55 Considerando os fluxos de caixa apresentados a seguir, determine (a) o valor futuro no ano 5 e (b) o valor A equivalente nos anos 0 a 5.

Ano	Fluxo de Caixa, $/Ano	Taxa de Juros ao Ano, %
0	5.000	12
1–4	6.000	12
5	9.000	20

4.56 Considerando a série de fluxos de caixa apresentada a seguir, encontre o valor A equivalente nos anos 1 a 5.

Ano	Fluxo de Caixa, $/Ano	Taxa de Juros ao Ano, %
0	0	
1–3	5.000	10
4–5	7.000	12

PROBLEMAS DE REVISÃO DE FUNDAMENTOS DE ENGENHARIA (FE)

4.57 Um taxa efetiva de juros de 14% ao mês, capitalizada semanalmente, é:

(a) Uma taxa efetiva ao ano
(b) Uma taxa efetiva ao mês
(c) Uma taxa nominal ao ano
(d) Uma taxa nominal ao mês

4.58 Uma taxa de juros de 2% ao mês é o mesmo que:

(a) Uma taxa de 24% ao ano, capitalizada mensalmente
(b) Uma taxa nominal de 24% ao ano, capitalizada mensalmente
(c) Uma taxa efetiva de 24% ao ano, capitalizada mensalmente
(d) Tanto (a) como (b)

4.59 Uma taxa de juros de 12% ao ano, capitalizada mensalmente, está mais próxima de:

(a) 12,08% ao ano
(b) 12,28% ao ano
(c) 12,48% ao ano
(d) 12,68% ao ano

4.60 Uma taxa de juros de 1,5% ao mês, capitalizada continuamente, está mais próxima de uma taxa efetiva de:

(a) 1,51% por trimestre
(b) 4,5% por trimestre
(c) 4,6% por trimestre
(d) 9% por semestre

4.61 Uma taxa de juros de 2% por trimestre é o mesmo que:

(a) Uma taxa nominal de 2% por trimestre
(b) Uma taxa nominal de 6% ao ano, capitalizada trimestralmente
(c) Uma taxa efetiva de 2% a cada 4 meses
(d) Uma taxa efetiva de 2% por trimestre

4.62 Uma taxa de juros expressa como uma taxa efetiva de 12% ao ano, capitalizada mensalmente, é o mesmo que:

(a) Uma taxa de 12% ao ano
(b) Uma taxa de 1% ao mês
(c) Uma taxa de 12,68% ao ano
(d) Qualquer uma das alternativas anteriores

4.63 Uma taxa *anual* de juros de 20% ao ano, capitalizada continuamente, está mais próxima da seguinte taxa de juros:

(a) Juros simples de 22% ao ano
(b) 21% ao ano, capitalizada trimestralmente
(c) 21% ao ano, capitalizada mensalmente
(d) 22% ao ano, capitalizada semestralmente

4.64 Considerando uma taxa de juros de 1% ao trimestre, capitalizada continuamente, a taxa semestral efetiva de juros está mais próxima de:
(a) Menos de 2,0%
(b) 2,02%
(c) 2,20%
(d) Mais de 2,25%

4.65 A única vez em que se modifica o valor e o tempo de ocorrência dos fluxos de caixa originais, em problemas que envolvem uma série uniforme é quando:

(a) O período de pagamento é mais longo do que o período de capitalização.
(b) O período de pagamento é igual ao período de capitalização.
(c) O período de pagamento é menor do que o período de capitalização.
(d) Pode ser em qualquer um dos casos anteriores, dependendo de como a taxa efetiva de juros é calculada.

4.66 A Exotic Faucets and Sinks, Ltd. garante que sua nova torneira com sensor de infravermelho fará com que cada família, que tem duas ou mais crianças, economize pelo menos $ 30 por mês em custos de consumo de água, com início no mês 1, após a instalação da torneira. Se a torneira tem garantia total para 5 anos, a quantia mínima que uma família poderia gastar agora na compra desse tipo de torneira, a uma taxa de juros de 6% ao ano, capitalizada mensalmente, está mais próxima de:
(a) $ 149
(b) $ 1.552
(c) $ 1.787
(d) $ 1.890

4.67 O prêmio da loteria interestadual Powerball, no valor de $ 182 milhões, foi ganho por uma única pessoa que comprou 5 bilhetes, a $ 1 cada um. Foram apresentadas duas propostas a essa pessoa: receber 26 pagamentos de $ 7 milhões cada um, com o primeiro pagamento a ser efetuado *agora* e o restante a ser efetuado no fim de cada um dos 25 anos; ou receber o pagamento em uma única "bolada" *agora,* que seria equivalente aos 26 pagamentos de $ 7 milhões cada um. Se o Estado utiliza uma taxa de juros de 4% ao ano, o valor da "bolada" a ser paga em uma única vez estaria mais próximo de:
(a) Menos de $ 109 milhões
(b) $ 109.355.000
(c) $ 116.355.000
(d) Mais de $ 117 milhões

4.68 Os *royalties* pagos aos detentores dos direitos de exploração mineral tendem a decrescer com o tempo, à medida que os recursos se exaurem. Em um caso em particular, a detentora dos direitos recebeu um cheque de pagamento de *royalties* no valor de $ 18.000, seis meses depois que o contrato de arrendamento foi assinado. Ela continuou a receber cheques de pagamento em intervalos de 6 meses, mas o valor decrescia em $ 2.000 a cada vez. A uma taxa de juros de 6% ao ano, capitalizada continuamente, o valor semestral uniforme equivalente dos pagamentos de *royalties*, ao longo dos primeiros 4 anos, é representado por:
(a) A = 18.000 − 2.000(*A/G*;3%;8)
(b) A = 18.000 − 2.000(*A/G*;6%;4)
(c) A = 18.000(*A/P*;3%;8) − 2.000
(d) A = 18.000 + 2.000(*A/G*;3%;8)

4.69 Espera-se que o custo para aumentar a capacidade de produção em determinada instalação de manufatura se eleve em 7% ao ano, durante o próximo período de 5 anos. Se o custo no fim do ano 1 é de $ 39.000 e a taxa de juros é de 10% ao ano, o valor presente dos custos até o fim do período de 5 anos é representado por:

(a) $P = 39.000\{1 - [(1 + 0,07)^6/(1 + 0,10)^6]\}/(0,10 - 0,07)$
(b) $P = 39.000\{1 - [(1 + 0,07)^5/(1 + 0,10)^5]\}/(0,10 + 0,07)$
(c) $P = 39.000\{1 - [(1 + 0,07)^4/(1 + 0,10)^4]\}/(0,10 - 0,07)$
(d) $P = 39.000\{1 - [(1 + 0,07)^5/(1 + 0,10)^5]\}/(0,10 - 0,07)$

4.70 Um gerente de fábrica quer saber qual é o valor presente dos custos de manutenção de determinada linha de montagem.

O engenheiro industrial que projetou o sistema estima que os custos de manutenção esperados são iguais a zero nos três primeiros anos, $ 2.000 no ano 4, $ 2.500 no ano 5 e valores crescentes em $ 500 a cada ano, até o ano 10. A uma taxa de juros de 8% ao ano, capitalizada semestralmente, o valor de n a ser utilizado na equação P/G para este problema é:

(a) 7
(b) 8
(c) 10
(d) 14

4.71 Uma empresa de relações públicas contratada pela cidade de El Paso para aumentar o turismo à Sun City (Cidade do Sol) propôs que a cidade construísse a única montanha-russa no mundo a percorrer dois países diferentes. A idéia é construir o percurso ao longo do Rio Grande e fazer com que uma parte de sua pista esteja nos Estados Unidos e outra, no México. O percurso seria construído de tal maneira que os carros da montanha-russa poderiam partir de qualquer lado da fronteira, mas os passageiros desembarcariam no mesmo ponto em que embarcaram. Depois que a montanha-russa entrar em operação, a receita de turismo projetada é de $ 1 milhão inicialmente (ou seja, no mês 0), $ 1,05 milhão após o primeiro mês, $ 1,1025 milhão após o segundo mês, elevando-se em 5% a cada mês, ao longo do primeiro ano. A uma taxa de juros de 12% ao ano, capitalizada mensalmente, o valor presente (tempo 0) da receita de turismo gerada pela montanha-russa está mais próximo de:

(a) $ 15,59 milhões
(b) $ 16,59 milhões
(c) $ 17,59 milhões
(d) Mais de $ 18 milhões

4.72 Em problemas que envolvem um gradiente aritmético G, em que o período de pagamento é mais extenso do que o período de juros, a taxa de juros a ser utilizada nas equações:

(a) Pode ser qualquer taxa efetiva, contanto que as unidades de tempo em i e n sejam as mesmas.
(b) Deve ser a mesma taxa de juros que foi declarada no problema.
(c) Deve ser a taxa efetiva de juros que é expressa para o período de 1 ano.
(d) Deve ser a taxa efetiva de juros que é expressa ao longo do período de tempo igual ao período em que ocorre a primeira alteração igual a G.

4.73 Um engenheiro que analisa dados de custos descobriu que faltavam informações referentes aos 3 primeiros anos. Entretanto, ele sabia que o custo no ano 4 era de $ 1.250 e que este se elevara em 5% ao ano a partir de então. Se a mesma tendência fosse aplicada aos 3 primeiros anos, o custo no ano 1 estaria mais próximo de:

(a) $ 1.235,70
(b) $ 1.191,66
(c) $ 1.133,79
(d) $ 1.079,80

4.74 A Encon Environmental Testing precisa comprar um equipamento no valor de $ 40.000 daqui a 2 anos. A uma taxa de juros de 20% ao ano, capitalizada trimestralmente, o valor trimestral uniforme do equipamento (trimestres 1 a 8) está mais próximo de:

(a) $ 3.958
(b) $ 4.041
(c) $ 4.189
(d) Mais de $ 4.200

4.75 A Border Steel investiu $ 800.000 em uma nova unidade de laminação de metais. A uma taxa de juros de 12% ao ano, capitalizada trimestralmente, a receita trimestral necessária para recuperar o investimento em 3 anos está mais próxima de:

(a) $ 69.610
(b) $ 75.880
(c) $ 80.370
(d) $ 83.550

ESTUDO DE CASO

FINANCIAMENTO DE UMA CASA

Introdução

Quando uma pessoa decide comprar uma casa, uma das considerações mais importantes a fazer é o financiamento. Há muitos métodos para financiar a compra de um imóvel residencial, sendo que cada um apresenta vantagens que podem torná-lo a escolha preferível, dado um conjunto de circunstâncias. A escolha de um método dentre vários, considerando determinado conjunto de condições, é o tópico deste estudo de caso. Três métodos de financiamento são descritos detalhadamente. Os planos A e B são avaliados; pede-se que você avalie o plano C e execute algumas análises adicionais.

O critério aqui utilizado é o de selecionar o plano de financiamento que indique a maior quantidade de dinheiro restante no fim de um período de 10 anos. Portanto, calcule o valor futuro de cada plano e selecione aquele que vá gerar o maior montante em termos de valor futuro.

Plano	Descrição
A	Taxa fixa de 10% de juros ao ano, durante 30 anos, com entrada de 5%.
B	Hipoteca de 30 anos com taxa de juros ajustável: 9% nos 3 primeiros anos; 9,5% no ano 4; 10,25% nos anos 5 a 10 (inclusive), com entrada de 5%.
C	Taxa fixa de 9,5% de juros ao ano durante 15 anos, com 5% de entrada.

Outras informações

- O preço da casa é de $ 150.000.
- A casa será vendida em 10 anos por $ 170.000 (resultado líquido depois das despesas de venda).
- Os impostos e o seguro (I&S) são de $ 300 ao mês.
- Capital disponível: máximo de $ 40.000 para o pagamento de entrada, $ 1.600 por mês, inclusive os impostos e o seguro.
- Novas despesas do empréstimo: 1% de taxa de encargos (*origination fee*), $ 300 de taxa de avaliação, $ 200 de taxa de pesquisa, $ 200 de honorários advocatícios, $ 350 de taxa de processamento, $ 150 de caução e $ 300 em outros custos.
- Qualquer quantia não utilizada no pagamento da entrada ou nos pagamentos mensais renderá juros isentos de impostos de 0,25% ao mês.

Análise dos Planos de Financiamento

Plano A: Taxa de Juros Fixa em 30 Anos

O montante necessário para o pagamento da entrada é:

(*a*) Pagamento da entrada (5% de $ 150.000)	$ 7.500
(*b*) Taxa de encargos (1% de $ 142.500)	$ 1.425
(*c*) Avaliação	$ 300
(*d*) Pesquisa	$ 200
(*e*) Honorários advocatícios	$ 200
(*f*) Processamento	$ 350
(*g*) Caução	$ 150
(*h*) Outros (registro, relatório de crédito etc.)	$ 300
Total	$ 10.425

O valor do empréstimo é de $ 142.500. O pagamento do principal mensal equivalente mais os juros (P&J) é determinado a 10%/12 = 0,83% ao mês, durante 30(12) = 360 meses.

$$A = 142.500(A/P; 0,83\%; 360)$$

$$= \$ 1.250,56$$

Quando são adicionados os impostos e o seguro, o pagamento mensal total $PGTO_A$ é:

$$PGTO_A = 1.250,56 + 300$$

$$= \$ 1.550,56$$

Agora podemos determinar o valor futuro do plano A, somando o montante do valor futuro: os fundos restantes não utilizados no pagamento da entrada e nas taxas pagas de antemão (F_{1A}), os pagamentos mensais (F_{2A}) e o aumento de valor da casa (F_{3A}). Uma vez que o dinheiro não utilizado rende juros a taxa de 0,25% ao mês, em 10 anos, o primeiro valor futuro é:

$$F_{1A} = (40.000 - 10.425)(F/P; 0,25\%; 120)$$

$$= \$ 39.907,13$$

O dinheiro disponível não utilizado nos pagamentos mensais é de $ 49,44 ($ 1.600 –$ 1.550,56). Seu valor futuro após 10 anos é:

$$F_{2A} = 49,44(F/A;0,25\%;120) = \$\ 6.908,81$$

O capital líquido disponível da venda da casa é a diferença entre o preço líquido de venda e o saldo do empréstimo. O saldo do empréstimo é:

Saldo do empréstimo = $142.500(F/P;0,83\%;120)$
$\qquad - 1.250,56(F/A; 0,83\%;120)$
$\qquad = 385.753,40 - 256.170,92$
$\qquad = \$\ 129.582,48$

Uma vez que o resultado líquido da venda da casa é igual a $ 170.000,

$$F_{3A} = 170.000 - 129.582,48 = \$\ 40.417,52$$

O valor futuro total do plano A é:

$$F_A = F_{1A} + F_{2A} + F_{3A}$$
$\qquad = 39.907,13 + 6.908,81 + 40.417,52$
$\qquad = \$\ 87.233,46$

Plano B: Hipoteca de 30 Anos com Taxa de Juros Ajustável

As hipotecas com taxas de juros ajustáveis estão vinculadas ao mesmo índice utilizado para os títulos do Tesouro dos Estados Unidos. Para este exemplo, supomos que a taxa de juros seja de 9% para os 3 primeiros anos, 9% para o ano 4 e 10,25% para os anos 5 a 10. Uma vez que essa opção também exige uma entrada de 5%, o capital necessário para pagar as taxas cobradas de antemão será idêntico ao do plano A, ou seja, $ 10.425.

O P&J mensal para os 3 primeiros anos baseia-se em 9% ao ano durante 30 anos:

$$A = 142.500(A/P;0,75\%;360) = \$1.146,58$$

O pagamento mensal total durante os 3 primeiros anos é:

$$PGTO_B = \$\ 1.146,58 + 300 = \$\ 1.446,58$$

No fim do ano 3, a taxa de juros se altera para 9,5% ao ano. Essa nova taxa se aplica ao saldo do empréstimo neste período:

Saldo do empréstimo
no fim do ano 3 = $142.500(F/P;0,75\%;36)$
$\qquad - 1.146,58(F/A;0,75\%;36)$
$\qquad = \$\ 139.297,08$

O pagamento mensal de P&J para o ano 4 agora é:

$$A = 139.297,08(A/P;0,79\%;324) = \$\ 1.195,67$$

O pagamento total referente ao ano 4 é:

$$PGTO_B = 1.195,67 + 300 = \$\ 1.495,67$$

No fim do ano 4, a taxa de juros se altera novamente, dessa vez para 10,25% ao ano, e permanece nesse patamar no período restante de 10 anos. O saldo do empréstimo no fim do ano 4 é:

Saldo do empréstimo

do fim do ano 4 = $139.297,08(F/P;0,79\%;12)$

$\qquad - 1.195,67(F/A; 0,79\%;12)$

$\qquad = \$\ 138.132,42$

O novo valor de P&J é:

$$A = 138.132,42(A/P;0,854\%;312) = \$\ 1.269,22$$

O novo pagamento total referente aos anos 5 a 10 é:

$$PGTO_B = 1.269,22 + 300 = \$\ 1.569,22$$

O saldo do empréstimo no fim dos 10 anos é:

Saldo do empréstimo

depois de 10 anos = $138.132,42(F/P; 0,854\%;72)$

$\qquad - 1.269,22(F/A; 0,854\%;72)$

$\qquad = \$\ 129.296,16$

O valor futuro do plano B agora pode ser determinado utilizando-se os mesmos três montantes de valor futuro. O valor futuro do dinheiro não utilizado em uma entrada é igual ao do plano A:

$$F_{1B} = (40.000 - 10.425)(F/P;0,25\%;120)$$

$\qquad = \$\ 39.907,13$

O valor futuro do dinheiro não utilizado em pagamentos mensais é mais complexo do que no plano A.

$$F_{2B} = (1.600 - 1.446,58)(F/A;0,25\%;36)$$
$\qquad \times (F/P;0,25\%;84) + (1.600 - 1.495,67)$
$\qquad \times (F/A;0,25\%;12)(F/P;0,25\%;72)$
$\qquad + (1.600 - 1.569,22)(F/A;0,25\%;72)$
$\qquad = 7.118,61 + 1.519,31 + 2.424,83$
$\qquad = \$\ 11.062,75$

O montante que restou da venda da casa é:

$$F_{3B} = 170.000 - 129.296,16 = \$ 40.703,84$$

O valor total futuro do plano B é:

$$F_B = F_{1B} + F_{2B} + F_{3B} = \$ 91.673,72$$

Exercícios do Estudo de Caso

1. Avalie o plano C e escolha o melhor método de financiamento.
2. Qual é o valor total dos juros pagos no plano A durante o período de 10 anos?
3. Qual é o valor total dos juros pagos no plano B durante o ano 4?
4. Qual é o montante máximo disponível para pagar uma entrada, no plano A, se $ 40.000 é a quantia total disponível?
5. Em quanto o pagamento se eleva no plano A para cada aumento de 1% na taxa de juros?
6. Se quisesse efetuar um *buy down*[3] para reduzir as taxas de juros de 10% para 9% no plano A, quantos pagamentos extras em dinheiro você teria de efetuar?

---

[3] **N.T.:** Pagamento adiantado em dinheiro, para reduzir o valor do pagamento das mensalidades de um empréstimo.

APÊNDICE DO CAPÍTULO 4: CÁLCULO DE UMA TAXA EFETIVA DE JUROS

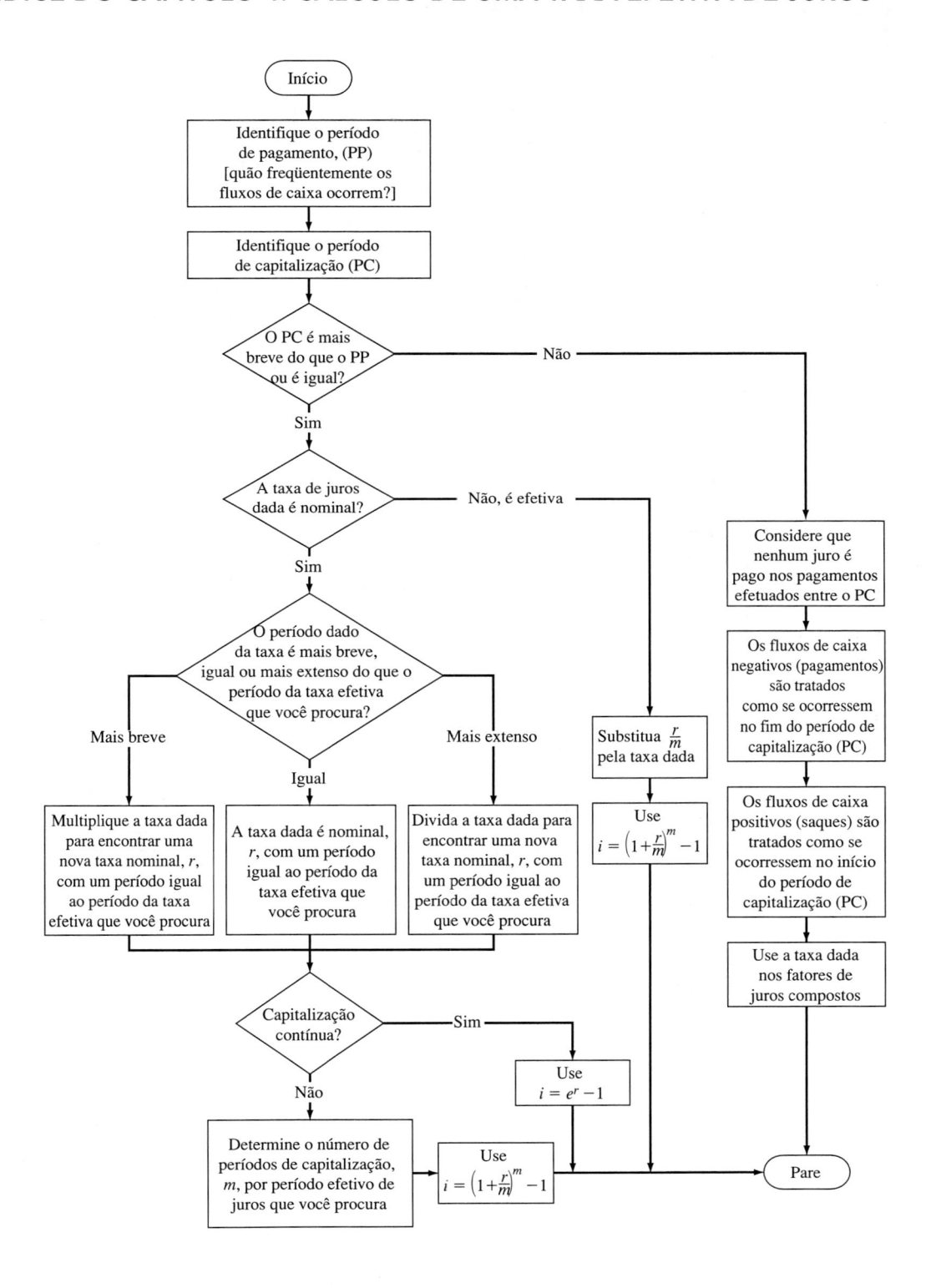

```
                                    ┌─────────┐
                                    │  Início │
                                    └────┬────┘
                                         │
                          ┌──────────────▼──────────────┐
                          │  Identifique o período       │
                          │  de pagamento, (PP)          │
                          │  [quão freqüentemente os     │
                          │  fluxos de caixa ocorrem?]   │
                          └──────────────┬──────────────┘
                                         │
                          ┌──────────────▼──────────────┐
                          │  Identifique o período       │
                          │  de capitalização (PC)       │
                          └──────────────┬──────────────┘
                                         │
                                    ◇ O PC é mais ◇
                                    breve do que o PP ───── Não ────────►
                                      ou é igual?
                                         │
                                        Sim
                                         │
                                    ◇ A taxa de juros ◇
                                    dada é nominal?   ──── Não, é efetiva ──►
                                         │
                                        Sim
                                         │
                              ◇ O período dado ◇
                              da taxa é mais breve,
                              igual ou mais extenso do que o
                              período da taxa efetiva
                              que você procura?
```

Ramo "Sim / Sim":

- **Mais breve:** Multiplique a taxa dada para encontrar uma nova taxa nominal, r, com um período igual ao período da taxa efetiva que você procura
- **Igual:** A taxa dada é nominal, r, com um período igual ao período da taxa efetiva que você procura
- **Mais extenso:** Divida a taxa dada para encontrar uma nova taxa nominal, r, com um período igual ao período da taxa efetiva que você procura

◇ Capitalização contínua? ◇
- **Sim:** Use $i = e^r - 1$
- **Não:** Determine o número de períodos de capitalização, m, por período efetivo de juros que você procura → Use $i = \left(1 + \frac{r}{m}\right)^m - 1$

Ramo "Não, é efetiva": Substitua $\frac{r}{m}$ pela taxa dada → Use $i = \left(1 + \frac{r}{m}\right)^m - 1$

Ramo "Não" (PC não é mais breve nem igual ao PP):
- Considere que nenhum juro é pago nos pagamentos efetuados entre o PC
- Os fluxos de caixa negativos (pagamentos) são tratados como se ocorressem no fim do período de capitalização (PC)
- Os fluxos de caixa positivos (saques) são tratados como se ocorressem no início do período de capitalização (PC)
- Use a taxa dada nos fatores de juros compostos

→ Pare

Contribuição do dr. Mathias Sutton, da Purdue University.

NÍVEL DOIS

FERRAMENTAS PARA AVALIAR ALTERNATIVAS

NÍVEL UM Eis Como Tudo Começa	NÍVEL DOIS Ferramentas para Avaliar Alternativas	NÍVEL TRÊS Tomada de Decisões em Projetos do Mundo Real	NÍVEL QUATRO Completando o Estudo
Capítulo 1 Fundamentos da Engenharia Econômica **Capítulo 2** Fatores: Como o Tempo e os Juros Afetam o Dinheiro **Capítulo 3** Combinação de Fatores **Capítulo 4** Taxas Nominais de Juros e Taxas Efetivas de Juros	**Capítulo 5** Análise do Valor Presente **Capítulo 6** Análise do Valor Anual **Capítulo 7** Análise da Taxa de Retorno: Alternativa Única **Capítulo 8** Análise da Taxa de Retorno: Múltiplas Alternativas **Capítulo 9** Análise de Custo-Benefício e Economia do Setor Público **Capítulo 10** Fazendo Escolhas: O Método, a TMA e os Atributos Múltiplos	**Capítulo 11** Decisões sobre Substituição e Retenção **Capítulo 12** Escolha de Projetos Independentes sob Limitação Orçamentária **Capítulo 13** Análise do Ponto de Equilíbrio (*Breakeven*)	**Capítulo 14** Efeitos da Inflação **Capítulo 15** Estimativa dos Custos e Alocação dos Custos Indiretos **Capítulo 16** Métodos da Depreciação **Capítulo 17** Análise Econômica Depois do Desconto dos Impostos **Capítulo 18** Análise de Sensibilidade Formalizada e Decisões sobre o Valor Esperado **Capítulo 19** Ampliação do Estudo sobre Variação e Tomada de Decisões sob Risco

Uma ou mais alternativas de engenharia são formuladas para resolver um problema ou produzir resultados específicos. Em engenharia econômica, cada alternativa tem estimativas de fluxo de caixa referentes ao investimento inicial, receitas e/ou custos periódicos (geralmente anuais) e, possivelmente, um valor recuperado no fim de seu prazo de validade esperado. Os capítulos deste nível desenvolvem os quatro diferentes métodos pelos quais uma ou mais alternativas podem ser economicamente avaliadas, usando os fatores e as fórmulas apresentados, anteriormente, no Nível Um.

Na prática profissional, é típico que o método de avaliação e as estimativas paramétricas necessárias ao estudo econômico não sejam especificados. O último capítulo deste nível inicia-se com um foco na escolha do melhor método de avaliação para o estudo. Ele prossegue tratando a questão fundamental de qual TMA usar e o dilema histórico de como considerar fatores não-econômicos, quando se escolhe uma alternativa.

***Nota importante*: Se a depreciação e/ou análise depois do desconto dos impostos forem consideradas juntamente com os métodos de avaliação apresentados no Capítulo 5 ao Capítulo 9, o Capítulo 16 e/ou Capítulo 17 devem ser tratados, preferivelmente, depois do Capítulo 6.**

CAPÍTULO 5

Análise do Valor Presente

Um montante futuro que é convertido em seu valor atual equivalente tem um valor presente (VP) sempre menor do que o do fluxo de caixa real, pois, para qualquer taxa de juros maior do que zero, todos os fatores P/F têm um valor menor do que 1. Por isso, os montantes do valor presente, quase sempre, são chamados de *fluxos de caixa descontados (FCD)*. Similarmente, a taxa de juros é chamada de *taxa de desconto*. Além do VP, outros dois termos freqüentemente utilizados são: *principal* (P) e *valor presente líquido* (VPL). Até este ponto, os cálculos do valor presente foram efetuados para somente um projeto ou alternativa. Neste capítulo, trataremos das técnicas para comparar duas ou mais alternativas mutuamente exclusivas, utilizando o método do valor presente.

Diversas ramificações da análise do valor presente (VP) serão tratadas aqui – valor futuro, custo capitalizado, período de recuperação (*payback*) do investimento, análise de títulos; todas elas utilizam relações do valor presente para analisar alternativas.

Para que você possa entender como organizar uma análise econômica, este capítulo se inicia com uma descrição de projetos independentes e mutuamente exclusivos, assim como com uma descrição de alternativas de projetos que têm receitas ou serviços como objetivos.

O estudo de caso examina o período de recuperação do investimento e a sensibilidade de um projeto do setor público.

OBJETIVOS DE APRENDIZAGEM

Propósito: Comparar alternativas mutuamente exclusivas, tendo como base o valor presente, e aplicar ramificações do método do valor presente.

Este capítulo ajudará você a:

- Formular alternativas
- Fatores VP de alternativas com ciclos de vida iguais
- VP de alternativas com ciclos de vida diferentes
- Análise do VF
- Custo capitalizado (CC)
- Período de recuperação do investimento
- Custos do ciclo de vida (CCV)
- VP de títulos
- Planilhas eletrônicas

1. Identificar projetos mutuamente exclusivos e independentes; definir uma alternativa de serviço e de receita.

2. Selecionar as melhores alternativas com ciclos de vida iguais, utilizando a análise do valor presente.

3. Selecionar as melhores alternativas com ciclos de vida diferentes, utilizando a análise do valor presente.

4. Selecionar a melhor alternativa, utilizando a análise do valor futuro.

5. Selecionar a melhor alternativa, utilizando cálculos de custo capitalizado.

6. Determinar o período de recuperação do investimento, considerando $i = 0\%$ e $i > 0\%$ e determinar as falhas deste tipo de análise.

7. Realizar uma análise de custos do ciclo de vida para as etapas de aquisição e operação de uma alternativa (sistema).

8. Calcular o valor presente de um investimento em títulos.

9. Desenvolver planilhas que utilizem a análise do valor presente e suas ramificações, incluindo o período de recuperação do investimento.

5.1 FORMULAÇÃO DE ALTERNATIVAS MUTUAMENTE EXCLUSIVAS

A Seção 1.3 explica que a avaliação econômica de uma alternativa requer estimativas do fluxo de caixa ao longo de um intervalo de tempo estabelecido e um critério para a escolha da melhor alternativa. As alternativas são desenvolvidas a partir das propostas de projeto, para atingir um propósito estabelecido. Essa evolução é descrita na Figura 5–1. Alguns projetos são econômica e tecnologicamente viáveis, outros não. Tão logo os projetos viáveis são definidos, é possível formular as alternativas. Por exemplo, suponha que a Med-supply.com, uma loja virtual fornecedora de produtos médicos, queira desafiar seus concorrentes de lojas físicas ao reduzir significativamente o tempo entre a inclusão do pedido e a entrega dos produtos a hospitais ou clínicas. Três projetos foram propostos: uma interligação (*networking*) mais estreita com a UPS e a FedEx, para que o tempo de entrega seja abreviado; uma parceria com fornecedores de produtos médicos locais nas grandes cidades, para garantir que a entrega seja feita no mesmo dia; e o desenvolvimento de uma máquina similar a um aparelho de fax em 3–D, para despachar itens fisicamente menores do que a máquina. Economicamente (e tecnologicamente), apenas as duas primeiras propostas de projeto podem ser conquistadas na atualidade; e são essas as duas alternativas a serem avaliadas.

A descrição vista anteriormente trata corretamente as propostas de projeto como precursoras das alternativas econômicas. Para ajudar a formular as alternativas, *categorize cada projeto* como uma das seguintes opções:

- **Mutuamente exclusivo.** *Somente um dos projetos viáveis pode ser selecionado* para análise econômica. Cada projeto viável *é* uma alternativa.

- **Independente.** *Mais de um projeto viável pode ser selecionado* para análise econômica. (Pode haver projetos dependentes que exigem que um projeto em particular seja selecionado antes de outro, e projetos contingentes em que um projeto pode ser substituído por outro.)

A opção *não fazer nada* (*NFN*) geralmente é entendida como uma alternativa quando a avaliação é realizada. Se for absolutamente necessário que uma das alternativas definidas seja selecionada, "não fazer nada" não é considerada uma opção. (Isso pode ocorrer quando uma função obrigatória precisa ser instalada por questões de segurança, por aspectos legais ou outros propósitos.) A escolha de uma alternativa NFN significa que o estado atual é mantido; nada novo é iniciado. Nenhum novo custo, receita ou economia são gerados pela alternativa NFN.

A escolha de uma alternativa mutuamente exclusiva se desenvolve, por exemplo, quando um engenheiro precisa selecionar o melhor motor a diesel dentre os diversos modelos concorrentes. Alternativas mutuamente exclusivas *competem entre si* na avaliação. Todas as técnicas de análise, ao longo do Capítulo 9, são desenvolvidas para comparar alternativas mutuamente exclusivas. O valor presente é discutido no restante deste capítulo. Se nenhuma alternativa mutuamente exclusiva for considerada economicamente aceitável, é possível rejeitar todas as alternativas e (como padrão) aceitar a alternativa NFN. (Essa opção é indicada na Figura 5–1 pelo sombreado cinzento na alternativa mutuamente exclusiva NFN.)

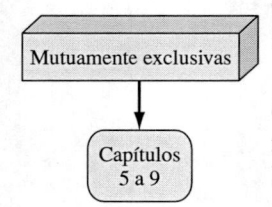

SEÇÃO 5.1   Formulação de Alternativas Mutuamente Exclusivas

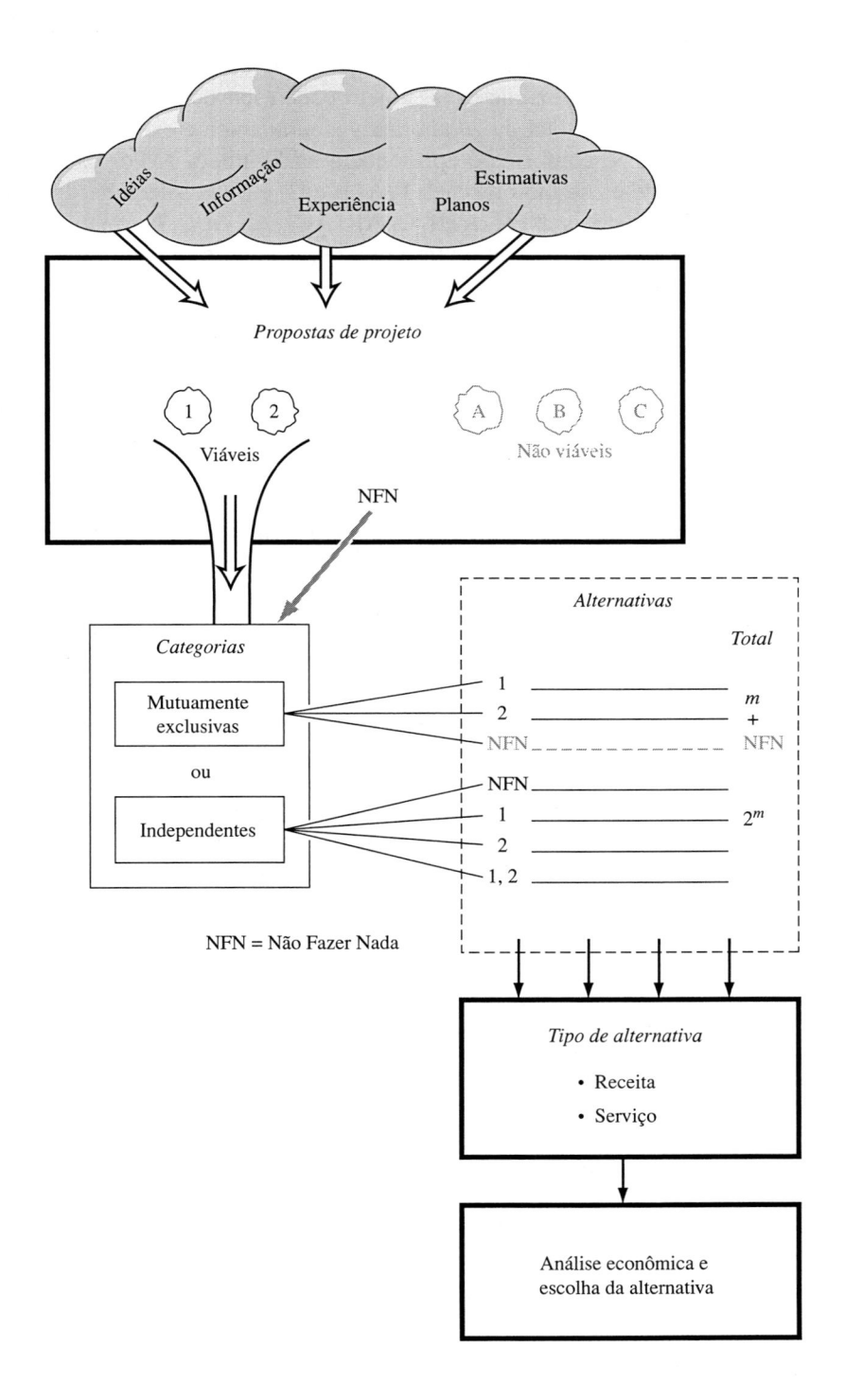

Figura 5–1
Evolução das propostas de projeto para a escolha de alternativas por análise econômica.

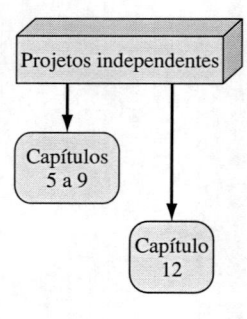

Projetos independentes não competem entre si na avaliação. Cada projeto é avaliado separadamente e, assim, a *comparação é entre um projeto por vez e a alternativa de não fazer nada (NFN)*. Se há *m* projetos independentes, zero, um, dois ou mais podem ser selecionados. Uma vez que cada projeto pode estar dentro ou fora do grupo selecionado de projetos, há um total de 2^m alternativas mutuamente exclusivas. Esse número inclui a alternativa NFN, conforme é apresentado na Figura 5–1. Por exemplo, se o engenheiro tem três modelos de motor a diesel (A, B e C) e pode selecionar qualquer número deles, há $2^3 = 8$ alternativas: NFN, A, B, C, AB, AC, BC, ABC. Normalmente, em aplicações na vida real, há restrições, como um limite orçamentário máximo, que eliminam muitas das 2^m alternativas. A análise de projetos independentes sem limite orçamentário é discutida neste capítulo e no Capítulo 9. O Capítulo 12 trata de projetos independentes com limitação orçamentária, denominados problemas de orçamento de capital.

Finalmente, é importante reconhecer a *natureza ou tipo de alternativa* antes de iniciar uma avaliação. Os fluxos de caixa determinam se as alternativas se baseiam em receitas ou em serviço. Todas as alternativas avaliadas em um estudo de engenharia econômica em particular devem ser do mesmo tipo.

- **Receitas.** *Cada alternativa gera estimativas de fluxo de caixa que são custos (ou desembolsos) e receitas (ou recebimentos) e, possivelmente, economias.* As receitas dependem de qual alternativa é selecionada. Essas alternativas, geralmente, envolvem novos sistemas, produtos etc. que exigem comprometimento de capital para gerar receitas e/ou economias. Comprar novos equipamentos para aumentar a produtividade e as vendas é uma alternativa de receitas.
- **Serviço.** *Cada alternativa tem somente estimativas de custos no fluxo de caixa.* As receitas ou economias não dependem da alternativa selecionada, de forma que se presume que esses fluxos de caixa são iguais. Podem ser iniciativas do setor público (governo) (conforme será discutido no Capítulo 9). Além disso, esses serviços podem ser legalmente obrigatórios ou melhorias da segurança. Freqüentemente, uma melhoria é justificável; entretanto, as receitas ou economias antecipadas não são estimáveis. Nesses casos, a avaliação se baseia apenas nas estimativas de custo.

As diretrizes para escolha de alternativas, desenvolvidas na próxima seção, são realizadas sob medida para ambos os tipos de alternativa.

5.2 ANÁLISE DO VALOR PRESENTE DE ALTERNATIVAS COM CICLOS DE VIDA IGUAIS

Na análise do valor presente, o valor *P*, agora chamado de *VP*, é calculado à taxa mínima de atratividade (TMA) de cada alternativa. O método do valor presente é popular porque as estimativas futuras (custos e receitas) são transformadas em *dólares equivalentes agora*, ou seja, todos os fluxos de caixa futuros são convertidos em dólares no momento atual. Isso torna fácil determinar a vantagem econômica de uma alternativa em relação à outra.

A comparação do VP de alternativas que têm ciclos de vida iguais é imediata. Se ambas as alternativas são usadas em capacidades idênticas durante o mesmo intervalo de tempo, são chamadas de alternativas de *igual serviço*.

SEÇÃO 5.2   Análise do Valor Presente de Alternativas com Ciclos de Vida Iguais

Quer as alternativas mutuamente exclusivas envolvam somente desembolsos (serviço) ou recebimentos e desembolsos, são aplicadas as seguintes diretrizes para a escolha de uma delas:

Uma alternativa de investimento. Calcule o valor presente (VP) à taxa mínima de atratividade (TMA). Se VP ≥ 0, a TMA procurada é alcançada ou ultrapassada, e a alternativa é financeiramente viável.

Duas ou mais alternativas de investimentos. Calcule o VP de cada alternativa à taxa mínima de atratividade. *Escolha a alternativa cujo valor VP seja numericamente o maior,* ou seja, menos negativo ou mais positivo, indicando um menor VP dos fluxos de caixa de custos, ou um maior VP dos fluxos de caixa líquidos (receitas menos desembolsos).

Note que a diretriz para selecionar uma alternativa, menor custo ou maior receita, utiliza o critério do *numericamente maior*. Esse *não é o valor absoluto* do valor VP, porque o sinal deve ser considerado. As escolhas a seguir aplicam corretamente a diretriz para os valores VP listados.

VP_1	VP_2	Alternativa Selecionada
$-1.500	$-500	2
-500	+1.000	2
+2.500	-500	1
+2.500	+1.500	1

Se os projetos forem *independentes*, a diretriz de escolha é a seguinte:

Para um ou mais projetos independentes, selecione todos os projetos com VP ≥ 0 à taxa mínima de atratividade (TMA).

Isso compara cada projeto com a alternativa *não fazer nada*. O projeto precisa ter fluxos de caixa positivos e negativos para obter um valor VP que ultrapasse zero; ou seja, devem ser projetos de receitas.

A análise do VP requer uma TMA para ser utilizada como valor *i* em todas as relações de VP. As bases utilizadas para se estabelecer uma TMA realista foram resumidas no Capítulo 1 e são discutidas detalhadamente no Capítulo 10.

EXEMPLO 5.1

Realize uma análise do valor presente para máquinas que fazem serviços idênticos, cujos custos são apresentados a seguir, se a TMA é de 10% ao ano. Espera-se que as receitas de todas as três alternativas sejam iguais.

	Movida à Energia Elétrica	Movida a Gás	Movida à Energia Solar
Custo de aquisição, $	-2.500	-3.500	-6.000
Custo operacional anual (COA), $	-900	-700	-50
Valor recuperado R, $	200	350	100
Ciclo de vida, em anos	5	5	5

Solução

Estas são alternativas de serviço. Os valores recuperados são considerados um custo "negativo", de forma que um sinal de + os precede. (Se custa dinheiro a alienação de um bem, o custo estimado dessa ação tem um sinal de –.) O VP de cada máquina é calculado a $i = 10\%$ para $n = 5$ anos. Utilize como subscritos E, G e S.

$$VP_E = -2.500 - 900(P/A;10\%;5) + 200(P/F;10\%;5) = \$ -5.788$$

$$VP_G = -3.500 - 700(P/A;10\%;5) + 350(P/F;10\%;5) = \$ -5.936$$

$$VP_S = -6.000 - 50(P/A;10\%;5) + 100(P/F;10\%;5) = \$ -6.127$$

A máquina movida a energia elétrica é selecionada, pois o VP de seus custos é o menor; ela tem numericamente o maior VP.

5.3 ANÁLISE DO VALOR PRESENTE DE ALTERNATIVAS COM CICLOS DE VIDA DIFERENTES

LEMBRE-SE: COMPARE SERVIÇOS IGUAIS

Quando o método do valor presente é utilizado para comparar alternativas mutuamente exclusivas com ciclos de vida diferentes, o procedimento da seção anterior é seguido, com uma exceção:

O VP das alternativas deve ser comparado ao longo do mesmo número de anos e encerrar-se ao mesmo tempo.

Isso é necessário, uma vez que uma comparação do valor presente envolve calcular o montante presente equivalente de todos os fluxos de caixa futuros. Uma boa comparação somente pode ser realizada quando os valores VP representam custos (e recebimentos) associados a serviços iguais. Deixar de comparar serviços iguais sempre favorecerá uma alternativa com ciclo de vida mais breve (pelos custos), mesmo que ela não seja a mais econômica, porque períodos de custos mais breves estão envolvidos. O requisito de igual serviço pode ser cumprido por meio de qualquer um dos dois critérios seguintes:

- Compare as alternativas ao longo de um intervalo de tempo igual ao *mínimo múltiplo comum* (MMC) de seus ciclos de vida.
- Compare as alternativas usando um *período de estudo com n anos de duração*, o qual não leva necessariamente em consideração a vida útil das alternativas. Isso também é chamado de critério do *horizonte de planejamento*.

Em qualquer caso, o VP de cada alternativa é calculado de acordo com a TMA, e a diretriz de escolha é idêntica à diretriz das alternativas com ciclos de vida iguais. O critério do MMC faz com que os fluxos de caixa de todas as alternativas se estendam automaticamente para o mesmo intervalo de tempo. Por exemplo, alternativas com expectativa de vida de 2 e 3 anos são comparadas ao longo de um intervalo de tempo de 6 anos. Esse tipo de procedimento exige que algumas hipóteses sejam formuladas a respeito dos ciclos de vida subseqüentes das alternativas.

SEÇÃO 5.3   Análise do Valor Presente de Alternativas com Ciclos de Vida Diferentes   **175**

Considerando o método do MMC, as hipóteses de análise do VP de alternativas com diferentes ciclos de vida são as seguintes:

1. **O serviço proporcionado pelas alternativas será necessário pelo número de anos resultante do MMC, ou mais.**
2. **A alternativa selecionada será repetida ao longo de cada ciclo de vida do MMC, exatamente da mesma maneira.**
3. **As estimativas de fluxo de caixa serão idênticas em cada ciclo de vida.**

Conforme mostraremos no Capítulo 14, a terceira hipótese é válida somente quando se espera que os fluxos de caixa se modifiquem exatamente pela taxa de inflação (ou deflação), naquele período de tempo. Se há a expectativa de os fluxos de caixa se modificarem por meio de outra taxa qualquer, a análise do VP deve ser realizada utilizando-se dólares de valor constante, onde a inflação seja considerada (Capítulo 14). Uma análise do período de estudo é exigida, se a primeira hipótese – sobre a extensão de tempo em que as alternativas são necessárias – não puder ser atendida. Uma análise do valor presente ao longo do MMC exige que a estimativa dos valores recuperados seja incluída em cada ciclo de vida.

Em relação ao critério do período de estudo, é escolhido um horizonte de planejamento adequado, e somente os fluxos de caixa que ocorrem durante esse intervalo de tempo são considerados relevantes para a análise. Todos os fluxos de caixa que ocorrem além do período de estudo são ignorados. Deve ser feita uma estimativa do valor de mercado no fim do período de estudo. O horizonte de planejamento escolhido pode ser relativamente breve, especialmente quando metas comerciais de curto prazo são muito importantes. O critério do período de estudo, freqüentemente, é utilizado na análise de substituição. Ele também é útil quando o MMC das alternativas produz um período de avaliação irrealista; por exemplo, 5 e 9 anos.

O Exemplo 5.2 inclui avaliações baseadas nos critérios de MMC e período de estudo. Além disso, o Exemplo 5.12, na Seção 5.9, ilustra a utilização de planilhas na análise do VP tanto para ciclos de vida diferentes, como para um período de estudo.

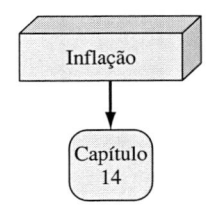

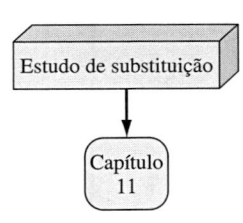

EXEMPLO 5.2

Um engenheiro de projetos que trabalha na EnvironCare foi designado para implantar um novo escritório em uma cidade onde foi firmado um contrato de 6 anos para a leitura e análise dos níveis de ozônio. Duas opções de arrendamento estão disponíveis, sendo que cada uma tem o custo de aquisição, o custo anual do arrendamento e as estimativas de retorno do depósito apresentadas a seguir:

	Localização A	Localização B
Custo de aquisição, $	−15.000	−18.000
Custo anual do arrendamento, $ por ano	−3.500	−3.100
Retorno do depósito, $	1.000	2.000
Prazo de arrendamento, em anos	6	9

(a) Determine qual opção de arrendamento será selecionada, com base na comparação do valor presente, se a TMA é de 15% ao ano.

(b) A EnvironCare tem como padrão a prática de avaliar todos os projetos ao longo de um período de 5 anos. Se for utilizado o período de estudo de 5 anos e se há a expectativa de os retornos do depósito não se alterarem, qual localização deve ser escolhida?

(c) Qual localização deve ser escolhida, considerando um período de estudo de 6 anos, se a estimativa de retorno do depósito na localização B é de $ 6.000 depois de 6 anos?

Solução

(a) Uma vez que os arrendamentos têm diferentes prazos (ciclos de vida), compare-os com o MMC de 18 anos. Em relação às reaplicações dos ciclos de vida, o custo de aquisição se repete no ano 0 de cada novo ciclo, que é o último ano do ciclo anterior. Isso ocorre nos anos 6 e 12 para a localização A e no ano 9 para a localização B. O diagrama de fluxos de caixa é apresentado na Figura 5–2. Calcule o VP a 15%, ao longo de 18 anos.

$VP_A = -15.000 - 15.000(P/F;15\%;6) + 1.000(P/F;15\%;6)$

$\quad - 15.000(P/F;15\%;12) + 1.000(P/F;15\%;12) + 1.000(P/F;15\%;18)$

$\quad - 3.500(P/A;15\%;18)$

$\quad = \$ -45.036$

$VP_B = -18.000 - 18.000(P/F;15\%;9) + 2.000(P/F;15\%;9)$

$\quad + 2.000(P/F;15\%;18) - 3.100(P/A;15\%;18)$

$\quad = \$ -41.384$

A localização B é escolhida, uma vez que custa menos em termos de VP; ou seja, o montante do VP_B é numericamente maior do que o VP_A.

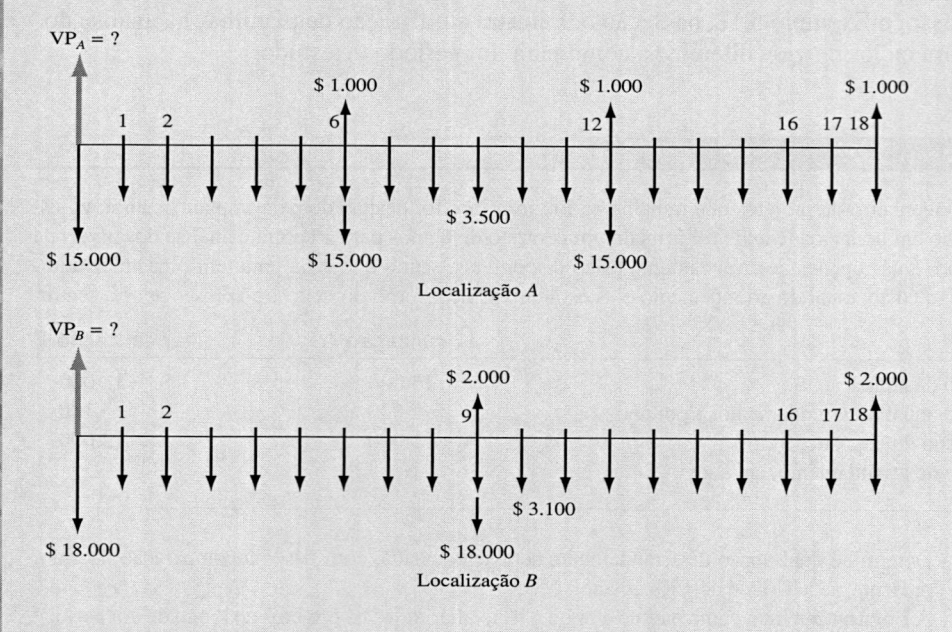

Figura 5–2
Diagrama dos fluxos de caixa de alternativas com diferentes ciclos de vida, no Exemplo 5.2(a).

(b) Em relação a um período de estudo de 5 anos, não é necessário nenhuma repetição de ciclos de vida. A análise do VP é:

$$VP_A = -15.000 - 3.500(P/A;15\%;5) + 1.000(P/F;15\%;5)$$

$$= \$ -26.236$$

$$VP_B = -18.000 - 3.100(P/A;15\%;5) + 2.000(P/F;15\%;5)$$

$$= \$ -27.397$$

A localização A agora é a melhor opção.

(c) Em relação a um período de 6 anos, o retorno do depósito para a localização B é de $ 6.000 no ano 6.

$$VP_A = -15.000 - 3.500(P/A;15\%;6) + 1.000(P/F;15\%;6) = \$ -27.813$$

$$VP_B = -18.000 - 3.100(P/A;15\%;6) + 6.000(P/F;15\%;6) = \$ -27.138$$

A localização B agora tem uma pequena vantagem econômica. Fatores não econômicos, provavelmente, influenciarão a decisão final.

Comentários
Na questão (a) e na Figura 5–2, o retorno do depósito correspondente a cada aluguel é recuperado *depois de cada ciclo de vida*, ou seja, nos anos 6, 12 e 18, para A, e nos anos 9 e 18, para B. Na questão (c), o aumento do retorno do depósito de $ 2.000 para $ 6.000 muda a localização escolhida de A para B. O engenheiro de projetos deve reexaminar essas estimativas antes de tomar uma decisão final.

5.4 ANÁLISE DO VALOR FUTURO

O valor futuro (VF) de uma alternativa pode ser determinado por meio dos fluxos de caixa, calculando-se o montante do valor futuro ou multiplicando-se o montante do VP pelo fator *P/F*, à TMA estabelecida. Portanto, o VF é uma extensão da análise do valor presente. O valor *n*, no fator *P/F*, depende de qual intervalo de tempo foi utilizado para determinar o VP – o valor MMC ou um período de estudo especificado. A análise de uma alternativa, ou a comparação de duas ou mais alternativas, utilizando-se montantes do VF, é especialmente aplicável a decisões que envolvem grandes investimentos de capital, quando a meta de primeira importância é maximizar a *riqueza futura* dos acionistas de uma corporação.

A análise do valor futuro é, freqüentemente, utilizada se o ativo (equipamentos, uma corporação, um prédio etc.) puder ser vendido ou negociado em algum momento após o início de suas atividades ou aquisição, mas antes de o ciclo de vida esperado ser atingido. Um montante de VF em um ano intermediário estima o valor da alternativa no momento da venda ou alienação. Suponha que um empreendedor esteja planejando comprar uma empresa e espera negociá-la dentro de 3 anos. A análise do VF é o melhor método para ajudá-lo a tomar a decisão de vendê-la ou mantê-la subseqüentemente. O Exemplo 5.3 ilustra esse uso da análise do VF. Outra excelente aplicação da análise do VF refere-se a projetos que não entrarão em atividade até o fim do período do investimento. Alternativas como usinas geradoras de energia elétrica, pedágios nas estradas, hotéis e afins podem ser analisadas utilizando-se o VF dos esforços de investimento realizados durante a construção.

CAPÍTULO 5   Análise do Valor Presente

Assim que o montante VF é determinado, as diretrizes de escolha são idênticas às da análise do VP; VF ≥ 0 significa que a TMA foi atingida ou ultrapassada (uma alternativa). Para duas (ou mais) alternativas mutuamente exclusivas, selecione aquela que possui numericamente o maior montante de valor futuro.

EXEMPLO 5.3

Um conglomerado britânico de distribuição de alimentos comprou uma rede de mercearias canadenses por $ 75 milhões, há 3 anos. Houve um prejuízo líquido de $ 10 milhões no fim do ano 1, ano em que passaram a ser os proprietários. O fluxo de caixa líquido está aumentando a um gradiente aritmético de $ + 5 milhões por ano, a começar do segundo ano, e espera-se que esse padrão prossiga no futuro previsível. Isso significa que o fluxo de caixa líquido de equilíbrio financeiro foi atingido naquele ano. Devido ao substancial financiamento com capital de terceiros, utilizado para comprar a rede canadense, o quadro de diretores internacionais espera uma TMA de 25% ao ano em qualquer venda.

(*a*) O conglomerado britânico recebeu, recentemente, uma oferta de $ 159,5 milhões de uma empresa francesa que deseja se instalar no Canadá. Utilize a análise de VF para determinar se a TMA será realizada a esse preço de venda.

(*b*) Se o conglomerado britânico continuar a ser o proprietário da rede, qual preço de venda deve ser obtido no fim de 5 anos para que a TMA possa ser atingida?

Solução

(*a*) Determine a relação de valor futuro no ano 3 (VF_3), para $i = 25\%$ ao ano e um preço de oferta de $ 159,5 milhões. A Figura 5–3*a* apresenta o diagrama de fluxo de caixa em unidades de milhões de $.

$$VF_3 = -75(F/P;25\%;3) - 10(F/P;25\%;2) - 5(F/P;25\%;1) + 159,5$$

$$= -168,36 + 159,5 = \$ -8,86 \text{ milhões}$$

Não, a TMA de 25% não será realizada se a oferta de $ 159,5 milhões for aceita.

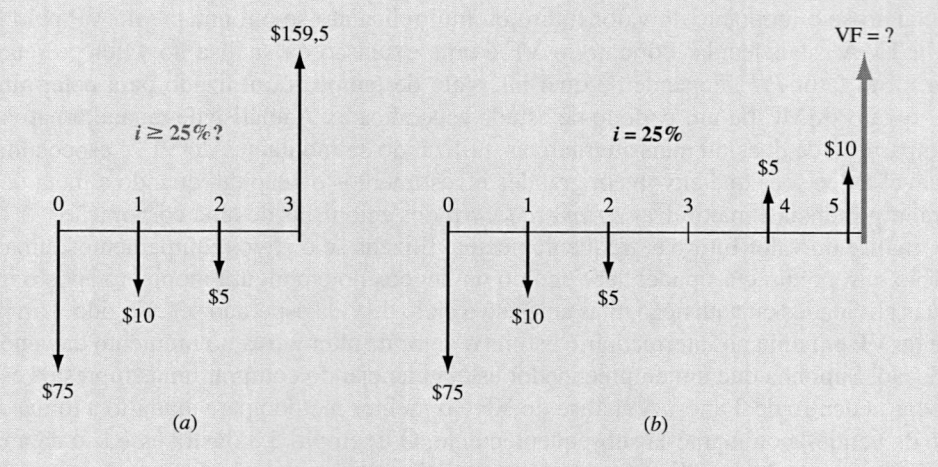

Figura 5–3
Diagramas dos fluxos de caixa no Exemplo 5.3. (*a*) A TMA de 25% é realizada? (*b*) Qual é o VF no ano 5? Os montantes estão expressos em milhões de $ por unidade.

(b) Determine o valor futuro daqui a 5 anos, à taxa de 25% ao ano. A Figura 5–3b apresenta o diagrama de fluxos de caixa. Os fatores A/G e F/A são aplicados ao gradiente aritmético.

$$VF_5 = -75(F/P;25\%;5) - 10(F/A;25\%;5) + 5(A/G;25\%;5)(F/A;25\%;5)$$

$$= \$ -246,81 \text{ milhões}$$

A oferta deve ser, no mínimo, de $ 246,81 milhões para que a TMA seja atingida. Isso equivale a aproximadamente 3,3 vezes o preço de compra há 5 anos, com base na TMA exigida de 25%.

Comentário
Se a "regra de 72" da Equação [1.9] for aplicada a 25% ao ano, o preço de venda deve duplicar-se, aproximadamente, a cada 72/25% = 2,9 anos. Isso não considera nenhum fluxo de caixa positivo ou negativo líquido durante os anos em que são proprietários.

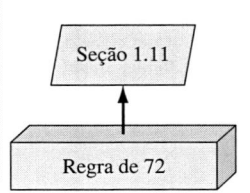

5.5 CÁLCULO E ANÁLISE DO CUSTO CAPITALIZADO

Custo capitalizado (CC) é o valor presente de uma alternativa que durará indefinidamente. Projetos do setor público como, por exemplo, pontes, represas, sistemas de irrigação e ferrovias situam-se nessa categoria. Além disso, as dotações a organizações permanentes e de assistência social são avaliadas utilizando-se os métodos de custo capitalizado.

A fórmula para calcular o CC é deduzida da relação $P = A(P/A;i;n)$, em que $n = \infty$. A equação para P usando a fórmula de fator P/A é:

$$P = A\left[\frac{(1+i)^n - 1}{i(1+i)^n}\right]$$

Divida o numerador e o denominador por $(1+i)^n$.

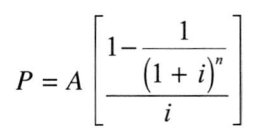

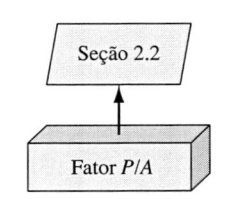

$$P = A\left[\frac{1 - \frac{1}{(1+i)^n}}{i}\right]$$

À medida que n se aproxima do ∞, o termo entre colchetes torna-se $1/i$ e o símbolo CC substitui VP e P.

$$CC = \frac{A}{i} \quad [5.1]$$

Se o valor A é um valor anual (VA) determinado por meio de cálculos de equivalência de fluxos de caixa ao longo de n anos, o valor CC é:

$$CC = \frac{VA}{i} \quad [5.2]$$

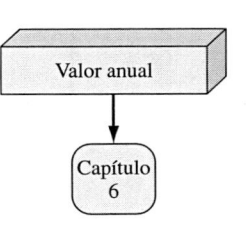

A validade da Equação [5.1] pode ser ilustrada considerando-se o valor do dinheiro no tempo. Se $ 10.000 ganham 20% ao ano, capitalizados anualmente, o montante máximo que pode ser sacado no fim de cada ano durante a *eternidade* é igual a $ 2.000, ou seja, à taxa acumulada a cada ano. Isso deixa os $ 10.000 originais a render juros, de forma que outros $ 2.000 se acumularão para o ano seguinte. Matematicamente, o valor A da nova quantia que será gerada a cada período de juros consecutivo durante um número infinito de períodos é

$$A = Pi = \text{CC}(i) \qquad [5.3]$$

O cálculo do custo capitalizado na Equação [5.1] é a Equação [5.3] resolvida para P e renomeada CC.

Em relação a uma alternativa do setor público, com um ciclo de vida infinito ou muito longo, o valor A determinado pela Equação [5.3] é utilizado quando o coeficiente de custo/benefício (C/B) é a base de comparação para projetos públicos. Esse método será abordado no Capítulo 9.

[Coeficiene de custo/benefício (C/B) → Seção 9.3]

Os fluxos de caixa (custos ou recebimentos) em um cálculo do custo capitalizado, geralmente, são de dois tipos: *recorrentes*, também chamados de periódicos, e *não recorrentes*. Um custo operacional anual de $ 50.000 e um custo de retrabalho estimado em $ 40.000, a cada 12 anos, são exemplos de fluxos de caixa recorrentes. Exemplos de fluxos de caixa não recorrentes são o valor do investimento inicial no ano 0 e as estimativas de fluxo de caixa globais (não periódicos) em tempos futuros; por exemplo $ 500.000, em taxas de *royalties*, 2 anos a partir de então. O procedimento a seguir auxilia a calcular o CC de uma seqüência infinita de fluxos de caixa.

1. Desenhe um diagrama apresentando os fluxos de caixa não recorrentes (globais) e pelo menos dois ciclos de todos os fluxos de caixa recorrentes (periódicos).
2. Encontre o valor presente de todos os valores não recorrentes. Esse é o valor CC deles.
3. Encontre o valor anual uniforme equivalente (valor A) ao longo de *um ciclo de vida* de todos os valores recorrentes. Esse é o mesmo valor em todos os ciclos de vida sucessivos, conforme será explicado no Capítulo 6. Adicione-o a todos os outros valores uniformes que ocorrem dos anos 1 ao infinito e o resultado será o valor anual uniforme (VA).
4. Divida o valor anual obtido na etapa 3 pela taxa de juros i, para obter um valor CC. Essa é uma aplicação da Equação [5.2].
5. Some os valores CC obtidos nas etapas 2 e 4.

Desenhar o diagrama de fluxos de caixa (etapa 1) é mais importante no cálculo do CC do que em qualquer outra parte, porque ajuda a separar os valores não recorrentes dos valores recorrentes. Na etapa 5, os valores presentes de todos os fluxos de caixa componentes são obtidos; o custo total capitalizado é simplesmente sua soma.

EXEMPLO 5.4

O departamento de avaliação de imóveis do município de Marin instalou, recentemente, um novo software para acompanhar os valores de mercado de prédios residenciais, com a finalidade de fazer cálculos de impostos imobiliários. O gerente quer saber qual é o custo total equivalente a todos os custos que serão incorridos no futuro, a partir do momento em que os três juízes do município concordarem em comprar o sistema de software. Se o novo sistema se destina a ser utilizado em um futuro indefinido, encontre o valor equivalente (*a*) agora e (*b*) em cada ano, daqui para a frente.

O sistema tem um custo de instalação de $ 150.000 e um custo adicional de $ 50.000 depois de 10 anos. O contrato anual de manutenção do software é de $ 5.000 durante os primeiros 4 anos e $ 8.000 desde então.

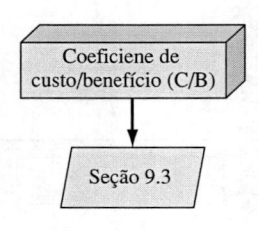

Além disso, espera-se que haja um importante custo recorrente de atualização no valor de $ 15.000 a cada 13 anos. Suponha que $i = 5\%$ ao ano, para os fundos municipais.

Solução

(a) O procedimento de cinco etapas é aplicado.
1. Desenhe o diagrama de fluxos de caixa correspondente aos dois ciclos (Figura 5–4).
2. Encontre o valor presente dos custos não recorrentes de $ 150.000, agora, e $ 50.000, em 10 anos, para a taxa $i = 5\%$. Rotule como CC_1.

$$CC_1 = -150.000 - 50.000(P/F;5\%;10) = \$ -180.695$$

3. Converta o custo recorrente de $ 15.000, a cada 13 anos, em um valor anual A_1, para os primeiros 13 anos.

$$A_1 = -15.000(A/F;5\%;13) = \$ -847$$

O mesmo valor, $A_1 = \$ -847$, pode ser utilizado, anualmente, nos outros períodos de 13 anos.

4. O custo capitalizado para as duas séries anuais de custos de manutenção pode ser determinado de duas maneiras: (1) considere uma série de $ –5.000 daqui ao infinito e encontre o valor presente de $ –8.000 – ($ –5.000) = $ – 3.000 do ano 5 em diante; ou (2) encontre o CC de $ –5.000 para 4 anos e o valor presente de $ –8.000 do ano 5 ao infinito. Utilizando-se o primeiro método, o custo anual (A_2) é de $ –5.000, indefinidamente. Usando a Equação [5.1] vezes o fator P/F, o custo capitalizado CC_2 de $ – 3.000, do ano 5 ao infinito, é encontrado:

$$CC_2 = \frac{-3.000}{0,05}(P/F;5\%;4) = \$ -49.362$$

As duas séries anuais de custos são convertidas em um custo capitalizado CC_3.

$$CC_3 = \frac{A_1 + A_2}{i} = \frac{-847 + (-5.000)}{0,05} = \$ -116.940$$

5. O custo capitalizado total CC_T é obtido com a soma dos três valores CC.

$$CC_T = -180.695 - 49.362 - 116.940 = \$ -346.997$$

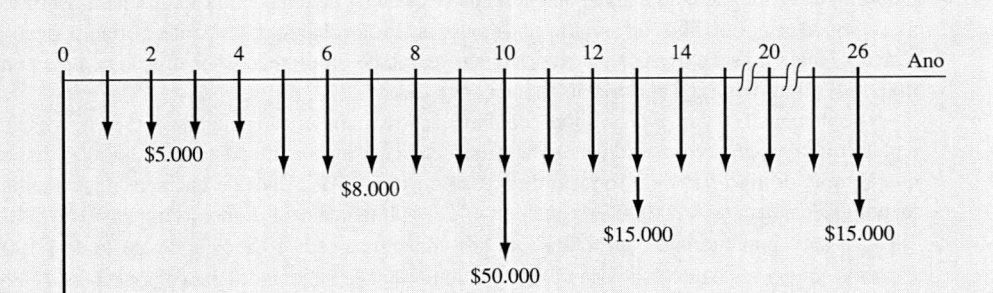

Figura 5–4
Fluxos de caixa de dois ciclos de custos recorrentes e de todos os valores não recorrentes, no Exemplo 5.4.

(b) A Equação [5.3] determina o valor *A* indefinidamente.

$$A = Pi = CC_T(i) = \$\ 346.997(0,05) = \$\ 17.350$$

Corretamente interpretado, isso significa que as autoridades do município de Marin comprometeram o equivalente a $ 17.350, por períodos indeterminados, para operar e fazer a manutenção do software de avaliação de imóveis.

Comentário

O valor CC_2 foi calculado utilizando $n = 4$, no fator P/F, porque o valor presente do custo anual de $ 3.000 está localizado no ano 4, uma vez que *P* está sempre um período adiante do primeiro *A*. Retrabalhe o problema utilizando o segundo método sugerido para calcular CC_2.

Para a comparação de duas ou mais alternativas, em função do custo capitalizado, utilize o procedimento descrito anteriormente para encontrar o CC_T de cada alternativa. Uma vez que o custo capitalizado representa o valor presente total para financiar e fazer a manutenção contínua de determinada alternativa, as alternativas serão automaticamente comparadas, considerando-se o mesmo número de anos (ou seja, o infinito). A alternativa com o menor custo capitalizado representará a mais econômica. Essa avaliação é ilustrada no Exemplo 5.5.

À semelhança do que ocorre na análise do valor presente, somente as diferenças de fluxo de caixa entre as alternativas devem ser consideradas, para propósitos comparativos. Entretanto, sempre que possível, os cálculos devem ser simplificados, eliminando-se os elementos de fluxo de caixa que são comuns a ambas as alternativas. Por outro lado, se valores de custo capitalizado verdadeiros forem necessários para refletir obrigações financeiras reais, fluxos de caixa reais devem ser utilizados.

EXEMPLO 5.5

Duas localizações estão sendo consideradas para a construção de uma ponte sobre um rio em Nova York. A localização ao norte, que liga uma importante rodovia estadual a um rodoanel interestadual, ao redor da cidade, aliviaria grande parte do tráfego local. As desvantagens dessa localização referem-se ao fato de que a ponte pouco contribuirá para o descongestionamento do tráfego local, durante o horário do *rush*. Além do que, a ponte teria de se estender de uma colina a outra para cobrir a parte mais larga do rio, os trilhos ferroviários e as rodovias locais abaixo. Essa ponte, portanto, deveria ser pênsil. O lugar ao sul exigiria uma extensão mais curta, possibilitando a construção de uma ponte do tipo *truss*[1], mas exigiria a construção de uma nova rodovia.

A ponte pênsil custará $ 50 milhões, com inspeção e manutenção anual de $ 35.000. Além disso, a plataforma de concreto terá de ser recapeada a cada 10 anos, a um custo de $ 100.000. Espera-se que a ponte do tipo *truss* e a rodovia de acesso custem $ 25 milhões e que seus custos anuais de manutenção sejam de $ 20.000. A ponte teria de ser pintada a cada 3 anos, a um custo de $ 40.000. Além disso, a ponte teria de ser polida com jatos de areia a cada 10 anos, a um custo de $ 190.000. Espera-se que o custo de compra da faixa de domínio seja de $ 2 milhões para a ponte pênsil e de $ 15 milhões para a ponte do tipo *truss*. Compare as alternativas em função de seus custos capitalizados, considerando que a taxa de juros é de 6% ao ano.

---

[1] **N.T.:** *Engenharia*. Qualquer dos vários arcabouços estruturais baseados na rigidez geométrica do retângulo. É composto de elementos retos sujeitos somente à compressão e/ou tensão longitudinais. Funciona como uma viga ou cantiléver, para sustentar pontes, tetos etc.

Solução
Construa os diagramas de fluxo de caixa correspondentes a dois ciclos de vida (20 anos).
Custo capitalizado da ponte pênsil (CC_P):

CC_1 = custo capitalizado do custo inicial

$= -50,0 + (-2,0) = \$ -52,0$ milhões

O custo operacional recorrente é $A_1 = \$ -35.000$ e o custo anual equivalente do custo de recapeamento é:

$A_2 = -100.000(A/F;6\%;10) = \$ -7.587$

CC_2 = custo capitalizado dos custos recorrentes = $\dfrac{A_1 + A_2}{i}$

$= \dfrac{-35.000 + (-7.587)}{0,06} = \$ -709.783$

O custo capitalizado total é:

$$CC_P = CC_1 + CC_2 = \$ -52{,}71 \text{ milhões}$$

Custo capitalizado da ponte do tipo truss (CC_T):

$CC_1 = -25,0 + (-15,0) = \$ -40,0$ milhões

$A_1 = \$ -20.000$

A_2 = custo anual de pintura = $-40.000(A/F;6\%;3) = \$ -12.564$

A_3 = custo anual de polimento = $-190.000(A/F,6\%,10) = \$ -14.415$

$CC_2 = \dfrac{A_1 + A_2 + A_3}{i} = \dfrac{\$ -46.979}{0,06} = \$ -782.983$

$CC_T = CC_1 + CC_2 = \$ -40{,}78$ milhões

Conclusão: A melhor opção é construir uma ponte do tipo *truss*, uma vez que o custo capitalizado é menor.

Se uma alternativa com ciclo de vida limitado (por exemplo, 5 anos) é comparada com uma alternativa que tem um ciclo de vida indefinido ou muito longo, os custos capitalizados podem ser utilizados para a avaliação. Para determinar o custo capitalizado da alternativa que tem um ciclo de vida finito, calcule o valor *A* equivalente de um ciclo de vida e divida-o pela taxa de juros, Equação [5.1]. Esse procedimento é ilustrado no exemplo seguinte.

EXEMPLO 5.6

A APSco, uma grande subcontratante de produtos eletrônicos para a Força Aérea dos Estados Unidos, precisa adquirir imediatamente 10 máquinas de solda com escantilhões especialmente preparados para montar componentes em placas de circuito impresso. Talvez, um número maior de máquinas seja necessário no futuro. O engenheiro diretor de produção esboçou as duas alternativas simplificadas, mas viáveis, apresentadas a seguir. A TMA da empresa é de 15% ao ano.

Alternativa LP (longo prazo): Por $ 8 milhões pagos imediatamente, uma contratante fornecerá o número necessário de máquinas (até um máximo de 20), agora e no futuro, durante o tempo em que a APSco precisar delas. Além disso, haverá um custo anual do contrato, no valor de $ 25.000, independentemente do número de máquinas fornecido. Não há imposições de limite de tempo no contrato e os custos não se somam.

Alternativa CP (curto prazo): A APSco compra suas próprias máquinas por $ 275.000 cada uma e gasta, segundo as estimativas, $ 12.000 por máquina, em termos de custos operacionais anuais (COA). A vida útil de uma máquina de solda é de 5 anos.

Elabore uma avaliação do custo capitalizado, manualmente e por computador. Assim que a avaliação for concluída, utilize a planilha para fazer a análise de sensibilidade, a fim de determinar o número máximo de máquinas de solda que pode ser adquirido agora e, ainda, obter um custo capitalizado menor do que o da alternativa de longo prazo.

Solução Manual

Em relação à alternativa LP, encontre o CC do COA usando a Equação [5.1], $CC = A/i$. Some esse valor à taxa de contrato inicial, a qual já é um valor de custo capitalizado (valor presente).

$$CC_{LP} = CC \text{ da taxa de contrato} + CC \text{ do COA}$$

$$= -8 \text{ milhões} - 25.000/0,15 = \$ -8.166.667$$

Quanto à alternativa CP, calcule, primeiro, o valor anual equivalente do custo de aquisição, ao longo do ciclo de vida de 5 anos, e some os valores COA de todas as 10 máquinas. Depois determine o CC total, utilizando a Equação [5.2].

$$VA_{CP} = VA \text{ da aquisição} + COA$$

$$= -2,75 \text{ milhões}(A/P;15\%;5) - 120.000 = \$ -940.380$$

$$CC_{CP} = -940.380/0,15 = \$ -6.269.200$$

A alternativa CP tem um custo capitalizado menor, em aproximadamente $ 1,9 milhão pelo valor presente, se comparada à alternativa LP.

Solução por Computador

A Figura 5–5 contém a solução correspondente às 10 máquinas na coluna B. A célula B8 refere-se à mesma relação utilizada na solução manual. A célula B15 utiliza a função PGTO para determinar o valor anual equivalente A na aquisição das 10 máquinas, ao qual o COA é adicionado. A célula B16 utiliza a Equação [5.2] para encontrar o CC total correspondente à alternativa CP. Conforme o esperado, a alternativa CP é selecionada. (Compare o CC_{CP} obtido pela solução manual e por computador e note que o erro de arredondamento, utilizando os fatores tabulados de juros, torna-se maior para valores P grandes.)

O tipo de análise de sensibilidade aqui solicitado é fácil de ser executado, tão logo uma planilha seja desenvolvida. A função PGTO, na célula B15, geralmente é expressa em termos da célula B12, que é o nú-

SEÇÃO 5.6 Análise do Período de Recuperação do Investimento

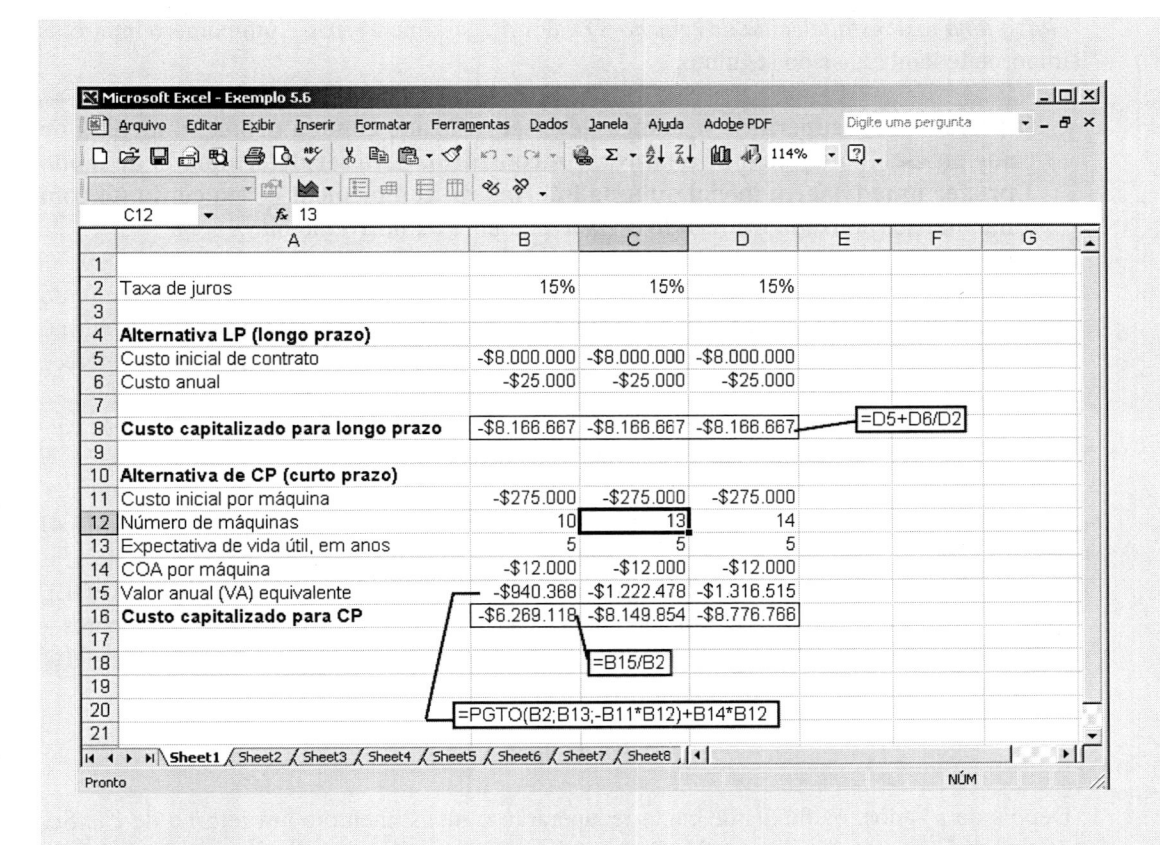

Figura 5-5
Solução de planilha para comparação de custos capitalizados, no Exemplo 5.6.

mero de máquinas adquirido. As colunas C e D reproduzem a avaliação correspondente a 13 e 14 máquinas. Treze é o número máximo de máquinas que pode ser adquirido, já que apresenta um CC para a alternativa CP menor do que a do contrato LP. Essa conclusão é facilmente obtida comparando-se os valores totais nas linhas 8 e 16. (*Nota:* É necessário reproduzir a coluna B em C e D, para realizar essa análise de sensibilidade. Alterar o lançamento na célula B12 para valores maiores do que 10 produzirá a mesma informação. A reprodução é apresentada aqui com o objetivo de exibir todos os resultados em uma única planilha.)

5.6 ANÁLISE DO PERÍODO DE RECUPERAÇÃO DO INVESTIMENTO

A *análise do período de recuperação do investimento* é outra extensão do método do valor presente. O período de recuperação do investimento pode assumir duas formas: uma para $i > 0\%$ (também chamada de *análise de reembolso descontado*) e outra para $i = 0\%$. Há um vínculo lógico entre a análise de reembolso e a análise de equilíbrio financeiro (*breakeven*) que é utilizada em diversos capítulos e discutida em detalhes no Capítulo 13.

Período de recuperação n_p é o período estimado, geralmente em anos, que será necessário para que as receitas e outros benefícios econômicos previstos *recuperem o investimento ini-*

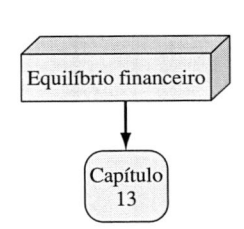

cial, a uma taxa estabelecida de retorno. O valor n_p, geralmente, não é um número inteiro. É importante lembrar-se do seguinte:

O período de recuperação n_p nunca deve ser utilizado como a principal medida de valor na escolha de uma alternativa. Ao contrário, deve ser determinado de modo a prover uma triagem inicial ou uma informação complementar, em conjunto com uma análise realizada utilizando o valor presente ou outro método.

O período de recuperação deve ser calculado utilizando-se um retorno determinado maior do que 0%. Entretanto, na prática, freqüentemente é determinado sem a previsão de um retorno ($i = 0\%$), com a finalidade de fazer uma triagem inicial do projeto e determinar se ele merece considerações adicionais.

Para encontrar o período de reembolso, descontado a uma taxa estabelecida $i > 0\%$, calcule os anos n_p que tornam a seguinte expressão correta:

$$0 = -P + \sum_{t=1}^{t=n_p} FCL_t(P/F,i,t) \qquad [5.4]$$

O valor P é o investimento inicial, ou custo de aquisição, e o fluxo de caixa líquido (FCL), estimado para cada ano t, é determinado pela Equação [1.8], na qual FCL = recebimentos − desembolsos. Se houver a expectativa de os valores do FCL serem iguais a cada ano, o fator P/A pode ser utilizado, e nesse caso a relação é:

$$0 = -P + FCL(P/A;i;n_p) \qquad [5.5]$$

Depois de n_p anos, os fluxos de caixa recuperarão o investimento e um retorno de $i\%$. Se, na realidade, o ativo, ou alternativa de investimento, for utilizado por um período maior do que n_p anos, isso pode resultar em um rendimento maior; mas, se a vida útil for inferior a n_p anos, não há tempo suficiente para recuperar o investimento inicial e o retorno $i\%$. É muito importante perceber que na análise de recuperação do investimento *todos os fluxos de caixa líquidos que ocorrem depois de np anos são desconsiderados*. Uma vez que isso é significativamente diferente do critério do VP (ou do valor anual, ou da taxa de retorno, conforme discutiremos posteriormente), em que todos os fluxos de caixa ocorridos durante a vida útil são incluídos na análise econômica. A análise do tempo de recuperação pode ter um viés injusto na escolha da alternativa. Desse modo, utilize a análise de recuperação somente como uma triagem ou como técnica complementar.

Quando $i > 0\%$ é utilizado, o valor n_p não fornece uma percepção do risco envolvido se a alternativa for considerada. Por exemplo, se a empresa planeja produzir um produto, sob contrato, durante somente 3 anos, e a estimativa do período de recuperação do equipamento for de 6 anos, a empresa não deve assumir o contrato. Mesmo nessa situação, o período de recuperação de 6 anos é apenas uma informação complementar, não um bom substituto para uma análise econômica completa.

Uma análise de recuperação sem nenhum retorno (ou retorno simples) determina n_p para $i = 0\%$. Esse valor n_p serve simplesmente como um indicador inicial de que a proposta pode ser uma alternativa viável e que merece uma avaliação econômica completa. Utilize $i = 0\%$ na Equação [5.4] e encontre n_p.

$$0 = -P + \sum_{t=1}^{t=n_p} FCL_t \qquad [5.6]$$

Para uma série uniforme de fluxos de caixa líquidos, a Equação [5.6] é resolvida para n_p diretamente.

$$n_p = \frac{P}{\text{FCL}} \qquad [5.7]$$

Um exemplo da utilização de np como uma triagem inicial de projetos propostos é quando o presidente de uma corporação faz questão absoluta de que todo projeto tenha um retorno do investimento em 3 anos ou menos. Portanto, nenhum projeto proposto com $n_p > 3$ deve tornar-se uma alternativa.

É incorreto utilizar um período de recuperação sem retorno para fazer a escolha final de alternativas porque:

1. **Ele desconsidera qualquer requisito de retorno, uma vez que o valor do dinheiro no tempo é omitido.**
2. **Ele desconsidera todos os fluxos de caixa líquidos depois do tempo n_p, inclusive fluxos de caixa positivos, que podem contribuir para o retorno do investimento.**

Em conseqüência, a alternativa selecionada pode ser diferente da alternativa selecionada por uma análise econômica baseada em cálculos do VP (ou do VA). Esse fato será demonstrado posteriormente, no Exemplo 5.8.

EXEMPLO 5.7

O quadro de diretores da Halliburton International aprovou, recentemente, um contrato internacional de projetos de construção no valor de $ 18 milhões. Espera-se que os serviços gerem novos fluxos de caixa anuais líquidos de $ 3 milhões. O contrato contém uma cláusula de reembolso potencialmente lucrativa para a Halliburton, no valor de $ 3 milhões, a qualquer tempo em que seja rescindido por qualquer uma das partes, durante os seus 10 anos de vigência. (*a*) Se $i = 15\%$, calcule o período de recuperação. (*b*) Determine o período de recuperação, sem retorno, e compare-o com a resposta obtida para $i = 15\%$. Essa é uma checagem inicial para determinar se a diretoria tomou uma boa decisão econômica.

Solução

(*a*) O fluxo de caixa líquido a cada ano é de $ 3 milhões. Um único pagamento de $ 3 milhões (chame-o de VR, a sigla de valor da rescisão) poderia ser recebido a qualquer tempo, dentro do período de contrato de 10 anos. A Equação [5.5] é alterada para incluir VR.

$$0 = -P + \text{FCL}(P/A;i;n) + \text{VR}(P/F;i;n)$$

Em unidades de $ 1.000.000,

$$0 = -18 + 3(P/A;15\%;n) + 3(P/F;15\%;n)$$

O período de recuperação de 15% é $n_p = 15,3$ anos. Durante o período de 10 anos o contrato não produzirá o retorno necessário.

(*b*) Se a Halliburton não exigir absolutamente nenhum retorno para o seu investimento de $ 18 milhões, a Equação [5.6] resulta em $n_p = 5$ anos, da seguinte maneira (em milhões de $):

$$0 = -18 + 5(3) + 3$$

Há uma diferença muito significativa no n_p para 15% e 0%. A 15%, esse contrato teria de vigorar por 15,3 anos, enquanto o período de recuperação sem retorno exige somente 5 anos.

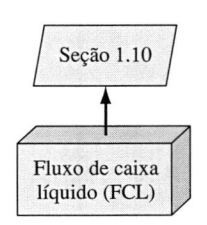

Solução Rápida

Um período mais longo sempre é necessário para $i > 0\%$, pela razão evidente de que o valor do dinheiro no tempo é considerado.

Use NPER(15%;3;–18;3) para exibir 15,3 anos na tela. Mude a taxa de 15% para 0% para exibir o período de recuperação sem retorno de 5 anos.

Comentário

O cálculo do período de recuperação fornece o número de anos necessário para recuperar o dinheiro investido. Mas, do ponto de vista da análise de engenharia econômica e do valor do dinheiro no tempo, a análise de recuperação sem retorno não é um método confiável para a escolha de uma alternativa.

Se duas ou mais alternativas são avaliadas utilizando-se os respectivos períodos de recuperação, para indicar aquela(s) que pode(m) ser melhor(es) do que a(s) outra(s), o segundo inconveniente da análise de recuperação (desconsiderar os fluxos de caixa depois de n_p) ainda pode levar a uma decisão economicamente incorreta. Quando os fluxos de caixa que ocorrem depois de n_p são desconsiderados, é possível dar preferência a ativos que têm ciclos de vida curtos quando ativos com vida útil mais longa produzem um retorno maior. Nesses casos, a análise VP (ou VA) sempre deve ser o primeiro método de escolha. A comparação de ativos com ciclos de vida breves e ciclos de vida longos, no Exemplo 5.8, ilustra essa utilização incorreta da análise de recuperação.

EXEMPLO 5.8

Duas peças equivalentes de um equipamento de inspeção da qualidade estão sendo avaliadas para compra pela Square D Electric. Espera-se que a máquina 2 seja suficientemente versátil e tecnologicamente avançada para produzir uma receita líquida mais duradoura do que a máquina 1.

	Máquina 1	Máquina 2
Custo de aquisição, $	12.000	8.000
FCL anual, $	3.000	1.000 (anos 1–5), 3.000 (anos 6–14)
Vida útil máxima, em anos	7	14

O gerente de qualidade utilizou um retorno de 15% ao ano e um software de análise econômica para computador. O software utilizou as equações [5.4] e [5.5] para recomendar a máquina 1, pois ela tem um período de recuperação mais breve de 6,57 anos, a $i = 15\%$. Os cálculos estão resumidos a seguir.

Máquina 1: $n_p = 6{,}57$ anos, que é menor do que o ciclo de vida de 7 anos.

Equação utilizada: $\qquad 0 = -12.000 + 3.000(P/A;15\%;n_p)$

Máquina 2: $n_p = 9{,}52$ anos, que é menor do que o ciclo de vida de 14 anos.

Equação utilizada: $\qquad 0 = -8.000 + 1.000(P/A;15\%;5)$

$$+ 3.000(P/A;15\%;n_p - 5)(P/F;15\%;5)$$

Recomendação: Selecione a máquina 1.

Agora, utilize uma análise VP, a 15%, para comparar as máquinas, e comente quaisquer diferenças da recomendação.

Solução
Para cada máquina, considere os fluxos de caixa líquidos de todos os anos, durante o ciclo de vida (máximo) estimado. Compare-os com o MMC de 14 anos.

$$VP_1 = -12.000 - 12.000(P/F;15\%;7) + 3.000(P/A;15\%;14) = \$ 663$$

$$VP_2 = -8.000 + 1.000(P/A;15\%;5) + 3.000(P/A;15\%;9)(P/F;15\%;5) = \$ 2.470$$

A máquina 2 é selecionada, uma vez que seu valor VP é numericamente maior do que o da máquina 1, a uma TMA de 15%. Esse resultado é o oposto da decisão sobre o período de recuperação. A análise do VP considera os fluxos de caixa da máquina 2 em anos posteriores ao n_p. Conforme ilustra a Figura 5–6 (para um ciclo de vida de cada máquina), a análise de recuperação desconsidera todos os montantes de fluxos de caixa que possam ocorrer depois que o período de recuperação foi alcançado.

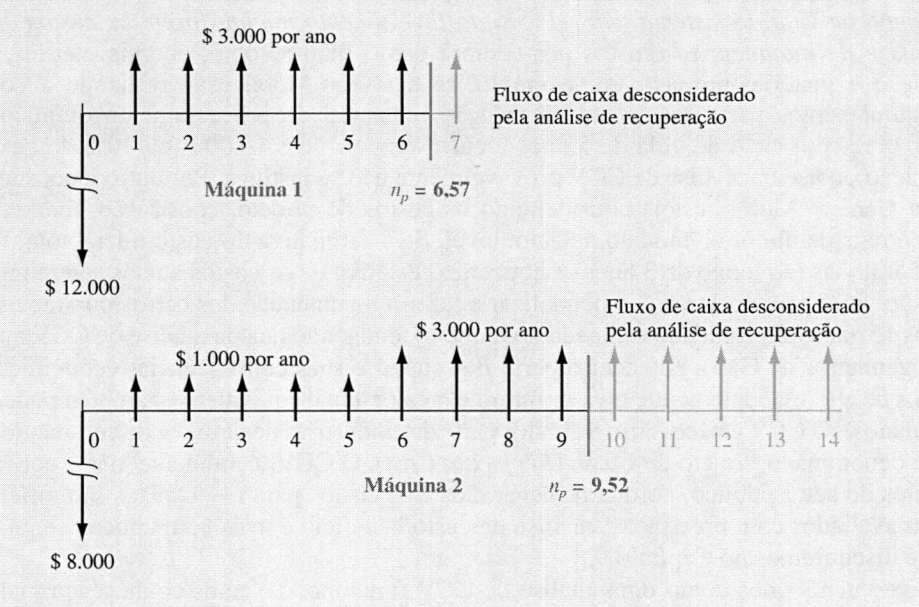

Figura 5–6
Ilustração dos períodos de recuperação e dos fluxos de caixa líquidos desconsiderados, no Exemplo 5.8.

Comentário
Este é um bom exemplo do porquê a análise de tempo de recuperação do investimento deve ser utilizada para a triagem inicial e como avaliação complementar do risco. Freqüentemente, uma alternativa com vida útil mais breve, ao ser avaliada pela análise de recuperação, pode parecer mais atraente; entretanto, a alternativa com vida útil mais longa e que apresenta os fluxos de caixa estimados mais tardiamente em seu ciclo de vida pode ser mais atraente do ponto de vista econômico.

5.7 CUSTO DO CICLO DE VIDA

O custo do ciclo de vida (CCV) é outra extensão da análise do valor presente. O valor VP a uma TMA estabelecida é utilizado para avaliar uma ou mais alternativas. O método CCV, como seu nome indica, é comumente aplicado a alternativas que têm estimativas de custos que abrangem *o período de vida do sistema* inteiro. Isso significa que os custos, desde as primeiras fases do projeto (avaliação das necessidades) até a fase final (descontinuação e remoção), são estimados. Aplicações típicas de CCV são realizadas em prédios (nova construção ou compra), novas linhas de produto, instalações de manufatura, aeronaves comerciais, novos modelos de automóveis, sistemas de defesa e afins.

A análise do VP com a estimativa de todos os custos (e possivelmente, as receitas) possíveis de serem definidos pode ser considerada uma análise do CCV. Entretanto, a definição ampla do termo CCV exige estimativas de custo que, habitualmente, não são realizadas em uma análise do VP comum. Além disso, para projetos com ciclos de vida longos, as estimativas são menos acuradas. Isso implica que a análise do custo do ciclo de vida não é necessariamente a mais importante alternativa de análise. *O CCV é mais eficazmente aplicado quando uma porcentagem substancial dos custos totais ao longo do tempo de vida do sistema, em relação ao investimento inicial, forem os custos operacionais e de manutenção* (custos pós-compra como mão-de-obra, energia elétrica, conservação e matérias-primas). Por exemplo, se a Exxon-Mobil está avaliando a compra de equipamentos para uma grande instalação industrial de processamento químico, por $ 150.000, com ciclo de vida de 5 anos e custos anuais de $ 15.000 (ou 10% do custo de aquisição), o uso da análise de CCV provavelmente não se justifica. Por outro lado, suponha que a General Motors esteja considerando os custos de projeto, construção, marketing e pós-entrega de um novo modelo de automóvel. Se a estimativa do custo inicial total for de $ 125 milhões (ao longo de 3 anos) e houver expectativa de os custos anuais serem iguais a 20% do valor para construir, comercializar e fazer a manutenção dos carros durante os próximos 15 anos (durabilidade estimada do modelo), então a lógica da análise de CCV ajudará os engenheiros da GM a entender o perfil dos custos e suas conseqüências econômicas em termos de VP (evidentemente, o valor futuro e o valor anual equivalentes também podem ser calculados). O CCV é necessário na maior parte das indústrias de defesa e de aeronáutica, em que é denominado Projeto do Custo (*Project to Cost*). O CCV, geralmente, não é aplicado a projetos do setor público, porque os benefícios e os custos para os cidadãos são difíceis de serem avaliados com precisão. A análise de custo/benefício é mais bem aplicada aqui, conforme discutiremos no Capítulo 9.

Para entendermos como uma análise de CCV funciona, devemos conhecer primeiro as fases e as etapas da engenharia de sistemas ou do desenvolvimento de sistemas. Muitos livros e manuais estão disponíveis sobre o desenvolvimento e análise de sistemas. Geralmente, as estimativas de CCV podem ser categorizadas em um formato simplificado, correspondente às fases principais de *aquisição* e *operação*, e suas respectivas etapas.

Fase de aquisição: todas as atividades antes da entrega de produtos e serviços.

- Etapa de definição dos requisitos – Inclui a determinação das necessidades do usuário/cliente, avaliando-as em relação ao sistema previsto, e preparação da documentação de requisitos do sistema.
- Etapa de projeto preliminar – Inclui um estudo da exeqüibilidade, bem como planos conceituais e de primeira etapa; a decisão final a respeito de prosseguir ou não é tomada aqui.
- Etapa de projeto detalhado – Inclui planos detalhados sobre os recursos – capital, material humano, instalações, sistemas de informação, marketing etc.; pode haver aquisição de ativos, se for economicamente justificável.

Fase operacional: todas as atividades estão funcionando, produtos e serviços estão disponíveis.
- Etapa de construção e implementação – Inclui compras, construção e implementação de componentes do sistema; testes; preparação etc.
- Etapa de uso – Usa o sistema para gerar produtos e serviços.
- Etapa de descontinuação e remoção – Abrange o tempo de uma clara transição para um novo sistema; remoção/reciclagem do sistema antigo.

EXEMPLO 5.9

Na década de 1860, a General Mills Inc. e a Pillsbury Inc. ingressaram, ambas, na indústria de produção de farinha de trigo, nas Cidades Gêmeas de Minneapolis – St. Paul, em Minnesota. No intervalo de tempo de 2000–2001, a General Mills adquiriu a Pillsbury por meio de uma combinação de espécie (*cash*) e papéis da Bolsa de Valores, no valor de mais de $ 10 bilhões. A promessa da General Mills era desenvolver a robusta linha de produtos alimentícios da Pillsbury, a fim de atender às necessidades dos consumidores que estão no trabalho ou no lazer e não têm tempo ou interesse em preparar refeições, especialmente no mercado de refeições prontas para consumo "*one hand free*[2]". Engenheiros de alimentos, *food designers*[3] e especialistas em segurança de alimentos fizeram muitas estimativas de custos, ao identificarem as necessidades dos consumidores e a concomitante capacidade da empresa em produzir e comercializar tecnologicamente, e de maneira segura, novos produtos alimentícios. Até esse ponto, foram tratadas somente as estimativas de custo – não há nenhuma receita ou lucro.

Suponha que as principais estimativas de custos, apresentadas a seguir, tenham sido realizadas com base em um estudo de 6 meses sobre dois novos produtos que poderiam ter um ciclo de vida de 10 anos para a empresa. Alguns elementos de custo não foram estimados (por exemplo, alimentos crus, distribuição do produto e descontinuação). Use a análise CCV, à TMA de 18%, para determinar o tamanho do compromisso financeiro em dólares de VP. (O tempo é indicado em anos-produto. Uma vez que todas as estimativas referem-se aos custos, elas não são precedidas por um sinal de menos.)

Estudo dos hábitos de consumo (ano 0)	$ 0,5 milhão
Projeto preliminar do produto alimentício (ano 1)	$ 0,9 milhão
Projeto preliminar da planta e equipamentos (ano 1)	$ 0,5 milhão
Projetos detalhados do produto e teste de marketing (anos 1 e 2)	$ 1,5 milhão em cada ano
Projeto detalhado da planta e equipamentos (ano 2)	$ 1,0 milhão
Aquisição dos equipamentos (anos 1 e 2)	$ 2,0 milhões em cada ano
Atualizações de equipamentos (ano 2)	$ 1,75 milhão
Compra de novos equipamentos (anos 4 e 8)	$ 2,0 milhões (ano 4) + acréscimo de 10% ao ano, a partir de então (anos 5 a 8)
Custo operacional anual dos equipamentos (COA) (anos 3 a 10)	$ 200.000 (ano 3) + 4% ao ano, a partir de então
Marketing, ano 2	$ 8,0 milhões
anos 3 a 10	$ 5,0 milhões (ano 3) menos $ 0,2 milhão ao ano, a partir de então
ano 5, somente	$ 3,0 milhões extras
Recursos humanos, 100 novos empregados com 2.000 horas por ano (anos 3 a 10)	$ 20 por hora (ano 3) + 5% ao ano

---
[2] **N.T.:** Literalmente, significa "com uma mão livre".
[3] **N.T.:** Pessoa especializada em *food design*, ou seja, na formulação das várias etapas de produção de um alimento, do projeto gráfico do cardápio à forma na qual os alimentos são apresentados para o consumo.

Solução
A análise de CCV pode tornar-se complicada devido ao número de elementos envolvidos. Calcule o VP por fase e por etapa, depois some todos os valores VP. Os valores estão expressos em unidades de milhão de $.

Fase de aquisição:
Definição dos requisitos: estudo de consumo

$$VP = \$\,0{,}5$$

Projeto preliminar: produto e equipamento

$$VP = 1{,}4(P/F;18\%;1) = \$\,1{,}187$$

Projeto detalhado: produto, teste de marketing e equipamentos

$$VP = 1{,}5(P/A;18\%;2) + 1{,}0(P/F;18\%;2) = \$\,3{,}067$$

Fase de operações:
Construção e implementação: equipamentos e COA

$$VP = 2{,}0(P/A;18\%;2) + 1{,}75(P/F;18\%;2) + 2{,}0(P/F;18\%;4) + 2{,}2(P/F;18\%;8)$$

$$+\,0{,}2\left[\frac{1-\left(\dfrac{1{,}04}{1{,}18}\right)^{8}}{0{,}14}\right](P/F;18\%;2) = \$\,6{,}512$$

Uso: marketing

$$VP = 8{,}0(P/F;18\%;2) + [5{,}0(P/A;18\%;8) - 0{,}2(P/G;18\%;8)](P/F;18\%;2)$$

$$+\,3{,}0(P/F;18;5)$$

$$= \$\,20{,}144$$

Uso: recursos humanos: (100 empregados)(2.000 horas/ano)($ 20/h) = $ 4,0 milhões no ano 3

$$VP = 4{,}0\left[\frac{1-\left(\dfrac{1{,}05}{1{,}18}\right)^{8}}{0{,}13}\right](P/F;18\%;2) = \$\,13{,}412$$

O compromisso total do CCV neste momento é a soma de todos os valores VP.

$$VP = \$\,44{,}822 \text{ (efetivamente, \$ 45 milhões)}$$

Uma nota interessante: considerando um período de 10 anos, a uma taxa de 18% ao ano, o valor futuro do compromisso financeiro da General Mills, até agora, é de VF = VP(F/P;18%;10) = $ 234,6 milhões.

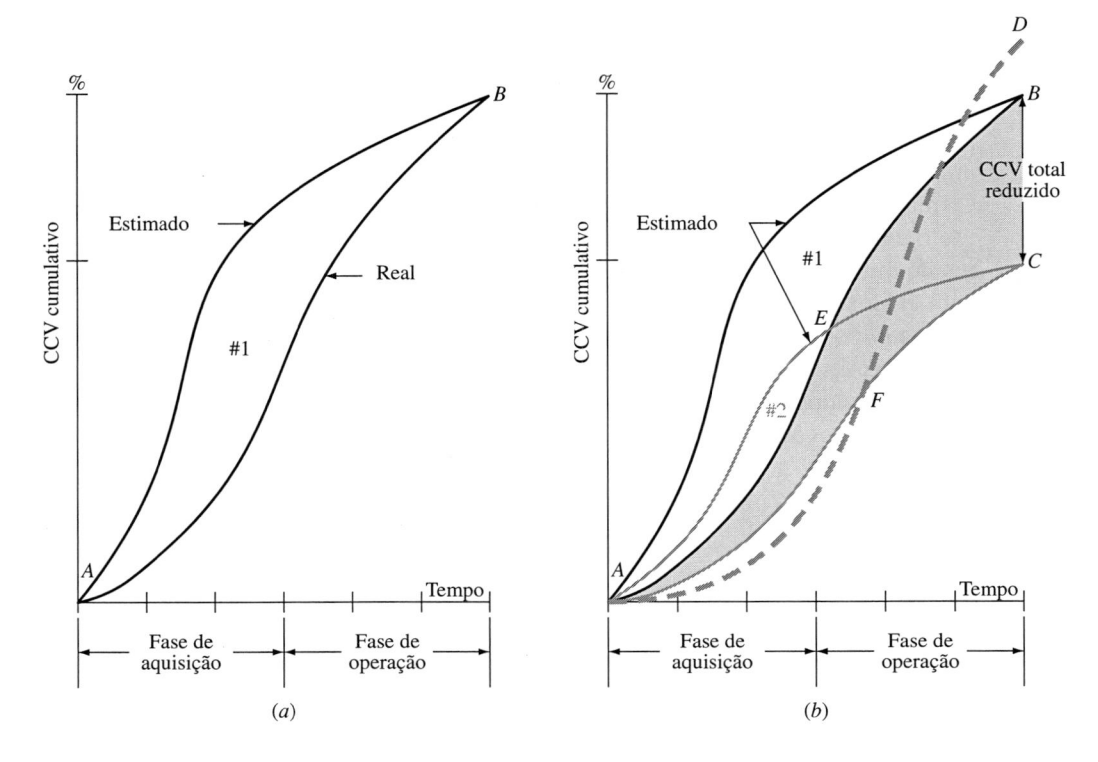

Figura 5–7
Envoltórias de CCV para os custos estimados e reais: (*a*) projeto 1, (*b*) projeto 2 aperfeiçoado.

O CCV total de um sistema costuma apresentar maior comprometimento nas fases iniciais. Não é incomum ter-se de 75% a 85% do CCV alocados durante as etapas preliminares e detalhamento do projeto. Conforme é apresentado na Figura 5–7*a*, o CCV real ou observado (curva inferior *AB*) acompanhará o CCV estimado ao longo do tempo de vida (a não ser que alguma falha importante de projeto aumente o CCV total #1 acima do ponto *B*). *O melhor momento para reduzir significativamente o CCV total ocorre principalmente durante as etapas iniciais.* Um projeto mais eficaz e equipamentos mais eficientes podem reposicionar a envoltória do projeto #2, na Figura 5–7*b*. Agora, a curva **AEC**, de estimativa de comprometimento do CCV, está abaixo de *AB* em todos os pontos, como ocorre com a curva *AFC*, do CCV real. É essa envoltória #2 menor que procuramos. A área sombreada representa a redução do CCV real.

Não obstante a possibilidade de uma envoltória CCV eficaz poder ser estabelecida cedo, na fase de aquisição, é comum a introdução de economias de custo não planejadas, durante a fase de aquisição e no início da fase de operação. Essas aparentes "economias" podem, na realidade, aumentar o CCV total, conforme indica a curva *AFD*. Esse estilo de economias de custo *ad hoc*[4], freqüentemente, impostas pela administração no início da etapa de projeto e/ou etapa de construção, pode aumentar substancialmente os custos mais tarde. Por exemplo, o uso de concreto e aço de qualidade inferior muitas vezes tem sido a causa de falhas estruturais, aumentando assim o CCV global.

---

[4] **N.T.:** Do latim, "para isso", "para esse caso", para um fim específico.

5.8 VALOR PRESENTE DE TÍTULOS

Um método consagrado de obtenção de recursos é por meio da emissão de um IOU[5], financiamento do tipo capital de terceiros, não capital próprio, conforme foi discutido no Capítulo 1. Uma forma muito comum de IOU é um título – uma certidão de longo prazo, emitida por uma corporação ou entidade governamental (o mutuário), para financiar grandes projetos. O mutuário recebe o dinheiro agora, em troca da promessa de pagar o *valor nominal V* do título em uma data de vencimento estabelecida. Títulos, geralmente, são emitidos em valores nominais de $ 100, $ 1.000, $ 5.000 ou $ 10.000. *Juros corrigidos pela inflação*, também chamados de *dividendos*, são pagos periodicamente entre o tempo em que o dinheiro é tomado por empréstimo e o tempo em que o valor nominal é reembolsado. Os juros são pagos *c* vezes ao ano. Os períodos de reembolso, geralmente, são trimestrais ou semestrais. O montante dos juros é determinado utilizando-se a taxa de juros estabelecida, chamada de *taxa de cupom b*.

$$I = \frac{\text{(valor nominal)(taxa do cupom)}}{\text{número de períodos por ano}}$$

$$I = \frac{Vb}{c} \qquad [5.8]$$

Há muitas classificações de títulos. Quatro delas estão resumidas na Tabela 5–1 com a entidade emitente, algumas características fundamentais e exemplos de nomes ou propósitos. Por exemplo, os *títulos do Tesouro* são emitidos em diferentes valores monetários (acima de $1.000), com intervalos de tempo variáveis (Letras: até 1 ano; Notas: de 2 a 10 anos).

TABELA 5–1 Classificação e Características dos Títulos

Classificação	Emitido por	Características	Exemplos
Títulos do Tesouro	Governo federal	Garantidos pelo governo federal	Letras (≥ 1 ano) Notas (2–10 anos) Títulos (10–30 anos)
Obrigações Municipais	Governos municipais	Isentas de impostos federais Emitidas contra os impostos recebidos	Obrigação geral Receita Obrigação sem cupom *Put* (opção de venda)
Hipoteca	Corporação	Garantida por ativos específicos ou hipoteca Taxa de juros baixa/pouco risco na primeira hipoteca Execução da hipoteca, se não for efetuado o reembolso	Primeira hipoteca Segunda hipoteca Custódia de equip.
Debênture	Corporação	Não é garantida por caução, mas pela reputação da corporação A taxa do título pode "flutuar" Taxas de juros mais altas e riscos mais elevados	Conversível Subordinada *Junk* (especulativa) ou de rendimento elevado

---

[5] **N.T.:** Da frase *I Owe You*: Eu lhe devo. Acordo escrito para reembolso de uma dívida; nota e reconhecimento de uma dívida.

Nos Estados Unidos, os títulos do Tesouro são considerados uma boa aquisição porque eles são garantidos com a "plena fé e crédito do governo dos Estados Unidos". A taxa de investimento seguro, indicada na Figura 1–6 como o menor nível para estabelecer uma TMA, é a taxa de cupom de um título do Tesouro americano. Uma outra ilustração são os *títulos de dívida* (*debenture bond*), emitidos por uma corporação com a finalidade de obter recursos, mas não são garantidos por alguma forma de caução em particular. A reputação da corporação atrai compradores de títulos, e a corporação pode fazer a taxa de juros do título "flutuar" para atrair mais compradores. Freqüentemente, os títulos de dívida são *conversíveis* em ações ordinárias da corporação, a uma taxa fixada antes de sua data de vencimento.

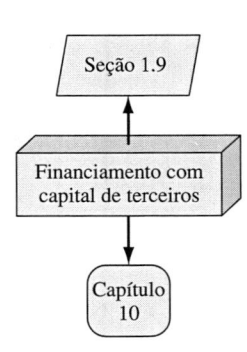

EXEMPLO 5.10

A Procter and Gamble Inc. emitiu $ 5.000.000 em títulos de dívida no valor de $ 5.000 cada um, com vencimento em 10 anos. Cada título paga, trimestralmente, juros a uma taxa de 6% ao ano. (*a*) Determine o montante que um comprador receberá a cada 3 meses e depois de 10 anos. (*b*) Suponha que um título seja comprado em um momento em que tenha um desconto de 2%, a $ 4.900. Quais são os montantes trimestrais de juros e o valor do reembolso final na data de vencimento?

Solução

(*a*) Utilize a Equação [5.8] para obter o montante trimestral de juros.

$$I = \frac{(5.000)(0,06)}{4} = \$\ 75$$

O valor nominal de $ 5.000 é reembolsado depois de 10 anos.

(*b*) Comprar um título com um desconto em relação ao seu valor nominal não altera os juros ou os valores do reembolso final. Portanto, $ 75 por trimestre e $ 5.000 depois de 10 anos continuam sendo os montantes recebidos.

Encontrar o valor VP de um título é outra extensão da análise do valor presente. Quando uma corporação ou órgão governamental coloca títulos à venda, os compradores em potencial podem determinar quanto estarão dispostos a pagar em termos de VP por um título de uma denominação estabelecida. O valor pago no momento da compra estabelece a taxa de rendimento para o restante do tempo de vida do título. Os passos para calcular o VP de um título são os seguintes:

1. Determine *I*, os juros por período de pagamento, utilizando a Equação [5.8].
2. Construa o diagrama de fluxos de caixa dos pagamentos de juros e do reembolso do valor nominal.
3. Estabeleça a TMA ou taxa de retorno necessária.
4. Calcule o valor VP dos pagamentos de juros e o valor nominal, à taxa *i* = TMA. (Se o período de pagamento de juros não for igual ao período de capitalização da TMA, ou seja, PP ≠ PC, utilize primeiro a Equação [4.8] para determinar a taxa efetiva por período de pagamento. Utilize essa taxa e a lógica da Seção 4.6 para PP ≥ PC, para concluir os cálculos do VP.)

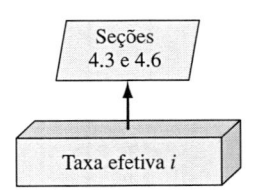

Utilize a seguinte lógica:

VP ≥ preço de compra do título; a **TMA** é alcançada ou ultrapassada: compre o título.
VP < preço de compra do título; a **TMA** não é alcançada: não compre o título.

EXEMPLO 5.11

Determine o preço de compra que você estaria disposto a pagar, agora, por um título de $ 5.000, com vencimento em 10 anos, que propõe uma taxa de juros de 4,5%, pagos semestralmente. Suponha que sua TMA seja de 8% ao ano, capitalizada trimestralmente.

Solução
Primeiro, determine os juros semestrais:

$$I = 5.000(0,045)/2 = \$ 112,50, \text{ a cada 6 meses}$$

O valor presente de todos os pagamentos que lhe são feitos (Figura 5–8) pode ser determinado de duas maneiras, como apresentado a seguir:

1. *Taxa semestral efetiva*. Utilize o critério da Seção 4.6. O período de fluxo de caixa é PP = 6 meses, e o período de capitalização é PC = 3 meses; PP > PC. Encontre a taxa semestral efetiva, depois aplique os fatores P/A e P/F aos pagamentos de juros e ao recebimento de $ 5.000 no ano 10. A TMA semestral nominal é $r = 8\%/2 = 4\%$. Para $m = 2$ trimestres por 6 meses, a Equação [4.8] produz

$$\text{Taxa efetiva } i = \left(1 + \frac{0,04}{2}\right)^2 - 1 = 4,04\% \text{ por 6 meses}$$

O VP do título é determinado por $n = 2(10) = 20$ períodos semestrais.

$$VP = \$ 112,50(P/A;4,04\%;20) + 5.000(P/F;4,04\%;20) = \$ 3.788$$

2. *Taxa trimestral nominal*. Encontre o VP de cada recebimento semestral de $ 112,50 de juros do título, no ano 0, separadamente, utilizando um fator P/F e some o VP dos $ 5.000 no ano 10. A TMA semestral nominal é de $8\%/4 = 2\%$.

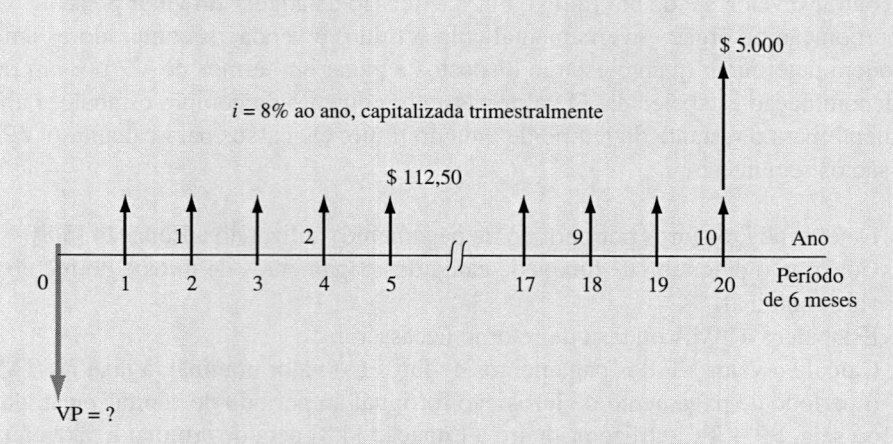

Figura 5–8
Fluxo de caixa do valor presente de um título, no Exemplo 5.11.

SEÇÃO 5.9   Aplicações de Planilha — Análise do VP e Período de Recuperação do Investimento   **197**

> O número total de períodos é $n = 4(10) = 40$ trimestres, o dobro do apresentado na Figura 5–8, uma vez que os pagamentos são efetuados semestralmente, enquanto a TMA é capitalizada trimestralmente.
>
> $$VP = 112,50(P/F;2\%;2) + 112,50(P/F;2\%;4) + \ldots + 112,50(P/F;2\%;40) + 5.000(P/F;2\%;40)$$
> $$= \$\ 3.788$$
>
> Se o preço de oferta for maior do que $ 3.788 para o título, que é um desconto maior do que 24%, você não atingirá a TMA.
>
> A função de planilha PV(4,04%;20;112,50;5.000) exibe o valor VP de $ 3.788.

Solução Rápida

5.9 APLICAÇÕES DE PLANILHA – ANÁLISE DO VP E PERÍODO DE RECUPERAÇÃO DO INVESTIMENTO

O Exemplo 5.12 ilustra como criar uma planilha para análise do VP de alternativas com diferentes ciclos de vida e para um período de estudo específico. O Exemplo 5.13 demonstra a técnica e os inconvenientes da análise do período de recuperação do investimento para $i > 0\%$. Com relação a este segundo exemplo, tanto a solução manual como por computador são apresentadas.

Algumas diretrizes gerais ajudam a organizar as planilhas para qualquer análise do VP. O MMC das alternativas determina o número de linhas dos lançamentos de investimentos iniciais e valores de recuperação, com base na hipótese de recompra que a análise do VP requer. Algumas alternativas estarão baseadas em serviços (fluxos de caixa de custos somente); outras terão como base as receitas (fluxos de caixa de custo e rendimentos). Coloque os fluxos de caixa anuais em colunas separadas dos valores de investimento e de recuperação. Isso reduz a quantidade de processamentos numéricos que você terá de fazer antes de inserir um valor de fluxo de caixa. Determine os valores VP de todas as colunas pertinentes a uma alternativa e some-os para obter o valor VP final.

Planilhas podem se tornar abarrotadas muito rapidamente. Entretanto, colocar as funções VPL no cabeçalho de cada coluna de fluxo de caixa e inserir uma tabela resumida, em separado, faz com que os valores VP componentes e totais se destaquem. Finalmente, coloque o valor da TMA em uma célula separada, para que a análise de sensibilidade sobre o retorno necessário possa ser facilmente executada. O Exemplo 5.12 ilustra essas diretrizes.

EXEMPLO 5.12

A Southeastern Cement planeja abrir uma nova pedreira. Dois planos foram idealizados para deslocar a matéria-prima da pedreira à fábrica de cimento. O Plano A exige a compra de duas escavadeiras e a construção de uma plataforma de descarga na fábrica. O Plano B requer a construção de um sistema transportador, da pedreira à fábrica. Os custos correspondentes a cada plano estão detalhados na Tabela 5–2. (*a*) Utilizando uma análise do VP baseada em planilha, determine qual plano deve ser escolhido, considerando que o capital vale 15% ao ano. (*b*) Depois de apenas 6 anos de operação, um grande problema ambiental obrigou a Southeastern a interromper suas operações na pedreira. Use um período de estudo de 6 anos para determinar qual plano (A ou B) foi economicamente o melhor. O valor de mercado de cada escavadeira depois de 6 anos é de $ 20.000 e o valor de *trade-in* do sistema transportador, depois de 6 anos, é somente $ 25.000. A plataforma pode ter seu custo recuperado em $ 2.000.

TABELA 5–2	Estimativas Referentes aos Planos para Deslocar Pedra da Pedreira à Fábrica de Cimento		
	Plano A		Plano B
	Escavadeira	Plataforma	Transportador
Custo de aquisição, $	−45.000	−28.000	−175.000
Custo operacional anual, $	−6.000	−300	−2.500
Valor recuperado, $	5.000	2.000	10.000
Tempo de vida, em anos	8	12	24

Solução

(a) A avaliação deve se realizar ao longo do MMC de 24 anos. O reinvestimento em duas escavadeiras ocorrerá nos anos 8 e 16, e a plataforma de descarga deve ser reconstruída no ano 12. Nenhum reinvestimento é necessário para o plano B. Primeiro, construa os diagramas de fluxo de caixa para os planos A e B ao longo de 24 anos, para entender melhor a análise de planilha da Figura 5–9. As colunas B, D e F incluem todos os investimentos, reinvestimentos e valores recuperados. (*Lembre-se de inserir zeros em todas as células que não contêm nenhum fluxo de caixa; caso contrário, a função VPL fornecerá um valor VP incorreto.*) Essas são alternativas baseadas em serviços, de forma que as colunas C, E e G exibem as estimativas COA, rotuladas como "FC Anual". As funções VPL fornecem os valores VP nas células da linha 8, que são somados por alternativa e apresentados nas células H19 e H22.

Conclusão: Escolha o plano B, porque o VP dos custos é menor.

(b) Ambas as alternativas são abruptamente encerradas depois de 6 anos, e os valores de mercado ou de *trade-in* atuais são estimados. Para realizar a análise de VP de um período de estudo severamente truncado, a Figura 5–10 utiliza o mesmo formato da análise de 24 anos, exceto por duas importantes alterações. As células da linha 16 agora incluem os valores de mercado e de *trade-in*, e todas as linhas depois dela foram excluídas. Veja os rótulos de célula da linha 9, correspondentes às novas funções VPL para os 6 anos de fluxos de caixa. As células D20 e D21 são os valores VP encontrados para as duas alternativas por meio dos valores VP da linha 9.

Conclusão: O plano A deveria ter sido selecionado, caso o encerramento das atividades depois de 6 anos fosse previsto na etapa de projeto da pedreira.

Comentário

A solução de planilha correspondente à parte (b) foi desenvolvida copiando-se inicialmente a folha de dados inteira da parte (a) para a página 2 da planilha do Excel. Então, as alterações anteriormente esboçadas foram efetuadas na cópia. Outro método utiliza a mesma planilha para construir as novas funções VPL, como indicam os rótulos de célula da Figura 5–10, mas na planilha da Figura 5–9 isso é feito depois de se inserir uma nova linha 16 para os fluxos de caixa do ano 6. Essa abordagem é mais rápida e menos formal do que o método aqui demonstrado. Há um perigo real em utilizar o critério de uma única planilha para resolver este problema (ou qualquer análise de sensibilidade). A planilha modificada agora resolve um problema diferente, de forma que as funções exibem novos resultados. Por exemplo, quando os fluxos de caixa são encerrados em um período de estudo de 6 anos, as antigas funções VPL, apresentadas na linha 8, devem ser modificadas, ou as novas funções VPL devem ser somadas na linha 9. Mas, agora, as funções VPL da antiga análise de VP, abrangendo 24 anos, exibem resultados incorretos ou, possivelmente, surgirá uma mensagem de erro no Excel. Isso introduz possibilidades de erro no processo de tomada de decisão. Para obter resultados acurados e corretos, reserve o tempo necessário para copiar a primeira página para uma nova planilha e faça as alterações na cópia. Armazene ambas as soluções depois de documentar aquilo que cada planilha deve analisar. Isso fornece um registro histórico daquilo que foi alterado durante a análise de sensibilidade.

SEÇÃO 5.9　Aplicações de Planilha — Análise do VP e Período de Recuperação do Investimento

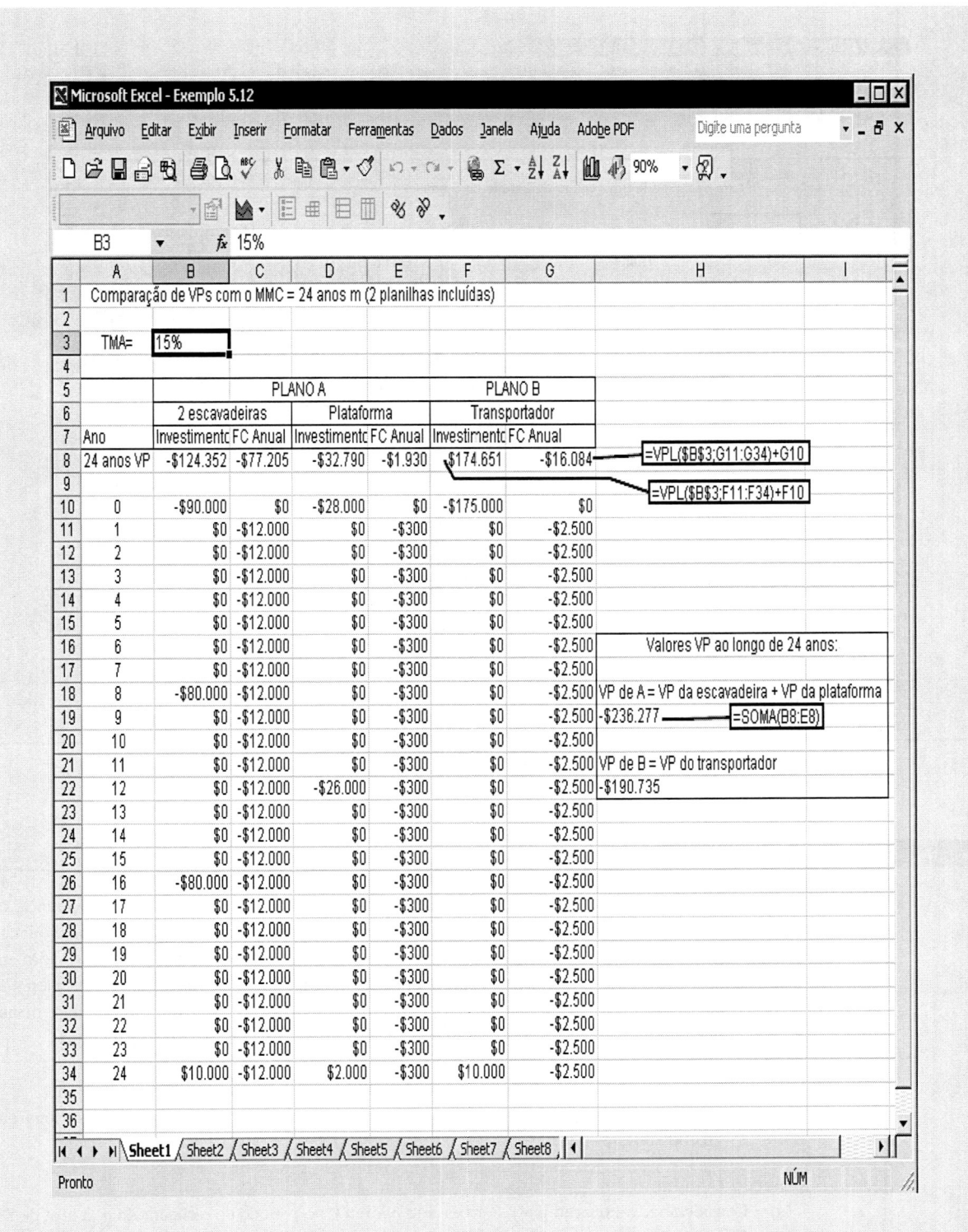

Ano	PLANO A 2 escavadeiras Investimento	FC Anual	Plataforma Investimento	FC Anual	PLANO B Transportador Investimento	FC Anual
Comparação de VPs com o MMC = 24 anos m (2 planilhas incluídas)						
TMA= 15%						
24 anos VP	-$124.352	-$77.205	-$32.790	-$1.930	-$174.651	-$16.084
0	-$90.000	$0	-$28.000	$0	-$175.000	$0
1	$0	-$12.000	$0	-$300	$0	-$2.500
2	$0	-$12.000	$0	-$300	$0	-$2.500
3	$0	-$12.000	$0	-$300	$0	-$2.500
4	$0	-$12.000	$0	-$300	$0	-$2.500
5	$0	-$12.000	$0	-$300	$0	-$2.500
6	$0	-$12.000	$0	-$300	$0	-$2.500
7	$0	-$12.000	$0	-$300	$0	-$2.500
8	-$80.000	-$12.000	$0	-$300	$0	-$2.500
9	$0	-$12.000	$0	-$300	$0	-$2.500
10	$0	-$12.000	$0	-$300	$0	-$2.500
11	$0	-$12.000	$0	-$300	$0	-$2.500
12	$0	-$12.000	-$26.000	-$300	$0	-$2.500
13	$0	-$12.000	$0	-$300	$0	-$2.500
14	$0	-$12.000	$0	-$300	$0	-$2.500
15	$0	-$12.000	$0	-$300	$0	-$2.500
16	-$80.000	-$12.000	$0	-$300	$0	-$2.500
17	$0	-$12.000	$0	-$300	$0	-$2.500
18	$0	-$12.000	$0	-$300	$0	-$2.500
19	$0	-$12.000	$0	-$300	$0	-$2.500
20	$0	-$12.000	$0	-$300	$0	-$2.500
21	$0	-$12.000	$0	-$300	$0	-$2.500
22	$0	-$12.000	$0	-$300	$0	-$2.500
23	$0	-$12.000	$0	-$300	$0	-$2.500
24	$10.000	-$12.000	$2.000	-$300	$10.000	-$2.500

Anotações:
- =VPL($B$3;G11:G34)+G10
- =VPL($B$3;F11:F34)+F10
- Valores VP ao longo de 24 anos:
- VP de A = VP da escavadeira + VP da plataforma
- -$236.277　=SOMA(B8:E8)
- VP de B = VP do transportador
- -$190.735

Figura 5–9
Solução de planilha por meio da análise do VP de alternativas com diferentes ciclos de vida, no Exemplo 5.12(a).

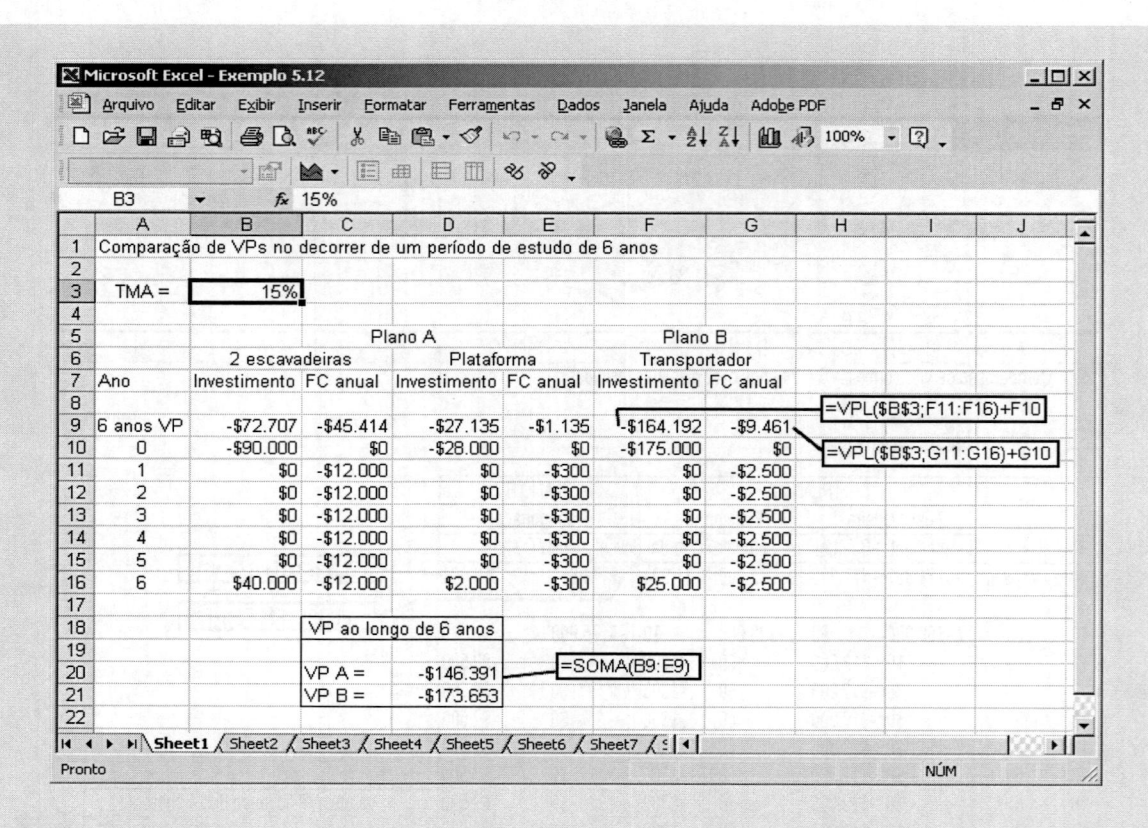

Figura 5-10
Solução de planilha para um período de estudo de 6 anos utilizando análise do VP, no Exemplo 5.12(b).

EXEMPLO 5.13

A Biothermics assinou um contrato de licenciamento de um software de engenharia de segurança, desenvolvido na Austrália, que está sendo comercializado na América do Norte. Os direitos da licença inicial custam $ 60.000, com taxas anuais de direitos autorais equivalentes a $ 1.800 no primeiro ano, aumentando $ 100 por ano, a partir de então, até que o contrato de licenciamento seja vendido a terceiros ou encerrado. A Biothermics deve manter o contrato, no mínimo, por 2 anos. Utilize uma análise manual e de planilha para determinar o período de recuperação do investimento (em anos) para a taxa $i = 8\%$, em duas situações:

(a) Vender os direitos de uso do software por $ 90.000, em algum momento depois de 2 anos.

(b) Se a licença não for vendida no tempo determinado em (a), o preço de venda aumentará para $ 120.000 nos anos futuros.

Solução Manual

(a) Considerando a Equação [5.4], é necessário o VP = 0 no período de recuperação n_p à taxa de 8%. Crie a relação VP para $n \geq 3$ anos e determine o número de anos em que o VP cruza o valor zero.

SEÇÃO 5.9   Aplicações de Planilha — Análise do VP e Período de Recuperação do Investimento

$$0 = -60.000 - 1.800(P/A;8\%;n) - 100(P/G;8\%;n) + 90.000(P/F;8\%;n)$$

n, Anos	3	4	5
Valor VP	$6.562	$−274	$−6.672

O reembolso de 8% está previsto entre os anos 3 e 4. Por interpolação linear, $n_p = 3{,}96$ anos.

(b) Se a licença não for vendida antes de 4 anos, o preço se elevará para $ 120.000. A relação VP para 4 ou mais anos e os valores VP para n são:

$$0 = -60.000 - 1.800(P/A;8\%;n) - 100(P/G;8\%;n) + 120.000(P/F;8\%;n)$$

n, Anos	5	6	7
Valor VP	$13.748	$6.247	$−755

O reembolso de 8% agora está entre os anos 6 e 7. Por interpolação, $n_p = 6{,}90$ anos.

Solução por Computador
(a e b) A Figura 5–11 apresenta uma planilha que lista os custos do direito de uso do software (coluna B) e o preço de venda esperado (colunas C e E). As funções VPL na coluna D (preço de venda

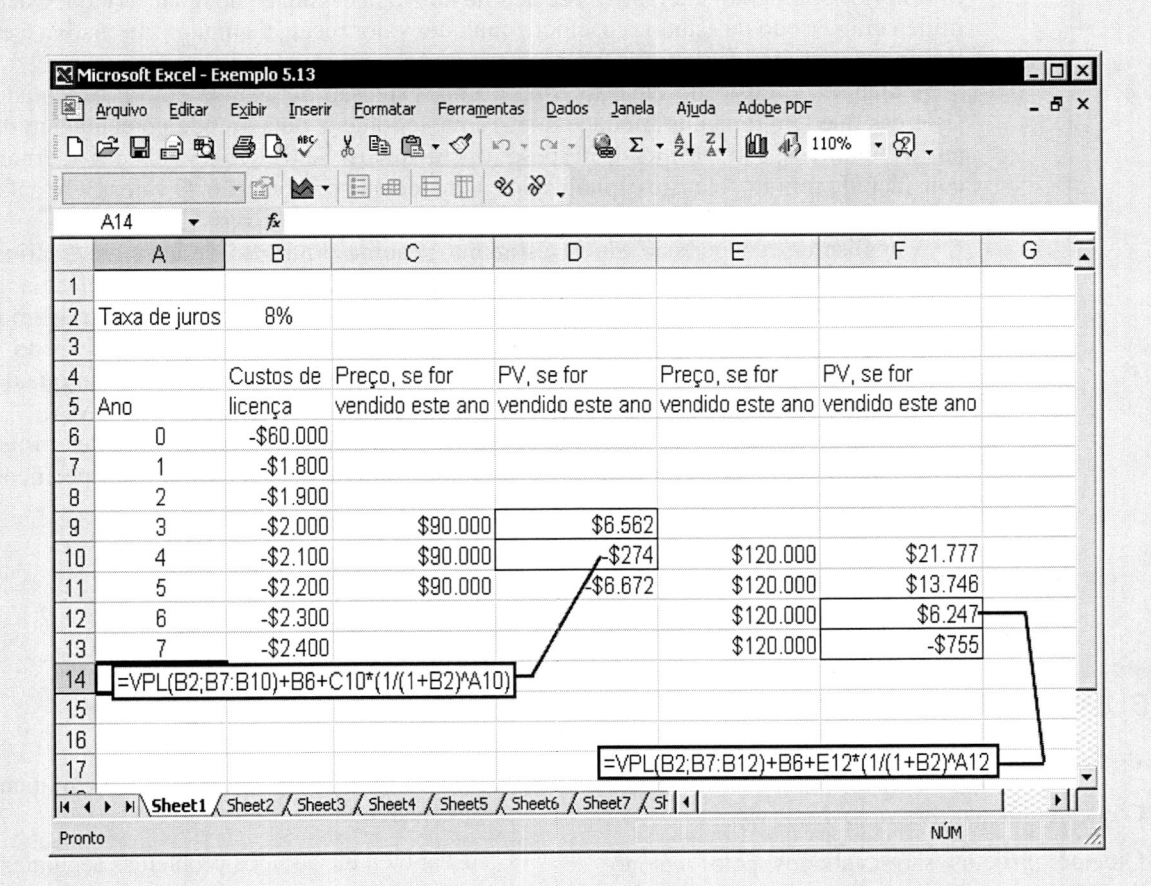

Ano	Custos de licença	Preço, se for vendido este ano	PV, se for vendido este ano	Preço, se for vendido este ano	PV, se for vendido este ano
0	-$60.000				
1	-$1.800				
2	-$1.900				
3	-$2.000	$90.000	$6.562		
4	-$2.100	$90.000	-$274	$120.000	$21.777
5	-$2.200	$90.000	-$6.672	$120.000	$13.748
6	-$2.300			$120.000	$6.247
7	-$2.400			$120.000	-$755

Taxa de juros: 8%

Célula D14: `=VPL(B2;B7:B10)+B6+C10*(1/(1+B2)^A10)`

Célula F17: `=VPL(B2;B7:B12)+B6+E12*(1/(1+B2)^A12)`

Figura 5–11
Determinação do período de recuperação do investimento utilizando uma planilha, nos Exemplos 5.13(a) e (b).

de $ 90.000) mostram que o período de recuperação está entre 3 e 4 anos, enquanto os resultados de VPL na coluna F (preço de venda de $ 120.000) indicam uma alteração de positivo para negativo no valor VP entre os anos 6 e 7. A função VPL reflete as relações apresentadas na solução manual, exceto pelo fato de o gradiente de custo de $ 100 ter sido incorporado aos custos na coluna B.

Se valores de recuperação mais exatos forem necessários, faça a interpolação entre os resultados de VP na planilha. Os valores serão idênticos aos da solução manual, a saber, 3,96 e 6,90 anos.

RESUMO DO CAPÍTULO

O método do valor presente, para comparar alternativas, envolve converter todos os fluxos de caixa em dólares presentes para a TMA. A alternativa que tem maior valor VP em termos numéricos é selecionada. Quando a alternativa tem diferentes ciclos de vida, a comparação deve ser realizada para períodos de igual serviço. Isso é realizado por meio da comparação utilizando o MMC dos ciclos de vida ou ao longo de um período de estudo específico. Ambos os critérios comparam alternativas de acordo com a necessidade de igual serviço. Quando se utiliza um período de estudo específico, qualquer valor residual em uma alternativa é estabelecido pela estimativa do valor futuro de mercado.

A análise de custo do ciclo de vida é uma extensão da análise de VP executada para sistemas que têm uma durabilidade relativamente longa e uma grande porcentagem de seus custos vitalícios, sob a forma de despesas operacionais. Se o ciclo de vida das alternativas é considerado infinito, o custo capitalizado é o método de comparação. O valor CC é calculado como A/i, uma vez que o fator P/A se reduz a $1/i$ no limite de $n = \infty$.

A análise de recuperação (do investimento) estima o número de anos necessários para recuperar o investimento inicial, utilizando uma taxa de retorno (TMA) estabelecida. Essa é uma técnica de análise preliminar que é utilizada, principalmente, para fazer a triagem inicial dos projetos propostos, antes de fazer uma avaliação econômica completa através do VP ou outro método qualquer. A técnica tem alguns inconvenientes, especialmente no que diz respeito à análise de recuperação sem retorno, em que $i = 0\%$ é utilizada como TMA.

Finalmente, tratamos de títulos financeiros. A análise do valor presente determina se a TMA foi obtida no decorrer do ciclo de vida de um título, dados os valores específicos para o valor nominal do título, o prazo e a taxa de juros.

PROBLEMAS

Tipos de Projetos

5.1 O que significa *alternativa de serviço?*

5.2 Quando projetos são avaliados pelo método do valor presente, como fazer a seleção se eles forem (*a*) independentes e (*b*) mutuamente exclusivos?

5.3 Leia o enunciado dos problemas seguintes e determine se os fluxos de caixa definem um projeto de receitas ou de serviço: (*a*) Problema 2.12,

(b) Problema 2.31. (c) Problema 2.51, (d) Problema 3.6, (e) Problema 3.10 e (f) Problema 3.14.

5.4 Uma cidade, em rápido crescimento, preocupa-se com a segurança em sua região. Entretanto, o crescente tráfego de veículos e a velocidade em uma rua principal são as preocupações dos habitantes. O prefeito da cidade propôs cinco opções independentes, para desacelerar o tráfego:

1. Sinal de parada na esquina A.
2. Sinal de parada na esquina B.
3. Lombadas de baixo perfil no ponto C.
4. Lombadas de baixo perfil no ponto D.
5. Depressão no ponto E.

Não pode haver nenhuma das seguintes combinações nas alternativas finais:

- Nenhuma combinação de depressão com uma ou duas lombadas
- Não pode haver duas lombadas
- Não pode haver dois sinais de parada

Utilize as cinco opções independentes e as restrições para determinar (a) o *número total* das alternativas mutuamente exclusivas possíveis e (b) as alternativas mutuamente exclusivas *aceitáveis*.

5.5 O que significa o termo *igual serviço*?

5.6 Quais critérios devem ser cumpridos para satisfazer o requisito de igual serviço?

5.7 Defina o termo *custo capitalizado* e apresente um exemplo real de algo que poderia ser analisado utilizando essa técnica.

Comparação de Alternativas – Ciclos de Vida Iguais

5.8 A Lennon Hearth Products produz anteparos para lareira, equipados com porta de vidro, com dois tipos de suporte para a montagem de sua estrutura. Um suporte em forma de L, utilizado para lareiras relativamente pequenas, e um suporte em forma de U, utilizado para todas as outras. A empresa inclui ambos os suportes na caixa do produto, e o comprador se desfaz daquele que não é necessário. O custo desses dois suportes, com os parafusos e outras peças, é de $ 3,50. Se a estrutura do anteparo para lareiras for redesenhada, um único suporte universal poderá ser utilizado e custará $ 1,20. Entretanto, a readaptação das ferramentas custará $ 6.000. Além disso, as reduções de estoques corresponderão a outros $ 8.000. Se a empresa vende 1.200 unidades de lareira por ano, ela deve manter os suportes antigos ou passar a utilizar os novos? Suponha que a empresa utilize uma taxa de juros de 15% ao ano e que queira recuperar seu investimento em 5 anos. Utilize o método do valor presente.

5.9 Dois métodos podem ser utilizados para produzir buchas. O método A custa $ 80.000, inicialmente, e terá um valor recuperado de $ 15.000, depois de 3 anos. O custo operacional com esse método será de $ 30.000 ao ano. O Método B terá um custo de aquisição de $ 120.000, um custo operacional de $ 8.000, ao ano, e um valor recuperado de $ 40.000, depois do terceiro ano de operação. A uma taxa de juros de 12% ao ano, qual método deve ser utilizado com base em uma análise do valor presente?

5.10 As vendas de água engarrafada nos Estados Unidos totalizaram 16,3 galões (61,7 litros) por pessoa, em 2004. A Evian Natural Spring Water custa $ 0,40 por garrafa. Uma empresa municipal de abastecimento de água fornece água nas torneiras a $ 2,10 por 1.000 galões (3.785,41 litros). Se a média das pessoas, diariamente, bebe 2 garrafas de água ou utiliza 5 galões (18,92 litros) de água recebida na torneira, quais são os montantes de valor presente para uma pessoa que bebe água engarrafada e para outra que bebe água de torneira, durante 1 ano? Utilize a taxa de juros de 6% ao ano, capitalizada mensalmente (mês de 30 dias).

5.11 Um pacote de software criado pela Navarro & Associates pode ser utilizado para analisar e projetar torres estaiadas de três lados e torres auto-sustentadas de três e quatro lados. Uma licença de único usuário custa $ 4.000 por ano.

Uma licença local (*site license*) tem um custo único de $ 15.000. Uma empresa de consultoria em assuntos de engenharia estrutural está tentando decidir qual das duas alternativas assumir: comprar uma licença de único usuário *agora* e uma a cada ano, durante 4 anos (o que proporcionará 5 anos de serviço); ou, como segunda opção, comprar uma licença local agora. Determine qual estratégia deve ser adotada, a uma taxa de juros de 12% ao ano, para um período de planejamento de 5 anos. Utilize o método do valor presente para fazer a avaliação.

5.12 Uma empresa que produz transdutores de pressão elétrica amplificada está tentando decidir qual das máquinas apresentadas a seguir deve comprar. Compare-as, com base em seus valores atuais, utilizando uma taxa de juros de 15% ao ano.

	Velocidade Variável	Velocidade Dupla
Custo de aquisição, $	−250.000	−224.000
Custo operacional anual, $/ano	−231.000	−235.000
Revisão geral no ano 3, $	—	−26.000
Revisão geral no ano 4, $	−140.000	—
Valor recuperado, $	50.000	10.000
Vida útil, em anos	6	6

Comparação de Alternativas ao Longo de Diferentes Períodos de Tempo

5.13 A Nasa está considerando dois tipos de material para serem utilizados em um veículo espacial. Os custos são apresentados a seguir. Qual deles deve ser selecionado, com base em uma comparação do valor presente, a uma taxa de juros de 10% ao ano?

	Material JX	Material KZ
Custo de aquisição, $	−205.000	−235.000
Custo de manutenção, $/ano	−29.000	−27.000
Valor recuperado, $	2.000	20.000
Vida útil, em anos	2	4

5.14 Dois processos podem ser utilizados para produzir um polímero que reduz a perda por fricção em motores. O processo K terá um custo de aquisição de $ 160.000, um custo operacional de $ 7.000, por trimestre, e um valor recuperado de $ 40.000, depois de seu segundo ano de vida. O processo L terá um custo de aquisição de $ 210.000, um custo operacional de $ 5.000, por trimestre, e um valor recuperado de $ 26.000, em seu quarto ano de vida. Qual processo deve ser selecionado, com base em uma análise do valor presente, a uma taxa de juros de 8% ao ano, capitalizada trimestralmente?

5.15 Dois métodos estão sob consideração para a produção da caixa de um sensor de fotoionização portátil de materiais perigosos. Uma caixa plástica exigirá um investimento inicial de $ 75.000 e terá um custo operacional anual de $ 27.000, sem nenhum valor recuperado depois de 2 anos. Uma caixa de alumínio exigirá um investimento de $ 125.000 e terá custos anuais de $ 12.000. Parte do equipamento pode ser vendida por $ 30.000, depois de seu terceiro ano de vida. Com base em uma análise do valor presente e a uma taxa de juros de 10% ao ano, qual caixa deve ser utilizada?

5.16 Três diferentes planos foram apresentados ao GAO[7] pelo gerente de uma instalação de alta tecnologia para operar uma fábrica de produção de armas de pequeno porte. O Plano A envolve contratos renováveis de 1 ano, com pagamentos de $ 1 milhão no início de cada ano. O Plano B indica um contrato de 2 anos, com exigência de quatro pagamentos de $ 600.000, sendo o primeiro efetuado agora e os outros três em intervalos de 6 meses. O Plano C é um contrato de 3 anos, que determina um pagamento de $ 1,5 milhão agora e outro pagamento de $ 0,5 milhão daqui a 2 anos. Supondo que o GAO[6] pudesse renovar qualquer um dos planos sob as mesmas condições, se o desejasse, qual plano é o melhor, com base em uma análise do valor presente, a uma taxa de juros de 6% ao ano, capitalizada semestralmente?

---

[6] **N.T.:** Sigla de *General Accounting Office*, órgão de controle financeiro dos gastos do governo norte-americano.

Comparação do Valor Futuro

5.17 Uma estação de amostragem da qualidade do ar, localizada em um ponto distante, pode ser alimentada por baterias solares ou estendendo-se uma rede elétrica até o local, para receber e utilizar energia elétrica convencional. As baterias solares custarão $ 12.600 para serem instaladas e terão uma vida útil de 4 anos, sem nenhum valor recuperado. Espera-se que os custos anuais de inspeção, limpeza etc. sejam de $ 1.400. Uma nova rede elétrica custará $ 11.000 para ser instalada, e espera-se que os custos de consumo de energia sejam de $ 800 ao ano. Uma vez que o projeto de amostragem da qualidade do ar se encerrará em 4 anos, considera-se que o valor recuperado da rede elétrica seja igual a zero. Com base em uma análise do valor futuro e a uma taxa de juros de 10% ao ano, qual alternativa deve ser selecionada?

5.18 O Departamento de Energia está propondo novas regras que obrigam um aumento de 20% na eficiência das máquinas de lavar roupa no ano de 2005 e um aumento de 35% em 2008. Espera-se que o aumento de 20% aumente em $ 100 o preço atual de uma lavadora, enquanto o aumento de 35% deverá aumentar o preço em $ 240. Se o custo da energia elétrica é de $ 80 ao ano, com o aumento de eficiência em 20%, e $ 65 ao ano, com o aumento de 35%, com base em uma análise do valor futuro, a uma taxa de juros de 10% ao ano, qual dos dois padrões propostos é o mais econômico? Suponha uma vida útil de 15 anos para todos os modelos de lavadora.

5.19 Uma pequena empresa de mineração de carvão a céu aberto está tentando decidir se deve comprar ou alugar uma nova escavadeira hidráulica *clamshell*[7]. Se for comprada, a escavadeira custará $ 150.000, e espera-se que ela tenha um valor recuperado de $ 65.000 em 6 anos. Uma alternativa é a empresa alugar uma escavadeira *clamshell* por $ 30.000 ao ano, mas o pagamento do aluguel terá de ser efetuado no *início* de cada ano. Se a escavadeira for comprada, ela será alugada a outras empresas mineradoras sempre que for possível, sendo essa uma atividade da qual se espera obter receitas de $ 12.000 ao ano. Se a taxa mínima de atratividade da empresa é de 15% ao ano, com base em uma análise do valor futuro, a escavadeira *clamshell* deve ser comprada ou alugada?

5.20 Três tipos de broca podem ser utilizados em determinada operação de manufatura. Uma broca de aço inoxidável de alta velocidade (HSS) pode ser comprada pelo preço mais barato, mas tem uma vida útil menor do que as brocas de óxido de ouro ou de nitreto de titânio. As brocas HSS custarão $ 3.500 e terão uma durabilidade de 3 meses, sob as condições em que serão utilizadas. O custo operacional dessas brocas será de $ 2.000 por mês. As brocas de óxido de ouro custarão $ 6.500 e terão uma durabilidade de 6 meses, com um custo operacional de $ 1.500 por mês. As brocas de nitreto de titânio custarão $ 7.000 e terão uma durabilidade de 6 meses, com um custo operacional de $ 1.200 ao mês. Com base em uma análise do valor futuro e a uma taxa de juros de 12% ao ano, capitalizada mensalmente, qual tipo de broca deve ser utilizado?

5.21 A empresa El Paso Electric está considerando duas alternativas para cumprir as normas estaduais referentes ao controle de poluição em uma de suas usinas geradoras de energia elétrica. Essa usina, em particular, está localizada nos arredores da cidade e a uma curta distância de Juarez, no México. A usina produz, atualmente, uma quantidade excessiva de compostos orgânicos voláteis (VOCs) e óxidos de nitrogênio. Dois planos foram propostos para cumprir as normas estaduais. O Plano A envolve substituir os queimadores e mudá-los de óleo combustível para gás natural. O custo da opção será de $ 300.000, inicialmente, mais $ 900.000, por ano, pelo custo do combustível. O Plano B envolve ir ao México e construir dutos de gás para as muitas olarias "de fundo quintal", que agora utilizam madeira, pneus e outras matérias residuais combustíveis para queimar os tijolos. A idéia que embasa o Plano B é que, ao reduzir a poluição provocada por partículas em suspensão, responsável pela fumaça em El Paso, haveria um benefício mais amplo para os cidadãos

---
[7] **N.T.:** Escavadeira hidráulica com caçamba de mandíbulas.

norte-americanos do que aquele que seria obtido pelo Plano A. O custo inicial do Plano B será de $ 1,2 milhão para a instalação dos dutos de gás. Além disso, a companhia elétrica subsidiará o custo do gás para os oleiros, até um valor de $ 200.000 ao ano. A monitoração extra da qualidade do ar, associada a esse plano, custará um adicional de $ 150.000 por ano. Para um período de projeto de 10 anos, nenhum valor será recuperado para ambos os planos. Com base em uma análise do valor futuro, a uma taxa de juros de 12% ao ano, qual dos planos deve ser selecionado?

Custos Capitalizados

5.22 O custo para pintar a ponte Golden Gate é de $ 400.000. Se a ponte for pintada agora e a cada 2 anos a partir de então, qual é o custo capitalizado da pintura, a uma taxa de juros de 6% ao ano?

5.23 O custo para ampliar uma certa rodovia no Parque Nacional de Yellowstone é de $ 1,7 milhão. Espera-se que o recapeamento e outras atividades de manutenção custem $ 350.000 a cada 3 anos. Qual é o custo capitalizado da rodovia, a uma taxa de juros de 6% ao ano?

5.24 Determine o custo capitalizado de um gasto de $ 200.000 no período 0, $ 25.000 nos períodos 2 a 5 e $ 40.000 por ano, a partir do ano 6. Utilize uma taxa de juros de 12% ao ano.

5.25 Uma cidade que está tentando atrair uma equipe de futebol profissional planeja construir um novo estádio, ao custo de $ 250 milhões. Espera-se que o custo de conservação atinja $ 800.000 por ano. A grama artificial precisará ser substituída a cada 10 anos, ao custo de $ 950.000. Refazer a pintura, a cada 5 anos, custará $ 75.000. Se a cidade espera manter as instalações indefinidamente, qual será o seu custo capitalizado, a uma taxa de juros de 8% ao ano?

5.26 Certa alternativa de manufatura tem um custo inicial de $ 82.000, um custo de manutenção de $ 9.000 e um valor recuperado de $ 15.000, depois de 4 anos de vida útil. Qual é o custo capitalizado, a uma taxa de juros de 12% ao ano?

5.27 Se você quer ter a possibilidade de sacar $ 80.000 por ano, indefinidamente, 30 anos a partir de agora, quanto precisará ter em sua conta de aposentadoria (que rende 8% de juros, ao ano) no (*a*) ano 29 e (*b*) no ano 0?

5.28 Qual é o custo capitalizado (valor absoluto) da *diferença* entre os dois planos seguintes, a uma taxa de juros de 10% ao ano? O Plano A exigirá um gasto de $ 50.000 a cada 5 anos, indefinidamente (com início no ano 5). O Plano B exigirá um gasto de $ 100.000 a cada 10 anos, indefinidamente (com início no ano 10).

5.29 Qual é o custo capitalizado dos gastos de $ 3.000.000 agora, $ 50.000 nos meses 1 a 12, $ 100.000 nos meses 13 a 25 e $ 50.000 indefinidamente, a partir do mês 26, se a taxa de juros é de 12% ao ano, capitalizada mensalmente?

5.30 Compare as seguintes alternativas, com base em seu custo capitalizado, a uma taxa de juros de 10% ao ano.

	Abastecimento à Base de Petróleo	Abastecimento à Base de Produtos Inorgânicos
Custo de aquisição, $	−250.000	−110.000
Custo operacional anual, $/ano	−130.000	−65.000
Receitas anuais, $/ano	400.000	270.000
Valor recuperado, $	50.000	20.000
Vida útil, em anos	6	4

5.31 Uma ex-aluna da Ohio State University quer criar um *endowment fund*[8], para conceder bolsas de estudo a alunas do curso de engenharia, totalizando $ 100.000 por ano, indefinidamente. As primeiras bolsas de estudo serão concedidas *agora* e prosseguirão a cada ano, indefinidamente. Quanto as ex-alunas devem doar agora, se há a expectativa de o fundo render juros à taxa de 8% ao ano?

5.32 Duas grandes adutoras estão sendo consideradas por um grande MUD[9]. A primeira envolve a construção de uma tubulação de aço a um custo de $ 225 milhões. Partes da tubulação terão de ser substituídas a cada 40 anos a um custo de $ 50 milhões. Espera-se que os custos de bombeamento e de outras operações sejam de $ 10 milhões por ano. Como alternativa, um canal de fluxo gravitacional pode ser construído a um custo de $ 350 milhões. Espera-se que os custos de manutenção e operações (M&O) correspondentes ao canal sejam de $ 0,5 milhão por ano. Se há a expectativa de ambas as adutoras durarem indefinidamente, qual delas deve ser construída, a uma taxa de juros de 10% ao ano?

5.33 Compare as alternativas apresentadas a seguir, com base em seus custos capitalizados, utilizando uma taxa de juros de 12% ao ano, capitalizada trimestralmente.

	Alternativa E	Alternativa F	Alternativa G
Custo de aquisição, $	−200.000	−300.000	−900.000
Renda trimestral, $/trimestre	30.000	10.000	40.000
Valor recuperado, $	50.000	70.000	100.000
Vida útil, em anos	2	4	∞

Análise do Tempo de Recuperação do Investimento

5.34 O que significa o termo recuperação sem retorno ou reembolso simples?

5.35 Explique por que a alternativa que recupera seu investimento inicial, a uma taxa específica de retorno, no tempo mais curto, *não é necessariamente* a mais atraente do ponto de vista econômico?

5.36 Determine o período de recuperação de um ativo que tem um custo de aquisição de $ 40.000, um valor recuperado de $ 8.000, em qualquer tempo, dentro do intervalo de 10 anos a partir da compra, e que gera uma renda de $ 6.000 por ano. O retorno necessário é de 8% ao ano.

5.37 A Accusoft Systems está oferecendo a proprietários de negócios um pacote de software que faz o acompanhamento de muitas funções contábeis por meio das faturas de venda da empresa. A instalação da licença local (*site license*) custará $ 22.000 e envolverá uma taxa trimestral de $ 2.000. Se determinada empresa de pequeno porte puder economizar $ 3.500 a cada trimestre e ter a segurança de gerenciar seus livros contábeis na própria empresa, quanto tempo demandará para que ela recupere seu investimento, a uma taxa de juros de 4% por trimestre?

5.38 A Darnell Enterprises construiu um anexo ao seu prédio a um custo de $ 70.000. Espera-se que os gastos anuais extras sejam de $ 1.850, mas a renda extra será de $ 14.000 por ano. Quanto tempo será necessário para que a empresa recupere seu investimento, a uma taxa de juros de 10% ao ano?

5.39 Um novo processo para manufaturar teodolitos a laser (*laser levels*) terá um custo de aquisição de $ 35.000 mais custos anuais de $ 17.000. Espera-se que a renda extra associada ao novo processo seja de $ 22.000 ao ano. Qual é o período de recuperação à taxa (*a*) i = 0% e (*b*) i = 10% ao ano?

5.40 Uma empresa multinacional de consultoria em assuntos de engenharia quer oferecer acomodações em estâncias turísticas a certos clientes, considerando a compra de um alojamento com três quartos em Upper Montana[10] que custará $ 250.000.

---

[8] **N.T.:** Fundo de dotação (*ou* de ajuda). Um fundo que permanece intacto, sendo retirados apenas os juros dele provenientes.
[9] **N.T.:** Sigla de *Municipal Utility District*. Um MUD é uma subdivisão político-administrativa de um Estado que tem a responsabilidade de cuidar do abastecimento de água, drenagem, saneamento básico e outros serviços dentro de suas fronteiras.
[10] **N.T.:** Região do Estado de Montana situada acima do rio Missouri, EUA.

Os imóveis dessa área estão se valorizando rapidamente, pois pessoas ansiosas para se afastarem da agitação urbana estão fazendo lances a preços crescentes. Se a empresa gasta uma média de $ 500 por mês em serviços públicos e o investimento se eleva a uma taxa de 2% ao mês, quanto tempo seria necessário para que a empresa pudesse vender o imóvel por $ 100.000 a mais do que investiu nele?

5.41 Um fabricante de molduras de janela está à procura de maneiras de melhorar a receita de suas janelas corrediças com triplo isolamento, vendidas, principalmente, nas regiões bem ao norte dos Estados Unidos. A Alternativa A é aumentar a campanha de marketing na TV e no rádio. Espera-se que um total de $ 300.000 gastos agora aumente a receita em $ 60.000 ao ano. A Alternativa B exige o mesmo investimento para fazer benfeitorias no processo de manufatura na fábrica (*in-plant*), que melhorarão as propriedades de conservação de temperatura das vedações em torno de cada painel de vidro. Novas receitas se iniciam lentamente para esta segunda alternativa, havendo a estimativa de $ 10.000 no primeiro ano, com um crescimento de $ 15.000 por ano, à medida que o produto aperfeiçoado ganhar reputação entre os construtores. A TMA é de 8% ao ano e o período máximo de avaliação é de 10 anos, para ambas as alternativas. Utilize tanto a análise do tempo de recuperação do investimento, como a análise do valor presente, à taxa de 8% (para 10 anos), para selecionar a alternativa mais econômica. Indique a razão, ou as razões, para quaisquer diferenças na alternativa escolhida entre as duas análises.

Custos do Ciclo de Vida

5.42 Uma empresa prestadora de serviços de defesa de alta tecnologia foi solicitada pelo Pentágono para avaliar o custo do ciclo de vida (CCV) de uma proposta de veículo leve de apoio. Sua lista de itens inclui as seguintes categorias gerais: custos de pesquisa e desenvolvimento (P&D), custos de investimento não recorrentes (INR), custos de investimento recorrentes (IR), custos da manutenção programada e não programada (Manut), custos de uso do equipamento (Equip) e custos de alienação (Alien). Os custos (em milhões de dólares) correspondentes ao ciclo de vida de 20 anos são indicados na tabela a seguir. Calcule o CCV a uma taxa de juros de 7% ao ano.

Ano	P&D	INR	IR	Manut	Equip	Alien
0	5,5	1,1				
1	3,5					
2	2,5					
3	0,5	5,2	1,3	0,6	1,5	
4		10,5	3,1	1,4	3,6	
5		10,5	4,2	1,6	5,3	
6–10			6,5	2,7	7,8	
11 em diante			2,2	3,5	8,5	
18–20						2,7

5.43 Um engenheiro de software de manufatura de uma grande corporação aeroespacial foi designado para assumir a responsabilidade de gerenciar um trabalho cujo objetivo é projetar, construir, testar e implementar o AREMSS, um sistema de programação automatizada de última geração para a execução de manutenções rotineiras e de emergência. Relatórios sobre a disposição de cada serviço também serão introduzidos pelo pessoal de campo e, então, classificados e arquivados pelo sistema. A aplicação inicial será em uma aeronave de reabastecimento da Força Aérea em vôo. Espera-se que ao longo do tempo o sistema seja amplamente utilizado para a programação de manutenção de outras aeronaves. Assim que ele for completamente implementado, melhorias terão de ser feitas, mas espera-se que o sistema sirva como um programador mundial para uma quantidade de até 15.000 aeronaves distintas. O engenheiro, que deve fazer a apresentação na próxima semana a respeito das melhores estimativas de custo ao longo do período de vida útil de 20 anos, decidiu utilizar o critério do custo do ciclo de vida para as estimações de custo. Utilize a informação a seguir para determinar o CCV, à taxa de 6% ao ano, para o sistema de programação AREMSS.

	Custo no Ano (Em Milhões de $)					
Categoria de Custo	1	2	3	4	5	6 em diante 10 18
Estudo de campo	0,5					
Projeto do sistema	2,1	1,2	0,5			
Projeto do software		0,6	0,9			
Compra do hardware			5,1			
Teste beta			0,1	0,2		
Desenvolvimento do manual do usuário		0,1	0,1	0,2	0,2	0,06
Implementação do sistema				1,3	0,7	
Hardware de campo				0,4	6,0	2,9
Instrutores de uso do software			0,3	2,5	2,5	0,7
Atualizações do software					0,6	3,0 3,7

5.44 O Exército dos Estados Unidos recebeu duas propostas para o projeto de desenho e construção dos alojamentos para os soldados da unidade de infantaria que estão em treinamento. A Proposta A envolve um projeto básico *off-the-shelf*[11] e a construção padronizada de muros, janelas, portas e outros recursos. Com essa opção, os custos dos sistemas de ar-condicionado se tornarão maiores, os custos de manutenção serão mais elevados e a substituição de equipamentos será mais breve do que a da Proposta B. O custo inicial de A será igual a $ 750.000. Os custos dos sistemas de ar-condicionado atingirão uma média de $ 6.000 por mês, e os custos de manutenção serão, em média, $ 2.000 por mês. Pequenas remodelagens serão necessárias nos anos 5, 10 e 15, a um custo de $ 150.000 a cada vez, a fim de tornar as unidades utilizáveis durante 20 anos. Elas não terão um valor recuperado.

A Proposta B inclui custos de projeto e construção feitos sob encomenda, no valor de $ 1,1 milhão, inicialmente, sendo que a estimativa do custo dos sistemas de ar-condicionado é de $ 3.000 por mês e os custos de manutenção serão de $ 1.000 por mês. Não haverá nenhum valor recuperado no fim dos 20 anos de vida útil.

Qual proposta deve ser aceita, com base na análise do custo do ciclo de vida, considerando que a taxa de juros é de 0,5% ao mês?

5.45 Uma cidade de tamanho médio planeja desenvolver um sistema de software para auxiliar na seleção de projetos, durante os próximos 10 anos. O critério de análise do custo do ciclo de vida foi utilizado para categorizar os custos de desenvolvimento, de programação, operacionais e de suporte, para cada alternativa. Há três alternativas sob consideração, identificadas como A (sistema feito sob encomenda), B (sistema adaptado) e C (sistema atual). Os custos estão resumidos a seguir. Utilize o critério de análise de custo do ciclo de vida para identificar a melhor alternativa, a 8% ao ano.

Alternativa	Componente de Custo	Custo
A	Desenvolvimento	$250.000 agora, $150.000 nos anos 1 a 4
	Programação	$45.000 agora, $35.000 anos 1, 2
	Operação	$50.000 nos anos 1 a 10
	Suporte	$30.000 nos anos 1 a 5
B	Desenvolvimento	$10.000 agora
	Programação	$45.000 no ano 0, $30.000 nos anos 1 a 3
	Operação	$80.000 nos anos 1 a 10
	Suporte	$40.000 nos anos 1 a 10
C	Operação	$175.000 nos anos 1 a 10

Títulos

5.46 Um título imobiliário com valor nominal de $ 10.000 tem uma taxa de juros de 6% ao ano, pagável trimestralmente. Quais são o valor e a freqüência dos pagamentos de juros?

5.47 Qual é o valor nominal de um título municipal que tem uma taxa de juros para obrigações financeiras de 4% ao ano, com pagamentos semestrais de juros de $ 800?

---

[11] **N.T.:** Designa produtos comerciais prontos para serem usados, sem modificações: "produto de prateleira".

5.48 Qual é a taxa de juros para obrigações financeiras de um título no valor de $ 20.000 com pagamentos semestrais de juros de $ 1.500 e vencimento em 20 anos?

5.49 Qual é o valor presente de um título de $ 50.000, com juros de 10% ao ano, pagáveis trimestralmente? O título vence em 20 anos. A taxa de juros do mercado é de 10% ao ano, capitalizada trimestralmente.

5.50 Qual é o valor presente de um título municipal de $ 50.000, com uma taxa de juros de 4% ao ano, pagável trimestralmente? O título vence em 15 anos e a taxa de juros do mercado é de 8% ao ano, capitalizada trimestralmente.

5.51 Há 3 anos, a General Electric emitiu 1.000 títulos com dividendos fixos, com um valor nominal de $ 5.000 cada um e uma taxa de juros para obrigações financeiras de 8% ao ano, pagáveis semestralmente. Os títulos têm uma data de vencimento de 20 anos *a partir da data em que foram emitidos*. Se a taxa de juros do mercado é de 10% ao ano, capitalizada semestralmente, qual é o valor presente de um título para um investidor que deseja comprá-lo hoje?

5.52 O Independent Scholl District de Charleston precisa levantar $ 200 milhões para reformar as escolas existentes e construir outras novas. Os títulos pagarão juros, semestralmente, à taxa de 7% ao ano, e vencerão em 30 anos. As taxas de corretagem associadas à venda dos títulos serão de $ 1 milhão. Se a taxa de juros do mercado se elevar para 8% ao ano, capitalizada semestralmente, antes de os títulos serem emitidos, qual deverá ser o valor nominal dos títulos, para que o distrito escolar obtenha $ 200 milhões líquidos?

5.53 Um engenheiro que planeja sua aposentadoria estima que as taxas de juros do mercado decrescerão antes de ele se aposentar. Portanto, quer investir em títulos corporativos. Ele planeja comprar um título de $ 50.000, que tem uma taxa de juros para obrigações financeiras de 12% ao ano, pagável trimestralmente, com data de vencimento daqui a 20 anos.

(*a*) Por qual valor ele poderá vender o título em 5 anos, se a taxa de juros do mercado é de 8% ao ano, capitalizada trimestralmente?

(*b*) Se ele investisse os juros que recebeu, a uma taxa de juros de 12% ao ano, capitalizada trimestralmente, que montante acumulará, imediatamente, depois de vender o título daqui a 5 anos?

PROBLEMAS DE REVISÃO DE FUNDAMENTOS DE ENGENHARIA (FE)

5.54 Considerando as alternativas mutuamente exclusivas, apresentadas a seguir, determine qual(is) deve(m) ser selecionada(s).

Alternativa	Valor Presente, $
A	−25.000
B	−12.000
C	10.000
D	15.000

(*a*) Somente A
(*b*) Somente D
(*c*) Somente A e B
(*d*) Somente C e D

5.55 O valor presente de $ 50.000 agora, $ 10.000 anualmente nos anos 1 a 15 e $ 20.000 por ano, indefinidamente, a partir do ano 16, à taxa de 10% ao ano, está mais próximo de:

(a) Menos de $ 169.000
(b) $ 169.580
(c) $ 173.940
(d) $ 195.730

5.56 Certa doadora deseja iniciar uma doação na escola que cursou, que deverá prover fundos de $ 40.000 por ano, para concessão de bolsas de estudo, com início em 5 anos e prosseguindo indefinidamente. Se a universidade ganha 10% de juros ao ano sobre a doação, a quantia que ela deverá doar, agora, está mais próxima de:

(a) $ 225.470
(b) $ 248.360
(c) $ 273.200
(d) $ 293.820

5.57 A uma taxa de juros de 10% ao ano, a quantia que você deve depositar em sua conta de aposentadoria, anualmente, nos anos 0 a 9 (ou seja, 10 depósitos), se quiser sacar $ 50.000 por ano, indefinidamente, com início daqui a 30 anos, está mais próxima de:

(a) $ 4.239
(b) $ 4.662
(c) $ 4.974
(d) $ 5.471

Os problemas 5.58 a 5.60 baseiam-se nas estimativas apresentadas no quadro a seguir. O custo do dinheiro é de 10% ao ano.

	Máquina X	Máquina Y
Custo inicial, $	−66.000	−46.000
Custo anual, $/ano	−10.000	−15.000
Valor recuperado, $	10.000	24.000
Vida útil, em anos	6	3

5.58 O valor presente da máquina X está mais próximo de:

(a) $ −65.270
(b) $ −87.840
(c) $ −103.910
(d) $ −114.310

5.59 Ao comparar as máquinas, com base no valor presente, o valor presente da máquina Y está mais próximo de:

(a) $ −65.270
(b) $ −97.840
(c) $ −103.910
(d) $ −114.310

5.60 O custo capitalizado da máquina X está mais próximo de:

(a) $ −103.910
(b) $ −114.310
(c) $ −235.990
(d) $ −238.580

5.61 O custo de conservação de um monumento público em Washington, DC, ocorre como dispêndios periódicos de $ 10.000 a cada 5 anos. Se o primeiro dispêndio ocorre agora, o custo de conservação, capitalizado a uma taxa de juros de 10% ao ano, está mais próximo de:

(a) $ −16.380
(b) $ −26.380
(c) $ −29.360
(d) $ −41.050

5.62 As alternativas apresentadas a seguir devem ser comparadas com base em seus custos capitalizados. A uma taxa de juros de 10% ao ano, capitalizada continuamente, a equação que representa o custo capitalizado da alternativa A é

	Alternativa A	Alternativa B
Custo de aquisição, $	−50.000	−90.000
Custo anual, $/ano	−10.000	−4.000
Valor recuperado, $	13.000	15.000
Vida útil, em anos	3	6

(a) $VP_A = -50.000 - 10.000(P/A;10,52\%;6) - 37.000(P/F;10,52\%;3) + 13.000(P/F;10,52\%;6)$
(b) $VP_A = -50.000 - 10.000(P/A;10,52\%;3) + 13.000(P/F;10,52\%;3)$

(c) $VP_A = [-50.000(A/P;10,52\%;3) - 10.000 + 13.000(A/F;10,52\%;3)]/0,1052$

(d) $VP_A = [-50.000(A/P;10\%;3) - 10.000 + 13.000(A/F;10\%;3)]/0,10$

5.63 Um título corporativo tem um valor nominal de $ 10.000, uma taxa de juros para obrigações financeiras de 6% ao ano, pagável semestralmente, e uma data de vencimento daqui a 20 anos. Se uma pessoa compra o título por $ 9.000, quando a taxa de juros do mercado é de 8% ao ano, capitalizada semestralmente, o valor e a freqüência dos pagamentos de juros que a pessoa receberá estão mais próximos de

(a) $ 270, a cada 6 meses
(b) $ 300, a cada 6 meses
(c) $ 360, a cada 6 meses
(d) $ 400, a cada 6 meses

5.64 Um título municipal emitido há 3 anos tem um valor nominal de $ 5.000 e uma taxa de juros para obrigações financeiras de 4% ao ano, pagável semestralmente. O título vence em 20 anos, *a partir da data em que foi emitido*. Se a taxa de juros do mercado é de 8% ao ano, capitalizada trimestralmente, o valor de *n* que deve ser utilizado na equação *P/A* para calcular o valor presente do título é

(a) 34
(b) 40
(c) 68
(d) 80

5.65 Um título de $ 10.000 tem uma taxa de juros de 6% ao ano, pagável trimestralmente. O título vence daqui a 15 anos. A uma taxa de juros de 8% ao ano, capitalizada trimestralmente, o valor presente do título é representado por qual das equações abaixo?

(a) $VP = 150(P/A;1,5\%;60) + 10.000(P/F;1,5\%;60)$
(b) $VP = 150(P/A;2\%;60) + 10.000(P/F;2\%;60)$
(c) $VP = 600(P/A;8\%;15) + 10.000(P/F;8\%;15)$
(d) $VP = 600(P/A;2\%;60) + 10.000(P/F;2\%;60)$

EXERCÍCIO AMPLIADO

AVALIAÇÃO DE ESTIMATIVAS DE APOSENTADORIA DO SEGURO SOCIAL

Charles é um engenheiro sênior que trabalha há 18 anos, desde que se formou na universidade. Ontem, pelo correio, ele recebeu um relatório da U.S. Social Security Administration. Em suma, o relatório afirmava que, se ele continuar a ganhar à mesma taxa, o seguro social lhe proporcionará as seguintes estimativas de benefícios mensais de aposentadoria:

- Aposentadoria normal aos 66 anos; benefício completo de $ 1.500 por mês, com início quando ele tiver 66 anos de idade.
- Aposentadoria antecipada aos 62 anos; benefícios reduzidos em 25%, com início quando ele tiver 62 anos de idade.
- Aposentadoria postergada para 70 anos de idade; benefícios aumentados em 30%, com início quando ele tiver 70 anos de idade.

Charles nunca pensou muito sobre o seguro social; habitualmente, ele o imaginava como uma dedução mensal de seu contracheque, que ajudava a pagar os benefícios de aposentadoria do seguro social de seus pais. Mas, dessa vez, ele concluiu que uma análise deveria ser realizada. Charles decidiu desconsiderar os seguintes itens ao longo do tempo: o imposto de renda, os aumentos do custo de vida e a inflação. Além disso, presumiu que os benefícios de aposentadoria são todos recebidos no fim de cada ano; ou seja, não ocorre nenhum efeito de capitalização durante o ano. Utilizando uma taxa de retorno esperada de 8% ao ano para os investimentos e a morte prevista para logo após o seu 85º aniversário, utilize uma planilha para fazer o seguinte para Charles:

1. Calcular o valor futuro total de cada cenário apresentado, até a idade de 85 anos.
2. Esboçar o valor futuro anual acumulado para cada cenário, até a idade de 85 anos.

O relatório também mencionava que, se Charles morresse este ano, sua esposa teria direito, quando chegasse à idade de aposentadoria integral, a um benefício de $ 1.600 por mês, pelo resto da vida. Se Charles e sua esposa têm 40 anos atualmente, a respeito da pensão que a viúva receberá, se ela começar a recebê-la ao completar 66 anos de idade e viver até os 85 anos, determine o seguinte:

3. O valor presente agora.
4. O valor futuro para a esposa, depois de seu 85º aniversário.

ESTUDO DE CASO

AVALIAÇÃO DO PERÍODO DE RECUPERAÇÃO DO INVESTIMENTO DO PROGRAMA DE INSTALAÇÃO DE VASOS SANITÁRIOS COM VOLUME DE DESCARGA REDUZIDO

Introdução

Em muitas cidades da região sudoeste dos Estados Unidos, a água é retirada de aqüíferos do lençol freático mais rapidamente do que é reposta. A concomitante exaustão dos suprimentos de água do subsolo obrigou algumas dessas cidades a pôr em prática ações que variam desde políticas de preço restritivas a medidas obrigatórias de economia de água em estabelecimentos residenciais, comerciais e industriais. A partir de meados da década de 1990, uma cidade realizou um projeto para estimular a instalação de vasos sanitários com volume de descarga reduzido nas casas existentes. Para avaliar a eficiência de custo do programa, foi realizada uma análise econômica.

Histórico

O âmago do programa de troca dos vasos sanitários envolvia um abatimento de 75% do custo do aparelho (até $ 100 por unidade), desde que o vaso sanitário não utilizasse mais do que 1,6 galão (6 litros) de água por descarga. Não havia nenhum limite quanto ao número de vasos sanitários que as pessoas ou empresas poderiam substituir.

Procedimento

Para avaliar a economia de água obtida (se for o caso) por meio do programa, registros mensais do consumo de água foram verificados em 325 dos lares participantes, representando um tamanho de amostra de, aproximadamente, 13%. Dados sobre o consumo de água foram obtidos para 12 meses antes e 12 meses depois da instalação dos vasos sanitários com volume de descarga reduzido. Se a casa mudasse de proprietário durante o período de avaliação, o dado não era incluído na avaliação. Uma vez que o consumo de água se eleva drasticamente durante os meses de alto verão, devido à irrigação de gramados, resfriamento por evaporação, lavagem de automóveis etc., somente os meses de inverno (dezembro a fevereiro) foram utilizados para avaliar o consumo de água, antes e depois da instalação dos vasos sanitários. Antes de qualquer cálculo ser efetuado, os dados dos consumidores de alto consumo de água (geralmente as empresas) passaram por uma triagem, que eliminou todos os registros cujo consumo médio mensal ultrapassava 50 CCF (1 CCF = 100 pés cúbicos = 748 galões = 1.415,80 litros =1,416 m³). Além disso, as contas que tinham médias mensais de 2 CCF ou menos (antes ou depois da instalação) também foram eliminadas, porque acreditava-se que essa baixa taxa de consumo, provavelmente, representava uma situação extraordinária como, por exemplo, uma casa à venda que esteve vazia durante parte do período de estudo. Os 268 registros que restaram depois dos procedimentos de triagem foram, então, utilizados para quantificar a eficácia do programa.

Resultados

Consumo de Água

Descobriu-se que o consumo mensal de água, antes e depois da instalação dos vasos sanitários com volume de descarga reduzido era de 11,2 CCF e 9,1 CCF, respectivamente, com uma redução média de 18,8%. Quando somente os meses de janeiro e fevereiro foram utilizados nos cálculos efetuados, antes e depois, os valores respectivos foram de 11,0 CCF e 8,7 CCF, resultando em uma economia de água de 20,9%.

Análise Econômica

A tabela seguinte apresenta alguns dados do programa, ao longo do primeiro 1¾ ano do programa.

Resumo do Programa

Número de lares participantes	2.466
Número de vasos sanitários substituídos	4.096
Número de pessoas	7.981
Custo médio do vaso sanitário	$115,83
Abatimento médio	$76,12

Os resultados apresentados na seção anterior indicaram uma economia mensal de água de 2,1 CCF. Para a média dos participantes do programa, o período de recuperação do investimento n_p em anos, sem nenhuma taxa de juros considerada, é calculado utilizando-se a Equação [5.7].

$$n_p = \frac{\text{custo líquido dos vasos sanitários + custo de instalação}}{\text{economia anual líquida dos encargos de água e esgoto}}$$

O bloco que tem a menor taxa de encargos de consumo de água é de $ 0,76 por CCF. A sobretaxa de esgotos é de $ 0,62 por CCF. Utilizando esses resultados e um custo de $ 50 para a instalação, o período de recuperação do investimento é

$$n_p = \frac{(115{,}83 - 76{,}12) + 50}{(2{,}1 \text{ CCF/mês} \times 12 \text{ meses}) \times (0{,}76 + 0{,}62)/\text{CCF}}$$

$$= 2{,}6 \text{ anos}$$

Vasos sanitários mais baratos ou menores custos de instalação reduziriam o período de recuperação dos investimentos apropriadamente, enquanto a consideração do valor do dinheiro no tempo se ampliaria.

Do ponto de vista da empresa de serviços públicos que fornece a água, o custo do programa deve ser comparado ao custo marginal do abastecimento de água e do tratamento de esgotos. O custo marginal pode ser representado como

$$c = \frac{\text{custo dos abatimentos de preço}}{\text{volume de água não entregue + volume de esgotos não tratado}}$$

Teoricamente, a redução do consumo de água prosseguiria por um intervalo de tempo infinito, uma vez que a reposição jamais se daria de acordo com um modelo menos eficiente. Entretanto, considerando uma situação pessimista, presume-se que os vasos sanitários teriam um ciclo de vida "produtivo" de somente 5 anos, depois dos quais apresentariam vazamento e não seriam reparados. Para a cidade, o custo da água não distribuída ou dos esgotos não tratados seria

$$c = \frac{\$\,76{,}12}{(2{,}1 + 2{,}1\,\text{CCF/mês})(12\,\text{meses})(5\,\text{anos})}$$

$$= \frac{\$\,0{,}302}{\text{CCF}} \text{ ou } \frac{\$\,0{,}40}{1.000\,\text{galões}}$$

Desse modo, a menos que a cidade pudesse distribuir água e tratar o esgoto resultante por menos de $ 0,40 por 1.000 galões (3.785,41 litros), o programa de troca dos vasos sanitários seria considerado economicamente atraente. Para a cidade, somente os custos operacionais, ou seja, sem o dispêndio de capital, correspondentes aos serviços de água e esgoto que não foram gastos, atingiram aproximadamente $ 1,10 por 1.000 galões, que ultrapassa em muito o valor de $ 0,40 por 1.000 galões. Portanto, o programa de troca dos vasos sanitários foi claramente muito rentável.

Exercícios do Estudo de Caso

1. Considerando uma taxa de juros de 8% e que os vasos sanitários tenham uma vida útil de 5 anos, qual seria o período de recuperação do investimento do participante?
2. O período de recuperação do investimento do participante é mais sensível à taxa de juros utilizada ou ao tempo de vida útil do vaso sanitário?
3. Qual seria o custo, para a cidade, se fosse utilizada uma taxa de juros de 6% ao ano e o tempo de vida útil do vaso sanitário fosse de 5 anos? Compare o custo considerando $/CCF e $/1.000 galões, com os custos determinados à taxa de juros de 0%.
4. Do ponto de vista da cidade, o sucesso do programa é sensível (*a*) à porcentagem de abatimento do custo dos vasos sanitários, (*b*) à taxa de juros, considerando que sejam utilizadas taxas de 4% a 15%, ou (*c*) ao tempo total de vida útil dos vasos sanitários, considerando que sejam utilizados os tempos de 2 a 20 anos?
5. Quais outros fatores poderiam ser importantes (*a*) para os participantes e (*b*) para a cidade, ao avaliar se o programa é um sucesso?

CAPÍTULO 6
Análise do Valor Anual

Neste capítulo, aumentaremos o nosso repertório de ferramentas para comparação de alternativas. No último capítulo, aprendemos o método VP. Aqui, aprenderemos o valor anual equivalente, ou método VA. A análise do VA, comumente, é considerada a mais desejável dos dois métodos, porque o valor VA é fácil de ser calculado; a medida de valor – VA em dólares por ano – é entendida pela maior parte das pessoas; suas hipóteses são essencialmente idênticas às do método VP.

O valor anual também é conhecido por outros nomes. Alguns deles são: valor anual equivalente (VAE), custo anual equivalente (CAE), equivalente anual (EA) e custo anual uniforme equivalente (CAUE). O montante do valor anual equivalente resultante é idêntico para todas as variações de nome. A alternativa selecionada pelo método VA sempre será idêntica à selecionada pelo método VP e por todos os demais métodos de avaliação de alternativas, desde que sejam executados corretamente.

No estudo de caso, ao final do capítulo, será possível perceber que as estimativas obtidas com uma análise do valor presente (VP) são substancialmente diferentes depois de o equipamento ser instalado. Planilhas eletrônicas, análise de sensibilidade e análise do valor anual funcionam juntas para avaliar a situação.

OBJETIVOS DE APRENDIZAGEM

Propósito: Efetuar cálculos do valor anual e comparar alternativas utilizando o método do valor anual.

- Um ciclo de vida
- Cálculo do VA
- Seleção da alternativa por meio do VA
- VA de um investimento permanente

Este capítulo ajudará você a:

1. Demonstrar que o VA precisa ser calculado ao longo de somente um ciclo de vida.

2. Calcular a recuperação de capital (RC) e o VA utilizando dois métodos.

3. Selecionar a melhor alternativa com base em uma análise do VA.

4. Calcular o VA de um investimento permanente.

6.1 VANTAGENS E USOS DA ANÁLISE DO VALOR ANUAL

Para muitos estudos de engenharia econômica, o método VA apresenta vantagens, quando comparado com o VP, o VF e a taxa de retorno (dois próximos capítulos). Uma vez que o valor VA é o valor anual uniforme equivalente de todos os recebimentos e desembolsos estimados durante o ciclo de vida do projeto ou alternativa, o VA é fácil de ser compreendido por qualquer pessoa familiarizada com montantes anuais, ou seja, dólares por ano. O valor VA, que tem uma interpretação econômica idêntica ao A, utilizado até agora, é equivalente aos valores VP e VF à determinada TMA para n anos. Todos os três podem ser facilmente determinados, um a partir do outro, por meio da relação:

$$VA = VP(A/P;i;n) = VF(A/F;i;n) \qquad [6.1]$$

O n é o número de anos, em uma comparação de igual serviço. É o MMC do período de estudo estabelecido pela análise do VP ou VF.

Quando todas as estimativas de fluxo de caixa são convertidas em um valor VA, este se aplica a cada ano do ciclo de vida e a *cada ciclo de vida adicional*. De fato, uma importante vantagem computacional e de interpretação é que

O valor VA precisa ser calculado para *somente um ciclo de vida*. Portanto, não é necessário usar o MMC dos ciclos de vida, como ocorre com as análises do VP e do VF.

Portanto, a determinação do VA ao longo do ciclo de vida de uma alternativa determina o VA de todos os ciclos de vida futuros. Como ocorre com o método VP, há três hipóteses fundamentais do método VA que devem ser atendidas.

Quando as alternativas a serem comparadas têm diferentes ciclos de vida, o método VA considera que:

1. **Os serviços oferecidos são necessários, no mínimo, ao MMC dos ciclos de vida das alternativas.**
2. **A alternativa selecionada será repetida para os ciclos de vida subseqüentes, de maneira exatamente similar ao que ocorre para o primeiro ciclo de vida.**
3. **Todos os fluxos de caixa terão os mesmos valores estimados em cada ciclo de vida.**

Na prática, nenhuma hipótese é totalmente rígida. Se, em uma avaliação, as duas primeiras hipóteses não forem razoáveis, um período de estudo deve ser estabelecido para a análise. Note que, para a hipótese 1, a extensão de tempo pode ser o futuro indefinido (para sempre). Na terceira hipótese, espera-se que todos os fluxos de caixa se alterem exatamente de acordo com a taxa de inflação (ou deflação). Se essa não for uma hipótese razoável, novas estimativas de fluxo de caixa devem ser feitas para cada ciclo de vida e, novamente, um período de estudo deve ser definido. A análise do VA de um período de estudo estabelecido será discutida na Seção 6.3.

EXEMPLO 6.1

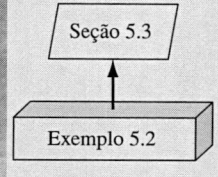

No Exemplo 5.2, que trata as opções de aluguel de um escritório, uma análise do VP foi realizada para 18 anos e o MMC de 6 e 9 anos. Considere somente a localização A, que tem um ciclo de vida de 6 anos. O diagrama da Figura 6–1 apresenta os fluxos de caixa de todos os três ciclos de vida (custo de aquisição de $ 15.000; custos anuais de $ 3.500; retorno do depósito de $ 1.000). Demonstre a equivalência do VP, ao longo dos três ciclos de vida, e o VA, ao longo de um ciclo, considerando $i = 15\%$. No exemplo anterior, o valor presente da localização A foi calculado como VP = $ – 45.036.

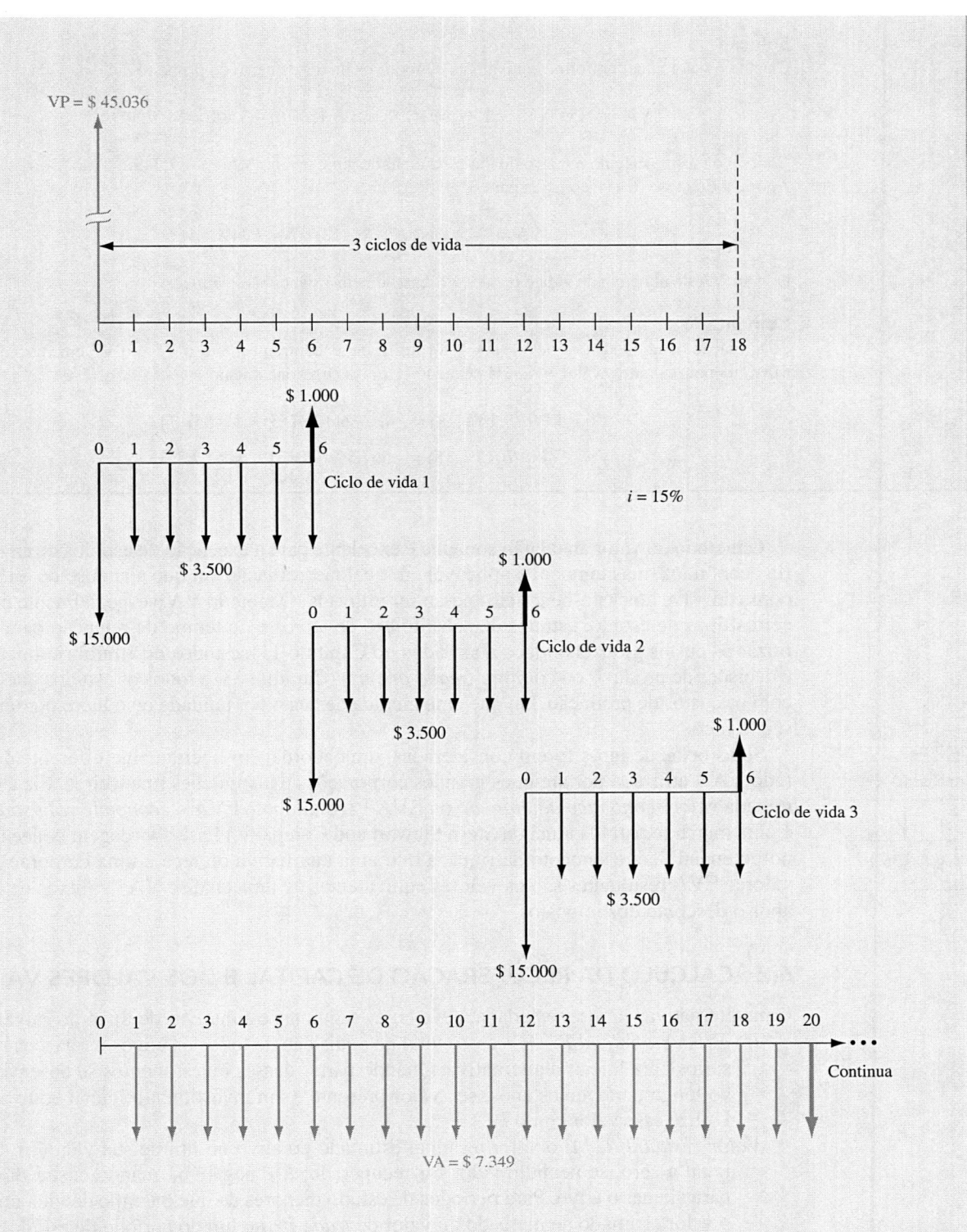

SEÇÃO 6.1 Vantagens e Usos da Análise do Valor Anual **219**

Figura 6–1
Valores VP e VA dos três ciclos de vida, no Exemplo 6.1.

> **Solução**
> Calcule o valor anual uniforme equivalente de todos os fluxos de caixa do primeiro ciclo de vida.
>
> $$VA = -15.000(A/P;15\%;6) + 1.000(A/F;15\%;6) - 3.500 = \$ -7.349$$
>
> Quando o mesmo cálculo é realizado em cada ciclo de vida, o valor VA é $\$ -7.349$.
> Agora, a Equação [6.1] é aplicada para o VP de 18 anos.
>
> $$VA = -45.036(A/P;15\%;18) = \$ -7.349$$
>
> O valor VA de um ciclo de vida e o valor VP baseado em 18 anos são idênticos.
>
> **Comentário**
> Se a relação de equivalência de VF e VA for utilizada, encontre primeiro o VF e o VP em função do MMC, depois calcule o valor VA. (Há pequenos erros de arredondamento.)
>
> $$VF = VP(F/P;15\%;18) = -45.036(12,3755) = \$ -557.343$$
> $$VA = VF(A/F;15\%;18) = -557.343(0,01319) = \$ -7.351$$

O método do valor anual não somente é excelente para a execução de estudos de engenharia econômica, mas também é aplicável em qualquer situação em que a análise do VP (bem como do VF e do custo-benefício) possa ser utilizada. O método VA é especialmente útil em certos tipos de estudo: estudos de substituição de ativos e do tempo de retenção para minimizar os custos globais (ambos abordados no Capítulo 11), estudos do equilíbrio financeiro e decisões de produzir ou comprar (*make-or-buy*) (Capítulo 13) e todos os estudos que lidam com os custos de produção, em que uma medida de custo por unidade ou o lucro por unidade seja o foco.

Análise EVA™ → Seção 17.8

Se as taxas de juros forem consideradas, uma abordagem ligeiramente diferente do método VA é utilizada por algumas grandes corporações e instituições financeiras. Ela é denominada *valor econômico adicionado* ou EVA.™ (O símbolo EVA – *economic value added* – é uma marca registrada atual da Stern Stewart and Company.) Essa abordagem concentra-se no potencial de crescimento da riqueza que uma alternativa oferece a uma corporação. Os valores EVA resultantes são os valores equivalentes de uma análise VA de fluxos de caixa, após o desconto dos impostos.

6.2 CÁLCULO DA RECUPERAÇÃO DE CAPITAL E DOS VALORES VA

Uma alternativa, para ser estudada, deve ter as seguintes estimativas de fluxo de caixa:

Investimento inicial P. É o custo total de aquisição de todos os ativos e serviços necessários para iniciar a alternativa. Quando partes desses investimentos se desenvolvem ao longo de diversos anos, seu valor presente é um investimento inicial equivalente. Utilize esse valor como P.

Valor residual R. É o valor terminal estimado do ativo no fim de sua vida útil. O R é igual a zero, se nenhum valor for recuperado; R é negativo, quando custar dinheiro para alienar o ativo. Para períodos de estudo menores do que o tempo de vida útil, R é o valor estimado de mercado ou valor de *trade-in* no fim do período de estudo.

Valor anual A. É o montante anual equivalente (custos somente das alternativas de serviço; custos e recebimentos de alternativas de receitas). Freqüentemente, este é o custo operacional anual (COA), de forma que a estimativa já é um valor A equivalente.

O montante do valor anual (VA) compreende dois componentes: recuperação de capital do investimento inicial P, a uma taxa de juros estabelecida (geralmente, a TMA), e o valor anual equivalente A. O símbolo RC é utilizado para o componente recuperação de capital. Na forma da equação,

$$VA = -RC - A \qquad [6.2]$$

Tanto RC como A têm sinais de menos (−) porque representam custos. O valor anual total A é determinado com base nos custos (e, possivelmente, recebimentos) uniformes recorrentes e não recorrentes. Os fatores P/A e P/F podem ser necessários para se obter, primeiro, o montante do valor presente, depois o fator A/P converte esse valor em um valor A na Equação [6.2]. (Se a alternativa for um projeto de receitas, haverá estimativas de fluxo de caixa positivo no cálculo do valor A.)

A recuperação de um capital P, comprometido em um ativo, mais o valor do capital no tempo, a determinada taxa de juros, é um princípio fundamental da análise econômica. *Recuperação de capital é o custo anual equivalente de possuir o bem mais o retorno do investimento inicial.* O fator A/P é utilizado para converter P em um custo anual equivalente. Se houver algum valor recuperado positivo R, previsto no fim da vida útil do ativo, seu valor anual equivalente é abatido, utilizando-se o fator A/F. Essa ação reduz o custo anual equivalente de possuir o bem. Conseqüentemente, RC é

$$RC = -[P(A/P;i;n) - R(A/F;i;n)] \qquad [6.3]$$

O cálculo de RC e VA é ilustrado no Exemplo 6.2.

EXEMPLO 6.2

A empresa Lockheed Martin está aumentando a potência de seu veículo lançador de satélites (*thrust booster*), a fim de estabelecer mais contratos com empresas européias interessadas em se abrir para novos mercados globais de telecomunicações. Espera-se que uma parte do equipamento terrestre de rastreamento necessite de um investimento de $ 13 milhões, sendo $ 8 milhões comprometidos agora e os $ 5 milhões restantes gastos no fim do ano 1 do projeto. Espera-se, também, que os custos operacionais anuais do sistema se iniciem no primeiro ano e prossigam a $ 0,9 milhão por ano. A vida útil do rastreador é de 8 anos, com um valor recuperado de $ 0,5 milhão. Calcule o valor VA do sistema, considerando que a TMA corporativa é de 12% ao ano, atualmente.

Solução

Os fluxos de caixa (Figura 6–2a) do sistema de rastreamento devem ser convertidos em uma seqüência de fluxos de caixa de VA equivalentes, ao longo de 8 anos (Figura 6–2b). (Todos os valores são expressos em unidades de $ 1 milhão.) O COA é $A = \$ -0,9$ por ano, e a recuperação de capital é calculada utilizando-se a Equação [6.3]. O valor presente P no ano 0 dos dois montantes de investimento distintos, iguais a $ 8 e $ 5, respectivamente, é determinado *antes* de se fazer a multiplicação pelo fator A/P.

$$\begin{aligned} RC &= -\{[8,0 + 5,0(P/F;12\%;1)](A/P;12\%;8) - 0,5(A/F;12\%;8)\} \\ &= -\{[12,46](0,2013) - 0,040\} \\ &= \$ -2,47 \end{aligned}$$

A correta interpretação desse resultado é muito importante para a Lockheed Martin. Significa que em todo e qualquer ano, durante 8 anos, a receita total equivalente do rastreador deve ser de, no mínimo,

CAPÍTULO 6 Análise do Valor Anual

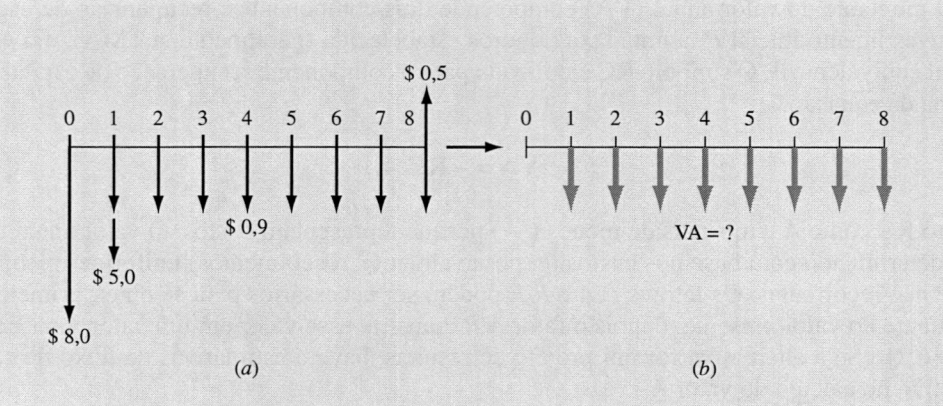

Figura 6–2
(a) Diagrama de fluxo de caixa correspondente aos custos do rastreador de satélite e (b) conversão em um VA equivalente (em $ 1 milhão), no Exemplo 6.2.

$ 2.470.000, *apenas para recuperar o investimento do valor presente inicial mais o retorno necessário de 12% ao ano*. Isso não inclui o COA de $ 0,9 milhão a cada ano.

Uma vez que este montante, RC = $ – 2,47 milhões, é um *custo anual equivalente*, conforme é indicado pelo sinal de menos, o VA total é encontrado pela Equação [6.2].

$$VA = -2,47 - 0,9 = \$ -3,37 \text{ milhões por ano}$$

Esse é o VA de todos os ciclos de vida, de 8 anos futuros, desde que os custos se elevem à mesma taxa que a inflação, e espera-se que os mesmos custos e serviços se apliquem a cada ciclo de vida subseqüente.

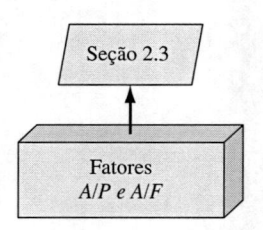

Há uma segunda maneira, igualmente correta, de determinar a RC. Qualquer um dos métodos resulta no mesmo valor. Na Seção 2.3, uma relação entre os fatores A/P e A/F foi declarada como

$$(A/F;i;n) = (A/P;i;n) - i$$

Ambos os fatores estão presentes na RC da Equação [6.3]. Substitua o fator A/F para obter

$$RC = -\{P(A/P;i;n) - R[(A/P;i;n) - i]\}$$

$$= -[(P - R)(A/P;i;n) + R(i)] \qquad [6.4]$$

Há uma base lógica para esta fórmula. Subtrair S do investimento inicial P antes de aplicar o fator A/P *indica* que o valor residual será recuperado. Essa antecipação de S reduz CR, o custo anual de propriedade do ativo. Entretanto, como S não será recuperado até o ano n de propriedade, é feita uma compensação, pela cobrança do juro anual $S(i)$, para cálculo final do CR.

Para o Exemplo 6.2, a utilização desse segundo caminho para calcular RC resulta no mesmo valor.

$$RC = -\{[8,0 + 5,0 \, (P/F;12\%;1) - 0,5](A/P;12\%;8) + 0,5(0,12)\}$$

$$= -\{[12,46 - 0,5](0,2013) + 0,06\} = \$ -2,47$$

Não obstante qualquer uma das relações resultar no mesmo valor, é melhor utilizar coerentemente o mesmo método. O primeiro método, a Equação [6.3], é o que será utilizado neste livro.

Para a solução por computador, utilize a função PGTO para determinar a RC somente em uma única célula de planilha. A função geral PGTO (taxa;nper;vp;vf;tipo) é reescrita, utilizando-se o investimento inicial como P e $-R$ para o valor recuperado. O formato é

$$\text{PGTO(taxa;nper;}P\text{;}-R\text{)}$$

Como ilustração, determine a RC somente no Exemplo 6.2. Uma vez que o investimento inicial está distribuído ao longo de 2 anos – $ 8 milhões no ano 0 e $ 5 milhões no ano 1 – incorpore a função VP em PGTO para encontrar o P equivalente no ano 0. A função completa somente para o valor da RC (em unidades de $ 1 milhão) é PGTO(12%;8,8 + *VP(12%;1;–5)*;–0,5), na qual a função VP, incorporada, está em itálico. O resultado de $ – 2,47 (milhões) será exibido na célula da planilha.

Solução Rápida

6.3 AVALIANDO ALTERNATIVAS POR MEIO DA ANÁLISE DO VALOR ANUAL

O método do valor anual é a técnica de avaliação mais fácil de ser executada, quando a TMA é especificada. A alternativa selecionada tem o menor custo anual equivalente (alternativas de serviço) ou a renda mais alta (alternativas de receita). Isso significa que as diretrizes de seleção são idênticas às do método VP, mas utilizando o VA.

Para alternativas mutuamente exclusivas, calcule o VA para a TMA.

Uma alternativa: VA ≥ 0, a TMA é realizada ou ultrapassada.
Duas ou mais alternativas: Escolha o valor VA com o menor custo ou com a maior renda (numericamente, o maior).

Se uma hipótese da Seção 6.1 não for aceitável para uma alternativa, uma análise do período de estudo deve ser realizada. Então, as estimativas de fluxo de caixa, ao longo do período de estudo, são convertidas em valores VA. Isso é ilustrado no Exemplo 6.4.

EXEMPLO 6.3

A PizzaRush, localizada em Los Angeles nos Estados Unidos, superou seus concorrentes ao oferecer entrega rápida. Muitos estudantes das universidades e colégios da região trabalham em tempo parcial, fazendo entregando pedidos feitos pela Internet no site da empresa. O proprietário, um graduado em engenharia de software, planeja comprar e instalar cinco sistemas *in-car*[1] portáteis, para aumentar a velocidade e a precisão de entrega. Os sistemas constituem um *link* entre o software de colocação de pedidos pela Internet e o sistema On-Star® de roteiros gerados por satélite, para qualquer endereço na região de Los Angeles. Espera-se que os resultados sejam serviços mais rápidos e mais cômodos para os clientes, e que gerem mais renda para a PizzaRush.

Cada sistema custa $ 4.600, tem uma vida útil de 5 anos e pode ter um valor recuperado estimado em $ 300. O custo operacional total de todos os sistemas é de $ 650 no primeiro ano, aumentando em $ 50 ao ano, a partir de então. A TMA é de 10%. Elabore uma avaliação do custo anual para o proprietário, que responda às questões apresentadas a seguir.

---

[1] **N.T.:** Sistema portátil, instalado no próprio veículo.

(a) Qual é o incremento necessário, em termos de renda anual, para recuperar o investimento para uma TMA de 10% ao ano? Encontre esse valor manualmente e por computador.

(b) O proprietário estima, conservadoramente, uma receita aumentada de $ 1.200 ao ano para todos os cinco sistemas. Esse projeto é financeiramente viável para a TMA proposta? Encontre a solução manualmente e por computador.

(c) Com base na resposta para a questão (b), utilize o computador para determinar qual incremento, em termos de renda, que a PizzaRush deve obter para justificar economicamente o projeto. Os custos operacionais permanecem de acordo com o que foi estimado.

Solução Manual

(a e b) Os valores RC e VA responderão a essas duas questões. O fluxo de caixa relativo a todos os cinco sistemas é apresentado na Figura 6–3. Utilize a Equação [6.3] para a recuperação de capital à taxa de 10%.

$$RC = 5(4.600)(A/P;10\%;5) - 5(300)(A/F;10\%;5)$$

$$= \$ 5.822$$

A viabilidade financeira pode ser determinada sem calcular o valor VA. Os $ 1.200, que representam a nova renda, são substancialmente menores do que a RC de $ 5.822, que ainda não inclui os custos anuais. A compra é claramente injustificável do ponto de vista econômico. Entretanto, para concluir a análise, determine o VA. Os custos operacionais anuais e as receitas formam uma série gradiente aritmética com uma base de $ 550 no ano 1, diminuindo em $ 50 por ano, durante 5 anos. A relação VA é:

$$VA = -\text{ recuperação de capital} + \text{receita líquida equivalente}$$

$$= -5.822 + 550 - 50(A/G;10\%;5)$$

$$= \$ -5.362$$

Esse é o valor líquido equivalente em 5 anos necessário para retornar o investimento e recuperar os custos operacionais estimados, à taxa de retorno de 10% ao ano. Isso demonstra, novamente, de maneira clara, que a alternativa não é financeiramente viável para a TMA = 10%. Note que a receita extra estimada de $ 1.200 ao ano, compensada pelos custos operacionais, reduziu o valor anual necessário de $ 5.822 para $ 5.362.

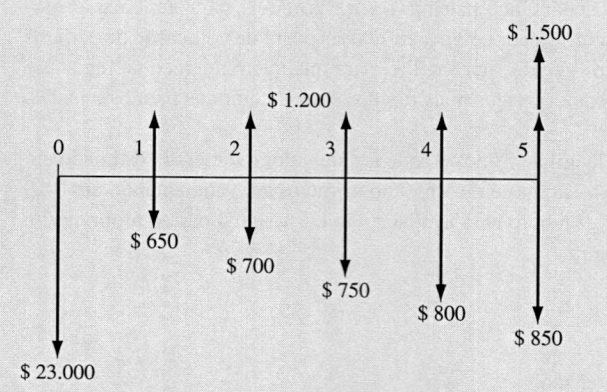

Figura 6–3
Diagrama de fluxo de caixa utilizado para calcular VA, no Exemplo 6.3.

Solução por Computador

O *layout* de planilha (Figura 6–4) apresenta os fluxos de caixa do investimento, os custos operacionais e a receita anual em colunas distintas. As funções utilizam o formato de variável global a fim de proporcionarem uma análise de sensibilidade mais rápida.

(*a* e *b*) O valor da recuperação de capital de $ 5.822 é exibido na célula B7, determinado por uma função PGTO com uma função VPL incorporada. As células C7 e D7 também utilizam a função PGTO para encontrar o valor anual equivalente dos custos e receitas, novamente, com uma função VPL incorporada.

   A célula F11 exibe o resultado final de VA = $ – 5.362, que é a soma de todos os três componentes da linha 7.

(*c*) Para encontrar a renda (coluna D) necessária para justificar o projeto, um valor de VA = $ 0 deve ser registrado na célula F11. As outras estimativas permanecem iguais. Uma vez que todas as receitas anuais na coluna D recebem seu valor da célula B4, uma mudança no lançamento efetuado na célula B4, até que F11 exiba "$ 0", é necessária. Isso ocorre em $ 6.562. (Esses valores não são apresentados em B4 e F11 da Figura 6–4.) O proprietário da PizzaRush precisaria aumentar a receita extra para o novo sistema de $ 1.200 para $ 6.562 por ano, para obter um retorno de 10%. Esse é um aumento substancial.

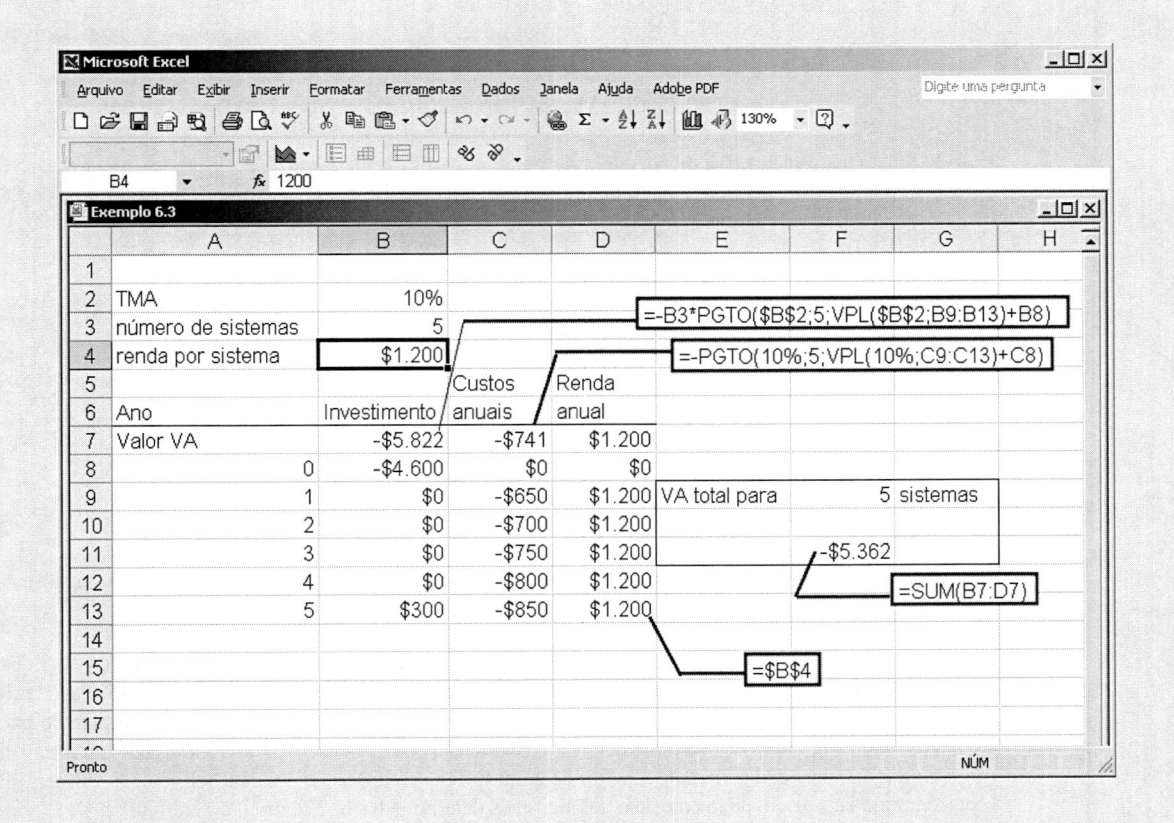

	A	B	C	D	E	F	G
1							
2	TMA	10%					
3	número de sistemas	5			=-B3*PGTO($B$2;5;VPL($B$2;B9:B13)+B8		
4	renda por sistema	$1.200			=-PGTO(10%;5;VPL(10%;C9:C13)+C8)		
5			Custos	Renda			
6	Ano	Investimento	anuais	anual			
7	Valor VA	-$5.822	-$741	$1.200			
8	0	-$4.600	$0	$0			
9	1	$0	-$650	$1.200	VA total para		5 sistemas
10	2	$0	-$700	$1.200			
11	3	$0	-$750	$1.200		-$5.362	
12	4	$0	-$800	$1.200		=SUM(B7:D7)	
13	5	$300	-$850	$1.200			
14							
15					=$B$4		

Figura 6–4
Solução de planilha, no Exemplo 6.3(*a*) e (*b*).

EXEMPLO 6.4

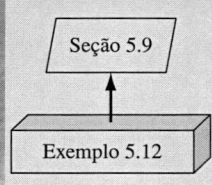

Seção 5.9 → Exemplo 5.12

No Exemplo 5.12, a análise VP foi executada (*a*) para o MMC de 24 anos e (*b*) ao longo de um período de estudo de 6 anos. Compare os dois planos para a Southeastern Cement, sob as mesmas condições, utilizando método VA. A TMA é de 15%. Encontre a solução manualmente e por computador.

Solução Manual

(*a*) Apesar de os dois componentes do plano A, escavadeiras e plataforma, terem diferentes ciclos de vida, a análise do VA é realizada somente para um ciclo de vida de cada componente. Cada VA é composto da RC mais o custo operacional anual. Utilize a Equação [6.3] para encontrar o valor da RC.

$$VA_A = RC_{escavadeiras} + RC_{plataforma} + COA_{escavadeiras} + COA_{plataforma}$$

$$RC_{escavadeiras} = -90.000(A/P;15\%;8) + 10.000(A/F;15\%;8) = \$ -19.328$$

$$RC_{plataforma} = -28.000(A/P;15\%;12) + 2.000(A/F;15\%;12) = \$ -5.096$$

$$COA_A \text{ Total} = \$ -12.000 - 300 = \$ -12.300$$

O valor VA total de cada plano é:

$$VA_A = -19.328 - 5.096 - 12.300 = \$ -36.724$$

$$VA_B = RC_{transportador} + COA_{transportador}$$

$$= -175.000(A/P;15\%;24) + 10.000(A/F;15\%;24) - 2.500 = \$ -29.646$$

Selecione o plano B, a mesma decisão obtida a partir da análise do VP.

(*b*) Em relação ao período de estudo, realize a mesma análise com *n* = 6 em todos os fatores, depois de atualizar os valores residuais.

$$RC_{escavadeiras} = -90.000(A/P;15\%;6) + 40.000(A/F;15\%;6) = \$ -19.212$$

$$RC_{plataforma} = -28.000(A/P;15\%;6) + 2.000(A/F;15\%;6) = \$ -7.170$$

$$VA_A = -19.212 - 7.170 - 12.300 = \$ -38.682$$

$$VA_B = RC_{transportador} + COA_{transportador}$$

$$= -175.000(A/P;15\%;6) + 25.000(A/F;15\%;6) - 2.500$$

$$= \$ -45.886$$

Para este horizonte de planejamento, selecione o plano A devido ao valor VA menor de seus custos.

Comentários

Há uma relação fundamental entre os valores VP e VA da questão (*a*). Conforme é estabelecido pela Equação [6.1], se você tiver o VP de determinado plano, determine o VA da seguinte forma: VA = VP(*A/P*;*i*;*n*); ou, se tiver o VA, então: VP = VA(*P/A*;*i*;*n*). Para obter o valor correto, o MMC pode ser utilizado para todos os valores *n*, uma vez que o método VP de avaliação deve se desenvolver ao longo de um intervalo de tempo igual, para cada alternativa, a fim de garantir uma comparação de igual serviço. Os valores VP, considerando-se o arredondamento, são idênticos aos determinados no Exemplo 5.12, Figura 5–9.

$$VP_A = VA_A(P/A;15\%;24) = \$ -236.275$$

$$VP_B = VA_B(P/A;15\%;24) = \$ -190.736$$

Solução por Computador

(a) Veja a Figura 6–5a. Este é exatamente o mesmo formato utilizado para a avaliação do VP com o MMC de 24 anos (Figura 5–9), com exceção do fato de que somente os *fluxos de caixa de um ciclo de vida* são apresentados aqui, e que as funções VPL, no cabeçalho de cada coluna, agora são *funções PGTO com a função VPL incorporada*. Os rótulos de célula detalham duas das funções PGTO, em que o sinal de menos inicial garante que o resultado é um montante de custo no VA total de cada plano (células H19 e H22). (A parte inferior da planilha não é apresentada. O Plano B prossegue ao longo de seu ciclo de vida inteiro com o valor recuperado de $ 10.000 no ano 24, e o custo anual de $ 2.500 prossegue até o ano 24.)

A RC resultante e os valores VA obtidos aqui são idênticos aos da solução obtida manualmente. O Plano B é selecionado.

Plano A: $RC_{escavadeiras}$ = $ – 19.328 (em B8) $RC_{palataforma}$ = $ – 5.097 (em D8)

VA_A = $ – 36.725 (em H19)

Plano B: $RC_{transportador}$ = $ – 27.146 (em F8) VA_B = $ – 29.646 (em H22)

(b) Na Figura 6–5b, os tempos de vida útil são abreviados para o período de estudo de 6 anos. Os valores residuais estimados, no ano 6, são inseridos (células da linha 16) e todos os valores COA, além de 6 anos, são excluídos.

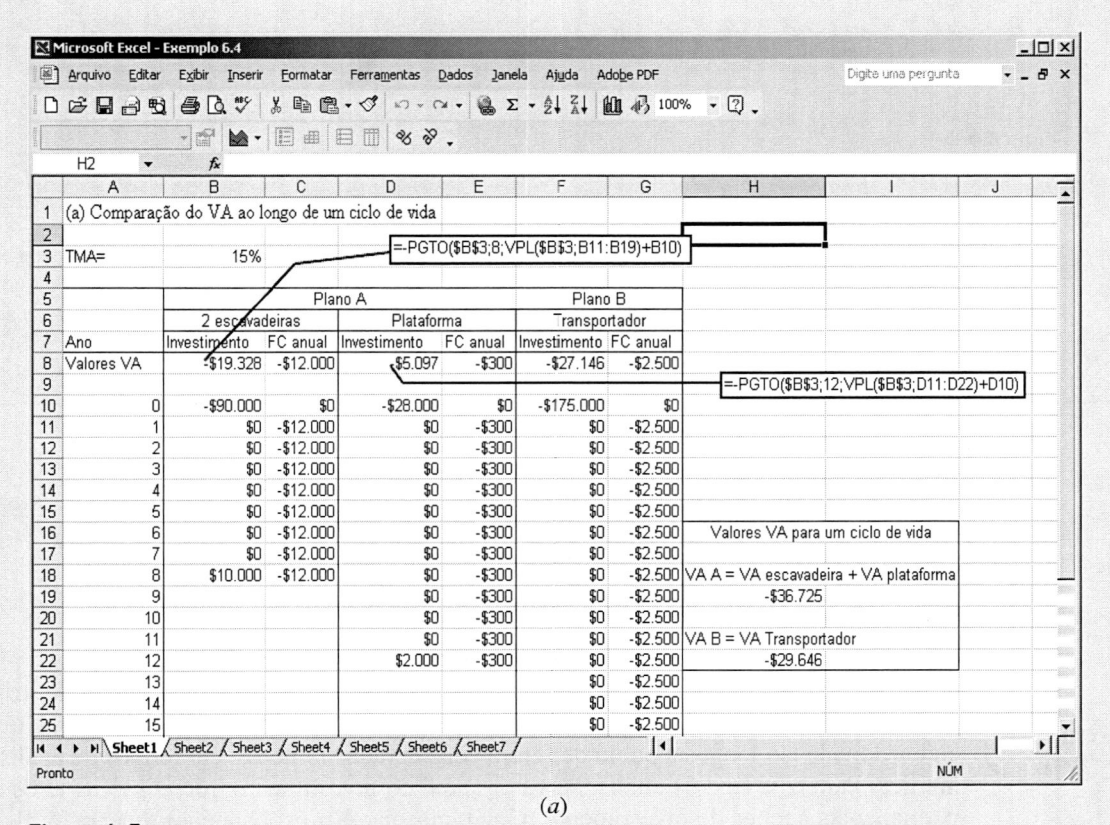

Figura 6–5
Solução de planilha utilizando a comparação do VA de duas alternativas: (a) um ciclo de vida e (b) período de estudo de 6 anos, no Exemplo 6.4.

228　CAPÍTULO 6　Análise do Valor Anual

```
Microsoft Excel - Exemplo 6.4
```

	A	B	C	D	E	F	G
1	Comparação do VA ao longo do período de estudo de 6 anos						
2							
3	TMA =	15%		=-PGTO($B$3;6;VPL($B$3;D11:D16)+D10)			
4							
5			Plano A			Plano B	
6		2 escavadeiras		Plataforma		Transportador	
7	Ano	Investimento	FC anual	Investimento	FC anual	Investimento	FC anual
8							
9	VA de anos	-$19.212	-$12.000	-$7.170	-$300	-$43.386	-$2.500
10	0	-$90.000	$0	-$28.000	$0	-$175.000	$0
11	1	$0	-$12.000	$0	-$300	$0	-$2.500
12	2	$0	-$12.000	$0	-$300	$0	-$2.500
13	3	$0	-$12.000	$0	-$300	$0	-$2.500
14	4	$0	-$12.000	$0	-$300	$0	-$2.500
15	5	$0	-$12.000	$0	-$300	$0	-$2.500
16	6	$40.000	-$12.000	$2.000	-$300	$25.000	-$2.500
17							
18			VA ao longo de 6 anos				
19					=SOMA(B9:E9)		
20			VA A =	-$38.682			
21			VA B =	-$45.886			

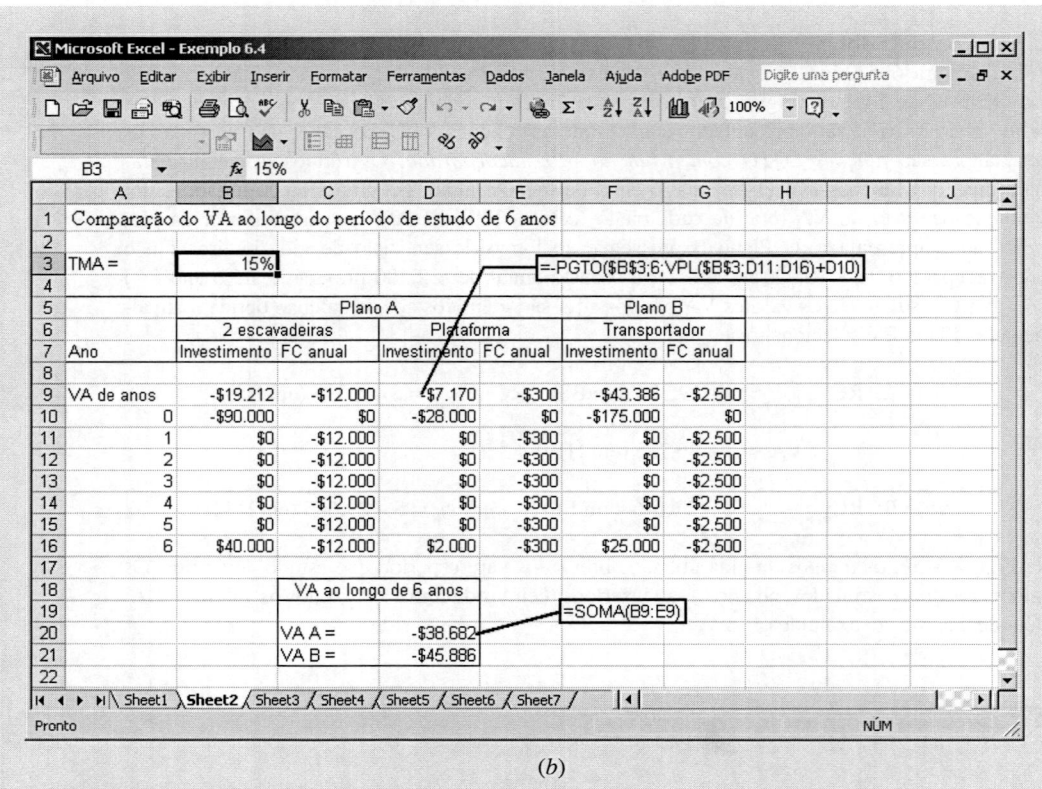

(b)

Figura 6–5
Continuação

Quando o valor *n*, em cada função PGTO, é ajustado de 8, 12 ou 24 anos para 6 anos, em cada caso, novos valores da RC são exibidos, e as células D20 e D21 exibem os novos valores do VA. Agora o plano A é selecionado, uma vez que ele tem um menor VA de custos. Esse resultado é idêntico ao da análise do VP da Figura 5–10, no Exemplo 5.12*b*.

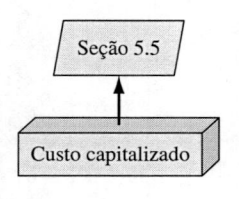

Seção 5.5

Custo capitalizado

Razão C/B
(custo/benefício)

Seção 9.4

Se os projetos forem *independentes*, o VA para a TMA é calculado. Todos os projetos com VA ≥ 0 são aceitáveis.

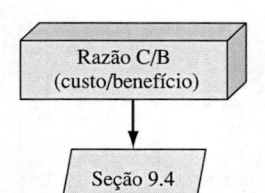

6.4 VA DE UM INVESTIMENTO PERMANENTE

Esta seção discute o valor anual equivalente do custo capitalizado. A avaliação de projetos do setor público, como, por exemplo, diques para controle de enchentes, canais de irrigação, pontes ou outros projetos em grande escala, exige a comparação de alternativas que têm ciclos de vida tão longos a ponto de serem considerados infinitos, em termos de análise econômica. Para esse tipo de análise, o valor anual do investimento inicial são os juros anuais permanentes ganhos do investimento inicial, ou seja, $A = Pi$. Esta é a Equação [5.3]. Entretanto, o valor de *A* também é o valor de recuperação do capital. (Essa mesma relação será utilizada novamente quando discutirmos a razão de custo/benefício.)

Fluxos de caixa recorrentes, a intervalos regulares ou irregulares, são manipulados exatamente como nos cálculos convencionais do VA: eles são convertidos em valores anuais uniformes equivalentes A para um ciclo. Isso automaticamente anualiza os fluxos de caixa recorrentes para cada ciclo de vida subseqüente, como discutimos na Seção 6.1. Some todos os valores A ao montante RC, para encontrar o VA total, como na Equação [6.2].

EXEMPLO 6.5

O *Bureau of Reclamation* dos Estados Unidos está considerando três propostas para aumentar a capacidade do principal canal de drenagem, em uma região agrícola do Nebraska. A proposta A exige a dragagem do canal, a fim de remover o sedimento e as plantas aquáticas que se acumularam durante a operação nos anos anteriores. A capacidade do canal precisará ser mantida no futuro, próximo ao pico de fluxo estabelecido no projeto, devido ao aumento da demanda por água. O Bureau planeja comprar o equipamento e os acessórios de dragagem por $ 650.000. Espera-se que o equipamento tenha uma vida útil de 10 anos, com um valor recuperado de $ 17.000. Estima-se que os custos operacionais anuais atinjam um total de $ 50.000. Para controlar as plantas aquáticas no próprio canal e ao longo das margens, herbicidas ambientalmente seguros serão aplicados durante a época de irrigação. Espera-se que o custo anual do programa de controle de plantas aquáticas seja de $ 120.000.

A proposta B consiste em revestir o canal com concreto a um custo inicial de $ 4 milhões. Presume-se que o revestimento seja permanente, mas pequenas tarefas de manutenção serão necessárias anualmente a um custo de $ 5.000. Além disso, reparos no revestimento terão de ser feitos a cada 5 anos, a um custo de $ 30.000.

A proposta C propõe que se construa uma tubulação ao longo de uma nova rota. As estimativas são: um custo inicial de $ 6 milhões, manutenção anual de $ 3.000 para a faixa de domínio e vida útil de 50 anos.

Compare as alternativas com base no valor anual, utilizando uma taxa de juros de 5% ao ano.

Solução
Uma vez que este é um investimento destinado a um projeto permanente, calcule o VA para um ciclo de todos os custos recorrentes. Para as propostas A e C, os valores da RC são encontrados utilizando-se a Equação [6.3], com $n_A = 10$ e $n_C = 50$, respectivamente. Para a proposta B, RC é simplesmente $P(i)$.

Proposta A	
RC do equipamento de dragagem:	
$-650.000(A/P;5\%;10) + 17.000(A/F;5\%;10)$	$ – 82.824
Custo anual de dragagem	– 50.000
Custo anual de controle de plantas aquáticas	– 120.000
Total	$ – 252.824
Proposta B	
RC do investimento inicial: $– 4.000.000(0,05)$	$ – 200.000
Custo anual de manutenção	– 5.000
Custo de reparo do revestimento: $– 30.000(A/F;5\%;5)$	– 5.429
Total	$ – 210.429
Proposta C	
RC da tubulação: $– 6.000.000(A/P;5\%;50)$	$ – 328.680
Custo anual de manutenção	– 3.000
Total	$ – 331.680

A proposta B é selecionada devido ao menor VA de seus custos.

Comentário

Note a utilização do fator *A/F* para o custo de reparo do revestimento na proposta B. O fator *A/F* é utilizado, em vez de *A/P*, porque o custo de reparo do revestimento se inicia no ano 5, não no ano 0, e prossegue indefinidamente a intervalos de 5 anos.

Se o ciclo de vida de 50 anos da proposta C é considerado infinito, RC = $P(i)$ = $ – 300.000, em vez de $ – 328.680 para n = 50. Essa é uma diferença econômica pequena. A maneira pela qual os ciclos de vida de 40 ou mais anos são tratados economicamente é uma questão de "prática" local.

EXEMPLO 6.6

Uma engenheira da Becker Consulting acabou de receber um bônus de $ 10.000. Se ela o depositar agora a uma taxa de juros de 8% ao ano, quanto tempo será necessário esperar para que possa sacar $ 2.000 ao ano, indefinidamente? Utilize um computador para encontrar a resposta.

Solução por Computador

A Figura 6–6 apresenta o diagrama de fluxos de caixa. O primeiro passo consiste em encontrar o montante total, denominado P_n, que deve estar acumulado no ano n, exatamente 1 ano antes do primeiro saque da série indefinida A = $ 2.000 por ano. Ou seja:

$$P_n = \frac{A}{i} = \frac{2.000}{0,08} = \$\ 25.000$$

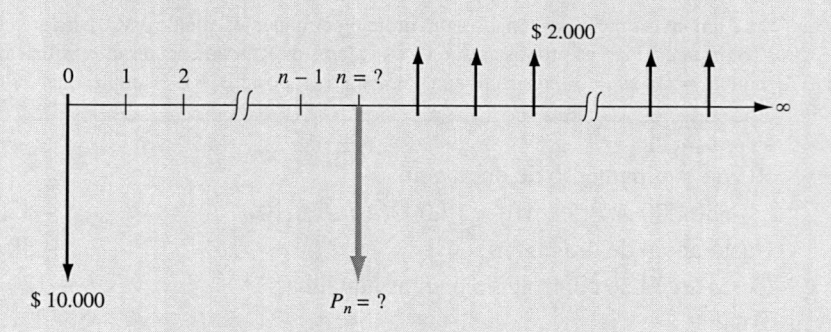

Figura 6–6
Diagrama para determinar n para uma seqüência indefinida de saques, no Exemplo 6.6.

Utilize a função NPER em uma célula para determinar quando o depósito inicial de $ 10.000 se transformará em $ 25.000 (Figura 6–7, célula B4). A resposta é: 11,91 anos. Se a engenheira deixar o dinheiro depositado durante 12 anos, ao rendimento de 8% a cada ano, os $ 2.000 por ano estarão garantidos indefinidamente.

A Figura 6–7 apresenta uma solução de planilha mais geral nas células B7 a B11. A célula B10 determina o valor a ser acumulado, a fim de que se possa receber qualquer valor (célula B9), indefinidamente, a 8% (célula B7), e B11 inclui uma função NPER, desenvolvida no formato de referência de célula, para qualquer taxa de juros, depósito e valor acumulado.

Solução Rápida

Sol. Excel

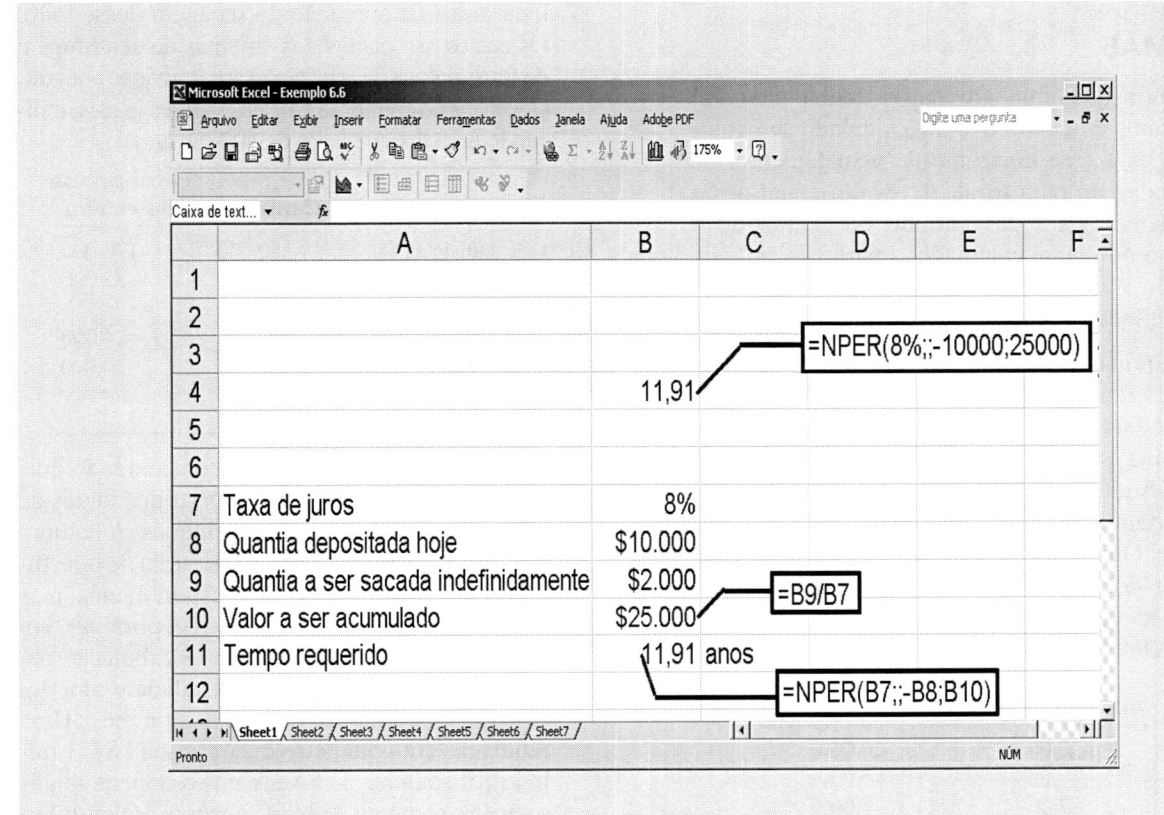

Figura 6–7
Duas soluções de planilha para encontrar um valor n utilizando a função NPER, no Exemplo 6.6.

RESUMO DO CAPÍTULO

O método do valor anual para comparar alternativas, freqüentemente, é preferível ao método do valor presente, uma vez que a comparação do VA é realizada para apenas um ciclo de vida. Essa pode ser considerada uma vantagem quando se comparam alternativas com diferentes ciclos de vida. O VA do primeiro ciclo de vida é o VA do segundo, terceiro e todos os ciclos de vida subseqüentes sob certas hipóteses. Quando um período de estudo é especificado, o VA é determinado para esse intervalo de tempo, independentemente dos ciclos de vida das alternativas. Como no método do valor presente, o valor restante de uma alternativa, no fim de um período de estudo, é reconhecido estimando-se um valor de mercado.

Para alternativas com ciclos de vida indefinidos, o custo inicial é anualizado simplesmente ao multiplicar-se P por i. Para alternativas com ciclo de vida finito, o VA, ao longo de um ciclo de vida, é igual ao valor anual permanente equivalente.

PROBLEMAS

6.1 Suponha que uma alternativa tenha vida útil de 3 anos e que você tenha calculado seu valor anual para esse horizonte de planejamento. Se lhe pedissem para fornecer o valor anual dessa alternativa, para um período de estudo de 4 anos, o montante calculado, a partir do ciclo de vida de 3 anos, seria uma estimativa válida para o solicitado? Por quê?

6.2 A máquina A tem vida útil de 3 anos, sem nenhum valor recuperado. Suponha que lhe digam que o serviço proporcionado por esse tipo de máquina seja necessário durante somente 5 anos. A alternativa A precisaria ser recomprada e, portanto, mantida durante mais 2 anos somente. Qual teria de ser o seu valor recuperado, depois dos 2 anos, a fim de tornar o seu valor anual idêntico ao do seu ciclo de vida de 3 anos, a uma taxa de juros de 10% ao ano?

Ano	Alternativa A, $	Alternativa B, $
0	–10.000	–20.000
1	–7.000	–5.000
2	–7.000	–5.000
3	–7.000	–5.000
4		–5.000
5		–5.000

Comparação de Alternativas

6.3 Uma firma de consultoria em assuntos de engenharia está considerando dois modelos de utilitários esportivos para os dirigentes da empresa. Um modelo da GM terá um custo de aquisição de $ 26.000, custo operacional de $ 2.000 e um valor recuperado de $ 12.000, depois de 3 anos. Um modelo da Ford terá um custo de aquisição de $ 29.000, custo operacional de $ 1.200 e um valor de revenda de $ 15.000, depois de 3 anos. A uma taxa de juros de 15% ao ano, qual dos dois modelos a firma de consultoria deve indicar para compra? Realize uma análise do valor anual.

6.4 Uma grande empresa têxtil está tentando decidir qual processo de desidratação de lodo deve utilizar antes da operação de secagem desse lodo. Os custos associados aos sistemas de centrífuga e de filtro-prensa de esteira são apresentados a seguir. Compare-os com base em seus valores anuais, utilizando uma taxa de juros de 10% ao ano.

	Centrífuga	Filtro-prensa de esteira
Custo de aquisição, $	–250.000	–170.000
Custo operacional anual, $/ano	–31.000	–35.000
Inspeção no ano 2, $	—	–26.000
Valor recuperado, $	40.000	10.000
Vida útil, em anos	6	4

6.5 Um engenheiro químico está considerando dois modelos de tubos para transportar destilados de uma refinaria para o pátio de tanques. A compra (inclusive válvulas e outros aparatos) de uma tubulação de pequeno calibre custará menos, mas terá uma perda de carga elevada e, portanto, um maior custo de bombeamento. A tubulação pequena custará $ 1,7 milhão instalada e terá um custo operacional de $ 12.000 por mês. Uma tubulação com diâmetro maior custará $ 2,1 milhões, instalada, mas seus custos operacionais serão de somente $ 8.000 por mês. Qual tubulação é mais econômica, a uma taxa de juros de 1% ao mês, com base em uma análise do custo anual? Suponha que o valor recuperado seja de 10% do custo de aquisição de cada tubulação, no fim do período de 10 anos do projeto.

6.6 A Polymer Molding Inc. está considerando dois processos para produzir tampas de bueiros. O plano A envolve moldagem convencional por injeção, que requer a manufatura de um molde de aço, a um custo de $ 2 milhões. Espera-se que o custo de inspeção, manutenção e instalação dos moldes seja de $ 5.000 por mês. O valor recuperado que se espera para o plano A é igual a 10% do custo de aquisição. O plano B envolve o uso de um processo inovador conhecido como *virtual engineered composites*[2] (VEC), em que um molde flutuante utiliza um sistema operacional que ajusta constantemente a pressão da água em torno do molde e dos produtos químicos que entram no processo.

---

[2] **N.T.:** Processo desenvolvido pela VEC Technology Inc. para substituir a moldagem tradicional por um processo computadorizado, capaz de manufaturar peças de fibra de vidro complexas e de alta precisão.

O custo de aquisição para produzir o molde flutuante é de apenas $ 25.000, mas, devido à novidade do processo, espera-se que os custos de pessoal e de rejeição ao produto sejam mais altos do que os do processo convencional. A empresa espera que os custos operacionais sejam de $ 45.000 por mês, durante os primeiros 8 meses e, depois, decresçam para $ 10.000 por mês, a partir de então. Não haverá nenhum valor recuperado com este plano. Considerando que o custo da matéria-prima seja idêntico para ambos os planos, ele não será incluído na comparação. A uma taxa de juros de 12% ao ano, capitalizada mensalmente, qual processo a empresa deve selecionar, com base em uma análise do valor anual, ao longo de um período de estudo de 3 anos?

6.7 Um engenheiro industrial está considerando a compra de dois robôs para uma empresa de manufatura de fibras ópticas. O robô X terá um custo de aquisição de $ 85.000, um custo de manutenção e operação (M&O) de $ 30.000 e um valor recuperado de $ 40.000. O robô Y terá um custo de aquisição de $ 97.000, um custo anual de M&O de $ 27.000 e um valor recuperado de $ 48.000. Qual deles deve ser selecionado, com base em uma comparação do valor anual, a uma taxa de juros de 12% ao ano? Utilize um pe-ríodo de estudo de 3 anos.

6.8 Uma medição acurada do fluxo de ar exige um tubo reto, desobstruído, com um mínimo de 10 diâmetros para cima e 5 diâmetros para baixo do dispositivo de medição. Em uma aplicação em particular, restrições comprometiam a disposição física (*layout*) do tubo, de forma que o engenheiro considerava a possibilidade de instalar as sondas (provas) de fluxo de ar em um cotovelo, sabendo que a medição do fluxo seria menos acurada, mas boa o suficiente para o processo de controle. Esse era o plano A, que seria aceitável para somente um período de 2 anos, depois do qual um sistema de medição de fluxo, com custos idênticos aos do plano A, estaria disponível a um custo de aquisição de $ 25.000 e custos anuais de manutenção estimados em $ 4.000. O plano B envolveria a instalação de uma recém-projetada sonda submersível de fluxo de ar. A sonda de aço inoxidável poderia ser instalada, em um tubo de saída (*drop pipe*), com o transmissor instalado em um invólucro à prova d'água, no corrimão. O custo desse sistema seria de $ 88.000, mas, devido a sua exatidão, não precisaria ser substituído durante, pelo menos, 6 anos. Seu custo de manutenção foi estimado em $ 1.400 por ano. Nenhum desses sistemas terá um valor recuperado. Com base em uma comparação do valor anual e a uma taxa de juros de 12% ao ano, qual dos sistemas seria selecionado?

6.9 Um engenheiro mecânico está considerando dois tipos de sensores de pressão para um sistema a vapor de baixa pressão. Os custos são apresentados a seguir. Com base em uma comparação do custo anual, a uma taxa de juros de 12% ao ano, qual deles deve ser selecionado?

	Tipo X	Tipo Y
Custo de aquisição, $	−7.650	−12.900
Custo de manutenção, $/ano	−1.200	−900
Valor recuperado, $	0	2.000
Vida útil, em anos	2	4

6.10 As máquinas apresentadas a seguir estão sendo consideradas para a melhoria de um processo automatizado de embalagem de barras de confeitos. Determine qual deverá ser selecionada, com base em uma análise do valor anual, a uma taxa de juros de 15% ao ano.

	Máquina C	Máquina D
Custo de aquisição, $	−40.000	−65.000
Custo anual, $/ano	−10.000	−12.000
Valor recuperado, $	12.000	25.000
Vida útil, em anos	3	6

6.11 Dois processos podem ser utilizados para produzir um polímero que reduz a perda de fricção em motores. O processo K tem um custo de aquisição de $ 160.000, um custo operacional de $ 7.000, por mês, e um valor recuperado de $ 40.000, depois de seu ciclo de vida de 2 anos. O processo L terá um custo de aquisição de $ 210.000, um custo operacional de $ 5.000, por mês, e um valor recuperado de $ 26.000, depois de seu ciclo de vida de 4 anos. Com base em uma análise do valor anual, a uma taxa de juros de 12% ao ano, capitalizada mensalmente, qual processo deve ser selecionado?

6.12 Dois projetos mutuamente exclusivos têm os fluxos de caixa apresentados a seguir. Utilize uma análise do valor anual para determinar qual deve ser selecionado, a uma taxa de juros de 10% ao ano.

	Projeto Q	Projeto R
Custo de aquisição, $	−42.000	−80.000
Custo anual, $/ano	−6.000	−7.000 no ano 1, aumentando $ 1.000 por ano
Valor recuperado, $	0	4.000
Vida útil, em anos	2	4

6.13 Um engenheiro ambiental está considerando três métodos de remoção de esgotos químicos não prejudiciais: aplicação de terra, incineração de leito fluidizado e contrato de remoção com uma empresa privada. Os detalhes de cada método são apresentados a seguir. Determine qual deles tem o menor custo, com base em uma comparação do valor anual, a uma taxa de juros de 12% ao ano.

	Aplicação de terra	Incineração	Contrato
Custo de aquisição, $	−110.000	−800.000	0
Custo anual, $/ano	−95.000	−60.000	−190.000
Valor recuperado, $	15.000	250.000	0
Vida útil, em anos	3	6	2

6.14 Um departamento estadual de estradas de rodagem está tentando decidir se deve "tapar buracos" de um breve trecho de uma rodovia do interior ou recapeá-la. Se o método de tapar buracos for utilizado, 300 metros cúbicos de material serão necessários, aproximadamente, a um custo de $ 700 por metro cúbico (colocados). Além disso, os acostamentos precisarão ser simultaneamente melhorados, a um custo de $ 24.000. Essas melhorias durarão 2 anos, após os quais precisarão ser refeitas. O custo anual da manutenção rotineira para a rodovia remendada seria de $ 5.000. Outra alternativa é o Estado recapear a rodovia a um custo de $ 850.000. Esse novo revestimento asfáltico durará 10 anos se for realizada a manutenção na rodovia, a um custo de $ 2.000 por ano, com início daqui a 3 anos. Não importa qual alternativa seja selecionada, a rodovia será completamente reconstruída em 10 anos. Com base na análise do valor anual, a uma taxa de juros de 8% ao ano, qual das duas alternativas o Estado deve selecionar?

Investimentos e Projetos Permanentes

6.15 Quanto você deve depositar em sua conta de poupança, a partir de *agora* e prosseguir anualmente até o ano 9 (ou seja, 10 depósitos), se quiser poder sacar $ 80.000 por ano, indefinidamente, com início daqui a 30 anos? Suponha que a conta renda juros a uma taxa de 10% ao ano.

6.16 Qual é a *diferença* de valor anual entre um investimento de $ 100.000 por ano durante 100 anos e um investimento de $ 100.000 por ano indefinidamente, a uma taxa de juros de 10% ao ano?

6.17 Uma corretora de valores afirma que pode garantir, consistentemente, 15% ao ano para o investidor. Se ela investir $ 20.000 agora, $ 40.000 daqui a 2 anos e $ 10.000 por ano, até o ano 11, com início daqui a 4 anos, qual montante o cliente poderá sacar a cada ano, indefinidamente, com início daqui a 12 anos, se a corretora cumprir o que disse e a conta render 6% ao ano a partir do ano 12? Desconsidere os impostos.

6.18 Determine o valor anual permanente equivalente (do ano 1 ao infinito) de um investimento de $ 50.000 no tempo 0 e $ 50.000 por ano a partir de então (indefinidamente), a uma taxa de juros de 10% ao ano.

6.19 O fluxo de caixa associado ao paisagismo e manutenção de determinado monumento em Washington, capital dos Estados Unidos, é de $ 100.000 agora e de $ 50.000 a cada 5 anos, indefinidamente. Determine seu valor anual permanente equivalente (do ano 1 ao infinito), a uma taxa de juros de 8% ao ano.

6.20 O custo associado à manutenção das estradas da zona rural segue um padrão previsível. Geralmente, não há nenhum custo durante os 3 primeiros anos, mas, a partir de então, a manutenção se faz necessária para refazer as faixas, controle de ervas daninhas, reposição de lâmpadas, reparos no acostamento etc. Para um trecho de uma rodovia em particular, a projeção desses custos é de $ 6.000 no ano 3, $ 7.000 no ano 4 e quantias crescentes de $ 1.000 por ano, durante os 30 anos de vida útil previstos para a rodovia. Supondo que ela seja substituída por uma rodovia idêntica, qual é o valor anual permanente equivalente (do ano 1 ao infinito), a uma taxa de juros de 8% ao ano?

6.21 Um filantropo que trabalha para criar uma dotação permanente quer depositar um montante anual, com início *agora*, e fazer mais 10 (ou seja, 11) depósitos, a fim de que o dinheiro esteja disponível para pesquisas relacionadas à colonização planetária. Se o valor do primeiro depósito é de $ 1 milhão e o de cada depósito subseqüente é $ 100.000 maior do que o anterior, quanto estará disponível, indefinidamente, a partir do ano 11, considerando que o fundo ganha juros a uma taxa de 10% ao ano?

6.22 Considerando a seqüência de fluxos de caixa apresentada a seguir (em milhares de dólares), determine a quantia que pode ser sacada anualmente, durante um intervalo de tempo infinito, se o primeiro saque for realizado no ano 10 e a taxa de juros for igual a 12% ao ano.

Ano	0	1	2	3	4	5	6
Valor do depósito, $	100	90	80	70	60	50	40

6.23 Uma empresa que produz interruptores de membrana magnética está investigando três opções de produção que têm os fluxos de caixa estimados na tabela a seguir. (*a*) Determine qual opção é preferível a uma taxa de juros de 15% ao ano. (*b*) Se as opções são independentes, determine quais delas são economicamente aceitáveis. (Todos os valores em dólares estão em milhões.)

	In-house	Licença	Contrato
Custo de aquisição, $	–30	–2	0
Custo anual, $/ano	–5	–0,2	–2
Receita anual, $/ano	14	1,5	2,5
Valor recuperado, $	7	—	—
Vida útil, em anos	10	∞	5

PROBLEMAS DE REVISÃO DE FUNDAMENTOS DE ENGENHARIA (FE)

Nota: A convenção de sinais no exame de FE pode ser oposta à que utilizamos aqui. Ou seja, no exame de FE, os custos podem ser positivos e os recebimentos negativos.

6.24 Considerando as alternativas mutuamente exclusivas apresentadas a seguir, determine qual(is) deve(m) ser selecionada(s).

Alternativa	Valor Anual, $/Ano
A	–25.000
B	–12.000
C	10.000
D	15.000

(*a*) Somente A
(*b*) Somente D
(*c*) Somente A e B
(*d*) Somente C e D

6.25 O valor anual (do ano 1 ao infinito) de $ 50.000 agora, $ 10.000 por ano, nos anos 1 a 15, e $ 20.000 por ano, nos anos 16 ao infinito, à taxa de 10% ao ano, está mais próximo de:
(*a*) Menos de $ 16.900
(*b*) $ 16.958
(*c*) $ 17.394
(*d*) $ 19.573

6.26 Um ex-aluno da Universidade West Virginia deseja iniciar uma dotação para concessão de bolsa de estudo que forneça o valor de $ 40.000 por ano, com início no ano 5 e prosseguindo indefinidamente. O doador planeja doar um montante *agora* e durante os próximos 2 anos. Se o tamanho de cada doação é exatamente idêntico, a quantia que deve ser doada a cada ano, para a taxa $i = 8\%$ ao ano, está mais próxima de:

(a) $ 190.820
(b) $ 122.280
(c) $ 127.460
(d) $ 132.040

6.27 Quanto você deve depositar em sua conta de aposentadoria, a cada ano, durante 10 anos a partir de *agora* (ou seja, dos anos 0 a 9), se quiser ter condições de sacar $ 50.000 por ano, indefinidamente, daqui a 30 anos? Suponha que sua conta renda juros de 10% ao ano.
(a) $ 4.239
(b) $ 4.662
(c) $ 4.974
(d) $ 5.471

6.28 Suponha que um graduado em engenharia econômica, por gratidão, inicie uma dotação para a Universidade do Texas em El Paso, fazendo uma doação de $ 100.000 agora. As condições da doação são as seguintes: as bolsas de estudo, que totalizam $ 10.000 por ano, devem ser concedidas a estudantes de engenharia econômica, com início *agora* e prosseguindo até o ano 5. Depois disso (ou seja, ano 6), as bolsas de estudo devem ser concedidas em um valor igual aos juros que são gerados pelo investimento. Se o investimento rende a uma taxa efetiva de 10% ao ano, capitalizada continuamente, que montante estará disponível para bolsas de estudo do ano 6 em diante?
(a) $ 7.380
(b) $ 8.389
(c) $ 10.000
(d) $ 11.611

Os problemas 6.29 a 6.31 baseiam-se nos fluxos de caixa apresentados a seguir, a uma taxa de juros de 10% ao ano, capitalizada semestralmente.

	Alternativa X	Alternativa Y
Custo de aquisição, $	−200.000	−800.000
Custo anual, $/ano	−60.000	−10.000
Valor recuperado, $	20.000	150.000
Vida útil, em anos	5	∞

6.29 Ao compararmos as alternativas pelo *método do valor anual*, o valor anual da alternativa X é representado por
(a) − 200.000(0,1025) − 60.000 + 20.000(0,1025)
(b) − 200.000(A/P;10%;5) − 60.000 + 20.000(A/F;10%;5)
(c) − 200.000(A/P;5%;10) − 60.000 + 20.000(A/F;5%;10)
(d) − 200.000(A/P;10,25%;5) − 60.000 + 20.000(A/F;10,25%;5)

6.30 O valor anual de *serviço permanente* para a alternativa X é representado por:
(a) − 200.000(0,1025) − 60.000 + 20.000(0,1025)
(b) − 200.000(A/P;10%;5) − 60.000 + 20.000(A/F;10%;5)
(c) − 200.000(0,10) − 60.000 + 20.000(0,10)
(d) − 200.000(A/P;10,25%;5) − 60.000 + 20.000(A/F;10,25%;5)

6.31 O valor anual da alternativa Y está mais próximo de:
(a) $ −50.000
(b) $ −76.625
(c) $ −90.000
(d) $ −92.000

ESTUDO DE CASO

CENÁRIO MUTÁVEL DE UMA ANÁLISE DO VALOR ANUAL

Harry, o proprietário de uma distribuidora de baterias de automóveis em Atlanta, Geórgia, realizou uma análise econômica, há 3 anos, quando decidiu colocar estabilizadores de voltagem *in-line* para todas as peças principais do equipamento de teste. As estimativas utilizadas e a análise do valor anual, para a TMA = 15%, estão resumidas aqui. Foram comparados dois diferentes fabricantes de estabilizadores.

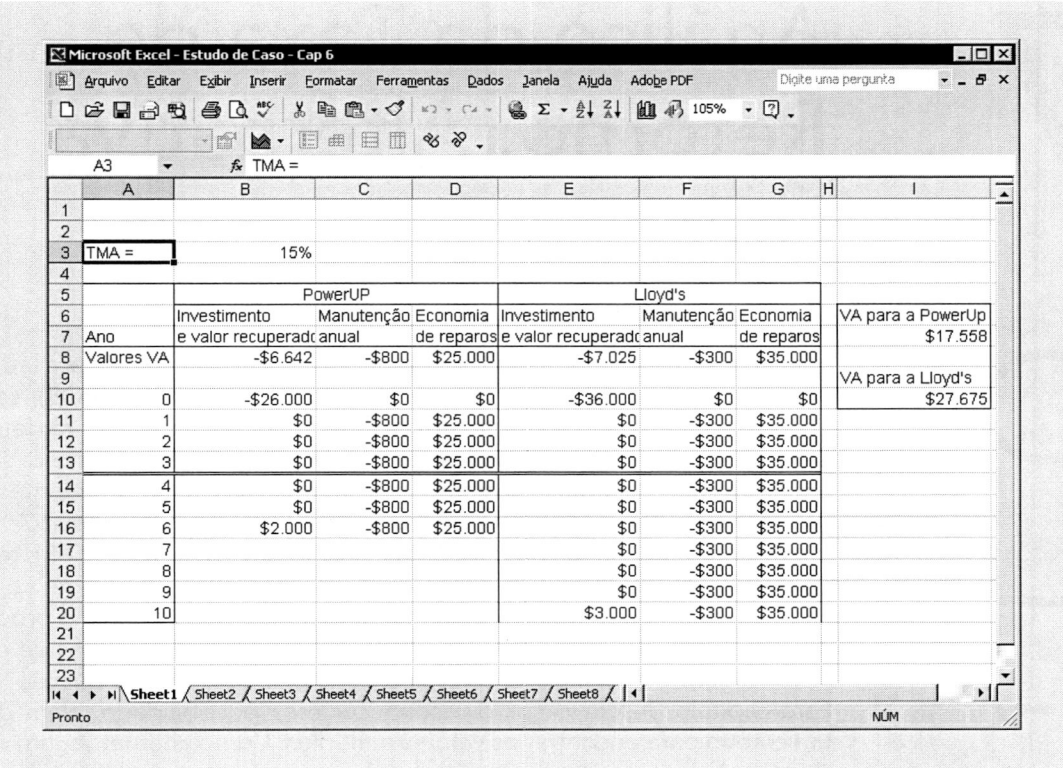

Figura 6–8
Análise do VA para duas propostas de estabilizadores de voltagem, do Estudo de Caso, no Capítulo 6.

	PowrUp	Lloyd's
Custo e instalação	$-26.000	$-36.000
Custo anual de manutenção	-800	-300
Valor recuperado	2.000	3.000
Economia de reparo de equipamentos	25.000	35.000
Vida útil, em anos	6	10

A planilha da Figura 6–8 é a que Harry utilizou para tomar a decisão. A marca Lloyd's era a escolha evidente, devido ao seu valor VA substancialmente grande. Os estabilizadores Lloyd's foram instalados.

Durante uma revisão rápida no ano passado (ano 3 de operação), tornou-se claro que os custos de manutenção e as economias de reparo não seguiam (e não seguirão) as estimativas feitas há 3 anos. Realmente, o custo do contrato de manutenção (que inclui inspeções trimestrais) passará de $ 300 para $ 1.200 ao ano, no próximo ano, e depois se elevará em 10% ao ano, durante os 10 anos seguintes. Além disso, as economias de reparo durante os últimos 3 anos foram de $ 35.000, $ 32.000 e $ 28.000, na melhor das hipóteses, como Harry pode determinar. Ele acredita que as economias decrescerão em $ 2.000 ao ano, a partir de então. Finalmente, esses estabilizadores com 3 anos de uso não possuem valor no mercado agora, de forma que o custo recuperado em 7 anos é igual a zero, não $ 3.000.

Exercícios do Estudo de Caso

1. Esboce um gráfico dos custos de manutenção e das projeções de economias de reparo recém-estimados, supondo que os estabilizadores perdurem por mais 7 anos.
2. Com essas novas estimativas, qual é o VA recalculado para os estabilizadores de voltagem Lloyd's? Utilize as estimativas de custo de aquisição e de manutenção antigas, para os primeiros 3 anos. Considerando que essas estimativas foram feitas há 3 anos, a marca Lloyd's ainda seria a opção mais econômica?
3. Com essas novas estimativas, de que forma o valor de recuperação do capital se modificou em relação aos estabilizadores Lloyd's?

7
Análise da Taxa de Retorno: Alternativa Única

Não obstante a medida de valor econômico mais comumente citada em um projeto ou alternativa ser a taxa de retorno (*rate of return* – ROR), seu significado é facilmente interpretado erroneamente; e os métodos para determinar a ROR, com freqüência, são aplicados de maneira incorreta. Neste capítulo, são explicados os procedimentos para interpretar e calcular corretamente a ROR de uma série de fluxos de caixa, com base em uma equação VP ou VA. A ROR é conhecida por diversos outros nomes: taxa interna de retorno (TIR), retorno do investimento (*return of investment* – ROI) e índice de lucratividade, apenas para citarmos três. A determinação da ROR é realizada utilizando-se o processo manual de tentativa e erro ou, mais rapidamente, utilizando funções de planilha.

Em alguns casos, mais de um valor ROR pode satisfazer a equação VP ou VA. Este capítulo descreve como reconhecer essa possibilidade, além de indicar um critério para encontrar os valores múltiplos. Como alternativa, um valor ROR único pode ser obtido por meio de uma taxa de reinvestimento estabelecida independentemente dos fluxos de caixa do projeto.

Somente uma alternativa é considerada aqui; o próximo capítulo aplica esses mesmos princípios a alternativas múltiplas. Finalmente, será discutida também a taxa de retorno de um investimento em títulos.

O estudo de caso focaliza uma série de fluxos de caixa que tem múltiplas taxas de retorno.

OBJETIVOS DE APRENDIZAGEM

Propósito: Compreender o significado de taxa de retorno (ROR) e efetuar cálculos da ROR para análise de uma única alternativa.

- Definição de ROR
- ROR utilizando o VP ou o VA
- Cuidados quando se utiliza a ROR
- RORs múltiplas
- ROR composta
- ROR de títulos

Este capítulo ajudará você a:

1. Estabelecer o significado de taxa de retorno.

2. Calcular a taxa de retorno utilizando uma equação do valor presente ou do valor anual.

3. Entender as dificuldades de utilizar o método ROR em relação aos métodos VP e VA.

4. Determinar o número máximo possível de valores ROR e seus valores para uma série de fluxos de caixa específicos.

5. Calcular a taxa composta de retorno utilizando uma taxa de reinvestimento estabelecida.

6. Calcular a taxa nominal e efetiva de juros para um investimento em títulos.

7.1 INTERPRETAÇÃO DO VALOR DE UMA TAXA DE RETORNO

Da perspectiva de alguém que tomou dinheiro emprestado, a taxa de juros é aplicada ao *saldo não pago*, de forma que o valor total do empréstimo e os juros são totalmente liquidados exatamente com o último pagamento do empréstimo. Da perspectiva do credor, há um *saldo não recuperado* a cada intervalo de tempo. A taxa de juros é o retorno desse saldo não recuperado, ou saldo credor, de forma que a quantia total cedida por empréstimo mais os juros são recuperados exatamente com o último recebimento. *Taxa de retorno* é uma expressão que descreve ambas as perspectivas.

Taxa de retorno (ROR) é a taxa paga sobre o saldo não liquidado – saldo devedor – de uma quantia tomada por empréstimo, ou a taxa ganha sobre o saldo não recuperado – saldo credor – de um investimento, de forma que o pagamento ou recebimento final faça com que o saldo seja exatamente igual a zero, com os juros considerados.

A taxa de retorno é expressa como uma porcentagem do período; por exemplo, $i = 10\%$ ao ano. O fato de os juros pagos sobre um empréstimo serem, de fato, uma taxa de retorno negativa do ponto de vista do mutuário não é considerado. O valor numérico de i pode variar de -100% ao infinito; ou seja, $-100\% < i < \infty$. Em termos de investimento, um retorno de $i = -100\%$ significa que a quantia inteira foi perdida.

A definição acima não afirma que a taxa de retorno é aplicada sobre a quantia inicial do investimento; ao contrário, é aplicada sobre o *saldo não recuperado*, que se modifica a cada intervalo de tempo. O exemplo a seguir ilustra essa diferença.

EXEMPLO 7.1

O Wells Fargo Bank emprestou $ 1.000 a um engenheiro recém-formado, à taxa $i = 10\%$ ao ano, por 4 anos, para comprar o equipamento do escritório. Da perspectiva do banco (o credor), há a expectativa de que o investimento nesse jovem engenheiro produza um fluxo de caixa líquido equivalente a $ 315,47, em cada um dos 4 anos.

$$A = \$ 1.000(A/P;10\%;4) = \$ 315,47$$

Isso representa uma taxa de retorno de 10% ao ano para o saldo não recuperado do banco. Calcule o valor do investimento não recuperado correspondente a cada um dos 4 anos, utilizando (*a*) a taxa de retorno sobre o saldo não recuperado (a base correta) e (*b*) o retorno sobre o investimento inicial de $ 1.000. (*c*) Explique por que todo o valor inicial de $ 1.000 não é recuperado pelo pagamento final na parte (*b*).

Solução

(*a*) A Tabela 7–1 apresenta o saldo não recuperado, ou saldo credor, no fim de cada ano, na coluna 6, utilizando a taxa de 10% *no início de cada ano*. Depois de 4 anos, o total de $ 1.000 é recuperado e o saldo, na coluna 6, é exatamente igual a zero.

(*b*) A Tabela 7–2 apresenta o saldo não recuperado, ou saldo credor, se o retorno de 10% sempre for calculado sobre os *$ 1.000 iniciais*. A coluna 6, no ano 4, apresenta um valor não recuperado residual de $ 138,12, porque somente $ 861,88 é recuperado nos 4 anos (coluna 5).

TABELA 7-1	Saldos Não Recuperados, ou Saldos Credores, Utilizando uma Taxa de Retorno sobre o Investimento de 10% sobre o Saldo Credor				
(1)	(2)	(3) = 0,10 × (2)	(4)	(5) = (4) − (3)	(6) = (2) + (5)
Ano	Início do Saldo Não Recuperado	Juros sobre o Saldo Não Recuperado	Fluxo de Caixa	Quantia Recuperada	Encerramento do Saldo Não Recuperado
0	—	—	$ −1.000,00	—	$ −1.000,00
1	$ −1.000,00	$ 100,00	+315,47	$ 215,47	−784,53
2	−784,53	78,45	+315,47	237,02	−547,51
3	−547,51	54,75	+315,47	260,72	−286,79
4	−286,79	28,68	+315,47	286,79	0
		$ 261,88		$ 1.000,00	

TABELA 7-2	Saldos Não Recuperados, ou Saldos Credores, Utilizando uma Taxa de Retorno sobre o Investimento de 10% sobre a Quantia Inicial				
(1)	(2)	(3) = 0,10 × (2)	(4)	(5) = (4) − (3)	(6) = (2) + (5)
Ano	Início do Saldo Não Recuperado	Juros sobre a Quantia Inicial	Fluxo de Caixa	Quantia Recuperada	Encerramento do Saldo Não Recuperado
0	—	—	$ −1.000,00	—	$ −1.000,00
1	$ −1.000,00	$ 100	+315,47	$ 215,47	−784,53
2	−784,53	100	+315,47	215,47	−569,06
3	−569,06	100	+315,47	215,47	−353,59
4	−353,59	100	+315,47	215,47	−138,12
		$ 400		$ 861,88	

(c) Um total de $ 400 em juros deve ser recebido se o retorno de 10%, a cada ano, basear-se na quantia inicial de $ 1.000. Entretanto, somente $ 261,88 em juros devem ser recebidos, se for utilizado o retorno de 10% sobre o saldo não recuperado. Há mais disponibilidade no fluxo de caixa para reduzir o saldo restante do empréstimo, quando a taxa é aplicada sobre o saldo não recuperado, como na parte (a) e Tabela 7-1. A Figura 7-1 ilustra a interpretação correta da taxa de retorno apresentada na Tabela 7-1. A cada ano, o recebimento de $ 315,47 representa os juros de 10% sobre o saldo não recuperado, na coluna 2, mais a quantia recuperada, na coluna 5.

Uma vez que a taxa de retorno é a taxa de juros sobre o saldo não recuperado, os cálculos da *Tabela 7-1, na parte (a), apresentam uma interpretação correta da taxa de retorno de 10%*. Evidentemente, uma taxa de juros aplicada sobre o principal representa uma taxa mais elevada do que a estabelecida. Na prática, uma taxa de juros denominada taxa de juros complementar, freqüentemente, baseia-se apenas no principal, como na parte (b). Isso, às vezes, é chamado de problema *do financiamento a prestações*.

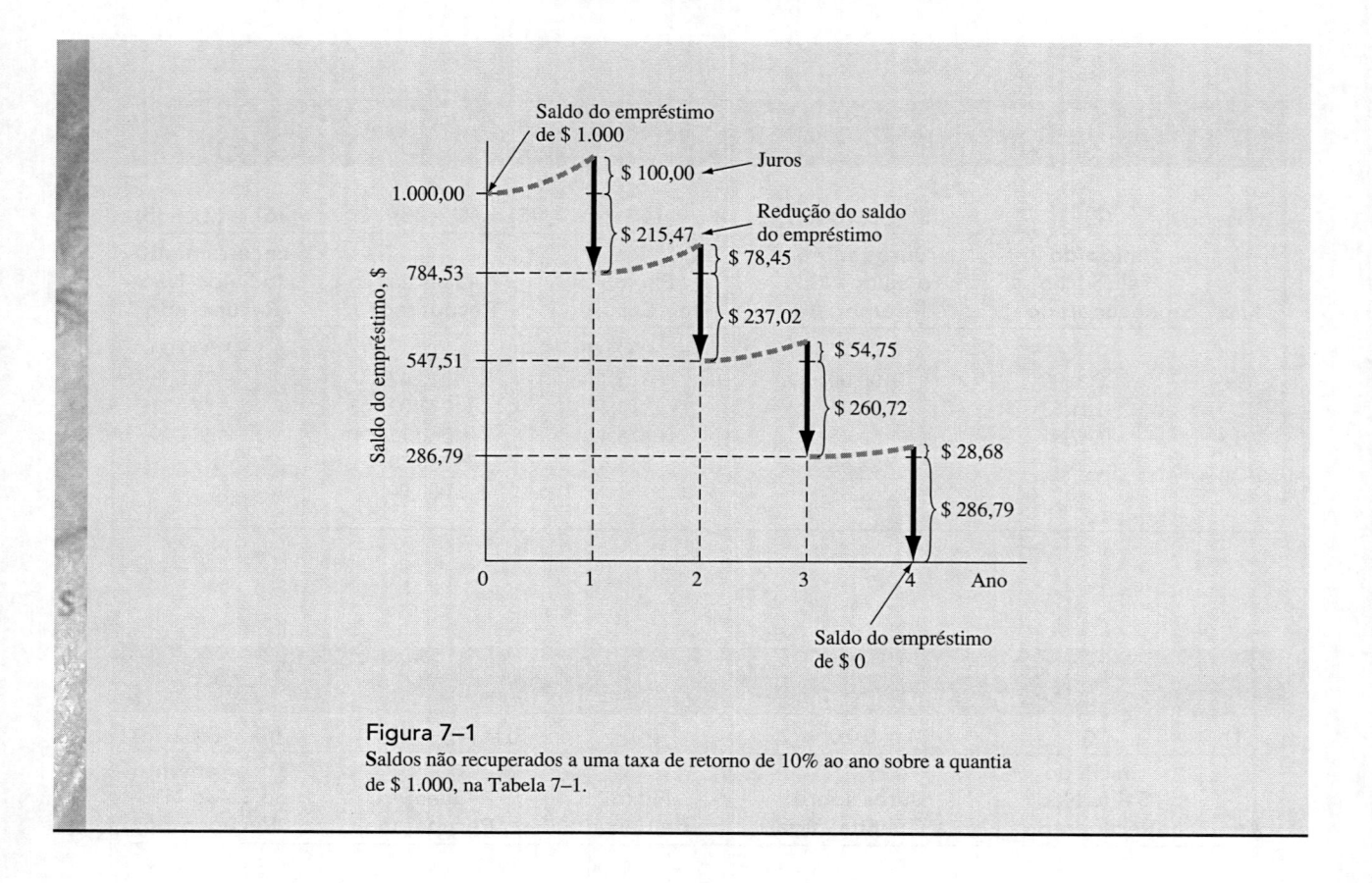

Figura 7–1
Saldos não recuperados a uma taxa de retorno de 10% ao ano sobre a quantia de $ 1.000, na Tabela 7–1.

O *financiamento a prestações* pode ser encontrado sob diversas formas nas finanças do dia-a-dia. Um exemplo popular são as "promoções de vendas sem juros", oferecidas pelas lojas varejistas na venda de grandes aparelhos de uso doméstico, equipamentos de áudio e vídeo, móveis e outros itens de consumo. Muitas variações são possíveis, mas, na maior parte dos casos, se a compra não for paga integralmente no tempo em que a promoção se encerrar, geralmente 6 meses ou 1 ano depois, *os encargos financeiros são avaliados a partir da data original da compra*. Além disso, as "entrelinhas" do programa de promoções podem estipular que o comprador utilize um cartão de crédito emitido pela empresa varejista, que freqüentemente tem uma taxa de juros maior do que a de um cartão de crédito comum, por exemplo, 24% ao ano, em comparação a 18% ao ano. Na maior parte desses programas, o objetivo comum é imputar juros maiores ao consumidor. A definição correta de *i* como taxa de juros sobre o saldo não pago não se aplica diretamente; é possível encontrar estruturas de financiamento em que a taxa *i* é manipulada, em desvantagem para o comprador.

7.2 CÁLCULO DA TAXA DE RETORNO UTILIZANDO UMA EQUAÇÃO VP OU VA

Para determinar a taxa de retorno de uma série de fluxos de caixa, crie a equação ROR utilizando as relações de VP ou de VA. O valor presente dos custos ou desembolsos VP_D é igualado ao valor presente das receitas ou rendimentos VP_R. De maneira equivalente, os dois podem ser subtraídos e igualados a zero. Ou seja, encontre i utilizando:

$$VP_D = VP_R$$

$$0 = -VP_D + VP_R \qquad [7.1]$$

O critério do valor anual utiliza os valores de VA da mesma maneira para encontrar i.

$$VA_D = VA_R$$

$$0 = -VA_D + VA_R \qquad [7.2]$$

O valor de i que torna essas equações numericamente corretas é chamado de i^*. Ele é a raiz da relação ROR. Para determinar se a série de fluxos de caixa da alternativa é viável, compare i^* com a TMA estabelecida.

Se $i^* \geq$ TMA, aceite a alternativa como economicamente viável.
Se $i^* <$ TMA, a alternativa não é economicamente viável.

No Capítulo 2, o método para calcular a taxa de retorno de um investimento foi ilustrado quando somente um fator de engenharia econômica estava envolvido. Aqui, a equação do valor presente é a base para calcular a taxa de retorno quando diversos fatores estão envolvidos. Lembre-se de que a base para os cálculos de engenharia econômica é a *equivalência* em termos de VP, VF ou VA, para uma taxa $i \geq 0\%$ estabelecida. Nos cálculos da taxa de retorno, o objetivo é *encontrar a taxa de juros i^** que torne os fluxos de caixa – de entrada e de saída – equivalentes. Os cálculos são o inverso daqueles que foram efetuados nos capítulos anteriores, em que a taxa de juros era conhecida. Por exemplo, se você deposita $ 1.000 agora e lhe são prometidos pagamentos de $ 500 daqui a 3 anos e $ 1.500 daqui a 5 anos, a relação da taxa de retorno utilizando fatores VP é:

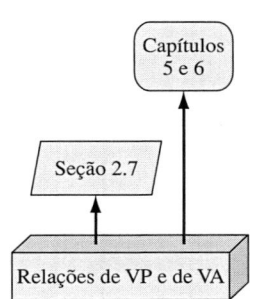

$$1.000 = 500(P/F;i^*;3) + 1.500(P/F;i^*;5) \qquad [7.3]$$

O valor de i^* para tornar a igualdade correta precisa ser calculado (veja a Figura 7–2). Se os $ 1.000 forem deslocados para o lado direito da Equação [7.3], teremos:

$$0 = -1.000 + 500(P/F;i^*;3) + 1.500(P/F;i^*;5) \qquad [7.4]$$

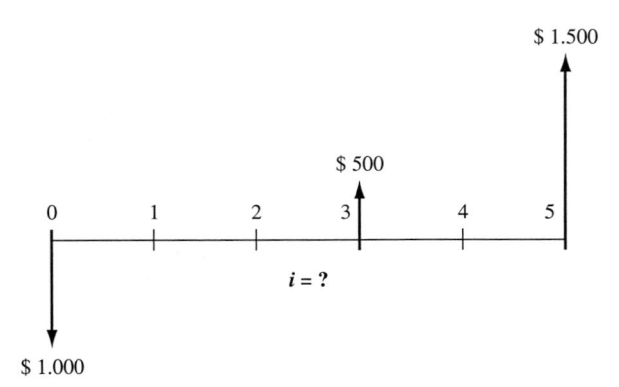

Figura 7–2
Fluxo de caixa para o qual um valor de i precisa ser determinado.

que é a forma geral da Equação [7.1]. A equação é resolvida em relação à taxa i e obtém, como resultado, $i^* = 16,9\%$, manualmente, por meio de um método de tentativa e erro, ou por computador, utilizando funções de planilha. A taxa de retorno sempre será maior do que zero, se o valor total dos recebimentos for maior do que a quantia total dos desembolsos, quando o valor do dinheiro no tempo é considerado. Utilizando $i^* = 16,9\%$, um gráfico idêntico à Figura 7–1 pode ser construído. Ele mostrará que os saldos não recuperados a cada ano, que iniciam com $ –1.000 no ano 1, são recuperados exatamente em recebimentos de $ 500 e $ 1.500 nos anos 3 e 5.

É possível que, a esta altura, já esteja claro que as relações de taxa de retorno são, simplesmente, uma reorganização da equação do valor presente. Ou seja, sabendo-se que a taxa de juros do exemplo anterior é de 16,9%, utilizada para encontrar o valor presente de $ 500 daqui a 3 anos e de $ 1.500 daqui a 5 anos, a relação de VP é:

$$VP = 500(P/F;16,9\%;3) + 1.500(P/F;16,9\%;5) = \$ 1.000$$

Isso ilustra que a taxa de retorno e as equações do valor presente são montadas exatamente da mesma maneira. A única diferença é relacionada à incógnita.

Há duas maneiras de determinar i^*, tão logo a relação do VP seja estabelecida: a solução manual, pelo método de tentativa e erro, e a solução por meio de uma função de planilha. A segunda maneira é a mais rápida, porém, pela primeira, é possível uma melhor compreensão a respeito de como os cálculos da ROR funcionam. Ambos os métodos são resumidos aqui e ilustrados no Exemplo 7.2

Obtenção de i^* Utilizando o Método Manual de Tentativa e Erro O procedimento geral para utilizar a equação baseada no VP é:

1. Desenhar um diagrama do fluxo de caixa.
2. Montar a equação da taxa de retorno na forma da Equação [7.1].
3. Simular valores de i pelo método de tentativa e erro, até que a equação seja equilibrada.

Quando o método de tentativa e erro é aplicado para determinar i^*, é vantajoso, no passo 3, chegar razoavelmente próximo da resposta correta na primeira tentativa. Se os fluxos de caixa forem combinados de tal maneira que a receita e os desembolsos possam ser representados por um *único fator* como, por exemplo, P/F ou P/A, é possível procurar, nas tabelas, a taxa de juros correspondente ao valor desse fator para n anos. O problema, então, é combinar os fluxos de caixa em um formato que utilize somente um dos fatores. Isso pode ser feito por meio do seguinte procedimento:

1. Converta todos os *desembolsos* ou em quantias únicas (P ou F) ou em quantias uniformes (A), desconsiderando o valor do dinheiro no tempo. Por exemplo, se for desejável converter um valor A em um valor F, simplesmente multiplique o A pelo número de anos n. O esquema selecionado para o movimento de fluxos de caixa deve ser tal que minimize o erro provocado pelo fato de se desconsiderar o valor do dinheiro no tempo, para uma primeira estimativa. Ou seja, se a maior parte dos fluxos de caixa for um A e uma pequena quantidade for um F, converta o F em um A, e não o contrário.
2. Converta todos os *recebimentos* ou em valores únicos ou em valores uniformes.
3. Depois de combinar os desembolsos e os recebimentos, de maneira que seja possível aplicar um formato P/F, P/A ou A/F, utilize as tabelas de juros para encontrar a taxa de

juros aproximada que satisfaça o valor *P/F*, *P/A* ou *A/F*.

A taxa obtida é uma boa estimativa para a primeira tentativa. É importante reconhecer que essa taxa obtida na primeira tentativa é apenas uma *estimativa* da taxa de retorno real, porque o valor do dinheiro no tempo foi desconsiderado. O procedimento é ilustrado no Exemplo 7.2.

Obtenção de *i** por Computador A maneira mais rápida de determinar o valor de *i** por computador, quando há uma série de fluxos de caixa iguais (série *A*), é aplicar a função TAXA. Essa é uma poderosa função de célula, onde é aceitável, ainda, ter um valor *P* distinto no ano 0 e um valor *F*, também distinto, no ano *n*. O formato é:

$$\text{TAXA}(nper;A;P;F)$$

O valor *F* não inclui o montante da série *A*.

Quando os fluxos de caixa variam de ano a ano (período a período), a melhor maneira de encontrar *i** é inserir os fluxos de caixa líquidos em células contínuas (incluindo quaisquer valores $ 0) e aplicar a função TIR em qualquer célula. O formato é:

$$\text{TIR}(valores;estimativa)$$

na qual a "estimativa" (*guess*) é o valor de *i* em que o computador começa a procurar *i**.

O procedimento baseado no VP para análise de sensibilidade e uma estimativa gráfica do valor de *i** (ou múltiplos valores *i**, conforme discutidos mais tarde) são realizados da seguinte maneira:
1. Desenhe o diagrama de fluxos de caixa.
2. Crie a relação ROR na forma da Equação [7.1].
3. Insira os fluxos de caixa na planilha, em células contínuas.
4. Desenvolva a função TIR para exibir *i**.
5. Utilize a função VPL para elaborar um gráfico dos valores VP em relação à taxa *i*. Isso mostra, graficamente, o valor de *i** no ponto em que VP = 0.

EXEMPLO 7.2

O engenheiro de sistemas HVAC[1], da empresa que está construindo um dos edifícios mais altos do mundo (o Shangai Financial Center, na República Popular da China), solicitou que fossem gastos $ 500.000 agora, durante a construção, em software e hardware, para melhorar a eficiência dos sistemas de controle ambiental. Espera-se que isso economize $ 10.000 por ano, durante 10 anos, em custos de energia elétrica e $ 700.000, no fim dos 10 anos, em custos de reposição de equipamentos. Encontre a taxa de retorno, manualmente e por computador.

Solução Manual
Utilize o procedimento de tentativa e erro, baseado em uma equação VP.

1. A Figura 7–3 apresenta o diagrama dos fluxos de caixa.
2. Utilize o formato da Equação [7.1] para a equação ROR.

$$0 = -500.000 + 10.000(P/A;i^*;10) + 700.000(P/F;i^*;10) \qquad [7.5]$$

---

[1] **N.T.:** Abreviação de *Heating, Ventilation and Air Conditioning* (Calefação, Ventilação e Ar-condicionado); condicionamento ambiental.

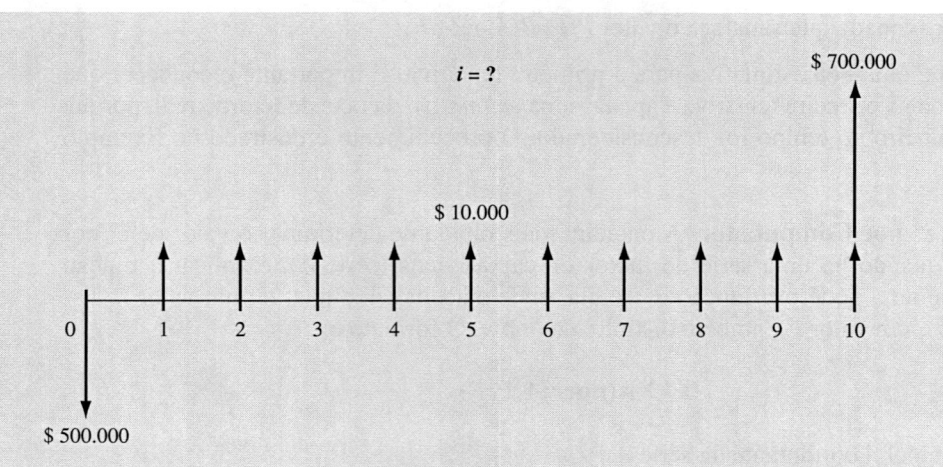

Figura 7–3
Diagrama dos fluxos de caixa, no Exemplo 7.2.

3. Utilize o procedimento de estimativa para determinar i para a primeira tentativa. Toda a receita será considerada um F único no ano 10, de maneira que o fator P/F possa ser utilizado. O fator P/F é selecionado, pois a maior parte do fluxo de caixa ($ 700.000) se encaixa nesse fator, e os erros gerados pelo fato de se desconsiderar o valor temporal dos fluxos restantes serão minimizados. Somente para a primeira estimativa de i, defina $P = \$ 500.000$, $n = 10$ e $F = 10(10.000) + 700.000 = \$ 800.000$. Agora podemos estabelecer que:

$$500.000 = 800.000(P/F;i;10)$$

$$(P/F;i;10) = 0,625$$

A taxa i, grosseiramente estimada, está entre 4% e 5%. Utilize 5% como primeira tentativa, porque essa taxa aproximada, para o fator P/F, é menor do que o valor verdadeiro, quando o valor do dinheiro no tempo é considerado. Para $i = 5\%$, a equação ROR é:

$$0 = -500.000 + 10.000(P/A;5\%;10) + 700.000(P/F;5\%;10)$$

$$0 < \$ 6.946$$

O resultado é positivo, indicando que o retorno é maior do que 5%. Experimente $i = 6\%$.

$$0 = -500.000 + 10.000(P/A;6\%;10) + 700.000(P/F;6\%;10)$$

$$0 > \$ -35.519$$

Se a taxa de juros de 6% é muito elevada e a de 5% está subestimada, faça a interpolação linear entre 5% e 6%.

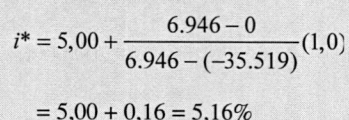

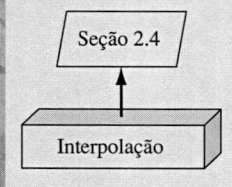

$$i^* = 5,00 + \frac{6.946 - 0}{6.946 - (-35.519)}(1,0)$$

$$= 5,00 + 0,16 = 5,16\%$$

Seção 2.4 → Interpolação

SEÇÃO 7.2   Cálculo da Taxa de Retorno Utilizando uma Equação VP ou VA

Solução por Computador
Insira os fluxos de caixa da Figura 7–3 na função TAXA. O lançamento TAXA(10;10.000; –500.000;700.000) exibe $i^* = 5,16\%$. É igualmente correto utilizar a função TIR. A Figura 7–4, coluna B, apresenta os fluxos de caixa e a função TIR(B2:B12) para obter i^*.

Solução Rápida

Ano	Valor	i experimental	Valor VP
0	-$500.000	4,00%	$54.004
1	$10.000	4,20%	$44.204
2	$10.000	4,40%	$34.603
3	$10.000	4,60%	$25.198
4	$10.000	4,80%	$15.984
5	$10.000	5,00%	$6.957
6	$10.000	5,20%	-$1.888
7	$10.000	5,40%	-$10.555
8	$10.000	5,60%	-$19.047
9	$10.000	5,80%	-$27.368
10	$710.000	6,00%	-$35.523

Taxa de retorno   5,16%

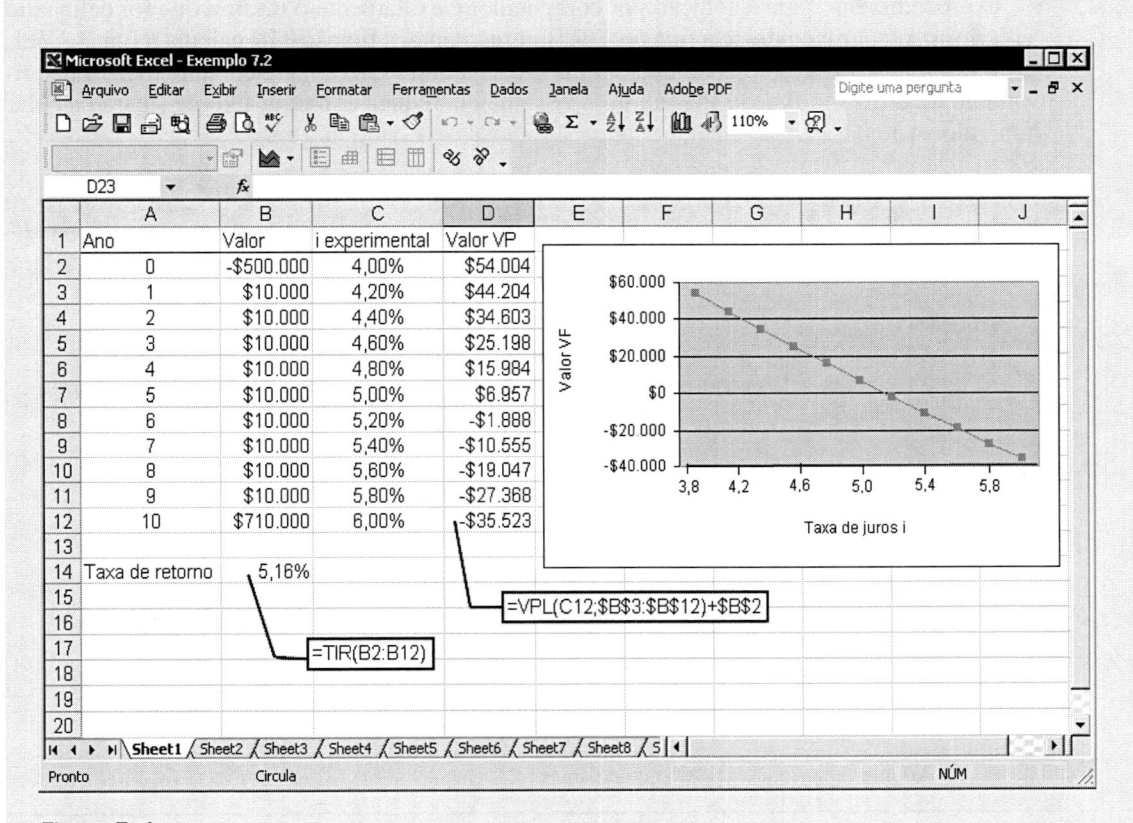

=VPL(C12;$B$3:$B$12)+$B$2

=TIR(B2:B12)

Figura 7–4
Solução de planilha para i^* e um gráfico dos valores VP em relação à taxa i, no Exemplo 7.2.

Para uma análise mais cuidadosa, utilize o i^* pelo procedimento de computador, apresentado anteriormente.

1 e 2. O diagrama de fluxos de caixa e a relação ROR são idênticos aos da solução manual.
3. A Figura 7–4 apresenta os fluxos de caixa líquidos na coluna B.
4. A função TIR, na célula B14, exibe $i^* = 5,16\%$.
5. Para que se possa observar graficamente i^*, a coluna D exibe o VP para diferentes valores de i (coluna C). A função VPL é utilizada repetidamente para calcular o VP para o gráfico de dispersão xy, de VP em relação à taxa i. Pelo gráfico de dispersão é possível observar que a taxa i^* é ligeiramente menor do que 5,2%.

Conforme é indicado no rótulo da célula, símbolos $ são inseridos nas funções VPL. Isso constitui uma *referência absoluta de célula*, a qual permite à função VPL ser corretamente deslocada de uma célula para outra (arrastada com o mouse).

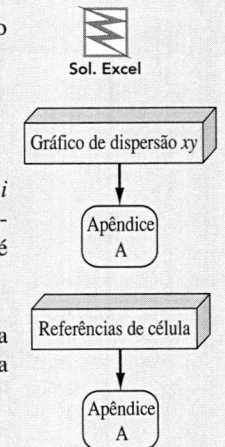

Sol. Excel

Gráfico de dispersão xy → Apêndice A

Referências de célula → Apêndice A

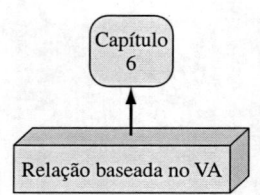

Da mesma forma que a taxa i^* pode ser determinada por meio da equação VP, ela pode, de maneira equivalente, ser determinada utilizando-se a relação VA. Esse método é preferível, quando fluxos de caixa anuais estão envolvidos. A solução manual é idêntica ao procedimento para uma relação baseada no VP, exceto pelo fato de que a equação utilizada passa a ser a [7.2].

O procedimento para a solução por computador é exatamente o mesmo que foi delineado anteriormente, utilizando-se a função TIR. Internamente, a função TIR calcula a função VPL com diferentes valores de i, até que o VPL = 0 seja obtido. (Não há nenhuma maneira equivalente de utilizar a função PGTO, uma vez que ela requer um valor fixo de i para calcular um valor A.)

EXEMPLO 7.3

Utilize os cálculos de VA para encontrar a taxa de retorno dos fluxos de caixa do Exemplo 7.2.

Solução
1. A Figura 7–3 apresenta o diagrama de fluxos de caixa.
2. As relações de VA correspondentes aos desembolsos e recebimentos são formuladas por meio da Equação [7.2].

$$VA_D = -500.000(A/P;i;10)$$
$$VA_R = 10.000 + 700.000(A/F;i;10)$$
$$0 = -500.000(A/P;i^*;10) + 10.000 + 700.000(A/F;i^*;10)$$

3. A solução por tentativa e erro produz os seguintes resultados:

$$\text{At } i = 5\%, 0 < \$ 900$$
$$\text{At } i = 6\%, 0 > \$ -4.826$$

Por interpolação, $i^* = 5,16\%$, como antes.

Para encerrarmos, para determinar i^* manualmente, escolha VP, VA ou qualquer outra equação equivalente. Em geral, é melhor utilizar, consistentemente, um dos métodos, a fim de evitar erros.

7.3 CUIDADOS AO UTILIZAR O MÉTODO ROR

O método da taxa de retorno é muito utilizado em ambientes empresariais e de engenharia na avaliação de um projeto, conforme discutido neste capítulo, e para selecionar uma alternativa dentre duas ou mais, como será explicado no próximo capítulo.

Quando aplicada corretamente, a técnica ROR sempre indicará uma boa decisão, da mesma maneira que ocorre com uma análise do VP ou do VA (ou do VF).

Entretanto, há algumas hipóteses e dificuldades em relação à análise ROR que precisam ser consideradas no cálculo de i^* e na interpretação de seu significado no mundo real, para um projeto em particular. O resumo apresentado a seguir se aplica a soluções obtidas manualmente e por computador.

- *Valores de i^* múltiplos*. Dependendo da seqüência dos desembolsos e recebimentos de fluxos de caixa líquidos, pode haver mais de uma raiz real para a equação ROR, resultando em mais de um valor de i^*. Essa dificuldade será discutida na próxima seção.

- *Reinvestimento à taxa i**. Tanto o método VP como o método VA supõem que quaisquer investimentos líquidos positivos (ou seja, fluxos de caixa líquidos positivos no decorrer do horizonte de planejamento) sejam reinvestidos à taxa TMA. Mas o método ROR presume o reinvestimento à taxa i^*. A hipótese de i^* não estar próxima das taxas praticadas no mercado (por exemplo, se i^* for substancialmente maior do que as TMAs usuais das empresas) é irrealista. Nesses casos, o valor de i^* não é uma boa base para a tomada de decisão. Não obstante ser um método computacionalmente mais complicado do que o VP ou o VA à determinada TMA, há um procedimento para utilizar o método ROR e, ainda assim, obter um valor de i^* único. O conceito de investimento líquido positivo e esse método serão discutidos na Seção 7.5.
- *Dificuldade computacional* versus *entendimento*. Especialmente quando se trata de obter uma solução manual por tentativa e erro de um ou múltiplos valores de i^*, os cálculos rápidos por computador (conforme o original) tornam-se complicados. Uma solução de planilha é mais fácil; entretanto, não existe nenhuma função de planilha que ofereça ao estudante o mesmo nível de entendimento proporcionado por uma solução manual ou por relações de VP e de VA.
- *Procedimento especial para múltiplas alternativas*. A utilização correta do método ROR para escolher dentre duas ou mais alternativas mutuamente exclusivas requer um procedimento de análise significativamente diferente daquele que é utilizado no VP e no VA. O Capítulo 8 explicará este procedimento.

Como conclusão, da perspectiva de um estudo de engenharia econômica, o método do valor anual ou do valor presente, a uma TMA estabelecida, deve ser utilizado em vez do método ROR. Entretanto, há um forte atrativo no método ROR porque os valores da taxa de retorno são muito citados. E é fácil comparar o retorno de um projeto proposto com o retorno de outros projetos em vigor.

Quando se trabalha com duas ou mais alternativas, e quando é importante saber o valor exato de i^*, um bom critério é determinar o VP ou o VA para a TMA e, depois, prosseguir com a identificação de i^* específica, para a alternativa selecionada.

Como ilustração, se um projeto é avaliado a uma TMA de 15% e tem um VP < 0, não há necessidade de calcular i^*, porque i^* < 15%. Entretanto, se VP > 0, então calcule a i^* exata e relate-a com a conclusão, confirmando que o projeto é financeiramente justificável.

7.4 VALORES MÚLTIPLOS DA TAXA DE RETORNO

Na Seção 7.2, uma única taxa de retorno i^* foi determinada. Nas séries de fluxos de caixa apresentadas até agora, os sinais algébricos dos *fluxos de caixa líquidos* se modificavam somente uma vez, geralmente de menos (−) no ano 0 para mais (+) em algum tempo durante a série. Esse tipo de série se denomina *série convencional* (ou *simples*) *de fluxos de caixa*. Entretanto, para muitas séries, os fluxos de caixa líquidos se alternam entre positivos e negativos de um ano para outro, de forma que há mais de uma mudança de sinal. Esse tipo de série denomina-se *não convencional* (*não simples*). Conforme é apresentado nos exemplos da Tabela 7–3, cada série de sinais positivos ou negativos pode ter uma ou mais inversão de sinais. Quando há mais de uma mudança de sinal nos fluxos de caixa líquidos, possivelmente haverá múltiplos valores de i^*, na faixa de −100% a mais (+) infinito. Dois testes devem ser executados, seqüencialmente, na série não convencional para determinar se há um valor único ou múltiplos valores de i^* reais. O primeiro teste é a *regra de sinais* (*de Descartes*), que afirma que o número total de raízes reais é sempre menor ou igual ao número de mudanças de sinal da série.

CAPÍTULO 7 Análise da Taxa de Retorno: Alternativa Única

TABELA 7-3 Exemplos de Fluxos de Caixa Líquidos Convencionais e Não Convencionais para um Projeto de 6 anos

Tipos de Série	Sinal do Fluxo de Caixa Líquido							Número de Mudanças de Sinal
	0	1	2	3	4	5	6	
Convencional	−	+	+	+	+	+	+	1
Convencional	−	−	−	+	+	+	+	1
Convencional	+	+	+	+	+	−	−	1
Não convencional	−	+	+	+	−	−	−	2
Não convencional	+	+	−	−	−	+	+	2
Não convencional	−	+	−	−	+	+	+	3

Essa regra é deduzida do fato de que a relação criada pela Equação [7.1] ou [7.2] para encontrar i^* é um polinômio de enésima ordem. (É possível que valores imaginários ou infinitos possam satisfazer a equação.)

O segundo, e mais importante teste, determina se há um valor de i^* que seja um número real e positivo. É o *teste de sinal do fluxo de caixa cumulativo*, também conhecido como *critério* (ou *regra*) *de Norstrom*. Ele estabelece que basta haver uma mudança de sinal na série de fluxos de caixa cumulativos que se *inicia negativamente*, para indicar que há uma raiz positiva na relação polinomial. Para realizar esse teste, determine a série

$$S_t = \text{fluxos de caixa cumulativos ao longo do período } t$$

Observe o sinal S_0 e conte as mudanças de sinal na série $S_0, S_1, \ldots, S_n$. Somente se $S_0 < 0$ e os sinais se alterarem uma única vez na série, haverá um i^* único, real e positivo.

Com os resultados desses dois testes, a relação ROR é resolvida, ou para os valores i^* únicos ou para valores i^* múltiplos, por meio do método manual de tentativa e erro ou por computador, com uma função TIR que incorpore a opção "estimativa". Recomenda-se o desenvolvimento do gráfico de VP em relação a i, especialmente quando se utiliza uma planilha. O Exemplo 7.4 ilustra os testes e a solução para i^*, manualmente e por computador.

EXEMPLO 7.4

A equipe de projeto e testes de engenharia da Honda Motor Corp. realiza trabalhos sob contrato para fábricas de automóveis do mundo inteiro. Durante os últimos 3 anos, os fluxos de caixa líquidos dos pagamentos de contratos variaram amplamente, conforme é apresentado a seguir, principalmente devido à incapacidade de as grandes fábricas pagarem seus contratos.

Ano	0	1	2	3
Fluxo de caixa ($ 1.000)	+2.000	−500	−8.100	+6.800

(a) Determine o número máximo de valores i^* que podem satisfazer a relação ROR.
(b) Escreva a relação ROR, baseada no VP, e aproxime o(s) valor(es) i^* esboçando o VP em relação a i, manualmente e por computador.
(c) Calcule os valores i^* de maneira mais exata, utilizando a função TIR da planilha.

Solução Manual

(a) A Tabela 7–4 apresenta os fluxos de caixa anuais e os fluxos de caixa cumulativos. Uma vez que há duas mudanças de sinal na seqüência de fluxos de caixa, a regra de sinais indica um máximo de dois valores i^* reais. A seqüência de fluxos de caixa cumulativos se inicia com um número positivo $S_0 = +2.000$, indicando que não há somente uma raiz positiva. A conclusão é que até dois valores de i^* podem ser encontrados.

TABELA 7–4 Seqüências de Fluxos de Caixa e de Fluxos de Caixa Cumulativos, no Exemplo 7.4

Ano	Fluxo de Caixa ($ 1.000)	Número da Seqüência	Fluxo de Caixa Cumulativo ($ 1.000)
0	+2.000	S_0	+2.000
1	−500	S_1	+1.500
2	−8.100	S_2	−6.600
3	+6.800	S_3	+200

(b) A relação VP é:

$$VP = 2.000 - 500(P/F;i;1) - 8.100(P/F;i;2) + 6.800(P/F;i;3)$$

Selecione valores de i para encontrar os dois valores de i^* e trace VP em relação a i. Os valores VP são apresentados a seguir e esboçados na Figura 7–5, para valores de i iguais a 0%, 5%, 10%, 20%, 30%, 40% e 50%. A forma parabólica, característica de um polinômio de segundo grau, é obtida com VP cruzando o eixo i, aproximadamente, em $i_1^* = 8\%$ e $i_2^* = 41\%$.

$i\%$	0	5	10	20	30	40	50
VP ($.1000)	+200	+51,44	−39,55	−106,13	−82,01	−11,83	+81,85

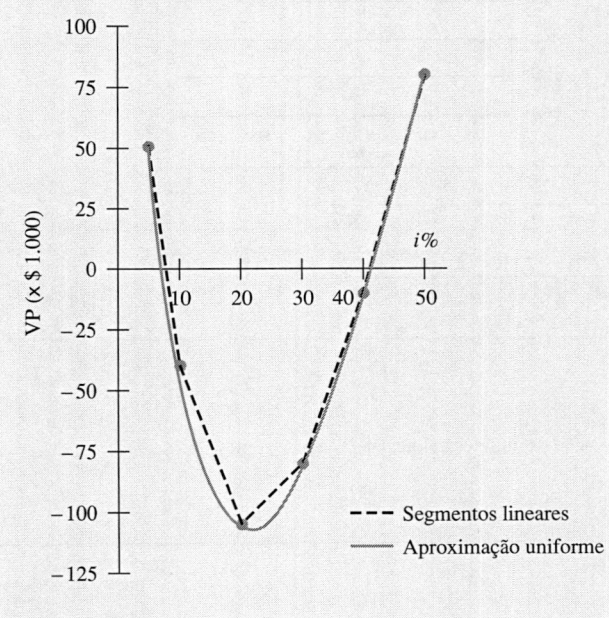

Figura 7–5
Valor presente de fluxos de caixa a diversas taxas de juros, no Exemplo 7.4.

Solução por Computador

(a) Veja a Figura 7–6. A função VPL é utilizada na coluna D para determinar o valor VP a diversos valores de i (coluna C), conforme é indicado pelo rótulo de célula. O gráfico de dispersão xy, anexo, apresenta o VP em relação à taxa i. Os valores de i^* cruzam a linha VP = 0, aproximadamente, em 8% e 40%.

(b) A linha 19 da Figura 7–6 contém os valores ROR (incluindo um valor negativo) inseridos como uma "estimativa" na função TIR, para encontrar a raiz i^* do polinômio que está mais próxima do valor estimado. A linha 21 inclui os dois valores resultantes de i^*: $i_1^* = 7{,}47\%$ e $i_2^* = 41{,}35\%$.

Se a "estimativa" for omitida da função TIR, o lançamento TIR(B4:B7) determinará somente o primeiro valor, 7,47%. Como uma verificação dos dois valores de i^*, a função VPL pode ser configurada para encontrar o VP de acordo com os dois valores de i^*. Tanto VPL(7,47%;B5:B7) + B4 como VPL(41,35%;B5:B7) + B4 exibirão, aproximadamente, $ 0,00.

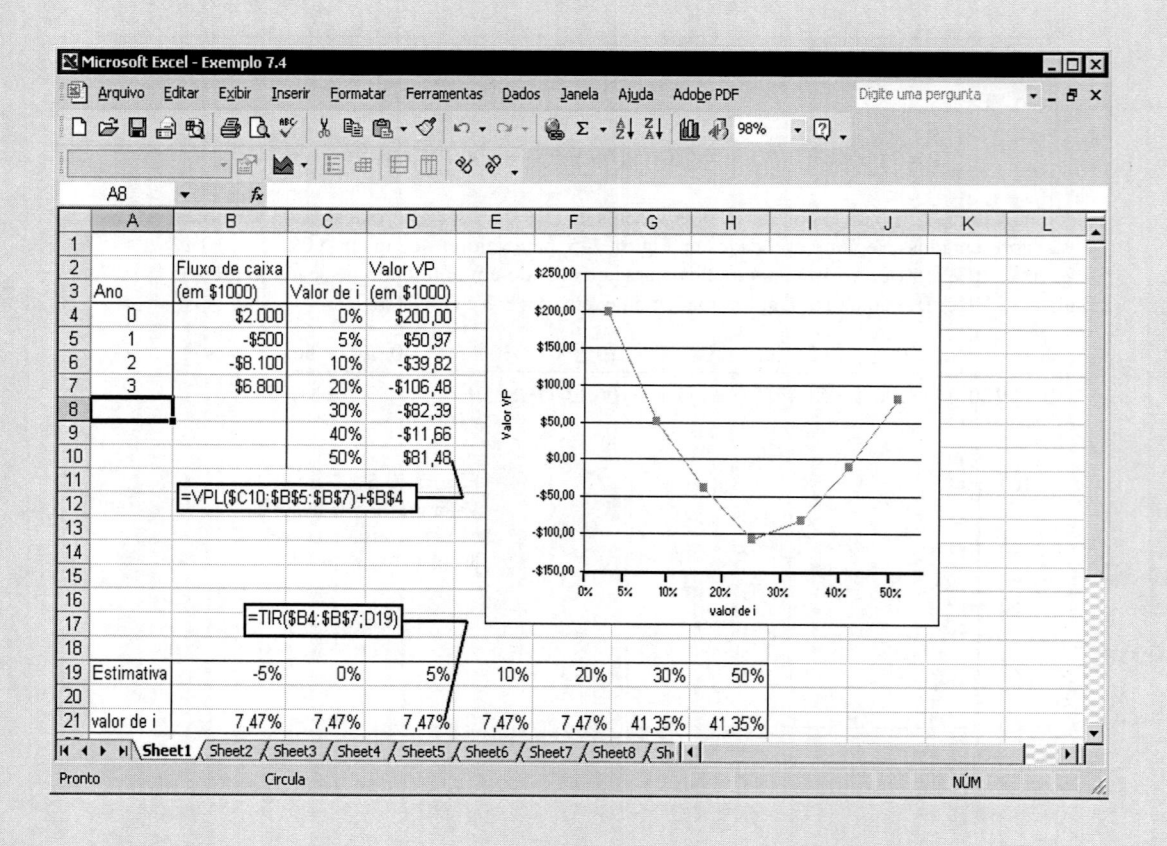

Figura 7–6
Planilha apresentando o gráfico de valores VP em relação a múltiplos valores de i^*, no Exemplo 7.4.

EXEMPLO 7.5

Dois estudantes de engenharia, quando cursavam os dois primeiros anos na universidade, iniciaram uma empresa de desenvolvimento de software. Um pacote de modelagem tridimensional foi licenciado pelo Small Business Partners Program, da IBM, para os próximos 10 anos. A Tabela 7–5 apresenta a estimativa dos fluxos de caixa líquidos, desenvolvidos pela IBM, a partir da perspectiva da pequena empresa. Os valores negativos nos anos 1, 2 e 4 refletem os pesados custos de marketing. Determine o número de valores i^*; estime-os graficamente e por meio da função TIR de uma planilha.

TABELA 7–5 Séries de Fluxos de Caixa e Séries de Fluxos de Caixa Cumulativos, no Exemplo 7.5

Ano	Fluxo de Caixa, $ 100 Líquido	Fluxo de Caixa, $ 100 Cumulativo	Ano	Fluxo de Caixa, $ 100 Líquido	Fluxo de Caixa, $ 100 Cumulativo
1	−2.000	−2.000	6	+500	−900
2	−2.000	−4.000	7	+400	−500
3	+2.500	−1.500	8	+300	−200
4	− 500	−2.000	9	+200	0
5	+ 600	−1.400	10	+100	+100

Solução por Computador

A regra de sinais indica uma série não convencional de fluxos de caixa líquidos com até três raízes. A série de fluxos de caixa líquidos cumulativos inicia-se negativamente e tem somente uma mudança de sinal no ano 10, indicando, assim, que uma única raiz positiva pode ser encontrada. (Valores nulos na série de fluxos de caixa cumulativos são desconsiderados quando aplicado o critério de *Norstrom*.) Uma relação ROR baseada no VP é utilizada para encontrar i^*.

$$0 = -2.000(P/F;i;1) - 2.000(P/F;i;2) + \ldots + 100(P/F;i;10)$$

O VP do lado direito é calculado para diferentes valores de i e é traçado na planilha (Figura 7–7). O valor único de $i^* = 0{,}77\%$ é obtido, por meio da função TIR, com valores de "estimativas" para i idênticos aos do gráfico de VP em relação à taxa i.

Comentário

Tão logo uma planilha é criada, como na Figura 7–7, pode ser realizado um "ajuste fino" nos fluxos de caixa, para executar a análise de sensibilidade no(s) valor(es) de i^*. Por exemplo, se o fluxo de caixa no ano 10 for modificado apenas levemente de $ +100 para $ –100, os resultados exibidos se modificarão na planilha para $i^* = -0{,}84\%$. Além disso, essa simples mudança no fluxo de caixa altera a seqüência de fluxos de caixa cumulativos. Agora $S_{10} = \$ -100$, conforme pode ser confirmado na Tabela 7–5. Também, a partir dessa alteração, não há nenhuma mudança de sinal na seqüência de fluxos de caixa cumulativos, de forma que *nenhuma raiz positiva única* poderá ser encontrada. Isso é confirmado pelo valor de $i^* = -0{,}84\%$. Se outros fluxos de caixa forem alterados, os dois testes que aprendemos devem ser aplicados para determinar se múltiplas raízes poderão existir. Isso significa que a análise de sensibilidade, baseada em planilha, deve ser executada cuidadosamente quando se aplica o método ROR.

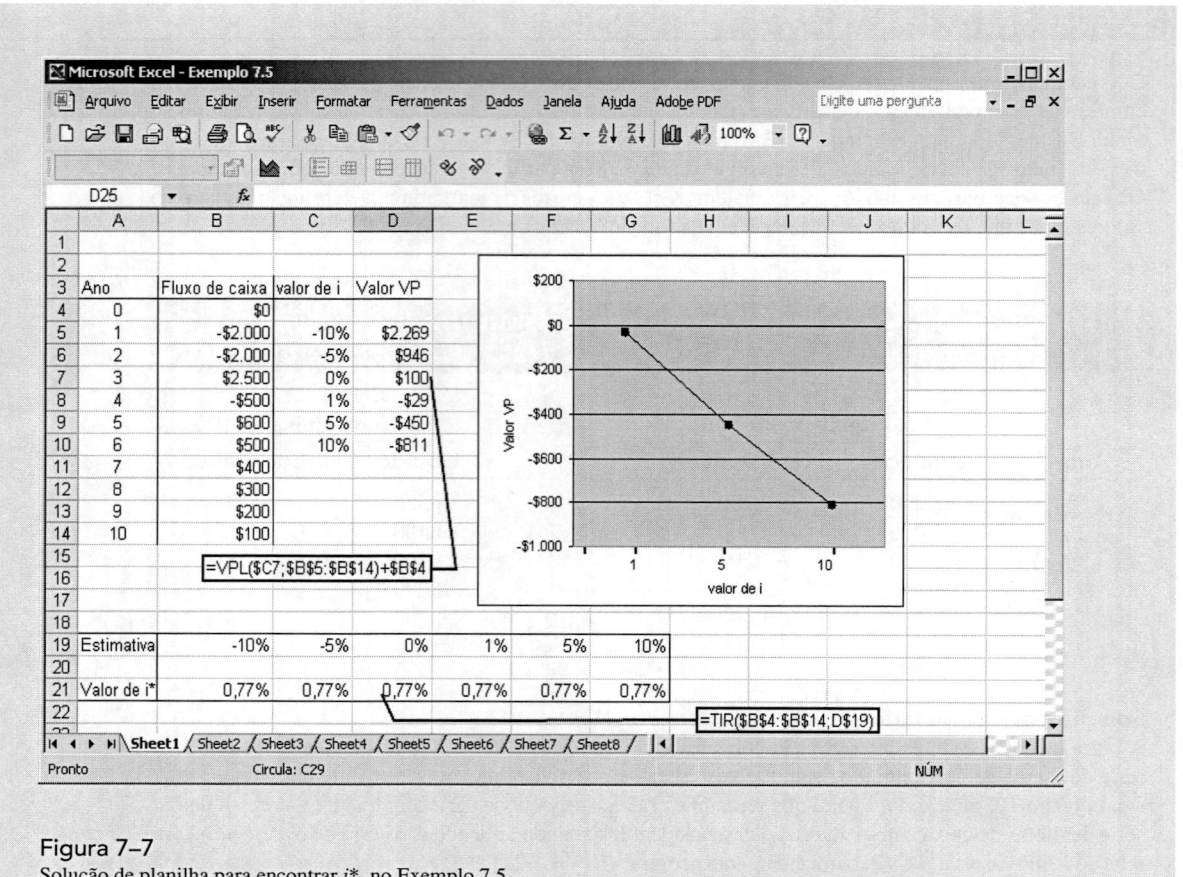

Figura 7-7
Solução de planilha para encontrar *i**, no Exemplo 7.5.

Em muitos casos, alguns dos valores múltiplos de *i** podem ser considerados fora de propósito, porque são demasiadamente grandes ou demasiadamente pequenos (negativos). Por exemplo, valores iguais a 10%, 150% e 750%, para uma seqüência com três mudanças de sinal, são difíceis de serem utilizados em tomadas de decisão práticas. (Evidentemente, uma vantagem dos métodos do VP e do VA para a análise de alternativas é que taxas irrealistas não entram na análise.) Ao determinar-se qual valor de *i** selecionar, como *o* valor da ROR, é comum desprezar valores grandes e negativos. *Na realidade, o critério correto é determinar a taxa composta de retorno única*, conforme descrito na próxima seção.

Se for utilizado um sistema de planilha padrão, como o Excel, normalmente será determinado apenas o número de uma raiz real, a não ser que valores de "estimativas" diferentes sejam inseridos seqüencialmente. Esse valor de *i** determinado com o Excel, em geral, é uma raiz avaliada de modo realístico, porque o *i** que resolve a relação VP é determinado pelo método de tentativa e erro, incorporado à planilha. Esse método se inicia com um valor padrão, comumente 10%, ou com a estimativa fornecida pelo usuário, conforme ilustrado no exemplo anterior.

7.5 TAXA COMPOSTA DE RETORNO: ELIMINANDO VALORES MÚLTIPLOS DE $i*$

As taxas de retorno que calculamos até agora são as taxas que equilibram os fluxos de caixa positivos e negativos, levando em conta o valor do dinheiro no tempo. Qualquer método que considere o valor do dinheiro no tempo pode ser utilizado para calcular essa taxa de balanceamento; por exemplo, VP, VA ou VF. A taxa de juros obtida por meio desses cálculos é conhecida por *taxa interna de retorno (TIR)*. Enunciado de maneira simples, taxa interna de retorno é a taxa de retorno do saldo não recuperado de um investimento, conforme definimos anteriormente. Os fundos que permanecem não recuperados ainda estão dentro do investimento; daí o nome *taxa interna de retorno*. Os termos genéricos, taxa de retorno e taxa de juros, em geral implicam uma taxa interna de retorno.

O conceito de saldo não recuperado torna-se importante quando fluxos de caixa líquidos positivos são gerados (liberados) antes do fim de um projeto. Um fluxo de caixa líquido positivo, uma vez gerado, torna-se *liberado como fundos externos para o projeto* e não mais é considerado no cálculo da taxa interna de retorno. Esses fluxos de caixa líquidos positivos podem fazer com que, em uma série não convencional de fluxos de caixa, múltiplos valores de $i*$ se desenvolvam. Entretanto, há um método que leva em conta explicitamente esses fundos, conforme discutiremos a seguir. Além disso, o dilema das raízes de múltiplos valores de $i*$ é eliminado.

É importante entender que o procedimento detalhado a seguir é utilizado para:

Determinar a taxa de retorno das estimativas de fluxo de caixa, quando há indicação de que existem múltiplos valores de $i*$, tanto pela regra de sinais dos fluxos de caixa, como pela regra de sinais dos fluxos de caixa cumulativos, e os fluxos de caixa líquidos positivos do projeto terão rendimentos a uma taxa estabelecida, diferente de qualquer um dos múltiplos valores de $i*$.

Por exemplo, suponha que uma série de fluxos de caixa tenha dois valores de $i*$ que equilibrem a equação ROR – 10% e 60% ao ano – e que qualquer caixa liberado pelo projeto possa ser investido pela empresa, a uma taxa de retorno de 25% ao ano. O procedimento a seguir encontrará uma taxa de retorno única para a série de fluxos de caixa. Entretanto, se for possível estimar que os fluxos de caixa liberados renderão exatamente 10%, a taxa única é 10%. A mesma afirmação pode ser feita utilizando-se a taxa de 60%.

Como anteriormente, se não for necessário encontrar a taxa de retorno exata para as estimativas de fluxo de caixa de um projeto, é muito mais simples, e igualmente correto, utilizar a análise do VP ou do VA à determinada TMA, para verificar se o projeto é financeiramente viável. Esse é o modo de operação normal para estudos de engenharia econômica.

Considere os cálculos da taxa interna de retorno correspondente aos seguintes fluxos de caixa: $ 10.000 são investidos em $t = 0$, $ 8.000 que são recebidos no ano 2 e $ 9.000 são recebidos no ano 5. A equação do VP para determinar $i*$ é:

$$0 = -10.000 + 8.000(P/F;i;2) + 9.000(P/F;i;5)$$

$$i* = 16,815\%$$

Se essa taxa for utilizada para os saldos não recuperados, o investimento será recuperado exatamente no fim do ano 5. O procedimento de verificação é idêntico ao utilizado na Tabela 7–1, que descreve como a ROR funciona para eliminar, exatamente, o saldo não recuperado com o fluxo de caixa final.

O saldo não recuperado no fim do ano 2, imediatamente antes do recebimento de $ 8.000:

$$-10.000(F/P;16,815\%;2) = -10.000(1 + 0,16815)^2 = \$ -13.646$$

O saldo não recuperado no fim do ano 2, imediatamente depois do recebimento de $ 8.000:

$$-13.646 + 8.000 = \$ -5.646$$

O saldo não recuperado no fim do ano 5, imediatamente antes do recebimento de $ 9.000:

$$-5.646(F/P;16,815\%;3) = \$ -9.000$$

O saldo não recuperado no fim do ano 5, imediatamente depois do recebimento de $ 9.000:

$$\$ -9.000 + 9.000 = \$ 0$$

Nesse cálculo, nenhuma consideração é dada aos $ 8.000 disponíveis depois do ano 2. O que acontece se os fundos liberados de um projeto *forem* considerados no cálculo da taxa global de retorno deste? Afinal de contas, alguma coisa deve ser feita com os fundos liberados. Uma possibilidade é presumir que o dinheiro seja reinvestido a uma taxa estabelecida. O método ROR supõe que os fundos excedentes em um projeto ganham juros à taxa i^*, mas ela pode não ser uma taxa realista, na prática diária. Outro critério é simplesmente presumir que ocorre um reinvestimento, à determinada TMA. Além de contabilizar todo o dinheiro liberado durante o período do projeto como tendo sido reinvestido a uma taxa realista, o critério discutido a seguir tem a vantagem de converter uma série não convencional de fluxos de caixa (com múltiplos valores de i^*) em uma série convencional com uma única raiz, que pode ser considerada *a* taxa de retorno adequada para nortear decisões a respeito do projeto.

A taxa de rendimentos utilizada para os fundos liberados é chamada de *taxa de reinvestimento*, ou *taxa externa de retorno*, e é simbolizada por *c*. Essa taxa, estabelecida fora (externamente) das estimativas de fluxo de caixa que estão sob avaliação, depende da taxa de mercado disponível para investimentos. Se uma empresa obtém, digamos, 8% dos seus investimentos diários, então $c = 8\%$. É uma prática comum definir c = TMA. A taxa de juros que agora satisfaz a equação da taxa de retorno é chamada de *taxa composta de retorno (TCR)*, e é simbolizada por *i'*. Por definição:

A taxa *composta de retorno i'* é a taxa única de retorno de um projeto que presume que os fluxos de caixa líquidos positivos, que representam um capital não imediatamente necessário ao projeto, serão reinvestidos à taxa de reinvestimento *c*.

A palavra *composta* é utilizada aqui para descrever essa taxa de retorno, porque ela é derivada de outra taxa de juros: a taxa de reinvestimento *c*. Se *c* vier a ser igual a qualquer um dos valores de i^*, então a taxa composta *i'* será igual a esse valor de i^*. A TCR é também conhecida pelo termo *retorno do capital investido (ROI)*. Tão logo a *i'* é determinada, ela é comparada com a TMA, para que se possa decidir sobre a viabilidade financeira do projeto, conforme informamos na Seção 7.2.

O procedimento correto para determinar *i'* denomina-se *procedimento de investimento líquido*. A técnica envolve encontrar o valor futuro do montante líquido investido 1 ano no futuro. Isso quer dizer encontrar o valor F_t do investimento líquido do projeto, no ano *t,* por meio de F_{t-1}, utilizando o fator F/P para 1 ano, à taxa de reinvestimento *c,* se o investimento líquido anterior F_{t-1} for positivo (dinheiro extra gerado pelo projeto), ou à taxa TCR *i'*, se F_{t-1} for negativo (o que significa que o projeto utilizou todos os fundos). Para fazer isso matematicamente, para cada ano *t*, crie a relação:

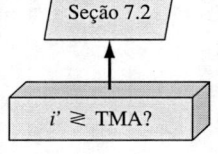

$$F_t = F_{t-1}(1 + i) + C_t \qquad [7.6]$$

em que $t = 1, 2, \ldots, n$
n = total de anos do projeto
C_t = fluxo de caixa líquido no ano t

$$i = \begin{cases} c & \text{se } F_{t-1} > 0 \text{ (investimento líquido positivo)} \\ i' & \text{se } F_{t-1} < 0 \text{ (investimento líquido negativo)} \end{cases}$$

Defina a relação de investimento líquido para o ano n como igual a zero ($F_n = 0$) e resolva i'. O valor de i' obtido é único para uma taxa de reinvestimento c estabelecida.

O desenvolvimento de F_1 até F_3 para a série de fluxos de caixa apresentada a seguir, esboçada graficamente na Figura 7–8a, é ilustrado para uma taxa de reinvestimento de c = TMA = 15%.

Ano	Fluxo de Caixa, $
0	50
1	−200
2	50
3	100

O investimento líquido para o ano $t = 0$ é:

$$F_0 = \$\ 50$$

que é positivo, de forma que ele retorna c = 15% durante o primeiro ano. Pela Equação [7.6], F_1 é:

$$F_1 = 50(1 + 0{,}15) - 200 = \$\ -142{,}50$$

Esse resultado é apresentado na Figura 7–8b. Uma vez que o investimento líquido do projeto agora é negativo, o valor F_1 ganha juros à taxa composta i', durante o ano 2. Portanto, para o ano 2:

$$F_2 = F_1(1 + i') + C_2 = -142{,}50(1 + i') + 50$$

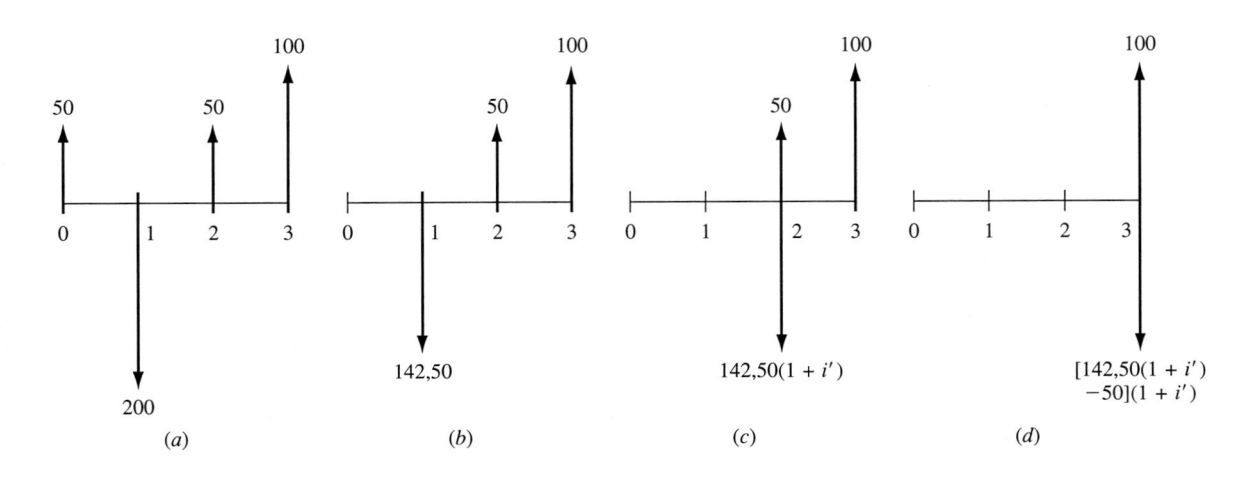

Figura 7–8
Série de fluxos de caixa para a qual a taxa composta de retorno i' é calculada: (a) forma original; (b) forma equivalente no ano 1, (c) no ano 2 e (d) no ano 3.

O valor de i' precisa ser determinado (Figura 7–8c). Uma vez que F_2 será negativo para todo $i' > 0$, utilize i' para criar F_3, como é mostrado na Figura 7–8d.

$$F_3 = F_2(1 + i') + C_3 = [-142{,}50(1 + i') + 50](1 + i') + 100 \qquad [7.7]$$

Igualando a Equação [7.7] a zero e resolvendo i', resultará na taxa composta de retorno única i'. Os valores resultantes são 3,13% e –168%, uma vez que a Equação [7.7] é uma relação quadrática (segunda potência de i'). O valor de $i' = 3{,}13\%$ é a taxa i^* correta na faixa de –100% ao ∞. O procedimento para encontrar i' pode ser resumido da seguinte maneira:

1. Desenhe um diagrama do fluxo de caixa da série original de fluxos de caixa líquidos.
2. Desenvolva a série de investimentos líquidos utilizando a Equação [7.6] e o valor c. O resultado é a expressão F_n em termos de i'.
3. Estabeleça que $F_n = 0$ e encontre o valor de i' para equilibrar a equação.

Alguns comentários podem ser feitos a respeito das taxas identificadas. Se a taxa de reinvestimento c for igual à taxa interna de retorno i^* (ou um dos valores i^* quando há múltiplos deles), o i' que é calculado será exatamente idêntico ao i^*; ou seja, $c = i^* = i'$. Quanto mais próximo o valor c estiver de i^*, menor será a diferença entre a taxa composta e a taxa interna. Conforme mencionamos anteriormente, é correto supor que $c = $ TMA, se todos os fundos liberados do projeto podem, de maneira realista, ganhar juros à taxa TMA.

Um resumo das relações entre c, i' e i^* é apresentado a seguir, e as relações são demonstradas no Exemplo 7.6.

Relação entre a Taxa de Reinvestimento c e i^*	Relação entre a TCR i' e a i^*
$c = i^*$	$i' = i^*$
$c < i^*$	$i' < i^*$
$c > i^*$	$i' > i^*$

Lembre-se: O procedimento de investimento líquido é utilizado quando múltiplos valores de i^* são indicados. Valores múltiplos de i^* estão presentes quando uma série não convencional de fluxos de caixa não tiver uma raiz positiva, conforme é determinado pelo critério de *Norstrom*. Além disso, nenhuma das etapas desse procedimento será necessária se o método do valor presente ou do valor anual for utilizado para avaliar um projeto a uma TMA.

O procedimento de investimento líquido também pode ser aplicado quando uma taxa interna de retorno (i^*) está presente, mas a taxa de reinvestimento estabelecida (c) é significativamente diferente de i^*. As mesmas relações entre c, i^* e i', já declaradas anteriormente, permanecem corretas para essa situação.

EXEMPLO 7.6

Calcule a taxa composta de retorno para a equipe de engenharia da Honda Motor Corp., no Exemplo 7.4, considerando que a taxa de reinvestimento é de (*a*) 7,47% e (*b*) TMA corporativa de 20%. Os valores múltiplos de i^* são determinados na Figura 7–6.

SEÇÃO 7.5 Taxa Composta de Retorno: Eliminando Valores Múltiplos de i^*

Solução
(a) Utilize o procedimento de investimento líquido para determinar i' para $c = 7,47\%$.
 1. A Figura 7–9 apresenta o fluxo de caixa original.
 2. A expressão do primeiro investimento líquido é $F_0 = \$ +2.000$. Uma vez que $F_0 > 0$, utilize $c = 7,47\%$ para escrever F_1, por meio da Equação [7.6].

$$F_1 = 2.000(1,0747) - 500 = \$ 1.649,40$$

Uma vez que $F_1 > 0$, utilize $c = 7,47\%$ para determinar F_2.

$$F_2 = 1.649,40(1,0747) - 8.100 = \$ -6.327,39$$

A Figura 7–10 apresenta o fluxo de caixa equivalente nesse período. Uma vez que $F_2 < 0$, utilize i' para exprimir F_3.

$$F_3 = -6.327,39(1 + i') + 6.800$$

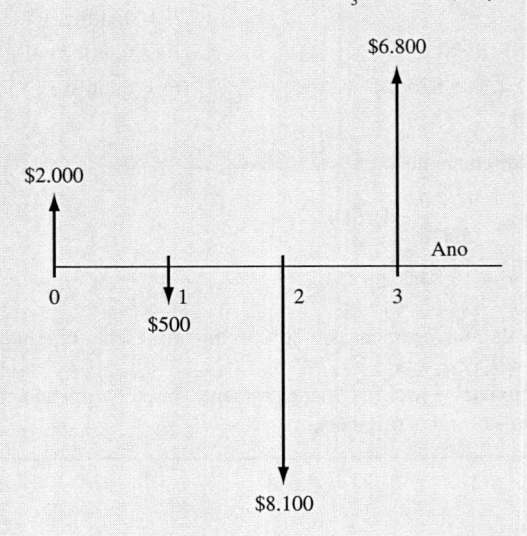

Figura 7–9
Fluxo de caixa original (em milhares de dólares), no Exemplo 7.6.

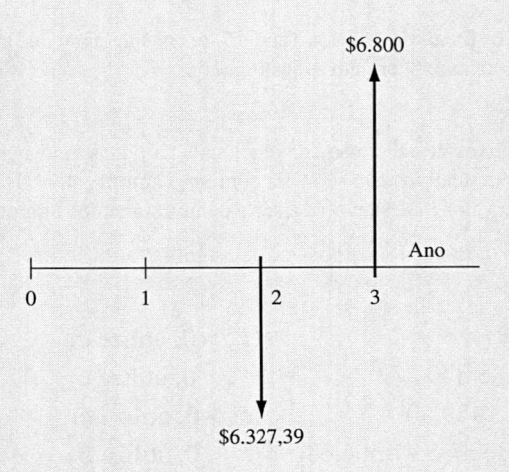

Figura 7–10
Fluxo de caixa equivalente (em milhares de dólares), da Figura 7–9, com reinvestimento à taxa $c = 7,47\%$.

3. Estabeleça que $F_3 = 0$ e encontre i' diretamente.

$$-6.327,39(1 + i') + 6.800 = 0$$

$$1 + i' = \frac{6.800}{6.327,39} = 1,0747$$

$$i' = 7,47\%$$

A TCR é de 7,47%, idêntica à c, a taxa de reinvestimento, e ao valor de i_1^* determinado no Exemplo 7.4, Figura 7–6. Note que 41,35%, que é o segundo valor de i^*, não mais equilibra a equação da taxa de retorno. O resultado do valor futuro equivalente para o fluxo de caixa da Figura 7–10, se i' fosse 41,35%, seria:

$$6.327,39(F/P;41,35\%;1) = \$\ 8.943,77 \neq \$\ 6.800$$

(b) Para a TMA = c = 20%, a série de investimentos líquidos é:

$F_0 = +2.000$ ($F_0 > 0$, utilize c)
$F_1 = 2.000(1,20) - 500 = \$\ 1.900$ ($F_1 > 0$, utilize c)
$F_2 = 1.900(1,20) - 8.100 = \$\ -5.820$ ($F_2 < 0$, utilize i')
$F_3 = -5.820(1 + i') + 6.800$

Estabeleça que $F_3 = 0$ e encontre i' diretamente.

$$1 + i' = \frac{6.800}{5.820} = 1,1684$$

$$i' = 16,84\%$$

A TCR é $i' = 16,84\%$, a uma taxa de reinvestimento de 20%, o que representa um aumento notável, se comparada com a de $i' = 7,47\%$, à taxa $c = 7,47\%$.

Note que, se i' < TMA = 20%, o projeto não se justifica financeiramente. Isso é verificado calculando-se VP = $ –106, a 20%, para os fluxos de caixa originais.

EXEMPLO 7.7

Determine a taxa composta de retorno, para os fluxos de caixa da Tabela 7–6, considerando que a taxa de reinvestimento é a própria TMA de 15% ao ano. O projeto se justifica?

Solução

Uma revisão da Tabela 7–6 indica que os fluxos de caixa não convencionais têm duas mudanças de sinal e que a seqüência de fluxos de caixa cumulativos não se inicia com um valor negativo. Há um máximo de dois valores i^*. Para encontrar o valor i', desenvolva a série de investimentos líquidos F_0 até F_{10}, utilizando a Equação [7.6] e $c = 15\%$.

$F_0 = 0$
$F_1 = \$\ 200$ ($F_1 > 0$, utilize c)
$F_2 = 200(1,15) + 100 = \$\ 330$ ($F_2 > 0$, utilize c)
$F_3 = 330(1,15) + 50 = \$\ 429,50$ ($F_3 > 0$, utilize c)
$F_4 = 429,50(1,15) - 1.800 = \$\ -1.306,08$ ($F_4 < 0$, utilize i')
$F_5 = -1.306,08(1 + i') + 600$

TABELA 7–6 Seqüências de Fluxos de Caixa e de Fluxos de Caixa Cumulativos, no Exemplo 7.7

Ano	Fluxo de Caixa, $ Líquido	Fluxo de Caixa, $ Cumulativo	Ano	Fluxo de Caixa, $ Líquido	Fluxo de Caixa, $ Cumulativo
0	0	0	6	500	−350
1	200	+200	7	400	+50
2	100	+300	8	300	+350
3	50	+350	9	200	+550
4	−1.800	−1.450	10	100	+650
5	600	−850			

Uma vez que não sabemos se F_5 é maior ou menor do que zero, todas as expressões resultantes utilizam i'.

$$F_6 = F_5(1 + i') + 500 = [-1.306,08(1 + i') + 600](1 + i') + 500$$

$$F_7 = F_6(1 + i') + 400$$

$$F_8 = F_7(1 + i') + 300$$

$$F_9 = F_8(1 + i') + 200$$

$$F_{10} = F_9(1 + i') + 100$$

Para encontrar i', a expressão $F_{10} = 0$ é solucionada por meio de tentativa e erro. A solução determina que $i' = 21,24\%$. Uma vez que i' > TMA, o projeto se justifica. Para trabalhar mais com este tipo de exercício e o procedimento de investimentos líquidos, faça o Estudo de Caso deste capítulo.

Comentário
As duas taxas que equilibram a equação ROR são $i_1^* = 28,71\%$ e $i_2^* = 48,25\%$. Se retrabalharmos este problema utilizando qualquer uma das taxas de reinvestimento, o valor de i' será idêntico a essa taxa de reinvestimento, ou seja, se $c = 28,71\%$, então $i' = 28,71\%$.

Há uma função de planilha denominada MTIR (TIR modificada), que determina uma taxa de juros única, quando você insere uma taxa de reinvestimento c, para fluxos de caixa positivos. Entretanto, a função não implementa o procedimento de investimentos líquidos para séries não convencionais de fluxos de caixa, conforme discutimos aqui e, ainda, exige que uma taxa financeira para os fundos utilizados como investimento inicial seja fornecida. Portanto, as fórmulas para o cálculo da MTIR e da TCR não são idênticas. A MTIR não produzirá exatamente o mesmo resultado que se obtém com a Equação [7.6], a menos que ocorra de as taxas serem iguais e esse valor ser uma das raízes da relação ROR.

7.6 TAXA DE RETORNO DE UM INVESTIMENTO EM TÍTULOS

No Capítulo 5, apresentamos a terminologia das aplicações em títulos e como calcular o VP de um investimento desse tipo. A série de fluxo de caixa de um investimento em títulos é convencional e tem uma taxa i^* única, determinada por meio da taxa de retorno, baseada no

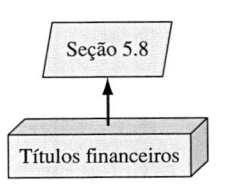

VP, na forma da Equação [7.1]. Os exemplos [7.8] e [7.9] ilustram o procedimento.

EXEMPLO 7.8

A Allied Materials necessita de $ 3 milhões, na forma de capital de terceiros, para expandir sua capacidade de manufatura de compósitos. Ela oferece *small-denomination bonds*[2] a um preço descontado de $ 800 por um título de $ 1.000, a 4%, que vence em 20 anos, com juros pagáveis semestralmente. Que taxas anuais de juros, nominal e efetiva, capitalizada semestralmente, a Allied Materials pagará ao investidor?

Solução
A renda que o comprador receberá pela compra do título é a taxa de juros I = $ 20 do título, a cada 6 meses, mais o valor nominal em 20 anos. A equação baseada no VP para calcular a taxa de retorno é:

$$0 = -800 + 20(P/A;i^*;40) + 1.000(P/F;i^*;40)$$

Resolva por computador (função TIR) ou manualmente para obter i^* = 2,87%, semestralmente. A taxa nominal de juros ao ano é calculada multiplicando-se i^* por 2.

Taxa nominal i = 2,87%(2) = 5,74% ao ano, capitalizada semestralmente.

Utilizando a Equação [4.5], a taxa anual efetiva de juros é:

$$i_a = (1,0287)^2 - 1 = 5,82\%$$

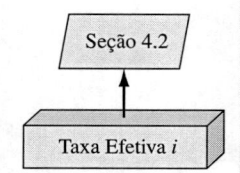

Seção 4.2 — Taxa Efetiva i

EXEMPLO 7.9

Gerry é um engenheiro que ingressou recentemente na Boeing Aerospace, na Califórnia. Ele assumiu um risco financeiro e comprou um título de uma outra corporação, que se tornara inadimplente em seus pagamentos de juros. Ele pagou $ 4.240 por um título de $ 10.000, a 8%, com juros pagáveis trimestralmente. O título não pagou nenhum juro durante os 3 primeiros anos, após a compra. Se os juros foram pagos durante os 7 anos seguintes, e se depois Gerry foi capaz de revender o título a $ 11.000, qual taxa de juros ele obteve para o investimento? Suponha que o título esteja programado para vencer em 18 anos depois que ele o comprou. Elabore uma análise, manualmente e por computador.

Solução Manual
Os juros recebidos, pelo título, nos anos 4 a 10 foram:

$$I = \frac{(10.000)(0,08)}{4} = \$ 200 \text{ por trimestre}$$

A taxa efetiva de retorno *por trimestre* pode ser determinada resolvendo-se a equação do VP desenvolvida em base trimestral, uma vez que esta base torna PP = PC.

$$0 = -4.240 + 200(P/A;i^* \text{ por trimestre};28)(P/F;i^* \text{ por trimestre};12) + 11.000(P/F;i^* \text{ por trimestre};40)$$

A equação está correta para i^* = 4,1% por trimestre, que é uma taxa nominal de 16,4% ao ano, capitalizada trimestralmente.

Seções 4.4 e 4.6 — PP = PC

---

[2] **N.T.:** Nos Estados Unidos, títulos com denominações (valores) de $ 1.000 ou menos.

Solução por Computador

A solução é apresentada na Figura 7–11. A planilha foi elaborada para calcular diretamente uma taxa anual de juros de 16,41%, na célula E1. Os recebimentos trimestrais de $ 200, de juros do título, são convertidos em recebimentos anuais equivalentes de $ 724,24, utilizando-se a função VP na célula E6. Uma taxa trimestral poderia ser determinada inicialmente na planilha, mas essa abordagem exigiria quatro vezes mais lançamentos de $ 200 cada um, em comparação com as seis vezes que o valor de $ 724,24 é inserido aqui. (Uma referência circular pode ser indicada pelo Excel entre as células E1, E6 e B6. Entretanto, ao dar-se um clique em OK, ela será contornada, e a solução $i^* = 16{,}41\%$, apresentada na tela do computador. Uma referência circular é evitada, se todos os 40 trimestres de $ 0 e $ 200 forem inseridos na coluna B, com as alterações necessárias nas relações da coluna E, para se encontrar a taxa trimestral.)

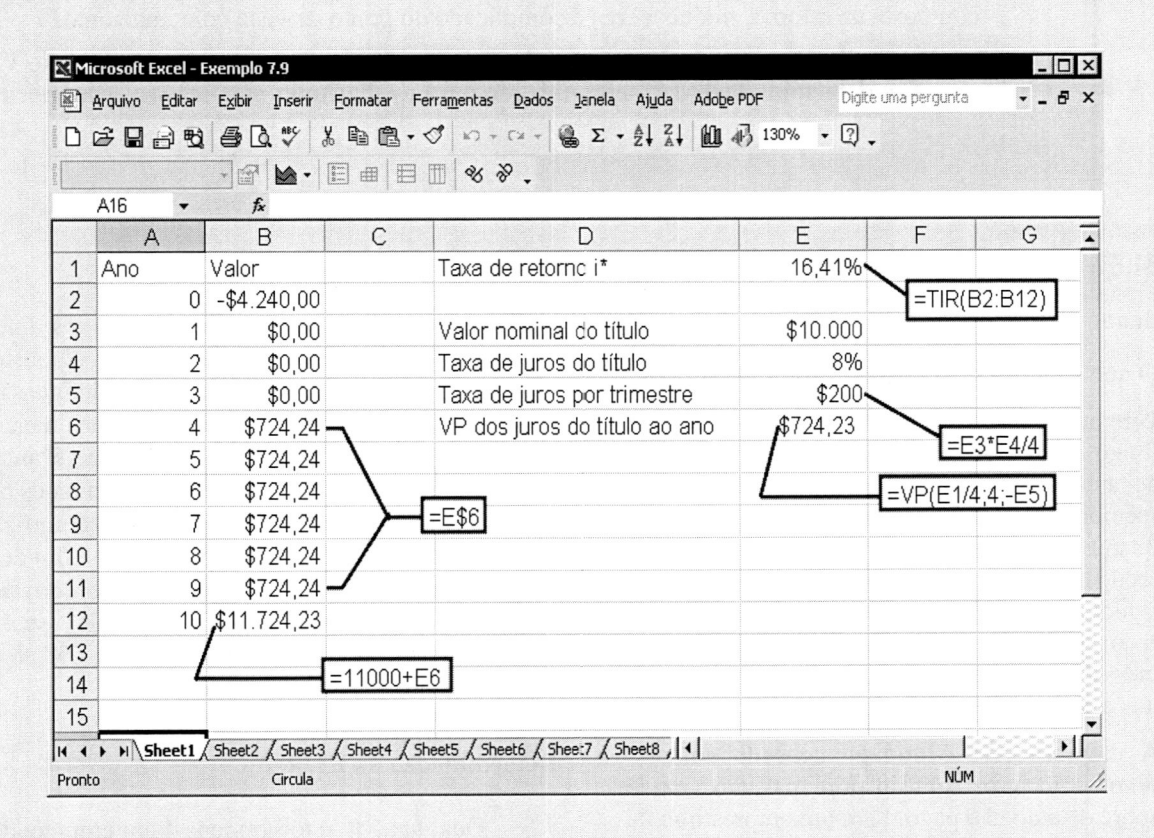

	A	B	C	D	E
1	Ano	Valor		Taxa de retorno i^*	16,41%
2	0	-$4.240,00			
3	1	$0,00		Valor nominal do título	$10.000
4	2	$0,00		Taxa de juros do título	8%
5	3	$0,00		Taxa de juros por trimestre	$200
6	4	$724,24		VP dos juros do título ao ano	$724,23
7	5	$724,24			
8	6	$724,24			
9	7	$724,24			
10	8	$724,24			
11	9	$724,24			
12	10	$11.724,23			

Fórmulas:
- F2: =TIR(B2:B12)
- C9: =E$6
- F6 (superior): =E3*E4/4
- F6 (inferior): =VP(E1/4;4;-E5)
- B12: =11000+E6

Figura 7–11
Solução de planilha da taxa i^* para um investimento em títulos, no Exemplo 7.9.

RESUMO DO CAPÍTULO

Taxa de retorno, ou taxa de juros, é um termo utilizado e compreendido por quase todos. A maior parte das pessoas, entretanto, pode ter uma considerável dificuldade em calcular corretamente uma taxa de retorno i^* para qualquer série de fluxos de caixa, já que para alguns tipos de série existe mais de uma possibilidade de ROR. O número máximo de valores de *i** é igual ao número de mudanças de sinais na série de fluxos de caixa (regra de sinais de Descartes). Além disso, uma única taxa positiva pode ser encontrada, se a série de fluxos de caixa líquidos cumulativos iniciar-se negativamente e tiver somente uma mudança de sinal (critério de Norstrom).

Para todas as séries de fluxos de caixa em que há um indício de múltiplas raízes, é necessário verificar se é oportuno calcular as taxas internas *i** múltiplas ou a taxa composta de retorno, utilizando uma taxa de reinvestimento determinada externamente. Essa taxa, em geral, é fixada de acordo com a TMA. Embora a taxa interna, habitualmente, seja mais fácil de calcular, a taxa composta é a opção mais adequada por duas vantagens: taxas múltiplas de retorno são eliminadas e os fluxos de caixa liberados para o projeto são contabilizados, utilizando-se uma taxa de reinvestimento. Entretanto, o cálculo de múltiplas taxas *i**, ou taxa composta de retorno, muitas vezes é complicado do ponto de vista computacional.

Se uma ROR exata não for necessária, recomendamos fortemente que o método VP ou VA, à determinada TMA, seja utilizado para avaliar uma justificativa econômica.

PROBLEMAS

Entendendo a ROR

7.1 O que significa uma taxa de retorno de –100%?

7.2 Um empréstimo de $ 10.000 amortizado ao longo de 5 anos, a uma taxa de juros de 10% ao ano, exigiria pagamentos de $ 2.638 para reembolsar completamente o empréstimo, quando juros são cobrados sobre o saldo não recuperado. Se os juros forem cobrados sobre o principal, em vez de sobre o saldo não recuperado, qual será o saldo depois de 5 anos, se os mesmos pagamentos de $ 2.638 forem efetuados a cada ano?

7.3 A empresa A-1 Mortgage concede empréstimos com juros sobre o principal, em vez de sobre o saldo não pago. Para um empréstimo de $ 10.000, a 10% ao ano, com vencimento em 4 anos, que valores anuais seriam necessários para reembolsar o empréstimo no prazo do vencimento, considerando que os juros são cobrados sobre (*a*) o principal e (*b*) o saldo não recuperado?

7.4 Uma pequena empreiteira industrial comprou um prédio de armazéns para equipamentos e materiais que não são necessários imediatamente nos locais de construção. O custo do prédio foi de $ 100.000, e a empreiteira assinou um contrato com o vendedor para financiar a compra ao longo de um período de 5 anos. O contrato estabelece que fossem efetuados pagamentos mensais, baseados em uma amortização de 30 anos, mas o saldo em haver no fim do ano 5 seria pago na forma de um *ballon payment*[3]. Qual é o tamanho do *balloon payment*, se a taxa de juros sobre o empréstimo é de 6% ao ano, capitalizada mensalmente?

Determinação da ROR

7.5 Qual taxa de retorno mensal um empreendedor obterá ao longo de um período de dois anos e meio (2 ½), se ele investiu $ 150.000 para produzir compressores de ar portáteis de 12 volts? Ele estimou que os custos mensais são de $ 27.000, com receita de $ 33.000 por mês.

7.6 A Camino Real Landfill foi solicitada a instalar um revestimento plástico para impedir a infil-

---

[3] **N.T.:** Pagamento global de um empréstimo (juros mais principal).

tração de chorume no lençol freático. A área de aterro tem 50.000 metros quadrados e o custo do revestimento instalado foi de $ 8 por metro quadrado. Para recuperar o investimento, o proprietário cobrava $ 10 por carga de caminhões pequenos, $ 25 por carga de caminhões basculantes e $ 70 por carga de caminhões compactadores. Se a distribuição mensal é de 200 cargas de caminhões pequenos, 50 cargas de caminhões basculantes e 100 cargas de caminhões compactadores, qual taxa de retorno o proprietário do aterro obterá do investimento, se a área de aterro é adequada para 4 anos?

7.7 A Swagelok Enterprises é uma empresa que produz adaptadores e válvulas em miniatura. No decorrer de um período de 5 anos, os custos associados a uma linha de produto foram os seguintes: custo de aquisição de $ 30.000 e custos anuais de $ 18.000. A receita anual foi de $ 27.000 e o custo do equipamento foi recuperado em $ 4.000. Qual taxa de retorno a empresa obteve para esse produto?

7.8 A Barron Chemical utiliza um polímero termoplástico para melhorar a aparência de certos painéis de veículos RV[4]. O custo inicial de um processo foi de $ 130.000, com custos anuais de $ 49.000 e receitas de $ 78.000 no ano 1, aumentando em $ 1.000 ao ano. Um valor de $ 23.000 foi recuperado, quando o processo foi descontinuado, depois de 8 anos. Qual taxa de retorno a empresa obteve no processo?

7.9 Uma graduada da New Mexico State University, que construiu uma empresa bem-sucedida, queria iniciar uma dotação em seu nome, que concederia bolsas de estudo a estudantes de engenharia econômica. Seu desejo era que as bolsas de estudo atingissem $ 10.000 por ano, e que a primeira fosse concedida no dia em que ela fizesse a doação (ou seja, no tempo 0). Considerando que ela planejou doar $ 100.000, qual taxa de retorno a universidade precisará obter para ser capaz de conceder os $ 10.000 em bolsas de estudo, por ano, indefinidamente?

7.10 A empresa PPG produz um aminoepóxi utilizado para impedir que o conteúdo de recipientes de tereftalato de polietileno (PET) reaja com o oxigênio. O fluxo de caixa (em milhões de dólares) associado ao processo é apresentado a seguir. Determine a taxa de retorno.

Ano	Custo, $	Receita, $
0	−10	—
1	−4	2
2	−4	3
3	−4	9
4	−3	9
5	−3	9
6	−3	9

7.11 Uma engenheira mecânica empreendedora iniciou uma empresa de fragmentação de pneus para tirar proveito de uma lei estadual do Texas, que proíbe o descarte de pneus inteiros em aterros sanitários. O custo do fragmentador foi de $ 220.000. Ela gastou $ 15.000 para instalar a energia elétrica de 460 volts no local de operação e outros $ 76.000 na preparação do local. Por meio de contratos com fornecedores de pneus, receberia $ 2 por pneu processado, em uma média de 12.000 pneus por mês, durante 3 anos. Os custos operacionais anuais de mão-de-obra, energia elétrica etc. chegavam a $ 1,05 por pneu. Ela também vendia parte das aparas de pneus a instaladores de tanques sépticos, para serem utilizados em operações de drenagem. Essa empreitada rendia $ 2.000 líquidos por mês. Depois de 3 anos, ela vendeu o equipamento por $ 100.000. Qual taxa de retorno obteve (a) por mês e (b) por ano (nominal e efetiva)?

7.12 Uma empresa de internet B2C[5] projetou os fluxos de caixa (em milhões de dólares), ilustrados a seguir.

---
[4] **N.T.:** Abreviação de *Recreational Vehicle*. Qualquer um dos vários tipos de veículo equipado (por exemplo, *trailers*), para servir como lugar de moradia.
[5] **N.T.:** Do termo *Business-to-Consumer*. Descreve o relacionamento entre empresas e seus consumidores, referindo-se ao atendimento direto ao cliente pela internet.

Qual taxa anual de retorno será realizada se os fluxos de caixa ocorrerem de acordo com o que foi projetado?

Ano	Despesas, $	Receita, $
0	−40	—
1	−40	12
2	−43	15
3	−45	17
4	−46	51
5	−48	63
6–10	−50	80

7.13 A Universidade da Califórnia, em San Diego, está considerando um plano para construir uma usina co-geradora de energia elétrica de 8 megawatts, para satisfazer parte de suas necessidades de energia. Espera-se que o custo da usina seja de $ 41 milhões. A universidade consome 55.000 megawatts-hora por ano, a um custo de $ 120 por megawatt-hora. (*a*) Se a universidade for capaz de produzir energia pela metade do custo que paga agora, qual taxa de retorno ela obterá de seu investimento, se a usina geradora de energia elétrica tiver uma vida útil de 30 anos? (*b*) Se a universidade puder revender à empresa pública uma média de 12.000 megawatts-hora por ano, a $ 90 por megawatt-hora, qual taxa de retorno ela obterá?

7.14 Um novo barbeador da Gillette, chamado de M3Power, emite pulsos que fazem com que a barba se erice, para facilitar seu corte. Isso poderia fazer as lâminas durarem mais tempo, já que seria menos necessário passar o barbeador repetidamente sobre a mesma superfície. O sistema M3Power (incluindo as baterias) é vendido por $ 14,99 em algumas lojas. As lâminas custam $ 10,99, por pacote de 4 unidades. As lâminas convencionais, M3Turbo, custam $ 7,99, por pacote de 4 unidades. Se as lâminas do sistema M3Power duram 2 meses, enquanto as lâminas do sistema M3Turbo duram somente 1 mês, qual taxa de retorno (*a*) por mês e (*b*) por ano (nominal e efetiva) será obtida, se uma pessoa comprar o sistema M3Power? Suponha que a pessoa já possua um barbeador M3Turbo, mas precise comprar lâminas no tempo 0. Utilize o período de projeto de 1 ano.

7.15 A Techstreet.com é uma pequena empresa de Web design que presta serviços para dois tipos principais de sites: um sobre assuntos gerais (*brochure sites*) e outro sobre comércio eletrônico (*e-commerce*). Um pacote de serviço dessa empresa envolve um pagamento adiantado de $ 90.000 e pagamentos mensais de 1,4 centavo de dólar, por visita ao site. Uma nova empresa de software CAD[6] está considerando comprar o pacote. A empresa espera receber, pelo menos, 6.000 visitas por mês e que 1,5% das visitas resulte em uma venda. Se a receita média das vendas (depois do desconto das taxas e despesas) for igual a $ 150, qual taxa de retorno por mês a empresa de software realizará, se utilizar o website durante 2 anos?

7.16 Um peticionário de uma ação jurídica bem-sucedida obtém em juízo $ 4.800 por mês, durante 5 anos. O peticionário necessita de uma soma razoavelmente grande, agora, para um investimento, e foi oferecida ao réu a oportunidade de pagar a dívida na forma de um pagamento global de $ 110.000. Se o réu aceitar a oferta e pagar os $ 110.000 agora, qual taxa de retorno ele obterá sobre o "investimento"? Suponha que o próximo pagamento de $ 4.800 vença daqui a 1 mês.

7.17 Os cientistas do Laboratório de Pesquisa do Exército desenvolveram um processo denominado *diffusion-enhanced adhesion* (DEA) e espera-se que ele melhore, significativamente, o desempenho de compósitos multifuncionais híbridos. Os engenheiros da Nasa estimam que os compósitos produzidos com o novo processo resultarão em economias em muitos projetos de exploração espacial. Os fluxos de caixa de um desses projetos são apresentados a seguir. Determine a taxa de retorno por ano.

Ano t	Custo ($ 1.000)	Economia ($ 1.000)
0	−210	—
1	−150	—
2–5	—	$100 + 60(t − 2)$

---

[6] **N.T.:** Abreviação de *Computer-Aided Design* (Projeto Auxiliado por Computador).

7.18 A ASM International, uma siderúrgica australiana, afirma que a economia de 40% no custo dos pinos rosqueados de aço inoxidável pode ser obtida, substituindo-se as roscas usinadas por deposições de solda de precisão. Um fabricante americano de parafusos de rocha e grampos de parede planeja comprar o equipamento. Um engenheiro mecânico da empresa preparou as estimativas de fluxos de caixa, apresentadas a seguir. Determine a taxa (nominal) de retorno esperada, por trimestre e por ano.

Trimestre	Custo, $	Economia, $
0	−450.000	—
1	−50.000	10.000
2	−40.000	20.000
3	−30.000	30.000
4	−20.000	40.000
5	−10.000	50.000
6−12	—	80.000

7.19 Diz-se que uma liga de arsenieto de gálio-índio, com dopagem de nitrogênio, desenvolvida no Sandia National Laboratory, tem potencialidades de uso em células de energia solar geradoras de eletricidade. Espera-se que o novo material tenha uma durabilidade maior, e acredita-se que ele tenha um índice de eficiência de 40%, quase duas vezes maior do que o das células de energia solar padrão, produzidas com silício. A vida útil de um satélite de telecomunicações poderia ser ampliada de 10 anos para 15 anos, com a utilização das novas células de energia solar. Qual taxa de retorno poderia ser realizada, se um investimento extra de $ 950.000 agora resultasse em receitas extras de $ 450.000 no ano 11, $ 500.000 no ano 12 e quantias crescentes em $ 50.000, por ano, até o ano 15?

7.20 Um fundo de dotação permanente da Universidade do Alabama tem como objetivo conceder bolsas de estudo a estudantes de engenharia. As concessões das bolsas devem iniciar-se 5 anos após a doação global de $ 10 milhões. Se os juros obtidos da dotação se destinam a financiar os estudos de 100 estudantes anualmente, sendo o valor de cada bolsa de estudo igual a $ 10.000, qual taxa anual de retorno o fundo de dotação deve ganhar?

7.21 Uma fundação beneficente recebeu de uma rica empresa construtora uma doação no valor de $ 5 milhões. Ela especifica que $ 200.000 devem ser concedidos anualmente, durante 5 anos, com início *agora* (ou seja, 6 concessões), a uma universidade envolvida em pesquisas referentes ao desenvolvimento de compósitos em camadas. A partir daí, devem ser realizadas concessões iguais ao valor dos juros ganhos a cada ano. Considerando que o tamanho das concessões, a partir do ano 6 até um futuro indefinido, deve ser igual a $ 1.000.000 por ano, qual taxa anual de retorno a fundação ganha?

Valores ROR Múltiplos

7.22 Qual é a diferença entre uma série convencional de fluxos de caixa e uma não convencional?

7.23 Quais fluxos de caixa estão associados à regra de sinais de Descartes e ao critério de Norstrom?

7.24 De acordo com a regra de sinais de Descartes, quantos valores de i^* possíveis há nos fluxos de caixa líquidos que têm os seguintes sinais?

(*a*) − − − + + + − +
(*b*) − − − − − − + + + + +
(*c*) + + + + − − − − − − + − + − − −

7.25 O fluxo de caixa (em $ 1.000) associado a um novo método de manufatura de cortadores de caixas de embalagem, apresentado a seguir, corresponde a um período de 2 anos. (*a*) Utilize a regra de Descartes para determinar o número máximo possível de taxas de retorno. (*b*) Utilize o critério de Norstrom para determinar se há somente um valor de taxa de retorno positivo.

Trimestre	Despesa, $	Receita $
0	−20	0
1	−20	5
2	−10	10
3	−10	25
4	−10	26
5	−10	20
6	−15	17
7	−12	15
8	−15	2

7.26 A RKI Instruments produz um controlador de ventilação projetado para monitorar e controlar o nível de monóxido de carbono em garagens, salas de caldeiras, túneis etc. O fluxo de caixa líquido, associado a uma fase de operação, é apresentado a seguir. (*a*) Quantos valores de taxa de retorno possíveis há nesta série de fluxos de caixa? (*b*) Encontre todos os valores de taxa de retorno entre 0% e 100%.

Ano	Fluxo de Caixa Líquido, $
0	−30.000
1	20.000
2	15.000
3	−2.000

7.27 Um fabricante de fibras de carbono *heavy-tow* (utilizadas em materiais esportivos, compostos termoplásticos, pás de moinhos de vento etc.) registrou os fluxos de caixa líquidos a seguir. (*a*) Determine o número de valores de taxa de retorno possíveis e (*b*) encontre os valores de taxa de retorno entre −50% e 120%.

Ano	Fluxo de Caixa Líquido, $
0	−17.000
1	20.000
2	−5.000
3	8.000

7.28 A Arc-bot Technologies, fabricante de robôs de seis servoeixos, acionados à eletricidade, experimentou os fluxos de caixa apresentados a seguir em um de seus departamentos de expedição. (*a*) Determine o número de valores de taxa de retorno possíveis. (*b*) Encontre todos os valores de i^* entre 0% e 100%.

Ano	Despesa, $	Economia, $
0	−33.000	0
1	−15.000	18.000
2	−40.000	38.000
3	−20.000	55.000
4	−13.000	12.000

7.29 Há cinco anos, uma empresa fez um investimento de $ 5 milhões em um novo material resistente a altas temperaturas. O produto não foi bem aceito, depois do primeiro ano no mercado. Entretanto, quando foi relançado, quatro anos depois, obteve uma boa vendagem durante o ano. Um grande financiamento de pesquisa para ampliar as aplicações custou $ 15 milhões no ano 5. Determine a taxa de retorno para esses fluxos de caixa (apresentados a seguir, em $ 1.000).

Ano	Fluxo de Caixa Líquido, $
0	−5.000
1	4.000
2	0
3	0
4	20.000
5	−15.000

Taxa Composta de Retorno

7.30 O que significa o termo *taxa de reinvestimento*?

7.31 Um engenheiro que trabalha na GE investiu o dinheiro de suas bonificações anuais em ações da empresa. Suas bonificações foram de $ 5.000 a cada ano, durante os últimos 6 anos (ou seja, no fim dos anos 1 a 6). No fim do ano 7, ele vendeu $ 9.000 de suas ações para reformar sua cozinha (e não comprou nenhuma ação). Nos anos 8 a 10, ele novamente investiu suas bonificações, de $ 5.000 cada. O engenheiro vendeu todas as suas ações por $ 50.000, imediatamente após o último investimento no fim do ano 10.

(*a*) Determine o número de valores de taxa de retorno possíveis na série de fluxos de caixa líquidos. (*b*) Encontre a(s) taxa(s) de retorno. (*c*) Determine a taxa composta de retorno. Utilize uma taxa de reinvestimento de 20% ao ano.

7.32 Uma empresa que produz discos de embreagem para carros de corrida teve os fluxos de caixa apresentados a seguir, em um dos seus departamentos. Calcule (*a*) a taxa interna de retorno e (*b*) a taxa composta de retorno utilizando uma taxa de reinvestimento de 15% ao ano.

Ano	Fluxos de Caixa, $ 1.000
0	−65
1	30
2	84
3	−10
4	−12

7.33 Considerando a série de fluxos de caixa, calcule a taxa composta de retorno utilizando uma taxa de reinvestimento de 14% ao ano.

Ano	Fluxos de Caixa, $
0	3.000
1	−2.000
2	1.000
3	−6.000
4	3.800

7.34 Considerando o projeto do material resistente a altas temperaturas do Problema 7.29, determine a taxa composta de retorno se a taxa de reinvestimento for de 15% ao ano. Os fluxos de caixa (repetidos a seguir) estão expressos em unidades de $ 1.000.

Ano	Fluxos de Caixa, $
0	−5.000
1	4.000
2	0
3	0
4	20.000
5	−15.000

Títulos Financeiros

7.35 Um título municipal, emitido pela cidade de Phoenix, há 3 anos, tem um valor nominal de $ 25.000 e a taxa de juros do título é de 6% ao ano, pagável semestralmente. Se o título vence 25 anos depois que foi emitido, (*a*) quais são o montante e a freqüência de pagamentos de juros do título e (*b*) qual valor de *n* deve ser utilizado na fórmula *P/A*, para encontrar o valor presente dos pagamentos restantes de juros do título? Suponha que a taxa de juros do mercado seja de 8% ao ano, capitalizada semestralmente.

7.36 Uma obrigação hipotecária no valor nominal de $ 10.000, com uma taxa de juros de 8% ao ano, pagável trimestralmente, foi comprada por $ 9.200. A obrigação hipotecária foi mantida até o seu vencimento, um total de 7 anos. Qual taxa (nominal) de retorno foi obtida pelo comprador durante 3 meses e durante 1 ano?

7.37 Um projeto para remodelar a região central de Steubenville, em Ohio, exigiu que a cidade emitisse um total de $ 5 milhões em *general obligation bonds* para substituição da infra-estrutura. A taxa de juros das obrigações foi fixada em 6% ao ano, pagável trimestralmente, com o reembolso do principal depois de transcorridos 30 anos. As taxas de corretagem das transações chegaram a $ 100.000. Se a cidade recebeu $ 4,6 milhões (*antes* do pagamento das taxas de corretagem) das obrigações emitidas, (*a*) qual taxa de juros (por trimestre) os investidores exigem para comprar as obrigações e (*b*) quais são as taxas nominal e efetiva de retorno ao ano para os investidores?

7.38 Um *collateral bond*[7] com valor nominal de $ 5.000 foi comprado, por uma investidora, por $ 4.100. O título vence em 11 anos e tem uma taxa de juros de 4% ao ano, pagável semestralmente. Considerando que a investidora manteve o título até seu vencimento, qual taxa de retorno, por semestre, ela obteve?

---

[7] **N.T.:** Título com garantia pignoratícia.

7.39 Um engenheiro que planeja a educação universitária de seu filho comprou um título corporativo com cupom zero (ou seja, um título que não tem nenhum pagamento de juros) por $ 9.250. O título tem um valor nominal de $ 50.000 e vence em 18 anos. Se o título for mantido até o seu vencimento, qual taxa de retorno o engenheiro obterá para o investimento?

7.40 Há quatro anos, a Texaco emitiu um total de $ 5 milhões em papéis com dividendos fixos (*debenture bonds*), com uma taxa de juros de 10% ao ano, pagável semestralmente. As taxas de juros do mercado caíram, e a empresa efetuou um aviso de resgate (*called*) dos títulos (isto é, pagou-os antecipadamente), com um ágio de 10% sobre o valor nominal (ou seja, pagou $ 5,5 milhões para retirar os títulos do mercado). Qual taxa semestral de retorno o investidor obteve se comprou um título de $ 5.000, ao valor nominal, há 4 anos, e o manteve até o momento do resgate?

7.41 Há cinco anos, a GSI, uma empresa de serviços do setor petrolífero, emitiu um total de $ 10 milhões de títulos, a juros de 12%, com vencimento em 30 anos, pagáveis trimestralmente. A taxa de juros do mercado decresceu tanto que a empresa está pensando em emitir um aviso de resgate (*call*) dos títulos. Se a empresa recomprar os títulos agora por $ 11 milhões, (*a*) qual taxa de retorno, por trimestre, obterá sobre o dispêndio de $ 11 milhões e (*b*) qual taxa nominal de retorno, ao ano, obterá pelo investimento de $ 11 milhões? *Dica*: Ao gastar $ 11 milhões agora, a empresa não precisará fazer os pagamentos trimestrais de juros, nem pagar o valor nominal dos títulos quando vencerem daqui a 25 anos.

PROBLEMAS DE REVISÃO DE FUNDAMENTOS DE ENGENHARIA (FE)

7.42 Quando o fluxo de caixa líquido de uma alternativa se modifica mais de uma vez, diz-se que o fluxo de caixa é:

(*a*) Convencional

(*b*) Simples

(*c*) Extraordinário

(*d*) Não convencional

7.43 De acordo com a regra de sinais de Descartes, quantos valores de taxa de retorno possíveis há para o fluxo de caixa líquido que tem os seguintes sinais?

+ + + + – – – – – – + – + – – – + +

(*a*) 3

(*b*) 5

(*c*) 6

(*d*) Menos de 3

7.44 Uma pequena empresa de manufatura tomou por empréstimo $ 1 milhão e o reembolsou em pagamentos mensais de $ 20.000, durante 2 anos, mais um pagamento global de $ 1 milhão, no fim de 2 anos. A taxa de juros do empréstimo esteve mais próxima de:

(*a*) 0,5% ao mês

(*b*) 2% ao mês

(*c*) 2% ao ano

(*d*) 8% ao ano

7.45 De acordo com o critério de Norstrom, há somente um valor positivo de taxa de retorno em uma série de fluxos de caixa quando:

(*a*) O fluxo de caixa cumulativo inicia-se positivamente e seu sinal modifica-se somente uma vez.

(*b*) O fluxo de caixa cumulativo inicia-se negativamente e seu sinal modifica-se somente uma vez.

(*c*) O fluxo de caixa cumulativo total é maior do que zero.

(*d*) O fluxo de caixa cumulativo total é menor do que zero.

7.46 Um investimento de $ 60.000 resultou em uma renda uniforme de $ 10.000, por ano, durante 10 anos. A taxa de retorno do investimento esteve mais próxima de:

(*a*) 10,6% ao ano

(*b*) 14,2% ao ano

(*c*) 16,4% ao ano

(*d*) 18,6% ao ano

7.47 Em relação aos fluxos de caixa apresentados a seguir, o número máximo de soluções de taxas de retorno possíveis é:

(*a*) 0

(*b*) 1

(*c*) 2

(*d*) 3

Ano	Fluxo de Caixa Líquido, $
0	−60.000
1	20.000
2	22.000
3	15.000
4	35.000
5	13.000
6	−2.000

7.48 Um transportador de cargas a granel comprou um caminhão basculante usado por $ 50.000. O custo operacional era de $ 5.000 por mês, com receitas médias de $ 7.500 por mês. Depois de 2 anos, o caminhão foi vendido por $ 11.000. A taxa de retorno esteve mais próxima de:

(*a*) 2,6% ao mês

(*b*) 2,6% ao ano

(*c*) 3,6% ao mês

(*d*) 3,6% ao ano

7.49 Suponha que lhe digam que se investir $ 100.000 agora, receberá $ 10.000, por ano, *a começar do ano 5*, e continuará a recebê-los indefinidamente. Se você aceitar a oferta, a taxa de retorno do investimento será:

(*a*) Menor do que 10% ao ano

(*b*) 0% ao ano

(*c*) 10% ao ano

(*d*) Mais de 10% ao ano

7.50 Há cinco anos, um ex-aluno de uma pequena universidade doou $ 50.000 para estabelecer um fundo de dotação para bolsas de estudo. As primeiras bolsas de estudo foram concedidas 1 ano depois que o dinheiro foi doado. Se a quantia concedida para as bolsas de estudo a cada ano (no caso, os juros) for igual a $ 4.500, a taxa de retorno ganha sobre o fundo está mais próxima de:

(*a*) 7,5% ao ano

(*b*) 8,5% ao ano

(*c*) 9% ao ano

(*d*) 10% ao ano

7.51 Quando fluxos de caixa positivos são gerados antes do fim de um projeto e são reinvestidos a uma taxa de juros maior do que a taxa interna de retorno:

(*a*) A taxa de retorno resultante é igual à taxa interna de retorno.

(*b*) A taxa de retorno resultante é menor do que a taxa interna de retorno.

(*c*) A taxa de retorno resultante é igual à taxa de retorno do reinvestimento.

(*d*) A taxa de retorno resultante é maior do que a taxa interna de retorno.

7.52 Uma obrigação hipotecária de $ 10.000, que vence em 20 anos, paga juros de $ 250 a cada 6 meses. A taxa de juros da obrigação está mais próxima de:

(*a*) 2,5% ao ano, pagável trimestralmente

(*b*) 5,0% ao ano, pagável trimestralmente

(*c*) 5% ao ano, pagável semestralmente

(*d*) 10% ao ano, pagável trimestralmente

7.53 Um título de $ 10.000, que vence em 20 anos, com juros de 8% pagáveis trimestralmente, foi emitido há 4 anos. Se o título for comprado agora por $ 10.000 e mantido até o seu vencimento, qual será a *taxa efetiva de retorno, por trimestre,* para o comprador?

(*a*) 2,0%

(*b*) 2,02%

(*c*) 4%

(*d*) 8%

7.54 Uma pessoa compra um título de $ 5.000, com juros de 5% ano, pagáveis semestralmente, pela quantia de $ 4.000. O título tem sua data de vencimento daqui a 14 anos. A equação para calcular o valor pelo qual a pessoa deve vender o título daqui a 6 anos, a fim de obter uma taxa de retorno de 12% ao ano, capitalizada semestralmente é:

(a) $0 = -4.000 + 125(P/A;6\%;12) + x(P/F;6\%;12)$
(b) $0 = -4.000 + 100(P/A;6\%;12) + x(P/F;6\%;12)$
(c) $0 = -5.000 + 125(P/A;6\%;12) + x(P/F;6\%;12)$
(d) $0 = -4.000 + 125(P/A;12\%;6) + x(P/F;12\%;6)$

7.55 Um título corporativo de $ 50.000 vence em 20 anos, com uma taxa de juros de 10% ao ano, pagável trimestralmente, e está à venda por $ 50.000. Se o investidor comprar o título e o mantiver até o vencimento, a taxa de retorno estará mais próxima de:

(a) 10% nominais ao ano, capitalizados trimestralmente
(b) 2,5% por trimestre
(c) Tanto (a) quanto (b) estão corretas
(d) Taxa efetiva de 10% ao ano

EXERCÍCIOS AMPLIADOS

EXERCÍCIO AMPLIADO 1: CUSTO DE UMA AVALIAÇÃO DE CRÉDITO RUIM

Duas pessoas tomam por empréstimo, cada uma, $ 5.000, a uma taxa de juros de 10% ao ano, durante 3 anos. Uma cláusula do contrato de empréstimo de Charles declara que "... serão pagos juros à taxa de 10%, capitalizada a cada ano, sobre o saldo devedor". Charles é informado de que o seu pagamento anual será de $ 2.010,57, com vencimento no fim de cada ano.

Jeremy tem, hoje, uma avaliação de crédito ligeiramente ruim, da qual o gerente de empréstimos do banco tem conhecimento. Jeremy tem o hábito de pagar suas contas com atraso. O banco aprovou o empréstimo, mas uma cláusula do contrato declara que "... serão pagos juros à taxa de 10%, capitalizada anualmente, sobre a quantia original do empréstimo". Jeremy é informado de que o seu pagamento anual será de $ 2.166,67, com vencimento no fim de cada ano.

Questões

Responda às seguintes questões, manualmente, por computador ou por ambos os métodos.

1. Elabore uma tabela e trace um diagrama correspondente aos saldos não recuperados (quantia devida total) de Charles e Jeremy, imediatamente antes do vencimento de cada pagamento.

2. Qual é a quantia total, principal mais juros, que Jeremy pagará a mais do que Charles, ao longo dos 3 anos?

EXERCÍCIO AMPLIADO 2: QUANDO É MELHOR VENDER UM NEGÓCIO?

Depois que Jeff concluiu os estudos de Medicina e Imelda graduou-se em Engenharia, o casal decidiu colocar uma parte substancial de suas economias em imóveis de aluguel.

Por meio de um grande empréstimo bancário e um pagamento à vista de $ 120.000, com capital próprio, eles puderam comprar seis apartamentos dúplex, de uma pessoa que se retirava do ramo de imóveis de aluguel. O fluxo de caixa líquido obtido com a renda do aluguel, depois do desconto de todas as despesas e impostos durante os primeiros 4 anos, foi bom: $ 25.000 no fim do primeiro ano, aumentando em $ 5.000 a cada ano, a partir de então. Um empresário amigo de Jeff apresentou-o a um comprador em potencial de todos os imóveis com uma estimativa de pagamento líquido de $ 225.000, depois de 4 anos de posse. Mas eles não venderam. Queriam permanecer no ramo por mais tempo, dados os crescentes fluxos de caixa líquidos que obtiveram até então.

Durante o ano 5, uma baixa na atividade econômica reduziu o fluxo de caixa líquido para $ 35.000. Em resposta, uma quantia extra de $ 20.000 foi gasta em melhorias e em propaganda em cada um dos anos 6 e 7, mas o fluxo de caixa líquido continuou a cair $ 10.000 ao ano, até o ano 7. Jeff recebeu outra oferta para vender no ano 7, por apenas $ 60.000. Isso foi considerado uma proposta que causaria um prejuízo muito grande, de forma que não aproveitaram a oportunidade.

Nos últimos 3 anos, eles gastaram, respectivamente, $ 20.000, $ 20,000 e $ 30.000 a cada ano em melhorias e em custos de propaganda, mas o fluxo de caixa do negócio foi de apenas $ 15.000, $ 10.000 e $ 10.000, a cada ano.

Imelda e Jeff querem vender, mas não obtêm nenhuma oferta de compra e já comprometeram a maior parte de suas economias nos imóveis de aluguel.

Questões

Determine a taxa de retorno para as questões a seguir:

1. No fim do ano 4, se a oferta de compra de $ 225.000 tivesse sido aceita e, nesse mesmo momento, sem a ocorrência da venda.

2. Depois de 7 anos, primeiro, se a oferta "sacrifício" de $ 60.000 tivesse sido aceita e, em seguida, sem vender.

3. Agora, depois de 10 anos, sem nenhuma proposta de compra.

4. Se os imóveis forem vendidos e doados a uma entidade beneficente, suponha uma infusão de capital líquido para Jeff e Imelda de $ 25.000, depois do desconto dos impostos, no fim desse ano. Qual a taxa de retorno sobre os 10 anos de propriedade?

ESTUDO DE CASO

BOB APRENDE O QUE SÃO TAXAS DE RETORNO MÚLTIPLAS*

Histórico

Quando BOB iniciou um estágio de verão na VAC, empresa de distribuição de energia elétrica de uma cidade da Costa do Atlântico, com cerca de 225.000 habitantes, sua chefe, Kathy, designou-lhe um projeto no primeiro dia de trabalho. A Homeworth, um dos principais clientes corporativos, acaba de solicitar um preço menor por kw/h, uma vez que a exigência de uso mínimo é ultrapassada a cada mês.

---

*Contribuição do Dr. Tep Sastri (ex-professor adjunto de Engenharia Industrial da Texas A&M University).

Kathy possui um relatório interno do Departamento de Relações com o Cliente que especifica, item por item, os fluxos de caixa líquidos da conta da Homeworth, durante os últimos 10 anos.

Ano	Fluxos de Caixa, ($ 1.000)
1993	$200
1994	100
1995	50
1996	−1.800
1997	600
1998	500
1999	400
2000	300
2001	200
2002	100

O relatório afirma, também, que a taxa anual de retorno está entre 25% e 50%, mas nenhuma informação adicional é apresentada. Essa informação não é detalhada o bastante para que Kathy possa avaliar o pedido da empresa.

Durante as horas seguintes, Bob e Kathy tiveram uma série de debates, enquanto Bob procurava encontrar respostas para perguntas cada vez mais específicas de Kathy. Apresentamos, a seguir, uma versão resumida dessas conversas. Felizmente, tanto Bob quanto Kathy fizeram o curso de engenharia econômica quando cursavam a universidade, e seus professores abordaram o método de encontrar uma única taxa de retorno para quaisquer séries de fluxos de caixa.

Desenvolvimento da Situação

1. Kathy pediu a Bob que elaborasse um estudo preliminar para encontrar a taxa de retorno correta. Ela queria somente um número, não uma faixa ou, tampouco, dois ou três valores possíveis. Entretanto, Bob teve um interesse momentâneo em saber, inicialmente, quais eram os múltiplos valores das taxas, caso eles existissem, a fim de determinar se o relatório do departamento de relações com o cliente estava correto ou era apenas um "chute".

    Kathy disse a Bob que a TMA da empresa era de 15% ao ano, para esses grandes clientes. Ela também explicou que o fluxo de caixa negativo em 1996 foi provocado por uma atualização de equipamento *on-site*[7], quando a Homeworth ampliou sua capacidade de manufatura e aumentou seu consumo de energia elétrica em quase 5 vezes.

2. Tão logo Bob encerrou sua análise inicial, Kathy lhe informou que se esquecera de dizer que os fluxos de caixa positivos desse grande cliente eram colocados em um *pool* de capital de risco, com sede em Chicago. Esse *pool* obteve uma taxa de retorno de 35% ao ano, na década passada. Ela queria saber se ainda existia uma taxa de retorno única e se a conta da Homeworth era, financeiramente, viável a uma TMA de 35%.

    Em resposta a esse pedido, Bob desenvolveu o procedimento de quatro passos, esboçado a seguir, para estimar, rigorosamente, a taxa composta de retorno i' de qualquer taxa de reinvestimento c e duas taxas múltiplas, i_1^* e i_2^*. Ele planeja aplicar este procedimento para responder à última questão e apresentar o resultado a Kathy:

Passo 1: Determinar as raízes i^*, da relação VP, para a série de fluxos de caixa.

Passo 2: Considerando determinada taxa de reinvestimento c e os dois valores de i^* do passo 1, determine qual das duas condições seguintes se aplica:
(a) Se $c < i_1^*$, então $i' < i_1^*$
(b) Se $c > i_2^*$, então $i' > i_2^*$
(c) Se $i_1^* < c < i_2^*$, então i' pode ser menor do que c ou maior do que c, e $i_1^* < i' < i_2^*$

Passo 3: Calcule um valor inicial para i' de acordo com o resultado do passo 2. Aplique o método de investimento líquido, dos períodos 1 a n. Repita esse passo até que F_n se aproxime de 0. Se esse F_n for um valor positivo pequeno, calcule outro i' que resulte em um valor F_n negativo pequeno, e vice-versa.

Passo 4: Utilizando os dois resultados de F_n do passo 3, faça uma interpolação linear de i', de forma que o F_n correspondente seja aproximadamente igual a zero. Evidentemente, o valor de i' final também pode ser obtido no passo 3, sem interpolação.

---
[7] **N.T.:** Dentro da própria empresa; no local de trabalho.

3. Por fim, Kathy pediu que Bob avaliasse os fluxos de caixa da Homeworth a uma TMA de 35%, mas utilizando a taxa de reinvestimento de 45% para determinar se a série ainda era justificável.

Exercícios do Estudo de Caso

1, 2 e 3. Responda às questões que Kathy colocou para Bob, utilizando planilhas eletrônicas.

4. Se o procedimento de aproximação de i', que Bob desenvolveu, não estiver disponível, utilize os dados do fluxo de caixa original para aplicar o procedimento básico de investimento líquido e responda aos exercícios 2 e 3, onde c é 35% e 45%, respectivamente.

5. Kathy concluiu, por meio deste exercício, que qualquer série de fluxos de caixa é economicamente justificável para qualquer taxa de reinvestimento maior do que a TMA. Essa é uma decisão correta? Explique por quê.

CAPÍTULO 8

Análise da Taxa de Retorno: Múltiplas Alternativas

Este capítulo apresenta métodos por meio dos quais duas ou mais alternativas podem ser avaliadas utilizando-se uma comparação da taxa de retorno (ROR) baseada nos métodos apresentados no capítulo anterior. A avaliação da ROR, corretamente executada, resultará na mesma seleção obtida com a análise do VP, do VA ou do VF, mas o procedimento de cálculo é consideravelmente diferente.

O primeiro Estudo de Caso envolve múltiplas opções para um negócio pertencente a uma pessoa durante muitos anos. O segundo Estudo de Caso explora séries não convencionais de fluxos de caixa com taxas de retorno múltiplas e a utilização do método do VP, nessa situação.

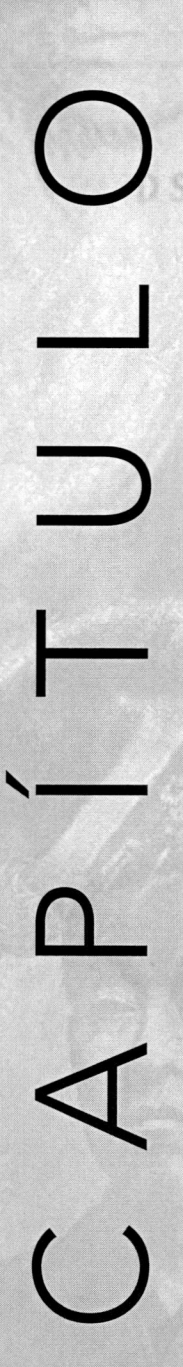

OBJETIVOS DE APRENDIZAGEM

Propósito: Selecionar as melhores alternativas, mutuamente exclusivas, com base na análise incremental da taxa de retorno dos fluxos de caixa.

Este capítulo ajudará você a:

Por que análise incremental?	1. Estabelecer o porquê da necessidade de uma análise incremental, para comparar alternativas com o método da ROR.
Fluxos de caixa incrementais	2. Preparar uma tabulação de fluxos de caixa incrementais para duas alternativas.
Interpretação	3. Interpretar o significado da ROR sobre o investimento inicial incremental.
ROR incremental por meio do VP	4. Selecionar a melhor de duas alternativas utilizando a análise da ROR incremental, ou de *breakeven*[1], com base no valor presente.
ROR Incremental por meio do VA	5. Selecionar a melhor de duas alternativas utilizando a análise da ROR incremental, com base no valor anual.
Alternativas múltiplas	6. Selecionar as melhores alternativas múltiplas utilizando uma análise da ROR incremental.
Planilhas	7. Desenvolver planilhas eletrônicas que incluem a avaliação de VP, de VA e de ROR de alternativas múltiplas e com diferentes ciclos de vida.

---

[1] **N.R.T.:** Equilíbrio financeiro; ponto de equilíbrio.

8.1 POR QUE A ANÁLISE INCREMENTAL É NECESSÁRIA?

Quando duas ou mais alternativas mutuamente exclusivas são avaliadas, a engenharia econômica pode identificar a melhor alternativa do ponto de vista econômico. Conforme aprendemos, a técnica do VP, do VA e do VF pode ser utilizada para fazer isso. Apresentamos agora o procedimento de utilização da ROR para identificar a melhor alternativa.

Suponhamos que uma empresa utilize uma TMA de 16% por ano, que a empresa tenha $ 90.000 disponíveis para investimento e que duas alternativas (A e B) estejam sob avaliação. A alternativa A requer um investimento de $ 50.000 e tem uma taxa interna de retorno i_A^* de 35% ao ano, a alternativa B requer $ 85.000 e tem uma taxa i_B^* de 29% ao ano. Intuitivamente, concluímos que a melhor alternativa é aquela que tem maior retorno, a alternativa A, no caso. Entretanto, isso não ocorre necessariamente dessa maneira. Embora a alternativa A tenha uma taxa de retorno projetada maior, ela exige um investimento inicial muito menor do que o capital total disponível ($ 90.000). O que acontece com o capital restante? Geralmente se presume que os fundos excedentes sejam investidos a uma TMA da empresa, conforme aprendemos no capítulo anterior. Utilizando essa hipótese, é possível determinar as conseqüências dos investimentos para as alternativas. Se a alternativa A for selecionada, $ 50.000 retornarão 35% ao ano. Os $ 40.000 restantes serão investidos a uma TMA de 16% ao ano. A taxa de retorno do capital total disponível, então, será a média ponderada. Assim, se a alternativa A for selecionada,

$$\text{ROR}_A \text{ Global} = \frac{50.000(0,35) + 40.000(0,16)}{90.000} = 26,6\%$$

Se a alternativa B for selecionada, $ 85.000 serão investidos à taxa de 29% ao ano e os $ 5.000 restantes ganharão 16% ao ano. Agora a média ponderada é:

$$\text{ROR}_B \text{ Global} = \frac{85.000(0,29) + 5.000(0,16)}{90.000} = 28,3\%$$

Esses cálculos mostram que apesar de a taxa i^* para a alternativa A ser maior, a alternativa B apresenta a melhor ROR global para os $ 90.000. Se for realizada uma comparação do VP ou do VA, utilizando-se a TMA de 16% como i^*, a alternativa B será a escolhida.

Este exemplo simples ilustra um fato importante sobre o método da taxa de retorno para se comparar alternativas:

Sob algumas circunstâncias, os valores ROR do projeto não fornecem a mesma classificação de alternativas proporcionadas pela análise do VP, do VA e do VF. Essa situação não ocorre se realizarmos uma análise *incremental* dos fluxos de caixa da ROR (discutida na próxima seção).

Quando projetos independentes são avaliados, nenhuma análise incremental é necessária entre eles. Cada projeto é avaliado separadamente e mais de um pode ser selecionado. Portanto, a única comparação é com a alternativa "não fazer nada" (*do-nothing*, DN), correspondente a cada projeto. A ROR pode ser utilizada para aceitar ou rejeitar cada projeto independente.

TABELA 8–1	Formato para a Tabulação de Fluxos de Caixa Incrementais		
	Fluxo de caixa		Fluxo de Caixa Incremental
Ano	Alternativa A (1)	Alternativa B (2)	(3) = (2) − (1)
0			
1			
.			
.			
.			

8.2 CÁLCULO DE FLUXOS DE CAIXA INCREMENTAIS PARA ANÁLISE DA ROR

É necessário preparar uma *tabulação dos fluxos de caixa incrementais* entre duas alternativas, como preparação para uma análise incremental da ROR. Um formato padronizado para a tabulação simplificará esse processo. Os cabeçalhos de coluna são apresentados na Tabela 8–1. Se as alternativas tiverem *ciclos de vida iguais*, a coluna correspondente ao ano irá de 0 a n. Se as alternativas tiverem *ciclos de vida desiguais*, a coluna correspondente ao ano irá de 0 ao MMC (mínimo múltiplo comum) dos dois ciclos de vida. A utilização do MMC é necessária, porque a análise incremental da ROR exige uma comparação de serviços iguais entre as alternativas. Portanto, todas as hipóteses e requisitos desenvolvidos, anteriormente, se aplicam a qualquer avaliação da ROR incremental. Quando o MMC dos ciclos de vida é utilizado, o valor recuperado e o reinvestimento de cada alternativa são apresentados nos tempos apropriados. Se o período de planejamento for definido, a tabulação dos fluxos de caixa refere-se ao período especificado.

Somente para o propósito de simplificação, utilize a convenção segundo a qual, entre duas alternativas, a que tem o *maior investimento inicial* será considerada a *alternativa B*. Então, para cada ano da Tabela 8–1:

$$\text{Fluxo de caixa incremental} = \text{fluxo de caixa}_B - \text{fluxo de caixa}_A \qquad [8.1]$$

O investimento inicial e os fluxos de caixa anuais de cada alternativa (excluindo-se o valor recuperado) ocorrem em um dos dois padrões identificados no Capítulo 5:

Alternativa de receita: Há tanto fluxos de caixa negativos como positivos.

Alternativa de serviço: Todas as estimativas de fluxo de caixa são negativas.

Em qualquer um desses casos, a Equação [8.1] é utilizada para determinar a série de fluxos de caixa incrementais, com o sinal de cada fluxo cuidadosamente determinado. Os dois exemplos seguintes ilustram a tabulação dos fluxos de caixa incrementais de alternativas de serviço, com ciclos de vida iguais e diferentes. Exemplos apresentados posteriormente tratarão das alternativas de receitas.

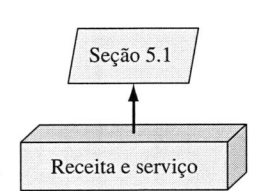

EXEMPLO 8.1

Uma empresa de ferramentas e estampas de Pittsburgh está considerando a compra de uma furadeira de bancada, com software de lógica difusa, para melhorar a precisão e reduzir o desgaste de ferramentas. A empresa tem a oportunidade de comprar uma máquina ligeiramente usada, por $ 15.000, ou uma nova, por $ 21.000. Uma vez que a máquina nova é um modelo mais sofisticado, espera-se que o seu custo operacional seja de $ 7.000, por ano, enquanto a expectativa de custo para a máquina usada é de $ 8.200, por ano. Espera-se que cada máquina tenha uma vida útil de 25 anos, com um valor recuperado de 5%. Tabule o fluxo de caixa incremental.

Solução
O fluxo de caixa incremental está tabulado na Tabela 8–2. Utilizando a Equação [8.1], a subtração efetuada é (nova – usada), uma vez que a máquina nova tem um custo inicial maior. Os valores recuperados no ano 25 estão separados do fluxo de caixa comum por uma questão de clareza. Quando os desembolsos são idênticos durante um número consecutivo de anos, no que se refere à solução manual somente, poupa tempo fazer uma única listagem dos fluxos de caixa, conforme é realizado para os anos 1 a 25. Entretanto, quando estiver executando a análise, lembre-se de que diversos anos foram combinados. Esse formato não pode ser utilizado para planilhas eletrônicas.

TABELA 8–2 Tabulação dos Fluxos de Caixa no Exemplo 8.1

	Fluxo de caixa		Fluxo de Caixa Incremental
Ano	Furadeira Usada	Furadeira Nova	(Nova – Usada)
0	$−15.000	$−21.000	$−6.000
1–25	−8.200	−7.000	+1.200
25	+750	+1.050	+300
Total	$−219.250	$−194.950	$+24.300

Comentário
Quando as colunas de fluxos de caixa são subtraídas, a diferença entre os totais das duas séries de fluxos de caixa deve ser igual ao total da coluna de fluxos de caixa incrementais. Isso constitui somente uma checagem da adição e da subtração na preparação da tabulação. Não é uma base para se escolher uma alternativa.

EXEMPLO 8.2

A empresa Sandersen Meat Processors pediu ao seu engenheiro, diretor de processos, que avaliasse dois diferentes tipos de transportadores para a linha de defumação de bacon. O tipo A tem um custo inicial de $ 70.000 e vida útil de 8 anos. O tipo B tem um custo inicial de $ 95.000 e uma expectativa de vida de 12 anos. O custo operacional anual para o tipo A é de $ 9.000, enquanto a previsão do COA para o tipo B é de $ 7.000. Se os valores recuperados são $ 5.000 e $ 10.000 para os tipos A e B, respectivamente, tabule o fluxo de caixa incremental utilizando seu MMC.

Solução
O MMC de 8 e 12 é igual a 24 anos. Na tabulação dos fluxos de caixa incrementais, para 24 anos (Tabela 8–3), note que o reinvestimento e os valores recuperados, ou residuais, são apresentados nos anos 8 e 16 para o tipo A e no ano 12 para o tipo B.

SEÇÃO 8.2 Cálculo de Fluxos de Caixa Incrementais para Análise da ROR   281

TABELA 8-3 Tabulação dos Fluxos de Caixa Incrementais, no Exemplo 8.2

Ano	Fluxo de Caixa Tipo A	Fluxo de Caixa Tipo B	Fluxo de Caixa Incremental (B − A)
0	$−70.000	$−95.000	$−25.000
1–7	−9.000	−7.000	+2.000
8	⎧ −70.000 ⎨ −9.000 ⎩ +5.000	−7.000	+67.000
9–11	−9.000	−7.000	+2.000
12	−9.000	⎧ −95.000 ⎨ −7.000 ⎩ +10.000	−83.000
13–15	−9.000	−7.000	+2.000
16	⎧ −70.000 ⎨ −9.000 ⎩ +5.000	−7.000	+67.000
17–23	−9.000	−7.000	+2.000
24	⎧ −9.000 ⎩ +5.000	⎧ −7.000 ⎩ +10.000	+7.000
	$−411.000	$−338.000	$+73.000

A utilização de uma planilha para se obter fluxos de caixa incrementais requer um lançamento correspondente a cada ano do MMC, para cada alternativa. Portanto, alguns fluxos de caixa combinados podem ser necessários, antes de o lançamento de cada alternativa ser efetuado. A coluna de fluxos de caixa incrementais resulta de uma aplicação da Equação [8.1]. Como ilustração, os primeiros 8 anos, dos 24 anos apresentados na Tabela 8–3, terão a aparência a seguir, quando inseridos em uma planilha. Os valores incrementais na coluna D são obtidos por meio de uma relação de subtração, por exemplo, C4 − B4.

Coluna A Ano	Coluna B Tipo A	Coluna C Tipo B	Coluna D Incremental
0	$ −70.000	$ −95.000	$ −25.000
1	−9.000	−7.000	+2.000
2	−9.000	−7.000	+2.000
3	−9.000	−7.000	+2.000
4	−9.000	−7.000	+2.000
5	−9.000	−7.000	+2.000
6	−9.000	−7.000	+2.000
7	−9.000	−7.000	+2.000
8	−74.000	−7.000	+67.000
etc.			

8.3 INTERPRETAÇÃO DA TAXA DE RETORNO DO INVESTIMENTO ADICIONAL

O fluxo de caixa incremental no ano 0, das Tabelas 8–2 e 8–3, reflete o *investimento* (ou *custo*) *adicional* necessário se a alternativa que tem o maior custo de aquisição for selecionada. Isso é importante em uma análise da ROR incremental, a fim de se determinar a ROR ganha pelos fundos extras despendidos pela alternativa com investimento maior. Se os fluxos de caixa incrementais da alternativa com investimento maior não a justificarem, precisamos selecionar a mais barata. No Exemplo 8.1, a nova furadeira de bancada requer um investimento extra de $ 6.000 (Tabela 8–2). Se a máquina nova for comprada, haverá uma "economia" de $ 1.200 por ano, durante 25 anos, mais um valor extra de $ 300 no ano 25. A escolha entre a máquina nova e a máquina usada pode ser tomada em função da rentabilidade do investimento extra de $ 6.000 na máquina nova. Se o valor da economia for maior do que o valor equivalente ao investimento extra para a TMA, o investimento extra deve ser realizado (ou seja, a proposta com custo de aquisição maior deve ser aceita). Por outro lado, se o investimento extra não for justificado pela economia, selecione a proposta com investimento menor.

É importante reconhecer que o fundamento lógico para tomar a decisão de qual alternativa escolher é idêntico ao cenário de haver somente *uma alternativa* em consideração, sendo essa alternativa a representada pela série de fluxos de caixa incrementais. Visto dessa maneira, torna-se evidente que, a menos que esse investimento produza uma taxa de retorno igual ou maior do que a TMA, o investimento extra não deve ser realizado. Como um esclarecimento adicional a respeito do fundamento lógico desse investimento extra, considere o seguinte: a taxa de retorno possível de ser obtida, por meio do fluxo de caixa incremental, pode ser considerada uma alternativa de investimento para a TMA. A Seção 8.1 estabelece que quaisquer fundos excedentes não investidos na alternativa são investidos para a TMA. A conclusão é clara:

Se a taxa de retorno do fluxo de caixa incremental for igual ou ultrapassar a TMA, a alternativa associada ao investimento extra deve ser selecionada.

O retorno do investimento extra não somente deve atingir ou ultrapassar a TMA, mas também o retorno do investimento, que é comum a ambas as alternativas, deve atingir ou ultrapassar a TMA. Conseqüentemente, antes de iniciar uma análise da ROR incremental, é aconselhável determinar a taxa de retorno i^* correspondente a cada alternativa. (Naturalmente, nesse caso, uma avaliação por computador é muito mais fácil do que manualmente.) Isso pode ser realizado somente para alternativas de receita, porque as alternativas de serviço têm apenas fluxos de caixa de custo (negativos) e nenhum i^* pode ser determinado. A diretriz é a seguinte:

Para alternativas de receita múltiplas, calcule a taxa interna de retorno i^* para cada alternativa e elimine todas as alternativas que têm i^* < TMA. Compare as alternativas restantes sob a forma de fluxo de caixa incremental.

Como ilustração, se a TMA = 15% e duas alternativas tiverem os valores i^* de 12% e 21%, a alternativa de 12% pode ser eliminada de considerações adicionais. Com somente duas alternativas, é evidente que a segunda é a selecionada. Se ambas as alternativas tiverem i^* < TMA, nenhuma alternativa se justifica e a alternativa de "não fazer nada" (*do-nothing*) é a melhor do ponto de vista econômico. Quando três ou mais alternativas são avaliadas, geralmente vale a pena, mas não é necessário, calcular i^* para cada alternativa, para se fazer uma triagem inicial. As alternativas que não podem atingir a TMA podem ser eliminadas de quaisquer avaliações adicionais, por meio dessa opção. Ela é especialmente útil quando se executa a análise por computador. A função TIR, aplicada às estimativas de fluxo de caixa de cada alternativa, pode indicar rapidamente alternativas inaceitáveis, conforme demonstrado posteriormente, na Seção 8.6.

Quando *projetos independentes* são avaliados, não há nenhuma comparação do investimento extra. O valor da ROR é utilizado para aceitar todos os projetos com $i^* \geq$ TMA, presumindo-se que não haja nenhuma limitação orçamentária. Por exemplo, suponha que a TMA = 10% e que três projetos independentes estejam disponíveis com os valores ROR de:

$$i_A^* = 12\% \quad i_B^* = 9\% \quad i_C^* = 23\%$$

Os projetos A e C são selecionados, mas B não, porque $i_B^* <$ TMA. O Exemplo 8.8 da Seção 8.7, sobre aplicação de planilhas, ilustra a escolha de projetos independentes utilizando valores da ROR.

8.4 AVALIAÇÃO DA TAXA DE RETORNO POR MEIO DO VALOR PRESENTE (VP): INCREMENTAL E DE *BREAKEVEN*

Nesta seção, discutimos o principal critério para fazer escolhas entre alternativas mutuamente exclusivas, por meio do método ROR incremental. Uma relação baseada no valor presente (VP), como a Equação [7.1], é desenvolvida para os fluxos de caixa incrementais. Utilize métodos manuais e por computador para encontrar Δi_{B-A}^*, a ROR interna das séries. A utilização de Δ (delta) antes de i_{B-A}^* o distingue dos valores ROR i_A^* e i_B^*.

Uma vez que a ROR incremental exige a comparação de serviços iguais, o MMC dos ciclos de vida deve ser considerado na formulação do VP. Devido à necessidade de reinvestimento da análise VP, para ativos com diferentes ciclos de vida, as séries incrementais de fluxos de caixa podem conter diversas mudanças de sinal, indicando múltiplos valores de Δi^*. Ainda que seja incorreta, essa indicação, geralmente, é desconsiderada na prática. O procedimento correto é estabelecer a taxa de reinvestimento c e seguir o critério da Seção 7.5. Isso significa determinar a taxa composta de retorno única ($\Delta i'$) para as séries incrementais de fluxos de caixa. Estes três elementos – série de fluxos de caixa incrementais, MMC e raízes múltiplas – são as razões principais pelas quais o método da ROR, freqüentemente, é aplicado de maneira incorreta em análises de múltiplas alternativas. Conforme afirmamos anteriormente, sempre é possível, e em geral aconselhável, utilizar uma análise do VP ou do VA, *a uma TMA estabelecida,* em vez do método da ROR, quando múltiplas taxas são indicadas.

O procedimento completo, manualmente ou por computador, para a análise da ROR incremental de duas alternativas é o seguinte:

1. Organize as alternativas de acordo com o investimento ou custo inicial, a começar do menor, denominado A. Aquele que tem o investimento inicial maior encontra-se na coluna rotulada como B da Tabela 8–1.

2. Elabore o fluxo de caixa e a série de fluxos de caixa, utilizando o MMC, supondo que haja reinvestimento ao final da vida útil de cada uma das alternativas.

3. Trace um diagrama dos fluxos de caixa incrementais, se necessário.

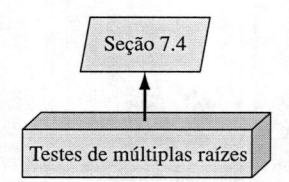

284 CAPÍTULO 8 Análise da Taxa de Retorno: Múltiplas Alternativas

4. Conte o número de mudanças de sinal da série de fluxos de caixa incrementais, para determinar se taxas de retorno múltiplas podem estar presentes. Se necessário, utilize o critério de Norstrom sobre as séries de fluxos de caixa cumulativos incrementais, para determinar se existe uma única raiz positiva.

5. Monte a equação do VP para os fluxos de caixa incrementais, na forma da Equação [7.1], e determine Δi^*_{B-A}, por meio do método manual de tentativa e erro ou de funções de planilha.

6. Selecione a melhor alternativa do ponto de vista econômico, como já visto:

   Se Δi^*_{B-A} < TMA, selecione a alternativa A.

   Se $\Delta i^*_{B-A} \geq$ TMA, o investimento extra se justifica; selecione a alternativa B.

Se a taxa i^* incremental for exatamente igual ou muito próxima da TMA, provavelmente serão utilizadas considerações não econômicas para ajudar na escolha da "melhor" alternativa.

No passo 5, se o método de tentativa e erro for utilizado para calcular a taxa de retorno, é possível economizar tempo ao utilizar interpolação linear se o valor Δi^*_{B-A} for analisado na forma de intervalo, em vez de aproximado em um valor pontual, desde que um valor único de ROR não seja necessário. Por exemplo, se a TMA é de 15% ao ano e você identificou que Δi^*_{B-A} está na faixa de 15% a 20%, um valor exato não é necessário para aceitar B, desde que você já saiba que $\Delta i^*_{B-A} \geq$ TMA.

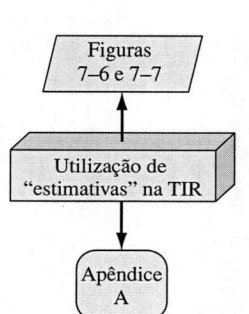

A função TIR em uma planilha, normalmente, determinará um único valor Δi^*. Valores de "estimativa" múltiplos podem ser inseridos para encontrar raízes múltiplas, na faixa de –100% a ∞, de uma série não convencional, conforme ilustramos nos Exemplos 7.4 e 7.5. Se não for esse o caso, a indicação de raízes múltiplas no passo 4, para ser correta, exige que o procedimento de investimento líquido, na Equação [7.6], seja aplicado no passo 5, para obter $\Delta i' = \Delta i^*$. Se uma dessas raízes múltiplas for igual à taxa de reinvestimento c esperada, essa raiz pode ser utilizada como valor da ROR, e o procedimento de investimento líquido não será necessário. Nesse caso, somente, $\Delta i' = \Delta i^*$, conforme concluímos no fim da Seção 7.5.

EXEMPLO 8.3

Em 2000, a Bell Atlantic e a GTE fundiram-se para formar uma gigantesca corporação de telecomunicações, chamada Verizon Communications. Como era esperado, algumas incompatibilidades de equipamentos precisaram ser corrigidas, especialmente para serviços internacionais de comunicação sem fio e de vídeo. Um item tinha dois fornecedores – uma empresa norte-americana (A) e uma empresa asiática (B). Aproximadamente 3.000 unidades desse equipamento eram necessárias. As estimativas correspondentes aos fornecedores A e B são apresentadas abaixo, para cada unidade.

	A	B
Custo inicial, $	–8.000	–13.000
Custos anuais, $	–3.500	–1.600
Valor recuperado, $	0	2.000
Vida útil, em anos	10	5

SEÇÃO 8.4   Avaliação da Taxa de Retorno por Meio do Valor Presente (VP): Incremental e de *Breakeven*

TABELA 8–4 Tabulação dos Fluxos de Caixa Incrementais, no Exemplo 8.3

Ano	Fluxo de Caixa A (1)	Fluxo de Caixa B (2)	Fluxo de Caixa Incremental (3) = (2) − (1)
0	$ −8.000	$ −13.000	$ −5.000
1–5	−3.500	−1.600	+1.900
5	—	+2.000 / −13.000	−11.000
6–10	−3.500	−1.600	+1.900
10	—	+2.000	+2.000
	$ −43.000	$ −38.000	$ +5.000

Determine qual fornecedor deve ser selecionado, se a TMA é de 15% ao ano. Apresente as soluções obtidas manualmente e por computador.

Solução Manual
Estas são alternativas de serviço, uma vez que os fluxos de caixa são custos. Utilize o procedimento descrito anteriormente para determinar Δi^*_{B-A}.

1. As alternativas A e B estão dispostas na ordem correta, com a alternativa de custo inicial mais elevado na coluna (2).
2. Os fluxos de caixa para o MMC de 10 anos estão tabulados na Tabela 8–4.
3. O diagrama dos fluxos de caixa incrementais é apresentado na Figura 8–1.
4. Há três mudanças de sinal na série de fluxos de caixa incrementais, indicando a existência de, até, três raízes. Também há três mudanças de sinal na série cumulativa incremental, que se inicia negativamente em $S_0 = \$ -5.000$ e continua a $S_{10} = \$ +5.000$, indicando que pode existir mais de uma raiz positiva.
5. A equação da taxa de retorno baseada no VP de fluxos de caixa incrementais é:

$$0 = -5.000 + 1.900(P/A;\Delta i;10) - 11.000(P/F;\Delta i;5) + 2.000(P/F; \Delta i;10) \quad [8.2]$$

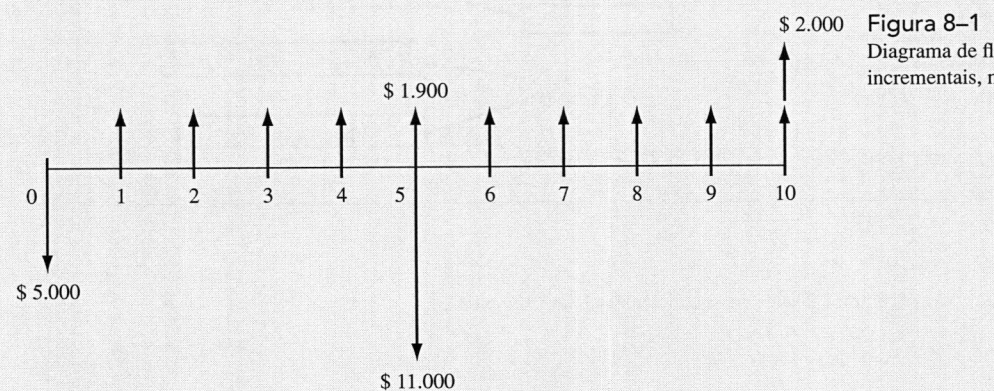

Figura 8–1
Diagrama de fluxos de caixa incrementais, no Exemplo 8.3.

Suponha que a taxa de reinvestimento seja igual a Δi^*_{B-A} (ou Δi^*, na forma de um símbolo abreviado) resultante. A solução da Equação [8.2], para a primeira raiz encontrada, resulta em Δi^* entre 12% e 15%. Por interpolação, Δi^* = 12,65%.

6. Uma vez que a taxa de retorno de 12,65% do investimento extra é menor do que a TMA de 15%, o fornecedor A, que tem o menor custo, é selecionado. Um investimento extra de $ 5.000 não se justifica economicamente pelas estimativas de custo anual menor e valor recuperado mais alto.

Comentário

No passo 4, a presença de até três valores de i^* é indicada. A análise anterior encontra uma das raízes em 12,65%. Quando afirmamos que a ROR incremental é de 12,65%, supomos que quaisquer investimentos líquidos positivos sejam reinvestidos à taxa c = 12,65%. Se essa não for uma hipótese razoável, o procedimento de investimento líquido deve ser aplicado, e a taxa de reinvestimento c deve ser utilizada para encontrar um valor de $\Delta i'$ diferente, que possa ser comparado com a TMA de 15%.

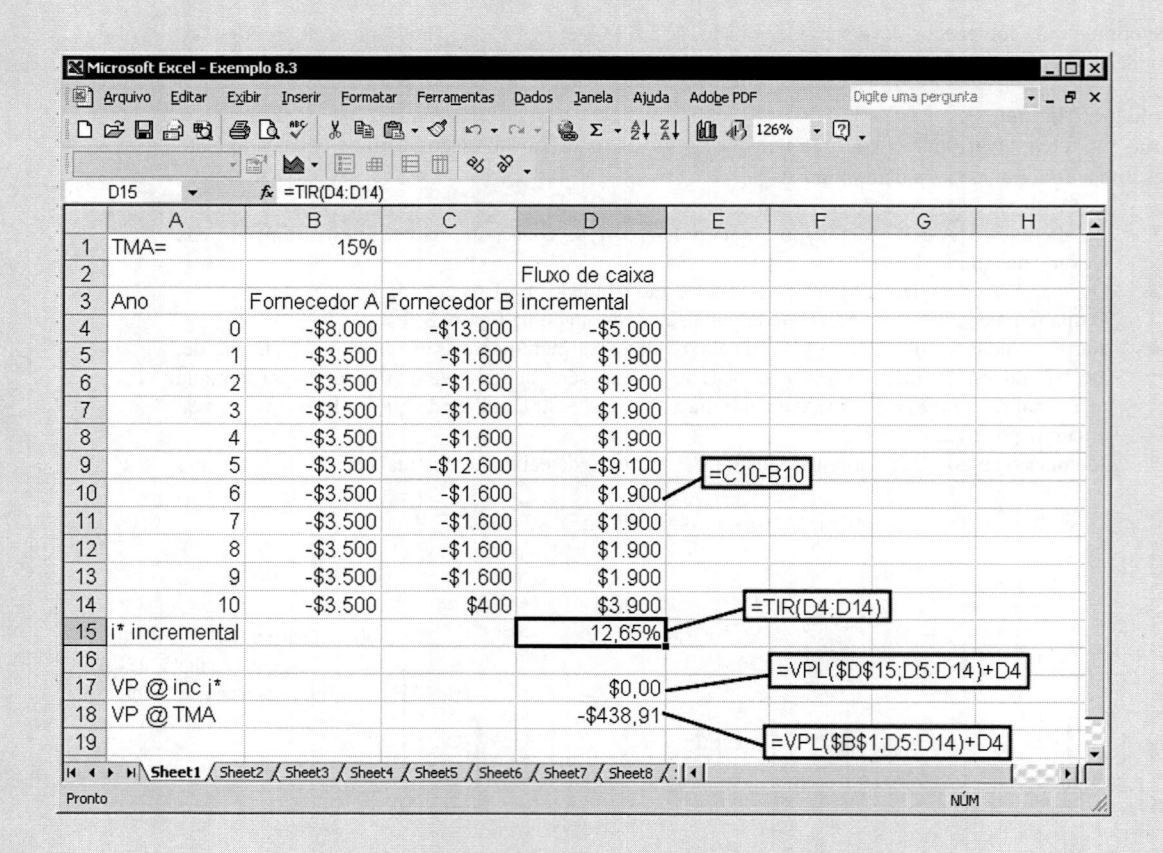

	A	B	C	D
1	TMA=	15%		
2				Fluxo de caixa
3	Ano	Fornecedor A	Fornecedor B	incremental
4	0	-$8.000	-$13.000	-$5.000
5	1	-$3.500	-$1.600	$1.900
6	2	-$3.500	-$1.600	$1.900
7	3	-$3.500	-$1.600	$1.900
8	4	-$3.500	-$1.600	$1.900
9	5	-$3.500	-$12.600	-$9.100
10	6	-$3.500	-$1.600	$1.900	=C10-B10
11	7	-$3.500	-$1.600	$1.900
12	8	-$3.500	-$1.600	$1.900
13	9	-$3.500	-$1.600	$1.900
14	10	-$3.500	$400	$3.900
15	i* incremental			12,65%	=TIR(D4:D14)
16				
17	VP @ inc i*			$0,00	=VPL($D$15;D5:D14)+D4
18	VP @ TMA			-$438,91	=VPL($B$1;D5:D14)+D4

Figura 8–2
Solução de planilha para encontrar a taxa de retorno incremental, no Exemplo 8.3.

SEÇÃO 8.4   Avaliação da Taxa de Retorno por Meio do Valor Presente (VP): Incremental e de *Breakeven*   **287**

> As outras duas raízes são números positivos e negativos muito grandes, conforme a função TIR do Excel revela. Desse modo, elas não são úteis para a análise.
>
> **Solução por Computador**
> Os passos 1 a 4 são idênticos aos apresentados anteriormente.
> 5. A Figura 8–2 inclui os fluxos de caixa líquidos incrementais da Tabela 8–4, calculados na coluna D. A célula D15 exibe o valor Δi^* de 12,65%, utilizando a função TIR.
> 6. Uma vez que a taxa de retorno do investimento extra é menor do que a TMA de 15%, o fornecedor A, que apresenta o custo menor, deve ser selecionado.
>
> **Comentário**
> Tão logo uma planilha é criada, há uma ampla variedade de análises que pode ser executada. Por exemplo, a célula D17 utiliza a função VPL para verificar se o valor presente é zero, para a Δi^* calculada. A célula D18 é o VP, para uma TMA de 15%, que é negativa, indicando assim, de uma outra maneira ainda, que o investimento extra não tem um retorno para a TMA. Naturalmente, tanto a estimativa de fluxo de caixa como a TMA podem ser modificadas, para determinar o que acontece com Δi^*. Um gráfico do VP, em relação a Δi, poderia ser facilmente adicionado, se duas ou mais colunas fossem inseridas, análogas às das Figuras 7–6 e 7–7.

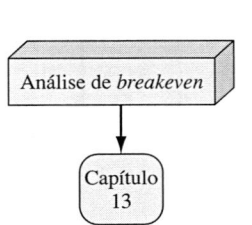

A taxa de retorno determinada para a série de fluxos de caixa incrementais pode ser interpretada como um valor de *breakeven*. Se a ROR incremental do fluxo de caixa (Δi^*) é maior do que a TMA, a alternativa de maior investimento é selecionada. Por exemplo, se o gráfico do valor presente (VP) em relação à *i,* para os fluxos de caixa incrementais da Tabela 8–4 (e a planilha da Figura 8–2), for esboçado para várias taxas de juros, será obtido o gráfico apresentado na Figura 8–3. Ele exibe o Δi^* do ponto de equilíbrio (*breakeven*) em 12,65%. As conclusões são as seguintes:

- Para a TMA < 12,65%, o investimento extra para B se justifica.
- Para a TMA > 12,65%, o oposto é verdadeiro; o investimento extra em B não deve ser realizado, e o fornecedor A é selecionado.
- Se a TMA for exatamente de 12,65%, as duas alternativas serão igualmente atraentes.

A Figura 8–4, que é um gráfico do ponto de equilíbrio do valor presente (VP) em relação à *i* para os fluxos de caixa (não incrementais) de cada alternativa do Exemplo 8.3, produz os mesmos resultados. Uma vez que todos os fluxos de caixa líquidos são negativos (alternativas de serviço), os valores de VP são negativos. Agora, as mesmas conclusões são obtidas usando-se a seguinte lógica:

- Se a TMA < 12,65%, selecione B, uma vez que seu VP dos fluxos de caixa de custo é menor (numericamente maior).
- Se a TMA > 12,65%, selecione A, uma vez que seu VP de custos é menor.
- Se a TMA for exatamente de 12,65%, as duas alternativas serão igualmente atraentes.

O exemplo a seguir ilustra os gráficos da avaliação da ROR incremental e da taxa de *breakeven* para alternativas de receitas. Discutiremos mais sobre a análise de *breakeven* no Capítulo 13.

Figura 8–3
Gráfico do valor presente de fluxos de caixa incrementais, no Exemplo 8.3, para vários valores de Δi.

O Δi de *breakeven* é de 12,65%

Para a TMA nesta faixa, selecione B

Para a TMA nesta faixa, selecione A

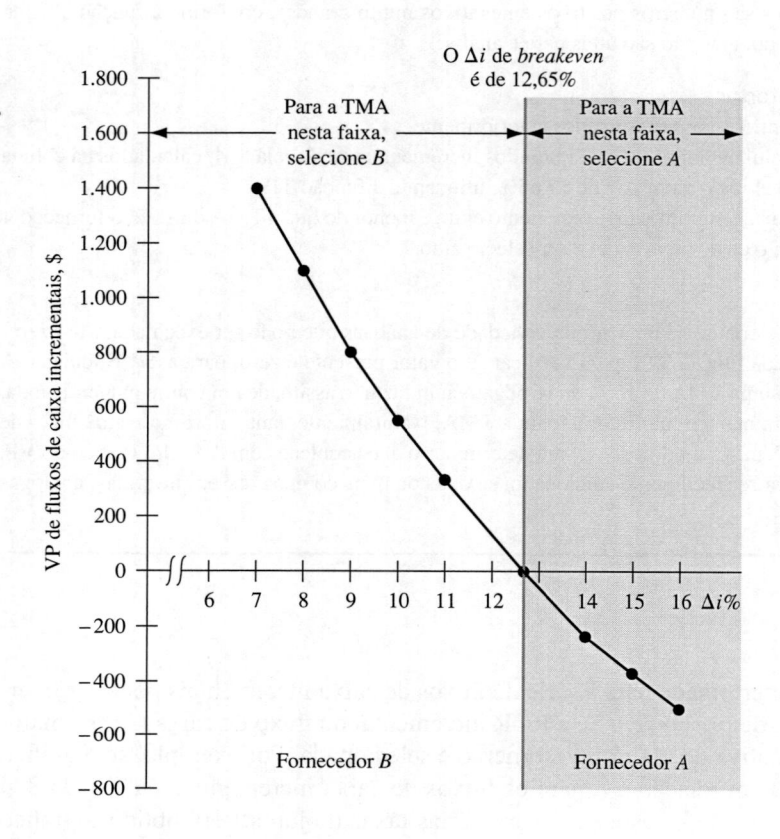

Fornecedor B

Fornecedor A

Figura 8–4
Gráfico do ponto de equilíbrio *breakeven* dos fluxos de caixa (não incrementais), no Exemplo 8.3.

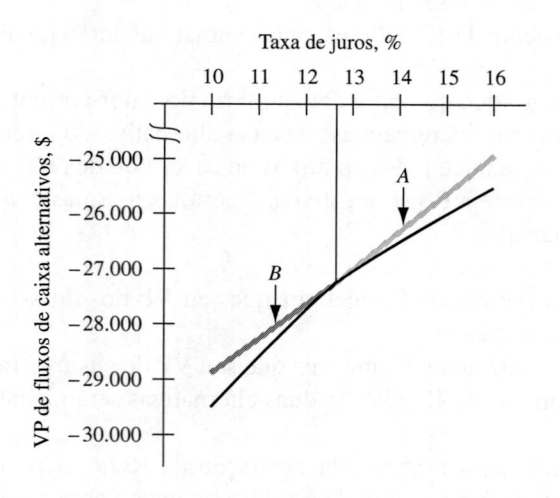

SEÇÃO 8.4 Avaliação da Taxa de Retorno por Meio do Valor Presente (VP): Incremental e de *Breakeven*

EXEMPLO 8.4

O Bank of America utiliza uma TMA de 30% para seus próprios negócios, considerados arriscados, ou seja, quando a resposta do público não foi bem identificada pela pesquisa de marketing. Dois sistemas de software alternativos e os respectivos planos de marketing foram desenvolvidos, conjuntamente, por engenheiros de software e pelo departamento de marketing. Eles se destinam a novos serviços de operações bancárias e empréstimo *online* para viajantes, em navios de cruzeiro e navios militares em águas internacionais. As estimativas do investimento inicial, receita anual líquida e valor recuperado (o valor de venda a outra corporação financeira) de cada sistema estão resumidas a seguir.

Sol. Excel

(*a*) Desenvolva a análise da ROR incremental, por computador.
(*b*) Desenvolva os gráficos do VP em relação à *i* para cada alternativa e para os fluxos incrementais. Se for o caso, qual alternativa deve ser selecionada?

	Sistema A	Sistema B
Investimento inicial, $ 1.000	−12.000	−18.000
Renda líquida estimada, $ 1.000 por ano	5.000	7.000
Valor recuperado, $ 1.000	2.500	3.000
Vida competitiva estimada, em anos	8	8

Solução por Computador

(*a*) Consulte a Figura 8–5*a*. A função TIR é utilizada nas células B13 e E13 para exibir a taxa *i** correspondente a cada alternativa. Utilizamos os valores de *i** como uma ferramenta de triagem preliminar, somente para determinar quais alternativas ultrapassavam a TMA. Se nenhuma delas ultrapassar, a alternativa de não fazer nada (DN) é indicada automaticamente. Em ambos os casos, *i** > 30%; ambas são mantidas. Os fluxos de caixa incrementais são calculados (coluna G = coluna E − coluna B), e a função TIR resulta em Δ*i** = 29,41%. Esse valor é ligeiramente menor do que a TMA; a alternativa A é selecionada como a melhor opção econômica.

(*b*) A Figura 8–5*b* contém os gráficos do VP em relação à *i* de todas as três séries de fluxos de caixa, entre as taxas de juros de 25% e 42%. A curva inferior (análise incremental) indica a ROR de *breakeven* em 29,41%, que é o ponto em que as duas curvas se cruzam. A conclusão, novamente, é a mesma; com uma TMA de 30%, selecione a alternativa A, porque o montante do seu VP ($ 2.930 na célula D5 da Figura 8–5*a*) é ligeiramente maior do que o de B ($ 2.841 em F5).

Comentário

Com este formato de planilha, tanto a análise do valor presente (VP) como a análise da ROR incremental foram realizadas com o auxílio de um gráfico que demonstra a conclusão da análise de engenharia econômica.

290   CAPÍTULO 8   Análise da Taxa de Retorno: Múltiplas Alternativas

(a)

Ano	Fluxo de caixa A	Taxa, i	VP de A	Fluxo de caixa B	VP de B	Fluxo incremental	VP de incremental
0	-$12.000	25%	$5.064	-$18.000	$5.806	-$6.000	$742
1	$5.000	28%	$3.726	$7.000	$3.947	$2.000	$221
2	$5.000	30%	$2.930	$7.000	$2.841	$2.000	-$89
3	$5.000	32%	$2.201	$7.000	$1.827	$2.000	-$374
4	$5.000	34%	$1.532	$7.000	$896	$2.000	-$635
5	$5.000	36%	$916	$7.000	$39	$2.000	-$876
6	$5.000	38%	$348	$7.000	-$751	$2.000	-$1.099
7	$5.000	40%	-$178	$7.000	-$1.483	$2.000	-$1.305
8	$7.500	42%	-$664	$10.000	-$2.160	$2.500	-$1.496

i*   39,31%   36,10%   29,41%

=VPL($C11;$B$4:$B$11)+$B$3

=TIR(E3:E11)

=TIR(G3:G11)

=VPL($C11;$G$4:$G$11)+$G$3

(b)

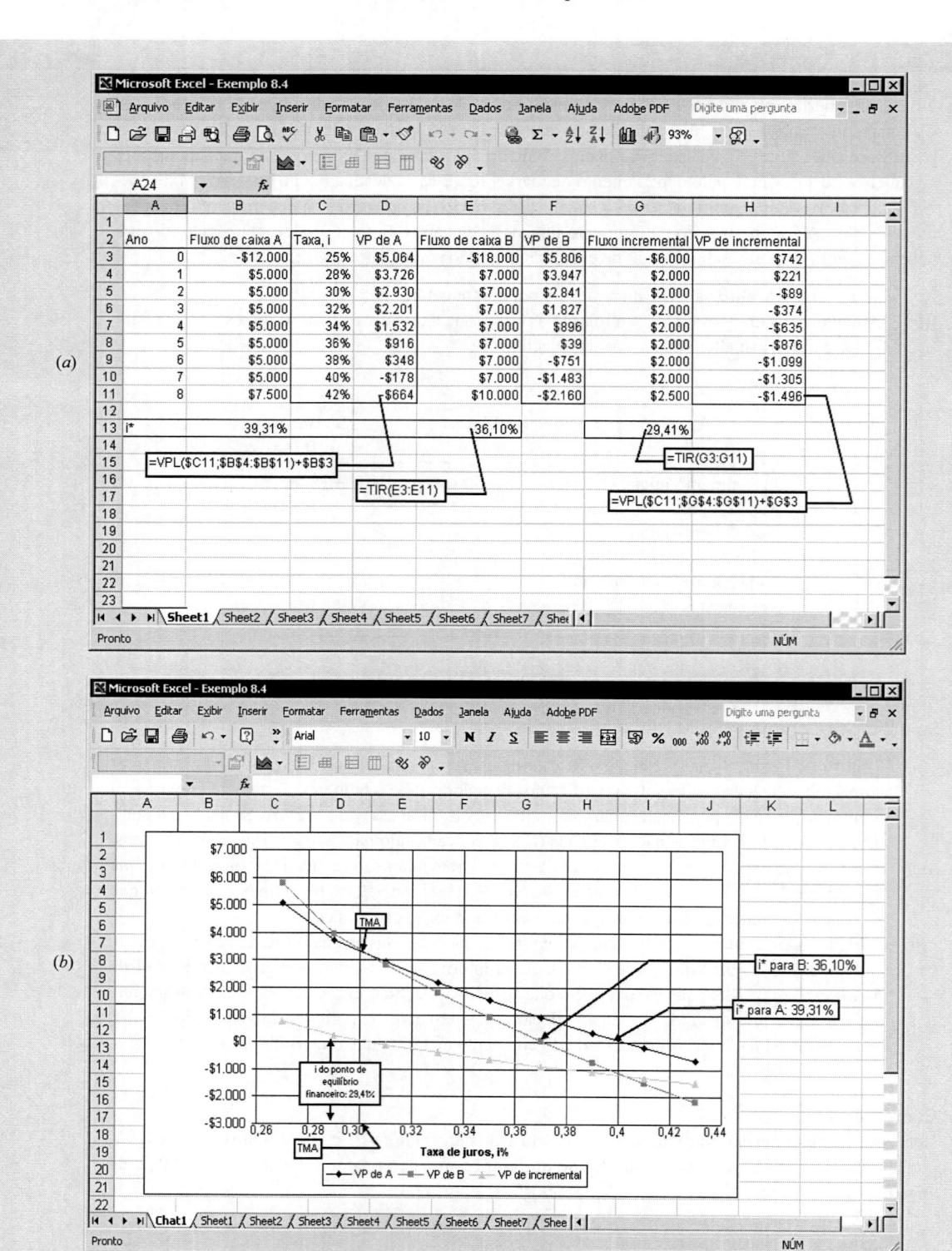

Gráfico: VP vs. Taxa de juros, i% — curvas de VP de A, VP de B, VP de incremental; i para B: 36,10%; i* para A: 39,31%; i do ponto de equilíbrio financeiro: 29,41%; TMA indicado.*

Figura 8–5
Solução de planilha para comparar duas alternativas: (*a*) Análise da ROR incremental e (*b*) Gráficos do VP em relação à *i*, no Exemplo 8.4.

A Figura 8–5b constitui uma excelente oportunidade para observarmos por que o método da ROR pode resultar na escolha da alternativa errada, quando somente valores *i** são utilizados na análise de escolha entre duas alternativas. Isso, às vezes, é chamado de *problema de inconsistência de classificação* do método da ROR. *A inconsistência ocorre quando a TMA é fixada em um valor menor do que a taxa de* breakeven *entre duas alternativas de receitas.* Uma vez que a TMA é estabelecida, com base nas condições da economia e do mercado, ela é externa (independente) a qualquer avaliação das alternativas, em particular. Na Figura 8–5b, a taxa de *breakeven* é de 29,41% e a TMA é de 30%. Se a TMA for estabelecida em um valor menor do que o ponto de equilíbrio, digamos, 26%, a análise da ROR incremental resultará na correta escolha de B, uma vez que $\Delta i^* = 29{,}41\%$, que é maior do que 26%. Mas se forem utilizados somente os valores de *i**, o sistema A será erroneamente selecionado, porque seu $i^* = 39{,}31\%$. Esse erro ocorre porque o método da taxa de retorno presume um reinvestimento ao valor da ROR da alternativa (39,31%), enquanto as análises do VP e do VA utilizam a TMA como taxa de reinvestimento. A conclusão é simples:

Se o método da ROR for utilizado para avaliar duas ou mais alternativas, utilize *os fluxos de caixa incrementais* **e** Δi^***, para tomar a decisão entre as alternativas.**

8.5 AVALIAÇÃO DA TAXA DE RETORNO UTILIZANDO O VALOR ANUAL (VA)

A comparação de alternativas pelo método da ROR (corretamente executado) sempre leva a uma escolha idêntica à obtida com a análise do VP, do VA e do VF, quer a ROR seja determinada por meio de uma relação baseada no VP, no VA ou no VF. Entretanto, no que diz respeito à técnica baseada no valor anual (VA), há duas maneiras equivalentes de executar a avaliação: utilizando os *fluxos de caixa incrementais*, ao longo do MMC dos ciclos de vida das alternativas, exatamente como é executado na relação baseada no VP (seção anterior), ou encontrando-se o VA dos *fluxos de caixa reais*, de cada alternativa, e estabelecendo em zero a diferença entre os dois para encontrar o valor Δi^*. Naturalmente, não há nenhuma diferença entre os dois procedimentos, se os ciclos de vida das alternativas forem iguais. Ambos os métodos são resumidos aqui.

Uma vez que o método da ROR exige a comparação de serviços iguais, *os fluxos de caixa incrementais devem ser avaliados ao longo do MMC dos ciclos de vida*. O mesmo procedimento de seis passos da seção anterior (para cálculos baseados no VP) é utilizado, com a exceção do passo 5, em que a relação baseada no VA é desenvolvida.

Para a comparação por computador, quando há ciclos de vida desiguais, os fluxos de caixa incrementais devem ser calculados ao longo do MMC dos ciclos de vida, das duas alternativas. Então, a função TIR é aplicada para se encontrar Δi^*. Essa técnica é análoga àquela desenvolvida na seção anterior, e utilizada na planilha da Figura 8–2. *A função TIR, dessa maneira, é a forma correta de se utilizar funções de planilha do Excel para comparar alternativas, por meio do método da ROR.*

O método baseado no VA tira proveito da hipótese inerente à técnica do valor anual, segundo a qual o VA equivalente é igual para cada ano do primeiro ciclo de vida e para todos os ciclos de vida subseqüentes. Sejam os ciclos de vida iguais ou desiguais, estabeleça *a relação de VA dos fluxos de caixa de cada uma das alternativas,* monte a relação a seguir e encontre *i**.

$$0 = VA_B - VA_A \qquad [8.3]$$

A Equação [8.3] se aplica apenas à solução manual, não por computador.

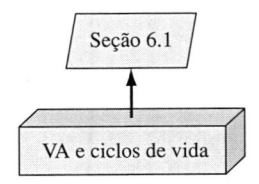

Para ambos os métodos, todos os valores equivalentes estão em uma base de VA, de forma que a *i** resultante da Equação [8.3] é análoga à Δi^* encontrada usando o método da primeira abordagem. O Exemplo 8.5 ilustra a análise da ROR, por meio de relações baseadas no VA, correspondente a ciclos de vida desiguais.

EXEMPLO 8.5

Compare as alternativas dos fornecedores A e B, para a Verizon Communications, no Exemplo [8.3], utilizando um método da ROR incremental baseado no valor anual (VA) com a mesma TMA de 15% ao ano.

Solução

Como referência, a relação da ROR baseada no VP – Equação [8.2] – para o fluxo de caixa incremental, apresentado no Exemplo 8.3, mostra que o fornecedor A deve ser selecionado com $\Delta i^* = 12,65\%$.

Quanto à relação do valor anual (VA), há dois procedimentos equivalentes para a solução. Escreva uma relação baseada no VA correspondente à série *incremental* de fluxos de caixa considerando o *MMC de 10 anos*, ou escreva a Equação [8.3] correspondente às *duas séries reais* de fluxos de caixa ao longo de *um ciclo de vida* de cada alternativa.

Para o método incremental, a equação do valor anual (VA) é:

$$0 = -5.000(A/P;\Delta i;10) - 11.000(P/F;\Delta i;5)(A/P;\Delta i;10) + 2.000(A/F;\Delta i;10) + 1.900$$

É fácil de inserir os fluxos de caixa incrementais em uma planilha, como na Figura 8–2, coluna D, e utilizar a função TIR(D4:D14) para exibir $\Delta i^* = 12,65\%$.

Para o segundo método, a ROR é encontrada pela Equação [8.3] utilizando-se os respectivos ciclos de vida: 10 anos para A e 5 anos para B.

$$VA_A = -8.000(A/P;i;10) - 3.500$$
$$VA_B = -13.000(A/P;i;5) + 2.000(A/F;i;5) - 1.600$$

Agora, desenvolva $0 = VA_B - VA_A$.

$$0 = -13.000(A/P;i;5) + 2.000(A/F;i;5) + 8.000(A/P;i;10) + 1.900$$

A solução, novamente, produz um valor interpolado de $i^* = 12,65\%$.

Comentário

É muito importante lembrar que, quando uma análise da ROR, baseada no VA, é realizada sobre os *fluxos de caixa incrementais*, o mínimo múltiplo comum (MMC) dos ciclos de vida deve ser utilizado.

8.6 ANÁLISE DA ROR INCREMENTAL DE ALTERNATIVAS MÚLTIPLAS E MUTUAMENTE EXCLUSIVAS

Esta seção trata da escolha de alternativas múltiplas, mutuamente exclusivas, utilizando o método da ROR incremental. A aceitação de uma alternativa automaticamente impede a aceitação de outra qualquer. A análise se baseia em relações do VP (ou do VA) para fluxos de caixa incrementais entre duas alternativas, simultaneamente.

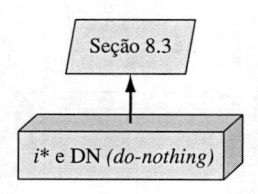

Quando o método da ROR incremental é aplicado, todo o investimento deve ter um retorno, no mínimo, de acordo com a TMA. Quando os valores de i^*, de diversas alternativas, ultrapassam a TMA, a avaliação por meio da ROR incremental é necessária. (Em relação a alternativas de receitas, se nenhuma alternativa apresentar $i^* \geq$ TMA, a alternativa de "não fazer nada" (*do-nothing*) é selecionada.) Para todas as alternativas (de receita ou de serviço), o investimento incremental deve ser justificado separadamente. Se o retorno sobre o investimento extra for igual ou maior do que a TMA, o investimento extra deve ser levado a efeito, a fim de maximizar o retorno total sobre o capital disponível, conforme foi discutido na Seção 8.1.

Assim, para a análise da ROR de alternativas múltiplas e mutuamente exclusivas, são utilizados os critérios a seguir. Selecione a alternativa que:

1. **Requeira o *maior investimento*, e**
2. **Indique que o *investimento extra, em relação à outra alternativa aceitável, é justificável*.**

Uma regra importante a ser aplicada, quando se avalia alternativas múltiplas por meio do método da ROR incremental, é que *uma alternativa nunca deve ser comparada com outra, em relação à qual o investimento incremental não se justifique.*

O procedimento de avaliação da ROR incremental para alternativas múltiplas e com ciclos de vida iguais está resumido a seguir. O passo 2 se aplica somente às alternativas de receitas, uma vez que a primeira alternativa é comparada com DN ("não fazer nada"), apenas quando fluxos de caixa de receitas são estimados. Os termos *defensora* e *desafiante* são dinâmicos, no sentido de que se referem, respectivamente, à alternativa que está selecionada no momento (defensora) e àquela que a desafia para ser aceita, com base na Δi^*. Em toda avaliação de pares, há uma alternativa em cada um desses papéis. Os passos para a solução manual e por computador são os seguintes:

1. Organize as alternativas *do menor para o maior investimento*. Registre as estimativas de fluxos de caixa anuais correspondentes a cada alternativa com ciclos de vida iguais.
2. *Alternativas de receitas somente:* Calcule i^* para a primeira alternativa. Com efeito, isso torna DN a defensora e, a primeira alternativa, a desafiante. Se $i^* <$ TMA, elimine a alternativa e passe à seguinte. Repita esse processo até que $i^* \geq$ TMA pela primeira vez, definindo-a como alternativa defensora. A alternativa seguinte, assim, é a desafiante. Prossiga ao Passo 3. (*Nota*: É aqui que a solução por meio de uma planilha de computador pode ser um auxílio rápido. Calcule primeiro a taxa i^* de todas as alternativas, utilizando a função TIR, e selecione como defensora a primeira delas, em que $i^* \geq$ TMA. Rotule-a como defensora e vá ao passo 3.)
3. Determine o fluxo de caixa incremental entre a desafiante e a defensora, utilizando a relação:

   Fluxo de caixa incremental = fluxo de caixa desafiante − fluxo de caixa defensora

   Crie a relação da ROR.
4. Calcule Δi^* para a série incremental de fluxos de caixa, utilizando uma equação baseada no VP, no VA ou no VF. (A do VP é a mais comumente utilizada.)
5. Se $\Delta i^* \geq$ TMA, a desafiante torna-se a defensora e a defensora anterior é eliminada. Inversamente, se $\Delta i^* <$ TMA, a desafiante é eliminada, e a defensora se posiciona contra a próxima alternativa atacante.
6. Repita os passos 3 a 5 até que reste apenas uma alternativa. Essa será a selecionada.

Note que somente duas alternativas são comparadas, a cada momento. É vital que a alternativa correta seja comparada, caso contrário, a alternativa errada pode ser selecionada.

EXEMPLO 8.6

A Caterpillar Corporation quer construir uma instalação de armazenamento de peças de reposição, na periferia de Phoenix, no Arizona. Um engenheiro de fábrica identificou quatro diferentes opções de localização. O custo inicial de terraplenagem e construção de prédios pré-fabricados bem como as estimativas de fluxos de caixa anuais líquidos estão detalhados na Tabela 8–5. A série de fluxos de caixa anuais líquidos varia devido a diferenças nos custos de manutenção e mão-de-obra, encargos de transporte etc. Se a TMA é de 10%, utilize a análise da ROR incremental para selecionar a melhor localização, do ponto de vista econômico.

TABELA 8–5 Estimativas de Quatro Localizações Alternativas de Construção, no Exemplo 8–6

	A	B	C	D
Custo inicial, $	−200.000	−275.000	−190.000	−350.000
Fluxo de caixa anual, $	+22.000	+35.000	+19.500	+42.000
Ciclo de vida, em anos	30	30	30	30

Solução

Todos os locais têm um ciclo de vida de 30 anos e são alternativas de receitas. O procedimento esboçado anteriormente é, então, aplicável.

1. As alternativas são dispostas ordenadamente, de acordo com o custo inicial crescente da Tabela 8–6.
2. Compare a localização C com a alternativa de "não fazer nada" (DN). A relação da ROR inclui somente o fator P/A.

$$0 = -190.000 + 19.500(P/A;i^*;30)$$

A coluna 1, da Tabela 8–6, apresenta o fator $(P/A;\Delta i^*;30)$ calculado, com o valor de 9,7436 e $\Delta i^*_C = 9,63\%$. Uma vez que 9,63% < 10%, a localização C é eliminada. Agora, a comparação é de A com DN, e a coluna 2 mostra que $\Delta i^*_A = 10,49\%$. Isso elimina a alternativa DN; agora, a defensora é A e a desafiante é B.

TABELA 8–6 Cálculo da Taxa de Retorno Incremental de Quatro Alternativas, Exemplo 8.6

	C (1)	A (2)	B (3)	D (4)
Custo inicial $	−190.000	−200.000	−275.000	−350.000
Fluxo de caixa, $	+19.500	+22.000	+35.000	+42.000
Comparação das alternativas	C com DN	A com DN	B com A	D com B
Custo incremental, $	−190.000	−200.000	−75.000	−75.000
Fluxo de caixa incremental, $	+19.500	+22.000	+13.000	+7.000
Cálculo de $(P/A,\Delta i^*,30)$	9,7436	9,0909	5,7692	10,7143
$\Delta i^*,\%$	9,63	10,49	17,28	8,55
O incremento se justifica?	Não	Sim	Sim	Não
Alternativa selecionada	DN	A	B	B

SEÇÃO 8.6   Análise da ROR Incremental de Alternativas Múltiplas e Mutuamente Exclusivas   **295**

3. A série incremental de fluxos de caixa, coluna 3, e a Δi*, da *comparação de B com A*, é determinada por:

$$0 = -275.000 - (-200.000) + (35.000 - 22.000)(P/A;\Delta i^*;30)$$

$$= -75.000 + 13.000(P/A;\Delta i^*;30)$$

4. Nas tabelas de juros, procure o fator P/A para a TMA, que é (P/A;10%;30) = 9,4269. Ora, qualquer valor P/A maior do que 9,4269 indica que Δi* será menor do que 10%, e é inaceitável. O fator P/A é 5,7692, de forma que B é aceitável. Para fins de referência, Δi* = 17,28%.
5. A alternativa B se justifica sendo incremental (nova defensora), eliminando, portanto, A.
6. A comparação de D com B (passos 3 e 4) resulta na seguinte relação VP: 0 = –75.000 + 7.000(P/A;Δi*;30) e um valor P/A de 10,7143 (Δi* = 8,55%). A localização D é eliminada, e somente a alternativa B permanece; sendo, portanto, a selecionada.

Comentário
Uma alternativa *sempre* deve ser de modo incremental comparada com uma alternativa aceitável, e a alternativa "não fazer nada" (*do-nothing*) pode acabar sendo a única aceitável. Uma vez que C não se justificou, neste exemplo, a localização A não foi comparada com C. Então, se a comparação de B com A não tivesse indicado que B se justificava de modo incremental, a comparação de D com A seria correta, em vez de D com B.

Para demonstrar como é importante aplicar o método da ROR corretamente, considere o seguinte: se a taxa i* de cada alternativa for calculada inicialmente, os resultados das alternativas, dispostas ordenadamente, são:

Localização	C	A	B	D
i*, %	9,63	10,49	12,35	11,56

Agora aplique *somente* o primeiro critério estabelecido anteriormente; ou seja, faça o maior investimento que tem uma TMA de 10% ou mais. A localização D é selecionada. Mas, conforme mostramos anteriormente, essa é a escolha errada, porque o investimento extra de $ 75.000 para a localização B não terá um retorno para a TMA. Realmente, ele renderá somente 8,55%.

Para alternativas de serviço (custos, somente), o fluxo de caixa incremental é a diferença entre os custos correspondentes às duas alternativas. Não há alternativa DN e nenhum passo 2 no procedimento de resolução. Portanto, a alternativa que tem o menor investimento é a defensora inicial contra a alternativa seguinte, com menor investimento (desafiante), dentre as propostas. Esse procedimento é ilustrado no Exemplo 8.7, com uma solução de planilha para alternativas de serviço com ciclos de vida iguais.

EXEMPLO 8.7

Quando uma mancha de petróleo, derramado no mar por um petroleiro, se desloca para a praia, ocorrem grandes prejuízos para a vida aquática, bem como para os organismos que se alimentam e vivem à beira-mar como, por exemplo, os pássaros. Engenheiros ambientais, advogados de diversas corporações internacionais e empresas de transporte de petróleo – Exxon-Mobil, BP, Shell e alguns transportadores

TABELA 8–7 Custos de Quatro Alternativas de Máquinas, no Exemplo 8.7

	Máquina 1	Máquina 2	Máquina 3	Máquina 4
Custo de aquisição, $	−5.000	−6.500	−10.000	−15.000
Custo operacional anual, $	−3.500	−3.200	−3.000	−1.400
Valor recuperado, $	+500	+900	+700	+1.000
Ciclo de vida, em anos	8	8	8	8

de produtores da OPEP – desenvolveram um plano para alocar estrategicamente, em todas as partes do mundo, um equipamento desenvolvido, recentemente, mais eficaz do que os procedimentos manuais, para limpar resíduos de petróleo bruto das penas dos pássaros. O Sierra Club, o Greenpeace e outros grupos internacionais de proteção ambiental são favoráveis à iniciativa. Alternativas de máquinas são disponibilizadas por fabricantes na Ásia, América, Europa e África, e as estimativas de custos são apresentadas na Tabela 8–7. Espera-se que as estimativas de custo anual sejam elevadas, para assegurar a disponibilidade a qualquer tempo. Os representantes das empresas concordaram em utilizar a média dos valores da TMA corporativa, que resulta em uma TMA igual a 13,5%. Utilize uma análise por computador e uma análise da ROR incremental para determinar qual fabricante oferece a melhor opção econômica.

Solução por Computador

Siga o procedimento utilizado para a análise da ROR incremental, apresentado anteriormente no Exemplo 8.6. A planilha da Figura 8–6 contém a solução completa.

1. As alternativas já estão ordenadas pelos custos de aquisição crescentes.
2. Elas são alternativas de serviço, de forma que não há nenhuma comparação com DN, uma vez que os valores de i^* não podem ser calculados.
3. A máquina 2 é a primeira desafiante à máquina 1: os fluxos de caixa incrementais da comparação da máquina 2 com a máquina 1 estão na coluna D.
4. A comparação da máquina 2 com a máquina 1 resulta em $\Delta i^* = 14{,}57\%$ na célula D17, ao aplicar-se a função TIR.
5. O retorno é maior do que a TMA de 13,5%; assim, a máquina 2 é a nova defensora (célula D19).

A comparação prossegue para a máquina 3 com a máquina 2 na célula E17, em que o retorno é negativo, $\Delta i^* = -18{,}77\%$; a máquina 2 é mantida como defensora. Finalmente, a comparação da máquina 4 com a máquina 2 tem uma ROR incremental de 13,60%, ligeiramente maior do que a TMA de 13,5%. A conclusão é que se deve comprar a máquina 4, porque o investimento extra é (marginalmente) justificado.

Comentário

Conforme mencionamos anteriormente, não é possível gerar um gráfico do valor presente (VP) em relação à i para cada alternativa de serviço, porque todos os fluxos de caixa são negativos. Entretanto, é possível gerar gráficos do VP em relação à i para as séries incrementais, à mesma maneira que fizemos anteriormente. As curvas interceptarão a linha VP = 0 nos valores de Δi^* determinados pelas funções TIR.

A planilha não inclui a lógica de seleção da melhor alternativa, em cada etapa da solução. Esse recurso poderia ser acrescentado utilizando o operador SE (IF) do Excel, em cada operação, o que demanda muito tempo. É mais rápido o analista tomar a decisão e depois desenvolver as funções necessárias, para cada comparação.

SEÇÃO 8.7   Aplicação de Planilha — Análise Conjunta do Valor Presente (VP), do Valor Anual (VA) e da Taxa de Retorno (ROR)   **297**

	A	B	C	D	E	F
1	TMA =	13,50%				
2						
3		Ano	Máquina 1	Máquina 2	Máquina 3	Máquina 4
4	Investimento inicial		-$5.000	-$6.500	-$10.000	-$15.000
5	Custo anual		-$3.500	-$3.200	-$3.000	-$1.400
6	Valor recuperado		$500	$900	$700	$1.000
7	Comparação de ROR			2 para 1	3 para 2	4 para 2
8	Investimento incremental	0		-$1.500	-$3.500	-$8.500
9	Fluxo de caixa incremental	1		$300	$200	$1.800
10		2		$300	$200	$1.800
11		3		$300	$200	$1.800
12		4		$300	$200	$1.800
13		5		$300	$200	$1.800
14		6		$300	$200	$1.800
15		7		$300	$200	$1.800
16		8		$700	$0	$1.900
17	i* incremental			14,57%	-18,77%	13,60%
18	O incremento se justifica?			Sim	Não	Sim, marginalmente
19	Alternativa selecionada			2	2	4

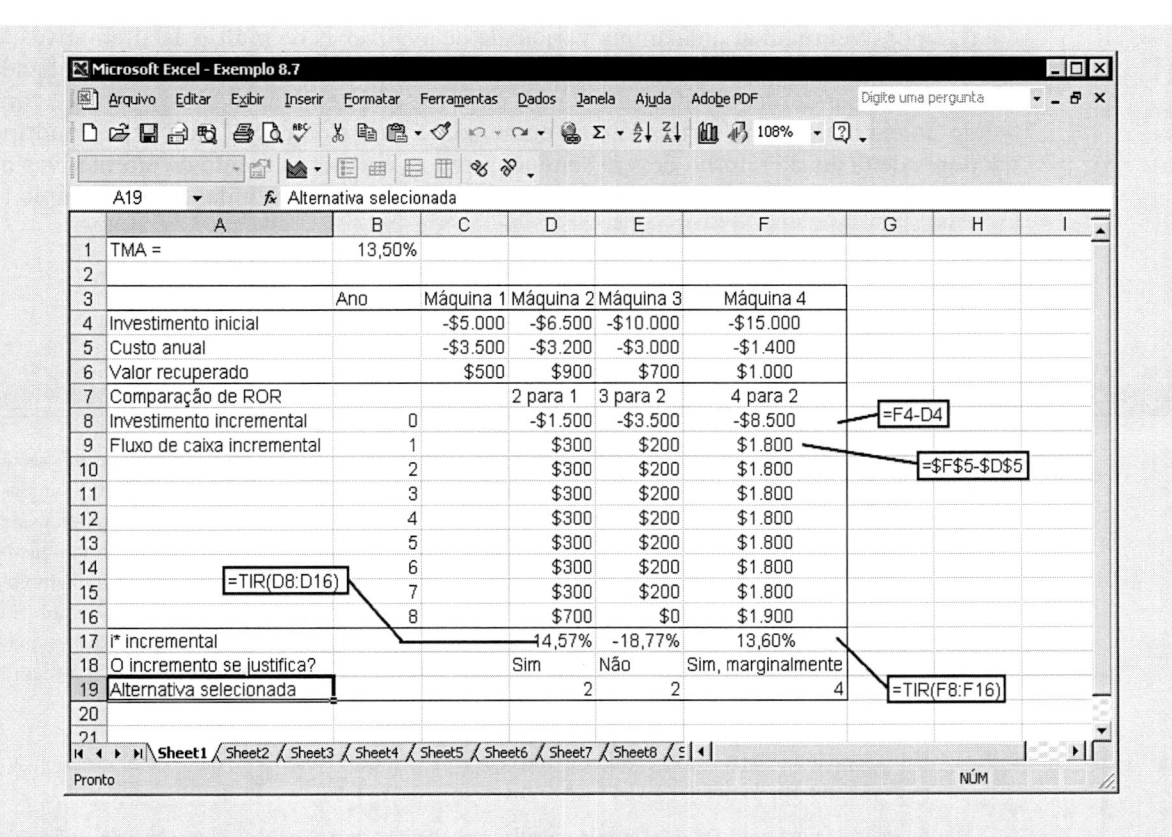

Anotações: D8 =F4-D4; D9 =$F$5-$D$5; D17 =TIR(D8:D16); F17 =TIR(F8:F16)

Figura 8–6
Solução de planilha para a escolha dentre quatro alternativas de serviço, no Exemplo 8.7.

A escolha de alternativas múltiplas e mutuamente exclusivas, com *ciclos de vida desiguais,* utilizando valores Δi^*, exige que os fluxos de caixa incrementais sejam avaliados ao longo do MMC das duas alternativas que são comparadas. Essa é outra aplicação do princípio da comparação de serviços iguais. A aplicação de planilha na próxima seção ilustra os cálculos.

Sempre é possível recorrer à análise do valor presente (VP) ou do valor anual (VA), dos fluxos de caixa incrementais, para a TMA, ao se fazer a escolha. Em outras palavras, não encontre Δi^* para cada comparação de pares: em vez disso, encontre o VP ou o VA, para a TMA. Entretanto, ainda é necessário fazer a comparação com o MMC dos ciclos de vida, para que a análise incremental seja executada corretamente.

8.7 APLICAÇÃO DE PLANILHA – ANÁLISE CONJUNTA DO VALOR PRESENTE (VP), DO VALOR ANUAL (VA) E DA TAXA DE RETORNO (ROR)

No exemplo de planilha a seguir, estão combinadas muitas das técnicas de análise econômica que aprendemos até agora – análise da ROR (interna), análise da ROR incremental, análise do VP e análise do VA. Agora que as funções TIR, VPL e VP foram compreendidas, é possível realizar uma ampla variedade de avaliações de múltiplas alternativas, em uma única planilha. Para entender melhor como as funções são formatadas e utilizadas, elas devem ser desenvolvidas pelo leitor, uma vez que nenhum rótulo de célula é fornecido no exemplo. Uma série não convencional de fluxos de caixa, para a qual múltiplos valores de taxas de retorno devem ser encontrados, e a escolha tanto de alternativas mutuamente exclusivas como de projetos independentes estão incluídas neste exemplo.

EXEMPLO 8.8

A disponibilidade de telefones *in-flight*, fornecidos nas poltronas de passageiro das empresas aéreas, é um serviço valorizado por muitos clientes. A Delta Airlines terá de substituir de 15.000 a 24.000 unidades, nos próximos anos, em seus Boeing 737, 757 e em alguns aviões 777. Quatro recursos opcionais de tratamento de dados, construídos de maneira superposta, estão disponíveis na fábrica, mas a um custo adicional por unidade. Além de custarem mais, estima-se que as opções de primeira linha (por exemplo, serviços de vídeo *plug-in* via satélite) tenham uma durabilidade maior, antes que a próxima substituição seja imposta pelos novos e avançados recursos esperados pelos passageiros. Espera-se que todas as quatro opções impulsionem as receitas anuais em valores variáveis. As linhas 2 a 6 da planilha, na Figura 8–7, incluem as estimativas de fluxos de caixa correspondentes às quatro opções.

(*a*) Utilizando uma TMA = 15%, realize avaliações da ROR, do VP e do VA, para selecionar a opção mais promissora do ponto de vista econômico.

(*b*) Se mais de uma opção puder ser selecionada, considere as quatro opções como projetos independentes. Se nenhuma limitação orçamentária estiver em consideração, quais opções são aceitáveis, se nesse caso a TMA for elevada para 20%?

Solução por Computador

(*a*) A planilha (Figura 8–7) está dividida em seis seções:

Seção 1 (linhas 1 e 2): o valor da TMA e os nomes das alternativas (A a D) com o custo inicial em ordem crescente.

Seção 2 (linhas 3 a 6): Estimativas dos fluxos de caixa líquidos por unidade, correspondentes a cada alternativa. São alternativas de receita com ciclos de vida desiguais.

Seção 3 (linhas 7 a 20): Os fluxos de caixa reais e incrementais são exibidos aqui.

Seção 4 (linhas 21 e 22): Uma vez que todas elas são alternativas de receita, os valores i^* são determinados pela função TIR. Se uma alternativa for aprovada no teste TMA ($i^* > 15\%$), ela é mantida e a coluna é adicionada à direita de seu fluxo de caixa real, a fim de que os fluxos de caixa incrementais possam ser determinados. As colunas F e H foram inseridas para dar espaço às avaliações incrementais. A alternativa A não é aprovada no teste i^*.

Seção 5 (linhas 23 a 25): As funções TIR exibem os valores Δi^* nas colunas F e H. A comparação de C com B é realizada ao longo do MMC de 12 anos. Uma vez que $\Delta i^*_{C-B} = 19,42\% > 15\%$, elimine B; a alternativa C é a nova defensora e D é a próxima desafiante. A comparação final de D com C, ao longo de 12 anos, resulta em $\Delta i^*_{D-C} = 11,23\% < 15\%$, de forma que D é eliminado. A alternativa C é, portanto, a escolhida.

SEÇÃO 8.7   Aplicação de Planilha — Análise Conjunta do Valor Presente (VP), do Valor Anual (VA) e da Taxa de Retorno (ROR)   299

	A	B	C	D	E	F	G	H
1	TMA=	15%						
2	Alternativa		A	B	C		D	
3	Custo inicial		-$6.000	-$7.000	-$9.000		-$17.000	
4	Fluxo de caixa anual		$2.000	$3.000	$3.000		$3.500	
5	Valor recuperado		$0	$200	$300		$1.000	
6	Ciclo de vida	Ano	3	4	6		12	
7	Comparação do ROR incremental		FC real	FC real	FC real	C para B	FC real	D para C
8	Investimento incremental	0	-$6.000	-$7.000	-$9.000	-$2.000	-$17.000	-$8.000
9	Fluxo de caixa incremental	1	$2.000	$3.000	$3.000	$0	$3.500	$500
10	ao longo do MMC	2	$2.000	$3.000	$3.000	$0	$3.500	$500
11		3	$2.000	$3.000	$3.000	$0	$3.500	$500
12		4		$3.200	$3.000	$6.800	$3.500	$500
13		5			$3.000	$0	$3.500	$500
14		6			$3.300	-$8.700	$3.500	$9.200
15		7				$0	$3.500	$500
16		8				$6.800	$3.500	$500
17		9				$0	$3.500	$500
18		10				$0	$3.500	$500
19		11				$0	$3.500	$500
20		12				$100	$4.500	$1.200
21	i*		0,00%	26,32%	24,68%		17,87%	
22	Manter ou eliminar?		Elimina	Mantém	Mantém		Mantém	
23	i* incremental					19,42%		11,23%
24	O incremento se justifica?					Sim		Não
25	Alternativa selecionada				C			C
26	VA à TMA		-$628	$588	$656		$398	
27	VP à TMA		$3.403	$3.188	$3.557		$2.158	
28	Alternativa selecionada?		Não	Não	Sim		Não	
29	Alternativa		A	B	C		D	

Figura 8–7
Análise de planilha utilizando os métodos da ROR, do VP e do VA, com ciclos de vida desiguais, para alternativas de receitas, no Exemplo 8.8.

Seção 6 (linhas 26 a 29): Estas linhas incluem as análises do VA e do VP. O valor VA, ao longo do ciclo de vida de cada alternativa, é calculado por meio da função PGTO para a TMA, com uma função VPL incorporada. Além disso, o valor VP é determinado a partir do valor VA para 12 anos, utilizando a função VP. Para todas as medidas, a alternativa C tem numericamente o valor maior, como se poderia esperar.

Conclusão: Todos os métodos resultam na mesma escolha, a alternativa C.

(b) A partir do momento em que cada opção é independente das outras, e não há nenhuma limitação orçamentária, cada valor de i^* na linha 21, da Figura 8–7, é comparado com a TMA de 20%. Essa é uma comparação de cada opção com a alternativa de "não fazer nada" (*do-nothing* DN). Das quatro, as opções B e C têm $i^* > 20\%$. Essas últimas são aceitáveis; as outras duas não.

Comentário

Na questão (*a*), deveriam ser aplicados os dois testes de sinal de raízes múltiplas à série incremental de fluxos de caixa, na comparação de C com B. A própria série tem três mudanças de sinal, e a série de fluxos de caixa cumulativos se inicia negativamente e também tem três mudanças de sinal. Portanto, até três raízes reais podem existir. A função TIR é aplicada à célula F23 para obter $\Delta i^*_{C-B} = 19{,}42\%$, sem a

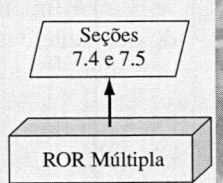

Seções 7.4 e 7.5

ROR Múltipla

utilização do procedimento de investimento líquido. Essa ação presume que a hipótese de reinvestimento de 19,42%, para fluxos de caixa positivos de investimento líquido, seja razoável. Para uma TMA = 15%, ou qualquer outra taxa de rendimento apropriada, o procedimento de investimento líquido teria de ser aplicado para determinar a taxa composta exata, que seria diferente de 19,42%. Dependendo da taxa de reinvestimento escolhida, a alternativa C pode ou não justificar-se, de modo incremental, em relação a B. Aqui, é assumida a hipótese de que o valor Δi^* é razoável; assim, C se justifica.

RESUMO DO CAPÍTULO

Da mesma forma que os métodos do valor presente, do valor anual e do valor futuro encontram a melhor alternativa dentre várias, cálculos da taxa de retorno incremental podem ser utilizados para o mesmo propósito. Quando se utiliza a técnica da ROR, é necessário considerar os fluxos de caixa incrementais, ao escolher entre alternativas mutuamente exclusivas. Isso não é necessário quando se utiliza o método do VP, do VA ou do VF. A avaliação do investimento incremental é realizada somente entre duas alternativas a cada vez, iniciando-se com a alternativa que tem o menor investimento inicial. Sempre que uma alternativa é eliminada, ela deixa de ser considerada nos próximos passos.

Se não houver nenhuma limitação orçamentária, ao avaliar projetos independentes, por meio do método da ROR, o valor da ROR de cada projeto é comparado com a TMA. Qualquer número, ou nenhum, de projetos pode ser aceito.

Os valores da taxa de retorno, normalmente, exercem uma atração natural para a administração das empresas, mas a análise da ROR, freqüentemente, é mais difícil de ser realizada do que a análise do VP, do VA ou do VF, utilizando-se uma TMA estabelecida. Deve-se tomar o cuidado de executar corretamente a análise da ROR dos fluxos de caixa incrementais; caso contrário, ela pode produzir resultados incorretos.

PROBLEMAS

Compreendendo a ROR Incremental

8.1 Se a alternativa A tem uma taxa de retorno de 10% e a alternativa B tem uma taxa de retorno de 18%, o que se sabe sobre a taxa de retorno do incremento entre A e B, se o investimento necessário em B é (a) maior do que aquele necessário para A e (b) menor do que aquele necessário para A?

8.2 Qual é a taxa de retorno global de um investimento de $ 100.000 que tem um rendimento de 20% sobre os primeiros $ 30.000 e 14% sobre os $ 70.000 restantes?

8.3 Por que uma análise incremental é necessária quando se realiza uma análise da taxa de retorno de alternativas de serviço?

8.4 Se todos os fluxos de caixa incrementais forem negativos, o que se sabe sobre a taxa de retorno do investimento incremental?

8.5 O fluxo de caixa incremental é calculado como fluxo de caixa$_B$ – fluxo de caixa$_A$, em que B representa a alternativa que tem o maior investimento inicial. Se os dois fluxos de caixa forem comutados, passando B a representar o que tem o *menor* investimento inicial, qual alternativa deve ser selecionada, se a taxa de retorno incremental é de 20% ao ano e a TMA da empresa é de 15% ao ano? Explique.

8.6 Uma empresa de processamento de alimentos está considerando dois tipos de analisadores de umidade. A empresa espera que um modelo, a infravermelho, produza uma taxa de retorno de 18% ao ano. Um modelo mais caro, a microondas, produzirá uma taxa de retorno de 23% ao ano. Se a TMA da empresa é de 18% ao ano, você é capaz de determinar qual(s) modelo(s) deve(m) ser comprado(s), baseando-se unicamente na informação sobre a taxa de retorno fornecida se (*a*) qualquer um ou ambos os analisadores podem ser selecionados e (*b*) somente um pode ser selecionado? Por quê?

8.7 Considerando cada um dos seguintes cenários, verifique se uma análise incremental dos investimentos seria necessária para escolher uma alternativa e declare o porquê. Suponha que a alternativa Y exija um investimento inicial maior do que a alternativa X e que a TMA seja de 20% ao ano.

(*a*) X tem uma taxa de retorno de 28% ao ano e Y tem uma taxa de retorno de 20% ao ano.

(*b*) X tem uma taxa de retorno de 18% ao ano e Y tem uma taxa de retorno de 23% ao ano.

(*c*) X tem uma taxa de retorno de 16% ao ano e Y tem uma taxa de retorno de 19% ao ano.

(*d*) X tem uma taxa de retorno de 30% ao ano e Y tem uma taxa de retorno de 26% ao ano.

(*e*) X tem uma taxa de retorno de 21% ao ano e Y tem uma taxa de retorno de 22% ao ano.

8.8 Uma pequena empresa construtora reservou $ 100.000, em um fundo de amortização, para comprar novos equipamentos. Se $ 30.000 estão investidos a 30% ao ano, $ 20.000 a 25% e os $ 50.000 restantes a 20% ao ano, qual é a taxa de retorno global do montante inteiro de $ 100.000?

8.9 Um total de $ 50.000 está disponível para ser investido em um projeto para reduzir o número de furtos internos em um depósito de aparelhos domésticos. Duas alternativas, identificadas como Y e Z, estão em consideração. Determinou-se que taxa de retorno global dos $ 50.000 é de 40%, sendo a taxa de retorno do incremento de $ 20.000 entre Y e Z, igual a 15%. Se Z é a alternativa que tem o custo de aquisição mais elevado, (*a*) qual é o tamanho do investimento necessário em Y e (*b*) qual é a taxa de retorno de Y?

8.10 Prepare uma tabulação do fluxo de caixa das alternativas apresentadas a seguir:

	Máquina A	Máquina B
Custo de aquisição, $	−15.000	−25.000
Custo operacional anual, $/ano	−1.600	−400
Valor recuperado, $	3.000	6.000
Ciclo de vida, em anos	3	6

8.11 Uma empresa química está considerando dois processos para produzir um polímero catiônico. O processo A terá um custo de aquisição de $ 100.000 e um custo operacional anual de $ 60.000. O processo B terá um custo de aquisição de $ 165.000. Se ambos os processos forem adequados para 4 anos e a taxa de retorno do incremento entre as alternativas é de 25%, qual é o valor do custo operacional para o processo B?

Comparação da ROR Incremental (Duas Alternativas)

8.12 Quando a taxa de retorno do fluxo de caixa incremental entre duas alternativas é exatamente igual à TMA, qual alternativa deve ser selecionada – aquela que tem o maior ou o menor investimento inicial? Por quê?

8.13 Uma firma de consultoria em assuntos de engenharia está tentando decidir se deve comprar veículos Ford Explorer ou Toyota 4Runner para os diretores da empresa. Os modelos em consideração custariam $ 29.000 (veículo Ford) e $ 32.000 (veículo Toyota). Espera-se que o custo operacional anual do Ford Explorer seja $ 200 ao ano menor do que o do 4Runner. Estima-se que os valores de *trade-in*[2], depois de 3 anos, sejam iguais a 50% do custo de aquisição para o Explorer e de 60% para o Toyota. (*a*) Qual é a taxa de retorno relativa ao veículo Ford, se o Toyota for selecionado? (*b*) Se a TMA da firma é de 18% ao ano, qual marca de veículo deve ser comprada?

8.14 Uma empresa de plásticos está considerando dois processos de moldagem por injeção. O processo X terá um custo de aquisição de $ 600.000, custos anuais de $ 200.000 e um valor recuperado de $ 100.000, depois de 5 anos. O processo Y terá um custo de aquisição de $ 800.000, custos anuais de $ 150.000 e um valor recuperado de $ 230.000, depois de 5 anos. (*a*) Qual é a taxa de retorno do incremento de investimento entre os dois processos? (*b*) Qual processo a empresa deve selecionar, com base em uma análise da taxa de retorno, se a TMA é de 20% ao ano?

8.15 Uma empresa que produz transdutores de pressão amplificada está tentando tomar uma decisão a respeito dos dois aparelhos apresentados a seguir. Compare-os, em função da taxa de retorno, e determine qual deve ser selecionado, se a TMA da empresa é de 15% ao ano.

	Velocidade Variável	Velocidade Dupla
Custo de aquisição, $	−250.000	−225.000
Custo operacional anual, $/ano	−231.000	−235.000
Revisão no ano 3, $	—	−26.000
Revisão no ano 4, $	−39.000	—
Valor recuperado, $	50.000	10.000
Ciclo de vida, em anos	6	6

8.16 O gerente de uma fábrica de processamento de alimentos enlatados está tentando tomar uma decisão a respeito de duas máquinas de rotulação. Determine qual delas deve ser selecionada, em função da taxa de retorno, a uma TMA de 20% ao ano.

	Máquina A	Máquina B
Custo de aquisição, $	−15.000	−25.000
Custo operacional anual, $/ano	−1.600	−400
Valor recuperado, $	3.000	4.000
Ciclo de vida, em anos	2	4

8.17 Uma usina de reciclagem de lixo sólido está considerando dois tipos de caixas de armazenamento. Determine qual deve ser selecionado, em função da taxa de retorno. Suponha que a TMA seja de 20% ao ano.

	Alternativa P	Alternativa Q
Custo de aquisição, $	−18.000	−35.000
Custo operacional anual, $/ano	−4.000	−3.600
Valor recuperado, $	1.000	2.700
Ciclo de vida, em anos	3	6

8.18 A estimativa do fluxo de caixa incremental, entre as alternativas J e K, é apresentada a seguir. Se a TMA é de 20% ao ano, qual alternativa deve ser selecionada, em função da taxa de retorno? Suponha que a alternativa K exija o investimento inicial adicional de $ 90.000.

Ano	Fluxo de Caixa Incremental, $(K − J)
0	−90.000
1–3	+10.000
4–9	+20.000
10	+5.000

8.19 Uma empresa química está considerando dois processos para isolar material genético. O fluxo de caixa incremental entre duas alternativas, J e S, é apresentado a seguir. A empresa utiliza

---

[2] **N.T.:** Bem ofertado como parte do pagamento pela aquisição de um produto similar.

uma TMA de 50% ao ano. A taxa de retorno do fluxo de caixa incremental, apresentado a seguir, é inferior a 50%, mas a CEO da empresa prefere o processo mais caro. A CEO acredita que pode negociar um custo inicial menor, para o processo mais caro. Em quanto ela precisaria reduzir o custo de aquisição de S (a alternativa com custo mais alto), para obter uma taxa de retorno incremental exatamente igual a 50%?

Ano	Fluxo de Caixa Incremental, $(S − J)
0	−900.000
1	400.000
2	600.000
3	850.000

8.20 A alternativa R tem um custo de aquisição de $ 100.000, custos anuais de manutenção e operações (M&O) de $ 50.000 e um valor recuperado de $ 20.000, depois de 5 anos de utilização. A alternativa S tem um custo de aquisição de $ 175.000 e um valor recuperado de $ 40.000, após os mesmos 5 anos, mas seus custos anuais de M&O não são conhecidos. Determine os custos de M&O para a alternativa S, de forma que eles produzam uma taxa de retorno incremental de 20% ao ano.

8.21 Os fluxos de caixa incrementais das alternativas M e N são apresentados a seguir. Determine qual alternativa deve ser selecionada, utilizando uma análise da taxa de retorno baseada no VA. A TMA é de 12% ao ano e a alternativa N exige o maior investimento inicial.

Ano	Fluxo de Caixa Incremental, $(N − M)
0	−22.000
1–8	+4.000
9	+12.000

8.22 Determine qual das duas máquinas, a seguir, deve ser selecionada, utilizando uma análise da taxa de retorno baseada no VA, se a TMA é de 18% ao ano.

	Semi-automática	Automática
Custo de aquisição, $	−40.000	−90.000
Custo operacional anual, $/ano	−100.000	−95.000
Valor recuperado, $	5.000	7.000
Ciclo de vida, em anos	2	4

8.23 Os fluxos de caixa incrementais das alternativas X e Y são apresentados a seguir. Calcule a taxa de retorno incremental, por mês, e determine qual deve ser selecionada, utilizando uma análise da taxa de retorno, baseada no VA. A TMA é de 24% ao ano, capitalizada mensalmente, e a alternativa Y exige um maior investimento inicial.

Mês	Fluxo de Caixa Incremental, $(Y − X)
0	−62.000
1–23	+4.000
24	+10.000

8.24 O fluxo de caixa incremental entre as alternativas Z1 e Z2 é apresentado a seguir (Z2 tem um custo inicial maior). Utilize a equação da taxa de retorno, baseada no VA, para determinar a taxa de retorno incremental e identifique a melhor alternativa, se a TMA é de 17% ao ano. Admitamos que k seja igual para os anos de 1 a 10.

Ano	Fluxo de Caixa Incremental, $(Z2 − Z1)
0	−40.000
1–10	9.000 − 500k

8.25 Dois projetos de rodovia estão sendo considerados para permitir o acesso a uma ponte suspensa permanente. A construção do projeto 1A custará $ 3 milhões e sua manutenção, $ 100.000 ao ano. O projeto 1B custará $ 3,5 milhões para ser construído e $ 40.000 ao ano, para sua manutenção. Utilize a equação da taxa de retorno, baseada no VA, para determinar qual projeto é preferível. Suponha $n = 10$ anos e a TMA de 6% ao ano.

8.26 Uma empresa de manufatura necessita de uma área de 3.000 metros quadrados para expandir-se, porque acaba de ganhar um novo contrato de 3 anos. A empresa está considerando a compra do terreno por $ 50.000 e de uma estrutura metálica temporária, a um custo de $ 90 por metro quadrado. No fim do período de 3 anos, a empresa espera poder vender o terreno por $ 55.000 e a construção por $ 60.000. Como alternativa, a empresa pode alugar o espaço por $ 3 o metro quadrado *por mês,* pagáveis no início de cada ano. Utilize a equação da taxa de retorno, baseada no VA, para determinar qual alternativa é preferível. A TMA é de 28% ao ano.

8.27 Quatro alternativas *de serviço,* mutuamente exclusivas, estão em consideração para automatizar uma operação de manufatura. As alternativas foram classificadas em ordem crescente de investimento inicial e depois foram comparadas, por meio de uma análise da taxa de retorno do investimento incremental. A taxa de retorno de cada incremento de investimento era menor do que a TMA. Qual alternativa deve ser selecionada?

Comparação de Alternativas Múltiplas

8.28 Uma empresa de galvanização está considerando quatro diferentes métodos para recuperar metais pesados, um subproduto do processo, de um tanque de resíduos líquidos existente em uma instalação de manufatura. Os custos de investimento e as receitas associadas a cada método foram estimados. Todos os métodos têm um ciclo de vida de 8 anos. A TMA é de 11% ao ano. (*a*) Se os métodos são independentes, uma vez que podem ser implementados em diferentes instalações industriais, quais deles são aceitáveis? (*b*) Se os métodos são mutuamente exclusivos, determine qual deles deve ser selecionado, utilizando uma avaliação da ROR.

Método	Custo de Aquisição, $	Valor Recuperado, $	Receita Anual, $/ano
A	−30.000	+1.000	+4.000
B	−36.000	+2.000	+5.000
C	−41.000	+500	+8.000
D	−53.000	−2.000	+10.500

8.29 A Mountain Pass Canning Company determinou que apenas uma, entre cinco máquinas, pode ser utilizada em uma das fases da operação de enlatamento. A estimativa dos custos das máquinas é apresentada a seguir, e todas têm uma durabilidade de 5 anos. Se a taxa de mínima atratividade é de 20% ao ano, determine qual a melhor alternativa, baseando-se em uma análise da taxa de retorno.

Máquina	Custo de Aquisição, $	Custo Operacional Anual, $/ano
1	−31.000	−18.000
2	−28.000	−19.500
3	−34.500	−17.000
4	−48.000	−12.000
5	−41.000	−15.500

8.30 Uma empresa de remoção de lixo, independente, está tentando determinar qual tamanho de caminhão basculante comprar. A empresa sabe que, à medida que o tamanho da caçamba aumenta, a receita líquida aumenta, mas não tem certeza se o dispêndio incremental necessário para a aquisição do caminhão de maior porte se justifica. Os fluxos de caixa associados a cada tamanho de caminhão estão estimados a seguir. A TMA da empresa é de 18% ao ano, e espera-se que todos os caminhões tenham uma vida útil de 5 anos. (*a*) Determine qual tamanho de caminhão deve ser comprado. (*b*) Se dois caminhões de diferentes tamanhos precisarem ser comprados, qual deve ser o tamanho do segundo caminhão?

Tamanho da Caçamba do Caminhão, em Metros Cúbicos	Investimento Inicial, $	Custo Operacional Anual, $/ano	Valor Recuperado, $	Receita Anual, $/ano
8	−30.000	−14.000	+2.000	+26.500
10	−34.000	−15.500	+2.500	+30.000
15	−38.000	−18.000	+3.000	+33.500
20	−48.000	−21.000	+3.500	+40.500
25	−57.000	−26.000	+4.600	+49.000

8.31. Um engenheiro da Anode Metals está avaliando os projetos apresentados a seguir, e todos eles podem ser considerados para perdurarem indefinidamente. Se a TMA da empresa é de 15% ao ano, determine qual deles deve ser selecionado (a) se eles forem independentes e (b) se forem mutuamente exclusivos.

	Custo de Aquisição, $	Receita Anual, $/ano	Taxa de Retorno da Alternativa, %
A	−20.000	+3.000	15
B	−10.000	+2.000	20
C	−15.000	+2.800	18,7
D	−70.000	+10.000	14,3
E	−50.000	+6.000	12

8.32 Somente uma, de quatro máquinas diferentes, deve ser comprada para determinado processo de produção. Um engenheiro realizou as análises apresentadas a seguir, para selecionar a melhor máquina. Presume-se que todas elas tenham uma vida útil de 10 anos. Se for o caso, qual máquina a empresa deve selecionar a uma TMA de (a) 12% ao ano e (b) 20% ao ano?

	Máquina			
	1	2	3	4
Custo de aquisição, $	−44.000	−60.000	−72.000	−98.000
Custo anual, $/ano	−70.000	−64.000	−61.000	−58.000
Economia anual, $/ano	+80.000	+80.000	+80.000	+82.000
Taxa de retorno (ROR), %	18,6	23,4	23,1	20,8
Comparação das máquinas		2 a 1	3 a 2	4 a 3
Investimento incremental, $		−16.000	−12.000	−26.000
Fluxo de caixa incremental, $/ano		+6.000	+3.000	+5.000
ROR do incremento, %		35,7	21,4	14,1

8.33 As quatro alternativas, descritas a seguir, estão sendo avaliadas.
(a) Se as propostas forem independentes, qual deve ser selecionada quando a TMA é de 16% ao ano?
(b) Se as propostas forem mutuamente exclusivas, qual deve ser selecionada quando a TMA é de 9% ao ano?
(c) Se as propostas forem mutuamente exclusivas, qual deve ser selecionada quando a TMA é de 12% ao ano?

Alternativa	Investimento Inicial, $	Taxa de Retorno, %	Taxa de Retorno Incremental Percentual Quando Comparada com a Alternativa		
			A	B	C
A	−40.000	29			
B	−75.000	15	1		
C	−100.000	16	7	20	
D	−200.000	14	10	13	12

8.34 Uma análise da taxa de retorno foi iniciada para alternativas com ciclos de vida infinitos, apresentadas a seguir.
(a) Preencha os espaços em branco, na coluna da taxa de retorno incremental, na parte correspondente ao fluxo de caixa incremental da tabela.
(b) Qual é a receita associada a cada alternativa?
(c) Qual alternativa deve ser selecionada, se elas forem mutuamente exclusivas, a uma TMA de 16%?
(d) Qual alternativa deve ser selecionada, se elas forem mutuamente exclusivas, a uma TMA de 11%?
(e) Selecione as duas melhores alternativas, a uma TMA de 19%.

Alternativa	Investimento da Alternativa, $	Taxa de Retorno da Alternativa, %	Taxa de Retorno Incremental Percentual do Fluxo de Caixa Incremental Quando Comparada com a Alternativa			
			E	F	G	H
E	−20.000	20	—			
F	−30.000	35		—		
G	−50.000	25			—	11,7
H	−80.000	20			11,7	—

8.35 Uma análise da taxa de retorno foi iniciada para as alternativas com ciclos de vida infinitos, apresentadas a seguir.
(a) Preencha os espaços em branco na coluna da taxa de retorno das alternativas e nas colunas da taxa de retorno incremental da tabela.
(b) Qual alternativa deve ser selecionada, se forem independentes, a uma TMA de 21% ao ano?
(c) Qual alternativa deve ser selecionada, se forem mutuamente exclusivas, a uma TMA de 24% ao ano?

Alternativa	Investimento da Alternativa, $	Taxa de Retorno da Alternativa, %	Taxa de Retorno Incremental Percentual do Fluxo de Caixa Incremental Quando Comparada com a Alternativa			
			E	F	G	H
E	−10.000	25	—	20		
F	−25.000		20	—	4	
G	−30.000			4	—	
H	−60.000	30				—

PROBLEMAS DE REVISÃO DE FUNDAMENTOS DE ENGENHARIA (FE)

8.36 A alternativa I exige um investimento inicial de $ 20.000 e produzirá uma taxa de retorno de 15% ao ano. A alternativa C, que exige um investimento de $ 30.000, produzirá 20% ao ano. Qual das afirmações seguintes é verdadeira em relação à taxa de retorno do incremento de $ 10.000?
(a) Ela é maior do que 20% ao ano.
(b) Ela é exatamente igual a 20% ao ano.
(c) Ela está entre 15% e 20% ao ano.
(d) Ela é inferior a 15% ao ano.

8.37 A taxa de retorno da alternativa X é de 18% ao ano e a da alternativa Y é de 17% ao ano, sendo que Y exige um investimento inicial maior. Se uma empresa tem uma taxa de mínima atratividade igual a 16% ao ano, ela:

(a) deve selecionar a alternativa X.
(b) deve selecionar a alternativa Y.
(c) deve realizar uma análise incremental entre X e Y, para selecionar a melhor alternativa do ponto de vista econômico.
(d) deve selecionar a alternativa "não fazer nada" (*do-nothing*).

8.38 Quando se realiza uma análise da ROR de projetos de serviço mutuamente exclusivos,

(a) todos os projetos devem ser comparados com a alternativa "não fazer nada" (*do-nothing*).
(b) mais de um projeto pode ser selecionado.
(c) uma análise do investimento incremental é necessária, para identificar o melhor.
(d) o projeto que tem a ROR incremental mais alta deve ser selecionado.

8.39 Quando duas alternativas mutuamente exclusivas são comparadas pelo método da ROR, se a taxa de retorno da alternativa que tem o custo de aquisição mais elevado for menor do que a da alternativa que tem o custo de aquisição menor,

(a) a taxa de retorno do incremento entre as duas é maior do que a taxa de retorno da alternativa que tem o custo de aquisição menor.
(b) a taxa de retorno do incremento é menor do que a taxa de retorno da alternativa que tem o custo de aquisição menor.
(c) a alternativa que tem o custo de aquisição mais alto deve ser a melhor das duas alternativas.
(d) Nenhuma das afirmações anteriores.

8.40 O fluxo de caixa incremental entre duas alternativas é apresentado a seguir.

Ano	Fluxo de Caixa Incremental, $
0	−20.000
1–10	+3.000
10	+400

A(s) equação(ões) que pode(m) ser utilizada(s) para resolver corretamente a taxa de retorno incremental é (são):

(a) $0 = -20.000 + 3.000(A/P;i;10) + 400(P/F;i;10)$
(b) $0 = -20.000 + 3.000(A/P;i;10) + 400(A/F;i;10)$
(c) $0 = -20.000(A/P;i;10) + 3.000 + 400(P/F;i;10)$
(d) $0 = -20.000 + 3.000(P/A;i;10) + 400(P/F;i;10)$

As questões 8.41 a 8.43 baseiam-se nos dados apresentados a seguir. As cinco alternativas são avaliadas pelo método da taxa de retorno.

Alternativa	Investimento Inicial, $	Taxa de Retorno da Alternativa, %	Taxa de Retorno Incremental Percentual Quando Comparada com a Alternativa				
			A	B	C	D	E
A	−25.000	9,6	—	28,9	19,7	36,7	25,5
B	−35.000	15,1		—	1,5	39,8	24,7
C	−40.000	13,4			—	49,4	28,0
D	−60.000	25,4				—	−0,6
E	−75.000	20,2					—

8.41 Se as alternativas são independentes e a TMA é de 18% ao ano, a(s) que deve(m) ser selecionada(s) é(são):

(a) Somente D
(b) Somente D e E
(c) Somente B, D e E
(d) Somente E

8.42 Se as alternativas são mutuamente exclusivas e a TMA é de 15% ao ano, a alternativa a ser selecionada é:

(a) B
(b) D
(c) E
(d) Nenhuma delas

8.43 Se as alternativas são mutuamente exclusivas e a TMA é de 25% ao ano, a alternativa a ser selecionada é:

(a) A
(b) D
(c) E
(d) Nenhuma delas

EXERCÍCIO AMPLIADO

ANÁLISE DA TAXA DE RETORNO (ROR) INCREMENTAL QUANDO AS ESTIMATIVAS DE VIDA ÚTIL DAS ALTERNATIVAS SÃO INCERTAS

O Make-to-Specs é um sistema de software que está em desenvolvimento na ABC Corporation. Ele será capaz de interpretar versões digitais de modelos computadorizados tridimensionais, contendo uma ampla variedade de formas de peças com superfícies usinadas e com acabamento altamente sofisticado (ultra-uniforme). O produto do sistema é o código de máquina controlado numericamente (NC) para a produção de peças. Além disso, o Make-to-Specs criará o código para acabamento superfino de superfícies, com controle contínuo das máquinas de acabamento. Há duas alternativas de computadores que podem desempenhar a função de servidores para as interfaces de software e prover as atualizações de bancos de dados compartilhados no chão de fábrica, enquanto o Make-to-Specs está em operação no modo paralelo. O custo de aquisição do servidor e a estimativa de contribuição para o fluxo de caixa anual líquido estão resumidos a seguir.

	Servidor 1	Servidor 2
Custo de aquisição, $	$ 100.000	$ 200.000
Fluxo de caixa líquido, $/ano	$ 35.000	$ 50.000 no ano 1, mais $ 5.000 por ano, durante os anos 2, 3 e 4 (gradiente). $ 70.000 máximo a partir do ano 5, mesmo que o servidor seja substituído.
Ciclo de vida, em anos	3 ou 4	5 ou 8

As estimativas de vida útil foram desenvolvidas por duas pessoas diferentes: um engenheiro de projetos e um gerente de fábrica. Foi solicitado a eles que todas as análises dessa etapa do projeto fossem realizadas para ambas as estimativas de vida útil de cada sistema.

Questões

Utilize uma análise por computador para responder:

1. Se a TMA = 12%, qual servidor deve ser selecionado? Utilize o método do VP e do VA para fazer a escolha.

2. Utilize uma análise da ROR incremental para decidir qual dos servidores será escolhido a uma TMA de 12%.
3. Utilize qualquer método de análise econômica para exibir, na planilha, o valor da ROR incremental do servidor 2, com uma estimativa de vida de 5 anos e, também, com uma estimativa de vida de 8 anos.

ESTUDO DE CASO 1

SÃO TANTAS AS OPÇÕES! UM ENGENHEIRO RECÉM-FORMADO É CAPAZ DE AJUDAR SEU PAI?[*]

Histórico

"Eu não sei se devo vender, expandir, alugar, ou sei lá o quê. Mas não acho que tenha condições de continuar fazendo a mesma coisa por muitos anos ainda. O que realmente gostaria de fazer é continuar por mais 5 anos e depois vender tudo, por um bom dinheiro", dizia Elmer Kettler à sua esposa Janise, ao seu filho, John Kettler e à sua nova nora, Suzanne Gestory, enquanto estavam reunidos à mesa de jantar. Elmer trocava idéias sobre a Gulf Coast Wholesale Auto Parts, uma empresa de sua propriedade, há 25 anos, na periferia sul de Houston, no Texas. O negócio tem excelentes contratos de fornecimento de peças a diversos varejistas nacionais que operam na região – NAPA, AutoZone, O'Reilly e Advance. Além disso, a Gulf Coast opera uma *rebuild shop*[3] que distribui, a esses mesmos varejistas, importantes componentes automobilísticos como, por exemplo, carburadores, caixas de marchas e compressores de ar-condicionado.

Em sua casa, depois do jantar, John decidiu ajudar seu pai a tomar uma decisão importante e difícil: o que fazer com sua empresa? John graduou-se em engenharia exatamente no ano passado, em uma importante universidade pública do Texas, onde concluiu um curso de engenharia econômica. Parte do seu trabalho na Energcon Industries é realizar análises básicas da taxa de retorno e do valor presente de propostas de gerenciamento de energia.

Opções

Durante as últimas semanas, Mr. Kettler esboçou cinco opções, inclusive a sua predileta, a de vender em 5 anos. John resumiu todas as estimativas em um horizonte de 10 anos. As opções e estimativas foram entregues a Mr. Ketler Elmer, que concordou com elas.

Opção 1: Eliminar a *rebuild shop*. Parar de operar a *rebuild shop* e concentrar-se em vender peças por atacado. Espera-se que a eliminação das operações de reconstrução e a mudança para um tipo de "loja de peças em geral" custe $ 750.000 no primeiro ano. As receitas globais cairão para $ 1 milhão no primeiro ano, com uma expectativa de crescimento de 4% ao ano, a partir daí. As despesas são projetadas em $ 0,8 milhão no primeiro ano, aumentando 6% ao ano, a partir de então.

Opção 2: *Terceirizar as operações da rebuild shop*. Preparar a *rebuild shop* para que uma empresa terceirizada assuma o controle custará $ 400.000, imediatamente. Se as despesas permanecerem idênticas durante 5 anos, atingirão uma média de $ 1,4 milhão por ano, mas pode-se esperar que subam para $ 2 milhões no ano 6 e assim permaneçam, a partir daí. Elmer acha que as receitas obtidas com a terceirização podem ser de $ 1,4 milhão no primeiro ano, com acréscimo de 5% ao ano, durante a vigência de 10 anos do contrato.

Opção 3: *Manter a situação atual e vender depois de 5 anos.* (A opção pessoal predileta de Elmer.) Não há nenhum custo

---

[*] Baseado em um estudo feito por Mr. Alan C. Stewart, consultor em assuntos de engenharia de telecomunicações e soluções de alta tecnologia, Accenture LLP.
[3] N.T.: Literalmente, loja de reconstrução, onde são vendidas peças de carros que não estão mais em produção.

agora, mas a tendência atual de lucros líquidos negativos provavelmente persistirá.

As projeções são de $ 1,25 milhão ao ano, para as despesas, e $ 1,15 milhão ao ano, para as receitas. Elmer obteve uma avaliação no ano passado e o relatório indica que a Gulf Coast Wholesale Auto Parts vale $ 2 milhões líquidos. O desejo de Elmer é vendê-la daqui a 5 anos a esse preço, por meio de um contrato, em que o novo proprietário pague $ 500.000 por ano, no fim do ano 5 (o momento da venda) e o mesmo valor durante os 3 anos seguintes.

Opção 4: *Troca de ramo de negócios (trade-out)*. Elmer tem um amigo próximo, no ramo de peças de automóveis antigos, que está "matando a pau", como ele diz, no comércio eletrônico. Não obstante a possibilidade ser arriscada, é tentador para Elmer considerar uma linha de peças totalmente nova, mas ainda no tipo de negócio básico que já entende. O *trade-out* custaria, conforme as estimativas, $ 1 milhão para Elmer, imediatamente. As despesas e receitas anuais, para um horizonte de planejamento de 10 anos, são consideravelmente mais elevadas do que o de sua empresa atual. Estima-se que as despesas sejam de $ 3 milhões por ano e as receitas de $ 3,5 milhões por ano.

Opção 5: *Contrato de arrendamento*. A Gulf Coast poderia ser arrendada a alguma empresa já em operação, com Elmer permanecendo o proprietário e custeando parte das despesas de construção, distribuição, seguro etc. A estimativa de custo inicial para esta opção é de $ 1,5 milhão para deixar a empresa pronta agora, com despesas anuais de $ 500.000 ao ano e receitas de $ 1 milhão ao ano, para um contrato de 10 anos.

Exercícios do Estudo de Caso

Ajude John a concluir a análise, fazendo o seguinte:

1. Desenvolva a série de fluxos de caixa reais e a série de fluxos de caixa incrementais (em unidades de $ 1.000) para todas as cinco opções, como preparação para uma análise da ROR incremental.

2. Discuta a possibilidade de múltiplos valores, para a taxa de retorno, para todas as séries de fluxos de caixa reais e incrementais. Encontre quaisquer taxas múltiplas na faixa de 0 a 100%.

3. Se o pai de John insistir que obtém 25% ao ano ou mais, ao longo dos próximos 10 anos, para a opção selecionada, o que ele deve fazer? Utilize todos os métodos de análise econômica que aprendeu até agora (VP, VA e ROR), a fim de que o pai de John possa entender a recomendação de uma maneira ou de outra.

4. Prepare gráficos do VP, em relação a *i*, para cada uma das cinco opções. Estime o *breakeven* entre as opções.

5. Qual é o montante mínimo que deve ser recebido, em cada um dos anos 5 a 8, para que a opção 3 (a que Elmer quer) seja a melhor economicamente? Dado esse valor, qual deve ser o preço de venda, presumindo-se um arranjo de pagamento idêntico ao apresentado na descrição?

ESTUDO DE CASO 2

ANÁLISE DO VALOR PRESENTE (VP) QUANDO MÚLTIPLAS TAXAS DE JUROS ESTÃO PRESENTES**

Histórico

Dois estudantes de engenharia econômica, Jane e Bob, não conseguiam chegar a um acordo a respeito de qual ferramenta de avaliação deveria ser utilizada para selecionar um dos seguintes planos de investimento. As séries de fluxos de caixa são idênticas, com exceção dos seus sinais. Eles se lembram de que uma equação do VP ou do VA deve ser montada para resolver a taxa de retorno. Parece que os dois planos de investimento devem ter valores de taxa de retorno ROR idênticos. Pode ser que os dois planos sejam idênticos e devam ser, ambos, aceitáveis.

** Contribuição do Dr. Tep Sastri (ex-professor adjunto de Engenharia Industrial da Texas A&M University).

Ano	Plano A	Plano B
0	$+1.900	$−1.900
1	−500	+500
2	−8.000	+8.000
3	+6.500	−6.500
4	+400	−400

Até esse ponto da aula, o professor discutiu os métodos do valor presente e do valor anual, a uma TMA dada, para avaliar as alternativas. Ele explicou o método da taxa composta de retorno durante a aula passada. Os dois estudantes lembram-se de que o professor disse: "O cálculo da taxa composta de retorno, muitas vezes, pode ser complicado do ponto de vista computacional. Se uma ROR real não é necessária, recomendamos, fortemente, que o valor presente (VP) ou o valor anual (VA), à TMA, seja utilizado, para se decidir a respeito da aceitabilidade de um projeto".

Bob admitiu que não está muito claro para ele por que o simplista "VP à TMA" é fortemente recomendado. Bob está inseguro em relação a como determinar ou não a necessidade da taxa de retorno. Ele disse para a Jane: "Desde que a técnica da taxa composta de retorno sempre produz um valor ROR único e todo estudante tem uma calculadora ou um computador com um sistema de planilhas instalado, quem se importa com o problema da computação? Eu sempre executo o método da taxa composta de retorno". Jane foi mais cautelosa e sugeriu que uma boa análise se inicia com uma abordagem simples, baseada no bom senso. Ela sugeriu que Bob examinasse os fluxos de caixa e visse se poderia definir qual era o melhor plano, simplesmente, por meio da observação dos fluxos de caixa. Jane também propôs que experimentassem todos os métodos que haviam aprendido até então. Ela disse: "Se os experimentarmos, acho que poderemos entender a razão real pela qual o método do VP (ou do VA) é recomendado, em vez do método da taxa composta de retorno".

Exercícios do Estudo de Caso

Dadas as discussões apresentadas, estas são algumas das questões que Bob e Jane precisam responder. Ajude-os a desenvolver as respostas:

1. Simplesmente examinando os dois padrões de fluxos de caixa, determine qual é o plano preferível. Em outras palavras, se alguém oferece os dois planos, qual deles você acha que poderia obter uma taxa de retorno mais elevada?

2. Qual plano é a melhor opção se a TMA é de (*a*) 15% ao ano e (*b*) 50% ao ano? Dois critérios devem ser seguidos aqui: primeiro, avalie as duas opções utilizando a análise do VP à TMA, ignorando as raízes múltiplas, quer existam ou não. Segundo, determine a taxa interna de retorno dos dois planos. As duas séries de fluxos de caixa têm valores ROR idênticos?

3. Realize uma análise da ROR incremental dos dois planos. Ainda há raízes múltiplas, nas séries de fluxos de caixa incrementais, que limitam a capacidade de Bob e Jane fazerem uma escolha definitiva? Se assim for, quais são elas?

4. Os estudantes querem saber se a análise da taxa composta de retorno produzirá, consistentemente, uma decisão lógica e única, à medida que o valor da TMA se alterar. Para responder a essa pergunta, descubra qual plano deve ser aceito, se quaisquer fluxos de caixa liberados no fim do ano (fundos excedentes de projeto) têm rendimentos de acordo com as três taxas de reinvestimento seguintes. As taxas TMA também se modificam.

    (*a*) A taxa de reinvestimento é de 15% ao ano; a TMA é de 15% ao ano.

    (*b*) A taxa de reinvestimento é de 45% ao ano; a TMA é de 15% ao ano.

    (*c*) A taxa de reinvestimento e a TMA são, ambas, de 50% ao ano.

    (*d*) Explique para Bob e para Jane suas conclusões acerca dessas três diferentes combinações de taxas.

CAPÍTULO 9
Análise de Custo-Benefício e Economia do Setor Público

Os métodos de avaliação, apresentados nos capítulos anteriores, são aplicados, usualmente, às alternativas do setor privado, ou seja, de corporações ou negócios lucrativos, ou mesmo sem fins lucrativos. Este capítulo introduz as *alternativas do setor público* e suas considerações econômicas. Aqui, os proprietários e usuários (beneficiários) são os cidadãos da unidade de governo – cidade, município, estado, província ou país. As unidades de governo têm mecanismos de arrecadação de recursos, tanto para os investimentos como para as operações de projetos, por meio de impostos, taxas de consumo, emissões de títulos e empréstimos. Há diferenças substanciais nas características das alternativas para o setor público e para o setor privado, assim como nas avaliações econômicas, conforme esboçamos na primeira seção. Parcerias entre os setores público e privado tornaram-se cada vez mais comuns, especialmente para grandes projetos de construção de infra-estrutura, como, por exemplo, grandes rodovias, usinas de geração de energia elétrica, desenvolvimento de recursos hídricos e afins.

A razão custo-benefício (C/B) foi desenvolvida, em parte, para dar objetividade à análise econômica da avaliação de projetos do setor público, reduzindo, assim, os efeitos das políticas e os interesses especiais. Entretanto, sempre há discordâncias entre os cidadãos (indivíduos e grupos), a respeito de como os benefícios de uma alternativa são definidos e avaliados economicamente. Os diferentes formatos da análise de custo-benefício e os malefícios associados a uma alternativa serão discutidos aqui. A análise de C/B pode utilizar cálculos de equivalência, baseados em valores de VP, VA ou VF. Executado corretamente, o método de custo-benefício sempre selecionará a mesma alternativa obtida pela análise do VP, do VA ou da ROR.

Um projeto do setor público para melhorar a iluminação de uma auto-estrada é o tema do Estudo de Caso.

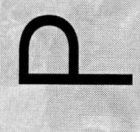

OBJETIVOS DE APRENDIZAGEM

Propósito: Compreender a economia do setor público; avaliar um projeto e comparar alternativas utilizando o método da razão custo-benefício.

Setor público	Este capítulo ajudará você a:
O C/B de um projeto único	1. Identificar as diferenças fundamentais entre as alternativas econômicas do setor público e privado.
Seleção da alternativa	2. Utilizar a razão custo-benefício para avaliar um projeto único.
Alternativas múltiplas	3. Selecionar a melhor de duas alternativas utilizando o método da razão C/B incremental.
	4. Selecionar a melhor de múltiplas alternativas, utilizando o método da razão C/B incremental.

9.1 PROJETOS DO SETOR PÚBLICO

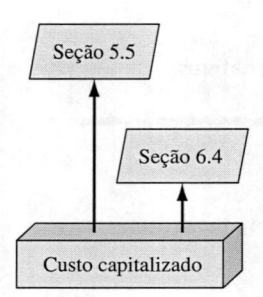

Os projetos do setor público pertencem aos cidadãos, pois são utilizados e financiados por estes, em qualquer nível de governo, enquanto os projetos do setor privado pertencem a corporações, parcerias e indivíduos. Os produtos e serviços de projetos do setor privado são adquiridos por consumidores e clientes individuais. A maior parte dos exemplos nos capítulos anteriores foi do setor privado; exceções ocorreram nos Capítulos 5 e 6. Nesses dois capítulos, foi abordado o custo capitalizado como uma extensão da análise do valor presente (VP) para alternativas com ciclos de vida longos e investimentos perpétuos.

Os projetos do setor público têm o propósito principal de prestar serviços aos cidadãos, em nome do bem público, sem receber nenhum pagamento em contrapartida. Áreas como a saúde, a segurança, o bem-estar econômico e os serviços públicos abrangem a maior parte das alternativas que exigem análises de engenharia econômica. Alguns exemplos de projetos do setor público são:

Hospitais e clínicas
Parques e recreação
Serviços públicos: água, eletricidade, gás, esgotos, saneamento básico
Escolas: fundamental I e II, ensino médio, faculdades e universidades
Desenvolvimento econômico
Centros de convenção
Estádios esportivos

Transporte: rodovias, pontes e hidrovias
Polícia e proteção contra incêndios
Tribunais e presídios
Programas de *food stamp*[1] e auxílio-aluguel
Treinamento para o trabalho
Albergues
Defesa civil
Códigos e padrões

Há diferenças significativas nas características das alternativas do setor privado e do setor público.

Características	Setor público	Setor privado
Tamanho do investimento	Maior	Alguns grandes; a maior parte, de médio a pequeno

Freqüentemente, as alternativas desenvolvidas para atender às necessidades públicas requerem um grande investimento inicial, possivelmente distribuído ao longo de diversos anos. Modernas rodovias, sistemas de transporte público, aeroportos e sistemas de controle de enchentes são alguns exemplos.

Estimativas de vida útil	Mais longas (de 30 a 50 anos, ou mais)	Mais breves (de 2 a 25 anos)

A longa durabilidade dos projetos públicos, freqüentemente, induz à utilização do método de custo capitalizado, em que o infinito é utilizado para n e os custos anuais são calculados como $A = P(i)$. À medida que n cresce, especificamente, para além de 30 anos, as diferenças quanto aos valores A calculados tornam-se pequenas. Por exemplo, à taxa $i = 7\%$, haverá uma diferença muito pequena em 30 e 50 anos, porque $(A/P;7\%;30) = 0,08059$ e $(A/P;7\%;50) = 0,07246$. Os projetos do setor público (também chamados de estatais) não têm lucros;

Estimativas do fluxo de caixa anual	Nenhum lucro: custos, benefícios e malefícios são calculados	As receitas contribuem para os lucros; os custos são estimados

---

[1] **N.T.:** Cupons emitidos pelo governo federal dos Estados Unidos que possibilitam às pessoas de baixa renda utilizá-los para comprar alimentos.

têm custos que são pagos pela unidade de governo apropriada e beneficiam os cidadãos. Esses tipos de projetos, com freqüência, têm conseqüências indesejáveis, de acordo com a opinião de uma parte do público. São essas conseqüências que podem causar controvérsias. A análise econômica deve considerá-las em termos monetários, de acordo com o grau estimável. (Freqüentemente, nas análises do setor privado, essas conseqüências não são consideradas, ou podem ser diretamente tratadas como custos.) Para realizar a análise econômica de alternativas do setor público, os custos (iniciais e anuais), benefícios e malefícios, se considerados, devem ser estimados da maneira mais acurada possível, em *unidades monetárias*.

Custos — dispêndios estimados que a *entidade governamental* terá para a construção, operação e manutenção do projeto, menos qualquer valor recuperado previsto.

Benefícios — vantagens a serem usufruídas *pelos proprietários, ou seja, o público*.

Malefícios — conseqüências indesejáveis ou negativas esperadas *para os proprietários*, se a alternativa vier a ser implementada. Os malefícios podem ser desvantagens econômicas indiretas decorrentes da alternativa.

É importante perceber o seguinte:

É difícil estimar os impactos econômicos dos benefícios e malefícios de uma alternativa do setor público bem como obter concordância em relação a eles.

Por exemplo, suponhamos que se recomende a construção de um desvio em uma cidade, ao redor de uma área propensa a congestionamentos. Até que ponto ele beneficiará o motorista em termos de *dólares por minuto ao volante*, tendo em vista que poderá desviar-se de cinco faróis de trânsito, dirigindo a uma média de 56 km/h, em comparação com o estado atual, em que cruza os faróis a uma média de 32 km/h, parando, em média, em dois faróis, com um tempo de espera de 45 segundos, aproximadamente, em cada um? As bases e os padrões para estimar os benefícios são sempre difíceis de estabelecer e verificar. Se comparadas às estimativas dos fluxos de caixa de receitas do setor privado, as estimativas de benefícios são muito mais difíceis de se fazer e variam amplamente, em torno de médias incertas. E os malefícios que se acumulam, decorrentes de uma alternativa, são mais difíceis ainda de serem estimados. Pode ocorrer, inclusive, de não se ter conhecimento do malefício na época em que a avaliação é executada.

| **Financiamento** | Impostos, taxas, títulos, fundos privados | Ações, títulos, empréstimos, proprietários individuais |

O capital utilizado para financiar projetos do setor público, comumente, é arrecadado por meio de impostos, títulos e taxas. Os impostos são coletados dos proprietários – os cidadãos (por exemplo, os impostos federais sobre a gasolina, destinados às rodovias, são pagos por todos os consumidores de gasolina). Isso também ocorre em relação às taxas, como, por exemplo, os pedágios nas estradas, pagas pelos motoristas. Freqüentemente são emitidos títulos: os títulos do Tesouro norte-americano, as emissões de títulos municipais e títulos com fins específicos, como, por exemplo, os títulos de *utility district*[2]. Credores particulares podem fornecer o financiamento imediato. Além disso, doadores particulares podem prover o financiamento de museus, memoriais, parques e áreas ajardinadas, por meio de doações.

| **Taxa de juros** | Menores | Mais altas, com base no custo de mercado de capital |

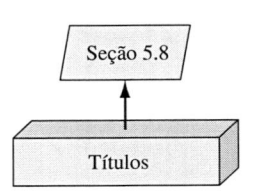

---

[2] **N.T.:** Nos Estados Unidos, o mesmo que *Municipal Utility District* (MUD), uma subdivisão político-administrativa de um Estado que tem a responsabilidade de cuidar de diversos serviços públicos dentro de suas fronteiras.

Uma vez que os tipos de financiamento para projetos do setor público são classificados como *baixo-juro*, as taxas, virtualmente, são sempre menores do que as utilizadas para financiar as alternativas do setor privado. Os órgãos governamentais estão isentos dos impostos cobrados pelas unidades de governo de níveis mais elevados. Por exemplo, projetos municipais não precisam pagar os impostos estaduais. (Corporações privadas e cidadãos individuais pagam impostos.) Muitos empréstimos têm juros muito baixos, e repasses de programas do governo federal sem nenhuma exigência de reembolso podem compartilhar os custos do projeto. Isso resulta em taxas de juros na faixa de 4% a 8%. É comum um órgão governamental determinar que todos os projetos sejam avaliados a uma taxa específica. Por exemplo, o Departamento de Administração e Orçamento – *U. S. Office of Management and Budget* (OMB) – do governo dos Estados Unidos declarou, há algum tempo, que os projetos federais deveriam ser avaliados a 10% (sem nenhum ajuste à inflação). Por uma questão de padronização, as diretrizes para se utilizar uma taxa de juros específica são benéficas, porque diferentes órgãos governamentais são capazes de obter tipos variáveis de financiamento a diferentes taxas de juros. Isso pode resultar no fato de projetos do mesmo tipo serem recusados em uma cidade ou município, mas serem aceitos em uma região administrativa (*district*) vizinha. Portanto, as taxas padronizadas tendem a aumentar a coerência das decisões econômicas e reduzir as negociatas.

A determinação da taxa de juros para a avaliação de um projeto do setor público é tão importante quanto a determinação da TMA, na análise de um projeto do setor privado. A taxa de juros para o setor público é identificada como *i*; entretanto, ela é citada por outros nomes, para diferenciá-la da taxa de juros para o setor privado. Os termos mais comuns são *taxa de desconto* e *taxa de desconto social*.

| **Critérios de seleção da alternativa** | Critérios múltiplos | Baseados principalmente na taxa de retorno |

As múltiplas categorias de usuários com interesses econômicos, tanto quanto não econômicos e grupos políticos e civis com interesse especial tornam a seleção de uma alternativa, em detrimento de outra, muito mais difícil na economia do setor público. Raramente é possível selecionar uma alternativa baseando-se somente em um critério como, por exemplo, o VP ou a ROR. É importante descrever e especificar os critérios e o método de escolha antes da análise. Isso ajuda a determinar a perspectiva de análise para realizar a avaliação. A questão da perspectiva de análise é discutida a seguir.

| **Ambiente da avaliação** | Com tendência política | Principalmente econômico |

Freqüentemente, há reuniões e debates públicos associados aos projetos do setor público, a fim de acomodar os vários interesses dos cidadãos (proprietários). Autoridades eleitas, comumente, interferem na escolha, especialmente quando eleitores, incorporadores imobiliários, ambientalistas e outros fazem pressão. O processo de seleção não é tão "limpo" quanto na avaliação no setor privado.

A perspectiva utilizada na análise do setor público deve ser determinada antes de fazer as estimativas de custo, benefício e malefício, e antes de a avaliação ser formulada e executada. Há diversos pontos de vista em relação a qualquer situação, e diferentes perspectivas podem alterar a maneira pela qual uma estimativa de fluxo de caixa é classificada.

Alguns exemplos de perspectivas: foco da decisão no cidadão, na base tributária da cidade, no número de estudantes do distrito escolar, na criação e na manutenção de empregos, no potencial de desenvolvimento econômico, nos interesses de uma indústria em particular como, por exemplo, a agricultura, no setor bancário ou na manufatura de produtos eletrônicos, além de muitos outros. Em geral, o ponto de vista da análise deve ser tão bem definido quanto seria o daqueles que arcarão com os custos do projeto e que colherão seus benefícios. Uma vez estabelecido, o ponto de vista ajuda a categorizar os custos, os benefícios e os malefícios de cada alternativa, conforme é ilustrado no Exemplo 9.1.

EXEMPLO 9.1

A Comissão para Projetos de Melhoria de Capital (CPMC), de caráter civil, da cidade de Dundee, recomendou a emissão de $ 5 milhões em títulos públicos para a compra de terras do cinturão verde e de planícies de inundação, a fim de preservar as áreas verdes baixas e o habitat de vida selvagem no lado leste dessa cidade, de 62.000 habitantes, em rápida expansão. A proposta foi chamada de Greenway Acquisition Initiative. Os incorporadores imobiliários imediatamente se opuseram à proposta, devido à redução de terras disponíveis para desenvolvimento comercial. O *city engineer*[3] e o diretor de desenvolvimento econômico da prefeitura fizeram as seguintes estimativas preliminares, referentes a algumas áreas evidentes, considerando as consequências da Initiative, em termos de manutenção, parques, desenvolvimento comercial e inundações, ao longo de um horizonte de planejamento projetado de 15 anos. A imprecisão dessas estimativas tornou-se muito clara no relatório apresentado à Câmara Municipal de Dundee. As estimativas ainda não estão classificadas como custos, benefícios ou malefícios. Se a Greenway Acquisition Initiative for implementada, as estimativas serão as seguintes:

Dimensão Econômica	Estimativas
1. Custo anual de $ 5 milhões em títulos públicos, ao longo de 15 anos, a uma taxa de 6% de juros para obrigações financeiras	$ 300.000 (anos 1 a 14) $ 5.300.000 (ano 15)
2. Manutenção anual, conservação e gerenciamento do programa	$ 75.000 + 10% ao ano
3. Orçamento anual para o desenvolvimento de parques	$ 500.000 (anos 5 a 10)
4. Perda anual do desenvolvimento comercial	$ 2.000.000 (anos 8 a 10)
5. Perda de arrecadação do imposto estadual sobre as vendas não realizadas	$ 275.000 + 5% ao ano (a partir do ano 8)
6. Receita municipal anual pela utilização de parques e pela realização de eventos esportivos regionais	$ 100.000 + 12% ao ano (a partir do ano 6)
7. Economia em projetos de controle de enchentes	$ 300.000 (anos 3 a 10) $ 1.400.000 (anos 10 a 15)
8. Ausência de danos à propriedade (pessoal e municipal) causados por enchentes	$ 500.000 (anos 10 e 15)

Identifique três diferentes pontos de vista para a análise econômica da proposta e classifique as estimativas adequadamente.

Solução

Há muitas perspectivas a serem consideradas: três delas são tratadas aqui. Os pontos de vista e metas são identificados, e cada estimativa é classificada como custo, benefício ou malefício. (A maneira pela qual a classificação é realizada variará, dependendo de quem realiza a análise. Esta solução apresenta somente uma resposta lógica.)

Ponto de vista 1: Os cidadãos do município. Meta: Maximizar a qualidade e o bem-estar dos cidadãos, tendo a família e a vizinhança como preocupações principais.

Custos: 1, 2, 3   Benefícios: 6, 7, 8   Malefícios: 4, 5

---
[3] **N.T.:** Chefe da seção de planejamento e projetos da prefeitura.

Ponto de vista 2: O orçamento municipal. Meta: Garantir que o orçamento permaneça equilibrado e seja suficiente para financiar os custos crescentes dos serviços municipais.

    Custos: 1, 2, 3, 5   Benefícios: 6, 7, 8   Malefícios: 4

Ponto de vista 3: Desenvolvimento econômico. Meta: Promover novos avanços econômicos comerciais e industriais para a criação e a manutenção de empregos.

    Custos: 1, 2, 3, 4, 5   Benefícios: 6, 7, 8   Malefícios: nenhum

A classificação das estimativas 4 (perda do desenvolvimento comercial) e 5 (perda de arrecadação de impostos sobre as vendas) se modifica, dependendo do ponto de vista assumido na realização da análise econômica. Se o(a) analista for favorável às metas de desenvolvimento econômico da cidade, as perdas em termos de desenvolvimento comercial serão consideradas custos reais, embora sejam conseqüências indesejáveis (malefícios) do ponto de vista dos cidadãos e do orçamento municipal. Além disso, a perda de arrecadação do imposto estadual sobre as vendas é interpretada como um custo real, a partir das perspectivas orçamentárias e de desenvolvimento econômico; entretanto, é vista como um malefício do ponto de vista dos cidadãos.

Comentário

Os malefícios podem ser incluídos ou desconsiderados em uma análise, conforme discutiremos na próxima seção. Essa discussão pode fazer uma notável diferença na aceitação ou na rejeição de uma alternativa do setor público.

No decorrer das últimas décadas, grandes projetos do setor público foram desenvolvidos com freqüência cada vez maior, por meio de parcerias com o setor privado. Essa tendência se deve, parcialmente, à maior eficiência do setor privado e, em parte, ao custo considerável para projetar, construir e operar esses projetos. Um financiamento integral por parte da unidade de governo pode não ser possível utilizando-se os meios tradicionais de financiamento governamental – taxas, impostos e títulos públicos. Alguns exemplos de projetos com essas características são os seguintes:

Projeto	Alguns Propósitos do Projeto
Pontes e túneis	Agilizar o fluxo do tráfego; reduzir congestionamentos; melhorar a segurança
Portos e ancoradouros	Aumentar a capacidade de carga; apoiar o desenvolvimento industrial
Aeroportos	Aumentar a capacidade; melhorar a segurança dos passageiros; amparar o desenvolvimento
Recursos hídricos	Dessalinização para produção de água potável; atender às necessidades de irrigação e de abastecimento à indústria; melhorar o tratamento de esgotos

Nesses empreendimentos conjuntos (*joint ventures*), o setor público (governo) é responsável pelo custo e pelo serviço aos cidadãos, e o parceiro do setor privado (corporação) é responsável por aspectos variáveis dos projetos, conforme detalharemos a seguir. A unidade de governo não pode obter lucro, mas a(s) corporação(ões) envolvida(s) pode(m) realizar um lucro considerável. De fato, a margem de lucro, geralmente, é estipulada no contrato que rege o projeto, a construção, a operação e a propriedade do bem em análise.

Tradicionalmente, esses empreendimentos são projetados e financiados por uma unidade de governo, e uma empreiteira faz a construção mediante um contrato pago globalmente (*preço fixado*) ou por meio de um contrato de reembolso do custo (*cost-plus*[4]), que especifica a margem de lucro acordada. Nesses casos, a empreiteira não compartilha com o governo (o "proprietário") o risco do sucesso do projeto. Quando uma parceria de interesses públicos e

---

[4] **N.T.:** Sistema de fixação de preços que acrescenta um percentual adicional, ou montante fixo, aos custos correspondentes.

privados é desenvolvida, o projeto habitualmente é contratado mediante um arranjo denominado método de BOT – *build-operate-transfer* (construção, operação e transferência), que também pode ser chamado de método de BOOT, em que o primeiro O refere-se a *own*, em *build-own-operate-transfer* (construção, propriedade, operação e transferência). Um projeto administrado na modalidade de BOT pode exigir que a empreiteira seja parcial ou plenamente responsável por projetar e financiar, e plenamente responsável pelas atividades de construção (o elemento *build*), operação (o elemento *operate*) e manutenção, no decorrer de um número específico de anos. Depois desse intervalo de tempo, a unidade de governo torna-se a proprietária, momento em que o título de propriedade é transferido (*transfer*), a nenhum custo ou a um custo muito baixo. Esse tipo de arranjo pode ter diversas vantagens, algumas das quais são citadas a seguir.

- Melhor eficiência na alocação de recursos da iniciativa privada
- Capacidade de adquirir fundos (empréstimos) com base nos registros financeiros do governo e dos parceiros da iniciativa privada
- As questões ambientais, de responsabilidade legal e de segurança, são tratadas pelo setor privado, que, geralmente, tem maior perícia no assunto
- Contratação de corporação(ões) capaz(es) de realizar um retorno do investimento durante a fase de operação

Muitos projetos em ambientes internacionais e em países em desenvolvimento utilizam o método de BOT de parceria. Há, evidentemente, desvantagens nesse tipo de arranjo. Um dos riscos é que o montante do financiamento, comprometido no projeto, pode não ser suficiente para cobrir os custos reais de construção, porque estes podem tornar-se consideravelmente mais altos do que o previsto. Um segundo risco é que um lucro razoável pode não ser realizado pela corporação privada devido à pouca utilização da instalação, durante a fase de operação. Para precaver-se desses problemas, o contrato original pode especificar que empréstimos especiais sejam garantidos pela unidade de governo, bem como por subsídios especiais. O subsídio pode cobrir os custos mais o lucro (contratualmente acordados) se a utilização for menor do que o nível especificado. O nível de utilização pode ser o ponto de equilíbrio (*breakeven*) para a margem de lucro considerada, estipulada em contrato.

Uma variação dos métodos de BOT e de BOOT é o método de BOO – *build-own-operate* (construção, propriedade e operação), em que a transferência da propriedade jamais ocorre. Esse modo de parceria público-privada pode ser uma alternativa quando o projeto tem um ciclo de vida relativamente breve, ou a tecnologia utilizada se modifica rapidamente.

9.2 ANÁLISE DE CUSTO/BENEFÍCIO DE UM PROJETO ÚNICO

A razão custo-benefício é tida como um método fundamental de análise de projetos do setor público. A análise de C/B foi desenvolvida para introduzir mais objetividade à economia do setor público e como uma resposta à aprovação da Flood Control Act (Lei de Controle de Enchentes), de 1936, pelo Congresso dos Estados Unidos. Há diversas variações da razão custo-benefício; entretanto, a abordagem fundamental é a mesma. Todas as estimativas de custos e benefícios devem ser convertidas em uma unidade monetária equivalente comum (VP, VA ou VF), a uma determinada taxa de desconto (taxa de juros). A razão custo-benefício é, então, calculada utilizando-se uma destas relações:

$$B/C = \frac{\text{VP dos benefícios}}{\text{VP dos custos}} = \frac{\text{VA dos benefícios}}{\text{VA dos custos}} = \frac{\text{VF dos benefícios}}{\text{VF dos custos}} \qquad [9.1]$$

As equivalências de valor presente e valor anual são mais utilizadas do que as de valor futuro. A convenção de sinais para a análise de C/B são sinais positivos; assim, *os custos são precedidos por um sinal +*. Os valores recuperados, quando estimados, são subtraídos dos custos. Os malefícios são considerados de diferentes maneiras, dependendo do modelo utilizado. Mais comumente, os malefícios são subtraídos dos benefícios e colocados no numerador. Os diferentes formatos são discutidos a seguir.

A diretriz de decisão é simples:

Se C/B ≥ 1,0, reconheça o projeto como economicamente aceitável para as estimativas e taxa de desconto aplicadas.

Se C/B < 1,0, o projeto não é economicamente aceitável.

Se a C/B for exatamente ou muito próximo do valor 1,0, fatores não econômicos ajudarão na tomada de decisão sobre qual é "a melhor" alternativa.

A *razão C/B convencional*, provavelmente a mais amplamente utilizada, é calculada da seguinte maneira:

$$C/B = \frac{\text{benefícios} - \text{malefícios}}{\text{custos}} = \frac{B - D}{C} \qquad [9.2]$$

Na Equação [9.2] os malefícios são subtraídos dos benefícios, não adicionados aos custos. O valor de C/B poderia se alterar consideravelmente se os malefícios fossem considerados custos. Por exemplo, se os números 10, 8 e 8 forem utilizados para representar, respectivamente, o valor presente dos benefícios, dos malefícios e dos custos, o procedimento correto resulta em C/B = (10 − 8)/8 = 0,25. A incorreta colocação dos malefícios no denominador resulta em C/B = 10/(8 + 8) = 0,625, que é mais do que o dobro do valor correto de C/B = 0,25. Evidentemente, então, o método pelo qual os malefícios são tratados afeta a magnitude da razão C/B. Entretanto, não importa que os malefícios sejam (corretamente) subtraídos do numerador ou (incorretamente) adicionados aos custos no denominador: uma razão C/B inferior a 1,0 obtida pelo primeiro método sempre produzirá uma razão C/B inferior a 1,0 obtida pelo segundo método, e vice-versa.

A *razão C/B modificada* inclui os custos de manutenção e operação (M&O) no numerador e os trata de maneira similar à aplicada aos malefícios. O denominador inclui somente o investimento inicial. Tão logo todos os valores sejam expressos em termos de VP, de VA ou de VF, a razão C/B modificada é calculada da seguinte maneira:

$$\text{Razão C/B Modificada} = \frac{\text{benefícios} - \text{malefícios} - \text{custos de M\&O}}{\text{investimento inicial}} \qquad [9.3]$$

O valor recuperado é incluído no denominador, com sinal negativo. A razão C/B modificada, evidentemente, produzirá um valor diferente daquele que é produzido pelo método de C/B convencional. Entretanto, como ocorre com os malefícios, *o procedimento modificado pode alterar a magnitude da razão, mas não a decisão de aceitar ou rejeitar o projeto.*

A medida de valor da *diferença entre benefício e custo*, sem envolver uma razão, baseia-se na diferença entre o VP, o VA ou o VF dos benefícios e custos, que é $B - C$. Se $(B - C) \geq 0$, o projeto é aceitável. Esse método tem a vantagem de eliminar as discrepâncias observadas anteriormente, quando os malefícios são considerados custos, porque B representa *benefícios líquidos*. Assim, em relação aos números 10, 8 e 8, o mesmo resultado é obtido, independentemente de como os malefícios são tratados.

Subtraindo-se os malefícios dos benefícios: $\qquad B - C = (10 - 8) - 8 = -6$

Adicionando-se os malefícios aos custos: $\qquad B - C = 10 - (8 + 8) = -6$

SEÇÃO 9.2   Análise de Custo/Benefício de um Projeto Único

Antes de calcular a razão C/B, por meio de qualquer fórmula, verifique se a alternativa que possui o maior VA ou VP de custos também produz o maior VA ou VP de benefícios. É possível que uma alternativa com custos maiores produza menos benefícios do que as outras, tornando desnecessárias as considerações adicionais a respeito da alternativa com maior custo.

EXEMPLO 9.2

A Fundação Ford espera conceder $ 15 milhões em subvenções a escolas secundárias públicas, para desenvolver novos métodos de ensino dos fundamentos de engenharia, a fim de preparar os estudantes para a matéria que estudarão na universidade. As subvenções se estenderão por um intervalo de 10 anos e gerarão uma economia estimada de $ 1,5 milhão por ano, para salários dos professores e despesas relativas aos alunos. A Fundação utiliza uma taxa de retorno de 6% ao ano em todas as suas subvenções.

Esse programa de subvenções compartilhará fundos, concedidos pela Fundação, para atividades contínuas, de forma que há a estimativa de que $ 200.000, por ano, sejam retirados do financiamento de outro programa. Para tornar esse programa bem-sucedido, $ 500.000 por ano em custos operacionais serão gastos do orçamento normal de M&O. Utilize o método de C/B para determinar se o programa de subvenções se justifica economicamente.

Solução

Utilize o valor anual como a unidade monetária equivalente comum. Todos os três modelos de C/B são utilizados para avaliar o programa.

VA do custo do investimento. $ 15.000.000(A/P;6%;10) = $ 2.038.050 por ano

VA do benefício. $ 1.500.000 por ano

VA do malefício. $ 200.000 por ano

VA do custo de M&O. $ 500.000 por ano

Utilize a Equação [9.2] para a análise de C/B convencional, onde M&O é considerado, no denominador, como um custo anual.

$$B/C = \frac{1.500.000 - 200.000}{2.038.050 + 500.000} = \frac{1.300.000}{2.538.050} = 0,51$$

O projeto não se justifica, uma vez que a C/B < 1,0.

Pela Equação [9.3], a razão C/B modificada trata o custo de M&O como uma redução dos benefícios:

$$\text{Razão B/C Modificada} = \frac{1.500.000 - 200.000 - 500.000}{2.038.050} = 0,39$$

O projeto também não se justifica pelo método da razão C/B modificada, como se poderia esperar.

Em relação ao modelo $(B - C)$, B é o benefício líquido e o custo anual de M&O é incluído nos custos.

$$B - C = (1.500.000 - 200.000) - (2.038.050 + 500.000) = \$ -1,24 \text{ milhão}$$

Uma vez que $(B - C) < 0$, o programa não se justifica.

EXEMPLO 9.3

Aaron é o novo engenheiro de projetos do Departamento de Transportes do Arizona (*Arizona Department of Transportation* – ADOT). Depois de se formar em engenharia na Universidade Estadual do Arizona, ele decidiu ganhar experiência no setor público, antes de se matricular em um programa de mestrado. Com base em relações do valor anual, Aaron realizou a análise de C/B convencional das duas propostas distintas, apresentadas a seguir.

Proposta de construção de um desvio: um novo trajeto, em torno de uma parte de Flagstaff, para melhorar a segurança e diminuir o tempo médio de viagem.

Fonte da proposta: Escritório de análise de vias públicas importantes do ADOT estadual.

Investimento inicial em termos de valor presente: $P = \$ 40$ milhões.

Manutenção anual: $ 1,5 milhão.

Benefícios anuais ao público: $B = \$ 6,5$ milhões.

Previsão de vida útil: 20 anos.

Financiamento: Compartilhado 50–50 entre os governos federal e estadual; aplica-se a taxa de desconto federal de 8%.

Proposta de modernização: ampliar alguns trechos da rodovia que passa por Flagstaff para aliviar os congestionamentos e melhorar a segurança no trânsito.

Fonte da proposta: Escritório distrital do ADOT em Flagstaff.

Investimento inicial em termos de valor presente: $P = \$ 4$ milhões.

Manutenção anual: $ 150.000

Benefícios anuais ao público: $B = \$ 650.000$.

Previsão de vida útil: 12 anos.

Financiamento: Necessidade de 100% de financiamento pelo Estado; aplica-se a taxa de desconto de 4%.

Aaron utilizou o método de solução manual para a análise de C/B convencional, apresentado na Equação [9.2], com os valores VA calculados a 8% ao ano, para a proposta de construção do desvio, e uma taxa de 4% ao ano, para a proposta de modernização.

Proposta de construção do desvio: VA do investimento = $ 40.000.000(*A/P*;8%;20) = = $ 4.074.000 ao ano.

$$B/C = \frac{6.500.000}{4.074.000 + 1.500.000} = 1,17$$

Proposta de modernização: VA do investimento = $ 4.000.000(*A/P*;4%;12) = $ 426.200 ao ano.

$$B/C = \frac{650.000}{426.200 + 150.000} = 1,13$$

Ambas as propostas se justificam economicamente, uma vez que C/B > 1,0.

(*a*) Realize a mesma análise por computador, utilizando um número mínimo de cálculos.

(*b*) Não há certeza sobre a taxa de desconto da proposta de modernização, porque o ADOT está avaliando a possibilidade de solicitar um financiamento ao governo federal. A proposta de modernização se justifica economicamente, se for especificada a taxa de desconto de 8%?

Solução por Computador

(a) Veja a Figura 9-1*a*. Os valores C/B de 1,17 e 1,13 estão nas células B4 e D4 (em unidades de $ 1 milhão). A função PGTO(*i*%; *n*; –*P*) mais o custo anual de manutenção calcula o VA dos custos no denominador. Veja os rótulos de célula.

(b) A célula F4 utiliza um valor *i* de 8% na função PGTO. Há uma diferença considerável na decisão. À taxa de 8%, a proposta de modernização não mais se justifica.

Comentário

A Figura 9-1*b* apresenta uma solução de planilha completa do C/B. Não há nenhuma diferença quanto às conclusões, em comparação com as obtidas na planilha de Solução Rápida, mas as estimativas das propostas e os resultados de C/B são apresentados detalhadamente nesta planilha. Além disso, a análise de sensibilidade adicional é facilmente realizada nesta versão ampliada, devido à utilização de funções de referência de célula.

	A	B	C	D	E	F	G
1				B/C para a proposta de		B/C para a proposta de	
2	B/C para a proposta de desvio			modernização à taxa de 4%		modernização à taxa de 8%	
3							
4	1,17			1,13		0,95	

D4: `=0,65/(0,15+PGTO(4%;12;-4))`

A4 formula: `=6,5/(1,5+PGTO(8%;20;-40))`
D4 formula: `=6,5/(1,5+PGTO(8%;20;-40))`
F4 formula: `=0,65/(0,15+PGTO(8%;12;-4))`

(*a*)

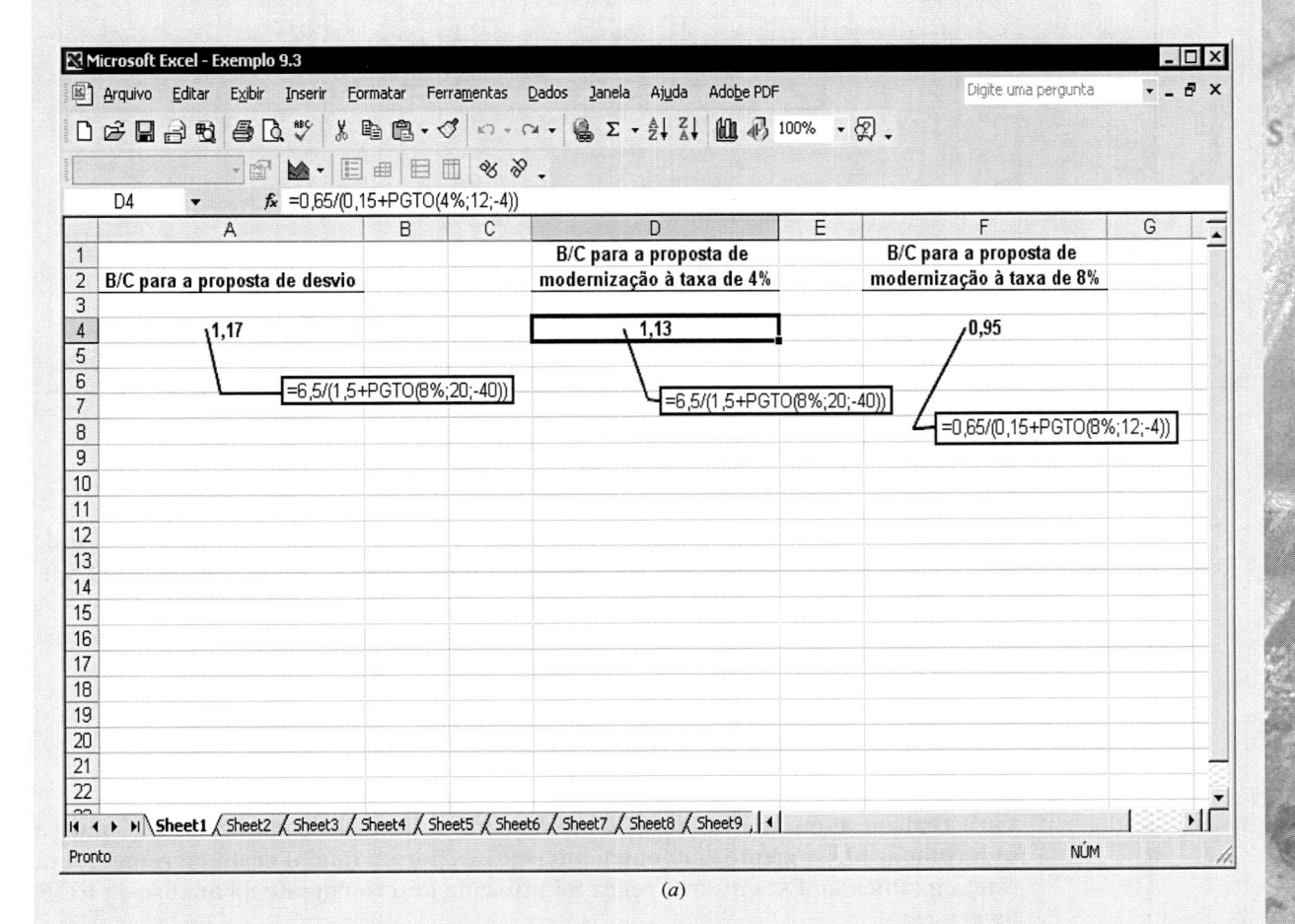

Figura 9–1
Planilha da razão C/B de duas propostas: (*a*) Solução rápida e (*b*) solução ampliada, no Exemplo 9.3.

Figura 9-1
(*continuação*).

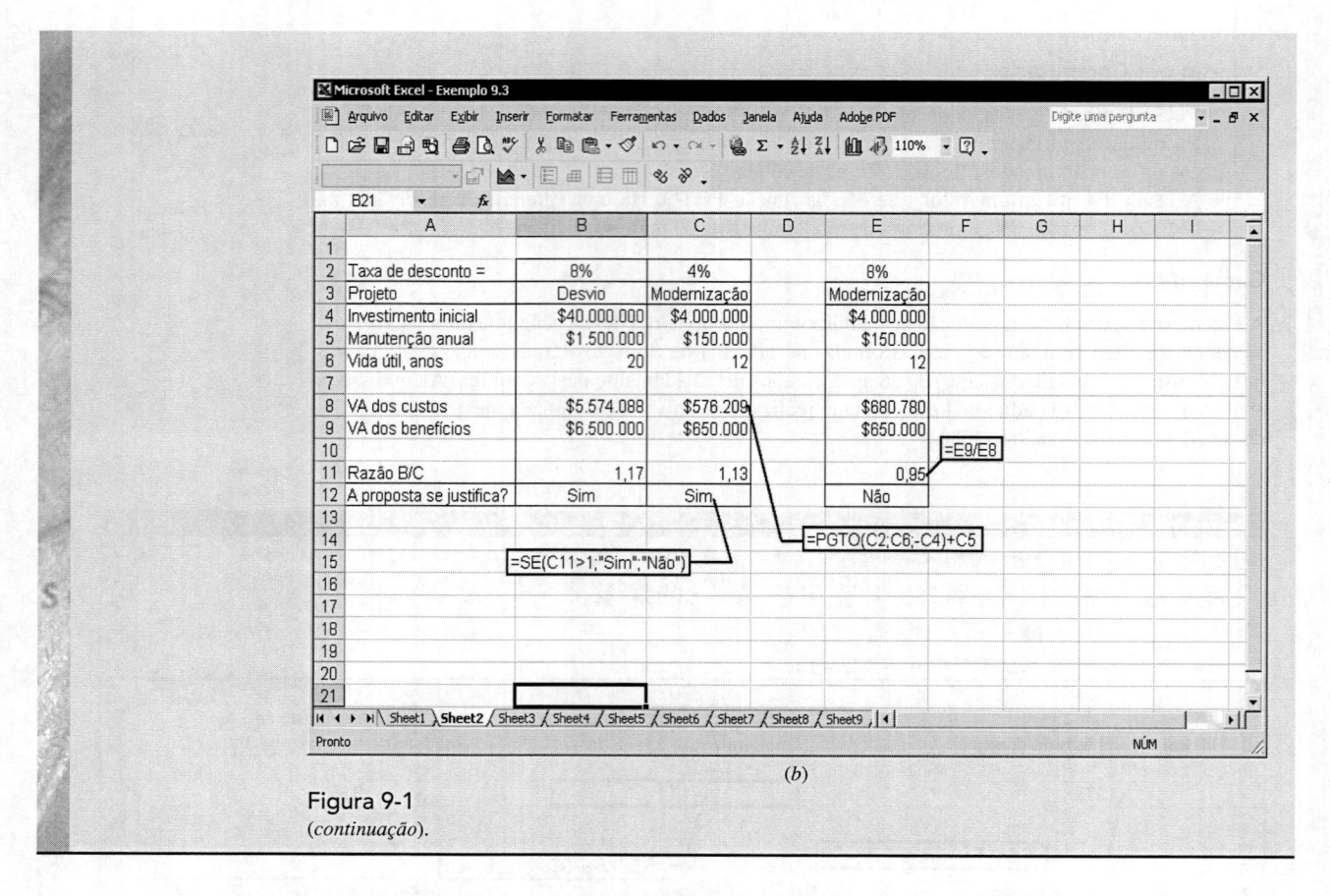

9.3 ESCOLHA DA ALTERNATIVA POR MEIO DA ANÁLISE DE C/B INCREMENTAL

A técnica para comparar duas alternativas mutuamente exclusivas por meio da análise de custo-benefício é virtualmente idêntica à que utilizamos para a ROR incremental, no Capítulo 8. A razão C/B incremental (convencional) é determinada por meio de cálculo do VP, do VA ou do VF, e a alternativa com custo extra se justifica, se essa razão C/B for igual ou maior do que 1,0. A regra de escolha é a seguinte:

Se C/B incremental ≥ 1,0, escolha a alternativa com maior custo, porque seu custo extra se justifica economicamente.

Se C/B incremental < 1,0, escolha a alternativa com menor custo.

Para realizar uma análise de C/B incremental é necessário que cada alternativa seja comparada somente com outra alternativa, para a qual o custo incremental já esteja justificado. Esta mesma regra foi utilizada anteriormente na análise da ROR incremental.

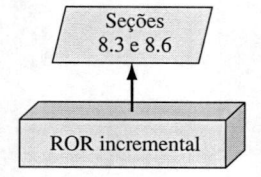

Há diversas considerações especiais, relativas à análise de C/B, que a tornam ligeiramente diferente da análise da taxa de retorno (ROR). Conforme mencionamos anteriormente, todos os custos têm um sinal positivo, na razão C/B. Além disso, *a ordenação das alternativas é realizada com base nos custos totais*, no denominador da razão. Desse modo, se duas alternativas, A e B, têm investimentos iniciais e ciclos de vida iguais, mas B tem um custo anual equivalente maior, então B deve justificar-se de modo incremental em relação à A. (Isso é ilustrado no exemplo a seguir.) Se essa convenção não for corretamente seguida, é possível obter-se um valor de custo negativo no denominador, o que pode fazer com que C/B seja incorretamente menor do que 1 e rejeitar uma alternativa de custo mais elevado que é, de fato, justificável.

Siga estes passos para executar, corretamente, a análise da razão C/B convencional de duas alternativas. Os valores equivalentes podem ser expressos em termos de VP, VA ou VF.

1. Determine os custos totais equivalentes de ambas as alternativas.

2. Ordene as alternativas por custo total equivalente: o menor primeiro, depois o maior. Calcule o custo incremental (ΔC) da alternativa que tem o maior custo. Ele é o denominador em C/B.

3. Calcule os benefícios totais equivalentes e quaisquer malefícios estimados para ambas as alternativas. Calcule os benefícios incrementais (ΔB) da alternativa que tem o maior custo. (Ele é $\Delta(B - D)$, se os malefícios forem considerados.)

4. Calcule a razão C/B incremental, utilizando a Equação [9.2], $(B - D)/C$.

5. Utilize a diretriz de escolha para selecionar a alternativa com maior custo, se C/B $\geq$ 1,0.

Quando a razão C/B é determinada para a alternativa de menor custo, trata-se de uma comparação com a alternativa de "não fazer nada" (*do-nothing* – DN). Se C/B < 1,0, então DN deve ser selecionada e comparada com a segunda alternativa. Se nenhuma alternativa tiver um valor C/B aceitável, a alternativa DN deve ser selecionada. Em análises do setor público, a alternativa DN geralmente é a situação presente.

EXEMPLO 9.4

A cidade de Garden Ridge, na Flórida, recebeu, de dois consultores em assuntos de Arquitetura, os projetos de construção de uma nova ala de quartos para pacientes no hospital municipal. Um dos dois projetos precisa ser aceito e anunciado à população, para que seja feita a licitação para a construção. O secretário de finanças do município decidiu que as três estimativas apresentadas a seguir devem ser consideradas, para que se possa determinar qual projeto será recomendado na sessão da Câmara Municipal, na semana seguinte, e também para que seja apresentado aos cidadãos, em preparação a um referendo sobre a emissão de títulos municipais, a ser realizado no próximo mês.

Estimativas	Projeto A	Projeto B
Custo de construção, $	10.000.000	15.000.000
Custo de manutenção do prédio, $/ano	35.000	55.000
Custo de utilização pelos pacientes, $/ano	450.000	200.000

O custo de utilização é uma estimativa da quantia paga pelos pacientes, sobre o prêmio dos planos de seguro de saúde, pela utilização de um quarto hospitalar. A taxa de desconto é de 5%, e a vida útil do prédio é estimada em 30 anos.

(a) Utilize uma análise da taxa C/B convencional para selecionar o projeto A ou B.

(b) Assim que os dois projetos foram publicados, o hospital particular da cidade vizinha de Forest Glen apresentou uma queixa, segundo a qual o projeto A reduziria a receita do seu próprio hospital municipal em uma estimativa de $ 500.000 ao ano, porque alguns dos recursos de cirurgias do projeto A duplicarão seus serviços. Subseqüentemente, a associação comercial de Garden Ridge argumentou que o projeto B poderia reduzir sua receita anual em, aproximadamente, $ 400.000, porque eliminaria uma área utilizada como estacionamento por seus clientes. O secretário de finanças do município declarou que essas preocupações seriam introduzidas na avaliação dos respectivos projetos, como malefícios. Refaça a análise de C/B para determinar se a decisão econômica ainda permanece a mesma, quando os malefícios não eram considerados.

Solução

(*a*) Uma vez que a maior parte dos fluxos de caixa já estão anualizados, a razão C/B incremental utilizará valores de VA. Nenhuma estimativa de malefícios é considerada. Siga os passos do procedimento já comentados.

1. O VA dos custos é a soma dos custos de construção e manutenção:

$$VA_A = 10.000.000(A/P;5\%;30) + 35.000 = \$ 685.500$$
$$VA_B = 15.000.000(A/P;5\%;30) + 55.000 = \$ 1.030.750$$

2. O projeto B tem o maior VA de custos, de forma que ele é a alternativa a ser justificada de modo incremental. O valor do custo incremental é:

$$\Delta C = VA_B - VA_A = \$ 345.250 \text{ ao ano}$$

3. O VA dos benefícios é deduzido dos custos de utilização pelos pacientes, uma vez que essas são as conseqüências para o público. Os benefícios, para a análise de C/B incremental, são representados pela *diferença* entre os custos de utilização, se o projeto B for selecionado. O menor custo de utilização, a cada ano, é um benefício positivo para o projeto B.

$$\Delta B = uso_A - uso_B = \$ 450.000 - \$ 200.000 = \$ 250.000 \text{ ao ano}$$

4. A razão C/B incremental é calculada pela Equação [9.2].

$$C/B = \frac{\$ 250.000}{\$ 345.250} = 0,72$$

5. A razão C/B é menor do que 1,0, indicando que os custos extras associados ao projeto B não se justificam. Portanto, o projeto A é selecionado para a licitação da construção.

(*b*) As estimativas de perda de receita são consideradas malefícios. Uma vez que os malefícios do projeto B são de $ 100.000 a menos do que os do projeto A, essa diferença positiva é acrescentada aos benefícios de $ 250.000 do B, resultando em um benefício total de $ 350.000. Agora,

$$C/B = \frac{\$ 350.000}{\$ 345.250} = 1,01$$

O projeto B é ligeiramente favorecido. Nesse caso, a inclusão de malefícios inverteu a decisão econômica anterior. Isso, provavelmente, tornou a situação mais difícil politicamente. Novos malefícios, certamente, serão proclamados no futuro próximo por outros grupos de interesse.

Igual a outros modelos, a análise de C/B exige uma *comparação de igual serviço* das alternativas. Habitualmente, a expectativa de vida útil de um projeto público é longa (25, 30 ou mais anos), de forma que as alternativas, geralmente, têm ciclos de vida iguais. Entretanto, quando as alternativas têm durabilidades desiguais, a utilização do valor presente (VP) para determinar os custos e os benefícios equivalentes requer a utilização do MMC dos ciclos de vida. Essa é uma excelente oportunidade para utilizar a equivalência do VA dos custos e benefícios se a hipótese implícita, de que o projeto poderia ser repetido, for razoável. Portanto, utilize a análise do valor anual (VA), para razões C/B, quando alternativas com ciclos de vida diferentes forem comparadas.

9.4 ANÁLISE DE C/B INCREMENTAL DE ALTERNATIVAS MÚLTIPLAS E MUTUAMENTE EXCLUSIVAS

Seção 8.6
↑
ROR incremental

O procedimento necessário para escolher uma dentre três ou mais alternativas mutuamente exclusivas, utilizando-se a análise de C/B incremental, é, fundamentalmente, idêntico ao da última seção. O procedimento também é equivalente ao da análise da ROR incremental, apresentado na Seção 8.6. A diretriz de escolha é a seguinte:

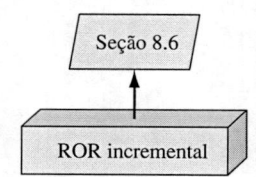

Escolha a alternativa com o maior custo, justificável por uma C/B incremental $\geq 1,0$, quando a alternativa selecionada tiver sido comparada com outra alternativa justificável.

Há dois tipos de estimativas de benefício – estimação dos *benefícios diretos* e dos benefícios implícitos, baseados nas estimativas do *custo de utilização*. O Exemplo 9.4 é uma boa ilustração do segundo tipo de estimação, dos benefícios implícitos. Quando os *benefícios diretos* são estimados, a razão C/B de cada alternativa pode ser calculada, primeiro, como um mecanismo de triagem inicial para eliminar alternativas inaceitáveis. Pelo menos uma alternativa deve ter C/B $\geq 1,0$ para que seja possível executar a análise de C/B incremental. Se todas as alternativas forem inaceitáveis, a alternativa DN é indicada como a escolha a ser feita. (Essa abordagem é idêntica à do passo 2, para "alternativas de receita", no procedimento de análise da taxa de retorno (ROR), apresentado na Seção 8.6. Entretanto, o termo "alternativa de receita" não se aplica a projetos do setor público.)

À semelhança da seção anterior, que compara duas alternativas, a escolha de múltiplas alternativas, por meio da razão C/B incremental, utiliza custos totais equivalentes para ordenar inicialmente as alternativas, da menor para a maior. A comparação par a par é então levada a efeito. Além disso, lembre-se de que todos os custos são considerados positivos nos cálculos de C/B. Os termos *alternativa defensora* e *alternativa desafiante* são utilizados neste procedimento, como na análise baseada na ROR. O procedimento para a análise de C/B incremental de alternativas múltiplas é o seguinte:

1. Determine o custo total equivalente de todas as alternativas. (Utilize equivalências de VA, VP ou VF para ciclos de vida iguais; utilize o VA para alternativas com ciclos de vida desiguais.)

2. Ordene as alternativas pelo custo total equivalente, colocando em primeiro lugar o menor.

3. Determine os benefícios totais equivalentes (e quaisquer malefícios estimados) de cada alternativa.

4. *Estimação dos benefícios diretos somente*: Calcule a C/B da primeira alternativa ordenada. (Com efeito, isso torna a DN como defensora e torna a primeira alternativa como desafiante.) Se C/B < 1,0, elimine a desafiante e passe à desafiante seguinte. Repita isso até que C/B $\geq 1,0$. A defensora é eliminada e a alternativa seguinte agora é a desafiante. (Para a análise por computador, determine a C/B de todas as alternativas, inicialmente, e mantenha somente as aceitáveis.)

5. Calcule os custos (ΔC) e os benefícios (ΔB) incrementais utilizando as relações:

$$\Delta C = \text{custo da desafiante} - \text{custo da defensora} \quad [9.4]$$
$$\Delta B = \text{benefícios da desafiante} - \text{benefícios da defensora} \quad [9.5]$$

Se os *custos de utilização* relativos forem estimados para cada alternativa, em vez de os benefícios diretos, pode-se encontrar ΔB por meio da relação:

$$\Delta B = \text{custos de utilização da defensora} - \text{custos de utilização da desafiante} \quad [9.6]$$

6. Calcule a C/B incremental da primeira desafiante, em comparação com a da defensora:

$$C/B = \Delta B / \Delta C \quad [9.7]$$

Se C/B incremental $\geq 1,0$, na Equação [9.7], a desafiante torna-se a defensora e a defensora anterior é eliminada. Inversamente, se C/B incremental < 1,0, elimina-se a desafiante e a defensora posiciona-se contra a desafiante seguinte.

7. Repita os passos 5 e 6, até que somente uma alternativa permaneça. Ela é a selecionada.

Em todos os passos acima, os malefícios incrementais podem ser considerados ao substituir ΔB por $\Delta(B - D)$, como na razão C/B convencional, Equação [9.2].

EXEMPLO 9.5

A Economic Development Corporation (EDC), da cidade de Bahia, na Comarca de Moderna, na Califórnia, é operada como uma corporação sem fins lucrativos. Ela está à procura de uma incorporadora que construa um grande parque aquático na área da cidade ou da comarca. Serão concedidos incentivos financeiros. Em resposta a uma solicitação de proposta – *request for proposal* (RFP) – às grandes incorporadoras de parques aquáticos do país, quatro propostas foram recebidas. *Water rides*[5] maiores e mais intrincados e um parque de maior tamanho atrairão mais clientes; desse modo, diferentes níveis de incentivos iniciais são solicitados nas propostas. Uma dessas propostas será aceita pela EDC, recomendada à Câmara Municipal da Bahia e submetida à aprovação do Conselho Administrativo da Comarca de Moderna.

As diretrizes econômicas e de incentivos aprovadas e em vigor possibilitam que os projetos da indústria do entretenimento recebam até $ 500.000, como incentivo no primeiro ano, e 10% desse valor, a cada ano, durante 8 anos, em redução de impostos imobiliários. Todas as propostas cumprem os requisitos para receberem esses dois incentivos. Cada proposta inclui uma provisão, segundo a qual os habitantes da cidade ou da comarca se beneficiarão com preços de ingresso (utilização) reduzidos, quando utilizarem o parque. Essa redução de preço dos ingressos vigorará enquanto o incentivo de redução dos impostos imobiliários persistir. A EDC estimou os preços de ingresso totais anuais, incluindo a redução de preços para os habitantes locais. A EDC estimou, também, a receita extra do imposto sobre as vendas (*sales tax*[6]), esperada para os quatro projetos de parque. Essas estimativas e os custos referentes ao investimento inicial e a redução anual de 10% nos impostos estão resumidas na Tabela 9–1.

TABELA 9–1 Estimativas de Custos e Benefícios e Análise de C/B Incremental de Quatro Propostas para Construção de um Parque Aquático, no Exemplo 9.5

	Proposta 1	Proposta 2	Proposta 3	Proposta 4
Incentivo inicial, $	250.000	350.000	500.000	800.000
Custo do incentivo fiscal, $/ano	25.000	35.000	50.000	80.000
Preços dos ingressos para os habitantes, $/ano	500.000	450.000	425.000	250.000
Receita extra do imposto sobre as vendas, $/ano	310.000	320.000	320.000	340.000
Período de estudo, em anos	8	8	8	8
VA dos custos totais, $	66.867	93.614	133.735	213.976
Comparação das alternativas		2-para-1	3-para-2	4-para-2
Custos incrementais ΔC, $/ano		26.747	40.120	120.360
Redução dos preços de ingresso, $/ano		50.000	25.000	200.000
Receita extra do imposto sobre as vendas, $/ano		10.000	0	20.000
Benefícios incrementais ΔB, $/ano		60.000	25.000	220.000
Razão C/B incremental		2,24	0,62	1,83
O incremento se justifica?		Sim	Não	Sim
Alternativa selecionada		2	2	4

---

[5] **N.T.:** Nome genérico dos vários equipamentos de diversão existentes nos parques aquáticos (por exemplo, toboáguas).

[6] **N.T.:** Nos Estados Unidos, a maior parte das mercadorias está sujeita ao *sales tax*, imposto sobre as vendas, cobrado pelas administrações estaduais – exceto os Estados do Alasca, Delaware, Montana, New Hampshire e Oregon. Esse imposto incide, exclusivamente, sobre as vendas ao consumidor final.

SEÇÃO 9.4 Análise de C/B Incremental de Alternativas Múltiplas e Mutuamente Exclusivas

Utilize as análises manual e por computador para realizar um estudo da C/B incremental e determinar qual proposta de parque é a melhor economicamente. A taxa de desconto utilizada pela EDC é de 7% ao ano. As atuais diretrizes de incentivo podem ser utilizadas para aceitar a proposta vencedora?

Solução Manual

A perspectiva assumida para fazer a análise econômica é a de um morador da cidade ou da comarca. Os incentivos financeiros do primeiro ano e os incentivos anuais de redução tributária são custos reais para os habitantes. Os benefícios são deduzidos de dois componentes: as estimativas de menores preços dos ingressos e o aumento das receitas do imposto sobre as vendas. Eles beneficiarão cada cidadão, indiretamente, pelo aumento do dinheiro disponível àqueles que utilizam o parque e por meio dos orçamentos da cidade e da comarca, onde as receitas do imposto sobre as vendas serão depositadas. Uma vez que esses benefícios devem ser calculados indiretamente, com base nesses dois componentes, os valores de C/B iniciais das propostas não podem ser calculados para eliminar inicialmente nenhuma das propostas. A análise de C/B que compara de modo incremental duas alternativas simultaneamente deve ser levada a efeito.

A Tabela 9–1 inclui os resultados da aplicação do processo descrito anteriormente. Os VA equivalentes são utilizados para as quantidades de benefícios e custos ao ano. Uma vez que os benefícios devem ser deduzidos, indiretamente, das estimativas de preços de ingresso e das receitas do imposto sobre as vendas, o passo 4 não é considerado.

1. Para cada alternativa, o valor de recuperação do capital, ao longo de 8 anos, é determinado e acrescentado ao custo anual do incentivo fiscal imobiliário. Para a proposta 1:

    VA dos custos totais = investimento inicial$(A/P;7\%;8)$ + custo do imposto

    $= \$ 250.000(A/P;7\%;8) + 25.000 = \$ 66.867$

2. As alternativas estão ordenadas de acordo com o VA dos custos totais da Tabela 9–1.
3. O benefício anual de uma alternativa é o benefício incremental dos preços de ingresso e dos montantes do imposto sobre as vendas, calculados no passo 5.
4. Este passo não é considerado.
5. A Tabela 9–1 apresenta os custos incrementais calculados, por meio da Equação [9.4]. Para a comparação das alternativas 2 e 1:

    $\Delta C = \$ 93.614 - \$ 66.867 = \$ 26.747$

    Os benefícios incrementais de uma alternativa são a soma dos descontos em ingresso para os habitantes, em comparação com os benefícios da alternativa de menor custo seguinte, mais o aumento das receitas do imposto de vendas sobre a alternativa de menor custo seguinte. Assim, os benefícios são determinados, de modo incremental, para cada par de alternativas. Por exemplo, quando a proposta 2 é comparada com a proposta 1, os preços de ingresso para os moradores diminuem em $ 50.000 ao ano, e as receitas do imposto sobre as vendas aumentam em $ 10.000. Então, o benefício total é a soma deles, ou seja, $\Delta B = \$ 60.000$ ao ano.

6. Para a comparação das alternativas 2 e 1, a Equação [9.7] resulta em:

    C/B = $ 60.000/$ 26.747 = 2,24

    A alternativa 2 se justifica, de modo incremental, claramente. A alternativa 1 é eliminada e a alternativa 3 é a nova desafiante à defensora 2.

7. Esse processo é repetido na comparação da alternativa 3 com a 2, que tem uma razão C/B incremental de 0,62, porque os benefícios incrementais são, substancialmente, menores do que o aumento de custos. Portanto, a proposta 3 é eliminada e a comparação das alternativas 4 e 2 resulta em:

    C/B = $ 220.000/$120.360 = 1,83

Uma vez que C/B > 1,0, a proposta 4 é mantida e, portanto, é a selecionada.

A recomendação da proposta 4 requer um incentivo inicial de $ 800.000, que ultrapassa o limite de $ 500.000, aprovado para a concessão de incentivos. A EDC terá de solicitar à Câmara Municipal e ao Conselho Administrativo a concessão de uma exceção às diretrizes. Se a exceção não for aprovada, a proposta 2 será aceita.

Solução por Computador

A Figura 9–2 apresenta uma planilha que utiliza os mesmos cálculos da Tabela 9–1. As células da linha 8 incluem a função PGTO(7%;8;–incentivo inicial), para calcular a recuperação de capital correspondente à cada alternativa mais o custo anual do imposto. Esses valores de VA de custo total são utilizados para ordenar as alternativas, de forma que a comparação seja incremental.

Os rótulos de célula das linhas 10 a 13 detalham as fórmulas dos custos e benefícios incrementais utilizados no cálculo da C/B incremental (linha 14). Note a diferença nas fórmulas das linhas 11 e 12, as quais encontram os benefícios incrementais correspondentes aos preços de ingressos e ao imposto sobre as vendas, respectivamente. A ordem da subtração entre as colunas da linha 11 (por exemplo, =B5 – C5, na comparação das alternativas 2 e 1) deve estar correta, para obter-se o benefício incremental dos preços de ingresso. Os operadores SE, na linha 15, aceitam ou rejeitam a alternativa desafiante, com base no valor de C/B. Depois da comparação das alternativas 3 e 2, com C/B = 0,62, na célula D14, a alternativa 3 é eliminada. A escolha final é alternativa 4, como na solução manual.

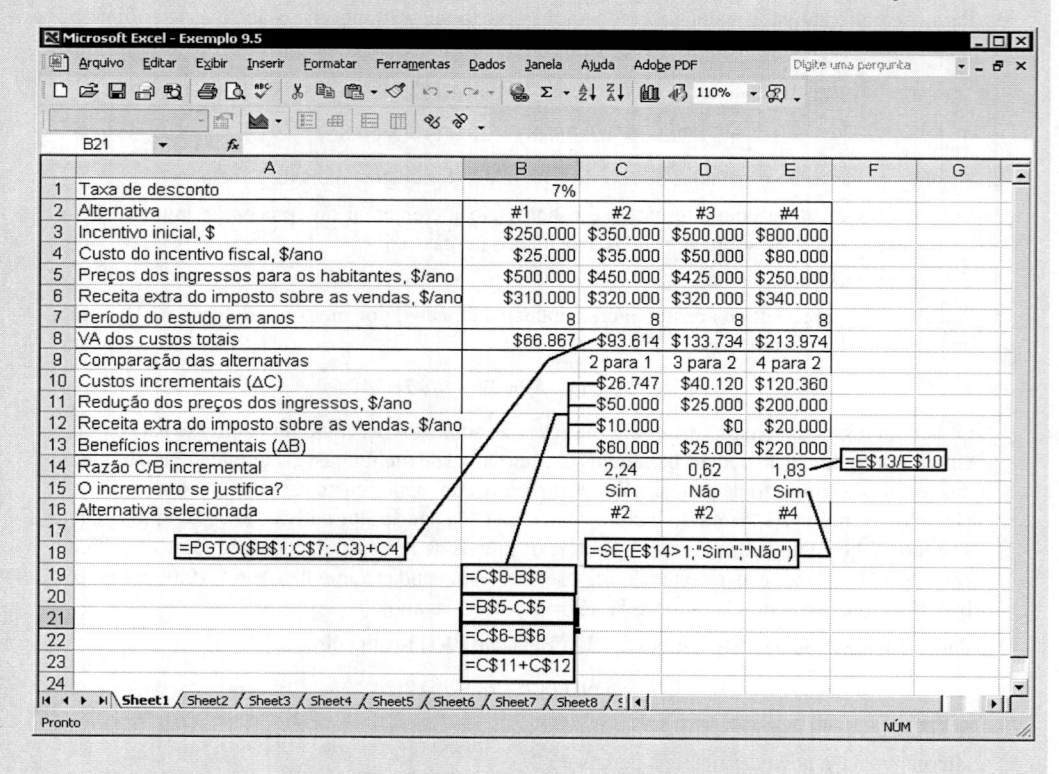

	A	B	C	D	E
1	Taxa de desconto	7%			
2	Alternativa	#1	#2	#3	#4
3	Incentivo inicial, $	$250.000	$350.000	$500.000	$800.000
4	Custo do incentivo fiscal, $/ano	$25.000	$35.000	$50.000	$80.000
5	Preços dos ingressos para os habitantes, $/ano	$500.000	$450.000	$425.000	$250.000
6	Receita extra do imposto sobre as vendas, $/ano	$310.000	$320.000	$320.000	$340.000
7	Período do estudo em anos	8	8	8	8
8	VA dos custos totais	$66.867	$93.614	$133.734	$213.974
9	Comparação das alternativas		2 para 1	3 para 2	4 para 2
10	Custos incrementais (ΔC)		$26.747	$40.120	$120.360
11	Redução dos preços dos ingressos, $/ano		$50.000	$25.000	$200.000
12	Receita extra do imposto sobre as vendas, $/ano		$10.000	$0	$20.000
13	Benefícios incrementais (ΔB)		$60.000	$25.000	$220.000
14	Razão C/B incremental		2,24	0,62	1,83
15	O incremento se justifica?		Sim	Não	Sim
16	Alternativa selecionada		#2	#2	#4

Anotações de fórmulas:
- =PGTO($B$1;C$7;-C3)+C4
- =C$8-B$8
- =B$5-C$5
- =C$6-B$6
- =C$11+C$12
- =SE(E$14>1;"Sim";"Não")
- =E$13/E$10

Figura 9–2
Solução de planilha para uma análise de C/B incremental de quatro alternativas mutuamente exclusivas, no Exemplo 9.5.

SEÇÃO 9.4 Análise de C/B Incremental de Alternativas Múltiplas e Mutuamente Exclusivas **331**

Quando os ciclos de vida das alternativas são tão longos, a ponto de serem considerados infinitos, o custo capitalizado é utilizado para calcular os valores de VP ou de VA equivalentes dos custos e benefícios. A Equação [5.3], $A = P(i)$, é utilizada para determinar os valores de VA equivalentes na análise de C/B incremental.

Se dois ou mais *projetos independentes* são avaliados, por meio da análise de C/B, e não há limitações orçamentárias, nenhuma comparação incremental é necessária. A única comparação é entre cada projeto, separadamente, com a alternativa DN. Os valores C/B do projeto são calculados, e aqueles onde C/B ≥ 1,0 são aceitos. Esse procedimento é idêntico ao utilizado para escolher uma alternativa, dentre projetos independentes, com o método da ROR (Capítulo 8). Quando uma limitação orçamentária se impõe, o procedimento de determinação do orçamento de capital, discutido no Capítulo 12, deve ser aplicado.

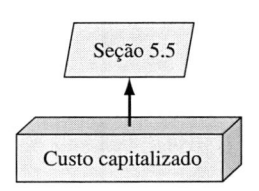

> Seção 5.5
> ↑
> Custo capitalizado

EXEMPLO 9.6

O Corpo de Engenheiros do Exército quer construir uma represa em um rio propenso a inundações. O custo estimado da construção e a média dos benefícios anuais em dólares estão listados a seguir. (*a*) Se uma taxa de 6% ao ano for aplicável e a durabilidade da represa for infinita, para propósitos de análise, selecione a melhor localização utilizando o método de C/B. Se nenhum local for aceitável, outras localizações serão determinadas posteriormente. (*b*) Se mais de uma localização puder ser selecionada para a represa, quais localizações são aceitáveis utilizando-se o método de C/B?

Local	Custo de Construção $ milhões	Benefícios anuais, $
A	6	350.000
B	8	420.000
C	3	125.000
D	10	400.000
E	5	350.000
F	11	700.000

Solução

(*a*) O custo capitalizado $A = Pi$ é utilizado para se obter os valores de VA de recuperação do custo de construção, como é indicado na primeira linha da Tabela 9–2. Uma vez que os benefícios são estimados diretamente, a razão C/B do local pode ser utilizada para fins de triagem inicial. Somente as localizações E e F têm C/B > 1,0, de forma que elas podem ser avaliadas de modo incremental. A comparação de E com DN é executada, porque não é necessário que uma localização seja selecionada. A análise entre as alternativas, mutuamente exclusivas, na parte inferior da Tabela 9–2, baseia-se na Equação [9.7].

$$\text{B/C incremental} = \frac{\Delta \text{ benefícios anuais}}{\Delta \text{ custos anuais}}$$

Uma vez que somente a localização E se justifica de modo incremental, ela é selecionada.

(*b*) As propostas de localização da represa agora são projetos independentes. A razão C/B da localização é utilizada para fazer a escolha de nenhuma ou de todas as seis localizações. Na Tabela 9–2, C/B > 1,0 somente para as localizações E e F; elas são aceitáveis, mas as restantes não.

TABELA 9–2 Utilização da Análise da Razão C/B Incremental para o Exemplo 9.6 (Valores em $ 1.000)

	C	E	A	B	D	F
Recuperação de capital, $	180	300	360	480	600	660
Benefícios anuais, $	125	350	350	420	400	700
C/B da localização	0,69	1,17	0,97	0,88	0,67	1,06
Decisão	Não	Reter	Não	Não	Não	Reter
Comparação		E-para-DN				F-para-E
Δ do custo anual, $		300				360
Δ dos benefícios anuais, $		350				350
Δ da razão C/B		1,17				0,97
O incremento se justifica?		Sim				Não
Localização selecionada		E				E

Comentário

Na questão (*a*), suponha que seja adicionada a localização G, com um custo de construção de $ 10 milhões e um benefício anual de $ 700.000. A localização C/B é aceitável à taxa C/B = 700/600 = 1,17. Agora, compare G com E, de modo incremental. A razão C/B incremental = 350/300 = 1,17, favorável à G. Nesse caso, a localização F deve ser comparada com G. Uma vez que os benefícios anuais são os mesmos ($ 700.000), a razão C/B é zero e o investimento acrescentado não se justifica. Portanto, a localização G é a escolhida.

RESUMO DO CAPÍTULO

O método de custo/benefício é utilizado, principalmente, para avaliar projetos e selecionar alternativas do setor público. Quando se compara alternativas mutuamente exclusivas, a razão C/B incremental deve ser maior ou igual a 1,0, para que o custo total incremental equivalente se justifique economicamente. O VP, o VA ou o VF dos custos iniciais e dos benefícios estimados podem ser utilizados para se realizar uma análise de C/B incremental. Se os ciclos de vida das alternativas forem desiguais, os valores de VA devem ser utilizados, desde que a hipótese de repetição do projeto possa ser considerada. Para projetos independentes, nenhuma análise de C/B incremental é necessária. Todos os projetos com C/B ≥ 1,0 são selecionados, desde que não haja nenhuma limitação orçamentária.

A economia do setor público é substancialmente diferente da economia do setor privado. Para projetos do setor público, os custos iniciais geralmente são grandes, o ciclo de vida esperado é longo (25, 35 ou mais anos) e as fontes de capital, habitualmente, são uma combinação de impostos cobrados dos cidadãos, taxas de utilização, emissões de títulos e credores privados. *É muito difícil fazer estimativas acuradas dos benefícios de um projeto do setor público.* As taxas de juros, chamadas de taxas de desconto no setor público, são menores do que as aplicadas no financiamento de capital corporativo. Não obstante a taxa de desconto ser tão importante quanto a TMA, ela pode ser difícil de ser estabelecida, porque os vários órgãos governamentais estão qualificados a operar com diferentes taxas.

PROBLEMAS

Economia do Setor Público

9.1 Estabeleça a diferença entre as alternativas do setor público e do setor privado, em relação às seguintes características:

(*a*) Tamanho do investimento

(*b*) Ciclo de vida do projeto

(*c*) Financiamento

(*d*) TMA

9.2 Indique se as características seguintes são associadas, principalmente, a projetos do setor público ou do setor privado:

(*a*) Lucros (*d*) Ciclo de vida infinito

(*b*) Impostos (*e*) Taxas de utilização

(*c*) Malefícios (*f*) Títulos corporativos

9.3 Identifique cada fluxo de caixa como um benefício, malefício ou custo:

(*a*) Receita anual de $ 500.000 do turismo, gerada por um reservatório de água doce.

(*b*) Gastos de $ 700.000 anuais com manutenção pela autoridade portuária, para navios porta-contêineres.

(*c*) Dispêndio de $ 45 milhões para a construção de um túnel em uma rodovia interestadual.

(*d*) Eliminação de $ 1,3 milhão em salários para os habitantes do município, em função da redução do comércio internacional.

(*e*) Redução de $ 375.000, ao ano, em reparos de carros acidentados, devido à melhoria da iluminação.

(*f*) Perda de receitas de $ 700.000, ao ano, pelos agricultores devido a compras de faixas de domínio.

9.4 Durante seus 20 anos no ambiente de negócios, a Deware Construction Company sempre desenvolveu seus contratos sob um arranjo de taxa fixa ou de *cost-plus*. Agora, foi oferecida a ela a oportunidade de participar de um projeto para prover transporte rodoviário *cross-country*, em um ambiente internacional, especificamente, um país da África. Se aceitar, a Deware trabalhará como subempreiteira de uma corporação européia de maior porte; e será utilizado o método de BOT de contratação com o governo do país africano. Descreva, para o presidente da Deware, pelo menos quatro das diferenças significativas que se pode esperar quando o formato de BOT é utilizado, em vez de formas mais tradicionais de realização de contratos.

9.5 Se uma corporação aceita a forma de BOT de contratação, (*a*) identifique dois riscos assumidos pela corporação e (*b*) estabeleça como esses riscos podem ser reduzidos pelo parceiro governamental.

Valor C/B do Projeto

9.6 Os fluxos de caixa anuais estimados para um projeto proposto por um governo municipal são: custos de $ 450.000 ao ano, benefícios de $ 600.000 ao ano e malefícios de $ 100.000 ao ano. Determine (*a*) a razão C/B e (*b*) o valor de B – C.

9.7 Utilize um software de planilhas, como o Excel, a análise do valor presente (VP) e uma taxa de desconto de 5%, ao ano, para determinar que o valor de C/B, para as estimativas a seguir, é 0,375, tornando o projeto não aceitável por meio do método de custo-benefício. (*a*) Insira os valores e as equações na planilha de modo que eles possam ser modificados para fins de análise de sensibilidade.

Custo de aquisição = $ 8 milhões
Custo anual = $ 800.000 ao ano
Benefício = $ 550.000 ao ano
Malefício = $ 100.000 ao ano

(*b*) Faça a análise de sensibilidade, indicada a seguir, modificando somente duas células de sua planilha. Altere a taxa de desconto para 3% ao ano e ajuste a estimativa de custos anuais até que C/B seja igual a 1,023. Isso torna o projeto aceitável, utilizando a análise de custo-benefício.

9.8 Espera-se que uma proposta de regulamentação, relativa à eliminação do arsênico da água potável, tenha um custo anual de $ 200 por família, ao ano. Se é possível estimar a existência de 90 milhões de famílias no país, e que a regulamentação poderia salvar 12 vidas por ano, qual é o valor de uma vida humana, para que a razão C/B seja igual a 1,0?

9.9 A U.S. Environmental Protection Agency estabeleceu que 2,5% da renda familiar média é uma quantia razoável a ser paga para se ter água potável de boa qualidade. A renda familiar média é de $ 30.000 por ano. Para uma regulamentação que afetaria a saúde das pessoas em 1% dos lares, qual equivalência os benefícios de saúde precisariam ter, em dólares por família (1% dos lares), para que a razão C/B seja igual a 1,0?

9.10 Utilize uma planilha eletrônica para montar e resolver o Problema 9.9 e depois aplique as alterações a seguir. Observe os aumentos e decréscimos, quanto ao valor econômico dos benefícios de saúde, para cada uma destas mudanças.

(a) A renda média é de $ 18.000 (país mais pobre) e a porcentagem de renda familiar é reduzida para 2%.

(b) A renda média é de $ 30.000 e 2,5% são gastos na obtenção de água potável, mas somente 0,5% das famílias são afetadas.

(c) Qual porcentagem das famílias precisa ser afetada, se o benefício de saúde e a renda anual necessários se igualarem, ambos, a $ 18.000? Suponha que a estimativa de renda de 2,5% seja mantida.

9.11 O chefe do Corpo de Bombeiros de uma cidade de tamanho médio estimou que o custo inicial de um novo posto da corporação será de $ 4 milhões. Estima-se que os custos anuais de manutenção sejam de $ 300.000. Os benefícios para os cidadãos, de $ 550.000, por ano, e os malefícios de $ 90.000, por ano, também foram identificados. Utilize uma taxa de desconto de 4%, ao ano, para determinar se o posto se justifica economicamente pela (a) razão C/B incremental e (b) pela diferença de B − C.

9.12 Como parte do projeto de recuperação da região central de uma cidade, no sul dos Estados Unidos, o Parks and Recreation Department planeja desenvolver espaços situados abaixo de diversos viadutos, transformando-os em quadras de basquete, handebol, minigolfe e tênis. Espera-se que o custo inicial seja de $ 150.000 para as melhorias, com expectativa de vida útil de 20 anos. A projeção dos custos anuais de manutenção é de $ 12.000. O departamento espera que 24.000 pessoas utilizem as instalações, anualmente, à média de 2 horas por pessoa. O valor da recreação foi conservadoramente fixado em $ 0,50 por hora. A uma taxa de desconto de 3% ao ano, qual é a razão C/B para o projeto?

9.13 A razão C/B para um novo projeto de controle de enchentes, ao longo das margens do rio Mississippi, precisa ser de 1,3. Se o benefício é estimado em $ 600.000, por ano, e espera-se que o custo de manutenção totalize $ 300.000, por ano, qual é o custo inicial máximo permitido para o projeto? A taxa de desconto é de 7%, ao ano, e espera-se que a vida útil do projeto seja de 50 anos. Resolva o problema de duas maneiras: (a) manualmente e (b) utilizando uma planilha configurada para análise de sensibilidade.

9.14 Utilize a planilha desenvolvida no Problema 9.13(b) para determinar a razão C/B, se o custo inicial for de $ 3,23 milhões e a taxa de desconto de 5% ao ano.

9.15 A razão C/B modificada para o projeto de um heliporto no hospital municipal é 1,7. Se o custo inicial é de $ 1 milhão e os benefícios anuais são de $ 150.000, qual é o valor dos custos anuais de M&O utilizados nos cálculos, se for aplicável a taxa de desconto de 6% ao ano? A estimativa de vida útil é de 30 anos.

9.16 Calcule a razão C/B das seguintes estimativas de fluxo de caixa, a uma taxa de desconto de 6% ao ano.

Item	Fluxo de Caixa
VP dos benefícios, $	3.800.000
VA dos malefícios, $/ano	45.000
Custo de aquisição, $	2.200.000
Custos de M&O, $/ano	300.000
Vida útil do projeto, em anos	15

9.17 A Hemisphere Corp está considerando um contrato BOT para construir e operar uma grande represa com uma usina hidrelétrica, em um país em desenvolvimento, do hemisfério sul. Espera-se que o custo inicial da represa seja de $ 30 milhões e a previsão do custo de operação e manutenção seja de $ 100.000 ao ano. Espera-se que os benefícios do controle de enchentes, desenvolvimento agrícola, turismo etc. sejam de $ 2,8 milhões ao ano. A uma taxa de juros de 8% ao ano, a represa deve ser construída com base em sua razão C/B convencional? Presume-se que a represa será um ativo permanente para o país. (*a*) Resolva o problema manualmente. (*b*) Utilizando uma planilha, encontre a razão C/B, efetuando o cálculo em somente uma célula.

9.18 O Corpo de Engenheiros do Exército dos Estados Unidos está considerando a viabilidade de construir uma pequena represa de controle de enchentes em um riacho. O custo inicial do projeto será de $ 2,2 milhões, com custos de inspeção e manutenção de $ 10.000 por ano. Além disso, pequenas construções serão necessárias, a cada 15 anos, a um custo de $ 65.000. Os danos causados pelas enchentes foram reduzidos dos atuais $ 90.000, ao ano, para $ 10.000 anualmente. Utilize o método de custo-benefício para determinar se a represa deve ser construída. Suponha que a represa seja permanente e que a taxa de juros seja de 12% ao ano.

9.19 Uma empresa de construção de rodovias firmou contrato para construir uma estrada, que atravessa uma região pitoresca e duas comunidades rurais no Colorado. Espera-se que a estrada custe $ 18 milhões, sendo que a manutenção anual é estimada em $ 150.000. Estima-se que a receita adicional, advinda do turismo, seja de $ 900.000, ao ano. A expectativa é de que a estrada tenha uma vida útil de 20 anos. Utilize uma planilha para determinar se a rodovia deve ser construída, a uma taxa de juros de 6% ao ano, aplicando-se (*a*) o método de B – C, (*b*) o método de C/B e (*c*) o método da razão C/B modificada. (Além disso, configure a planilha para análise de sensibilidade e utilize o operador SE do Excel para tomar a decisão de construir ou não construir, em cada parte do problema.)

9.20 O U.S. Bureau of Reclamation está considerando um projeto para estender canais de irrigação a uma área desértica. Espera-se que o custo inicial do projeto seja de $ 1,5 milhão, com custos anuais de manutenção de $ 25.000 ao ano. (*a*) Se a receita agrícola está prevista para $ 175.000 ao ano, faça uma análise de C/B para determinar se o projeto deve ser realizado, utilizando um período de estudo de 20 anos e uma taxa de desconto de 6% ao ano. (*b*) Retrabalhe o problema utilizando a razão C/B modificada.

9.21 (*a*) Crie a planilha e (*b*) utilize cálculos manuais para encontrar a razão C/B do Problema 9.20, considerando que o canal deve ser dragado a cada 3 anos, a um custo de $ 60.000, e que há um malefício de $ 15.000 por ano, associado ao projeto.

Comparação de Alternativas

9.22 Aplique a análise de C/B incremental, a uma taxa de juros de 8% ao ano, para determinar qual alternativa deve ser escolhida. Utilize um período de estudo de 20 anos e suponha que os custos dos danos devam ocorrer no ano 6 do período de estudo.

	Alternativa A	Alternativa B
Custo inicial, $	600.000	800.000
Custos anuais de M&O, $/ano	50.000	70.000
Custos de danos em potencial, $	950.000	250.000

9.23 Duas rotas para um novo segmento de uma rodovia interestadual estão em consideração. A rota longa teria uma extensão de 25 quilômetros e um custo inicial de $ 21 milhões. A rota curta, por entre as montanhas, teria uma extensão de 10 quilômetros e um custo inicial de $ 45 milhões. As estimativas dos custos de manutenção são de $ 40.000 por ano, para a rota longa, e de $ 15.000 por ano, para a rota curta. Além disso, uma grande reforma e recapeamento serão necessários a cada 10 anos, a um custo de 10% do valor de aquisição de cada rota. Independentemente de qual rota seja selecionada, espera-se um volume de tráfego de 400.000 veículos por ano. Se for presumível que as despesas operacionais com veículos serão de $ 0,35 por quilômetro e que o valor estimado da redução do tempo de viagem para a rota mais curta será de $ 900.000 por ano, determine qual rota deve ser selecionada, utilizando uma análise de C/B convencional. Suponha um ciclo de vida infinito para cada estrada, uma taxa de juros de 6%, ao ano, e que uma das alternativas deverá ser escolhida.

9.24 O *city engineer* e o diretor de desenvolvimento econômico da cidade de Buffalo estão avaliando dois lugares para a construção de um estádio poliesportivo. Na região central, a cidade já possui um terreno suficiente para a construção do estádio. Entretanto, o terreno para a construção de um estacionamento custará $ 1 milhão. A localização, situada na região oeste, encontra-se a 30 quilômetros do centro da cidade, mas o terreno será doado por uma incorporadora, que considera que um estádio nessa região aumentará muito o valor de suas terras adjacentes. O local, no centro da cidade, terá custos extras de construção de, aproximadamente, $ 10 milhões, devido a recolocações de infra-estrutura, estacionamento e melhorias no sistema de drenagem. Entretanto, devido a sua localização central, haverá uma freqüência maior do público na maior parte dos eventos lá realizados. Isso resultará em mais receitas para os fornecedores e comerciantes locais, no valor de $ 350.000, por ano. Além disso, a média dos freqüentadores não precisará deslocar-se tanto, resultando em benefícios anuais de $ 400.000. Espera-se que todos os outros custos e receitas sejam idênticos, para qualquer uma das localizações. Se a cidade utiliza uma taxa de desconto de 8% ao ano, onde o estádio deve ser construído? Uma das duas localizações deve ser selecionada.

9.25 Um país em rápido crescimento econômico contratou uma avaliação econômica para analisar a possibilidade de construir um novo porto de contêineres para aumentar a capacidade do porto atual. A localização, na costa oeste, tem águas mais profundas, de forma que o custo de dragagem é menor que o da localização na costa leste. Além disso, a redragagem da localização na costa oeste será necessária somente a cada 6 anos, enquanto a da costa leste precisará ser realizada a cada 4 anos. A redragagem, que tem uma previsão de aumento de custos de 10% a cada vez, não será realizada no último ano de vida útil do porto comercial. As estimativas dos malefícios variam da localização na costa oeste (perda de receitas da pesca) para a da costa leste (perda de receitas da pesca e de estâncias turísticas). Espera-se que as taxas cobradas dos exportadores, por contêiner padrão de 20 pés, sejam maiores na costa oeste, devido à maior dificuldade de manipulação dos navios, em função da correnteza oceânica, e ao maior custo da mão-de-obra nessa região do país. Todas as estimativas estão resumidas a seguir, expressas em milhões de dólares, com exceção da receita anual e da vida útil. Utilize uma análise de planilha e uma taxa de desconto de 4% ao ano, para determinar se um dos portos deve ser construído. Não é necessário que o país construa nenhum deles, uma vez que já existe um operando de maneira bem-sucedida.

	Localização na Costa Oeste	Localização na Costa Leste
Custo inicial, $		
Ano 0	21	8
Ano 1	0	8
Custo de dragagem, $, ano 0	5	12
M&O anual, $/ano	1,5	0,8
Custo recorrente de dragagem, $	2 vezes a cada 6 anos, com aumento de 10% a cada vez	1,2 vez a cada 4 anos, com aumento de 10% a cada vez
Malefícios anuais, $/ano	4	7
Taxas anuais: números de contêineres padrão de 20 pés, a $/contêiner	5 milhões/ano, a $ 2,50 cada um	8 milhões/ano, a $ 2 cada um
Ciclo de vida comercial, em anos	20	12

9.26 Uma empresa de serviços públicos de capital aberto está considerando dois programas de descontos de tarifas (*cash rebate*) para conservação de água. O programa 1, cuja expectativa de custo é de uma média de $ 60 por família, envolveria um desconto de 75% na compra e instalação de vasos sanitários com volume de descarga reduzido. Esse programa foi projetado para obter uma redução de 5% no consumo global de água pelas famílias, ao longo de um período de avaliação de 5 anos. Isso beneficiará os cidadãos em até $ 1,25 por família, ao mês. O programa 2 envolveria a substituição da paisagem desértica por gramados. Espera-se que isso custe $ 500 por família, mas resultará em um custo reduzido da água em, aproximadamente, $ 8 por família, ao mês, em média. A uma taxa de desconto de 0,5% por mês, qual programa, se for o caso, a empresa de serviços públicos deve levar a efeito? Utilize o método de C/B.

9.27 Alternativas de energia solar e convencional estão disponíveis para fornecimento de energia a um sítio de pesquisa espacial distante. Os custos associados a cada alternativa são apresentados a seguir. Utilize o método de C/B para determinar qual alternativa deve ser selecionada, a uma taxa de desconto de 0,75% por mês, ao longo de um período de estudo de 6 anos.

	Convencional	Solar
Custo inicial, $	2.000.000	4.500.000
Custo de M&O, $/mês	50.000	10.000
Valor recuperado	0	150.000

9.28 O Califórnia Forest Service está considerando duas localizações para um novo parque estadual. A localização E exigiria um investimento de $ 3 milhões, mais $ 50.000, por ano, em manutenção. A localização W custaria $ 7 milhões em sua construção, mas o Forest Service receberia um adicional de $ 25.000, por ano, em taxas de utilização do parque. O custo operacional da localização W será de $ 65.000 ao ano. A receita para as concessionárias do parque será de $ 500.000, por ano, para a localização E, e de $ 700.000 para a localização W. Os malefícios associados a cada localização são de $ 30.000, ao ano, para a localização E, e de $ 40.000, ao ano, para a localização W. Utilize (*a*) o método de C/B e (*b*) o método da razão C/B modificada, para determinar qual localização, se for o caso, deve ser selecionada, utilizando uma taxa de juros de 12% ao ano. Suponha que o parque será mantido indefinidamente.

9.29 Três engenheiros fizeram as estimativas apresentadas a seguir, com relação a dois métodos opcionais, por meio dos quais uma nova tecnologia de construção seria implementada em um local destinado à construção de casas populares. Qualquer uma das duas opções, ou o método atual, pode ser selecionada. Crie uma planilha para a análise de sensibilidade de C/B e determine a escolha, para cada um dos três engenheiros (opção 1, opção 2 ou opção DN). Utilize um ciclo de vida de 5 anos e uma taxa de desconto de 10% ao ano, para todas as análises.

	Engenheiro Bob		Engenheira Judy		Engenheiro Chen	
	Opção 1	Opção 2	Opção 1	Opção 2	Opção 1	Opção 2
Custo inicial, $	50.000	90.000	75.000	90.000	60.000	70.000
Custo, $/ano	3.000	4.000	3.800	3.000	6.000	3.000
Benefícios, $/ano	20.000	29.000	30.000	35.000	30.000	35.000
Malefícios, $/ano	500	1.500	1.000	0	5.000	1.000

Alternativas Múltiplas

9.30 Uma das quatro novas técnicas, ou o método atual, pode ser utilizada para controlar o vazamento de vapores de máquinas misturadoras, brandamente tóxicos para o ambiente circundante. Os custos e benefícios estimados (na forma de redução de custos de saúde dos empregados) são apresentados a seguir, em relação a cada método. Supondo que todos os métodos tenham um ciclo de vida de 10 anos, com valor recuperado igual a zero, determine qual deles deve ser selecionado utilizando uma TMA de 15%, ao ano, e o método de C/B.

	Técnica			
	1	2	3	4
Custos do produto instalado, $	15.000	19.000	25.000	33.000
COA, $/ano	10.000	12.000	9.000	11.000
Benefícios, $/ano	15.000	20.000	19.000	22.000

9.31 Utilize uma planilha para realizar uma análise de C/B das técnicas do Problema 9.30, supondo que sejam projetos independentes. Os benefícios são cumulativos, se mais de uma técnica for utilizada, além do método atual.

9.32 O Serviço de Abastecimento de Água de Dubai está considerando quatro tamanhos de tubos para uma nova adutora. Os custos por quilômetro ($/km) para cada tamanho são apresentados na tabela a seguir. Suponha que todos os tubos durem 15 anos e que a TMA seja de 8% ao ano. Qual tamanho de tubo deve ser comprado, com base em uma análise de C/B? O custo de instalação é considerado parte do custo inicial.

	Tamanho do tubo, em milímetros			
	130	150	200	230
Custo inicial do equipamento, $/km	9.180	10.510	13.180	15.850
Custo de instalação, $/km	600	800	1.400	1.500
Custo de utilização, $/km por ano	6.000	5.800	5.200	4.900

9.33 O governo federal está considerando três localizações, na área nacional de preservação do meio ambiente (National Wildlife Preserve), para extração mineral. Os fluxos de caixa (em milhões), associados a cada lugar, são apresentados a seguir. Utilize o método de C/B para determinar qual lugar, se houver, é o melhor, se o período de exploração se limita a 5 anos e a taxa de juros é de 10% ao ano.

	Localização A	Localização B	Localização C
Custo inicial, $	50	90	200
Custo anual, $/ano	3	4	6
Benefícios anuais, $/ano	20	29	61
Malefícios anuais, $/ano	0,5	1,5	2,1

9.34 Durante os últimos meses, sete diferentes projetos de pontes com pedágio foram propostos, bem como as estimativas para ligar uma ilha turística ao continente, em um país asiático.

Localização	Custo de Construção, $ milhões	Excedente Anual de Tarifas em Relação às Despesas, $ 100.000
A	14	4,0
B	8	6,1
C	22	10,8
D	9	8,0
E	12	7,5
F	6	3,9
G	18	9,3

Uma parceria público-privada foi formada e o banco nacional garantirá o financiamento, a uma taxa de 4% ao ano. Espera-se que cada ponte tenha uma vida útil muito longa. Utilize a análise de C/B (por planilha ou manual) para responder às questões a seguir.

(a) Considerando que um dos projetos precisa ser selecionado, determine qual é o melhor do ponto de vista econômico.

(b) Um banco internacional ofereceu-se para financiar o projeto de até duas pontes adicionais, uma vez que há a estimativa de que o tráfego e o comércio entre a ilha e o continente se elevarão significativamente.

Determine quais são os três projetos economicamente melhores, considerando a inexistência de restrição orçamentária para os propósitos desta análise.

9.35 Três alternativas, identificadas como X, Y e Z, foram avaliadas, por meio do método de C/B. A analista Joyce calculou os valores de C/B dos projetos: 0,92; 1,34 e 1,29. As alternativas estão listadas em ordem crescente de custos totais equivalentes. Ela não tem certeza se é necessária uma análise incremental.
  (a) Qual a sua opinião? Se nenhuma análise incremental for necessária, explique por quê. Se, por outro lado, a análise incremental for necessária, quais alternativas devem ser comparadas?
  (b) Para qual tipo de projeto a análise incremental nunca é necessária? Se X, Y e Z são todos deste tipo de projeto, quais alternativas devem ser selecionadas, para os valores de C/B calculados?

9.36 As quatro alternativas mutuamente exclusivas, apresentadas a seguir, estão sendo comparadas por meio do método de C/B. Quais alternativas, se houver, devem ser selecionadas?

Alternativa	Investimento Inicial, $ milhões	Razão C/B	Razão C/B Incremental Quando Comparada com a Alternativa			
			J	K	L	M
J	20	1,10	—			
K	25	0,96	0,40	—		
L	33	1,22	1,42	2,14	—	
M	45	0,89	0,72	0,80	0,08	—

9.37 A cidade de Ocean View, na Califórnia, está considerando várias propostas relativas ao descarte de pneus usados. Todas as propostas envolvem fragmentar os pneus, mas os encargos de serviço e manuseio dos três diferentes sistemas de fragmentação diferem em cada plano. Uma análise de C/B incremental foi iniciada, mas o engenheiro que realizava o estudo deixou o emprego recentemente. (a) Preencha os espaços em branco na parte correspondente à razão C/B incremental da tabela. (b) Qual alternativa deve ser selecionada?

Alternativa	Investimento Inicial, $ milhões	Razão C/B	Razão C/B Incremental Quando Comparada com a Alternativa			
			P	Q	R	S
P	10	1,1	—	2,83		
Q	40	2,4	2,83	—		
R	50	1,4			—	
S	80	1,5				—

PROBLEMAS DE REVISÃO DE FUNDAMENTOS DE ENGENHARIA (FE)

9.38 Quando uma análise de C/B é realizada,
   (a) Os benefícios e os custos devem ser expressos em termos de seus valores presentes.
   (b) Os benefícios e os custos devem ser expressos em termos de seus valores anuais.
   (c) Os benefícios e os custos devem ser expressos em termos de seus valores futuros.
   (d) Os benefícios e os custos podem ser expressos em termos de VP, de VA ou de VF.

9.39 Em uma razão C/B convencional:
   (a) Os malefícios e os custos de M&O são subtraídos dos benefícios.
   (b) Os malefícios são subtraídos dos benefícios e os custos de M&O são somados aos custos.
   (c) Os malefícios e os custos de M&O são somados aos custos.
   (d) Os malefícios são somados aos custos e os custos de M&O são subtraídos dos benefícios.

9.40 Em uma análise da razão C/B modificada:
   (a) Os malefícios e os custos de M&O são subtraídos dos benefícios.
   (b) Os malefícios são subtraídos dos benefícios e os custos de M&O são somados aos custos.
   (c) Os malefícios e os custos de M&O são somados aos custos.
   (d) Os malefícios são somados aos custos, e os custos de M&O são subtraídos dos benefícios.

9.41 Uma alternativa tem os seguintes fluxos de caixa: benefícios = $ 60.000, por ano; malefícios = $ 17.000, por ano; e custos = $ 35.000, por ano. A razão C/B está mais próxima de:
   (a) 0,92
   (b) 0,96
   (c) 1,23
   (d) 2,00

9.42 Na avaliação de três alternativas, mutuamente exclusivas, pelo método de C/B, as alternativas foram classificadas em termos de custos totais equivalentes crescentes (A, B e C, respectivamente) e foram obtidos os seguintes resultados para as razões C/B do projeto: 1,1; 0,9 e 1,3. Com base nesses resultados, deve-se:
   (a) Selecionar A.
   (b) Selecionar C.
   (c) Selecionar A e C.
   (d) Comparar A e C de modo incremental.

9.43 Quatro projetos independentes são avaliados por meio das razões C/B apresentadas a seguir:

Projeto	A	B	C	D
Razão C/B	0,71	1,29	1,07	2,03

Com base nesses resultados, deve-se:
   (a) Rejeitar B e D.
   (b) Selecionar somente D.
   (c) Rejeitar somente A.
   (d) Comparar B, C e D, de modo incremental.

9.44 Se duas alternativas mutuamente exclusivas têm razões C/B iguais a 1,5 e 1,4, para a alternativa que tem o custo de aquisição menor e para a alternativa que tem o custo de aquisição maior, respectivamente:
   (a) A razão C/B no incremento entre elas é menor do que 1,4.
   (b) A razão C/B no incremento entre elas encontra-se entre 1,4 e 1,5.
   (c) A razão C/B no incremento entre elas é maior do que 1,4.
   (d) A alternativa de menor custo é a melhor.

EXERCÍCIO AMPLIADO

CUSTOS PARA PRESTAR SERVIÇOS DE COMBATE A INCÊNDIOS COM UMA AUTO-ESCADA MECÂNICA[7]

Durante muitos anos a cidade de Medford pagou a uma cidade vizinha (Brewster) pela utilização de seu caminhão de bombeiros com escada Magirus (auto-escada mecânica). Os encargos nos últimos anos foram de $ 1.000, por evento, em que a auto-escada somente era enviada a um local em Medford, e $ 3.000, a cada vez que era ativada. Nenhuma taxa anual era cobrada. Com a aprovação do prefeito de Brewster, o recém-contratado chefe dos bombeiros apresentou uma planilha com custos substancialmente maiores ao chefe dos bombeiros de Medford, pela utilização da auto-escada mecânica:

Taxa anual fixa	$ 30.000, com 5 anos de pagamento adiantado (agora)
Taxa de despacho	$ 3.000 por evento
Taxa de ativação	$ 8.000 por evento

O chefe dos bombeiros de Medford desenvolveu uma alternativa para comprar uma auto-escada mecânica, cujas estimativas de custo são apresentadas a seguir. Além disso, o posto do Corpo de Bombeiros serviria de abrigo para o equipamento.

Auto-escada mecânica:

Custo inicial	$ 850.000
Vida útil	15 anos
Custo por despacho	$ 2.000 por evento
Custo por ativação	$ 7.000 por evento

Construção do prédio:

Custo inicial	$ 500.000
Vida útil	50 anos

O chefe também atualizou dados de um estudo concluído no ano anterior. O estudo estimava o prêmio do seguro e a redução das perdas de propriedades que os cidadãos desfrutariam se tivessem uma auto-escada mecânica à disposição. A economia obtida anteriormente e as estimativas atuais, se a cidade de Medford tivesse sua própria auto-escada, para oferecer um atendimento mais rápido, são as seguintes:

	Média Anterior	Estimativa, se Possuíssem a Auto-escada
Redução do prêmio do seguro, $/ano	100.000	200.000
Redução das perdas de propriedades, $/ano	300.000	400.000

Além disso, o chefe dos bombeiros de Medford obteve o número médio de eventos durante os últimos 3 anos e estimou a utilização futura da auto-escada, considerando que houve relutância em solicitarem a auto-escada de Brewster no passado.

	Média Anterior	Estimativa, se Possuíssem a Auto-escada
Número de despachos por ano	10	15
Número de ativações por ano	3	5

---

[7] **N.T.:** Escada Magirus.

Uma das novas estruturas de custo precisa ser aceita; caso contrário, uma auto-escada mecânica precisa ser comprada. A opção de não ter nenhum serviço de socorro com auto-escada não é aceitável. A cidade de Medford tem um bom índice de crédito para seus títulos. Uma taxa de desconto de 6% ao ano é utilizada para todos os fins.

QUESTÕES

Utilize uma planilha para fazer o seguinte:

1. Execute uma avaliação da taxa C/B incremental para determinar se Medford deve comprar a auto-escada.

2. Diversos dos novos membros da Câmara Municipal estão indignados com a nova taxa anual e com a estrutura de custos, proposta por Brewster. Entretanto, não querem ampliar a capacidade do posto do Corpo de Bombeiros, nem possuir uma auto-escada mecânica, que será utilizada, em média, 20 vezes por ano. Acreditam que Brewster pode ser convencida a reduzir ou eliminar a taxa anual de $ 30.000. Em quanto a taxa anual precisa ser reduzida, para que a alternativa de comprar a auto-escada mecânica seja rejeitada?

3. Outro membro da Câmara Municipal está disposto a pagar a taxa anual, mas quer saber até que ponto o custo de construção de $ 500.000 pode ser modificado, de maneira que a alternativa de compra se torne igualmente atraente. Encontre esse primeiro custo para a construção.

4. Finalmente, uma proposta conciliatória apresentada pelo prefeito de Medford poderia ser aceitável para Brewster. Reduzir a taxa anual em 50% e reduzir os encargos, por evento, ao mesmo custo que o chefe dos bombeiros de Medford estima para a alternativa de compra da auto-escada. Então, Medford, possivelmente, ajustará (se parecer razoável) a soma das estimativas de redução de prêmio do seguro e da redução das perdas de propriedades, apenas para tornar o acordo com Brewster mais atraente do que possuir uma auto-escada mecânica. Encontre essa importância (correspondente às estimativas de redução do prêmio do seguro e da redução de perda de propriedades). Essa nova soma parece razoável em relação às estimativas anteriores?

ESTUDO DE CASO

ILUMINAÇÃO NA AUTO-ESTRADA

Introdução

Uma série de estudos indicou que ocorre um número excessivo de acidentes automobilísticos nas auto-estradas durante a noite. Há diversas explicações possíveis para isso, uma das quais poderia ser a má visibilidade. Em um esforço para determinar se a iluminação nas auto-estradas seria economicamente benéfica para reduzir esses acidentes, foram coletados dados referentes aos índices de freqüência de acidentes, nas partes iluminadas e não iluminadas, em determinadas auto-estradas. Este estudo de caso é uma análise de parte desses dados.

Histórico

A Federal Highway Administration (FHWA) atribui um valor aos acidentes, dependendo da gravidade da colisão. Há uma série de categorias de colisão, sendo a mais grave aquela em que ocorrem mortes. O custo de um acidente fatal é colocado em $ 2,8 milhões. O tipo mais comum de acidente não é fatal, nem causa lesões, e envolve, somente, danos à propriedade. O custo desse tipo de acidente é colocado em $ 4.500. A maneira ideal de determinar se a iluminação reduz os acidentes de trânsito é por meio de estudos "antes e depois", em determinada parte da auto-estrada. Entretanto, esse tipo de informação não está prontamente disponível, de forma que outros métodos precisam ser utilizados. Um desses métodos compara os índices de acidentes ocorridos à noite com os ocorridos durante o dia, em auto-estradas iluminadas e não iluminadas. Se a iluminação for benéfica, o índice de acidentes noturnos em relação aos diurnos será menor na parte iluminada da estrada do que na parte não iluminada. Se houver essa diferença, o menor índice de acidentes pode traduzir-se em benefícios, os quais podem ser comparados com o custo da iluminação, para se determinar sua viabilidade econômica. Essa técnica é utilizada na análise seguinte.

Análise Econômica

Os resultados de um estudo, realizado ao longo de um período de 5 anos, são apresentados na tabela a seguir. Para fins ilustrativos, somente a categoria "danos à propriedade" será considerada.

Os índices de acidentes noturnos em relação aos diurnos, envolvendo danos à propriedade, ocorridos em partes não iluminadas e iluminadas das auto-estradas, são 199/379 = 0,525 e 839/2.069 = 0,406, respectivamente. Esses resultados indicam que a iluminação foi benéfica. Para quantificar o benefício, a taxa de acidentes nas partes não iluminadas será aplicada à parte iluminada. Isso produzirá o número de acidentes que foram evitados. Desse modo, teria havido (2.069)(0,525) = 1.086 acidentes, em vez de 839, se não houvesse iluminação na auto-estrada. Isso significa uma diferença de 247 acidentes. A um custo de $ 4.500 por acidente, resulta em um benefício líquido de:

$$B = (247)(\$\,4.500) = \$\,1.111.500$$

Para determinarmos o custo da iluminação, presumiremos que os postes de iluminação estarão posicionados no canteiro central da estrada, com 67 metros de distância entre si e com duas lâmpadas cada um. A potência da lâmpada é de 400 watts e o custo de instalação é de $ 3.500 por poste. Uma vez que esses dados foram coletados ao longo de 87,8 quilômetros (54,5 milhas) de uma auto-estrada iluminada, o custo da instalação da iluminação é:

$$\text{Custo de instalação} = \$\,3.500\left(\frac{87,8}{0,067}\right)$$
$$= \$\,3.500(1.310,4)$$
$$= \$\,4.586.400$$

O custo anual do consumo de energia elétrica, com base em 1.310 postes, é:
Custo do consumo de energia

= 1.310 postes(2 lâmpadas/poste)(lâmpada de 0,4 quilowatt)

× (12 horas/dia)(365 dias/ano)

× ($ 0,08/quilowatt-hora)

= $ 367.219 ao ano

Esses dados foram coletados em um período de 5 anos. Entretanto, o custo total anualizado, C à taxa $i = 6\%$ ao ano, é:

Custo anual total = $ 4.586.400(A/P;6%;5)

+ 367.219

= $ 1.456.030

Taxas de Acidentes em Auto-estradas

Tipo de acidente	Não Iluminadas		Iluminadas	
	Diurno	Noturno	Diurno	Noturno
Fatal	3	5	4	7
Incapacitante	10	6	28	22
Previsível	58	20	207	118
Possível	90	35	384	161
Danos à propriedade	379	199	2.069	839
Total geral	540	265	2.697	1.147

Fonte: Michael Griffin, "Comparison of the Safety of Lighting Options on Urban Freeways", *Public Roads*, 58 (outono de 1994), p. 8 a 15.

A razão C/B é:

$$C/B = \frac{\$\,1.111.500}{\$\,1.456.030} = 0,76$$

Uma vez que C/B < 1, a iluminação não se justifica com base somente nos danos à propriedade. Para se obter uma determinação final a respeito da viabilidade econômica da iluminação, os benefícios associados a outras categorias de acidente evidentemente também teriam de ser considerados.

Exercícios do Estudo de Caso

1. Qual seria a razão C/B, se os postes de iluminação estivessem duas vezes mais distantes entre si do que o que foi presumido no projeto?
2. Qual é o índice de acidentes noturnos em relação aos diurnos, no que se refere a acidentes com mortes?
3. Qual seria a razão C/B, se o custo de instalação fosse somente de $ 2.500 por poste?
4. Quantos acidentes seriam evitados na parte não iluminada da auto-estrada, se ela fosse iluminada? Considere somente a categoria de danos à propriedade.
5. Utilizando somente a categoria de danos à propriedade, qual deveria ser o índice de acidentes noturnos em relação aos diurnos, para que o projeto de iluminação fosse economicamente justificável?

CAPÍTULO 10

Fazendo Escolhas: O Método, a TMA e os Atributos Múltiplos

Este capítulo amplia as capacidades de um estudo de engenharia econômica. Alguns dos elementos fundamentais, especificados anteriormente, são menos definidos a partir daqui. Em conseqüência, muitos dos aspectos que são patentes nos capítulos anteriores foram eliminados e, assim, ficamos mais próximos de como tratar as situações complexas e reais, nas quais se desenvolvem a prática profissional e os processos de tomada de decisão.

Em todos os capítulos anteriores, o método para avaliar um projeto ou comparar alternativas foi estabelecido, ou era evidente, de acordo com o contexto do problema. Além disso, quando qualquer método era utilizado, a TMA era declarada. Por fim, somente uma dimensão ou atributo – o econômico – era a base de julgamento da viabilidade econômica de um projeto, ou a base de escolha de duas ou mais alternativas. Neste capítulo, é discutida a determinação de todos estes três parâmetros – método de avaliação, de TMA e de atributos. As diretrizes e técnicas para determinar cada um serão discutidas e ilustradas.

O Estudo de Caso examina qual é a melhor combinação entre capital de terceiros e capital próprio.

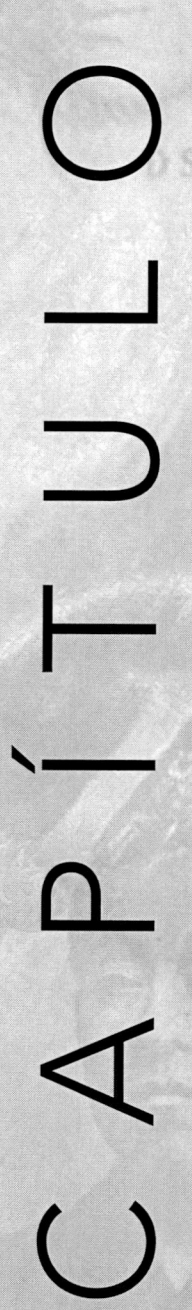

OBJETIVOS DE APRENDIZAGEM

Propósito: Escolher um método de análise e a TMA apropriados, para comparar alternativas sob o aspecto econômico, e utilizar atributos múltiplos.

Escolher um método	Este capítulo ajudará você a:
Custo de capital e a TMA	1. Escolher um método apropriado para comparar alternativas mutuamente exclusivas.
CMPC	2. Descrever o custo de capital e sua relação com a TMA, enquanto considera as razões para a variação da TMA.
Custo do capital obtido de terceiros	3. Entender a combinação de capital de terceiros e capital próprio – *debt-to-equity* – e calcular o custo médio ponderado do capital (CMPC).
Custo do capital próprio	4. Estimar o custo do capital obtido de fontes externas.
Combinação *debt-to-equity* elevada	5. Estimar o custo do capital próprio e explicar como comparar o CMPC com a TMA.
Atributos múltiplos	6. Explicar a relação de risco corporativo com a combinação *debt-to-equity* – coeficiente de endividamento.
Método de atributo ponderado	7. Identificar e desenvolver pesos para os atributos múltiplos utilizados na escolha de alternativas.
	8. Utilizar o método de atributo ponderado para tomar decisões que envolvem atributos múltiplos.

10.1 COMPARAÇÃO DE ALTERNATIVAS MUTUAMENTE EXCLUSIVAS POR MEIO DE DIFERENTES MÉTODOS DE AVALIAÇÃO

Nos cinco capítulos anteriores, diversas técnicas de avaliação equivalentes foram discutidas. Qualquer método – do VP, do VA, do VF, da ROR ou da C/B – pode ser utilizado para escolher uma alternativa, entre duas ou mais, e obter o mesmo resultado correto. Somente um método é necessário para realizar uma análise de engenharia econômica, porque qualquer método, quando corretamente executado, selecionará a mesma alternativa. Contudo, diferentes informações a respeito de uma alternativa estão disponíveis, dependendo de qual foi o método utilizado. A escolha de um método e sua correta aplicação pode ser algo confuso.

A Tabela 10–1 apresenta métodos de avaliação recomendados para diferentes situações, caso não seja especificado pelo professor, em um curso escolar ou pela prática no trabalho profissional. Os principais critérios para escolher um método são a rapidez e a facilidade de executar a análise. Segue a interpretação dos lançamentos em cada coluna.

Período de avaliação: A maior parte das alternativas do setor privado (receita ou serviço) é comparada ao longo de ciclos de vida estimados, iguais ou desiguais, ou ao longo de um intervalo de tempo específico. Os projetos do setor público, comumente, são avaliados por meio da razão C/B e, geralmente, têm ciclos de vida longos, que podem ser considerados infinitos para propósitos de cálculo econômico.

Tipos de alternativa: As alternativas do setor privado têm estimativas de fluxos de caixa que se baseiam em receitas (inclui as estimativas de receita e de custos) ou que se baseiam em serviços (somente estimativas de custos). Quanto às alternativas de serviço, presume-se que a série de fluxos de caixa seja igual para todas as alternativas.

TABELA 10–1 Método Recomendado para Comparar Alternativas Mutuamente Exclusivas, desde que Não Tenha Sido Previamente Determinado

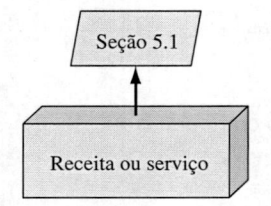

Período de avaliação	Tipos de alternativa	Método recomendado	Série a ser avaliada
Ciclos de vida iguais das alternativas	Receita ou serviço	Do VA ou do VP	Fluxos de caixa
	Setor público	Da razão C/B, baseada no VA ou no VP	Fluxos de caixa incrementais
Ciclos de vida desiguais das alternativas	Receita ou serviço	Do VA	Fluxos de caixa
	Setor público	Da razão C/B, baseada no VA	Fluxos de caixa incrementais
Período de estudo	Receita ou serviço	Do VA ou do VP	Fluxos de caixa atualizados
	Setor público	Da razão C/B, baseada no VA ou no VP	Fluxos de caixa incrementais atualizados
Longo a infinito	Receita ou serviço	Do VA ou do VP	Fluxos de caixa
	Setor público	Da razão C/B, baseada no VA	Fluxos de caixa incrementais

Seção 5.1

Receita ou serviço

Os projetos do setor público normalmente se baseiam em serviços, apresentando diferenças entre os custos e os intervalos de tempo utilizados para análise.

Método recomendado: Quer seja a análise realizada manualmente quer seja por computador, o(s) método(s) recomendado(s) na Tabela 10–1 selecionará(ão) corretamente uma alternativa entre duas ou mais, o mais rápido possível. Outro método pode ser aplicado, subseqüentemente, para se obter informações adicionais e, se necessário, uma verificação da escolha. Por exemplo, se os ciclos de vida forem desiguais e a taxa de retorno for uma informação necessária, é melhor aplicar primeiro o método do valor anual (VA), à determinada TMA, e depois determinar a taxa i^* da alternativa selecionada, utilizando a mesma relação de valor anual, tendo i como a incógnita.

Série a ser avaliada: A série de fluxos de caixa estimados para uma alternativa e a série incremental entre duas alternativas são as duas únicas opções para avaliação do valor presente e do valor anual. Para análises realizadas em planilhas, significa que as funções VPL ou VP (para o valor presente) ou a função PGTO (para o valor anual) serão aplicadas. A palavra "atualizados" é acrescentada como um lembrete de que a análise do período de estudo exige que as estimativas de fluxo de caixa (especialmente o valor recuperado e o valor de mercado) sejam reexaminadas e atualizadas, antes de a análise ser executada.

Tão logo o método de avaliação é selecionado, um procedimento específico deve ser seguido. Esses procedimentos foram o foco principal dos cinco últimos capítulos. A Tabela 10–2 resume os elementos importantes do procedimento correspondente a cada método – do VP, do VA, da ROR e da C/B. O do VF é incluído como uma extensão do método do VP. Os significados dos lançamentos na Tabela 10–2 são apresentados a seguir:

Relação de equivalência: A equação básica para se realizar qualquer análise é uma relação de VP ou de VA. A relação do custo capitalizado (CC) é uma relação do VP para ciclos de vida infinitos, e a relação do VF provavelmente será determinada por meio do VP equivalente. Além disso, conforme aprendemos no Capítulo 6, VA é simplesmente VP vezes o fator A/P, ao longo do MMC de seus ciclos de vida.

Ciclos de vida das alternativas e intervalo de tempo da análise: A extensão de tempo necessária para a avaliação (o valor n) sempre será um dos seguintes: ciclos de vida iguais das alternativas, o MMC dos ciclos de vida desiguais, um período de estudo especificado, ou infinito, caso os ciclos de vida sejam muito longos.

A análise do VP sempre exige o MMC de todas as alternativas.

Os métodos da ROR e da C/B incrementais exigem que o MMC das duas alternativas seja comparado.

O método do VA permite a análise ao longo dos respectivos ciclos de vida das alternativas.

A exceção refere-se ao método da ROR incremental para alternativas com ciclos de vida desiguais que utilizam uma relação do VA para *fluxos de caixa incrementais*. O MMC das duas alternativas comparadas deve ser utilizado. Isso equivale a utilizar uma relação do VA para os *fluxos de caixa reais,* ao longo dos ciclos de vida respectivos. Ambos os métodos encontram a taxa de retorno incremental Δi^*.

Série a ser avaliada: Ou a série de fluxos de caixa estimados ou a série incremental é utilizada para determinar o valor do VP, o valor do VA, o valor da i^* ou a razão C/B.

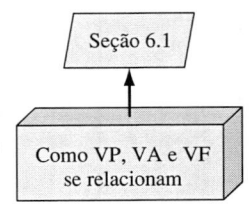

TABELA 10-2 Características de Análise Econômica para Alternativas Mutuamente Exclusivas, Tão Logo o Método de Avaliação seja Determinado

Método de Avaliação	Relação de Equivalência	Ciclos de Vida das Alternativas	Intervalo de Tempo da Análise	Série a Ser Avaliada	Taxa de Retorno; Taxa de Juros	Diretriz de Decisão: Selecione*
Valor presente	VP	Iguais	Ciclos de vida	Fluxos de caixa	TMA	VP numericamente maior
	VP	Desiguais	MMC	Fluxos de caixa	TMA	VP numericamente maior
	VP	Período de estudo	Período de estudo	Fluxos de caixa atualizados	TMA	VP numericamente maior
	CC	Longos a infinitos	Infinito	Fluxos de caixa	TMA	CC numericamente maior
Valor futuro	VF	Idênticos aos do valor presente para ciclos de vida iguais, ciclos de vida desiguais e período de estudo				VF numericamente maior
Valor anual	VA	Iguais ou desiguais	Ciclos de vida	Fluxos de caixa	TMA	VA numericamente maior
	VA	Período de estudo	Período de estudo	Fluxos de caixa atualizados	TMA	VA numericamente maior
	VA	Longos a infinitos	Infinito	Fluxos de caixa	TMA	VA numericamente maior
Taxa de retorno	VP ou VA	Iguais	Ciclos de vida	Fluxos de caixa incrementais	Encontrar Δi^*	Última $\Delta i^* \geq$ TMA
	VP ou VA	Desiguais	MMC do par (de alternativas)	Fluxos de caixa incrementais	Encontrar Δi^*	Última $\Delta i^* \geq$ TMA
	VA	Desiguais	Ciclos de vida	Fluxos de caixa incrementais	Encontrar Δi^*	Última $\Delta i^* \geq$ TMA
	VP ou VA	Período de estudo	Período de estudo	Fluxos de caixa incrementais atualizados	Encontrar Δi^*	Última $\Delta i^* \geq$ TMA
Custo/ benefício	VP	Iguais ou desiguais	MMC dos pares	Fluxos de caixa incrementais	Taxa de desconto	Última $\Delta C/B \geq 1,0$
	VA	Iguais ou desiguais	Ciclos de vida	Fluxos de caixa incrementais	Taxa de desconto	Última $\Delta C/B \geq 1,0$
	VA ou VP	Longos a infinitos	Infinito	Fluxos de caixa incrementais	Taxa de desconto	Última $\Delta C/B \geq 1,0$

* O menor custo equivalente ou a maior receita equivalente.

Taxa de retorno (taxa de juros): O valor da TMA precisa ser estabelecido para que o método do VP, do VF ou do VA possa ser levado a efeito. Essa afirmação também está correta em relação à taxa de desconto para alternativas do setor público, analisadas pela razão C/B. O método da ROR exige que a taxa incremental seja definida, para que se possa escolher uma alternativa.

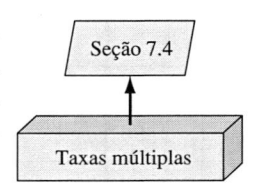

É aqui que surge o dilema das taxas múltiplas, se os testes de sinais indicarem que não existe, necessariamente, uma única raiz real para uma série não convencional.

Diretriz de decisão: A escolha de uma alternativa é realizada utilizando a diretriz geral da última coluna à direita. Selecione sempre a alternativa que tenha *numericamente o maior VP, VF ou VA*. Essa é uma afirmação correta tanto para as alternativas de serviço como de receita. Os métodos de fluxo de caixa incremental – ROR e C/B – exigem que sejam selecionados o maior custo inicial de modo incremental justificado, por meio da comparação com outra alternativa que já esteja justificada.

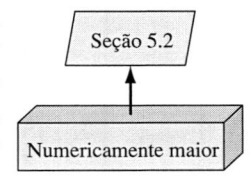

A Tabela 10–2 também está no Apêndice C, com referências à(s) seção(ões) em que o método de avaliação é discutido.

EXEMPLO 10.1

Leia o enunciado do problema dos exemplos seguintes, desconsiderando o método de avaliação utilizado. Determine qual método de avaliação é provavelmente o mais rápido e o mais fácil de aplicar para escolher entre duas ou mais alternativas: (*a*) 8.6; (*b*) 6.5; (*c*) 5.6; (*d*) 5.12.

Solução
Ao consultarmos o conteúdo da Tabela 10–1, os seguintes métodos devem ser aplicados primeiro:
(*a*) O Exemplo 8.6 envolve quatro alternativas de receitas com ciclos de vida iguais. Utilize o VA ou o VP, a uma TMA de 10%. (O método da taxa de retorno – ROR – incremental foi aplicado no exemplo.)
(*b*) O Exemplo 6.5 exige que se faça a seleção entre duas alternativas do setor público, com ciclos de vida desiguais, um dos quais é muito longo. A razão C/B dos VAs é a melhor opção. (Foi assim que se resolveu o problema.)
(*c*) Uma vez que o Exemplo 5.6 envolve duas alternativas de serviço, tendo uma delas um ciclo de vida longo, tanto o VA quanto o VP podem ser utilizados. Desde que um ciclo de vida seja longo, o custo capitalizado, como uma extensão do método do VP, é o melhor nesse caso. (Este foi o método aplicado no exemplo.)
(*d*) Ciclos de vida, significativamente, desiguais estão presentes em duas alternativas de serviço do Exemplo 5.12. O método do VA é a opção evidente neste caso. (Foi utilizado o método do VP sobre o MMC.)

10.2 A TMA RELATIVA AO CUSTO DE CAPITAL

O valor da taxa mínima de atratividade (TMA) utilizado na avaliação de alternativas é um dos parâmetros mais importantes de um estudo. No Capítulo 1, a TMA foi descrita em relação aos custos ponderados do capital de terceiros e do capital próprio. Esta seção e as quatro seguintes explicam como estabelecer a TMA sob condições variáveis.

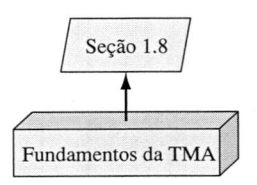

Para formar a base de uma TMA realista, o custo de cada tipo de financiamento é calculado separadamente, e, depois, a proporção das fontes de capital de terceiros e de capital próprio é ponderada para se estimar a média da taxa de juros paga pelos fundos de investimentos. Essa porcentagem se denomina *custo de capital*. A TMA é, então, fixada em relação a ela. Além disso, a saúde financeira da corporação, a taxa de retorno esperada do capital investido e muitos outros fatores são considerados quando a TMA é estabelecida. Se nenhuma TMA for definida, a TMA "de fato" será fixada pelas estimativas de fluxo de caixa líquido do projeto e pela disponibilidade de fundos. Ou seja, na realidade, a TMA é o *custo de oportunidade*, que é a taxa i^* do primeiro projeto, rejeitado devido a indisponibilidade de fundos.

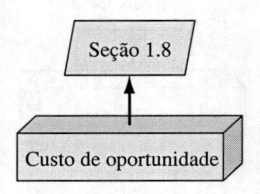

Antes de discutir o custo de capital, as duas fontes principais de aquisição de capital são revisadas a seguir.

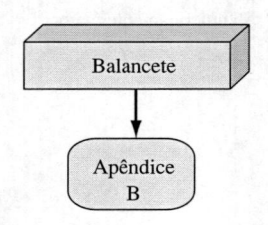

O financiamento com **capital de terceiros** representa os empréstimos tomados fora da empresa, em que o principal é reembolsado a uma taxa de juros estabelecida, depois de um prazo especificado. O financiamento com capital tomados por empréstimo inclui os fundos adquiridos por meio da *emissão de títulos*, *empréstimos* e *hipotecas*. O credor não compartilha os lucros obtidos pela utilização dos fundos de capital de terceiros, mas há o risco de o mutuário tornar-se inadimplente em relação a uma parte ou à totalidade dos fundos tomados por empréstimo. O valor em aberto do financiamento realizado com capital de terceiros é indicado no passivo do balancete da corporação.

Capital próprio é o ativo disponível de uma empresa que envolve as reservas monetárias dos proprietários e os lucros retidos. As reservas monetárias dos proprietários são, adicionalmente, classificadas como rendimentos de ações ordinárias e preferenciais, ou capital do proprietário para uma empresa privada (que não emite ações). Lucros retidos são os fundos retidos anteriormente na corporação, para investimentos. O montante de capital próprio é indicado no valor líquido do balancete da corporação.

Para ilustrar a relação entre custo de capital e a TMA, suponha que o projeto de um sistema computadorizado seja plenamente financiado pela emissão de títulos de $ 5.000.000 (100% de financiamento com capital de terceiros) e suponha que a taxa de dividendos dos títulos seja de 8%. Portanto, o custo do capital obtido externamente é de 8%, como mostra a Figura 10–1. Esses 8% são o mínimo para a TMA. A administração pode aumentar essa TMA em incrementos que reflitam seu desejo de obter um retorno adicional e sua percepção do risco. Por exemplo, a administração pode acrescentar um valor para todos os compromissos de capital nessa área. Suponha que esse valor seja de 2%. Isso aumenta o retorno esperado para 10% (Figura 10–1). Além disso, se o risco associado ao investimento for considerado suficientemente substancial para garantir uma necessidade de retorno adicional de 1%, a TMA final será de 11%.

Figura 10–1
Relação fundamental entre custo de capital e TMA utilizada na prática.

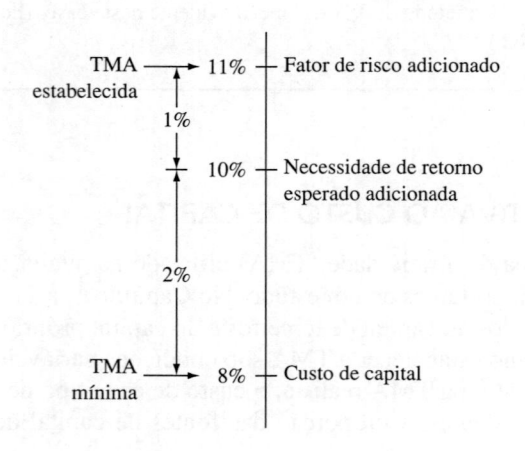

O tratamento recomendado para esse tipo de caso não segue a lógica apresentada anteriormente. Ao contrário, o custo de capital (8%, no caso) deve ser a TMA estabelecida. Então, o valor de i^* é determinado com base nos fluxos de caixa líquidos estimados. Dessa forma, suponha que o projeto do sistema computadorizado tenha um retorno estimado de 11%. Agora, as necessidades de retorno adicional e os fatores de risco são considerados para determinar se 3% acima da TMA de 8% são suficientes para justificar o investimento de capital. Depois dessas considerações, se o projeto for recusado, a TMA efetiva passará a ser de 11%, e não 8%.

A determinação da TMA para um estudo de economia não é um processo exato. A combinação de financiamento com capital de terceiros e capital próprio se modifica ao longo do tempo e entre projetos. Além disso, a TMA não é um valor fixo estabelecido para a corporação inteira. Ela é alterada para diferentes oportunidades e tipos de projetos. Por exemplo, uma corporação pode utilizar uma TMA de 10% para avaliar a compra de ativos (equipamentos, carros etc.), e uma TMA de 20% para investimentos em expansão como, por exemplo, a compra de empresas de menor porte.

A TMA efetiva varia de um projeto para outro, bem como ao longo do tempo, devido a fatores como os que apresentamos a seguir:

Risco do projeto. Onde há um risco maior (percebido ou real) associado aos projetos propostos, a tendência é fixar uma TMA mais elevada. Isso é estimulado pelo maior custo do capital de terceiros, para projetos considerados arriscados, o que geralmente significa uma certa preocupação com o fato de o projeto não realizar as necessidades de receita projetadas.

Oportunidade de investimento. Se a administração estiver determinada a expandir-se em certa área, a TMA pode ser reduzida para estimular os investimentos, no intuito de recuperar receitas perdidas em outras áreas. Essa reação comum à oportunidade de investimento pode causar uma devastação, quando as diretrizes para fixar a TMA são aplicadas de maneira demasiadamente estrita. Torna-se muito importante ter flexibilidade.

Estrutura tributária. Se os impostos corporativos se elevarem (devido ao crescimento dos lucros, dos ganhos de capital, impostos regionais etc.), há a pressão para aumentar a TMA. A utilização da análise pós-dedução dos impostos pode ajudar a eliminar a razão para a existência de uma TMA flutuante.

Capital limitado. À medida que o capital de terceiros ou o capital próprio torna-se limitado, a TMA é aumentada. Se a demanda por capital limitado ultrapassar a oferta, a TMA pode tender a ser fixada em um valor ainda mais elevado. O custo de oportunidade tem um papel importante em termos de determinar a TMA adequada.

Determinação do orçamento de capital
↓
Capítulo 12

Taxas de mercado de outras corporações. Se a TMA se elevar em outras corporações, especialmente as concorrentes, como resposta, uma empresa pode alterar sua TMA para um valor mais elevado. Essas variações, freqüentemente, se baseiam em alterações da taxa de juros para concessão de empréstimos, as quais têm um impacto direto sobre o custo de capital.

Se os detalhes da análise pós-dedução dos impostos não interessarem, mas os efeitos do imposto de renda sim, a TMA pode ser elevada ao incorporar uma taxa efetiva de imposto, por meio da fórmula:

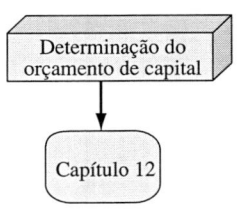

Taxas de imposto

Seção 17.1

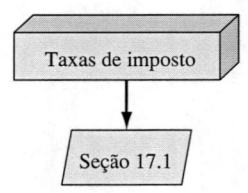

$$\text{TMA antes da dedução dos impostos} = \frac{\text{TMA pós-dedução dos impostos}}{1 - \text{taxa de imposto}}$$

Para a maior parte das corporações, a taxa total, ou efetiva, de imposto, incluindo federais, estaduais e municipais, está na faixa de 30% a 50%. Se uma taxa de retorno de 10%, pós-dedução dos impostos, for necessária e a taxa efetiva de imposto for igual a 35%, a TMA para a análise econômica antes da dedução dos impostos é igual a 10%/(1 – 0,35) = 15,4%.

EXEMPLO 10.2

Os irmãos gêmeos Carl e Christy graduaram-se há vários anos na universidade. Carl, um arquiteto, trabalha em projetos de casas residenciais na empresa Bulte Homes, desde a sua formatura. Christy, uma engenheira civil, trabalha na Butler Industries, na produção de componentes e análise estrutural. Ambos residem em Richmond, na Virginia. Eles iniciaram uma rede de *e-commerce* criativo, por meio da qual as construtoras, sediadas na Virginia, podem comprar plantas de "casas sob especificação" e materiais de construção muito mais baratos. Carl e Christy querem expandir a empresa e tornarem-se uma corporação de *e-business* regional. Foram ao Bank of América (BA) de Richmond, a fim de obter um empréstimo para desenvolver seus negócios. Identifique alguns fatores que podem fazer a taxa de empréstimo variar, quando o BA apresentar a cotação. Indique, também, impactos sobre a TMA, quando Carl e Christy tomarem decisões econômicas relativas aos seus negócios.

Solução

Em todos os casos, a direção da taxa de empréstimo e a TMA serão idênticas. Ao utilizarmos os cinco fatores, mencionados anteriormente, algumas considerações acerca da taxa de empréstimo são as seguintes:

Risco do projeto: A taxa de empréstimo pode aumentar, se tiver havido uma queda acentuada no índice de construção de novas casas; reduzindo, assim, a necessidade da conexão de *e-commerce*.

Oportunidade de investimento: A taxa poderia elevar-se se outras empresas que oferecem serviços similares já tiverem solicitado empréstimos em outras filiais do BA, regionalmente ou nacionalmente.

Impostos: Se o Estado tiver retirado os materiais de construção de casas residenciais da lista de itens sujeitos ao imposto sobre vendas (*sales tax*), a taxa poderia ser ligeiramente diminuída.

Limitação de capital: Suponha que os direitos sobre equipamentos e software que Carl e Christy detêm tenham sido comprados com seus próprios recursos financeiros e que não haja nenhum empréstimo pendente. Se um capital próprio adicional não estiver disponível para essa expansão, a taxa para o empréstimo (capital de terceiros) deveria ser diminuída.

Taxas de empréstimo de mercado: O BA local, provavelmente, obtém seu capital para empréstimos de desenvolvimento de um grande *pool* nacional. Se as taxas de mercado, para essa filial do BA, tiverem se elevado, a taxa para o empréstimo provavelmente aumentará, porque o dinheiro está se tornando "mais caro".

10.3 A COMBINAÇÃO *DEBT-EQUITY* E O CUSTO MÉDIO PONDERADO DO CAPITAL

A combinação *debt-to-equity* (*D-E*) identifica as porcentagens de financiamento com capital de terceiros e com capital próprio de uma corporação. Uma empresa com uma combinação *debt-to-equity* igual a 40–60 tem 40% do capital oriundos de fontes de terceiros (obrigações, empréstimos e hipotecas) e 60% derivados de fontes do patrimônio líquido (ações e lucros retidos).

A maior parte dos projetos é financiada com uma combinação de capital de terceiros e capital próprio, colocados à disposição, especificamente, para o projeto ou tomados de um *pool de capital*. O *custo médio ponderado do capital* (CMPC) do *pool* é estimado pelas frações relativas das fontes de capital de terceiros e de capital próprio. Se forem conhecidas exatamente, essas frações serão utilizadas para estimar o CMPC; caso contrário, as frações históricas de cada fonte são utilizadas na relação:

**CMPC = (fração do patrimônio líquido)(custo do capital próprio)
+ (fração do capital de terceiros)(custo do capital de terceiros)**   [10.1]

Os dois *custos de capital* são expressos como taxas de juros percentuais.

Desde que, virtualmente, todas as corporações têm uma combinação de fontes de capital, o CMPC é um valor entre os custos do capital obtidos de fontes externas e os custos do patrimônio líquido. Se a fração de cada tipo de financiamento com capital próprio – ações ordinárias, ações preferenciais e lucros retidos – for conhecida, a Equação [10.1] é ampliada.

CMPC = (fração das ações ordinárias)(custo do capital das ações ordinárias)
+ (fração das ações preferenciais)(custo do capital das ações preferenciais)
+ (fração dos lucros retidos)(custo do capital dos lucros retidos)
+ (fração do capital de terceiros)(custo do capital de terceiros)   [10.2]

A Figura 10–2 indica a forma habitual das curvas de custo de capital. Se 100% do capital são derivados do patrimônio líquido ou 100% são derivados de fontes externas, o CMPC é igual ao custo de capital dessa fonte de recursos. Sempre há, virtualmente, uma combinação de fontes de capital envolvida em qualquer programa de capitalização. Somente como ilustração, a Figura 10–2 indica um CMPC mínimo de, aproximadamente, 45% de capital de terceiros. A maior parte das firmas opera em uma faixa de combinações *D-E*. Por exemplo, uma faixa de 30% a 50% de financiamento com capital de terceiros para algumas empresas pode ser muito aceitável para os credores, sem nenhum aumento do risco ou da

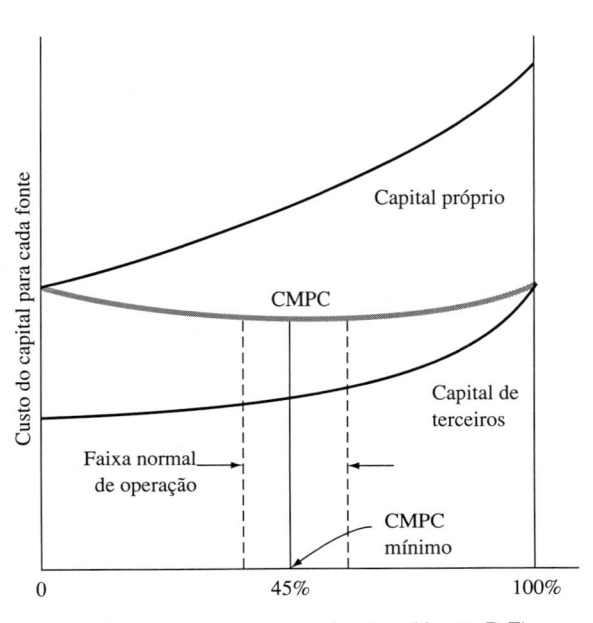

Figura 10–2
Forma geral das diferentes curvas do custo de capital.

TMA. Entretanto, outra empresa pode ser considerada "arriscada" se tiver somente 20% de capital de terceiros. É necessário ter conhecimento acerca da capacidade administrativa, de projetos atuais e específicos a saúde econômica da indústria, para determinar uma faixa de operação razoável da combinação D-E para uma empresa em particular.

EXEMPLO 10.3

Um novo programa de engenharia genética na Gentex exigirá um capital de $ 10 milhões. O diretor financeiro estimulou os seguintes valores de financiamento, a taxas de juros indicadas:

Venda de ações ordinárias	$ 5 milhões a 13,7%
Utilização de lucros retidos	$ 2 milhões a 8,9%
Financiamento com capital de terceiros, por meio da emissão de títulos	$ 3 milhões a 7,5%

Historicamente, a Gentex financia projetos utilizando uma combinação D-E de 40% de fontes de capital externo, que custam 7,5%, com 60% de fontes de capital próprio, que custam 10,0%. Compare o valor CMPC com o valor desse programa de engenharia genética.

Solução

A Equação [10.1] é utilizada para estimar o CMPC histórico:

$$CMPC = 0,6(10) + 0,4(7,5) = 9,0\%$$

Em relação ao programa atual, o financiamento com capital próprio envolve 50% de ações ordinárias ($ 5 milhões de $ 10 milhões) e 20% de lucros retidos, sendo os 30% restantes de fontes de capital de terceiros. O CMPC do programa, por meio da Equação [10.2], é mais alto do que a média histórica de 9%.

$$CMPC = \text{parte das ações} + \text{parte dos lucros retidos} + \text{parte do capital de terceiro}$$
$$= 0,5(13,7) + 0,2(8,9) + 0,3(7,5) = 10,88\%$$

O valor CMPC pode ser calculado utilizando-se valores antes da dedução dos impostos e pós-dedução dos impostos, para o custo de capital. O método pós-dedução dos impostos é o correto, uma vez que o financiamento com capital de terceiros tem uma distinta vantagem fiscal, conforme discutiremos na próxima seção. Aproximações do custo antes e pós-dedução dos impostos são realizadas utilizando-se a taxa efetiva de imposto T_e na relação:

Custo do capital de terceiros, pós-dedução dos impostos =
(custo antes da dedução dos impostos)$(1 - T_e)$ [10.3]

Impostos de pessoa jurídica
↓
Seção 17.1

A taxa efetiva de imposto é uma combinação de taxas de impostos federais, estaduais e municipais. Elas são reduzidas a um único número, T_e, para simplificar os cálculos. A Equação [10.3] pode ser utilizada para aproximar o custo do capital de terceiros separadamente, ou inserida na Equação [10.1], a uma taxa de CMPC pós-dedução dos impostos. O Capítulo 17 trata detalhadamente dos impostos e da análise econômica pós-dedução dos impostos.

10.4 DETERMINAÇÃO DE CUSTO DO CAPITAL DE TERCEIROS

O financiamento com capital de terceiros inclui obter empréstimos, principalmente por meio da emissão de títulos e empréstimos bancários. Nos Estados Unidos, os pagamentos de juros de obrigações financeiras e de juros de empréstimos bancários são dedutíveis do imposto de renda, como despesas corporativas. Isso reduz a base de renda tributável, sobre as quais [despesas corporativas] os impostos são calculados, sendo que o resultado final é o menor pagamento de impostos. O custo do capital obtido de terceiros é, portanto, reduzido, porque há uma *economia tributária* anual representada pelo fluxo de caixa de capital de terceiros, multiplicado pela taxa efetiva de imposto T_e. Essa economia anual é subtraída do fluxo de caixa da dívida do capital de terceiros, a fim de calcular o custo real desse tipo de capital, no formato da fórmula apresentada a seguir.

Economia tributária = (despesas)(taxa efetiva de imposto) = despesas (T_e) [10.4]
Fluxo de caixa líquido = despesas – economia tributária = despesas (1 – T_e) [10.5]

Para encontrar o custo do financiamento com capital de terceiros, desenvolva uma relação baseada no valor presente (VP) ou no valor anual (VA) da série de fluxo de caixa líquido (FCL), sendo i^* a incógnita. Encontre i^* manualmente, por meio de tentativa e erro, ou com as funções TAXA ou TIR em uma planilha de computador. Esse é o custo do percentual de capital de terceiros, utilizado no cálculo do CMPC na Equação [10.1].

EXEMPLO 10.4

A AT&T gerará $ 5 milhões em capital de terceiros ao emitir cinco mil títulos de $ 1.000, a 8% ao ano, com vencimento em 10 anos. Se a taxa efetiva de imposto da empresa é igual a 50% e os títulos têm um desconto de 2%, a fim de serem rapidamente vendidos, calcule o custo do capital de terceiros (*a*) antes da dedução dos impostos e (*b*) após a dedução dos impostos, sob a perspectiva da empresa. Obtenha as respostas manualmente e por computador.

Solução Manual

(*a*) O dividendo anual dos títulos é $ 1.000(0,08) = $ 80, e o preço de venda com desconto de 2% agora é $ 980. Utilizando a perspectiva da empresa, encontre a taxa i^* da relação do VP:

$$0 = 980 - 80(P/A;i^*;10) - 1.000(P/F;i^*;10)$$
$$i^* = 8,3\%$$

O custo do capital de terceiros, antes da dedução dos impostos, é $i^* = 8,3\%$, o que é ligeiramente mais alto do que a taxa de juros do título de 8%, devido ao desconto de 2% na venda.

(*b*) Com a compensação de reduzir os impostos, ao deduzir os juros dos títulos, a Equação [10.4] apresenta uma economia tributária de $ 80(0,5) = $ 40 por ano. O valor dos dividendos do título para a relação do VP agora é $ 80 – $ 40 = $ 40. Encontrar i^*, após a dedução dos impostos, reduz o custo do capital de terceiro em quase a metade, ou seja, 4,25%.

Solução por Computador
A Figura 10-3 é uma imagem de planilha da análise elaborada antes da dedução dos impostos (coluna B) e pós-dedução dos impostos (coluna C) utilizando a função TIR. O fluxo de caixa líquido, pós-dedução dos impostos, é calculado com a Equação [10.5], sendo $T_e = 0,5$. Veja o rótulo da célula.

Solução Rápida

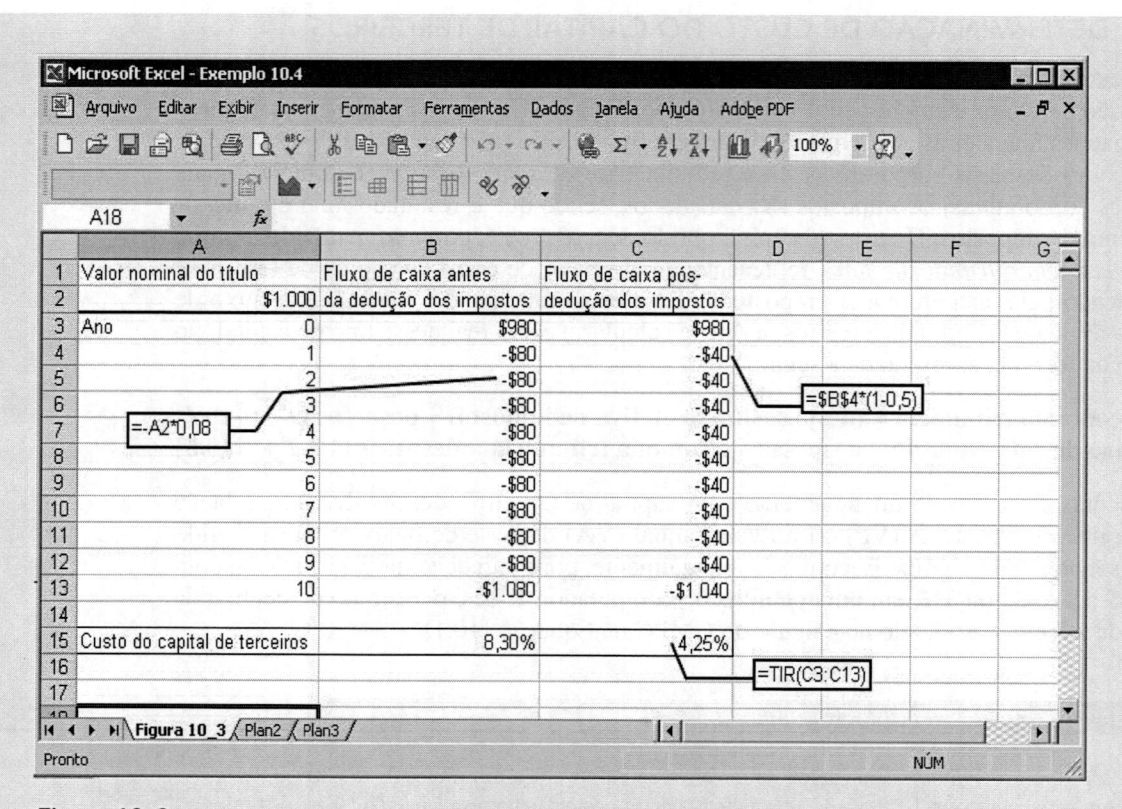

Figura 10–3
Utilize a função TIR para determinar o custo do capital de terceiros antes da dedução dos impostos e pós-dedução dos impostos, no Exemplo 10.4.

	A	B	C	D E F
1	Valor nominal do título	Fluxo de caixa antes	Fluxo de caixa pós-	
2	$1.000	da dedução dos impostos	dedução dos impostos	
3	Ano 0	$980	$980	
4	1	-$80	-$40	=$B$4*(1-0,5)
5	2	-$80	-$40	
6	3	-$80	-$40	
7	=-A2*0,08 4	-$80	-$40	
8	5	-$80	-$40	
9	6	-$80	-$40	
10	7	-$80	-$40	
11	8	-$80	-$40	
12	9	-$80	-$40	
13	10	-$1.080	-$1.040	
14				
15	Custo do capital de terceiros	8,30%	4,25%	=TIR(C3:C13)

EXEMPLO 10.5

A Hershey Company comprará um ativo de $ 20.000, que tem um ciclo de vida de 10 anos. Os gerentes da empresa decidiram pagar $ 10.000 a vista, imediatamente, e tomar um empréstimo de $ 10.000, a uma taxa de juros de 6%. O plano simplificado de reembolso do empréstimo compreende $ 600, em juros, a cada ano, sendo que o principal integral de $ 10.000 deverá ser pago no ano 10. Qual é o custo do capital de terceiros, após a dedução dos impostos, se a taxa efetiva de imposto é de 42%?

Solução
O fluxo de caixa líquido, pós-dedução dos impostos, para os juros do empréstimo de $ 10.000 é um valor anual igual a 600(1 – 0,42) = $ 348, por meio da Equação [10.5]. O reembolso do empréstimo é de $ 10.000 no ano 10. O valor presente (VP) é utilizado para estimar um custo de capital de terceiros de 3,48%.

$$0 = 10.000 - 348(P/A;i^*;10) - 10.000(P/F;i^*;10)$$

Comentário
Note que a taxa de juros anual de 6% sobre o empréstimo de $ 10.000 não é o CMPC, porque 6% são pagos somente sobre os fundos obtidos por empréstimo. Tampouco 3,48% é o CMPC, uma vez que ele é somente o custo do capital de terceiros.

10.5 DETERMINAÇÃO DE CUSTO DO CAPITAL PRÓPRIO E DA TMA

O capital próprio geralmente é obtido das seguintes fontes:

Venda de ações preferenciais

Venda de ações ordinárias

Utilização de lucros retidos

O custo de cada tipo de financiamento é estimado separadamente e introduzido nos cálculos do CMPC. O resumo de uma maneira comumente aceita para se estimar o custo de capital de cada fonte é apresentado aqui. Há métodos adicionais para a estimação do custo do capital próprio, obtido por meio de ações ordinárias. *Não há nenhuma economia tributária em relação ao capital próprio, porque os dividendos pagos aos acionistas não são dedutíveis do imposto de renda.*

A emissão de *ações preferenciais* traz consigo o compromisso de pagar, anualmente, um dividendo estabelecido. O custo do capital é a porcentagem dos dividendos estabelecidos, por exemplo, 10%, ou o valor dos dividendos dividido pelo preço da ação. Um dividendo de $ 20 pago sobre uma ação de $ 200 equivale a um custo de 10% para o capital próprio. Ações preferenciais podem ser vendidas com desconto, para agilizar a venda. Nesse caso, os rendimentos reais da ação devem ser utilizados como denominador. Por exemplo, se ações preferenciais que valem $ 200 e pagam dividendos de 10% forem vendidas com um desconto de 5%, a $ 190 por ação, haverá um custo do capital próprio igual a ($ 20/ $ 190) × 100% = 10,53%.

Estimar o custo do capital próprio para *ações ordinárias* é muito mais complicado. Os dividendos pagos não contêm uma indicação verdadeira de quanto custará, realmente, a emissão de títulos no futuro. Geralmente, é utilizada uma avaliação das ações ordinárias para estimar o custo. Se R_e é o custo do capital próprio (na forma decimal):

$$R_e = \frac{\text{dividendos do primeiro ano}}{\text{preço do título}} + \text{taxa de crescimento esperada dos dividendos}$$

$$R_e = \frac{DV_1}{P} + g \qquad [10.6]$$

A taxa de crescimento g é uma estimativa do crescimento anual dos rendimentos que os acionistas deverão receber. Em outras palavras, é a taxa composta de crescimento dos rendimentos que a empresa acredita ser necessária para atrair acionistas. Por exemplo, suponha que uma corporação multinacional planeje arrecadar fundos, por meio de sua subsidiária nos Estados Unidos, para a construção de uma instalação industrial na América do Sul, vendendo um total de $ 2.500.000 em ações ordinárias, que valem $ 20 cada uma. Se forem planejados dividendos de 5%, ou $ 1, para o primeiro ano, e revista uma valorização de 4%, ao ano, para os dividendos futuros, o custo do capital para a emissão dessas ações ordinárias, pela Equação [10.6], é de 9%.

$$R_e = \frac{1}{20} + 0{,}04 = 0{,}09$$

Usualmente, determina-se que o custo do capital próprio, em termos de *lucros retidos*, é igual ao custo das ações ordinárias, uma vez que os acionistas serão os realizadores dos retornos de projetos, nos quais se investem lucros retidos.

Tão logo seja estimado o custo de capital, para todas as fontes de capital próprio planejadas, o CMPC é calculado, por meio da Equação [10.2].

Um segundo método, utilizado para estimar o custo do capital advindo de ações ordinárias, é o modelo de precificação de bens de capital – *capital asset pricing model* (*CAPM*). Devido às flutuações nos preços das ações e ao retorno mais alto, exigido pelos títulos de algumas corporações em comparação a outras, essa técnica de avaliação comumente é aplicada. O custo do capital próprio a partir de R_e das ações ordinárias, utilizando-se o CAPM, é:

$$\begin{aligned} R_e &= \text{retorno sem riscos + ágio acima do retorno sem riscos} \\ &= R_f + \beta(R_m - R_f) \end{aligned}$$ [10.7]

em que β = volatilidade das ações de uma empresa em relação a outras ações no mercado ($\beta = 1,0$ é a norma), e

R_m = rendimento dos títulos de uma carteira de mercado, medido por um índice preestabelecido

O termo R_f, geralmente, é a taxa de cotação de um título do Tesouro dos Estados Unidos, uma vez que ele é considerado um "investimento seguro". O termo $(R_m - R_f)$ é o ágio pago acima da taxa segura ou sem riscos. O coeficiente β (beta) indica como se espera que o título varie em comparação a uma carteira de títulos selecionada da mesma área geral de mercado, freqüentemente um índice de títulos da Standard and Poor's 500. Se $\beta < 1,0$, o título é menos volátil, de forma que o ágio resultante pode ser menor; quando $\beta > 1,0$, maiores movimentações de preços são esperadas, de forma que o ágio se eleva.

Segurança é uma palavra que identifica um título, bônus ou qualquer outro instrumento utilizado para desenvolver capital. Para entender melhor como o CAPM funciona, considere a Figura 10–4. Nela é apresentado o gráfico de uma linha de segurança de mercado, ou seja,

Figura 10–4
Retorno esperado da emissão de ações ordinárias, utilizando o CAPM

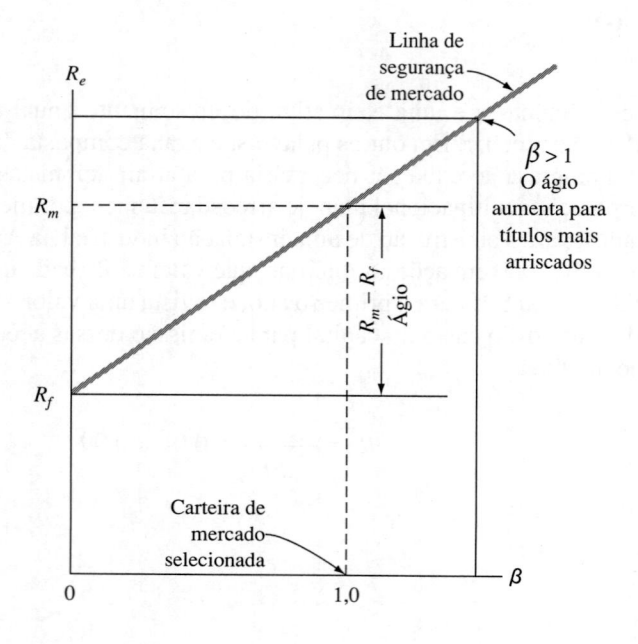

um ajuste linear por meio de análise de regressão, para indicar o retorno esperado para diferentes valores de β. Quando $\beta = 0$, o retorno sem riscos R_f é aceitável (sem ágio). À medida que β aumenta, a necessidade de retorno com ágio se eleva. Valores de beta são publicados periodicamente, para a maioria das corporações que emitem títulos. Tão logo é concluído, esse custo estimado do capital próprio, obtido de ações ordinárias, pode ser incluído no cálculo do CMPC na Equação [10.2].

EXEMPLO 10.6

O diretor de engenharia de software da SafeSoft, uma corporação que presta serviços à indústria alimentícia, convenceu o presidente a desenvolver uma nova tecnologia de software para a indústria de carnes em conserva e outros alimentos. A previsão é de que os processos para produção de carnes em conserva possam ser concluídos de maneira mais segura e rápida, utilizando esse software de controle automatizado. A emissão de ações ordinárias é uma possibilidade para arrecadarem fundos, se o custo do capital próprio estiver abaixo de 15%. A SafeSoft, que tem um valor beta horizontal de 1,7, utiliza o CAPM para determinar o ágio de seus títulos em comparação a outras corporações produtoras de software. A linha de segurança de mercado indica que é desejável um ágio de 5% acima da taxa sem riscos. Se os títulos do Tesouro dos Estados Unidos estão pagando 4%, estime o custo do capital obtido com as ações ordinárias.

Solução

O ágio de 5% representa o termo $R_m - R_f$ da Equação [10.7].

$$R_e = 4{,}0 + 1{,}7(5{,}0) = 12{,}5\%$$

Uma vez que o custo é menor do que 15%, a SafeSoft deve emitir ações ordinárias para financiar esse novo empreendimento.

Na teoria, um estudo de engenharia econômica, corretamente executado, utiliza uma TMA igual ao custo do capital comprometido, com as alternativas específicas do estudo. Naturalmente, esse detalhe não é conhecido. Para uma combinação de capital de terceiros com capital próprio, o CMPC calculado define o mínimo para a TMA. A forma de tratamento mais racional é fixar a TMA entre o custo do capital próprio e o CMPC da corporação. Os riscos associados a uma alternativa devem ser tratados em separado da determinação da TMA, conforme afirmamos. Isso está de acordo com a diretriz, segundo a qual, a TMA não deve ser arbitrariamente aumentada para considerar os vários tipos de risco associados às estimativas de fluxo de caixa. Infelizmente, a TMA, com frequência, é fixada acima do CMPC, porque a administração quer levar em conta os riscos.

EXEMPLO 10.7

A Engineering Products Division (Divisão de Produtos de Engenharia) da 4M Corporation tem duas alternativas mutuamente exclusivas, A e B, com valores da ROR de $i_A^* = 9{,}2\%$ e $i_B^* = 5{,}9\%$. O cenário de financiamento ainda não se alterou, mas será um dos seguintes: plano 1 – utilizar todos os fundos de capital próprio, que rendem atualmente 8% para a corporação; plano 2 – utilizar fundos do *pool* de capital corporativo, composto de 25% de capital de terceiros, a um custo de 14,5%, e o restante, dos mesmos fundos de capital próprio mencionados anteriormente. O custo do capital de terceiros, atualmente, está alto porque a empresa mal atingiu sua receita projetada para as ações ordinárias durante os dois últimos trimestres, e os bancos elevaram a taxa de empréstimos para a 4M. Tome a decisão econômica, comparando as alternativas A e B, para cada estrutura de financiamento.

Solução

O capital está disponível para uma das duas alternativas mutuamente exclusivas. Em relação ao plano 1, 100% de capital próprio, o financiamento é especificamente conhecido, de forma que o custo do capital próprio é a TMA, ou seja, 8%. Somente a alternativa A é aceitável; a alternativa B não é aceitável, uma vez que o retorno estimado de 5,9% não ultrapassa a TMA de projeto.

Sob o financiamento do plano 2, com uma combinação D-E de 25–75,

$$CMPC = 0,25(14,5) + 0,75(8,0) = 9,625\%$$

Agora, nenhuma das alternativas é aceitável, uma vez que ambos os valores da ROR são menores do que a TMA = CMPC = 9,625%. A alternativa selecionada deve ser "não fazer nada" (*do-nothing* – DN), a não ser que uma alternativa deva ser obrigatoriamente escolhida. Nesse caso, atributos não econômicos devem ser considerados.

10.6 EFEITO DA COMBINAÇÃO *DEBT-EQUITY* SOBRE O RISCO DO INVESTIMENTO

A combinação D-E foi introduzida na Seção 10.3. À medida que a proporção de capital de terceiros aumenta, o custo calculado do capital diminui, devido às vantagens tributárias do capital de terceiros. *Entretanto, a alavancagem proporcionada pelas maiores porcentagens de capital de terceiros aumenta a proporção de risco dos projetos realizados pela empresa.* Quando já existem dívidas volumosas, um financiamento adicional, por meio de fontes de capital de terceiros (ou capital próprio), é mais difícil de justificar, e a corporação pode ser colocada em uma situação em que possui uma parte cada vez menor de si mesma. Isso, às vezes, é chamado de *corporação altamente alavancada*. Incapacidade para obter capital operacional ou de investimento significa uma maior dificuldade para a empresa e seus projetos. Desse modo, um equilíbrio racional entre financiamento com capital de terceiros e com capital próprio é importante para a saúde financeira de uma corporação. O Exemplo 10.8 ilustra as desvantagens de combinações D-E não balanceadas.

EXEMPLO 10.8

Três empresas de manufatura têm os seguintes montantes de capital próprio e de terceiros, com as seguintes combinações D-E. Suponha que todo o capital próprio esteja na forma de ações ordinárias.

	Quantidade de capital		
Empresa	Capital de terceiros (em milhões de $)	Capital próprio (em milhões de $)	Combinação D-E (% – %)
A	10	40	20 – 80
B	20	20	50 – 50
C	40	10	80 – 20

Suponha que a receita anual seja de $ 15 milhões para cada empresa e que, depois de os juros da dívida serem considerados, as receitas líquidas sejam de $ 14,4, $ 13,4 e $ 10,0 milhões, respectivamente. Calcule o retorno das ações ordinárias para cada empresa e comente o resultado, em relação às combinações D-E.

Solução

Divida a renda líquida pelo montante das ações (patrimônio líquido), para calcular o retorno das ações ordinárias. Em milhões de dólares,

A: $$\text{Retorno} = \frac{14{,}4}{40} = 0{,}36 \ (36\%)$$

B: $$\text{Retorno} = \frac{13{,}4}{20} = 0{,}67 \ (67\%)$$

C: $$\text{Retorno} = \frac{10{,}0}{10} = 1{,}00 \ (100\%)$$

Como esperado, decididamente, o maior retorno é para a empresa C, altamente alavancada, em que somente 20% da empresa está nas mãos do proprietário. O retorno é excelente, mas o risco associado a essa firma é elevado, em comparação à firma A, em que a combinação D-E é de somente 20% de capital de terceiros.

A utilização de grandes porcentagens de financiamento com capital de terceiros *aumenta muito o risco* assumido pelos credores e acionistas. A confiança, a longo prazo, na corporação diminui, não importa quão grande seja o retorno das ações a curto prazo.

A alavancagem de grandes combinações D-E aumenta o retorno do *capital social*, conforme demonstramos nos exemplos anteriores; mas também pode trabalhar contra os proprietários e investidores. Uma pequena diminuição no valor dos ativos afetará mais negativamente um investimento com capital de terceiros, altamente alavancado, em comparação a um que tenha uma pequena alavancagem. O Exemplo 10.9 ilustra esse fato.

EXEMPLO 10.9

Duas engenheiras colocam $ 10.000 em investimentos diferentes. Marylynn investe $ 10.000 em títulos de uma empresa aérea, e Carla alavanca os $ 10.000 comprando uma residência de $ 100.000, para ser utilizada como imóvel de aluguel. Calcule o valor resultante do capital próprio de $ 10.000, considerando que há uma desvalorização de 5%, tanto no valor dos títulos como no valor da residência. Faça o mesmo em relação a um aumento de 5%. Ignore quaisquer considerações sobre dividendos, renda ou impostos.

Solução

O valor dos títulos da empresa aérea diminui em 10.000(0,05) = $ 500, e o valor da casa diminui em 100.000(0,05) = $ 5.000. O efeito é que uma quantia menor dos $ 10.000 é retornada se o investimento precisar ser vendido imediatamente.

Prejuízo de Marylynn: $$\frac{500}{10.000} = 0{,}05 \ (5\%)$$

Prejuízo de Carla: $$\frac{5.000}{10.000} = 0{,}50 \ (50\%)$$

A alavancagem de 10 para 1, feita por Carla, resulta-lhe em uma diminuição de 50% na posição do patrimônio líquido, enquanto Marylynn tem um prejuízo de somente 5%, uma vez que não há nenhuma alavancagem.

O oposto é correto para um aumento de 5%; Carla se beneficiaria com um ganho de 50% sobre os seus $ 10.000, enquanto Marylynn teria um ganho de somente 5%. A alavancagem maior é mais arriscada. Ela oferece um *retorno muito maior quando há um aumento* no valor do investimento, e um *prejuízo muito maior quando há uma diminuição* no valor do investimento.

Os mesmos princípios que discutimos anteriormente, em relação às corporações, são aplicáveis a pessoas físicas. A pessoa que é altamente alavancada tem grandes dívidas em termos de extratos de cartão de crédito, empréstimos pessoais e hipotecas residenciais. Por exemplo, suponha que dois engenheiros tenham, cada um, um salário líquido no valor de $ 40.000, depois que o imposto de renda, o seguro social e os prêmios do seguro foram deduzidos integralmente de seus salários anuais. Suponha, ainda, que o custo da dívida (dinheiro tomado por empréstimo por meio de cartões de crédito e empréstimos bancários) atinja uma média de 15% ao ano e que o principal atual da dívida seja reembolsado em quantias iguais, ao longo de 20 anos. Se Jamal tem uma dívida total de $ 25.000 e Barry deve $ 100.000, o valor restante do pagamento líquido anual pode ser calculado da seguinte maneira:

Pessoa	Capital de Terceiros Total, $	Custo do Capital de Terceiros a 15%, $	Reembolso do Capital de Terceiros em um Período de 20 anos, $	Quantia Restante dos $ 40.000, $
Jamal	25.000	3.750	1.250	35.000
Barry	100.000	15.000	5.000	20.000

Jamal tem 87,5% de sua base disponível, enquanto Barry tem somente 50% disponíveis.

10.7 ANÁLISE DE ATRIBUTOS MÚLTIPLOS: IDENTIFICAÇÃO E IMPORTÂNCIA DE CADA ATRIBUTO

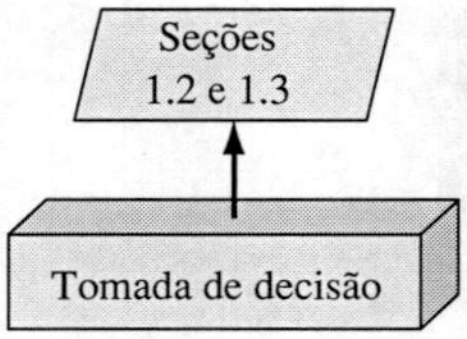

No Capítulo 1, esboçamos o papel e o escopo da engenharia econômica, na tomada de decisões. O processo de tomada de decisões, apresentado naquele capítulo, incluiu os sete passos listados à direita da Figura 10–5. O passo 4 consiste em identificar o atributo individual ou

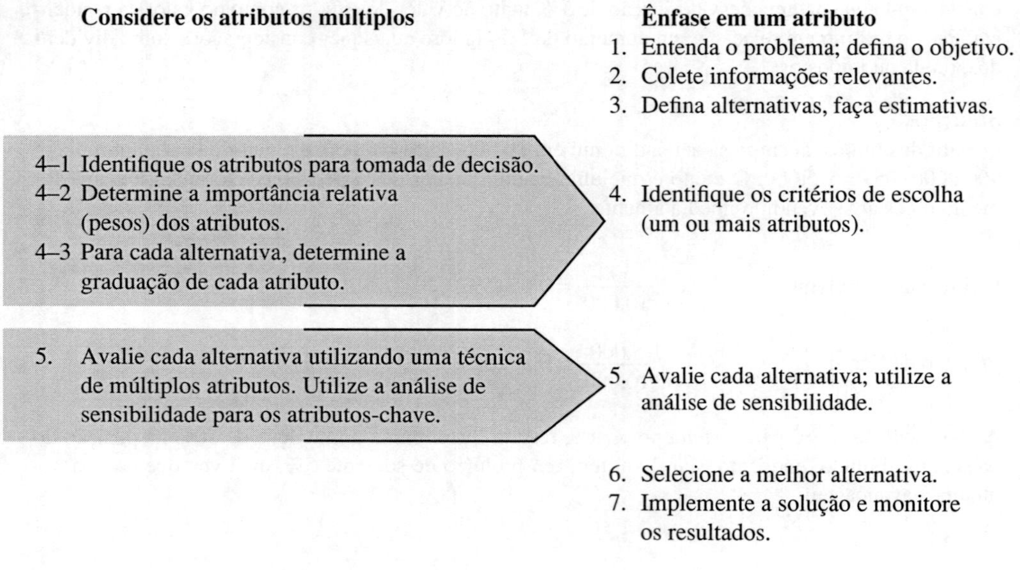

Figura 10–5
Ampliação do processo de tomada de decisão para incluir atributos múltiplos.

Considere os atributos múltiplos

4–1 Identifique os atributos para tomada de decisão.
4–2 Determine a importância relativa (pesos) dos atributos.
4–3 Para cada alternativa, determine a graduação de cada atributo.

5. Avalie cada alternativa utilizando uma técnica de múltiplos atributos. Utilize a análise de sensibilidade para os atributos-chave.

Ênfase em um atributo
1. Entenda o problema; defina o objetivo.
2. Colete informações relevantes.
3. Defina alternativas, faça estimativas.
4. Identifique os critérios de escolha (um ou mais atributos).
5. Avalie cada alternativa; utilize a análise de sensibilidade.
6. Selecione a melhor alternativa.
7. Implemente a solução e monitore os resultados.

Seções 1.2 e 1.3 → Tomada de decisão

os atributos múltiplos nos quais se baseiam os critérios de seleção. Em todas as avaliações anteriores, apresentadas neste livro, somente um atributo – o econômico – foi identificado e utilizado para escolher a melhor alternativa. O critério foi a maximização do valor equivalente do VP, do VA, da ROR ou da razão C/B. Como todos nós sabemos, a maior parte das avaliações considera (e deve levar) múltiplos atributos no processo de tomada de decisão. Esses são os fatores não econômicos, indicados na parte inferior da Figura 1–1, que descreve os principais elementos para executar um estudo de engenharia econômica. Entretanto, essas dimensões não econômicas tendem a ser intangíveis e, freqüentemente, difíceis, até impossíveis de quantificar, diretamente, por meio de escalas econômicas ou outras. Contudo, entre os muitos atributos que podem ser identificados, há alguns fundamentais e que devem ser considerados bem antes de o processo de seleção da alternativa ser concluído. Esta e a próxima seção descrevem algumas das técnicas que acomodam atributos múltiplos, em um estudo de engenharia.

Atributos múltiplos entram no processo de tomada de decisão em muitos estudos. Projetos do setor público são exemplos excelentes de resolução de problemas com atributos múltiplos. Por exemplo, a proposta de construir uma represa para formar um lago em uma região de baixada ou ampliar a bacia de retenção de um rio geralmente tem diversos propósitos, tais como controle de enchentes, água potável, utilização industrial, desenvolvimento comercial, recreação, preservação da natureza para pesca, plantas e pássaros e, possivelmente, outros propósitos menos evidentes. Níveis elevados de complexidade são introduzidos no processo de seleção pelos atributos múltiplos, considerados importantes para a escolha de uma alternativa quanto a localização, projeto, impacto ambiental etc. da represa.

O lado esquerdo da Figura 10–5 amplia os passos 4 e 5, para que os atributos múltiplos sejam considerados. A discussão, a seguir, concentra-se no passo 4 ampliado, e a seção seguinte trata da medida de avaliação e seleção de uma alternativa no passo 5.

4-1 Identificação do Atributo Os atributos a serem considerados na avaliação podem ser identificados e definidos por meio de diversos métodos, alguns melhores do que outros, dependendo da situação em torno do próprio estudo. É importante buscar a colaboração de outras pessoas, além do analista, pois ajuda a focalizar o estudo em atributos-chave. Apresentamos, a seguir, uma relação incompleta das maneiras pelas quais os atributos-chave podem ser identificados.

- Comparação com estudos similares que incluem atributos múltiplos.
- Colaboração de especialistas que tenham uma experiência relevante.
- Consulta às pessoas envolvidas (clientes, empregados, gerentes) que sofrem o impacto das alternativas.
- Discussões em pequenos grupos utilizando métodos como, por exemplo, grupos de foco, *brainstorming* ou técnica nominal de grupo.
- Método Delfos, um procedimento progressivo para desenvolver um consenso racional, a partir de diferentes perspectivas e opiniões.

Como ilustração, suponha que a Continental Airlines decida comprar cinco aviões Boeing 777 novos para vôos internacionais, principalmente, entre a costa oeste dos Estados Unidos e cidades asiáticas, especialmente Hong-Kong, Tóquio e Cingapura. Há aproximadamente 8.000 opções para cada avião, a respeito das quais as equipes de engenharia, compras, manutenção e marketing da Continental devem decidir, antes de o pedido de compra da Boeing ser apresentado. O escopo das opções varia do material e cor do interior do avião ao tipo de dispositivo de ferrolho utilizado nas capotas dos motores, do máximo empuxo dos motores ao *design* dos instrumentos utilizados pelo piloto. Um estudo econômico baseado no VA equivalente da receita estimada da venda de passagens, por viagem, determinou que 150 dessas opções são claramente vantajosas. Mas outros atributos não econômicos devem ser considerados, antes de algumas das opções mais caras serem especificadas. Um estudo Delfos foi realizado, contando com a colaboração de 25 pessoas. Simultaneamente, as escolhas feitas em uma encomenda recente por uma empresa aérea, não identificada, foram compartilhadas com o pessoal da Continental. Com base nesses dois estudos, identificaram-se 10 atributos-chave para a escolha de uma alternativa. Quatro dos atributos mais importantes são:

- *Tempo de reparo:* tempo médio para reparo ou troca (*mean time to repair or replace* – MTTR), se a opção é ou afeta um componente crítico para o vôo.

- *Segurança:* tempo médio para falha (*mean time to failure* – MTTF) de componentes críticos para o vôo.

- *Econômico:* receita extra estimada para a opção. (Basicamente, este é o atributo avaliado pelo estudo econômico já realizado.)

- *Necessidades da tripulação:* algumas medidas da necessidade e/ou benefícios da opção, segundo o julgamento de representantes da tripulação – pilotos e comissários(as).

O atributo econômico de receita extra pode ser considerado uma medida indireta da satisfação do cliente, medida que é mais quantitativa do que os resultados da pesquisa de opinião/satisfação do cliente. Naturalmente, há muitos outros atributos que podem ser e são utilizados. Entretanto, a questão é que o estudo econômico pode tratar, diretamente, apenas de um ou de alguns dos atributos-chave vitais para a tomada de decisão, referente(s) à alternativa que está sendo avaliada.

Um atributo que é rotineiramente identificado por indivíduos e grupos é o *risco*. Na realidade, o risco não deve ser considerado de maneira independente, porque ele é inerente aos atributos, de uma forma ou de outra. Considerações sobre variação, estimativas probabilísticas etc., no processo de tomada de decisão, serão tratadas posteriormente neste livro. Análise formalizada de sensibilidade, valores esperados, simulação e diagramas (árvores) de decisão são algumas das técnicas úteis para se tratar o risco inerente a um atributo.

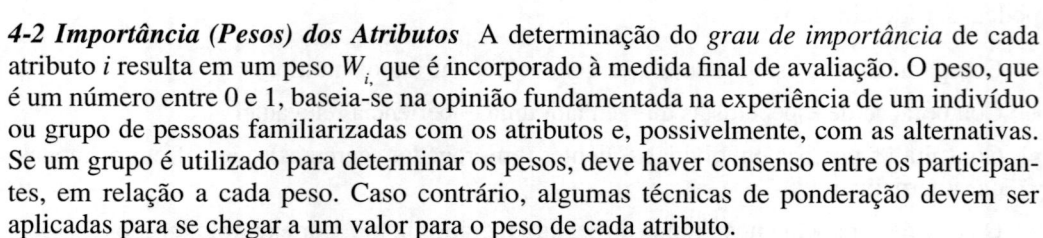

4-2 Importância (Pesos) dos Atributos A determinação do *grau de importância* de cada atributo i resulta em um peso W_i, que é incorporado à medida final de avaliação. O peso, que é um número entre 0 e 1, baseia-se na opinião fundamentada na experiência de um indivíduo ou grupo de pessoas familiarizadas com os atributos e, possivelmente, com as alternativas. Se um grupo é utilizado para determinar os pesos, deve haver consenso entre os participantes, em relação a cada peso. Caso contrário, algumas técnicas de ponderação devem ser aplicadas para se chegar a um valor para o peso de cada atributo.

A Tabela 10–3 é um esquema tabular dos atributos e das alternativas utilizados para realizar uma avaliação de atributos múltiplos. Pesos W_i correspondentes a cada atributo são inseridos à esquerda da tabela. O restante da tabela será discutido à medida que avançarmos ao longo dos passos 4 e 5, ampliados, do processo de tomada de decisão.

Os pesos dos atributos, usualmente, são normalizados de forma que sua soma, envolvendo todas as alternativas, seja igual a 1,0. Essa normalização implica que a classificação por grau de importância de cada atributo é dividida pela soma S de todos os atributos. Expressa como fórmula, estas duas propriedades de pesos para o atributo $i(i = 1, 2, \ldots, m)$ são:

$$\text{Pesos normalizados:} \sum_{i=1}^{m} W_i = 1{,}0 \qquad [10.8]$$

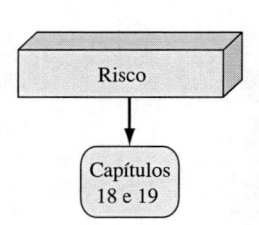

SEÇÃO 10.7   Análise de Atributos Múltiplos: Identificação e Importância de Cada Atributo

TABELA 10–3 Esquema Tabular dos Atributos e das Alternativas Utilizados na Avaliação de Atributos Múltiplos

Atributos	Pesos	Alternativas				
		1	2	3	$\cdots$	n
1	W_1					
2	W_2					
3	W_3					
.	.		Grau de valor V_{ij}			
.	.					
.	.					
m	W_m					

$$\text{Cálculo do peso: } W_i = \frac{\text{grau de importância}_i}{\sum_{i=1}^{m} \text{grau de importância}_i} = \frac{\text{grau de importância}_i}{S} \quad [10.9]$$

Dos muitos procedimentos desenvolvidos para conceder pesos a um atributo, o analista, provavelmente, confiará em um que seja relativamente simples como, por exemplo, ponderações iguais, ordem de classificação ou ordem ponderada de classificação. Cada um é apresentado, sucintamente, a seguir.

Ponderações Iguais Considera-se que todos os atributos têm, aproximadamente, a mesma importância, o que significa que não há nenhum fundamento lógico para distinguir o atributo mais importante do menos importante. Essa é a abordagem padrão. Cada peso apresentado na Tabela 10-3 será $1/m$, de acordo com a Equação [10.9]. De outra maneira, a normalização pode ser omitida, quando cada peso é 1 e a soma deles é m. Nesse caso, a medida final de avaliação de uma alternativa será a soma de todos os atributos.

Ordem de Classificação Os m atributos são colocados (classificados) em ordem crescente de importância, sendo a classificação 1 atribuída ao menos importante e m atribuído ao mais importante. Por meio da Equação [10.9], os pesos seguem o padrão $1/S, 2/S, \ldots, m/S$. Com esse método, a diferença de peso, entre atributos de importância crescente, é constante.

Ordem Ponderada de Classificação Os m atributos são, novamente, colocados na ordem crescente de importância. Entretanto, agora é possível uma diferenciação entre os atributos. Ao atributo mais importante é atribuída uma pontuação, usualmente 100, e todos os outros atributos são pontuados em relação a ele, entre 100 e 0. O próximo passo, agora, é definir a pontuação de cada atributo como s_i, e a Equação [10.9] assumirá a seguinte forma:

$$W_i = \frac{s_i}{\sum_{i=1}^{m} s_i} \quad [10.10]$$

Esse é um método muito prático para determinar pesos, porque um ou mais atributos podem ser fortemente ponderados, se forem significativamente mais importantes do que os restantes; e a Equação [10.10] normalizará, automaticamente, os pesos. Por exemplo, suponha que quatro atributos-chave na compra de aviões, do exemplo anterior, sejam colocados na seguinte ordem: segurança, tempo de reparo, necessidades dos tripulantes e econômico.

Se o tempo de reparo tiver somente a metade da importância, e os dois últimos atributos tiverem, cada um, a metade da importância do tempo de reparo, as pontuações e os pesos são os seguintes:

Atributo	Pontuação	Pesos
Segurança	100	100/200 = 0,50
Tempo de reparo	50	50/200 = 0,25
Necessidades dos tripulantes	25	25/200 = 0,125
Econômico	25	25/200 = 0,125
Soma das pontuações e pesos	200	1.000

Há outras técnicas de ponderação de atributos, especialmente para processos de grupo como, por exemplo, funções de serviços públicos, comparação por pares e outros. Elas tornam-se cada vez mais sofisticadas, mas são capazes de apresentar uma vantagem que esses métodos simples não proporcionam ao analista: *coerência de classificações e pontuações* entre os atributos e entre as pessoas. Se essa coerência for importante, no sentido de estarem envolvidos, em um estudo, diversos tomadores de decisão com opiniões diversas sobre a importância do atributo, uma técnica mais sofisticada pode ser justificada. Há um número substancial de publicações sobre esse assunto.

4.3 Graduação de Cada Alternativa por meio do Atributo Este é o passo final, antes de calcular a medida de avaliação. A cada alternativa é atribuída uma graduação de valor V_{ij}, para cada atributo i. São os lançamentos efetuados nas células da Tabela 10–3. As graduações são avaliações feitas pelos tomadores de decisão, a respeito de quão bem uma alternativa se comportará, à medida que cada atributo for considerado.

A escala para a graduação de valor pode variar, em função da facilidade de entendimento daqueles que fazem a avaliação. Uma escala de 0 a 100 pode ser utilizada para graduação de importância dos atributos. Entretanto, a mais popular é uma escala de 4 ou 5 graduações, acerca da capacidade percebida, em cada alternativa, para realizar o intento do atributo. Chamada de *Escala Likert*, ela pode ter descrições das graduações (por exemplo, péssima, ruim, boa, ótima), ou números atribuídos entre 0 e 10, ou –1 a +1, ou –2 a +2. As duas últimas escalas podem dar um impacto negativo à medida de avaliação, para alternativas ruins. Um exemplo numérico de 0 a 10 é o seguinte:

Se Você Avalia a Alternativa como	Dê-lhe uma Graduação entre os Números
Péssima	0 a 2
Ruim	3 a 5
Boa	6 a 8
Ótima	7 a 10

É preferível ter uma Escala Likert com quatro escolhas (um número par), de forma que a tendência central de "razoável" não seja superestimada.

Se montarmos, agora, a ilustração de compra dos aviões incluindo as graduações de valor, as células serão preenchidas com classificações atribuídas por um tomador de decisão. A Tabela 10–4 inclui exemplos de graduações V_{ij} e os pesos W_i, determinados anteriormente.

TABELA 10–4 Esquema Completo Correspondente a Quatro Atributos e Três Alternativas, para Avaliação de Atributos Múltiplos

Atributos	Pesos	Alternativas		
		1	2	3
Segurança	0,50	6	4	8
Reparo	0,25	9	3	1
Necessidades dos tripulantes	0,125	5	6	6
Econômico	0,125	5	9	7

Inicialmente haverá uma dessas tabelas para cada tomador de decisão. Antes de calcular a medida final de avaliação R_j, as graduações podem ser combinadas de alguma forma, ou uma medida R_j pode ser calculada, utilizando as classificações atribuídas por cada tomador de decisão. A determinação dessa medida de avaliação é discutida a seguir.

10.8 MEDIDA DE AVALIAÇÃO PARA ATRIBUTOS MÚLTIPLOS

A necessidade de uma medida de avaliação que acomode atributos múltiplos é indicada no passo 5, da Figura 10–5. Essa medida deve ser um número unidimensional que combine efetivamente as diferentes dimensões, encaminhadas pelos graus de importância do atributo W_i e pelas graduações de valor das alternativas V_{ij}. O resultado é uma fórmula para calcular uma medida agregada, que pode ser utilizada para fazer a escolha entre duas ou mais alternativas. O resultado, freqüentemente, é chamado de *método rank-and-rate*. Esse processo de redução elimina grande parte da complexidade, ao tentar equilibrar os diferentes atributos; entretanto, elimina grande parte das consistentes informações capturadas pelo processo de classificar os atributos, de acordo com sua importância, e avaliar o desempenho de cada alternativa em relação a cada atributo.

Há medidas aditivas, multiplicativas e exponenciais, mas, decididamente, o modelo mais aplicado é o aditivo. O modelo aditivo mais utilizado é o *método de atributo ponderado*. A medida de avaliação, simbolizada por R_j para cada alternativa j, é definida por:

$$R_j = \sum_{j=1}^{n} W_i V_{ij} \qquad [10.11]$$

Os valores W_i são as ponderações de importância do atributo, e V_{ij} é a graduação de valor, por atributo i, de cada alternativa j. Se os atributos tiverem pesos iguais (também chamados de não ponderados), todos os $W_i = 1/m$, conforme é determinado pela Equação [10.9]. Isso significa que W_i pode ser retirado do somatório, na fórmula de R_j. (Se um peso igual a $W_i = 1,0$ for utilizado para todos os atributos, em lugar de $1/m$, então o valor R_j será simplesmente a soma de todas as avaliações referentes a cada alternativa.)

A diretriz de seleção é a seguinte:

Escolha a alternativa que tem o maior valor R_j. Essa medida presume que pesos W_i crescentes significam atributos mais importantes, e classificações V_{ij} crescentes significam um melhor desempenho da alternativa.

A análise de sensibilidade de qualquer pontuação, peso ou classificação por valor é utilizada para determinar a sensibilidade da decisão a respeito daquele atributo.

EXEMPLO 10.10

Um sistema regional interativo de controle de tráfego e programação de horários de trens funciona há vários anos na MB + O Railroad. A administração e os controladores concordam que chegou a hora de adquirir um sistema atualizado de software e, possivelmente, um novo hardware. As discussões levaram a três alternativas:

1. Comprar um novo hardware e desenvolver um novo software customizado *in-house*[1].
2. Arrendar um novo hardware e utilizar uma empreiteira externa para os serviços de software.
3. Desenvolver um software, utilizando uma empreiteira externa, e atualizar componentes específicos do hardware.

Foram definidos seis atributos para a comparação de alternativas, pelo processo Delfos, envolvendo tomadores de decisão das áreas de controle de tráfego, operações de campo e engenharia ferroviária.

1. Necessidade de investimento inicial.
2. Custo anual de manutenção do hardware e do software.
3. Tempo de resposta às "condições de colisão".
4. Interface do usuário com o sistema de controle de tráfego.
5. Interface de software nos trens.
6. Interface do sistema de software com outros sistemas de controle de tráfego da empresa.

As pontuações dadas aos atributos pelos tomadores de decisão são apresentadas na Tabela 10–5, utilizando um procedimento de ordem ponderada de classificação, com pontuações de 0 a 100. Os atributos 2 e 3 são considerados os mais importantes: uma pontuação igual a 100 é atribuída a eles. Tão logo cada alternativa foi suficientemente detalhada para julgar as capacidades, com base nas especificações do sistema, um grupo de três pessoas apresentou avaliações de valor às três alternativas, novamente utilizando uma escala de avaliação de 0 a 100 (Tabela 10–5). Por exemplo, em relação à alternativa 3, os aspectos econômicos são excelentes (pontuações iguais a 100 tanto para o atributo 1 como para o atributo 2), mas a interface de software nos trens é considerada muito fraca, daí a baixa pontuação, igual a 10. Utilize essas pontuações e avaliações para determinar qual alternativa é a melhor.

TABELA 10–5 Pontuações dos Atributos e Classificação das Alternativas para Avaliação de Atributos Múltiplos, no Exemplo 10.10

Atributo i	Pontuação por Grau de Importância	Avaliações de valor (0 a 100), V_{ij}		
		Alternativa 1	Alternativa 2	Alternativa 3
1	50	75	50	100
2	100	60	75	100
3	100	50	100	20
4	80	100	90	40
5	50	85	100	10
6	70	100	100	75
Total	450			

---
[1] **N.T.:** Na própria organização.

TABELA 10–6 Resultados para o Método de Atributo Ponderado, no Exemplo 10.10

Atributo i	Peso Normalizado W_i	$R_j = W_i V_{ij}$ Alternativa 1	Alternativa 2	Alternativa 3
1	0,11	8,3	5,5	11,0
2	0,22	13,2	16,5	22,0
3	0,22	11,0	22,0	4,4
4	0,18	18,0	16,2	7,2
5	0,11	9,4	11,0	1,1
6	0,16	16,0	16,0	12,0
Total Geral	1,00	75,9	87,2	57,7

Solução
A Tabela 10–6 inclui os pesos normalizados para cada atributo, determinado pela Equação [10.9]; o total é 1,0, de acordo com a exigência. A medida de avaliação R_j, correspondente ao método de atributo ponderado, é obtida aplicando-se a Equação [10.11] em cada coluna de alternativas. Para a alternativa 1:

$$R_1 = 0{,}11(75) + 0{,}22(60) + \ldots + 0{,}16(100) = 75{,}9$$

Analisando o total geral, quanto à maior medida, é possível identificar a alternativa 2 como a melhor escolha, em $R_2 = 87{,}2$. Mais detalhes sobre essa alternativa devem ser recomendados à administração.

Comentário
Qualquer medida econômica pode ser incorporada a uma avaliação de múltiplos atributos, por meio deste método. Todas as medidas de valor – VP, VA, ROR, C/B – podem ser incluídas; entretanto, seu impacto sobre a escolha final variará muito em relação à importância dada aos atributos não econômicos.

RESUMO DO CAPÍTULO

O melhor método para avaliar economicamente e comparar alternativas mutuamente exclusivas é o método do VA ou do VP, de acordo com a TMA estabelecida. A escolha depende, em parte, das alternativas terem ciclos de vida iguais ou desiguais e do padrão dos fluxos de caixa estimados, conforme resumimos na Tabela 10–1. Projetos do setor público são mais bem comparados utilizando-se a razão C/B, mas a equivalência econômica ainda se baseia no VA ou no VP. Assim que o método de avaliação é selecionado, a Tabela 10–2 (também impressa no fim deste livro, com referências às seções) pode ser utilizada para determinar os elementos e diretrizes de decisão que precisam ser implementados, para que o estudo seja executado corretamente.

Se a ROR estimada para a alternativa selecionada for necessária, é aconselhável determinar i^*, utilizando a função TIR em uma planilha eletrônica, depois que o método do VA ou do VP indicou a melhor alternativa.

O estabelecimento da TMA depende, principalmente, do custo do capital e da combinação (*mix*) entre o financiamento com capital de terceiros e com capital próprio. A TMA deve ser igual ao custo médio ponderado do capital (CMPC). O risco, o lucro e outros fatores podem ser considerados depois que a análise do VA, do VP ou da ROR for concluída, e antes da seleção final da alternativa.

Se múltiplas alternativas, incluindo mais do que a dimensão econômica de um estudo, precisarem ser consideradas, primeiro os atributos devem ser identificados e os respectivos pesos, avaliados. Então, cada alternativa pode ser classificada quanto ao valor em relação a cada atributo. A medida de avaliação é determinada utilizando-se um modelo como, por exemplo, o método de atributo ponderado, em que a medida é calculada pela Equação [10.11]. O maior valor indica a melhor alternativa.

PROBLEMAS

Escolhendo o Método de Avaliação

10.1 Quando duas ou mais alternativas são comparadas utilizando-se o método do VP, do VA ou do C/B, há três circunstâncias em relação às quais o período de avaliação é idêntico para todas as alternativas. Relacione essas três circunstâncias.

10.2 Para quais métodos de avaliação é obrigatória a realização de uma análise incremental das séries de fluxo de caixa, de maneira que a alternativa correta seja selecionada?

10.3 Explique o que significa a diretriz de decisão de escolher "o maior valor numericamente", quando se escolhe a melhor alternativa entre duas ou mais, mutuamente exclusivas?

10.4 Para a situação apresentada a seguir, (*a*) determine qual método de avaliação pode ser o mais fácil e o mais rápido de se aplicar, manualmente e por computador, para se escolher entre as cinco alternativas e (*b*) responda às duas questões, utilizando o método de avaliação de sua preferência.

Uma empreiteira de coleta de lixo independente precisa determinar qual tamanho de caminhões basculantes deve comprar. Os fluxos de caixa estimados para cada tamanho de carroceria foram tabulados. A TMA é de 18% ao ano, e espera-se que todas as alternativas tenham uma vida útil de 8 anos. (1) Qual tamanho de carroceria deve ser comprado? (2) Se dois caminhões precisam ser comprados, qual deve ser o tamanho do segundo caminhão?

Tamanho da Carroceria, em Metros Cúbicos	Investimento Inicial, $	COA, $/ano	Valor Recuperado, $	Receita Anual, $/ano
8	–10.000	–4.000	+2.000	+6.500
10	–14.000	–5.500	+2.500	+10.000
15	–18.000	–7.000	+3.000	+14.000
20	–24.000	–11.000	+3.500	+20.500
25	–33.000	–16.000	+6.000	+26.500

10.5 Leia o Problema 9.26 e (*a*) determine qual método de avaliação, provavelmente, é o mais fácil e o mais rápido de aplicar, manualmente e por computador, a fim de fazer a escolha entre duas alternativas. (*b*) Se o método de avaliação que você escolher for diferente do utilizado no Capítulo 9, refaça os cálculos.

10.6 Para quais tipos de alternativas o método do custo capitalizado deve ser utilizado para estabelecer a comparação? Apresente diversos exemplos desses tipos de projetos.

Trabalhando com a TMA

10.7 Depois de 15 anos de emprego na indústria aeronáutica, John iniciou sua própria empresa de consultoria para fazer análise de simulação física e computadorizada de acidentes com aviões comerciais nas pistas dos aeroportos. Ele estima em 8% o custo médio do novo capital para projetos de simulação física, ou seja, em que ele reconstituirá fisicamente o acidente, utilizando maquetes de aviões, prédios, veículos etc. Ele estabeleceu 12% ao ano para sua TMA.

(a) Qual taxa de retorno (líquido) ele espera dos investimentos para simulações físicas?

(b) John recebeu, recentemente, a proposta de um projeto internacional que ele considera arriscado, já que as informações disponíveis são superficiais e o pessoal do aeroporto parece não estar disposto a colaborar na investigação. John considera que esse risco, para valer a pena economicamente, precisa garantir um retorno adicional de, pelo menos, 5% para o seu dinheiro. Qual é a TMA recomendada nessa situação, com base naquilo que você aprendeu neste capítulo? Como John deveria considerar o retorno necessário e os fatores de risco percebido, ao avaliar a oportunidade desse projeto?

10.8 Estabeleça se cada uma das alternativas seguintes envolve financiamento com capital de terceiros ou financiamento com capital próprio.

(a) Emissão de títulos de $ 3.500.000 por uma empresa municipal de serviços públicos.

(b) Oferta pública inicial (initial public offering–IPO) de $ 35.000.000, em ações ordinárias, por uma empresa ".com".

(c) $ 25.000 retirados de sua conta de aposentadoria, para pagar, a vista, um carro novo.

(d) Empréstimo garantido por hipoteca (*equity loan*), no valor de $ 25.000, feito pelo proprietário de uma casa.

10.9 Explique como o custo de oportunidade define a TMA efetiva quando, devido ao capital limitado, somente uma alternativa pode ser selecionada entre duas ou mais.

10.10 O quadro de diretores do Grupo Brasília tem menos capital do que o necessário para financiar um projeto de $ 6,2 milhões, no Oriente Médio. Caso tivesse os recursos financeiros, o resultado seria um valor i^* estimado de 18% ao ano. A TMA corporativa de 15% foi aplicada para análise antes da dedução dos impostos. Com $ 2 milhões disponíveis de capital próprio, um projeto que tem um valor i^* estimado de 16,6% foi aprovado. O presidente do grupo pediu, há pouco, para estimar o custo de oportunidade, pós-dedução dos impostos. Suponha que você colete as seguintes informações para responder:

Taxa efetiva de impostos federais = 20% ao ano;
Taxa efetiva de impostos estaduais = 6% ao ano;
Equação da taxa efetiva global de impostos = taxa estadual + (1 − taxa estadual)(taxa federal)

(*Dica:* Desenvolva primeiramente um desenho similar ao da Figura 1–6 correspondente à situação do Grupo Brasília.)

10.11 O investimento inicial e os valores da ROR incremental correspondentes a quatro alternativas mutuamente exclusivas são indicados a seguir. Selecione a melhor alternativa se um mínimo de (*a*) $ 300.000, (*b*) $ 400.000 e (*c*) $ 700.000 em recursos está disponível e a TMA é o custo do capital, estimado em 9% ao ano. (*d*) Qual é a TMA, de fato, para essas alternativas se nenhuma TMA específica é declarada, o capital disponível é de $ 400.000 e a interpretação do custo de oportunidade é aplicada?

Alternativa	Investimento Inicial, $	Taxa de Retorno Incremental, %	Taxa de Retorno da Alternativa, %
1	−100.000	8,8 para 1 de DN	8,8
2	−250.000	12,5 para 2 de DN	12,5
3	−400.000	11,3 para 3 de 2	14,0
4	−550.000	8,1 para 4 de 3	10,0

10.12 Declare o critério recomendado ao estabelecer a TMA, quando outros fatores como, por exemplo, o risco da alternativa, impostos e flutuações de mercado são considerados, além do custo do capital.

10.13 Uma parceria de quatro engenheiros opera uma empresa de aluguel de apartamentos dúplex. Há cinco anos, eles compraram um bloco de apartamentos dúplex, a uma TMA de 14% ao ano. O retorno estimado, na época, para o negócio era de 15% ao ano, mas o investimento foi considerado muito arriscado, devido à fraca atividade econômica no setor de aluguel de imóveis na cidade e no Estado, de forma geral. Contudo, a compra foi efetuada com 100% de financiamento próprio, a um custo de 10% ao ano. Felizmente, o retorno atingiu uma média de 18% ao ano, ao longo de 5 anos. Surgiu outra oportunidade de compra de mais apartamentos dúplex agora, mas um empréstimo bancário a 8%, ao ano precisaria ser feito, para o investimento ser efetuado. (*a*) Se a atividade econômica, no setor de aluguel de imóveis, não tiver sofrido uma alteração significativa, há a probabilidade de existir uma tendência para que a TMA seja maior, menor ou idêntica à que foi utilizada anteriormente? Por quê? (*b*) Qual é a maneira recomendada de se considerar o risco da atividade econômica, no setor de aluguel de imóveis, agora que o capital de terceiros está envolvido?

Combinação *D-E* e CMPC

10.14 Uma nova adutora *cross-country*[2] para transportar água da serra precisa ser construída, a um custo inicial estimado de $ 200.000.000. O consórcio de empresas associadas ainda não tomou uma decisão a respeito do arranjo financeiro para esse ousado projeto. O CMPC para projetos similares atingiu uma média de 10%, ao ano.

(*a*) Duas alternativas de financiamento foram identificadas. A primeira requer um investimento de 60% de capital próprio, a 12%, e um empréstimo bancário para o equilíbrio das contas, a uma taxa de juros de 9% ao ano. A segunda alternativa exige somente 20% de capital próprio e o equilíbrio financeiro será obtido por meio de um maciço empréstimo internacional que, estima-se, apresentará um custo de 12,5% ao ano, baseado, em parte, na localização geográfica da adutora. Qual plano de financiamento resultará em um menor custo médio do capital?

(*b*) Se os diretores financeiros do consórcio tiverem decidido que o CMPC não deve ultrapassar a média histórica dos últimos cinco anos, de 10% ao ano, qual é a taxa máxima de juros de empréstimo aceitável, para cada alternativa de financiamento?

10.15 Um casal está planejando, antecipadamente, a educação universitária de seu bebê. Eles podem custear parte, ou toda instrução de $ 100.000, com seus próprios recursos financeiros (por meio de um *Education IRA*[3]), ou tomar um empréstimo do todo, ou parte dele. O retorno esperado para seu capital próprio é de 8% ao ano, mas o empréstimo apresenta a expectativa de ter taxas de juros mais altas, à medida que a quantia tomada por empréstimo se eleva. Utilize um gráfico, gerado por uma planilha eletrônica, da curva CMPC e das taxas de juros de empréstimo, estimadas a seguir, para determinar a melhor combinação *D-E* para o casal.

Quantia do empréstimo, $	Taxa Estimada de Juros, % ao ano
10.000	7,0
25.000	7,5
50.000	9,0
60.000	10,0
75.000	12,0
100.000	18,0

10.16 A Tiffany Baking Co. deseja disponibilizar um capital de $ 50 milhões, para manufaturar um novo produto de consumo. O plano de financiamento atual prevê a utilização de 60% de capital próprio e 40% de capital de terceiros. Calcule o CMPC para este cenário de financiamento:

Capital próprio: 60%, ou $ 35 milhões, adquiridos por meio da venda de ações ordinárias, para cobrir 40% dessa quantia, que pagarão dividendos de 5% ao ano, e os 60% restantes advindos de lucros retidos.

Capital de terceiros: 40%, ou $ 15 milhões, obtidos por meio de duas fontes – empréstimos bancários de $ 10 milhões, a 8% ao ano, e o restante em títulos conversíveis, a uma taxa de juros estimada de 10% ao ano, de acordo com a taxa de juros para títulos financeiros.

---

[2] **N.T.**: Através de bosques, campos e trilhas, evitando-se as estradas.

[3] **N.T.**: A sigla de Individual Retirement Account. Um plano de poupança norte-americano para educação superior.

10.17 As combinações D-E possíveis e os custos do capital próprio e de terceiros para um novo projeto estão resumidos a seguir. Utilize os dados (a) para traçar graficamente as curvas do capital de terceiros, do capital próprio e dos custos médios ponderados de capital e (b) para determinar qual combinação de capital de terceiros e capital próprio resultará em um CMPC menor.

Plano	Capital de Terceiros		Capital Próprio	
	Porcentagem	Taxa, %	Porcentagem	Taxa, %
1	100	14,5		
2	70	13,0	30	7,8
3	65	12,0	35	7.8
4	50	11,5	50	7.9
5	35	9,9	65	9,8
6	20	12,4	80	12,5
7			100	12,5

10.18 Em relação ao Problema 10.17, utilize uma planilha para (a) determinar a melhor combinação D-E e (b) determinar a melhor combinação D-E se o custo do capital de terceiros se elevar em 10% ao ano.

10.19 Uma sociedade de capital de terceiros, da qual você possui ações ordinárias, publicou um CMPC de 10,7% para o ano, no relatório anual para os acionistas. As ações ordinárias que você possui obtiveram uma média de retorno total de 6% ao ano, durante os últimos 3 anos. O relatório anual também menciona que os projetos dentro da corporação são financiados com 80% de seu próprio capital. Estime o custo do capital de terceiros para a empresa. Essa parece ser uma taxa razoável para fundos tomados por empréstimo?

10.20 Para entender a vantagem de fazer financiamento com capital de terceiros, sob a perspectiva tributária nos Estados Unidos, determine os custos médios ponderados de capital antes da dedução dos impostos e pós-dedução dos impostos, se um projeto for financiado de 40% a 60% com capital de terceiros, tomado a 9% ao ano. Um estudo recente indica que os fundos de títulos corporativos rendem 12% ao ano e que a taxa efetiva de imposto é de 35% ao ano.

Custo do Capital de Terceiros

10.21 A Bristol Myers Squibb, uma empresa farmacêutica internacional, está iniciando um novo projeto para o qual necessita de $ 2,5 milhões de capital de terceiros. O plano atual é vender títulos, com vencimento em 20 anos, que rendam 4,2% ao ano, pagáveis trimestralmente, com um desconto de 3% sobre o valor nominal. A BMS tem uma taxa efetiva de imposto de 35% ao ano. Determine (a) o valor nominal total dos títulos necessários para obter $ 2,5 milhões e (b) o custo efetivo anual do capital de terceiros, após a dedução dos impostos.

10.22 Os Sullivans planejam comprar um condomínio reformado, na cidade natal de seus pais, para propósitos de investimento. O preço negociado para compra, de $ 200.000, será financiado com 20% de sua poupança, que rende, consistentemente, 6,5% ao ano, depois que todos os impostos pertinentes são pagos. Serão tomados 80% por empréstimo a 9% ao ano, com vencimento em 15 anos, sendo o principal reembolsado em parcelas anuais iguais. Se a taxa efetiva de imposto é de 22% ao ano, e baseando-se somente nesses dados, responda o seguinte: (Nota: a taxa de 9% sobre o empréstimo é a taxa antes da dedução dos impostos.)

(a) Qual é o reembolso anual do empréstimo feito pelos Sullivans para cada um dos 15 anos.

(b) Qual é a diferença de valor presente líquido entre os $ 200.000 agora e o VP do custo da série de fluxos de caixa da combinação D-E 80–20, necessária para financiar a compra? O que esse número significa?

(c) Qual é o CMPC, pós-dedução dos impostos, dos Sullivans, para essa compra?

10.23 Um engenheiro trabalha em um projeto de *design* para uma empresa de manufatura de produtos plásticos, que tem um custo de capital próprio, pós-dedução dos impostos, igual a 6% ao ano, para os lucros retidos, que podem ser utilizados para financiar 100% do projeto. Uma estratégia alternativa de financiamento é emitir títulos de 10 anos, totalizando $ 4 milhões, que pagarão 8% de juros, ao ano, em base trimestral. Se a taxa efetiva de imposto é de 40%, qual fonte de financiamento tem o menor custo de capital?

10.24 A Tri-States Gas Processors pretende tomar emprestado $ 800.000, para efetuar melhorias no campo da engenharia. Dois métodos de financiamento com capital de terceiros são possíveis – tomar emprestado de um banco ou emitir títulos que pagam dividendos fixos. A empresa pagará uma taxa composta efetiva de 8% ao ano, durante 8 anos, ao banco. O principal do empréstimo será reduzido, uniformemente, ao longo dos 8 anos, com o saldo devedor anual sendo submetido aos juros. A emissão dos títulos será composta de 800 títulos de $ 1.000 cada um, com vencimento em 10 anos, que requerem um pagamento de juros de 6% ao ano.

(*a*) Qual método de financiamento é mais barato, depois de considerar uma taxa efetiva de imposto de 40%?

(*b*) Qual é o método mais barato, utilizando a análise antes da dedução dos impostos?

10.25 O Charity Hospital, fundado em 1895 como uma instituição não lucrativa, é isento do imposto de renda e não recebe nenhum benefício fiscal pelos juros pagos. A diretoria aprovou a ampliação dos equipamentos de tratamento de câncer, que exigirá um financiamento com capital de terceiros de $ 10 milhões, para complementar os $ 8 milhões de capital próprio que tem à disposição atualmente. Os $ 10 milhões podem ser emprestados a 7,5% ao ano, por meio da Charity Hospital Corporation. Alternativamente, títulos com garantia pignoratícia (*trust bonds*) de 30 anos poderiam ser emitidos, por meio da corporação sem fins lucrativos, a Charity Outreach, Inc. Espera-se que os juros dos títulos sejam de 9,75% ao ano, dedutíveis do imposto de renda. Os títulos serão negociados com uma taxa de desconto de 2,5%, para uma venda rápida. A taxa efetiva de imposto da Charity Outreach é de 32%. Qual forma de financiamento com capital de terceiros é menos dispendiosa, depois da dedução dos impostos?

Custo do Capital Próprio

10.26 As ações ordinárias, emitidas pela Henry Harmon Builders, pagavam aos acionistas $ 0,93 por ação, a um preço médio de $ 18,80, no ano passado. A empresa espera aumentar a taxa de dividendos em um máximo de 1,5% ao ano. A volatilidade de 1,19 para as ações é bem mais elevada do que a de outras empresas de capital aberto da indústria da construção civil, e outras ações nesse mercado pagam uma média de 4,95% de dividendos ao ano. Os títulos do Tesouro dos Estados Unidos dão um retorno de 4,5%. Determine o custo do capital próprio da empresa no ano passado, utilizando (*a*) o método de dividendos e (*b*) o CAPM.

10.27 As regulamentações governamentais do Departamento de Agricultura dos Estados Unidos (U.S. Department of Agriculture – USDA) exigem que as corporações do conglomerado *Fortune 500* implementem o programa de segurança de alimentos (Hazards Analysis and Critical Control Points–HACCP) em suas indústrias de processamento de carne, em 21 estados. Para financiar o equipamento e partes do treinamento de pessoal desse novo programa, a Wholesome Chickens espera utilizar uma combinação D–E de 60%–40% para financiar um esforço de melhoria de equipamentos, engenharia e controle de qualidade, no valor de $ 10 milhões. Sabe-se que o custo de capital de terceiros, pós-dedução dos impostos, para empréstimos bancários, é de 9,5% ao ano. Entretanto, a obtenção de capital próprio suficiente exigirá a venda de ações ordinárias, bem como o comprometimento dos lucros retidos da corporação. Utilize as informações seguintes para determinar o CMPC para a implementação do HACCP.

Ações ordinárias: 100.000 ações

Preço previsto = $ 32 por ação

Dividendo inicial = $ 1,10 por ação

Aumento dos dividendos por ação = 2% anualmente

Lucros retidos: custo de capital idêntico ao das ações ordinárias

10.28 No ano passado, uma corporação japonesa de materiais de engenharia, a Yamachi Inc., comprou alguns títulos do Tesouro dos Estados Unidos que rendem uma média de 4% ao ano. Agora, euro bonds estão sendo comprados com um retorno médio realizado de 3,9% ao ano. O fator volatilidade dos títulos da Yamachi, no ano passado, foi de 1,10, e aumentou para 1,18, este ano. Outros títulos dessa mesma empresa, negociados em Bolsa, pagam dividendos a uma média de 5,1% ao ano. Determine o custo do capital próprio, para cada ano, e explique por que o aumento ou a diminuição parece ter ocorrido.

10.29 Um formando em Engenharia planeja comprar um carro novo. Ele ainda não decidiu como pagar o preço de compra de $ 28.000 pelo utilitário esportivo que escolheu. Ele tem o total disponível em uma conta de poupança, de forma que pagar a vista é uma opção; entretanto, isso esgotaria virtualmente toda a sua poupança. Esses fundos rendem uma média de 6% ao ano, capitalizados a cada 6 meses. Execute uma análise, antes da dedução dos impostos, para determinar qual dos três planos de financiamento apresentados a seguir tem o menor CMPC.

Plano 1: A combinação D-E é de 50%–50%. Utilizar $ 14.000 da conta de poupança e tomar emprestado $ 14.000, a uma taxa de 7% ao ano, capitalizada mensalmente.

Plano 2: *100% de capital próprio.* Sacar $ 28.000 da poupança agora.

Plano 3: *100% de capital de terceiros.* Tomar emprestado $ 28.000, agora, da associação de crédito, a uma taxa efetiva de 0,75% ao mês, e reembolsar o empréstimo, pagando $ 581,28 ao mês, durante 60 meses.

10.30 A OILogistics.com tem um total de 1,53 milhão de ações ordinárias na forma de *outstanding stock*[4], a um preço de mercado de $ 28 por ação. O custo do capital próprio, antes da dedução dos impostos, em relação às ações ordinárias, é de 15% ao ano. Sabe-se que 50% dos projetos de capital da empresa são custeados por ações. O restante do capital é gerado pelos *trust bonds*[5] dos equipamentos e por empréstimos de curto prazo. É tido que 30% do capital de terceiros provém dos $ 5.000.000, gerados pelos títulos de $ 10.000, a 6% ao ano, com vencimento em 15 anos. Os 70% restantes de capital de terceiros vêm de empréstimos reembolsados, a uma taxa efetiva de 10,5%, antes da dedução dos impostos. Se a taxa efetiva do imposto de renda é de 35%, determine o custo médio ponderado do capital (*a*) antes da dedução dos impostos e (*b*) depois da dedução dos impostos.

10.31 Três projetos foram identificados. O capital será desenvolvido com 70% de fontes de capital de terceiros, a uma taxa média de 7,0% ao ano, e 30% de fontes de capital próprio a 10,34% ao ano. Estabeleça que a TMA seja igual ao CMPC e tome a decisão econômica, considerando que os projetos são (*a*) independentes e (*b*) mutuamente exclusivos.

Projeto	Investimento Inicial, $	Fluxo de Caixa Anual Líquido, $/ano	Valor Recuperado, $	Ciclo de Vida, em Anos
1	–25.000	6.000	4.000	4
2	–30.000	9.000	–1.000	4
3	–50.000	15.000	20.000	4

10.32 A Showland, uma fabricante de gaiolas para transporte aéreo de animais de estimação, identificou dois projetos que, embora tenham um risco relativamente alto, provavelmente, levarão a empresa a mercados que geram novas receitas. Utilize uma solução de planilha para (*a*) selecionar qualquer combinação dos projetos, considerando que a TMA é igual ao CMPC, após a dedução dos impostos e (*b*) determinar se os mesmos projetos devem ser selecionados, caso os fatores de risco sejam suficientemente elevados, para exigir um adicional de 2% ao ano na taxa de retorno.

Projeto	Investimento Inicial, $	Fluxo de Caixa Anual Estimado após Dedução dos Impostos, $/ano	Ciclo de vida, em Anos
Wildlife (W)	–250.000	48.000	10
Reptiles (R)	–125.000	30.000	5

O financiamento terá uma estrutura D-E de 60–40, sendo que o capital próprio custa 7,5% ao ano. O financiamento com capital de terceiros será desenvolvido a partir dos títulos de $ 10.000, a 5% ao ano, pagos trimestralmente, com vencimento em 10 anos. A taxa de imposto efetiva é de 30% ao ano.

10.33 O governo federal impõe exigências à indústria em muitas áreas como, por exemplo, segurança dos empregados, controle da poluição, proteção ambiental e controle de ruído. Uma percepção acerca dessas regulamentações é que seu cumprimento tende a reduzir o retorno do investi-

---

[4] **N.T.:** Ações emitidas ao mercado, em mãos do público.

[5] **N.T.:** Operação de crédito em que a companhia concede, ao investidor, máquinas e equipamentos como garantia de pagamento.

mento e/ou aumentar o custo do capital para a corporação. Em muitos casos, os fatores econômicos, envolvidos no cumprimento dessas regulamentações, não podem ser avaliados como alternativas normais de engenharia econômica. Utilize o seu conhecimento da análise de engenharia econômica para explicar como um engenheiro poderia avaliar, economicamente, as alternativas que definem a maneira pela qual a empresa cumprirá as regulamentações impostas.

Diferentes Combinações D-E

10.34 Por que é financeiramente prejudicial a um indivíduo manter uma grande porcentagem de financiamento com capital de terceiros durante um intervalo de tempo longo, ou seja, ser altamente alavancado com capital de terceiros?

10.35 A Fairmont Industries recorre, fundamentalmente, a 100% de financiamento com capital próprio, para custear seus projetos. Uma boa oportunidade, que exigirá um capital de $ 250.000, está disponível. O proprietário da Fairmont pode fornecer o capital de seus investimentos pessoais que, atualmente, rendem uma média de 8,5% ao ano. O fluxo de caixa anual líquido do projeto é estimado em $ 30.000 para os próximos 15 anos. De outro modo, 60% do montante necessário pode ser tomado por empréstimo, a 9% ao ano, com vencimento em 15 anos. Se a TMA é o CMPC, determine qual plano, se for o caso, é o melhor. Esta é uma análise antes da dedução dos impostos.

10.36 A empresa Mrs. McKay tem um projeto de $ 600.000 para financiar, utilizando capital de terceiros ou capital próprio. Um fluxo de caixa líquido de $ 90.000 por ano é estimado para 7 anos.

Plano de Financiameto, %

Tipo de Financiamento	1	2	3	Custo por Ano, $
Com Capital de Terceiros	20	50	60	10
Com Capital Próprio	80	50	40	7,5

Determine a taxa de retorno correspondente a cada plano e identifique os que são economicamente aceitáveis se (a) a TMA for igual ao custo do capital próprio, (b) a TMA for igual ao CMPC, ou (c) a TMA estiver em um ponto intermediário entre o custo do capital próprio e o CMPC.

10.37 A Mosaic Software tem a oportunidade de investir $ 10.000.000 em um novo sistema de controle remoto para plataformas marítimas de prospecção de petróleo. O financiamento para a Mosaic será dividido entre a venda de ações ordinárias ($ 5.000.000) e um empréstimo bancário, com uma taxa de juros de 8% ao ano. Estima-se que o fluxo de caixa anual líquido da Mosaic seja de $ 2 milhões, durante cada um dos próximos 6 anos. A Mosaic está prestes a iniciar o CAPM como seu modelo de precificação de ações ordinárias. Uma análise recente mostra que ela tem um grau de volatilidade igual a 1,05 e que está pagando um ágio de 5% em dividendos de ações ordinárias. Os títulos do Tesouro dos Estados Unidos pagam atualmente 4% ao ano. O empreendimento é financeiramente atraente, se a TMA for igual ao (a) custo do capital próprio e (b) ao CMPC?

10.38 Trace, graficamente, a forma geral das três curvas de custo do capital (de terceiros, próprio e CMPC) utilizando a forma da Figura 10–2. Trace-as sob a condição de ter havido uma combinação D-E elevada, durante algum tempo, para a corporação. Explique, por meio do gráfico e com suas palavras, o movimento do ponto mínimo de CMPC sob as combinações D-E altamente alavancadas historicamente. *Dica:* Combinações D-E elevadas fazem com que o custo do capital de terceiros se eleve substancialmente; o que torna mais difícil a obtenção de fundos de capital, de forma que o custo do capital próprio também se eleva.

10.39 Em uma aquisição alavancada (*leveraged buyout*) de uma empresa por outra, a empresa compradora, geralmente, toma dinheiro emprestado e, quando possível, insere um pouco dos seus próprios fundos de capital na compra. Explique algumas circunstâncias sob as quais esse tipo de operação pode colocar em risco econômico a empresa compradora.

Avaliação de Múltiplos Atributos

10.40 Uma comissão de quatro pessoas apresentou as seguintes declarações a respeito dos atributos a serem utilizados em um método de atributo ponderado. Utilize as declarações para determinar os pesos normalizados, considerando que foram atribuídas pontuações entre 0 e 10.

Atributo	Comentário
1. Flexibilidade	O fator mais importante
2. Segurança	50% tão importante quanto o tempo de funcionamento sem falhas (*uptime*)
3. Tempo de funcionamento sem falhas	50% tão importante quanto à flexibilidade
4. Rapidez	Tão importante quanto o tempo de funcionamento sem falhas
5. Taxa de retorno	Duas vezes mais importante que a segurança

10.41 Diferentes tipos e capacidades de escavadeiras hidráulicas estão sendo considerados para utilização em uma grande escavação, em um projeto de assentamento de tubulações. Supervisores de projetos similares, desenvolvidos no passado, identificaram alguns dos atributos e apresentaram seus pontos de vista sobre a importância deles. A informação foi compartilhada com você. Determine a ordem ponderada de classificação, utilizando uma escala de 0 a 100, e os pesos normalizados.

Atributo	Comentário
1. Caminhão *versus* altura de carga da escavadeira hidráulica	Fator vitalmente importante
2. Tipo de camada superior do solo	Geralmente, somente 10% do problema
3. Tipo de solo abaixo da camada superior	50% tão importante quanto combinar a criação das valas com as velocidades de assentamento
4. Ciclo de vida da escavadeira	Cerca de 75% tão importante quanto o tipo de solo abaixo da camada superior
5. Combinar a velocidade de criação das valas pela escavadeira com a velocidade de assentamento da tubulação	Tão importante quanto o atributo número 1

10.42 Você se graduou há 2 anos e planeja comprar um carro novo. Em relação a três diferentes modelos, você avaliou o custo inicial e os custos anuais estimados de consumo de combustível e manutenção. Você também avaliou o estilo de cada carro, em sua função de jovem profissional da engenharia. Relacione alguns fatores adicionais (tangíveis e intangíveis) que possam ser utilizados em sua versão do método de atributo ponderado.

10.43 (*Nota para o professor:* Este problema e o seguinte podem ser designados aos alunos como um exercício progressivo.) John, que trabalha na Swatch, decidiu utilizar o método de atributo ponderado para comparar três sistemas de produção de uma pulseira de relógio. A vice-presidente e sua assistente avaliaram cada um dos três atributos em termos de importância para a empresa, e John atribuiu uma avaliação de 0 a 100 a cada alternativa correspondente aos três atributos. As *avaliações* de John são as seguintes:

Atributo	Alternativas		
	1	2	3
Retorno econômico > TMA	50	70	100
Ganho elevado	100	60	30
Baixo índice de produção de sucata	100	40	50

Utilize os *pesos*, a seguir, para avaliar as alternativas. Os resultados são idênticos para os "pesos" atribuídos pelas duas pessoas? Por quê?

Grau de Importância	Vice-presidente	Assistente da Vice-presidente
Retorno econômico > TMA	20	100
Ganho elevado	80	80
Baixo índice de produção de sucata	100	20

10.44 No Problema 10.43, a vice-presidente e sua assistente não são coerentes em relação aos pesos que atribuíram aos três atributos. Suponha que você seja um consultor chamado para ajudar John.

(*a*) Quais conclusões você pode tirar a respeito do método de atributo ponderado como ferramenta de escolha de uma alternativa, dadas as avaliações e resultados do Problema 10.43?

(b) Utilize as novas avaliações das alternativas, a seguir, que você mesmo desenvolveu. Usando as mesmas pontuações que a vice-presidente e sua assistente apresentaram no Problema 10.43, comente quaisquer diferenças que podem ser observadas na alternativa selecionada.

(c) O que as novas avaliações de atributo informam acerca das escolhas baseadas nas avaliações de importância apresentadas pela vice-presidente e sua assistente?

	Alternativas		
Atributo	1	2	3
Retorno econômico > TMA	30	40	100
Ganho elevado	70	100	70
Baixo índice de produção de sucata	100	80	90

10.45 A divisão produtora de pulseiras de relógio, discutida nos problemas 10.43 e 10.44, foi multada recentemente em $ 1 milhão, por poluição ambiental, por causa da má qualidade de seus despejos industriais. Além disso, John tornou-se o vice-presidente, e não há mais uma assistente. John sempre concordou com as avaliações de importância apresentadas pela ex-assistente da vice-presidência e as avaliações de alternativas que ele mesmo desenvolveu anteriormente (aquelas que estão presentes, inicialmente, no Problema 10.43). Para a possibilidade de John adicionar sua própria pontuação, igual a 80, ao novo fator de limpeza ambiental e atribuir às alternativas 1, 2 e 3 as pontuações 80, 50 e 20, respectivamente, a esse novo fator, refaça a avaliação e selecione a melhor alternativa.

10.46 Em relação ao Exemplo 10.10, utilize uma ponderação igual, com valor 1, a cada atributo, para escolher a alternativa. A ponderação de atributos modificou a alternativa selecionada?

10.47 A Athlete's Shop avaliou duas propostas referentes a equipamentos de halterofilismo e ginástica. Uma análise do valor presente à taxa $i = 15\%$ (receitas e custos estimados) resultou em um $VP_A = \$ 420.500$ e um $VP_B = \$ 392.800$. Além dessa medida econômica, o gerente da loja e o principal preparador físico atribuíram, de maneira independente, uma pontuação de importância relativa, de 0 a 100, a quatro atributos.

	Avaliação de Importância	
Atributo	Gerente	Preparador Físico
Aspectos econômicos	100	80
Durabilidade	35	10
Flexibilidade	20	100
Manutenção	20	10

Separadamente, você utilizou os quatro atributos para avaliar as duas propostas de aquisição de equipamentos em uma escala de 0,0 a 1,0. O atributo econômico foi avaliado, utilizando-se os valores de VP.

Atributo	Proposta A	Proposta B
Aspectos econômicos	1,00	0,90
Durabilidade	0,35	1,00
Flexibilidade	1,00	0,90
Manutenção	0,25	1,00

Selecione a melhor proposta, utilizando cada um dos seguintes métodos:

(a) Valor presente.

(b) Avaliações ponderadas do gerente.

(c) Avaliações ponderadas do preparador físico.

EXERCÍCIO AMPLIADO

ENFATIZANDO AS COISAS CERTAS

Um serviço fundamental prestado aos cidadãos de uma cidade é a proteção policial. Um índice crescente de crimes, que incluem lesões corporais, tem sido registrado na periferia de Belleville, uma região histórica, densamente povoada, ao norte da capital Springfield. Na fase I do esforço, o chefe de polícia elaborou e examinou, preliminarmente, quatro propostas, de forma que a vigilância e a proteção policial possam ser oferecidas nas áreas residenciais visadas. Em suma, eles estão colocando um número maior de policiais em viaturas, bicicletas, a pé ou a cavalo. Cada alternativa foi avaliada, separadamente, para estimar os custos anuais. Colocar seis novos policiais em bicicletas é, evidentemente, a opção menos dispendiosa, sendo estimada em $ 700.000, por ano. A segunda melhor alternativa é o uso de 10 policiais a pé, a um custo de $ 925.000 por ano. As outras alternativas custarão, ligeiramente, mais do que a opção "a pé".

Antes de entrar na fase II, que é um estudo-piloto de 3 meses, para testar uma ou duas dessas abordagens nos bairros, uma comissão de cinco membros (composta de policiais e moradores) foi solicitada para ajudar a determinar e priorizar atributos que são importantes nessa decisão, como representantes dos moradores e dos policiais. Os cinco atributos sobre os quais concordaram, depois de 2 meses de discussão, estão listados a seguir, com a indicação da ordem que cada membro da comissão deu aos atributos, do mais importante (pontuação 1) ao menos importante (pontuação 5).

	Membro da Comissão					
Atributo	1	2	3	4	5	Soma
A. Capacidade de "se aproximar" dos cidadãos	4	5	3	4	5	21
B. Custo anual	3	4	1	2	4	14
C. Tempo de resposta a uma chamada ou ao envio de uma viatura	2	2	5	1	1	11
D. Número de quarteirões da região atendida	1	1	2	3	2	9
E. Segurança dos policiais	5	3	4	5	3	20
Total geral	15	15	15	15	15	75

Questões

1. Desenvolva pesos que possam ser utilizados no método de atributo ponderado, para cada atributo. Os membros da comissão concordaram que a média simples das pontuações dos cinco atributos ordenados pode ser considerada um indicador de quão importante é cada atributo para eles, como grupo.

2. Um membro da comissão recomendou, e obteve a aprovação dos demais, que os atributos considerados na escolha final se reduzissem somente àqueles que foram listados como número 1, por um ou mais membros da comissão. Selecione esses atributos e recalcule os pesos, de acordo com o que foi pedido na questão 1.

3. Um analista de prevenção contra atividades criminosas, do Departamento de Polícia, aplicou o método de atributo ponderado aos atributos dispostos em ordem na questão 1. Os valores R_j obtidos, por meio da Equação [10.11], estão listados a seguir. Quais são as duas opções que o chefe de polícia deve selecionar para o estudo-piloto?

Alternativa	Viatura	Bicicletas	A pé	A cavalo
R_j	62,5	50,5	47,2	35,4

ESTUDO DE CASO

QUAL CAMINHO SEGUIR: FINANCIAMENTO COM CAPITAL DE TERCEIROS OU COM CAPITAL PRÓPRIO?

A Oportunidade

A Pizza Hut Corporation decidiu ingressar no ramo de serviço de bufês, em três Estados, dentro de sua Southeastern U.S. Division, utilizando o nome Pizza Hut At-Your-Place. Para entregar as refeições e transportar o pessoal que prestará o serviço, ela está prestes a comprar 200 *vans*, com o interior personalizado, por um total de $ 1,5 milhão. Espera-se que cada *van* seja utilizada durante 10 anos e tenha um valor recuperado de $ 1.000.

Um estudo de viabilidade, realizado no ano passado, indicou que o empreendimento comercial At-Your-Place poderia realizar um fluxo de caixa anual líquido, estimado de $ 300.000, antes da dedução dos impostos. As considerações pós-dedução dos impostos precisariam levar em conta a taxa efetiva de imposto de 35%, paga pela Pizza Hut.

Um engenheiro da divisão de distribuição da Pizza Hut trabalhou com o departamento de finanças da empresa, para determinar qual seria a melhor maneira de eles desenvolverem o capital de $ 1,5 milhão, necessário para a compra das *vans*. Há dois planos viáveis de financiamento.

As Opções de Financiamento

O plano A consiste em financiar, com capital de terceiros, 50% dos fundos necessários ($ 750.000), sendo o empréstimo, que tem taxa de juros compostos de 8% ao ano, reembolsado ao longo de 10 anos. (É possível fazer a hipótese simplificadora de que $ 75.000 do principal serão reembolsados em cada pagamento anual.)

O plano B consiste em financiar, com capital próprio, 100% dos fundos necessários, arrecadados da venda de ações ordinárias, a $ 15 por ação. O gerente financeiro informou ao engenheiro que as ações pagam $ 0,50 de dividendos, por ação, e que essa taxa de dividendos se eleva a uma média de 5%, a cada ano. Espera-se que esse padrão de dividendos persista, com base no ambiente financeiro atual.

Exercícios do Estudo de Caso

1. Quais valores de TMA o engenheiro deve utilizar para determinar o melhor plano de financiamento?
2. O engenheiro precisa fazer uma recomendação sobre o plano de financiamento no fim do dia. Ele não sabe como considerar todos os aspectos tributários do financiamento com capital de terceiros, do plano A. Entretanto, ele tem um manual que fornece essas relações, quanto ao capital próprio e de terceiros, no que diz respeito a impostos e fluxos de caixa.

Capital próprio: nenhuma vantagem em relação ao imposto de renda

Fluxo de caixa líquido, após a dedução dos impostos = (fluxo de caixa líquido antes da dedução dos impostos)(1 − taxa de imposto)

Capital de terceiros: a vantagem, em relação ao imposto de renda, vem dos juros pagos sobre empréstimos

Fluxo de caixa líquido, após a dedução dos impostos
= fluxo de caixa líquido antes da dedução dos impostos − principal do empréstimo − juros do empréstimo − impostos

Impostos
= (renda tributável)(taxa de imposto)

Renda tributável
= fluxo de caixa líquido − juros do empréstimo

Ele decidiu esquecer quaisquer outras conseqüências tributárias e utilizar essas informações para preparar uma recomendação. Qual é o melhor plano: A ou B?

3. O gerente de divisão gostaria de saber quanto o CMPC varia em relação a diferentes combinações D-E, especialmente em um nível de aproximadamente 15% a 20%, para mais ou para menos, na opção de financiar 50% com capital de terceiros no plano A. Trace, graficamente, a curva do CMPC e compare sua forma com a da Figura 10–2.

NÍVEL TRÊS

TOMADA DE DECISÕES EM PROJETOS DO MUNDO REAL

NÍVEL UM Eis Como Tudo Começa	NÍVEL DOIS Ferramentas para Avaliar Alternativas	NÍVEL TRÊS Tomada de Decisões em Projetos do Mundo Real	NÍVEL QUATRO Completando o Estudo
Capítulo 1 Fundamentos da Engenharia Econômica Capítulo 2 Fatores: Como o Tempo e os Juros Afetam o Dinheiro Capítulo 3 Combinação de Fatores Capítulo 4 Taxas Nominais de Juros e Taxas Efetivas de Juros	Capítulo 5 Análise do Valor Presente Capítulo 6 Análise do Valor Anual Capítulo 7 Análise da Taxa de Retorno: Alternativa Única Capítulo 8 Análise da Taxa de Retorno: Múltiplas Alternativas Capítulo 9 Análise de Custo-Benefício e Economia do Setor Público Capítulo 10 Fazendo Escolhas: O Método, a TMA e os Atributos Múltiplos	**Capítulo 11 Decisões sobre Substituição e Retenção** **Capítulo 12 Escolha de Projetos Independentes sob Limitação Orçamentária** **Capítulo 13 Análise do Ponto de Equilíbrio** *Breakeven*	Capítulo 14 Efeitos da Inflação Capítulo 15 Estimativa dos Custos e Alocação dos Custos Indiretos Capítulo 16 Métodos da Depreciação Capítulo 17 Análise Econômica Depois do Desconto dos Impostos Capítulo 18 Análise de Sensibilidade Formalizada e Decisões sobre o Valor Esperado Capítulo 19 Ampliação do Estudo sobre Variação e Tomada de Decisões sob Risco

Os capítulos deste nível estendem o uso das ferramentas de avaliação econômica para situações do mundo real. Uma grande porcentagem de avaliações econômicas envolve outros aspectos, além da escolha de novos ativos ou projetos. Provavelmente, a avaliação mais comumente executada é aquela que envolve substituir ou reter um ativo existente. A análise da substituição aplica ferramentas de avaliação para fazer a escolha econômica correta.

Freqüentemente a avaliação envolve escolher dentre projetos independentes sob a restrição de investimentos de capital limitados. Isso requer uma técnica especial fundamentada nos capítulos anteriores.

Estimativas futuras, evidentemente, não são exatas. Portanto, uma alternativa não deve ser selecionada com base em estimativas fixas, somente. A análise do ponto de equilíbrio (*breakeven analysis*) auxilia no processo de avaliação de uma gama de estimativas de P, A, F, i ou n, além de variáveis operacionais como, por exemplo, o nível de produção, tamanho da equipe de trabalho, custo de projeto, custo da matéria-prima e preço de venda. Planilhas eletrônicas aceleram essa importante, mas freqüentemente detalhada, ferramenta de análise.

Nota importante: **Se a depreciação do ativo e os impostos precisarem ser considerados em uma análise depois do desconto dos impostos, os Capítulos 16 e 17 devem ser tratados antes ou com os capítulos deste nível. Confira as opções no Prefácio.**

CAPÍTULO 11
Decisões sobre Substituição e Retenção

Um dos estudos de engenharia econômica mais comumente executados é o da substituição ou retenção de um ativo ou sistema já instalado. Isso difere dos estudos anteriores, no sentido de que todas as alternativas são novas. A questão fundamental respondida por um estudo de substituição de um ativo ou sistema instalado é: *Ele deve ser substituído agora ou mais tarde?* Quando um ativo está em utilização, e sua função é necessária no futuro, ele será substituído em algum momento. Então, na realidade, um estudo de substituição responde à questão de *quando*, e não *se* ele será substituído.

Um estudo de substituição, geralmente, é idealizado, primeiramente, para se tomar a decisão econômica de manter um equipamento ou substituí-lo *agora*. Se a decisão for substituir, o estudo estará concluído. Se a decisão for manter, as estimativas de custo e a decisão serão revistas a cada ano, para que se tenha a garantia de que essa foi uma decisão economicamente correta. Este capítulo explica como executar os estudos de substituição no ano inicial e nos anos seguintes.

Um estudo de substituição é uma aplicação do método do VA, de comparação de alternativas com ciclos de vida desiguais, introduzido, inicialmente, no Capítulo 6. Em um estudo de substituição, sem nenhum período de estudo específico, os valores VA são determinados por uma técnica de avaliação de custo denominada análise da *vida útil econômica* (VUE). Se um período de planejamento é especificado, o procedimento de estudo de substituição é diferente daquele utilizado quando isso não ocorre. Todos esses procedimentos são abordados neste capítulo.

O Estudo de Caso é uma análise de substituição real, envolvendo equipamentos existentes, passíveis de serem substituídos por equipamentos atualizados.

Se a depreciação do ativo e os impostos precisarem ser considerados na *análise de substituição pós-dedução dos impostos*, os Capítulos 16 e 17 devem ser tratados antes ou em conjunto com este capítulo. A análise de substituição pós-dedução dos impostos está incluída na Seção 17.7.

OBJETIVOS DE APRENDIZAGEM

Propósito: Realizar um estudo de substituição de um ativo, ou sistema implantado, por um novo que seja adequado.

- Fundamentos
- Vida útil econômica
- Estudo de substituição
- Considerações adicionais
- Período de estudo

Este capítulo ajudará você a:

1. Entender os aspectos fundamentais e a terminologia de um estudo de substituição.

2. Determinar a vida útil econômica de um ativo que minimize o VA total dos custos.

3. Realizar um estudo de substituição entre a alternativa defensora e a melhor desafiante.

4. Entender como tratar diversos aspectos de um estudo de substituição, que podem vir a ocorrer.

5. Realizar um estudo de substituição, ao longo de um número de anos especificado.

11.1 FUNDAMENTOS DO ESTUDO DE SUBSTITUIÇÃO

A necessidade de um estudo de substituição pode se desenvolver a partir de diversas fontes:

Desempenho reduzido. Devido à deterioração física, a capacidade de ter um desempenho ao nível esperado de *confiabilidade* (estar disponível e funcionar corretamente quando necessário) ou *produtividade* (ter um desempenho de acordo com determinado nível de qualidade e quantidade) pode não estar presente. Isso, geralmente, resulta em aumentados custos de operação, maior nível de sucata e custos de retrabalho, perda de vendas, qualidade reduzida, menos segurança e maiores dispêndios de manutenção.

Alteração das necessidades. Novos requisitos de precisão, velocidade ou outras especificações podem não ser cumpridas pelo equipamento ou sistema existentes. Freqüentemente, a escolha é entre a substituição completa ou a melhoria, por meio de remodelação (*retrofitting*) ou ampliação.

Obsolescência. A competição internacional e a tecnologia rapidamente mutável fazem com que os sistemas e ativos, em uso, tenham um desempenho aceitável, mas sejam menos produtivos do que os novos equipamentos disponíveis no mercado. O tempo, sempre decrescente, do ciclo de desenvolvimento para lançar produtos no mercado, muitas vezes, é a razão para prematuros estudos da substituição; ou seja, estudos realizados antes de se atingir a vida útil ou econômica estimada.

Os estudos de substituição utilizam uma terminologia nova, ainda que estreitamente relacionada com os termos dos capítulos anteriores.

Defensora e *desafiante* são os nomes dados às duas alternativas mutuamente exclusivas. A defensora é o ativo que está instalado e a desafiante é a provável substituição. Um estudo de substituição compara essas duas alternativas. A desafiante é a "melhor" desafiante, porque foi selecionada, entre outras, para possivelmente substituir a defensora. (Essa terminologia é a mesma utilizada anteriormente, em relação à análise incremental da ROR e da B/C de duas novas alternativas.)

Valores VA são utilizados como a principal medida econômica de comparação entre a defensora e a desafiante. O termo CAUE (custo anual uniforme equivalente) pode ser utilizado, em vez de VA, porque, na maioria das vezes, somente os custos são incluídos na avaliação; presume-se que as receitas geradas pela defensora ou pela desafiante sejam iguais. Uma vez que os cálculos de equivalência são exatamente idênticos aos do VA, utilizamos o termo VA. Portanto, todos os valores serão negativos, quando somente custos estão envolvidos. O valor recuperado, evidentemente, é uma exceção; ele é um influxo de caixa e porta um sinal positivo (+).

Vida útil econômica (VUE) de uma alternativa é o *número de anos* em que ocorre o menor VA dos custos. Os cálculos de equivalência para determinar a VUE estabelecem a vida útil da defensora, em um estudo de substituição. (A próxima seção deste capítulo explica como encontrar a VUE, manualmente e por computador, para qualquer ativo novo ou em operação.)

Custo de aquisição da defensora é a quantidade de investimento inicial P utilizada para a defensora. O *valor de mercado* (VM) atual é a estimativa correta a ser utilizada para P, em relação à defensora, para um estudo de substituição. O justo valor de mercado pode ser obtido de avaliadores profissionais, revendedores ou liquidantes, que conhecem o valor de ativos usados. O valor recuperado, estimado no fim do ano 1, torna-se o valor de mercado no início do ano seguinte, desde que as estimativas permaneçam corretas, no tempo. É incorreto utilizar o valor de *trade-in,* que *não representa um justo valor de mercado,* ou o valor contábil depreciado, extraído de registros contábeis, como o VM para o custo de aquisição da defensora. Se a defensora precisar ser atualizada ou ampliada, para que se torne equivalente à desafiante (em termos de velocidade, capacidade etc.), esse custo é adicionado ao VM, para se obter a estimativa do custo de aquisição da defensora. Essa alternativa é, então, comparada com a desafiante, por meio de um estudo de substituição.

Custo de aquisição da desafiante é a quantidade de capital que precisa ser recuperado (amortizado), quando se substitui uma desafiante por uma defensora. Essa quantia quase sempre é igual a P, o custo de aquisição da desafiante. Ocasionalmente, um valor de *trade-in* muito elevado, irreal, pode ser apresentado para a defensora, em comparação ao seu justo valor de mercado. Nesse caso, o fluxo de caixa *líquido* necessário para a desafiante é reduzido, e deve ser considerado na análise. O valor correto a ser recuperado e utilizado na análise econômica da desafiante é seu custo de aquisição menos a diferença entre o valor de *trade-in* (VTI) e o valor de mercado (VM) da defensora. Em forma de equação: isto é $P - (VTI - VM)$. Esse valor representa o custo real para a empresa, porque inclui tanto o custo de oportunidade (ou seja, o valor de mercado da defensora) como os custos *out-of-pocket* (ou seja, custo de aquisição – *trade-in*) para adquirir a desafiante. Naturalmente, quando os valores de *trade-in* e de mercado são idênticos, o valor P da desafiante é utilizado em todos os cálculos.

O custo de aquisição da desafiante é o investimento inicial estimado, necessário para adquiri-la e instalá-la. Às vezes, o analista, ou o gerente, tentará *aumentar* o custo de aquisição em um valor igual ao restante do *capital não recuperado* da defensora, como mostram os registros contábeis referentes ao ativo. Isso é observado com mais freqüência quando a defensora está em bom funcionamento e nas primeiras etapas de seu ciclo de vida, mas a obsolescência tecnológica, ou alguma outra razão, forçou a consideração de uma substituição. Essa quantia de capital não recuperado é chamada de *custo irreversível* ou *custo irrecuperável* (*sunk cost*). Um custo irreversível não deve ser adicionado ao custo de aquisição da desafiante, porque fará com que pareça mais cara do que realmente é.

Custos irreversíveis são perdas de capital e não podem ser recuperados em um estudo de substituição. São, corretamente, tratados na declaração do imposto de renda da corporação e pelos abatimentos de imposto, permitidos por lei.

Menos-valia
↓
Seção 17.4

Um estudo de substituição é realizado de maneira mais objetiva, se o analista assumir uma *perspectiva de consultor,* para a empresa ou unidade que utiliza a defensora. Dessa maneira, a perspectiva assumida é a de que não se possui nenhuma das alternativas, atualmente, e que os serviços oferecidos pela defensora poderiam ser comprados agora, com um "investimento" que equivale ao seu custo de aquisição (valor de mercado). Isso, de fato, está correto, porque o valor de mercado será uma oportunidade perdida de influxo de caixa se a pergunta "Substituir agora?" for respondida com um não. Portanto, a perspectiva de consultor é uma maneira conveniente de permitir que a avaliação econômica seja executada, sem predisposição para nenhuma das alternativas. Essa abordagem também é chamada de *perspectiva externa.*

Conforme mencionamos na introdução, um estudo de substituição é uma aplicação do método do valor anual. Sendo assim, as hipóteses fundamentais desse tipo de estudo se assemelham às da análise do valor anual (VA). Se o *horizonte de planejamento é ilimitado,* ou seja, um período de estudo não é especificado, as hipóteses são as seguintes:

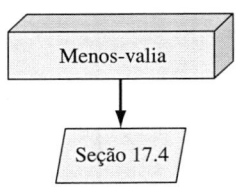

1. Os serviços prestados são necessários para o futuro indefinido.
2. A desafiante é a melhor desafiante disponível, agora e no futuro, para substituir a defensora. Quando essa desafiante substituir a defensora (agora ou mais tarde), isso se repetirá nos ciclos de vida subseqüentes.
3. As estimativas de custo, em cada ciclo de vida da desafiante, serão idênticas.

Como se poderia esperar, nenhuma dessas hipóteses é precisamente correta. Discutimos isso, anteriormente, para o método do VA (e para o método do VP). Quando o propósito de uma ou de várias hipóteses torna-se incorreto, as estimativas das alternativas precisam ser atualizadas e um novo estudo de substituição precisa ser realizado. O procedimento de substituição, discutido na Seção 11.3, explica como fazer isso. Quando o *horizonte de planejamento se limita a um período de estudo especificado, as hipóteses citadas não se sustentam*. O procedimento da Seção 11.5, discute como realizar o estudo de substituição, nesse caso.

EXEMPLO 11.1

A Arkansas Division da ADM, uma grande corporação de produtos agrícolas, comprou, há 3 anos, um sistema de terraplenagem de última geração, para a preparação de terras de cultivo de arroz, por $ 120.000. Quando foi comprado, sua expectativa de vida útil era de 10 anos, uma estimativa de valor recuperado de $ 25.000 e um custo operacional anual (COA) de $ 30.000. O valor contábil atual é de $ 80.000. O sistema está se deteriorando rapidamente; mais 3 anos de utilização e as expectativas são de que ele terá um valor recuperado de $ 10.000, na rede internacional de equipamentos agrícolas usados. O COA tem um valor médio de $ 30.000.

Um modelo substancialmente aperfeiçoado, guiado por laser, é oferecido atualmente por $ 100.000, com um valor de *trade-in* de $ 70.000 para o sistema atual. O preço será aumentado para $ 110.000 na próxima semana, com um *trade-in* de $ 70.000. O engenheiro divisional da ADM estima que o sistema guiado por laser tenha uma vida útil de 10 anos, um valor recuperado de $ 20.000 e um COA de $ 20.000. Uma avaliação do valor de mercado, realizada hoje, estipulou $ 70.000 para o sistema atual.

Considerando que nenhuma análise adicional foi realizada para as estimativas, estabeleça os valores corretos para realizar o estudo de substituição hoje.

Solução
Assuma a perspectiva de consultor e utilize as estimativas mais atuais.

Defensora	Desafiante
P = VM = $ 70.000	P = $ 100.000
COA = $ 30.000	COA = $ 20.000
S = $ 10.000	S = $ 20.000
n = 3 anos	n = 10 anos

O custo original da defensora, o COA e as estimativas de valor recuperado, bem como seu atual valor contábil, são todos *irrelevantes* para o estudo de substituição. *Somente as estimativas mais atuais devem ser utilizadas*. Da perspectiva do consultor, os serviços que a defensora pode oferecer poderiam ser obtidos a um custo igual ao valor de mercado da defensora, igual a $ 70.000. Portanto, esse é o custo de aquisição da defensora para o estudo. Os outros valores são iguais aos apresentados.

11.2 VIDA ÚTIL ECONÔMICA

Até agora, a estimativa de vida útil n de uma alternativa ou ativo foi declarada. Na realidade, a melhor estimativa de vida útil a ser utilizada na análise econômica não é conhecida inicialmente. Quando um estudo, ou análise de substituição, é levado a efeito, o melhor valor de n deve ser determinado por meio de estimativas atuais de custo. A melhor estimativa de vida útil é chamada de *vida útil econômica*.

> **Vida útil econômica (VUE) é o número n de anos em que o valor anual uniforme equivalente (VA) dos custos é mínimo, considerando-se as estimativas de custo mais atuais, durante todos os anos em que o ativo possa oferecer o serviço.**

A VUE também é chamada de vida econômica ou vida útil de custo mínimo. Tão logo é determinada, a VUE deve ser o ciclo de vida estimado para o ativo, em um estudo de engenharia econômica, se somente aspectos econômicos forem considerados. Quando n anos se passarem, a VUE indica que o ativo deve ser substituído para minimizar os custos globais. Para realizar corretamente um estudo de substituição, é importante que a VUE da desafiante e a VUE da defensora sejam determinadas, uma vez que seus valores n, habitualmente, não são preestabelecidos.

A VUE é determinada calculando-se o VA total dos custos, se o ativo está em atividade há 1 ano, 2 anos, 3 anos etc., até o último ano em que ele é considerado usável. O VA total dos custos é a soma da recuperação de capital (RC), que é o VA do investimento inicial e qualquer valor recuperado, e do VA do custo operacional anual (COA) estimado, ou seja:

VA Total = − recuperação de capital − VA dos custos operacionais anuais
 = − RC − VA do COA   [11.1]

A VUE é o valor n do menor VA total dos custos. (Lembre-se: Esses valores VA são estimativas de *custo*, de forma que os valores VA são números negativos. Portanto, $ −200 é um custo menor do que $ −500.) A Figura 11-1 apresenta a forma característica de um VA total da curva de custos. O componente RC do VA total decrese, ao passo que o componente COA cresce, criando, assim, a forma côncava. Os dois componentes VA são calculados da seguinte maneira:

Custo decrescente de recuperação de capital. A recuperação de capital é o VA do investimento; ela decrese a cada ano em que se é proprietário do bem. A recuperação de capital é calculada por meio da Equação [6.3], repetida aqui. O valor recuperado S, que habitualmente decrese com o tempo, é o valor de mercado (VM) estimado em cada ano.

$$\text{Recuperação de capital} = -P(A/P;i;n) + S(A/F;i;n) \quad [11.2]$$

Seção 6.2 → Recuperação de capital

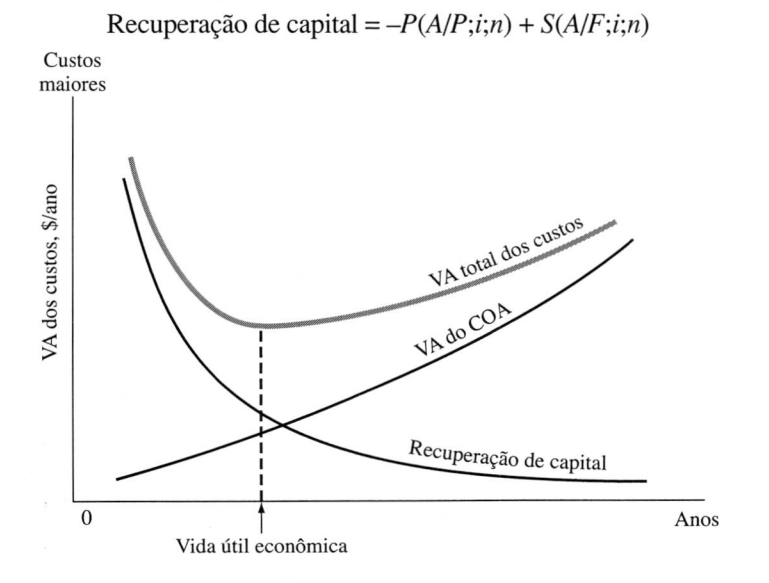

Figura 11-1
Curvas do valor anual de elementos do custo que determinam a vida útil econômica.

Valor crescente do valor anual (VA) do custo operacional anual (COA). Uma vez que as estimativas do COA, geralmente, elevam-se com o passar dos anos, o valor anual do COA também se eleva. Para calcular o VA da série de custos operacionais anuais (COA) para 1, 2, 3, . . . anos, determine o valor presente de cada COA, com o fator P/F, e depois redistribua esse valor P ao longo dos anos em que se é proprietário do bem, utilizando o fator A/P.

A equação completa para o VA total dos custos, ao longo de k anos é:

$$\text{Total VA}_k = -P(A/P;i;k) + S_k(A/F;i;k) - \left[\sum_{j=1}^{j=k} \text{COA}_j(P/F;i;j)\right](A/P;i;k) \quad [11.3]$$

em que: P = investimento inicial ou valor de mercado atual

S_k = valor recuperado ou valor de mercado, depois de k anos

COA_j = custo operacional anual ($j = 1$ a k)

O VM atual é utilizado para P quando o ativo é a alternativa defensora, e os valores VM futuros estimados são substituídos pelos valores S, nos anos 1, 2, 3, . . . etc.

Para determinar a VUE por computador, a função PGTO (com a função VPL incorporada, quando necessário) é utilizada repetidamente para cada ano, a fim de calcular a recuperação de capital e o VA do COA. Sua soma é o VA total para k anos de propriedade. Os formatos da função PGTO para os componentes de recuperação de capital e do COA de cada ano k são os seguintes:

Recuperação de capital para a desafiante: PGTO(taxa;anos;P;–VM_no_ano_k)

Recuperação de capital para a defensora: PGTO(taxa;anos;VM_atual;–VM_no_ano_k)

VA do COA: –PGTO(taxa;anos;VPL(taxa;COA_ano_1:COA_ano_k) + 0)

Quando a planilha eletrônica for desenvolvida, recomenda-se que a função PGTO, no ano 1, seja desenvolvida utilizando-se o formato de referência de célula e, depois, a função seja arrastada ao longo de cada coluna. Uma coluna que soma os dois resultados da função PGTO exibirá o VA total. Amplie a tabela com um gráfico de dispersão xy, do Excel, que exibirá as curvas de custo, na forma geral da Figura 11–1; assim, a VUE é facilmente identificada. O Exemplo 11.2 ilustra a determinação da VUE, manualmente e por computador.

EXEMPLO 11.2

Um equipamento do processo de manufatura, com 3 anos de utilização, está sendo considerado para ser substituído precocemente. Seu valor de mercado atual é de $ 13.000. Os valores de mercado futuros estimados e os custos operacionais anuais, durante os próximos 5 anos, são apresentados na Tabela 11–1, colunas 2 e 3. Qual é a vida útil econômica da alternativa defensora, se a taxa de juros é de 10% ao ano? Encontre a solução, manualmente e por computador.

TABELA 11–1 Cálculo da Vida Útil Econômica

Ano j (1)	VM j (2)	COA j (3)	Recuperação de Capital (4)	VA do COA (5)	VA$_k$ Total (6) = (4) + (5)
1	$9.000	$–2.500	$–5.300	$–2.500	$–7.800

(continuação)

2	8.000	−2.700	$−3.681	$−2.595	$−6.276
3	6.000	−3.000	$−3.415	$−2.717	$−6.132
4	2.000	−3.500	$−3.670	$−2.886	$−6.556
5	0	−4.500	$−3.429	$−3.150	$−6.579

Solução Manual

A Equação [11.3] é utilizada para calcular o VA_k total, para $k = 1, 2, \ldots, 5$. A Tabela 11–1, coluna 4, apresenta a recuperação de capital, correspondente ao valor de mercado atual, de $ 13.000 ($j = 0$), com 10% de retorno. A coluna 5 fornece o VA equivalente do COA, para k anos. Como ilustração, o cálculo do VA total para $k = 3$ por meio da Equação [11.3] é:

$$VA_3 \text{ total} = -P(A/P;i;3) + VM_3(A/F;i;3) - [VP \text{ do } COA_1; COA_2; COA_3](A/P;i;3)$$
$$= -13.000(A/P;10\%;3) + 6.000(A/F;10\%;3) - [2.500(P/F;10\%;1)$$
$$+ 2.700(P/F;10\%;2) + 3.000(P/F;10\%;3)](A/P;10\%;3)$$
$$= -3.415 - 2.717 = \$ -6.132$$

Um cálculo idêntico é executado para cada ano: 1 a 5. O menor custo equivalente (numericamente, o maior valor VA) ocorre em $k = 3$. Portanto, a VUE da defensora é $n = 3$ anos, e o valor VA é de $ − 6.132. No estudo de substituição, esse VA será comparado com o VA da melhor desafiante, determinado com uma análise VUE similar.

Solução por Computador

Veja a Figura 11–2, que apresenta a planilha e o gráfico deste exemplo. (Esse formato é um modelo para qualquer análise VUE; simplesmente modifique as estimativas e acrescente linhas para mais anos.) O conteúdo das colunas D e E é descrito de maneira breve, a seguir. A função PGTO aplica os formatos para a defensora, conforme descrevemos anteriormente. Rótulos de célula apresentam o formato de referência de célula, detalhado para o ano 5. Símbolos $ são incluídos para a referência de célula absoluta, necessária quando o lançamento é arrastado ao longo da coluna.

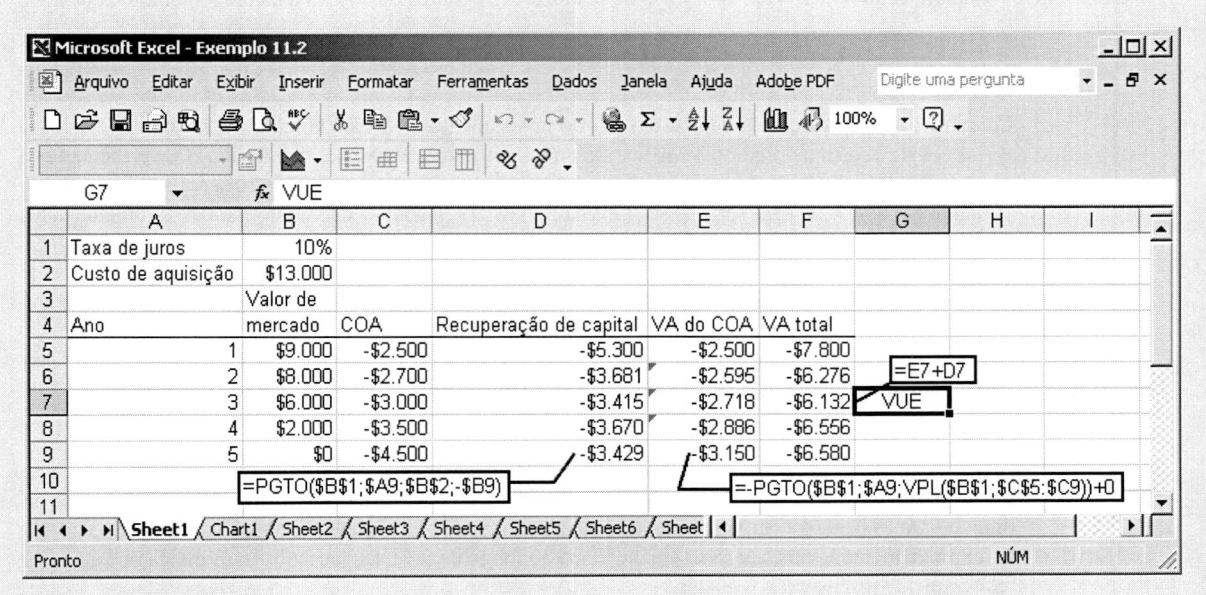

(a)

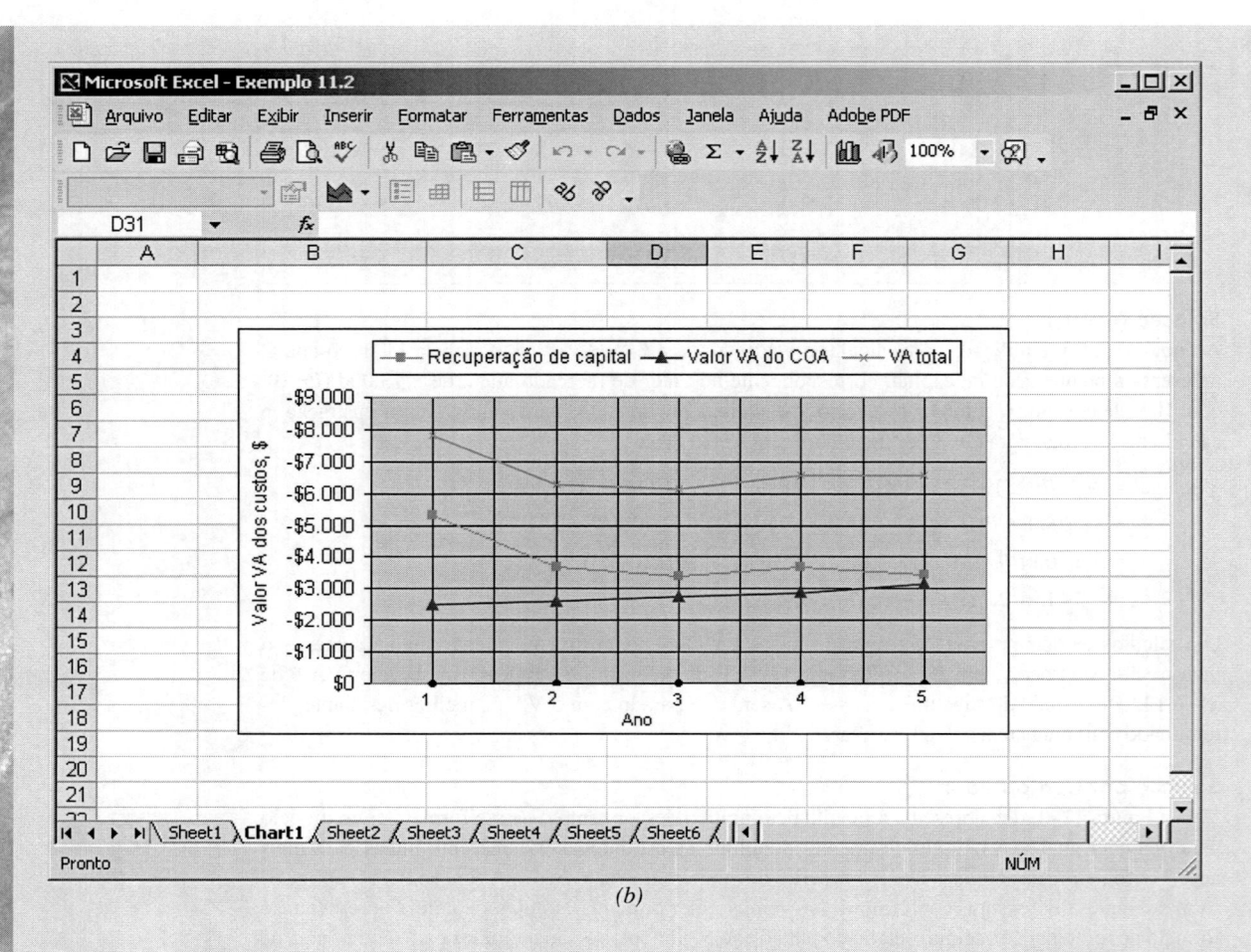

(b)

Figura 11-2
(*a*) Determinação da vida útil econômica (VUE) por meio de planilha e (*b*) gráfico do VA total e componentes de custo, no Exemplo 11.2.

Coluna D: A recuperação de capital é o VA do investimento de $ 13.000 (célula B2) no ano 0, de cada ano (1 a 5), estimado como VM. Por exemplo, em números reais, a função PGTO, apresentada na planilha, na referência de célula, correspondente ao ano 5, informa: PGTO(10%;5;13.000;–0), resultando em $ –3.429. Essa série é esboçada na Figura 11–2*b* como a curva intermediária, rotulada como "Recuperação de Capital", na legenda.

Coluna E: A função VPL, incorporada à função PGTO, obtém o valor presente, no ano 0, de todas as estimativas do COA até o ano *k*. Então, o PGTO calcula o VA do COA ao longo de *k* anos. Por exemplo, no ano 5, o PGTO expresso numericamente é: –PGTO(10%;5;VPL(10%;C5:C9)+0). O zero é o COA no ano 0; ele é opcional. O gráfico esboça a curva do valor anual do COA, que aumenta constantemente em termos de custo, porque as estimativas de COA aumentam a cada ano.

Comentário
A *curva de recuperação de capital*, da Figura 11–2*b* (curva intermediária), não é uma forma verdadeiramente côncava, porque o valor de mercado estimado se modifica a cada ano. Se o mesmo VM fosse estimado para cada ano, a curva se assemelharia à da Figura 11–1. Quando diversos valores VA totais são aproximadamente iguais, a curva será uniforme ao longo de diversos períodos. Isso indica que a VUE é relativamente insensível aos custos.

É razoável perguntar qual é a diferença entre a análise da VUE, apresentada agora, e a análise do VA, realizada nos capítulos anteriores. Anteriormente, tínhamos um *ciclo de vida estimado de n anos*, com outras estimativas associadas: custo de aquisição no ano 0, possivelmente um valor recuperado no ano *n* e um COA que permanecia constante ou variava a cada ano. Para todas as análises anteriores, o cálculo do VA, por meio dessas estimativas, determinava o VA ao longo de *n* anos. Essa também é a vida útil econômica quando *n* é fixo. Em todos os casos anteriores, não havia nenhuma estimativa do VM, ano a ano, aplicável a uma série de anos. Portanto, podemos concluir o seguinte:

Quando a expectativa de vida útil *n* é conhecida, em relação à desafiante ou à defensora, determine seu VA ao longo de *n* anos, utilizando, primeiro, o custo de aquisição ou o valor de mercado atual, a estimativa de valor recuperado depois de *n* anos e as estimativas de COA. Esse valor VA é o correto para ser utilizado em um estudo de substituição.

Não é difícil estimar uma série de valores recuperados e de mercado para um ativo novo ou atual. Por exemplo, um ativo que tenha um custo de aquisição P pode perder valor de mercado a 20% ao ano, de forma que a série de valores de mercado para os anos 0, 1, 2, . . . é P, $0,8P$, $0,64P$, . . ., respectivamente. (Uma visão geral dos procedimentos e das técnicas de estimação de custo será apresentada no Capítulo 15.) Se for razoável prever a série VM em base anual (ano a ano), ela pode ser combinada com as estimativas de custo operacional anual, resultando naquilo que é chamado de *custos marginais* do ativo.

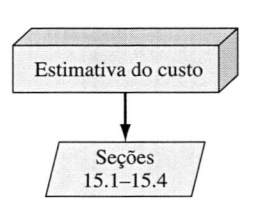

Custos marginais (CM) são estimativas anuais dos custos necessários para possuir e operar um ativo durante aquele ano.

Há três componentes em cada estimativa de custo marginal anual:
- Custo da propriedade (a perda de valor de mercado é a melhor estimativa deste custo).
- Juros não percebidos sobre o valor de mercado, no início do ano.
- COA de cada ano.

Tão logo os custos marginais são estimados para cada ano, seus valores VA equivalentes podem ser calculados. A soma dos valores VA dos dois primeiros componentes é idêntica ao valor da recuperação de capital. Agora deve estar claro que o VA total, de todos os três componentes de custo marginal ao longo de *k* anos, é idêntico ao valor anual total para os *k* anos, calculados na Equação [11.3]. Ou seja, a relação seguinte é:

$$\text{VA dos custos marginais} = \text{VA total dos custos} \qquad [11.4]$$

Portanto, não há a necessidade de realizar uma análise de custo marginal detalhada e separada quando são estimados valores de mercado anuais. A análise da VUE, apresentada no Exemplo 11.2, é suficiente, no sentido de que resulta nos mesmos valores numéricos. Isso é demonstrado no Exemplo 11.3, utilizando os dados do Exemplo 11.2.

EXEMPLO 11.3

Um engenheiro determinou que um equipamento do processo de manufatura, com 3 anos de utilização, tem um valor de mercado de $ 13.000 agora. Os valores recuperados e de mercado estimados e os valores de custo operacional anual (COA) estão apresentados na Tabela 11-1 (repetidos na Figura 11-3, colunas B e E). Determine o VA dos valores de custo marginal e compare-o com os valores VA totais da Figura 11-2.

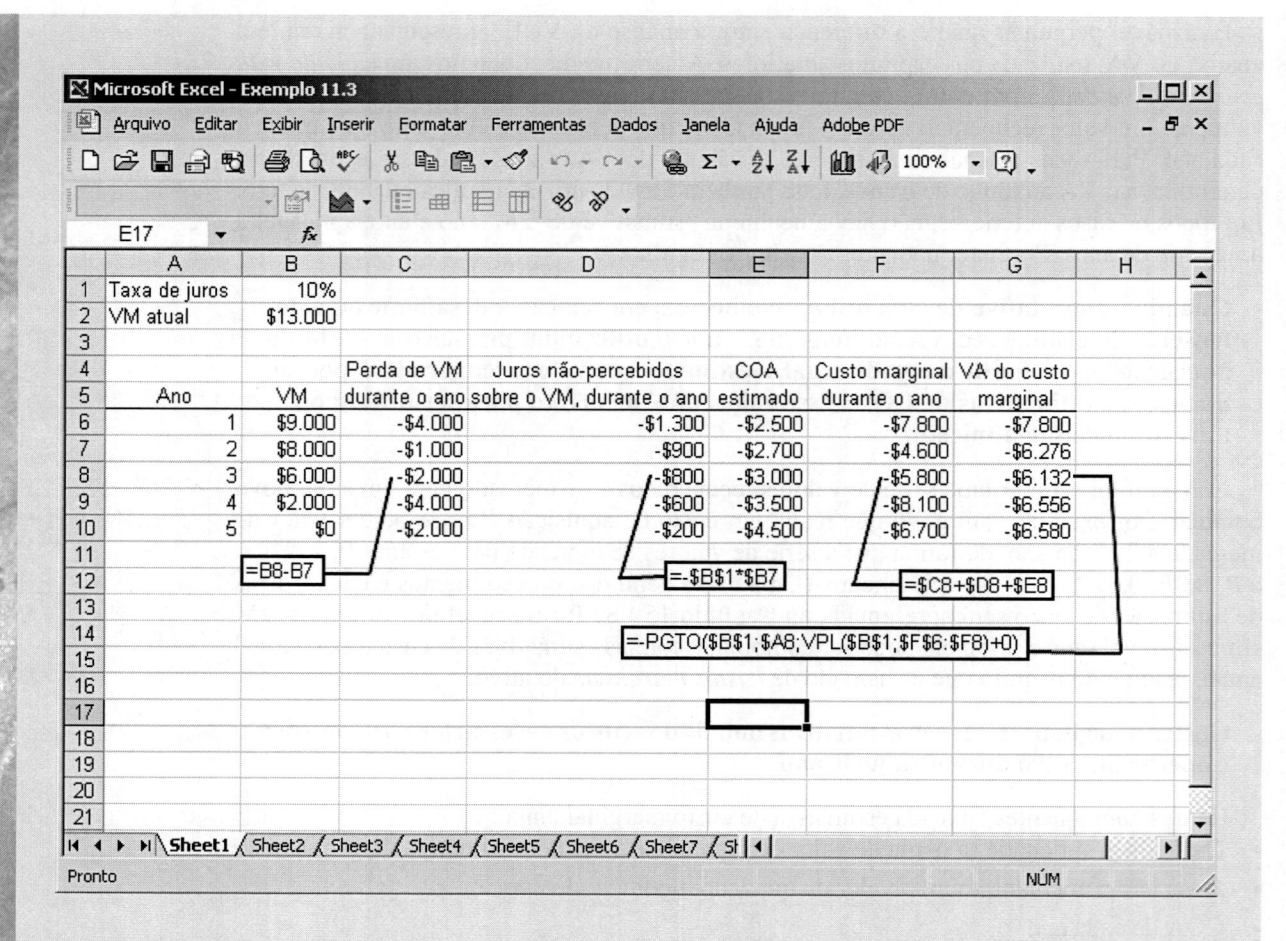

Figura 11–3
Cálculo do VA da série de custos marginais, no Exemplo 11.3.

Ano	VM	Perda de VM durante o ano	Juros não-percebidos sobre o VM, durante o ano	COA estimado	Custo marginal durante o ano	VA do custo marginal
1	$9.000	-$4.000	-$1.300	-$2.500	-$7.800	-$7.800
2	$8.000	-$1.000	-$900	-$2.700	-$4.600	-$6.276
3	$6.000	-$2.000	-$800	-$3.000	-$5.800	-$6.132
4	$2.000	-$4.000	-$600	-$3.500	-$8.100	-$6.556
5	$0	-$2.000	-$200	-$4.500	-$6.700	-$6.580

Taxa de juros: 10%
VM atual: $13.000

Fórmulas:
- =B8-B7
- =-$B$1*B7
- =C8+D8+E8
- =-PGTO($B$1;$A8;VPL($B$1;$F$6:$F8)+0)

Utilize a série de custos marginais para determinar os valores corretos para n e VA, se o ativo for a alternativa defensora em um estudo de substituição.

Solução por Computador

Veja a Figura 11–3. O primeiro componente de custo marginal é a perda de VM no ano (coluna C). Os juros de 10% sobre o VM (coluna D) são o segundo componente, os juros não percebidos sobre o VM. Sua soma é o montante da recuperação de capital ano a ano. Com base na descrição anterior, o custo marginal correspondente a cada ano é a soma das colunas C, D e E, como indicado nos rótulos de célula da planilha. A série VA de valores de custos marginais, na coluna G, é idêntica às que foram determinadas para o VA total dos custos, utilizando a análise da VUE, na Figura 11–2a. Os valores corretos, para um estudo de substituição, são $n = 3$ anos e VA = $ –6.132; o mesmo valor encontrado para a análise da VUE, no exemplo anterior.

Agora é possível tirar duas conclusões específicas acerca dos valores n e VA a serem utilizados em um estudo de substituição. Essas conclusões se baseiam no grau em que as estimativas anuais detalhadas foram feitas, em relação ao valor de mercado:

1. **Foram feitas estimativas do valor de mercado ano a ano.** Utilize-as para realizar uma análise da VUE e determine o valor n com o menor VA total de custos. Estes são os melhores valores n e VA para o estudo de substituição.

2. **Não foram feitas estimativas anuais do valor de mercado.** Aqui, a única estimativa disponível é o valor de mercado (valor recuperado) no ano n. Utilize-o para calcular o VA, ao longo de n anos. São estes os valores n e VA a serem utilizados. Entretanto, eles podem não ser "os melhores" valores, no sentido de que talvez não representem o melhor VA total equivalente do valor dos custos.

Concluída a análise da VUE, o procedimento de estudo de substituição, apresentado na próxima seção, é aplicado utilizando-se os seguintes valores:

Alternativa desafiante (C): VA_C durante n_C anos
Alternativa defensora (D): VA_D durante n_D anos

11.3 REALIZANDO UM ESTUDO DE SUBSTITUIÇÃO

Estudos de substituição são realizados de duas maneiras: sem um período de estudo especificado ou com um período de estudo definido. A Figura 11–4 apresenta uma visão geral dos passos de procedimento para cada situação. O procedimento discutido nesta seção se aplica quando nenhum período de estudo (horizonte de planejamento) é especificado. Se um número específico de anos é definido, como, por exemplo, cinco anos, sem considerar nenhuma continuação após esse intervalo de tempo, na análise econômica, o procedimento da Seção 11.5 é aplicável.

Um estudo de substituição determina quando uma alternativa desafiante substitui a defensora existente. O estudo completo se finda, se a desafiante (C) for selecionada para substituir a defensora (D) imediatamente. Entretanto, se a defensora é mantida, o estudo pode estender-se ao longo de uma série de anos, equivalentes ao ciclo de vida da defensora n_D, depois dos quais a desafiante substitui a defensora.

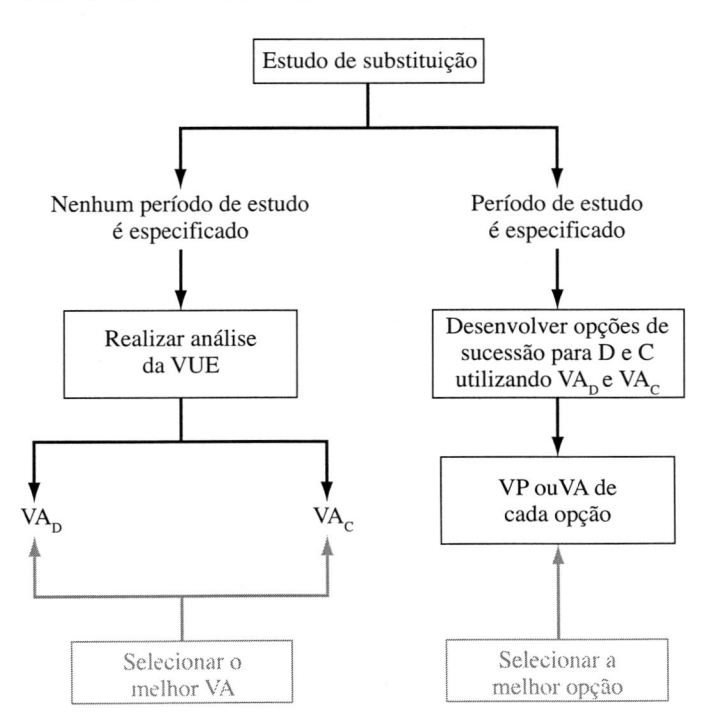

Figura 11–4
Visão geral dos procedimentos do estudo de substituição.

Utilize os dados de valor anual e de vida útil para C e D, determinados na análise da VUE, para aplicar o seguinte procedimento do estudo de substituição. Isso supõe que os serviços oferecidos pela alternativa defensora poderiam ser obtidos com o montante VA_D.

Novo estudo de substituição:

1. Com base no melhor valor VA_C ou VA_D, selecione a alternativa desafiante (C) ou a alternativa defensora (D). Quando a desafiante for selecionada, substitua a defensora imediatamente, com a expectativa de manter a desafiante durante n_C anos. Este estudo de substituição foi concluído. Caso a defensora tenha sido selecionada, planeje mantê-la durante mais n_D anos. (Essa é a ramificação de VA_D à esquerda da Figura 11–4.) No ano seguinte, execute os próximos passos.

Análise um ano depois:

2. Todas as estimativas ainda são atuais para ambas as alternativas, especialmente o custo de aquisição, o valor de mercado e o COA? Se não, passe para o passo 3. Se a resposta for positiva e esse é o ano n_D, substitua a defensora. Se esse não é o ano n_D, mantenha a defensora durante mais um ano e torne a repetir este mesmo passo, o que pode ser feito diversas vezes.

3. Caso as estimativas tenham se modificado, atualize-as e determine novos valores VA_C e VA_D. Inicie um novo estudo de substituição (passo 1).

Se a defensora for selecionada inicialmente (passo 1), as estimativas talvez precisem de atualização depois do ano 1 de retenção (passo 2). Pode acontecer de existir uma nova melhor desafiante para ser comparada com D. Caso haja modificações significativas nas estimativas da defensora ou a disponibilidade de uma nova desafiante, isso indica que um novo estudo de substituição deve ser considerado. Na realidade, um estudo de substituição pode ser realizado anualmente para determinar a conveniência de substituir ou manter qualquer defensora, desde que uma desafiante competitiva esteja disponível.

O Exemplo 11.4, a seguir, ilustra a aplicação da análise da VUE para uma desafiante e uma defensora, seguida da utilização do procedimento de estudo de substituição. O horizonte de planejamento não foi especificado neste exemplo.

EXEMPLO 11.4

Há dois anos a Toshiba Electronics fez um investimento de $ 15 milhões em nova maquinaria da linha de montagem. Ela comprou, aproximadamente, 200 unidades, a $ 70.000 cada uma, e alocou-as em suas instalações industriais, em 10 diferentes países. O equipamento separa, testa e realiza a montagem de kits (*kitting*) por ordem de inserção dos componentes eletrônicos, em preparação para a produção de placas de circuito impresso para fins especiais. Este ano, novos padrões internacionais da indústria exigirão uma remodelação (*retrofit*) de $ 16.000 em cada unidade, além do custo operacional esperado. Devido aos novos padrões, conjugados com uma tecnologia rapidamente mutável, um novo sistema está desafiando a retenção dessas máquinas, que têm dois anos de utilização. O engenheiro-chefe da Toshiba dos Estados Unidos percebe que os aspectos econômicos devem ser considerados, de forma que solicite a realização de um estudo de substituição este ano e a cada ano, no futuro, se necessário. À taxa $i = 10\%$, e com as estimativas a seguir, utilize cálculos manuais e por computador, para:

(*a*) Determinar os valores VA e a vida útil econômica necessários para se realizar o estudo de substituição.

(*b*) Realize o estudo de substituição para o momento atual.

Desafiante: Custo de aquisição: $ 50.000
Valores de mercado futuros: decréscimo de 20% ao ano
Período estimado de retenção: não mais do que 5 anos
Estimativas do COA: $ 5.000 no ano 1, com aumentos de $ 2.000 por ano, a partir de então

Defensora: Valor de mercado internacional atual: $ 15.000
Valores de mercado futuros: decréscimo de 20% ao ano
Período estimado de retenção: não mais do que 3 anos
Estimativas do COA: $ 4.000 no próximo ano, com aumentos de $ 4.000 por ano, a partir de então, mais a remodelação de $ 16.000 no próximo ano

(c) Depois de um ano, é hora de realizar a análise de *follow-up*[1]. A desafiante está realizando grandes incursões no mercado de equipamentos de montagem de componentes eletrônicos, especialmente em função dos novos recursos de padrões internacionais incorporados. O valor de mercado previsto para a defensora ainda é de $ 12.000 este ano, mas espera-se que ele caia para, virtualmente, nada no futuro ($ 2.000 no próximo ano no mercado internacional e zero depois disso). Além do mais, esse equipamento prematuramente desatualizado tem uma manutenção mais cara, de forma que a estimativa do COA foi aumentada de $ 8.000 para $ 12.000, para o próximo ano, e para $ 16.000, para dois anos depois. Realize uma análise de *follow-up* do estudo de substituição.

Solução Manual

(a) Os resultados da análise da VUE, apresentados na Tabela 11–2, incluem todas as estimativas de VM e de COA relativas à desafiante, indicadas na parte (a) da tabela. Note que $P = \$ 50.000$ também é o VM no ano 0. O VA total dos custos refere-se a cada ano, caso a desafiante seja colocada em operação durante esse número de anos. Por exemplo, o valor de $ –19.123, para o ano $k = 4$, é determinado utilizando a Equação [11.3]. O Fator A/G é aplicado, em vez dos fatores P/F e A/P, para encontrar o VA da série gradiente aritmético do COA.

TABELA 11–2 Análise da Vida Útil Econômica (VUE) dos (*a*) Custos da Desafiante e (*b*) Custos da Defensora, no Exemplo 11.4

	(a) Desafiante			
Desafiante Ano *k*	Valor de Mercado	COA	VA Total se Permanecer como Propriedade durante *k* Anos	
0	$50.000	—	—	
1	40.000	$ −5.000	$ −20.000	
2	32.000	−7.000	−19.524	
3	25.600	−9.000	−19.245	
4	20.480	−11.000	−19.123	VUE
5	16.384	−13.000	−19.126	
	(b) Defensora			
Defensora Ano *k*	Valor de Mercado	COA	VA Total se for Mantida durante *k* Anos	
0	$15.000	—	—	
1	12.000	$ −20.000	$ −24.500	
2	9.600	−8.000	−18.357	
3	7.680	−12.000	−17.307	VUE

[1] **N.T.:** Acompanhamento de uma ação já realizada, a fim de aumentar ou avaliar a sua efetividade.

$$VA_4 \text{ Total} = -50.000(A/P;10\%;4) + 20.480(A/F;10\%;4)$$
$$- [5.000 + 2.000(A/G;10\%;4)]$$
$$= \$ -19.123$$

Os custos da alternativa defensora são analisados da mesma maneira na Tabela 11–2b, até o período máximo de retenção de 3 anos.

Os menores valores VA de custos (numericamente, os maiores), para o estudo de substituição, são:

Desafiante: $VA_C = \$ -19.123$ para $n_C = 4$ anos
Defensora: $VA_D = \$ -17.307$ para $n_D = 3$ anos

Se traçado, o VA total da curva de custo da desafiante (Tabela 11–2a) seria relativamente uniforme depois de 2 anos. Virtualmente, não há nenhuma diferença entre o VA total para os anos 4 e 5. Em relação à defensora, note que os valores do COA se modificam substancialmente, ao longo dos 3 anos, e que eles não apresentam crescimento ou redução constantes.

As questões *b* e *c*, a seguir, são resolvidas por computador.

Solução por Computador

(*a*) A Figura 11–5 inclui a planilha completa e o gráfico do VA total de custos, para a alternativa desafiante e para a defensora. (As tabelas foram geradas com auxílio da planilha, desenvolvida na Figura 11–2a. Todas as funções PGTO, das colunas D e E, assim como a função de somatório, na coluna F, são idênticas. O custo de aquisição, o valor de mercado e os valores de custo operacional anual foram modificados para este exemplo.) Algumas funções críticas são detalhadas nos rótulos de célula. Os gráficos *xy* exibem o VA total das curvas de custo. Os valores VA e VUE são idênticos aos da solução manual.

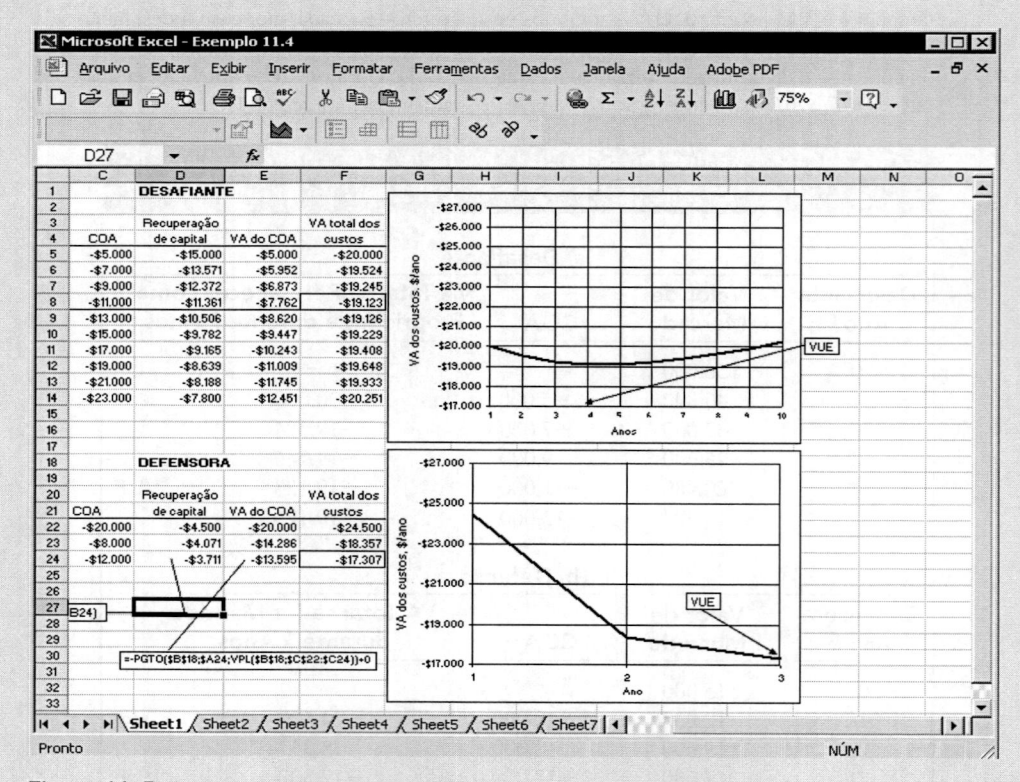

Figura 11–5
Cálculo da vida útil econômica (VUE) da desafiante e da defensora, utilizando uma planilha, no Exemplo 11.4. (O formato tabular e as funções são idênticos aos da Figura 11–2a.)

Considerando a facilidade para acrescentar anos a uma análise da VUE, os anos 5 a 10 são adicionados à análise da desafiante nas linhas 10 a 14 da planilha. Note que a curva do VA total tem uma base relativamente uniforme e que ela retorna ao nível de custo de VA do início (cerca de $ –20.000), depois de certo número de anos; 10 anos, para este caso. Essa é uma curva de VA com uma forma clássica, desenvolvida a partir de valores de mercado constantemente decrescentes e valores COA constantemente crescentes. (A utilização desse formato tabular e dessas funções também é recomendada para análises onde os componentes do VA total precisam ser exibidos.)

(b) Para realizar um estudo de substituição, para o momento atual, aplique somente o primeiro passo do procedimento. Selecione a defensora, porque ela tem o melhor VA de custos ($ –17.307), e espere mantê-la durante mais 3 anos. Prepare-se para realizar outra análise da substituição, daqui a um ano.

(c) Um ano depois, a situação se modificou significativamente, para o equipamento Toshiba, mantido durante o ano passado. Aplique os passos da análise um ano depois:

Passo 2. Depois de 1 ano de retenção da defensora, as estimativas da desafiante ainda são razoáveis, mas o valor de mercado da defensora e as estimativas de COA são substancialmente diferentes. Avance ao passo 3 para realizar uma nova análise da VUE para a defensora.

Passo 3. As estimativas da defensora, apresentadas na Tabela 11–2b, estão atualizadas a seguir, e novos valores VA são calculados utilizando a Equação [11.3]. Agora há um máximo de mais 2 anos de retenção, ou seja, 1 ano a menos do que os 3 anos determinados no ano passado.

Ano k	Valor de Mercado	COA	VA Total se for Mantida Durante mais k Anos
0	$12.000	—	—
1	2.000	$–12.000	$–23.200
2	0	–16.000	–20.819

Os valores VA e n do novo estudo de substituição são os seguintes:

Desafiante: não modificado em $VA_C = \$ –19.123$ para $n_C = 4$ anos

Defensora: novo $VA_D = \$ –20.819$ para $n_D =$ mais 2 anos

Selecione agora a desafiante, baseando-se em seu valor VA favorável. Portanto, substitua a defensora imediatamente, não daqui a 2 anos. Espere manter a desafiante durante 4 anos, ou até que outra desafiante melhor surja no cenário.

Muitas vezes é útil saber qual é o valor mínimo de mercado necessário da defensora, para tornar a desafiante economicamente atraente. Se um valor de mercado realizável (*trade-in*), pelo menos igual a esse valor, puder ser obtido, do ponto de vista econômico a desafiante deveria ser selecionada imediatamente. Esse é um *valor de equilíbrio* (*breakeven*) entre VA_C e VA_D, chamado de *valor de substituição (VS)*. Crie a relação $VA_C = VA_D$ com o valor de mercado da alternativa defensora substituída como VS, que é a incógnita. O VA_C é conhecido, de forma que VS pode ser determinado. A diretriz de escolha é a seguinte:

Se o *trade-in* de mercado real ultrapassar o *breakeven* da substituição, a desafiante é a melhor alternativa e deve substituir a defensora agora.

No Exemplo 11.4b, $VA_C = \$ –19.123$, e a defensora foi selecionada. Portanto, VS deve ser maior do que o valor de mercado estimado de $ 15.000 para a defensora. A Equação [11.3] é preparada para a defensora, por 3 anos, e igualada a $ –19.123.

$$- VS(A/P;10\%;3) + 0{,}8^3 VS(A/F;10\%;3) - [20.000(P/F;10\%;1)$$
$$+ 8.000(P/F;10\%;2) + 12.000(P/F;10\%;3)](A/P;10\%;3) = \$ -19.123 \qquad [11.5]$$
$$VS = \$ 22.341$$

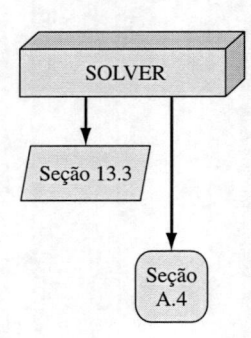

Qualquer valor *trade-in* de mercado acima dessa quantia é uma indicação econômica de que se deve efetuar a substituição imediatamente.

Se a planilha da Figura 11–5 tiver sido desenvolvida para a análise da VUE, o SOLVER do Excel (que está na barra de ferramentas) pode encontrar o VS rapidamente. É importante entender o que o SOLVER faz, da perspectiva de engenharia econômica, e a forma que a Equação [11.5] deve ser preparada e entendida. A célula F24, na Figura 11–5, é a "célula-alvo" para equiparar $ –19.123 (o melhor VA_C em F8). É dessa maneira que o Excel cria uma planilha equivalente à Equação [11.4]. O SOLVER retorna o valor VS, de $ 22.341, na célula B19, com um novo valor de mercado estimado de $ 11.438 no ano 3. Refletindo sobre a solução do Exemplo 11.4(*b*), o valor de mercado atual é de $ 15.000, menor do que VS = $ 22.341. A defensora é selecionada, em vez da desafiante. Utilize o Apêndice A ou a função de ajuda *online* do Excel, para aprender a utilizar o SOLVER de maneira eficiente. O SOLVER será utilizado mais extensamente no Capítulo 13, para a análise de *breakeven* financeiro.

11.4 CONSIDERAÇÕES ADICIONAIS EM UM ESTUDO DE SUBSTITUIÇÃO

Há diversos aspectos adicionais de uma análise da substituição que podem ser considerados. Três deles são, aqui, identificados e discutidos.

- Decisões sobre substituição em um ano futuro, no momento do estudo inicial da substituição.
- Custo de oportunidade *versus* critérios de fluxo de caixa, para comparação de alternativas.
- Antecipação de desafiantes futuras aperfeiçoadas.

Na maior parte dos casos, quando a administração inicia um estudo de substituição, o problema, mais bem formulado, é "substituir agora, daqui a um ano, daqui a dois anos etc.?". O procedimento, anteriormente apresentado, responde a essa pergunta, desde que as estimativas para C e D não se alterem no decorrer de cada ano. Em outras palavras, *no momento em que é colocado em prática, o passo 1 do procedimento responde à questão da substituição para múltiplos anos.* Somente quando as estimativas se alteram ao longo do tempo é que a decisão de manter a defensora pode ser revertida em favor da, então, melhor desafiante, ou seja, antes de n_D anos.

Os custos de aquisição (valores *P*) para a desafiante e para a defensora foram corretamente denominados como o investimento inicial para a desafiante C, e como o valor de mercado atual para a defensora D. Isso é chamado de *critério do custo de oportunidade,* porque reconhece que o influxo de caixa igual ao valor de mercado será desprezado, se a defensora for selecionada. Esse critério, também chamado de abordagem convencional, está correto para todo estudo de substituição. Um segundo critério, chamado de *critério do fluxo de caixa*, reconhece que, quando a alternativa C é selecionada, o influxo de caixa do valor de mercado para a defensora é recebido e, com efeito, reduz imediatamente o capital necessário para se investir na desafiante. A utilização do critério de fluxo de caixa é fortemente desencorajada, pelo menos, por duas razões: possível violação da hipótese de igual serviço e valor incorreto de recuperação de capital para C. Conforme sabemos, todas as avaliações econômicas devem comparar alternativas de igual serviço. Portanto, o critério do fluxo de caixa pode funcionar somente quando os ciclos de vida da desafiante e da defensora são exatamente iguais. Isso, comumente, não acontece. A análise da VUE e o procedimento de estudo de substituição são projetados para comparar duas alternativas mutuamente exclusivas, com *ciclos de vida desiguais,* por meio do método do valor anual. Se a razão para essa comparação de igual serviço não é suficiente para evitar o critério do fluxo de caixa, considere o que acontece ao valor da recuperação de capital da desafiante, quando seu custo de aquisição é diminuído pelo valor de mercado da defensora. Os termos recuperação de capital (RC), na Equação [11.3], decrescerão, resultando na escolha de um valor de RC falsamente baixo, para a desafiante. Da perspectiva do próprio estudo econômico, a decisão favorável a C ou a D não se modificará, mas quando C é selecionada e implementada, esse valor de RC não é confiável. A conclusão é simples: *Utilize o investimento inicial de C e o VM de D como custos de aquisição na análise da VUE e no estudo de substituição.*

Uma premissa básica de um estudo de substituição é que alguma desafiante substituirá a defensora em um tempo futuro, desde que o serviço continue a ser necessário e uma desafiante valiosa esteja disponível. A expectativa de haver alternativas desafiantes, progressivamente melhores, pode proporcionar um forte encorajamento para manter a defensora até que alguns elementos situacionais – tecnologia, custos, flutuações de mercado, negociações de contratos etc. – se estabilizem. Foi o que ocorreu no exemplo, anterior, sobre o equipamento de montagem de produtos eletrônicos. Um grande dispêndio em equipamentos, quando os padrões se modificaram logo depois da compra, obrigou a uma prematura análise da substituição e um grande prejuízo em relação ao capital investido. O estudo de substituição não é suficiente para prever a disponibilidade da desafiante. *É importante entender as tendências, os novos avanços e as pressões competitivas, que possam complementar o resultado econômico.* Freqüentemente, é melhor comparar uma desafiante com uma defensora melhorada no estudo de substituição. Acrescentar recursos necessários a uma defensora, atualmente instalada, pode prolongar sua vida útil e a produtividade, até que as opções desafiantes se tornem mais atraentes.

É possível haver um significativo impacto tributário quando uma defensora é negociada precocemente em seu ciclo de vida esperado. Se os impostos precisarem ser considerados, avance agora, ou depois da próxima seção, para o Capítulo 17, ou seja, para a análise de substituição após a dedução dos impostos na Seção 17.7.

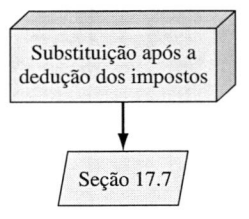

11.5 ESTUDO DE SUBSTITUIÇÃO AO LONGO DE UM PERÍODO DE ESTUDO ESPECIFICADO

Quando o intervalo de tempo para o estudo de substituição se limita a um período de estudo ou horizonte de planejamento especificado como, por exemplo, seis anos, a determinação dos valores VA para a desafiante e do tempo de vida restante para defensora, geralmente, não se baseia na vida útil econômica. O que ocorre às alternativas, após o período de estudo, habitualmente, não é considerado na análise da substituição. De fato, um período de estudo com duração fixa não satisfaz às três hipóteses estabelecidas na Seção 11.1 – necessidade do serviço em um futuro indefinido, melhor desafiante disponível no momento e estimativas idênticas para ciclos de vida futuros.

Quando se realiza um estudo de substituição, ao longo de um período de estudo fixo, é crucial que as estimativas utilizadas para determinar os valores VA sejam acuradas. Isso é especialmente importante em relação à defensora. Deixar de fazer o exposto a seguir, viola a hipótese de comparação de serviços iguais.

Quando o tempo de vida restante da defensora é menor do que o período determinado para o estudo, o custo dos serviços prestados pela defensora, do fim do seu tempo de vida até o fim do período de estudo, deve ser estimado da maneira mais acurada possível e incluído na análise.

A ramificação, à direita, da Figura 11–4 apresenta uma visão geral do procedimento de estudo de substituição, relativo a um horizonte de planejamento previamente estabelecido.

1. *Opções de sucessão e valores VA*. Desenvolva todas as maneiras viáveis de utilizar a defensora e a desafiante durante o período de estudo. Talvez haja somente uma opção ou muitas opções; quanto mais longo o período de estudo, mais complexa se torna a análise. Os valores VA_D e VA_C são utilizados para construir a série de fluxos de caixa equivalente para cada opção.

2. *Escolha da melhor opção*. O VP ou o VA de cada opção é calculado ao longo do período de estudo. Selecione a opção que tem o menor custo ou a renda mais alta, se as receitas forem estimadas. (Como antes, a melhor opção terá o maior valor VP ou VA, numericamente.)

Os três exemplos seguintes utilizam esse procedimento e ilustram a importância de fazer estimativas de custo para a alternativa defensora, quando sua vida útil restante é menor do que o período de estudo.

EXEMPLO 11.5

Cláudia trabalha na Lockheed-Martin (LMCO), na divisão de reparos de aeronaves. Ela se prepara para o que ela e sua chefe, a diretora da divisão, esperam ser um contrato militar com a Força Aérea dos Estados Unidos, para aviões de carga C-5A. Uma peça-chave do equipamento para as operações de manutenção é um sistema de diagnóstico de circuitos de aviônica. O sistema atual foi comprado há 7 anos, em um contrato anterior. Ele não tem custos de recuperação de capital restantes e as estimativas a seguir são confiáveis: valor de mercado atual = $ 70.000, tempo de vida útil restante igual a 3 anos, nenhum valor recuperado e COA = $ 30.000 por ano. As únicas opções para o sistema são: substituí-lo agora ou mantê-lo por mais 3 anos inteiros.

Cláudia descobriu que há somente um bom sistema desafiante à disposição. Suas estimativas de custo são: custo de aquisição de $ 750.000, vida útil de 10 anos, $S = 0$ e COA = $ 50.000 por ano.

Percebendo a importância de estimativas de custo acuradas para a alternativa defensora, Cláudia perguntou à diretora de divisão qual seria o sistema substituto à altura do atual, daqui a 3 anos, se a LMCO ganhar o contrato. A diretora previu que a LMCO compraria exatamente o sistema que ela identificou como desafiante, porque é o melhor no mercado. A empresa o manteria durante os 10 anos adicionais para ser utilizado em uma extensão deste contrato ou em alguma outra aplicação, que possa recuperar os 3 anos de vida restantes. Cláudia interpretou a resposta como se os últimos 3 anos também fossem anos de recuperação de capital, mas em algum outro projeto diferente deste. A estimativa de Cláudia do custo de aquisição desse mesmo sistema, daqui a 3 anos, é de $ 900.000. Adicionalmente, o COA de $ 50.000 por ano é a melhor estimativa neste momento.

A diretora de divisão mencionou que qualquer estudo precisaria ser considerado utilizando-se uma taxa de juros de 10%, conforme determina o Departamento de Administração e Orçamento dos Estados Unidos – U.S. Office of Management and Budget (OMB). Realize um estudo de substituição para o período fixo do contrato, de 10 anos.

Solução

O período de estudo é fixado em 10 anos; assim, o propósito das hipóteses de estudo de substituição não está presente. Isso significa que as estimativas subseqüentes da defensora são muito importantes para a análise. Além disso, quaisquer análises para determinar os valores VUE são desnecessárias e incorretas, uma vez que a vida útil das alternativas já foi fixada e nenhum valor de mercado anual projetado está disponível. O primeiro passo do procedimento de estudo de substituição é definir as opções. Uma vez que a defensora será substituída agora, ou daqui a 3 anos, há somente duas opções:

1. A desafiante durante todos os 10 anos.
2. A defensora durante 3 anos, seguida da desafiante durante 7 anos.

SEÇÃO 11.5 Estudo de Substituição ao longo de um Período de Estudo Especificado

Os valores VA para as alternativas C e D são calculados. Em relação à opção 1, a desafiante é utilizada durante os 10 anos inteiros. A Equação [11.3] é aplicada utilizando as seguintes estimativas:

Desafiante: $P = \$750.000$ $COA = \$50.000$
               $n = 10$ anos $S = 0$

$$VA_C = -750.000(A/P;10\%;10) - 50.000 = \$-172.063$$

A segunda opção tem estimativas de custo mais complexas. O VA do sistema atualmente instalado é calculado para os 3 primeiros anos. *Some-se a isso a recuperação de capital para a defensora subseqüente, ao longo dos primeiros 7 anos. Entretanto, nesse caso, o valor de RC é determinado ao longo de toda sua vida útil, de 10 anos.* (Não é incomum a recuperação do capital investido ser movimentada entre projetos, especialmente quando se trata de trabalhos sob contrato.) Refira-se aos componentes VA como VA_{DC} (o subscrito DC refere-se a "defensora atual" – *defender-current*) e VA_{DF} (o subscrito DF refere-se a "defensora futura"). Os diagramas de fluxo de caixa finais são apresentados na Figura 11–6.

Defensora atual: Valor de mercado = \$70.000 $COA = \$30.000$
                    $n = 3$ anos $S = 0$

$$VA_{DC} = [-70.000 - 30.000(P/A;10\%;3)](A/P;10\%;10) = \$-23.534$$

(a) Desafiante (opção 1)

(b) Alternativa defensora (opção 2)

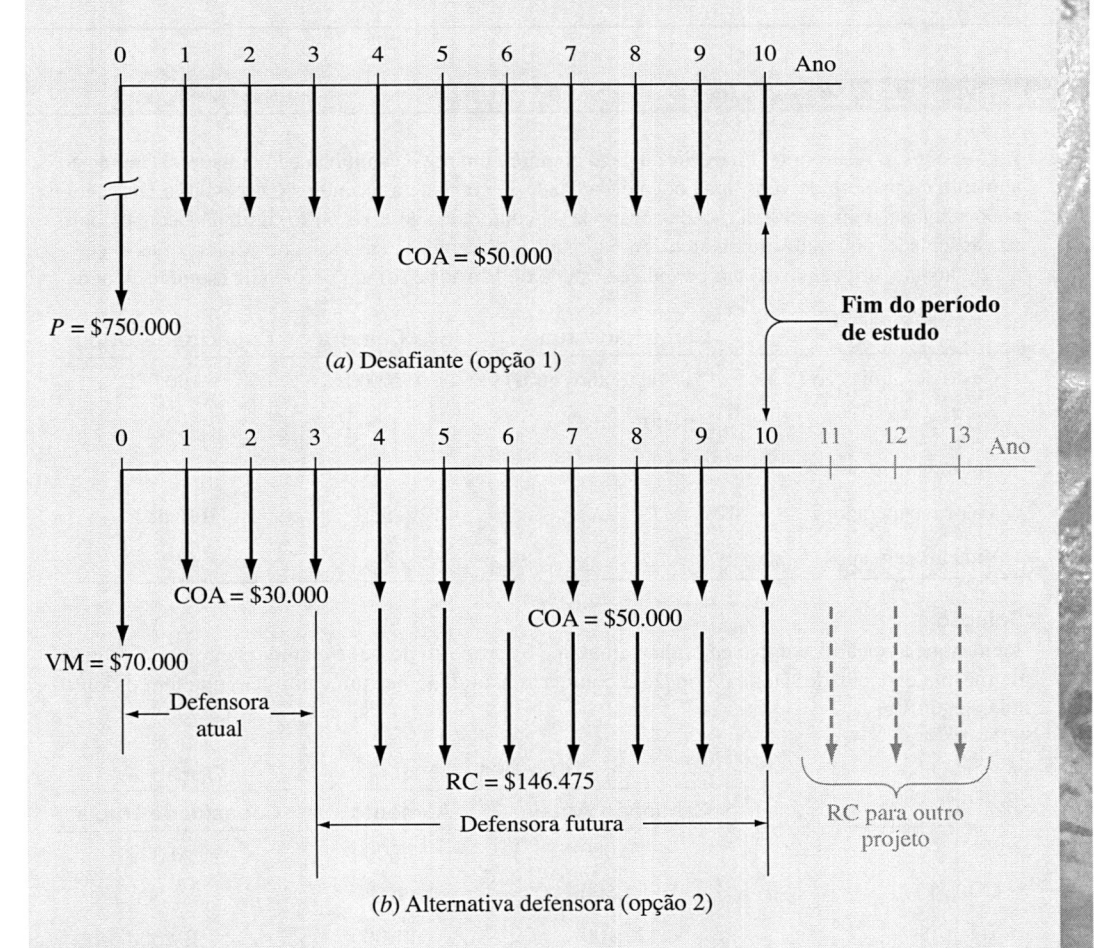

Figura 11–6
Diagramas de fluxo de caixa do estudo de substituição para um período de 10 anos, no Exemplo 11.5.

Defensora futura: $P = \$\ 900.000$, $n = 10$ anos, somente para o cálculo da recuperação de capital, COA = \$ 50.000 para os anos 4 a 10, $S = 0$.

A RC e o VA para todos os 10 anos são:

$$RC_{DF} = -900.000(A/P;10\%;10) = \$\ -146.475 \qquad [11.6]$$

$$VA_{DF} = (-146.475 - 50.000)(F/A,10\%;7)(A/F;10\%;10) = \$\ -116.966$$

O VA_D total para a defensora é a soma dos dois valores anuais acima. Este é o VA para a opção 2:

$$VA_D = VA_{DC} + VA_{DF} = -23.534 - 116.966 = \$\ -140.500$$

A opção 2 tem um custo menor (\$ –140.500 contra \$ –172.063). Mantenha a defensora agora e espere para comprar o sistema subseqüente daqui a 3 anos.

Comentário

O custo de recuperação de capital para a alternativa defensora futura será sustentado por algum projeto ainda não identificado, dos anos 11 a 13. Se essa hipótese não tivesse sido mencionada, seu custo de recuperação de capital seria calculado ao longo de 7 anos, e não 10, na Equação [11.6], aumentando a RC para \$ –184.869. Isso aumenta o valor anual para $VA_D = \$\ -163.357$. A alternativa defensora (opção 1) ainda seria selecionada.

EXEMPLO 11.6

Há três anos, o Aeroporto O'hare de Chicago comprou um novo caminhão de bombeiros. Devido ao aumento do número de vôos, uma nova capacidade de combate a incêndios é necessária. Um caminhão adicional, com a mesma capacidade, pode ser comprado agora, ou outro caminhão, com o dobro da capacidade, pode substituir o atual. As estimativas são apresentadas a seguir. Compare as opções, a 12% ao ano, utilizando (*a*) um período de estudo de 12 anos e (*b*) um período de estudo de 9 anos.

	Caminhão Atual	Nova Compra	Capacidade Dupla
Custo de aquisição P, \$	−151.000 (3 anos atrás)	−175.000	−190.000
COA, \$	−1.500	−1.500	−2.500
Valor de mercado, \$	70.000	—	—
Valor recuperado, \$	10% de P	12% de P	10% de P
Vida útil, em anos	12	12	12

Solução

Identifique a opção 1 como o caminhão atual que o aeroporto possui e o aumento com um veículo de mesma capacidade. Defina a opção 2 como a substituição por um caminhão que tem o dobro da capacidade.

	Opção 1		Opção 2
	Caminhão Atual	Aumento	Capacidade Dupla
P, \$	−70.000	−175.000	−190.000
COA, \$	−1.500	−1.500	−2.500
S, \$	15.100	21.000	19.000
n, em anos	9	12	12

(a) Em relação a um período de estudo da vida útil integral de 12 anos, para a opção 1:
VA_1 = (VA do veículo que possui atualmente) + (VA do aumento de capacidade)

$$= [-70.000(A/P;12\%;9) + 15.100(A/F;12\%;9) - 1.500]$$
$$+ [-175.000(A/P;12\%;12) + 21.000(A/F;12\%;12) - 1.500]$$
$$= -13.616 - 28.882$$
$$= \$ -42.498$$

Esse cálculo presume que os serviços equivalentes prestados pelo caminhão de bombeiros atual possam ser comprados a $ –13.616, por ano, durante os anos 10 a 12.

$$VA_2 = -190.000(A/P;12\%;12) + 19.000(A/F;12\%;12) - 2.500$$
$$= \$ -32.386$$

Substitua agora pelo caminhão que tem o dobro da capacidade (opção 2), com uma vantagem de $ 10.112 por ano.

(b) A análise correspondente a um período de estudo abreviado de 9 anos é a mesma, exceto pelo fato de que $n = 9$ em cada fator; ou seja, 3 anos a menos são considerados para que os caminhões adicionais ou com o dobro da capacidade recuperem o investimento de capital, mais um retorno de 12% ao ano. Os valores recuperados permanecem idênticos, uma vez que são cotados como uma porcentagem de P para todos os anos.

$$VA_1 = \$ -46.539 \qquad VA_2 = \$ -36.873$$

A opção 2 é selecionada novamente. Entretanto, agora, a vantagem econômica é menor. Se o período de estudo fosse abreviado, de maneira mais acentuada em algum ponto, a decisão deveria se inverter. Se este exemplo fosse resolvido por computador, os valores n das funções PGTO poderiam ser diminuídos para determinar *se* e *quando* a decisão se inverte da opção 2 para a opção 1.

Se houver diversas opções quanto ao número de anos durante os quais a defensora pode ser mantida, antes da substituição pela desafiante, o primeiro passo do estudo de substituição – opções de sucessão e valores VA – deve incluir todas as opções viáveis. Por exemplo, se o período de estudo for de 5 anos e a defensora permanecer em serviço durante 1 ano, 2 anos ou 3 anos, estimativas de custo devem ser feitas para determinar os valores VA de cada período de retenção da defensora. Nesse caso, há quatro opções; chame-as de W, X, Y e Z.

Opção	Defensora Mantida	Tempo de Serviço da Desafiante
W	3 anos	2 anos
X	2	3
Y	1	4
Z	0	5

Os valores VA respectivos para a retenção da defensora e para a desafiante utilizam fluxos de caixa definidos para cada opção. O Exemplo 11.7 ilustra o procedimento.

EXEMPLO 11.7

A Amoco Canada tem equipamentos de prospecção de petróleo em serviço há 5 anos, para os quais solicitou uma substituição. Devido a um propósito especial, decidiram que o equipamento atual deverá ser mantido durante mais 2, 3 ou 4 anos, antes de ser substituído. O equipamento tem um valor de mercado atual de $ 100.000, com um decréscimo previsto de $ 25.000 ao ano. O COA é constante agora, e espera-se que ele permaneça em $ 25.000 ao ano. A desafiante, que substituirá o equipamento atual, apresenta-se sob a forma de um contrato de preço fixo, para prover os mesmos serviços a $ 60.000 por ano, durante um mínimo de 2 anos e um máximo de 5 anos. Utilize uma TMA de 12% ao ano para realizar o estudo de substituição, ao longo de um período de 6 anos, para determinar quando vender o equipamento atual e comprar os serviços sob contrato.

Solução

Uma vez que a defensora será mantida durante 2, 3 ou 4 anos, há três opções viáveis (X, Y e Z).

Opção	Defensora Mantida	Tempo de Serviço da Desafiante
X	2 anos	4 anos
Y	3	3
Z	4	2

Os montantes do valor anual da defensora são identificados com os subscritos D2, D3 e D4, correspondentes ao número de anos em que a alternativa é mantida.

$$VA_{D2} = -100.000(A/P;12\%;2) + 50.000(A/F;12\%;2) - 25.000 = \$ -60.585$$

$$VA_{D3} = -100.000(A/P;12\%;3) + 25.000(A/F;12\%;3) - 25.000 = \$ -59.226$$

$$VA_{D4} = -100.000(A/P;12\%;4) - 25.000 = \$ -57.923$$

Para todas as opções, a desafiante tem um valor anual de:

$$VA_C = \$ -60.000$$

A Tabela 11–3 apresenta os fluxos de caixa e os valores VP de cada opção, ao longo do período de estudo de 6 anos. Um exemplo de cálculo do VP para a opção Y é:

$$VP_Y = -59.226(P/A;12\%;3) - 60.000(F/A;12\%;3)(P/F;12\%;6) = \$ -244.817$$

A opção Z tem o menor montante de VP de custo ($ –240.369). Mantenha a defensora durante todos os 4 anos e, depois, a substitua. Evidentemente, a mesma resposta será obtida se o valor anual, ou valor futuro, de cada opção for calculado de acordo com a TMA.

TABELA 11–3 Fluxos de Caixa e Valores VP Equivalentes para a Análise da Substituição em um Período de Estudo de 6 Anos, no Exemplo 11.7

Opção	Tempo de Serviço, em anos		VA dos Fluxos de Caixa para cada opção, $ Ano						VP da opção, $
	Defensora	Desafiante	1	2	3	4	5	6	
X	2	4	−60.585	−60.585	−60.000	−60.000	−60.000	−60.000	−247.666
Y	3	3	−59.226	−59.226	−59.226	−60.000	−60.000	−60.000	−244.817
Z	4	2	−57.923	−57.923	−57.923	−57.923	−60.000	−60.000	−240.369

> **Comentário**
> Se o período de estudo for longo o bastante, é possível que a VUE da desafiante deva ser determinada e seu valor VA utilizado, para desenvolver as opções e as séries de fluxos de caixa. Uma opção pode incluir mais de um ciclo de vida da desafiante, dependendo do seu período de VUE. Ciclos de vida parciais da desafiante podem ser incluídos. Entretanto, quaisquer anos, além do período de estudo, devem ser desconsiderados para o estudo de substituição, ou serem tratados de forma explícita, a fim de garantir que a comparação de iguais serviços seja mantida, especialmente se o VP for utilizado para selecionar a melhor opção.

RESUMO DO CAPÍTULO

Em um estudo de substituição é importante comparar a melhor desafiante com a defensora. *A melhor desafiante (do ponto de vista econômico) é descrita como aquela que tem o menor valor anual (VA) de custos, durante certo período de anos.* Se a vida útil restante prevista para a defensora e o ciclo de vida estimado da desafiante são especificados, os valores VA, ao longo desses anos, são determinados e o estudo de substituição prossegue. Entretanto, se estimativas razoáveis do valor de mercado (VM) esperado e do COA correspondente a cada ano de propriedade puderem ser feitas, esses custos (marginais) anuais ajudarão a determinar a melhor desafiante.

A análise da vida útil econômica (VUE) é projetada para determinar os anos de serviço da melhor desafiante e o menor valor anual total de custos resultante. Os valores n_C e VA_C resultantes são utilizados no procedimento de estudo de substituição. A mesma análise pode ser realizada para a VUE da defensora.

Estudos de substituição, em que nenhum período de estudo (horizonte de planejamento) é especificado, utilizam o método do valor anual para comparação entre duas alternativas com ciclos de vida desiguais. O melhor valor VA determina quanto tempo a defensora deve ser mantida, antes da substituição.

Quando um período é especificado para o estudo de substituição, é importante que as estimativas de valor de mercado e de custos para a defensora sejam as mais acuradas possíveis. Quando o ciclo de vida restante da defensora é mais breve do que o período de estudo, é crucial que o custo do serviço a ser continuado seja estimado cuidadosamente. Todas as opções viáveis para utilizar a defensora e a desafiante são enumeradas, e o VA de seus fluxos de caixa equivalentes é determinado. Para cada opção, o valor VP ou VA é utilizado para selecionar a melhor opção, que determinará quanto tempo a defensora será mantida, antes da substituição.

PROBLEMAS
Fundamentos da Substituição

11.1 Identifique as hipóteses básicas feitas, especialmente, sobre a alternativa desafiante, quando um estudo de substituição é realizado.

11.2 Em uma análise de substituição, qual valor numérico deve ser utilizado como custo de aquisição para a defensora? Como esse valor é obtido?

11.3 Por que é importante assumir a perspectiva de consultor em uma análise de substituição?

11.4 Chris está cansada de dirigir o carro velho que comprou por $ 18.000, há 2 anos. Ela estima que o seu valor seja de $ 8.000, agora. Um revendedor de automóveis lhe fez esta proposta: "Olhe, eu lhe darei $ 10.000 por seu carro para que você adquira este modelo do ano. São $ 2.000 a mais do que você espera e $ 3.000 a mais do que o preço que o *Kelly Blue Book* atribui ao seu carro. Nosso preço de venda para o seu carro novo é de somente $ 28.000, o que equivale a $ 6.000 a menos do que o preço de tabela do fabricante, de $ 34.000. Considerando os $ 3.000 extras que você obterá na troca e a redução de $ 6.000 em relação ao preço de tabela, você pagará $ 9.000 a menos pelo carro novo. Assim, estou lhe oferecendo um grande negócio, e você recebe mais $ 2.000 do que o estimado para sua carroça velha. Então, vamos fechar o negócio agora. Tudo bem?". Se Chris executasse um estudo de substituição neste momento, qual seria o custo de aquisição correto para a (*a*) defensora e para a (*b*) desafiante?

11.5 Um novo equipamento de teste de microeletrônica foi comprado pela Mytesmall Industries a um custo de $ 600.000, há 2 anos. Naquele tempo, esperava-se que o equipamento fosse utilizado durante 5 anos e depois dado como entrada para a aquisição de outro, ou vendido por seu valor residual de $ 75.000. A expansão dos negócios em mercados internacionais recém-desenvolvidos obriga a empresa a tomar a decisão de dá-lo como entrada, agora, na aquisição de uma nova unidade, a um custo de $ 800.000. O equipamento atual poderia ser mantido, se necessário, durante outros 2 anos, em cujo tempo ele teria um valor de mercado estimado de $ 5.000. A unidade atual está avaliada em $ 350.000 no mercado internacional e, se for utilizada durante mais 2 anos, terá custos de M&O (exclusivos de custos operacionais) de $ 125.000 por ano. Determine os valores de *P*, *n*, *S* e COA para essa defensora, se a análise da substituição fosse executada hoje.

11.6 A Buffett Enterprises instalou um novo sistema de monitoramento e controle de incêndios para suas linhas de processamento industrial na Califórnia, há exatamente 2 anos, por $ 450.000, com um ciclo de vida esperado de 5 anos. O valor de mercado foi então descrito pela relação $ 400.000 − $ 50.000$k^{1,4}$, em que k eram os anos a partir do momento da compra. A experiência que a empresa tem com equipamentos de monitoramento de incêndios indicou que seus custos operacionais seguem a relação 10.000 + 100k^3. Considerando que as relações estejam corretas ao longo do tempo, determine os valores de *P*, *S* e COA para essa defensora, se uma análise da substituição for realizada (*a*) agora, com um período de estudo especificado de 3 anos, e (*b*) daqui a 2 anos, sem nenhuma identificação do período de estudo.

11.7 Uma máquina comprada, há 1 ano, por $ 85.000, está custando mais para operar do que o previsto. Quando foi comprada, esperava-se que a máquina fosse utilizada durante 10 anos, com custos anuais de manutenção de $ 22.000 e um valor residual de $ 10.000. Entretanto, no ano passado, a empresa teve um custo de manutenção de $ 35.000, e a expectativa é de que esses custos disparem para $ 36.500, este ano, e tenham um aumento de $ 1.500, a cada ano, a partir de então. Estima-se que o valor residual, agora, seja de $ 85.000 − $ 10.000k, em que k é o número de anos desde que a máquina foi comprada. Estima-se, também, que essa máquina poderá ser usada durante, no máximo, mais 5 anos. Determine os valores de *P*, COA, *n* e *S* para estudar sua substituição imediata.

Vida Útil Econômica

11.8 A Halcrow, Inc, espera substituir um sistema de rastreamento do tempo de inatividade (*downtime*), atualmente instalado em máquinas CNC. O sistema desafiante tem um custo de aquisição de $ 70.000, custo operacional anual estimado de $ 20.000, vida útil estimada de 5 anos e um valor recuperado de $ 10.000, a qualquer tempo que seja substituído. A uma taxa de juros de 10% ao ano, determine sua vida útil econômica e o valor VA correspondente. Resolva este problema utilizando uma calculadora manual.

11.9 Utilize uma planilha para resolver o Problema 11.8 e trace, graficamente, a curva do VA total e seus componentes, (*a*) utilizando as estimativas feitas originalmente e (b) utilizando estimativas novas e mais precisas, a saber, uma expectativa de vida útil máxima de 10 anos, um COA que aumenta 15% ao ano, a partir da estimativa inicial de $ 20.000, e um valor residual, para o qual se espera um decréscimo de $ 1.000 ao ano, a partir da estimativa de $ 10.000 para o primeiro ano.

11.10 Espera-se que um ativo, com custo de aquisição de $ 250.000, tenha uma vida útil máxima de 10 anos e que seu valor de mercado caia $ 25.000 a cada ano. Espera-se que o custo operacional se mantenha constante em $ 25.000 ao ano, durante 5 anos e, a partir de então, tenha um aumento substancial de 25% ao ano. A taxa de juros é baixa, ou seja, 4% ao ano, porque a empresa Public Services Corp. tem um município como sócio majoritário; sendo, portanto, considerada uma corporação semiprivada, contemplada com taxas de juros para projetos públicos. (a) Verifique se a VUE é de 5 anos. A VUE é sensível às mutáveis estimativas de valor de mercado e de COA? (b) O engenheiro, que faz uma análise de substituição, determina que esse ativo tem uma VUE de 10 anos, quando comparado com qualquer desafiante. Se a estimativa das séries COA estiver correta, determine o mínimo valor de mercado que fará com que a VUE seja igual a 10 anos. Resolva manualmente ou por meio de uma planilha, conforme orientação do professor.

11.11 Uma nova fresadora de engrenagens, para materiais compósitos, tem um custo de aquisição $P = $ 100.000$ e pode ser utilizada durante um máximo de 6 anos. Seu valor recuperado é estimado pela relação $S = P(0,85)^n$, em que n é o número de anos após a compra. O custo operacional será de $ 75.000 no primeiro ano e aumentará em $ 10.000, por ano, a partir de então. Utilize $i = 18\%$ ao ano.

(a) Determine a vida útil econômica e o VA correspondente dessa desafiante.

(b) Esperava-se que a máquina se justificasse economicamente para ser mantida durante os 6 anos integrais, mas isso não ocorreu, pois a VUE obtida na questão (a) é, consideravelmente, inferior a 6 anos. Determine a redução que necessitaria ser negociada no custo de aquisição, para que o custo anual equivalente, relativo aos 6 anos integrais de propriedade, se torne numericamente igual à estimativa de valor anual (VA) determinada para a VUE anteriormente calculada. Suponha que todas as outras estimativas permaneçam idênticas e desconsidere o fato de esse valor P, menor, ainda não tornar a VUE recém-calculada igual a 6 anos.

11.12 (a) Crie uma planilha geral (no formato de referência de célula) que indique a VUE e o VA associado de qualquer ativo que tenha uma vida útil máxima de 10 anos. A relação para o VA deve ser uma fórmula, em uma única célula, para calcular o valor anual correspondente a cada ano de propriedade, utilizando todas as estimativas necessárias.

(b) Utilize a sua planilha para encontrar a VUE e os valores VA para as estimativas tabuladas. Suponha que $i = 10\%$ ao ano.

Ano	Valor de Mercado Estimado, $	COA Estimado, $
0	80.000	0
1	60.000	60.000
2	50.000	65.000
3	40.000	70.000
4	30.000	75.000
5	20.000	80.000

11.13 Uma peça de um equipamento tem um custo de aquisição de $ 150.000, uma vida útil máxima de 7 anos e um valor residual descrito por $S = 120.000 - 20.000k$, onde k é o número de anos, desde o momento em que ela foi comprada. O valor residual é limitado a zero. A série COA é estimada por $COA = 60.000 + 10.000k$. A taxa de juros é de 15% ao ano. Determine a vida útil econômica (a) por meio de uma solução manual, utilizando cálculos do valor anual comuns e (b) por computador, utilizando estimativas do custo marginal anual.

11.14 Determine a vida útil econômica e o VA correspondente para uma máquina que tem estimativas de fluxo de caixa apresentadas a seguir. Utilize uma taxa de juros de 14% ao ano e encontre a solução manualmente.

Ano	Valor Recuperado, $	Custo Operacional, $
0	100.000	—
1	75.000	−28.000
2	60.000	−31.000
3	50.000	−34.000
4	40.000	−34.000
5	25.000	−34.000
6	15.000	−45.000
7	0	−49.000

11.15 Utilize os custos marginais anuais para encontrar a vida útil econômica referente ao Problema 11.14, por meio de uma planilha. Suponha que os valores recuperados sejam as melhores estimativas do valor de mercado futuro. Desenvolva um gráfico do Excel dos custos marginais (CM) anuais e do VA do CM, ao longo de 7 anos.

Estudo de Substituição

11.16 Durante um período de 3 anos, Shanna, uma gerente de projetos da Sherholme Medical Devices, realizou estudos de substituição de um equipamento de detecção de câncer, baseado em microondas, utilizado em laboratórios de diagnóstico médico. Ela tabulou a VUE e os valores VA de cada ano.

(*a*) Qual decisão deve ser tomada a cada ano?

(*b*) Com base nos dados, descreva quais mudanças ocorreram em relação à defensora e à desafiante, ao longo dos 3 anos.

	Vida Útil Máxima, em Anos	VUE, em Anos	VA, $/Ano
Primeiro ano, 200X			
Defensora	3	3	−10.000
Desafiante 1	10	5	−15.000
Segundo ano, 200X + 1			
Defensora	2	1	−14.000
Desafiante 1	10	5	−15.000
Terceiro ano, 200X + 2			
Defensora	1	1	−14.000
Desafiante 2	5	3	−9.000

11.17 Um engenheiro aeroespacial, que presta serviços de consultoria à Aerospatial, estimou os valores VA de uma rebitadeira, para rebites de aço de alta precisão, que a empresa possui atualmente, baseando-se nos registros de equipamentos similares da empresa.

Se For Mantido este Número de Anos	Valor VA, $/Ano
1	−62.000
2	−50.000
3	−47.000
4	−53.000
5	−70.000

Uma desafiante tem uma VUE = 2 anos e VA_C = $ −49.000 por ano. Se o consultor precisar recomendar hoje uma decisão de substituir ou manter, a empresa deve comprar a desafiante? A TMA é de 15% ao ano.

11.18 Se um estudo de substituição for realizado e a defensora for selecionada para retenção durante n_D anos, explique o que deve ser feito 1 ano depois, se uma nova desafiante vier a ser identificada.

11.19 A BioHealth, uma empresa de arrendamento de sistemas de biodispositivos, está considerando a compra de um novo equipamento para substituir um ativo que possui atualmente, comprado há 2 anos por $ 250.000. Ao valor de mercado atual, o ativo é avaliado em somente $ 50.000. Uma atualização é possível agora por $ 200.000, o que seria adequado para outros 3 anos de arrendamento, depois dos quais o sistema inteiro poderia ser vendido no circuito internacional por um valor estimado em $ 40.000. A desafiante pode ser comprada a um custo de $ 300.000, com uma vida útil esperada de 10 anos e um valor residual de $ 50.000. Determine se a empresa deve atualizar ou substituir o equipamento, a uma TMA de 12% ao ano. Suponha que as estimativas de COA sejam idênticas para ambas as alternativas.

11.20 Em relação às estimativas do Problema 11.19, utilize uma análise baseada em planilha para determinar o custo máximo de aquisição para o aumento do sistema atual que fará a defensora e a desafiante atingirem o *breakeven*. Esse é o valor máximo ou mínimo para a atualização, se o sistema atual for mantido?

11.21 Uma empresa que corta madeiras finas para marcenaria está avaliando se deve manter o atual sistema de descoramento (*bleaching*) ou substituí-lo por um novo. Os custos pertinentes a cada sistema são conhecidos ou estimados. Utilize uma taxa de juros de 10% ao ano para (*a*) realizar uma análise de substituição e (*b*) determinar o preço mínimo de revenda necessário para que a opção de substituir o sistema existente pelo desafiante, agora, seja viável. Esse é um valor razoável de esperar para o sistema atual?

	Sistema Atual	Sistema Novo
Custo de aquisição há 7 anos, $	−450.000	
Custo de aquisição, $		−700.000
Vida útil restante, em anos	5	10
Valor de mercado atual, $	50.000	
COA, $ por ano	−160.000	−150.000
Valor futuro recuperado, $	0	50.000

11.22 Há cinco anos a Nuyork Port Authority comprou diversos veículos de transporte com contêineres, por $ 350.000 cada um. No ano passado, foi realizado um estudo de substituição, cuja decisão foi manter os veículos durante mais 2 anos. Entretanto, a situação se modificou neste ano, pois a estimativa é de que cada um dos veículos apresenta um valor de, somente, $ 8.000, agora. Se forem mantidos em serviço, a atualização, a um custo de $ 50.000, os tornará usáveis durante mais 2 anos. Espera-se que o custo operacional seja de $ 10.000 no primeiro ano e $ 15.000 no segundo, sem nenhum valor residual. De uma outra maneira, a empresa pode comprar um novo veículo com uma VUE de 7 anos, nenhum valor recuperado e um custo anual equivalente de $ −55.540 ao ano. A TMA é de 10% ao ano. Considerando que o orçamento para atualizar os veículos existentes está disponível este ano, utilize essas estimativas para determinar (*a*) quando a empresa deve substituir os veículos atualizados e (*b*) o mínimo valor futuro residual para um veículo novo, necessário para que a compra, agora, seja economicamente vantajosa em relação à opção de atualizar.

11.23 Annabelle começou a trabalhar, este mês, para a Caterpillar, uma empresa fabricante de equipamentos pesados. Quando foi solicitada a verificar os resultados de um estudo de substituição, que concluía favoravelmente à desafiante – uma nova peça do equipamento de conformação de metais para trabalho pesado, da planta de processamento de escavadoras de terraplenagem –, a princípio ela concordou, inicialmente, porque os resultados numéricos eram favoráveis à desafiante.

	Desafiante	Defensora
Vida útil, em anos	4	Mais de 6
VA, $ por ano	−80.000	−130.000

Curiosa a respeito de decisões passadas desse mesmo tipo, ela soube que análises de substituição similares haviam sido executadas três vezes, a cada 2 anos, para a mesma categoria de equipamentos. A decisão foi consistentemente substituir pela desafiante do momento. Durante seu estudo, Annabelle concluiu que os valores da VUE não eram determinados antes de se compararem os valores VA das análises efetuadas 6, 4 e 2 anos atrás. Ela reconstruiu, da melhor maneira possível, a análise da vida útil estimada, a VUE e os valores VA associados, de acordo com a tabulação a seguir. Todos os valores de custo foram arredondados e estão expressos em unidades de $ 1.000 por ano. Determine dois conjuntos de conclusões para o estudo de substituição (ou seja, baseado no ciclo de vida e na VUE) e decida se Annabelle está correta em sua conclusão inicial, segundo a qual, se a VUE e os valores VA fossem calculados, o padrão de decisões relativas à substituição poderia ter sido significativamente diferente.

Estudo Realizado Há X Anos	Defensora				Desafiante			
	Vida Útil, em Anos	VA, $/Ano	VUE, em Anos	VA, $/Ano	Vida Útil, em Anos	VA, $/Ano	VUE, em Anos	VA, $/Ano
6	5	−140	2	−100	8	−130	7	−80
4	6	−130	5	−80	5	−120	3	−90
2	3	−140	3	−80	8	−130	8	−120
Agora	6	−130	1	−100	4	−80	3 ou 4	−80

11.24 A Herald Richter and Associates comprou, há 5 anos, uma plotadora *(plotter)* gráfica de sinais de microondas por $ 45.000, para detecção de corrosão em estruturas de concreto. Espera-se que ela tenha os valores de mercado e os custos operacionais anuais apresentados a seguir, durante o resto de sua vida útil de até 3 anos. Ela poderia ser negociada, agora, a um valor de mercado avaliado em $ 8.000.

Ano	Valor de Mercado no Fim do Ano, em $	COA, em $
1	6.000	−50.000
2	4.000	−53.000
3	1.000	−60.000

A plotadora que a substituiria tem uma nova tecnologia digital baseada na Internet e custa $ 125.000, com valor residual estimado em $ 10.000, ao final de sua vida útil de 5 anos, e um COA de $ 31.000 ao ano. A uma taxa de juros de 15% ao ano, determine quantos anos a mais a Richter deve manter a plotadora atual. Encontre a solução (*a*) manualmente e (*b*) utilizando uma planilha.

11.25 O que se quer dizer por *critério do custo de oportunidade* em um estudo de substituição?

11.26 Por que se sugere que o critério de fluxos de caixa não seja utilizado quando se realiza um estudo de substituição?

11.27 Há dois anos a Geo-Sphere Spatial, Inc. (GSSI) comprou um novo sistema de rastreio GPS por $ 1.500.000. O valor recuperado estimado era de $ 50.000, depois de 9 anos. Atualmente, a expectativa de vida útil é de 7 anos, com um COA de $ 75.000 por ano. Uma corporação francesa, La Aramis, desenvolveu uma alternativa desafiante que custa $ 400.000 e tem uma vida útil estimada de 12 anos, valor recuperado de $ 35.000 e COA de $ 50.000 ao ano. Se a TMA é de 12% ao ano, utilize uma solução de planilha ou uma solução manual (de acordo com a orientação do professor) para: (*a*) encontrar o mínimo valor de *trade-in* necessário, agora, para tornar a desafiante economicamente vantajosa e (*b*) determinar o número de anos que a empresa deve manter a defensora para encontrar o *breakeven*, se a oferta de *trade-in* é de $ 150.000. Suponha que o valor recuperado de $ 50.000 possa ser estendido a todos os períodos de retenção, até 7 anos.

11.28 Há três anos, o Mercy Hospital melhorou, significativamente, o seu equipamento de oxigenoterapia hiperbárica (HBO) para tratamento avançado de lesões problemáticas, infecções ósseas crônicas e ferimentos causados por radiação. O equipamento custou $ 275.000, naquela ocasião, e pode ser utilizado durante mais 3 anos. Se o sistema HBO for substituído agora, o hospital poderá vendê-lo por $ 20.000. Se for mantido, os valores de mercado e os custos operacionais são os estimados e apresentados na tabela a seguir. Um novo sistema, produzido com material composto, tem um preço de compra mais barato inicialmente, ou seja, $ 150.000, e é também mais barato para operar durante os anos iniciais. Ele tem uma vida útil máxima de 6 anos, mas os valores de mercado e o COA se alteram significativamente depois de 3 anos de utilização, devido à deterioração prevista do material composto utilizado na construção. Além disso, antecipa-se um custo recorrente de $ 40.000 por ano, para inspecionar e retrabalhar o material composto, depois de 4 anos de utilização. As estimativas de valores de mercado, de custo operacional e de retrabalho do material estão tabuladas. Com base nessas estimativas, e sendo *i* = 15% ao ano, quais são os valores VUE e VA, para a defensora e a desafiante, e em qual ano o sistema HBO atual deve ser substituído? Trabalhe este problema manualmente. (Veja mais questões que utilizam as mesmas estimativas nos problemas 11.29 e 11.31.)

	Sistema HBO Atual		Sistema HBO Proposto		
Ano	Valor de Mercado, $	COA, $	Valor de Mercado, $	COA, $	Retrabalho de Material, $
1	10.000	−50.000	65.000	−10.000	
2	6.000	−60.000	45.000	−14.000	
3	2.000	−70.000	25.000	−18.000	
4			5.000	−22.000	
5			0	−26.000	−40.000
6			0	−30.000	−40.000

11.29 Com base nas estimativas apresentadas no Problema 11.28:

(a) Resolva-o utilizando uma planilha.

(b) Utilize o SOLVER do Excel para determinar o custo máximo de retrabalho permitido para o material composto da alternativa desafiante nos anos 5 e 6, de tal forma que o valor VA da desafiante, durante 6 anos, seja exatamente igual ao valor VA da defensora à sua VUE. Explique o impacto desse menor custo de retrabalho na conclusão do estudo de substituição.

Estudo da Substituição ao longo de um Horizonte de Planejamento Determinado

11.30 Considere que dois estudos de substituição sejam realizados utilizando as mesmas defensoras, as mesmas desafiantes e os mesmos custos estimados. Em relação ao primeiro estudo, nenhum período de estudo é especificado. Em relação ao segundo, é especificado um horizonte de planejamento de 5 anos.

(a) Declare qual é a diferença entre as hipóteses fundamentais, para os dois estudos de substituição.

(b) Descreva as diferenças entre os procedimentos, depois de realizar os estudos da substituição para as condições apresentadas.

11.31 Releia a situação e as estimativas apresentadas no Problema 11.28. (a) Realize o estudo de substituição para um período fixo de 5 anos. (b) Se, em vez de comprar a desafiante, fosse oferecido um contrato de serviço integral de oxigenoterapia hiperbárica ao Mercy Hospital por um total de $ 85.000 ao ano, com validade para 4 ou 5 anos, ou por $ 100.000, se o contrato tivesse validade de 3 anos ou menos, qual opção, ou combinação de opções, seria a melhor, do ponto de vista econômico, entre a alternativa defensora e o novo contrato?

11.32 Uma máquina instalada tem um valor anual equivalente de $ −200.000 para cada ano de sua vida útil restante, de 2 anos. Foi determinado que uma substituição adequada apresenta valores anuais equivalentes de $ −300.000, $ −225.000 e $ −275.000 ao ano, se for mantida durante 1, 2 ou 3 anos, respectivamente. Quando a empresa deverá substituir a máquina, para um horizonte de planejamento fixo de 3 anos? Utilize uma taxa de juros de 18% ao ano.

11.33 Utilize uma planilha para realizar uma análise de substituição para a situação apresentada a seguir. Um engenheiro estima que o valor anual equivalente de uma máquina, ao longo de sua vida útil restante, de 3 anos, seja de $ −90.000. Ela pode ser substituída agora, ou depois dos

3 anos, por uma máquina que terá um VA de $ –90.000 ao ano, se mantida durante 5 anos ou menos, e $ –110.000 ao ano, se mantida por um período de 6 a 8 anos.

(a) Realize a análise para determinar os valores VA para períodos de estudo com duração de 5 a 8 anos, a uma taxa de juros de 10% ao ano. Selecione o período de estudo com o menor valor VA. Durante quantos anos a defensora e a desafiante são utilizadas?

(b) Os valores VP podem ser utilizados para escolher o período de estudo adequado e para decidir sobre a conveniência de manter ou substituir a defensora? Por quê?

11.34 A Nabisco Bakers emprega, atualmente, uma equipe para operar o equipamento utilizado para esterilizar grande parte das instalações de preparo, assadura e embalagem em uma grande fábrica de biscoitos e bolachas, situada em Iowa. O gerente de fábrica, que está decidido a cortar custos, mas sem comprometer a qualidade e a higiene, tem a projeção dos dados, caso o sistema atual seja mantido durante o seu tempo de vida útil máximo esperado, de 5 anos. Uma empreiteira propôs um sistema de esterilização pronto (*turnkey*) por $ 5 milhões ao ano, se a Nabisco assinar um contrato válido para um período de 4 a 10 anos, e $ 5,5 milhões ao ano, se o contrato tiver validade para um número menor de anos.

(a) A uma TMA de 8% ao ano, realize um estudo de substituição para o gerente da fábrica, considerando um horizonte de planejamento fixo de 5 anos, quando está previsto o fechamento da fábrica, devido à idade das instalações e à obsolescência tecnológica projetada. Ao realizar o estudo, considere o fato de que, independentemente do número de anos que o atual sistema de esterilização seja mantido, haverá um custo imediato de interrupção das atividades com o pessoal e os equipamentos, durante o último ano de operação.

(b) Qual é a mudança percentual do valor VA, em cada ano do período de estudo de 5 anos? Se a decisão de manutenção do atual sistema de esterilização for tomada, qual é a desvantagem econômica em termos do valor VA, em comparação com o VA correspondente ao melhor período econômico de retenção?

	Estimativas para o Atual Sistema de Esterilização	
Anos em que o Sistema é Mantido	VA, $/Ano	Despesa de Encerramento das Atividades no Último Ano de Retenção, $
0		–3.000.000
1	–2.300.000	–2.500.000
2	–2.300.000	–2.000.000
3	–3.000.000	–1.000.000
4	–3.000.000	–1.000.000
5	–3.500.000	–500.000

11.35 Uma máquina que foi comprada há 3 anos por $ 140.000, agora, é demasiadamente lenta para atender à crescente demanda. A máquina pode ser atualizada, agora, por $ 70.000, ou vendida a uma empresa de menor porte por $ 40.000. A máquina atual tem um custo operacional anual de $ 85.000 ao ano. Se for atualizada, a máquina que a empresa possui será mantida em serviço somente durante mais 3 anos e, depois, substituída por outra, a ser utilizada na manufatura de diversas linhas de produto. Essa máquina substituta, que deverá servir a empresa durante, no mínimo, 8 anos, custará $ 220.000. Seu valor recuperado será de $ 50.000 durante os anos 1 a 5; $ 20.000 no ano 6; e $ 10.000, a partir de então. Ela terá um custo operacional estimado de $ 65.000 ao ano. A empresa lhe pede para realizar uma análise econômica a 20% ao ano, utilizando um horizonte de planejamento de 5 anos. A empresa deve substituir, agora, a máquina que possui ou deverá fazê-lo daqui a 3 anos? Quais são os valores VA?

PROBLEMAS DE REVISÃO DE FUNDAMENTOS DE ENGENHARIA (FE)

11.36 Espera-se que um equipamento comprado há 2 anos, por $ 70.000, tenha uma vida útil de 5 anos, com um valor recuperado de $ 5.000. Seu desempenho foi inferior ao esperado, e ele foi atualizado por $ 30.000, há 1 ano. A demanda exige, agora, que o equipamento seja atualizado, novamente, a um custo adicional de $ 25.000, ou substituído por um equipamento novo que custará $ 85.000. Se for substituído, o equipa-

mento existente será vendido por $ 6.000. Ao realizar um estudo de substituição, o custo de aquisição que deve ser utilizado para a máquina que a empresa possui atualmente é:
(a) $ 31.000
(b) $ 25.000
(c) $ 6.000
(d) $ 22.000

11.37 Em um estudo de substituição *make or buy* (produzir ou comprar), realizado ao longo de um período de estudo de 4 anos, um subcomponente é adquirido, atualmente, sob contrato. O sistema desafiante necessário para produzir o componente na própria empresa (*inhouse*) tem uma vida útil esperada de até 6 anos e uma vida útil econômica de 4 anos. O contrato atual pode se estender por até mais 2 anos. O número de opções disponíveis para a opção *make or buy* é:
(a) Nenhuma
(b) Uma
(c) Duas
(d) Três

11.38 A vida útil econômica de um ativo é:
(a) O tempo mais longo em que o ativo executará a função para a qual foi originalmente comprado.
(b) A extensão de tempo que produzirá o menor valor presente de custos.
(c) A extensão de tempo que produzirá o menor valor anual de custos.
(d) O tempo necessário para que o seu valor de mercado atinja o valor recuperado originalmente estimado.

11.39 Em um estudo de substituição, realizado no ano passado, foi determinado que a defensora deve ser mantida durante mais 3 anos. Agora, entretanto, está claro que algumas das estimativas realizadas no ano passado, para este ano e o próximo, se alteraram substancialmente. O curso de ação apropriado é:
(a) Substituir agora o ativo existente.
(b) Substituir o ativo existente daqui a 3 anos, conforme foi determinado no ano passado.
(c) Realizar um novo estudo de substituição utilizando as novas estimativas.
(d) Realizar um novo estudo de substituição utilizando as estimativas do ano passado.

11.40 Os valores VA calculados para uma decisão de manter ou substituir, sem nenhum período de estudo estabelecido, são os seguintes:

Ano	VA para Substituir, $/Ano	VA para Manter, $/Ano
1	−25.500	−27.000
2	−25.500	−26.500
3	−26.900	−25.000
4	−27.000	−25.900

A defensora deve ser substituída:
(a) Depois de 4 anos.
(b) Depois de 3 anos.
(c) Depois de 1 ano.
(d) Agora.

EXERCÍCIO AMPLIADO
VIDA ÚTIL ECONÔMICA SOB CONDIÇÕES VARIÁVEIS

Um novo equipamento para o sistema de bombeamento está sob consideração pela indústria de processamento químico Gulf Coast. Uma bomba de importância crucial bombeia líquidos altamente corrosivos de tanques especialmente revestidos, situados em barcaças de navegação costeira, para instalações portuárias de armazenamento e refino preliminar. Devido à qualidade variável dos produtos químicos brutos e às altas pressões impostas ao chassi e aos propulsores da bomba, a empresa mantém um registro cuidadoso do número de horas, por ano, em que a bomba permanece em operação. Registros de segurança e de deterioração de componentes da bomba são considerados pontos de controle críticos para esse sistema. De acordo com o planejamento atual, as estimativas de custo de reconstrução e de M&O são aumentadas quando o tempo operacional cumulativo atinge a marca de 6.000 horas. As estimativas feitas para essa bomba são as seguintes:

Custo de aquisição	$ –800.000
Custo de reconstrução:	$ –150.000, quando registrado o tempo operacional cumulativo de 6.000 horas. Cada reconstrução custará 20% a mais do que a anterior. No máximo, 3 reconstruções são permitidas.
Custos de M&O	$ 25.000 para cada ano, do 1 ao 4. $ 40.000 por ano, a começar do ano após a primeira reconstrução, mais 15% por ano, a partir de então.
TMA	10% ao ano.

Com base em dados de registros anteriores, as estimativas atuais para o número de horas de operação, por ano, são as seguintes:

Ano	Horas por Ano
1	500
2	1.500
3 on	2.000

Questões

1. Determine a vida útil econômica da bomba.

2. O superintendente de fábrica disse ao novo engenheiro encarregado que somente uma reconstrução deveria ser planejada, porque esse tipo de bomba, habitualmente, tem seu custo de vida útil mínimo antes da segunda reconstrução. Determine um valor de mercado para essa bomba, que force a VUE a ser de 6 anos.

3. O superintendente de fábrica também disse ao engenheiro de segurança que não deveriam planejar uma reconstrução depois de 6.000 horas, porque a bomba será substituída depois de um total de 10.000 horas de operação. O engenheiro de segurança quer saber qual pode ser o COA básico no ano 1, para que a VUE seja de 6 anos. O engenheiro presume, agora, que a taxa de crescimento de 15% se aplica do ano 1 em diante. Como o valor desse COA básico se compara com o custo de reconstrução, depois de 6.000 horas?

ESTUDO DE CASO

ANÁLISE DA SUBSTITUIÇÃO DE UM EQUIPAMENTO PARA PEDREIRA

O equipamento utilizado para deslocar a matéria-prima de uma pedreira até os trituradores foi comprado, há 3 anos, pela Tres Cementos SA. Quando foi comprado, o equipamento tinha $P = \$ 85.000$, $n = 10$ anos, $S = \$ 5.000$, com uma capacidade anual de 180.000 toneladas métricas. Alternativa I (ampliação): Um equipamento adicional, com capacidade para 240.000 toneladas métricas por ano, agora é necessário. Esse equipamento pode ser comprado por $P = \$ 70.000$, $n = 10$ anos, $S = \$ 8.000$.

Alternativa II (esteira): Entretanto, um consultor apontou que a empresa pode construir uma esteira para deslocar a matéria-prima da pedreira. Segundo as estimativas, a esteira custará $ 115.000, com uma vida útil de 15 anos e nenhum valor recuperado significativo. A esteira transportará 400.000 toneladas métricas por ano. Agora, a empresa precisa de alguma solução para o deslocamento da matéria-prima para a esteira. O equipamento que possuem, atualmente, pode ser utilizado, mas ele apresenta capacidade muito maior do que a necessária. Se for comprado um novo equipamento com menor capacidade, o equipamento que a empresa utiliza poderá ser vendido por um valor de $ 15.000. O equipamento, com menor capacidade, exigirá um dispêndio de capital de $ 40.000, com uma estimativa de vida de $n = 12$ anos e $S = \$ 3.500$. A capacidade é de 400.000 toneladas métricas por ano, para essa curta distância. Os custos operacionais, de manutenção e seguro mensais serão, em média, de $ 0,01 por tonelada/quilômetro para os deslocadores. Espera-se que os custos correspondentes para o transportador sejam de $ 0,0075 por tonelada métrica.

A empresa quer obter um retorno de 12% ao ano para a alternativa II. Os registros mostram que o equipamento deve transportar matéria-prima, em média, por 2,4 quilômetros, da pedreira até a plataforma do triturador. A esteira será construída para reduzir essa distância para 0,75 quilômetro.

Exercícios do Estudo de Caso

1. Pede-se para determinar se o equipamento antigo deve ser ampliado com novo equipamento ou se a substituição pela esteira deve ser considerada. Se a substituição for mais econômica, qual método deve ser utilizado para deslocar a matéria-prima na pedreira?

2. Devido às novas regulamentações de segurança, o controle de poeira, no local em que está instalado o triturador, tornou-se um problema real; e implica que um novo capital deva ser investido, para melhorar o ambiente de trabalho para os empregados; caso contrário, multas vultosas podem ser impostas. O presidente da Tres Cementos obteve uma cotação inicial de uma subempreiteira que assumiria, inteiramente, a operação de movimentação da matéria-prima, aqui avaliada, por um valor anual básico de $ 21.000 e um custo variável de 1 centavo de dólar por tonelada métrica movimentada. Os 10 empregados do setor de operação da pedreira seriam transferidos para outros setores da empresa, sem nenhum impacto financeiro sobre as estimativas dessa avaliação. Essa oferta deve ser considerada seriamente, se a melhor estimativa é de que a subempreiteira desloque 380.000 toneladas métricas por ano? Identifique quaisquer hipóteses adicionais necessárias para tratar, adequadamente, essa nova questão apresentada pelo presidente.

CAPÍTULO 12

Escolha de Projetos Independentes sob Limitação Orçamentária

Na maior parte das comparações econômicas anteriores, as alternativas eram mutuamente exclusivas, ou seja, somente uma poderia ser escolhida. Se os projetos não são mutuamente exclusivos, eles são categorizados como independentes, conforme discutimos no início do Capítulo 5. Agora, aprenderemos técnicas para escolher dentre vários projetos independentes. É possível escolher qualquer número de projetos, de nenhum ("não fazer nada" – *do nothing* – DN) a todos os projetos viáveis.

Virtualmente, há sempre um limite máximo de quantidade de capital disponível para investimento em novos projetos. Esse limite é considerado à medida que cada projeto independente é economicamente avaliado. A técnica aplicada denomina-se *método de orçamento de capital*, também chamada de *racionalização do capital*. Ela determina a melhor racionalização, do ponto de vista econômico, do capital de investimento inicial entre projetos independentes. O método de orçamento de capital é uma aplicação do método do valor presente.

O Estudo de Caso examina os dilemas, na escolha de projetos, de uma associação de engenheiros profissionais, que se esforçam para servir seus afiliados com um orçamento limitado em um ambiente tecnologicamente mutável.

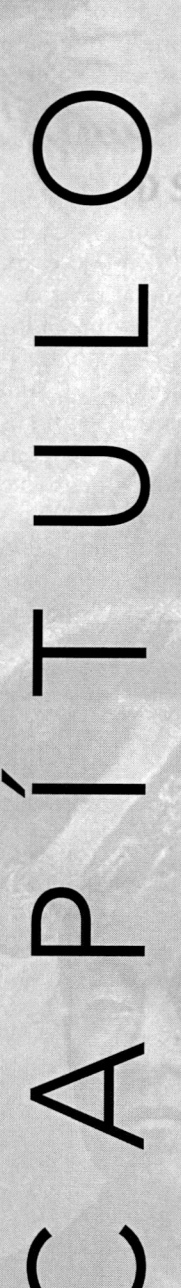

OBJETIVOS DE APRENDIZAGEM

Propósito: Selecionar projeto(s), entre diversos projetos independentes, quando há uma limitação de capital a ser investido.

- Racionalização do capital
- Projetos com ciclos de vida iguais
- Projetos com ciclos de vida desiguais
- Modelo de programação linear

Este capítulo ajudará você a:

1. Explicar a lógica utilizada para racionalizar o capital entre projetos independentes.

2. Utilizar a análise do VP para selecionar projeto(s), entre diversos projetos independentes, com ciclos de vida iguais.

3. Utilizar a análise do VP para selecionar projeto(s), entre diversos projetos independentes, com ciclos de vida desiguais.

4. Resolver o problema de orçamento de capital, utilizando programação linear, manualmente e por computador.

12.1 VISÃO GERAL DA RACIONALIZAÇÃO DO CAPITAL ENTRE PROJETOS

O capital para investimento é um recurso escasso para todas as corporações. Virtualmente, há sempre uma quantidade limitada de capital a ser distribuída entre oportunidades de investimentos concorrentes. Quando uma corporação tem diversas opções, a decisão de "rejeitar ou aceitar" deve ser tomada, em relação a cada projeto. Efetivamente, cada opção pode ser independente de outras opções, de forma que a avaliação é realizada de projeto a projeto. Nesse caso, a escolha de um projeto não tem impacto sobre as decisões de escolha referentes a qualquer outro projeto. Essa é a diferença fundamental entre as alternativas mutuamente exclusivas e projetos independentes.

O termo *projeto* é utilizado para identificar cada opção independente. Utilizamos o termo *pacote* para identificar uma coleção de projetos independentes. O termo *alternativa mutuamente exclusiva* continua a identificar um projeto, em que somente um pode ser selecionado dentre vários.

Há duas exceções para projetos puramente independentes. Um *projeto contingente* é aquele em que uma condição é imposta para sua aceitação ou rejeição. Dois exemplos de projetos contingentes A e B são: A não pode ser aceito, a menos que B seja aceito; e A pode ser aceito em vez de B, mas ambos, concomitantemente, não são necessários, tendo em vista que são projetos substitutos entre si. Um *projeto dependente* é aquele em que um precisa ser aceito ou rejeitado em função da decisão a respeito do(s) outro(s) projeto(s). Por exemplo, B deve ser aceito se tanto A quanto C forem aceitos. Na prática, essas condições complicadoras podem ser contornadas formando-se pacotes de projetos relacionados, que são, eles próprios, avaliados economicamente como projetos independentes, juntamente com os projetos não agrupados restantes.

O problema de *orçamento de capital* tem as seguintes características:

1. Diversos projetos independentes são identificados e estimativas do fluxo de caixa líquido estão disponíveis.
2. Cada projeto ou é inteiramente selecionado ou não é selecionado; ou seja, o investimento parcial em um projeto não é possível.
3. Uma limitação orçamentária estabelecida restringe o montante total disponível para investimento. Limitações orçamentárias podem estar presentes somente para o primeiro ano ou para diversos anos. Esse limite de investimento é identificado pelo símbolo b.
4. O objetivo é maximizar o retorno do investimento utilizando uma medida de valor, em geral, o valor VP.

Por natureza, projetos independentes habitualmente são bem diferentes entre si. Por exemplo, no setor público, um governo municipal pode desenvolver diversos projetos dentre os quais poderá escolher: drenagem, parques municipais, ampliação de ruas e melhoria do sistema de transporte público. No setor privado, alguns exemplos de projetos podem ser: uma nova instalação de armazenamento, ampliação da base de produtos, programa de melhoria da qualidade, atualização do sistema de informática ou aquisição de outra firma. O problema típico de orçamento de capital é ilustrado na Figura 12–1. Para cada projeto independente há um investimento inicial, o ciclo de vida do projeto e fluxos de caixa líquidos estimados, que podem incluir um valor recuperado (ou valor residual).

A análise do valor presente é o método recomendado para escolher projetos. A diretriz de escolha é a seguinte:

Aceitar projetos que tenham os melhores valores VP, determinados à TMA, durante o ciclo de vida do projeto, desde que o limite para o investimento de capital não seja ultrapassado.

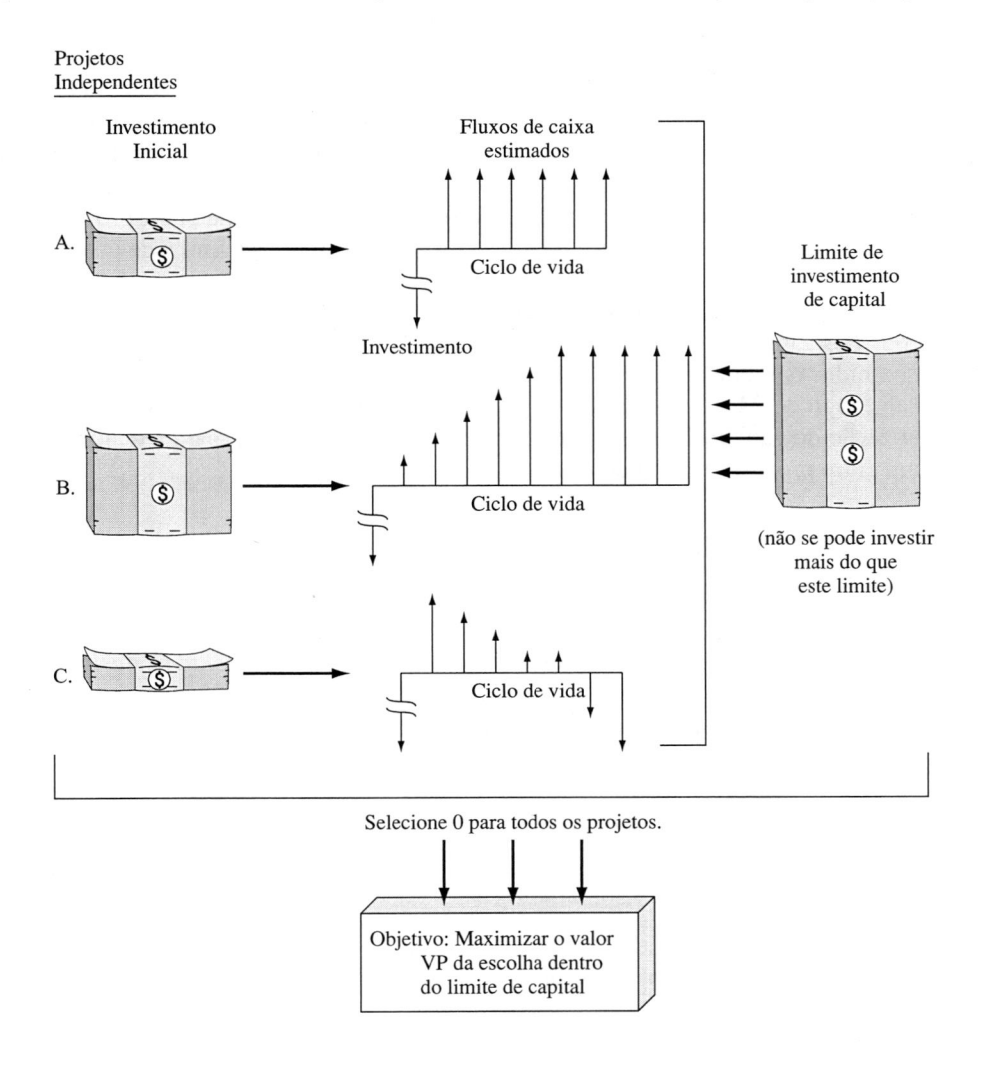

Figura 12–1
Características básicas de um problema de orçamento de capital.

Essa diretriz não é diferente da utilizada nos capítulos anteriores, para projetos independentes. Como anteriormente, cada projeto é comparado com a alternativa "não fazer nada" (*do-nothing – DN*), ou seja, a análise incremental entre os projetos não é necessária. A principal diferença, agora, é que a quantidade de dinheiro disponível para investir é limitada. Portanto, é necessário um procedimento específico de resolução que incorpore essa restrição.

Anteriormente, a análise de VP exigia a hipótese de igual serviço entre as alternativas. Essa hipótese não é válida para a racionalização do capital, porque não há nenhum ciclo de vida do projeto, além de sua vida útil estimada. Contudo, a diretriz de escolha baseia-se no VP *ao longo da respectiva vida útil de cada projeto independente*. Significa que há uma hipótese implícita de reinvestimento, que pode ser escrita da seguinte maneira:

Todos os fluxos de caixa líquidos positivos de um projeto são reinvestidos à TMA, desde o momento em que são realizados até o final do projeto com ciclo de vida mais longo.

É demonstrado que essa hipótese fundamental está correta no fim da Seção 12.3, que trata da racionalização do capital, baseada no valor presente VP, para projetos com ciclos de vida desiguais.

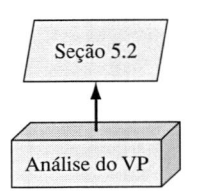

Outro dilema da racionalização do capital entre projetos independentes refere-se à flexibilidade do limite de investimento de capital *b*. O limite pode desaprovar marginalmente um projeto aceitável que vem logo a seguir, na fila de aprovação. Por exemplo, suponha que o projeto A tenha um valor VP positivo à TMA. Se A fizer com que o limite de capital de $ 5.000.000 seja ultrapassado em somente $ 1.000, A deve ser incluído na análise de VP? Comumente, um limite de investimento de capital é bastante flexível, de forma que o projeto A deve ser incluído. Nos exemplos aqui apresentados, não ultrapassaremos o limite de investimento estabelecido.

É possível utilizar a análise da ROR para escolher entre projetos independentes. Conforme aprendemos nos capítulos anteriores, a técnica da ROR pode não selecionar os mesmos projetos escolhidos em uma análise do VP, a menos que a análise da ROR incremental seja executada ao longo do MMC dos ciclos de vida. A mesma afirmação é verdadeira no caso da racionalização do capital. Portanto, recomendamos o método do VP para a racionalização do capital entre projetos independentes.

12.2 RACIONALIZAÇÃO DO CAPITAL UTILIZANDO A ANÁLISE DO VP DE PROJETOS COM CICLOS DE VIDA IGUAIS

Para escolher entre projetos que têm a mesma expectativa de vida e, ao mesmo tempo, não investir mais do que o limite *b*, formule, primeiro, todos os *pacotes mutuamente exclusivos* – um projeto a cada vez, dois a cada vez etc. Cada pacote viável precisa ter um investimento total que não ultrapasse *b*. Um desses pacotes é o projeto "não fazer nada" (*do-nothing* – DN). O número total de pacotes para *m* projetos é calculado utilizando-se a relação 2^m. O número aumenta rapidamente com *m*. Para *m* = 4 há 2^4 = 16 pacotes, e para *m* = 6, 2^6 = 64 pacotes. Então, o VP de cada pacote é determinado, à TMA. O pacote que tem o maior valor VP é selecionado.

Para ilustrar o desenvolvimento de pacotes mutuamente exclusivos, considere estes quatro projetos com ciclos de vida iguais:

Projeto	Investimento Inicial
A	$–10.000
B	–5.000
C	–8.000
D	–15.000

Se o limite de investimento é *b* = $ 25.000, dos 16 pacotes, há 12 que são viáveis para serem avaliados. Os pacotes ABD, ACD, BCD e ABCD têm totais de investimento que ultrapassam o limite de $ 25.000. Os pacotes viáveis são apresentados a seguir:

Projetos	Investimento Inicial Total	Projetos	Investimento Inicial Total
A	$–10.000	AD	$–25.000
B	–5.000	BC	–13.000
C	–8.000	BD	–20.000
D	–15.000	CD	–23.000
AB	–15.000	ABC	–23.000
AC	–18.000	Não fazer nada	0

SEÇÃO 12.2 Racionalização do Capital Utilizando a Análise do VP de Projetos com Ciclos de Vida Iguais

O procedimento para solucionar um problema de orçamento de capital utilizando a análise do VP é o seguinte:

1. Identifique todos os pacotes mutuamente exclusivos, que tenham um investimento inicial total que não ultrapasse o limite de capital b.
2. Some os fluxos de caixa líquidos FCL_{jt} de todos os projetos, de cada pacote j, e de cada ano t, do ano 1 até o ciclo de vida esperado n_j do projeto. Refira-se ao investimento inicial do pacote j, no tempo $t = 0$ como FCL_{j0}.
3. Calcule o valor presente líquido VP_j de cada pacote, à TMA.

   $VP_j = $ VP dos fluxos de caixa líquidos do pacote – investimento inicial

   $$VP_j = \sum_{t=1}^{t=n_j} FCL_{jt}(P/F;i;t) - FCL_{j0} \qquad [12.1]$$

4. Selecione o pacote que tenha o maior valor VP_j (numericamente).

Selecionar o VP_j máximo significa que esse pacote produz um retorno maior do que qualquer outro pacote. Qualquer pacote que tenha $VP_j < 0$ é descartado, porque ele não produz um retorno adequado, à determinada TMA.

EXEMPLO 12.1

A comissão de avaliação de projetos da Microsoft tem $ 20 milhões para serem alocados, no próximo ano, em um desenvolvimento de novo software. Qualquer um ou todos os cinco projetos, apresentados na Tabela 12–1, podem ser aceitos. Todos os valores estão expressos em unidades de $ 1.000. Cada projeto tem uma expectativa de vida de 9 anos. Selecione o projeto, considerando que se espera uma taxa de retorno de 15%.

TABELA 12–1 Cinco Projetos Independentes com Ciclos de Vida Iguais (em unidades de $ 1.000)

Projeto	Investimento Inicial	Fluxo de Caixa Líquido Anual	Ciclo de Vida do Projeto, em Anos
A	$–10.000	$2.870	9
B	–15.000	2.930	9
C	–8.000	2.680	9
D	–6.000	2.540	9
E	–21.000	9.500	9

Solução

Utilize o procedimento, anteriormente mencionado, com $b = $ 20.000$, para selecionar um pacote que maximize o valor presente. Lembre-se de que as unidades estão expressas em $ 1.000.

1. Há $2^5 = 32$ pacotes possíveis. Os oito pacotes que requerem não mais do que $ 20.000 de investimentos iniciais são descritos nas colunas 2 e 3 da Tabela 12–2. O investimento de $ 21.000 para E o elimina de todos os pacotes.

TABELA 12–2 Resumo da Análise do Valor Presente de Projetos Independentes com Ciclos de Vida Iguais (em unidades de $ 1.000)

Pacote j (1)	Projetos Incluídos (2)	Investimento Inicial FCL_{j0} (3)	Fluxo de Caixa Líquido Anual FCL_j (4)	Valor Presente VP_j (5)
1	A	$–10.000	$2.870	$ + 3.694
2	B	–15.000	2.930	–1.019
3	C	–8.000	2.680	+4.788
4	D	–6.000	2.540	+6.120
5	AC	–18.000	5.550	+8.482
6	AD	–16.000	5.410	+9.814
7	CD	–14.000	5.220	+10.908
8	Não fazer nada	0	0	0

2. Os fluxos de caixa líquidos dos pacotes, na coluna 4, são a soma dos fluxos de caixa líquidos dos projetos individuais.
3. Utilize a Equação [12.1] para calcular o valor presente de cada pacote. Uma vez que as estimativas de FCL anuais e dos ciclos de vida são idênticas para determinado pacote, o VP_j se reduz a:

$$VP_j = FCL_j(P/A;15\%;9) - FCL_{j0}$$

4. A coluna 5 da Tabela 12–2 resume os valores VP_j, à taxa $i = 15\%$. O pacote 2 não retorna 15%, uma vez que $VP_2 < 0$. O maior é $VP_7 = \$ 10.908$; portanto, investir $ 14 milhões em C e D. Isso deixa $ 6 milhões não comprometidos.

Comentário
Esta análise supõe que os $ 6 milhões não utilizados no investimento inicial retornarão à TMA, para serem aplicados em alguma outra oportunidade de investimento não especificada. O retorno do pacote 7 ultrapassa os 15% por ano. A taxa real de retorno, utilizando-se a relação $0 = -14.000 + 5.220(P/A;i^*;9)$ é $i^* = 34,8\%$, que ultrapassa, significativamente, a TMA de 15%.

12.3 RACIONALIZAÇÃO DO CAPITAL UTILIZANDO A ANÁLISE DO VP DE PROJETOS COM CICLOS DE VIDA DESIGUAIS

Habitualmente, projetos independentes não têm a mesma expectativa de vida. Conforme afirmamos na Seção 12.1, o método do VP, para resolução do problema de orçamento de capital, presume que cada projeto perdurará o período do projeto que tem o ciclo de vida mais longo n_L. *Além disso, presume-se que o reinvestimento de quaisquer fluxos de caixa líquidos positivos seja feito à TMA, a partir do momento em que são realizados até o fim do projeto que tem o ciclo de vida mais longo, ou seja, a partir do ano n_j até o ano n_L.* Portanto,

SEÇÃO 12.3   Racionalização do Capital Utilizando a Análise do VP de Projetos com Ciclos de Vida Desiguais   427

a utilização do mínimo múltiplo comum (MMC) dos ciclos de vida não é necessária, e é correto utilizar a Equação [12.1] para selecionar pacotes de projetos com ciclos de vida desiguais, pela análise do VP, utilizando o procedimento da seção anterior.

EXEMPLO 12.2

Para uma TMA = 15% ao ano e b = $ 20.000, selecione os seguintes projetos independentes. Encontre a solução manualmente e por computador.

Projeto	Investimento Inicial	Fluxo de Caixa Líquido Anual	Ciclo de Vida do Projeto, em Anos
A	$ –8.000	$3.870	6
B	–15.000	2.930	9
C	–8.000	2.680	5
D	–8.000	2.540	4

Solução Manual

Valores de ciclos de vida desiguais fazem com que os fluxos de caixa líquidos variem ao longo do ciclo de vida de um pacote, mas o procedimento de seleção é idêntico ao apresentado anteriormente. Dos 2^4 = 16 pacotes, 8 são economicamente viáveis. Seus valores VP, por meio da Equação [12.1], estão resumidos na Tabela 12–3. Como ilustração, vejamos o pacote 7:

$$VP_7 = -16.000 + 5.220(P/A;15\%;4) + 2.680(P/F;15\%;5) = \$ 235$$

Selecione o pacote 5 (projetos A e C) para um investimento de $ 16.000.

TABELA 12–3   Análise do Valor Presente de Projetos Independentes com Ciclos de Vida Desiguais, no Exemplo 12.2

Pacote j (1)	Projeto (2)	Investimento Inicial FCL_{j0} (3)	Fluxos de Caixa Líquidos		Valor Presente VP_j (6)
			Ano t (4)	FCL_{jt} (5)	
1	A	$ – 8.000	1–6	$3.870	$+6.646
2	B	–15.000	1–9	2.930	–1.019
3	C	–8.000	1–5	2.680	+984
4	D	–8.000	1–4	2.540	–748
5	AC	–16.000	1–5	6.550	+7.630
			6	3.870	
6	AD	–16.000	1–4	6.410	+5.898
			5–6	3.870	
7	CD	–16.000	1–4	5.220	+235
			5	2.680	
8	Não fazer nada	0		0	0

Solução por Computador

A Figura 12–2 apresenta uma planilha com as mesmas informações da Tabela 12–3. É necessário desenvolver, inicialmente, os pacotes mutuamente exclusivos e os fluxos de caixa líquidos totais, a cada ano. O pacote 5 (projetos A e C) tem o maior valor VP (células da linha 16). A função VPL é utilizada para determinar o VP de cada pacote j, ao longo de seu ciclo de vida respectivo, utilizando o formato: VPL(TMA;FCL_ano_1:FCL_ano_n_j) + investimento.

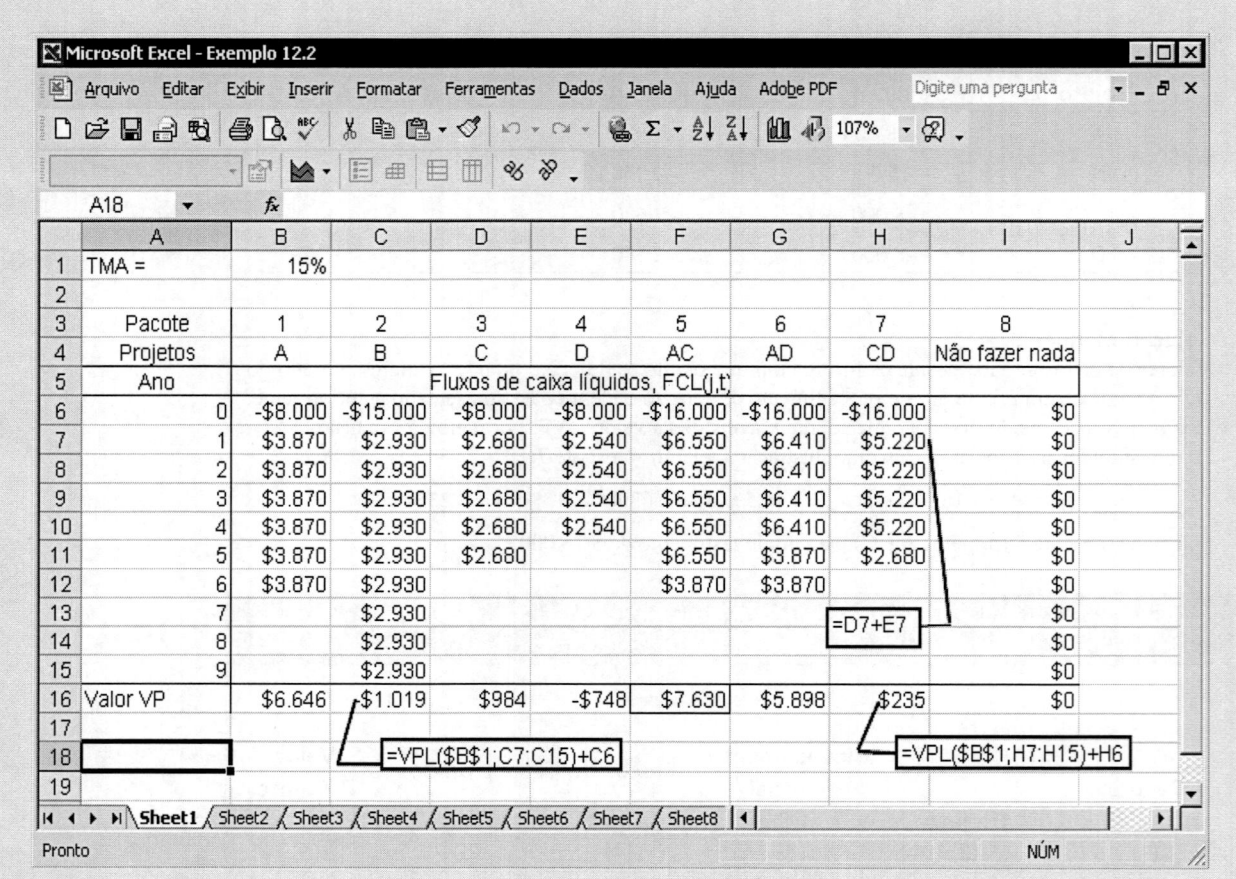

	A	B	C	D	E	F	G	H	I
1	TMA =	15%							
2									
3	Pacote	1	2	3	4	5	6	7	8
4	Projetos	A	B	C	D	AC	AD	CD	Não fazer nada
5	Ano			Fluxos de caixa líquidos, FCL(j,t)					
6	0	-$8.000	-$15.000	-$8.000	-$8.000	-$16.000	-$16.000	-$16.000	$0
7	1	$3.870	$2.930	$2.680	$2.540	$6.550	$6.410	$5.220	$0
8	2	$3.870	$2.930	$2.680	$2.540	$6.550	$6.410	$5.220	$0
9	3	$3.870	$2.930	$2.680	$2.540	$6.550	$6.410	$5.220	$0
10	4	$3.870	$2.930	$2.680	$2.540	$6.550	$6.410	$5.220	$0
11	5	$3.870	$2.930	$2.680		$6.550	$3.870	$2.680	$0
12	6	$3.870	$2.930			$3.870	$3.870		$0
13	7		$2.930						$0
14	8		$2.930						$0
15	9		$2.930						$0
16	Valor VP	$6.646	-$1.019	$984	-$748	$7.630	$5.898	$235	$0
17									
18			=VPL($B$1;C7:C15)+C6					=VPL($B$1;H7:H15)+H6	

(célula E7: =D7+E7)

Figura 12–2
Análise de planilha para escolher entre projetos independentes, com ciclos de vida desiguais, utilizando o método do VP de racionalização do capital, no Exemplo 12.2.

É importante entender por que a solução do problema de orçamento de capital, por meio da avaliação do valor presente (VP), utilizando a Equação [12.1], está correta. A lógica seguinte verifica a hipótese de reinvestimento, à TMA, para todos os fluxos de caixa líquidos, quando os ciclos de vida dos projetos são desiguais. Consulte a Figura 12–3, que utiliza o esquema geral de um pacote de dois projetos. Considere que cada projeto tem o mesmo fluxo de caixa líquido a cada ano.

SEÇÃO 12.3   Racionalização do Capital Utilizando a Análise do VP de Projetos com Ciclos de Vida Desiguais   **429**

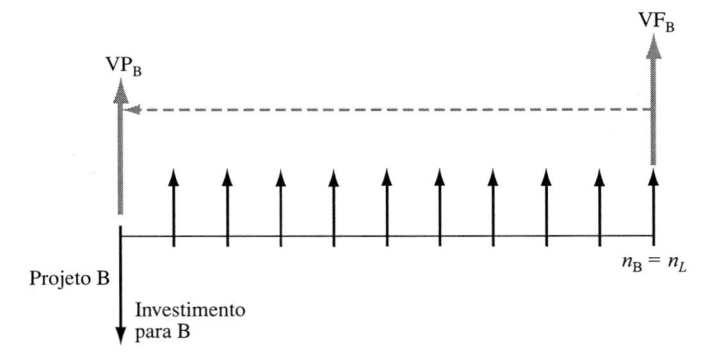

Figura 12–3
Fluxos de caixa representativos, utilizados para calcular o VP de um pacote de dois projetos independentes, com ciclos de vida desiguais, por meio da Equação [12.1].

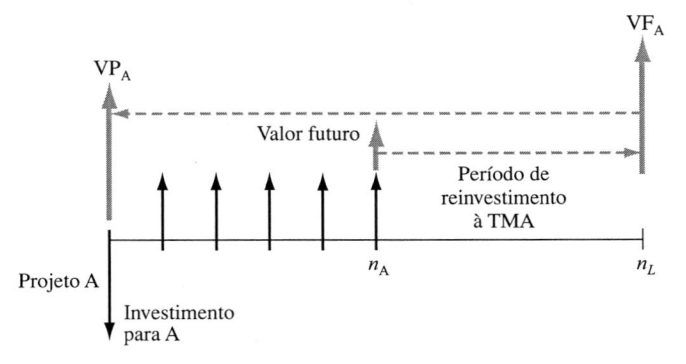

Pacote VP = VP$_A$ + VP$_B$

O fator *P/A* é utilizado para o cálculo do VP. Defina n_L como o ciclo de vida do projeto que tem a maior duração. No fim do projeto que tem o menor ciclo de vida, o pacote tem um valor futuro total igual a FCL$_j$(*F/A*;TMA;n_j), conforme é determinado para cada projeto. Agora, considere um reinvestimento à TMA, do ano n_{j+1} ao ano n_L (um total de $n_L - n_j$ anos). A hipótese do retorno à TMA é importante; esse critério do VP não seleciona necessariamente os projetos corretos, se o retorno não se der à TMA. Os resultados são as duas setas de valor futuro no ano n_L, na Figura 12–3. Finalmente, calcule o valor VP do pacote no ano inicial. Esse é o pacote VP = VP$_A$ + VP$_B$. Na forma geral, o valor presente do pacote *j* é:

$$\text{VP}_j = \text{FCL}_j(F/A;\text{TMA};n_j)(F/P;\text{TMA};n_L - n_j)(P/F;\text{TMA};n_L) \qquad [12.2]$$

Substitua a TMA pelo símbolo *i* e utilize as fórmulas de fator para simplificar.

$$\begin{aligned}
\text{VP}_j &= \text{FCL}_j \frac{(1+i)^{n_j}-1}{i}(1+i)^{n_L-n_j}\frac{1}{(1+i)^{n_L}} \\
&= \text{FCL}_j\left[\frac{(1+i)^{n_j}-1}{i(1+i)^{n_j}}\right] \qquad [12.3]\\
&= \text{FCL}_j(P/A;i;n_j)
\end{aligned}$$

Figura 12–4
Investimento inicial e fluxos de caixa do pacote 7, projetos C e D, no Exemplo 17.2.

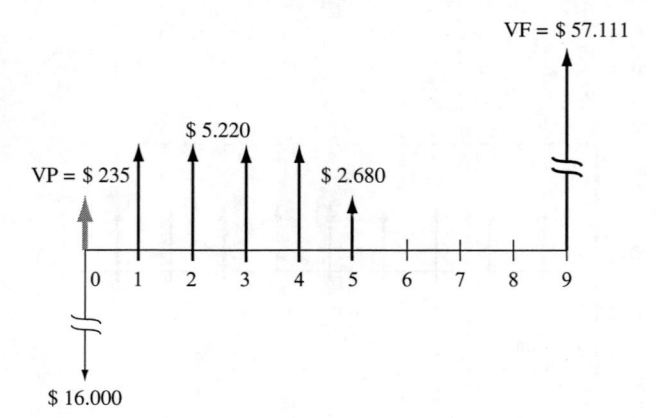

Uma vez que a expressão entre colchetes, na Equação [12.3], é o fator $(P/A;i;n_j)$, o cálculo do VP_j para n_j anos presume o reinvestimento, à TMA, de todos os fluxos de caixa líquidos possíveis, até que o projeto com duração mais longa seja concluído no ano n_L.

Para demonstrarmos numericamente, considere o pacote $j = 7$, no Exemplo 12.2. A avaliação está na Tabela 12–3, e o fluxo de caixa líquido é representado na Figura 12–4. À taxa de 15%, o valor futuro no ano 9, ciclo de vida de B, o projeto com maior duração dos quatro, é:

$$VF = 5.220(F/A;15\%;4)(F/P;15\%;5) + 2.680(F/P;15\%;4) = \$ 57.111$$

O valor presente no momento do investimento inicial é:

$$VP = -16.000 + 57.111(P/F;15\%;9) = \$ 235$$

O valor VP é idêntico ao VP_7 na Tabela 12–3 e na Figura 12–2. Isso demonstra a hipótese de reinvestimento para os fluxos de caixa líquidos positivos. Se essa hipótese não for realista, a análise do VP precisa ser realizada utilizando o *MMC de todos os ciclos de vida dos projetos*.

A escolha do projeto também pode ser considerada utilizando-se o procedimento da *taxa de retorno incremental*. Tão logo todos os pacotes mutuamente exclusivos viáveis são desenvolvidos, são organizados em ordem de investimento inicial crescente. Determine a taxa de retorno incremental do primeiro pacote em relação ao pacote "não fazer nada" (*do-nothing*), assim como o retorno de cada investimento incremental e a seqüência incremental dos fluxos de caixa líquidos de todos os outros pacotes. Se algum pacote tiver um retorno incremental menor do que a TMA, ele será removido. O último incremento justificável indica o melhor pacote. Essa abordagem acarreta o mesmo resultado obtido com o procedimento do valor presente (VP). Há uma série de maneiras incorretas de aplicar o método da taxa de retorno, mas o procedimento de análise incremental aplicado em pacotes mutuamente exclusivos assegura um resultado correto, como nas aplicações anteriores da taxa de retorno incremental.

12.4 FORMULAÇÃO DO PROBLEMA DE ORÇAMENTO DE CAPITAL UTILIZANDO PROGRAMAÇÃO LINEAR

O problema de orçamento de capital pode ser exposto na forma do modelo de programação linear. O problema é formulado utilizando-se o modelo de programação linear inteira (integer linear programing–ILP), que significa, simplesmente, que todas as relações são lineares e que a variável x pode assumir somente valores inteiros. Nesse caso, as variáveis podem assumir somente os valores 0 e 1, o que o torna um caso especial, chamado de modelo ILP 0 ou 1. A formulação, em palavras, é a seguinte:

SEÇÃO 12.4   Formulação do Problema de Orçamento de Capital Utilizando Programação Linear

Maximização: Soma do VP dos fluxos de caixa líquidos de projetos independentes.
Restrições:

- A restrição ao investimento de capital é que a soma dos investimentos iniciais não deve ultrapassar um limite especificado.
- Cada projeto ou é selecionado completamente ou não é selecionado.

Em relação à formulação matemática, defina b como o limite de investimento de capital e considere x_k ($k = 1$ para m projetos) como as variáveis a serem determinadas. Se $x_k = 1$, o projeto k é selecionado completamente; se $x_k = 0$, o projeto k não é selecionado. Note que o subscrito k representa cada *projeto independente*, não um pacote mutuamente exclusivo.

Se a soma do VP dos fluxos de caixa líquidos é Z, a formulação matemática de programação é:

Maximização:
$$\sum_{k=1}^{k=m} VP_k x_k = Z$$

Restrições:
$$\sum_{k=1}^{k=m} FCL_{k0} x_k \leq b \qquad [12.4]$$

$$x_k = 0 \text{ ou } 1 \qquad \text{para } k = 1, 2, \ldots, m$$

O VP_k de cada projeto é calculado utilizando-se a Equação [12.1] à TMA = i.

VP_k = VP dos fluxos de caixa líquidos do projeto durante n_k anos

$$= \sum_{t=1}^{t=n_k} FCL_{kt}(P/F;i;t) - FCL_{k0} \qquad [12.5]$$

A solução por computador é realizada por meio de um pacote de software de programação linear que trata do modelo ILP. Também, o Excel e sua ferramenta SOLVER de otimização podem ser utilizados para desenvolver a formulação e selecionar os projetos, conforme ilustramos no Exemplo 12.3.

EXEMPLO 12.3

Reveja o Exemplo 12.2. (*a*) Formule o problema de orçamento de capital utilizando o modelo matemático de programação, apresentado na Equação [12.4], e insira a solução no modelo para verificar se ele maximiza, de fato, o valor presente. (*b*) Monte e resolva o problema utilizando o Excel.

Solução
(*a*) Defina o subscrito $k = 1$ a 4 para os quatro projetos, que são, novamente, rotulados como 1, 2, 3 e 4. O limite de investimento de capital é b = $ 20.000 na Equação [12.4].

Maximização: $\sum_{k=1}^{k=4} VP_k x_k = Z$

Restrições: $\sum_{k=1}^{k=4} FCL_{k0} x_k \leq 20.000$

$x_k = 0$ ou 1 para $k = 1$ a 4

Calcule o VP_k para os fluxos de caixa líquidos estimados, utilizando $i = 15\%$ e a Equação [12.5].

Projeto k	Fluxo de Caixa Líquido FCL_{kt}	Ciclo de Vida n_k	Fator (P/A;15%; n_k)	Investimento Inicial FCL_{k0}	VP_k do Projeto
1	$3.870	6	3,7845	$−8.000	$+6.646
2	2.930	9	4,7716	−15.000	−1.019
3	2.680	5	3,3522	−8.000	+984
4	2.540	4	2,8550	−8.000	−748

Agora, substitua os valores VP_k no modelo e coloque os investimentos iniciais na restrição orçamentária. Sinais de mais (+) são utilizados em todos os valores indicados na restrição de investimento de capital. Agora temos a formulação de programação linear inteira ILP 0 ou 1 completa.

Maximização: $6.646x_1 - 1.019x_2 + 984x_3 - 748x_4 = Z$

Restrições: $8.000x_1 + 15.000x_2 + 8.000x_3 + 8.000x_4 < 20.000$

x_1, x_2, x_3 e $x_4 = 0$ ou 1

A solução para selecionar os projetos 1 e 3 é escrita como:

$x_1 = 1$ $x_2 = 0$ $x_3 = 1$ $x_4 = 0$

para um valor VP de $ 7.630.

(b) A Figura 12–5 apresenta um modelo de planilha desenvolvido para se escolher entre seis ou menos projetos independentes, com estimativas de 12 anos, ou menos, de fluxos de caixa líquidos, por projeto. O modelo de planilha pode ser ampliado em qualquer direção, se necessário. A Figura 12–6 apresenta os parâmetros do SOLVER, configurados para resolver este exemplo de quatro projetos e um limite de investimento de $ 20.000. As descrições a seguir e os rótulos de célula identificam o conteúdo das linhas e células da Figura 12–5, assim como a sua ligação com os parâmetros do SOLVER.

Linhas 4 e 5: Os projetos são identificados por números, a fim de distingui-los das letras correspondentes às colunas da planilha. A célula I5 é a expressão para Z, a soma dos valores VP dos projetos. Essa é a célula-alvo do SOLVER a ser maximizada (veja a Figura 12–6).

Linhas 6 a 18: São os investimentos iniciais e as estimativas de fluxos de caixa líquidos para cada projeto. Os valores nulos (zero) que ocorrem depois do ciclo de vida de um projeto não precisam ser inseridos; entretanto, quaisquer estimativas de $ 0 que ocorram durante o ciclo de vida de um projeto devem ser inseridas.

Linha 19: O lançamento em cada célula é 1, para cada projeto selecionado, e 0, se ele não for selecionado. São as células variáveis do SOLVER. Uma vez que cada lançamento deve ser 0 ou

SEÇÃO 12.4   Formulação do Problema de Orçamento de Capital Utilizando Programação Linear   **433**

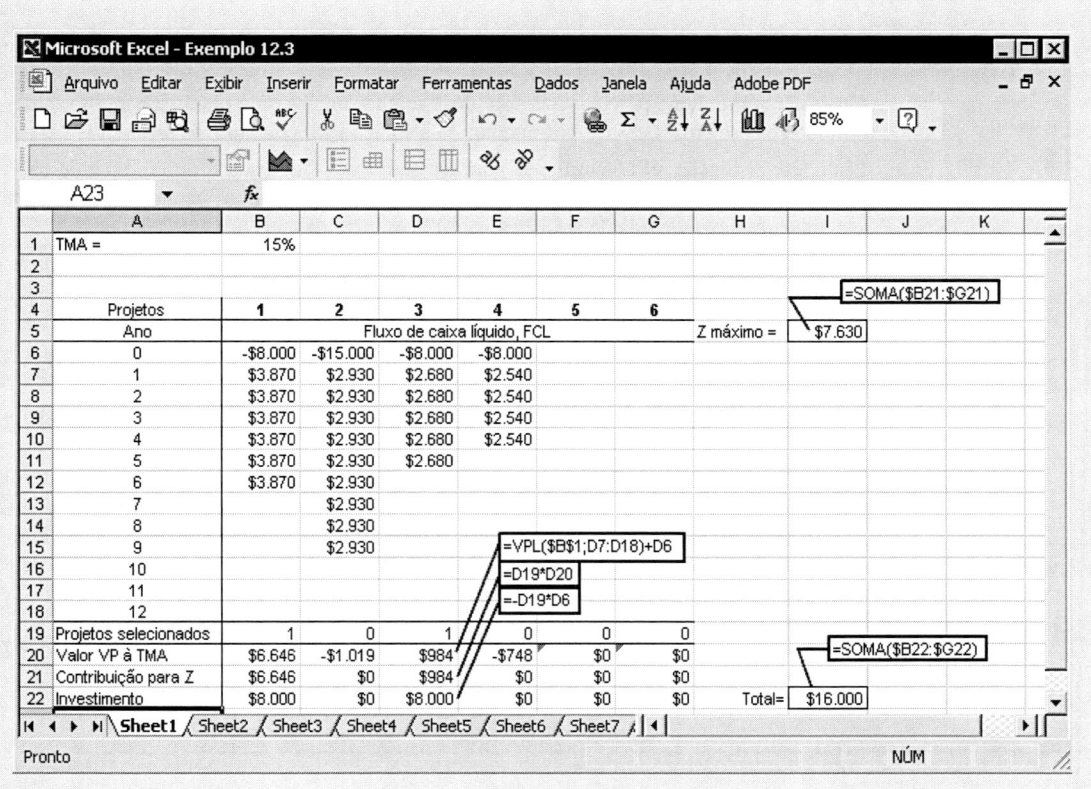

	A	B	C	D	E	F	G	H	I
1	TMA =	15%							
2									
3									=SOMA($B21:$G21)
4	Projetos	1	2	3	4	5	6		
5	Ano			Fluxo de caixa líquido, FCL				Z máximo =	$7.630
6	0	-$8.000	-$15.000	-$8.000	-$8.000				
7	1	$3.870	$2.930	$2.680	$2.540				
8	2	$3.870	$2.930	$2.680	$2.540				
9	3	$3.870	$2.930	$2.680	$2.540				
10	4	$3.870	$2.930	$2.680	$2.540				
11	5	$3.870	$2.930	$2.680					
12	6	$3.870	$2.930						
13	7		$2.930						
14	8		$2.930						
15	9		$2.930		=VPL($B$1;D7:D18)+D6				
16	10				=D19*D20				
17	11				=-D19*D6				
18	12								
19	Projetos selecionados	1	0	1	0	0	0		
20	Valor VP à TMA	$6.646	-$1.019	$984	-$748	$0	$0		=SOMA($B22:$G22)
21	Contribuição para Z	$6.646		$984		$0	$0		
22	Investimento	$8.000	$0	$8.000	$0	$0	$0	Total=	$16.000

Figura 12–5
Planilha do Excel configurada para resolver o problema de orçamento de capital, no Exemplo 12.3.

Parâmetros do Solver

Definir célula de destino: $I$5
Igual a: ● Máx ○ Mín ○ Valor de: 0
Células variáveis:
$B$19:$G$19
Submeter às restrições:
$B$19:$G$19 = 1
$I$22 <= 20000

Botões: Resolver, Fechar, Estimar, Opções, Adicionar, Alterar, Excluir, Redefinir tudo, Ajuda

Figura 12–6
Parâmetros do SOLVER do Excel, definidos para resolver o problema de orçamento de capital, no Exemplo 12.3.

1, uma restrição binária é imposta a todas as células da linha 19 no SOLVER, conforme é indicado na Figura 12–6.

Quando um problema precisa ser resolvido, é melhor inicializar a planilha com 0s (zeros) para todos os projetos. O SOLVER encontrará a solução para maximizar Z.

Linha 20: A função VPL é utilizada para encontrar o VP de cada série de fluxo de caixa. Os rótulos de célula, que detalham as funções VPL, estão definidos para qualquer projeto que tenha um ciclo de vida de até 12 anos, à TMA, inserida na célula B1.

Linha 21: A contribuição para a função Z ocorre quando um projeto é selecionado. Onde contém um lançamento 0 (zero), para um projeto, na linha 19, nenhuma contribuição é feita.

Linha 22: Apresenta o investimento inicial para os projetos selecionados. A célula I22 é o investimento total. Essa célula contém a limitação orçamentária que lhe é imposta pela restrição do SOLVER. Neste exemplo, a restrição é I22 <= $ 20.000.

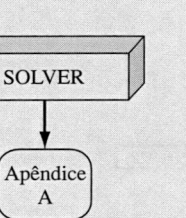

Para utilizar a planilha e resolver o exemplo, fixe todos os valores da linha 19 em 0 (zero), defina os parâmetros do SOLVER, de acordo com o que descrevemos anteriormente, e dê um clique em Solucionar (Solve). (Uma vez que este é um modelo linear, a opção "Assumir modelo linear" do SOLVER pode ser escolhida, se você quiser.) Se for necessário, orientações adicionais a respeito de como salvar a solução, fazer alterações etc. estão disponíveis no Apêndice A, Seção A4, e na função Ajuda do Excel.

Em relação a este problema, a escolha são os projetos 1 e 3 (células B19 e D19), com Z = $ 7.630, idêntica ao que foi determinado anteriormente. Agora, é possível realizar a análise de sensibilidade para quaisquer estimativas feitas para os projetos.

RESUMO DO CAPÍTULO

Capital de investimento é sempre um recurso escasso, de forma que precisa ser racionalizado entre projetos concorrentes, por meio da utilização de critérios econômicos e não econômicos específicos. O orçamento de capital envolve projetos propostos, cada um com um investimento inicial e fluxos de caixa líquidos, estimados ao longo do ciclo de vida do projeto. Os ciclos de vida podem ser idênticos ou diferentes. O problema fundamental do orçamento de capital tem algumas características específicas (Figura 12–1).

- A escolha é realizada entre projetos independentes.
- Cada projeto deve ser aceito ou rejeitado como um todo.
- O objetivo é a maximização do valor presente dos fluxos de caixa líquidos.
- O investimento inicial total limita-se a um máximo especificado.

O método do valor presente é utilizado para avaliação. Para iniciar o procedimento, formule todos os pacotes mutuamente exclusivos, que não ultrapassem o limite de investimento, incluindo o pacote "não fazer nada" (*do-nothing* – DN). Há um máximo de 2^m pacotes para m projetos. Calcule o VP à TMA, para cada pacote, e selecione o pacote que possui o valor VP mais elevado. Considere o reinvestimento dos fluxos de caixa líquidos positivos, à TMA, para todos os pacotes que tenham ciclos de vida mais breves do que o projeto com o ciclo de vida mais longo.

O problema de orçamento de capital pode ser formulado como um problema de programação linear, para selecionar projetos diretamente, a fim de maximizar o VP total. Pacotes mutuamente exclusivos não são desenvolvidos por meio deste critério de resolução. O Excel e o SOLVER podem ser utilizados para resolver este problema por computador.

PROBLEMAS

Entendendo o Problema de Racionalização do Capital

12.1 Escreva um breve parágrafo que explique o problema de racionalização do capital de investimento, entre diversos projetos independentes entre si.

12.2 Declare o pressuposto de reinvestimento dos fluxos de caixa do projeto, quando se está resolvendo o problema de orçamento de capital.

12.3 Quatro projetos independentes (1, 2, 3 e 4) precisam ser avaliados, quanto ao investimento, pela Perfect Manufacturing. Desenvolva todos os pacotes mutuamente exclusivos, aceitáveis, baseando-se nas seguintes restrições de escolha, desenvolvidas pelo departamento de engenharia de produção:

O projeto 2 pode ser selecionado somente se o projeto 3 for selecionado.

Ambos os projetos 1 e 4 não devem ser selecionados; eles são essencialmente uma duplicação mútua.

12.4 Desenvolva todos os pacotes mutuamente exclusivos, aceitáveis, para os quatro projetos independentes, descritos a seguir; considerando que o limite de investimento é de $ 400 e que se aplica a seguinte restrição à escolha de projetos: o projeto 1 pode ser selecionado somente se ambos os projetos 3 e 4 forem selecionados.

Projeto	Investimento Inicial, $
1	−250
2	−150
3	−75
4	−235

Seleção de Projetos Independentes

12.5 (a) Determine quais dos seguintes projetos independentes devem ser selecionados para investimento, considerando que $ 325.000 estão disponíveis e que a TMA é de 10% ao ano. Utilize o método do valor presente (VP) para avaliar pacotes mutuamente exclusivos, para fazer a seleção.

Projeto	Investimento Inicial, $	Fluxo de Caixa Líquido, $/Ano	Ciclo de Vida, em Anos
A	−100.000	50.000	8
B	−125.000	24.000	8
C	−120.000	75.000	8
D	−220.000	39.000	8
E	−200.000	82.000	8

(b) Se os cinco projetos forem alternativas mutuamente exclusivas, realize a análise do VP e selecione a melhor alternativa.

12.6 Resolva o Problema 12.5 (a), utilizando uma planilha.

12.7 O departamento de engenharia da General Tire tem um total de $ 900.000 para não mais do que dois projetos de melhoria para o ano. Utilize uma análise do VP, baseada em planilha, e um retorno mínimo de 12% ao ano, para responder o seguinte:

(a) Dos três projetos descritos a seguir, quais são aceitáveis?

(b) Qual é o mínimo fluxo de caixa líquido anual necessário para se escolher o pacote que gasta o máximo possível, sem violar o limite orçamentário nem a restrição de haver no máximo dois projetos?

Projeto	Investimento Inicial, $	FCL Estimado, $/Ano	Ciclo de Vida, em Anos	Valor Recuperado, $
A	−400.000	120.000	4	40.000
B	−200.000	90.000	4	30.000
C	−700.000	200.000	4	20.000

12.8 Jesse quer selecionar, dentre quatro oportunidades, exatamente dois projetos independentes. Cada projeto tem um investimento inicial de $ 300.000 e um ciclo de vida de 5 anos. As estimativas de FCL anuais para os três primeiros projetos estão disponíveis, mas uma estimativa detalhada para o quarto projeto ainda não foi preparada e o tempo para a escolha já se esgotou. Utilizando uma TMA de 9% ao ano, determine o FCL mínimo para o quarto projeto (Z), garantindo que ele fará parte dos dois selecionados.

Projeto	FCL anual, $/ano
W	90.000
X	50.000
Y	130.000
Z	pelo menos 50.000

12.9 O engenheiro da Clean Water Engineering estabeleceu o limite de $ 800.000 para investimentos de capital, no próximo ano, em projetos que visem a recuperação das águas, altamente salobras, do lençol freático. Selecione qualquer um, ou todos os seguintes projetos, utilizando uma TMA de 10% ao ano. Apresente sua solução por meio de cálculos manuais, não com o Excel.

Projeto	Investimento Inicial, $	FCL Anual, $/Ano	Ciclo de Vida, em Anos	Valor Recuperado, $
A	–250.000	50.000	4	45.000
B	–300.000	90.000	4	–10.000
C	–550.000	150.000	4	100.000

12.10 Desenvolva uma planilha do Excel para os três projetos do Problema 12.9. Suponha que o engenheiro queira que somente o projeto C seja selecionado. Considerando as opções de projetos viáveis e b = $ 800.000, determine (a) o maior investimento inicial para C e (b) a maior TMA permitida para garantir que C seja selecionado.

12.11 Oito projetos estão disponíveis para seleção na HumVee Motors. Os valores VP, listados a seguir, foram determinados à TMA corporativa de 10% ao ano, e arredondados para os $ 1.000 mais próximos. Os ciclos de vida dos projetos variam de 5 a 15 anos.

Projeto	Investimento Inicial, $	Valor VP a 10%, $
1	–1.500.000	–50.000
2	–300.000	+35.000
3	–95.000	–9.000
4	–400.000	+75.000
5	–195.000	+125.000
6	–175.000	–27.000
7	–100.000	+62.000
8	–400.000	+110.000

Diretrizes para seleção do projeto:
1. Estão disponíveis não mais de $ 400.000 de capital para investimento.
2. Nenhum projeto com VP negativo pode ser selecionado.
3. Pelo menos um projeto, e não mais de três, deve ser selecionado.
4. As seguintes restrições de escolha aplicam-se a projetos específicos:

   - O projeto 4 pode ser selecionado somente se o projeto 1 for selecionado.
   - Os projetos 1 e 2 são uma duplicação; não selecione ambos.
   - Os projetos 8 e 4 também são uma duplicação.
   - O projeto 7 exige que o projeto 2 também seja selecionado.

(a) Identifique os pacotes de projeto viáveis e selecione os projetos que melhor se justificam economicamente. Qual é a hipótese de investimento para quaisquer fundos de capital restantes?

(b) Se o máximo possível dos $ 400.000 *precisa* ser investido, utilize as mesmas restrições e determine o(s) projeto(s) a ser(em) selecionado(s). Esta é uma segunda opção viável para investir os $ 400.000? Por quê?

12.12 Utilize a análise dos cinco projetos independentes, apresentada a seguir, para selecionar o melhor, considerando que a limitação de capital é de (a) $ 30.000, (b) $ 60.000 e (c) ilimitado.

Projeto	Investimento Inicial, $	Ciclo de Vida, em Anos	VP a 12% ao ano, $
S	−15.000	6	8.540
A	−25.000	8	12.325
M	−10.000	6	3.000
E	−25.000	4	10
H	−40.000	12	15.350

12.13 As estimativas de projetos independentes, apresentadas a seguir, foram desenvolvidas pelos gerentes de engenharia e de finanças. A TMA corporativa é de 15% ao ano, e o limite para investimentos de capital é de $ 4 milhões.

(a) Utilize o método do VP e uma solução manual para selecionar os melhores projetos, do ponto de vista econômico.

(b) Utilize o método do VP e uma solução por computador para selecionar os melhores projetos, do ponto de vista econômico.

Projeto	Custo do Projeto, em Milhões de $	Ciclo de Vida, em Anos	FCL, $/Ano
1	−1,5	8	360.000
2	−3,0	10	600.000
3	−1,8	5	520.000
4	−2,0	4	820.000

12.14 O seguinte problema de racionalização do capital foi definido. Três projetos devem ser avaliados à TMA de 12,5% ao ano. Não mais que $ 3 milhões podem ser investidos.

(a) Utilize uma planilha para selecionar entre os projetos independentes.

(b) Utilize o SOLVER para determinar o mínimo FCL no ano 1, para que somente o projeto 3 tenha um VP idêntico ao do melhor pacote, identificado na questão (a), se o ciclo de vida do pacote 3 puder ser aumentado para 10 anos, com o mesmo investimento de $ 1 milhão. Todas as outras estimativas permanecem iguais. Com esse FCL e ciclo de vida aumentado, quais são os melhores projetos para investimento?

Projeto	Investimento, Milhões de $	Ciclo de Vida, em Anos	FCL estimado, $/Ano Ano 1	Gradiente após o Ano 1
1	−0,9	6	250.000	−5.000
2	−2,1	10	485.000	+5.000
3	−1,0	5	200.000	+10%

12.15 Utilize o método do VP para avaliar quatro projetos independentes. Selecione, no máximo três, dos quatro projetos. A TMA é de 12% ao ano e o limite para investimentos do capital disponível é de $ 16.000.

	Projeto			
	1	2	3	4
Investimento, em $	−5.000	−8.000	−9.000	−10.000
Ciclo de Vida, em Anos	5	5	3	4
Ano	Estimativas de FCL, em $			
1	1.000	500	5.000	0
2	1.700	500	5.000	0
3	2.400	500	2.000	0
4	3.000	500		17.000
5	3.800	10.500		

12.16 Resolva o Problema 12.15 utilizando uma planilha.

12.17 Utilizando as estimativas de FCL do Problema 12.15, referentes aos projetos 3 e 4, demonstre a hipótese de reinvestimento realizada quando o problema de orçamento de capital é resolvido para os quatro projetos usando o método do VP. (*Dica*: Consulte a Equação [12.2].)

Programação Linear e Orçamento de Capital

12.18 Formule o modelo de programação linear, desenvolva uma planilha e resolva o problema de racionalização do capital no Exemplo 12.1 (a) conforme é apresentado e (b) utilizando um limite de investimento de $ 13 milhões.

12.19 Em relação ao Problema 12.5, utilize o Excel e o SOLVER para (a) responder à pergunta apresentada na questão a e (b) selecione os projetos, considerando que a TMA é de 12% ao ano e que o limite de investimento foi aumentado para $ 500.000.

12.20 Utilize o SOLVER para resolver o Problema 12.10.

12.21 Utilize o SOLVER para encontrar o mínimo FCL necessário para o projeto Z, conforme foi detalhado por Jesse, no Problema 12.8.

12.22 Utilize uma programação linear e uma técnica de resolução, baseada em planilha, para selecionar dentre os projetos independentes com ciclos de vida desiguais, apresentados no Problema 12.13.

12.23 Resolva o problema de orçamento de capital do Problema 12.14(a), utilizando o modelo de programação linear e o Excel.

12.24 Resolva o problema de orçamento de capital do Problema 12.15, utilizando o modelo de programação linear e o Excel.

12.25 Utilizando os dados do Problema 12.15 e as soluções do Excel para o problema de racionalização do capital, considerando limites de orçamento de capital que variam de $b = \$ 5.000$ a $b = \$ 25.000$, desenvolva um gráfico do Excel que esboce b em relação ao valor de Z.

ESTUDO DE CASO

EDUCAÇÃO PERMANENTE DE ENGENHARIA EM UM AMBIENTE DA WEB

O Relatório

A IME é uma associação de engenheiros profissionais, sem fins lucrativos, com sede na cidade de Nova York e escritórios em várias localizações internacionais. No ano passado, foi estabelecida uma força-tarefa com a incumbência de recomendar maneiras de melhorar os serviços prestados aos seus membros, na área de educação permanente. As vendas globais de periódicos técnicos, revistas, livros, monografias, CDs e vídeos para usuários, bibliotecas e empresas decresceram 35%, durante os últimos 3 anos. A IME, como a maioria das corporações comerciais, está sofrendo, negativamente, o impacto do comércio eletrônico (*e-commerce*). O relatório que a força-tarefa publicou, recentemente, contém as seguintes conclusões e recomendações:

É fundamental que a IME dê passos rápidos e proativos para iniciar, ela própria ou em conjunto com outras organizações, a publicação de materiais didáticos na Web. Topicamente, esses materiais devem concentrar-se em áreas como:

Certificação e licenciamento de engenheiros profissionais.
Tópicos técnicos de última geração.
Tópicos de reequipamento para engenheiros experientes.
Ferramentas básicas para indivíduos que fazem análise de engenharia com treinamento ou educação inadequados.

Os projetos devem ser iniciados imediatamente e avaliados durante os próximos 3 anos, para determinar a orientação futura dos materiais didáticos em mídia eletrônica da IME.

As Propostas dos Projetos

Na seção "Itens de Ação" do relatório, quatro projetos são identificados, juntamente com as estimativas de custo e receita líquida semestrais. Os resumos dos projetos, apresentados a seguir, exigem o desenvolvimento e a comercialização de materiais didáticos *online*.

Projeto A: nichos de mercado. A IME identifica diversas áreas técnicas novas e oferece materiais didáticos aos seus membros e não membros. Um investimento inicial de $ 500.000 e um investimento subseqüente (*follow-up*) de outros $ 500.000, depois de 18 meses, são necessários.

Projeto B: parceria. A IME reúne-se com diversas outras associações profissionais para oferecer materiais em um espectro relativamente amplo. Essa estratégia de negócios poderia trazer um investimento maior, para sustentar os materiais de aprendizagem permanente. É necessário que a IME realize um investimento inicial de $ 2 milhões. Este projeto exigirá que um projeto de menor porte, voltado à melhoria de acesso à Web, seja considerado: o projeto C, apresentado a seguir.

Projeto C: mecanismo de busca na Web. Com um investimento de apenas $ 200.000, daqui a 6 meses, a IME poderá oferecer aos seus membros um mecanismo de busca na Web, para que acessem publicações atuais da IME. Uma empreiteira externa pode instalar rapidamente essa capacidade no equipamento atual. Esse recurso de acesso à aprendizagem pela Web é uma medida temporária que pode melhorar os serviços e aumentar a receita, somente a curto prazo. Este projeto é necessário se o projeto B for realizado, mas o projeto C pode ser realizado separadamente de qualquer outro projeto.

Projeto D: melhoria dos serviços. Este projeto é um substituto completo para o projeto B. Ele é um esforço de prazo mais longo para melhorar as ofertas de publicações eletrônicas e de educação contínua da IME. Investimentos de $ 300.000 agora, com comprometimento de $ 400.000, em 6 meses, e outros $ 300.000, depois de 6 meses, serão necessários. O projeto D se movimenta mais lentamente, mas desenvolverá uma base sólida para a maior parte dos serviços de aprendizagem, baseada na Web, oferecidos pela IME.

Os fluxos de caixa estimados (em $ 1.000) da IME, para períodos semestrais, são resumidos da seguinte maneira:

Período	Projeto A	Projeto B	Projeto C	Projeto D
1	$ 0	$ 500	$ 0	$100
2	100	500	50	200
3	200	600	100	300
4	400	700	150	300
5	400	800	0	300
6	0	1.000	0	300

A Comissão de Finanças respondeu que não mais de $ 3,5 milhões podem ser comprometidos nesses projetos. Declarou, também, que a quantia total, por projeto, deve ser comprometida de forma direta, independentemente de quando ocorrerão de fato os fluxos de caixa iniciais e subseqüentes (*follow-on*) do investimento. A Comissão de Finanças e a Diretoria revisarão o progresso a cada 3 meses, para determinar se os projetos selecionados devem ser continuados, expandidos ou descontinuados. O capital da IME, que é composto principalmente de investimentos de fundos próprios, retornou uma média de 10%, a cada 6 meses, durante os últimos 5 anos. A IME não tem nenhuma dívida mobiliária no momento.

Exercícios do Estudo de Caso

1. Formule todas as oportunidades de investimento para a IME e os perfis de fluxos de caixa, dadas as informações contidas no relatório da força-tarefa.

2. Quais projetos a Comissão de Finanças deve recomendar, em base puramente econômica?

3. O Diretor Executivo da IME tem muito interesse em perseguir o projeto D, devido aos efeitos positivos mais duradouros sobre o número de membros do Instituto e sobre os serviços futuros prestados aos membros novos e atuais. Utilizando uma planilha que detalhe as estimativas de fluxo de caixa líquido do projeto, determine algumas das alterações que o diretor pode fazer para garantir que o projeto D seja aceito. Nenhuma restrição deve ser imposta a essa análise; por exemplo, os investimentos e os fluxos de caixa podem ser modificados, e as restrições entre os projetos descritas no relatório da força-tarefa podem ser eliminadas.

CAPÍTULO 13
Análise do Ponto de Equilíbrio (*Breakeven*)

A análise do ponto de equilíbrio (breakeven) é realizada para determinar o valor de uma variável ou o parâmetro de um projeto ou alternativa que torna dois elementos iguais. Por exemplo, o volume de vendas que igualará receitas e custos. Um estudo do *breakeven* é realizado para duas alternativas com o objetivo de determinar em que situação uma e outra são igualmente aceitáveis; por exemplo, em um estudo da substituição, o valor da substituição da defensora que torna a desafiante uma opção igualmente boa (Seção 11.3). A análise do *breakeven*, comumente, é aplicada a decisões *make-or-buy* (produzir ou comprar), quando corporações e empresas precisam decidir a respeito da fonte de componentes manufaturados, serviços de todos os tipos etc.

O critério do *breakeven* foi utilizado, anteriormente, no estudo do reembolso (Seção 5.6) e na análise de equilíbrio da ROR de duas alternativas (Seção 8.4). A ferramenta de otimização SOLVER do Excel, usada mais recentemente no Capítulo 12, para escolher dentre projetos independentes, é um ótimo recurso para uma análise computadorizada do *breakeven* entre duas alternativas. Este capítulo amplia nosso escopo e entendimento da realização de um estudo do *breakeven*.

Os estudos do *breakeven* utilizam estimativas consideradas corretas, ou seja, se houver a expectativa de que os valores estimados variarão o suficiente para, possivelmente, alterar o resultado, outro estudo será necessário, utilizando estimativas diferentes. Isso nos leva à observação de que a análise do *breakeven* faz parte dos esforços mais amplos da *análise de sensibilidade*. Se for permitido que a variável de interesse varie, em um estudo do *breakeven*, os critérios de análise de sensibilidade (Capítulo 18) devem ser utilizados. Além disso, se a avaliação de probabilidades e risco for considerada, as ferramentas de simulação (Capítulo 19) podem ser empregadas para complementar a natureza estática de um estudo desse tipo.

O Estudo de Caso deste capítulo concentra-se nas medidas de custo e eficiência em um ambiente do setor público.

OBJETIVOS DE APRENDIZAGEM

Propósito: Em relação a uma ou mais alternativas, determinar o nível de atividade necessário ou o valor de um parâmetro determinado para atingir o *breakeven*.

Este capítulo ajudará você a:

- **Ponto de *breakeven***
    1. Determinar o valor de *breakeven* de um único projeto.

- ***Breakeven* de duas alternativas**
    2. Calcular o valor de *breakeven* entre duas alternativas e utilizá-lo para selecionar uma delas.

- **Planilhas eletrônicas**
    3. Desenvolver uma planilha eletrônica que utilize a ferramenta SOLVER do Excel, para executar análise do *breakeven*.

13.1 ANÁLISE DO *BREAKEVEN* DE UM ÚNICO PROJETO

Quando um dos símbolos de engenharia econômica – P, F, A, i ou n – não é conhecido ou não foi estimado, uma quantidade de *breakeven* pode ser determinada, estabelecendo-se uma relação de equivalência para o VP ou o VA igual a zero. Esse modo de análise do *breakeven* foi utilizado muitas vezes, até aqui. Por exemplo, para calcular a taxa de retorno i^*, encontrar o período de reembolso n_p e determinar P, F, A ou o valor recuperado S, para o qual uma série de estimativas de fluxo de caixa retorna uma TMA específica. Os métodos utilizados para determinar o *breakeven* são:

Solução manual direta, se somente um fator estiver presente (digamos, P/A), ou se valores únicos forem estimados (por exemplo, P e F).

Tentativa e erro, realizado manualmente, quando múltiplos fatores estão presentes.

Planilha eletrônica, quando estimativas de fluxo de caixa e outras são inseridas nas células da planilha e utilizadas em funções residentes como, por exemplo, VP, VF, TAXA, TIR, VPL, PGTO e NPER.

Nosso foco, agora, é a determinação da *quantidade de breakeven, para uma variável de decisão*. Por exemplo, a variável pode ser um elemento de projeto para minimizar o custo, ou o nível de produção necessário para realizar receitas que ultrapassem os custos em 10%. Essa quantidade, chamada de *ponto de breakeven* Q_{BE}, é determinada utilizando relações para a receita e para o custo, de acordo com os diferentes valores da variável Q. O tamanho de Q pode ser expresso em unidades por ano, porcentagem de capacidade, horas por mês e muitas outras dimensões.

A Figura 13–1a apresenta diferentes formas para a relação receita/quantidade, identificada como R. Comumente se presume uma linearidade, mas uma relação não-linear é mais realista. Ela pode modelar uma receita crescente por unidade com volumes mais elevados (curva 1, na Figura 13–1a) ou um preço decrescente por unidade, o que geralmente prevalece, em quantidades mais altas (curva 2).

Os custos, que podem ser lineares ou não-lineares, incluem dois componentes – fixos e variáveis – conforme indicado na Figura 13–1b.

Custos fixos (CF). Incluem custos como prédios, seguro, gastos gerais fixos, algum nível mínimo de mão-de-obra, recuperação de capital de equipamentos e sistemas de informação.

Custos variáveis (CV). Incluem custos como mão-de-obra direta, matérias-primas, custos indiretos, empreiteiras, marketing, propaganda e garantia.

O componente custo fixo é essencialmente constante, de forma que ele não se altera para uma ampla faixa de parâmetros operacionais como, por exemplo, o nível de produção ou o tamanho da equipe de trabalho. Mesmo que nenhuma unidade seja produzida, ocorrem custos fixos em algum nível limítrofe. Naturalmente, essa situação não pode perdurar por muito tempo, antes de a fábrica ser forçada a cessar as atividades para reduzir os custos fixos. Esses podem ser reduzidos por meio da melhoria em equipamentos, em sistemas de informação e na utilização da equipe de trabalho, além de pacotes de benefícios adicionais mais baratos, subcontratação de funções específicas e assim por diante.

Os custos variáveis se alteram com o nível de produção, o tamanho da equipe de trabalho e outros parâmetros. Geralmente, é possível reduzir os custos variáveis por meio de melhorias no projeto do produto, eficiência de manufatura, melhor qualidade e segurança, além de aumento no volume de vendas.

Figura 13–1
Relações lineares e não-lineares de receita e de custo.

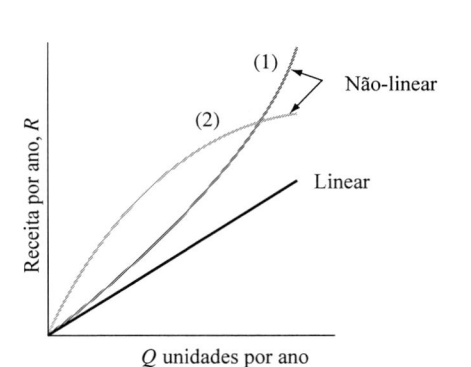

(a) Relações de receita – (1) receita crescente e (2) receita decrescente por unidade

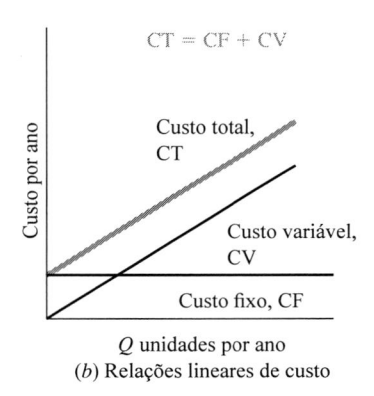

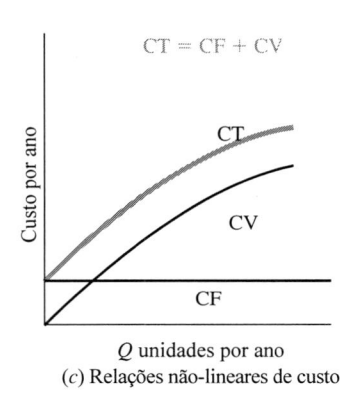

(b) Relações lineares de custo

(c) Relações não-lineares de custo

Quando CF e CV são somados, eles formam a relação CT de custo total. A Figura 13–1b ilustra a relação CT para custos lineares fixos e custos lineares variáveis. A Figura 13–1c apresenta uma curva CT geral, de um CV não-linear, em que os custos variáveis unitários decrescem à medida que a quantidade produzida se eleva.

A um valor Q específico, mas desconhecido, da variável de decisão, as relações de receita e de custo total se interceptarão para identificar o ponto de equilíbrio Q_{BE} (Figura 13–2). Se $Q > Q_{BE}$, há um lucro previsível; mas, se $Q < Q_{BE}$, há um prejuízo. Para modelos lineares de R e CV, quanto maior a quantidade, maior o lucro. O lucro é calculado como:

Lucro = receita − custo total
$$= R - CT \qquad [13.1]$$

Uma relação para o ponto de *breakeven* pode ser deduzida quando a receita e o custo total são funções lineares da quantidade Q, definindo-se as relações para R e CT como iguais entre si, indicando um lucro igual a zero.

$$R = CT$$
$$rQ = CF + CV = CF + vQ$$

Em que: r = receita por unidade
v = custo variável por unidade

Figura 13–2
Efeito sobre o ponto de *breakeven* quando o custo variável por unidade é reduzido.

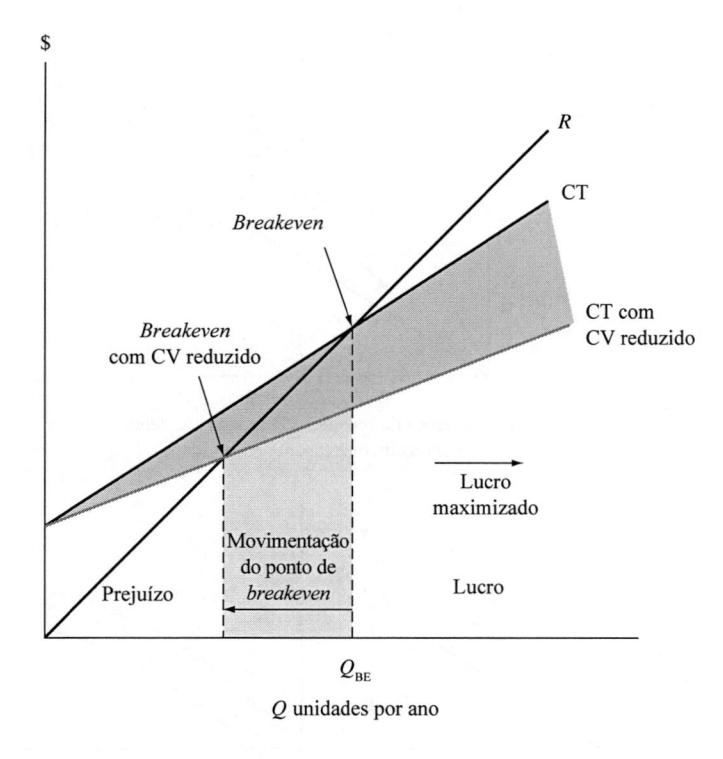

Figura 13–3
Pontos de *breakeven* e ponto de lucro máximo de uma análise não-linear.

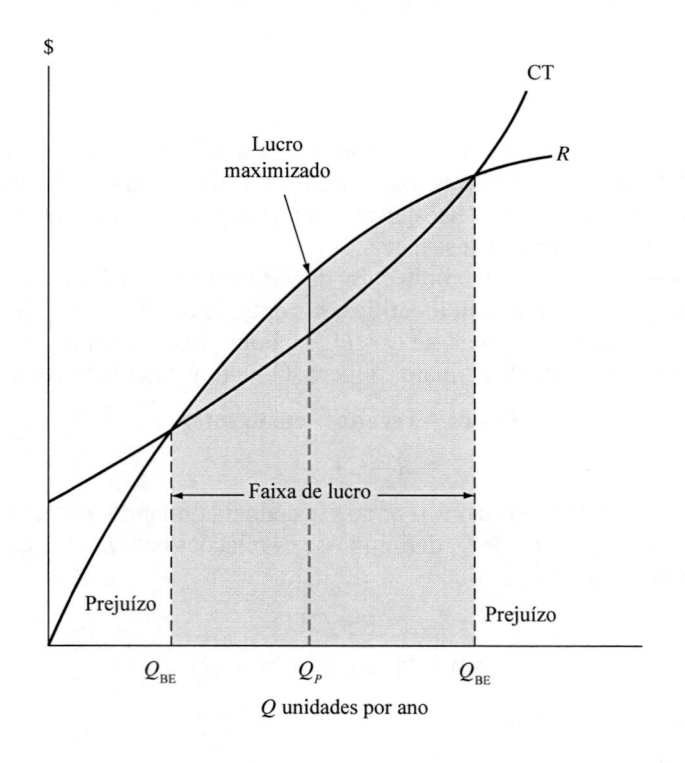

Resolva, para obter a quantidade de *breakeven* Q_{BE}

$$Q_{BE} = \frac{CF}{r - v} \qquad [13.2]$$

O gráfico de *breakeven* é uma ferramenta de gerenciamento importante, porque é fácil de entender e pode ser utilizado de diversas maneiras na tomada de decisões. Por exemplo, se o custo variável por unidade for reduzido, a linha de CT terá uma inclinação menor (Figura 13–2), e o ponto de *breakeven* será antecipado. Isso é uma vantagem, pois quanto menor o valor de Q_{BE}, maior é o lucro, para um dado valor de receita.

Se forem utilizados modelos R ou CT não-lineares, pode haver mais de um ponto de breakeven. A Figura 13–3 apresenta essa situação, na qual aparecem dois pontos de *breakeven*. O lucro máximo ocorre em Q_P, entre os dois pontos, onde a distância entre as relações R e CT é maior.

Evidentemente, nenhuma relação estática R e CT – linear ou não-linear – é capaz de estimar, de forma exata, a receita e os valores de custo ao longo de um intervalo de tempo extenso. Mas o ponto de *breakeven* é uma excelente meta para propósitos de planejamento.

EXEMPLO 13.1

A Lufkin Trailer Corporation monta até 30 reboques por mês, para caminhões de 18 rodas, em sua fábrica na Costa Leste. A produção caiu para 25 unidades por mês, ao longo dos últimos 5 meses, devido a uma desaceleração econômica mundial no setor de serviços de transporte. Estão disponíveis as seguintes informações:

Custos fixos	CF = $ 750.000 por mês
Custo variável por unidade	v = $ 35.000
Receita por unidade	r = $ 75.000

(a) Como o nível de produção reduzido para 25 unidades por mês se compara com o ponto de *breakeven* atual?

(b) Qual é o nível de lucro atual, por mês, obtido pela fábrica?

(c) Qual é a diferença entre a receita e o custo variável, por reboque, necessária para atingir o *breakeven*, a um nível de produção mensal de 15 unidades, se os custos fixos permanecerem constantes?

Solução

(a) Utilize a Equação [13.2] para determinar o número de unidades que representa o *breakeven*. Todos os valores estão expressos em unidades de $ 1.000.

$$Q_{BE} = \frac{CF}{r - v}$$

$$= \frac{750}{75 - 35} = 18,75 \text{ unidades por mês}$$

A Figura 13–4 apresenta as funções R e CT. O valor de *breakeven* é 18,75, ou 19, em unidades de reboque inteiras. O nível de produção reduzido para 25 unidades está acima do valor de *breakeven*.

(b) Para estimar o lucro em $ 1.000 a Q = 25 unidades por mês, utilize a Equação [13.1].

$$\begin{aligned}
\text{Lucro} &= R - CT = rQ - (CF + vQ) \\
&= (r - v)Q - CF \\
&= (75 - 35)25 - 750 \qquad [13.3]\\
&= \$\ 250
\end{aligned}$$

Há um lucro de $ 250.000 por mês, atualmente.

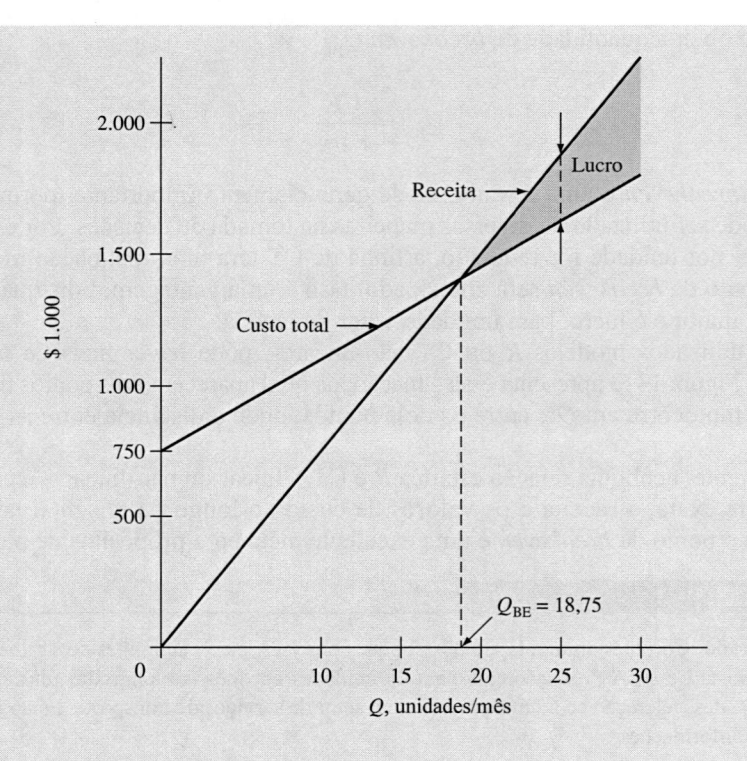

Figura 13–4
Gráfico do *breakeven*, no Exemplo 13.1.

(c) Para determinar a diferença $r - v$ necessária, utilize a Equação [13.3] com o lucro = 0, $Q = 15$ e CF = $ 750.000. Em unidades de $ 1.000.

$$0 = (r - v)(15) - 750$$

$$r - v = \frac{750}{15} = \$ 50 \text{ por unidade}$$

A margem de contribuição (*spread*) entre r e v deve ser de $ 50.000. Se v permanecer em $ 35.000, a receita por reboque precisa aumentar de $ 75.000 para $ 85.000 apenas para atingir o *breakeven*, a um nível de produção $Q = 15$ por mês.

Em algumas circunstâncias, a análise do *breakeven* por unidade é mais significativa. O valor de Q_{BE} continua sendo calculado por meio da Equação [13.2], mas a relação CT é dividida por Q para obter a expressão para o custo por unidade, também chamado de *custo médio por unidade* C_u.

$$C_u = \frac{CT}{Q} = \frac{CF + vQ}{Q} = \frac{CF}{Q} + v \qquad [13.4]$$

À quantidade de *breakeven* $Q = Q_{BE}$, a receita por unidade é exatamente igual ao custo por unidade. Se for traçado graficamente, o termo CF por unidade, da Equação [13.4], assume a forma de uma hipérbole.

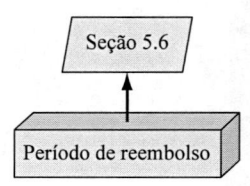

No Capítulo 5, discutimos a análise do período de reembolso, que é o número de anos n_p necessários para recuperar um investimento inicial. A análise de reembolso, a uma taxa de juros nula (zero), é executada somente quando não há nenhuma exigência de se ganhar uma taxa de retorno maior do que zero, além da recuperação do investimento inicial. (Conforme foi discutido anteriormente, a técnica deve ser utilizada como um complemento da análise do valor presente –VP – à TMA.) Se a análise de reembolso for combinada com a análise do *breakeven*, a quantidade da variável de decisão para diferentes períodos de reembolso pode ser determinada, como é ilustrado no exemplo seguinte.

EXEMPLO 13.2

O presidente de uma empresa local, a Online Ontime, Inc., espera que um produto tenha um ciclo de vida lucrativo entre 1 ano e 5 anos. Ele quer saber qual é o número de unidades, em um *breakeven*, que deve ser vendido anualmente, para que o reembolso ocorra dentro de cada um dos intervalos de tempo (1 ano, 2 anos, até 5 anos). Encontre as respostas, utilizando soluções manuais e por computador. As estimativas de custo e de receita são as seguintes:

Custos fixos: investimento inicial de $ 80.000, com custo operacional anual de $ 1.000.
Custo variável: $ 8 por unidade.
Receita: o dobro do custo variável durante os primeiros 5 anos e 50% do custo variável a partir de então.

Solução Manual

Defina X como a quantidade de unidades vendidas por ano no *breakeven* e n_p como o período de reembolso, no qual $n_p = 1, 2, 3, 4$ e 5 anos. Há duas incógnitas e uma relação, de modo que é necessário estabelecer valores para uma variável e encontrar a outra. Utiliza-se o seguinte critério: estabeleça as relações de custo anual e de receita, sem considerar o valor do dinheiro no tempo. Depois, utilize valores n_p para encontrar o valor de *breakeven* de X.

$$\text{Custos fixos} \quad \frac{80.000}{n_p} + 1.000$$

$$\text{Custo variável } 8X$$

$$\text{Receita} \begin{cases} 16X & \text{anos 1 a 5} \\ 4X & \text{a partir do ano 6} \end{cases}$$

Defina a receita como igual ao custo e encontre X.

$$\text{Receita} = \text{custo total}$$

$$16X = \frac{80.000}{n_p} + 1.000 + 8X \qquad [13.5]$$

$$X = \frac{10.000}{n_p} + 125$$

Insira os valores 1 a 5 para n_p e encontre X (Figura 13–5). Por exemplo, o reembolso em 2 anos requer vendas de 5.125 unidades por ano para obter *breakeven*. Não há nenhuma consideração a respeito de juros nesta solução; ou seja, $i = 0\%$.

Solução por Computador

Resolva X na Equação [13.5], mantendo os símbolos r e v para serem utilizados na planilha.

$$X = \frac{80.000/n_p + 1.000}{r - v} \qquad [13.6]$$

A planilha da Figura 13–6 inclui a Equação [13.6] do *breakeven* nas células C9 a C13, conforme é detalhado no rótulo de célula. A coluna C e o gráfico de dispersão xy exibem os resultados. Por exemplo, o reembolso em 1 ano exige vendas iguais a $X = 10.125$ unidades, enquanto um período de reembolso de 5 anos exige somente 2.125 unidades por ano.

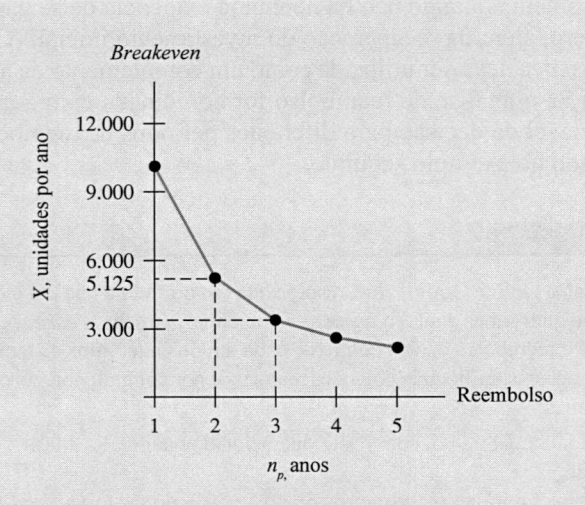

Figura 13–5
Breakeven dos volumes de venda para diferentes períodos de reembolso, no Exemplo 13.2.

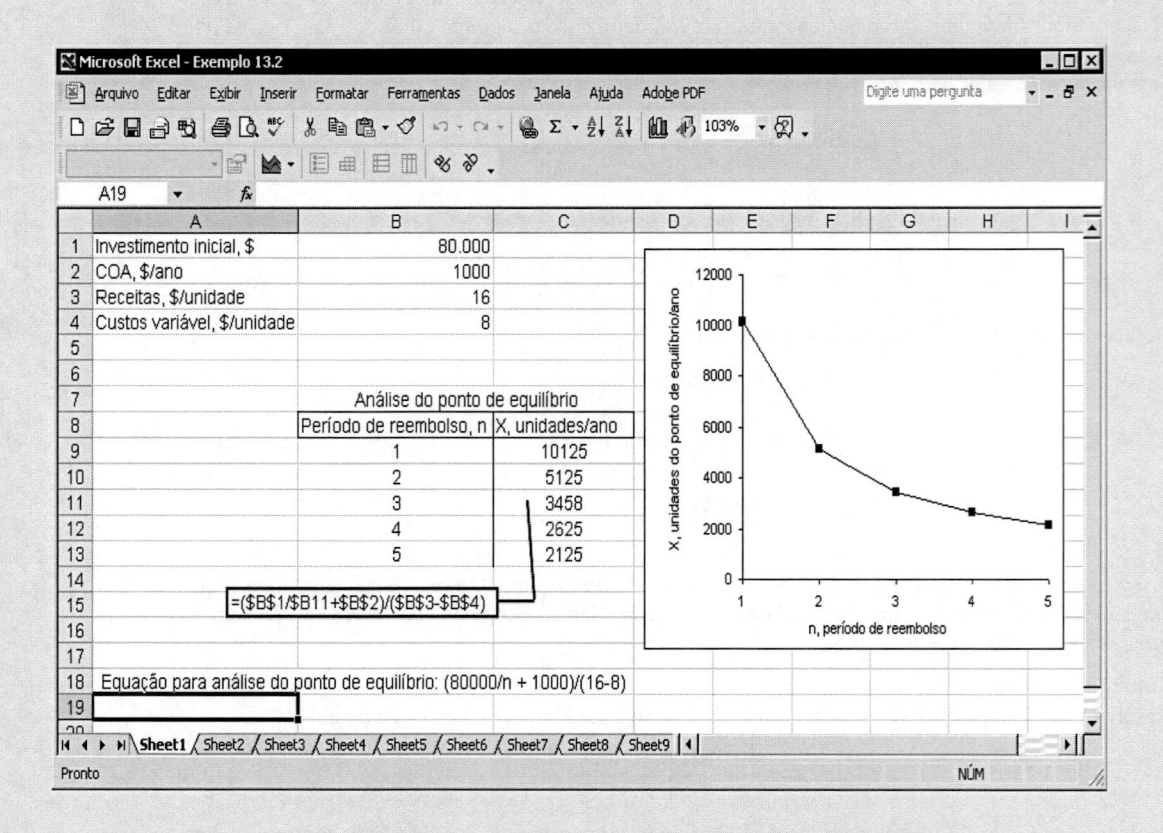

Figura 13–6
Solução de planilha dos *breakevens* para diferentes anos de reembolso, no Exemplo 13.2.

13.2 ANÁLISE DO *BREAKEVEN* ENTRE DUAS ALTERNATIVAS

A análise do *breakeven* envolve a determinação de uma variável ou parâmetro econômico comum entre duas alternativas. O parâmetro pode ser a taxa de juros i, o custo de aquisição P, o custo operacional anual (COA) ou outro parâmetro qualquer. Por exemplo, o valor da ROR incremental (Δi^*) é a taxa de *breakeven* entre as alternativas. Se a TMA é menor do que Δi^*, o investimento extra da alternativa que tem maior investimento se justifica. Na Seção 11.3, foi determinado o valor de substituição (VS) de uma defensora. Se o valor de mercado for maior do que o VS, a decisão deve ser favorável à desafiante.

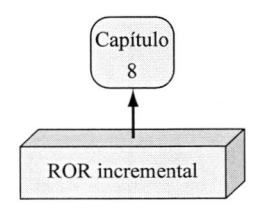

Freqüentemente, a análise do *breakeven* envolve as variáveis de receita ou de custo, comuns a ambas as alternativas como, por exemplo, preço por unidade, custo operacional, custo de matéria-prima e custo de mão-de-obra. A Figura 13-7 ilustra esse conceito para duas alternativas com relações lineares de custo. O custo fixo da alternativa 2 é maior do que o da alternativa 1. Entretanto, a alternativa 2 tem um custo variável menor, conforme indicado por sua menor declividade. A interseção das linhas de custo total indica o *breakeven*. Desse modo, se o número de unidades da variável comum (quantidade produzida, para o caso em questão) for maior do que o valor de *breakeven*, a alternativa 2 será selecionada, uma vez que o custo total será menor. Inversamente, um nível previsto de operação abaixo do ponto de *breakeven* é favorável à alternativa 1.

Em vez de esboçar os custos totais de cada alternativa e estimar o ponto de *breakeven* graficamente, é possível calcular o ponto de *breakeven* numericamente, utilizando expressões de engenharia econômica para o VP ou o VA, à TMA. O valor anual (VA) é preferível, quando as unidades da variável são expressas em base anual, e os cálculos do VA são mais simples para alternativas que têm ciclos de vida desiguais. Os passos seguintes podem ser utilizados para determinar o *breakeven* da variável comum e, posteriormente, selecionar uma das alternativas:

1. Defina a variável comum e suas unidades dimensionais.
2. Utilize a análise do valor anual (VA) e do valor presente (VP) para expressar o custo total de cada alternativa, como uma função da variável comum.
3. Iguale as duas relações e encontre o valor do *breakeven* da variável.

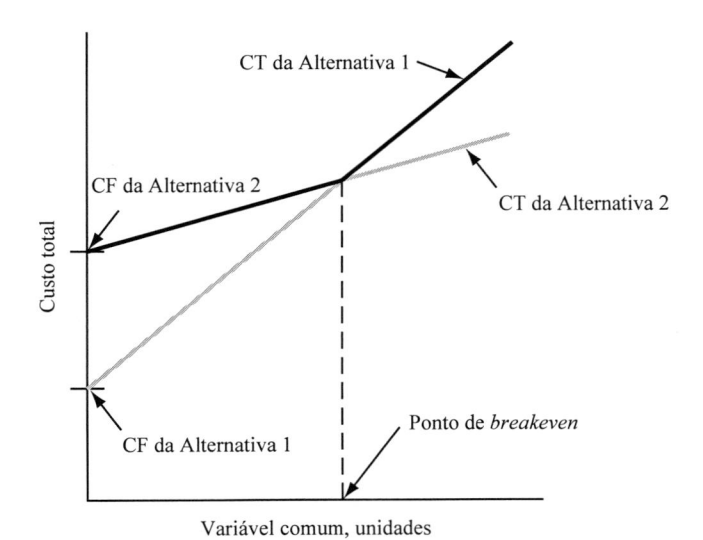

Figura 13-7

Breakeven entre duas alternativas com relações lineares de custo.

4. Se o nível de produção previsto estiver abaixo do valor de equilíbrio, selecione a alternativa que tem o custo variável mais elevado (maior declividade). Se o nível estiver acima do ponto de equilíbrio, selecione a alternativa que tem o menor custo variável. Consulte a Figura 13-7.

EXEMPLO 13.3

Uma pequena empresa aeroespacial está avaliando duas alternativas: a compra de uma máquina de alimentação automática ou a compra de uma máquina de alimentação manual, para um processo de acabamento do produto. A máquina de alimentação automática tem um custo de aquisição de $ 23.000, um valor recuperado estimado de $ 4.000 e uma vida útil prevista de 10 anos. Uma pessoa operará a máquina, a uma taxa de $ 12 por hora. A produção esperada é de 8 toneladas por hora. Espera-se que o custo anual de manutenção e operação seja de $ 3.500.

A alternativa da máquina de alimentação manual tem um custo de aquisição de $ 8.000, nenhuma expectativa de valor recuperado, vida útil de 5 anos e produção de 6 toneladas por hora. Entretanto, três trabalhadores serão necessários, a $ 8 por hora cada um. A máquina terá um custo anual de manutenção e operação de $ 1.500. Espera-se que todos os projetos gerem um retorno de 10% ao ano. Quantas toneladas por ano devem ser produzidas, para justificar a compra da máquina com alimentação automática a qual tem o maior custo?

Solução

Utilize os passos, definidos anteriormente, para calcular o ponto de *breakeven* entre as duas alternativas.

1. Considere que x representa o número de toneladas por ano.
2. Em relação à máquina com alimentação automática, o custo variável anual é:

$$\text{CV Anual} = \frac{\$ 12}{\text{hora}} \frac{1 \text{ hora}}{8 \text{ toneladas}} \frac{x \text{ toneladas}}{\text{ano}}$$

$$= 1,5x$$

O CV é realizado em dólares por ano. A expressão do VA para a máquina com alimentação automática é:

$$\text{VA}_{\text{automática}} = -23.000(A/P;10\%;10) + 4.000(A/F;10\%;10) - 3.500 - 1,5x$$

$$= \$ -6.992 - 1,5x$$

Similarmente, o custo variável anual e o VA da máquina de alimentação automática são:

$$\text{CV anual} = \frac{\$ 8}{\text{hora}} (3 \text{ operadores}) \frac{1 \text{ hora}}{6 \text{ toneladas}} \frac{x \text{ toneladas}}{\text{ano}}$$

$$= 4x$$

$$\text{VA}_{\text{manual}} = -8.000(A/P;10\%;5) - 1.500 - 4x$$

$$= \$ -3.610 - 4x$$

3. Iguale as duas relações de custo e encontre x.

$$VA_{automática} = VA_{manual}$$
$$-6.992 - 1,5x = -3.610 - 4x$$
$$x = 1.353 \text{ toneladas por ano}$$

4. Se a expectativa de produção é a de que ela ultrapasse 1.353 toneladas por ano, compre a máquina de alimentação automática, uma vez que a declividade (1,5) de seu CV é menor do que a declividade (4) do CV da máquina de alimentação manual.

O critério de análise do *breakeven* comumente é utilizado em decisões *make-or-buy* (produzir ou comprar). A alternativa de comprar geralmente não tem custos fixos e seu custo variável é maior do que a opção de produzir. O ponto em que as duas relações de custo se cruzam é a quantidade de decisão *make-or-buy*. Valores acima disso indicam que o item deve ser produzido pela empresa e, portanto, não deve ser adquirido de terceiros.

EXEMPLO 13.4

A Guardian é uma empresa nacional que produz aparelhos para cuidar da saúde em casa e se defrontou com uma decisão de comprar ou produzir (*make-or-buy*). Um elevador, projetado recentemente, pode ser instalado em um carro para erguer ou baixar uma cadeira de rodas. O braço de aço do elevador pode ser comprado a $ 0,60 por unidade ou pode ser produzido internamente na empresa. Se for fabricado internamente, duas máquinas serão necessárias. Estima-se que a máquina A custará $ 18.000, terá uma vida útil de 6 anos e um valor recuperado de $ 2.000; a máquina B terá um custo de $ 12.000, vida útil de 4 anos e um valor recuperado de $ –500 (custo contábil). A máquina A exigirá uma revisão, depois de 3 anos de uso, a um custo de $ 3.000. Espera-se que o custo operacional para a máquina A seja de $ 6.000 por ano e para a máquina B, $ 5.000 por ano. Será necessário um total de quatro operadores para as duas máquinas, a um custo de $ 12,50 por hora por operador. Em um turno normal de 8 horas, os operadores e as duas máquinas podem produzir peças suficientes para manufaturar 1.000 unidades. Utilize uma TMA de 15% ao ano para determinar o seguinte:

(a) O número de unidades a serem fabricadas, a cada ano, para justificar a opção de produzir (*make*) internamente na empresa.

(b) O máximo dispêndio de capital justificável para comprar a máquina A, supondo que todas as estimativas relativas às máquinas A e B estejam de acordo com o que foi declarado. A empresa espera produzir 125.000 unidades por ano.

Solução

(a) Utilize os passos 1 a 3, estabelecidos anteriormente, para determinar o ponto de *breakeven*.

1. Defina x como o número de elevadores produzidos por ano.
2. Há custos variáveis em relação aos operadores e custos fixos em relação às duas máquinas para a opção de produzir (*make*).

$$\text{CV anual} = (\text{custo por unidade})(\text{unidades por ano})$$
$$= \frac{4 \text{ operadores}}{1.000 \text{ unidades}} \frac{\$12,50}{\text{hora}} (8 \text{horas})x$$
$$= 0,4x$$

Os custos fixos anuais das máquinas A e B são os valores VA a seguir.

$$VA_A = -18.000(A/P;15\%;6) + 2.000(A/F;15\%;6)$$
$$- 6.000 - 3.000(P/F;15\%;3)(A/P;15\%;6)$$
$$VA_B = -12.000(A/P;15\%;4) - 500(A/F;15\%;4) - 5.000$$

O custo total é a soma de VA_A, VA_B e CV.

3. Igualar os custos anuais da opção comprar (*buy*) (0,60*x*) e da opção produzir (*make*) resultará:

$$-0,60x = VA_A + VA_B - CV$$
$$= -18.000(A/P;15\%;6) + 2.000(A/F;15\%;6) - 6.000$$
$$-3.000(P/F;15\%;3)(A/P;15\%;6) - 12.000(A/P;15\%;4)$$
$$-500(A/F;15\%;4) - 5.000 - 0,4x \qquad [13.7]$$
$$-0,2x = -20.352,43$$
$$x = 101.762 \text{ unidades por ano}$$

Um mínimo de 101.762 elevadores deve ser produzido, a cada ano, para justificar a opção de produzir, que tem um custo variável menor, de 0,40*x*.

(*b*) Substitua *x* e P_A por 125.000 para determinar o custo de aquisição da máquina A (atualmente, $ 18.000), na Equação [13.7]. A solução produz P_A = $ 35.588. Isso é, aproximadamente, o dobro do custo de aquisição inicialmente estimado, de $ 18.000, porque a produção de 125.000, por ano, é maior do que a quantidade de *breakeven* de 101.762.

Figura 13–8
Pontos de *breakeven* para três alternativas.

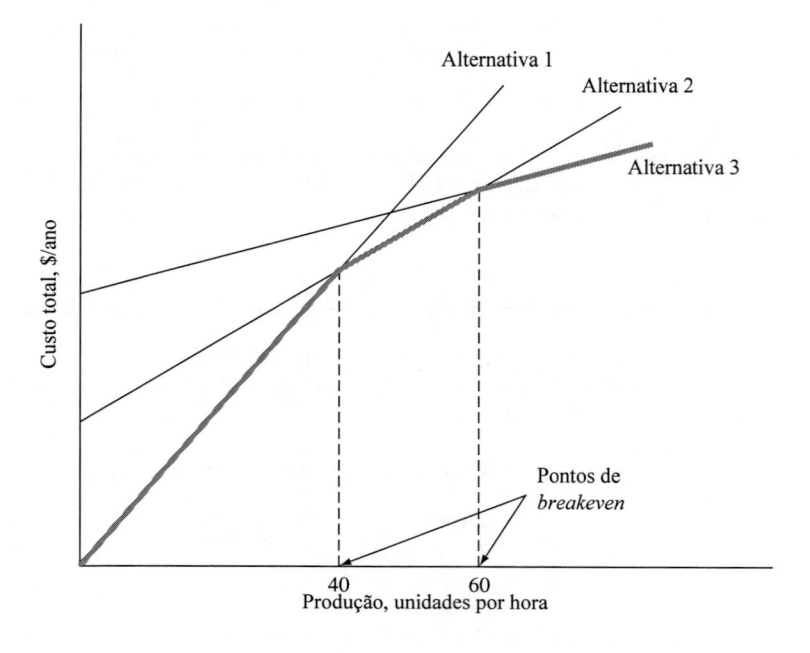

Embora os exemplos anteriores tratem de duas alternativas, o mesmo tipo de análise pode ser executado para três ou mais alternativas. Para fazê-lo, compare as alternativas aos pares para encontrar, primeiramente, seus respectivos pontos de *breakeven*. Os resultados são intervalos nos quais cada alternativa é mais econômica. Por exemplo, na Figura 13–8, se a produção for inferior a 40 unidades por hora, a alternativa 1 deve ser selecionada. Entre 40 e 60, a alternativa 2 é mais econômica; e, acima de 60, a alternativa 3 é preferível.

Se as relações de custo variável forem não-lineares, a análise se tornará mais complicada. Se os custos se elevam ou diminuem uniformemente, expressões matemáticas que permitem a determinação direta do ponto de *breakeven* podem ser desenvolvidas.

13.3 APLICAÇÃO DE PLANILHA – UTILIZANDO O SOLVER DO EXCEL PARA ANÁLISE DO *BREAKEVEN*

Esta seção desenvolve a forma de utilização da ferramenta de otimização SOLVER do Excel, para análise básica do *breakeven*. Utilizamos essa ferramenta anteriormente, com excelentes resultados em termos de agilizar a solução – na Seção 12.4, em uma formulação do modelo de programação linear para selecionar projetos independentes, e, na Seção 11.3, em um estudo da substituição para encontrar o valor de substituição de um ativo defensor. Agora, trata-se de uma aplicação do SOLVER na análise do *breakeven*. Discussões adicionais sobre sua utilização podem ser encontradas no Apêndice A, Seção A.4, e no sistema de ajuda do Excel.

O SOLVER está no menu "Ferramentas" do Excel. (Se o SOLVER não estiver instalado no computador, dê um clique em "add-ins", no menu Ferramentas, para verificar as orientações sobre instalação.) Fundamentalmente, ele foi projetado para realizar análise do *breakeven* e análises do tipo "*what if?*" [1]. É uma ferramenta que demonstra as vantagens reais de utilizar um computador para análise de engenharia econômica. O *template* do SOLVER é apresentado na Figura 13–9. Duas designações de célula fundamentais do SOLVER são: célula-alvo e células variáveis.

Célula-alvo – É a célula que define os objetivos. Por exemplo, para encontrar a taxa de retorno, podemos definir VP = 0. Na planilha, a função VPL é definida como 0. O destino é a célula que contém a função VPL. A célula-alvo deve conter uma fórmula ou função. O lançamento pode ser maximizado, minimizado ou fixado em um valor específico. Se for especificado, o valor deve ser um número, não uma referência de célula. Na análise do *breakeven*, a célula-alvo comumente é definida como igual ao valor de

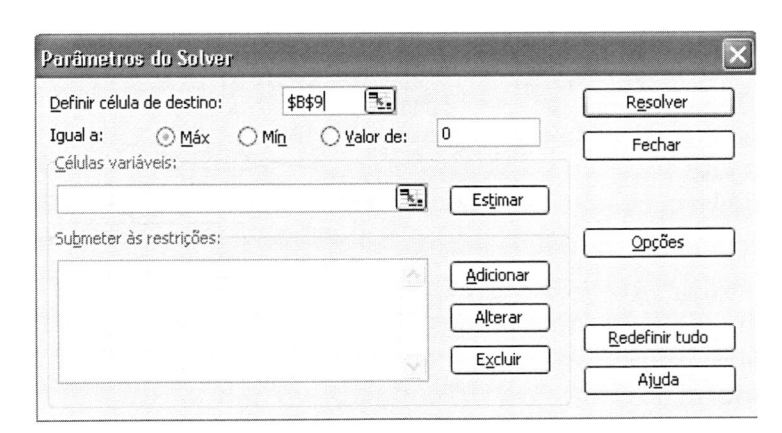

Figura 13–9
Template do SOLVER do Excel, utilizado para realizar análise do *breakeven* e muitas outras análises do tipo "*what if?*".

---
[1] **N.T.:** Análises "e se": O que aconteceria se...; que diferença faria se...

outra célula, por exemplo, igualando os valores VP de duas alternativas. Isso equivale a igualar duas relações para análise do *breakeven* em uma planilha.

Células variáveis – É a célula (ou células) onde o SOLVER fará as alterações. Elas são as variáveis de decisão. Uma ou mais células, direta ou indiretamente afetadas pela célula-alvo, são identificadas. O SOLVER muda o valor dessa célula até que uma solução, que resulte conforme o especificado na célula-alvo, seja encontrada. Dar um clique em "Estimar" exibirá todas as células que podem ser modificadas.

Restrições – São os limites impostos às células-alvo e às células variáveis para definir fronteiras para os valores, enquanto o SOLVER está à procura de uma solução que coincida com a condição imposta pela célula-alvo.

EXEMPLO 13.5

Cheryl é uma engenheira de projetos da ANCO Division da corporação Federal-Mogul e está à procura de um equipamento substituto para uma antiga máquina de testes de limpadores de pára-brisa. Um de seus técnicos em engenharia encontrou duas máquinas equivalentes que têm, fundamentalmente, as mesmas estimativas, exceto pelo tempo de vida útil previsto.

	A	B	C
1	TMA		10%
2			
3	Alternativa	#1	#2
4	Custo de aquisição	-$9.000	-$9.000
5	Fluxo de caixa líquido/ano	$3.000	$3.000
6	Valor residual	$200	$300
7	Vida útil em anos	4	6
8	Ano	CF real	CF real
9	0	-$9.000	-$9.000
10	1	$3.000	$3.000
11	2	$3.000	$3.000
12	3	$3.000	$3.000
13	4	$3.200	$3.000
14	5		$3.000
15	6		$3.300
16			
17	i*		13,24%	24,68%
18	VA à TMA	$204	$972
19	VP à TMA	$1.389	$6.626

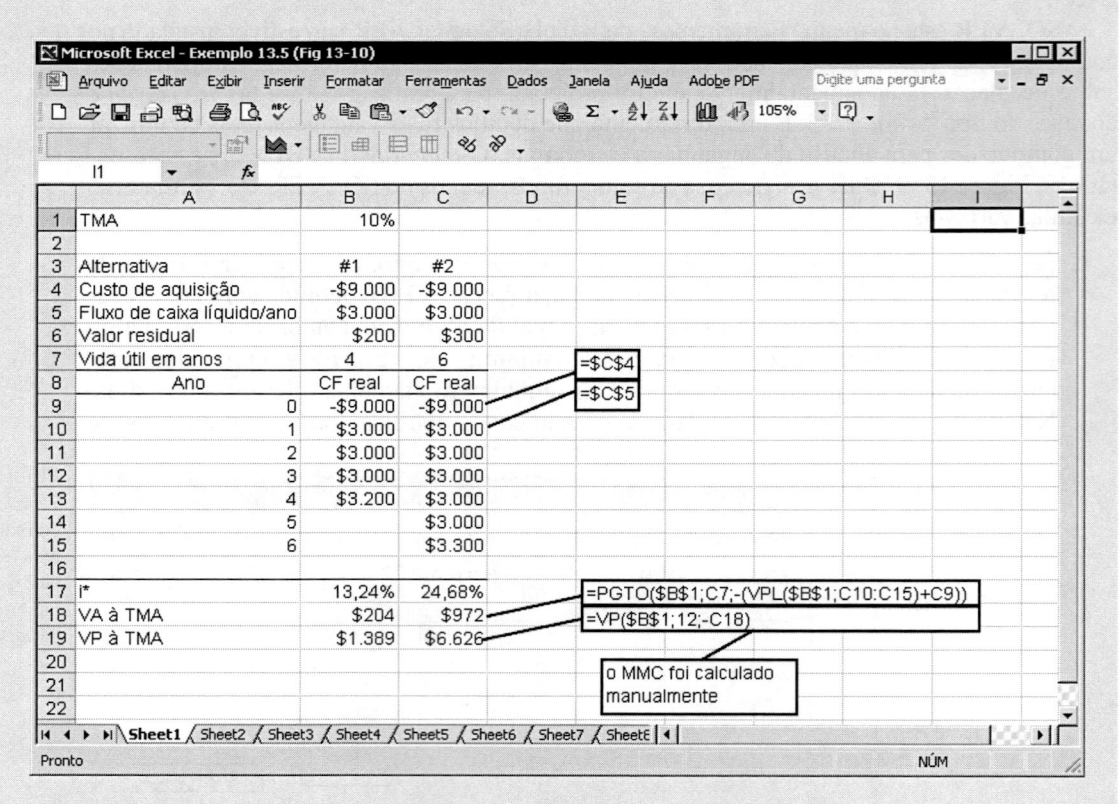

Anotações:
- =$C$4 (apontando para C9)
- =$C$5 (apontando para C10)
- =PGTO($B$1;C7;-(VPL($B$1;C10:C15)+C9))
- =VP($B$1;12;-C18)
- o MMC foi calculado manualmente

Figura 13–10
Planilha de comparação entre duas alternativas, com utilização do SOLVER, para análise do *breakeven*, no Exemplo 13.5.

SEÇÃO 13.3   Aplicação de Planilha – Utilizando o SOLVER do Excel para Análise do *Breakeven*

	Máquina 1	Máquina 2
Custo de aquisição, $	$–9.000	$–9.000
Fluxo de caixa líquido, $/ano	3.000	3.000
Valor residual, $	200	300
Vida útil, em anos	4	6

Cheryl sabe que a máquina 2 é a melhor opção devido ao maior tempo de vida útil. Entretanto, considera os recursos da alternativa 1 melhores. Ela decidiu realizar uma análise do ponto do *breakeven*, para determinar quais alterações, em valores estimados, são necessárias para tornar as duas máquinas economicamente indiferentes. A TMA é de 10% na ANCO Division. Utilize a planilha da Figura 13-10 e a ferramenta SOLVER para explorar valores de *breakeven* relativos (*a*) ao custo de aquisição da máquina 1 e (*b*) ao fluxo de caixa líquido da máquina 1.

Solução por Computador
A planilha (Figura 13-10) foi desenvolvida no formato de referência de célula, para preparar qualquer tipo de análise do *breakeven* ou de sensibilidade. Por exemplo, as funções do VP, na linha 19, utilizam uma função incorporada de mínimo múltiplo comum MMC(B7;C7). Com esse recurso adicional, o SOL-

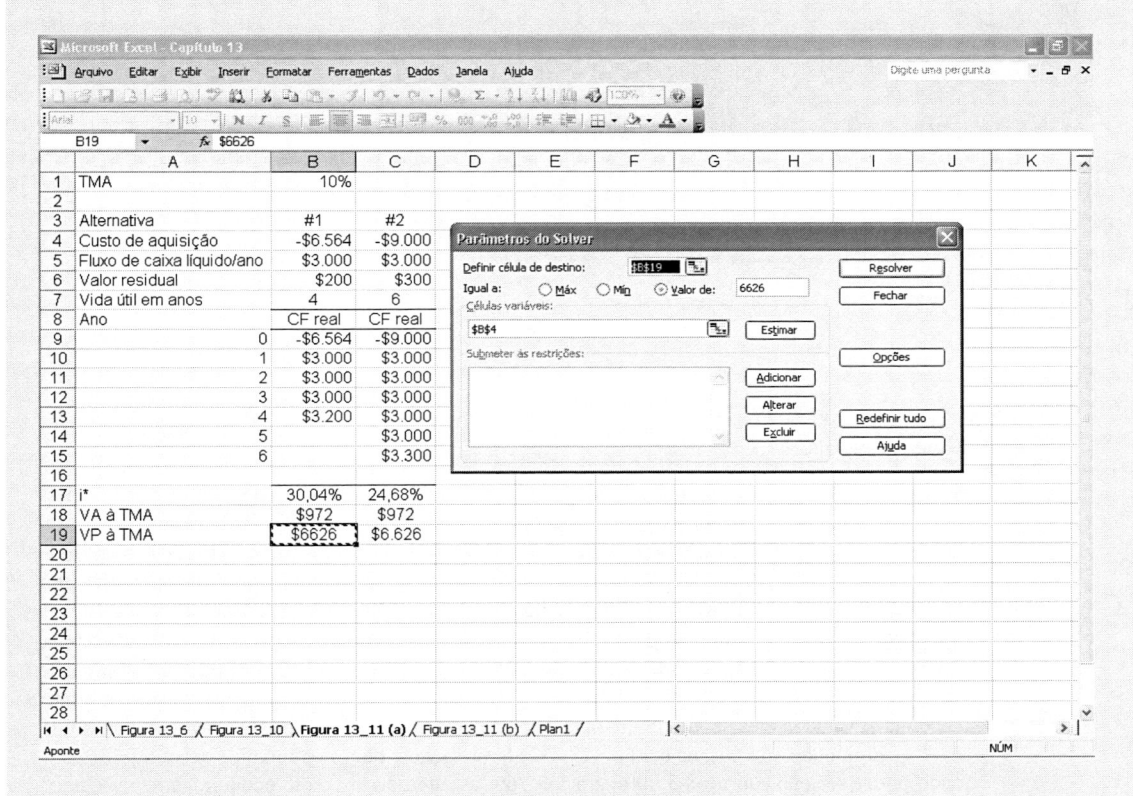

(*a*) Custo de aquisição da alternativa #1

Figura 13-11
A ferramenta SOLVER do Excel utilizada para executar análise do *breakeven* para a alternativa 1: (*a*) custo de aquisição e (*b*) fluxo de caixa líquido, no Exemplo 13.5.

456 CAPÍTULO 13 Análise do Ponto de Equilíbrio (*Breakeven*)

	A	B	C
1	TMA	10%	
2			
3	Alternativa	#1	#2
4	Custo de aquisição	-$9.000	-$9.000
5	Fluxo de caixa líquido/ano	$3.769	$3.000
6	Valor residual	$200	$300
7	Vida útil em anos	4	6
8	Ano	CF real	CF real
9	0	-$9.000	-$9.000
10	1	$3.769	$3.000
11	2	$3.769	$3.000
12	3	$3.769	$3.000
13	4	$3.969	$3.000
14	5		$3.000
15	6		$3.300
16			
17	i*	24,89%	24,68%
18	VA à TMA	$972	$972
19	VP à TMA	$6.626	$6.626

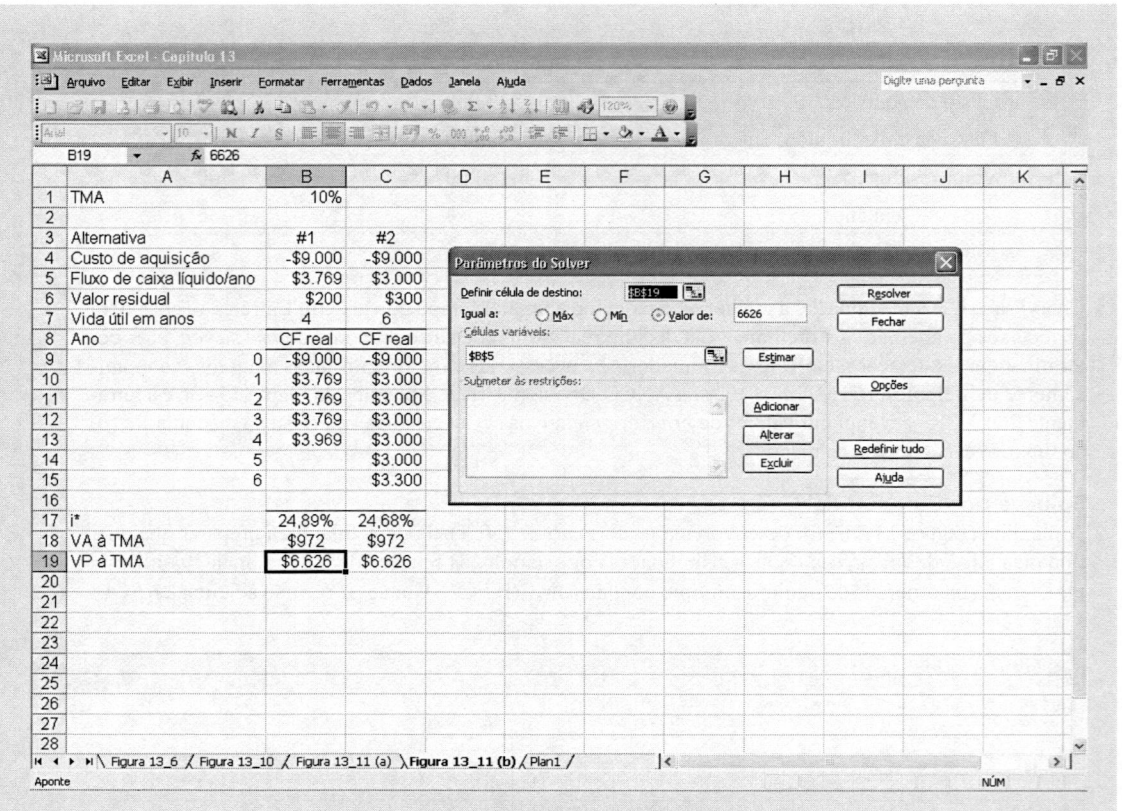

(*b*) Fluxo de caixa líquido da alternativa 1

Figura 13–11
(continuação)

VER pode ser utilizado para examinar os ciclos de vida estimados, e os valores VP estarão corretos para ciclos de vida desiguais.

(*a*) A Figura 13–11*a* apresenta a solução do SOLVER para P_1. A célula-alvo (B19) é o VP da máquina 1 à TMA. Ela é fixada como igual ao valor de $VP_2 = \$ 6.626$. A célula variável (B4) é a variável de decisão P_1. O valor do *breakeven* é $P_1 = \$ 6.564$. A interpretação é que, se a máquina 1 puder ser comprada por $ 6.564, as duas alternativas são economicamente iguais. Isso representa uma redução necessária, no custo de aquisição, de $ 9.000 – $ 6.564 = $ 2.436.

(*b*) A Figura 13–11*b* tem como célula-alvo, novamente, a B19, com o mesmo valor $VP_2 = \$ 6.626$. Mas, agora a célula variável (variável de decisão) é B5, o fluxo de caixa líquido da máquina 1. Uma vez que os valores FCL, nas células B10 a B13, são determinados com base no valor contido na célula B5, todos eles se alteram para o valor de equilíbrio de $ 3.769. O valor recuperado de $ 200 é adicionado ao FCL, na célula B13. A interpretação é que, se o fluxo de caixa líquido estimado puder ser elevado de $ 3.000 para $ 3.769, as alternativas serão economicamente iguais, com o custo de aquisição de $ 9.000 para ambas.

RESUMO DO CAPÍTULO

O ponto de *breakeven* da variável X de um projeto é expresso em termos de unidades por ano ou horas por mês, por exemplo. Para o valor do *breakeven* Q_{BE}, é indiferente aceitar ou rejeitar o projeto. Utilize a seguinte diretriz de decisão:

Projeto Único (Consulte a Figura 13–2.)

        A quantidade estimada é *maior* do que Q_{BE} → aceitar o projeto

        A quantidade estimada é *menor* do que Q_{BE} → rejeitar o projeto

Em relação a duas ou mais alternativas, determine o valor do *breakeven* da variável comum X. Utilize a seguinte diretriz para selecionar a alternativa:

Duas Alternativas (Consulte a Figura 13–7.)

O nível estimado de X está *abaixo* do *breakeven* → selecionar a alternativa que tem o maior custo variável (maior declividade)

O nível estimado de X está *acima* do *breakeven* → selecionar a alternativa que tem o menor custo variável (menor declividade)

A análise do *breakeven* entre duas alternativas é realizada igualando as relações de VP ou de VA e encontrando o parâmetro em questão. A ferramenta SOLVER é muito eficaz para realizar análises rápidas e acuradas do *breakeven* pelo computador.

PROBLEMAS

Análise do *Breakeven* de um Projeto

13.1 Os custos fixos na Harley Motors são de $ 1 milhão por ano. O projeto principal tem receitas de $ 8,50 por unidade e custo variável de $ 4,25. Determine o seguinte:

    (*a*) A quantidade de *breakeven* por ano.

    (*b*) O lucro anual, para situações de vendas de 200.000 unidades e de 350.000 unidades. Utilize tanto uma equação quanto um gráfico das relações de receita e do custo total, para apresentar sua resposta.

13.2 Se forem considerados tanto as relações lineares como as não-lineares de receita e custo total, estabeleça pelo menos uma combinação de relações matemáticas em que só poderia haver, exatamente, dois pontos de *breakeven*.

13.3 Um engenheiro metalúrgico estimou que o investimento de capital para recuperar metais valiosos (níquel, prata, ouro etc.) do canal de despejos industriais de uma refinaria de cobre será de $ 15 milhões. O equipamento terá uma vida útil de 10 anos e nenhum valor recuperado. A quantidade de metais descarregados, atualmente, é de 12.000 libras (5.443,10 kg) por mês. O custo operacional mensal é representado por $(4.100.000)E^{1,8}$, onde E é a eficiência de recuperação de metais na forma decimal. Determine a eficiência mínima de remoção necessária para que a empresa atinja o *breakeven*, se o preço de venda médio dos metais é $ 250 por libra. Utilize uma taxa de juros de 1% ao mês.

13.4 Considerando as estimativas a seguir, calcule o seguinte:

    (*a*) A quantidade de *breakeven* por mês.

    (*b*) O lucro (prejuízo), por unidade, em níveis de venda 10% acima e 10% abaixo do *breakeven*.

(c) Trace, graficamente, o custo médio por unidade para quantidades que variam de 25% a 30% acima do *breakeven*.

$r = \$ 39,95$ por unidade

$v = \$ 24,75$ por unidade

CF = \$ 4.000.000 por ano

13.5 Desenvolva uma representação gráfica do custo médio, por unidade, *versus* a quantidade de produção do departamento de montagem de aparelhos domésticos da Ace-One Inc., que tem um custo fixo de \$ 160.000 por ano e um custo variável de \$ 4,00 por unidade. Utilize-a para responder às seguintes questões:

(a) Em qual quantidade um custo médio de \$ 5 por unidade se justifica?

(b) Se o custo fixo aumentar para \$ 200.000, trace a nova curva no mesmo gráfico e estime a quantidade que justifica um custo médio de \$ 6 por unidade.

13.6 Um *call center* na Índia, utilizado por portadores de cartões de crédito americanos e britânicos, tem capacidade para 1.400.000 chamadas por ano. O custo fixo do *call center* é de \$ 775.000, com um custo variável médio de \$ 2 e receita de \$ 3,50 por chamada.

(a) Encontre a porcentagem da capacidade que deve ser praticada, a cada ano, para que se obtenha o *breakeven*.

(b) Da capacidade de 1.400.000 chamadas, o gerente do centro espera dedicar o equivalente a 500.000 a uma nova linha de produto. Espera-se que isso aumente o custo fixo do *call center* para \$ 900.000, dos quais 50% serão alocados a essa nova linha. Determine a receita média, por chamada, necessária para transformar a quantidade de 500.000 chamadas no ponto de *breakeven* apenas para o novo produto. Como essa necessidade de receita se compara com a atual receita do *call center*, que é de \$ 3,50 por chamada?

13.7 Durante os últimos 2 anos, a empresa Homes-r-Us experimentou um custo fixo de \$ 850.000 por ano e um valor $(r - v)$ de \$ 1,25 por unidade. A competição internacional tornou-se tão acirrada que algumas mudanças financeiras devem ser realizadas para manter sua participação no mercado no nível atual. Realize uma análise gráfica, utilizando o Excel, que estime o efeito sobre o ponto de *breakeven*, se a diferença entre a receita e o custo variável, por unidade, tiver um aumento entre 1% e 15% do seu valor atual. Se os custos fixos e a receita por unidade permanecerem em seus valores atuais, o que deve ser alterado para fazer com que o ponto de *breakeven* decresça?

13.8 (Esta é uma extensão do Problema 13.7.) Amplie a análise realizada no Problema 13.7, em que é examinada uma alteração no custo variável por unidade. O gerente financeiro estima que os custos fixos cairão para \$ 750.000, quando o índice de produção necessário no ponto de *breakeven* estiver na marca, ou abaixo, de 600.000 unidades. O que acontece aos pontos de *breakeven* com o aumento de 1% a 15% sobre o intervalo $r - v$, conforme foi avaliado anteriormente?

13.9 Uma empresa automobilística está investigando a conveniência de transformar uma fábrica que produz carros populares em uma que produz modelos de carros esportivos antigos. O custo inicial da conversão do equipamento será de \$ 200 milhões, com um valor recuperado de 20% a qualquer tempo, dentro de um período de 5 anos. O custo para produzir um carro será de \$ 21.000, mas espera-se um preço de venda de \$ 33.000 (para revendedores). A capacidade de produção, durante o primeiro ano, será de 4.000 unidades. A uma taxa de juros de 12% ao ano, a que quantidade (uniforme) a produção precisará elevar-se, a cada ano, para a empresa recuperar seu investimento em 3 anos?

13.10 Rod, um gerente de engenharia industrial da Zema Corporation, determinou, por meio do método dos mínimos quadrados, que o custo total anual por caixa, para produzirem a bebida mais vendida pela empresa, pode ser descrito pela relação quadrática $CT = 0,001Q^2 + 3Q + 2$, e que a receita é aproximadamente linear, com $r = \$ 25$ por caixa. Rod pede para se fazer o seguinte:

(a) Tabular a função de lucro entre os valores de Q = 5.000 e 25.000 caixas. Estime o lucro máximo e em que quantidade ele ocorre.

(b) Encontre as respostas para a questão (a) utilizando um gráfico do Excel.

(c) Determine uma equação para $Q_{máximo}$, ou seja, a quantidade em que deve ocorrer o lucro máximo, e determine o montante do lucro nesse ponto, para o CT e o r identificados pelo gerente.

13.11 Um engenheiro civil foi promovido a gerente de sistemas públicos de engenharia. Um dos produtos é uma bomba interceptora de emergência, para água potável. Se a qualidade ou o volume da água testada se alterar em uma porcentagem predefinida, a bomba, automaticamente, se alterna para opções de tratamento ou de fontes de água previamente selecionadas. O processo de manufatura da bomba teve os seguintes custos fixos e variáveis, ao longo do intervalo de 1 ano.

	Custos Fixos, $		Custos Variáveis, $/Unidade
Administrativos	30.000	Matéria-prima	2.500
Salários e benefícios:		Mão-de-obra	200
20% de	350.000		
Equipamento	100.000	Mão-de-obra indireta	2.000
Espaço, serviços		Subempreiteiras	800
públicos etc.	55.000		
Computadores:			
1/3 de	150.000		

(a) Determine a receita mínima, por unidade, para atingir o ponto de *breakeven* ao volume de produção atual de 5.000 unidades por ano.

(b) Se o objetivo for a busca de vendas internacionais e para grandes corporações, será necessário um aumento na produção de 3.000 unidades adicionais. Determine a receita necessária, por unidade, se for fixada uma meta de lucros de $ 500.000 para a linha de produtos inteira. Suponha que as estimativas de custo, mencionadas anteriormente, permaneçam idênticas.

Análise do *Breakeven* entre Alternativas

13.12 Uma empresa do catálogo Yellow Page (Páginas Amarelas) precisa decidir se deve compor *inhouse* os anúncios para seus clientes ou pagar a uma empresa produtora para compô-los. Para desenvolvê-los *inhouse*, a empresa precisará comprar computadores, impressoras e outros periféricos, a um custo de $ 12.000. O equipamento terá uma vida útil de 3 anos, depois dos quais será vendido por $ 2.000. O funcionário que cria os anúncios receberá um pagamento de $ 45.000 por ano. Além disso, cada anúncio terá um custo médio de $ 8 para ser preparado e entregue à gráfica. Um total de 4.000 anúncios é previsto para os próximos anos. De outra maneira, a empresa pode terceirizar o desenvolvimento dos anúncios a um preço de $ 20 por anúncio, independentemente da quantidade. A taxa de juros atual é de 8% ao ano. Qual é o valor de *breakeven* e qual alternativa é economicamente melhor?

13.13 Uma firma de engenharia pode alugar um sistema de medição por $ 1.000 por mês ou comprar um por $ 15.000. O sistema alugado não terá nenhum custo mensal de manutenção, mas o sistema comprado terá um custo de manutenção de $ 80 por mês. A uma taxa de juros de 0,5% por mês, quantos meses serão necessários para que os sistemas atinjam o *breakeven*?

13.14 Duas bombas podem ser utilizadas para bombear um líquido corrosivo. Uma, com propulsor de latão, custa $ 800 e espera-se que tenha uma vida útil de 3 anos. A outra, com propulsor de aço inoxidável, custa $ 1.900 e sua vida útil será de 5 anos. A bomba com propulsor de latão exigirá um custo de reconstrução no valor de $ 300, depois de 2.000 horas, enquanto uma revisão no valor de $ 700 será necessária para a bomba de aço inoxidável, depois de 8.000 horas de utilização. Se o custo operacional de cada bomba é de $ 1 por hora, quantas horas por ano a bomba mais cara precisaria manter-se em operação para justificar sua compra? Utilize uma taxa de juros de 10% ao ano.

13.15 Dois lances foram recebidos para repavimentar um estacionamento comercial. A proposta 1 inclui novos meios-fios, nivelamento e pavimentação a um custo inicial de $ 250.000. Espera-se que o ciclo de vida da superfície do estacionamento, construída dessa maneira, seja de 4 anos, com custos anuais de $ 3.000 para a manutenção e repintagem das marcas indicativas no pavimento. A proposta 2 oferece uma pavimentação de qualidade significativamente mais alta, com um ciclo de vida esperado de 8 anos. O custo anual de manutenção será desprezível em relação ao pavimento, mas as marcas indicativas terão de ser repintadas a cada 2 anos, a um custo de $ 3.000. As marcas indicativas não são repintadas no último ano do ciclo de vida esperado na proposta 2. Se a TMA atual da empresa é de 12% ao ano, quanto ela pode se dar ao luxo de gastar na proposta 2, inicialmente, a fim de que as duas atinjam o *breakeven*?

13.16 Jeremy está avaliando os custos operacionais dos processos de manufatura de componentes específicos de um sistema de segurança doméstico sem fio. Os mesmos componentes são produzidos em fábricas de Nova York (NY) e Los Angeles (LA). Os registros dos últimos 3 anos da fábrica de Nova York relatam um custo fixo de $ 400.000 por ano e um custo variável de $ 95 por unidade no ano 1, decrescendo em $ 3 por unidade, a cada ano. Os relatórios da fábrica de Los Angeles indicam um custo fixo de $ 750.000 por ano e um custo variável de $ 50 por unidade, elevando-se em $ 4 por unidade, a cada ano. Se as tendências prosseguirem, quantas unidades devem ser produzidas no ano 4, para que os dois processos atinjam o *breakeven*? Utilize uma taxa de juros de 10% ao ano.

13.17 A Alfred Home Construction está considerando a compra de cinco caçambas para coleta de entulho (*dumpsters*) e um caminhão de transporte para armazenar e transferir entulho de locais de construção. Estima-se que o equipamento inteiro terá um custo inicial de $ 125.000, vida útil de 8 anos, valor recuperado de $ 5.000, custo operacional de $ 40 por dia e custo anual de manutenção de $ 2.000. De outro modo, a Alfred pode obter os mesmos serviços do município, quando necessário, em cada local de construção, por um custo inicial de entrega de $ 125 por caçamba (*dumpster*) e encargo diário de $ 20 por dia, para cada caçamba entregue. Estima-se que 45 locais de construção precisarão de armazenamento de entulho, ao longo de um ano de trabalho médio. A taxa mínima de atratividade é de 12% ao ano. (*a*) Quantos dias, por ano, o equipamento precisa ser solicitado, para que ambas as propostas atinjam o *breakeven*? (*b*) Se a expectativa de utilização é de 75 dias por ano, qual opção – comprar ou alugar – deve ser selecionada, com base nesta análise econômica? Determine o custo anual esperado dessa decisão.

13.18 A máquina A tem um custo fixo de $ 40.000, por ano, e um custo variável de $ 60, por unidade. A máquina B tem um custo fixo desconhecido, mas, com esse processo, 200 unidades podem ser produzidas a cada mês, a um custo variável de $ 2.000. Se os custos totais das duas máquinas atingirem o *breakeven*, a uma taxa de produção de 2.000 unidades por ano, qual deverá ser o custo fixo da máquina B?

13.19 Uma lagoa de contenção de resíduos líquidos, situada perto da fábrica principal, recebe efluentes industriais diariamente. Quando a lagoa está cheia, é necessário remover os resíduos para um local distante, a 8,2 quilômetros da instalação principal. Atualmente, quando a lagoa está cheia, os resíduos são removidos por meio de bombeamento para um caminhão-tanque e levados a outro lugar. Esse processo requer a utilização de uma bomba portátil que, inicialmente, custa $ 800 e tem uma vida útil de 8 anos. A empresa paga um contrato individual para operar a bomba e supervisionar os fatores ambientais e de segurança à taxa de $ 100 por dia, mas o caminhão e o motorista devem ser contratados a $ 200 por dia.

A empresa tem a opção de instalar uma bomba e uma tubulação, para remover os resíduos para um local distante. A bomba teria um custo inicial de $ 1.600, um ciclo de vida de 10 anos e um custo de operação de $ 3 por dia. A TMA da empresa é de 10% ao ano.

(*a*) Se a tubulação custar $ 12 por metro de deslocamento de resíduo para ser construída e tiver uma vida útil de 10 anos, quantos dias por ano a lagoa deverá ser bombeada, para justificar a construção da tubulação?

(b) Se a empresa espera bombear resíduos uma vez por semana, a cada semana do ano, quanto ela pode se dar ao luxo de gastar, agora, na tubulação com ciclo de vida de 10 anos, para atingir o *breakeven* com a opção já instalada?

Utilização do SOLVER para Análise de *Breakeven*

13.20 Desenvolva uma planilha, utilizando o formato de referência de célula, para as estimativas do Problema 13.15, em que são avaliadas duas propostas para repavimentar um estacionamento comercial. Responda às seguintes questões, utilizando o SOLVER.

(a) Quanto a empresa pode gastar na proposta 2, inicialmente, a fim de que as duas propostas atinjam o *breakeven*? (Esta é a mesma questão apresentada no Problema 13.15.)

(b) Suponha que $P_2 = \$-400.000$ seja o custo real da proposta 2 e que $P_1 = \$-250.000$ seja mantido. Utilize os resultados da análise anterior para determinar se os custos anuais da proposta 1, referentes a manutenção e repintagem, podem ser suficientemente reduzidos para torná-la uma opção viável.

13.21 Uma empresa fabricante de jeans está avaliando a compra de uma nova máquina automática de cortar, com recursos de lógica difusa. A máquina terá um custo de aquisição de $ 40.000, vida útil de 10 anos e nenhum valor recuperado. Espera-se que o custo de manutenção da máquina seja de $ 2.000 por ano. A máquina exigirá um operador, a um custo total de $ 30 por hora. Um total de 2.286 metros de material pode ser cortado, por hora, pela máquina. Por outro lado, se for utilizada mão-de-obra humana, 6 trabalhadores, cada um ganhando $ 14 por hora, serão necessários para cortar os mesmos 2.286 metros, por hora. A TMA é de 8% ao ano. Determine o número mínimo de metros, por ano, para justificar a compra da máquina automática. Utilize uma solução (a) manual e (b) por computador.

13.22 Esta é uma extensão do Problema 13.21. Suponha que esta seja uma empresa norte-americana que decidiu transferir parte de suas operações de corte para a Ásia, quando as taxas de juros comerciais internas se elevaram a 8% ao ano e os custos de mão-de-obra asiáticos eram, em média, $ 14 por hora. Agora, a maquinaria custará $ 80.000, sendo que as demais estimativas permanecem idênticas. A taxa de juros é de 6% ao ano e os custos de mão-de-obra asiáticos são, em média, de $ 25 por hora. Além disso, suponha que a empresa houvesse optado, anteriormente, por permanecer com operações de corte realizadas por mão-de-obra humana, uma vez que a linha de vestuários, para a qual a análise foi feita, tinha uma taxa de produção anual de, aproximadamente, 274.320 metros. Recalcule o novo *breakeven* e determine se a decisão anterior de permanecer com os "cortadores humanos" ainda é válida.

13.23 Uma residência construída há 3 anos pode ser comprada pelo excelente preço de $ 100.000. Estima-se que os custos de reforma, imediatamente após a compra, sejam de $ 12.000. Os impostos serão de $ 3.800 ao ano, os serviços públicos custarão $ 2.500 ao ano, e a casa precisa ser repintada a cada 6 anos, a um custo de $ 1.000. Atualmente, as casas disponíveis para revenda são vendidas ao preço de $ 60 por pé quadrado ($ 645,60 por metro quadrado), mas esse preço está se elevando, e espera-se que essa tendência persista, com um aumento de $ 1,50 por pé quadrado ($ 16,14 por metro quadrado) ao ano. A casa em questão, de 2.500 pés quadrados (232,23 metros quadrados), pode ser alugada continuamente por $ 12.000 ao ano, a partir deste ano. Espera-se um retorno de 8% ao ano, se o investimento for feito.

(a) Determine por quanto tempo, após a aquisição, o comprador deve alugar a casa para atingir o *breakeven* e determine o preço de venda previsto nesse momento.

(b) Utilize o Excel para aproximar o *breakeven* e o preço de venda estimado.

13.24 A Bovay Medical Labs está avaliando as alternativas de possuir laboratórios completos ou parciais, *inhouse*, para exames da taxa de glicemia para controle de diabetes e associados, em vez de enviar as amostras para análise a um laboratório independente. As alternativas e os custos associados são os seguintes:

Laboratório completo inhouse: se o laboratório *inhouse* for completamente equipado, o custo inicial será de $ 50.000. Um técnico contratado em tempo parcial será empregado, com um salário anual equivalente a $ 26.000. Estima-se que o custo dos produtos químicos e suprimentos será de $ 10 por amostra.

Laboratório parcial inhouse: o laboratório pode ser parcialmente equipado a um custo inicial de $ 35.000. O técnico, empregado em tempo parcial, terá um salário anual equivalente a $ 10.000. O custo da análise de amostras *inhouse* será de $ 3 por amostra, somente. Entretanto, como alguns exames não poderão ser realizados *inhouse*, serão necessários exames terceirizados, a um custo médio de $ 40 por amostra, em relação a todas as amostras.

Terceirização completa: o custo tem uma média de $ 120 por amostra analisada.

Qualquer equipamento de laboratório comprado terá uma vida útil de 6 anos. Se a TMA é de 10% ao ano, determine o número de amostras que precisam ser examinadas, a cada ano, para justificar (*a*) o laboratório completo e (*b*) o laboratório parcial. (*c*) Trace as linhas de custos totais, referentes às três opções, e estabeleça os intervalos (quantidade de amostras) em relação aos quais cada opção terá o menor custo. (*d*) Se a Bovay espera examinar 300 amostras por ano, qual das três opções é a melhor, economicamente?

13.25 O diretor do departamento de engenharia do Município de Domino está considerando dois métodos para revestir caixas d'água. Um revestimento betuminoso pode ser aplicado a um custo de $ 8.000. Se o revestimento for retocado depois de 3 anos, a um custo de $ 1.000, sua vida útil se estenderá por outros 3 anos. De outro modo, um revestimento plástico, com uma vida útil de 15 anos, pode ser instalado. Se a taxa de desconto é de 4% ao ano, quanto pode ser gasto com o revestimento plástico, para que os dois métodos atinjam o *breakeven*? Resolva (*a*) manualmente e (*b*) por computador.

13.26 Um empreiteiro do setor de construção está avaliando duas alternativas para melhorar a aparência externa de um pequeno prédio comercial que está reformando. O prédio pode ser totalmente pintado, a um custo de $ 2.800. Espera-se que a pintura permaneça atraente durante 4 anos, quando será necessária uma nova pintura. A cada vez que o prédio for pintado, o custo se elevará em 20% em relação à ocorrência anterior. Uma alternativa é o prédio ser polido com jatos de areia agora e a cada 10 anos, a um custo 40% maior, a cada ocorrência. Espera-se que o ciclo de vida restante do prédio seja de 38 anos. A TMA é de 10% ao ano. Qual é o valor máximo que pode ser gasto, agora, na alternativa de polimento com jatos de areia, para que as duas alternativas atinjam o *breakeven*? Utilize a análise do valor presente (*a*) manualmente e (*b*) por computador, para responder a essa pergunta. (*c*) Utilize a planilha para encontrar o valor de *breakeven*, se o aumento de custo para o polimento com jatos de areia puder ser reduzido de 40% para 30% ou, até mesmo, para 20%, a cada 10 anos.

ESTUDO DE CASO

CUSTOS DE PROCESSO EM UMA ESTAÇÃO DE TRATAMENTO DE ÁGUA

Introdução

A aeração (oxigenação) e a recirculação dos efluentes são praticadas há muitos anos nas estações municipais e industriais de tratamento de água. A aeração é utilizada, principalmente, para a remoção física de gases e compostos voláteis, enquanto a recirculação dos efluentes pode ser benéfica para a eliminação da turbidez e a redução da dureza.

Quando as vantagens da aeração e da recirculação dos efluentes em estações de tratamento da água foram inicialmente reconhecidas, os custos de energia elétrica eram tão baixos que essas considerações raramente traduziam-se em uma preocupação no projeto e na operação das estações de tratamento. Entretanto, com o aumento decuplicado do custo da eletricidade em algumas localidades, tornou-se necessário rever a eficiência de custos de todos os processos de tratamento de água que consomem quantidades significativas de energia. Este estudo foi realizado em uma estação municipal de tratamento de água para avaliar a eficiência de custo dos procedimentos de pré-aeração e recirculação dos efluentes.

Procedimento Experimental

Este estudo foi realizado em uma estação de tratamento de água com vazão de 106 m³ por minuto, na qual, sob condições operacionais normais, os efluentes recebidos dos clarificadores secundários são devolvidos aos aeradores e, subseqüentemente, redirecionados aos clarificadores primários. A Figura 13–12 é uma representação esquemática desse processo.

Para avaliar o efeito da recirculação dos efluentes, a bomba de efluentes foi desligada, mas a aeração continuou. Em seguida, a bomba de efluentes foi novamente ligada e a aeração foi descontinuada. Finalmente, ambos os processos foram descontinuados. Os resultados obtidos, durante os períodos de teste, tiveram sua média calculada e foram comparados com os valores obtidos quando ambos os processos estavam em operação.

Resultados e Discussão

Os resultados obtidos dos quatro modos de operação demonstraram que a dureza decresceu em 4,7%, quando ambos os processos estavam em operação (ou seja, com recirculação dos efluentes e aeração). Quando somente os efluentes foram recirculados, a redução foi de 3,8%. Não houve nenhuma redução em função da aeração somente, ou quando não houve nem aeração nem recirculação. Quanto à turbidez, a redução foi de 28% quando tanto a recirculação quanto a aeração foram utilizadas. A redução foi de 18% quando *nem* aeração *nem* recirculação foram utilizadas. A redução, também, foi de 18% quando somente a aeração foi acionada, o que significa que somente aeração não representa nenhum benefício para a redução da turbidez. Com a recirculação de efluentes realizada isoladamente, a redução da turbidez foi somente de 6%, significando que a recirculação de efluentes, isoladamente, resultou de fato em um *aumento* da turbidez – a diferença entre 18% e 6%.

Uma vez que a aeração e a recirculação de efluentes provocaram efeitos prontamente identificáveis sobre a qualidade da água tratada (alguns bons e outros ruins), a eficiência de custos de cada processo, quanto à redução da turbidez e da dureza, foi investigada. Os cálculos baseiam-se nos seguintes dados:

Motor de aeração = 40 hp
Eficiência do motor de aeração = 90%
Motor de recirculação dos efluentes = 5 hp
Eficiência da bomba de recirculação = 90%
Custo da eletricidade = 9 ¢/kWh
Custo do calcário = 7,9 ¢/kg
Calcário necessário = 0,62 mg/L por mg/L de dureza
Custo do coagulante = 16,5 ¢/kg
Dias/mês = 30,5

Como primeiro passo, foram calculados os custos associados à aeração e à recirculação de efluentes. Em cada caso, os custos são independentes da taxa de escoamento.

Custo da aeração:

40 hp × 0,75 kW/hp × 0,09 $/kWh × 24h/dia
÷ 0,90 = $ 72 por dia, ou $ 2.196 por mês

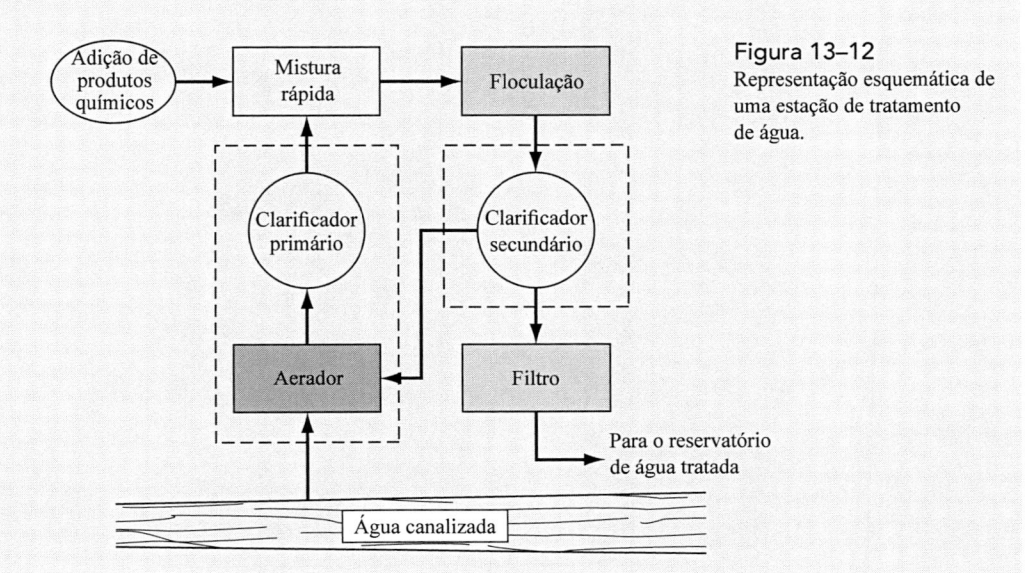

Figura 13–12
Representação esquemática de uma estação de tratamento de água.

TABELA 13-1 Resumo dos Custos em Dólares por Mês

Identificação da Alternativa	Descrição da Alternativa	Economia da Descontinuidade da		Economia Total (3) = (1) + (2)	Custo Extra da Eliminação da		Custo Extra Total (6) = (4) + (5)	Economia Líquida (7) = (3) − (6)
		Aeração (1)	Recirculação (2)		Dureza (4)	Turbidez (5)		
				Condição de operação normal				
1	Recirculação dos efluentes e aeração							
2	Somente aeração	—	275	275	1.380	469	1.849	−1.574
3	Somente recirculação dos efluentes	2.196	—	2.196	262	845	1.107	+1.089
4	Nem aeração nem recirculação dos efluentes	2.196	275	2.471	1.380	469	1.849	+622

Custo da recirculação dos efluentes:

$$5 \text{ hp} \times 0,75 \text{ kW/hp} \times 0,09 \text{ \$/kWh} \times 24 \text{ h/dia}$$
$$\div 0,90 = \$ 9 \text{ por dia, ou } \$ 275 \text{ por mês}$$

As estimativas são apresentadas nas colunas 1 e 2 do Resumo de custos, na Tabela 13–1.

Os custos associados com a eliminação da turbidez e da dureza são uma função da dosagem química necessária e da taxa de escoamento da água. Os cálculos seguintes baseiam-se em um fluxo de projeto de 53 m^3/minuto.

Conforme declaramos anteriormente, houve menor redução da turbidez no clarificador primário sem aeração, do que quando a aeração estava ativada (28% contra 6%). A turbidez extra, que atinge os floculadores, poderia exigir um volume maior de produtos químicos coagulantes. Se for presumido, na pior das hipóteses, que essas adições de produtos químicos devam ser proporcionais à turbidez extra, então serão necessários mais 22% de coagulantes. Uma vez que a dosagem média, antes da descontinuidade da aeração, era de 10 mg/L, o *custo incremental dos produtos químicos,* devido à maior turvação no efluente do clarificador, seria:

$$(10 \times 0,22) \text{mg/L} \times 10^{-6} \text{kg/mg} \times 53 \text{ m}^3/\text{min}$$
$$\times 1.000 \text{ L/m}^3 \times 0,165 \text{ \$/kg} \times 60 \text{ min/h}$$
$$\times 24 \text{ h/dia} = \$ 27,70/\text{dia, ou } \$ 845/\text{mês}$$

Cálculos idênticos para as outras condições operacionais (ou seja, somente aeração, e nem aeração nem recirculação dos efluentes) revelam que o custo adicional para a eliminação da turbidez seria de $ 469 por mês, em cada caso, como mostra a coluna 5 da Tabela 13–1.

Mudanças na dureza da água afetam os custos dos produtos químicos, em virtude do efeito direto na quantidade de calcário necessária para o abrandamento da água. Com a aeração e a recirculação dos efluentes, a redução média da dureza foi de 12,1 mg/L (ou seja, 258 mg/L × 4,7%). Entretanto, com somente a recirculação dos efluentes, a redução foi de 9,8 mg/L, resultando em uma diferença de 2,3 mg/L, atribuída à aeração. O *custo extra do calcário,* sofrido em decorrência da descontinuidade da aeração, portanto, foi o seguinte:

$$2,3 \text{ mg/L} \times 0,62 \text{ mg/L calcário} \times 10^{-6} \text{ kg/mg}$$
$$\times 53 \text{ m}^3/\text{min} \times 1.000 \text{ L/m}^3 \times 0,079 \text{ \$/kg}$$
$$\times 60 \text{ min/h} \times 24 \text{ h/dia} = \$ 8,60/\text{dia, ou}$$
$$\$ 262/\text{mês}$$

Quando a recirculação dos efluentes foi descontinuada, não houve nenhuma redução de dureza da água no clarificador, de forma que o custo do calcário extra seria de $ 1.380 por mês.

A economia total e os custos totais associados às mudanças nas condições operacionais da estação de tratamento estão tabulados nas colunas 3 e 6 da Tabela 13–1, respectivamente, sendo a economia líquida apresentada na coluna 7. Evidentemente, a condição ótima é representada por "somente recirculação dos efluentes". Essa condição resultaria em uma economia líquida de $ 1.089 por mês, em comparação com a economia líquida de $ 622 por mês, quando ambos os processos são descontinuados, e um *custo* líquido de $ 1.574 por mês, quando há somente aeração. Uma vez que os cálculos aqui realizados representam as piores condições possíveis, a economia real resultante da modificação dos procedimentos operacionais, na estação de tratamento, foi maior do que a indicada.

Em suma, os procedimentos de recirculação dos efluentes e aeração, comumente aplicados ao tratamento da água, podem produzir efeitos significativos na eliminação de alguns compostos no clarificador primário. Entretanto, o aumento dos custos de energia elétrica e produtos químicos asseguram investigações contínuas a respeito da eficiência de custo desses procedimentos, caso a caso.

Exercícios do Estudo de Caso

1. Qual seria a economia mensal de eletricidade, em função da descontinuidade da aeração, se o custo da eletricidade fosse de 6 ¢/kWh?
2. Uma queda na eficiência do motor do aerador torna a alternativa selecionada "somente recirculação dos efluentes" mais atraente, menos atraente ou igual ao que era antes?
3. Se o custo do calcário aumentasse em 50%, a diferença de custo entre a melhor alternativa e a segunda melhor alternativa aumentaria, diminuiria ou permaneceria a mesma?
4. Se a eficiência da bomba de recirculação de efluentes reduzisse de 90% para 70%, a diferença de economia líquida entre as alternativas 3 e 4 aumentaria, diminuiria ou permaneceria a mesma?
5. Se a eliminação da dureza da água fosse descontinuada na estação de tratamento, qual alternativa seria a mais eficiente quanto ao custo?
6. Se o custo da eletricidade caísse para 4 ¢/kWh, qual alternativa seria a mais eficiente quanto ao custo?
7. A que custo da eletricidade as alternativas seguintes atingiriam o *breakeven*? (*a*) alternativas 1 e 2, (*b*) alternativas 1 e 3, (*c*) alternativas 1 e 4.

NÍVEL QUATRO

COMPLETANDO O ESTUDO

NÍVEL UM Eis Como Tudo Começa	NÍVEL DOIS Ferramentas para Avaliar Alternativas	NÍVEL TRÊS Tomada de Decisões em Projetos do Mundo Real	NÍVEL QUATRO Completando o Estudo
Capítulo 1 Fundamentos da Engenharia Econômica **Capítulo 2** Fatores: Como o Tempo e os Juros Afetam o Dinheiro **Capítulo 3** Combinação de Fatores **Capítulo 4** Taxas Nominais de Juros e Taxas Efetivas de Juros	**Capítulo 5** Análise do Valor Presente **Capítulo 6** Análise do Valor Anual **Capítulo 7** Análise da Taxa de Retorno: Alternativa Única **Capítulo 8** Análise da Taxa de Retorno: Múltiplas Alternativas **Capítulo 9** Análise de Custo-Benefício e Economia do Setor Público **Capítulo 10** Fazendo Escolhas: O Método, a TMA e os Atributos Múltiplos	**Capítulo 11** Decisões sobre Substituição e Retenção **Capítulo 12** Escolha de Projetos Independentes sob Limitação Orçamentária **Capítulo 13** Análise do Ponto de Equilíbrio *Breakeven*	**Capítulo 14** Efeitos da Inflação **Capítulo 15** Estimativa dos Custos e Alocação dos Custos Indiretos **Capítulo 16** Métodos da Depreciação **Capítulo 17** Análise Econômica Depois do Desconto dos Impostos **Capítulo 18** Análise de Sensibilidade Formalizada e Decisões sobre o Valor Esperado **Capítulo 19** Ampliação do Estudo sobre Variação e Tomada de Decisões sob Risco

Este nível inclui tópicos que visam melhorar sua capacidade de realizar um estudo meticuloso de engenharia econômica, para uma ou mais alternativas. Os efeitos da inflação, da depreciação, do imposto de renda em todos os tipos de estudo e os custos indiretos são incorporados aos métodos já apresentados nos capítulos anteriores. Diversas técnicas de estimativa dos custos para melhor prever os fluxos de caixa são tratadas nesta seção, a fim de fundamentar a escolha das alternativas em estimativas mais precisas. Os dois últimos capítulos incluem um material adicional sobre o uso da engenharia econômica na tomada de decisões. Desenvolvemos uma versão ampliada da análise de sensibilidade; ela formaliza o critério para se examinar parâmetros que variam ao longo de um intervalo de valores previsível. Finalmente, os elementos de risco e de probabilidade são explicitamente considerados, usando valores esperados, análise probabilística e simulação no computador, baseada na análise de Monte Carlo.

Diversos tópicos deste livro podem ser estudados antecipadamente, dependendo dos objetivos do curso. Use o mapa que está no Prefácio, para determinar quais os pontos de entrada apropriados para desenvolver a matéria desejada.

CAPÍTULO 14
Efeitos da Inflação

Este capítulo se concentra no entendimento dos efeitos da inflação sobre o valor do dinheiro no tempo e na maneira de calculá-los. A inflação é uma realidade com a qual lidamos diariamente, tanto na vida profissional, como na pessoal.

A taxa de inflação anual é meticulosamente analisada por órgãos governamentais, empresas e corporações industriais. Um estudo de engenharia econômica pode ter diferentes resultados em um ambiente onde a inflação é uma preocupação séria, em comparação a um ambiente no qual a inflação é uma consideração de menor importância. Nos últimos anos do século XX e no início do século XXI, a inflação tem sido uma importante preocupação na maior parte das nações industrializadas. A taxa de inflação é sensível a fatores reais, bem como a fatores percebidos da economia. Fatores como custo de energia, taxas de juros, disponibilidade e custo de mão-de-obra capacitada, escassez de matérias-primas, estabilidade política e outros fatores, menos tangíveis, têm impactos de curto prazo e de longo prazo sobre a taxa de inflação. Em algumas indústrias, é vital que os efeitos da inflação sejam integrados à análise econômica. As técnicas básicas para fazê-lo são consideradas neste capítulo.

OBJETIVOS DE APRENDIZAGEM

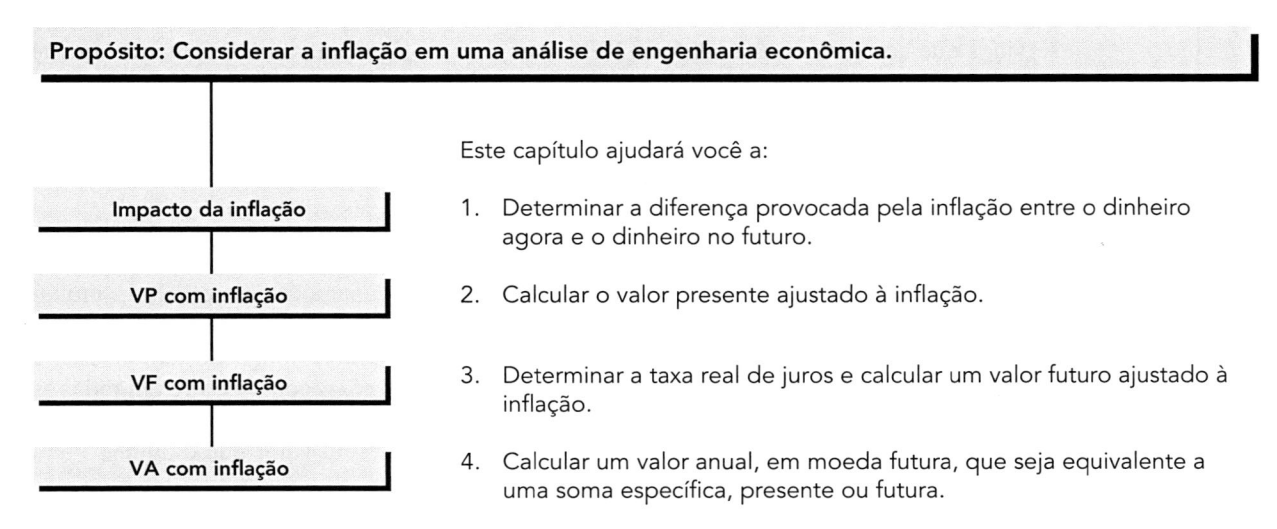

Propósito: Considerar a inflação em uma análise de engenharia econômica.

- Impacto da inflação
- VP com inflação
- VF com inflação
- VA com inflação

Este capítulo ajudará você a:

1. Determinar a diferença provocada pela inflação entre o dinheiro agora e o dinheiro no futuro.

2. Calcular o valor presente ajustado à inflação.

3. Determinar a taxa real de juros e calcular um valor futuro ajustado à inflação.

4. Calcular um valor anual, em moeda futura, que seja equivalente a uma soma específica, presente ou futura.

14.1 ENTENDENDO O IMPACTO DA INFLAÇÃO

Todos nós estamos bem cientes de que $ 20 hoje não compram a mesma quantia de bens ou serviços que compravam em 1995 ou 1996, e compram, significativamente, menos do que em 1980. Por quê? Primeiro, devido à inflação.

Inflação é o aumento da quantidade de dinheiro necessária para se obter a mesma quantidade de produto ou serviço que se obtinha antes de o preço inflacionado estar presente.

A inflação ocorre porque o valor da moeda se alterou – perdeu valor. O valor do dinheiro diminuiu e, em conseqüência, é preciso mais dinheiro para comprar a mesma quantidade de bens ou serviços. Esse é um sinal de *inflação*. Para fazer comparações entre valores monetários que ocorrem em diferentes períodos, é necessário, primeiro, convertê-los em valores constantes, a fim de representarem o mesmo poder de compra ao longo do tempo. Isso é especialmente importante quando somas futuras são consideradas, como ocorre em todas as avaliações de alternativas.

O dinheiro em um período t_1 pode ser transformado no mesmo valor que o dinheiro terá em outro período t_2, por meio da equação:

$$\text{Dólares no período } t_1 = \frac{\text{dólares no período } t_2}{\text{taxa de inflação entre } t_1 \text{ e } t_2} \quad [14.1]$$

Os dólares no período t_1 são chamados de *dólares de valor constante* ou *dólares atuais*. Os dólares no período t_2 são chamados de *dólares futuros* ou *dólares então vigentes*. Se f representa a taxa de inflação por período (ano) e n é o número de períodos (anos) entre t_1 e t_2, a Equação [14.1] é:

$$\text{Dólares de valor constante} = \text{dólares atuais} = \frac{\text{dólares futuros}}{(1+f)^n} \quad [14.2]$$

$$\text{Dólares futuros} = \text{dólares atuais } (1+f)^n \quad [14.3]$$

É correto expressarmos dólares futuros (inflacionados) em termos de dólares de valor constante e vice-versa, aplicando as duas últimas equações. É dessa maneira que o Índice de Preços ao Consumidor (IPC) e os índices de estimação de custos (assunto do próximo capítulo) são determinados. Para ilustrar, vamos utilizar como exemplo o preço de um Big Mac, do McDonald's, em algumas regiões do Texas:

$ 2,23   Agosto de 2004

Se a inflação atingiu uma média de 4% no ano anterior, *em dólares de valor constante de 2003*, esse custo era equivalente a:

$ 2,23/(1,04) = $ 2,14   Agosto de 2003

Um preço previsto para o próximo ano (2005) é:

$ 2,23(1,04) = $ 2,32   Agosto de 2005

Se a média de inflação for de 4% ao ano, durante os próximos 10 anos, a Equação [14.3] é utilizada para prever o preço de um Big Mac em 2014:

$$\$\,2{,}23(1{,}04)^{10} = \$\,3{,}30 \qquad \text{Agosto de 2014}$$

Esse é um aumento de 48% em relação ao preço de 2004, à inflação de 4%, que é considerada baixa para as médias nacional e internacional. Se a inflação atingir uma média de 6% ao ano, o Big Mac custará $ 3,99 em 10 anos, um aumento de 79%. Em algumas regiões do mundo, a hiperinflação pode atingir uma média de 50% ao ano. Nesse tipo desastroso de economia, em 10 anos o Big Mac terá uma variação, em dólares equivalentes, de $ 2,23 para $ 128,59! Eis porque os países que enfrentam hiperinflação precisam desvalorizar a moeda em fatores de 100 e 1.000, quando persistem taxas de inflação inaceitáveis.

No contexto industrial ou de negócios, a uma taxa de inflação razoavelmente baixa que atinge uma média de 4% ao ano, equipamentos ou serviços que têm um custo de aquisição de $ 209.000 terão um aumento de 48%, atingindo $ 309.000, ao longo de um intervalo de 10 anos. Isso ocorre antes de qualquer consideração a respeito da necessidade de uma taxa de retorno ser imposta à capacidade de geração de receitas pelo equipamento. *Não se engane: a inflação é uma força tremenda em nossa economia.*

Há três diferentes taxas importantes: a taxa real de juros (i), a taxa de juros do mercado (i_f) e a taxa de inflação (f). De fato, somente as duas primeiras são taxas de juros.

> **Taxa real de juros i (ou sem inflação).** É a taxa para cálculo dos juros quando os efeitos das alterações no valor da moeda (inflação) são eliminados. Assim, a taxa real de juros apresenta um ganho real de poder de compra. (A equação utilizada para calcular i, com a influência da inflação, será deduzida mais tarde, na Seção 14.3.) A taxa real de retorno que se aplica, geralmente, às pessoas físicas é de 3,5% ao ano, aproximadamente. Essa é a taxa de "investimento seguro". A taxa real, exigida pelas corporações (e por muitos indivíduos), é fixada acima dessa taxa segura, quando a TMA é estabelecida sem um ajuste à inflação.
>
> **Taxa de juros ajustada à inflação i_f.** Como seu nome diz, é a taxa de juros ajustada para considerar a inflação. A *taxa de juros do mercado*, a respeito da qual ouvimos diariamente, é ajustada à inflação. Esta é uma combinação da taxa real de juros i e da taxa de inflação f e, portanto, modifica-se de acordo com as mudanças da taxa de inflação. Ela também é conhecida como *taxa de juros inflacionada*.
>
> **Taxa de inflação f.** Conforme foi descrita anteriormente, esta taxa é uma medida da mudança de valor da moeda.

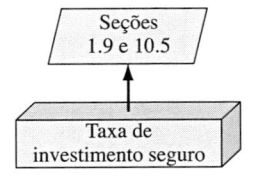

Seções 1.9 e 10.5

Taxa de investimento seguro

A TMA de uma empresa, ajustada à inflação, é chamada de TMA ajustada à inflação. A determinação desse valor será discutida na Seção 14.3.

Deflação é o oposto da inflação. Quando a deflação está presente, o poder de compra da unidade monetária é maior no futuro do que no presente. Ou seja, será preciso menos dólares, por exemplo, no futuro para comprar a mesma quantidade de bens ou serviços que compramos no presente. A ocorrência da inflação é mais comum do que a da deflação, especialmente se for considerada a economia nacional. Em situações econômicas deflacionárias, as taxas de juros do mercado são sempre menores do que a taxa real de juros.

Em alguns setores específicos da economia pode ocorrer uma deflação temporária de preços, devido à introdução de produtos melhores, tecnologia ou matérias-primas mais baratas ou produtos importados, que forcem os preços atuais a baixarem. Em situações normais, os preços se igualam em um nível competitivo, depois de um breve tempo.

Entretanto, a deflação por um breve período de tempo em um setor específico da economia pode ser determinada por meio de *dumping*. Um exemplo de *dumping* pode ser a importação de matérias-primas como, por exemplo, aço, cimento ou automóveis de competidores internacionais a preços muito baixos, em comparação aos preços de mercado atuais praticados pelos competidores domésticos. Os preços baixarão para os consumidores, obrigando, assim, os produtores domésticos a reduzirem seus preços para competir no negócio. Se os produtores domésticos não estiverem em boas condições financeiras, podem falir, e os itens importados substituirão a oferta doméstica. Os preços podem, desse modo, retornar aos níveis normais e, de fato, tornarem-se até inflacionados ao longo do tempo, se a competição resultar, significativamente, reduzida.

Superficialmente, a existência de uma taxa de deflação moderada parece boa quando a inflação esteve presente na economia durante períodos longos. Entretanto, se a deflação ocorrer de modo geral, digamos, nacionalmente, é provável que seja acompanhada da falta de capital. As pessoas e as famílias têm menos dinheiro para gastar, devido à ocorrência de menos emprego, menos crédito e menos empréstimos disponíveis: prevalece uma situação global em que o dinheiro é "mais apertado". À medida que o dinheiro se torna escasso, haverá menor disponibilidade para comprometê-lo com o crescimento industrial e com investimentos de capital. No caso extremo, isso pode desenvolver-se, ao longo do tempo, em uma espiral deflacionária, que despedaçará a economia inteira. Isso já ocorreu, de maneira notável, nos Estados Unidos, durante a Grande Depressão na década de 1930.

Os cálculos de engenharia econômica que consideram a deflação utilizam as mesmas relações usadas para a inflação. Para a equivalência básica entre dólares atuais e dólares futuros, são utilizadas as Equações [14.2] e [14.3], exceto quando a taxa de deflação for um valor $-f$. Por exemplo, se a deflação for estimada em 2% ao ano, um ativo que custa $ 10.000 hoje teria um custo de aquisição, daqui a 5 anos, determinado pela Equação [14.3].

$$10.000(1-f)^n = 10.000(0,98)^5 = 10.000(0,9039) = \$\ 9.039$$

14.2 CÁLCULO DO VALOR PRESENTE AJUSTADO À INFLAÇÃO

Quando os montantes, em diferentes períodos, são expressos em *dólares de valor constante*, as quantias atuais e futuras são determinadas utilizando a taxa real de juros i. Os cálculos envolvidos neste procedimento são ilustrados na Tabela 14–1, em que a taxa de inflação é de 4% ao ano. A coluna 2 apresenta o incremento, motivado pela inflação, durante cada um dos próximos 4 anos, para um item que tem um custo de $ 5.000 hoje. A coluna 3 apresenta o custo em dólares futuros e a coluna 4 verifica o custo em dólares de valor constante, por meio da Equação [14.2]. Quando os dólares futuros da coluna 3 são convertidos para dólares de valor

TABELA 14–1 Cálculos da Inflação Utilizando Dólares de Valor Constante ($f = 4\%$; $i = 10\%$)

Ano n (1)	Aumento de Custo Devido à Inflação de 4% (2)	Custo, em Dólares Futuros (3)	Custo Futuro, em Dólares de Valor Constante (4) = (3)/$1,04^n$	Valor Presente à Taxa Real $i = 10\%$ (5) = (4)(P/F;10%;n)
0		$5.000	$5.000	$5.000
1	$5.000(0,04) = $200	5.200	5.200/$(1,04)^1$ = 5.000	4.545
2	5.200(0,04) = 208	5.408	5.408/$(1,04)^2$ = 5.000	4.132
3	5.408(0,04) = 216	5.624	5.624/$(1,04)^3$ = 5.000	3.757
4	5.624(0,04) = 225	5.849	5.849/$(1,04)^4$ = 5.000	3.415

constante (coluna 4), o custo é sempre de $ 5.000, idêntico ao custo do início. Isso é previsivelmente verdadeiro quando os custos se elevam em um valor *exatamente igual* à taxa de inflação. O custo real (ajustado à inflação) do item, daqui a 4 anos, será de $ 5.849, mas, em dólares de valor constante, o custo em 4 anos ainda terá o valor de $ 5.000. A coluna 5 apresenta o valor presente das quantias futuras de $ 5.000, a uma taxa real de juros $i = 10\%$ ao ano.

Duas conclusões podem ser tiradas. À $f = 4\%$, $ 5.000, hoje, se inflaciona para $ 5.849, em 4 anos. E $ 5.000, daqui a 4 anos, têm um VP, em dólares de valor constante, de somente $ 3.415, a uma taxa real de juros de 10% ao ano.

A Figura 14–1 apresenta as diferenças, ao longo de um período de 4 anos, da quantia de $ 5.000 em dólares de valor constante, os custos em dólares futuros a uma inflação de 4% e o valor presente à taxa real de juros de 10%, considerando a inflação. O efeito da inflação composta e das taxas de juros é grande, como pode ser observado pela área sombreada.

Um método alternativo, e menos complicado, de contabilizar a inflação em uma análise do valor presente envolve ajustar as próprias fórmulas de juros, de modo que seja considerada a inflação. Considere a fórmula P/F, em que i é a taxa real de juros.

$$P = F\frac{1}{(1+i)^n}$$

O F é a quantidade de dólares futuros, com a inflação incorporada. E F pode ser convertido em dólares atuais, por meio da Equação [14.2].

$$P = \frac{F}{(1+f)^n}\frac{1}{(1+i)^n} \qquad [14.4]$$

$$= F\frac{1}{(1+i+f+if)^n}$$

Se o termo $i + f + if$ for definido como i_f, a equação se torna:

$$P = F\frac{1}{(1+i_f)^n} = F(P/F, i_f, n) \qquad [14.5]$$

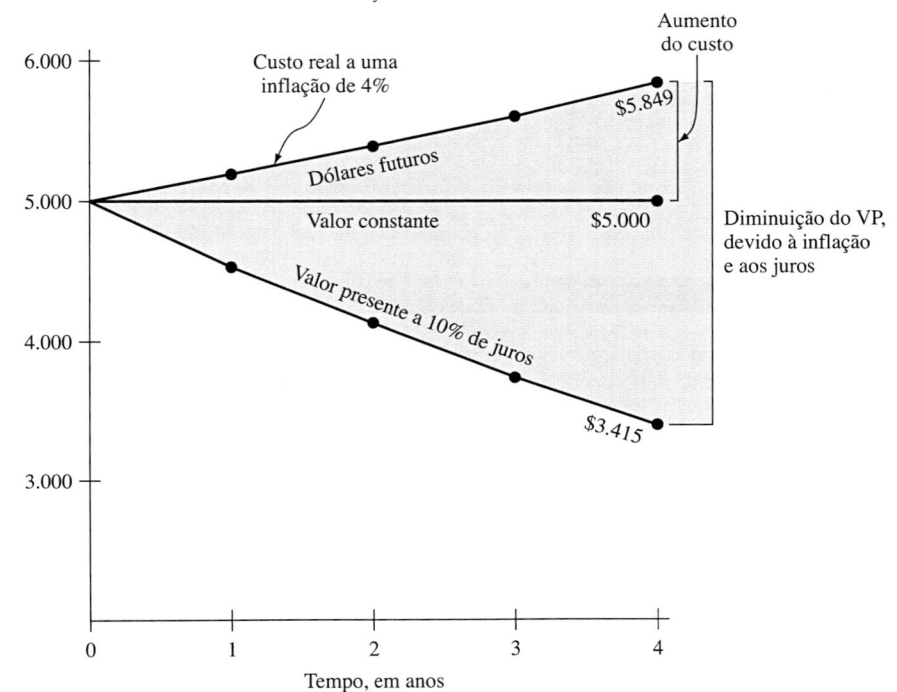

Figura 14–1
Comparação de dólares a valor constante, dólares futuros e seus montantes em termos de valor presente.

CAPÍTULO 14 Efeitos da Inflação

O símbolo i_f denomina-se *taxa de juros ajustada à inflação* e é definido como:

$$i_f = i + f + i f \qquad [14.6]$$

Em que:
i = taxa real de juros
f = taxa de inflação

Para uma taxa real de juros de 10% ao ano e uma taxa de inflação de 4% ao ano, a Equação [14.6] produz uma taxa de juros inflacionada de 14,4%.

$$i_f = 0,10 + 0,04 + 0,10(0,04) = 0,144$$

A Tabela 14–2 ilustra a utilização de $i_f = 14,4\%$ em cálculos de VP para $ 5.000, agora, cujo valor se inflaciona para $ 5.849, em dólares futuros, daqui a 4 anos. Conforme é apresentado na coluna 4, o valor presente, correspondente a cada ano, é idêntico ao da coluna 5 da Tabela 14–1.

O valor presente de qualquer série de fluxos de caixa – igual, gradiente aritmético ou gradiente geométrico – pode ser encontrado de maneira similar. Ou seja, i ou i_f é introduzido nos fatores P/A, P/G ou P_g, dependendo de o fluxo de caixa ser expresso em dólares de valor constante (atual) ou em dólares de valor futuro. Se a série for expressa em dólares atuais, então seu VP é, simplesmente, o valor descontado, utilizando a taxa real de juros i. Se o fluxo de caixa for expresso em dólares futuros, o valor VP é obtido utilizando i_f. De outro modo, você pode converter, primeiro, todos os dólares futuros em dólares atuais, utilizando a Equação [14.2], e depois encontrar o VP à taxa i.

TABELA 14–2 Cálculo do Valor Presente Utilizando uma Taxa de Juros Inflacionada

Ano n (1)	Custo em Dólares Futuros (2)	(P/F;14,4%;n) (3)	VP (4)
0	$5.000	1	$5.000
1	5.200	0,8741	4.545
2	5.408	0,7641	4.132
3	5.624	0,6679	3.757
4	5.849	0,5838	3.415

EXEMPLO 14.1

Um ex-aluno de um departamento de engenharia deseja doar um fundo para concessão de bolsas de estudo ao departamento. Três opções estão disponíveis:

Plano A: $ 60.000 agora.
Plano B: $ 15.000 por ano, durante 8 anos, com início daqui a 1 ano.
Plano C: $ 50.000 daqui a 3 anos e outros $ 80.000 daqui a 5 anos.

Da perspectiva do departamento, seus responsáveis querem escolher o plano que maximize o poder de compra dos dólares recebidos. O chefe do departamento pediu ao professor de engenharia uma avaliação dos planos, considerando a inflação nos cálculos. Considerando que a doação rende uma taxa real de juros de 10% ao ano e que se espera que a inflação atinja uma média de 3% ao ano, qual plano deve ser aceito?

Solução

O método mais rápido de avaliação é calcular o valor presente de cada plano, em termos de dólares atuais. Em relação aos planos B e C, a maneira mais fácil de obter o valor presente é por meio da utilização da taxa de juros inflacionada. Por meio da Equação [14.6]:

$i_f = 0{,}10 + 0{,}03 + 0{,}10(0{,}03) = 0{,}133$
$VP_A = \$ 60.000$
$VP_B = \$ 15.000(P/A;13{,}3\%;8) = \$ 15.000(4{,}7508) = \$ 71.262$
$VP_C = \$ 50.000(P/F;13{,}3\%;3) + 80.000(P/F;13{,}3\%;5)$
$\quad\quad = \$ 50.000(0{,}68756) + 80.000(0{,}53561) = \$ 77.227$

Uma vez que VP_C é o maior valor, em termos de dólares atuais, selecione o plano C.

Para a análise de planilha, a função VP é utilizada para encontrar VP_B e VP_C: VP(13,3%;8;–15.000) em uma célula e VP(13,3%;3;;–50.000) + VP (13,3%;5;;–80.000) em outra célula.

Comentário

Os valores presentes dos planos B e C também podem ser encontrados convertendo, primeiro, os fluxos de caixa em dólares atuais, utilizando $f = 3\%$, na Equação [14.2], e utilizando, depois, a taxa real i de 10% nos fatores P/F. Este procedimento consome mais tempo, mas os resultados são idênticos.

EXEMPLO 14.2

Um título de $ 50.000 com vencimento em 15 anos e uma taxa de dividendos de 10% ao ano, pagáveis semestralmente, está à venda na época presente. Se a taxa de retorno esperada pelo comprador é de 8% ao ano, capitalizada semestralmente, e se a inflação esperada é de 2,5% a cada período de 6 meses, qual é o valor do título agora (*a*) sem um ajuste à inflação e (*b*) quando a inflação é considerada? Encontre as soluções no modo manual e por computador.

Solução Manual

(*a*) Sem ajuste à inflação: Os dividendos semestrais são $I = [(50.000)(0{,}10)]/2 = \$ 2.500$. À taxa nominal de 4% por semestre, durante 30 períodos, o VP é:
$$VP = 2.500(P/A; 4\%;30) + 50.000(P/F; 4\%;30) = \$ 58.645$$

(*b*) Com inflação: Utilize a taxa de inflação i_f:
$i_f = 0{,}04 + 0{,}025 + (0{,}04)(0{,}025) = 0{,}066$ por período semestral
$VP = 2.500(P/A;6{,}6\%;30) + 50.000(P/F;6{,}6\%;30)$
$\quad\quad = 2.500(12{,}9244) + 50.000(0{,}1470)$
$\quad\quad = \$ 39.660$

Solução por Computador

(*a*) e (*b*) exigem, ambas, funções simples e de uma única célula em uma planilha (Figura 14–2). Sem ajuste à inflação, a função VP é desenvolvida em B2 à taxa nominal de 4% para 30 períodos. Com inflação, a taxa é $i_f = 6{,}6\%$, conforme foi determinada anteriormente. Veja os formatos dos rótulos de célula.

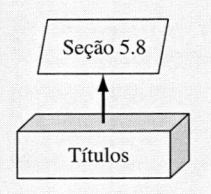

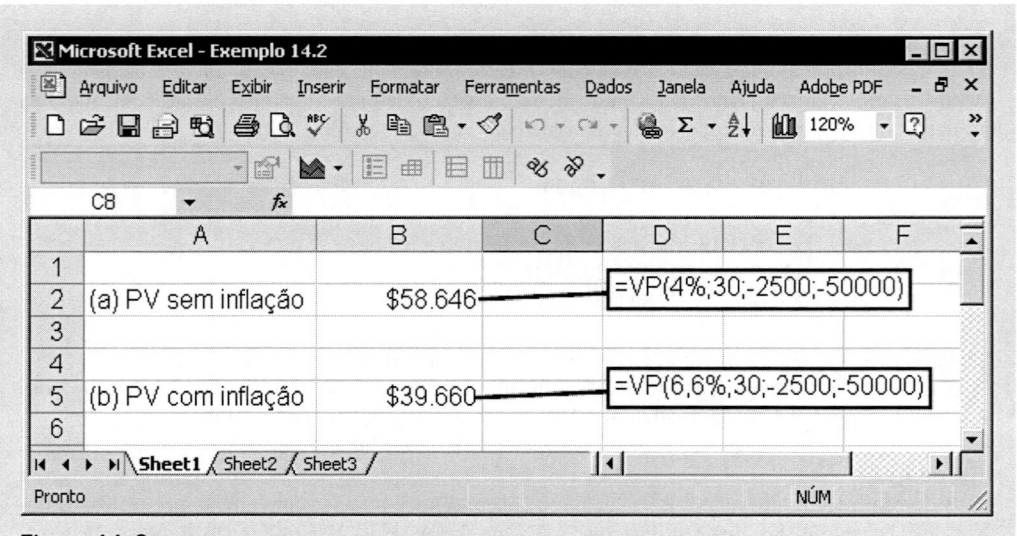

Figura 14–2
Valor presente de um título sem ajuste à inflação e com ajuste à inflação, no Exemplo 14.2.

Comentário:
A diferença de $ 18.985 nos valores de VP ilustra o enorme impacto negativo provocado por uma inflação de, somente, 2,5% a cada 6 meses (5,06% ao ano). Comprar o título de $ 50.000 significa receber $ 75.000 em dividendos, ao longo de 15 anos, e o principal de $ 50.000 no ano 15. Esse valor é de apenas $ 39.660, em termos de dólares de valor constante (atuais).

EXEMPLO 14.3

Uma engenheira química autônoma está sob contrato na Dow Chemical e trabalha, atualmente, em um país cuja inflação é relativamente alta. Ela deseja calcular o VP de um projeto que tem custos estimados de $ 35.000 agora e $ 7.000 por ano, durante 5 anos, com início daqui a 1 ano, e aumentos de 12% ao ano, a partir de então, durante os 8 anos seguintes. Utilize uma taxa real de juros de 15% ao ano para fazer os cálculos (*a*) sem ajuste à inflação e (*b*) considerando a inflação a uma taxa de 11% ao ano.

Solução

(*a*) A Figura 14–3 apresenta os fluxos de caixa. O VP sem ajuste à inflação é encontrado utilizando $i = 15\%$ e $g = 12\%$ nas Equações [2.23] e [2.24], para a série geométrica.

$$VP = -35.000 - 7.000(P/A;15\%;4)$$

$$-\left\{\frac{7.000\left[1-\left(\frac{1,12}{1,15}\right)^9\right]}{0,15 - 0,12}\right\}(P/F;15\%;4)$$

$$= -35.000 - 19.985 - 28.247$$
$$= \$ -83.232$$

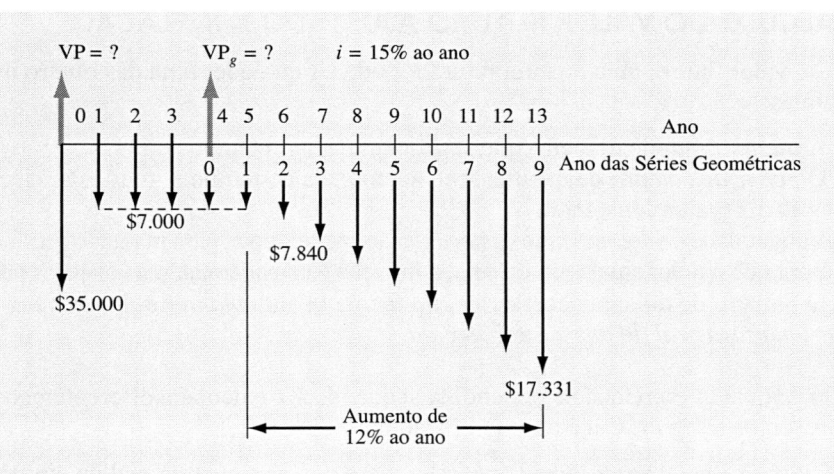

Figura 14–3
Diagrama do fluxo de caixa, no Exemplo 14.3.

No fator P/A, $n = 4$, porque o custo de $ 7.000 no ano 5 é o termo A_1 na Equação [2.23].

(b) Para ajustar à inflação, calcule a taxa de juros inflacionada, por meio da Equação [14.6].

$$i_f = 0,15 + 0,11 + (0,15)(0,11) = 0,2765$$
$$VP = -35.000 - 7.000(P/A;27,65\%;4)$$

$$- \left\{ \frac{7.000\left[1 - \left(\frac{1,12}{1,2765}\right)^9\right]}{0,2765 - 0,12} \right\}(P/F;27,65\%;4)$$

$$= -35.000 - 7.000(2,2545) - 30.945(0,3766)$$
$$= \$ -62.436$$

Esse resultado demonstra que, em uma economia com inflação elevada, quando se negocia o valor dos pagamentos de reembolso de um empréstimo, é economicamente vantajoso para o mutuário utilizar dólares futuros (inflacionados), sempre que possível, para fazer os pagamentos. O valor presente de dólares inflacionados é, significativamente, menor quando o ajuste à inflação é incluído. E quanto maior a taxa de inflação, maior o desconto, porque os fatores P/F e P/A diminuem de tamanho.

Os dois últimos exemplos parecem dar crédito à filosofia do "compre agora e pague depois", da administração financeira. Entretanto, à certa altura, a empresa ou o indivíduo com dívidas terá de amortizar a dívida e pagar os juros acumulados com dólares inflacionados. Se não houver dinheiro em caixa, prontamente disponível, as dívidas não podem ser amortizadas. Isso pode ocorrer, por exemplo, quando uma empresa, desnecessariamente, lança um novo produto, quando há um sério período de baixa na economia, ou quando uma pessoa perde um salário. No prazo mais longo, a abordagem de "compre agora e pague depois" precisa ser temperada com práticas financeiras sólidas, agora e no futuro.

14.3 CÁLCULO DO VALOR FUTURO AJUSTADO À INFLAÇÃO

No cálculo do valor futuro, uma quantia futura F pode ter qualquer uma das quatro interpretações seguintes:

Caso 1. A *quantia real* de dinheiro que será acumulada no tempo n.
Caso 2. O *poder de compra* da quantia real, acumulada no tempo n, mas estabelecido em dólares atuais (valor constante).
Caso 3. A quantidade de *dólares futuros necessários*, no tempo n, para manter o mesmo poder de compra que o dólar atual tem, ou seja, a inflação é considerada, mas os juros não.
Caso 4. O número de dólares necessários, no tempo n, para *manter o poder de compra e render uma taxa real de juros estabelecida*.

Dependendo de qual interpretação é pretendida, a quantia F é calculada diferentemente, conforme descrevemos a seguir. Cada caso é ilustrado.

Caso 1: A Quantia Real Acumulada Deve estar claro que F, a quantia real de dinheiro acumulado, é obtida utilizando-se a taxa de juros (do mercado) ajustada à inflação.

$$F = P(1 + i_f)^n = P(F/P; i_f; n) \qquad [14.7]$$

Por exemplo, quando nos é apresentada uma cotação de 10% para a taxa de juros do mercado, a taxa de inflação está incluída. Em um período de 7 anos, $ 1.000 se acumularão em:

$$F = 1.000(F/P; 10\%; 7) = \$ 1.948$$

Caso 2: Valor Constante com Poder de Compra O poder de compra de dólares futuros é determinado utilizando-se, primeiro, a taxa de mercado i_f para calcular F e depois deflacionando o valor futuro por meio da divisão por $(1 + f)^n$.

$$F = \frac{P(1+i_f)^n}{(1+f)^n} = \frac{P(F/P; i_f; n)}{(1+f)^n} \qquad [14.8]$$

Essa relação, com efeito, reconhece o fato de que os preços inflacionados significam que $ 1 nas compras futuras vale menos do que $ 1 agora. A perda percentual no poder de compra é uma medida de quão menos se pode comprar. Para ilustrar, considere os mesmos $ 1.000 agora, uma taxa de mercado de 10% ao ano e uma taxa de inflação de 4% ao ano. Em 7 anos, o poder de compra cresceu, mas somente para $ 1.481.

$$F = \frac{1.000(F/P; 10\%; 7)}{(1,04)^7} = \frac{\$ 1.948}{1,3159} = \$ 1.481$$

Isso significa $ 467 (ou 24%) menos do que os $ 1.948 realmente acumulados à 10% (caso 1). Portanto, concluímos que uma inflação de 4%, em 7 anos, reduz o poder de compra da moeda em 24%.

Também para o caso 2, o valor futuro do dinheiro acumulado com o poder de compra atual poderia, de forma equivalente, ser determinado calculando-se a taxa real de juros e utilizando-a no fator *F/P*. Essa *taxa real de juros* é o i na Equação [14.6].

$$i_f = i + f + if$$
$$= i(1+f) + f$$
$$i = \frac{i_f - f}{1 + f} \qquad [14.9]$$

A taxa real de juros *i* representa a taxa na qual os dólares atuais se expandem com o *mesmo poder de compra* que têm em dólares futuros equivalentes. Uma taxa de inflação maior do que a taxa de juros do mercado leva a uma taxa real de juros negativa. A utilização dessa taxa de juros é apropriada para calcular o valor futuro de um investimento (por exemplo, uma conta de poupança ou um fundo do mercado financeiro) quando o efeito da inflação deve ser eliminado. Em relação ao exemplo dos $ 1.000 em dólares atuais, por meio da Equação [14.9], temos:

$$i = \frac{0,10 - 0,04}{1 + 0,04} = 0,0577, \quad \text{ou} \quad 5,77\%$$

$$F = 1.000(F/P;5,77\%;7) = \$ 1.481$$

A taxa de juros do mercado de 10% ao ano foi reduzida a uma taxa real inferior a 6% ao ano, devido aos efeitos erosivos da inflação.

Caso 3: Quantia Futura Necessária, sem Juros Este caso reconhece que o preço aumenta quando a inflação está presente. Colocando-o de maneira simples, os dólares futuros valem menos, de forma que uma quantidade maior de dólares é necessária. Nenhuma taxa de juros, absolutamente, é considerada neste caso. Esta é a situação presente se alguém perguntar: "Quanto um carro custará daqui a 5 anos se o seu custo atual é de $ 20.000, se seu preço aumentar 6% ao ano?". (A resposta é $ 26.765.) Nenhuma taxa de juros, somente a inflação está envolvida. Para encontrar o custo futuro, substitua *f* pela taxa de juros no fator *F/P*:

$$F = P(1 + f)^n = P(F/P;f;n) \qquad [14.10]$$

Reconsidere os $ 1.000 utilizados anteriormente. Se ele estiver se elevando, exatamente, à taxa de inflação de 4% ao ano, o montante daqui a 7 anos será:

$$F = 1.000(F/P;4\%;7) = \$ 1.316$$

Caso 4: Inflação e Taxa de Juros Este é o caso aplicado quando a TMA é estabelecida. A manutenção do poder de compra e o ganho de juros devem considerar tanto o aumento dos preços (caso 3), como o valor do dinheiro no tempo. Se o crescimento do capital é algo a ser mantido, os fundos devem crescer a uma taxa igual ou superior à taxa real de juros *i* mais uma igual à taxa de inflação *f*. Desse modo, para se obter uma *taxa real de retorno de 5,77%*, quando a taxa de inflação é de 4%, i_f é a taxa de mercado (ajustada à inflação) que deve ser utilizada. Em relação à mesma quantia de $ 1.000:

$$i_f = 0,0577 + 0,04 + 0,0577(0,04) = 0,10$$

$$F = 1.000(F/P;10\%;7) = \$ 1.948$$

Esse cálculo mostra que o valor de $ 1.948, sete anos no futuro, será equivalente à $ 1.000 agora, com um retorno real de *i* = 5,77% ao ano e a inflação de *f* = 4% ao ano.

A Tabela 14–3 resume qual taxa é utilizada nas fórmulas de equivalência, para diferentes interpretações de *F*. Os cálculos efetuados nesta seção revelam que $ 1.000 agora, à taxa de mercado de 10% ao ano, se acumulariam em $ 1.948 em 7 anos; os $ 1.948 teriam o poder de compra de $ 1.481 em dólares atuais, se *f* = 4% ao ano; um item que custa $ 1.000 agora custaria $ 1.316 daqui a 7 anos, a uma taxa de inflação de 4% ao ano; e seriam necessários $ 1.948 de dólares futuros para serem equivalentes aos $ 1.000 de agora, a uma taxa real de juros de 5,77%, considerando-se uma inflação de 4%.

TABELA 14–3	Métodos de Cálculo para Várias Interpretações do Valor Futuro	
Valor Futuro Desejado	**Método de Cálculo**	**Exemplo para $P = \$\,1.000$, $n = 7$, $i_f = 10\%$, $f = 4\%$**
Caso 1: Dólares reais acumulados	Utilize a taxa de mercado estabelecida (i_f) nas fórmulas de equivalência	$F = 1.000(F/P,10\%,7)$
Caso 2: Poder de compra dos dólares acumulados em termos de dólares atuais	Utilize a taxa de mercado (i_f) nas fórmulas de equivalência e divida-a por $(1+f)^n$ ou Utilize a taxa real i	$F = \dfrac{1.000(F/P,10\%,7)}{(1,04)^7}$ ou $F = 1.000(F/P,5.77\%,7)$
Caso 3: Dólares necessários para possuir o mesmo poder de compra	Utilize f em vez de i nas fórmulas de equivalência	$F = 1.000(F/P,4\%,7)$
Caso 4: Dólares futuros para se manter o poder de compra e ganhar um retorno	Calcule i_f e utilize-o nas fórmulas de equivalência	$F = 1.000(F/P,10\%,7)$

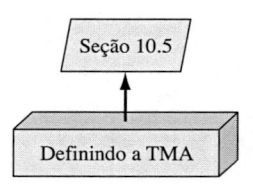

[Seção 10.5 — Definindo a TMA]

A maior parte das corporações avalia as alternativas a uma TMA grande o bastante para cobrir a inflação, mais algum retorno maior do que o seu custo de capital e, significativamente, mais elevada do que a taxa de investimento seguro de, aproximadamente, 3,5%, mencionada anteriormente. Portanto, para o caso 4, a TMA resultante, normalmente, será mais elevada do que a taxa de mercado i_f. Defina o símbolo TMA_f como a TMA ajustada à inflação, calculada de maneira idêntica à i_f.

$$\text{TMA}_f = i + f + i(f) \quad [14.11]$$

A taxa real de retorno i, utilizada aqui, é a taxa exigida pela corporação em relação ao seu custo de capital. Agora o valor futuro F, ou VF, é calculado como:

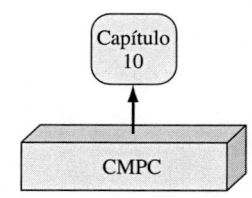

[Capítulo 10 — CMPC]

$$F = P(1 + \text{TMA}_f)^n = P(F/P;\text{TMA}_f;n) \quad [14.12]$$

Por exemplo, se uma empresa tem um CMPC (custo médio ponderado do capital) de 10% ao ano e exige que um projeto retorne 3% ao ano, acima de seu CMPC, o retorno real será $i = 13\%$. A TMA, ajustada à inflação, é calculada incluindo a taxa de inflação, digamos de 4% ao ano. Então, o VP, o VA ou o VF do projeto será determinado à taxa obtida da Equação [14.11].

$$\text{TMA}_f = 0,13 + 0,04 + 0,13(0,04) = 17,52\%$$

Um cálculo similar pode ser realizado em relação a um indivíduo, utilizando i como a taxa real esperada que está acima da taxa de investimento seguro. Quando uma pessoa está satisfeita com um retorno real igual à determinada taxa de investimento seguro, aproximadamente $i = 3,5\%$, ou uma corporação está satisfeita com um retorno real igual a certa taxa de investimento seguro, as Equações [14.11] e [14.6] obtêm resultados idênticos; ou seja, $\text{TMA}_f = i_f$ para a corporação e para a pessoa.

EXEMPLO 14.4

A Abbott Mining Systems quer determinar se deve "comprar" agora ou "comprar" mais tarde a atualização de uma peça do equipamento utilizado em operações de mineração em solo profundo, em uma de suas operações internacionais. Se a empresa selecionar o plano A, o equipamento será comprado agora por $ 200.000. Entretanto, se selecionar o plano I, a compra será protelada para 3 anos, quando se espera que o custo se eleve, rapidamente, para $ 340.000. A Abbott é ambiciosa e espera uma TMA real de 12% ao ano. A taxa de inflação, no país, tem atingido uma média de 6,75% ao ano. Somente da perspectiva econômica, determine se a empresa deve comprar agora ou mais tarde, (*a*) quando a inflação não é considerada e (*b*) quando a inflação é considerada.

Solução

(*a*) A inflação não é considerada. A taxa real ou TMA é i = 12% ao ano. O custo do plano I é de $ 340.000, daqui a 3 anos. Calcule o valor VF para o plano A daqui a 3 anos e selecione o menor custo.

$$VF_A = -200.000 \, (F/P;12\%;3) = \$ -280.986$$
$$VF_I = \$ -340.000$$

Selecione o plano A (compre agora).

(*b*) A inflação é considerada. Este é o caso 4: a taxa real (12%) e a inflação de 6,75% devem ser consideradas. Primeiro, calcule a TMA ajustada à inflação, utilizando a Equação [14.11].

$$i_f = 0,12 + 0,0675 + 0,12(0,0675) = 0,1956$$

Utilize i_f para calcular o valor VF para o plano A, em dólares futuros:

$$VF_A = -200.000(F/P;19,56\%;3) = \$ -341.812$$
$$VF_I = \$ -340.000$$

A opção de comprar mais tarde (plano I) agora é selecionada, porque requer menos dólares futuros equivalentes. A taxa de inflação de 6,75% ao ano elevou o valor futuro equivalente dos custos em 21,6%, ou seja, para $ 341.812. Isso é idêntico a um aumento de 6,75% ao ano, capitalizado ao longo de 3 anos, ou $(1,0675)^3 - 1 = 21,6\%$.

A maior parte dos países tem taxas de inflação na faixa de 2% a 8% ao ano. A *hiperinflação* é um problema mais comum nos países em que há instabilidade política, excesso de gastos pelo governo, balanças comerciais internacionais fracas etc. As taxas de hiperinflação podem ser muito elevadas (10% a 100% *ao mês*). Nesses casos, o governo pode tomar medidas drásticas: redefinir a moeda, em termos da moeda atual de outro país; controlar os bancos e as corporações; e controlar o fluxo de capital que entra e sai do país, a fim de diminuir a inflação.

Em um ambiente no qual existe hiperinflação, as pessoas, habitualmente, gastam todo o seu dinheiro de imediato, uma vez que o custo será muito mais alto no próximo mês, semana ou dia. Para avaliar o efeito desastroso da hiperinflação em relação à capacidade de uma empresa manter-se em dia com seus negócios, podemos retrabalhar o Exemplo 14.4*b* utilizando uma taxa de inflação de 10% ao mês, ou seja, uma taxa nominal de 120% ao ano (sem considerarmos o aumento causado pela inflação). O valor de VF_A dispara, repentinamente, e o plano I é uma clara escolha. Naturalmente, nesse tipo de ambiente, o preço de compra de $ 340.000 para o plano I, daqui a 3 anos, sem dúvida, não estaria garantido, de forma que a análise econômica inteira não é confiável. Em uma economia hiperinflacionada é muito difícil tomar boas decisões utilizando-se os métodos tradicionais de engenharia econômica, uma vez que os valores futuros estimados não são confiáveis e a disponibilidade futura de capital é incerta.

14.4 CÁLCULO DO TEMPO DE RECUPERAÇÃO DE CAPITAL AJUSTADO À INFLAÇÃO

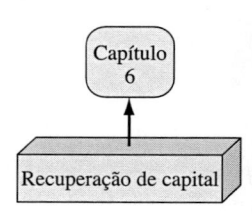

É especialmente importante incluir a inflação nos cálculos de recuperação de capital utilizados para análise do valor anual (VA), porque os dólares do capital atual precisam ser recuperados com os dólares inflacionados futuros. Uma vez que os dólares futuros têm menos poder de compra do que os dólares atuais, é evidente que mais dólares serão necessários para recuperar o investimento atual. Isso sugere a utilização da taxa inflacionada de juros, na fórmula A/P. Por exemplo, se $ 1.000 são investidos hoje a uma taxa real de juros de 10% ao ano, quando a taxa de inflação é de 8% ao ano, o valor equivalente que deve ser recuperado a cada ano, durante 5 anos, em dólares futuros é:

$$A = 1.000(A/P;18,8\%;5) = \$ 325,59$$

Por outro lado, o reduzido valor do dólar, ao longo do tempo, significa que os investidores podem gastar menos dólares atuais (que têm mais valor) para acumular uma quantia específica de dólares futuros (inflacionados). Isso sugere a utilização de uma taxa de juros mais alta, ou seja, a taxa i_f, para produzir um valor A menor na fórmula A/F. O valor anual equivalente (ajustado à inflação) de $F = \$ 1.000$ daqui a 5 anos, em dólares futuros, é:

$$A = 1.000(A/F;18,8\%;5) = \$ 137,59$$

Este método é ilustrado no exemplo seguinte.

Para comparação, o valor anual equivalente para acumular $F = \$ 1.000$, a uma taxa real $i = 10\%$ (não ajustado à inflação), é $1.000(A/F;10\%;5) = \$ 163,80$. Desse modo, quando F é fixo, os custos futuros, uniformemente distribuídos, devem ser espalhados ao longo do maior intervalo de tempo possível, a fim de que o efeito de alavancagem da inflação reduza o pagamento ($ 137,59 contra $ 163,80 aqui).

EXEMPLO 14.5

Qual o valor de depósito anual necessário, durante 5 anos, para acumular uma quantidade de dinheiro que tenha o mesmo poder de compra que o valor de $ 680,58 tem hoje, considerando que a taxa de juros do mercado é de 10% ao ano e a inflação é de 8% ao ano?

Solução
Primeiro, encontre o número real de dólares futuros (inflacionados) necessários, daqui a 5 anos. Este é o caso 3.

$$F = \text{(poder de compra atual)}(1 + f)^5 = 680,58(1,08)^5 = \$ 1.000$$

O valor real do depósito anual é calculado utilizando-se a taxa de juros do mercado (inflacionada) de 10%. Este é o caso 4, utilizando A em vez de P.

$$A = 1.000(A/F;10\%;5) = \$ 163,80$$

Comentário
A taxa real de juros é $i = 1,85\%$, conforme determinado pela Equação [14.9]. Para colocarmos os cálculos em perspectiva, se a taxa de inflação é zero, quando a taxa real de juros é de 1,85%, o valor futuro do dinheiro, com o mesmo poder de compra que o valor de $ 680,58 tem hoje, evidentemente, é de $ 680,58. Então, o valor anual necessário para acumular esse valor futuro em 5 anos é

$A = 680{,}58(A/F;1{,}85\%;5) = \$\,131{,}17$. Isso equivale a $\$\,32{,}63$ a menos do que os $\$\,163{,}80$ calculados anteriormente para $f = 8\%$. A diferença deve-se ao fato de que, durante períodos inflacionários, os dólares depositados têm mais poder de compra do que os dólares retornados ao final do período. Para compor a diferença do poder de compra, mais dólares com menos valor são necessários. Ou seja, para manter o poder de compra equivalente a $f = 8\%$ ao ano, é necessária uma soma extra de $\$\,32{,}63$ por ano.

A lógica aqui discutida explica por que, em tempos de inflação crescente, os credores (empresas de cartão de crédito, empresas de empréstimo imobiliário e bancos) tendem a aumentar ainda mais suas taxas de juros de mercado. As pessoas tendem a saldar menos seus débitos a cada pagamento, uma vez que utilizam qualquer dinheiro extra para comprar produtos adicionais, antes que o preço se inflacione ainda mais. Além disso, as instituições de empréstimo precisam ter mais dólares, no futuro, para cobrir os custos mais altos esperados para a concessão de empréstimos. Tudo isso deve-se ao efeito em espiral da inflação crescente. O rompimento desse ciclo é difícil de ser alcançado individualmente, e muito mais difícil de ser alcançado nacionalmente.

RESUMO DO CAPÍTULO

A inflação, tratada, para efeito de cálculo, como uma taxa de juros, faz o custo do mesmo produto ou serviço aumentar ao longo do tempo, devido à redução do valor do dinheiro. Há diversas maneiras de considerar a inflação nos cálculos de engenharia econômica, em termos de dólares atuais (valor constante) e em termos de dólares de valor futuro. Algumas relações importantes são:

Taxa de juros inflacionada: $i_f = i + f + if$

Taxa real de juros: $i = (i_f - f)/(1 + f)$

VP de uma quantia futura, considerando-se a inflação: $P = F(P/F;i_f;n)$

Valor futuro de uma quantia atual, em dólares de valor constante, com o mesmo poder de compra: $F = P(F/P;i;n)$

Quantia futura para cobrir uma quantia atual, sem considerar os juros: $F = P(F/P;f;n)$

Quantia futura para cobrir uma quantia atual, considerando os juros: $F = P(F/P;i_f;n)$

Valor anual equivalente de uma quantia futura de dólares: $A = F(A/F;i_f;n)$

Valor anual equivalente de uma quantia atual, em dólares futuros: $A = P(A/P;i_f;n)$

Hiperinflação acarreta valores f muito elevados. Os fundos disponíveis são gastos imediatamente, porque os custos aumentam de maneira tão rápida que os maiores influxos de caixa não conseguem compensar pelo fato de a moeda estar perdendo valor. Quando persiste ao longo de períodos extensos, isto pode, e habitualmente é o que ocorre, provocar um desastre financeiro nacional.

PROBLEMAS

Ajustando à Inflação

14.1 Descreva como converter dólares inflacionados em dólares de valor constante.

14.2 Qual é a taxa de inflação, se algo custa exatamente o dobro que custava há 10 anos?

14.3 Em um esforço para reduzir vazamentos da tubulação, golpes de aríete e agitação do produto, uma empresa química planeja instalar diversos amortecedores de pulsação resistentes a produtos químicos. O custo dos amortecedores, atualmente, é de $ 106.000, mas a empresa química precisa esperar que uma autorização seja aprovada, para o uso em sua tubulação bidirecional de produtos do porto à fábrica. O processo de aprovação da autorização demorará, no mínimo, 2 anos, por causa do tempo necessário à preparação de uma declaração a respeito do impacto ambiental. Devido à intensa competição estrangeira, a fábrica planeja aumentar o preço, somente, à taxa de inflação a cada ano. Se a taxa de inflação é de 3% ao ano, estime o custo dos amortecedores em 2 anos em termos de (*a*) dólares então vigentes e (*b*) dólares atuais.

14.4 Converta $ 10.000 atuais em dólares então vigentes no ano 10, se a taxa de inflação é de 7% ao ano.

14.5 Converta $ 10.000 futuros, no ano 10, em *dólares de valor constante* (não dólares equivalentes) de hoje, se a taxa de juros (de mercado) ajustada à inflação é de 11% ao ano e a taxa de inflação é de 7% ao ano.

14.6 Converta $ 10.000 futuros, no ano 10, em *dólares de valor constante* (não dólares equivalentes) de hoje, se a taxa de juros (de mercado) ajustada à inflação é de 12% ao ano e a taxa real de juros é de 3% ao ano.

14.7 Espera-se que os custos estimados de manutenção e operação de certa máquina sejam de $ 13.000 por ano (dólares então vigentes), nos anos 1 a 3. A uma taxa de inflação de 6% ao ano, qual é a quantia de valor constante (em termos de dólares atuais) da quantia futura de dólares *de cada ano*?

14.8 Se a taxa de juros do mercado é de 12% ao ano e a taxa de inflação é de 5% ao ano, determine o número de dólares futuros, no ano 5, que terão *o mesmo poder de compra* de $ 2.000 hoje?

14.9 A Ford Motor Company anunciou que o preço de suas picapes F-150 será aumentado, somente, de acordo com a taxa de inflação, durante os próximos 2 anos. Se o preço atual de uma picape é de $ 21.000 e espera-se que a taxa de inflação atinja uma média de 2,8% ao ano, qual é o *preço* esperado de uma picape, equipada de maneira equivalente, daqui a 2 anos?

14.10 Uma manchete do *Chronicle of Higher Education* informa: "Os custos do ensino universitário sobem mais rápido do que a inflação". O artigo afirma que os custos da educação em colégios e universidades públicas elevaram-se em 56% durante os últimos 5 anos. (*a*) Qual foi o aumento percentual médio durante esse tempo? (*b*) Se a taxa de inflação foi de 2,5% ao ano, quantos pontos percentuais o aumento anual dos custos de educação esteve acima da taxa de inflação?

14.11 Uma máquina comprada pela Holtzman Industries teve um custo de $ 45.000, há 4 anos. Se uma máquina similar custa $ 55.000 agora e seu preço aumentou, somente, de acordo com a taxa de inflação, qual foi a taxa de inflação anual ao longo desse período de 4 anos?

Taxas de Juros Reais e de Mercado

14.12 Declare as condições nas quais a taxa de juros do mercado é (*a*) superior, (*b*) inferior e (*c*) idêntica à taxa real de juros.

14.13 Calcule a taxa de juros ajustada à inflação, quando a taxa de inflação anualizada é de 27% ao ano (Caracas, 2004) e a taxa real de juros é de 4% ao ano.

14.14 Qual taxa de inflação anual está implícita ao considerar-se uma taxa de juros do mercado de 15% ao ano, quando a taxa real de juros é de 4% ao ano?

14.15 Qual taxa de juros do mercado, por trimestre, estaria associada a uma taxa de inflação trimestral de 5% e uma taxa real de juros de 2% por trimestre?

14.16 Quando a taxa de juros do mercado é de 48% ao ano, capitalizada mensalmente (devido à hiperinflação), qual é a taxa de inflação mensal, se a taxa real de juros é de 6% ao ano, capitalizada mensalmente?

14.17 Qual taxa real de retorno um investidor obterá de uma taxa de retorno de 25% ao ano, quando a taxa de inflação é de 10% ao ano?

14.18 Qual é a taxa real de juros por semestre, quando a taxa de juros do mercado é de 22% ao ano capitalizada semestralmente e a taxa de inflação é de 7% por semestre?

14.19 Uma apólice de seguro de vida de valor real (*cash-value*) pagará uma importância de $ 1.000.000, quando o segurado atingir a idade de 65 anos. Considerando que o segurado atingirá a idade de 65 anos daqui a 27 anos, qual será o valor correspondente a $ 1.000.000, em termos de dólares com poder de compra de hoje, se a taxa de inflação for igual a 3% ao ano durante esse período?

Comparação de Alternativas Ajustadas à Inflação

14.20 Uma empreiteira responsável pela construção e pela manutenção da infra-estrutura de determinada região está decidindo se deve comprar uma nova perfuratriz direcional horizontal (horizontal directional drilling – HDD) compacta agora, ou esperar para comprá-la daqui a 2 anos (quando um contrato de construção de uma grande tubulação exigirá o novo equipamento). A máquina perfuratriz HDD incluirá um inovador *design* de carregador de tubos e um sistema de chassi manobrável. O custo do sistema é de $ 68.000, se for comprado agora, ou de $ 81.000, se for comprado daqui a 2 anos. A uma TMA de juros reais de 10% ao ano e uma taxa de inflação de 5% ao ano, determine se a empresa deve comprar agora ou depois, (*a*) sem nenhum ajuste à inflação e (*b*) considerando a inflação.

14.21 Como uma forma inovadora de pagar vários pacotes de software, uma nova empresa de serviços de alta tecnologia ofereceu-se para pagar sua empresa de três maneiras: (1) pagar $ 400.000 agora, (2) pagar $ 1,1 milhão daqui a 5 anos, ou (3) pagar daqui a 5 anos um valor em dinheiro com o mesmo *poder de compra* de $ 750.000 agora. Considerando que você quer ganhar uma taxa real de juros de 10% ao ano e que a taxa de inflação é de 6% ao ano, qual oferta você deve aceitar?

14.22 Considere as alternativas A e B, em função de seus montantes de valor presente, utilizando uma taxa real de juros de 10% ao ano e uma taxa de inflação de 3% ao ano, (*a*) sem nenhum ajuste à inflação e (*b*) considerando a inflação.

	Máquina A	Máquina B
Custo de aquisição, $	−31.000	−48.000
Custo operacional anual, $/ano	−28.000	−19.000
Valor recuperado, $	5.000	7.000
Vida útil, em anos	5	5

14.23 Compare as alternativas, a seguir, em função de seus custos capitalizados, com ajustes à inflação. Utilize i_f = 12% ao ano e f = 3% ao ano.

	Alternativa X	Alternativa Y
Custo de aquisição, $	−18.500.000	−9.000.000
Custo operacional anual, $/ano	−25.000	−10.000
Valor recuperado, $	105.000	82.000
Vida útil, em anos	∞	10

14.24 Uma engenheira precisa recomendar uma de duas máquinas para ser integrada a uma linha de produção atualizada. Ela obtém estimativas de dois vendedores. O vendedor A lhe apresenta as estimativas em dólares futuros (então vigentes), enquanto a vendedora B lhe fornece as estimativas em dólares atuais (valor constante). A empresa tem uma TMA real de 15% ao ano e a expectativa de inflação é de 5% ao ano. Utilize a análise do valor presente (VP) para determinar qual máquina a engenheira deve recomendar.

	Vendedor A, $ futuro	Vendedora B, $ atual
Custo de aquisição, $	−60.000	−95.000
COA, $/ano	−55.000	−35.000
Vida útil, em anos	10	10

Valor Futuro (VF) e Outros Cálculos, Considerando a Inflação

14.25 Um engenheiro comprou uma obrigação vinculada à taxa de inflação (isto é, os juros do título se alteram com a inflação) emitida pelo Household Finance Bank, que tem um valor nominal de $ 25.000. À época em que a obrigação foi comprada, o rendimento do título era de 2,16% ao ano, *mais* a inflação, pagável mensalmente. A taxa de juros da obrigação é ajustada, mensalmente, com base na alteração do Índice de Preços ao Consumidor (IPC) do mesmo mês do ano anterior. Em um mês, em particular, o IPC foi 3,02% mais alto do que o IPC do mesmo mês do ano anterior.
(*a*) Qual é o novo rendimento da obrigação?
(*b*) Se os juros são pagos mensalmente, qual é a quantidade de juros que o engenheiro receberá nesse mês (isto é, depois do ajuste à inflação)?

14.26 Um engenheiro deposita $ 10.000 em uma conta, quando a taxa de juros do mercado é de 10% ao ano e a taxa de inflação é de 5% ao ano. A conta não é movimentada durante 5 anos.
(*a*) Quanto dinheiro haverá na conta?
(*b*) Qual será o poder de compra (aquisitivo) em termos de dólares atuais?
(*c*) Qual é a taxa real de retorno obtida da conta?

14.27 Uma empresa química quer guardar dinheiro a fim de poder comprar novos registradores de dados, daqui a 3 anos. Espera-se que o preço dos registradores de dados aumente apenas à taxa de inflação de 3,7% ao ano, durante cada um dos próximos 3 anos. Se o custo total dos registradores de dados agora é de $ 45.000, determine
(*a*) sua expectativa de custo daqui a 3 anos e
(*b*) quanto a empresa precisa guardar agora, se ela ganha juros à taxa de 8% ao ano.

14.28 O custo para construir uma rampa de saída em uma auto-estrada foi de $ 625.000, há 7 anos. O engenheiro que projeta uma outra rampa quase igual àquela estima que o custo atual será de $ 740.000. Se o custo aumentou somente à taxa de inflação, ao longo desse período, qual foi a taxa de inflação por ano.

14.29 Se você fizer um investimento em um imóvel comercial, que tem a garantia de lhe retornar um valor líquido de $ 1,5 milhão daqui a 25 anos, qual será o *poder de compra* desse dinheiro, em termos de dólares atuais, se a taxa de juros do mercado é de 8% ao ano e a taxa de inflação permanecer a 3,8% ao ano durante esse período?

14.30 A Goodyear Tire and Rubber Corporation pode comprar uma peça de equipamento por $ 80.000 agora ou comprá-la por $ 128.000 daqui a 3 anos. A exigência da TMA, para a fábrica, é um retorno real de 15% ao ano. Se a taxa de inflação de 4% ao ano deve ser considerada, a empresa deve comprar a máquina agora ou depois?

14.31 Em um período de inflação de 3% ao ano, quanto uma máquina custará daqui a 3 anos, em termos de *dólares de valor constante*, se o custo atual é de $ 40.000, esperando-se que o custo da máquina eleve-se somente segundo a taxa de inflação?

14.32 Em um período de inflação de 4% ao ano, quanto uma máquina custará daqui a 3 anos, em termos de *dólares de valor constante*, se o custo atual é de $ 40.000, e a fábrica planeja aumentar o preço para obter uma taxa real de retorno de 5% ao ano durante esse período?

14.33 Converta $ 100.000 atuais em dólares vigentes no ano 10, quando a *taxa de deflação* será de 1,5% ao ano.

14.34 Uma empresa foi convidada a investir $ 1 milhão em uma parceria e receber uma quantia total garantida de $ 2,5 milhões, depois de 4 anos. De acordo com a política da empresa, a TMA é sempre estabelecida em 4% acima do custo real do capital. Se a taxa real de juros paga pelo capital, atualmente, é de 10% ao ano, e se é esperado que a taxa de inflação durante o período de 4 anos atinja uma média de 3% ao ano, o investimento justifica-se economicamente?

14.35 O primeiro Prêmio Nobel, no valor de $ 150.000, foi concedido em 1901. Em 1996, o prêmio foi aumentado de $ 489.000 para $ 653.000. (*a*) A qual taxa de inflação, o prêmio de $ 653.000, em 1996, seria equivalente (em termos de poder de compra) ao prêmio original concedido em 1901? (*b*) Se a fundação espera que a taxa de inflação atinja uma média de 3,5% ao ano, de 1996 a 2010, qual deverá ser o prêmio em 2010, para que ele tenha o mesmo valor que tinha em 1996?

14.36 Fatores que aumentam custos e preços – especialmente os custos de matéria-prima e de manufatura sensíveis ao mercado, à tecnologia e à disponibilidade de mão-de-obra – podem ser considerados, separadamente, utilizando a taxa real de juros i, a taxa de inflação f e os aumentos adicionais que crescem a uma taxa geométrica g. O valor futuro é calculado com base em uma estimativa atual, utilizando a relação:

$$F = P(1+i)^n(1+f)^n(1+g)^n$$
$$= P[(1+i)(1+f)(1+g)]^n$$

O produto dos dois primeiros termos entre parênteses resulta na taxa de juros inflacionada i_f. A taxa geométrica é a mesma que foi utilizada na série gradiente geométrico (Capítulo 2). Ela, comumente, se aplica aos aumentos de custo de manutenção e reparo, à medida que o equipamento envelhece. Isso se dá além da taxa de inflação. Se o custo atual para produzir um subcomponente eletrônico é de $ 250.000 por ano, qual é o valor equivalente em 5 anos, se as taxas anuais médias são estimadas em $i = 5\%$, $f = 3\%$ e $g = 2\%$ ao ano?

Recuperação de Capital Considerando a Inflação

14.37 A Aquatech Microsystems gastou $ 183.000 por um protocolo de telecomunicações para obter interoperabilidade entre seus sistemas utilitários. Se a empresa utiliza uma taxa real de juros de 15% ao ano nesse tipo de investimento e um período de recuperação de 5 anos, qual é o valor anual do dispêndio, em termos de dólares então vigentes, à taxa de inflação de 6% ao ano?

14.38 Uma empresa de DSL fez um investimento de $ 40 milhões em equipamentos, com a expectativa de que esse valor seja recuperado em 10 anos. A empresa tem uma TMA baseada na taxa real de retorno de 12% ao ano. Se a inflação é de 7% ao ano, quanto a empresa deve obter a cada ano, (*a*) em dólares de valor constante e (*b*) em dólares de valor futuro, para atingir suas expectativas?

14.39 Qual é o valor anual, em dólares então vigentes, nos anos 1 a 5, de um recebimento de $ 750.000 agora, se a *taxa de juros do mercado* é de 10% ao ano e a taxa de inflação é de 5% ao ano?

14.40 Um engenheiro mecânico que se graduou recentemente quer construir um fundo de reserva, como uma segurança líquida para pagar suas despesas na improvável eventualidade de ficar sem trabalho, por um curto prazo. Sua meta é ter $ 15.000 guardados, ao longo dos próximos 3 anos, sob a condição de que o montante tenha o mesmo poder de compra de $ 15.000 atualmente. Se a taxa de mercado esperada para investimentos é de 8% ao ano e a inflação atinge uma média de 2% ao ano, encontre o valor anual necessário para que ele atinja sua meta.

14.41 Um laboratório de pesquisas na área de engenharia genética animal, com sede na Europa, está planejando um grande dispêndio em equipamentos de pesquisa. O laboratório necessita de $ 5 milhões atuais para poder fazer a aquisição daqui a 4 anos. A taxa de inflação de 5% ao ano é constante. (*a*) Qual será o montante necessário, em dólares futuros, quando o equipamento for comprado, se o poder de compra for mantido? (*b*) Qual é a quantia necessária que deve ser depositada anualmente em um fundo que rende a taxa de mercado de 10% ao ano, para assegurar que o montante calculado na questão (*a*) seja acumulado?

14.42 (*a*) Calcule o valor anual equivalente permanente, em dólares futuros (durante os anos 1 ao ∞), para uma renda de $ 50.000 agora e $ 5.000 ao ano, a partir de então. Suponha que a taxa de juros de mercado seja de 8% ao ano e a inflação atinja uma média de 4% ao ano. Todos os valores são cotados como dólares futuros.

(*b*) Se os valores forem cotados em *dólares de valor constante*, como se pode encontrar o valor anual em *dólares futuros*?

14.43 As duas máquinas detalhadas a seguir estão sendo consideradas para uma operação de produção de chips. Suponha que a TMA da empresa seja um retorno real de 12% ao ano e que a taxa de inflação seja de 7% ao ano. Qual máquina deve ser selecionada, com base em uma análise do valor anual, se as estimativas estão expressas em (*a*) dólares de valor constante e (*b*) dólares futuros?

	Máquina A	Máquina B
Custo de aquisição, $	−150.000	−1.025.000
Custo anual de M & O, $/ano	−70.000	−5.000
Valor recuperado, $	40.000	200.000
Vida útil, em anos	5	∞

PROBLEMAS DE REVISÃO DE FUNDAMENTOS DE ENGENHARIA (FE)

14.44 Em relação a uma taxa real de juros de 12% ao ano e uma taxa de inflação de 7% ao ano, qual taxa de juros do mercado, ao ano, está mais próxima de:
   (a) 4,7%
   (b) 7%
   (c) 12%
   (d) 19,8%

14.45 Quando todos os fluxos de caixa futuros são expressos em dólares então vigentes, a taxa que deve ser utilizada para encontrar o valor presente é:
   (a) A TMA real
   (b) A taxa de inflação
   (c) A taxa de juros inflacionada
   (d) A taxa real de juros

14.46 Para converter dólares de valor constante em dólares inflacionados, é necessário:
   (a) Dividir por $(1 + i_f)^n$
   (b) Dividir por $(1 + f)^n$
   (c) Dividir por $(1 + i)^n$
   (d) Multiplicar por $(1 + f)^n$

14.47 Para converter dólares inflacionados em dólares de valor constante, é necessário:
   (a) Dividir por $(1 + i_f)^n$
   (b) Dividir por $(1 + f)^n$
   (c) Dividir por $(1 + i)^n$
   (d) Multiplicar por $(1 + f)^n$

14.48 Quando a taxa de juros do mercado é menor do que a taxa real de juros, então:
   (a) A taxa de juros inflacionada é mais alta do que a taxa real de juros.
   (b) A taxa real de juros é nula (zero).
   (c) Existe uma situação deflacionária.
   (d) Todas as alternativas acima.

14.49 Quando dólares futuros são expressos em termos de dólares de valor constante, a taxa que deve ser utilizada nos cálculos do valor presente é a:
   (a) Taxa real de juros
   (b) Taxa de juros do mercado
   (c) Taxa de inflação
   (d) A taxa de mercado menos a taxa de inflação

EXERCÍCIO AMPLIADO

INVESTIMENTOS DE RENDA FIXA *VERSUS* AS FORÇAS DA INFLAÇÃO

A poupança e os investimentos que uma pessoa mantém devem ter certo equilíbrio entre o patrimônio líquido (por exemplo, títulos ao portador que confiam no crescimento do mercado e no rendimento de dividendos) e os investimentos de renda fixa (por exemplo, obrigações que pagam dividendos ao comprador). Quando a inflação é moderadamente alta, os títulos convencionais oferecem um baixo retorno em relação às ações da Bolsa, porque o potencial para crescimento do mercado não está presente nos títulos. Além disso, a força da inflação faz os dividendos valerem menos no futuro, porque não é realizado nenhum ajuste à inflação no valor dos dividendos, pagos à medida que o tempo passa. Entretanto, os títulos proporcionam uma renda estável, que pode ser importante para um indivíduo. E servem para conservar o principal investido no título, porque o valor nominal é retornado em seu vencimento.

Harold é um engenheiro que quer ter um fluxo previsível de dinheiro para viagens e férias. Ele tem um salário suficientemente alto, que se enquadra em uma categoria relativamente alta do imposto de renda (28% ou mais). Como primeiro passo, ele decidiu comprar uma obrigação municipal, devido aos rendimentos previsíveis e ao fato de o dividendo ser inteiramente isento de impostos federais e estaduais. Ele planeja comprar uma obrigação municipal isenta do imposto de renda, que tem um valor nominal de $ 25.000, uma taxa de cupom de 5,9%, paga anualmente, e um vencimento em 12 anos.

Questões

Ajude Harold, com algumas análises, respondendo às seguintes questões, utilizando uma planilha:
1. Qual é a taxa global de retorno, se uma obrigação for mantida até o seu vencimento? O valor desse retorno tem algum dos efeitos inerentes à inflação nele incluída?
2. Harold pode decidir vender a obrigação, imediatamente após o pagamento do terceiro dividendo anual. Qual é o preço mínimo de venda, se ele quiser obter um retorno real de 7% e quiser ajustá-lo à inflação de 4% ao ano?
3. Se Harold precisasse de dinheiro imediatamente após o pagamento do terceiro dividendo, qual seria o preço mínimo de venda da obrigação, em dólares futuros, se ele a vendesse por um valor que é equivalente ao poder de compra do preço original?
4. Como uma continuação da questão 3, o que acontece ao preço de venda (em dólares futuros) após 3 anos da compra, se Harold está disposto a incluir nos cálculos o poder de compra, então vigente, de cada um dos dividendos, para determinar o preço de venda? Suponha que Harold tenha gasto os dividendos imediatamente depois de recebê-los.
5. Harold planeja manter a obrigação até o seu vencimento, em 12 anos, mas exige um retorno de 7% ao ano, ajustado à inflação de 4% ao ano. Ele tem condições de comprar a obrigação com um desconto, ou seja, pagar menos de $ 25.000 agora. Qual é o máximo que ele deve pagar pela obrigação?

CAPÍTULO 15
Estimativa dos Custos e Alocação dos Custos Indiretos

Até este ponto, os valores dos fluxos de caixa de custos e de receitas foram declarados ou presumidos como conhecidos. Na realidade, eles não são; eles precisam ser estimados. Este capítulo explica o que a estimativa dos custos envolve em todos os aspectos de um projeto especialmente, nas etapas de concepção, planejamento preliminar, planejamento detalhado e análise econômica do projeto. Quando um projeto é desenvolvido no setor privado ou no setor público, questões relativas aos custos e às receitas serão apresentadas por pessoas que representam muitas e diferentes funções: gerência, engenharia, construção, produção, qualidade, finanças, segurança, meio ambiente, jurídica e de marketing, para citarmos algumas. Na prática da engenharia, a estimativa dos custos recebe muito mais atenção do que a da receita; os custos são o tema deste capítulo.

Diferentemente dos custos diretos de mão-de-obra e de matérias-primas, os custos indiretos não são facilmente alocados a um departamento, uma máquina ou uma linha de processamento específicos. Portanto, a *alocação dos custos indiretos* para funções, como serviços públicos, segurança, gerência e administração, compras e qualidade, é realizada utilizando certa base racional. Tanto o método tradicional de alocação quanto o método do Custeio Baseado em Atividades (*Activity-Based Costing* – ABC) são tratados neste capítulo. Fazemos, inclusive, uma comparação entre esses dois métodos.

Há dois exemplos no Estudo de Caso. O primeiro concentra-se na análise de sensibilidade das estimativas dos custos, enquanto o segundo examina a alocação dos custos indiretos em um cenário de produção.

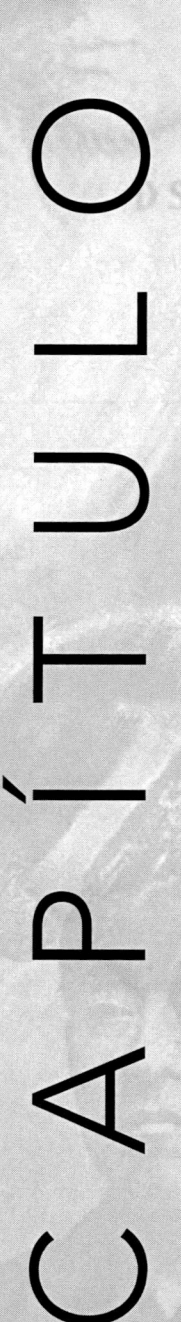

OBJETIVOS DE APRENDIZAGEM

Propósito: Fazer estimativa dos custos e incluir a dimensão da alocação dos custos indiretos em um estudo de engenharia econômica.

Critérios	Este capítulo ajudará você a:
Índices de custos	1. Descrever diferentes maneiras de realizar a estimativa dos custos.
Equações de custo/capacidade	2. Utilizar um índice de custos para estimar o custo presente, baseando-se em dados históricos.
Método dos fatores	3. Estimar o custo de um componente, sistema ou instalação por meio de uma equação de custo/capacidade.
Taxas e alocação dos custos indiretos	4. Estimar o custo total de uma fábrica utilizando o método dos fatores.
Alocação pelo método do ABC	5. Alocar os custos indiretos utilizando taxas dos custos indiretos tradicionais.
	6. Alocar os custos indiretos utilizando o método do Custeio Baseado em Atividades (Activity-Based Costing – ABC).

15.1 ENTENDENDO COMO A ESTIMATIVA DOS CUSTOS É REALIZADA

A estimativa dos custos é uma atividade importante, realizada nas etapas iniciais de praticamente todos os esforços da indústria, comércio e governo. Em geral, a maior parte das estimativas de custo é desenvolvida para um *projeto* ou para um *sistema*; entretanto, a combinação dessas é muito comum. Um projeto, habitualmente, envolve itens físicos como, por exemplo, um prédio, uma ponte, uma instalação de produção e uma plataforma flutuante de perfuração, somente para citarmos alguns. Um sistema é um projeto operacional que envolve processos, softwares e outros itens não físicos. Os exemplos poderiam ser: um sistema de ordem de compra, um pacote de software e um sistema de controle remoto baseado na Internet. Além disso, as estimativas de custo, geralmente, são realizadas durante a fase inicial de desenvolvimento do projeto ou do sistema, sendo os custos de manutenção e de atualização, efetuados durante o ciclo de vida, estimados como uma porcentagem dos custos de aquisição. Naturalmente, muitos projetos terão elementos não físicos importantes, de forma que as estimativas de ambos os tipos precisarão ser desenvolvidas. Por exemplo, considere um sistema de rede de computadores. Não haveria nenhum sistema operacional se somente o hardware do computador e os dispositivos de conexão física e sem fio fossem estimados. Porém, é igualmente importante estimar os custos de software, de pessoal e de manutenção. Grande parte da discussão a seguir concentra-se em projetos com base física. Entretanto, a lógica é amplamente aplicável à estimativa dos custos para delineamento de projetos e sistemas.

Até aqui, praticamente todas as estimativas de fluxo de caixa dos exemplos, problemas e exercícios foram declaradas ou consideradas conhecidas. Na prática, os fluxos de caixa de custos e receitas precisam ser estimados antes da avaliação de um projeto ou da comparação de alternativas. Concentramo-nos na estimativa dos custos porque são os principais valores estimados para a análise econômica. As estimativas de receita utilizadas por engenheiros, habitualmente, são preparadas pelos departamentos de marketing, vendas e outros.

Os custos compõem-se de *custos diretos* e *custos indiretos*. Normalmente, os custos diretos são estimados com certo nível de detalhes e depois os custos indiretos são adicionados utilizando-se taxas e fatores padronizados. Entretanto, em muitas indústrias (inclusive ambientes de produção e montagem) os custos diretos tornaram-se uma porcentagem pequena do custo global do produto, ao passo que os custos indiretos tornaram-se uma porcentagem muito maior. Conseqüentemente, muitos ambientes industriais exigem estimativa acurada, também, dos custos indiretos. A alocação dos custos indiretos será discutida, detalhadamente, nas últimas seções deste capítulo. Primeiramente, discutiremos os custos diretos.

Uma vez que a estimativa dos custos é uma atividade complexa, as perguntas a seguir constituem uma estrutura para nossa discussão.

- Quais componentes de custos precisam ser estimados?
- Que critério de estimativa dos custos será aplicado?
- Quão acuradas as estimativas devem ser?
- Quais técnicas de estimativa serão utilizadas?

Custos a Serem Estimados Se um projeto gira em torno de uma única peça de equipamento como um robô industrial, os *componentes de custo* serão significativamente mais simples e menores do que os componentes de custo de um sistema complexo como, por exemplo, uma linha de produção ou de teste de um novo produto. Portanto, é importante saber, de imediato, quanto a tarefa de estimativa dos custos exigirá. Exemplos de componentes de custo são o custo de aquisição P e o custo operacional anual (COA), também chamado de custos de M&O (manutenção e operação) de equipamentos. Cada componente terá diversos *elementos de custo*: alguns são estimados diretamente, outros exigem um exame dos registros de projetos similares e, ainda, outros precisam ser modelados, por meio de uma técnica de estimativa. Relacionamos, a seguir, alguns exemplos de elementos do custo de aquisição e componentes do custo operacional anual (COA).

Componente do custo de aquisição P:
    Elementos: Custo do equipamento
                       Encargos de entrega
                       Custo de instalação
                       Cobertura do seguro
                       Treinamento inicial do pessoal quanto à utilização do equipamento

O custo do equipamento entregue é a soma dos dois primeiros elementos; esse custo, se somado ao terceiro elemento, resulta no custo do equipamento instalado. A recuperação de capital (RC), quanto ao custo de aquisição, é determinada utilizando-se a TMA e o fator *A/P* ao longo do ciclo de vida estimado do equipamento.

Componente COA, uma parte do custo anual equivalente A:
    Elementos: Custo direto de mão-de-obra com o pessoal do setor operacional
                       Matérias-primas diretas
                       Manutenção (diária, periódica, reparos etc.)
                       Retrabalho e reconstrução

Alguns desses elementos como, por exemplo, o custo dos equipamentos, podem ser determinados com alta precisão; outros, como o custo de manutenção, são mais difíceis de estimar. Quando os custos de um sistema inteiro precisam ser estimados, o número de componentes e elementos provavelmente será contado às centenas. Então, é necessário priorizar as tarefas de estimativa.

Em relação a projetos familiares (casas, prédios de escritório, rodovias e algumas instalações químicas), há pacotes padronizados de estimativa dos custos, disponíveis no formato de software. Por exemplo, os departamentos rodoviários estaduais utilizam pacotes de software que identificam os componentes de custo corretos (pontes, pavimentação, perfis *cut-and-fill*[1] etc.) e estimam os custos com base em relações já existentes e incorporadas. Tão logo esses componentes são estimados, as exceções para o projeto específico são adicionadas. Entretanto, não existem pacotes de software "prontos" para a estimativa dos custos dos setores industrial, comercial e público.

Critério de Estimativa dos Custos Tradicionalmente, nos setores industrial, comercial e público é aplicado um critério *bottom-up*[2] para a estimativa dos custos. Veja na Figura 15–1 (à esquerda) uma apresentação simples desse critério. A progressão é a seguinte: os componentes de custo e seus elementos são identificados, os elementos de custo são estimados e as estimativas são somadas para obter o custo direto total. O preço é, então, determinado acrescentando os custos indiretos e a margem de lucro, que, geralmente, é uma porcentagem do custo total. Esse formato funciona bem quando a concorrência não é o fator predominante no apreçamento do produto ou serviço.

O critério *bottom-up* trata o preço exigido como uma variável de entrada e as estimativas de custo como variáveis de saída.

---

[1] **N.T.:** Processo de construção de rodovias, canais etc., em que a quantidade de terra retirada de um ponto coincide, aproximadamente, com a quantidade de terra necessária para preencher um espaço vizinho.

[2] **N.T.:** De baixo para cima.

Figura 15–1
Processos de estimativa simplificada dos custos para critérios *bottom-up* e *top-down*.

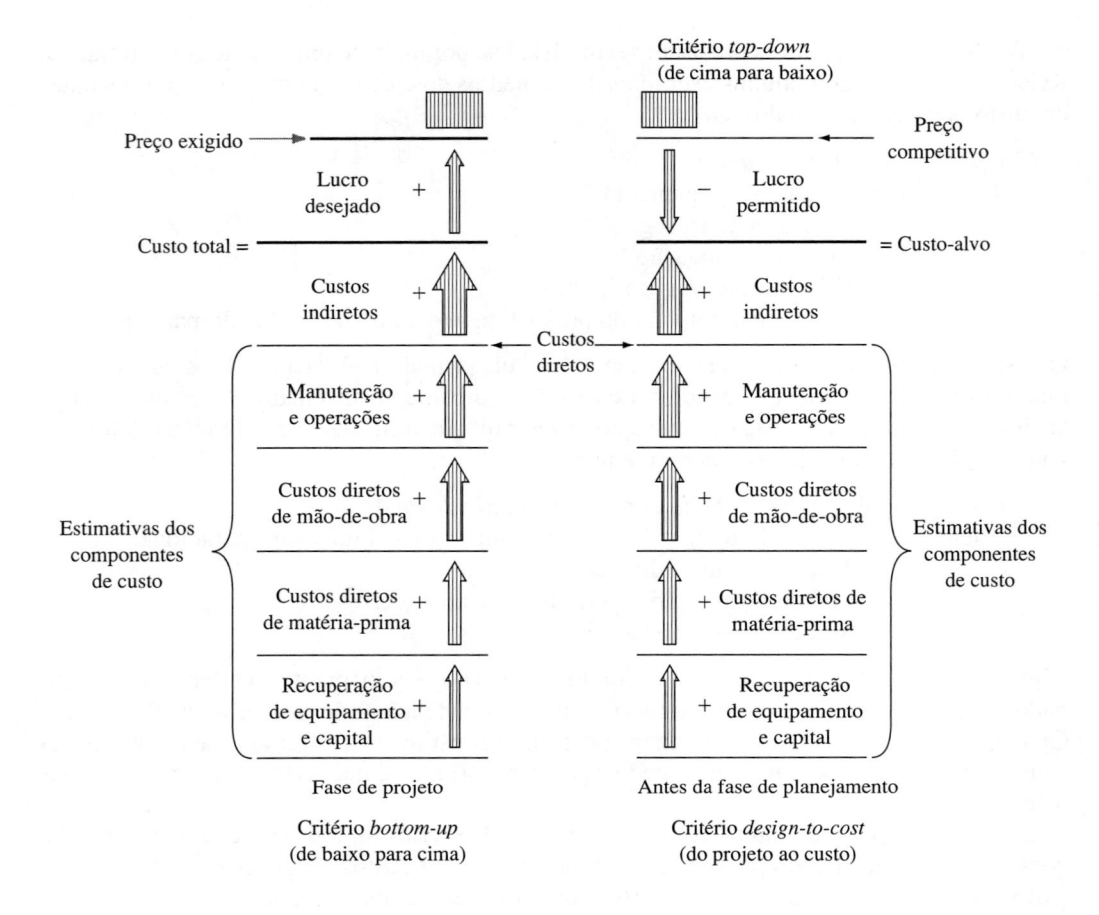

[Figura 15–1: Diagrama comparando os critérios *bottom-up* (de baixo para cima) e *design-to-cost* / *top-down* (de cima para baixo).

Critério *bottom-up* (Fase de projeto): partindo da base, somam-se Recuperação de equipamento e capital + Custos diretos de matéria-prima + Custos diretos de mão-de-obra + Manutenção e operações (Estimativas dos componentes de custo = Custos diretos) + Custos indiretos = Custo total + Lucro desejado → Preço exigido.

Critério *design-to-cost* / *top-down* (Antes da fase de planejamento): partindo do Preço competitivo − Lucro permitido = Custo-alvo, subtraem-se Custos indiretos e os componentes diretos (Manutenção e operações, Custos diretos de mão-de-obra, Custos diretos de matéria-prima, Recuperação de equipamento e capital).]

A Figura 15–1 apresenta uma progressão simplificada do critério *design-to-cost*, ou *top-down*. O preço competitivo estabelece o custo-alvo.

O critério *design-to-cost* ou *top-down* trata o preço competitivo como uma variável de entrada e as estimativas de custo como variáveis de saída.

Esse critério dá mais ênfase à precisão da atividade de estimativa de preços. O custo-alvo deve ser realista, caso contrário, pode ser um desestímulo para a equipe de projetos e engenharia.

O critério *design-to-cost* é mais bem aplicado nas primeiras etapas de projeto de um produto novo ou aperfeiçoado. As opções detalhadas de projeto e equipamentos específicos ainda não são conhecidas, mas as estimativas de preço ajudam a estabelecer custos-alvo de diferentes componentes. É um critério útil para estimular a inovação, os novos *designs*, a melhoria do processo de produção e a eficiência. Esses são alguns dos aspectos fundamentais da *engenharia de valor* e da engenharia de sistemas com *valor adicionado*.

Habitualmente, o critério resultante é uma certa combinação dessas duas filosofias de estimativa dos custos. Entretanto, é útil entender, de imediato, qual delas deve ser enfatizada. Historicamente, o critério *bottom-up* é predominante em culturas de engenharia ocidentais, sobretudo nos Estados Unidos e no Canadá. O critério *design-to-cost* é considerado rotineiro nas culturas de engenharia orientais, especialmente nos países industrializados como o Japão e outros países asiáticos.

Precisão das Estimativas Não se pode esperar que as estimativas de custos sejam exatas; entretanto, espera-se que sejam razoáveis e suficientemente acuradas para dar sustentação à análise econômica. A precisão necessária torna-se maior à medida que o projeto avança da fase de planejamento preliminar para a de planejamento detalhado e, por fim, para a avaliação econômica. Espera-se que as estimativas de custos, realizadas antes e durante a fase de planejamento preliminar, sejam suficientemente boas, que sirvam como uma colaboração ao orçamento do projeto. Técnicas de estimativa como, por exemplo, o método unitário são aplicáveis nesta etapa.

O *método unitário* é uma técnica de estimativa popular, muito preliminar. O custo estimado total é obtido multiplicando-se o número de unidades por um fator de custo por unidade. São exemplos de fatores de custo:

Custo de operação de veículos automotores por milha, incluindo o combustível, seguro, desgaste (por exemplo, 34,5 centavos de dólar por milha).
Custo de construção de casas residenciais por pé quadrado habitável (por exemplo, $ 150 por pé quadrado).
Custo de cabos elétricos subterrâneos por milha.
Custo por vaga no estacionamento em uma garagem automática.
Custo de construção, por milha, de uma rua suburbana com largura padrão.

Ocorrências do método unitário são evidentes nas atividades comerciais diárias. Se os custos de construção de uma casa atingem uma média de $ 150 por pé quadrado, uma estimativa preliminar do custo de uma casa de 2.000 pés quadrados (185,8 metros quadrados) é de $ 300.000. Se uma viagem de automóvel acarreta a despesa de $ 0,345 por milha, uma viagem de negócios, de 200 milhas, com esse automóvel, deve custar aproximadamente $ 70.

Quando utilizadas nas etapas iniciais e conceituais de planejamento, as estimativas mencionadas anteriormente são freqüentemente chamadas de estimativas da *ordem de magnitude*. Na etapa de planejamento detalhado, há a expectativa de que as estimativas de custo sejam suficientemente acuradas para darem suporte à avaliação econômica, quando se toma uma decisão de fazer ou não fazer. Todo projeto tem suas características próprias, mas uma variação de ±5% a ±15% nas estimativas dos custos reais é esperada na etapa de planejamento detalhado.

Técnicas de Estimativa dos Custos Métodos como a obtenção da opinião de especialistas e comparação com instalações similares servem como excelentes estimadores. A utilização de *índices de custo* baseia a estimativa de custo presente em experiências de custo passadas, considerando a inflação. Modelos como, por exemplo, as *equações de custo/capacidade* e o *método dos fatores* são técnicas matemáticas simples, aplicadas à etapa de planejamento preliminar. Estas *relações de estimativa de custos* (REC) são apresentadas nas seções seguintes. Há muitos métodos adicionais abordados em manuais e publicações de diferentes setores da indústria e do comércio.

15.2 ÍNDICES DE CUSTO

Um *índice de custos* é uma razão do custo entre algo de hoje e seu custo em algum momento do passado. Sendo assim, um índice é um número adimensional que mostra a mudança de custo relativa ao longo do tempo. Um índice deste tipo, com o qual as pessoas estão familiarizadas, é o Índice de Preços ao Consumidor (IPC), que apresenta a relação entre os custos presentes e passados de muitas coisas que os consumidores "típicos" precisam comprar. Esse índice inclui itens como, por exemplo, aluguel, alimentos, transporte e certos serviços. Outros índices acompanham os custos de equipamentos, bens e serviços que são mais pertinentes às disciplinas de engenharia. A Tabela 15–1 mostra uma relação de alguns dos índices mais comuns.

TABELA 15-1	Tipos e Fontes de Vários Índices de Custo
Tipo de Índice	Fonte
Preços globais	
Ao Consumidor (IPC)	Bureau of Labor Statistics
Ao Produtor (atacadistas)	U.S. Department of Labor
Construção	
Globais da indústria química	*Chemical Engineering*
Equipamentos, maquinaria e suportes	
Mão-de-obra da construção civil	
Prédios	
Engenharia e supervisão	
Globais de *Engineering News Record*	*Engineering News Record (ENR)*
Construção	
Prédios	
Mão-de-obra comum	
Mão-de-obra especializada	
Matérias-primas	
Índices EPA para estações de tratamento	Environmental Protection Agency, *ENR*
Tratamento avançado em grandes cidades (LCAT)	
Tratamento convencional em pequenas cidades (SCCT)	
Estradas federais	
Custo de empreiteiras	
Equipamentos	
Globais da Marshall and Swift (M&S)	Marshall & Swift
Indústrias específicas da M&S	
Mão-de-obra	
Produção por homem-hora em cada indústria	U.S. Department of Labor

A equação geral para atualizar os custos, por meio da utilização de um índice de custos, ao longo de um período, a partir do tempo $t = 0$ (base) a outro período t é:

$$C_t = C_0 \left(\frac{I_t}{I_0} \right) \qquad [15.1]$$

Em que: C_t = o custo estimado no tempo presente t
C_0 = o custo no tempo anterior t_0
I_t = o valor do índice no tempo t
I_0 = o valor do índice no tempo t_0

Geralmente, os índices referentes a equipamentos e matérias-primas compõem-se de uma conjugação de componentes aos quais são atribuídos certos pesos, e às vezes os componentes são adicionalmente subdivididos em itens mais básicos. Por exemplo, o componente "equi-

TABELA 15–2 Valores de Índices Selecionados			
Ano	Índice CE de Custos de Fabricação	Índice ENR de Custos de Construção	Índice M&S de Custos de Equipamentos
1985	325,3	4.195	789,6
1986	318,4	4.295	797,6
1987	323,8	4.406	813,6
1988	342,5	4.519	852,0
1989	355,4	4.615	895,1
1990	357,6	4.732	915,1
1991	361,3	4.835	930,6
1992	358,2	4.985	943,1
1993	359,2	5.210	964,2
1994	368,1	5.408	993,4
1995	381,1	5.471	1.027,5
1996	381,8	5.620	1.039,2
1997	386,5	5.826	1.056,8
1998	389,5	5.920	1.061,9
1999	390,6	6.059	1.068,3
2000	394,1	6.221	1.089,0
2001	394,3	6.343	1.093,9
2002	395,6	6.538	1.104,2
2003	401,7	6.694	1.123,6
2004	434,6 (Meados do ano)	7.064 (Meados do ano)	1.136,0 (Estimado)

pamentos, maquinaria e suporte", da fábrica de produtos químicos, é subdividido em maquinaria de processos, tubos, válvulas e acessórios, bombas, compressores e assim por diante. Esses subcomponentes, por sua vez, são constituídos de itens ainda mais básicos como, por exemplo, tubo de pressão, tubo preto e tubo galvanizado. A Tabela 15–2 apresenta o índice *Chemical Engineering* de custos de fabricação, o índice *Engineering News Record* (*ENR*) de custos de construção e o índice Marshall & Swift (M&S) de custos de equipamentos para vários anos. Ao período-base de 1957 a 1959 é atribuído o valor 100 para o índice *Chemical Engineering* (*CE*) de custos de fabricação; 1913 = 100 para o índice *ENR* de custos de construção; e 1926 = 100 para o índice M&S de custos de equipamentos.

Os valores atuais e passados de diversos índices podem ser obtidos pela Internet. Por exemplo, o índice *CE* de custos de fábrica está disponível em www.che.com/pindex. O índice de custos de construção encontra-se em www.construction.com. Esse último site apresenta uma variedade abrangente de recursos relacionados à construção, inclusive diversos índices *ENR* de custos e sistemas de estimativa dos custos. Um site utilizado por muitos profissionais de engenharia, na forma de "sala de bate-papo técnico", para todos os tipos de tópicos, inclusive estimativa, é o www.eng-tips.com.

EXEMPLO 15.1

Ao avaliar a viabilidade de um grande projeto de construção, um engenheiro está interessado em estimar o custo de mão-de-obra especializada para o trabalho. O engenheiro descobre que um projeto de complexidade e magnitude similares foi concluído há 5 anos, sendo que o custo de mão-de-obra especializada foi de $ 360.000. O índice *ENR* de custos de mão-de-obra especializada era de 3.496 então, e agora é de 4.038. Qual é o custo de mão-de-obra especializada estimada para o novo projeto?

Solução
O tempo-base t_0 é 5 anos atrás. Utilizando a Equação [15.1], a estimativa de custo presente é:

$$C_t = 360.000 \left(\frac{4.038}{3.496} \right)$$
$$= \$ 415.812$$

Nas indústrias de manufatura e de serviços, índices de custo tabulados não estão prontamente disponíveis. O índice de custos poderá variar de acordo com a região do país, tipo de produto ou serviço e muitos outros fatores. Quando os custos de um sistema de manufatura são estimados, é necessário, freqüentemente, desenvolver o índice de custos para variáveis de alta prioridade como, por exemplo, componentes subcontratados, matérias-primas selecionadas e custos de mão-de-obra. O desenvolvimento do índice de custos exige o custo real em diversos momentos, para uma quantidade e qualidade prescritas do item. O *período-base* é um tempo selecionado quando o índice é definido com um valor básico 100 (ou 1). O índice de cada ano (período) é determinado como o custo do respectivo ano dividido pelo custo do ano-base e, em seguida, multiplicado por 100. Valores futuros do índice podem ser previstos por meio de uma extrapolação simples ou técnicas matemáticas mais refinadas como a análise da série histórica. O desenvolvimento de índices de custo é ilustrado no exemplo seguinte.

EXEMPLO 15.2

Um engenheiro de produção que trabalha na Hughes Industries está estimando os custos de expansão de uma fábrica. Dois itens importantes utilizados no processo de manufatura são uma placa de circuito impresso subcontratada e uma liga de platina pré-processada. Verificações programadas dos preços contratados, por meio do Departamento de Compras, são efetuadas em intervalos de 6 meses (primeiro e terceiro trimestres, ou T1 e T3) e apresentam custos históricos descritos a seguir. Estabeleça o primeiro trimestre de 2001 como o período-base e determine os índices de custo utilizando uma base 100.

Ano	1999		2000		2001		2002
Trimestre	T1	T3	T1	T3	T1	T3	T1
Placa de circuito impresso, $/unidade	57,00	56,90	56,90	56,70	56,60	56,40	56,25
Liga de platina, $/onça	446	450	455	575	610	625	635

Solução
Em relação a cada item, o índice (I_t/I_0) é calculado utilizando o custo do primeiro trimestre de 2001 para o valor I_0. Conforme indicado pelos índices de custo apresentados, o índice relativo à placa de circuito impresso é estável, enquanto o índice para a liga de platina eleva-se constantemente.

Ano	1999		2000		2001		2002
Trimestre	T1	T3	T1	T3	T1	T3	T1
Índice para a placa de circuito impresso	100,71	100,53	100,53	100,17	100,00	99,65	99,38
Índice para a liga de platina	73,11	73,77	74,59	94,26	100,00	102,46	104,10

Comentário
A utilização do índice de custos para projeções deve ser realizada com um bom entendimento da própria variável. O índice de custos da liga de platina está se elevando, mas o custo da platina é muito mais suscetível a tendências e condições econômicas do mercado do que o da placa de circuito impresso. Conseqüentemente, os índices de custo, com frequência, são mais confiáveis para estimar os custos presentes e futuros de curto prazo.

Os índices de custo, com o passar do tempo, são sensíveis às mudanças tecnológicas. A quantidade e a qualidade predefinidas, utilizadas para obter valores de custo, podem ser difíceis de serem mantidas ao longo do tempo, de forma que pode ocorrer um "rastejamento de índice". É necessário atualizar o índice e sua definição quando acontecem mudanças identificáveis.

15.3 RELAÇÕES DE ESTIMATIVA DOS CUSTOS: EQUAÇÕES DE CUSTO/CAPACIDADE

As variáveis de projeto (velocidade, peso, impulso, tamanho físico etc.) de instalações, equipamentos e construção são determinadas nas primeiras etapas do projeto. As relações de estimativa de custos (REC) utilizam essas variáveis para prever os custos. Desse modo, uma REC é genericamente diferente do método de índice de custos, porque o índice se baseia no histórico de custos de uma quantidade e qualidade definidas de determinada variável.

Um dos modelos REC mais amplamente utilizado é a *equação de custo/capacidade*. Conforme o nome implica, uma equação relaciona o custo de um componente, sistema ou instalação com sua capacidade. Isso também é conhecido como *modelo da lei da potência e dimensionamento*. Uma vez que muitas equações de custo/capacidade assinalam uma linha reta em um papel log-log, uma forma comum é:

$$C_2 = C_1 \left(\frac{Q_2}{Q_1} \right)^x \qquad [15.2]$$

Em que: C_1 = custo à capacidade Q_1
C_2 = custo à capacidade Q_2
x = expoente de correlação

O valor do expoente de correlação para vários componentes, sistemas ou instalações inteiras pode ser obtido ou deduzido de uma série de fontes, inclusive em *Plant Design and Economics for Chemical Engineers*, *Preliminary Plant Design in Chemical Engineering*, *Chemical Engineers' Handbook*, periódicos técnicos (especialmente, *Chemical Engineering*), o *U.S. Environmental Protection Agency* (Departamento de Proteção Ambiental dos Estados Unidos), organizações profissionais ou comerciais, firmas de consultoria, manuais e empresas de equipamentos. A Tabela 15–3 apresenta uma relação parcial de valores típicos do expoente, para várias unidades. Quando o valor do expoente de uma unidade em particular não é conhecido, uma prática comum é utilizar o valor médio de 0,6. Realmente, na indústria de processamento químico, a Equação [15.2] é chamada de modelo dos seis décimos. Comumente, $0 < x \leq 1$. Para valores de $x < 1$, tira-se proveito das economias de escala; se $x = 1$, há uma relação linear. Quando $x > 1$, há deseconomias de escala, ou seja, há a expectativa de que um tamanho maior custe mais do que o de uma relação puramente linear.

Especialmente eficaz é combinar o ajuste temporal do índice de custos (I_t/I_0) da Equação [15.1] com a equação de custo/capacidade, para estimar custos que se alteram ao longo do tempo. Se o índice for incorporado ao cálculo de custo/capacidade na Equação [15.2], o custo no tempo t e o nível 2 de capacidade poderão ser escritos como o produto de dois termos independentes.

$C_{2,t}$ = (custo no tempo 0 do nível 2) × (índice de custos do ajuste temporal)

$$= \left[C_{1,0} \left(\frac{Q_2}{Q_1} \right)^x \right] \left(\frac{I_t}{I_0} \right)$$

Isso, comumente, é expresso sem os subscritos de tempo. Assim,

$$C_2 = C_1 \left(\frac{Q_2}{Q_1} \right)^x \left(\frac{I_t}{I_0} \right) \qquad [15.3]$$

O exemplo seguinte ilustra a utilização dessa relação.

TABELA 15–3 Exemplos de Valores do Expoente para Equações de Custo/Capacidade

Componente/Sistema/Instalação	Faixa de Tamanho	Expoente
Estações de tratamento de esgoto com lodo ativado	1 a 100 MGD*	0,84
Digestor aeróbico	0,2 a 40 MGD	0,14
Aerador (*blower*)	1.000 a 7.000 ft/min	0,46
Centrífuga	40 a 60 polegadas	0,71
Instalação de produção de cloro	3.000 a 350.000 toneladas/ano	0,44
Clarificador	0,1 a 100 MGD	0,98
Compressor recíproco (ar comprimido)	5 a 300 hp**	0,90
Compressor	200 a 2.100 hp	0,32
Separador ciclônico	20 a 8.000 ft³/min	0,64
Secador	15 a 400 ft²	0,71
Filtro, areia	0,5 a 200 MGD	0,82
Dissipador de calor	500 a 3.000 ft²	0,55
Instalação de produção de hidrogênio	500 a 20.000 ft³ padrão/dia	0,56
Laboratório	0,05 a 50 MGD	1,02
Lagoa, aerada	0,05 a 20 MGD	1,13
Bomba, centrífuga	10 a 200 hp	0,69
Reator	50 a 4.000 galões	0,74
Leito de secagem de lodo	0,04 a 5 MGD	1,35
Tanque de estabilização	0,01 a 0,2 MGD	0,14
Tanque, aço inoxidável	100 a 2.000 galões	0,67

NOTA: *MGD = um milhão de galões por dia; **hp = Horsepower (cavalo-vapor).

EXEMPLO 15.3

O custo total de projeto e construção de um digestor para tratar de uma taxa de escoamento de 0,5 milhão de galões por dia (MGD) foi de $ 1,7 milhão em 2000. Estime o custo atual para uma taxa de escoamento de 2,0 MGD. O expoente da Tabela 15–3 correspondente à faixa de tamanho 0,2 a 40 MGD é 0,14. O índice de custos, de 131 no ano 2000, foi atualizado para 225 para este ano.

Solução

A Equação [15–2] estima o custo do sistema maior em 2000, mas ele precisa ser atualizado pelo índice de custos em dólares atuais. A Equação [15–3] efetua ambas as operações ao mesmo tempo. O custo estimado em dólares de valor vigente é

$$C_2 = 1.700.000 \left(\frac{2,0}{0,5}\right)^{0,14} \left(\frac{225}{131}\right)$$

$$= 1.700.000(1,214)(1,718) = \$ 3.546.178$$

15.4 RELAÇÕES DE ESTIMATIVA DOS CUSTOS: MÉTODO DOS FATORES

Outro modelo amplamente utilizado para estimativas preliminares dos custos de instalações de processos denomina-se *método dos fatores*. Embora o método discutido anteriormente possa ser utilizado para estimar os custos de itens importantes de equipamento, processos e custos totais da instalação, o método dos fatores foi desenvolvido especificamente para os custos totais da instalação. O método se baseia na premissa de que é possível obter, de maneira razoavelmente confiável, os custos totais da instalação ao multiplicar-se o custo do equipamento principal por determinados fatores. Uma vez que os custos do equipamento principal estão prontamente disponíveis, estimativas rápidas para a instalação são possíveis, se os fatores apropriados forem conhecidos. Esses fatores comumente são chamados de fatores Lang, devido a Hans J. Lang, o primeiro autor a propor esse método, em 1947.

Em sua forma mais simples, o método dos fatores é expresso da mesma forma que o fator unitário:

$$C_T = h C_E \qquad [15.4]$$

Em que C_T = custo total da instalação

h = fator de custo global ou soma dos fatores de custo individuais

C_E = custo total do equipamento principal

O h pode ser um fator de custo global ou, mais realisticamente, a soma dos componentes de custo individuais como, por exemplo, construção, manutenção, mão-de-obra direta e elementos de custo indiretos. Isso segue os critérios de estimativa dos custos apresentados na Figura 15–1.

Em sua obra original, Lang demonstrou que os fatores de custo direto e os fatores de custo indireto podem ser combinados em um fator global para alguns tipos de instalações, da seguinte maneira: instalação de processo sólido: 3,10; instalações de processo sólido-fluido: 3,63; e instalações de processo fluido: 4,74. Esses fatores revelam que o custo total da planta instalada é muitas vezes superior ao do equipamento principal.

EXEMPLO 15.4

Um engenheiro da Phillips Petroleum teve conhecimento de que a expansão da estação de processo sólido-fluido, provavelmente, terá um custo de $ 1,55 milhão, para o equipamento entregue. Se o fator de custo global para esse tipo de instalação é 3,63, estime o custo total da instalação.

Solução
O custo total da instalação é estimado por meio da Equação [15.4].

$$C_T = 3{,}63(1.550.000)$$
$$= \$\ 5.626.500$$

Aprimoramentos subseqüentes do método dos fatores resultaram no desenvolvimento de fatores distintos para os componentes de custo direto e de custo indireto. Os custos diretos, conforme discutimos na Seção 15.1, são especificamente relacionáveis a um produto, função ou processo. Os custos indiretos não são diretamente atribuíveis a uma única função, mas são compartilhados por diversas funções porque são necessários à consecução do objetivo global. Exemplos de custos indiretos são administração geral, serviços de informática, qualidade, segurança, impostos, seguridade social e uma série de funções de apoio. Os fatores de custos diretos e indiretos, às vezes, são desenvolvidos para serem aplicados aos custos do equipamento entregue e, outras vezes, aos custos do equipamento instalado. Neste texto, presumimos que todos os fatores se aplicam aos custos do equipamento entregue, a menos que seja especificado de maneira diferente.

Em relação aos custos indiretos, alguns dos fatores se aplicam somente aos custos do equipamento, enquanto outros se aplicam ao custo direto total. No caso anterior, o procedimento mais simples consiste em somar os fatores de custo direto e indireto, antes de multiplicá-los pelo custo do equipamento entregue. O fator de custo global h pode ser escrito como:

$$h = 1 + \sum_{i=1}^{n} f_i \qquad [15.5]$$

Em que: f_i = o fator correspondente a cada componente de custo
i = os componentes de 1 a n, inclusive o custo indireto

Se o fator de custo indireto for aplicado ao custo direto total, somente os fatores de custo direto são somados para se obter h. Portanto, a Equação [15.4] é reescrita.

$$C_T = \left[C_E \left(1 + \sum_{i=1}^{n} f_i \right) \right] (1 + f_I) \qquad [15.6]$$

Em que: f_I = fator de custo indireto
f_i = fatores dos componentes de custo direto

Os exemplos 15.5 e 15.6 ilustram essas equações.

EXEMPLO 15.5

Espera-se que o custo do equipamento entregue para uma pequena fábrica de processamento químico seja de $ 2 milhões. Se o fator de custo direto é 1,61 e o fator de custo indireto é 0,25, determine o custo total para a fábrica.

Solução

Uma vez que todos os fatores aplicam-se ao custo do equipamento entregue, eles são somados para obter h, o fator de custo total na Equação [15.5].

$$h = 1 + 1,61 + 0,25 = 2,86$$

Por meio da Equação [15.4], o custo total da fábrica é:

$$C_T = 2,86(2.000.000) = \$\ 5.720.000$$

EXEMPLO 15.6

Espera-se que uma estação de tratamento de efluentes por lodo ativado tenha os seguintes custos iniciais para o equipamento entregue:

Equipamento	Custo
Tratamento preliminar	$ 30.000
Tratamento primário	40.000
Lodo ativado	18.000
Clarificação	57.000
Cloração	31.000
Digestão	70.000
Filtração a vácuo	27.000
Custo total	$ 273.000

O fator de custo para a instalação da tubulação, concreto, aço, suportes etc. é 0,49. O fator de construção é 0,53 e o fator de custo indireto é 0,21. Determine o custo total da planta se (*a*) todos os fatores de custo forem aplicados ao custo do equipamento entregue e se (*b*) o fator de custo indireto for aplicado ao custo direto total.

Solução

(*a*) O custo total do equipamento é de $ 273.000. Uma vez que tanto o fator de custo direto quanto o fator de custo indireto são aplicados somente ao custo do equipamento, o fator de custo total da Equação [15.5] é:

$$h = 1 + 0,49 + 0,53 + 0,21 = 2,23$$

O custo total da planta é:

$$C_T = 2,23(273.000) = \$\ 608.790$$

(*b*) Agora o custo direto total é calculado primeiro, e a Equação [15.6] é utilizada para estimar o custo total da planta.

$$h = 1 + \sum_{i=1}^{n} f_i = 1 + 0,49 + 0,53 = 2,02$$

$$C_T = [273.000(2,02)](1,21) = \$\ 667.267$$

Comentário

Note a diminuição no custo estimado da planta quando o custo indireto é aplicado somente ao custo do equipamento na questão (*a*). Isso ilustra a importância de determinar, exatamente, quais fatores aplicar antes de eles serem utilizados.

15.5 TAXAS DE CUSTOS INDIRETOS TRADICIONAIS E SUA ALOCAÇÃO

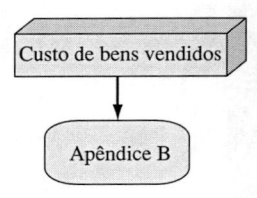

Os custos envolvidos na produção de um item ou na prestação de um serviço são acompanhados e especificados por um *sistema de contabilidade de custos*. Em relação ao ambiente de manufatura, é possível, geralmente, afirmar que o *demonstrativo de custo de bens vendidos* é um produto final desse sistema. O sistema de contabilidade de custos acumula os custos de materiais, de mão-de-obra e os custos indiretos (também chamados de custos gerais ou despesas de fábrica), utilizando *centros de custo*. Todos os custos envolvidos em um departamento ou linha de processamento são coletados sob o título de um centro de custos, por exemplo, Departamento 3X. Uma vez que toda matéria-prima direta e mão-de-obra direta são atribuíveis diretamente a um centro de custos, o sistema somente precisa identificar e acompanhar esses custos. Naturalmente, essa não é uma tarefa fácil, e o custo do sistema de acompanhamento pode tornar proibitiva a coleta de todos os dados de custo direto com o detalhamento desejado.

Uma das tarefas principais e mais difíceis da contabilidade de custos é a alocação dos *custos indiretos* quando é necessário alocá-los separadamente para departamentos, processos e linhas de processo. Os custos associados a impostos sobre a propriedade, departamentos de atendimento e manutenção, pessoal, jurídico, qualidade, supervisão, compras, serviços públicos, desenvolvimento de software etc. precisam ser alocados ao centro de custos que os utiliza. A coleta detalhada desses dados é proibitiva quanto ao custo e, muitas vezes, impossível. Desse modo, esquemas de alocação são utilizados para distribuir as despesas em uma base racional. Uma relação de possíveis bases é apresentada na Tabela 15–4. Historicamente, as bases comuns são o custo direto de mão-de-obra, horas de mão-de-obra direta, máquinas-hora, número de empregados, espaço e matérias-primas diretas.

A maior parte das alocações é considerada utilizando-se uma *taxa de custo indireto* predeterminada, que é calculada utilizando-se a relação geral:

$$\text{Taxa de custo indireto} = \frac{\text{custos indiretos estimados}}{\text{nível básico estimado}} \quad [15.7]$$

O custo indireto estimado é a quantia alocada para um centro de custos. Por exemplo, se uma divisão tem dois departamentos de produção, o custo indireto total, alocado a um departamento, é utilizado como o numerador da Equação [15.7], para determinar a taxa correspondente ao departamento. O Exemplo 15.7 ilustra a alocação quando o centro de custos é uma máquina.

TABELA 15–4 Bases de Alocação dos Custos Indiretos

Categoria de Custo	Bases de Alocação Possíveis
Impostos	Espaço ocupado
Aquecimento, iluminação	Espaço, utilização, número de saídas (*outlets*)
Energia elétrica	Espaço, horas de mão-de-obra direta, hp/h, máquinas/hora
Recebimento, compras	Custo de matérias-primas, número de pedidos, número de itens
Pessoal, chão de fábrica	Horas de mão-de-obra direta, custo de mão-de-obra direta
Manutenção do prédio	Espaço ocupado, custo da mão-de-obra direta
Software	Número de acessos
Controle de qualidade	Número de inspeções

EXEMPLO 15.7

A EnviroTech Inc. está calculando as taxas de custo indireto referentes à produção de produtos de vidro. A informação a seguir foi obtida do orçamento do ano passado, para as três máquinas utilizadas na produção.

Fontes de Custo	Base de Alocação	Nível de Atividade Estimada
Máquina 1	Custos de mão-de-obra direta	$ 100.000
Máquina 2	Horas de mão-de-obra direta	2.000 horas
Máquina 3	Custos diretos de matéria-prima	$ 250.000

Determine as taxas correspondentes a cada máquina se o orçamento para custos indiretos anuais estimados é de $ 50.000 por máquina.

Solução
Aplicando-se a Equação [15.7] para cada máquina, as taxas anuais são:

$$\text{Taxa da máquina 1} = \frac{\text{orçamento indireto}}{\text{custo de mão-de-obra direta}} = \frac{50.000}{100.000}$$

$$= \$\ 0{,}50 \text{ por dólar de mão-de-obra direta}$$

$$\text{Taxa da máquina 2} = \frac{\text{orçamento indireto}}{\text{horas de mão-de-obra direta}} = \frac{50.000}{2.000}$$

$$= \$\ 25 \text{ por hora de mão-de-obra direta}$$

$$\text{Taxa da máquina 3} = \frac{\text{orçamento indireto}}{\text{custo de matéria-prima}} = \frac{50.000}{250.000}$$

$$= \$\ 0{,}20 \text{ por dólar de matéria-prima direta}$$

Comentário
Tão logo o produto é manufaturado e os custos reais de mão-de-obra direta e as horas e os custos de matéria-prima são calculados, cada dólar de mão-de-obra direta gasto na máquina 1 implica que $ 0,50 de custos indiretos serão somados ao custo do produto. Similarmente, os custos indiretos são somados para as máquinas 2 e 3.

Quando a mesma base de alocação para distribuir os custos indiretos entre diversos centros de custo é utilizada, uma *taxa global* ou *geral* (*blanket rate*) pode ser determinada. Por exemplo, se as matérias-primas diretas são a base para alocação em quatro linhas de processamento distintas, a taxa geral é:

$$\text{Taxa de custo indireto} = \frac{\text{custos indiretos totais}}{\text{custos totais de matérias-primas diretas}}$$

Se os totais de $ 500.000 em custos indiretos e $ 3 milhões em matérias-primas forem estimados para o próximo ano, em relação às quatro linhas de produção, a taxa indireta geral a ser aplicada é 500.000/3.000.000 = $ 0,167 por dólar de custo de matéria-prima. As taxas gerais são mais fáceis de calcular e aplicar, mas elas não consideram as diferenças nos tipos de atividades realizadas em cada centro de custos.

Na maior parte dos casos, a maquinaria ou os processos adicionam valor ao produto final, a diferentes taxas, por unidade ou hora de utilização. Por exemplo, a maquinaria leve pode contribuir menos por hora do que a maquinaria pesada, mais cara. Isso é especialmente verdadeiro quando uma tecnologia avançada de processamento, por exemplo, uma célula de produção automatizada, é utilizada juntamente com métodos tradicionais, digamos, um equipamento de acabamento não automatizado. A utilização de taxas gerais ou globais, nesses casos, não é recomendada, uma vez que os custos indiretos serão incorretamente alocados. A maquinaria que apresenta a contribuição de menor valor acumulará uma parte demasiadamente grande dos custos indiretos. O critério para alocação dos custos indiretos deve ser a aplicação de diferentes bases para diferentes máquinas, atividades etc., conforme discutimos anteriormente e ilustramos no Exemplo 15.7. A utilização de bases diferentes e apropriadas é chamada, freqüentemente, de *método da taxa de horas trabalhadas*, uma vez que a taxa de custos é determinada com base no valor adicionado, não em uma taxa uniforme ou global. A percepção de que normalmente se deve utilizar mais de uma base na alocação dos custos indiretos levou à utilização dos métodos do custeio baseado em atividades, conforme discutiremos na próxima seção.

Assim que um período (mês, trimestre ou ano) transcorre, as taxas de custos indiretos são aplicadas para determinar a *carga* de custos indiretos, que é, então, adicionada aos custos diretos. Isso resulta no custo total de produção, denominado *custo dos bens vendidos* ou *custo de fabricação*. Esses custos são todos acumulados pelo *centro de custos*.

Se o orçamento de custos indiretos totais estiver correto, os custos indiretos impostos a todos os centros de custo, durante o período, devem ser iguais ao montante desse orçamento. A presença de erro na elaboração do orçamento pode gerar uma superalocação ou subalocação relativa às cargas de custo reais, denominada *variância de alocação*. Ter experiência na estimativa dos custos indiretos ajuda a reduzir a variância no fim do período contábil. O Exemplo 15.8 ilustra a alocação dos custos indiretos e o cálculo da variância.

EXEMPLO 15.8

Uma vez que determinamos as taxas de custo indireto para a EnviroTech (Exemplo 15.7), podemos calcular agora o custo de fabricação total para um mês. Realize os cálculos utilizando os dados da Tabela 15–5. Calcule também a variância para a alocação dos custos indiretos durante o mês.

TABELA 15–5 Dados Mensais Reais Utilizados para a Alocação dos Custos Indiretos

Fonte do Custo	Máquina Número	Custo Real	Horas Reais
Matéria-prima	1	$3.800	
	3	19.550	
Mão-de-obra	1	2.500	650
	2	3.200	750
	3	2.800	720

Solução

Inicie com a relação de custo dos bens vendidos (custo de fabricação), dada pela Equação [B.1], no Apêndice B, que é:

Custo dos bens vendidos = matérias-primas diretas + mão-de-obra direta + custos indiretos

Para determinar o custo indireto, as taxas do Exemplo 15.7 são aplicadas:

Custo indireto da máquina 1 = (custo de mão-de-obra)(taxa) = 2.500(0,50) = $ 1.250

Custo indireto da máquina 2 = (horas de mão-de-obra)(taxa) = 750(25,00) = $ 18.750

Custo indireto da máquina 3 = (custo de matéria-prima)(taxa) = 19.550(0,20) = $ 3.910

Custo indireto total aplicado = $ 23.910

O custo de fabricação é a soma dos custos reais de matéria-prima e mão-de-obra, da Tabela 15–5, e a carga de custo indireto, correspondente a um total de $ 55.760.

Com base no orçamento de custos indiretos anuais de $ 50.000 por máquina, 1 mês representa 1/12 do total, ou:

$$\text{Orçamento mensal} = \frac{3(50.000)}{12}$$
$$= \$\ 12.500$$

A variância do custo indireto total é:

Variância = 12.500 − 23.910 = $ −11.410

Esta é uma grande subalocação orçamentária, uma vez que muito mais foi despendido do que alocado. Os $ 12.500, orçados para as três máquinas, representam uma subalocação de 91,3% dos custos indiretos. Essa análise, referente a somente 1 mês do ano, muito provavelmente motivará uma rápida revisão das taxas e do orçamento de custos indiretos para a EnviroTech.

Assim que as estimativas dos custos indiretos são realizadas, é possível elaborar uma análise econômica da operação presente *versus* uma operação proposta. Esse tipo de estudo é descrito no Exemplo 15.9.

EXEMPLO 15.9

Durante vários anos a Cuisinart Corporation comprou o reservatório removível de sua principal linha de cafeteiras elétricas a um custo anual de $ 1,5 milhão. Foi apresentada a sugestão de produzirem o componente *inhouse*. Em relação aos três departamentos envolvidos, as taxas de custos indiretos anuais, a matéria-prima estimada, a mão-de-obra e as horas encontram-se na Tabela 15–6. A coluna correspondente às horas alocadas indica o tempo necessário para produzirem o reservatório removível, durante um ano.

O equipamento precisa ser comprado considerando-se as seguintes estimativas: custo de aquisição de $ 2 milhões, valor recuperado de $ 50.000 e vida útil de 10 anos. Realize uma análise econômica da alternativa de produzirem o componente *inhouse*, presumindo que a taxa de mercado de 15% ao ano é a TMA.

TABELA 15–6 Estimativas do Custo de Produção para o Exemplo 15.9

Departamento	Base, Horas	Taxa por Hora	Custos Indiretos Horas Alocadas	Custo de Matéria-prima	Custos de Mão-de-obra Direta
A	Mão-de-obra	$10	25.000	$200.000	$ 200.000
B	Máquina	5	25.000	50.000	200.000
C	Mão-de-obra	15	10.000	50.000	100.000
				$300.000	$500.000

Solução

Para produzir o componente *inhouse*, o custo operacional anual (COA) é constituído em mão-de-obra direta, matéria-prima direta e custos indiretos. Utilize os dados da Tabela 15–6 para calcular a alocação dos custos indiretos.

$$\text{Departamento A:} \quad 25.000(10) = \$\ 250.000$$
$$\text{Departamento B:} \quad 25.000(5) = \$\ 125.000$$
$$\text{Departamento C:} \quad 10.000(15) = \$\ 150.000$$
$$\$\ 525.000$$

$$COA = 500.000 + 300.000 + 525.000 = \$\ 1.325.000$$

O valor anual da alternativa de produzirem o componente é o total da recuperação de capital e o COA.

$$VA_{produzir} = -P(A/P;i;n) + R(A/F;i;n) - COA$$
$$= -2.000.000(A/P;15\%;10) + 50.000(A/F;15\%;10) - 1.325.000$$
$$= \$\ -1.721.037$$

Atualmente, os reservatórios removíveis são comprados com um VA de

$$VA_{comprar} = \$\ -1.500.000$$

É mais barato comprar, porque o VA dos custos é menor.

15.6 CUSTEIO BASEADO EM ATIVIDADES (ABC) PARA ALOCAR CUSTOS INDIRETOS

À medida que a automação, o software e as tecnologias de manufatura têm avançado, o número de horas de mão-de-obra direta necessário para produzir um produto diminuiu substancialmente. Outrora, de 35% a 45% do custo do produto final representavam mão-de-obra, mas, agora, o componente mão-de-obra, comumente, envolve de 5% a 15% do custo total de produção. Entretanto, o custo indireto pode representar até 35% do custo total de produção. A utilização de bases como, por exemplo, as horas de mão-de-obra direta para alocar custos indiretos não é suficientemente precisa para ambientes automatizados e tecnologicamente avançados. Isso acarretou o desenvolvimento de métodos que complementam as alocações

SEÇÃO 15.6   Custeio Baseado em Atividades (ABC) para Alocar Custos Indiretos   **509**

tradicionais de custos e que usam, de uma forma ou de outra, a Equação [15.7]. Além disso, bases de alocação diferentes das tradicionais são comumente utilizadas.

Da perspectiva da engenharia econômica é importante perceber quando os sistemas tradicionais de alocação dos custos indiretos devem ser ampliados com métodos melhores. Um produto que, utilizando métodos tradicionais, aparente contribuir em grande parte para os lucros, pode, de fato, gerar prejuízo, quando seus custos indiretos são alocados de maneira correta. Empresas que têm uma ampla variedade de produtos e produzem alguns em pequenos lotes podem descobrir que os métodos de alocação tradicionais têm a tendência de subalocar os custos indiretos para os produtos produzidos em lotes pequenos. Isso pode indicar que eles são lucrativos, quando, de fato, estão ocasionando perda de dinheiro. O método da taxa de horas trabalhadas, que utiliza bases de alocação que dependem do valor adicionado por hora de operação, deve ser utilizado, conforme discutimos na Seção 15.5.

Uma técnica de ampliação dos métodos de alocação dos custos indiretos é o método do *Custeio Baseado em Atividades* (*Activity-Based Costing* – ABC). De acordo com sua idealização, sua meta é definir um centro de custos, denominado *agrupamento* (*pool*) *de custos*, para cada evento ou *atividade*, que atua como um *direcionador de custos*. Em outras palavras, os direcionadores de custos realmente *direcionam* o consumo de um recurso compartilhado adequadamente. Os agrupamentos de custos habitualmente são departamentos ou funções – compras, inspeção, manutenção e tecnologia de informação. Atividades são eventos como pedidos de compra, retrabalho, reparos, ativação de software, preparação de máquinas, movimentação de material, tempo de espera e mudanças de engenharia.

Alguns proponentes do método do ABC recomendam descartar os métodos de contabilidade de custos tradicionais e utilizar, exclusivamente, o método do ABC. Essa não é uma boa recomendação, uma vez que o método do ABC não é um sistema completo de custeio. O método do ABC fornece informações que ajudam no *controle de custos*, enquanto o método tradicional enfatiza a alocação e estimativa de custos. Os dois sistemas funcionam bem em conjunto, com os métodos tradicionais de alocação de custos como os que têm bases diretas identificáveis, por exemplo, mão-de-obra direta. O método do ABC pode, então, ser utilizado para alocar outros custos de serviços de suporte utilizando bases de atividades como, por exemplo, as que mencionamos anteriormente.

A metodologia ABC envolve um processo de dois passos:

1. *Definir os agrupamentos (pools) de custos.* **Habitualmente, essas são funções de suporte.**

2. *Identificar os direcionadores de custos.* **Esses ajudam a rastrear os custos até os agrupamentos de custos.**

Como ilustração, uma empresa que produz um equipamento de laser industrial tem três departamentos principais de apoio, identificados como agrupamentos de custos no passo 1: A, B e C. O custo anual de suporte para o impulsionador do custo de compra (passo 2) é alocado a esses departamentos, com base no número de pedidos de compra que cada departamento emite para dar suporte às suas funções de produção do laser. O Exemplo 15.10 ilustra o processo de aplicação do método do custeio baseado em atividades.

EXEMPLO 15.10

Uma firma aeroespacial multinacional utiliza métodos tradicionais para alocar custos de suporte a produção e gerência para sua divisão européia. Entretanto, certas contas, como as de viagens de negócios, historicamente, são alocadas com base no número de empregados em suas instalações na França, Itália, Alemanha e Grécia.

O presidente declarou, recentemente, que algumas linhas de produto provavelmente geram muito mais viagens executivas do que outras. O sistema ABC foi escolhido para ampliar o método tradicional, a fim de alocar de maneira mais precisa os custos de viagens para as linhas de produto importantes de cada fábrica.

(*a*) Primeiro, considere que a alocação de $ 500.000 para as despesas totais de viagens para as fábricas, utilizando como base tradicional o tamanho da equipe de trabalho, é suficiente. Dado que os 29.100 funcionários estão distribuídos conforme a seguir, aloque os $ 500.000.

Fábrica em Paris, França	12.500 funcionários
Fábrica em Florença, Itália	8.600 funcionários
Fábrica em Hamburgo, Alemanha	4.200 funcionários
Fábrica em Atenas, Grécia	3.800 funcionários

(*b*) Agora, considere que a gerência da empresa quer saber mais a respeito das despesas de viagens com base na linha de produtos, não simplesmente na localização e no tamanho da equipe de trabalho. O método do ABC será aplicado para alocar os custos de viagens para as linhas de produto importantes. Os orçamentos anuais de suporte para as fábricas indicam que as seguintes porcentagens são despendidas para viagens:

Paris	5% de $ 2 milhões
Florença	15% de $ 500.000
Hamburgo	17,5% de $ 1 milhão
Atenas	30% de $ 500.000

Além disso, o estudo indica que, em um ano, 500 recibos de viagens foram processados pela gerência das cinco principais linhas de produto produzidas nas quatro fábricas. A distribuição é a seguinte:

Paris	Linhas de produto – 1 e 2; número de recibos: 50 para a linha 1 e 25 para a linha 2.
Florença	Linhas de produto – 1, 3 e 5; número de recibos: 80 para a linha 1, 30 para a linha 3 e 30 para a linha 5.
Hamburgo	Linhas de produto – 1, 2 e 4; número de recibos: 100 para a linha 1, 25 para a linha 2 e 20 para a linha 4.
Atenas	Linha de produto – 5; número de recibos: 140 para a linha 5.

Utilize o método do ABC para determinar como as linhas de produto impulsionam os custos nas fábricas.

Solução

(*a*) A Equação [15.7] assume a forma de uma taxa global por funcionário.

$$\text{Taxa de custos indiretos} = \frac{\text{orçamento para as viagens}}{\text{total de funcionários}}$$

$$= \frac{\$500.000}{29.100} = \$ 17,1821 \text{ por empregado}$$

A utilização da base de taxa global tradicional vezes o tamanho da equipe de trabalho resulta na alocação correspondente a cada fábrica.

Paris:	$ 17,1821(12.500) = $ 214.777
Florença:	$ 147.766
Hamburgo:	$ 72.165
Atenas:	$ 65.292

(*b*) O método do ABC é mais complicado, pois requer a definição do agrupamento de custos e seu tamanho (passo 1) e a alocação às linhas de produto, utilizando o direcionador de custos (passo 2). Os valores correspondentes para cada fábrica serão diferentes daqueles que encontramos na questão (*a*), uma vez que são aplicadas bases completamente diferentes.

Passo 1. O agrupamento de custos consiste na atividade de viagens, e o tamanho do agrupamento de custos é determinado em função das porcentagens do orçamento de suporte que cada fábrica dedica às viagens. Utilizando a informação sobre as despesas de viagens, na formulação do problema, um agrupamento dos custos totais de $ 500.000 deve ser alocado às cinco linhas de produto. O tamanho é determinado com base nos dados de porcentagem do orçamento, da seguinte maneira:

$$0,05(2.000.000) + \ldots + 0,30(500.000) = \$ 500.000$$

Passo 2. O direcionador de custos para o método do ABC é o número de recibos de viagens submetidos pela unidade administrativa responsável por cada linha de produto, em cada fábrica. A alocação será diretamente para os produtos, não para as fábricas. Entretanto, a alocação para viagens, no que diz respeito às fábricas, pode ser determinada posteriormente, uma vez que sabemos quais linhas de produto são produzidas em cada fábrica. Quanto ao direcionador de custos dos recibos de viagens, o formato da Equação [15.7] pode ser utilizado para determinar a taxa de alocação ABC.

$$\text{Alocação ABC por recibo de viagem} = \frac{\text{combinação de custos totais de viagens}}{\text{número total de recibos}}$$

$$= \frac{\$500.000}{500}$$

$$= \$ 1.000 \text{ por recibo}$$

A Tabela 15–7 resume os recibos e a alocação por linha de produto e por cidade. O produto 1 ($ 230.000) e o produto 5 ($ 170.000) impulsionam os custos de viagens com base na análise do ABC. Uma comparação dos totais correspondentes a cada fábrica, apresentada na Tabela 15–7, com os respectivos totais na questão (*a*) indica uma substancial diferença quanto aos valores alocados, especialmente para Paris, Hamburgo e Atenas. Essa comparação comprova a suspeita do presidente de que as linhas de produto, não as fábricas, impulsionam as necessidades de viagens.

TABELA 15–7 Alocação ABC dos Custos de Viagens (em Milhares de Dólares), no Exemplo 15.10

	Linha de produto					
	1	2	3	4	5	Total
Paris	50	25				75
Florença	80		30		30	140
Hamburgo	100	25		20		145
Atenas					140	140
Total	$ 230	$ 50	$ 30	$ 20	$ 170	$ 500

> **Comentário**
> Suponhamos que o produto 1 tenha sido produzido em lotes pequenos na fábrica de Hamburgo, durante uma série de anos. Esta análise, quando comparada ao método tradicional de alocação de custos, na questão (*a*), revela um fato muito interessante. Na análise do ABC, a fábrica de Hamburgo tem um total de $ 145.000 dólares de viagens alocados, sendo $ 100.000 em função do produto 1. Na análise tradicional, com base no tamanho da equipe de trabalho, foi alocado à fábrica de Hamburgo somente $ 72.165 – cerca de 50% do valor mais exato da análise do ABC. Isso indica à gerência a necessidade de examinar as práticas de definição de tamanhos de lote de produção na fábrica de Hamburgo e, possivelmente, em outras fábricas, especialmente quando um produto é produzido atualmente em mais de uma fábrica.

Habitualmente, a análise do ABC é mais dispendiosa e consome mais tempo do que o sistema tradicional de alocação de custos, mas, em muitos casos, ela pode ajudar a entender o impacto econômico de decisões administrativas e controlar certos tipos de custos indiretos. Muitas vezes, a combinação entre as análises tradicional e do ABC revelam áreas nas quais um estudo econômico adicional é necessário.

RESUMO DO CAPÍTULO

Não se pode esperar que as estimativas de custo sejam exatas, mas elas devem ser suficientemente acuradas para dar sustentação a uma análise econômica meticulosa, utilizando critérios de engenharia econômica. Há critérios *bottom-up* (de baixo para cima) e *top-down* (de cima para baixo); cada um trata as estimativas de preços e custos de maneira diferente.

Os custos podem ser atualizados por meio de um índice, que é a razão dos custos para o mesmo item em dois momentos distintos. O Índice de Preços ao Consumidor (IPC) é um exemplo freqüentemente citado de indexação de custos.

A estimativa dos custos também pode ser realizada por meio de uma série de modelos, denominados Relações de Estimativa de Custos (REC). Dois deles são:

Equação de custo/capacidade. Bom para estimar custos de projetos com capacidades variáveis para equipamentos, matérias-primas e construção.
Método dos fatores. Bom para estimar o custo total da instalação.

A alocação tradicional de custos utiliza uma taxa determinada de custos indiretos para uma máquina, departamento, linha de produto etc. Bases como, por exemplo, o custo de mão-de-obra direta, custo de matéria-prima direta e horas de mão-obra direta são utilizadas. Com a crescente utilização da automação e de tecnologias de informação, diferentes técnicas de alocação dos custos indiretos foram desenvolvidas. O método do Custeio Baseado em Atividades (ABC) é uma técnica excelente para ampliar o método de alocação tradicional.

O método do ABC utiliza o fundamento lógico de que os direcionadores de custo são as atividades: pedidos de compra, inspeção, preparação de máquinas, retrabalhos. Essas atividades *direcionam* os custos acumulados em agrupamentos (*pools*) de custos, que são, comumente, departamentos ou funções; por exemplo, qualidade, compras, contabilidade e manutenção. Um melhor entendimento de como a empresa ou instalação realmente acumula custos indiretos é um importante subproduto da implementação do método do ABC.

PROBLEMAS

Critérios de Estimativa dos Custos

15.1 Relacione três elementos para cada uma das seguintes modalidades de custos de um novo sistema de produção integrada de computadores:

(a) Custo de aquisição do equipamento

(b) COA

15.2 Identifique uma diferença importante entre os critérios *bottom-up* e *top-down* de estimativa dos custos.

15.3 Identifique cada um dos seguintes custos, associados à propriedade de um automóvel, como custos diretos ou indiretos. Considere que um custo direto da propriedade é o de manter o carro em sua posse e fazê-lo funcionar para prover seu transporte na hora em que o desejar. Se não tiver certeza, declare as condições sob as quais o custo é direto e indireto.

(a) Gasolina

(b) Taxas de pedágio nas estradas

(c) Custo dos reparos após uma colisão séria

(d) Licenciamento

(e) Imposto federal sobre os combustíveis

(f) Pagamento mensal do empréstimo

15.4 Estime o custo para comprar um terreno no subúrbio, construir uma casa e mobiliá-la, utilizando as seguintes estimativas de custo unitário:

Tamanho da propriedade: 100 × 150 pés quadrados

Tamanho aproximado da casa: 6 cômodos, 15 m × 14 m, com 75% de espaço habitável

Preço da propriedade na região suburbana: $ 2,50 por pé quadrado ($ 0,093 metro quadrado)

Custo médio de construção: $ 125 por pé quadrado

Mobiliário e equipamentos: $ 3.000 por cômodo

15.5 Duas pessoas desenvolveram estimativas de custo preliminares para a construção de um novo prédio de 130.000 pés quadrados (12.077,4 metros quadrados) em um campus universitário. A pessoa A aplicou uma estimativa global de custos por unidade de $ 120 por pé quadrado. A pessoa B, mais específica, utilizou as estimativas de área e os fatores de custo por unidade, apresentados a seguir. Quais são as estimativas de custo desenvolvidas pelas duas pessoas? Compare as duas alternativas.

Tipo de Uso	Porcentagem da Área	Custo por Pé Quadrado, $
Sala de aula	30	125
Laboratório	40	185
Escritórios	30	110
Mobiliário – laboratórios	25	150
Mobiliário – todos os outros	75	25

Índices de Custo

15.6 O custo de um sistema de ar-condicionado, em 1995, era de $ 78.000. Se o índice M&S de custo de equipamentos for aplicado, qual será o custo estimado de um sistema similar, quando o índice for igual a 1.200?

15.7 Utilize um índice *ENR* de custos de construção para determinar o custo do trecho de uma rodovia, similar ao que foi construído em 1995, a um custo de $ 2,3 milhões. Utilize o valor mais atual do índice, indicado no site da *ENR*.

15.8 No site que contém o índice *ENR* de custos de construção (www.enr.construction.com), dois índices são registrados: o índice de custos de construção e o índice de custos de prédios. Localize a seção que explica sua utilização e discuta a diferença entre os dois índices, e sob quais condições cada um é apropriado para fazer estimativas de custo.

15.9 Se o custo de determinada peça de equipamento era de $ 20.000, quando o índice M&S era de 915,1, qual era o valor do índice, quando o mesmo equipamento era estimado ao custo de $ 30.000?

15.10 (a) Estime o valor do índice *ENR* de custos de construção, para o ano 2002, utilizando a mudança percentual média (composta) de seu valor, entre 1990 e 2000, para prever o valor para 2002. (b) Qual é a diferença entre os valores estimado e histórico para 2002?

15.11 Um tipo de índice de mão-de-obra em particular tinha o valor 720 em 1985 e 1.315 em 2004. Se o custo de mão-de-obra para construir um prédio era de $ 1,6 milhão em 2004, qual era o custo de mão-de-obra em 1985?

15.12 Utilize o índice ENR de custos de construção (Tabela 15–2) para atualizar um custo de $ 325.000 em 1990, para um valor correspondente em 2004.

15.13 O equipamento de uma instalação de processamento químico foi comprado em 1998 a um custo de $ 2,5 milhões. Um equipamento similar foi comprado em 1994 para outra instalação e novamente em 2002 para uma terceira instalação. O engenheiro industrial quer saber qual é a taxa composta do aumento de custo, ao longo do intervalo de tempo das três compras. Determine essa taxa anual. O índice CE de custos de fabricação é aplicável.

15.14 Se uma pessoa fizer de 1990 o ano-base e considerar que o índice CE de custos de fabricação tem um valor igual a 100 (Tabela 15–2), qual é o valor projetado do índice em (a) 2002 e (b) no mês atual do calendário? (Dica: Utilize o site de índices, para encontrar o valor mais atual do índice.)

15.15 Determine o aumento percentual médio (composto), por ano, entre 1990 e 2002, para o índice CE de custos de fabricação.

15.16 Estime o valor do índice M&S de custos de equipamentos em 2005 se seu valor era 1.068,3 em 1999 e aumentou em 2% ao ano.

15.17 Um espectrômetro de massa pode ser comprado por $ 60.000 hoje. O proprietário de um laboratório de análises espera que o custo aumente exatamente de acordo com a taxa de inflação para o equipamento, ao longo dos próximos 10 anos. (a) A taxa de inflação é estimada em 2% ao ano, para os próximos 3 anos, e em 5% a partir de então. Quanto custará o espectrômetro daqui a 10 anos, se a TMA do laboratório é de 10% ao ano? (b) Se o índice de custos de equipamentos aplicável é de 1.203 agora, qual será esse índice daqui a 10 anos?

Relações de Estimativa dos Custos

15.18 Qual é a diferença fundamental entre estimar um custo utilizando relações de estimativa dos custos (REC) e um índice de custos?

15.19 O custo de um compressor de alta-qualidade de 250 hp era de $ 13.000 quando foi comprado, recentemente. Qual seria o custo esperado de um processador de 450 hp?

15.20 A Janus Co. comprou, no ano passado, uma bomba centrífuga de 100 hp e o sistema de engrenagens associado por $ 20.000. Dois sistemas adicionais de bombeamento são necessários em outros pontos da instalação, sendo um avaliado em 200 hp e o outro, em 75 hp. (a) Estime o custo das duas bombas novas. (b) Se a compra da bomba de 200 hp for protelada para 3 anos, estime o seu custo futuro, esperando-se que o índice de custos aumente 20% a partir de seu valor atual de 185, ao longo desses anos.

15.21 O custo para implementar um processo de produção, com capacidade de 6.000 unidades por dia, era de $ 550.000. Se o custo para uma instalação que tem a capacidade de produzir 100.000 unidades por dia era de $ 3 milhões, qual é o valor do expoente na equação de custo/capacidade?

15.22 O custo estimado de um sistema de ciclones multitubo com capacidade para 1.698,9 metros cúbicos por minuto é de $ 450.000. (a) Se o custo anual de $ 200.000, para um sistema com capacidade para 991 metros cúbicos foi inserido na equação de custo/capacidade, qual valor foi utilizado no expoente da equação de estimativa? (b) O que se pode concluir a respeito da economia de escala dos custos entre os dois sistemas?

15.23 O custo para a construção de um sistema de dessulfurização dos gases de exaustão das caldeiras de uma usina termelétrica, geradora de 600 MW, foi estimado em $ 250 milhões. Se uma usina menor tem um custo de $ 55 milhões e o expoente na equação de custo/capacidade é 0,67, qual era o tamanho da usina menor que serviu de base para a projeção dos custos?

15.24 O custo operacional anual de uma estação de filtragem que faz o tratamento de água para uma linha de fabricação de semicondutores foi estimado em $ 1,5 milhão por ano. A estimativa baseou-se no custo de $ 200.000 por ano de uma estação com capacidade para 1 MGD. Se o expoente da equação de custo/capacidade é 0,80, qual era o tamanho da estação maior?

15.25 No ano de 2002, um novo equipamento de telefonia, baseado na tecnologia IP, foi instalado na sede da IDS Building, a um custo total de $ 1 milhão. No mesmo ano, foi realizada uma estimativa de que um sistema com o triplo da capacidade seria necessário em dois anos, que as economias de escala e desenvolvimento tecnológico garantiriam um expoente de 0,2 para a equação de custo/capacidade e que um aumento de 10% no índice de custos seria suficiente. Realmente, um sistema com o triplo da capacidade foi instalado em 2004, a um custo de $ 2 milhões, e o índice de custos cresceu 25%, em vez de 10%.

(a) Qual é a diferença entre a estimativa realizada em 2002 e o custo real em 2004?

(b) Qual valor do expoente da equação de custo/capacidade deveria ter sido utilizado para estimar corretamente o custo real de $ 2 milhões?

15.26 Estime o custo, em 2002, de um equipamento de processamento, se o custo de uma unidade que tem a metade do seu tamanho foi de $ 50.000 em 1998. O expoente da equação de custo/capacidade é 0,24. Utilize o índice *CE* tabulado de custo de fabricação para atualizar o custo.

15.27 Estime o custo, em 2002, do compressor de ar de uma turbina a vapor de 1.000 hp, se uma unidade de 200 hp custou $ 160.000 em 1995. O expoente da equação de custo/capacidade é 0,35. O índice de custos de equipamentos elevou-se em 35% entre os dois anos.

15.28 Em 1990, uma instalação de 10.000 metros quadrados foi construída em uma fábrica de processamento de alimentos, em Chicago, para manuseio de materiais em processo (*in-process*), a um custo de $ 220.000. Em 2002, um engenheiro foi solicitado a estimar o custo de uma estrutura similar, mas para 5.000 metros quadrados de uma fábrica em Londres. Qual foi a estimativa em 2002, se for aplicado o modelo dos seis décimos?

15.29 O custo do equipamento para remoção do fósforo de efluentes líquidos em uma estação com capacidade para 50 MGD será de $ 16 milhões. Se o fator de custo global para este tipo de fábrica é 2,97, qual será o total do custo esperado para a estação?

15.30 O custo de equipamento entregue, relativo a um sistema de coleta de matéria particulada por meio de filtro de tela, é de $ 1,6 milhão. O fator de custo direto é 1,52 e o fator de custo indireto é 0,31. Estime o custo total da fábrica se o fator de custo indireto for aplicado (*a*) somente ao custo do equipamento entregue (*b*) ao custo direto total.

15.31 Durante sua grande expansão em 1994, a Douwalla'a Import Company desenvolveu uma nova linha de processamento, para a qual o custo do equipamento entregue foi de $ 1,75 milhão. Onze anos depois, a diretoria decidiu expandir para novos mercados e espera construir a versão atual da mesma linha. Estime os custos se os seguintes fatores forem aplicados: o fator do custo de construção é 0,20; o fator do custo de instalação é 0,50; o fator de custo indireto aplicado em relação ao equipamento é 0,25; e o índice de custos total da instalação subiu de 2.509 para 3.713, ao longo dos anos.

15.32 Josephina é uma engenheira com emprego temporário em uma operação de refinaria em Seaside. Ela revisou uma estimativa de custos de $ 450.000, que cobre alguns novos equipamentos de processamento para a linha de etileno. O equipamento em si é estimado em $ 250.000, com um fator de custo de construção de 0,30 e um fator de custo de instalação de 0,30. Nenhum fator de custo indireto é relacionado, mas ela sabe, por meio da informação de outros lugares, que o custo indireto é um valor considerável que aumenta o custo direto total do equipamento da linha. (*a*) Se o fator de custo indireto for de 0,40, determine se a estimativa atual incluirá um fator comparável a esse valor. (*b*) Determine a estimativa de custo se for utilizado o fator de custo indireto de 0,40.

Alocação dos Custos Indiretos

15.33 As horas de mão-de-obra direta são utilizadas como base de alocação para os custos indiretos por trimestre. Um valor total de $ 450.000 deve ser alocado para cada fábrica, em cada trimestre.

(a) Determine as taxas de custos indiretos para a fábrica de Humboldt, em cada trimestre, se 50% do custo indireto for alocado para cada tipo de usinagem.

(b) Determine a taxa global do T1 para a fábrica de Humboldt. Calcule o valor dos custos indiretos impostos à usinagem leve, utilizando essa taxa trimestral global e o valor imposto quando se utiliza a taxa determinada na questão (*a*). Se a taxa que é sensível ao tipo de usinagem estiver incorreta, em qual medida a usinagem leve tem uma carga de custos maior ou menor, quando se utiliza a taxa global?

(*c*) Determine a taxa de custos indiretos para a fábrica de Concourse durante cada trimestre.

	Horas de Mão-de-obra Direta			
	Trimestre T1		Trimestre T2	
Usinagem	Pesada	Leve	Pesada	Leve
Humboldt	2.000	800	1.500	1.500
Concourse	1.000	800	800	2.000

15.34 Um departamento tem quatro linhas de processamento, sendo cada uma considerada um centro de custos separado, para fins de alocação dos custos indiretos. As horas de operação das máquinas são utilizadas como base de alocação de custos para todas as linhas. Um total de $ 500.000 é alocado ao departamento para o próximo ano. Utilize os dados coletados este ano para determinar a taxa de custos indiretos para cada linha.

Centro de Custos	Custo Indireto Alocado, $	Horas de Operação Estimadas
1	50.000	600
2	100.000	200
3	150.000	800
4	200.000	1.200

15.35 Dirk, o gerente de departamento da Chassis Fabrication, obteve do financeiro e da contabilidade os registros que indicam as taxas de alocação dos custos indiretos e as cargas de custos indiretos reais, dos 3 meses anteriores, e suas estimativas para este e o próximo mês (setembro e outubro). A base de alocação não é indicada. O gerente financeiro e de contabilidade diz que não há nenhum registro da base utilizada. Entretanto, ele diz a Dirk para não se preocupar em relação à alocação total, pois a taxa agora permanece constante em $ 1,25 e é menor do que as taxas anteriores.

	Custos Indiretos, $		
Mês	Taxa	Alocado	Carga de custos
Junho	1,50	20.000	22.000
Julho	1,33	34.000	38.000
Agosto	1,37	35.000	35.000
Setembro	1,25	36.000	
Outubro	1,25	36.250	

Durante sua avaliação, Dirk encontra esta informação adicional nos registros departamentais e contábeis:

	Mão-de-obra direta		Custo de Matéria-prima, $	Espaço do Departamento, em Metros Quadrados
Mês	Horas	Custo, $		
Junho	13.330	53.000	54.000	1.858
Julho	6.400	25.560	46.000	1.858
Agosto	6.400	25.560	57.000	2.694
Setembro	6.400	27.200	63.000	2.694
Outubro	8.000	33.200	65.000	2.694

(*a*) Determine a base de alocação para cada mês e (*b*) comente a afirmação do diretor financeiro e de contabilidade de que a taxa agora é constante e menor do que as taxas anteriores.

15.36 Uma fábrica que serve à indústria de transportes marítimos tem cinco departamentos. As alocações de custos indiretos, efetuadas durante um mês, estão detalhadas a seguir, juntamente com o espaço, as horas de mão-de-obra direta e os custos de mão-de-obra direta de cada departamento que produz equipamentos de radar e de sonar.

		Dados Reais para 1 Mês		
Departamento	Alocação dos Custos Indiretos, $	Espaço, em Metros Quadrados	Mão-de-obra Direta	
			Horas	Custo, $
Gabinetes	20.000	929,03	480	31.680
Montagem de componentes	45.000	1.672,25	1.000	103.250
Montagem final	10.000	929,03	600	12.460
Testes	15.000	111,48		
Engenharia	19.000	185,80		

Determine as taxas de alocação do departamento de manufatura para redistribuir a alocação dos custos indiretos dos departamentos de teste e engenharia ($ 34.000) para os outros departamentos. Utilize as seguintes bases para determinar as taxas: (*a*) espaço, (*b*) horas de mão-de-obra direta e (*c*) custos de mão-de-obra direta.

15.37 Quanto ao Problema 15.36, determine as cargas de custos indiretos reais, utilizando as taxas determinadas. Para cargas reais, utilize as bases "horas mão-de-obra direta" para os departamentos de produção de gabinetes e montagem de componentes e "custo de mão-de-obra direta" para o departamento de montagem final.

15.38 Utilize as taxas dos centros de custo individuais, do Problema 15.34, para calcular (*a*) as cargas de custos indiretos reais e as variâncias de alocação para cada linha e (*b*) o total para todas as linhas. As horas reais creditadas a cada centro são as seguintes: o centro 1 tem 700 horas; o centro 2, 350 horas; o centro 3, 650 horas; e o centro 4, 1.400 horas.

15.39 As taxas e as bases de custos indiretos de seis departamentos de produção na Haycrow Industries estão relacionadas a seguir. (*a*) Utilize-as para distribuir os custos indiretos aos departamentos. (*b*) Determine a variância de alocação dos custos indiretos, relativa ao orçamento total de $ 800.000.

Departa-mento	Alocação Base*	Alocação Taxa, $	Horas de Mão-de-obra Direta	Custo de Mão-de-obra Direta, $	Horas de Máquina
1	HMD	2,50	5.000	20.000	3.500
2	MH	0,95	5.000	35.000	25.000
3	CMD	1,25	10.500	44.100	5.000
4	CMD	5,75	12.000	84.000	40.000
5	CMD	3,45	10.200	54.700	10.200
6	HMD	0,75	19.000	69.000	60.500

*HMD = horas de mão-de-obra direta; MH = máquinas-hora; CMD = Custo de mão-de-obra direta.

15.40 Um novo gerente de fábrica foi designado para a Haycrow Industries. Essa pessoa revisou a informação contida na tabela do Problema 15.39 e determinou que é demasiadamente complexo haver mais de uma base de alocação dos custos indiretos. A base selecionada é o custo de mão-de-obra direta. Portanto, para este ano, a média simples das taxas de custo de mão-de-obra direta (CMD) nos departamentos 3, 4 e 5 será utilizada para calcular as cargas de custos indiretos reais. Determine o valor anual das cargas de custos indiretos, para todos os seis departamentos, e a variância total, relativa ao orçamento de $ 800.000, para alocação dos custos indiretos.

15.41 A Tocomo Industries serve à indústria de transportes marítimos. As alocações de custos indiretos, para um mês, estão detalhadas, juntamente com o espaço atribuído, as horas de mão-de-obra direta e os custos de mão-de-obra direta, relativos aos três departamentos que produzem diretamente equipamentos de radar e de sonar. (Como referência, esta é a mesma informação apresentada no Problema 15.36, mas você não precisa resolvê-lo para concluir este problema.)

Departa-mento	Alocação dos Custos Indiretos, $	Dados Reais para 1 Mês Espaço, em Metros Quadrados	Mão-de-obra Direta Horas	Mão-de-obra Direta Custo, $
Gabinetes	20.000	929,03	480	31.680
Montagem de componentes	45.000	1.672,25	1.000	103.250
Montagem final	10.000	929,03	600	12.460
Testes	15.000	111,48		
Engenharia	19.000	185,80		

A empresa produz, atualmente, todos os componentes de que o departamento de produção de gabinetes necessita. Ela está considerando comprar, em vez de produzir, esses componentes. Uma empreiteira externa oferece-se para produzir os itens por $ 87.500 por mês.

(*a*) Se os custos de produção de gabinetes, de um mês em particular, forem considerados uma boa estimativa para um estudo de engenharia econômica, e se a importância de $ 41.000 para matérias-primas for designada à produção de gabinetes, faça uma comparação das alternativas de produzir ou comprar (*make-versus-buy*). Suponha que a fatia que o departamento de produção de gabinetes tem dos custos dos departamentos de teste e engenharia seja um total de $ 3.500 por mês.

(b) Uma terceira alternativa para a empresa é comprar um novo equipamento para o departamento de produção de gabinetes e continuar a produzir os componentes. A maquinaria custará $ 375.000 e terá uma vida útil de 5 anos, nenhum valor recuperado e um custo operacional mensal de $ 5.000. Espera-se que esta compra reduza os custos mensais de testes e engenharia em $ 2.000 e $ 3.000, respectivamente, e que também reduza para 200 as horas mensais de mão-de-obra direta e para $ 20.000 os custos mensais de mão-de-obra direta, correspondentes ao departamento de produção de gabinetes. A redistribuição dos custos indiretos dos departamentos de teste e engenharia para os três departamentos de produção ocorre em função das horas de mão-de-obra direta. Considerando que os outros custos permanecem iguais, compare os três custos: o custo presente para produzir os componentes; o custo estimado, se o novo equipamento for comprado; e o custo da empreiteira externa. Selecione a alternativa mais econômica. Uma TMA de mercado de 12% ao ano, capitalizada mensalmente, é utilizada para os investimentos de capital.

15.42 Uma indústria opera três fábricas em um estado. Todas elas produzem uma ampla variedade das mesmas linhas de acessórios de precisão e alta-pressão para as indústrias de petróleo, gás e processamento químico. Os escritórios da empresa comercializam e despacham os produtos acabados. Além disso, as três fábricas compartilham os mesmos serviços de suporte a compras, serviços de informática, engenharia de projetos, recursos humanos, segurança e muitas outras funções, cujos custos são distribuídos anualmente às três fábricas, como uma alocação dos custos indiretos. Essa alocação reduz a receita total da fábrica, conforme é determinado pelo departamento financeiro. Uma das principais medidas de desempenho para cada gerente de fábrica é a contribuição que a receita líquida da fábrica dá à receita da empresa. Portanto, a alocação dos custos indiretos anuais é uma redução direta do desempenho financeiro (*bottom line*) da fábrica.

Durante os últimos 5 anos um total de $ 10 milhões, por ano, foi alocado às três fábricas, com base nas horas de mão-de-obra direta (HMD), com as seguintes médias anuais:

Fábrica	A	B	C
HMD por ano	200.000	100.000	1.800.000

O nível de emprego e HMD permaneceram relativamente constantes durante o período de 5 anos. Portanto, a alocação dos custos indiretos é determinada com base em uma taxa que cada gerente de fábrica conhece.

$$\text{Taxa de custos indiretos} = \frac{\text{total dos custos indiretos}}{\text{HMD total}}$$

$$= \frac{\$ 10 \text{ milhões}}{2,1 \text{ milhões}}$$

$$= \$ 4,762 \text{ por HMD}$$

Historicamente, A, a fábrica mais antiga, define o padrão para a capacidade de fábrica por ano. São 500 unidades por dia, para cada 200.000 horas de mão-de-obra direta, que é exatamente a capacidade da fábrica A. Desse modo, em 250 dias, por ano de trabalho, a capacidade que o escritório da empresa utiliza para cada fábrica é a seguinte:

Fábrica	A	B	C
Capacidade, unidades/ano	125.000	62.500	1.125.000

O gerente da fábrica A foi diligente em relação à melhoria da qualidade, minimizando a produção de sucata e o retrabalho, os incentivos aos funcionários etc. Ele acredita que a HMD padrão para a alocação dos custos indiretos da fábrica B não é representativa, quando comparada às estatísticas de *número de remessas* das fábricas A e C.

(a) Aloque os custos indiretos de $ 10 milhões com base na HMD.

(b) O gerente da fábrica A propôs a utilização de uma nova taxa de custos indiretos globais que utilize como base a capacidade total de produção da empresa, em unidades por ano. Determine essa taxa e aloque os custos indiretos de $ 10 milhões utilizando essa base.

(c) Os registros indicam que o número de unidades com a qualidade verificada, embarcadas nos últimos dois anos, atinge uma média de 100.000 para a fábrica A, 60.000 para a B e 900.000 para a C. O gerente da fábrica B está convencido de que sua fábrica tem e continuará a ter uma alocação dos custos indiretos maior do que deveria ter, em parte, devido ao fato de essa fábrica embarcar, consistentemente, uma porcentagem maior de sua capacidade do que as fábricas A e C. Ele vai propor que um incentivo seja criado para embarcarem um número de unidades, com qualidade verificada, que seja o mais próximo possível da capacidade de cada fábrica. A fórmula de alocação utilizará a taxa baseada na capacidade de fábrica, da questão (*b*), mas modificada por uma razão adimensional que meça a produção real relativa à capacidade da fábrica.

Alocação dos custos indiretos
$$= \frac{(\text{taxa})(\text{capacidade da fábrica})}{\text{produção real}/\text{capacidade da fábrica}}$$

Determine a alocação por fábrica, utilizando este método, e compare-a com as quantias alocadas determinadas pelos dois métodos anteriores.

Método do ABC

15.43 Utilize a Equação [15.7] e as bases relacionadas na Tabela 15–4 para explicar por que uma diminuição nas horas de mão-de-obra direta, conjugada com um aumento nas horas de mão-de-obra indireta, devido à automação de uma linha em particular, pode exigir a utilização de novas bases para alocar os custos indiretos.

15.44 Se o método tradicional de alocação dos custos indiretos ajuda a estimar os custos para produzir uma unidade de um produto, de que maneira o método do ABC freqüentemente ajuda na estimativa dos custos para produzir uma unidade do produto?

15.45 A SNTTA Travel distribui os custos dos alimentos em seus quatro hotéis na Europa, com base no tamanho do orçamento. Para este ano, em números redondos, os orçamentos e a alocação dos custos indiretos de $ 1 milhão para alimentação foram distribuídos à taxa de 10% do orçamento total do hotel.

	Localização			
	A	B	C	D
Orçamento, $	2 milhões	3 milhões	4 milhões	1 milhão
Alocação, $	200.000	300.000	400.000	100.000

(*a*) Utilize o método de alocação do ABC, com um agrupamento (*pool*) de custos de $ 1 milhão, para os custos dos alimentos.

Localização	A	B	C	D
Hóspedes	3.500	4.000	8.000	1.000

(*b*) Novamente, utilize o método do ABC, mas agora a atividade é o número de hóspedes por noite. O número médio de pernoites de hóspedes em cada localização é o seguinte:

Localização	A	B	C	D
Tempo de permanência, noites	3,0	2,5	1,25	4,75

(*c*) Comente a distribuição dos custos dos alimentos utilizando as duas maneiras. Identifique quaisquer outras atividades (impulsionadores de custo) que possam ser consideradas no critério do ABC e que possam refletir uma alocação realista dos custos indiretos.

(*d*) Se um novo esquema de distribuição do custo indireto total de $ 1 milhão for instituído (ou seja, um esquema diferente dos 10% do orçamento total do hotel), explique a diferença que isso fará nos valores reais finais, impostos nas questões (*a*) e (*b*). Fará diferença nas variâncias de alocação de, por exemplo, 30% para orçamentos de $ 3 milhões ou mais e somente 20% para orçamentos inferiores a $ 3 milhões por ano?

15.46 Custos indiretos são alocados em cada trimestre do calendário para três linhas de processamento, baseados nas horas de mão-de-obra direta. Um novo equipamento automatizado diminuiu significativamente a quantidade de mão-de-obra direta e o tempo para produzir uma unidade, de forma que o gerente de produção planeja utilizar como base o tempo de ciclo por unidade produzida. Entretanto, o gerente quer determinar, inicialmente, qual teria sido a taxa de alocação, caso o tempo de ciclo tivesse sido a base antes da automação. Utilize os dados a seguir para determinar a taxa de alocação e as cargas dos custos indiretos reais para as três diferentes situações, se o valor médio alocado em um trimestre é de $ 400.000. Comente as mudanças quanto ao valor dos custos indiretos real aplicado a cada linha de processamento.

Linha de Processamento	10	11	12
Horas de mão-de-obra direta por trimestre	20.000	12.700	18.600
Tempo de ciclo por unidade agora, em segundos	3,9	17,0	24,8
Tempo de ciclo por unidade anteriormente, em segundos	13,0	55,8	28,5

15.47 Este problema é composto de três partes que se complementam mutuamente. O objetivo é comparar e comentar a quantidade de custos indiretos alocados a usinas de geração de energia elétrica, localizadas em dois Estados, para as diferentes situações descritas em cada parte.

(a) Historicamente, a Mesa Power Authority aloca os custos indiretos em associação com o programa de segurança dos empregados, em suas usinas na Califórnia e no Arizona, com base no número de empregados. A informação para alocarem um orçamento de $ 200.200 para este ano é a seguinte:

Estado	Tamanho da Equipe de Trabalho
Califórnia	900
Arizona	500

(b) O diretor do departamento de contabilidade recomenda que o método tradicional seja abandonado e que seja utilizado o método do custeio baseado em atividades para alocar os $ 200.200, utilizando os dispêndios do programa de segurança, como agrupamento de custos, e o número de acidentes no trabalho, como a atividade que impulsiona o custo. As estatísticas de acidentes indicam o seguinte para este ano:

Estado	Número de Acidentes no Trabalho
Califórnia	425
Arizona	135

(c) Estudos adicionais indicam que 80% dos custos indiretos do programa de segurança são gastos pelos empregados dos setores de geração de energia, e os 20% restantes cabem aos funcionários de escritório. Devido a esse patente desequilíbrio de gastos, foi proposta uma divisão na alocação dos $ 200.200: 80% do montante dos dólares seriam alocados por meio do método do ABC, considerando-se como atividades o número de acidentes no setor de geração de energia, sendo o agrupamento (*pool*) de custos 80% do total de gastos no programa de segurança; e 20% do montante dos dólares seria alocado utilizando-se o método tradicional de alocação dos custos indiretos, com base no número de funcionários de escritório. Foram coletados os seguintes dados:

Estado	Número de Empregados		Número de Acidentes no Trabalho	
	Setor de Geração de Energia	Escritório	Setor de Geração de Energia	Escritório
Califórnia	300	600	405	20
Arizona	200	300	125	10

PROBLEMAS DE REVISÃO DE FUNDAMENTOS DE ENGENHARIA (FE)

15.48 O custo para construir um determinado prédio em 1999 foi de $ 400.000. O índice *ENR* de custos de construção era 6.059 na época. Se o índice *ENR* é 6.950 agora, o custo para construir um prédio idêntico está mais próximo de:

(*a*) Menos de $ 450.000

(*b*) $ 508.300

(*c*) $ 458.800

(*d*) Mais de $ 600.000

15.49 Um robô de linha de montagem com um custo de aquisição de $ 75.000, em 1995, foi orçado por $ 89.750 em 2004. Se o índice M&S de custos de equipamentos era igual a 1.027 em 1995 e o custo do robô aumentou de maneira exatamente proporcional ao índice, o valor do índice em 2004 estava mais próximo de:

(*a*) Ligeiramente menor do que 1.250

(*b*) 1.105,2

(*c*) 914,6

(*d*) Ligeiramente maior do que 1.400

15.50 Uma bomba turbinada de 50 hp foi comprada por $ 2.100. Se o expoente, na equação de custo/capacidade, tem o valor de 0,76, é possível esperar que uma bomba turbinada de 200 hp custe, aproximadamente:

(*a*) Menos de $ 5.000

(*b*) $ 6.020

(*c*) $ 5.975

(*d*) Mais de $ 6.100

15.51 O custo de certa máquina foi de $ 15.000 em 2000, quando o índice M&S de custos de equipamentos era 1.092. Se o índice atual é 1.164 e o expoente na equação de custo/capacidade tinha um valor de 0,65, o custo atual de uma máquina similar, com o dobro do tamanho, seria estimado em, aproximadamente:

(*a*) Menos de $ 24.000

(*b*) $ 25.100

(*c*) $ 28.500

(*d*) Mais de $ 30.000

ESTUDO DE CASO 1

ESTIMATIVAS DOS CUSTOS TOTAIS PARA OTIMIZAR A DOSAGEM DE COAGULANTES

Histórico

Diversos processos estão envolvidos no tratamento de água potável, mas três dos mais importantes estão associados à eliminação de matérias em suspensão, que são conhecidas como turbidez. A eliminação da turbidez é realizada adicionando-se produtos químicos, que fazem com que pequenos corpos sólidos suspensos se aglutinem (coagulação), formando partículas maiores, para serem removidas por meio de deposição (sedimentação). As poucas partículas que permanecem, após a sedimentação, são filtradas com filtros de areia, de carvão ativado ou de carvão vegetal (filtração).

Em geral, à medida que a dosagem de produtos químicos aumenta, mais *clumping*[1] ocorre (até certo ponto), de forma que há o aumento da eliminação de partículas por meio do processo de deposição. Isso significa que um número menor de partículas precisa ser eliminado pela filtração, o que, evidentemente, significa que o filtro não precisará ser limpo tão freqüentemente por meio de lavagem por contracorrente (*backwashing*). Desse modo, a utilização de mais produtos químicos significa menos água em contracorrente e vice-versa. Considerando que tanto a água em contracorrente quanto os produtos químicos têm custos, uma questão fundamental é: qual quantidade de produtos químicos resultará no menor custo global, quando os processos de coagulação química e de filtração são considerados conjuntamente?

[1] **N.T.:** Aglutinação.

Formulação

Para minimizar o custo total associado à coagulação e à filtração, é necessário obter a relação entre a dosagem química e a turbidez da água, após a coagulação e a sedimentação, mas antes da filtração. Isso possibilita que sejam determinados os custos dos produtos químicos para diferentes estratégias operacionais. Essa relação de custos, encontrada por meio de análise de regressão polinomial, é apresentada na Figura 15–2 e descrita pela equação:

$$T = 37{,}0893 - 7{,}7390F + 0{,}7263F^2 - 0{,}0233F^3 \quad [15.8]$$

Onde T = turbidez da água sedimentada e F = dosagem do coagulante, em miligrama por litro (mg/L).

Similarmente, os dados da água de contracorrente são descritos pela equação:

$$B = -0{,}549 + 1{,}697T \quad [15.9]$$

Onde B = taxa da água de contracorrente, em m³/1.000 m³ de água tratada.

Substituindo a Equação [15.8] na Equação [15.9] e multiplicando pelo custo da água de $ 0,0608/m³, o custo da água de lavagem *versus* a turbidez, C_B, é encontrado:

$$C_B = -0{,}0024F^3 + 0{,}0749F^2 - 0{,}798F + 3{,}791 \quad [15.10]$$

Onde C_B = custo de água de lavagem, em $/1.000 m³ de água tratada.

Os custos químicos do coagulante C_c é $ 0,183 por quilograma ou:

$$C_c = 0{,}183F \quad [15.11]$$

O custo total C_T da água de contracorrente mais os custos químicos é obtido por meio da adição das duas últimas equações.

$$C_T = C_B + C_C \quad [15.12]$$
$$= -0{,}0024F^3 + 0{,}0749F^2 - 0{,}615F + 3{,}791$$

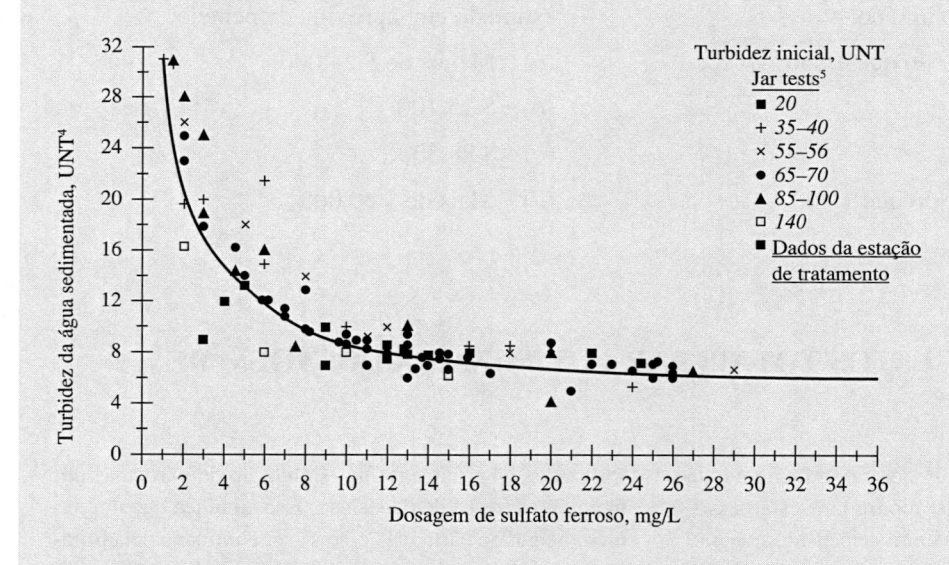

Figura 15–2
Relação não-linear entre a dosagem de coagulantes e a turbidez de efluentes no tanque de sedimentação.

Turbidez inicial, UNT
Jar tests[5]
- ■ 20
- + 35–40
- × 55–56
- ● 65–70
- ▲ 85–100
- □ 140
- ■ Dados da estação de tratamento

FONTE: A. J. Tarquin, Diana Tsimis e Doug Rittmann, "Water Plant Optimizes Coagulant Dosages", *Water Engineering and Management* 136, n.º 5 (1989), p. 43-47.

As Equações [15.10] a [15.12] são apresentadas graficamente na Figura 15–3.

Resultados

Conforme é indicado na Figura 15–3, o custo mínimo ocorre à dosagem de 5,6 mg/L. A essa dosagem, o custo total para a coagulação e a filtração é aproximadamente C_T = $ 2,27 por 1.000 m³ de água tratada. Antes dessa análise, a estação de tratamento utilizava 12 mg/L. Os custos a 5,6 mg/L e 12 mg/L são apresentados na Tabela 15–8. Para ilustrar, à taxa média de escoamento de 189.250 m³/dia, uma economia de 26% representa uma economia anual em dólares de mais de $ 53.000.

---

[4] **N.T.:** Unidade Nefelométrica de Turbidez.
[5] **N.R.T.:** Equipamento utilizado em estações de tratamento para verificar a qualidade da água.

Exercícios do Estudo de Caso

1. Que efeito teria um aumento no custo dos produtos químicos sobre a dosagem ótima?
2. Que efeito teria um aumento no custo da água de contracorrente (*backwash*) sobre a dosagem ótima?
3. Qual é o custo dos produtos químicos a uma dosagem de 10 mg/L?
4. Qual é o custo da água de contracorrente a uma dosagem de 14 mg/L?
5. Se o custo dos produtos químicos alterar-se para $ 0,21 por kg, qual será o custo total de coagulação e filtração a uma dosagem de 6 mg/L?
6. A qual custo dos produtos químicos ocorrerá o custo mínimo total, a 8 mg/L?

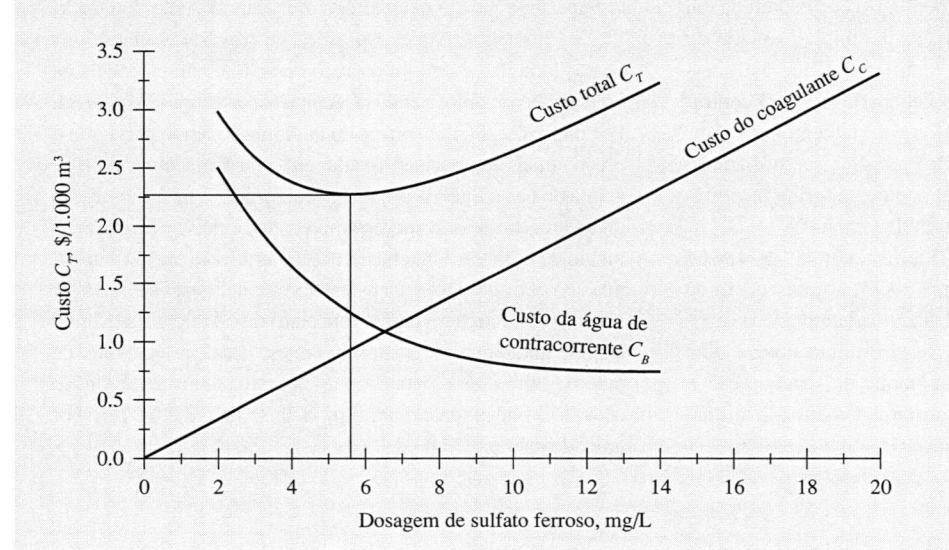

Figura 15–3
Curva do custo total para a dosagem de coagulante e a água de contracorrente.

FONTE: A. J. Tarquin, Diana Tsimis e Doug Rittmann, "Water Plant Optimizes Coagulant Dosages", *Water Engineering and Management* 136, nº 5 (1989), p. 43-47.

TABELA 15–8 Custos Operacionais com Dosagens de Coagulante a 5,6 mg/L e 12 mg/L

Dosagem de Coagulante, mg/L	Custo do Coagulante, $/1.000 m³	Número de Lavagens por Contracorrente por Dia*	Custo da Água de Lavagem, $/1.000 m³	Custo Total, $/1.000 m³	Economias de Custo
5,6	1,25	5,93	1,02	2,27	26%
12,0	2,20	4,12	0,85	3,05	

* A quantidade média de água de lavagem por contracorrente (*backwash*) é 305 m³, e a taxa média de escoamento por dia é 94.625 m³/dia (25 MGD).

ESTUDO DE CASO 2

COMPARAÇÃO DOS CUSTOS INDIRETOS DE UMA UNIDADE DE ESTERILIZAÇÃO DE EQUIPAMENTOS MÉDICOS

O Produto

Há três anos a Medical Dynamics, uma unidade de equipamentos médicos da Johnson and Sons Inc., iniciou a produção e a venda de uma unidade portátil de esterilização (Quick-Sterz), que pode ser colocada no quarto de hospital de um paciente. Essa unidade esteriliza e disponibiliza, ao lado do leito, alguns dos equipamentos reutilizáveis que as enfermeiras e os médicos geralmente recebem de um setor centralizado. Essa nova unidade torna os equipamentos disponíveis na hora e no lugar em que precisam ser utilizados, inclusive para pacientes com queimaduras e ferimentos graves que estão em um quarto comum de hospital.

Há dois modelos de Quick-Sterz à venda. A versão *standard* (padrão) é vendida por $ 10,75, e uma versão de luxo, com bandejas personalizadas e um sistema de recarga de baterias, é vendida por $ 29,75. O produto obteve uma boa vendagem para hospitais, unidades de recuperação e casas de repouso, alcançando, aproximadamente, 1 milhão de unidades por ano.

Procedimentos de Alocação de Custos

A Medical Dynamics, historicamente, utiliza um sistema de alocação dos custos indiretos baseado nas horas diretas de produção, para todas as suas outras linhas de produto. O mesmo sistema foi aplicado quando determinaram o preço do Quick-Sterz. Entretanto, Arnie, a pessoa que realizou a análise dos custos indiretos e definiu o preço de venda, não está mais na empresa e, portanto, a análise técnica não está mais disponível. Por meio de e-mail e conversas telefônicas, Arnie disse que o preço atual deveria ser fixado em aproximadamente 10% acima do custo total de produção, determinado há 2 anos, e que alguns registros estavam disponíveis nos arquivos do departamento de projetos. Uma busca nesses arquivos revelou a informação sobre produção e custos, apresentada na Tabela 15–9. Nesse e em outros registros, está claro que Arnie utilizou uma análise tradicional de custos indiretos, baseada nas horas de mão-de-obra direta, para estimar os custos totais de produção de $ 9,73 por unidade para o modelo *standard* e $ 27,07 por unidade para o modelo de luxo.

TABELA 15–9 Registros Históricos de Análises de Custos Diretos e Indiretos para o Quick-Sterz

	Avaliação do Custo Direto (CD) do Quick-Sterz			
Modelo	Mão-de-obra Direta, $/Unidade*	Matéria-prima Direta, $/Unidade	Mão-de-obra Direta, Horas/Unidade	Total de Horas de Mão-de-obra Direta
Standard (padrão)	$ 5,00	$ 2,50	0,25	187.500
Luxo	10,00	3,75	0,50	125.000

	Avaliação dos Custos Indiretos (CI) do Quick-Sterz			
Modelo	Mão-de-obra Direta, Horas/Unidade	Fração dos Custos Indiretos Alocados	Custos Indiretos Alocados	Vendas, Unidades/Ano
Standard (padrão)	0,25	$\frac{1}{3}$	$ 1,67 milhão	750.000
Luxo	0,50	$\frac{2}{3}$	$ 3,33 milhões	250.000

*A taxa média de mão-de-obra direta é de $ 20 a hora.

TABELA 15–10 Agrupamentos de Custos, Direcionadores de Custos e Níveis de Atividade para Alocação dos Custos Indiretos do Quick-Sterz Baseada no Método do ABC

Função do Agrupamento de Custos	Atividade Direcionadora dos Custos	Atividade, Volume/Ano	Custo Real, $/Ano
Qualidade	Inspeções	20.000 inspeções	$ 800.000
Compras	Ordens de compra	40.000 pedidos	1.200.000
Programação	Pedidos de mudança	1.000 pedidos	800.000
Preparação da produção	Preparações	5.000 preparações	1.000.000
Operações de máquina	Horas-máquina	10.000 horas	1.200.000

Atividade	Nível de Atividade para o Ano	
	Standard (Padrão)	Luxo
Inspeções de qualidade	8.000	12.000
Ordens de compra	30.000	10.000
Programação de pedidos de mudança	400	600
Preparações para produção	1.500	3.500
Horas-máquina	7.000	3.000

No ano passado, a gerência decidiu colocar a fábrica inteira no sistema do ABC de alocação dos custos indiretos. Os valores correspondentes aos custos e às vendas do Quick-Sterz, no ano anterior, ainda eram acurados. Cinco agrupamentos de custos e seus direcionadores de custos foram identificados para as operações de manufatura da Medical Dynamics (Tabela 15–10). Além disso, o número de atividades para cada modelo está resumido nessa tabela.

O método do ABC será utilizado, a partir de então, com a intenção de determinar o custo total e o preço, com base em seus resultados. A primeira impressão da equipe de produção é que o novo sistema mostrará que os custos indiretos para o Quick-Stertz são praticamente idênticos aos de outros produtos, durante os últimos anos em que o modelo *standard* (padrão) e uma atualização (luxo) foram vendidos. Como era de esperar, eles declaram que o modelo *standard* receberá cerca de 1/3 dos custos indiretos, e a versão de luxo receberá os 2/3 restantes. Fundamentalmente, há três razões pelas quais a gerência de produção não gosta de produzir as versões de luxo: elas custam muito, tanto em termos de custos indiretos como de custos diretos são menos lucrativas para a empresa e exigem, significativamente, mais tempo e operações para serem produzidas.

Exercícios do Estudo de Caso

1. Utilize a alocação tradicional de custos indiretos para verificar as estimativas de custos e de preço realizadas por Arnie.
2. Utilize o método do ABC para estimar a alocação dos custos indiretos e o custo total de cada modelo.
3. Se os preços e o número de unidades vendidas no próximo ano (750.000 para o modelo *standard* e 250.000 para o modelo de luxo) permanecerem iguais, e todos os demais custos permanecerem constantes, compare o lucro do Quick-Sterz sob o método do ABC com o lucro calculado pelo método tradicional de alocação dos custos indiretos.
4. Quais preços a Medical Dynamics deve cobrar, no próximo ano, com base no método do ABC e uma margem de lucro de 10% sobre o custo? Qual o lucro total previsto do Quick-Sterz, se as vendas se mantiverem estáveis?
5. Utilizando os resultados anteriores, comente as observações, baseadas na primeira impressão e nas previsões da equipe de gerência de produção a respeito do Quick-Stertz, quando a implementação do método do ABC foi anunciada.

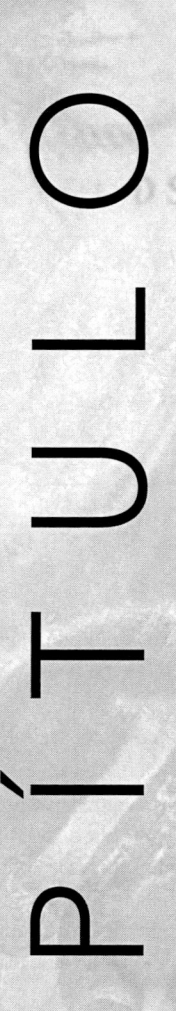

CAPÍTULO 16
Métodos da Depreciação

Os investimentos de capital que uma empresa faz em bens tangíveis – equipamentos, computadores, veículos, prédios e maquinaria – comumente são recuperados nos livros contábeis da corporação por meio da *depreciação*. Embora o valor da depreciação não seja um fluxo de caixa real, o processo de depreciar um ativo, também chamado de *recuperação de capital*, diminui o valor de um bem devido ao envelhecimento, ao desgaste e à obsolescência. Embora um ativo possa estar em ótimas condições de funcionamento, o fato de o seu valor ser menor, ao longo do tempo (valor depreciado), é considerado nos estudos de avaliação econômica. Uma introdução aos métodos clássicos da depreciação é apresentada, seguindo-se uma discussão do *Sistema Acelerado Modificado de Recuperação de Custos* (*Modified Accelerated Cost Recovery System – MACRS*), que é o padrão utilizado nos Estados Unidos para propósitos tributários. Outros países, comumente, utilizam os métodos clássicos para cálculos de imposto.

Por que a depreciação é importante para a engenharia econômica? A depreciação é uma *dedução permissível* incluída nos cálculos de imposto de renda na maior parte dos países industrializados. A depreciação diminui a dívida do imposto de renda por meio da relação:

$$\text{Impostos} = (\text{renda} - \text{deduções})(\text{taxa de imposto})$$

O imposto de renda será discutido no Capítulo 17.

Este capítulo encerra-se com uma introdução aos dois métodos de *depleção*, utilizados para recuperar os investimentos de capital em depósitos de recursos naturais como minérios, minerais e madeira.

Nota importante: **Para considerar antecipadamente a depreciação e a análise após o desconto dos impostos, leia este capítulo e o próximo (Análise Econômica após a Dedução dos Impostos) depois do Capítulo 6 (VA), do Capítulo 9 (C/B) ou do Capítulo 11 (Análise da Substituição). Consulte o Prefácio para obter mais opções sobre a organização das matérias.**

OBJETIVOS DE APRENDIZAGEM

Propósito: Utilizar os métodos clássicos e aprovados pelo governo para reduzir o valor do investimento de capital em um ativo ou recurso natural.

- Terminologia da depreciação
- Linha reta ou linear
- Balanço declinante
- MACRS
- Período de recuperação
- Depleção

Este capítulo ajudará você a:

1. Entender e utilizar a terminologia básica da depreciação.

2. Aplicar o método linear da depreciação.

3. Aplicar os métodos de balanço declinante e balanço declinante duplo.

4. Aplicar o Sistema Acelerado Modificado de Recuperação de Custos (*Modified Accelerated Cost Recovery System* – MACRS) da depreciação para corporações industriais.

5. Selecionar o período de recuperação de um ativo por meio do MACRS da depreciação.

6. Utilizar os métodos de depleção de custos e depleção percentual para investimentos em recursos naturais.

Apêndice do Capítulo

A1. Aplicar o método da depreciação pela soma dos dígitos dos anos.

A2. Determinar quando se deve mudar de um para outro método da depreciação.

A3. Calcular as taxas de depreciação pelo MACRS, utilizando a mudança de métodos da depreciação.

16.1 TERMINOLOGIA DA DEPRECIAÇÃO

Termos importantes utilizados na depreciação são definidos aqui. A maior parte dos termos é aplicável tanto às corporações, quanto às pessoas que possuem bens depreciáveis.

Depreciação é a redução de valor de um ativo. O método utilizado para depreciar um ativo é uma maneira de contabilizar a diminuição de seu valor para o proprietário *e* para representar a diminuição do valor (quantidade) dos fundos de capital nele investidos. A quantidade de depreciação anual D_t não representa um fluxo de caixa real, nem reflete necessariamente o padrão de utilização real do ativo durante o tempo de propriedade.

Depreciação contábil e **depreciação fiscal** são termos utilizados para descrever o propósito existente no ato de redução do valor do ativo. A depreciação pode ser realizada por duas razões:

1. Para ser utilizada por uma corporação ou negócio para contabilidade interna – depreciação contábil.
2. Para ser utilizada em cálculos tributários de acordo com as regulamentações governamentais – depreciação fiscal.

Os métodos aplicados para atingir esses dois propósitos podem utilizar, ou não, as mesmas fórmulas, conforme será discutido posteriormente. A *depreciação contábil* indica a redução do investimento em um ativo, com base no padrão de utilização e na expectativa de vida útil dele. Há métodos clássicos da depreciação, internacionalmente aceitos, para determinar a depreciação contábil: o método da linha reta (linear), do balanço declinante, e o método pouco utilizado da soma dos dígitos dos anos. A *depreciação fiscal* é importante em um estudo de engenharia econômica devido ao seguinte:

> **Em muitos países industrializados, a depreciação fiscal anual é dedutível do imposto de renda, ou seja, ela é subtraída da renda quando se calcula o valor dos impostos devidos a cada ano. Entretanto, o valor da depreciação fiscal precisa ser calculado por meio de um método aprovado pelo governo.**

A depreciação fiscal pode ser calculada e ter diferentes nomes em cada país. Por exemplo, no Canadá, o equivalente é a *dedução dos custos de investimento* (*capital cost allowance* – CCA), calculada com base no valor depreciado de todas as propriedades corporativas que compõem uma classe de ativos em particular. Ao passo que, nos Estados Unidos, a depreciação pode ser determinada para cada ativo separadamente.

Quando permitido, a depreciação fiscal geralmente se baseia em um método acelerado, pelo qual a depreciação é maior nos primeiros do que nos últimos anos de utilização. Nos Estados Unidos, esse método é chamado de MACRS e será tratado nas últimas seções deste capítulo. De fato, os métodos acelerados protelam algumas das cargas fiscais para um ponto mais tardio no ciclo de vida do ativo; no entanto, eles não reduzem a carga tributária total.

Custo de aquisição ou **base não ajustada** é o custo do ativo entregue e instalado, incluindo o preço de compra e as taxas relacionadas, além de outros custos diretos depreciáveis necessários na preparação do ativo a ser utilizado. O termo *base não ajustada* B, ou simplesmente *base*, é utilizado quando o ativo é novo; e o termo *base ajustada* é aplicado depois que alguma depreciação foi cobrada.

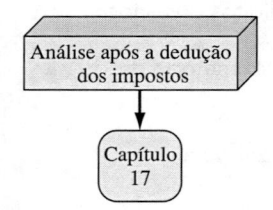

O **valor contábil** representa o investimento de capital restante, não depreciado, depois que o valor total das cargas de depreciação, até o momento, foi subtraído da base. O valor contábil VC_t, geralmente, é determinado no fim de cada exercício, que é coerente com a *end-of-year convention*[1].

Período de recuperação é a vida útil depreciável n do ativo, expressa em anos. Freqüentemente, há diferentes valores n, tanto para a depreciação contábil quanto para a depreciação fiscal. Ambos os valores podem ser diferentes do ciclo de vida produtiva estimado para o ativo.

Valor de mercado, um termo também utilizado na análise da substituição, é a quantia realizável estimada se o ativo fosse vendido no mercado aberto (*open market*). Devido à estrutura das leis da depreciação, o valor contábil e o valor de mercado podem ser substancialmente diferentes. Por exemplo, um prédio comercial tende a aumentar seu valor de mercado, mas o valor contábil decrescerá à medida que as cargas da depreciação forem consideradas. Entretanto, uma estação de trabalho computadorizada pode ter um valor de mercado muito menor do que o seu valor contábil, devido à tecnologia rapidamente mutável.

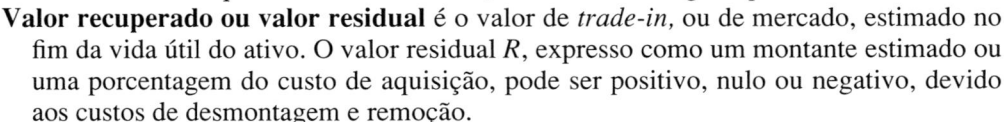

Valor recuperado ou valor residual é o valor de *trade-in*, ou de mercado, estimado no fim da vida útil do ativo. O valor residual R, expresso como um montante estimado ou uma porcentagem do custo de aquisição, pode ser positivo, nulo ou negativo, devido aos custos de desmontagem e remoção.

Taxa de depreciação ou **taxa de recuperação** é a fração do custo de aquisição eliminada pela depreciação a cada ano. Esta taxa, denotada por d_t, pode ser a mesma – chamada de taxa em linha reta (linear) – ou diferente, para cada ano do período de recuperação.

Bens móveis, um dos dois tipos de propriedade para os quais a depreciação é permitida, são as posses tangíveis, geradoras de renda em uma corporação, utilizadas para a realização dos negócios. Incluem-se, nessa categoria, a maior parte das propriedades da indústria de manufatura e de serviços – veículos, equipamentos de produção, dispositivos de manipulação de matérias-primas, computadores e equipamentos de rede, equipamentos telefônicos, mobília de escritório, equipamentos do processo de refino, ativos do setor de construção e muitas outras.

Os **bens imóveis** incluem os imóveis e todas as melhorias – prédios de escritório, estruturas de produção, instalações de testes, armazéns, apartamentos e outras estruturas. *O próprio terreno é considerado um bem imóvel, mas não é depreciável.*

A *half-year convention*[2] considera que os ativos são colocados em serviço ou descartados no meio do ano, independentemente de quando esses eventos realmente ocorram durante o ano. Neste livro, esta é a norma utilizada na maioria dos métodos da depreciação fiscal, aprovada pelo governo norte-americano.

Conforme mencionado anteriormente, há diversos métodos para depreciar ativos. O método linear (LR) é utilizado histórica e internacionalmente. Os métodos acelerados, como o método do balanço declinante (BD), reduzem o valor contábil a zero (ou ao valor residual) mais rapidamente do que o método linear, conforme ilustrado pela forma geral das curvas de valor contábil na Figura 16–1.

Quanto aos métodos clássicos – linear, balanço declinante e soma dos dígitos dos anos (SDA) –, há funções do Excel disponíveis para determinar a depreciação anual. Cada função é apresentada e ilustrada à medida que o método é explicado. Uma vez que o método SDA possui aplicação menos freqüente, ele é resumido no apêndice deste capítulo.

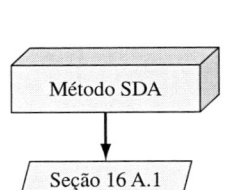

---

[1] **N.T.:** Literalmente: "norma do final do exercício". Indica que se deve tratar os fluxos de caixa como se eles ocorressem no final do exercício, em vez de na data em que ocorreram realmente.

[2] **N.T.:** Literalmente: "norma semestral". Norma que considera que os ativos novos se depreciam dentro de um semestre do ano fiscal, independentemente da data em que realmente entraram em funcionamento.

Figura 16–1
Forma geral das curvas de valor contábil para diferentes métodos da depreciação.

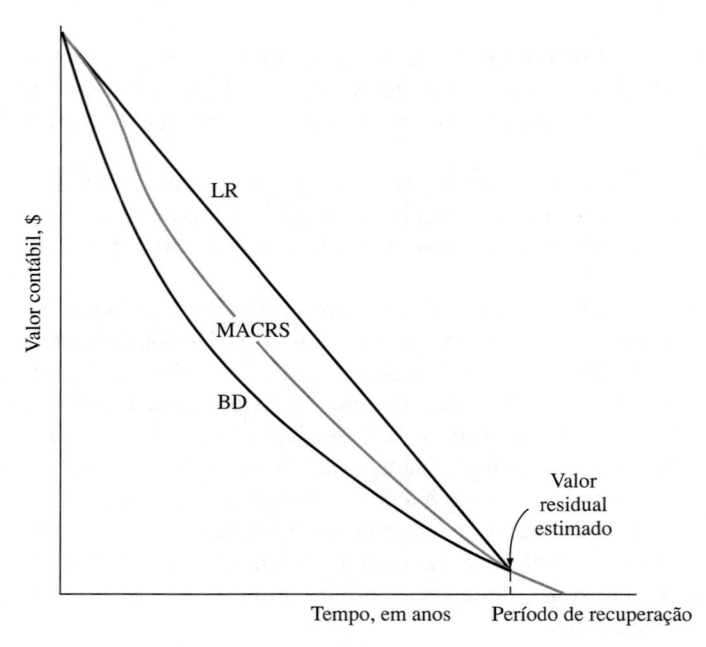

Como se poderia esperar, há muitas regras e exceções na legislação de um país em relação aos métodos da depreciação. Nos Estados Unidos, por exemplo, a *Section 179 Deduction*[3] pode ser interessante para *pequenas empresas*. Trata-se de um incentivo econômico que se modifica rapidamente e se destina, primeiro, a pequenos negócios, para o investimento de capital em equipamentos usados diretamente na empresa. Até um valor especificado, a base inteira de um ativo é tratada como despesa de negócios, no ano fiscal da compra. Esse tratamento tributário reduz os impostos de renda federais, exatamente como o faz o da depreciação, mas é permitido em substituição ao ato de depreciar o custo de aquisição ao longo de vários anos. O limite altera-se com o tempo: era de $ 24.000 em 2002, mas subiu para $ 100.000 em 2003 e para $ 102.000 em 2004. Investimentos acima desses limites são depreciados utilizando o MACRS. A legislação tributária para 2004 estabeleceu que, para os investimentos de capital acima de $ 410.000, a *Section 179 Deduction* é reduzida dólar a dólar.

Na década de 1980, o governo norte-americano padronizou os métodos acelerados da *depreciação fiscal federal*. Em 1981, todos os métodos clássicos, inclusive os da linha reta (linear), do balanço declinante e da depreciação pela soma dos dígitos dos anos, foram desaprovados como dedutíveis do imposto de renda e substituídos pelo Sistema Acelerado de Recuperação de Custos (*Accelerated Cost Recovery System* – ACRS). Em um segundo esforço de padronização, o MACRS (ACRS Modificado) tornou-se o método obrigatório da depreciação em 1986. Até hoje, a legislação nos Estados Unidos é a seguinte:

A depreciação fiscal deve ser calculada utilizando o MACRS; a depreciação contábil pode ser calculada utilizando qualquer método clássico ou o MACRS.

Incorporados ao MACRS há o método do balanço declinante (BD) e o método linear (LR), em formatos ligeiramente diferentes, uma vez que esses dois métodos não podem ser utilizados diretamente, se a depreciação anual for dedutível do imposto de renda. Muitas empresas dos Estados Unidos ainda aplicam métodos clássicos para manter seus próprios livros contábeis, porque esses métodos são mais representativos de como os padrões de uso do ativo refletem o capital restante neles investido. Além disso, a maior parte dos países ainda reconhece os métodos clássicos (linear e de balanço declinante) para fins tributários ou contábeis. Devido à contínua importância dos métodos LR e BD, eles serão explicados nas duas seções seguintes, antes do MACRS.

---
[3] **N.T.:** Esta é uma dedução especial permitida sobre o custo de compra de determinada propriedade para uso na conduta ativa de um negócio.

Revisões da legislação tributária ocorrem com freqüência, e as normas da depreciação são modificadas periodicamente, tanto nos Estados Unidos como em outros países. Por exemplo, em 2003 e 2004, um abatimento especial de 30% ou 50% da depreciação do custo de aquisição de um ativo novo poderia ser efetuado em seu ano inicial de serviço. Isso poderia ser feito além da *Section 179 Deduction*. Foi um esforço para promover o investimento de capital. Mesmo que as taxas tributárias e as diretrizes da depreciação sejam ligeiramente diferentes, no decorrer do tempo, os princípios e as equações gerais são aplicáveis a todas as corporações empresariais norte-americanas. Para obter maiores informações sobre a legislação que trata da depreciação e dos impostos, consulte o Departamento do Tesouro dos Estados Unidos, Fisco (*Internal Revenue Service – IRS*), cujo site é www.irs.gov. Publicações pertinentes podem ser encontradas na internet, no formato Acrobat Reader. A Publicação 946, *How to Depreciate Property*, é especialmente aplicável a este capítulo. O MACRS e a maior parte das leis da depreciação fiscal corporativa são discutidos ali.

16.2 DEPRECIAÇÃO LINEAR OU EM LINHA RETA (LR)

O nome depreciação linear é derivado do fato de o valor contábil diminuir linearmente com o tempo. A taxa de depreciação $d = 1/n$ é a mesma a cada ano do período de recuperação n.

A linha reta é considerada o padrão em relação ao qual qualquer modelo da depreciação é comparado. Para a *depreciação contábil*, ela é uma excelente representação do valor para qualquer ativo que seja utilizado de forma regular, durante um número estimado de anos. Para a *depreciação fiscal*, conforme mencionamos anteriormente, a depreciação linear não é utilizada de maneira direta nos Estados Unidos, mas é comumente utilizada na maior parte dos países. Entretanto, o método MACRS norte-americano inclui uma versão da depreciação em LR com um valor n maior do que aquele que é permitido para um MACRS comum (veja a Seção 16.5).

A depreciação anual em LR é determinada multiplicando-se o custo de aquisição (B) menos o valor residual (R) por d. Na forma de equação:

$$D_t = (B - R)d$$
$$= \frac{B - R}{n} \quad [16.1]$$

Em que: t = ano ($t = 1, 2, \ldots, n$)
D_t = carga anual de depreciação
B = custo de aquisição ou base não ajustada
R = valor residual estimado
n = período de recuperação
d = taxa de depreciação = $1/n$

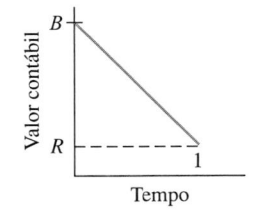

Uma vez que o ativo é depreciado na mesma quantidade a cada ano, o valor contábil depois de t anos de serviço, denotado por VC_t, será igual ao custo de aquisição B menos a depreciação anual vezes t.

$$VC_t = B - tD_t \quad [16.2]$$

Anteriormente, definimos d_t como uma taxa de depreciação para um ano específico t. Entretanto, o método LR tem a mesma taxa para todos os anos, ou seja,

$$d = d_t = \frac{1}{n} \quad [16.3]$$

Solução Rápida

O formato da função Excel para exibir a depreciação anual D_t em uma operação de uma única célula, é:

$$\text{DPD}(B;R;n)$$

EXEMPLO 16.1

Se um ativo tem um custo de aquisição de $ 50.000 com um valor residual estimado de $ 10.000 após 5 anos, (a) calcule a depreciação anual e (b) calcule e trace graficamente o valor contábil do ativo depois de cada ano, utilizando o método da depreciação linear.

Solução

(a) A depreciação a cada ano, durante 5 anos, pode ser encontrada por meio da Equação [16.1]:

$$D_t = \frac{B-R}{n} = \frac{50.000 - 10.000}{5} = \$\ 8.000$$

Insira a função DPD(50.000;10.000;5) em qualquer célula para obter $D_t = \$\ 8.000$.

Solução Rápida

(b) O valor contábil depois de cada ano t é calculado por meio da Equação [16.2]. Os valores VC_t estão esboçados na Figura 16-2. Para os anos 1 e 5, por exemplo:

$$\text{VC}_1 = 50.000 - 1(8.000) = \$\ 42.000$$
$$\text{VC}_5 = 50.000 - 5(8.000) = \$\ 10.000 = R$$

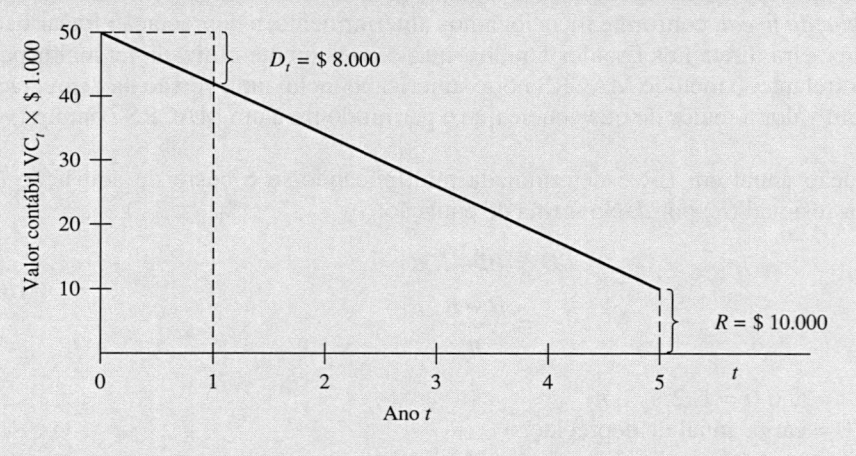

Figura 16-2
Valor contábil e depreciação por meio do método linear, no Exemplo 16.1.

16.3 BALANÇO DECLINANTE (BD) E BALANÇO DECLINANTE DUPLO (BDD)

O método do balanço declinante é comumente aplicado como método da depreciação contábil. À semelhança do método linear (LR), o método BD está incorporado no método MACRS, mas, nos Estados Unidos, o método BD, isoladamente, não pode ser utilizado para determinar a depreciação anual dedutível do imposto de renda. Este método é utilizado, rotineiramente, em muitos outros países, para fins de depreciação fiscal e contábil.

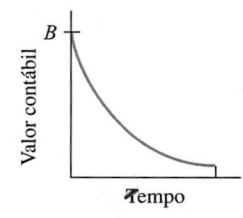

O balanço declinante também é conhecido como método da porcentagem fixa ou da porcentagem uniforme. A depreciação BD acelera a redução do valor do ativo, porque a depreciação anual é determinada multiplicando-se o *valor contábil no início do exercício* por uma porcentagem fixa (uniforme) *d*, expressa na forma decimal. Se *d* = 0,1, então 10% do valor contábil é eliminado a cada ano. Portanto, a quantidade de depreciação diminui a cada ano.

A taxa de depreciação anual máxima para o método BD é o dobro da taxa de depreciação linear,

$$d_{máx} = 2/n \qquad [16.4]$$

Nesse caso, o método chama-se *balanço declinante duplo* (*BDD*). Se *n* = 10 anos, a taxa BDD é 2/10 = 0,2; assim, 20% do valor contábil é eliminado anualmente. Outra porcentagem comumente utilizada para o método BD é a de 150% da taxa LR, ou seja *d* = 1,5/*n*.

A depreciação para o ano *t* é a taxa fixa *d* vezes o valor contábil no final do exercício anterior:

$$D_t = (d)VC_{t-1} \qquad [16.5]$$

A taxa de depreciação real para cada ano *t*, em relação ao custo de aquisição *B*, é:

$$d_t = d(1-d)^{t-1} \qquad [16.6]$$

Se VC_{t-1} não é conhecido, a depreciação no ano *t* pode ser calculada utilizando *B* e d_t, da Equação [16.6].

$$D_t = dB(1-d)^{t-1} \qquad [16.7]$$

O valor contábil no ano *t* é determinado de duas maneiras: utilizando a taxa *d* e o custo de aquisição *B*, ou subtraindo a carga de depreciação do valor contábil anterior. As equações são:

$$VC_t = B(1-d)^t \qquad [16.8]$$

$$VC_t = VC_{t-1} - D_t \qquad [16.9]$$

É importante entender que o valor contábil para o método BD jamais chega a zero, porque o valor contábil é sempre reduzido de acordo com uma porcentagem fixa. O valor residual implícito, depois de *n* anos, é o valor VC_n, ou seja:

$$\text{Valor residual implícito} = R \text{ implícito} = VC_n = B(1-d)^n \qquad [16.10]$$

Se um valor residual é estimado para o ativo, esse *valor R estimado não é utilizado no método BD ou BDD* para calcular a depreciação anual. Entretanto, é correto parar o processo da depreciação, quando o valor contábil é igual ou menor do que o valor residual estimado. (Essa diretriz é importante quando o método BD pode ser utilizado diretamente para a depreciação fiscal.)

Se a porcentagem fixa *d* não é declarada, é possível determinar uma taxa fixa implícita por meio do valor *R* estimado, se *R* > 0. O intervalo para *d* é 0 < *d* < 2/*n*.

$$d \text{ implícito} = 1 - \left(\frac{R}{B}\right)^{1/n} \qquad [16.11]$$

As funções BDD e BD do Excel são utilizadas para exibir valores da depreciação para anos (ou qualquer outra unidade de tempo) específicos. A função é repetida em células de planilha consecutivas porque a quantidade de depreciação D_t se altera com t. Em relação ao método do balanço declinante duplo, o formato é:

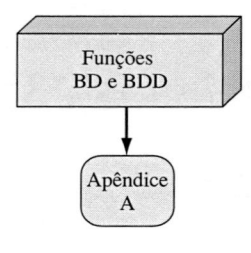

$$\text{BDD}(B;R;n;t;d)$$

O lançamento d é a taxa fixa, expressa como um número entre 1 e 2. Quando omitido, considera-se que esse lançamento opcional é igual a 2 para o BDD. Um lançamento $d = 1,5$ faz a função BDD exibir valores de 150% do método do balanço declinante. A função BDD faz uma verificação automática para determinar quando o valor contábil é igual ao valor R estimado. Nenhuma depreciação adicional é imposta quando isso ocorre. (Para permitir que cargas de depreciação *integrais* sejam impostas, certifique-se de que o R inserido esteja *entre* zero e o R implícito da Equação [16.10].) Note que $d = 1$ é idêntico à taxa linear $1/n$, mas D_t *não será o valor LR*, pois a depreciação pelo balanço declinante é determinada como uma porcentagem fixa do valor contábil do exercício anterior, o que é totalmente diferente do cálculo de LR na Equação [16.1].

A função BD deve ser utilizada cuidadosamente. Seu formato é BD($B;R;n;t$). A taxa fixa d não é inserida na função BD; d é um cálculo incorporado utilizando um equivalente da Equação [16.11] no formato de planilha. Além disso, somente três dígitos significativos são mantidos para d, de modo que o valor contábil pode estar abaixo do valor residual estimado devido a erros de arredondamento. Portanto, *se a taxa de depreciação for conhecida, sempre utilize a função BDD para garantir resultados corretos*. Os dois exemplos seguintes ilustram a depreciação BD, BDD e as funções de planilha.

EXEMPLO 16.2

Um dispositivo de teste de fibras ópticas precisa ser depreciado pelo método BDD. Ele tem um custo de aquisição de $ 25.000 e um valor residual estimado de $ 2.500, depois de 12 anos. (*a*) Calcule a depreciação e o valor contábil para os anos 1 e 4. Escreva as funções do Excel para exibir a depreciação correspondente aos anos 1 e 4. (*b*) Calcule o valor residual implícito depois de 12 anos.

Solução

(*a*) A taxa de depreciação fixa BDD é $d = 2/n = 2/12 = 0,1667$ ao ano. Utilize as Equações [16.7] e [16.8].

Ano 1: $D_1 = (0,1667)(25.000)(1 - 0,1667)^{1-1} = \$ 4.167$

$VC_1 = 25.000(1 - 0,1667)^1 = \$ 20.833$

Ano 4: $D_4 = (0,1667)(25.000)(1 - 0,1667)^{4-1} = \$ 2.411$

$VC_4 = 25.000(1 - 0,1667)^4 = \$ 12.054$

As funções BDD para D_1 e D_4 são, respectivamente, BDD(25.000;2.500;12;1) e BDD(25.000;2.500;12;4).

(*b*) Da Equação [16.10], o valor residual implícito depois de 12 anos é:

R implícito $= 25.000(1 - 0,1667)^{12} = \$ 2.803$

Uma vez que o R estimado = $ 2.500 é menor do que $ 2.803, o ativo não é totalmente depreciado quando seu ciclo de vida esperado de 12 anos é atingido.

EXEMPLO 16.3

A Freeport McMoRan Mining Company comprou uma unidade de classificação de minério de ouro controlada por computador por $ 80.000. A unidade tem uma vida útil prevista de 10 anos e um valor residual de $ 10.000. Utilize os métodos BD e BDD para comparar o programa de depreciação e os valores contábeis para cada ano. Encontre a solução manualmente e por computador.

Solução Manual
Uma taxa de depreciação BD implícita é determinada pela Equação [16.11].

$$d = 1 - \left(\frac{10.000}{80.000}\right)^{1/10} = 0,1877$$

Note que $0,1877 < 2/n = 0,2$, de modo que a taxa de depreciação para o método BD não ultrapassa o dobro da taxa linear. A Tabela 16–1 apresenta os valores D_t, utilizando a Equação [16.5], e os valores VC_t, por meio da Equação [16.9], arredondados para o valor mais próximo em dólares. Por exemplo, no ano $t = 2$, os resultados pelo método BD são:

$$D_2 = d(VC_1) = 0,1877(64.984) = \$ 12.197$$

$$VC_2 = 64.984 - 12.197 = \$ 52.787$$

Uma vez que fizemos o arredondamento para dólares, $ 2.312 é calculado para a depreciação no ano 10, mas $ 2.318 é deduzido para tornar $VC_{10} = R = \$ 10.000$, exatamente. Cálculos similares para BDD com $d = 0,2$ resultam na série de depreciações e valores contábeis apresentados na Tabela 16–1.

TABELA 16–1 Valores D_t e VC_t para a Depreciação pelos Métodos BD e BDD, no Exemplo 16.3

Ano t	Balanço Declinante		Balanço Declinante Duplo	
	D_t	VC_t	D_t	VC_t
0	—	$ 80.000	—	$ 80.000
1	$ 15.016	64.984	$ 16.000	64.000
2	12.197	52.787	12.800	51.200
3	9.908	42.879	10.240	40.960
4	8.048	34.831	8.192	32.768
5	6.538	28.293	6.554	26.214
6	5.311	22.982	5.243	20.972
7	4.314	18.668	4.194	16.777
8	3.504	15.164	3.355	13.422
9	2.846	12.318	2.684	10.737
10	2.318	10.000	737	10.000

Solução por Computador
A planilha da Figura 16–3 exibe os resultados correspondentes aos métodos BD e BDD. O diagrama de dispersão xy traça os valores contábeis para cada ano. Uma vez que as taxas fixas estão próximas – 0,1877 para BD e 0,2 para BDD –, a série de depreciações anuais e a de valores contábeis são aproximadamente iguais para os dois métodos.

CAPÍTULO 16 Métodos da Depreciação

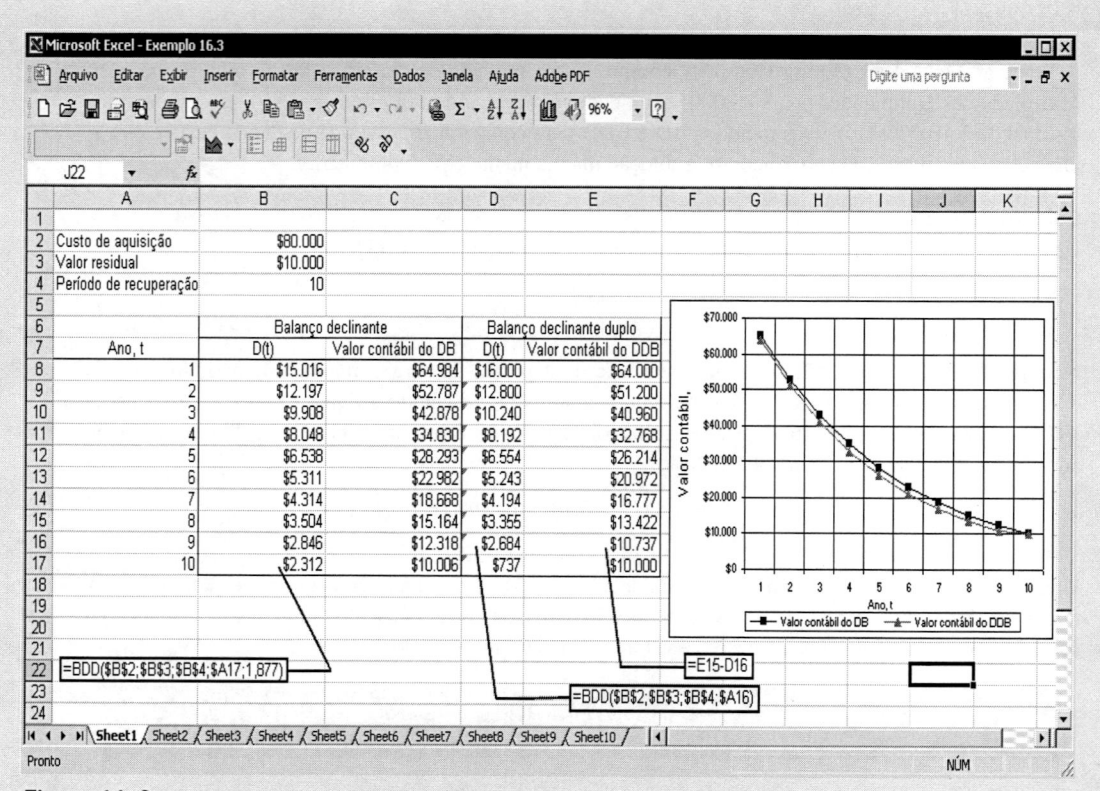

Figura 16–3
Solução de planilha para a depreciação anual e para os valores contábeis da depreciação por meio dos métodos BD e BDD, no Exemplo 16.3.

Comentário

Note, nos rótulos de célula, que a função BDD é utilizada tanto na coluna B quanto na coluna D, para determinar a depreciação anual. A função BDD para o método do balanço declinante tem a taxa d inserida como 1,877. Isso é realizado por uma questão de precisão. Conforme mencionamos anteriormente, a função BD calcula automaticamente a taxa implícita por meio da Equação [16.11] e a mantém somente para três dígitos significativos. Portanto, se a função BD fosse utilizada na coluna B (Figura 16–3), a taxa fixa aplicada seria de 0,188. Os valores D_t e VC_t resultantes para os anos 8, 9 e 10 seriam os seguintes:

t	D_t	VC_t
8	$ 3.501	$15.120
9	2.842	12.277
10	2.308	9.969

Também vale a pena observar que a função BD utiliza a taxa implícita sem nenhuma verificação para igualar o valor contábil ao valor residual estimado. Assim, VC_{10} se posicionará ligeiramente antes de $R = \$ 10.000$, conforme foi apresentado anteriormente. Entretanto, a função BDD utiliza uma relação diferente da usada para a função BD para determinar a depreciação anual – essa relação interrompe, acertadamente, a depreciação no valor residual estimado, conforme é indicado na Figura 16–3, célula E17.

16.4 SISTEMA ACELERADO MODIFICADO DE RECUPERAÇÃO DE CUSTOS (MACRS)

Na década de 1980, os Estados Unidos introduziram o MACRS como o método obrigatório da depreciação fiscal para todos os ativos depreciáveis. Por meio do MACRS, a Lei de Reforma Tributária de 1986 (*1986 Tax Reform Act*) definiu as taxas estatutárias de depreciação que tiram proveito dos métodos acelerados de balanço declinante (BD) e balanço declinante duplo (BDD). As corporações têm liberdade para aplicar qualquer um dos métodos clássicos da depreciação contábil.

Muitas facetas do MACRS tratam dos aspectos específicos da contabilidade da depreciação existentes na legislação tributária. Este capítulo discute apenas os elementos que afetam materialmente a análise econômica, após o desconto dos impostos. Informações adicionais a respeito de como os métodos BDD, BD e LR são incorporados ao MACRS e como deduzir as taxas de depreciação MACRS estão presentes e ilustradas no Apêndice deste capítulo, Seções 16A.2 e 16A.3.

O MACRS determina os valores da depreciação anual utilizando a relação:

$$D_t = d_t B \qquad [16.12]$$

na qual a taxa de depreciação d_t é fornecida na forma tabulada. À semelhança do que ocorre com outros métodos, o valor contábil no ano t é determinado subtraindo o valor da depreciação do valor contábil do exercício anterior.

$$VC_t = VC_{t-1} - D_t \qquad [16.13]$$

ou subtraindo a depreciação total do custo de aquisição:

$$VC_t = \text{custo de aquisição} - \text{soma da depreciação acumulada}$$

$$= B - \sum_{j=1}^{j=t} D_j \qquad [16.14]$$

O custo de aquisição B é sempre completamente depreciado, uma vez que o MACRS considera que $R = 0$, mesmo com a possibilidade de realização de um valor residual positivo ao final da vida útil.

Os períodos de recuperação pelo MACRS têm valores padronizados de 3, 5, 7, 10, 15 e 20 anos para os bens móveis. O período de recuperação de bens imóveis, comumente, é de 39 anos, mas é possível justificar uma recuperação de 27,5 anos para imóveis residenciais de aluguel. A Seção 16.5 explica como determinar um período de recuperação por meio do sistema MACRS. As taxas de depreciação de bens móveis por meio do sistema MACRS (valores d_t), para $n = 3, 5, 7, 10, 15$ e 20, para serem utilizadas na Equação [16.2], estão incluídas na Tabela 16–2. (Esses valores serão utilizados, com freqüência, até o final deste livro.)

O método da depreciação MACRS incorpora o método BDD ($d = 2/n$), inicialmente, e muda para o método da depreciação linear (LR) no decorrer do período de recuperação, para o caso da depreciação de *bens móveis*. Isso quer dizer que as taxas MACRS iniciam com a taxa BDD ou a taxa BD de 150% e mudam para o método LR quando ele oferece uma redução contábil mais rápida, para o bem em questão.

Quanto aos *bens imóveis*, o MACRS incorpora o método LR para $n = 39$ durante o período inteiro de recuperação. A depreciação percentual anual é $d = 1/39 = 0,02564$.

	Taxa de Depreciação (%) para Cada Período de Recuperação, pelo MACRS, em Anos					
Ano	n = 3	n = 5	n = 7	n = 10	n = 15	n = 20
1	33,33	20,00	14,29	10,00	5,00	3,75
2	44,45	32,00	24,49	18,00	9,50	7,22
3	14,81	19,20	17,49	14,40	8,55	6,68
4	7,41	11,52	12,49	11,52	7,70	6,18
5		11,52	8,93	9,22	6,93	5,71
6		5,76	8,92	7,37	6,23	5,29
7			8,93	6,55	5,90	4,89
8			4,46	6,55	5,90	4,52
9				6.56	5,91	4,46
10				6,55	5,90	4,46
11				3,28	5,91	4,46
12					5,90	4,46
13					5,91	4,46
14					5,90	4,46
15					5,91	4,46
16					2,95	4,46
17–20						4,46
21						2,23

TABELA 16–2 Taxas de Depreciação d_t Aplicadas ao Custo de Aquisição B por meio do Método MACRS

Entretanto, o MACRS determina uma recuperação parcial nos anos 1 e 40. As taxas MACRS para bens imóveis, em valores percentuais, são:

$$\text{Ano 1} \quad 100d_1 = 1{,}391\%$$
$$\text{Ano 2 a 39} \quad 100d_t = 2{,}564\%$$
$$\text{Ano 40} \quad 100d_{40} = 1{,}177\%$$

Note que todas as taxas de depreciação MACRS são apresentadas para 1 ano a mais do que o período de recuperação declarado. Note, também, que a taxa para o ano extra é a metade da taxa do ano anterior. Isso ocorre devido a *half-year convention* (norma semestral) imposta pelo MACRS. Essa norma considera que todos os bens são colocados em serviço no ponto intermediário do ano fiscal em que ocorreu a instalação. Portanto, somente 50% da depreciação BD do primeiro exercício aplica-se para fins tributários. Isso elimina parte da vantagem da depreciação acelerada e exige que meio-ano a mais de depreciação seja considerado, no ano $n + 1$.

Não há nenhuma função no Excel para o MACRS; é necessário inserir as taxas d_t e criar uma função para $D_t = d_t B$.

SEÇÃO 16.4   Sistema Acelerado Modificado de Recuperação de Custos (MACRS)   539

EXEMPLO 16.4

A Baseline, uma franquia nacional de serviços de engenharia ambiental, adquiriu novas estações de trabalho e software de modelagem em 3D para seus 100 escritórios afiliados, a um custo de $ 4.000 por escritório. Espera-se que o valor residual estimado de cada sistema, após 3 anos de utilização, seja igual a 5% do custo de aquisição. O gerente da franquia do escritório central de São Francisco quer comparar a depreciação, por meio do método MACRS, de 3 anos (depreciação fiscal) à de um método BDD (depreciação contábil) de 3 anos. Ele está especialmente curioso em relação à depreciação ao longo dos próximos 2 anos. Utilizando solução manual e por computador:

(a) Determine qual método oferece uma depreciação total maior depois de 2 anos.
(b) Determine o valor contábil, utilizando cada método, depois de 2 anos e ao final do período de recuperação.

Solução Manual
A base é B = $ 400.000 e o R estimado é igual a 0,05(400.000) = $ 20.000. As taxas MACRS para n = 3 são tomadas da Tabela 16–2, e a taxa de depreciação para BDD é d_{max} = 2/3 = 0,6667. A Tabela 16–3 apresenta a depreciação e os valores contábeis. A depreciação no ano 3, pelo método BDD, seria $ 44.444(0,6667) = $ 29.629, o que tornaria o VC_3 < $ 20.000 (valor residual estimado). Sendo assim, somente o valor restante (para tornar o VC_3 = $ 20.000) de $ 24.444 é eliminado.

(a) Os valores da depreciação acumulada de 2 anos da Tabela 16–3 são:

MACRS: $D_1 + D_2$ = $ 133.320 + 177.800 = $ 311.120

BDD: $D_1 + D_2$ = $ 266.667 + 88.889 = $ 355.556

A depreciação BDD é maior. (Lembre-se de que a escolha do método BDD, como aplicamos aqui, não é permitida para propósitos tributários em empresas americanas.)

(b) Depois de 2 anos, o valor contábil para o BDD ($ 44.444) equivale a 50% do valor contábil MACRS ($ 88.880). No final do período de recuperação (4 anos para o MACRS, devido à *half-year convention* incorporada, e 3 anos para o BDD), o valor contábil do MACRS é VC_4 = 0 e do BDD é VC_3 = $ 20.000. Isso ocorre porque o método MACRS sempre elimina, integralmente, o custo de aquisição, independentemente do valor residual estimado. Essa é uma vantagem da depreciação fiscal por meio do método MACRS (a menos que o ativo seja descartado por um valor maior do que o valor contábil depreciado pelo método MACRS, conforme discutiremos na Seção 17.4).

TABELA 16–3		Comparando a Depreciação pelo MACRS e pelo BDD, no Exemplo 16.4			
		MACRS		BDD	
Ano	Taxa	Depreciação Fiscal	Valor Contábil	Depreciação Contábil	Valor Contábil
0			$ 400.000		$ 400.000
1	0,3333	133.320	266.680	$ 266.667	133.333
2	0,4445	177.800	88.880	88.889	44.444
3	0,1481	59.240	29.640	24.444	20.000
4	0,0741	29.640	0		

540 CAPÍTULO 16 Métodos da Depreciação

```
Microsoft Excel - Exemplo 16.4
Arquivo  Editar  Exibir  Inserir  Formatar  Ferramentas  Dados  Janela  Ajuda  Adobe PDF
```

	A	B	C	D	E	F
1	Custo de aquisição	$400.000			Valor residual	$20.000
2						
3			MACRS		BDD	
4	Ano	Taxa	Depreciação	Valor contábil	Depreciação	Valor contábil
5		0				
6		1	0,3333	$133.320	$266.680	$266.667	$133.333
7		2	0,4445	$177.800	$88.880	$88.889	$44.444
8		3	0,1481	$59.240	$29.640	$24.444	$20.000
9		4	0,0741	$29.640	$0		
10	Totais		1,0000	$400.000		$380.000	

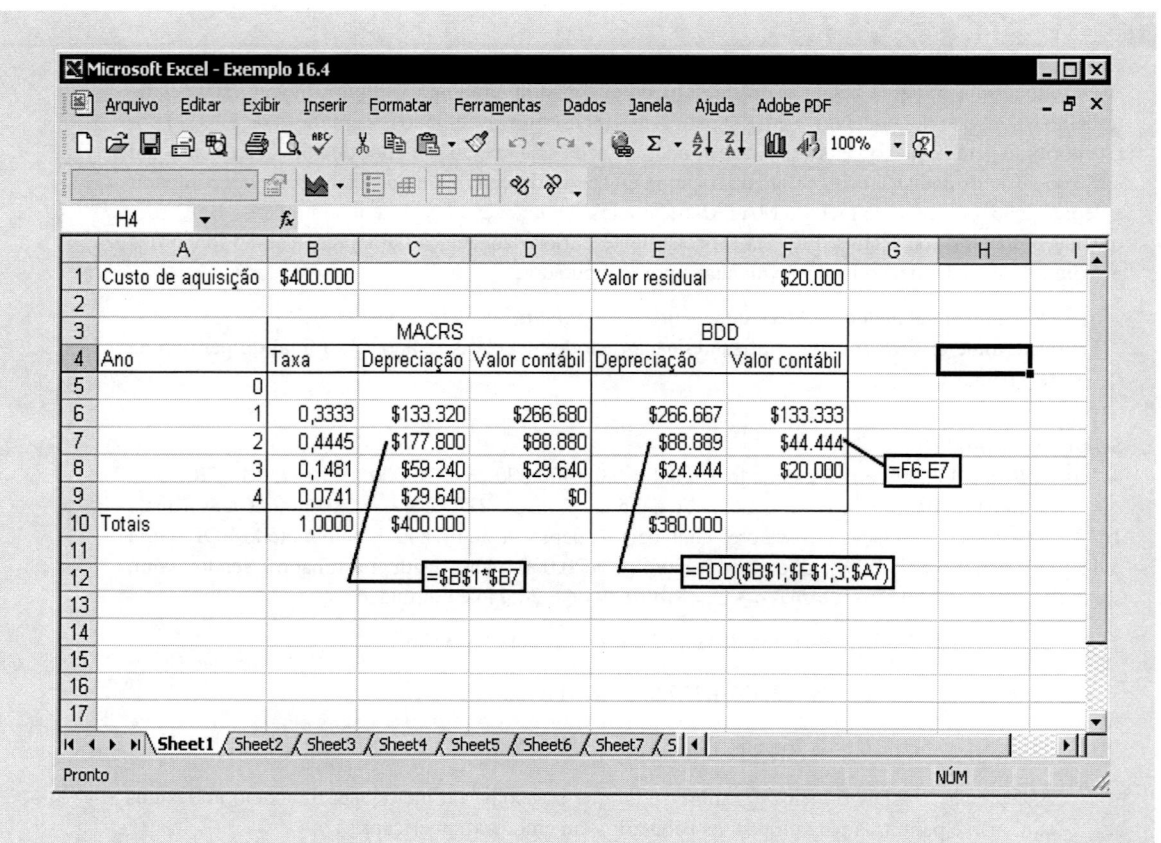

=$B$1*$B7

=BDD($B$1;$F$1;3;$A7)

=F6-E7

Figura 16–4
Comparação dos métodos da depreciação pelo MACRS e pelo BDD utilizando uma planilha, no Exemplo 16.4.

Solução por Computador

A Figura 16–4 apresenta a solução de planilha utilizando a função BDD na coluna E, as taxas MACRS na coluna B e a Equação [16.12] na coluna C.

(a) Os valores da depreciação acumulada de 2 anos são:

MACRS, soma das células C6 + C7: $ 133.320 + 177.800 = $ 311.120

BDD, soma das células E6 + E7: $ 266.667 + 88.889 = $ 355.556

(b) Os valores contábeis, após 2 anos, são:

MACRS, célula D7: $ 88.880

BDD, célula F7: $ 44.444

Os valores contábeis, ao final dos períodos de recuperação, encontram-se nas células D9 e F8.

Comentário

É aconselhável criar um *modelo de planilha* para ser utilizado na resolução dos problemas de depreciação neste capítulo e nos capítulos futuros. O formato e as funções da Figura 16–4 são um bom modelo para os métodos MACRS e BDD.

O método MACRS simplifica os cálculos de depreciação, mas elimina a flexibilidade de escolha de um modelo por parte da empresa ou corporação. Em geral, uma comparação econômica, incluindo depreciação, pode ser executada, mais rápido e, geralmente, sem alterar a decisão final, aplicando-se o método clássico linear, em vez do MACRS, às estimativas de fluxo de caixa.

16.5 DETERMINANDO O PERÍODO DE RECUPERAÇÃO POR MEIO DO MÉTODO MACRS

A vida útil esperada de um bem é estimada em anos e utilizada como o valor n, tanto na avaliação de alternativas, como nos cálculos de depreciação. Para a depreciação contábil, o valor n deve ser a vida útil esperada. Entretanto, quando a depreciação for declarada como dedutível do imposto de renda, é interessante que o valor n seja o menor possível. A vantagem de um período de recuperação mais breve do que a vida útil prevista é alavancada por meio dos métodos acelerados da depreciação, que efetuam uma redução contábil maior da base B nos anos iniciais. Há tabelas que ajudam a determinar o período de vida útil e de recuperação para propósitos tributários.

O governo dos Estados Unidos exige que todos os bens depreciáveis sejam classificados em uma *categoria de bens* que identifique o seu período de recuperação permitido pelo método MACRS. A Tabela 16–4, um resumo do material contido na IRS Publication 946, apresenta exemplos de ativos e valores n calculados pelo método MACRS. Virtualmente, qualquer propriedade considerada em uma análise econômica tem um valor n, estabelecido por meio do método MACRS, de 3, 5, 7, 10, 15 ou 20 anos.

A Tabela 16–4 fornece dois valores n, do método MACRS, correspondentes a cada propriedade. O primeiro é o valor do *sistema global da depreciação* (*SGD*), utilizado nos exemplos e problemas. As taxas de depreciação, apresentadas na Tabela 16–2, correspondem aos valores n da coluna SGD e proporcionam a redução contábil mais rápida permitida. As taxas utilizam o método BDD ou o método BD de 150% com uma mudança para a depreciação linear (LR), ao longo do período. Note que qualquer ativo que não esteja em uma categoria estabelecida é, automaticamente, designado a um período de recuperação de 7 anos sob o SGD.

A coluna da extrema direita da Tabela 16–4 define o intervalo do período de recuperação sob o *sistema alternativo da depreciação* (*SAD*). Esse método alternativo admite a utilização do método da *depreciação linear (LR) para um período de recuperação mais longo* do que o SGD. A *half-year convention* (norma semestral) é aplicada e qualquer valor residual é desconsiderado, à semelhança do que ocorre com o MACRS comum. A utilização do SAD, geralmente, é uma escolha que fica a critério da empresa, mas ele é obrigatório para algumas situações especiais. Uma vez que é necessário mais tempo para depreciar o ativo, e considerando que o modelo LR é obrigatório (eliminando assim a vantagem da depreciação acelerada), o método SAD, habitualmente, não é considerado uma opção para a análise econômica. Essa opção LR, entretanto, às vezes é escolhida por empresas jovens que não necessitam do benefício fiscal da depreciação acelerada durante os primeiros anos de posse e operação do ativo. Se o método SAD for selecionado, tabelas das taxas d_t estarão disponíveis.

16.6 MÉTODOS DE DEPLEÇÃO

Até este ponto, discutimos a depreciação de ativos que podem ser substituídos. A depleção, embora similar à depreciação, é aplicável somente a recursos naturais. Quando os recursos naturais são utilizados, não podem ser substituídos ou recomprados da mesma maneira que é possível no caso de uma máquina, um computador ou edificações. A depleção é aplicável a recursos naturais retirados de minas, poços, pedreiras, depósitos geotérmicos, flores-

TABELA 16-4 Exemplos de Períodos de Recuperação por meio do Método MACRS para Vários Tipos de Ativos

Descrição do Ativo (Bens Móveis e Imóveis)	MACRS Valor n, em Anos	
	SGD	Faixa do SAD
Dispositivos especiais de produção e manuseio, tratores, cavalos de corrida.	3	3 a 5
Computadores e periféricos, equipamentos de perfuração de poços de petróleo e gás, ativos do setor de construção, automóveis, caminhões, ônibus, contêineres de carga, certos equipamentos de manufatura.	5	6 a 9,5
Mobília de escritório; determinados equipamentos de manufatura; vagões ferroviários, motores, esteiras (trilhos); maquinaria agrícola; equipamentos para petróleo e gás natural; *todos os outros bens que não estão em outra categoria*.	7	10 a 15
Equipamento para distribuição de água, refinaria de petróleo, processamento de produtos agrícolas, manufatura de bens duráveis, indústria naval.	10	15 a 19
Melhorias ambientais, docas, estradas, drenagem, pontes, paisagismo, tubulações, equipamentos de produção de energia nuclear, telefonia.	15	20 a 24
Sistema municipal de esgotos, construções rurais, prédios de comutação telefônica, equipamentos de produção de energia elétrica (a vapor e hidráulicos), serviços públicos de abastecimento de água.	20	25 a 50
Imóveis residenciais de aluguel (casas, casas móveis).	27,5	40
Imóveis não residenciais relacionados ao terreno, exceto o próprio terreno.	39	40

tas e afins. Há dois métodos de depleção: *depleção do custo* e *depleção percentual*. Detalhes sobre os impostos nos Estados Unidos são fornecidos na IRS Publication 535, Business Expenses.

A *depleção do custo*, às vezes chamada de depleção fatorial, baseia-se no nível de atividade ou utilização, não no tempo, como ocorre na depreciação. Ela pode ser aplicada à maior parte dos tipos de recursos naturais. O fator de depleção do custo para o ano t, denotado por p_t, é a razão do custo de aquisição do recurso pelo número estimado de unidades recuperáveis.

$$p_t = \frac{\text{custo de aquisição}}{\text{capacidade do recurso}} \qquad [16.15]$$

A carga anual de depleção é p_t vezes o uso ou volume do ano. *A depleção total não pode ultrapassar o custo de aquisição do recurso*. Se a capacidade do bem for reestimada em algum ano futuro, um novo fator de depleção do custo será determinado com base na quantidade não exaurida e na nova estimativa de capacidade.

EXEMPLO 16.5

A Temple-Inland Corporation negociou os direitos de cortar madeira em uma área florestal, de propriedade privada, por $ 700.000. A estimativa é de que será possível colher 350 milhões de *board feet*[4] de madeira.

(a) Determine a quantidade de depleção, para os 2 primeiros anos, se 15 milhões e 22 milhões de *board feet* forem retirados.

(b) Depois de 2 anos, o *board feet* total recuperável foi estimado em 450 milhões, a partir do momento em que os direitos foram adquiridos. Calcule o novo fator de depleção do custo a partir do ano 3.

Solução

(a) Utilize a Equação [16.15] para p_t em dólares por milhão de *board feet*.

$$p_t = \frac{\$\,700.000}{350} = \$\,2.000 \text{ por milhão de } board\ feet$$

Multiplique p_t pela colheita anual, para obter a depleção de $ 30.000 no ano 1 e $ 44.000 no ano 2. Continue a utilizar p_t até que o total de $ 700.000 seja reduzido a zero.

(b) Depois de 2 anos, um total de $ 74.000 foi exaurido. Um novo valor p_t deve ser calculado com base no investimento restante de $ 700.000 − $ 74.000 = $ 626.000. Além disso, com a nova estimativa de 450 milhões de *board feet*, um total de 450 − 15 − 22 = 413 milhões de *board feet* permanecem. Para os anos $t = 3, 4, \ldots$, o fator de depleção do custo é:

$$p_t = \frac{\$\,626.000}{413} = \$\,1.516 \text{ por milhão de } board\ feet$$

A *depleção percentual*, o segundo método de cálculo da depleção, é uma atenção especial que se dá aos recursos naturais. Pode-se fazer a depleção de uma porcentagem constante e declarada da renda bruta do recurso a cada ano, *desde que isso não ultrapasse 50% da renda tributável da empresa*. Para propriedades do setor petrolífero e gás natural, o limite é de 100% da renda tributável. O valor da depleção anual é calculado como:

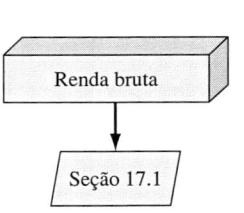

Valor da depleção anual = porcentagem
× renda bruta da propriedade [16.16]

Utilizando a depleção percentual, as cargas de depleção totais podem ultrapassar o custo de aquisição, sem nenhuma limitação. O governo norte-americano geralmente não permite que a depleção percentual seja aplicada a poços de petróleo e gás natural (exceto para pequenos produtores independentes) ou exploração de madeira.

O valor de depleção, a cada ano, pode ser determinado por meio do método dos custos ou do método da porcentagem, segundo o que determina a lei. Habitualmente, o valor de depleção percentual é o escolhido, devido à possibilidade de permitir uma redução que supera o custo de aquisição. Entretanto, a lei também exige que o valor da depleção do custo seja escolhido, caso a depleção percentual se apresente menor em qualquer ano.

---

[4] **N.T.:** Medida de volume de madeira igual a 144 polegadas cúbicas. A fórmula é: (Espessura × Largura × Comprimento) / 144 = *Board Feet*. Habitualmente, a madeira é vendida em comprimentos e larguras aleatórios; nos Estados Unidos e no Canadá, a madeira em *board feet*, uma variedade de 1 pé × 1 polegada × 1 pé.

A diretriz é:

Calcular ambos os valores – a depleção do custo ($Depl) e a depleção percentual (%Depl) – e aplicar a seguinte lógica a cada ano:

$$\text{Depleção anual} = \begin{cases} \%\text{Depl} & \text{se } \%\text{Depl} \geq \$\text{Depl} \\ \$\text{Depl} & \text{se } \%\text{Depl} < \$\text{Depl} \end{cases} \quad [16.17]$$

A depleção percentual anual de alguns depósitos naturais comuns está relacionada a seguir, de acordo com a legislação tributária dos Estados Unidos. Estas porcentagens podem se alterar periodicamente:

Depósito	Porcentagem
Enxofre, urânio, chumbo, níquel, zinco e alguns outros minérios e minerais	22 %
Ouro, prata, cobre, minério de ferro e alguns tipos de xisto betuminoso	15
Poços de petróleo e gás natural (varia)	15 a 22
Carvão, lignita, cloreto de sódio	10
Cascalho, areia, turfa, alguns tipos de pedra	5
A maior parte dos outros minerais, minérios metálicos	14

EXEMPLO 16.6

Uma mina de ouro foi comprada por $ 10 milhões. Ela tem uma renda bruta prevista de $ 5,0 milhões, durante os anos 1 a 5, e $ 3,0 milhões, por ano, depois do ano 5. Suponha que as cargas de depleção não ultrapassem 50% da renda tributável. Calcule os valores da depleção anual para a mina. Quanto tempo será necessário para recuperar o investimento inicial à taxa $i = 0\%$?

Solução
Uma depleção de 15% se aplica ao ouro. Os valores da depleção são:

Anos 1 a 5:   0,15(5,0 milhões) = $ 750.000

Anos a partir de então: 0,15(3,0 milhões) = $ 450.000

Um total de $ 3,75 milhões são reduzidos em 5 anos, e os $ 6,25 milhões restantes são reduzidos a $ 450.000 por ano. O número total de anos é:

$$5 + \frac{\$\,6,25 \text{ milhões}}{\$\,450.000} = 5 + 13,9 = 18,9$$

Em 19 anos, o investimento inicial poderia estar plenamente depreciado.

RESUMO DO CAPÍTULO

A depreciação pode ser determinada para os registros internos da empresa (depreciação contábil) ou para fins do imposto de renda (depreciação fiscal). Nos Estados Unidos, o método MACRS é o único permitido para depreciação fiscal. Em muitos outros países, o método linear e o do balanço declinante são aplicados, tanto para a depreciação fiscal quanto para a depreciação contábil. A depreciação não resulta em um fluxo de caixa real diretamente. Trata-se de um método contábil pelo qual os investimentos de capital em bens tangíveis são recuperados. O valor da depreciação anual é dedutível do imposto de renda, o que pode resultar em alterações reais do fluxo de caixa.

Alguns pontos importantes a respeito do método linear, balanço declinante e MACRS são apresentados a seguir. Relações comuns para cada método estão resumidas na Tabela 16–5.

Linear ou Linha Reta (LR)
- Reduz linearmente os investimentos de capital ao longo de n anos.
- O valor residual estimado é sempre considerado.
- Este é o método clássico não acelerado da depreciação.

Balanço Declinante (BD)
- Método acelerado da depreciação, em comparação ao método linear.
- O valor contábil é reduzido a cada ano, de acordo com uma porcentagem fixa.
- A taxa mais utilizada é o dobro da taxa LR, chamada de balanço declinante duplo (BDD).
- Tem um valor residual que pode ser menor do que o valor residual estimado.
- Não é um método da depreciação fiscal aprovado nos Estados Unidos. É utilizado, freqüentemente, para fins de depreciação contábil.

Sistema Acelerado Modificado de Recuperação de Custos (*Modified Accelerated Cost Recovery System* – MACRS)
- É o único sistema de depreciação fiscal aprovado nos Estados Unidos.
- Ele muda automaticamente do método da depreciação BDD ou BD para o método linear (LR).
- Sempre deprecia até zero, ou seja, presume que $R = 0$.
- Os períodos de recuperação são especificados por categorias de propriedades.
- As taxas de depreciação são tabuladas.
- O período de recuperação real é um 1 mais longo, devido à obrigatoriedade da *half-year convention* (norma semestral).
- O método MACRS representa uma opção quando se utiliza o método linear; no entanto, os períodos de recuperação são mais longos do que para o MACRS regular.

Os métodos de *depleção do custo* e *depleção percentual* recuperam os investimentos em recursos naturais. O fator de depleção do custo é aplicado à quantidade de recursos retirada a cada ano. Não mais do que o investimento inicial é possível ser recuperado com a depleção do custo. A depleção percentual, que pode recuperar mais do que o investimento inicial, reduz o valor do investimento em uma porcentagem constante da receita bruta a cada ano.

TABELA 16–5 Resumo das Relações Comuns dos Métodos da Depreciação

Método	MACRS	LR	BDD
Taxa de depreciação fixa d	Não definido	$\dfrac{1}{n}$	$\dfrac{2}{n}$
Taxa anual d_t	Tabela 16–2	$\dfrac{1}{n}$	$d(1-d)^{t-1}$
Depreciação anual D_t	$d_t B$	$\dfrac{B-S}{n}$	$d(VC_{t-1})$
Valor contábil VC_t	$VC_{t-1} - D_t$	$B - tD_t$	$B(1-d)^t$

PROBLEMAS

Fundamentos da Depreciação

16.1 Escreva outro termo que possa ser utilizado como sinônimo dos termos apresentados a seguir e que tenha a mesma interpretação na depreciação de ativos: *taxa de depreciação*, *valor justo de mercado*, *período de recuperação* e *bens tangíveis*.

16.2 Estabeleça a diferença entre depreciação contábil e depreciação fiscal.

16.3 Explique por que o período utilizado para depreciação fiscal pode ser diferente do valor n estimado, em um estudo de engenharia econômica.

16.4 Explique por que, nos Estados Unidos, a consideração explícita da depreciação e do imposto de renda, em um estudo de engenharia econômica, pode fazer a diferença na decisão de aceitar ou recusar a alternativa de se adquirir um bem depreciável.

16.5 A Status Corporation comprou um novo controlador numérico por $ 350.000, no último mês de 2002. Os custos adicionais de instalação foram de $ 40.000. O período de recuperação era de 7 anos, com um valor residual estimado de 10% do preço de compra original. A Status vendeu o sistema, no final de 2005, por $ 45.000.

　(*a*) Quais são os valores necessários para desenvolver um programa de depreciação no momento da compra?

　(*b*) Declare os valores numéricos para: vida útil restante no momento da venda; valor de mercado em 2005; valor contábil no momento da venda, se 65% da base não ajustada foi depreciada.

16.6 Uma peça de um equipamento de testes, no valor de $ 100.000, foi instalada e depreciada durante 5 anos. A cada ano, o valor contábil no fim do exercício decrescia a uma taxa de 10% do valor contábil no início do exercício. O sistema foi vendido por $ 24.000, ao final de 5 anos.

　(*a*) Calcule o valor da depreciação anual.

　(*b*) Qual é a taxa de depreciação real para cada ano?

　(*c*) No momento da venda, qual era a diferença entre o valor contábil e o valor de mercado?

　(*d*) Trace, graficamente, o valor contábil correspondente a cada um dos 5 anos.

16.7 Um ativo com uma base não ajustada de $ 50.000 foi depreciado durante $n_{fiscal} = 10$ anos, como depreciação fiscal, e durante $n_{contábil} = 5$ anos, como depreciação contábil. A depreciação anual foi de $1/n$, utilizando o valor de vida útil pertinente. Utilize o Excel para traçar um gráfico do valor contábil anual para ambos os métodos da depreciação.

Depreciação pelo Método Linear ou da Linha Reta

16.8 A Home Health Care Inc. (HHCI) comprou uma nova unidade de ultra-sonografia por $ 300.000 e a instalou na carroceria de uma viatura, a um custo adicional de $ 100.000, incluindo o chassi da viatura. A vida útil é de 8 anos, e o valor residual é estimado em 10% do preço de compra da unidade de ultra-sonografia. (*a*) Utilize o método clássico da depreciação linear e cálculos manuais para determinar o valor residual, a depreciação anual e o valor contábil depois de 4 anos. (*b*) Elabore uma planilha do Excel, com referência de células, para obter as respostas da questão (*a*) para os dados originais. (*c*) Utilize sua planilha do Excel para determinar as respostas se o custo da unidade de ultra-sonografia se elevar para $ 350.000 e sua vida útil esperada decrescer para 5 anos.

16.9 Um equipamento para tratamento de ar que custa $ 12.000 tem uma vida útil de 8 anos e um valor residual de $ 2.000. (*a*) Calcule o valor da depreciação linear para cada ano. (*b*) Determine o valor contábil depois de 3 anos. (*c*) Qual é a taxa de depreciação?

16.10 Um ativo tem uma base não ajustada de $ 200.000, valor residual de $ 10.000 e um período de recuperação de 7 anos. Escreva uma função do Excel, de célula única, para exibir o valor contábil depois de 5 anos de depreciação linear.

16.11 A Simpson and Jones Pharmaceuticals comprou um aparelho para prensagem de comprimidos vendidos sob prescrição por $ 750.000, em 2004. Planejava utilizar o aparelho durante 10 anos, mas devido à rápida obsolescência, ele deve ser retirado depois de 4 anos. Elabore uma planilha para a quantidade de depreciação e de valor contábil necessária para responder às questões:

(a) Qual é o valor contábil quando o ativo for retirado de operação devido à obsolescência?

(b) Se o ativo for vendido no final de 4 anos por $ 75.000, qual é o valor do investimento de capital perdido com base na depreciação linear?

(c) Considerando que o aparelho com a nova tecnologia tem um custo estimado de $ 300.000, quantos anos a mais a empresa deve manter e depreciar o aparelho que possui atualmente, a fim de que o seu valor contábil e o custo de aquisição do novo aparelho sejam iguais?

16.12 Uma estação de trabalho computadorizada para um propósito especial tem B = $ 50.000, com um período de recuperação de 4 anos. Tabule e represente graficamente os valores da depreciação LR, da depreciação acumulada e do valor contábil correspondentes a cada ano se (a) não há nenhum valor residual e (b) R = $ 16.000. (c) Utilize uma planilha para resolver este problema.

16.13 Uma empresa possui o mesmo ativo em uma fábrica nos Estados Unidos e em uma fábrica na União Européia (UE). Ela tem B = $ 2.000.000, com um valor residual de 20% de B. Como depreciação fiscal, os Estados Unidos permitem depreciação linear ao longo de 5 anos, enquanto a UE permite depreciação ao longo de 8 anos. Os diretores gerais das duas fábricas querem saber a diferença em termos do (a) valor da depreciação para o ano 5 e (b) valor contábil depois de 5 anos. Utilize o Excel e escreva equações de célula em *somente* duas células, para responder a essas questões.

Depreciação pelo Balanço Declinante

16.14 Em relação ao método da depreciação pelo balanço declinante, explique a diferença entre as três taxas: taxa percentual fixa d, taxa $d_{máx}$ e taxa de recuperação anual d_t.

16.15 Um novo equipamento para ler os códigos de produto de 96 bits, que estão substituindo os antigos códigos de barras, deve ser comprado pela General Food Stores. Como experiência, 1.000 itens serão inicialmente comprados. O método BDD será utilizado para depreciar o valor total de $ 50.000 ao longo de um período de recuperação de 3 anos. Calcule e represente graficamente a depreciação acumulada e as curvas do valor contábil (a) manualmente e (b) por computador.

16.16 Um ativo tem um custo de aquisição de $ 12.000, um período de recuperação de 8 anos e um valor residual estimado de $ 2.000. (a) Utilize uma planilha para desenvolver os cálculos de depreciação tanto para o método LR quanto para o método BDD. Represente o valor contábil para a depreciação LR e BDD em um único gráfico de dispersão xy. (b) Calcule a depreciação anual BDD para cada um dos anos 1 a 8.

16.17 A construção de um armazém custará $ 800.000 para a Ace Hardware. No período de 15 anos, o valor de revenda é estimado em 80% do custo de construção. Entretanto, a construção será depreciada a zero durante um período de recuperação de 30 anos. Calcule a carga de depreciação anual para os anos 5, 10 e 25, utilizando (a) a depreciação linear e (b) a depreciação BDD. (c) Qual é o valor residual implícito para a BDD?

16.18 Allison e Carl são engenheiros civis que possuem uma empresa de análise de solo e de água, para a qual compraram um equipamento computadorizado no valor de $ 25.000. Eles não esperam que os computadores tenham um valor residual positivo ou de *trade-in,* depois do período de vida útil previsto de 5 anos. Para obter a depreciação contábil, eles querem fazer um planejamento do valor contábil pelos seguintes métodos: LR, BD e BDD. Querem utilizar uma taxa de depreciação fixa de 25% ao ano para o modelo BD. Utilize planilha ou cálculo manual para desenvolver o planejamento.

16.19 Um equipamento para resfriamento de componentes eletrônicos por imersão tem um custo instalado de $ 182.000, com um valor de *trade-in* estimado de $ 50.000, depois de 18 anos. (a) Para os anos 2 e 18, determine, manualmente, a carga de depreciação anual utilizando a depreciação BDD e a depreciação BD. (b) Utilize uma planilha para responder à questão (a) e para determinar o ano em que o valor residual estimado de $ 50.000 é atingido, para a depreciação BDD.

16.20 Utilize as estimativas B = $ 182.000, R = $ 50.000 e n = 18 anos (do Problema 16.21), para escrever a função BDD do Excel e determinar a depreciação no ano 18, utilizando a taxa de depreciação implícita.

16.21 Para a depreciação contábil, a depreciação pelo método do balanço declinante, à taxa de 1,5 vezes a taxa linear, é utilizada para equipamentos automatizados de controle de processo com $B = \$175.000$, $n = 12$ e $R = \$32.000$. (*a*) Calcule a depreciação e o valor contábil para os anos 1 e 12. (*b*) Compare o valor residual estimado e o valor contábil depois de 12 anos. (*c*) Escreva a função BDD do Excel para calcular a depreciação a cada ano.

Depreciação MACRS

16.22 (*a*) Desenvolva um modelo de planilha para calcular a depreciação MACRS para qualquer valor B e todos os períodos de recuperação permitidos.

(*b*) Teste seu modelo, determinando o cálculo de depreciação para $B = \$10.000$, para $n = 3$ anos e $n = 10$ anos.

16.23 Apresente ao menos dois exemplos específicos de bens móveis e bens imóveis que precisam ser depreciados pelo método MACRS.

16.24 Zahra é uma engenheira civil que trabalha na Halcrow Engineering Consultants, no Oriente Médio, onde (em alguns países) o método linear e o método do balanço declinante de depreciação são utilizados. Ela está prestes a realizar uma análise, pós-dedução do imposto de renda, que envolve $ 500.000, referente a uma peça de equipamento com vida útil de 10 anos, em que a depreciação acelerada do investimento é muito importante. O valor residual estimado é de $ 100.000. Para mostrar a ela os efeitos dos diferentes métodos, calcule a depreciação no primeiro ano por meio dos seguintes métodos: LR clássico, BDD, 150% BD e MACRS.

16.25 Claude é um engenheiro economista que trabalha na Reynolds. Um novo bem móvel, no valor de $ 30.000, precisa ser depreciado por meio do MACRS, ao longo de 7 anos. Espera-se que o valor residual seja de $ 2.000. (*a*) Compare os valores contábeis correspondentes à depreciação MACRS e à depreciação LR clássica, ao longo de 7 anos. (*b*) Represente graficamente os valores contábeis, utilizando uma planilha.

16.26 Um ativo de uma corporação comercial agrícola, com sede nos Estados Unidos, foi comprado por $ 50.000, tem uma vida útil de 7 anos e um valor de revenda esperado de 20% do custo de aquisição. Um período de recuperação abreviado de 5 anos é permitido pelo MACRS. (*a*) Prepare os cálculos da depreciação anual pelo MACRS e os valores contábeis. (*b*) Compare esses resultados ao da depreciação BDD e do valor contábil ao longo de $n = 7$ anos, que porventura possam ser utilizados em outro país. (*c*) Desenvolva dois gráficos de dispersão xy do Excel para as comparações anteriores.

16.27 Um robô automatizado da linha de montagem possui um custo instalado de $ 450.000, uma vida útil depreciável de 5 anos e nenhum valor residual. Um analista do departamento de gerência financeira utilizou a depreciação LR clássica para determinar os valores contábeis de fim de exercício para o robô, quando a avaliação econômica original foi realizada. Agora, você está realizando uma análise da substituição, depois de 3 anos de serviço, e percebe que o robô deveria ter sido depreciado por meio do MACRS, com $n = 5$ anos. Qual é o valor da diferença no valor contábil, provocada pelo método LR, depois dos 3 anos?

16.28 Desenvolva os cálculos da depreciação pelo MACRS para um prédio comercial comprado pela Alpha Enterprises por $ 1.800.000.

16.29 A Bowlers.com instalou $ 100.000 em softwares e equipamentos depreciáveis, que representam o que há de mais novo em termos de formação de equipes para jogos de boliche pela internet, destinados a permitir que os jogadores desfrutem do esporte na Internet ou na pista de boliche. Nenhum valor residual foi estimado. A empresa pode realizar os cálculos da depreciação utilizando o MACRS, para um período de recuperação de 5 anos, ou optar pelo sistema alternativo SDA durante 10 anos, utilizando o método linear. As taxas LR exigem a *half-year convention* (norma semestral); ou seja, somente 50% da taxa anual comum se aplica para os anos 1 e 11. (*a*) Construa, em um gráfico, as curvas de valor contábil para ambos os métodos. Responda manualmente e por computador. (*b*) Depois de 3 anos de utilização, qual é a porcentagem eliminada da base de $ 100.000, em relação a cada método?

16.30 Uma empresa comprou um equipamento especial para a manufatura de produtos de borracha (categoria de ativo 30,11, na IRS Publication 946) e espera utilizá-lo, predominantemente, fora dos Estados Unidos. Nesse caso, a alternativa SAD ao MACRS é obrigatória para cálculo de depreciação fiscal. O gerente quer entender a diferença nas taxas de recuperação anual para o LR clássico, o MACRS e a alternativa SAD ao MACRS. Utilizando um período de recuperação de 3 anos, exceto para a alternativa SAD, que requer uma recuperação LR de 4 anos com a *half-year convention* incluída, prepare uma gráfico único, apresentando as taxas de recuperação anual (em porcentagens) para os três períodos.

16.31 Explique por que períodos de recuperação abreviados, conjugados com taxas de depreciação mais elevadas nos anos iniciais do ciclo de vida de um ativo, podem ser financeiramente vantajosos para uma corporação.

Depleção

16.32 Quando a WTA Corporation adquiriu os direitos de extrair prata de uma mina por um preço total de $ 1,1 milhão, há 3 anos, uma estimativa de 350.000 onças (9.922kg) de prata deveria ser extraída ao longo dos 10 anos seguintes. Um total de 175.000 onças (4.961 kg) foi extraído e vendido até agora. (*a*) Qual é a depleção do custo total permitida ao longo dos 3 anos? (*b*) Novos testes exploratórios indicam que há uma estimativa de somente 100.000 onças (2.835 kg) restantes nos veios da mina. Qual fator de depleção do custo é aplicável para o próximo ano? (*c*) Se 35.000 onças (992 kg) adicionais forem extraídas este ano e vendidas a uma média de $ 5,50 por onça, determine se o valor da depleção do custo ou o valor da depleção percentual é permitido para fins de imposto de renda nos Estados Unidos. Considere que o limite de 50% da receita tributável da empresa não foi ultrapassado.

16.33 Uma empresa possui operações de mineração de cobre em diversos estados. Uma mina tem os seguintes resultados de receita e de vendas tributáveis. Determine a depleção percentual anual para a mina. Utilize 2.000 libras (907 kg) por tonelada.

Ano	Receita Tributável, $	Vendas, em Toneladas	Preço de Vendas, $/Libra
1	1.500.000	2.000	0,80
2	2.000.000	4.500	0,78
3	1.000.000	2.300	0,65

16.34 Uma empresa de construção de rodovias operou uma pedreira durante os últimos 5 anos. Durante esse tempo foi extraída a seguinte tonelagem a cada ano: 60.000; 50.000; 58.000; 60.000 e 65.000 toneladas. Estima-se que a mina contenha um total de 2,5 milhões de toneladas de rochas e cascalho utilizáveis. O terreno da pedreira teve um custo de aquisição de $ 3,2 milhões. A empresa obteve uma receita bruta, por tonelada, de $ 30 no primeiro ano, $ 25 no segundo ano, $ 35 nos dois anos seguintes e $ 40 no último ano.

(*a*) Calcule as cargas de depleção, a cada ano, utilizando o maior dos valores para os dois métodos de cálculo.

(*b*) Calcule a porcentagem do custo inicial que não foi reduzida nesses 5 anos, utilizando as cargas de depleção da questão (*a*).

(*c*) Utilize uma planilha para responder às questões (*a*) e (*b*).

(*d*) Se a operação da pedreira for reavaliada, depois dos 3 primeiros anos, e se estimar-se que ela contém outro 1,5 milhão de toneladas, refaça as questões (*a*) e (*b*).

PROBLEMAS DE REVISÃO DE FUNDAMENTOS DE ENGENHARIA (FE)

16.35 Uma máquina, com vida útil de 5 anos, tem custo de aquisição de $ 20.000 e valor residual de $ 2.000. Seu custo operacional anual é de $ 8.000. De acordo com o método clássico linear, a carga da depreciação no ano 2 está mais próxima de:
(*a*) $ 3.600
(*b*) $ 4.000
(*c*) $ 11.600
(*d*) $ 12.000

16.36 Uma máquina que tem uma vida útil de 10 anos precisa ser depreciada por meio do método MACRS, ao longo de 7 anos. A máquina tem um custo de aquisição de $ 35.000 e um valor residual de $ 5.000. Seu custo operacional anual é de $ 7.000 por ano. A carga da depreciação no ano 3 está mais próxima de:

(a) $ 3.600
(b) $ 4.320
(c) $ 5.860
(d) $ 6.120

16.37 Um ativo que tem um custo de aquisição de $ 50.000 precisa ser depreciado pelo método linear, ao longo de um período de 5 anos. O ativo terá custos operacionais anuais de $ 20.000 e um valor residual de $ 10.000. De acordo com o método linear, o valor contábil no fim do ano 3 estará mais próximo de:

(a) $ 8.000
(b) $ 26.000
(c) $ 24.000
(d) $ 20.000

16.38 Um ativo que tem um custo de aquisição de $ 50.000 é depreciado, por meio do método MACRS, ao longo de um período de 5 anos. Se o ativo tiver um valor residual de $ 20.000, seu valor contábil, ao final do ano 2, estará mais próximo de:

(a) $ 10.000
(b) $ 16.000
(c) $ 24.000
(d) $ 30.000

16.39 Um ativo que tem um custo de aquisição de $ 50.000 é depreciado, por meio do método linear, ao longo de um período de 5 anos. Seu custo operacional anual é de $ 20.000 e espera-se que o seu valor residual seja de $ 10.000. O valor contábil, no fim do ano 5, estará mais próximo de:

(a) $ 0
(b) $ 8.000
(c) $ 10.000
(d) $ 14.000

16.40 Um ativo teve um custo de aquisição de $ 50.000, valor residual estimado de $ 10.000 e foi depreciado por meio do método MACRS. Se o seu valor contábil, ao final do ano 3, era de $ 21.850 e o seu valor de mercado era de $ 25.850, a carga da depreciação imposta ao ativo até aquele momento estava mais próxima de:

(a) $ 18.850
(b) $ 21.850
(c) $ 25.850
(d) $ 28.150

16.41 Mais comumente, a taxa de recuperação da depreciação, utilizada para fazer a comparação com a taxa de qualquer outro método, é a:

(a) Taxa linear
(b) Taxa MACRS
(c) 2/n
(d) Taxa da soma dos dígitos dos anos

CAPÍTULO 16 APÊNDICE

16A.1 DEPRECIAÇÃO POR MEIO DA SOMA DOS DÍGITOS DOS ANOS (SDA)

O método SDA é uma técnica clássica da depreciação acelerada que elimina grande parte da base no primeiro terço do período de recuperação. Entretanto, a redução contábil não é tão rápida quanto a do método BDD ou a do MACRS. Em análise de engenharia econômica, a técnica SDA pode ser utilizada na depreciação de contas de múltiplos ativos (depreciação grupal e depreciação composta).

O mecanismo do método envolve a soma dos dígitos dos anos, a partir do ano 1 até o período de recuperação n. A carga de depreciação para qualquer ano dado é obtida multiplicando-se a base do ativo, menos qualquer valor residual, pela razão entre o número de anos restantes no período de recuperação e a soma dos dígitos dos anos (SOMA).

$$D_t = \frac{\text{anos depreciáveis restantes}}{\text{soma dos dígitos dos anos}}(\text{base} - \text{valor residual})$$

$$D_t = \frac{n-t+1}{\text{SOMA}}(B-R) \qquad [16A.1]$$

em que SOMA é a soma dos dígitos 1 a n.

$$\text{SOMA} = \sum_{j=1}^{j=n} j = \frac{n(n+1)}{2} \qquad [16A.2]$$

o valor contábil para qualquer ano t é calculado como:

$$VC_t = B - \frac{t(n-t/2+0,5)}{\text{SOMA}}(B-R) \qquad [16A.3]$$

A taxa de depreciação diminui a cada ano e se iguala ao multiplicador na Equação [16A.1].

$$d_t = \frac{n-t+1}{\text{SOMA}} \qquad [16A.4]$$

A função de planilha SDA exibe a depreciação correspondente para o ano t. O formato da função é:

$$\text{SDA}(B;R;n;t)$$

EXEMPLO 16A.1

Calcule as cargas de depreciação SDA para o ano 2 de um equipamento eletroóptico com $B = \$ 25.000$, $R = \$ 4.000$ e para um período de recuperação de 8 anos.

Solução

A soma dos dígitos dos anos é 36 e o valor da depreciação para o segundo ano, de acordo com a Equação [16A.1], é:

$$D_2 = \frac{7}{36}(21.000) = \$ 4.083$$

A função SDA é: SDA(25.000;4.000;8;2).

A Figura 16A–1 é uma representação gráfica dos valores contábeis de um ativo de $ 80.000, com R = $ 10.000 e n = 10 anos, utilizando os quatro métodos da depreciação que aprendemos. As curvas MACRS, BDD e SDA são bem próximas, exceto para o ano 1 e os anos 9 a 11. Uma planilha e o gráfico de dispersão xy podem confirmar os resultados da Figura 16A–1.

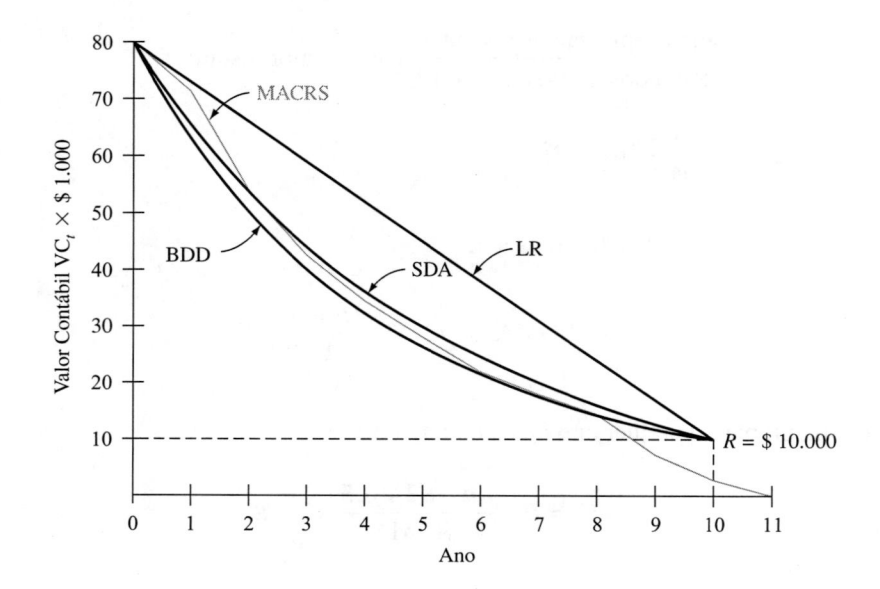

Figura 16A–1
Comparação de valores contábeis por meio dos métodos da depreciação LR, SDA, BDD e MACRS.

16A.2 MUDANÇA ENTRE MÉTODOS DA DEPRECIAÇÃO

A mudança (*switching*) entre métodos da depreciação pode auxiliar na redução acelerada do valor contábil. Além disso, maximiza o valor presente das depreciações acumulada e total, ao longo do período de recuperação. Portanto, a mudança, geralmente, amplia a vantagem fiscal, nos anos em que a depreciação é maior. O procedimento apresentado a seguir é parte integrante do MACRS.

Migrar do método BD para o método LR é, comumente, o tipo de mudança que mais ocorre, pois, em geral, oferece uma vantagem real, especialmente se o método BD for o BDD. A seguir, um resumo das normas gerais de mudança:

1. A mudança é recomendada quando a depreciação para o ano t realizada pelo método atualmente utilizado é menor do que a depreciação realizada pelo novo método. A depreciação D_t selecionada é o valor maior, dentre os calculados.
2. Somente uma mudança pode ser realizada durante o período de recuperação.
3. Independentemente dos métodos (clássicos) da depreciação, o valor contábil não pode ficar abaixo do valor residual estimado. Quando se muda de um método BD, é o valor residual estimado, não o valor residual BD implícito, o utilizado para calcular a depreciação no novo método: consideramos que $R = 0$ em todos os casos. (Isso não se aplica ao MACRS, uma vez que ele já inclui a mudança.)
4. O valor não depreciado, ou seja, VC_t, é utilizado como a nova base ajustada para selecionar o D_t maior para a próxima decisão de mudar.

Em todas as situações, o critério é *maximizar o valor presente da depreciação total* VP_D. A combinação de métodos da depreciação que resulte no máximo valor presente é a melhor estratégia de mudança.

$$VP_D = \sum_{t=1}^{t=n} D_t(P/F;i;t) \quad [16A.5]$$

Essa lógica minimiza a responsabilidade fiscal na primeira parte do período de recuperação de um ativo.

A mudança é mais vantajosa quando se trata de mudar de um método rápido de desvalorização contábil, como o BDD, para o método LR. A mudança é, previsivelmente, vantajosa se o valor residual implícito, calculado por meio da Equação [16.10], ultrapassar o valor residual estimado no momento da compra. Faça a mudança se:

$$VC_n = B(1-d)^n > R \text{ estimado} \quad [16A.6]$$

Se presumirmos que R será igual a zero, por meio da regra 3 anteriormente apresentada, e que VC_n *será maior do que zero*, para um modelo BD, uma mudança para LR será sempre vantajosa. Dependendo dos valores de d e n, a mudança pode ser melhor nos últimos anos ou no último ano do período de recuperação, o que elimina o R implícito inerente ao método BDD.

O procedimento para mudar do BDD para o LR é o seguinte:

1. Para cada ano t, calcule as duas cargas de depreciação:

    Para BDD: $\quad D_{BDD} = d(VC_{t-1}) \quad [16A.7]$

    Para LR: $\quad D_{LR} = \dfrac{VC_{t-1}}{n-t+1} \quad [16A.8]$

2. Selecione o maior valor de depreciação. A depreciação para cada ano é:

$$D_t = \text{máx}[D_{BDD}, D_{LR}] \quad [16A.9]$$

3. Se necessário, calcule o valor presente da depreciação total utilizando a Equação [16A.5].

É aceitável, embora habitualmente não seja vantajoso do ponto de vista financeiro, declarar que uma mudança ocorrerá em um ano particular; por exemplo, uma mudança obrigatória de BDD para LR no ano 7 de um período de recuperação de 10 anos. Esse procedimento geralmente não é seguido, mas a técnica de mudança funcionará corretamente para todos os métodos da depreciação.

Para utilizar uma planilha com o propósito de realizar a mudança, entenda primeiro as regras e pratique o procedimento de mudança do método de balanço declinante para o método linear. Assim que o procedimento for entendido, o mecanismo da mudança poderá ser acelerado, aplicando a função de planilha BDV (balanço declinante variável). Essa é uma função bastante poderosa que determina a depreciação para 1 ano ou total, ao longo de diversos anos, na mudança de BD para LR. O formato da função é:

BDV(custo;recuperação;vida_útil;início_período;final_período;fator;sem_mudança)

O Apêndice A explica detalhadamente todos os campos, mas, para aplicações simples, em que os valores D_t de BDD e de LR são necessários, os lançamentos seguintes são corretos:

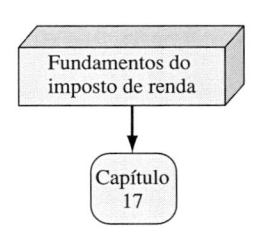

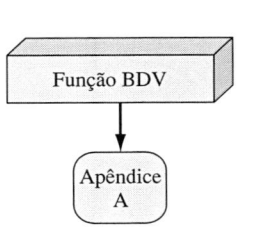

início_período é o ano $(t-1)$
final_período é o ano t
fator (d) é opcional; presume-se 2 para o método BDD, de maneira idêntica ao que ocorre na função BDD
sem_mudança é um valor lógico opcional:
  FALSO ou omitido – ocorre uma mudança para LR, se for vantajoso
  VERDADEIRO – o método BDD ou BD é aplicado, sem nenhuma mudança para a depreciação LR considerada.

A inserção de VERDADEIRO para a opção *sem_mundança* evidentemente faz com que a função BDV exiba os mesmos valores de depreciação que a função BDD. Isso é discutido no Exemplo 16A.2(*d*).

EXEMPLO 16A.2

O escritório central da Outback Steakhouse comprou um sistema de processamento de imagens de documentos *online* por $ 100.000, com uma vida útil estimada de 8 anos e um período de recuperação para depreciação fiscal de 5 anos. Compare o valor presente da depreciação total para (*a*) o método LR, (*b*) o método BDD e (*c*) a mudança de BDD para LR. (*d*) Realize a mudança de BDD para LR utilizando um computador e trace graficamente os valores contábeis. Utilize uma taxa $i = 15\%$ ao ano.

Solução Manual

O método MACRS não está envolvido nesta solução.

(*a*) A Equação [16.1] determina a depreciação LR anual.

$$D_t = \frac{100.000 - 0}{5} = \$ 20.000$$

Como D_t é idêntico para todos os anos, o fator P/A substitui P/F para calcular VP_D.

$$VP_D = 20.000(P/A;15\%;5) = 20.000(3,3522) = \$ 67.044$$

(*b*) Para BDD, $d = 2/5 = 0,40$. Os resultados são apresentados na Tabela 16A–1. O valor $VP_D = \$ 69.915$ ultrapassa os $ 67.044 correspondentes à depreciação LR. Como se poderia prever, a depreciação acelerada pelo BDD aumenta o VP_D.

(*c*) Use o procedimento de mudança do BDD para o LR.

1. Os valores BDD para D_t na Tabela 16A–1 são repetidos na Tabela 16A–2, para comparação com os valores D_{LR} da Equação [16A.8]. Os valores D_{LR} alteram-se a cada ano porque VC_{t-1} é diferente. Somente no ano 1 D_{LR} é igual a $ 20.000, o mesmo valor calculado na questão (*a*). Para ilustrar, calcule os valores D_{LR} para os anos 2 e 4. Para $t = 2$, $VC_1 = \$ 60.000$, por meio do método BDD, e:

$$D_{LR} = \frac{60.000 - 0}{5 - 2 + 1} = \$ 15.000$$

Para $t = 4$, $VC_3 = \$ 21.600$, por meio do método BDD, e:

$$D_{LR} = \frac{21.600 - 0}{5 - 4 + 1} = \$ 10.800$$

2. A coluna "D_t Maior" indica uma mudança no ano 4 com $D_4 = \$ 10.800$. O $D_{LR} = \$ 12.960$ no ano 5 é aplicável somente se a mudança ocorresse no ano 5. A depreciação total, com a mudança, é de $ 100.000 em comparação ao valor do BDD de $ 92.224.

3. Com a mudança, $VP_D = \$ 73.943$, que representa um aumento, tanto em relação ao método linear ou da linha reta (LR), quanto ao método BDD.

TABELA 16A–1 Depreciação e Valor Presente, pelo Método BDD, no Exemplo 16A.2b

Ano t	D_t	VC_t	(P/F;15%;t)	Valor Presente de D_t
0		$ 100.000		
1	$ 40.000	60.000	0,8696	$ 34.784
2	24.000	36.000	0,7561	18.146
3	14.400	21.600	0,6575	9.468
4	8.640	12.960	0,5718	4.940
5	5.184	7.776	0,4972	2.577
Total Geral	$ 92.224			$ 69.915

TABELA 16A–2 Depreciação e Valor Presente, pela Mudança do Método BDD para LR, no Exemplo 16A.2c

Ano t	Método BDD D_{BDD}	VC_t	Método D_{LR}	D_t Maior	Fator P/F	Valor Presente de D_t
0	—	$ 100.000				
1	$ 40.000	60.000	$ 20.000	$ 40.000	0,8696	$ 34.784
2	24.000	36.000	15.000	24.000	0,7561	18.146
3	14.400	21.600	12.000	14.400	0,6575	9.468
4*	8.640	12.960	10.800	10.800	0,5718	6.175
5	5.184	7.776	12.960	10.800	0,4972	5.370
Total Geral	$ 92.224			$ 100.000		$ 73.943

* Indica o ano da mudança da depreciação BDD para LR.

Solução por Computador

(d) Os lançamentos na coluna D da Figura 16A–2 são as funções BDV, para determinar o momento ideal de efetuar a mudança de BDD para LR (ano 4). Os lançamentos "2.FALSO" no final da função BDV são opcionais (veja a descrição da função BDV). Se VERDADEIRO for inserido, o método do balanço declinante será mantido ao longo de todo o período de recuperação, e os valores da depreciação anual serão iguais aos da coluna B. A representação gráfica, na Figura 16A–2, indica outra diferença nos métodos da depreciação: o valor contábil final no ano 5 para o método BDD é $VC_5 = $ 7.776$, enquanto a mudança de BDD para LR reduz o valor contábil a zero.

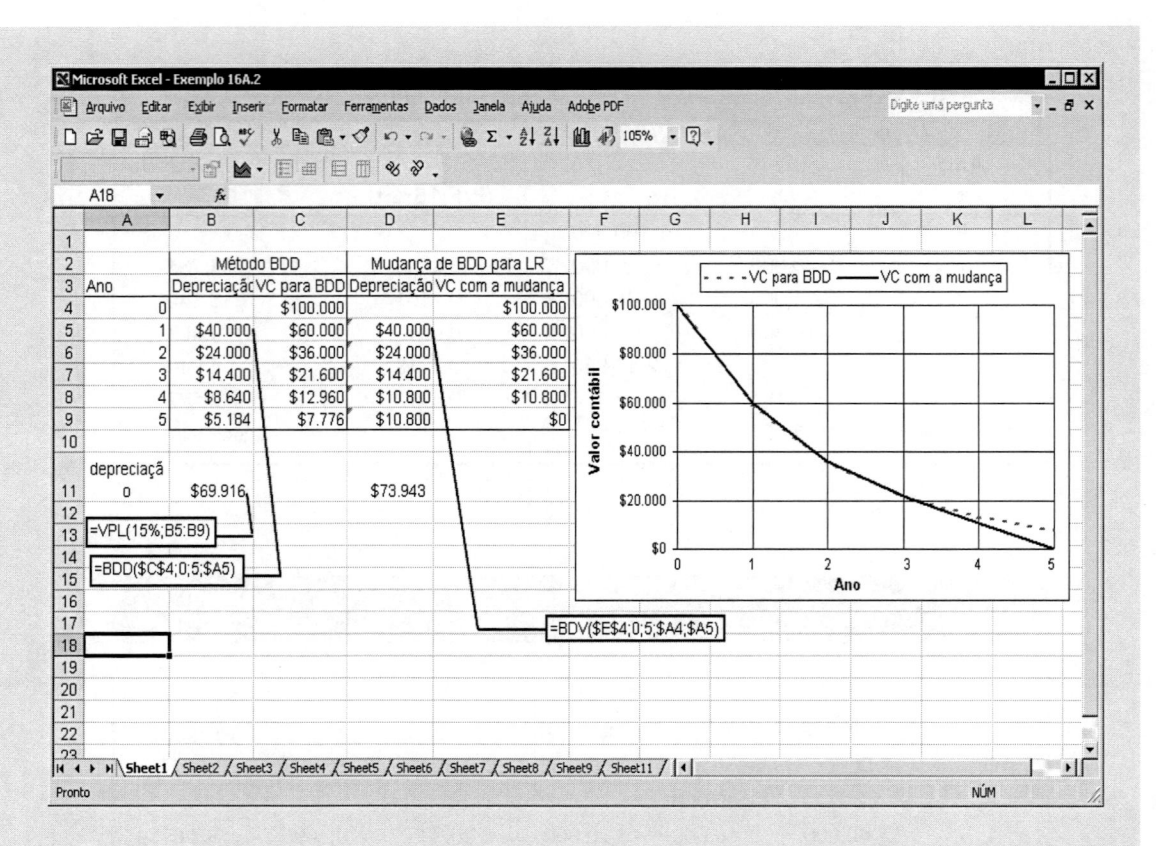

Figura 16A-2
Mudança do método da depreciação BDD para o método LR, por meio da função BDV do Excel, no Exemplo 16A.2*d*.

As funções VPL, na linha 11, determinam o VP da depreciação. Os resultados aqui são idênticos aos das questões (*b*) e (*c*), anteriormente apresentadas. A mudança de BDD para LR tem o maior valor VP_D.

No MACRS, os períodos de recuperação de 3, 5, 7 e 10 anos se aplicam à depreciação BDD, com a mudança da *half-year convention* (norma semestral) para LR. Quando a mudança para LR se desenvolve, o que geralmente ocorre nos últimos 1 a 3 anos do período de recuperação, qualquer base restante é amortizada no ano $n + 1$, de modo que o valor contábil atinja zero. Geralmente 50% do valor LR aplicável permanece depois que a mudança ocorreu. Para períodos de recuperação de 15 e 20 anos, aplica-se um BD de 150% com a *half-year convention* e a mudança para LR.

O valor presente da depreciação VP_D sempre indicará qual método é o mais vantajoso. Somente as taxas MACRS para os períodos de recuperação SGD (Tabela 16-4) utilizam a mudança de BDD para LR. As taxas MACRS para o sistema alternativo da depreciação

(SAD) têm períodos de recuperação mais longos e impõem o método LR para todo o horizonte.

EXEMPLO 16A.3

No Exemplo 16A.2, nas questões (c) e (d), o método de mudança de BDD para LR foi aplicado a um ativo de $ 100.000, $n = 5$ anos, resultando em um VP_D = $ 73.943 à taxa $i = 15\%$. Utilize o MACRS para depreciar o mesmo ativo, utilizando um período de recuperação de 5 anos, e compare os valores de VP_D.

Solução
A Tabela 16A–3 resume os cálculos da depreciação (utilizando as taxas da Tabela 16–2), do valor contábil e do valor presente da depreciação. Os valores VP_D para os quatro métodos são:

Mudança de BDD para LR	$ 73.943
Balanço declinante duplo	$ 69.916
MACRS	$ 69.016
Linear	$ 67.044

O MACRS proporciona uma redução contábil menos acelerada. Isso ocorre, em parte, porque a *half-year convention* rejeita 50% da depreciação BDD no primeiro ano (que chega a 20% do custo de aquisição). Além disso, o período de recuperação MACRS se estende ao ano 6, reduzindo ainda mais o VP_D.

TABELA 16A–3 Depreciação e Valor Contábil pelo Método MACRS, no Exemplo 16A.3

t	d_t	D_t	VC_t
0	—	—	$ 100.000
1	0,20	$ 20.000	80.000
2	0,32	32.000	48.000
3	0,192	19.200	28.800
4	0,1152	11.520	17.280
5	1,1152	11.520	5.760
6	0,0576	5.760	0
	1,000	$ 100.000	

$$VP_D = \sum_{t=1}^{t=6} D_t(P/F;15\%;t) = \$ 69.016$$

16A.3 DETERMINAÇÃO DE TAXAS MACRS

As taxas de depreciação do método MACRS incorporam a mudança de BDD para LR para todos os períodos de recuperação SGD, de 3 a 20 anos. No primeiro ano, foram realizados alguns ajustes para calcular a taxa MACRS. Os ajustes variam e, geralmente, não são considerados detalhadamente nas análises econômicas. A *half-year convention* é sempre imposta, e qualquer valor contábil restante no ano n é eliminado no ano $n + 1$. O valor $R = 0$ é presumido para todos os cálculos MACRS.

Uma vez que diferentes taxas de depreciação BD se aplicam a diferentes valores n, o resumo, apresentado a seguir, pode ser utilizado para determinar os valores D_t e VC_t. Os símbolos D_{BD} e D_{LR} são utilizados para identificar as depreciações BD e LR, respectivamente.

Para n = 3, 5, 7 e 10 Utilize a depreciação BDD com a *half-year convention*, mudando para a depreciação LR no ano t quando $D_{LR} \geq D_{BD}$. Utilize as normas de mudança da Seção 16A.2 e acrescente um semestre ao calcular D_{LR}, para considerar a *half-year convention*. As taxas de depreciação anual são:

$$d_t = \begin{cases} \dfrac{1}{n} & t = 1 \\ \dfrac{2}{n} & t = 2, 3, \ldots \end{cases} \qquad [16A.10]$$

Os valores da depreciação anual, para cada ano t, aplicados à base ajustada, admitindo a *half-year convention*, são:

$$D_{BD} = d_t(VC_{t-1}) \qquad [16A.11]$$

$$D_{LR} = \begin{cases} \dfrac{1}{2}\left(\dfrac{1}{n}\right)B & t = 1 \\ \dfrac{VC_{t-1}}{n - t + 1{,}5} & t = 2, 3, \ldots, n \end{cases} \qquad [16A.12]$$

Depois que a mudança para a depreciação LR se desenvolve – geralmente nos últimos 1 a 3 anos do período de recuperação –, qualquer valor contábil restante no ano n é eliminado no ano $n + 1$.

Para n = 15 e 20 Utilize o BD de 150%, considerando a *half-year convention* (norma semestral) e a mudança para LR quando $D_{LR} \geq D_{BD}$. Enquanto a depreciação LR se apresenta como a mais vantajosa, a depreciação BD anual é calculada utilizando-se a forma da Equação [16A.7]:

$$D_{BD} = d_t(VC_{t-1})$$

Em que:

$$d_t = \begin{cases} \dfrac{0{,}75}{n} & t = 1 \\ \dfrac{1{,}50}{n} & t = 2, 3, \ldots \end{cases} \qquad [16A.13]$$

EXEMPLO 16A.4

Um sistema de rastreamento com tecnologia *wireless* (sem fio), para controle de chão de fábrica com a MACRS para um período de recuperação de 5 anos foi comprado por $ 10.000. (*a*) Utilize as equações de [16A.10] a [16A.12] para obter a depreciação anual e o valor contábil. (*b*) Determine as taxas de depreciação anual resultantes e compare-as às taxas MACRS apresentadas na Tabela 16–2 para $n = 5$.

Solução

(*a*) Com $n = 5$ e a *half-year convention*, utilize o procedimento de mudança de BDD para LR, para obter os resultados apresentados na Tabela 16A–4. A mudança para a depreciação LR, que ocorre no ano 4, quando os valores de ambas as depreciações são iguais, é indicada por:

$$D_{BD} = 0{,}4(2.880) = \$\ 1.152$$

$$D_{LR} = \frac{2.880}{5 - 4 + 1{,}5} = \$\ 1.152$$

A depreciação LR de $1.000 no ano 1 resulta da aplicação da *half-year convention* incluída na primeira relação da Equação [16A.12]. Além disso, a depreciação LR de $ 576 no ano 6 também é resultado da *half-year convention*.

(*b*) As taxas reais são calculadas dividindo os valores da coluna "Maior D_t" pelo custo de aquisição de $ 10.000. As taxas a seguir são idênticas às taxas da Tabela 16–2.

t	1	2	3	4	5	6
d_t	0,20	0,32	0,192	0,1152	0,1152	0,0576

TABELA 16A–4 Valores de Depreciação Utilizados para Determinar Taxas MACRS para $n = 5$, no Exemplo 16A.4

Ano t	BDD d_t	BDD D_{BD}	Depreciação LR D_{LR}	D_t Maior	VC_t
0	—	—	—	—	$ 10.000
1	0,2	$ 2.000	$ 1.000	$ 2.000	8.000
2	0,4	3.200	1.777	3.200	4.800
3	0,4	1.920	1.371	1.920	2.880
4	0,4	1.152	1.152	1.152	1.728
5	0,4	691	1.152	1.152	576
6	—	—	576	576	0
				$ 10.000	

Evidentemente, é mais fácil utilizar as taxas da Tabela 16–2 do que determinar cada taxa MACRS utilizando a lógica de mudança. Porém, essa lógica é aqui apresentada para aqueles que se interessarem. As taxas MACRS anuais podem ser deduzidas utilizando-se a taxa aplicável para o método BD. Os subscritos BD e LR foram inseridos juntamente com o ano t. Para o primeiro ano $t = 1$.

$$d_{BD,1} = \frac{1}{n} \quad ou \quad d_{LR,1} = \frac{1}{2}\frac{1}{n}$$

Para propósitos de somatório somente, introduzimos o subscrito i ($i = 1, 2, \ldots, t$) em d. Então, as taxas de depreciação para os anos $t = 2, 3, \ldots, n$ são:

$$d_{BD,t} = d\left(1 - \sum_{i=1}^{i=t-1} d_i\right) \qquad [16A.14]$$

$$d_{LR,t} = \frac{\left(1 - \sum_{i=1}^{i=t-1} d_i\right)}{n - t + 1,5} \qquad [16A.15]$$

Além disso, para o ano $n + 1$, a taxa MACRS é a metade da taxa LR do ano n anterior.

$$d_{LR,n+1} = \frac{1}{2d_{LR,n}} \qquad [16A.16]$$

As taxas BD e LR são comparadas, a cada ano, para determinar qual é a maior e, assim, identificar o momento em que a mudança para a depreciação LR deve ocorrer.

EXEMPLO 16A.5

Verifique as taxas MACRS na Tabela 16–2 para um período de recuperação de 3 anos. As taxas, em porcentagem, são: 33,33; 44,45; 14,81 e 7,41.

Solução

A taxa fixa para BDD com $n = 3$ é $d = 2/3 = 0,6667$. Utilizando a *half-year convention* no ano 1 e as Equações de [16A.14] a [16A.16], os resultados são os seguintes:
d_1. $d_{BD,1} = 0,5d = 0,5(0,6667) = 0,3333$

d_2. A taxa de depreciação acumulada é 0,3333.

$$d_{BD,2} = 0,6667(1 - 0,3333) = 0,4445 \qquad \text{(o valor maior)}$$

$$d_{LR,2} = \frac{1 - 0,3333}{3 - 2 + 1,5} = 0,2267$$

d_3. A taxa de depreciação acumulada é $0,3333 + 0,4445 = 0,7778$.

$$d_{BD,3} = 0,6667(1 - 0,7778) = 0,1481$$

$$d_{LR,3} = \frac{1 - 0,7778}{3 - 3 + 1,5} = 0,1481$$

Ambos os valores são idênticos; mude para a depreciação linear.

d_4. Esta taxa é 50% da última taxa LR:

$$d_4 = 0,5(d_{LR,3}) = 0,5(0,1481) = 0,0741$$

PROBLEMAS DO APÊNDICE

Depreciação pelo Método da Soma dos Dígitos dos Anos

16A.1 Uma empresa manufatureira européia tem um equipamento novo com um custo de aquisição de 12.000 euros, valor residual estimado de 2.000 euros e período de recuperação de 8 anos. Utilize o método SDA para tabular a depreciação anual e o valor contábil.

16A.2 Espera-se que um equipamento de terraplenagem, com custo de aquisição de $ 150.000, tenha uma vida útil de 10 anos e que o valor residual seja igual a 10% do custo de aquisição. Calcule (a) manualmente e (b) por computador a carga de depreciação e o valor contábil para os anos 2 e 7, utilizando o método SDA.

16A.3 Se $B = \$ 12.000$, $n = 6$ anos e R é estimado a 15% de B, utilize o método SDA para determinar (a) o valor contábil depois de 3 anos e (b) a taxa e o valor da depreciação no ano 4.

Métodos de Mudança

16A.4 Um ativo tem um custo de aquisição de $ 45.000, um período de recuperação de 5 anos e um valor residual de $ 3.000. Utilize o procedimento de mudança da depreciação de BDD para LR e calcule o valor presente da depreciação a $i = 18\%$ ao ano.

16A.5 Se $B = \$ 45.000$, $R = \$ 3.000$, $n = 5$ anos e $i = 18\%$ ao ano, utilize uma planilha para maximizar o valor presente da depreciação, utilizando os seguintes métodos: mudança de BDD para LR (determinado no Problema 16A.4) e MACRS. Dado que o MACRS é o sistema de depreciação obrigatório nos Estados Unidos, comente os resultados.

16A.6 A Hempstead Industries tem uma nova fresadora com $B = \$ 110.000$, $n = 10$ anos e $R = \$ 10.000$. Determine o cálculo e o valor presente da depreciação a $i = 12\%$ ao ano, utilizando o método BD de 175%, para os primeiros 5 anos, e a mudança para LR clássico, para os últimos 5 anos. Utilize uma planilha para resolver este problema.

16A.7 A Reliant Electric Company erigiu um grande edifício modular com um custo inicial de $ 155.000 e um valor residual previsto de $ 50.000, depois de 25 anos. (a) A mudança do método de depreciação BDD para LR deve ser efetuada? (b) Para quais valores da taxa uniforme de depreciação no método BD seria vantajoso mudar da depreciação BD para LR, em algum ponto do ciclo de vida do edifício?

Taxas MACRS

16A.8 Verifique as taxas do período de recuperação de 5 anos do MACRS, apresentadas na Tabela 16–2. Inicie com o modelo BDD no ano 1 e mude para a depreciação LR quando ela oferecer uma taxa de recuperação maior.

16A.9 Um sistema de gravação de vídeos foi comprado há 3 anos a um custo de $ 30.000. Um período de recuperação de 5 anos e a depreciação MACRS foram utilizados para a redução contábil da base. O sistema precisa ser substituído prematuramente, com um valor de *trade-in* de $ 5.000. Determine a depreciação MACRS, utilizando as normas de mudança para encontrar a diferença entre o valor contábil e o valor de *trade-in* depois de 3 anos.

16A.10 Utilize os cálculos das Equações de [16A.10] a [16A.12] para determinar a depreciação MACRS anual com os seguintes dados de um ativo: $B = \$ 50.000$ e um período de recuperação de 7 anos.

16A.11 As taxas de recuperação MACRS em 3 anos são 33,33%, 44,45%, 14,81% e 7,41%, respectivamente. (a) Quais são as taxas correspondentes para o modelo MACRS alternativo, SAD linear, com a imposição da *half-year convention*? (b) Calcule os valores VP_D para esses dois métodos, se $B = \$ 80.000$ e $i = 15\%$ ao ano.

CAPÍTULO 17
Análise Econômica Depois do Desconto dos Impostos

Este capítulo apresenta uma visão geral da terminologia tributária, alíquotas do imposto de renda e equações tributárias pertinentes a uma análise econômica depois do desconto dos impostos. A transição de estimar o fluxo de caixa antes do desconto dos impostos (FCAI) para o fluxo de caixa depois do desconto dos impostos (FCDI) envolve considerar certos efeitos tributários significativos que podem alterar a decisão final, e, também, envolve uma estimativa da magnitude do efeito fiscal sobre o fluxo de caixa durante o ciclo de vida da alternativa.

Explicamos as comparações de alternativas mutuamente exclusivas utilizando os métodos do VP, do VA e da ROR, depois do desconto dos impostos, considerando importantes implicações fiscais. Os estudos da substituição são discutidos considerando os efeitos fiscais que ocorrem no momento em que a defensora é substituída. Além disso, o *valor econômico adicionado*, depois do desconto dos impostos, é discutido no contexto da análise do valor anual. Todos esses métodos utilizam os procedimentos que aprendemos nos capítulos anteriores, exceto o procedimento dos efeitos tributários, que será considerado agora.

Uma avaliação depois do desconto dos impostos, realizada por meio de qualquer um dos métodos, requer mais cálculos do que as avaliações já efetuadas nos capítulos anteriores. O computador reduz enormemente o tempo de análise, devido ao poder de formatação e às funções de planilha. Modelos para tabulação do fluxo de caixa depois do desconto dos impostos, manualmente e por computador, são desenvolvidos. Informações adicionais sobre os impostos federais dos Estados Unidos – legislação fiscal e alíquotas de imposto atualizadas anualmente – estão disponíveis em publicações do Internal Revenue Service e, mais prontamente, no site do IRS, ww.irs.gov. Publications 542 e 544; Corporations; Sales and Other Dispositions of Assets são especialmente aplicáveis a este capítulo. Algumas diferenças quanto às considerações fiscais fora dos Estados Unidos estão resumidas na última seção.

O Estudo de Caso proporciona uma oportunidade de realizarmos a análise completa do financiamento com capital de terceiro *versus* financiamento com capital próprio, depois do desconto dos impostos, com a inclusão da depreciação do ativo. É uma aplicação do método de *análise do fluxo de caixa generalizado*.

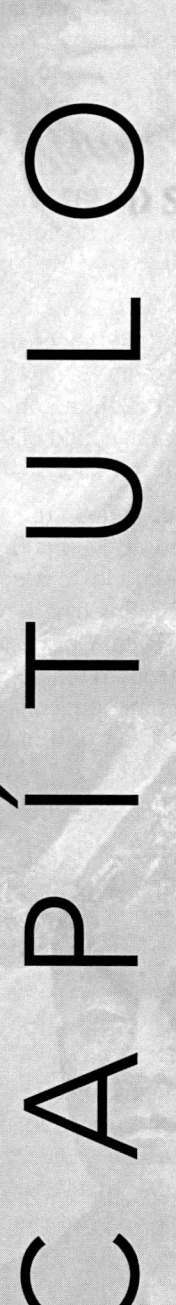

OBJETIVOS DE APRENDIZAGEM

Propósito: Realizar uma avaliação econômica de uma ou mais alternativas considerando o efeito do imposto de renda e de outras regulamentações tributárias pertinentes.

Este capítulo ajudará você a:

Terminologia e alíquotas	1. Utilizar corretamente a terminologia básica e as alíquotas do imposto de renda para pessoas jurídicas (e físicas).
FCAI e FCDI	2. Calcular o fluxo de caixa antes do desconto dos impostos e o fluxo de caixa depois do desconto dos impostos.
Alíquotas e depreciação	3. Demonstrar a vantagem fiscal da depreciação acelerada e a de um período de recuperação abreviado.
Retomada da depreciação e dos ganhos de capital	4. Calcular o impacto fiscal da retomada da depreciação e dos ganhos (perdas) de capital.
Análise depois do desconto dos impostos	5. Avaliar alternativas utilizando a análise do VP, do VA e da ROR depois do desconto dos impostos.
Planilhas	6. Desenvolver planilhas que estruturem a avaliação de duas ou mais alternativas depois do desconto dos impostos.
Substituição depois do desconto dos impostos	7. Avaliar uma alternativa defensora e uma alternativa desafiante em um estudo da substituição, depois do desconto dos impostos.
Análise do valor adicionado	8. Avaliar alternativas utilizando uma análise econômica do valor adicionado depois do desconto dos impostos.
Impostos fora dos Estados Unidos	9. Entender o impacto da legislação fiscal depois do desconto dos impostos em outros países.

17.1 TERMINOLOGIA E RELAÇÕES DO IMPOSTO DE RENDA PARA PESSOAS JURÍDICAS (E FÍSICAS)

Aqui são explicados alguns termos e relações básicas dos impostos para pessoas jurídicas, úteis em engenharia econômica.

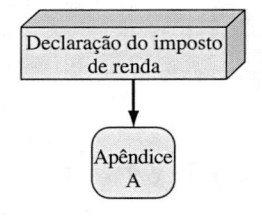

Receita bruta (RB) é o total dos rendimentos realizados com base em todas as fontes geradoras de receita da empresa, além de receitas de quaisquer outras fontes como, por exemplo, venda de ativos, *royalties* e taxas de concessão de direitos. As receitas são relacionadas na seção "rendimentos tributáveis" de uma declaração do imposto de renda.

Imposto de renda é o valor dos impostos baseados em alguma forma de rendimento ou de lucro, que deve ser entregue a um órgão do governo federal (ou de nível inferior dependendo do país). Uma grande porcentagem da receita do imposto de renda nos Estados Unidos baseia-se na tributação da renda. O Internal Revenue Service, que faz parte do U.S. Department of the Treasury, coleta os impostos. Os pagamentos do imposto de renda das empresas, habitualmente, são realizados trimestralmente, e o último pagamento do ano é submetido com a declaração de ajuste anual. Impostos são fluxos de caixa reais.

As **despesas operacionais** E incluem todos os custos empresariais envolvidos na transação dos negócios. Essas despesas são dedutíveis do imposto de renda para as corporações. Para alternativas de engenharia econômica, o COA (custo operacional anual) e os custos de M&O (manutenção e operações) são aplicáveis aqui.

Os valores de RB e E precisam ser estimados para um estudo econômico e são expressos como:

$$\text{Receita bruta} - \text{despesas} = \text{RB} - E$$

Rendimento tributável (RT) é o valor sobre o qual os impostos se baseiam. Para as corporações, a depreciação D e os custos operacionais são dedutíveis do imposto de renda, deste modo:

$$\text{RT} = \text{receita bruta} - \text{despesas} - \text{depreciação}$$
$$= \text{RB} - E - D \quad [17.1]$$

Alíquota T é uma porcentagem, ou equivalente decimal, do rendimento tributável (RT), devido em impostos. A alíquota, tabulada pelo nível do RT, é escalonada, ou seja, aplicam-se taxas maiores à medida que o RT aumenta. A fórmula geral para cálculo do imposto utiliza o valor T aplicável.

$$\text{Impostos} = (\text{rendimento tributável}) \times (\text{alíquota aplicável})$$
$$= (\text{RT})(T) \quad [17.2]$$

Lucro líquido depois do desconto dos impostos (*Net profit after taxes* – **NPAT**) é o valor restante a cada ano, quando o imposto de renda é deduzido dos rendimentos tributáveis.

$$\text{NPAT} = \text{rendimento tributável} - \text{impostos} = \text{RT} - (\text{RT})(T)$$
$$= (\text{RT})(1 - T) \quad [17.3]$$

SEÇÃO 17.1   Terminologia e Relações do Imposto de Renda para Pessoas Jurídicas (e Físicas)

Essa é a quantidade de dinheiro decorrente do capital investido durante o ano que retorna à empresa. É um componente da análise do valor adicionado depois do desconto dos impostos. O NPAT também é chamado de receita líquida (RL) e lucro operacional líquido depois do desconto dos impostos (*Net operating profit after taxes* – NOPAT).

TABELA 17–1 Tabela com as Alíquotas do Imposto de Renda para Pessoas Jurídicas (2003) (mil = milhões de dólares), nos Estados Unidos

Limites de Rendimentos Tributáveis (RT) (1)	Faixa de RT (2)	Alíquota T (3)	Imposto Máximo para a Faixa de RT (4) = (2) T	Imposto Máximo Devido (5) = Soma de (4)
$1–$50.000	$ 50.000	0,15	$ 7.500	$ 7.500
$50.001–75.000	25.000	0,25	6.250	13.750
$75.001–100.000	25.000	0,34	8.500	22.250
$100.001–335.000	235.000	0,39	91.650	113.900
$335.001–10 mil	9,665 mil	0,34	3,2861 mil	3,4 mil
acima de $10–15 mi	5 mil	0,35	1,75 mil	5,15 mil
acima de $15–18,33 mi	3,33 mil	0,38	1,267 mil	6,417 mil
acima de $18,33 mil	Ilimitado	0,35	Ilimitado	Ilimitado

Uma série de diferentes bases pode ser utilizada pelos órgãos federais, estaduais e municipais para obter a receita tributária. Outras bases (e impostos), além do imposto de renda, são as vendas totais (imposto sobre vendas); valor venal da propriedade (imposto sobre a propriedade); imposto sobre o valor adicionado (IVA); investimento de capital líquido (imposto sobre o ativo); ganhos de jogos (parte do imposto de renda) e valor de varejo de itens importados (imposto de importação). Bases similares e diferentes são utilizadas por diferentes países, províncias e distritos fiscais locais. Governos que não têm imposto de renda precisam utilizar outras bases, além da renda, para desenvolver receitas.

A alíquota T dos impostos federais baseia-se no princípio das *alíquotas escalonadas*. Significa que as empresas pagam alíquotas maiores para rendimentos tributáveis mais altos. A Tabela 17–1 apresenta os valores T utilizados pelas empresas norte-americanas. As alíquotas do imposto e as alterações dos limites de RT baseiam-se na legislação e na interpretação do Internal Revenue Service (IRS), a respeito da legislação tributária e da situação econômica. Além disso, o IRS revê e/ou altera anualmente os limites de RT para considerar a inflação e outros fatores. Essa ação é chamada de *indexação*. A parcela de cada novo dólar de RT é tributada de acordo com aquilo que se chama de *alíquota marginal*. Para ilustrar, pesquise as alíquotas apresentadas na Tabela 17–1. Uma empresa com rendimentos tributáveis (RT) anuais de $ 50.000 tem uma alíquota marginal de 15%. Entretanto, um negócio com RT = $ 100.000 paga 15% sobre os primeiros $ 50.000, 25% sobre os $ 25.000 seguintes e 34% sobre o restante:

$$\text{Impostos} = 0{,}15(50.000) + 0{,}25(75.000 - 50.000) + 0{,}34(100.000 - 75.000)$$
$$= \$\ 22.250$$

O sistema de alíquotas escalonadas dá às empresas com rendimentos tributáveis pequenos uma leve vantagem. As alíquotas marginais variam de porcentagens médias a mais de 30% para rendimentos tributáveis acima (aproximadamente) de $ 100.000, enquanto os RTs menores têm alíquotas na faixa de 15% a 25%. O Exemplo 17.1 ilustra a utilização das alíquotas escalonadas.

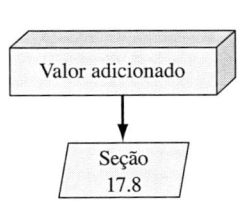

Valor adicionado → Seção 17.8

Uma vez que as alíquotas marginais se alteram de acordo com os RTs, não é possível cotar, diretamente, a porcentagem dos rendimentos tributáveis pagos no imposto de renda. Em vez disso, um número de valor único, a *alíquota média*, é calculado como:

$$\text{Alíquota média} = \frac{\text{Total de impostos pagos}}{\text{Rendimentos tributáveis}} = \frac{\text{Impostos}}{\text{RT}} \quad [17.4]$$

Para uma pequena empresa com RT = $ 100.000, a carga tributária de impostos federais atinge uma média de $ 22.250/100.000 = 22,25%. Se o RT = $ 15 milhões, a alíquota média (Tabela 17–1) é $ 5,15 milhões/15 milhões = 34,33%.

Conforme mencionamos anteriormente, há a cobrança de impostos federais, estaduais e municipais. Por uma questão de simplicidade, a alíquota utilizada em um estudo econômico, freqüentemente, é uma *alíquota efetiva* T_e de valor único, que contabiliza todos os impostos. As alíquotas efetivas estão na faixa de 35% a 50%. Uma razão para utilizar a alíquota efetiva é que os impostos estaduais são dedutíveis do cálculo do imposto federal. A alíquota efetiva e os impostos são calculados como:

T_e = **alíquota estadual + (1 − alíquota estadual)(alíquota federal)** [17.5]
Impostos = (RT)(T_e) [17.6]

EXEMPLO 17.1

Se a divisão de seguros da OnStar tem uma receita bruta anual de $ 2.750.000 com despesas e depreciação que totalizam $ 1.950.000, (*a*) compare as alíquotas federais exatas da empresa. (*b*) Calcule o total de impostos federais e estaduais para uma alíquota estadual de 8% e uma alíquota média federal de 34%.

Solução

(*a*) Calcule o RT pela Equação [17.1] e o imposto de renda utilizando as alíquotas da Tabela 17–1.

$$RT = 2.750.000 - 1.950.000 = \$ 800.000$$

$$\text{Impostos} = 50.000(0,15) + 25.000(0,25) + 25.000(0,34)$$
$$+ 235.000(0,39) + (800.000 - 335.000)(0,34)$$
$$= 7.500 + 6.250 + 8.500 + 91.650 + 158.100$$
$$= \$ 272.000$$

Um critério mais rápido utiliza o valor indicado na coluna 5 da Tabela 17–1, que está mais próximo do total de rendimentos tributáveis (RT), e soma o imposto correspondente à faixa de RT seguinte:

$$\text{Impostos} = 113.900 + (800.000 - 335.000)(0,34) = \$ 272.000$$

(*b*) A Equação [17.5] determina a alíquota efetiva:

$$T_e = 0,08 + (1 - 0,08)(0,34) = 0,3928$$

Estime o total de impostos por meio da Equação [17.6].

$$\text{Impostos} = (RT)(T_e) = (800.000)(0,3928) = \$ 314.240$$

Esses dois valores não são comparáveis, pois o imposto na parte (*a*) não inclui os impostos estaduais.

SEÇÃO 17.1   Terminologia e Relações do Imposto de Renda para Pessoas Jurídicas (e Físicas)

TABELA 17–2 Tabela com as Alíquotas de Imposto de Renda para Pessoas Físicas, Contribuintes Solteiros e Casados que Fazem Declaração Conjunta (2003), nos Estados Unidos

	Rendimento Tributável, $	
Alíquota T (1)	Contribuinte Solteiro (2)	Contribuinte Casado, Que Declara Conjuntamente (3)
0,10	0–7.000	0–14.000
0,15	7.001–28.400	14.001–56.800
0,25	28.401–68.800	56.801–114.650
0,28	68.801–143.500	114.651–174.700
0,33	143.501–311.950	174.701–311.950
0,35	acima de 311.950	acima de 311.950

É interessante entender como o cálculo dos impostos para pessoas jurídicas difere do cálculo dos impostos para pessoas físicas. A receita bruta de um contribuinte individual é comparável com a receita das empresas. Entretanto, no que se refere aos rendimentos tributáveis de uma pessoa física, a maior parte das despesas destinadas ao sustento e ao trabalho não é dedutível do imposto de renda no mesmo grau em que são dedutíveis as despesas empresariais para as empresas. Para contribuintes individuais:

Receita bruta = RB = salários + ordenados + juros e dividendos + outros rendimentos

Rendimentos tributáveis = RB − isenções pessoais − deduções padrão ou categorizadas

Impostos = (rendimentos tributáveis)(alíquota aplicável) = (RT)(T)

Em relação aos rendimentos tributáveis (RT), as despesas operacionais de uma empresa são substituídas pelas isenções e deduções específicas para as pessoas físicas. As isenções referem-se à própria pessoa, à esposa, aos filhos e a outros dependentes. Cada isenção reduz o RT em, aproximadamente, $ 3.000 por ano, dependendo das isenções concedidas no momento em que se está calculando o imposto.

Da mesma maneira que a estrutura tributária das empresas, as alíquotas para pessoas físicas são escalonadas por nível de rendimento tributável (RT). Como mostra a Tabela 17–2, as alíquotas variam de 15% a 35% dos rendimentos tributáveis.

EXEMPLO 17.2

Josh e Allison entregam uma declaração conjunta ao IRS. Durante o ano, seus dois empregos proporcionaram-lhes uma renda conjunta de $ 82.000. Eles tiveram seu segundo filho durante o ano e planejam utilizar o desconto padrão aplicável de $ 9.500 ao ano. Os dividendos e juros acumularam-se em $ 3.550, e um investimento em fundos mútuos de ações rendeu ganhos de capital de $ 2.500. As isenções pessoais são de $ 3.100 atualmente. (*a*) Calcule a quantia exata de impostos federais que eles têm a pagar. (*b*) Calcule sua alíquota média. (*c*) Qual porcentagem da receita bruta é consumida por impostos federais?

Solução

(a) Josh e Allison têm quatro isenções pessoais e o desconto padrão de $ 9.500.

$$\text{Receita bruta} = \text{salários} + \text{juros e dividendos} + \text{ganhos de capital}$$

$$= 82.000 + 3.550 + 2.500 = \$ 88.050$$

$$\text{Rendimentos tributáveis} = \text{receita bruta} - \text{isenções} - \text{deduções}$$

$$= 88.050 - 4(3.100) - 9.500$$

$$= \$ 66.150$$

A Tabela 17–2 indica a alíquota marginal de 25%. Utilizando as colunas 1 e 3, os impostos federais são:

$$\text{Impostos} = 14.000(0,10) + (56.800 - 14.000)(0,15)$$

$$+ (66.150 - 56.800)(0,25)$$

$$= \$ 10.158$$

(b) Da Equação [17.4],

$$\text{Alíquota média} = \frac{10.158}{66.150} = 15,4\%$$

Isso indica que, aproximadamente, 1 em 6 dólares de rendimentos tributáveis é pago ao governo dos Estados Unidos.

(c) Do total de $ 88.050, o percentual pago em impostos federais é de 10.158/88.050 = 11,5%.

Comentário

Há muito se debate no Congresso norte-americano a conveniência de substituir a estrutura escalonada de impostos por uma estrutura de imposto único para contribuintes individuais. (Essa estrutura já é aplicada em alguns países, atualmente.) Há muitas maneiras de legislar sobre impostos, e o valor a ser escolhido para a alíquota única pode ser algo realmente controverso.

Por exemplo, a estrutura de alíquota única pode não admitir nenhuma dedução padrão, ou por categorias, e garantir somente as isenções pessoais. Neste exemplo, haveria uma alíquota única de até 15% sobre a receita bruta, reduzida somente pelas quatro isenções pessoais, cujos cálculos seriam:

$$\text{Receita bruta} = \$ 88.050$$

$$\text{Rendimentos tributáveis com alíquota única} = 88.050 - 4(3.100) = \$ 75.650$$

$$\text{Impostos com a alíquota única} = 75.650(0,15) = \$ 11.348$$

Neste caso, uma alíquota única de 15% exigiria que a família pagasse mais 11,7% de impostos – $ 11.348 – em comparação com $ 10.158, quando foram utilizadas alíquotas escalonadas.

17.2 FLUXO DE CAIXA ANTES E DEPOIS DO DESCONTO DOS IMPOSTOS

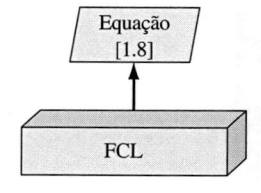

Anteriormente neste livro, o termo *fluxo de caixa líquido* (FCL) foi identificado como a melhor estimativa do fluxo de caixa real a cada ano. O FCL é calculado como as entradas de caixa menos as saídas de caixa. A partir de então, o valor do FCL anual foi utilizado, muitas vezes, para realizarmos avaliações de alternativas por meio dos métodos do VP, do VA, da ROR e do C/B. Agora que o impacto da depreciação sobre o fluxo de caixa e os impostos relacionados serão considerados, chegou o momento de ampliarmos nossa terminologia.

O FCL é substituído pelo termo *fluxo de caixa antes do desconto dos impostos (FCAI)* e introduzimos o novo termo *fluxo de caixa depois do desconto dos impostos (FCDI)*.

FCAI e FCDI são *fluxos de caixa reais*, ou seja, representam a estimativa do fluxo real de divisas que entram e saem da empresa e que resultarão da alternativa selecionada. Daqui até o final desta seção, será explicado como efetuar a transição dos fluxos de caixa antes do desconto dos impostos para os fluxos de caixa depois do desconto dos impostos, manualmente e por computador, utilizando as alíquotas do imposto de renda e outras regulamentações tributárias pertinentes, descritas nas próximas seções.

Tão logo as estimativas FCDI são desenvolvidas, a avaliação econômica é realizada utilizando-se os mesmos métodos e diretrizes de escolha aplicados anteriormente. Entretanto, a análise é realizada sobre as estimativas FCDI.

A estimativa FCAI anual deve incluir o investimento de capital inicial e o valor recuperado correspondentes aos anos em que eles ocorrem. Incorporando as definições de receita bruta e despesas operacionais, o FCAI para qualquer ano é definido como:

FCAI = receita bruta − despesas − investimento inicial + valor recuperado
$$= RB - E - P + R \qquad [17.7]$$

Como nos capítulos anteriores, P é o investimento inicial (geralmente no ano 0) e R é o valor recuperado estimado no ano n. Assim que todos os impostos são estimados, o fluxo de caixa anual depois do desconto dos impostos é simplesmente:

$$\textbf{FCDI = FCAI − impostos} \qquad [17.8]$$

em que os impostos são estimados utilizando-se a relação $(RT)(T)$ ou $(RT)(T_e)$, conforme discutimos anteriormente.

Da Equação [17.1], sabemos que a depreciação D é subtraída para se obter RT. É muito importante entender os diferentes papéis da depreciação para os cálculos do imposto de renda e estimação do FCDI.

Depreciação é um *não*-fluxo de caixa. A depreciação é dedutível somente para determinar a quantidade do imposto de renda, mas, para a empresa, não representa um fluxo de caixa direto, depois do desconto dos impostos. Portanto, o estudo de engenharia econômica, depois do desconto dos impostos, deve se basear em estimativas reais do fluxo de caixa, ou seja, em estimativas FCDI anuais que não incluem a depreciação como um fluxo de caixa negativo.

Conseqüentemente, se a expressão FCDI for determinada utilizando a relação RT, a depreciação não deve ser deixada fora do componente RT. As Equações [17.7] e [17.8] agora são combinadas como:

$$\textbf{FCDI} = RB - E - P + R - (RB - E - D)(T_e) \qquad [17.9]$$

Na Tabela 17–3, sugerimos cabeçalhos de coluna da tabela para cálculos do FCAI e FCDI realizados manualmente e por computador. As equações são apresentadas na forma de números de colunas, sendo a alíquota efetiva T_e utilizada para o imposto de renda. As despesas E e o investimento inicial P serão valores negativos.

O valor RT em alguns anos pode ser negativo devido a um valor de depreciação maior do que $(RB - E)$. É possível considerar isso em uma análise detalhada, depois do desconto dos impostos, utilizando as normas de *carry-forward*[1] e *carry-back*[2] para prejuízos operacionais.

---

[1] **N.T.**: Prejuízo fiscal a ser compensado.
[2] **N.T.**: Compensação retroativa de um tributo.

TABELA 17–3 Cabeçalhos de Coluna da Tabela para Cálculo do (a) FCAI e (b) do FCDI

(a) Cabeçalhos de tabela para FCAI

Ano	Receita Bruta RB (1)	Despesas Operacionais E (2)	Investimento P e Valor Recuperado R (3)	FCAI (4) = (1) + (2) + (3)

(b) Cabeçalhos de tabela para FCDI

Ano	Receita Bruta RB (1)	Despesas Operacionais E (2)	Investimento P e Valor Recuperado R (3)	Depreciação D (4)	Rendimentos Tributáveis RT (5) = (1) + (2) − (4)	Impostos (RT)(T_e) (6)	FCDI (7) = (1) + (2) + (3) − (6)

Considerar esse nível de detalhe em um estudo de engenharia econômica é uma exceção. *O imposto de renda negativo associado é considerado uma economia fiscal para o ano.* O pressuposto é que o imposto negativo compensará os impostos para o mesmo ano em outras áreas geradoras de renda da empresa.

EXEMPLO 17.3

A Transamerica Insurance espera iniciar um novo serviço de divulgação no próximo ano. Pequenas instalações serão construídas em, aproximadamente, 35 cidades de alto risco em todo o continente. O pessoal da empresa, integrante do setor, oferecerá treinamento e serviços de consultoria aos cidadãos e as autoridades das cidades e dos municípios sobre como evitar incêndios, impedir roubos e tópicos similares. Os possíveis clientes serão convidados a visitar a instalação. Espera-se que cada instalação custe, inicialmente, $ 550.000, com um valor de revenda (recuperado) de $ 150.000, depois de 6 anos – período para o qual a diretoria do Transamerica aprovou essa atividade. A depreciação MACRS admite um período de recuperação de 5 anos. Uma equipe de engenheiros de segurança, estatísticos e integrantes do departamento financeiro estimam que o relatório financeiro apresentará aumentos líquidos anuais de $ 200.000 em receitas e $ 90.000 em custos, para a empresa. Utilizando uma alíquota efetiva de 35%, tabule as estimativas de FCAI e FCDI.

Solução Manual e por Computador

A planilha da Figura 17–1 apresenta os fluxos de caixa antes do desconto dos impostos e depois do desconto dos impostos. O formato da tabela, semelhante para os cálculos realizados manualmente e por computador, é idêntico ao formato da Tabela 17–3. A seguir, a discussão e os exemplos de cálculos.

FCAI: As despesas e o investimento inicial são apresentados como fluxos de caixa negativos.

O valor recuperado (de revenda) de $ 150.000 é um fluxo de caixa positivo no ano 6. O FCAI é calculado por meio da Equação [17.7]. No ano 6, por exemplo, o rótulo de célula indica que:

$$FCAI_6 = 200.000 - 90.000 + 150.000 = \$ 260.000$$

SEÇÃO 17.2   Fluxo de Caixa Antes e Depois do Desconto dos Impostos   571

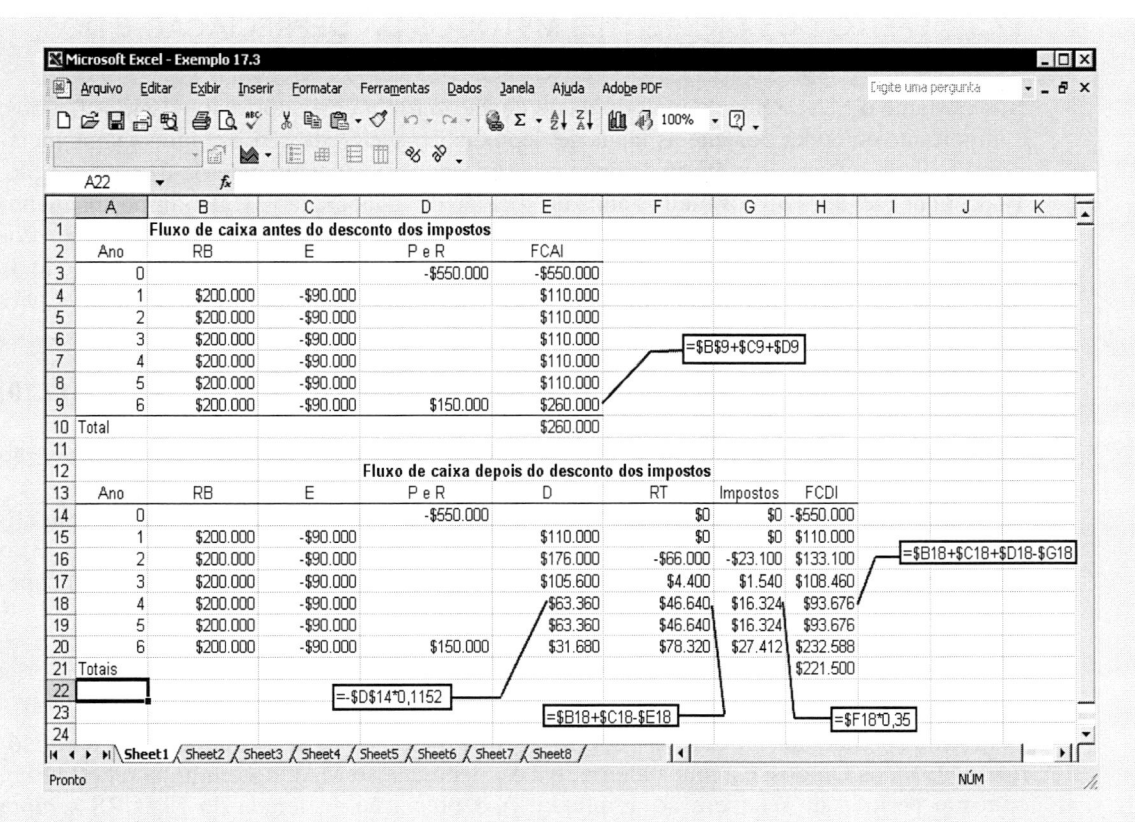

Figura 17–1
Cálculo de FCAI e FCDI utilizando a depreciação MACRS e uma alíquota efetiva de 35%, no Exemplo 17.3.

FCDI: A coluna E, da depreciação MACRS (alíquotas na Tabela 16–2 para $n = 5$), ao longo de um período de 6 anos, fornece a depreciação referente ao investimento integral de $ 550.000. Os rendimentos tributáveis, os impostos e o FCDI, ilustrados nos rótulos de célula do ano 4, são calculados como:

$$RT_4 = RB - E - D = 200.000 - 90.000 - 63.360 = \$ 46.640$$
$$\text{Impostos} = (RT)(0,35) = (46.640)(0,35) = \$ 16.324$$
$$FCDI_4 = RB - E - \text{impostos} = 200.000 - 90.000 - 16.324 = \$ 93.676$$

No ano 2, a depreciação MACRS é grande o bastante para fazer com que o RT seja negativo ($ –66.000).

Conforme mencionamos anteriormente, o imposto negativo ($ –23.100) é considerado uma *economia fiscal* no ano 2, aumentando assim o FCDI.

Comentário

O MACRS deprecia-se a um valor recuperado $R = 0$. Posteriormente, aprenderemos a respeito de uma implicação fiscal relacionada à "retomada da depreciação" quando um ativo é vendido por um valor maior do que zero e o MACRS seja aplicado para depreciar plenamente o ativo até zero.

17.3 EFEITO DOS DIFERENTES MÉTODOS DA DEPRECIAÇÃO E DOS PERÍODOS DE RECUPERAÇÃO SOBRE OS IMPOSTOS

Não obstante o MACRS ser o método da depreciação *fiscal* obrigatório nos Estados Unidos, é importante entender por que as taxas de depreciação acelerada dão à empresa uma vantagem fiscal em relação ao método da linha reta (linear) para o mesmo período de recuperação. Taxas mais elevadas nos primeiros anos do período de recuperação exigem impostos menores, devido à maior redução dos rendimentos tributáveis. O critério de *minimizar o valor presente dos impostos* é utilizado para demonstrar o efeito fiscal. Ou seja, para o período de recuperação *n*, escolha as taxas de depreciação que resultem no mínimo valor presente para os impostos.

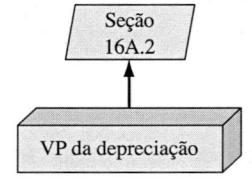

$$VP_{impostos} = \sum_{t=1}^{t=n} (\text{impostos no ano t})(P/F, i, t) \quad [17.10]$$

Isso é equivalente a maximizar o valor presente da depreciação total VP_D na Equação [16A.5].

Compare dois métodos de depreciação quaisquer. Suponha o seguinte: (1) Há uma alíquota de valor único constante, (2) o FCAI ultrapassa o valor da depreciação anual, (3) o método reduz o valor contábil ao mesmo valor recuperado e (4) o mesmo período de recuperação é utilizado. Com base nessas hipóteses, as afirmações seguintes estão corretas:

1. Os impostos totais pagos são *iguais* para todos os métodos da depreciação.
2. O valor presente dos impostos é *menor* nos métodos acelerados da depreciação.

Conforme aprendemos no Capítulo 6, o MACRS é o método da depreciação fiscal obrigatório nos Estados Unidos, e a única alternativa é a depreciação MACRS em linha reta (linear), com um período de recuperação ampliado. A depreciação acelerada do MACRS sempre proporciona um $VP_{impostos}$ menor, em comparação aos métodos menos acelerados. Se o método BDD ainda fosse permitido diretamente, em vez de ser incorporado ao MACRS, ele não seria tão vantajoso quanto o MACRS. Isso ocorre porque o BDD não reduz o valor contábil a zero. Esse assunto é ilustrado no Exemplo 17.4.

EXEMPLO 17.4

Encontra-se em andamento uma análise, depois do desconto dos impostos, para uma máquina nova de $ 50.000, proposta para uma linha de produção de fibras ópticas. O FCAI para a máquina é estimado em $ 20.000. Considerando que se aplica um período de recuperação de 5 anos, utilize o critério do valor presente dos impostos, uma alíquota efetiva de 35% e um retorno de 8% ao ano, para comparar o seguinte: a depreciação linear clássica, o BDD clássico e o MACRS obrigatório. Utilize um período de 6 anos para a comparação, a fim de acomodar a *half-year convention* imposta pelo MACRS.

Solução

A Tabela 17–4 apresenta um resumo da depreciação anual, dos rendimentos tributáveis e dos impostos correspondentes a cada método. Para a depreciação linear clássica com $n = 5$, a $D_t = \$ 10.000$, para 5 anos, e a $D_6 = 0$ (coluna 3). O FCAI de $ 20.000 é totalmente tributado a 35% no ano 6.

A porcentagem BDD clássica, $d = 2/n = 0,40$, é aplicada para os 5 anos. O valor recuperado implícito é de $ 50.000 – 46.112 = $ 3.888, de modo que nem todo o valor de $ 50.000 é dedutível do imposto de renda. Utilizando o BDD clássico, os impostos seriam de $ 3.888(0,35) = $ 1.361 maiores do que no método LR clássico.

SEÇÃO 17.3 Efeito dos Diferentes Métodos da Depreciação e dos Períodos de Recuperação sobre os Impostos

TABELA 17-4 Comparação dos Impostos e do Valor Presente dos Impostos para os Diferentes Métodos da Depreciação

		Método Clássico da Linha Reta			Método Clássico do Balanço Declinante Duplo			MACRS		
Ano t (1)	FCAI (2)	D_t (3)	RT (4)	Impostos (5) = 0,35(4)	D_t (6)	RT (7)	Impostos (8) = 0,35(7)	D_t (9)	RT (10)	Impostos (11) = 0,35(10)
1	+20.000	$10.000	$10.000	$ 3.500	$20.000	$ 0	$ 0	$10.000	$10.000	$ 3.500
2	+20.000	10.000	10.000	3.500	12.000	8.000	2.800	16.000	4.000	1.400
3	+20.000	10.000	10.000	3.500	7.200	12.800	4.480	9.600	10.400	3.640
4	+20.000	10.000	10.000	3.500	4.320	15.680	5.488	5.760	14.240	4.984
5	+20.000	10.000	10.000	3.500	2.592	17.408	6.093	5.760	14.240	4.984
6	+20.000	0	20.000	7.000	0	20.000	7.000	2.880	17.120	5.992
Total geral		$50.000		$24.500	$46.112		$25.861*	$50.000		$24.500
$VP_{impostos}$				$18.386			$18.549			$18.162

*Maior do que outros valores, uma vez que há um valor recuperado implícito de $ 3.888 não recuperado.

O MACRS produz a depreciação de $ 50.000 em 6 anos, utilizando as alíquotas da Tabela 16–2. Os impostos totais são de $ 24.500, idênticos ao da depreciação LR clássica.

Os impostos anuais (colunas 5, 8 e 11) estão acumulados ano a ano na Figura 17–2. Note o padrão das curvas, especialmente os impostos totais menores em relação ao modelo LR, depois do ano 1, para o MACRS e nos anos 1 a 4 para o método BDD. Esses valores tributários mais altos para LR fazem com que $VP_{impostos}$ da depreciação LR seja maior. Os valores $VP_{impostos}$ na parte inferior da Tabela 17–4 são calculados utilizando a Equação [17.10]. O valor $VP_{impostos}$ pelo método MACRS é o menor, em $ 18.162.

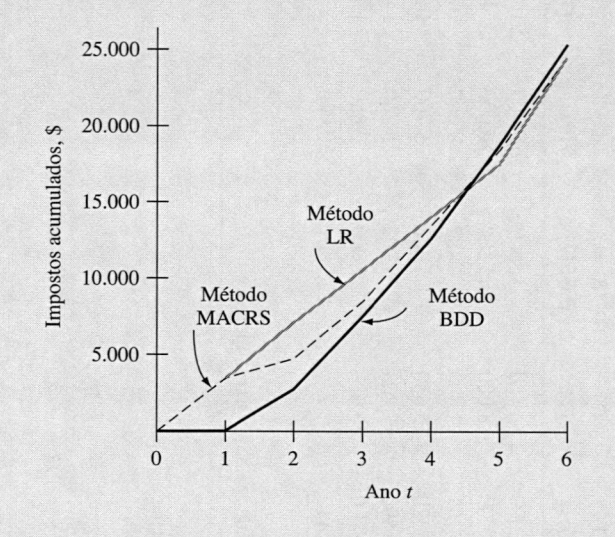

Figura 17–2
Impostos incididos por diferentes métodos da depreciação para um período de comparação de 6 anos, no Exemplo 17.4.

Para comparar os impostos correspondentes a diferentes períodos de recuperação, basta modificar a redação da quarta suposição, apresentada no início desta seção, que passará a ser: o mesmo método da depreciação é aplicado. É possível demonstrar que um período de recuperação mais breve oferecerá uma vantagem fiscal durante um período mais longo, utilizando o critério para minimizar $VP_{impostos}$. A comparação indicará que:

1. **Os impostos totais pagos são *iguais* para todos os valores *n***
2. **O valor presente dos impostos é *menor* para valores *n* menores.**

Essa é a razão pela qual as empresas querem utilizar o período de recuperação MACRS, mais breve, permitido para fins de imposto de renda. O Exemplo 17.5 demonstra essas conclusões para a depreciação clássica linear, mas as conclusões estão corretas para o MACRS, ou qualquer outro método da depreciação fiscal, quando há outros disponíveis.

EXEMPLO 17.5

O Grupo Grande Maquinaria, uma empresa de manufatura diversificada, com sede no México, mantém registros paralelos de ativos depreciáveis em suas operações européias na Alemanha. Isso é comum em empresas multinacionais. Um conjunto é para ser utilizado na empresa e reflete a estimativa de vida útil dos ativos. O outro conjunto destina-se a propósitos do governo estrangeiro como, por exemplo, a depreciação.

A empresa adquiriu, recentemente, um ativo com uma vida útil estimada de 9 anos, por $ 90.000. Entretanto, um período de recuperação mais breve de 5 anos é permitido pela legislação tributária na Alemanha. Demonstre a vantagem fiscal de ter um n menor, considerando que (RB – E) = $ 30.000 por ano, a alíquota efetiva é de 35%, o capital investido tem um retorno de 5% ao ano depois do desconto dos impostos e a depreciação LR clássica é permitida. Desconsidere os efeitos de qualquer valor recuperado.

Solução

Determine os impostos anuais, por meio das Equações [17.1] e [17.2], e o valor presente dos impostos, utilizando a Equação [17.10], para ambos os valores n.

Vida útil $n = 9$ anos:

$$D = \frac{90.000}{9} = \$ 10.000$$

$$\text{RT} = 30.000 - 10.000 = \$ 20.000 \text{ por ano}$$

$$\text{Impostos} = 20.000(0,35) = \$ 7.000 \text{ por ano}$$

$$\text{VP}_{\text{impostos}} = 7.000(P/A;5\%;9) = \$ 49.755$$

Impostos totais = 7.000(9) = $ 63.000

Período de recuperação $n = 5$ anos:

Utilize o mesmo período de comparação de 9 anos, mas a depreciação ocorre somente durante os primeiros 5 anos.

$$D_t = \begin{cases} \dfrac{90.000}{5} = \$ 18.000 & t = 1 \text{ a } 5 \\ 0 & t = 6 \text{ a } 9 \end{cases}$$

$$\text{Impostos} = \begin{cases} (30.000 - 18.000)(0,35) = \$ 4.200 & t = 1 \text{ a } 5 \\ (30.000)(0,35) = \$ 10.500 & t = 6 \text{ a } 9 \end{cases}$$

$$\text{VP}_{\text{impostos}} = 4.200(P/A;5\%;5) + 10.500(P/A;5\%;4)(P/F;5\%;5)$$
$$= \$ 47.356$$

Impostos totais = 4.200(5) + 10.500(4) = $ 63.000

Um total de $ 63.000 em impostos é pago em ambos os casos. Entretanto, a depreciação mais rápida para $n = 5$ resulta em economias fiscais em valor presente de quase $ 2.400 ($ 49.755 – 47.356).

17.4 RETOMADA DA DEPRECIAÇÃO E GANHOS (PERDAS) DE CAPITAL: PARA EMPRESAS

Todas as implicações tributárias aqui discutidas são uma conseqüência da alienação de um ativo depreciável antes, durante ou depois do seu período de recuperação. Em uma análise econômica, depois do desconto dos impostos de grandes ativos de investimento, esses efeitos tributários devem ser considerados. A chave é o valor do preço de venda (ou valor recuperado ou de mercado) em relação ao valor contábil no tempo da alienação, e em relação ao custo de aquisição. Há três termos relevantes:

Ganho de capital (GC) é um valor resultante quando o preço de venda (PV) de um ativo ultrapassa seu custo de aquisição. Veja a Figura 17–3. Na hora da alienação do ativo:

Ganhos de capital = preço de venda – custo de aquisição

$$\text{GC} = \text{PV} - P \qquad [17.11]$$

Figura 17-3
Resumo dos cálculos e do tratamento tributário para a retomada da depreciação e dos ganhos (perdas) de capital.

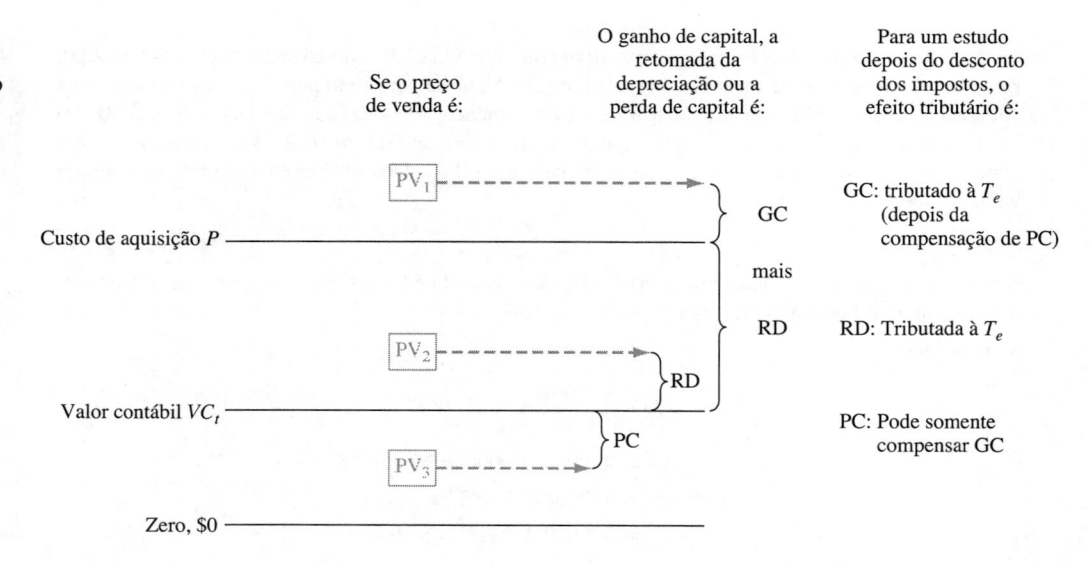

Se o preço de venda é:	O ganho de capital, a retomada da depreciação ou a perda de capital é:	Para um estudo depois do desconto dos impostos, o efeito tributário é:
PV_1	GC	GC: tributado à T_e (depois da compensação de PC)
Custo de aquisição P	mais	
PV_2	RD	RD: Tributada à T_e
Valor contábil VC_t	PC	PC: Pode somente compensar GC
PV_3		
Zero, $0		

Uma vez que os ganhos futuros são difíceis de prever, eles não são habitualmente detalhados em um estudo econômico depois do desconto dos impostos. Uma exceção são os ativos que historicamente aumentam de valor como, por exemplo, prédios e terras. *Se for incluído, o ganho será tributado como um rendimento tributável sujeito à alíquota efetiva T_e*. (Na legislação fiscal vigente, há uma distinção entre um ganho de curto prazo e um ganho de longo prazo, em que o ativo é mantido durante, no mínimo, um ano.)

A **retomada da depreciação (RD)** ocorre quando um ativo depreciável é vendido por um preço maior do que o valor contábil VC_t atual. Como mostra a Figura 17–3.

Retomada da depreciação = preço de venda − valor contábil

$$RD = PV - VC_t \quad [17.12]$$

A retomada da depreciação está presente, freqüentemente, em um estudo depois do desconto dos impostos. Nos Estados Unidos, um valor igual ao valor recuperado estimado sempre pode ser antecipado como RD quando o ativo é alienado depois do período de recuperação. Isso está correto simplesmente porque o MACRS deprecia todo ativo a zero em $n + 1$ anos. O valor é tratado como um rendimento tributável comum, no ano de alienação do ativo.

Quando o preço de venda ultrapassa o custo de aquisição, um ganho de capital também está envolvido e os rendimentos tributáveis (RT), devidos à venda, são o ganho *mais* a retomada da depreciação, conforme indica a Figura 17–3. A RD é o valor total da depreciação considerado até agora.

Ocorre uma **perda de capital (PC)** quando um ativo depreciável é alienado por um valor menor do que o seu valor contábil.

Perda de capital = valor contábil − preço de venda

$$PC = VC_t - PV \quad [17.13]$$

Uma análise econômica, comumente, não considera a perda de capital, simplesmente porque ela não é estimada para uma alternativa específica. Entretanto, um estudo da substituição, depois do desconto dos impostos, deve considerar qualquer perda de capital, se a alternativa defensora precisar ser negociada a um preço "sacrificado". Para as finalidades do estudo econômico, isso proporciona uma economia fiscal no ano da substituição. Utilize a alíquota efetiva para estimar as economias fiscais. Presume-se que essas economias sejam compensadas em outra parte da empresa por outros ativos produtores de receita que geram impostos.

A maior parte dos ativos depreciáveis de uma empresa é mantida em utilização durante mais de 1 ano. Quando um desses ativos é vendido, alienado ou negociado depois da marca de 1 ano, nos Estados Unidos, a consideração tributária é chamada de *transação da Section 1231*, cujo nome é uma referência à seção de normas do IRS que tem esse número. Para determinar os rendimentos tributáveis (RT) associados, todas as perdas de capital da empresa são balanceadas com todos os ganhos de capital, porque as perdas não reduzem diretamente os impostos. Por outro lado, os *ganhos líquidos de capital* são tributados da mesma maneira que os rendimentos tributáveis. Uma complicação a mais para a análise pode ser o tratamento fiscal diferente dado aos ganhos e às perdas de longo prazo (transações da Seção 1231), em comparação às disposições de curto prazo. Considerações adicionais são os incentivos especiais, limitados no tempo, oferecidos pelos órgãos governamentais para impulsionar o capital e, possivelmente, os investimentos estrangeiros, por meio da concessão de uma maior depreciação e redução de impostos. Esses benefícios vêm e vão, dependendo da "saúde da economia". É necessário incluir esse nível de detalhe no estudo de uma alternativa somente se vendas e/ou trocas de múltiplos ativos estiverem envolvidas depois do desconto dos impostos. Esses detalhes, geralmente, são deixados para os contadores e para a equipe financeira. (Consultas às Publicações 334 e 544 do IRS podem ser interessantes.) Para a maior parte dos estudos, depois do desconto dos impostos, *basta aplicar a alíquota efetiva T_e* à RT da alternativa no ano em que RD, GC ou PC ocorrem, com uma economia tributária gerada pela PC.

Finalmente, é importante perceber que a descrição e o tratamento tributário abordados aqui são específicos para *empresas*, não para pessoas físicas. Os contribuintes individuais utilizam, essencialmente, os mesmos cálculos quando vendem ativos depreciados, mas as alíquotas variam, de maneira significativa, das que são utilizadas pelas empresas, especialmente no que se refere a ganhos de capital. Além disso, a legislação tributária e as alíquotas para contribuintes pessoas físicas variam mais freqüentemente. Consulte pela internet o site e as publicações do IRS, para obter detalhes.

A Equação [17.1] e a expressão para RT na Equação [17.9] agora podem ser ampliadas a fim de incluir as estimativas individuais de fluxo de caixa para alienação de ativo.

RT = receita bruta – despesas – depreciação + retomada da depreciação + ganhos de capital – perdas de capital

$$= RB - E - D + RD + GC - PC \quad\quad\quad [17.14]$$

EXEMPLO 17.6

A Biotech, uma empresa que produz equipamentos de imagem e modelagem para a área médica, precisa comprar um sistema de análise de células ósseas para ser utilizado por uma equipe de bioengenheiros e engenheiros mecânicos que estudam a densidade óssea em atletas. Essa parte, em especial, de um contrato de 3 anos com a NBA, proporcionará uma receita bruta adicional de $ 100.000 por ano. A alíquota efetiva é de 35%. As estimativas correspondentes às duas alternativas estão resumidas a seguir.

	Analisador 1	Analisador 2
Custo de aquisição, $	150.000	225.000
Despesas operacionais, $ por ano	30.000	10.000
Recuperação pelo MACRS, em anos	5	5

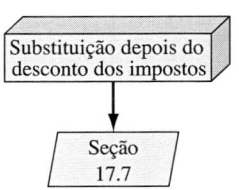

Responda às seguintes questões, solucionando manualmente e por computador:

(a) O presidente da Biotech, que se preocupa muito com o imposto de renda, deseja utilizar um critério para minimizar os impostos totais envolvidos ao longo dos 3 anos de contrato. Qual analisador deve ser comprado?

(b) Suponha que já se passaram 3 anos e a empresa está prestes a vender o analisador. Utilizando o mesmo critério para calcular o imposto total, qual dos dois analisadores teve uma vantagem? Suponha que o preço de venda seja de $ 130.000 para o analisador 1 e $ 225.000 para o analisador 2, idêntico ao custo inicial.

Solução Manual

(a) A Tabela 17–5 detalha os cálculos tributários. Primeiro, a depreciação anual é determinada pelo MACRS; as alíquotas estão na Tabela 16–2. A Equação [17.1], $RT = RB - E - D$, é utilizada para calcular o RT, após o qual uma alíquota de 35% é aplicada anualmente. Os impostos para o período de 3 anos são somados, sem que seja considerado o valor do dinheiro no tempo.

Imposto total do analisador 1: $ 36.120   Imposto total do analisador 2: $ 38.430

As duas análises estão muito próximas, mas o analisador 1 vence com uma diferença de $ 2.310 a menos, em impostos totais.

(b) Quando o analisador é vendido, depois de 3 anos de serviço, há uma retomada da depreciação (RD), que é tributada à taxa de 35%. Essa taxa é uma adição ao imposto referente ao terceiro ano, indicado na Tabela 17–5. Para cada analisador, contabilize a RD por meio da Equação [17.12]; depois determine os rendimentos tributáveis (RT), utilizando a Equação [17.14], $RT = RB - E - D + RD$. Novamente, encontre os impostos totais correspondentes aos 3 anos e escolha o analisador que apresenta o menor total.

TABELA 17–5 Comparação dos Impostos Totais de Duas Alternativas, no Exemplo 17.6a

Ano	Receita Bruta RB	Despesas Operacionais E	Custo de Aquisição P	Depreciação MACRS D	Valor Contábil VC	Rendimentos Tributáveis RT	Impostos a 35% dos RTs
				Analisador 1			
0			$150.000		$150.000		$14.000
1	$100.000	$30.000		$30.000	120.000	$40.000	7.700
2	100.000	30.000		48.000	72.000	22.000	14.420
3	100.000	30.000		28.800	43.200	41.200	$36.120
				Analisador 2			
0			$225.000		$225.000		
1	$100.000	$10.000		$45.000	180.000	$45.000	$15.750
2	100.000	10.000		72.000	108.000	18.000	6.300
3	100.000	10.000		43.200	64.800	46.800	16.380
							$38.430

SEÇÃO 17.4 Retomada da Depreciação e Ganhos (Perdas) de Capital: para Empresas

Analisador 1:
$$RD = 130.000 - 43.200 = \$\ 86.800$$
$$RT \text{ do ano } 3 = 100.000 - 30.000 - 28.800 + 86.800 = \$\ 128.000$$
$$\text{Impostos do ano } 3 = 128.000(0,35) = \$\ 44.800$$
$$\text{Impostos totais} = 14.000 + 7.700 + 44.800 = \$\ 66.500$$

Analisador 2:
$$RD = 225.000 - 64.800 = \$\ 160.200$$
$$RT \text{ do ano } 3 = 100.000 - 10.000 - 43.200 + 160.200 = \$\ 207.000$$
$$\text{Impostos do ano } 3 = 207.000(0,35) = \$\ 72.450$$
$$\text{Impostos totais} = 15.750 + 6.300 + 72.450 = \$\ 94.500$$

Assim sendo, o analisador 1 tem uma vantagem considerável em termos de impostos totais ($ 66.500 *versus* $ 94.500).

Solução por Computador

(*a*) A solução do Excel se concentra nas linhas 5 a 9 (analisador 1) e nas linhas 15 a 19 (analisador 2) da Figura 17–4. Os rótulos de célula indicam que as mesmas equações, discutidas anteriormente, são aplicáveis. Os impostos totais estão nas células H9 e H19 para os analisadores 1 e 2, respectivamente. Como se poderia esperar, o analisador 1 tem uma leve vantagem em termos de impostos totais.

	A	B	C	D	E	F	G	H
1					Analisador 1			
2		Receita	Custos	Investimento	Depreciação	Valor	Rendimentos	
3		Bruta	Operacionais	e venda	MACRS	contábil	tributáveis	
4	Ano	RB	E	P e R	D	VC	RT	Impostos
5	0			-$150.000		$150.000		
6	1	$100.000	-$30.000		$30.000	$120.000	$40.000	$14.000
7	2	$100.000	-$30.000		$48.000	$72.000	$22.000	$7.700
8	3	$100.000	-$30.000		$28.800	$43.200	$41.200	$14.420
9	Totais							$36.120
10	Revisados no ano 3	$100.000	-$30.000	$130.000	$28.800	$43.200	$128.000	$44.800
11	Totais							$66.500
12								
13					Analisador 2			
14	Ano	RB	E	P e R	D	VC	RT	Impostos
15	0			-$225.000		$225.000		
16	1	$100.000	-$10.000		$45.000	$180.000	$45.000	$15.750
17	2	$100.000	-$10.000		$72.000	$108.000	$18.000	$6.300
18	3	$100.000	-$10.000		$43.200	$64.800	$46.800	$16.380
19	Totais							$38.430
20	Revisados no ano 3	$100.000	-$10.000	$225.000	$43.200	$64.800	$207.000	$72.450
21	Totais							$94.500

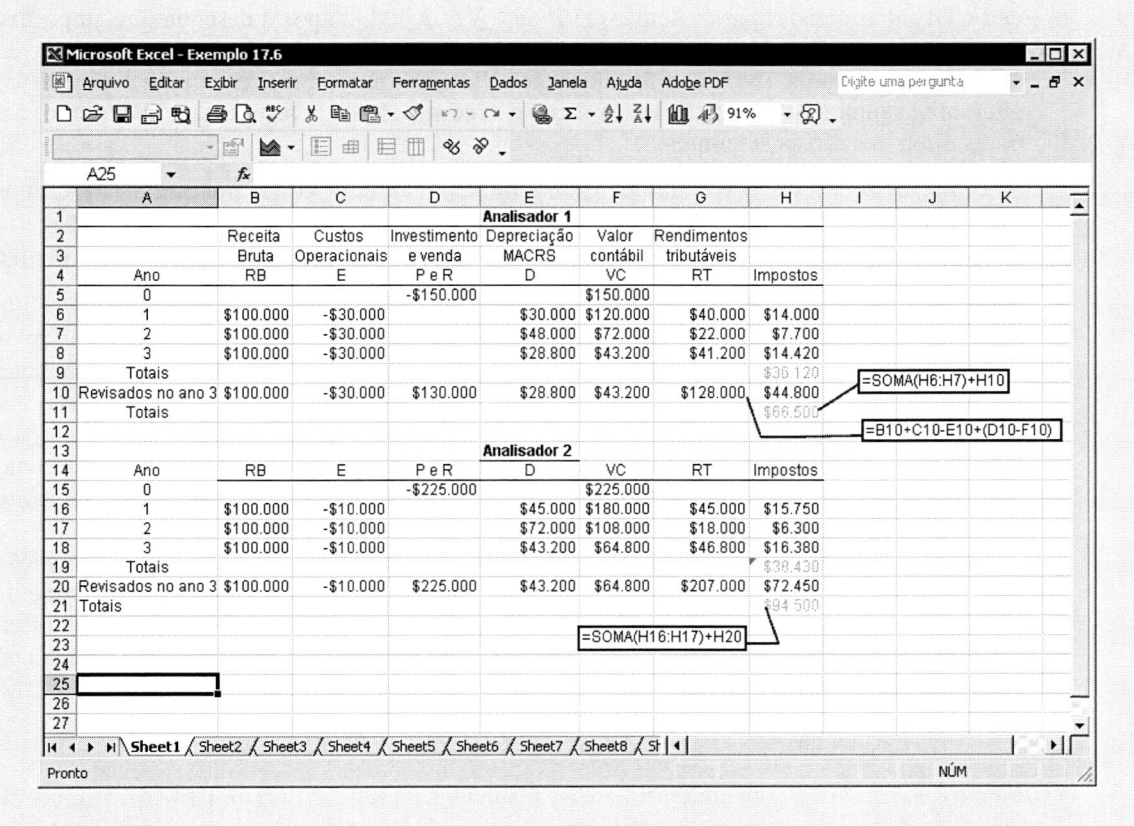

Anotações: H9 =SOMA(H6:H7)+H10; H10 (RT) =B10+C10-E10+(D10-F10); H19 =SOMA(H16:H17)+H20

Figura 17–4
Análise do impacto da retomada da depreciação sobre os impostos totais, no Exemplo 17.6.

(*b*) Quando o analisador comprado for vendido no ano 3 (a $ 130.000, em D10, para o analisador 1 e a $ 225.000, em D20, para o analisador 2), a retomada da depreciação, os rendimentos tributáveis (RT) e os impostos são recalculados. As linhas 10 e 11 e as linhas 20 e 21 apresentam, respectivamente, os rendimentos tributáveis aumentados e os impostos. Assim sendo, o analisador 1 tem uma substancial vantagem em termos de impostos totais.

Comentário
Note que não há, nessas análises, nenhuma consideração do valor do dinheiro no tempo, à semelhança do que fizemos nas avaliações de alternativas anteriores. Na próxima seção serão utilizadas as análises do VP, do VA e da ROR, a uma TMA estabelecida, para tomarmos decisões, após o desconto dos impostos, com base nos valores do FCDI.

17.5 AVALIAÇÃO DO VP, DO VA E DA ROR APÓS DESCONTO DE IMPOSTOS

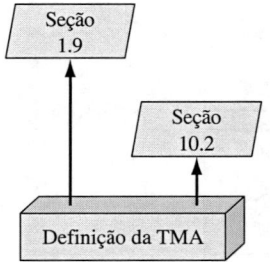

A TMA necessária depois do desconto dos impostos é estabelecida utilizando a taxa de juros do mercado, a taxa efetiva de impostos da empresa e o custo médio do capital. As estimativas de FCDI são utilizadas para calcular o VP ou o VA, à TMA, após o desconto dos impostos. Quando valores FCDI positivos e negativos estão presentes, o resultado do VP ou do VA < 0 indica que a TMA não foi alcançada. Para um único projeto ou para a escolha de alternativas mutuamente exclusivas, aplica-se a mesma lógica apresentada nos Capítulos 5 e 6. As diretrizes são as seguintes:

Um projeto. **VP ou VA ≥ 0, o projeto é financeiramente viável porque a TMA, após o desconto dos impostos, é alcançada ou ultrapassada.**

Duas ou mais alternativas. **Selecione a alternativa que apresenta o melhor valor (numericamente) VP ou VA.**

Se somente as quantidades de FCDI dos custos forem estimadas, calcule as economias, após o desconto dos impostos, geradas pelas despesas operacionais e pela depreciação. Atribua um sinal de mais (+) a cada economia e aplique as diretrizes de seleção mencionadas anteriormente.

Lembre-se: a hipótese de iguais serviços requer que a análise do VP seja executada durante o mínimo múltiplo comum (MMC) dos ciclos de vida das alternativas. Esse requisito deve ser cumprido em todas as análises – antes ou depois do desconto dos impostos.

Uma vez que as estimativas do FCDI geralmente variam de ano a ano em uma avaliação depois do desconto dos impostos, uma planilha proporciona uma análise muito mais rápida do que a solução manual. Quanto à *análise do valor presente (VP)*, utilize PGTO com a função VPL incorporada *durante um ciclo de vida* da alternativa. O formato geral é o seguinte, com a função VPL em itálico:

PGTO(TMA;n;*VPL(TMA;ano_1_FCDI:ano_n_FCDI)* + ano_0_FCDI)

Para a *análise do VP*, obtenha primeiro os resultados da função PGTO. Utilize a função VP durante o MMC das alternativas. (Há uma função MMC no Excel.) A célula que contém o resultado da função PGTO é inserida como o valor A. O formato geral é:

VP(TMA;MMC_anos, *PGTO_resultado_célula*)

EXEMPLO 17.7

Paul está projetando as paredes internas de um edifício comercial. Em alguns lugares, é importante reduzir a propagação de barulho através das paredes. Há duas opções de construção – concreto armado (C) e tijolos (T) – tendo cada uma quase a mesma capacidade de dissipação de ruídos, de aproximadamente 33 decibéis. Isso reduzirá os custos de atenuação de ruído nas áreas de escritório adjacentes. Paul estimou os custos iniciais e as economias, depois do desconto dos impostos, anualmente, para ambos os projetos. Utilize os valores de FCDI e a TMA, depois do desconto dos impostos, de 7% ao ano, para determinar qual alternativa é economicamente melhor. Encontre a solução manualmente e por computador.

Plano C		Plano T	
Ano	FCDI	Ano	FCDI
0	$–28.800	0	$–50.000
1–6	5.400	1	14.200
7–10	2.040	2	13.300
10	2.792	3	12.400
		4	11.500
		5	10.600

Solução Manual

Neste exemplo, tanto a análise do valor anual (VA) como a do valor presente (VP) são apresentadas. Desenvolva as relações de VA utilizando os valores de FCDI ao longo do ciclo de vida de cada plano. Selecione o maior valor.

$$VA_C = [-28.800 + 5.400(P/A;7\%;6) + 2.040(P/A;7\%;4)(P/F;7\%;6) \\ + 2.792(P/F;7\%;10)](A/P;7\%;10)$$
$$= \$ 422$$
$$VA_T = [-50.000 + 14.200(P/F;7\%;1) + \ldots + 10.600(P/F;7\%;5)](A/P;7\%;5)$$
$$= \$ 327$$

Ambos os planos são financeiramente viáveis; selecione o plano C, pois VA_C é maior.

Para a análise do valor presente (VP), o MMC é de 10 anos. Utilize os valores do VA e o fator P/A, para o MMC de 10 anos, para selecionar o plano C.

$$VP_C = VA_C(P/A;7\%;10) = 422(7,0236) = \$ 2.964$$
$$VP_T = VA_T(P/A;7\%;10) = 327(7,0236) = \$ 2.297$$

Solução por Computador

Os valores do VA e do VP são apresentados nas linhas 17 e 18 da Figura 17–5. As funções aqui apresentadas foram desenvolvidas de maneira diferente dos exemplos anteriores, devido aos ciclos de vida desiguais. Acompanhe, com atenção, os rótulos de célula apresentados na ordem de desenvolvimento de cada alternativa. Em relação ao plano C, primeiro, é desenvolvida a função VPL na célula B18 para o valor presente (VP), em seguida, a função PGTO na célula B17 para o valor VA. Note o sinal de menos (–) em PGTO, que assegura à função resultar no sinal correto no valor VP. Isso é necessário para a função VPL, pois ela assume o sinal do fluxo de caixa da própria entrada de célula.

A ordem oposta de desenvolvimento da função é utilizada para o plano T. A função PGTO na célula C17 utiliza uma VPL incorporada durante o ciclo de vida de 5 anos. Novamente, note o sinal de menos (–). Finalmente, a função VP na célula C18 exibe o valor VP ao longo de 10 anos.

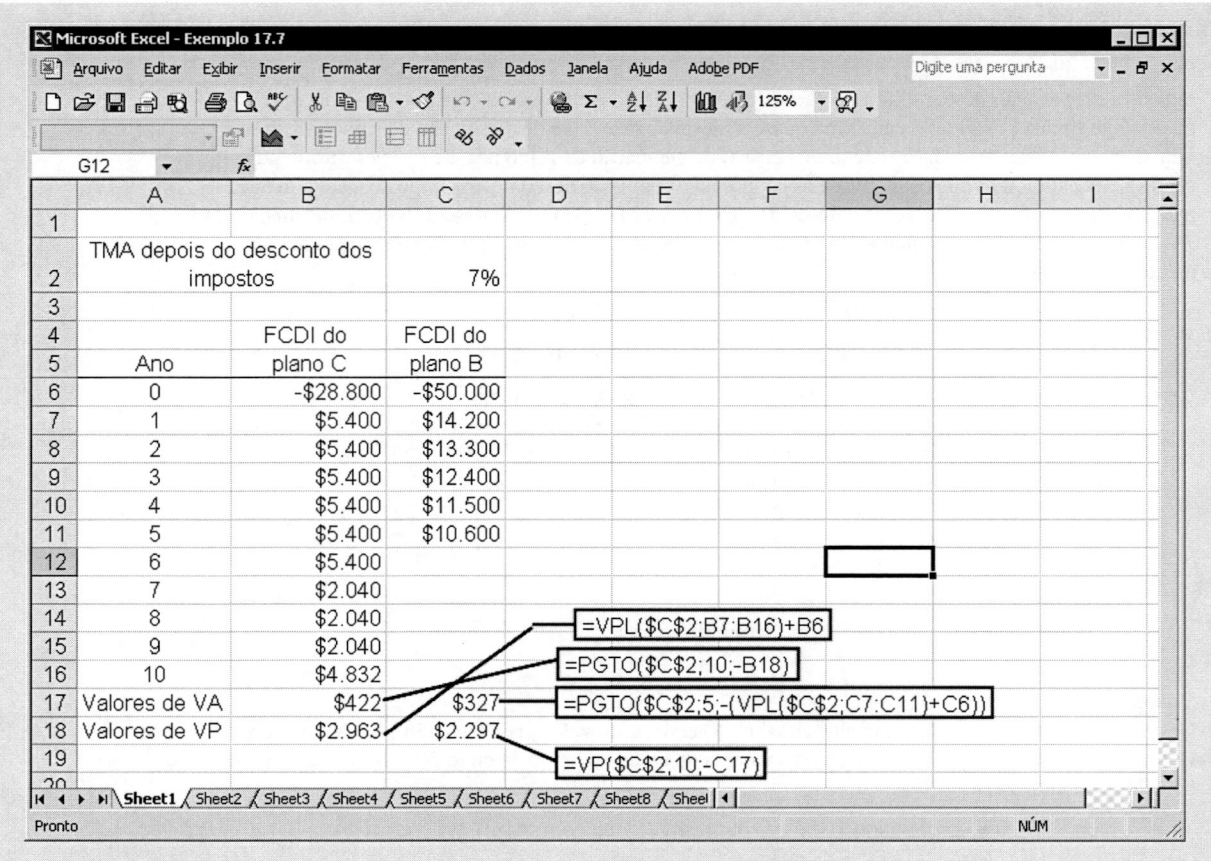

Figura 17-5
Avaliação do VP e do VA depois do desconto dos impostos, no Exemplo 17.7.

	A	B	C
1			
2	TMA depois do desconto dos impostos		7%
3			
4		FCDI do plano C	FCDI do plano B
5	Ano		
6	0	-$28.800	-$50.000
7	1	$5.400	$14.200
8	2	$5.400	$13.300
9	3	$5.400	$12.400
10	4	$5.400	$11.500
11	5	$5.400	$10.600
12	6	$5.400	
13	7	$2.040	
14	8	$2.040	
15	9	$2.040	
16	10	$4.832	
17	Valores de VA	$422	$327
18	Valores de VP	$2.963	$2.297

=VPL($C$2;B7:B16)+B6
=PGTO($C$2;10;-B18)
=PGTO($C$2;5;-(VPL($C$2;C7:C11)+C6))
=VP($C$2;10;-C17)

Comentário
É importante não se esquecer dos sinais de menos (–) nas funções PGTO e VP ao utilizá-las para obter, respectivamente, os valores VP e VA correspondentes. Se o sinal de menos for omitido, os valores VA e VP terão a direção oposta do fluxo de caixa correto. Então, pode parecer que os planos não são financeiramente viáveis no sentido de não retornarem pelo menos a TMA depois do desconto dos impostos. Isso é o que ocorreria neste exemplo. Entretanto, sabemos que são financeiramente viáveis, com base na solução manual feita anteriormente. (Consulte a Ajuda online do Excel, para obter mais detalhes sobre a convenção de sinais nas funções PGTO, VP e VPL.)

Para utilizar o *método da ROR*, aplique exatamente os mesmos procedimentos do Capítulo 7 (projeto único) e do Capítulo 8 (duas ou mais alternativas) às séries FCDI. Uma relação de VP ou de VA é desenvolvida para estimar a taxa de retorno i^* de um projeto, ou Δi^* para o FCDI incremental entre duas alternativas. Podem existir múltiplas raízes na série FCDI, como podem ocorrer com qualquer série de fluxos de caixa. Para um projeto único, iguale a zero o VP ou VA e encontre i^*.

Valor presente: $$0 = \sum_{t=1}^{t=n} \text{FCDI}_t \, (P/F, i^*, t) \qquad [17.15]$$

Valor anual: $$0 = \sum_{t=1}^{t=n} \text{FCDI}_t \, (P/F, i^*, t) \, (A/P, i^*, n) \qquad [17.16]$$

SEÇÃO 17.5   Avaliação do VP, do VA e da ROR após Desconto de Impostos

A solução de planilha para i^* pode ser útil para séries FCDI relativamente complexas. Ela é executada utilizando-se a função TIR com o formato geral:

$$\text{TIR(ano\_0\_FCDI:ano\_n\_FCDI)}$$

Se a taxa de retorno (ROR) depois do desconto dos impostos é importante para a análise, mas os detalhes de um estudo depois do desconto dos impostos não interessam, a ROR (ou TMA) antes do desconto dos impostos pode ser ajustada com a alíquota efetiva T_e utilizando-se a relação de *aproximação*:

$$\text{ROR antes do desconto dos impostos} = \frac{\text{ROR depois do desconto dos impostos}}{1 - T_e} \quad [17.17]$$

Por exemplo, suponha que uma empresa tenha uma alíquota de impostos efetiva de 40% e normalmente utilize uma TMA depois do desconto dos impostos de 12% ao ano, para análises econômicas que consideram explicitamente os impostos. Para *aproximar* o efeito dos impostos, sem executar os detalhes de um estudo depois do desconto dos impostos, a TMA, antes do desconto dos impostos, pode ser estimada como:

$$\text{TMA antes do desconto dos impostos} = \frac{0{,}12}{1 - 0{,}40} = 20\% \text{ ao ano}$$

Se a decisão se preocupa com a viabilidade econômica de um projeto e o valor VP ou VA resultante está próximo de zero, os detalhes de uma análise depois do desconto dos impostos devem ser desenvolvidos.

EXEMPLO 17.8

Uma empresa fabricante de cabos de fibra óptica, que opera em Hong Kong, gastou $ 50.000 em uma máquina, com vida útil de 5 anos, que tem um FCAI anual projetado de $ 20.000 e uma depreciação anual de $ 10.000. A empresa tem uma T_e de 40%. (*a*) Determine a taxa de retorno depois do desconto dos impostos. (*b*) Aproxime o retorno antes do desconto dos impostos.

Solução

(*a*) O FCDI no ano 0 é $ –50.000. Para os anos 1 a 5, combine as Equações [17.8] e [17.9] para estimar o FCDI.

$$\text{FCDI} = \text{FCAI} - \text{impostos} = \text{FCAI} - (\text{RB} - E - D)(T_e)$$
$$= 20.000 - (20.000 - 10.000)(0{,}40)$$
$$= \$ 16.000$$

Uma vez que o FCDI para os anos 1 a 5 tem o mesmo valor, utilize o fator *P/A* na Equação [17.15].

$$0 = -50.000 + 16.000(P/A;i^*;5)$$
$$(P/A;i^*;5) = 3{,}125$$

A solução apresenta $i^* = 18{,}03\%$ como taxa de retorno depois do desconto dos impostos.

(*b*) Utilize a Equação [17.17] para a estimativa de retorno antes do desconto dos impostos:

$$\text{ROR antes do desconto dos impostos} = \frac{0{,}1803}{1 - 0{,}40} = 30{,}05\%$$

A taxa real i^* antes do desconto dos impostos, utilizando um FCAI = $ 20.000 para 5 anos, é de 28,65% com base na relação:

$$0 = -50.000 + 20.000(P/A;i^*;5)$$

O efeito tributário será ligeiramente superestimado se uma TMA de 30,05% for utilizada em uma análise antes do desconto dos impostos.

Uma avaliação da taxa de retorno realizada manualmente em duas ou mais alternativas precisa utilizar uma relação de VP ou de VA para determinar o retorno incremental Δi^* da série FCDI incremental entre duas alternativas. A solução por computador é realizada utilizando-se os valores da série FCDI incremental e a função TIR. As equações e os procedimentos aplicados são análogos aos do Capítulo 8, para escolha de alternativas mutuamente exclusivas utilizando o método da ROR. Você deve rever e entender as seguintes seções, antes de prosseguir:

Seção 8.4 Avaliação da ROR utilizando o valor presente (VP): incremental e do *breakeven*

Seção 8.5 Avaliação da ROR utilizando o valor anual (VA)

Seção 8.6 Análise da ROR incremental de alternativas múltiplas e mutuamente exclusivas

Por meio dessa revisão, diversos fatos importantes devem ser relembrados:

Diretriz de escolha: A regra fundamental da avaliação da ROR incremental a uma TMA estabelecida é a seguinte:

Selecione a alternativa que requer o maior investimento inicial, desde que o investimento extra se justifique em relação ao outro justificável.

ROR incremental: Uma análise incremental deve ser executada. Não se pode depender de valores i^* globais para selecionar a alternativa correta, diferentemente do método do VP ou do VA à TMA, que sempre resultará na alternativa correta.

Hipótese de igual serviço: A análise da ROR incremental exige que as alternativas sejam avaliadas durante intervalos de tempo iguais. O MMC dos ciclos de vida de duas alternativas deve ser utilizado para encontrar o VP ou o VA de fluxos de caixa incrementais. (A única exceção, mencionada na Seção 8.5, ocorre quando a análise do valor anual (VA) é executada para *fluxos de caixa reais, não para os incrementos*. Dessa maneira, é aceitável a análise de um ciclo de vida ao longo dos respectivos ciclos de vida das alternativas.)

Alternativas de receitas e de serviço: As alternativas de receitas (fluxos de caixa positivos e negativos) podem ser tratadas diferentemente das alternativas de serviços (estimativas de fluxo de caixa somente dos custos). Para as alternativas de receitas, a taxa i^* global pode ser utilizada para se realizar uma triagem inicial. Alternativas que têm $i^* <$ TMA podem ser eliminadas de avaliações posteriores. Uma taxa i^* para alternativas somente de custos (serviço) não pode ser determinada, de modo que se faz necessária uma análise incremental incluindo todas as alternativas.

Esses princípios e os mesmos procedimentos desenvolvidos no Capítulo 8 são aplicados à série FCDI. A tabela resumida que se encontra no final do livro (reproduzida na Tabela 10–2) detalha os requisitos de todas as técnicas de avaliação. Para o método da ROR, na coluna intitulada "Série a Ser Avaliada", troque as palavras *fluxos de caixa* por *valores FCDI*. Além disso, utilize a TMA depois do desconto dos impostos como diretriz de decisão (coluna à direita). Agora todos os lançamentos para o método da ROR estão corretos para uma análise depois do desconto dos impostos.

Figuras 8–3 e 8–5 → VP em relação a i^*

Tão logo as séries FCDI são desenvolvidas, a *ROR de breakeven* pode ser obtida utilizando-se um diagrama de VP em relação a i^*. A solução da relação VP, para cada alternativa ao longo do MMC dos seus ciclos de vida a várias taxas de juros, pode ser encontrada manualmente ou utilizando a função de planilha VPL. Para qualquer TMA maior do que a ROR de breakeven, o investimento adicional não se justifica.

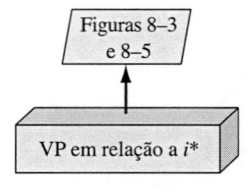

SEÇÃO 17.6   Aplicações de Planilha – Análise da ROR Incremental Depois do Desconto dos Impostos

O Exemplo 17.9 ilustra uma avaliação resolvida manualmente da ROR depois do desconto dos impostos de duas alternativas. A seção seguinte inclui exemplos adicionais resolvidos por computador utilizando a análise da ROR incremental e o diagrama do *breakeven* VP em relação a i^*.

EXEMPLO 17.9

A Johnson Controls precisa decidir a respeito de duas alternativas para sua fábrica no nordeste: o sistema 1 – um sistema de montagem de circuitos integrados (CI) com um único robô, que requer um investimento de $ 100.000 imediatamente; e o sistema 2 – uma combinação de dois robôs, que requer um total de $ 130.000. A gerência pretende instalar um dos planos. Esse fabricante espera um retorno de 20%, depois do desconto dos impostos, para seus investimentos em tecnologia. Escolha um dos sistemas, considerando que as seguintes séries de valores FCDI de custos foram estimadas para os próximos 4 anos.

	Ano				
	0	1	2	3	4
FCDI para o Sistema 1, em $	−100.000	−35.000	−30.000	−20.000	−15.000
FCDI para o Sistema 2, em $	−130.000	−20.000	−20.000	−10.000	−5.000

Solução
O sistema 2 é a alternativa com o investimento adicional que precisa ser justificado. Uma vez que os ciclos de vida são iguais, escolha a análise do VP para estimar a Δi^* da série FCDI incremental aqui apresentada. Todos os fluxos de caixa foram divididos por $ 1.000.

Ano	0	1	2	3	4
FCDI incremental, $ 1.000	−30	+15	+10	+10	+10

Criamos uma relação do VP para estimar o retorno depois do desconto dos impostos:

$$-30 + 15(P/F;\Delta i^*;1) + 10(P/A;\Delta i^*;3)(P/F;\Delta i^*;1) = 0$$

A solução indica um retorno incremental depois do desconto dos impostos de 20,10%, que ultrapassa ligeiramente a TMA de 20%. O investimento adicional no sistema 2 é marginalmente justificável.

17.6 APLICAÇÕES DE PLANILHA – ANÁLISE DA ROR INCREMENTAL DEPOIS DO DESCONTO DOS IMPOSTOS

Nesta seção apresentamos, por meio de planilhas, dois exemplos de análise da ROR depois do desconto dos impostos. Ambos os exemplos se apóiam em soluções anteriores apresentadas neste capítulo. O primeiro exemplo determina a taxa de retorno incremental Δi^* e destaca a utilização de um diagrama de VP em relação à taxa i. O segundo exemplo ilustra a análise da ROR incremental quando as estimativas de FCDI precisam ser calculadas utilizando a depreciação MACRS.

O procedimento, esboçado na Seção 8.6, para se executar uma análise da ROR incremental de duas ou mais alternativas é utilizado em cada exemplo a seguir. Este procedimento deve ser revisto e compreendido antes de se prosseguir.

CAPÍTULO 17   Análise Econômica Depois do Desconto dos Impostos

EXEMPLO 17.10

No Exemplo 17.7, Paul estimou o FCDI de um material utilizado na construção das paredes internas de um edifício para reduzir a propagação de ruídos; o plano C é construir com concreto armado, e o plano T é construir utilizando tijolos. A Figura 17–5 apresentou tanto uma análise de VP, ao longo de 10 anos, quanto uma análise de VA, ao longo dos respectivos ciclos de vida. A alternativa C foi selecionada. Depois de rever essa solução anterior, execute uma avaliação da ROR à TMA de 7% ao ano, depois do desconto dos impostos.

Solução por Computador

O MMC é de 10 anos para a análise da ROR incremental, e o plano T exige que o investimento extra seja justificado. Aplique o procedimento utilizado na Seção 8.6 para a análise da ROR incremental. A Figura 17–6 apresenta o FCDI correspondente a cada alternativa e a série FCDI incremental. Uma vez que essas são alternativas de receitas, o i^* é calculado primeiro, para assegurar que ambas atinjam pelo menos a TMA de 7%. As células C14 e D14 indicam que isso ocorre. A função TIR na célula E14 é aplicada ao FCDI incremental, indicando que $\Delta i^* = 6{,}35\%$. Uma vez que esse valor é menor do que a TMA, o investimento extra nas paredes de tijolos não se justifica. O plano C é selecionado, ocorrendo o mesmo com os métodos do VP e do VA.

Nas linhas 17 a 21 da Figura 17–6, a função VPL é utilizada para encontrar o VP da série FCDI das alternativas a vários valores de i. O gráfico indica que a taxa i^* de *breakeven* ocorre em 6,35% – o mesmo resultado obtido anteriormente com a função TIR. Para uma TMA depois do desconto dos impostos de 6,35%, como ocorre aqui com a TMA = 7%, o investimento extra no plano T não se justifica.

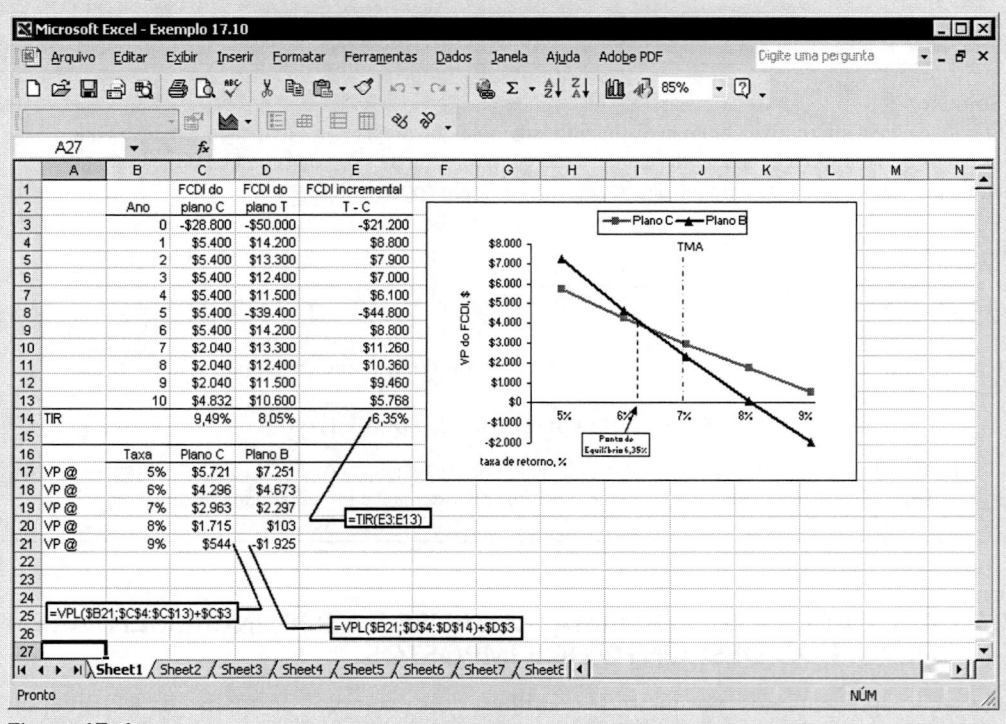

Figura 17–6
Avaliação depois do desconto dos impostos de duas alternativas, por meio de um gráfico do valor presente (VP) em relação a i, no Exemplo 17.10.

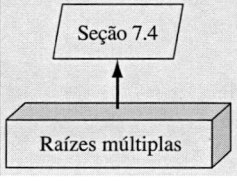

Comentário

Note que a série FCDI incremental tem três mudanças de sinal. A série cumulativa também tem três mudanças de sinal (critério de Norstrom). Conseqüentemente, pode haver múltiplos valores Δi^*. A aplicação da função TIR utilizando a opção "estimativa" (*guess*) não encontra nenhuma outra raiz real no intervalo normal da taxa de retorno.

Seção 7.4 — Raízes múltiplas

SEÇÃO 17.6   Aplicações de Planilha – Análise da ROR Incremental Depois do Desconto dos Impostos

EXEMPLO 17.11

No Exemplo 17.6 foi iniciada uma análise depois do desconto dos impostos de dois analisadores de células ósseas, devido a um novo contrato de 3 anos com a NBA. O critério utilizado para selecionar o analisador 1 foi o dos impostos totais durante os 3 anos. A solução de planilha completa está na Figura 17–4.

Prossiga a análise de planilha realizando a avaliação da ROR depois do desconto dos impostos, supondo que os analisadores sejam vendidos, depois de 3 anos, pelos valores estimados no Exemplo 17.6: $ 130.000 para o analisador 1 e $ 225.000 para o analisador 2. A TMA depois do desconto dos impostos é de 10% ao ano.

Solução por Computador

A Figura 17–7 é uma cópia atualizada da planilha apresentada na Figura 17–4, incluindo a venda do analisador no ano 3. A série FCDI (coluna I) é determinada pela relação FCDI = FCAI – impostos, sendo os rendimentos tributáveis determinados por meio da Equação [17.14]. Por exemplo, no ano 3, quando o analisador 2 é vendido por $R = \$ 225.000$, o cálculo do FCDI é:

$$FCDI_3 = FCAI - (RT)(T_e) = RB - E - P + R - (RB - E - D + RD)(T_e)$$

A retomada da depreciação RD é o valor acima do valor contábil no ano 3 recebido na hora da venda. Por meio da Equação [17.12], utilizando o valor contábil na célula F18:

$$RD = \text{preço de venda} - VC_3 = 225.000 - 64.800 = \$ 160.200$$

Agora o FCDI no ano 3 para o analisador 2 pode ser determinado:

$$FCDI_3 = 100.000 - 10.000 + 0 + 225.000$$
$$- (100.000 - 10.000 - 43.200 + 160.200)(0,35)$$
$$= 315.000 - 207.000(0,35) = \$ 242.550$$

Os rótulos de célula na linha 18 da Figura 17–7 seguem essa mesma progressão. O FCDI é calculado na coluna J.

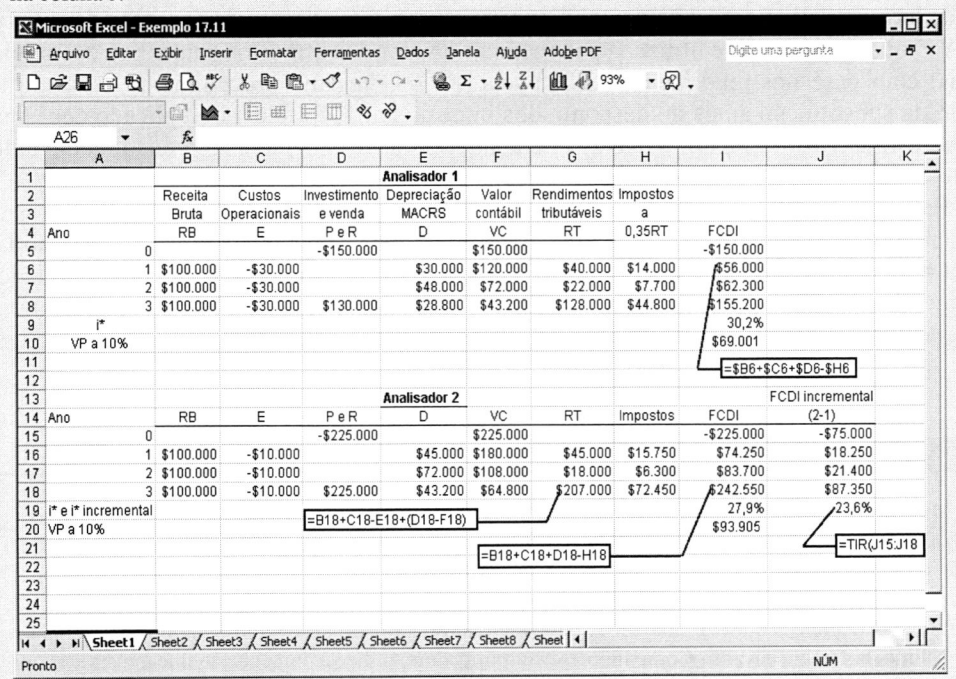

Seções 17.2 e 17.4

Relações FCDI

	A	B	C	D	E	F	G	H	I	J
1					Analisador 1					
2		Receita	Custos	Investimento	Depreciação	Valor	Rendimentos	Impostos		
3		Bruta	Operacionais	e venda	MACRS	contábil	tributáveis	a		
4	Ano	RB	E	P e R	D	VC	RT	0,35RT	FCDI	
5	0			-$150.000		$150.000			-$150.000	
6	1	$100.000	-$30.000		$30.000	$120.000	$40.000	$14.000	$56.000	
7	2	$100.000	-$30.000		$48.000	$72.000	$22.000	$7.700	$62.300	
8	3	$100.000	-$30.000	$130.000	$28.800	$43.200	$128.000	$44.800	$155.200	
9	i*								30,2%	
10	VP a 10%								$69.001	
11									=$B6+$C6+$D6-$H6	
12										
13					Analisador 2					FCDI incremental
14	Ano	RB	E	P e R	D	VC	RT	Impostos	FCDI	(2-1)
15	0			-$225.000		$225.000			-$225.000	-$75.000
16	1	$100.000	-$10.000		$45.000	$180.000	$45.000	$15.750	$74.250	$18.250
17	2	$100.000	-$10.000		$72.000	$108.000	$18.000	$6.300	$83.700	$21.400
18	3	$100.000	-$10.000	$225.000	$43.200	$64.800	$207.000	$72.450	$242.550	$87.350
19	i* e i* incremental		=B18+C18-E18+(D18-F18)						27,9%	23,6%
20	VP a 10%								$93.905	=TIR(J15:J18)
21						=B18+C18+D18-H18				

Figura 17–7
Análise da ROR incremental do FCDI com retomada da depreciação no último ano, no Exemplo 17.11.

O procedimento para comparação de alternativas, delineado na Seção 8.6, foi aplicado. Essas são alternativas de receitas, de forma que os valores i^* globais (células I9 e I19) indicam que ambas as séries de FCDI são aplicáveis. O valor $\Delta i^* = 23,6\%$ (célula J19) também ultrapassa a TMA de 10%, de forma que o *analisador 2 é selecionado*. Essa decisão aplica a diretriz do método da ROR. Selecione a alternativa que exige o maior investimento justificável de maneira *incremental*.

Comentário
Na Seção 8.4, a Figura 8–5*b* demonstrou a ineficiência de escolher uma alternativa baseando-se unicamente na ROR. A ROR incremental precisa ser utilizada. O mesmo fato é demonstrado neste exemplo. Se a alternativa com maior i^* for escolhida, o analisador 1 será incorretamente selecionado. Quando Δi^* ultrapassa a TMA, o investimento maior deve ser eleito – o analisador 2, no caso. Para verificação, o VP a 10% é calculado para cada analisador (I10 e I20). Novamente, o analisador 2 é o selecionado, com base em seu maior VP de $ 93.905.

17.7 ESTUDO DA SUBSTITUIÇÃO DEPOIS DO DESCONTO DOS IMPOSTOS

Quando um ativo atualmente instalado (a alternativa defensora) é desafiado por uma possível substituição, o efeito dos impostos pode ter um impacto sobre a decisão do estudo da substituição. A decisão final talvez não seja revertida pelos impostos, mas a diferença entre os valores VA antes do desconto dos impostos pode ser significativamente diferente da diferença (entre os valores VA) depois do desconto dos impostos. Pode haver considerações tributárias no ano da possível substituição devido à *retomada da depreciação* ou *ganhos de capital*, ou pode haver economias fiscais por causa de uma *perda considerável de capital*, se for necessário negociar a defensora a um preço "sacrificado". Além disso, o estudo da substituição, depois do desconto dos impostos, considera a *depreciação* e as *despesas operacionais* dedutíveis do imposto, não contabilizadas em uma análise antes do desconto dos impostos. A alíquota efetiva T_e é utilizada para estimar o valor dos impostos anuais (ou economias fiscais) com base nos rendimentos tributáveis (RT). O mesmo procedimento utilizado no estudo da substituição antes do desconto dos impostos no Capítulo 11 é aplicado aqui, mas para as estimativas de FCDI. Você deve entender cuidadosamente este procedimento antes de prosseguir. Recomendamos atenção especial às Seções 11.3 e 11.5.

O Exemplo 17.12 apresenta uma solução manual de um estudo da substituição depois do desconto dos impostos, utilizando a hipótese simplificadora de que há uma depreciação LR (linha reta – linear) clássica. O Exemplo 17.13 resolve o mesmo problema por computador, mas inclui o detalhe da depreciação MACRS. Isso oferece a oportunidade de observarmos a diferença nos valores VA entre as duas possibilidades de depreciação.

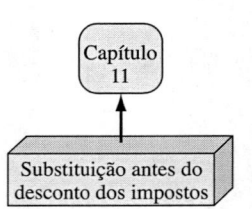

EXEMPLO 17.12

A Midcontinent Power Authority comprou um equipamento de extração de carvão, há 3 anos, por $ 600.000. A gerência descobriu que ele está desatualizado agora. Um novo equipamento foi identificado. Se o valor de mercado de $ 400.000 é oferecido como *trade-in* para a aquisição do equipamento atual, realize um estudo da substituição utilizando (*a*) uma TMA de 10% ao ano antes do desconto dos impostos e (*b*) uma TMA de 7% ao ano depois do desconto dos impostos. Suponha uma alíquota efetiva de 34%. Como hipótese simplificadora, utilize a depreciação linear clássica com $R = 0$ para ambas as alternativas.

	Defensora	Desafiante
Valor de mercado, $	400.000	
Custo de aquisição, $		1.000.000
Custo anual, $/ano	–100.000	–15.000
Período de recuperação, em anos	8 (originalmente)	5

Solução
Suponha que uma análise da VUE (vida útil econômica) tenha determinado que os melhores valores para a vida útil sejam mais de 5 anos para a defensora e um total de 5 anos para a desafiante.

(a) Para o *estudo da substituição antes do desconto dos impostos*, encontre os valores VA. O VA da defensora utiliza o valor de mercado como custo inicial, P_D = $ –400.000.

$$VA_D = -400.000(A/P;10\%;5) - 100.000 = \$ -205.520$$

$$VA_C = -1.000.000(A/P;10\%;5) - 15.000 = \$ -278.800$$

Aplicando o passo 1 do procedimento de estudo da substituição (Seção 11.3), selecionamos o melhor valor VA. A defensora é mantida agora de acordo com o plano de continuar com ela durante os 5 anos restantes. A defensora tem um custo anual equivalente menor em $ 73.280, em comparação com a desafiante. A solução completa está incluída na Tabela 17–6 (à esquerda), para se ter uma comparação com o estudo depois do desconto dos impostos.

(b) Para o *estudo da substituição depois do desconto dos impostos*, não há nenhum outro efeito fiscal, a não ser o imposto de renda para a defensora. A depreciação LR anual é de $ 75.000, determinada quando o equipamento foi comprado há 3 anos.

$$D_t = 600.000/8 = \$ 75.000 \qquad t = 1 \text{ a } 8 \text{ anos}$$

A Tabela 17–6 apresenta os rendimentos tributáveis (RT) e os impostos a 34%. Os impostos são, de fato, economias fiscais de $ 59.500 por ano, conforme é indicado pelo sinal de menos. (Lembre-se de que, para as economias fiscais, em uma análise econômica, considera-se que há um rendimento tributável positivo em outro lugar na empresa para contrabalançar a economia.) Uma vez que somente os custos são estimados, o FCDI anual é negativo, mas as economias fiscais de $ 59.500 o reduziram. O FCDI e o VA a 7% ao ano são:

$$FCDI = FCAI - \text{impostos} = -100.000 - (-59.500) = \$ -40.500$$

$$VA_D = -400.000(A/P;7\%;5) - 40.500 = \$ -138.056$$

Em relação à desafiante, a retomada da depreciação na defensora ocorre quando ela é substituída, porque o valor de *trade-in* de $ 400.000 é maior do que o valor contábil atual. No ano 0 da desafiante, a Tabela 17–6 inclui os seguintes cálculos para se chegar ao imposto de $ 8.500.

Valor contábil da defensora, ano 3: $\quad VC_3 = 600.000 - 3(75.000) = \$ 375.000$

Retomada da depreciação: $\quad RD_3 = RT = 400.000 - 375.000 = \$ 25.000$

Impostos sobre o valor de *trade-in* no ano 0: $\quad \text{Impostos} = 0,34(25.000) = \$ 8.500$

TABELA 17–6 Análise da Substituição Antes e Depois do Desconto dos Impostos, no Exemplo 17.12

Idade da Defensora	Ano	Antes do desconto dos impostos			Depois do desconto dos impostos			
		Despesas E	P e R	FCAI	Depreciação D	Rendimentos Tributáveis RT	Impostos* a 34% dos RTs	FCDI
DEFENSORA								
3	0		$-400.000	$-400.000				$-400.000
4	1	$-100.000		-100.000	$75.000	$-175.000	$-59.500	-40.500
5	2	-100.000		-100.000	75.000	-175.000	-59.500	-40.500
6	3	-100.000		-100.000	75.000	-175.000	-59.500	-40.500
7	4	-100.000		-100.000	75.000	-175.000	-59.500	-40.500
8	5	-100.000	0	-100.000	75.000	-175.000	-59.500	-40.500
VA a 10%				$-205.520	VA a 7%			$-138.056
DESAFIANTE								
	0		$-1.000.000	$-1.000.000		$+25.000†	$ 8.500	$-1.008.500
	1	$-15.000		-15.000	$200.000	-215.000	-73.100	+58.100
	2	-15.000		-15.000	200.000	-215.000	-73.100	+58.100
	3	-15.000		-15.000	200.000	-215.000	-73.100	+58.100
	4	-15.000		-15.000	200.000	-215.000	-73.100	+58.100
	5	-15.000	0	-15.000	200.000	-215.000‡	-73.100	+58.100
VA a 10%				$-278.800	VA a 7%			$-187.863

*O sinal de menos indica uma economia fiscal para o ano.
† Retomada da depreciação no *trade-in* da defensora.
‡ Considera que o valor recuperado da defensora realizado de fato é $R = 0$; não há impostos.

A depreciação LR é de $ 1.000.000/5 = $ 200.000 por ano. Isso resulta em economias fiscais e FCDI da seguinte maneira:

$$\text{Impostos} = (-15.000 - 200.000)(0,34) = \$ -73.100$$

$$\text{FCDI} = \text{FCAI} - \text{impostos} = -15.000 - (-73.100) = \$ +58.100$$

No ano 5, presume-se que a desafiante seja vendida por $ 0; não há nenhuma retomada da depreciação. O VA para a desafiante à TMA de 7% ao ano depois do desconto dos impostos é:

$$VA_C = -1.000.000(A/P;7\%;5) + 58.100 = \$ -187.863$$

A defensora novamente é selecionada; entretanto, a vantagem anual equivalente diminuiu de $ 73.280, antes do desconto dos impostos, para $ 49.807, depois do desconto dos impostos.

Conclusão: Por qualquer das análises realizadas, mantenha a defensora agora e planeje ficar com ela por mais 5 anos. Além disso, planeje avaliar as estimativas de ambas as alternativas a partir do primeiro ano (ano 1). Se e quando as estimativas de fluxo de caixa se alterarem significativamente, realize outra análise da substituição.

Comentário

Se o valor de mercado (*trade-in*) fosse menor do que o valor contábil atual de $ 375.000 da defensora, ocorreria uma perda de capital, em vez de uma retomada da depreciação no ano 0. A economia tributária resultante diminuiria o FCDI (que deve reduzir os custos se o FCDI for negativo). Por exemplo, um valor de *trade-in* de $ 350.000 resultaria em um RT de $ 350.000 − 375.000 = $ −25.000, e uma economia tributária de $ −8.500 no ano 0. O FCDI é, então, de $ −1.000.000 − (−8.500) = $ −991.500.

EXEMPLO 17.13

Repita o estudo da substituição depois do desconto dos impostos do exemplo anterior (17.12*b*) utilizando a depreciação MACRS de 7 anos para a defensora e a depreciação MACRS de 5 anos para a desafiante. Suponha que qualquer um dos ativos seja vendido, depois dos 5 anos, exatamente por seu valor contábil. Determine se as respostas são significativamente diferentes das obtidas pela hipótese simplificadora da depreciação linear clássica.

Solução

A Figura 17–8 apresenta a análise completa. Consulte os rótulos de célula dos cálculos. O método MACRS requer um número substancialmente maior de cálculos do que a depreciação LR, mas esse esforço é facilmente reduzido pela utilização de uma planilha. *Novamente a escolha é manter a defensora, mas agora com uma vantagem de $ 44.142 anualmente.* Esse valor pode ser comparado à vantagem de $ 49.807, quando se utiliza a depreciação LR clássica, e à vantagem de $ 73.280 da defensora, antes do desconto dos impostos. Portanto, os impostos e o método MACRS reduziram, ambos, a vantagem econômica da defensora, mas não o bastante para inverter a decisão de mantê-la.

Diversas outras diferenças de resultados entre os métodos de depreciação LR e MACRS são dignas de nota. Há uma retomada da depreciação no ano 0 da desafiante devido ao fato de o *trade-in* da defensora valer $ 400.000, uma quantia maior do que o valor contábil após 3 anos de utilização. Esse valor de $ 137.620, na célula G18, é tratado como um rendimento tributável comum. Os cálculos referentes à RD e ao imposto associado, efetuados manualmente, são os seguintes:

$$VC_3 = \text{custo de aquisição} - \text{depreciação MACRS para 3 anos}$$
$$= \text{depreciação MACRS total para os anos 4 a 8}$$
$$= \$ 262.380 \qquad \text{(célula F11)}$$
$$RD = RT_0 = \textit{trade-in} - VC_3$$
$$= 400.000 - 262.380 = \$ 137.620 \qquad \text{(célula G18)}$$
$$\text{Impostos} = 137.620(0,34) = \$ 46.790 \qquad \text{(célula H18)}$$

Veja os rótulos de célula nas relações de planilha que refletem esta lógica.

A hipótese de que a desafiante será vendida depois de 5 anos ao valor contábil implica um fluxo de caixa positivo no ano 5. O lançamento de $ 57.600 na célula C23 da Figura 17–8 reflete essa hipótese, uma vez que a depreciação MACRS, prevista para o ano 6, seria de 1.000.000(0,0576) = = $ 57.600. A relação de planilha B15–F24 na célula C23 determina esse valor, utilizando a depreciação acumulada na célula F24. [*Observação:* Se o valor $R = 0$ fosse definitivamente antecipado, depois de 5 anos, haveria uma perda de capital de $ 57.600. Isso implicaria uma economia tributária adicional de 57.600(0,34) = $ 19.584 no ano 5. Inversamente, se o valor recuperado ultrapassasse o valor contábil, uma retomada da depreciação e o imposto associado seriam estimados.]

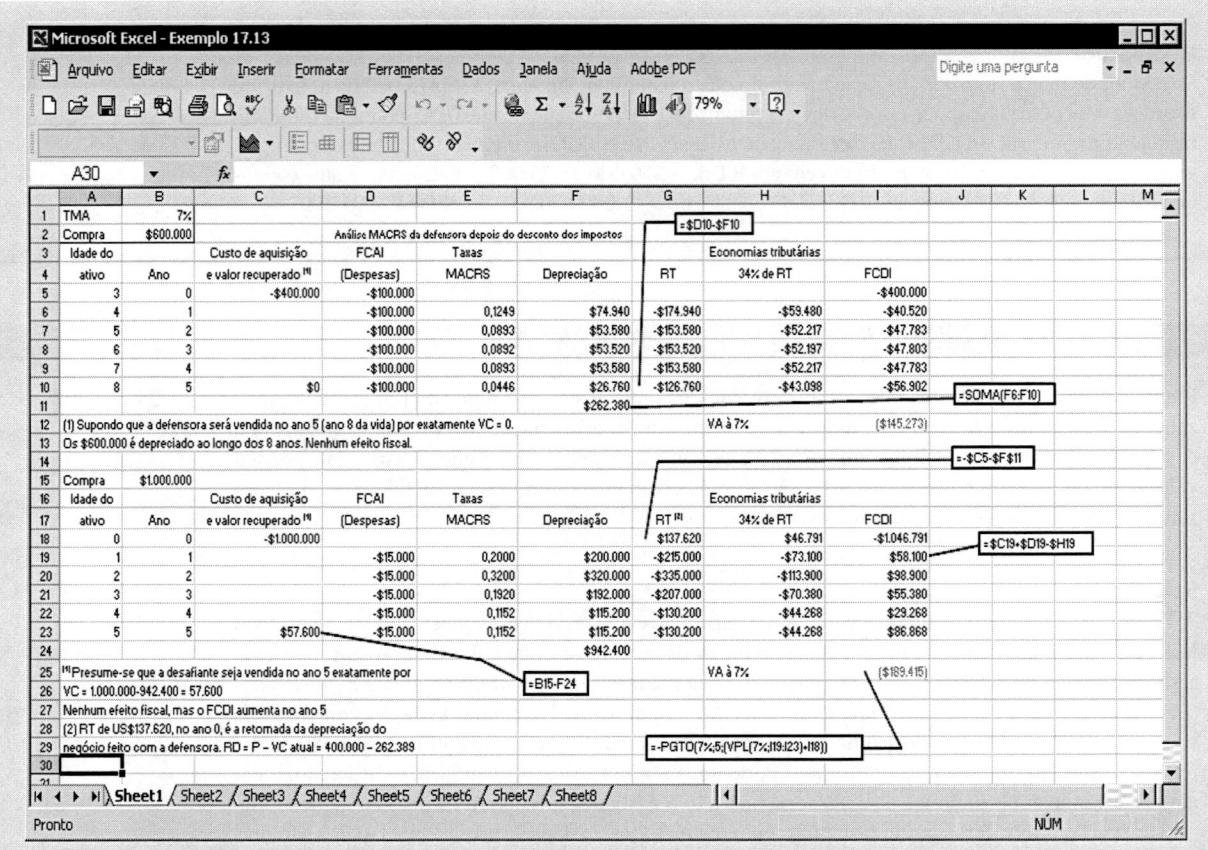

Figura 17-8
Estudo da substituição depois do desconto dos impostos, utilizando a depreciação MACRS, no Exemplo 17.13.

O rótulo de célula indica que as estimativas de FCDI são desenvolvidas utilizando-se as colunas C, D e H. Por exemplo, na célula I19, o FCDI é determinado como C19 + D19 − H19. Não obstante as colunas C e D habitualmente conterem, ambas, lançamentos, essa forma geral para o cálculo do FCDI funciona corretamente quando a relação é arrastada para baixo, ao longo da coluna 1. Portanto, o cálculo do FCDI na célula I23 reflete corretamente a venda da desafiante, no ano 5, sem alteração da fórmula da planilha.

17.8 ANÁLISE DO VALOR ADICIONADO DEPOIS DO DESCONTO DOS IMPOSTOS

Valor adicionado é um termo utilizado para indicar que um produto ou serviço tem um valor adicional, da perspectiva do proprietário, investidor ou consumidor. É possível alavancar fortemente as atividades de valor adicionado de um processo. Por exemplo, cebolas são cultivadas e vendidas por centavos de dólar por libra-peso. Elas podem ser compradas por donos de mercearia por 25 a 50 centavos de dólar por libra. Mas, quando as cebolas são cortadas e cobertas com uma massa especial, podem ser fritas em óleo fervente e vendidas como anéis de cebola empanados por alguns dólares por libra. Desse modo, da perspectiva do consumidor, houve uma grande quantidade de valor adicionado pelas atividades de processamento das cebolas cruas, até se transformarem nos anéis de cebola empanados, vendidos nos restaurantes ou lanchonetes.

A medida do valor adicionado foi brevemente apresentada em conjunto com a análise do VA, antes do desconto dos impostos. Quando a análise do valor adicionado é executada depois do desconto dos impostos, a abordagem é bastante diferente da análise do FCDI desenvolvida anteriormente neste capítulo. Entretanto, como mostraremos a seguir,

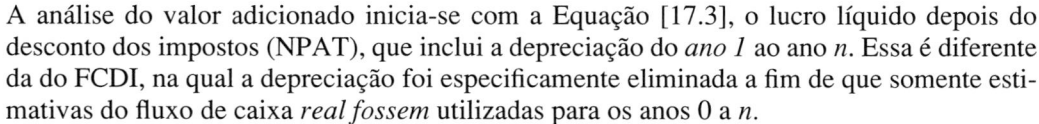

A decisão sobre uma alternativa será idêntica tanto para o método do valor adicionado quanto para o método FCDI, pois o VA das estimativas econômicas do valor adicionado é igual ao VA do FCDI.

A análise do valor adicionado inicia-se com a Equação [17.3], o lucro líquido depois do desconto dos impostos (NPAT), que inclui a depreciação do *ano 1* ao ano *n*. Essa é diferente da do FCDI, na qual a depreciação foi especificamente eliminada a fim de que somente estimativas do fluxo de caixa *real fossem* utilizadas para os anos 0 a *n*.

O termo *valor econômico adicionado* (*economic value added – EVA*) indica o valor monetário adicionado por uma alternativa aos resultados obtidos por uma empresa. A técnica que discutiremos a seguir foi publicada inicialmente em diversos artigos[3], em meados da década de 1990. Desde então, ela se tornou muito popular como um meio de avaliar a capacidade de uma empresa para aumentar seu valor econômico, especialmente do ponto de vista dos acionistas.

Nos livros contábeis da empresa, o EVA anual é a quantidade do NPAT restante, depois de eliminar o custo do capital investido durante o ano. Ou seja, o EVA indica a contribuição do projeto ao lucro líquido da empresa, depois do desconto dos impostos.

O *custo do capital investido* é a taxa de retorno, depois do desconto dos impostos (usualmente o valor da TMA), multiplicada pelo valor contábil do ativo durante o ano. O resultado são os juros acarretados pelo nível atual de capital investido no ativo. (Se forem utilizados métodos de depreciação fiscal e contábil diferentes, o *valor da depreciação contábil* é utilizado aqui, pois ele representa mais proximamente o capital restante investido no ativo, sob a perspectiva da empresa.) Os cálculos são os seguintes:

$$\text{EVA} = \text{NPAT} - \text{custo do capital investido}$$
$$= \text{NPAT} - (\text{taxa de juros depois dos impostos})(\text{valor contábil no ano } t - 1)$$
$$= \text{RT}(1 - T_e) - (i)(\text{VC}_{t-1}) \qquad [17.18]$$

Uma vez que tanto o RT quanto o valor contábil consideram a depreciação, o EVA é uma medida de valor que mistura o fluxo de caixa real com não-fluxos de caixa, para determinar a contribuição do valor financeiro estimado para a empresa. Esse valor financeiro é o valor utilizado nos documentos públicos da empresa (balancete, declaração do imposto de renda, relatórios de estoques etc.). Desde que a empresa deseje apresentar o maior valor possível para os acionistas e outros proprietários, o método EVA pode ser mais atraente da perspectiva financeira do que o método VA.

O resultado de uma análise EVA é uma série de estimativas EVA anuais. Duas ou mais alternativas são comparadas, calculando-se o VA das estimativas EVA e escolhendo a alternativa

---

[3] A. Blair, "EVA Fever". *Management Today*, jan. 1997, p. 42-45; W. Freedman, "How Do You Add Up?". *Chemical Week*, 9 out. 1996, p. 31-34.

594 CAPÍTULO 17 Análise Econômica Depois do Desconto dos Impostos

que tem o maior VA. Se somente um projeto for avaliado, VA > 0 significa que a TMA depois do desconto dos impostos foi ultrapassada, fazendo então o valor do projeto aumentar.

Sullivan e Needy[4] demonstraram que o VA do EVA e o VA do FCDI têm um valor idêntico. Desse modo, qualquer um dos métodos pode ser utilizado para se tomar uma decisão. As estimativas do EVA anual indicam que a alternativa gerou um valor adicionado para a empresa, enquanto as estimativas do FCDI anuais descrevem como será o fluxo de caixa. Essa comparação é realizada no Exemplo 17.14.

EXEMPLO 17.14

A Biotechnics Engineering desenvolveu dois planos mutuamente exclusivos para investir em novos equipamentos de capital, com a expectativa de obter maiores receitas dos seus serviços de diagnóstico médico para pacientes com câncer. As estimativas estão resumidas a seguir. (*a*) Utilize a depreciação clássica em linha reta (linear), uma TMA de 12% depois do desconto dos impostos, uma alíquota efetiva de 40% e a solução por computador, para realizar análises do valor anual depois do desconto dos impostos: EVA e FCDI. (*b*) Explique a diferença fundamental entre os resultados das duas análises.

	Plano A	Plano B
Investimento inicial	$ 500.000	$ 1.200.000
Receita bruta – despesas	$ 170.000 por ano	$ 600.000 no primeiro ano, decrescendo em $ 50.000 por ano, a partir de então
Estimativa de vida útil	4 anos	4 anos
Valor recuperado	Nenhum	Nenhum

Solução por Computador

(*a*) Consulte a planilha e os rótulos de célula da Figura 17–9.

Avaliação do EVA: Todas as informações necessárias para a estimação do EVA são determinadas nas colunas B a G. O lucro líquido depois do desconto dos impostos (NPAT), na coluna H, é calculado por meio da Equação [17.3], RT – impostos. Os valores contábeis (coluna E) são utilizados para determinar, na coluna I, o custo do capital investido, utilizando o segundo termo da Equação [17.18], ou seja, $i(VC_{t-1})$, em que i é a TMA de 12% depois do desconto dos impostos. Isso representa a quantidade de juros a 12% ao ano depois do desconto dos impostos correspondente ao capital atualmente investido, de acordo com o que refletia o valor contábil no início do ano. A estimativa do EVA anual é a soma das colunas H e I, Equação [17.18], para os anos 1 a 4. *Observe que não há nenhuma estimativa do EVA para o ano 0*, uma vez que NPAT e o custo do capital investido são estimados para os anos 1 a n. Finalmente, o maior VA do valor EVA é selecionado (J21), que indica que o plano B é melhor e que o plano A não obtém o retorno de 12% (J10).

---

[4] W. G. Sullivan e K. L. Needy, "Determination of Economic Value Added for a Proposed Investment in New Manufacturing". *The Engineering Economist*, v. 45, n. 2 (2000), p. 166-181.

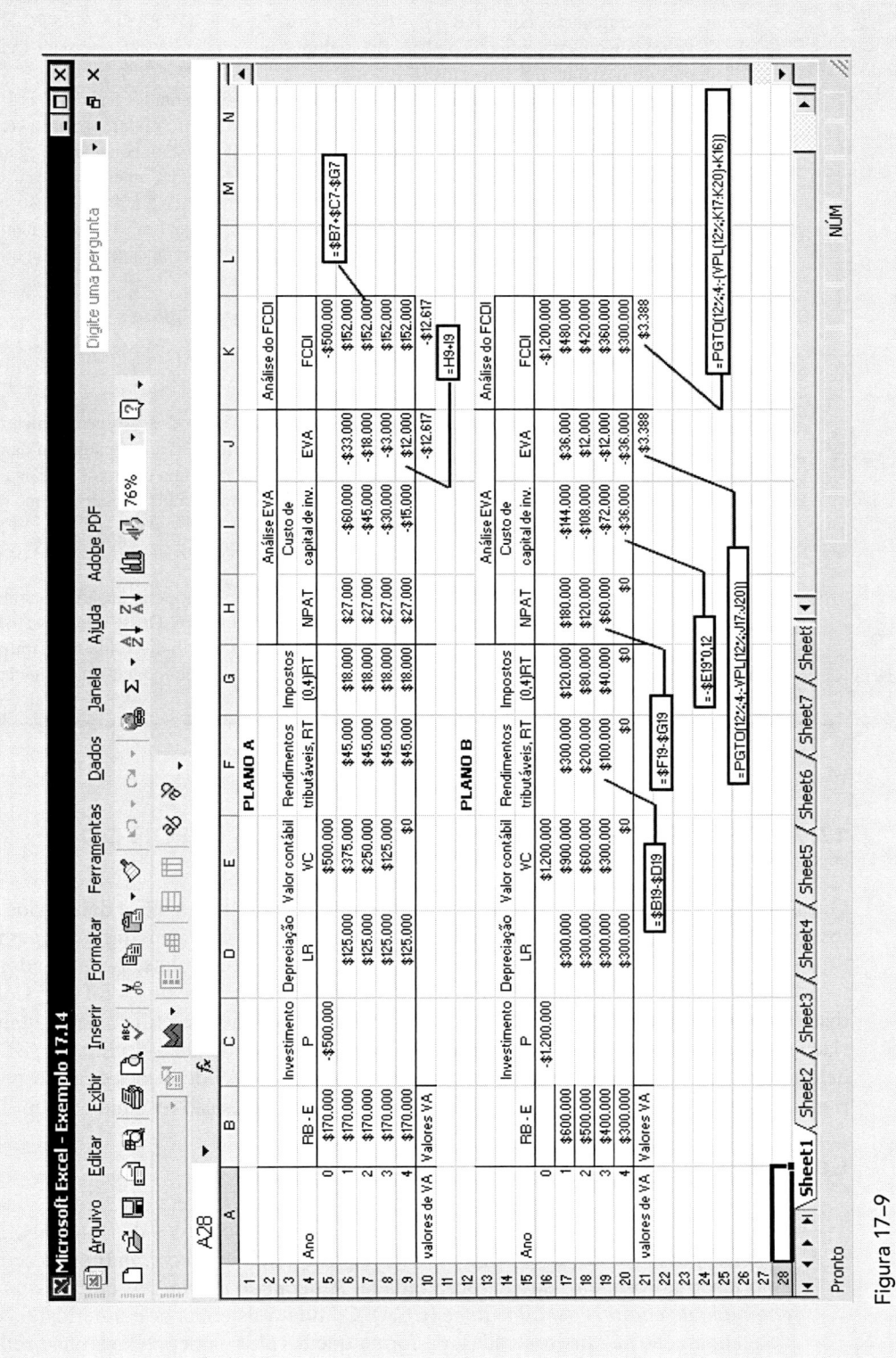

SEÇÃO 17.8   Análise do Valor Adicionado Depois do Desconto dos Impostos

Ano	RB - E	Investimento P	Depreciação LR	Valor contábil VC	Rendimentos tributáveis, RT	Impostos (0,4)RT	NPAT	Análise EVA Custo de capital de inv.	EVA	Análise do FCDI FCDI
					PLANO A					
0		-$500.000		$500.000						-$500.000
1	$170.000		$125.000	$375.000	$45.000	$18.000	$27.000	-$60.000	-$33.000	$152.000
2	$170.000		$125.000	$250.000	$45.000	$18.000	$27.000	-$45.000	-$18.000	$152.000
3	$170.000		$125.000	$125.000	$45.000	$18.000	$27.000	-$30.000	-$3.000	$152.000
4	$170.000		$125.000	$0	$45.000	$18.000	$27.000	-$15.000	$12.000	$152.000
valores de VA	Valores VA								-$12.617	-$12.617
					PLANO B					
Ano	RB - E	Investimento P	Depreciação LR	Valor contábil VC	Rendimentos tributáveis, RT	Impostos (0,4)RT	NPAT	Análise EVA Custo de capital de inv.	EVA	Análise do FCDI FCDI
0		-$1.200.000		$1.200.000						-$1.200.000
1	$600.000		$300.000	$900.000	$300.000	$120.000	$180.000	-$144.000	$36.000	$480.000
2	$500.000		$300.000	$600.000	$200.000	$80.000	$120.000	-$108.000	$12.000	$420.000
3	$400.000		$300.000	$300.000	$100.000	$40.000	$60.000	-$72.000	-$12.000	$360.000
4	$300.000		$300.000	$0	$0	$0	$0	-$36.000	-$36.000	$300.000
valores de VA	Valores VA								$3.388	$3.388

=$B7-$C7-$G7

=H9-I9

=$B19-$D19

=-$E19*0,12

=PGTO(12%;4;-VPL(12%;J17:J20))

=PGTO(12%;4;-(VPL(12%;K17:K20)+K16))

Figura 17–9
Comparação de alternativas utilizando as análises do EVA e do FCDI, no Exemplo 17.14.

Avaliação do FCDI: Conforme é indicado no rótulo de célula, as estimativas do FCDI (coluna K) são calculadas como RB – E – P – impostos, Equação [17.8]. O VA do FCDI (célula K21) novamente concluiu que o plano B é melhor e que o plano A não retorna à TMA de 12% depois do desconto dos impostos (K10).

(b) Qual é a diferença fundamental entre as séries EVA e FCDI apresentadas nas colunas J e K? Elas são claramente equivalentes da perspectiva do valor do dinheiro no tempo, uma vez que os valores VA são numericamente idênticos. Para responder à questão, considere o plano A, que tem uma estimativa de FCDI constante de $ 152.000 por ano. Para obter o VA da estimativa de $ –12.617 para o EVA, nos anos 1 a 4, o investimento inicial de $ 500.000 é distribuído ao longo da vida útil de 4 anos, utilizando o fator A/P a 12%. Ou seja, um valor equivalente de $ 500.000(A/P;12%;4) = $ 164.617 é "confrontado" com os influxos de caixa em cada um dos anos 1 a 4. Com efeito, o FCDI anual é reduzido por essa carga.

FCDI – (investimento inicial)(A/P;12%;4) = $ 152.000 – 500.000(A/P;12%;4)

152.000 – 164.617 = $ –12.617

= VA de EVA

Esse é o VA de ambas as séries, demonstrando que os dois métodos são economicamente equivalentes. Entretanto, o método do EVA indica uma contribuição anual estimada da alternativa para o *valor da empresa*, ao passo que o método do FCDI estima os fluxos de caixa reais para a empresa. Eis por que o método do EVA, freqüentemente, é mais popular do que o método do fluxo de caixa entre os executivos.

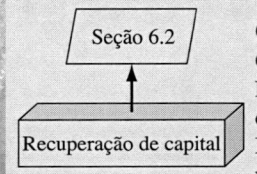

Comentário

O cálculo $P(A/P, i, n)$ = $ 500.000(A/P;12%;4) é exatamente igual ao da recuperação de capital na Equação [6.3], supondo-se uma estimativa de valor recuperado igual a zero. Desse modo, o custo do capital investido para alcançar o EVA é igual ao da recuperação de capital, discutida no Capítulo 6. Isso demonstra ainda mais por que o método do VA é economicamente equivalente à avaliação por meio do método do EVA.

Seção 6.2 → Recuperação de capital

17.9 ANÁLISE DE PROJETOS INTERNACIONAIS DEPOIS DO DESCONTO DOS IMPOSTOS

Questões fundamentais a serem respondidas antes de realizar uma análise depois dos impostos, para atividades empresariais em ambientes internacionais, giram em torno das permissões de abatimento do imposto de renda – depreciação, despesas comerciais, avaliação dos ativos fixos – e da alíquota efetiva, necessária para a Equação [17.6]: impostos = $RT(T_e)$. Conforme discutimos no Capítulo 16, a maior parte dos governos reconhece e utiliza, com algumas variações, os métodos de depreciação em linha reta (LR) e de balanço declinante (BD), para determinar os abatimentos permitidos do imposto de renda. As deduções com despesas variam amplamente de país a país. Como exemplo, algumas delas são resumidas aqui.

Canadá

Depreciação: Ela é dedutível e normalmente se baseia em cálculos de BD, embora o método LR possa ser utilizado. Um equivalente à *half-year convention* (norma semestral) é aplicado no primeiro ano de propriedade. A *dedução dos custos de investimentos é chamada de capital cost allowance (CCA)*. Como no sistema norte-americano, as taxas de recuperação são padronizadas, de forma que o valor da depreciação não reflete necessariamente a vida útil de um ativo.

Categorias e taxa de CCA: Categorias de ativos são definidas e taxas de depreciação anual são especificadas de acordo com cada categoria. Nenhum período (vida útil) de recuperação específico é identificado, já que os ativos de uma categoria em particular são agrupados e a CCA anual é determinada para a categoria inteira, não para ativos individuais. Há aproximadamente 44 categorias, e as taxas de CCA variam de 4% ao ano (equivalentes às de um ativo com vida útil de 25 anos), para a construção civil, (categoria 1) a 100% (vida útil de 1 ano), para softwares aplicativos, porcelanas, estampas etc. (categoria 12). A maior parte das taxas está na faixa de 10% a 30% ao ano.

Despesas: As despesas empresariais são dedutíveis no cálculo dos rendimentos tributáveis (RT). Despesas relacionadas com investimentos de capital não são dedutíveis, uma vez que elas são acomodadas por meio da CCA.

México

Depreciação: Ela é totalmente dedutível no cálculo dos rendimentos tributáveis (RT). O método LR (linear) é aplicado com um índice, para considerar a inflação anual. Uma depreciação mensal rateada é utilizada quando se consideram frações de um ano. Para alguns tipos de ativo, a dedução imediata de uma porcentagem dos custos iniciais é admitida (equivalente próximo da dedução relativa aos dispêndios de capital nos Estados Unidos).

Categorias e taxas: Os tipos de ativo são identificados, ainda que não tão especificamente definidos como em alguns países. As categorias mais importantes são identificadas, e as taxas anuais de recuperação variam de 5%, para a construção civil (o equivalente a uma vida útil de 20 anos), a 100%, para os equipamentos destinados à preservação do meio ambiente. A maior parte das taxas varia de 10% a 30% ao ano.

Imposto sobre o lucro: O imposto de renda incide sobre os lucros obtidos com a condução dos negócios no México. A maior parte dos dispêndios empresariais é dedutível do imposto de renda. A receita das empresas é tributada somente uma vez, em nível federal; não há incidência de impostos em nível estadual.

Imposto sobre o Patrimônio Líquido (IPL): Um imposto de 1,8% do valor médio dos ativos localizados no México é pago anualmente, além do imposto de renda, mas o imposto de renda pago é creditado em favor do IPL devido.

Japão

Depreciação: Ela é totalmente dedutível do imposto de renda e se baseia nos métodos LR ou BD clássicos. Um total de 95% da base não justificada ou do custo de aquisição, conforme foi definido no Capítulo 16, pode ser recuperado por meio da depreciação, mas se presume que o valor recuperado de um ativo seja de 10% do seu custo de aquisição. Os investimentos de capital são recuperados para cada ativo ou grupos de ativos classificados como similares.

Categoria e vida útil: A vida útil é determinada por meio de normas e varia de 4 a 24 anos, sendo de 50 anos para as construções de concreto armado.

Despesas: As despesas empresariais são dedutíveis no cálculo dos rendimentos tributáveis (RT).

TABELA 17-7 Resumo das Alíquotas* Internacionais do Imposto de Renda para Pessoas Jurídicas

Alíquota de Imposto Sobre os Rendimentos Tributáveis, %	Países
≥ 40	Estados Unidos, Japão, Arábia Saudita
36 a < de 40	Canadá, Alemanha, África do Sul
32 a < de 36	China, França, Índia, México, Nova Zelândia, Espanha, Turquia
28 a < de 32	Austrália, Indonésia, Reino Unido, República da Coréia
24 a < de 28	Rússia, Taiwan
20 a < de 24	Cingapura
< 20	Hong Kong, Islândia, Irlanda, Hungria, Polônia

*Fontes: Extraído do KPMG's Corporate Tax Rates Survey, (disponível em: <www.kpmg.com/RUT2000_prod/documents/9/2004ctrs.pdf>. Acesso: jan. 2004) e dos sites sobre a tributação de empresas de cada país.

A alíquota efetiva varia consideravelmente entre os países. Alguns países cobram impostos somente em nível federal, enquanto outros coletam impostos em diversos níveis de governo (federal, estadual ou provincial, municipal, comarca e cidade). Um resumo das alíquotas médias de imposto para pessoas jurídicas internacionais é apresentado na Tabela 17-7, envolvendo uma ampla variedade de países industrializados. Elas incluem a média de impostos em todos os níveis relatados de governo, dentro de cada país. Entretanto, outros tipos de impostos podem ser cobrados por um governo em particular. Embora essas alíquotas médias de imposto variem de ano a ano, especialmente quando é aprovada uma reforma fiscal, pode-se imaginar que a maior parte das empresas se defronta com alíquotas efetivas de, aproximadamente, 20% a 40% dos rendimentos tributáveis. Se alguém examinasse as alíquotas individuais publicadas nos últimos anos veria claramente que países, especialmente na Europa, reduziram suas alíquotas de imposto para pessoas jurídicas de, 15% a 20% em um único ano, em alguns casos. Essa redução estimula os investimentos empresariais e a expansão dos negócios dentro das fronteiras do país.

RESUMO DO CAPÍTULO

A análise, depois do desconto dos impostos, não altera a decisão de escolher uma alternativa em vez da outra; entretanto, oferece uma estimativa muito mais clara do impacto monetário dos impostos. As avaliações do VP, do VA e da ROR, de uma ou mais alternativas depois do desconto dos impostos, são realizadas sobre a série de FCDI utilizando-se exatamente os mesmos procedimentos apresentados nos capítulos anteriores. A TMA depois dos impostos é utilizada em todos os cálculos do VP e do VA, para se tomar a decisão entre duas ou mais alternativas pela ROR incremental.

As alíquotas de imposto para as empresas norte-americanas e contribuintes individuais são escalonadas – maiores rendimentos tributáveis pagam impostos de renda mais altos. Uma alíquota efetiva T_e, de valor único, é habitualmente aplicada em uma análise econômica depois do desconto dos impostos.

Os impostos são reduzidos devido a itens dedutíveis do imposto de renda como, por exemplo, a depreciação e as despesas operacionais. Uma vez que a depreciação é um *não*-fluxo de caixa, é importante considerar a depreciação somente nos cálculos de RT, e não diretamente nos cálculos do FCAI e do FCDI. Conseqüentemente, as relações gerais, fundamentais, do fluxo de caixa depois do desconto dos impostos, para cada ano, são:

FCAI = receita bruta – despesas – investimento inicial + valor recuperado

FCDI = FCAI – impostos = FCAI – (rendimentos tributáveis)(T_e)

RT = receita bruta – despesas – depreciação + retomada da depreciação

Se a contribuição estimada da alternativa para o valor financeiro da empresa for a medida econômica, o valor econômico adicionado (EVA) deve ser determinado. Diferentemente do FCDI, o EVA inclui o efeito da depreciação.

EVA = lucro líquido depois dos impostos – custo do capital investido
    = NPAT – (TMA depois do desconto dos impostos)(valor contábil)
    = RT – impostos – i(VC)

Os valores anuais equivalentes das estimativas do FCDI e do EVA são idênticos numericamente, devido ao fato de interpretarem o custo anual dos investimentos de capital de maneiras diferentes, mas equivalentes, quando o valor do dinheiro no tempo é considerado.

Em um estudo da substituição, o impacto fiscal da retomada da depreciação ou da perda de capital (ambos podem ocorrer quando a defensora é trocada pela desafiante) é considerado em uma análise depois do desconto dos impostos. O procedimento de estudo da substituição do Capítulo 11 é aplicado. A análise tributária pode não inverter a decisão de substituir ou de manter a defensora, mas o efeito dos impostos provavelmente reduzirá (possivelmente em uma quantidade significativa) a vantagem econômica de uma alternativa em relação à outra.

PROBLEMAS
Componentes Básicos do Imposto

17.1 Escreva a equação para calcular o RT e o NPAT de uma empresa utilizando somente os seguintes termos: *receita bruta*, *alíquota*, *despesas empresariais* e *depreciação*.

17.2 Descreva a diferença básica entre o *imposto de renda* e um *imposto sobre a propriedade* para uma pessoa física.

17.3 Da lista seguinte, selecione o termo relacionado a impostos que melhor descreve cada um destes eventos: *depreciação*, *despesa operacional*, *rendimento tributável*, *imposto de renda* ou *lucro líquido depois dos impostos*.

(a) Uma empresa registra que teve um lucro líquido negativo de $ 200.000 em sua declaração do imposto de renda.

(b) Um ativo com valor contábil de $ 80.000 foi utilizado em uma nova linha de processamento para aumentar as vendas em $ 200.000 este ano.

(c) Uma máquina tem uma depreciação anual em linha reta igual a $ 21.000.

(d) O custo para manter um equipamento durante o ano passado foi de $ 3.680.200.

(e) Um supermercado em particular arrecadou $ 23.550 em vendas de bilhetes de loteria no ano passado. Com base nos prêmios pagos aos portadores desses bilhetes, um abatimento de $ 250 foi enviado ao gerente da loja.

17.4 Duas empresas têm os seguintes valores em suas declarações anuais do imposto de renda:

	Empresa 1	Empresa 2
Receita de vendas, $	1.500.000	820.000
Receita de juros, $	31.000	25.000
Despesas, $	–754.000	–591.000
Depreciação, $	148.000	18.000

(a) Calcule o valor do imposto de renda para este ano.

(b) Determine a porcentagem das receitas de vendas que cada empresa pagará na forma de imposto de renda.

(c) Estime os impostos utilizando uma alíquota efetiva de 34% do valor integral dos rendimentos tributáveis (RT). Determine o erro percentual cometido em relação aos impostos exatos determinados na questão (a).

17.5 No ano passado, uma divisão da Compete.com, uma firma "ponto com" de serviços da indústria esportiva, que oferece análises em tempo real do esforço mecânico devido a lesões atléticas, teve rendimentos tributáveis de $ 300.000. Este ano, estima-se que os RTs sejam de $ 500.000. Calcule o valor do imposto de renda e responda às seguintes questões:

(a) Qual foi a alíquota média do imposto de renda pago no ano passado?

(b) Qual é a alíquota marginal do imposto de renda sobre o RT adicional?

(c) Qual será a alíquota média do imposto de renda este ano?

(d) Qual será o NPAT, apenas sobre os $ 200.000 adicionais, em rendimentos tributáveis?

17.6 A empresa Yamachi and Nadler do Havaí tem uma receita bruta de $ 6,5 milhões para o ano. A depreciação e as despesas totalizam $ 4,1 milhões. Se a alíquota conjunta de impostos estaduais e municipais é de 7,6%, utilize a alíquota federal efetiva de 34% para estimar o imposto de renda por meio da equação da alíquota efetiva.

17.7 A Rotana Construction Inc. opera há 21 anos em um Estado do norte dos Estados Unidos, onde o imposto de renda estadual sobre a receita das empresas é de 6% ao ano. A Rotana paga uma média de 23% de impostos federais e registra rendimentos tributáveis de $ 7 milhões. Devido aos prementes aumentos do custo de mão-de-obra, aos aumentos dos prêmios de seguro por responsabilidade e aos outros aumentos de custo, o presidente quer uma mudança para outro Estado, a fim de reduzir a carga total de impostos. O novo Estado talvez esteja disposto a oferecer abatimentos do imposto ou uma isenção de impostos para os dois primeiros anos, para atrair a empresa. Você é um engenheiro da empresa e lhe foi pedido para fazer o seguinte:

(a) Determinar a alíquota efetiva para a Rotana.

(b) Estimar a alíquota estadual que seria necessária para reduzir a alíquota efetiva global em 10% ao ano.

(c) Determinar o que o novo Estado precisaria fazer financeiramente para que a Rotana seja transferida para lá e, assim, reduza sua alíquota efetiva para 22% ao ano.

17.8 A Workman Tools relatou um RT de $ 80.000 no ano passado. Se a alíquota do imposto de renda estadual é de 6%, determine (a) a alíquota média federal, (b) a alíquota efetiva global, (c) os impostos totais a serem pagos com base na alíquota efetiva e (d) os impostos totais pagos ao Estado e ao governo federal.

17.9 Donald é um engenheiro civil que tem um salário anual de $ 98.000. Ele recebe dividendos e juros de $ 7.500 ao ano. As isenções e deduções totais são de $ 10.500.

(a) Calcule o imposto de renda federal como uma pessoa que faz a declaração individualmente.

(b) Determine qual porcentagem do seu salário anual vai para o imposto de renda federal.

(c) Calcule quanto as isenções e as deduções totais têm de aumentar para que o imposto de renda de Donald tenha uma queda de 10%.

FCAI e FCDI

17.10 Qual é a diferença básica entre fluxo de caixa depois do desconto dos impostos (FCDI) e lucro líquido depois do desconto dos impostos (NPAT)?

17.11 Deduza uma relação geral para calcular o FCDI em uma situação em que não há nenhuma depreciação anual a ser deduzida e num ano em que nenhum investimento P ou valor recuperado R ocorram.

17.12 Onde a depreciação é considerada nas expressões de FCAI e de FCDI utilizadas para analisar as estimativas de fluxo de caixa de uma alternativa de engenharia econômica?

17.13 Há 4 anos a ABB comprou um ativo por $ 300.000, com uma estimativa de valor recuperado de $ 60.000. O ativo foi vendido por $ 60.000, depois de 4 anos. Foram registradas as seguintes receitas e despesas brutas anuais.

(a) Tabule os fluxos de caixa manualmente, depois que foi aplicada uma alíquota efetiva de 32%. Utilize o formato da Tabela 17–3.

(b) Complete a tabela a seguir e calcule as estimativas de receita líquida (RL).

(c) Monte a planilha e determine os valores anuais do FCDI e da RL. Além disso, trace graficamente esses valores em relação ao ano de propriedade.

Ano de propriedade	1	2	3	4
Receita bruta, $	80.000	150.000	120.000	100.000
Despesas, $	−20.000	−40.000	−30.000	−50.000

17.14 Há 4 anos a empresa Hartcourt-Banks comprou um ativo por $ 200.000, com um valor R estimado de $ 40.000. A depreciação pelo MACRS foi imposta ao longo de um período de recuperação de 3 anos. Foram registradas as seguintes receitas e despesas brutas, a uma taxa efetiva de 40%. Tabule o FCDI na hipótese de o ativo (a) ser alienado por $ 0, depois de 4 anos, e (b) ser vendido por $ 20.000, depois de 4 anos. Somente para essa tabulação, despreze quaisquer impostos que possam estar envolvidos na venda do ativo.

Ano de propriedade	1	2	3	4
Receita bruta, $	80.000	150.000	120.000	100.000
Despesas, $	−20.000	−40.000	−30.000	−50.000

17.15 Um engenheiro petrolífero da Halstrom Exploration precisa estimar o fluxo de caixa mínimo necessário antes do desconto dos impostos, sendo que o FCDI é de $ 2.000.000. A alíquota efetiva para o imposto federal é de 35% e a alíquota estadual é de 4,5%. Um total de $ 1 milhão em depreciação, dedutível do imposto de renda, será imposto este ano. Estime o FCAI.

17.16 Uma divisão da Hanes tem os seguintes dados no final de um ano:

Receita total = $ 48 milhões

Depreciação = $ 8,2 milhões

Despesas operacionais = $ 28 milhões

Para uma alíquota federal efetiva de 35% e uma alíquota estadual de 6,5%, determine (a) o FCDI, (b) a porcentagem da receita total gasta em impostos e (c) a receita líquida para o ano.

17.17 A Wal-Mart Distribution Centers colocou em operação empilhadeiras hidráulicas e esteiras transportadoras, compradas por $ 250.000. Utilize uma planilha para tabular o FCAI, o FCDI e o NPAT durante 6 anos de propriedade, com uma alíquota efetiva de 40% e os valores estimados de fluxo de caixa e depreciação apresentados a seguir. Espera-se que o valor recuperado seja igual a zero.

Ano	Receita bruta, $	Despesas Operacionais, $	Depreciação MACRS, $
1	90.000	−20.000	50.000
2	100.000	−20.000	80.000
3	60.000	−22.000	48.000
4	60.000	−24.000	28.800
5	60.000	−26.000	28.800
6	40.000	−28.000	14.400

17.18 Uma empresa construtora de rodovias comprou um equipamento de perfuração para instalação de tubulações por $ 80.000 e o depreciou, utilizando o método MACRS e um período de recuperação de 5 anos. Ele não tem nenhuma estimativa de valor recuperado e produziu valores RB − E, anuais, de $ 50.000, que foram tributados a uma alíquota efetiva de 38%. A empresa decidiu vender prematuramente o equipamento depois de 2 anos inteiros de utilização.

(a) Encontre o preço, considerando que a empresa quer vendê-lo exatamente pelo valor contábil atual.

(b) Determine os valores do FCDI, considerando que o equipamento realmente foi vendido, depois de 2 anos, pelo valor determinado na questão (a) e que nenhum substituto foi adquirido.

Efeitos do Método de Depreciação sobre os Impostos

17.19 Uma empresa de fretes por via terrestre comprou novas carretas de transporte por $ 150.000 e espera realizar um lucro líquido de $ 80.000, depois de deduzir as despesas operacionais da receita bruta em cada um dos próximos 3 anos. As carretas têm um período de recuperação de 3 anos. Suponha uma alíquota efetiva de 35% e uma taxa de juros de 15% ao ano.

(a) Demonstre a vantagem da depreciação acelerada calculando o valor presente dos impostos, confrontando os métodos MACRS e LR clássico. Uma vez que o método MACRS demanda um ano adicional para depreciar completamente a base, suponha não haver nenhum FCAI, além do ano 3, mas inclua quaisquer impostos negativos como uma economia fiscal.

(b) Demonstre que os impostos totais são idênticos para ambos os métodos.

17.20 Resolva o Problema 17.19, utilizando uma planilha.

17.21 Utilizando uma planilha, execute uma análise entre as duas opções seguintes de depreciação para uma empresa que opera em um país da América do Sul. Escolha o método preferível, com base no melhor VP do valor fiscal, à taxa $i = 8\%$ e $T_e = 40\%$.

	Opção 1	Opção 2
Investimento inicial, $	−100.000	−100.000
FCAI, $/ano	40.000	40.000
Método da depreciação	Linha reta ou linear	Balanço declinante duplo
Período de recuperação, em anos	5	8

17.22 A Imperial Chem. Inc., uma empresa multinacional de produtos químicos sediada no Reino Unido, comprou dois sistemas idênticos para produzirem fibras sintéticas. Um sistema localiza-se na Pensilvânia, nos Estados Unidos, e o outro, em Gênova, na Itália. Estima-se que cada um gere um FCAI anual adicional de $ 65.000, durante os próximos 6 anos. A divisão da empresa na Itália é incorporada e não pode utilizar o método da depreciação MACRS. Suponha que o método clássico da linha reta (linear) seja o sistema aprovado para empresas estrangeiras que tenham unidades incorporadas na Itália. A unidade norte-americana utiliza o MACRS, o mesmo método que qualquer empresa sediada nos Estados Unidos utilizaria. (a) Qual é a diferença entre o valor presente dos impostos e o total de impostos durante os 6 anos? Por que esses dois totais não são iguais? Para esta análise, utilize os 6 anos inteiros como período de avaliação e uma taxa de juros de 12% ao ano. Despreze quaisquer ganhos de capital, prejuízos ou retomada da depreciação no momento da venda e suponha que qualquer imposto de renda negativo seja uma economia fiscal.

	Ativo Localizado nos Estados Unidos	Ativo Localizado na Itália
Custo de aquisição, $	−250.000	−250.000
Valor recuperado, $	25.000	25.000
FCAI total anual, $/ano	65.000	65.000
Alíquota, %	40	40
Método da depreciação	MACRS	LR clássico (sem *half-year convention*)
Período de recuperação, em anos	5	5

17.23 Um ativo com custo de aquisição de $ 9.000 é depreciado pelo MACRS, durante um período de recuperação de 5 anos. O FCAI é estimado em $ 10.000 para os 4 primeiros anos e $ 5.000 a partir de então, contanto que o ativo seja mantido. A alíquota efetiva é de 40% e o valor do dinheiro é de 10% ao ano. Em dólares de valor presente, quanto do fluxo de caixa gerado pelo ativo, ao longo de seu período de recuperação, é perdido em impostos? Trabalhe utilizando cálculos manuais ou de planilha, de acordo com a orientação do professor.

17.24 As economias fiscais (EF_t) efetivas em um ano, devidas à depreciação, são calculadas como:
EF_t = (depreciação)(alíquota efetiva) = $(D_t)(T_e)$

  (a) Desenvolva uma relação para o valor presente das economias fiscais, VP_{EF}, e explique como ela pode ser utilizada, em vez do critério $VP_{imposto}$, para avaliar o efeito da depreciação sobre os impostos.

  (b) Calcule o VP_{EF} de um ativo utilizando o método MACRS com um custo de aquisição de $ 80.000, nenhum valor recuperado e um período de recuperação de 3 anos. Utilize i = 10% ao ano e T_e = 0,42.

17.25 Um recém-graduado em engenharia assumiu a direção da empresa de manufatura de ferramentas mecânicas de seu pai, a Hartley Tools. A empresa comprou novos equipamentos por $ 200.000, com expectativa de vida útil de 10 anos e nenhum valor recuperado. Para propósitos tributários, as opções de depreciação são as seguintes:

  • Alternativa de depreciação em linha reta (linear) com a *half-year convention* e um período de recuperação de 10 anos.

  • Depreciação por meio do método MACRS, com um período de recuperação de 5 anos.

  O FCAI previsto é de $ 60.000 por ano, somente durante 10 anos. A taxa efetiva para a Hartley é de 42%, incluindo todas as taxas. Utilize uma planilha para determinar o seguinte:

  (a) A taxa de retorno antes do desconto dos impostos, durante o total de 11 anos.

  (b) A taxa de retorno depois do desconto dos impostos, durante o total de 11 anos.

  (c) O método de depreciação que minimiza o valor do tempo para os impostos. Utilize uma taxa de juros de 10% ao ano e considere quaisquer impostos negativos como uma economia fiscal no ano em curso.

Retomada da Depreciação e Ganhos (Perdas) de Capital

17.26 Determine quaisquer retomadas da depreciação ou ganhos ou perdas de capital gerados por cada um dos eventos descritos a seguir. Utilize-os para determinar a intensidade do efeito do imposto de renda se a alíquota efetiva é de 30%.

  (a) Uma faixa de terra classificada como "Comercial A", comprada há 8 anos por $ 2,6 milhões, foi vendida recentemente com um lucro de 15%.

  (b) Um equipamento de terraplenagem comprado por $ 155.000 foi depreciado, pelo método MACRS, ao longo de um período de recuperação de 5 anos. Ele foi vendido no final do quinto ano de propriedade por $ 10.000.

  (c) Um ativo depreciado pelo MACRS, com um período de recuperação de 7 anos, foi vendido, depois de 8 anos, por um valor igual a 20% de seu custo de aquisição de $ 150.000.

17.27 Determine quaisquer retomadas da depreciação ou ganhos ou perdas de capital gerados por cada um dos eventos descritos a seguir. Utilize-os para determinar a intensidade do efeito do imposto de renda se a alíquota efetiva é de 40%.

  (a) Um ativo com 21 anos de vida útil foi retirado de operação e vendido por $ 500. Quando comprado, o valor do ativo foi lançado nos registros contábeis com uma base P = $ 180.000, R = $ 5.000 e n = 18 anos. Foi utilizado o método de depreciação em linha reta (linear) para o período de recuperação integral.

  (b) Uma máquina de alta tecnologia foi vendida internacionalmente por $ 10.000 a mais do que o seu preço de compra, logo depois de permanecer em operação durante 1 ano. O ativo tinha P = $ 100.000, R = $ 1.000 e n = 5 anos e foi depreciado por meio do método MACRS durante 1 ano.

17.28 Monte uma planilha utilizando uma modificação do cabeçalho de coluna da Tabela 17–3(*b*), para (*a*) comparar graficamente a série de FCDI anual e (*b*) comparar numericamente o FCDI total de dois métodos da depreciação – a depreciação MACRS e a depreciação LR com *half-year convention*. Utilize a seguinte situação do ativo:

Custo inicial = $ 10.000
Estimativa do valor recuperado = $ 500
Período de recuperação = 5 anos
RB – E = $ 5.000 por ano, durante 6 anos

O ativo foi vendido por $ 500 depois de 6 anos de utilização. A alíquota efetiva teve uma média de 38% ao ano, durante o tempo de propriedade.

17.29 O Mercy Hospital, uma sociedade sem fins lucrativos, comprou um equipamento de esterilização a um custo de $ 40.000. O método MACRS, com um período de recuperação de 5 anos e um valor recuperado estimado de $ 5.000, foi utilizado para depreciar o investimento de capital. O equipamento aumentou a receita bruta em $ 20.000 e as despesas em $ 3.000 por ano. Dois anos completos depois de comprá-lo, o hospital vendeu o equipamento por $ 21.000, para uma clínica recém-montada. A alíquota efetiva é de 35%. Determine (*a*) o imposto de renda e (*b*) o fluxo de caixa depois do desconto dos impostos para o ativo no ano da venda.

17.30 Há dois anos a empresa Health4All comprou um terreno, um prédio e dois ativos depreciáveis de outra empresa. Todos eles foram alienados recentemente. Utilize a informação apresentada a seguir, para determinar a presença e o valor de quaisquer ganhos de capital, perdas de capital ou retomada da depreciação.

Ativo	Preço de Compra, $	Período de Recuperação, em Anos	Valor Contábil Atual, $	Preço de Venda, $
Terreno	–200.000	—		245.000
Prédio	–800.000	27,5	300.000	255.000
Máquina de limpeza	–50.500	3	15.500	18.500
Circulador	–10.000	3	5.000	10.500

17.31 No Problema 17.14(*b*), a Hartcourt-Banks vendeu um ativo com 4 anos de utilização por $ 20.000. O ativo foi depreciado pelo MACRS em 3 anos. (*a*) Recalcule o FCDI no ano da venda, considerando quaisquer efeitos adicionais provocados pelo preço de venda de $ 20.000. (*b*) Qual é a mudança do FCDI com base no valor obtido no Problema 17.14?

17.32 (Utilize os mesmos dados do ativo do Problema 16A4.) Um ativo com custo de aquisição de $ 45.000 tem uma vida útil de 5 anos, um valor recuperado de $ 3.000 e um FCAI previsto de $ 15.000 por ano. Determine o programa de depreciação para o método LR clássico e para mudar de BDD para LR, de modo que maximize a depreciação. Utilize $i = 18\%$ e uma alíquota efetiva de 50%, para determinar quanto o valor presente dos impostos decresce quando uma mudança é permitida. Suponha que o ativo seja vendido por $ 3.000, no ano 6, e que quaisquer impostos negativos ou perdas de capital no momento da venda gerem uma economia fiscal.

17.33 Baixe da internet a IRS Publication 544 e utilize o material do capítulo que explica como declarar ganhos e perdas, para explicar os cálculos necessários para determinar os ganhos líquidos e as perdas líquidas de capital nas transações de propriedade, tratadas na Section 1231. Descreva como eles devem ser lançados em uma declaração do imposto de renda.

Análise Econômica Depois do Desconto dos Impostos

17.34 Calcule o retorno necessário antes do desconto dos impostos, se há uma expectativa de retorno de 9% ao ano depois do desconto dos impostos e se as alíquotas estadual e municipal totalizam 6%. A alíquota efetiva federal é de 35%.

17.35 Uma divisão da TexacoChevron tem um RT de $ 8,95 milhões durante um ano fiscal. Se a alíquota estadual é, em média, de 5% para todos os estados em que a empresa opera, encontre a ROR equivalente depois do desconto dos impostos, exigida de projetos que somente são justificáveis se puderem apresentar um retorno de 22% ao ano antes do desconto dos impostos.

17.36 John obteve um retorno anual de 8% depois do desconto dos impostos, para um investimento em ações. Sua irmã lhe disse que isso é equivalente a um retorno de 12% ao ano antes do desconto dos impostos. Qual percentual dos rendimentos tributáveis ela presume que será tomado pelo imposto de renda?

17.37 Um engenheiro é co-proprietário de uma empresa de imóveis de aluguel que comprou recentemente um complexo de apartamentos por $ 3.500.000 utilizando todo o capital social. Para os próximos 8 anos, espera-se que haja uma receita bruta anual de $ 480.000 antes do desconto dos impostos, compensada pelas despesas anuais estimadas de $ 100.000. Os proprietários esperam vender a propriedade depois de 8 anos pelo valor estimado atualmente de $ 4.050.000. A alíquota aplicável para rendimentos tributáveis comuns é 30%. A propriedade será depreciada por meio do método da linha reta durante sua vida útil de 20 anos, com um valor recuperado igual a zero. Desconsidere a *half-year convention* nos cálculos da depreciação. (*a*) Tabule o fluxo de caixa depois do desconto dos impostos, para os 8 anos de propriedade e (*b*) determine as taxas de retorno antes e depois do desconto dos impostos. Utilize uma apresentação manual ou por computador do modelo de tabulação do FCDI na Tabela 17–3, alterado para acomodar esta situação.

17.38 Um ativo tem as seguintes séries de estimativas de FCAI e FCDI, inseridas nas colunas e nas linhas indicadas de uma planilha. A empresa utiliza uma taxa de retorno de 14% ao ano, antes do desconto dos impostos, e 9% ao ano, depois do desconto dos impostos. Escreva as funções de planilha correspondentes a cada série, que exibam os três resultados: do VP, do VA e da ROR. Para resolver este problema, utilize, no mínimo, as funções de planilha VPL, VP e TIR.

Linha	Coluna		
4	A Ano	B FCAI, $	C FCDI, $
5	0	−200.000	−200.000
6	1	75.000	62.000
7	2	75.000	60.000
8	3	75.000	52.000
9	4	75.000	53.000
10	5	90.000	65.000

17.39 A NewsRecord Inc. possuiu duas empresas subsidiárias durante os últimos 4 anos e espera manter a propriedade de uma delas durante mais 4 anos e vender a outra imediatamente. Você foi solicitado a realizar uma análise econômica para determinar qual delas deve ser vendida. Quando foi comprada, a North Enterprises (NE) custou $ 20 milhões e a empresa The Southern Exchange (TSE) custou $ 40 milhões. Os bens de capital custaram $ 10 milhões para a NE e $ 20 milhões para a TSE, quando foram compradas há 4 anos, e continuarão a ser depreciados pelo MACRS, utilizando $n = 7$ para os 4 anos restantes de seus ciclos de vida. A empresa NE exigirá novos fundos de investimento de $ 500.000 imediatamente, por causa de algumas decisões ruins tomadas anteriormente. A TSE não exige nenhum fundo de investimento.

Foram realizadas estimativas anuais da renda (receita) bruta e das despesas futuras. Todos os valores da Tabela estão expressos em unidades de $ 1.000. A alíquota efetiva é de 35% ao ano. O quadro de diretores fixou a TMA da empresa, depois do desconto dos impostos, em 25% ao ano.

	North Enterprise (NE)				The Southern Exchange (TSE)			
Daqui a quantos anos	1	2	3	4	1	2	3	4
Receita bruta, $	2.000	2.500	3.000	3.500	4.000	3.000	2.000	1.000
Despesas, $	−500	−800	−1.100	−1.400	−800	−1.200	−1.500	−2.000

Para fazer a recomendação de manter ou vender, considere somente os próximos 4 anos de fluxos de caixa depois do desconto dos impostos: para determinar o valor do *breakeven* ROR. (*Nota*: Uma vez que são empresas inteiras que estão sob análise, um imposto de renda negativo não deve ser considerado uma economia fiscal. Neste caso, a quantidade de imposto de renda é estimada como igual a zero para o ano.)

17.40 Um engenheiro civil precisa escolher entre duas peças de equipamento utilizadas para complementar o bombeamento de concreto para as armações dos alicerces.

	Máquina A	Máquina B
Custo de aquisição, $	−35.500	−19.000
Valor recuperado, $	4.000	3.000
FCAI/ano, $	8.000	6.500
Vida útil, em anos	7	7

Ambas as máquinas têm uma expectativa de vida útil de 7 anos; entretanto, a depreciação pelo MACRS se dá ao longo de um período de recuperação de 5 anos. A alíquota efetiva é de 40% e a TMA, depois do desconto dos impostos, é de 8% ao ano. Compare as duas máquinas utilizando a análise do valor presente depois do desconto dos impostos (*a*) por computador e (*b*) manualmente.

17.41 Duas alternativas precisam ser avaliadas por Ned. Seu chefe quer saber qual é o valor da taxa de retorno para a empresa, em comparação com a TMA de 7% ao ano depois do desconto dos impostos, para decidir sobre quaisquer novos investimentos de capital. Execute a análise (*a*) antes do desconto dos impostos e (*b*) depois do desconto dos impostos, com $T_e = 50\%$ e depreciação LR clássica. (Desenvolva solução manualmente ou por meio de planilha, de acordo com a orientação de seu professor.)

	X	Y
Custo de aquisição, $	−12.000	−25.000
COA, $/ano	−3.000	−1.500
Valor recuperado, $	3.000	5.000
n, em anos	10	10

17.42 Duas máquinas têm as seguintes estimativas:

	Máquina A	Máquina B
Custo de aquisição, $	−15.000	−22.000
Valor recuperado, $	3.000	5.000
COA, $/ano	−3.000	−1.500
Vida útil, em anos	10	10

Qualquer uma das máquinas será utilizada durante um total de 10 anos e depois será vendida pelo valor recuperado estimado. A TMA, antes do desconto dos impostos, é de 14% ao ano, a TMA depois do desconto dos impostos é de 7% ao ano e $T_e = 50\%$. Escolha uma máquina baseando-se na (*a*) análise do VP antes do desconto dos impostos; (*b*) análise do VP depois do desconto dos impostos, utilizando a depreciação LR clássica ao longo do período de vida útil de 10 anos e (*c*) análise do VP depois do desconto dos impostos, utilizando a depreciação pelo MACRS com um período de recuperação de 5 anos.

17.43 Um engenheiro sênior da Tuskegee Industries desenvolveu estimativas por unidade de máquinas, de última geração, de balanceamento de pneus de caminhão, para serem utilizadas durante os próximos 3 anos. Até 1.000 delas serão compradas por seus 450 revendedores. Se a TMA depois do desconto dos impostos é de 8%, a depreciação é calculada pelo MACRS (sem nenhuma RB − E no ano 4) e $T_e = 40\%$, (*a*) desenvolva um gráfico do VP em relação a *i* que apresente a ROR de *breakeven* depois do desconto dos impostos e (*b*) utilize o SOLVER do Excel para determinar o custo de aquisição de *B* para fazer as duas máquinas atingirem o *breakeven*, considerando que todas as demais estimativas se mantêm verdadeiras.

	Alternativa A	Alternativa B
Custo de aquisição, $	−10.000	−13.000
Valor recuperado, $	0	2.000
RB −*E*, $/ano	4.500	5.000
Período de recuperação, em anos	3	3

17.44 O gerente de uma fábrica de confeitos européia precisa selecionar um novo sistema de irradiação que garanta a segurança de produtos específicos, e que seja econômico. As duas alternativas disponíveis são as seguintes:

	Sistema A	Sistema B
Custo de aquisição, $	−150.000	−85.000
FCAI, $/ano	60.000	20.000
Vida útil, em anos	3	5

A empresa está na faixa de tributação de 35% e assume a depreciação linear clássica para comparações de alternativas realizadas a uma TMA de 6% ao ano depois do desconto dos impostos. Um valor recuperado igual a zero é utilizado quando a depreciação é calculada. O sistema B pode ser vendido, depois de 5 anos, por um valor estimado de 10% de seu custo de aquisição. O sistema A não tem nenhuma previsão de valor recuperado. Determine qual é o mais econômico.

17.45 Utilize (a) cálculos manuais e (b) relações de planilha para encontrar o retorno, depois do desconto dos impostos, para o seguinte equipamento de uma usina de dessalinização, utilizado durante um período de 5 anos. O equipamento, projetado para tarefas especiais, custará $ 2.500, não terá nenhum valor recuperado e não durará mais de 5 anos. As receitas menos as despesas são estimadas em $ 1.500 no ano 1 e somente $ 300 a cada ano adicional de utilização. A alíquota efetiva é de 30%. (1) Utilize a depreciação LR clássica. (2) Utilize a depreciação por meio do método MACRS.

17.46 Um equipamento automático de inspeção, comprado por $ 78.000 pela Stimson Engineering, gerou anualmente um fluxo de caixa médio de $ 26.080, antes do desconto dos impostos, durante o seu ciclo de vida estimado de 5 anos. Isso representa um retorno de 20%. Entretanto, o diretor financeiro da empresa determinou que o FCDI foi de $ 18.000 para o primeiro ano somente e decresceu $ 1.000 por ano, a partir de então. Se o presidente quer realizar um retorno de 12% ao ano, depois do desconto dos impostos, durante mais quantos anos o equipamento deve ser mantido em operação?

17.47 Resolva o Problema 17.46 utilizando a função VPL do Excel.

17.48 Tabule o FCDI para as estimativas do Problema 17.42, utilizando a depreciação LR clássica ao longo de 10 anos. (a) Estime a taxa de retorno de breakeven, utilizando um gráfico do valor VP em relação a i. (b) Selecione a melhor máquina para cada um dos seguintes valores de TMA depois do desconto dos impostos: 5%, 9%, 10% e 12% ao ano.

17.49 No Exemplo 17.8, $P = \$ 50.000$, $R = 0$, $n = 5$, FCAI = $ 20.000 e $T_e = 40\%$ para uma fábrica de cabos de fibra óptica. A depreciação em linha reta é utilizada para calcular a taxa $i^* = 18,03\%$, depois do desconto dos impostos. Considerando que o proprietário exige um retorno de 20% ao ano, depois do desconto dos impostos, determine uma estimativa possível para (a) o custo de aquisição (b) o FCAI anual. Ao determinar um desses valores, considere que o outro parâmetro mantém o valor estimado no Exemplo 17.8. Suponha que a alíquota efetiva se mantenha em 40%. Resolva este problema manualmente.

17.50 Resolva o Problema 17.49 utilizando uma planilha e o SOLVER do Excel para retornos depois do desconto dos impostos de (a) 20% e (b) 10% ao ano. Explique por que os valores P e FCAI aumentaram ou diminuíram, quando se utilizou um valor ROR maior ou menor do que 18,03%.

Estudo da Substituição Depois do Desconto dos Impostos

17.51 A funcionária da Scotty Paper Company-Canada, Stella Needleson, foi solicitada para determinar se o processo atual de tingimento de papel gráfico deve ser mantido ou se um novo processo visando à preservação do meio ambiente deve ser implementado. As estimativas ou os valores reais dos dois processos estão resumidos a seguir. Ela executou uma análise da substituição depois do desconto dos impostos a 10% ao ano e utilizou a alíquota efetiva da empresa de 32%, para determinar que, economicamente, o novo processo deve ser escolhido. Ela estava correta? Por quê? (*Observação:* A legislação tributária canadense não determina a obrigatoriedade da *half-year convention*.)

	Processo Atual	Novo Processo
Custo de aquisição há 7 anos, $	−450.000	
Custo de aquisição, $		−700.000
Vida útil restante, em anos	5	10
Valor de mercado atual, $	50.000	
COA, $/ano	−160.000	−150.000
Valor recuperado futuro, $	0	50.000
Método de depreciação	LR	LR

17.52 (a) O *city engineer* da cidade de Los Angeles, na Califórnia, está analisando, para a autoridade portuária, um projeto de obra pública geradora de divisas por meio de uma análise da substituição, depois do desconto dos impostos, do sistema instalado (a alternativa defensora) e de uma desafiante, conforme detalhamos a seguir. Todos os valores estão expressos em unidades de $ 1.000. A alíquota efetiva de 6% é aplicável, mas não incide nenhum imposto federal. O retorno municipal de 6% ao ano, depois do desconto dos impostos, é necessário. Suponha que os valores recuperados no futuro ocorram de acordo com os valores estimados e utilize a depreciação LR clássica. Realize a análise.

(b) A decisão seria diferente se fosse realizada uma análise da substituição antes do desconto dos impostos à taxa $i = 12\%$ ao ano?

	Defensora	Desafiante
Custo de aquisição, $	−28.000	−15.000
COA, $/ano	−1.200	−1.500
Estimativa do valor recuperado, $	2.000	3.000
Valor de mercado atual, $	15.000	
Vida útil, em anos	10	8
Anos em operação	5	

17.53 No Problema 17.52(*a*), suponha que 5 anos adicionais tenham se passado e que a desafiante tenha estado em operação durante todos esses 5 anos. Um novo *city engineer* decide privatizar as entidades lucrativas do governo municipal e vende o sistema desafiante, implementado por $ 10.000.000. Foi correta a decisão de escolher a desafiante, tomada 5 anos antes, como a melhor alternativa econômica? Utilize os mesmos valores de antes: a alíquota efetiva de 6% ao ano, a taxa de retorno de 6% ao ano depois do desconto dos impostos e a depreciação LR clássica.

17.54 A Apple Crisp Foods assinou um contrato, alguns anos atrás, para os serviços de manutenção de sua frota de caminhões e automóveis. O contrato está prestes a ser renovado agora para um período de 1 ou 2 anos somente. Os preços de contrato são de $ 300.000 por ano, se for válido para 1 ano, e de $ 240.000 por ano, se for válido para 2 anos. O vice-presidente financeiro quer renovar o contrato para 2 anos sem nenhuma análise adicional, mas o vice-presidente do departamento de engenharia acredita ser mais econômico executar os trabalhos de manutenção na própria empresa. Considerando que grande parte da frota está envelhecendo e precisará ser substituída em um futuro próximo, foi acordado um período fixo de estudo de 3 anos. As estimativas para a alternativa de efetuarem a manutenção na própria empresa (desafiante) são as seguintes:

Custo de aquisição, $	−800.000
COA, $/ano	−120.000
Vida útil, em anos	4
Valor recuperado estimado, $	Perdas de 25% de *P* anualmente:
	Final do ano 1 600.000
	Final do ano 2 400.000
	Final do ano 3 200.000
	Final do ano 4 0
Depreciação MACRS	Período de recuperação de 3 anos

A alíquota efetiva é de 35% e a TMA depois do desconto dos impostos é de 10% ao ano. Realize uma análise do valor anual (VA) depois do desconto dos impostos e determine qual vice-presidente tem a melhor estratégia econômica para os próximos 3 anos.

17.55 Dispositivos de segurança nuclear, instalados há vários anos, foram depreciados a zero, utilizando o método MACRS com base em seu custo inicial de $ 200.000. Os dispositivos podem ser vendidos no mercado de equipamentos usados por uma estimativa de $ 15.000. Ou podem ser mantidos em operação por mais 5 anos, se for feita uma atualização, ao custo de $ 9.000 agora e um COA de $ 6.000 ao ano. O investimento na atualização será depreciado ao longo de 3 anos, sem nenhum valor recuperado. A alternativa desafiante é a substituição por uma tecnologia mais recente a um custo de aquisição de $ 40.000, $n = 5$ anos e $R = 0$. As novas unidades terão despesas operacionais de $ 7.000 por ano.

(a) Utilize um período de estudo de 5 anos, uma alíquota efetiva de 40%, uma TMA de 12% ao ano depois do desconto dos impostos e a suposição de depreciação LR clássica (sem *half-year convention*), para realizar um estudo da substituição depois do desconto dos impostos.

(b) Considerando que se sabe que a desafiante poderá ser vendida depois de 5 anos por um valor entre $ 2.000 e $ 4.000, o valor VA da desafiante se tornará mais ou menos custoso? Por quê?

17.56 Desenvolva uma planilha igual à da Tabela 17–8 para o Exemplo 17.13. Refaça a análise da substituição depois do desconto dos impostos, utilizando as seguintes estimativas: o valor de mercado da defensora é de somente $ 275.000 e a desafiante será vendida no mercado internacional por $ 100.000. O valor recuperado não é considerado no cálculo da depreciação da desafiante.

17.57 Há três anos, a Silver House Steel comprou um novo sistema de têmpera por $ 550.000. O valor recuperado, depois de 10 anos, foi estimado, na época, em $ 50.000. Atualmente, a vida útil restante prevista é de 7 anos, com um COA de $ 27.000 por ano. O novo presidente recomendou a substituição antecipada do sistema atual por um que custa $ 400.000 e tem vida útil de 12 anos, valor recuperado de $ 35.000 e um COA estimado de $ 50.000 ao ano. A TMA da empresa é de 12% ao ano. O presidente deseja saber qual valor de troca tornará a recomendação de substituir agora economicamente vantajosa. Utilize uma planilha e a ferramenta Solver do Excel, para encontrar o valor mínimo de *trade-in* (a) antes do desconto dos impostos e (b) depois do desconto dos impostos, utilizando uma alíquota efetiva de 30%. Para fins de resolução do problema, utilize a depreciação LR clássica para ambos os sistemas. Comente a diferença quanto ao valor da substituição quando se consideram os impostos.

Valor Econômico Adicionado

17.58 (a) O que o termo *valor econômico adicionado (EVA)* significa em relação aos resultados financeiros (*bottom line*) de uma empresa?

(b) Por que um investidor em uma empresa de capital aberto talvez prefira utilizar estimativas do EVA, em vez de estimativas do FCDI, para um projeto?

17.59 Um ativo tem um custo de aquisição de $ 12.000, depreciação LR de $ 4.000, a cada ano de seu período de recuperação de 3 anos, nenhum valor recuperado e um FCAI estimado de $ 5.000 ao ano. A alíquota efetiva da Harriet Corporation é de 50% e a TMA, depois do desconto dos impostos, é de 10% ao ano. Utilize um método de resolução manual ou por meio de planilha, conforme a indicação de seu professor, para demonstrar que (a) os montantes de valor presente do EVA e da série de FCDI são idênticos e que (b) quando o equivalente ao custo de aquisição é "confrontado" com o FCDI anual, o montante do VP é igual ao VP do EVA, conforme discutimos no Exemplo 17.14(b).

17.60 Para o Exemplo 17.3 e uma taxa de juros de 10% ao ano, faça o seguinte:

(a) Determine as estimativas do EVA para cada ano.

(b) Demonstre que o valor anual das estimativas do EVA é numericamente idêntico ao VA das estimativas do FCDI, se o valor real, recuperado no ano 6, é zero, não $ 150.000. (Isso torna o valor do FCDI no ano 6 igual a $ 82.588.)

17.61 A Sun Microsystems desenvolveu parcerias com diversas empresas de manufatura de grande porte para utilizar softwares Java em seus produtos industriais e de consumo. Uma nova empresa será formada para gerenciar esses aplicativos. Um grande projeto envolve utilizar Java em aparelhos industriais e comerciais que armazenam e preparam alimentos. Espera-se que a receita bruta e as despesas sigam as relações apresentadas a seguir, correspondentes à vida útil estimada de 6 anos. Para $t = 1$ a 6 anos:

Receita bruta anual = 2.800.000 − 100.000t

Despesas anuais = 950.000 + 50.000t

A alíquota efetiva é de 35%, a taxa de juros é de 12% ao ano e o método de depreciação escolhido para R$ 3.000.000 em capital de investimento é o MACRS de 5 anos, que possibilita a depreciação em linha reta com a *half-year convention* nos anos 1 a 6. Utilizando uma planilha, estime (a) a contribuição econômica anual do projeto para a nova empresa e (b) o valor anual equivalente dessas contribuições.

17.62 Reveja as situações apresentadas nos Exemplos 17.6 e 17.11. Suponha que o contrato com a NBA agora seja válido para 6 anos, que a receita bruta e as despesas continuem iguais para todos os 6 anos e que nenhum analisador tenha um valor recuperado realizado. Utilize uma análise do EVA para escolher entre os dois analisadores. A TMA é de 10% ao ano e $T_e = 35\%$.

ESTUDO DE CASO

AVALIAÇÃO DO FINANCIAMENTO COM CAPITAL DE TERCEIROS E COM CAPITAL PRÓPRIO DEPOIS DO DESCONTO DOS IMPOSTOS

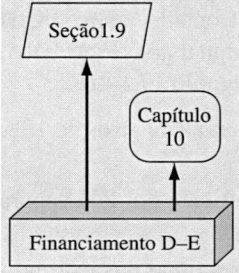

A Proposta

A Young Brothers Inc., uma empresa de engenharia rodoviária com sede em Seattle, em Washington, quer desenvolver novas oportunidades empresariais em Portland, no Oregon. Um dos irmãos Charles, historicamente, cuida dos aspectos financeiros da empresa. Ele está preocupado com o método de financiamento do novo escritório, do pátio de trabalho e dos equipamentos para as instalações planejadas em Portland. Financiamento com capital de terceiros (empréstimo) do seu banco em Seattle e financiamento com capital próprio, a partir dos ganhos retidos da empresa, são maneiras possíveis para financiar o novo escritório, mas a melhor combinação de fundos é desconhecida. Para obter ajuda, Charles precisa ler uma seção de um manual sobre *análise generalizada de fluxos de caixa*, especialmente a parte que trata da análise após o desconto dos impostos dos dois métodos de financiamento – capital de terceiros *versus* capital próprio. O que ele aprendeu e resumiu é apresentado a seguir.

Financiamento com Capital de Terceiros e com Capital Próprio

(Copiado do Manual)

Em uma empresa, a utilização de empréstimos e emissão de títulos para levantar fundos denomina-se financiamento com capital de terceiros (debt financing – DF). Empréstimos exigem pagamentos de juros periódicos e títulos exigem pagamentos periódicos de dividendos aos investidores. O principal do empréstimo, ou o valor nominal do título, é reembolsado depois de um número estabelecido de anos. Esses vários fluxos de caixa de empréstimos e de títulos afetam diferentemente os impostos e o FCDI, conforme é apresentado na tabela.

Tipo de Dívida	Fluxo de Caixa Envolvido	Tratamento Fiscal	Efeito sobre o FCDI
Empréstimo	Recebimento do principal	Nenhum efeito	Aumenta
Empréstimo	Pagamento de juros	Dedutível	Reduz
Empréstimo	Reembolso do principal	Não dedutível	Reduz
Título	Recebimento do valor nominal	Nenhum efeito	Aumenta
Título	Pagamento de dividendos	Dedutível	Reduz
Título	Reembolso do valor nominal	Não dedutível	Reduz

Somente os juros de empréstimos e os dividendos de títulos são dedutíveis do imposto de renda. Utilize o símbolo DF_I para identificar a soma desses dois. Para desenvolver uma relação que explique o impacto fiscal do financiamento com capital de terceiros, inicie com a relação fundamental de fluxo de caixa líquido, ou seja, os recebimentos menos os desembolsos. Identifique os recebimentos do financiamento com capital de terceiros como:

DF_R = recebimento do principal do empréstimo + recebimento da venda de títulos

Defina os desembolsos do financiamento com capital de terceiros como:

DF_D = pagamento de juros do empréstimo
+ pagamento de dividendos do título
+ reembolso do principal do empréstimo
+ reembolso do valor nominal do título

É comum um empréstimo, ou a venda de títulos, não ambos, estar envolvido na compra de um ativo único. Os dois termos, na primeira linha da equação DF_D, representam o DF_I mencionado anteriormente.

Se uma empresa utiliza seus próprios recursos para investimento de capital, é denominado financiamento com capital próprio (*equity financing* – EF). Esse tipo de financiamento inclui (1) a utilização dos próprios recursos financeiros da empresa; (2) a venda de títulos da empresa; e (3) a venda de ativos da empresa para levantar recursos. Não há nenhuma vantagem tributária direta no financiamento com capital próprio. Os ganhos retidos que são gastos e os dividendos de títulos pagos reduzirão o fluxo de caixa, mas nenhum deles reduzirá os rendimentos tributáveis (RT).

Para explicar o impacto do financiamento com capital próprio, inicie novamente com a relação fundamental do fluxo de caixa líquido: recebimentos menos desembolsos. Os desembolsos do financiamento com capital próprio, definidos como EF_D, são a parte do custo de aquisição de um ativo coberta pelos recursos próprios da corporação.

EF_D = fundos pertencentes à empresa

Quaisquer recebimentos de financiamento são:

EF_R = venda de ativos da empresa + recebimentos da venda de títulos

Em EF_D, os dividendos de títulos fazem parte dos desembolsos, mas são pequenos em comparação com outros desembolsos, e sua ocorrência depende do sucesso financeiro da empresa como um todo, de modo que podem ser desconsiderados.

Combine os termos DF e EF para estimar o FCDI anual. O investimento inicial é igual à quantidade de fundos pertencentes à empresa comprometidos com o custo de aquisição da alternativa; ou seja, $P = EF_D$.

FCDI = − investimento financiado com capital próprio
+ receita bruta − despesas operacionais
+ valor recuperado − impostos
+ recebimentos do financiamento com capital de terceiros
− desembolsos + recebimentos do financiamento com capital próprio
$= -EF_D + RB - E + R - RT(T_e) + (DF_R - DF_D) + EF_R$

Uma vez que DF_D inclui DF_I, que é a parte dedutível do imposto de renda do financiamento com capital de terceiros, os impostos são:

Impostos $= (RT)(T_e)$
= (receita bruta − despesas operacionais
− depreciação − juros do empréstimo
e dividendos de títulos)(T_e)
$= (RT - E - D - DF_I)(T_e)$

Essas relações são fáceis de utilizar quando o investimento envolve somente um financiamento com 100% de capital próprio ou um financiamento com 100% de capital de terceiros, uma vez que somente os termos relevantes têm valores diferentes de zero. Juntos, eles formam o modelo para a análise generalizada do fluxo de caixa.

O Cenário Financeiro

Depois de consultar seu contador, os irmãos concordaram a respeito das seguintes estimativas para a filial de Portland:

Investimento inicial = $ 1.500.000
Receita bruta anual = $ 700.000
Despesas operacionais anuais = $ 100.000
Alíquota efetiva = 35%

O valor integral de $ 1,5 milhão do investimento de capital inicial pode ser depreciado por meio do método MACRS, com um período de recuperação de 5 anos.

A Young Brothers não é uma empresa de capital aberto, de modo que a venda de ações não é uma opção para financiamento com capital próprio. Os ganhos retidos precisam ser utilizados. E um empréstimo é a única forma viável de obter financiamento com capital de terceiros. O empréstimo se daria por meio do banco de Seattle, a uma taxa de 6% no regime de juros simples, baseados no principal do empréstimo inicial. O reembolso seria realizado em cinco pagamentos anuais iguais de juros e principal.

A porcentagem de financiamento com capital de terceiros é a questão real para a Young Brothers. Se a filial de Portland não "decolar", haverá um comprometimento de empréstimo a ser reembolsado que a operação de Seattle terá de sustentar. Entretanto, se o financiamento se der em sua maior parte com capital próprio, a empresa ficará "ruim de caixa" durante algum tempo, limitando assim sua capacidade para custear projetos menores que surgirem. Portanto, uma gama de financiamentos com capital de terceiros e capital próprio – *debt-equity* (D–E) para levantar o valor de $ 1.500.000 deve ser estudada. Estas opções foram identificadas:

Capital de Terceiros		Capital Próprio	
Porcentagem	Valor do Empréstimo	Porcentagem	Valor do Investimento
0%		100%	$1.500.000
50	$ 750.000	50	750.000
70	1.050.000	30	450.000
90	1.350.000	10	150.000

Exercícios do Estudo de Caso

1. Para cada opção de financiamento, realize uma análise por meio de planilha que apresente o FCDI total e seu valor presente ao longo de um período de 6 anos, o tempo que será necessário para tirar proveito integral da depreciação MACRS. Um retorno de 10% depois do desconto dos impostos é esperado. Qual opção de financiamento é a melhor para a Young Brothers? (*Dica*: Para a planilha, exemplos de cabeçalho de colunas são: Ano, RB − E, Juros do Empréstimo, Principal do Empréstimo, Investimento com Capital Próprio, Taxa de Depreciação, Depreciação, Valor Contábil, RT, Impostos e FCDI.)

2. Observe as mudanças no FCDI total de 6 anos à medida que as porcentagens de D–E mudam. Se o valor do dinheiro no tempo for desconsiderado, qual é o valor constante segundo o qual essa soma se altera para cada 10% de aumento no financiamento com capital próprio?

3. O irmão de Charles notou que o FCDI total e os valores VP seguem direções opostas, à medida que a porcentagem de capital próprio se eleva. Ele quer saber por que esse fenômeno ocorre. Como Charles explicaria isso ao seu irmão?

4. Os irmãos decidiram fazer uma divisão de 50–50 (meio a meio) do financiamento com capital de terceiros e capital próprio. Charles quer saber quais contribuições financeiras adicionais podem ser acrescentadas ao valor econômico da empresa pelo novo escritório de Portland. Quais são as melhores estimativas neste momento?

18 Análise de Sensibilidade Formalizada e Decisões sobre o Valor Esperado

Este capítulo inclui diversos tópicos inter-relacionados a respeito da avaliação de alternativas. Todas essas técnicas se apóiam nos métodos e nos modelos já utilizados anteriormente, em especial aqueles presentes nos oito primeiros capítulos e nos fundamentos da análise do *breakeven*, no Capítulo 13. Este capítulo deve ser considerado uma preparação para os tópicos de simulação e tomada de decisão sob risco, apresentados no próximo capítulo.

As duas primeiras seções ampliam nossa capacidade de realizar uma *análise de sensibilidade* de um ou mais parâmetros e de uma alternativa inteira. A seguir, são tratadas a determinação e a utilização do *valor esperado* de uma série de fluxos de caixa. Finalmente, é abordada a técnica da *árvore de decisão*. Essa abordagem ajuda o analista a tomar uma série de decisões econômicas referentes às alternativas que têm etapas diferentes, mas estão estreitamente relacionadas.

O Estudo de Caso envolve uma meticulosa análise de sensibilidade de um conjunto de projetos de múltiplas alternativas e múltiplos atributos (fatores), para o setor público.

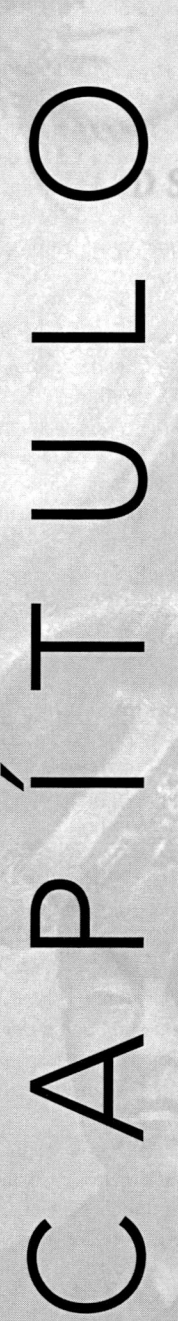

OBJETIVOS DE APRENDIZAGEM

Propósito: Realizar uma análise de sensibilidade formal de um ou mais parâmetros e realizar avaliações de alternativas por meio dos métodos do valor esperado e da árvore de decisão.

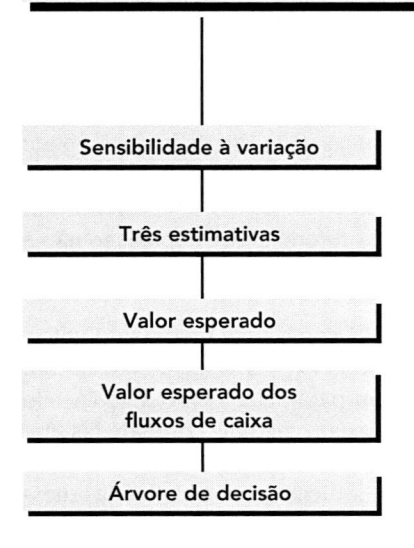

Sensibilidade à variação	Este capítulo ajudará você a:
Três estimativas	1. Calcular uma medida do valor para explicar a sensibilidade à variação de um ou mais parâmetros.
Valor esperado	2. Escolher a melhor alternativa utilizando três estimativas de parâmetros selecionados.
Valor esperado dos fluxos de caixa	3. Calcular o valor esperado de uma variável.
Árvore de decisão	4. Avaliar uma alternativa utilizando o valor esperado dos fluxos de caixa.
	5. Construir uma árvore de decisão e utilizá-la para avaliar alternativas etapa a etapa.

18.1 DETERMINANDO A SENSIBILIDADE AOS PARÂMETROS

O termo *parâmetro* é utilizado neste capítulo para representar qualquer variável ou fator para os quais uma estimativa ou valor estabelecido é necessário. Exemplos de parâmetros são: custo de aquisição, valor recuperado, COA, vida útil prevista, taxa de produção, custos de matérias-primas etc. Estimativas como a taxa de juros de empréstimos e a taxa de inflação também são parâmetros da análise.

A análise econômica utiliza estimativas do valor futuro de um parâmetro para auxiliar os tomadores de decisões. Uma vez que as estimativas do valor futuro podem ser incorretas, até certo ponto, a imprecisão está presente nas projeções econômicas. O efeito da variação pode ser determinado utilizando-se uma análise de sensibilidade. Na realidade, aplicamos essa abordagem (informalmente) ao longo dos capítulos anteriores. Usualmente, é variado um fator a cada vez e supõe-se independência em relação a outros fatores. Essa suposição não é totalmente correta em situações reais, mas é prática, pois essas dependências são difíceis de serem contabilizadas de maneira acurada.

A análise de sensibilidade determina VP, VA, ROR ou C/B como uma medida do valor; e a alternativa selecionada será alterada se determinado parâmetro variar ao longo de um intervalo definido de valores. Por exemplo, a variação em um parâmetro como a TMA não alteraria a decisão de escolher uma alternativa, quando todas as alternativas comparadas têm um retorno consideravelmente maior do que a TMA. Desse modo, a decisão é relativamente insensível à TMA. Entretanto, uma variação no valor *n* pode indicar que a escolha das mesmas alternativas é muito sensível ao tempo de vida útil previsto.

Habitualmente, as variações quanto aos períodos de vida útil, custos iniciais e receitas resultam de variações no preço de venda, operação em diferentes níveis de capacidade, inflação etc. Por exemplo, se um nível operacional de 90%, quanto à capacidade de ocupação dos assentos de uma empresa aérea em uma rota doméstica, for comparado ao de 50% da capacidade de ocupação em uma rota internacional proposta, o custo operacional e a receita por passageiro-milha se elevarão, mas provavelmente a vida útil prevista da aeronave decrescerá bem rápido. Usualmente, diversos parâmetros importantes são estudados para saber como a incerteza das estimativas afeta a análise econômica.

A análise de sensibilidade geralmente se concentra na variação prevista nas estimativas de *P*, COA, *R*, *n*, custos por unidade, receitas por unidade e parâmetros similares. Esses parâmetros, freqüentemente, são conseqüência das questões de projeto e suas respostas, conforme discutimos no Capítulo 15. Parâmetros que se baseiam nas taxas de juros não são tratados da mesma maneira.

Parâmetros como, por exemplo, a TMA e outras taxas de juros (taxas de empréstimos, taxa de inflação) são mais estáveis de projeto a projeto. Se for executada uma análise de sensibilidade referente a eles, isso será realizado para valores específicos ou ao longo de uma faixa estreita de valores. Portanto, a análise de sensibilidade é mais restrita aos parâmetros de taxa de juros.

É importante lembrar desse ponto se uma simulação for utilizada na tomada de decisões sob risco (Capítulo 19).

Traçar graficamente a sensibilidade do VP, do VA ou da ROR em relação ao(s) parâmetro(s) estudado(s) é muito útil. Duas alternativas podem ser comparadas em relação a determinado parâmetro e o *breakeven*, valor para o qual as duas alternativas são economicamente equivalentes. Entretanto, os gráficos de *breakeven* comumente representam apenas um parâmetro por gráfico. Desse modo, diversos gráficos são construídos e a independência de cada parâmetro é presumida. Nas aplicações anteriores da análise de *breakeven*, calculamos a medida do valor para somente dois valores de um parâmetro e ligamos os pontos com uma linha reta.

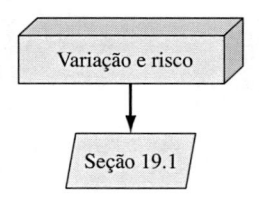

Porém, se os resultados forem sensíveis ao valor do parâmetro, diversos pontos intermediários devem ser utilizados para melhor avaliarmos a sensibilidade, especialmente se as relações não forem lineares.

Quando diversos parâmetros são estudados, a análise de sensibilidade pode ser bastante complexa. Ela pode ser executada para um parâmetro a cada vez, utilizando-se uma planilha ou cálculos manuais. O computador facilita a comparação de múltiplos parâmetros e de múltiplas medidas do valor, e o software pode traçar rapidamente o gráfico dos resultados.

Há este procedimento geral a ser seguido, quando se realiza uma análise de sensibilidade meticulosa:

1. Determine qual(is) parâmetro(s) de interesse poderia(m) variar a partir do valor estimado mais provável.
2. Selecione o intervalo provável e incremente a variação correspondente a cada um dos parâmetros.
3. Escolha a medida do valor.
4. Calcule os resultados para cada parâmetro, utilizando a medida do valor como base.
5. Para melhor interpretar a sensibilidade, apresente um gráfico do parâmetro em relação à medida do valor.

Esse procedimento de análise de sensibilidade deve indicar os parâmetros que asseguram um estudo mais minucioso ou requerem mais informações. Quando há duas ou mais alternativas, é melhor utilizar a medida de valor VP ou VA na etapa 3. Se for utilizada a ROR, serão necessários esforços adicionais da análise incremental entre as alternativas. O Exemplo 18.1 ilustra a análise de sensibilidade para um projeto.

EXEMPLO 18.1

A Wild Rice Inc. espera comprar um novo ativo para beneficiamento automatizado de arroz. As estimativas mais prováveis são custo de aquisição de $ 80.000, nenhum (zero) valor recuperado e um fluxo de caixa t antes do desconto dos impostos (FCAI) que segue a relação $ 27.000 − $ 2.000t. A TMA da empresa varia de 10% a 25%, ao ano, para diferentes tipos de investimentos. A vida útil econômica de uma maquinaria similar varia de 8 a 12 anos. Avalie a sensibilidade do VP variando (a) a TMA, enquanto assume um valor n constante de 10 anos, e (b) n, enquanto a TMA é constante a 15% ao ano. Realize a análise manualmente e por computador.

Solução Manual

(a) Siga o procedimento, mencionado anteriormente, para compreender a sensibilidade da variação do VP à TMA.
   1. A TMA é o parâmetro de interesse.
   2. Escolha incrementos de 5% para avaliar a sensibilidade à TMA. O intervalo é de 10% a 25%.
   3. A medida de valor é o VP.
   4. Crie a relação VP para 10 anos, quando a TMA é de 10%.

   $$VP = -80.000 + 25.000(P/A;10\%;10) - 2.000(P/G;10\%;10) = \$ 27.830$$

   O VP para todos os quatro valores a intervalos de 5% é o seguinte:

TMA	VP
10%	$ 27.830
15	11.512
20	−962
25	−10.711

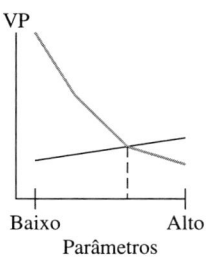

5. Um gráfico da TMA em relação ao VP é apresentado na Figura 18–1. O abrupto declive negativo indica que a decisão de aceitar a proposta, com base no VP, é muito sensível às variações na TMA. Se a TMA se estabelecer no limite máximo do intervalo, o investimento não é atraente.

(b) 1. A vida útil n do ativo é o parâmetro.
2. Escolha incrementos de 2 anos para avaliar a sensibilidade do VP ao longo do intervalo de 8 a 12 anos.
3. A medida do valor é o VP.

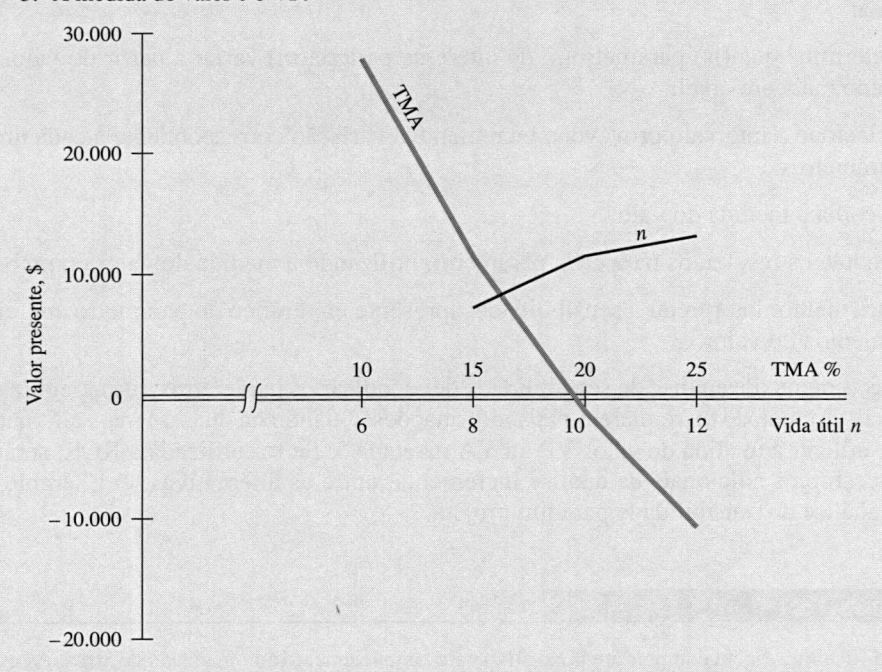

Figura 18–1
Gráfico do VP em relação à TMA e a n, para análise de sensibilidade, no Exemplo 18.1.

4. Prepare a mesma relação VP, criada na questão (a), à taxa i = 15%. Os resultados do VP são:

n	VP
8	$ 7.221
10	11.511
12	13.145

5. A Figura 18–1 apresenta o gráfico do VP em relação a n. Uma vez que a medida do VP é positiva para todos os valores de n, a decisão de investir não é fortemente afetada pela vida útil estimada. A curva do VP tende a se nivelar acima de n = 10. Essa insensibilidade às mudanças no fluxo de caixa no futuro distante é uma observação previsível, pois o fator P/F se torna progressivamente menor, à medida que n aumenta.

Solução por Computador
A Figura 18–2 apresenta duas planilhas e os respectivos gráficos de VP em relação à TMA (n fixo) e VP em relação a n (TMA fixa). A relação geral é:

$$\text{Fluxo de caixa}_t = \begin{cases} -80.000 & t = 0 \\ +27.000 - 2.000_t & t = 1,\ldots \end{cases}$$

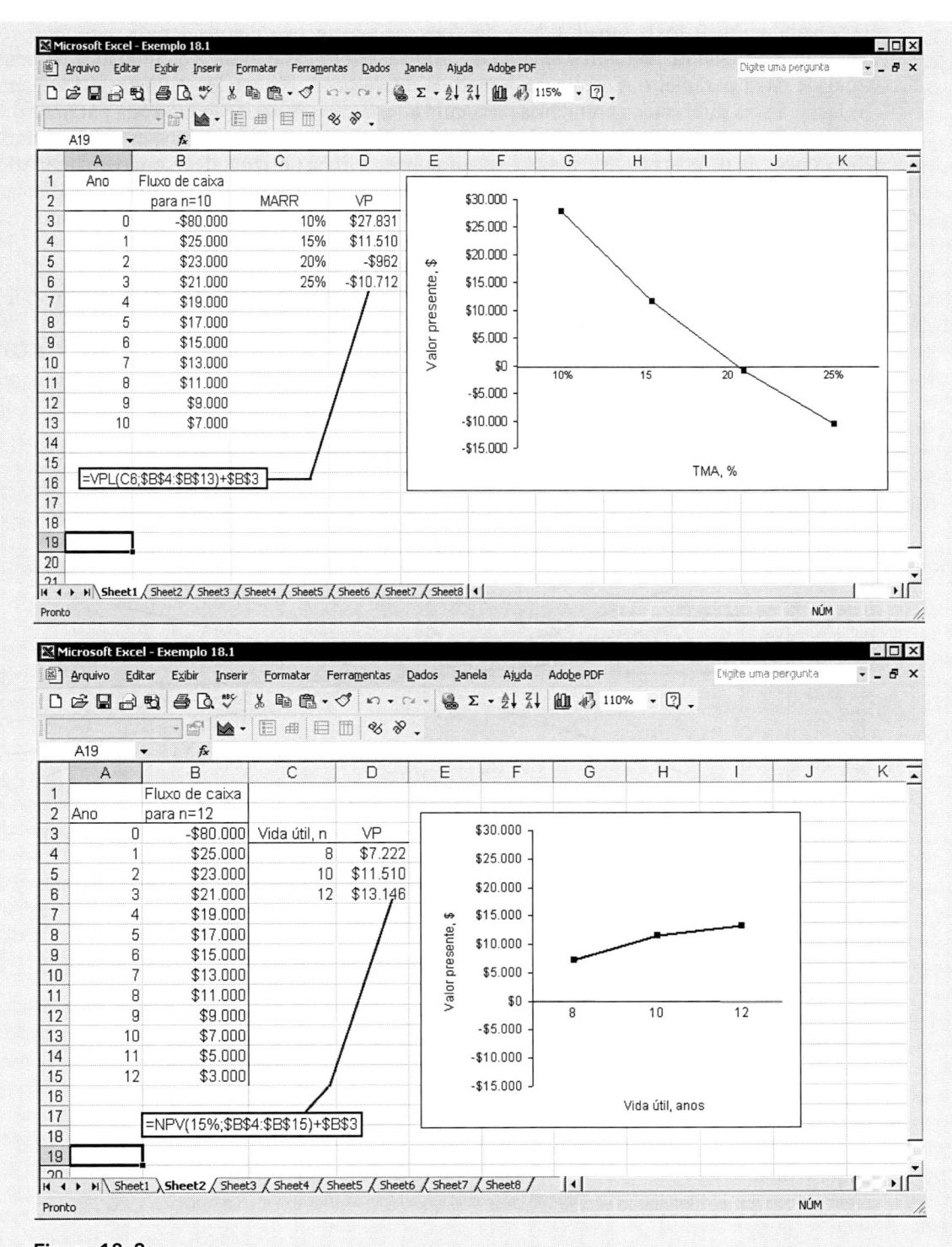

SEÇÃO 18.1 Determinando a Sensibilidade aos Parâmetros

Planilha 1 (n = 10):

Ano	Fluxo de caixa para n=10	MARR	VP
0	-$80.000	10%	$27.831
1	$25.000	15%	$11.510
2	$23.000	20%	-$962
3	$21.000	25%	-$10.712
4	$19.000		
5	$17.000		
6	$15.000		
7	$13.000		
8	$11.000		
9	$9.000		
10	$7.000		

=VPL(C6;$B$4:$B$13)+$B$3

Planilha 2 (n = 12):

Ano	Fluxo de caixa para n=12	Vida útil, n	VP
0	-$80.000	8	$7.222
1	$25.000	10	$11.510
2	$23.000	12	$13.146
3	$21.000		
4	$19.000		
5	$17.000		
6	$15.000		
7	$13.000		
8	$11.000		
9	$9.000		
10	$7.000		
11	$5.000		
12	$3.000		

=NPV(15%;$B$4:$B$15)+$B$3

Figura 18–2
Análise de sensibilidade do VP para variações da TMA e da vida útil estimada, no Exemplo 18.1. A função VPL calcula o VP dos valores *i*, de 10% a 25%, e dos valores *n* de 8 a 12 anos. Conforme a solução manual indicou, o mesmo ocorre com o gráfico de dispersão *xy*; o VP é sensível a mudanças na TMA, mas não muito sensível a variações em *n*.

Quando a análise de sensibilidade de *diversos parâmetros* é considerada para *uma alternativa* utilizando uma *única medida de valor*, é útil traçar o gráfico da mudança percentual de cada parâmetro em relação à medida de valor. A Figura 18–3 ilustra a ROR em relação a seis diferentes parâmetros para uma alternativa. A variação em cada parâmetro é indicada como um afastamento percentual da estimativa mais provável, no eixo horizontal. Se a curva de resposta ROR é plana e se aproxima da linha horizontal ao longo do intervalo de variação total grafado para um parâmetro, há pouca sensibilidade da ROR às mudanças no valor do parâmetro. Essa é uma conclusão para os custos indiretos, apresentados na Figura 18–3. Por outro lado, a ROR é muito sensível ao preço das vendas. Uma redução de 30% no preço das vendas esperado reduz a ROR de, aproximadamente, 20% para –10%, ao passo que um aumento de 10% no preço das vendas eleva a ROR de, aproximadamente, 20% para 30%.

Se duas *alternativas* são comparadas e a sensibilidade a *um parâmetro* é procurada, o gráfico pode apresentar resultados acentuadamente não-lineares. Observe a forma geral dos gráficos de sensibilidade apresentados como exemplo na Figura 18–4. Os gráficos aparecem como segmentos lineares entre pontos de cálculos específicos.

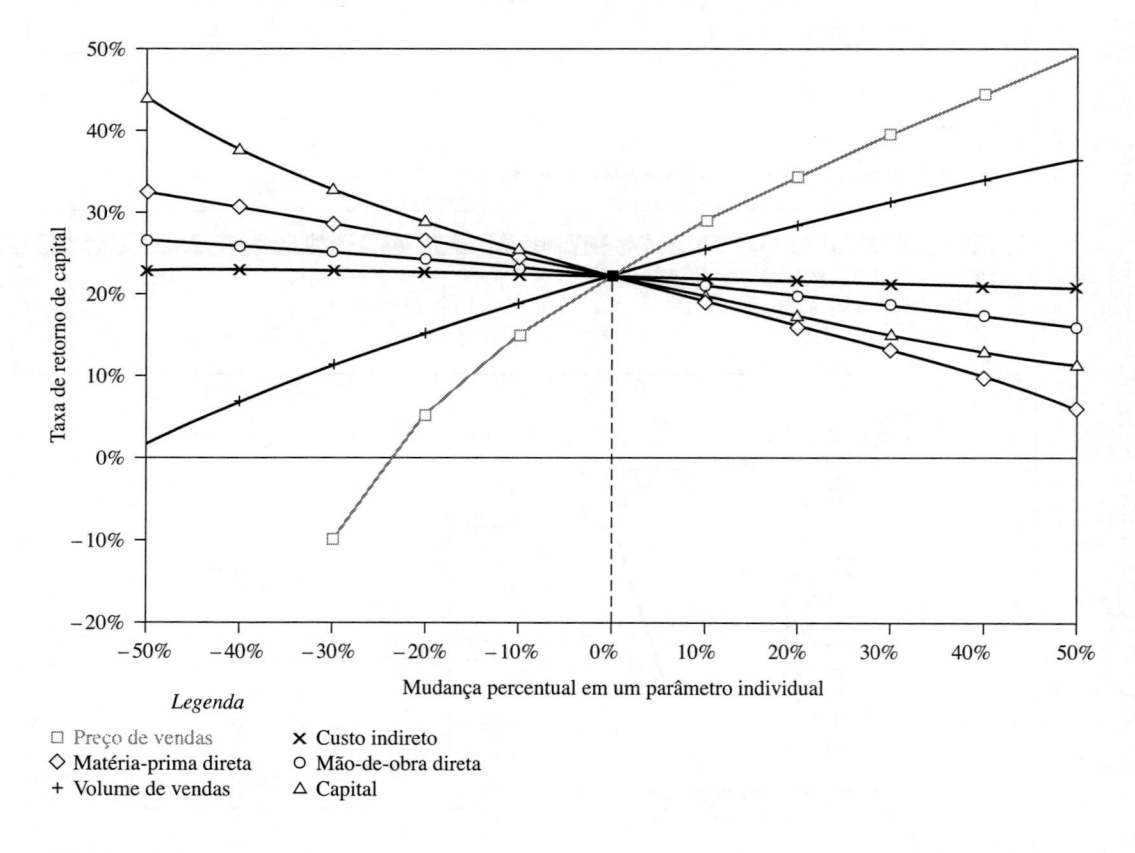

Figura 18–3
Gráfico da análise de sensibilidade da variação percentual em relação a estimativa mais provável.

Fonte: L.T. Blank e A. J. Tarquin, Cap. 19, *Engineering Economy*, 4. ed. Nova York: McGraw-Hill, 1998.

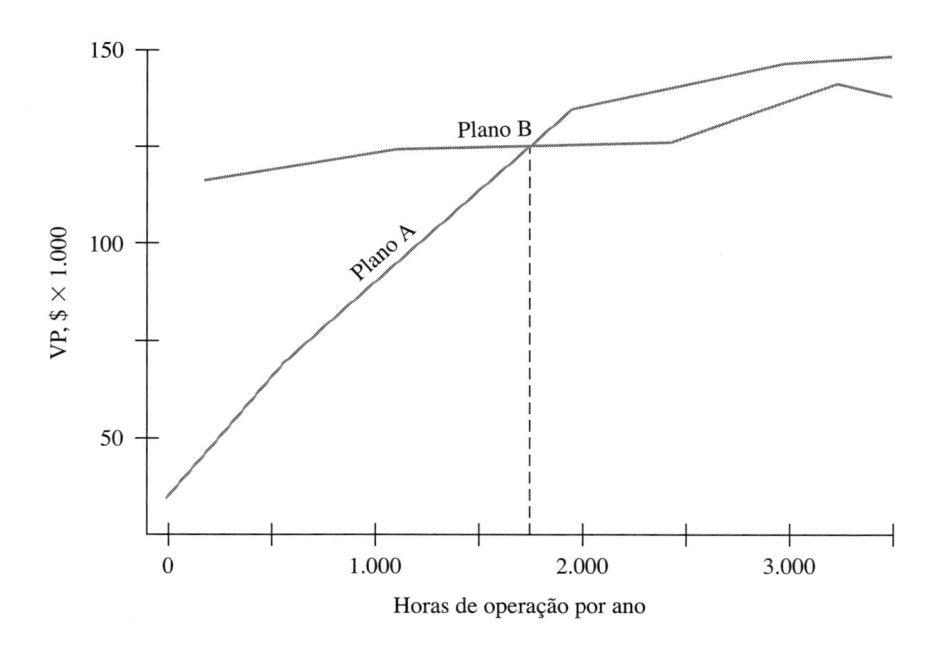

SEÇÃO 18.1 Determinando a Sensibilidade aos Parâmetros **619**

Figura 18–4
Sensibilidade do VP em relação às horas de operação, para duas alternativas.

O gráfico indica que o VP de cada plano é uma função não-linear das horas de operação. O Plano A é muito sensível na faixa de 0 a 2.000 horas, mas é comparativamente insensível acima de 2.000 horas. O Plano B é mais atraente devido à sua relativa insensibilidade. O ponto de *breakeven* está em, aproximadamente, 1.750 horas por ano. Talvez seja necessário esboçar a medida de valor em pontos intermediários, para entender melhor a natureza da sensibilidade.

EXEMPLO 18.2

A cidade norte-americana de Columbus, em Ohio, precisa recapear uma faixa de 3 quilômetros de rodovia. A Knobel Construction propôs dois métodos de recapeamento. O primeiro método é uma superfície de concreto, com um custo de $ 1,5 milhão e manutenção anual de $ 10.000.

O segundo método é uma cobertura de asfalto, com custo inicial de $ 1 milhão e manutenção anual de $ 50.000. Entretanto, a Knobel pede que a rodovia com asfalto seja retocada a cada três anos, a um custo de $ 75.000.

A cidade utiliza a taxa de juros para os títulos municipais, que foi de 6% em sua última emissão, como taxa de desconto. (*a*) Determine o número de anos de equilíbrio para os dois métodos. Se a cidade espera que uma rodovia interestadual substitua esse trecho da rodovia em 10 anos, qual método deve ser escolhido? (*b*) Se o custo dos retoques se elevar em $ 5.000 por quilômetro, a cada 3 anos, a decisão é sensível a esse aumento?

Solução por Computador
(*a*) Utilize a análise do VP para determinar o valor *n* de *breakeven*.

$$\text{VP do concreto} = \text{VP do asfalto}$$

$$-1.500.000 - 10.000(P/A;6\%;n) = -1.000.000 - 50.000(P/A;6\%;n)$$

$$-75.000 \left[\sum_j (P/F;6\%;j) \right]$$

Em que $j = 3, 6, 9, \ldots, n$. A relação pode ser reescrita de forma que reflita os fluxos de caixa incrementais.

$$-500.000 + 40.000(P/A;6\%;n) + 75.000\left\{\sum_{j}(P/F;6\%;j)\right\} = 0 \qquad [18.1]$$

O valor n de *breakeven* pode ser determinado, por meio de solução manual, aumentando-se n até que a Equação [18.1] troque os valores do VP, de negativos para positivos. De outra maneira, uma solução de planilha que utilize a função VPL pode encontrar o valor n de *breakeven* (Figura 18–5). As funções VPL, na coluna C, são iguais a cada ano, com exceção de que os fluxos de caixa são estendidos 1 ano em cada cálculo do valor presente. Aproximadamente em $n = 11,4$ anos (entre as células C15 e C16), o recapeamento com concreto e o recapeamento com asfalto se equilibram economicamente. Uma vez que a rodovia será necessária por mais 10 anos, o custo extra do concreto não se justifica; escolha a alternativa de recapeamento com asfalto.

(b) O custo total dos retoques se elevará em $ 15.000, a cada 3 anos. A Equação [18.1] agora é:

$$-500.000 + 40.000(P/A;6\%;n) + \left[75.000 + 15.000\left(\frac{j-3}{3}\right)\right]\left[\sum_{j}(P/F;6\%;j)\right] = 0$$

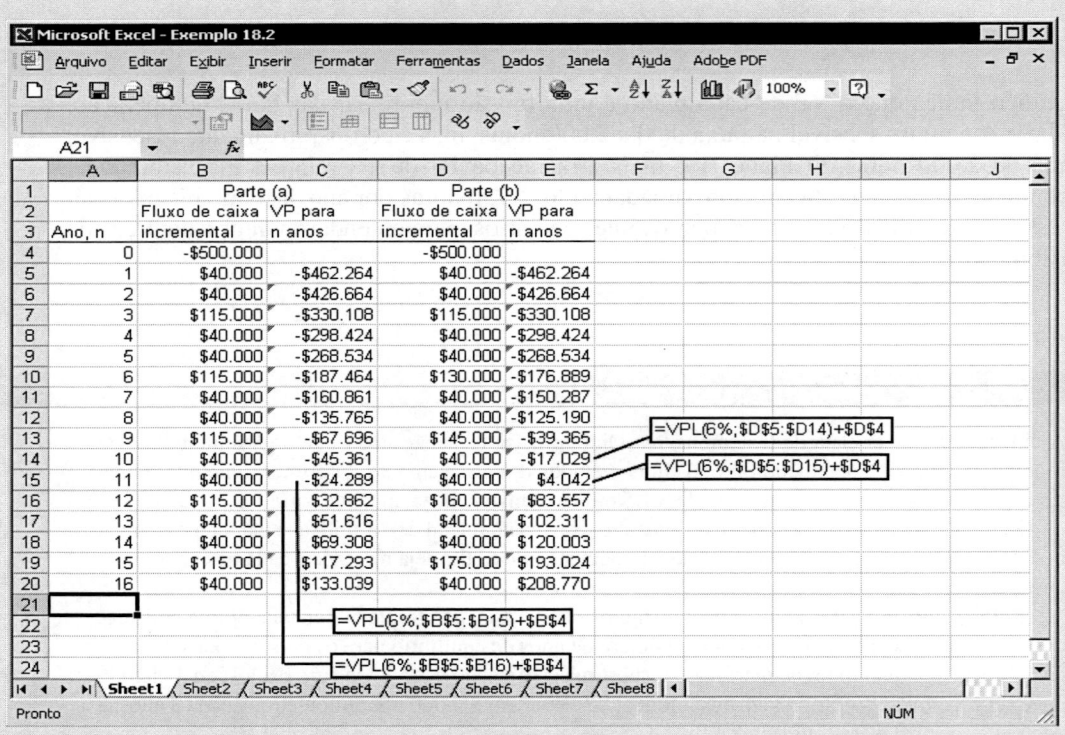

Ano, n	Parte (a) Fluxo de caixa incremental	VP para n anos	Parte (b) Fluxo de caixa incremental	VP para n anos
0	-$500.000		-$500.000	
1	$40.000	-$462.264	$40.000	-$462.264
2	$40.000	-$426.664	$40.000	-$426.664
3	$115.000	-$330.108	$115.000	-$330.108
4	$40.000	-$298.424	$40.000	-$298.424
5	$40.000	-$268.534	$40.000	-$268.534
6	$115.000	-$187.464	$130.000	-$176.889
7	$40.000	-$160.861	$40.000	-$150.287
8	$40.000	-$135.765	$40.000	-$125.190
9	$115.000	-$67.696	$145.000	-$39.365
10	$40.000	-$45.361	$40.000	-$17.029
11	$40.000	-$24.289	$40.000	$4.042
12	$115.000	$32.862	$160.000	$83.557
13	$40.000	$51.616	$40.000	$102.311
14	$40.000	$69.308	$40.000	$120.003
15	$115.000	$117.293	$175.000	$193.024
16	$40.000	$133.039	$40.000	$208.770

Fórmulas indicadas:
- =VPL(6%;$D$5:$D14)+$D$4
- =VPL(6%;$D$5:$D15)+$D$4
- =VPL(6%;$B$5:$B15)+$B$4
- =VPL(6%;$B$5:$B16)+$B$4

Figura 18–5
Sensibilidade do *breakeven* entre duas alternativas utilizando a análise do VP, no Exemplo 18.2.

Agora o valor n de *breakeven* está entre 10 e 11 anos – 10,8 anos, utilizando uma interpolação (Figura 18–5, células E14 e E15). A decisão tornou-se marginal em relação ao recapeamento com asfalto, uma vez que a construção de uma rodovia interestadual está planejada para daqui a 10 anos.

Considerações não econômicas podem ser utilizadas para determinar se o recapeamento com asfalto ainda é a melhor alternativa. Uma conclusão é que a decisão de utilizar asfalto se torna mais questionável, uma vez que os custos de manutenção da alternativa de recapeamento com asfalto tornam-se mais elevados, ou seja, o montante do VP é sensível ao aumento dos custos de retoque.

18.2 ANÁLISE DE SENSIBILIDADE FORMALIZADA UTILIZANDO TRÊS ESTIMATIVAS

Podemos examinar cuidadosamente as vantagens e as desvantagens econômicas entre duas ou mais alternativas, utilizando, da área de programação de projetos, a prática de três estimativas para cada parâmetro: *a pessimista*, *a mais provável* e *a otimista*. Dependendo da natureza de um parâmetro, a estimativa pessimista pode ser o menor valor (a vida útil da estimativa é um exemplo) ou o maior valor (por exemplo, o custo de aquisição do ativo).

Essa forma de tratamento formal dos parâmetros nos permite estudar a medida de valor e a sensibilidade à escolha da alternativa, dentro de um intervalo de variação previsto para cada parâmetro. Geralmente, a estimativa mais provável é utilizada para todos os outros parâmetros, quando o foco da análise de sensibilidade é um parâmetro ou uma alternativa em particular. Esse procedimento, fundamentalmente idêntico ao da análise de um único parâmetro a cada vez, apresentada na Seção 18.1, é ilustrado no Exemplo 18.3.

EXEMPLO 18.3

Uma engenheira está avaliando três alternativas, para as quais ela fez três estimativas quanto ao valor recuperado, ao custo operacional anual e à vida útil. As estimativas correspondentes a cada uma das alternativas são apresentadas na Tabela 18–1. Por exemplo, a alternativa B tem as estimativas pessimistas de $R = \$\ 500$, $COA = \$\ -4.000$ e $n = 2$ anos. Os custos de aquisição são conhecidos, de modo que eles têm o mesmo valor. Realize uma análise de sensibilidade e determine a alternativa mais econômica, utilizando a análise do VA para a TMA de 12% ao ano.

TABELA 18–1 Alternativas Concorrentes com Três Estimativas Referentes aos Parâmetros: Valor Recuperado, COA e Vida Útil

Estratégia		Custo de Aquisição $	Valor Recuperado $	COA, $	Vida Útil n, em Anos
Alternativa A					
Estimativas	P	−20.000	0	−11.000	3
	MP	−20.000	0	−9.000	5
	O	−20.000	0	−5.000	8
Alternativa B					
Estimativas	P	−15.000	500	−4.000	2
	MP	−15.000	1.000	−3.500	4
	O	−15.000	2.000	−2.000	7
Alternativa C					
Estimativas	P	−30.000	3.000	−8.000	3
	MP	−30.000	3.000	−7.000	7
	O	−30.000	3.000	−3.500	9

P = pessimista;   MP = mais provável;   O = otimista

Solução

Para cada alternativa da Tabela 18–1, calcule o montante VA dos custos. Por exemplo, a relação VA para a alternativa A, estimativas pessimistas, é:

$$VA = -20.000(A/P;12\%;3) - 11.000 = \$\ -19.327$$

A Tabela 18–2 apresenta todos os valores VA. A Figura 18–6 é um gráfico de VA em relação às três estimativas de vida útil de cada alternativa. Uma vez que o VA calculado, utilizando a estimativa mais provável (MP) para a alternativa B ($ –8.229), é economicamente melhor até mesmo do que o valor VA otimista, para as alternativas A e C, a alternativa B é claramente preferível.

TABELA 18–2 Montantes de Valores Anuais, no Exemplo 18.3

Estimativas	Valores VA da Alternativa		
	A	B	C
P	$–19.327	$–12.640	$–19.601
MP	–14.548	–8.229	–13.276
O	–9.026	–5.089	–8.927

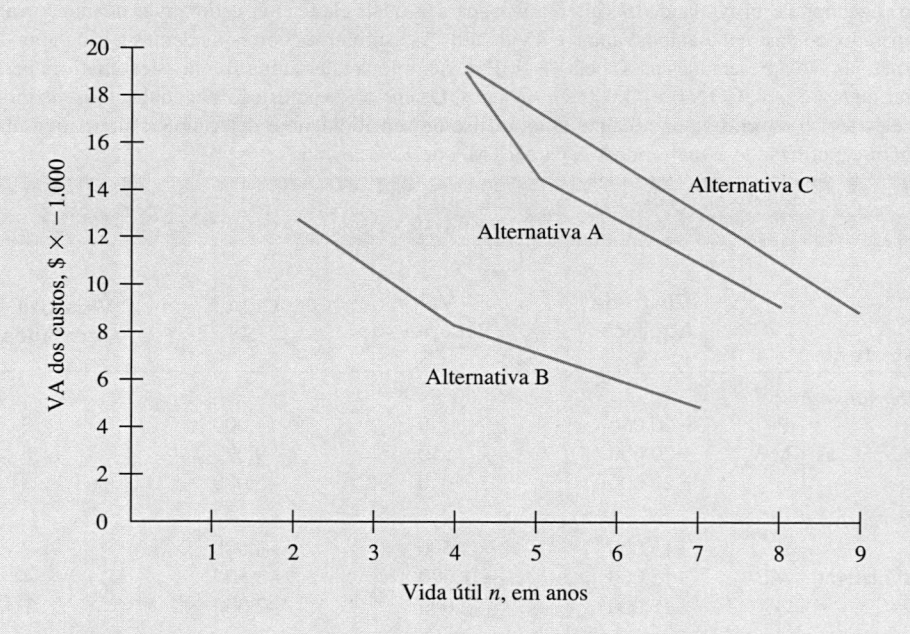

Figura 18–6
Diagrama do valor anual (VA) dos custos para diferentes estimativas de vida útil, no Exemplo 18.3.

Comentário
Embora a alternativa que deve ser selecionada aqui seja muito óbvia, isto normalmente não ocorre. Por exemplo, na Tabela 18–2, se o VA equivalente da alternativa pessimista B fosse muito maior, digamos, $ –21.000 por ano (em vez de $ –12.640), e os valores VA otimistas das alternativas A e C fossem inferiores ao de B ($ –5.089), a escolha de B não seria evidente nem correta. Nesse caso, seria necessário escolher um conjunto de estimativas (P, MP ou O) para fundamentar a decisão. De outro modo, as diferentes estimativas podem ser utilizadas em uma análise do valor esperado, abordada na próxima seção.

18.3 VARIABILIDADE ECONÔMICA E O VALOR ESPERADO

Engenheiros e analistas econômicos habitualmente lidam com estimativas a respeito de um futuro incerto, atribuindo o grau de confiança apropriado em dados passados se estes existirem. Isso significa que probabilidade e amostras são usadas. Na realidade, a utilização da análise probabilística não é tão comum como se poderia pensar. A razão para isso não é que os cálculos sejam difíceis de executar ou de entender, mas probabilidades realistas, associadas aos fluxos de caixa, são difíceis de serem atribuídas. Experiência e capacidade de julgamento, muitas vezes, podem ser utilizadas em conjunto com as probabilidades e valores esperados, para avaliar a conveniência de uma alternativa.

O *valor esperado* pode ser interpretado como uma média de longo prazo observável, se o projeto for repetido muitas vezes. Desde que uma alternativa é avaliada ou implementada somente uma vez, o resultado é uma *estimativa pontual* do valor esperado. Entretanto, mesmo para uma única ocorrência, o valor esperado é um número significativo.

O valor esperado $E(X)$ é calculado utilizando-se a relação:

$$E(X) = \sum_{i=1}^{i=m} X_i P(X_i) \qquad [18.2]$$

em que: X_i = valor da variável X para i, de 1 a m diferentes valores.
$P(X_i)$ = probabilidade de ocorrer um valor específico de X.

Probabilidades são sempre grafadas corretamente na forma decimal, mas são sempre citadas verbalmente como porcentagens e, com freqüência, referidas como *chances*; por exemplo, *as chances são de aproximadamente 10%*. Ao colocar o valor de probabilidade na Equação [18.2] ou em qualquer outra relação, utilize o equivalente decimal de 10%, ou seja, 0,1. Em todas as declarações de probabilidade, os valores $P(X)$ de uma variável X devem totalizar 1,0.

$$\sum_{i=1}^{i=m} P(X_i) = 1,0$$

Comumente omitiremos o subscrito i em X por uma questão de simplicidade.

Se X representa os fluxos de caixa estimados, alguns serão positivos e outros negativos. Se uma seqüência de fluxos de caixa inclui as receitas e os custos, e o valor presente à TMA foi calculado, o resultado é o valor esperado dos fluxos de caixa descontados $E(\text{VP})$. Se o valor esperado é negativo, espera-se que o resultado global seja uma saída de caixa. Por exemplo, se $E(\text{VP}) = \$ -1.500$, isto indica que não se espera que a proposta tenha um retorno à TMA.

EXEMPLO 18.4

Um hotel, no centro da cidade, está oferecendo um novo serviço para viajantes em fins de semana, por meio de seu centro de negócios e viagens. O gerente estima que, para um fim de semana típico, há 50% de chance de obterem um fluxo de caixa líquido de $ 5.000, e 35% de chance de obterem $ 10.000. Ele também estima que exista uma pequena chance (5%) de não haver nenhum fluxo de caixa, e 10% de chance de terem um prejuízo de $ 500, que são os custos adicionais estimados com pessoal e serviços públicos para oferecerem o serviço. Determine o fluxo de caixa líquido esperado.

Solução
Digamos que X seja o fluxo de caixa líquido e que $P(X)$ represente as probabilidades correspondentes. Utilizando a Equação [18.2]:

$$E(X) = 5.000(0,5) + 10.000(0,35) + 0(0,05) - 500(0,1) = \$ 5.950$$

Não obstante a probabilidade "nenhum fluxo de caixa" não aumentar nem diminuir $E(X)$, ela é incluída porque faz a soma dos valores de probabilidade ser igual a 1,0 e isso torna o cálculo completo.

18.4 CÁLCULOS DO VALOR ESPERADO DE ALTERNATIVAS

O cálculo do valor esperado $E(X)$ é utilizado de várias maneiras. Duas dessas maneiras são: (1) preparar informações para incorporá-las em uma análise de engenharia econômica mais completa e (2) avaliar a viabilidade esperada de uma alternativa plenamente formulada. O Exemplo 18.5 ilustra a primeira situação e o Exemplo 18.6 determina o VP esperado, quando a série de fluxos de caixa e as probabilidades são estimadas.

EXEMPLO 18.5

Uma empresa pública de distribuição de energia elétrica está enfrentando dificuldades para obter gás natural para a geração de energia. Outros combustíveis, que não gás natural, são comprados a um custo extra, que é repassado ao consumidor. As despesas totais mensais com combustíveis, no momento, atingem em média $ 7.750.000. Um engenheiro que trabalha nessa empresa pública municipal calculou a receita média dos últimos 24 meses, utilizando três situações de uso combinado de combustíveis: (1) abundância de gás, (2) compra de menos de 30% de outros combustíveis e (3) 30% ou mais de outros combustíveis. A Tabela 18–3 indica o número de meses em que ocorreu cada situação de utilização conjunta de combustíveis. A empresa de serviços públicos pode esperar cumprir as despesas mensais futuras, com base nos dados dos últimos 24 meses, se houver continuidade de um padrão de utilização combinada de combustíveis?

TABELA 18–3 Dados de Receita e Utilização Combinada de Combustíveis, no Exemplo 18.5

Situação de Utilização Combinada de Combustíveis	Meses, nos Últimos 2 anos	Receita Média, $ por Mês
Abundância de Gás	12	5.270.000
< 30% de outros	6	7.850.000
≥ 30% de outros	6	12.130.000

Solução
Com base nos dados colhidos nos últimos 24 meses, estime uma probabilidade para cada utilização combinada de combustíveis.

Situação de Utilização Combinada de Combustíveis	Probabilidade de Ocorrência
Abundância de gás	12/24 = 0,50
< 30% de outros	6/24 = 0,25
≥ de 30% de outros	6/24 = 0,25

Digamos que a variável X represente a receita mensal média. Utilize a Equação [18.2] para determinar a receita esperada por mês.

$$E(\text{receita}) = 5.270.000(0,50) + 7.850.000(0,25) + 12.130.000(0,25)$$
$$= \$ 7.630.000$$

Com as despesas atingindo uma média de $ 7.750.000, a insuficiência de receita mensal média é de $ 120.000. Para alcançar o *breakeven*, outras fontes de receita precisam ser geradas ou os custos adicionais precisam ser repassados ao consumidor.

EXEMPLO 18.6

A Life-Weight Wheelchair Company fez um investimento substancial em um equipamento para encurvar estruturas de aço tubular. Uma nova peça do equipamento custa $ 5.000 e tem uma vida útil de 3 anos. Os fluxos de caixa estimados (Tabela 18–4) dependem de condições econômicas classificadas como recessivas, estáveis ou em expansão. A probabilidade estimada é de que cada uma das condições econômicas prevalecerá durante o período de 3 anos. Aplique o método do valor esperado e a análise do valor presente para determinar se o equipamento deve ser comprado. Utilize uma TMA de 15% ao ano.

TABELA 18–4 Fluxo de Caixa e Probabilidades para o Equipamento, no Exemplo 18.6

	Condição Econômica		
Ano	Recessiva (Probabilidade = 0,2)	Estável (Probabilidade = 0,6)	Em expansão (Probabilidade = 0,2)
	Fluxo de Caixa Anual Estimado, $		
0	$ −5.000	$ −5.000	$ −5.000
1	+2.500	+2.000	+2.000
2	+2.000	+2.000	+3.000
3	+1.000	+2.000	+3.500

Solução

Primeiramente o determine o valor presente (VP) dos fluxos de caixa da Tabela 18–4, correspondente a cada condição econômica, e depois calcule $E(VP)$, utilizando a Equação [18.2]. Defina os subscritos R para economia recessiva, S para estável e E para a economia em expansão. Os montantes de VP para os três cenários são:

$VP_R = -5.000 + 2.500(P/F;15\%;1) + 2.000(P/F;15\%;2) + 1.000(P/F;15\%;3)$
$\quad\quad = -5.000 + 4.344 = \$ -656$
$VP_S = -5.000 + 4.566 = \$ -434$
$VP_E = -5.000 + 6.309 = \$ +1.309$

Somente em uma economia em expansão os fluxos de caixa retornarão os 15% e justificarão o investimento. O valor presente esperado é:

$$E(VP) = \sum_{j=R,S,E} VP_j [P(j)]$$

$$= -656(0,2) - 434(0,6) + 1.309(0,2)$$
$$= \$ -130$$

A 15%, $E(VP) < 0$; o equipamento não é justificado quando se utiliza uma análise do valor esperado.

Comentário

Também é correto calcular o E(fluxo de caixa) para cada ano e depois determinar o VP da série E(fluxo de caixa), porque o cálculo do VP é uma função linear dos fluxos de caixa. Calcular E(fluxo de caixa) primeiro pode ser mais fácil em termos de que isso reduz o número de cálculos do valor presente (VP). Neste exemplo, calcule $E(FC_t)$, correspondente a cada ano, e depois determine $E(VP)$.

$E(FC_0) = \$ -5.000$
$E(FC_1) = 2.500(0,2) + 2.000(0,6) + 2.000(0,2) = \$ 2.100$
$E(FC_2) = \$ 2.200$
$E(FC_3) = \$ 2.100$
$E(VP) = -5.000 + 2.100(P/F;15\%;1) + 2.200(P/F;15\%;2) + 2.100(P/F;15\%;3)$
$\quad\quad\;\, = \$ -130$

18.5 ETAPAS DA AVALIAÇÃO DE ALTERNATIVAS POR MEIO DE UMA ÁRVORE DE DECISÃO

A avaliação de alternativas pode exigir uma série de decisões em que o resultado de uma etapa é importante para a etapa seguinte do processo. Quando cada alternativa está claramente definida, e é possível fazer estimativas de probabilidade para considerar o risco, é útil realizar a avaliação utilizando uma *árvore de decisão*. Uma árvore de decisão prevê:

- Mais de uma etapa para a escolha da alternativa.
- Escolha de uma alternativa, em uma etapa, que leva a outra etapa.
- Resultados esperados de decisão, em cada etapa.
- Estimativas de probabilidade para cada resultado.
- Estimativas do valor econômico (custo ou receita) para cada resultado.
- Medida de valor como critério de escolha. Por exemplo, $E(VP)$.

A árvore de decisão é construída da esquerda para a direita e inclui cada decisão e cada resultado possíveis. Um quadrado representa um *nó de decisão*, com as alternativas possíveis indicadas nas *ramificações* do nó de decisão (Figura 18–7a). Um círculo representa um *nó de probabilidade*, com os resultados e as probabilidades estimadas possíveis nas ramificações (Figura 18–7b). Uma vez que os resultados sempre seguem as decisões, a estrutura final assume a forma de árvore, da Figura 18–7c.

Habitualmente, cada ramificação de uma árvore de decisão tem algum valor estimado (freqüentemente chamado de *payoff*[1]) de custo, receita ou benefício. Esses fluxos de caixa são expressos em termos de valores VP, VA ou VF e são apresentados à direita de cada ramificação de resultado final.

Figura 18–7
Nós de decisão e de probabilidades utilizados para construir uma árvore de decisão.

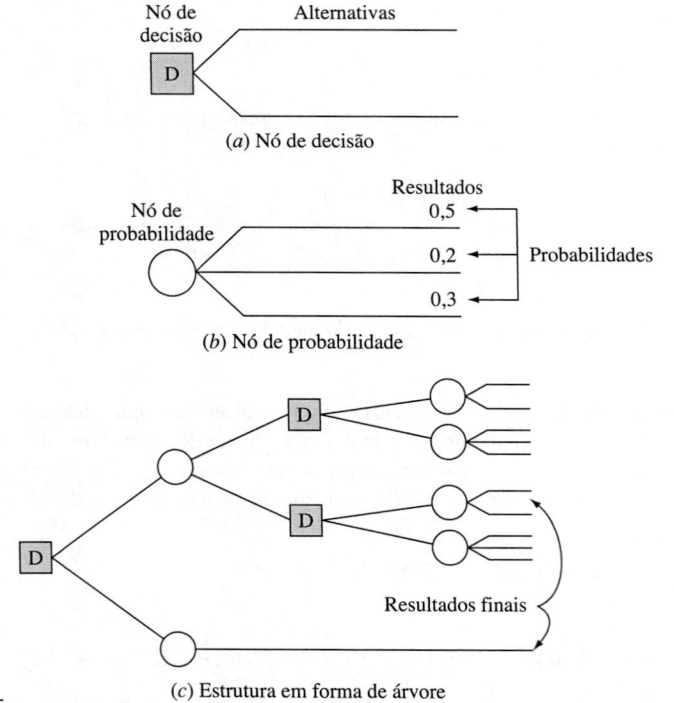

(a) Nó de decisão

(b) Nó de probabilidade

(c) Estrutura em forma de árvore

---
[1] N.T.: Retorno; compensação; resultado.

SEÇÃO 18.5 Etapas da Avaliação de Alternativas por Meio de uma Árvore de Decisão **627**

As estimativas de fluxo de caixa e de probabilidades em cada ramificação de resultados são utilizadas para calcular o valor econômico esperado de cada ramificação de decisão. Esse processo, que se denomina *resolver a árvore de decisão* ou *foldback*, é explicado após o Exemplo 18.7, que ilustra a construção de uma árvore de decisão.

EXEMPLO 18.7

Jerry Hill é presidente e CEO de uma empresa de processamento de alimentos, a Hill Products and Services, com sede nos Estados Unidos. Recentemente, foi procurado por uma rede internacional de supermercados que quer comercializar, em seu próprio país, a marca de refeições congeladas para fornos de microondas produzida por Jerry. A oferta feita a Jerry, pela corporação de supermercados, exige que duas decisões sejam tomadas: uma agora e outra daqui a 2 anos. A decisão atual envolve duas alternativas: (1) *Arrendar* uma instalação da rede de supermercados nos Emirados Árabes Unidos (EAU), que a transformará em instalação de processamento para ser utilizada imediatamente pela empresa de Jerry; ou (2) *construir e ser proprietário* de uma indústria de processamento e embalagem nos Emirados Árabes. Os possíveis resultados dessa primeira etapa de decisão serão um bom mercado ou um mercado ruim, dependendo da resposta do público.

As opções de decisão, daqui a 2 anos, dependem da decisão tomada agora, arrendar ou ser proprietário. Se Hill *decidir arrendar*, uma boa resposta de mercado significa que as alternativas de decisão futuras serão produzir em dobro, em um volume igual ou à metade do volume original. Essa será uma decisão mútua entre a rede de supermercados e a empresa de Jerry.

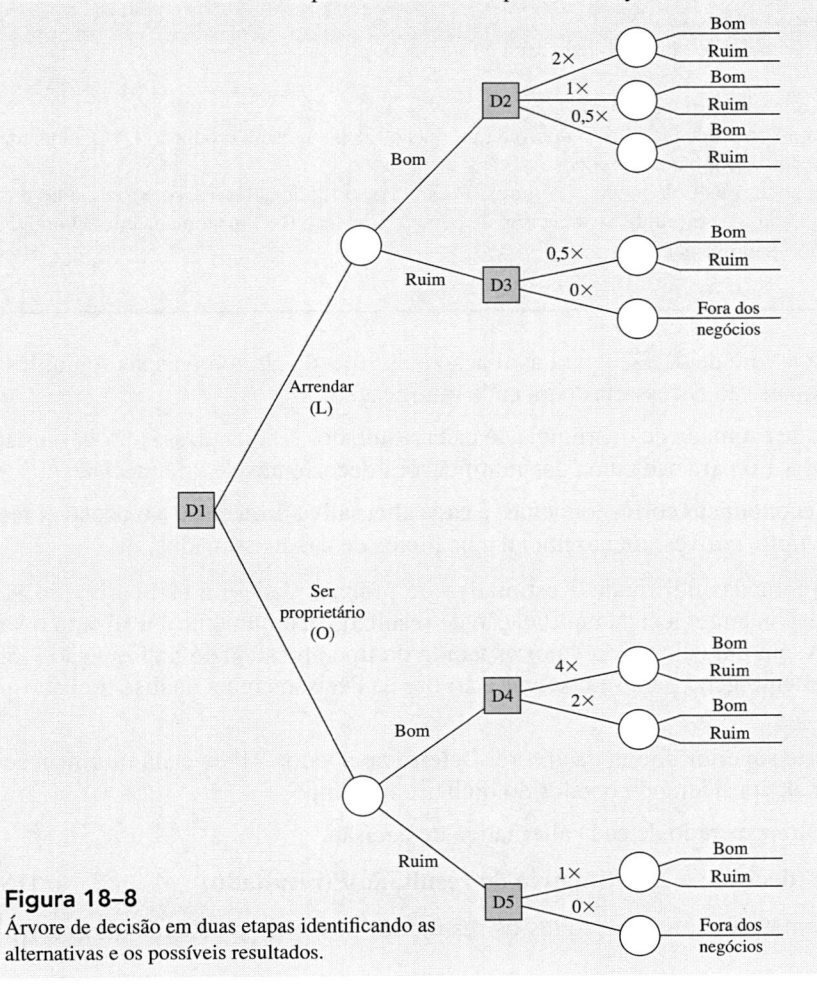

Figura 18–8
Árvore de decisão em duas etapas identificando as alternativas e os possíveis resultados.

Uma resposta de mercado ruim indicará um nível de produção reduzido à metade ou completa retirada do mercado dos Emirados Árabes. Os resultados das decisões futuras são, novamente, respostas de mercado boas e ruins.

Conforme foi acordado com a empresa de supermercados, a decisão atual de Jerry de *possuir* uma fábrica permitirá a ele definir o nível de produção daqui a 2 anos. Se a resposta de mercado for boa, as alternativas da decisão serão o quádruplo ou o dobro dos níveis originais. A reação a uma resposta de mercado ruim será uma produção ao mesmo nível ou nenhuma produção absolutamente.

Construa a árvore de decisões e obtenha os resultados para a Hill Products and Services.

Solução

Esta é uma árvore de decisão de duas etapas que tem alternativas para agora e para daqui a 2 anos. Identifique os nós de decisão e as ramificações e depois desenvolva a árvore utilizando as ramificações e os resultados de mercado bom e ruim, para cada decisão. A Figura 18–8 detalha as etapas de decisão e as ramificações de resultados.

Decisão agora:
Identifique-a como D1.
Alternativas: Arrendar (A) e Ser proprietário (P).
Resultados: mercado bom e mercado ruim.

Decisões daqui a 2 anos:
Identifique-as como D2 a D5.
Resultados: mercado bom, mercado ruim e fora dos negócios.

Escolha dos níveis de produção para D2 a D5:
O quádruplo da produção (4×); o dobro da produção (2×); a mesma produção (1×); a metade da produção (0,5×); parar a produção (0×).

As alternativas para os níveis de produção futuros (D2 a D5) são adicionadas à árvore e seguidas das respostas de mercado: boa ou ruim. Se a decisão de parar a produção (0×) for tomada em D3 ou D5, o único resultado é sair dos negócios.

Para utilizar a árvore de decisão para avaliação e escolha de alternativas, as seguintes informações adicionais são necessárias para cada ramificação:

- A probabilidade estimada de ocorrência de cada resultado. A soma dessas probabilidades deve ser igual a 1,0 para cada uma das ramificações decorrentes de uma decisão.

- Informações econômicas correspondentes a cada alternativa de decisão e o possível resultado; por exemplo, o investimento inicial e os fluxos de caixa estimados.

As decisões são tomadas utilizando a estimativa de probabilidade e a estimativa do valor econômico correspondentes a cada ramificação de resultado. Comumente é utilizado o valor presente, à TMA, em um cálculo do valor esperado do tipo apresentado na Equação [18.2]. Este é o procedimento geral para se resolver a árvore de decisão com a análise do valor presente (VP):

1. Inicie na parte superior direita da árvore. Determine o valor VP de cada ramificação de resultado final, considerando o valor do dinheiro no tempo.
2. Calcule o valor esperado de cada alternativa de decisão.

$$E(\text{decisão}) = \Sigma\,(\text{estimativa do resultado})P(\text{resultado}) \qquad [18.3]$$

em que o somatório considera todos os resultados possíveis para cada alternativa de decisão.

SEÇÃO 18.5   Etapas da Avaliação de Alternativas por Meio de uma Árvore de Decisão

3. Em cada nó de decisão, selecione o melhor valor E(decisão) – custo mínimo ou valor máximo (se tanto os custos quanto as receitas forem estimados).
4. Continue a mover-se para a esquerda da árvore até a decisão-raiz para selecionar a melhor alternativa.
5. Trace de volta, ao longo da árvore, o melhor caminho de decisão.

EXEMPLO 18.8

É necessário tomar a decisão de comercializar ou vender um novo invento. Se o produto for comercializado, a decisão seguinte será a de comercializá-lo internacional ou nacionalmente. Suponha que os detalhes das ramificações de resultado resultem na árvore de decisão da Figura 18–9. As possibilidades para cada resultado e o VP do fluxo de caixa antes do desconto dos impostos (FCAI) são indicados. Esses resultados (*payoffs*) estão expressos em milhões de dólares. Determine a melhor decisão no nó de decisão D1.

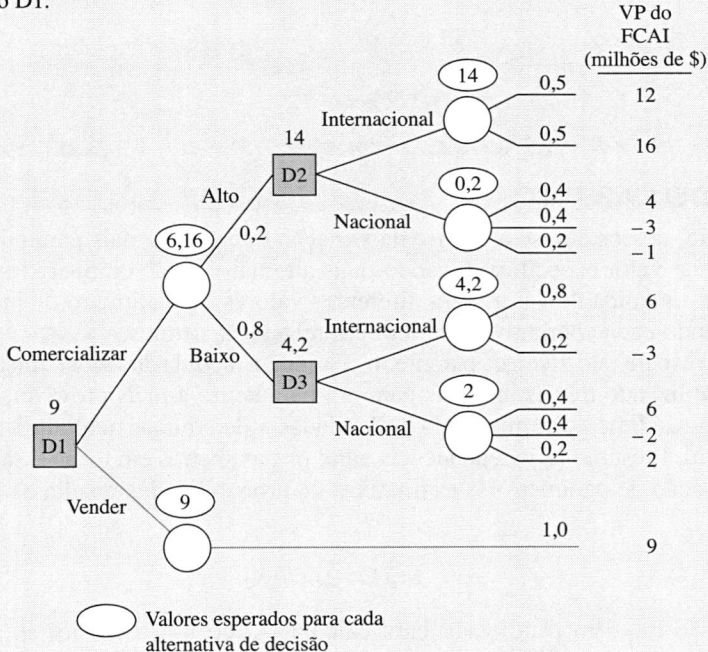

Figura 18–9
Solução de uma árvore de decisão com o valor presente dos valores de FCAI estimados, no Exemplo 18.8.

Solução

Utilize o procedimento, mencionado anteriormente, para determinar se a alternativa de decisão D1 de vender o invento maximizará o E(VP do FCAI).

1. O valor presente do FCAI é fornecido.
2. Calcule o VP esperado para as alternativas a partir dos nós D2 e D3, utilizando a Equação [18.3]. Na Figura 18–9, à direita do nó de decisão D2, os valores esperados 14 e 0,2, contidos nas figuras ovais, são determinados como:

    E(decisão de comercializar internacionalmente) = 12(0,5) + 16(0,5) = 14
    E(decisão de comercializar nacionalmente) = 4(0,4) – 3(0,4) – 1(0,2) = 0,2

   Os valores VP esperados 4,2 e 2 para D3 são calculados de maneira análoga.
3. Selecione o maior valor esperado em cada nó de decisão. São eles: 14 (comercializar internacionalmente) em D2 e 4,2 (comercializar internacionalmente) em D3.

4. Calcule o VP esperado para as duas ramificações de D1.

$$E(\text{decisão de comercializar}) = 14(0,2) + 4,2(0,8) = 6,16$$
$$E(\text{decisão de vender}) = 9(1,0) = 9$$

O valor esperado para a decisão de vender é simples, uma vez que um resultado tem um *payoff* de 9. A decisão de vender produz o maior VP esperado, igual a 9.

5. O maior VP esperado do percurso do FCAI é selecionar a ramificação de vender em D1, que garante $ 9.000.000.

RESUMO DO CAPÍTULO

Neste capítulo, demos ênfase à análise da variação que um ou mais parâmetros provoca em uma medida de valor específica. Quando duas alternativas são comparadas, calcule e trace graficamente a medida de valor, para diferentes valores do parâmetro de interesse, para determinar quando cada alternativa é melhor em relação às demais.

Quando se espera que diversos parâmetros variem, a medida de valor é traçada graficamente e calculada utilizando três estimativas para um parâmetro: a mais provável, a pessimista e a otimista. O procedimento formalizado pode ajudar a determinar qual alternativa é a melhor dentre diversas. Presume-se independência entre os parâmetros em todas essas análises.

A combinação de parâmetros e estimativas de probabilidades resulta na relação do valor esperado:

$$E(X) = \sum XP(X)$$

Essa expressão também é utilizada para calcular E(receita), E(custo), E(fluxo de caixa), E(VP) e $E(i)$ para a seqüência inteira de fluxos de caixa de uma alternativa.

Árvores de decisão são utilizadas para fazer escolhas entre uma série de alternativas. É uma maneira de considerar, explicitamente, o risco. É necessário fazer diversos tipos de estimativa para uma árvore de decisão: resultados de cada decisão possível, fluxos de caixa e probabilidades. Os cálculos do valor esperado são acoplados aos da medida de valor para resolver a árvore de decisão e encontrar as melhores alternativas, etapa por etapa.

PROBLEMAS

Sensibilidade à Variação de Parâmetros

18.1 O Central Drug Distribution Center quer avaliar um novo sistema de manuseio de materiais para produtos frágeis. O dispositivo completo custará $ 62.000, terá uma vida útil de 8 anos e um valor recuperado de $ 1.500. A manutenção anual, combustível e custos gerais são estimados em $ 0,50 por tonelada métrica deslocada. O custo da mão-de-obra será de $ 8 por hora para salários normais e $ 16 por hora extra. Um total de 20 toneladas pode ser deslocado em um período de 8 horas. O Centro manuseia de 10 a 30 toneladas de produtos frágeis por dia. O Centro utiliza uma TMA de 10%. Determine a sensibilidade do valor presente dos custos ao volume anual deslocado. Suponha que o operador receba salários normais por 200 dias de trabalho por ano. Utilize um incremento de 10 toneladas métricas para a análise.

18.2 Uma alternativa de equipamento está sendo avaliada economicamente, de forma separada, por três engenheiros da Raytheon. O custo de aquisição será de $ 77.000, a vida útil estimada em 6 anos e um valor recuperado de $ 10.000. Os engenheiros discordam, entretanto, quanto à receita estimada que o equipamento será capaz de gerar. Joe fez uma estimativa de $ 10.000 ao ano. Jane afirma que isso é muito pouco e estima $ 14.000, enquanto Carlos estima $ 18.000 ao ano. Se a TMA da Raytheon é de 8% ao ano, utilize o VP para determinar se essas três diferentes estimativas alterarão a decisão de comprar o equipamento.

18.3 Realize a análise do Problema 18.2 em uma planilha e torne-a uma consideração depois do desconto dos impostos utilizando a depreciação pelo MACRS de 5 anos e uma alíquota efetiva de 35%. Utilize as despesas anuais estimadas de $ 2.000. Determine a TMA efetiva depois do desconto dos impostos com base na TMA de 8% antes do desconto dos impostos.

18.4 Uma empresa de manufatura precisa de 1.000 metros quadrados de espaço de armazenamento. Comprar um terreno por $ 80.000 e levantar um prédio temporário de metal, a $ 70 por metro quadrado, é uma opção. O presidente espera vender o terreno por $ 100.000 e o prédio por $ 20.000, depois de 3 anos. Outra opção é alugar um espaço por $ 2,50 por metro quadrado por mês, pagáveis no início de cada ano. A TMA é de 20%. Realize uma análise do valor presente das duas opções (construir e alugar), para determinar a sensibilidade da decisão se os custos de construção caírem 10% e o custo do aluguel subir para $ 2,75 por metro quadrado por mês.

18.5 Um novo sistema de demonstração foi projetado pela Custom Baths & Showers. Considerando os dados apresentados, determine a sensibilidade da taxa de retorno ao gradiente G da receita, para valores que variam de $ 1.500 a $ 2.500. Se a TMA é de 18% ao ano, essa variação quanto ao gradiente da receita afetará a decisão de construir o sistema de demonstração? Resolva este problema (a) manualmente e (b) por computador.

P = $ 74.000 n = 10 anos R = 0

Despesas: $ 30.000 no primeiro ano, aumentando $ 3.000 por ano, a partir de então

Receitas: $ 63.000 no primeiro ano, diminuindo G por ano, a partir de então

18.6 Considere os dois sistemas de ar-condicionado, detalhados a seguir:

	Sistema 1	Sistema 2
Custo de aquisição, $	−10.000	−17.000
Custo operacional anual, $/ano	−600	−150
Valor recuperado, $	−100	−300
Custos do novo compressor e do motor com meia-vida, $	−1.750	−3.000
Vida útil, em anos	8	12

Utilize uma análise do VA para determinar a sensibilidade da decisão econômica aos valores de 4%, 6% e 8% para a TMA. Trace o gráfico da curva de sensibilidade. Resolva este problema (a) manualmente e (b) por computador.

18.7 Clint e Anne planejam adquirir uma casa de veraneio ou comprar um trailer e um veículo motorizado de quatro rodas para rebocá-lo nas férias. Encontraram uma área de 2 hectares com uma pequena casa, a 40 quilômetros de onde moram. Ela custará $ 130.000, e eles calculam que poderão vendê-la por $ 145.000 daqui a 10 anos, quando seus filhos tiverem crescido. Os custos do seguro e de manutenção estão estimados em $ 1.500 ao ano, mas eles esperam que esse local de veraneio traga à família uma economia de $ 150 por dia, por não fazerem viagens de férias. O casal estima que apesar de a cabana estar a somente 40 quilômetros de onde moram, viajarão 80 quilômetros por dia enquanto estiverem reformando, visitando vizinhos e eventos locais. O carro da família percorre em média 48 quilômetros por galão de gasolina.

A combinação do trailer com o veículo motorizado custaria $ 75.000 e poderia ser vendida por $ 20.000 em 10 anos. Os custos do seguro e de operação atingirão uma média de $ 1.750 por ano. O casal espera que esta alternativa economize $ 125 por dia de férias. Em férias normais, viajam 480 quilômetros por dia. A milhagem por galão de combustível, obtida pelo veículo e o trailer, é estimada em 60% da que é obtida pelo carro da família. Suponha que a gasolina custe $ 1,20 por galão americano (3,78 litros). O dinheiro destinado a essa compra tem um rendimento atual de 10% ao ano.

(a) Calcule o número de equilíbrio de dias de férias por ano para os dois planos.

(b) Determine a sensibilidade do VA, de cada plano, se o tempo de férias pode variar em ±40% do número de equilíbrio.

(c) Se Anne ingressou recentemente em um novo emprego e terá somente 14 dias de férias nos próximos anos, qual alternativa é menos custosa?

18.8 (a) Calcule manualmente e trace por meio de gráfico a sensibilidade da taxa de retorno em relação à taxa de juros financeiros de um título de $ 50.000, com vencimento em 15 anos, cujos juros são pagos trimestralmente e é descontado a $ 42.000. Considere taxas de juros financeiros de 5%, 7% e 9%. (b) Utilize uma planilha para resolver este problema.

18.9 Foi oferecida a Leona uma oportunidade de investimento que exigirá uma saída de caixa de $ 30.000 agora, para um influxo de caixa de $ 3.500 a cada ano de investimento. Entretanto, ela precisa declarar agora o número de anos durante os quais planeja manter o investimento. Além disso, se o investimento for mantido por 6 anos, haverá um retorno de $ 25.000 para os investidores, mas depois de 10 anos a previsão é de que o retorno seja de somente $ 15.000; depois de 12 anos, a estimativa é de que ele seja de $ 8.000. Se o dinheiro rende atualmente 8% ao ano, a decisão é sensível ao período de manutenção do investimento?

18.10 Um ativo custa $ 8.000 e tem um ciclo de vida máximo de 15 anos. Espera-se que o seu COA seja de $ 500 no primeiro ano e aumente, de acordo com um gradiente aritmético G, entre $ 60 e $ 140 por ano, a partir de então. Determine a sensibilidade da vida útil econômica ao gradiente de custos em incrementos de $ 40 e esboce os resultados no mesmo gráfico. Utilize uma taxa de juros de 5% ao ano.

18.11 Para os planos A e B, trace graficamente a sensibilidade dos valores VP, a 20% ao ano, para a faixa de −50% a +100%, das seguintes estimativas pontuais, correspondentes a cada um dos parâmetros: (a) custo de aquisição, (b) COA e (c) receita anual.

	Plano A	Plano B
Custo de aquisição, $	−500.000	−375.000
COA, $/ano	−75.000	−80.000
Receita anual, $/ano	150.000	130.000
Valor recuperado, $	50.000	37.000
Expectativa de vida útil, em anos	5	5

18.12 Utilize uma planilha para determinar e traçar graficamente a sensibilidade da taxa de retorno a uma mudança de ±25% em (a) preço de compra e (b) preço de venda do investimento a seguir. Um engenheiro comprou um carro antigo por $ 25.000 com o plano de "torná-lo original" e vendê-lo com lucro. Os aperfeiçoamentos custam $ 5.500 no primeiro ano, $ 1.500 no segundo ano e $ 1.300 no terceiro ano. Ele vendeu o carro depois de 3 anos por $ 35.000.

18.13 Utilize uma planilha para traçar em um gráfico (similar ao da Figura 18–3) a sensibilidade do VA, ao longo da faixa de −30% a +50%, em relação aos parâmetros (*a*) custo de aquisição, (*b*) COA e (*c*) receita anual. Use uma TMA de 18% ao ano.

Processo	Estimativa
Custo de aquisição, $	−80.000
Valor recuperado, $	10.000
Vida útil, em anos	10
COA, $/ano	−15.000
Receita anual, $/ano	39.000

18.14 Trace graficamente a sensibilidade daquilo que uma pessoa estaria disposta a pagar agora por um título de $ 10.000, que rende 9% e tem vencimento em 10 anos, se houver uma mudança de ±30% (*a*) no valor nominal, (*b*) na taxa de dividendos ou (*c*) na taxa nominal de retorno necessária, que, se espera, seja de 8% ao ano, capitalizada semestralmente. Os dividendos do título são pagos semestralmente.

Três Estimativas

18.15 Um engenheiro precisa decidir entre duas maneiras de bombear concreto até os andares superiores de um prédio de escritórios de sete andares, a ser construído. O Plano 1 exige a compra de um equipamento por $ 6.000, que tem um custo de operação entre $ 0,40 e $ 0,75 por tonelada métrica, sendo o custo mais provável $ 0,50 por tonelada métrica. O equipamento é capaz de bombear 100 toneladas métricas por dia. Se for comprado, esse ativo durará 5 anos, não terá nenhum valor recuperado e será utilizado de 50 a 100 dias por ano. O Plano 2 é uma opção de aluguel de equipamentos, e espera-se que esta opção custe à empresa $ 2.500 por ano, com uma estimativa de baixo custo de $ 1.800 e uma estimativa de alto custo de $ 3.200 por ano. Além disso, haverá um custo extra de mão-de-obra, de $ 5 por hora, para operar o equipamento durante 8 horas por dia. Esboce o VA de cada plano, em relação ao custo operacional anual total ou ao custo de arrendamento à $i = 12\%$. Qual plano o engenheiro deve recomendar, se a estimativa de utilização mais provável é (*a*) 50 dias por ano e (*b*) 100 dias por ano?

18.16 Um frigorífico precisa decidir entre duas maneiras de resfriar presunto cozido. O método de aspersão provoca o resfriamento a 30°C, utilizando aproximadamente 80 litros de água para cada presunto. O método de imersão utiliza 40 litros por presunto, mas há a estimativa de um custo inicial extra de $ 2.000 para o equipamento e custos adicionais de manutenção de $ 100, por ano, durante o ciclo de vida de 10 anos. Dez milhões de presuntos são cozidos por ano, e a água custa $ 0,12 por 1.000 litros. Um outro custo é o do tratamento de despejos industriais, a $ 0,04 por 1.000 litros, que é necessário para qualquer um dos métodos. A TMA é de 15% ao ano.
Se o método de aspersão for escolhido, a quantidade de água utilizada pode variar de um valor otimista de 40 litros a um valor pessimista de 100 litros, sendo 80 litros a quantidade mais provável. A técnica de imersão sempre exige 40 litros por presunto. Como essa utilização variável da água, quanto ao método de aspersão, afetará a decisão econômica?

18.17 Quando a economia do país está em expansão, a AB Investment Company é otimista e espera uma TMA de 15% para novos investimentos. Entretanto, em uma economia de recessão, a taxa de retorno esperada é de 8%. Normalmente, é necessário um retorno de 10%. Uma economia em expansão faz com que as estimativas de vida útil do ativo caiam cerca de 20%, e uma economia em recessão faz com que os valores *n* se elevem cerca de 10%. Trace graficamente a sensibilidade do valor presente em relação (*a*) à TMA e (*b*) aos valores do ciclo de vida dos dois planos, detalhados a seguir, utilizando as estimativas mais prováveis para os demais fatores. (*c*) Considerando todas as análises, sob quais cenários, se for o caso, o plano M ou o plano Q devem ser rejeitados?

	Plano M	Plano Q
Investimento inicial, $	−100.000	−110.000
Fluxo de caixa, $/ano	+15.000	+19.000
Vida útil, em anos	20	20

Valor Esperado

18.18 Calcule a taxa de vazão esperada para cada poço de petróleo utilizando as seguintes probabilidades:

	Vazão Esperada, Barris/Dia			
	100	200	300	400
Poço norte	0,15	0,75	0,10	—
Poço leste	0,35	0,15	0,45	0,05

18.19 Foram realizadas quatro estimativas para o tempo de ciclo previsto para produzir um subcomponente. As estimativas, em segundos, são: 10, 20, 30 e 70. (*a*) Se for atribuído um peso igual a cada estimativa, qual é o tempo esperado no planejamento? (*b*) Se o tempo mais longo for desconsiderado, estime o tempo esperado. A estimativa de maior valor parece aumentar significativamente o valor esperado?

18.20 A variável Y é identificada como 3^n, para $n = 1, 2, 3, 4$, com probabilidades de 0,4; 0,3; 0,233 e 0,067, respectivamente. Determine o valor esperado de Y.

18.21 Espera-se que o COA de uma alternativa tenha um, de dois valores. Sua colega de escritório lhe disse que o valor baixo é de $ 2.800 por ano. Se os cálculos que ela fez apresentam uma probabilidade de 0,75 para o valor alto e um COA esperado de $ 4.575, qual é o valor do COA alto que ela utilizou para calcular a média?

18.22 Um total de 40 diferentes propostas foi avaliado pela comissão IRAD (Industrial Research and Development) durante o ano passado. Vinte delas foram financiadas. Suas estimativas da taxa de retorno estão resumidas a seguir, sendo os valores i^* arredondados para o número inteiro mais próximo. Em relação às propostas aceitas, calcule a taxa de retorno esperada $E(i)$.

Taxa de Retorno da Proposta, %	Número de Propostas
−8	1
−5	1
0	5
5	5
8	2
10	3
15	3
	20

18.23 A Starbreak Foods realizou uma análise econômica de uma proposta de atendimento em uma nova região do país. Foi aplicado o critério de três estimativas à análise de sensibilidade. Os valores otimistas e pessimistas têm, cada um, uma chance estimada de 15% de ocorrerem. Utilize os valores VA, apresentados a seguir, para calcular o VA esperado.

	Otimista	Mais Provável	Pessimista
Valor VA, $/ano	+300.000	+50.000	−25.000

18.24 (*a*) Determine o valor presente esperado das seguintes séries de fluxos de caixa, considerando que cada série pode ser realizada com a probabilidade apresentada no cabeçalho de cada coluna. Considere que $i = 20\%$ ao ano.
(*b*) Determine o valor VA esperado para a mesma série de fluxos de caixa.

	Fluxo de Caixa Anual, $/ano		
Ano	Probabilidade = 0,5	Probabilidade = 0,2	Probabilidade = 0,3
0	−5.000	−6.000	−4.000
1	1.000	500	3.000
2	1.000	1.500	1.200
3	1.000	2.000	−800

18.25 Um clube de esportes e lazer muito bem-sucedido quer construir uma montanha artificial (*mock mountain*) para escaladas e exercícios em ambiente externo, para seus clientes. Devido a sua localização, há 30% de chance de haver 120 dias de tempo bom, 50% de chance de haver 150 dias de tempo bom e 20% de chance de haver 165 dias de tempo bom. A montanha será utilizada por uma média de 350 pessoas a cada dia da temporada de quatro meses (120 dias), mas por somente 100 pessoas a cada dia extra que a temporada perdurar. A estrutura terá um custo de $ 375.000 para ser construída e necessita de um retrabalho de $ 25.000, a cada 4 anos; os custos de manutenção e seguro anuais serão de $ 56.000. A taxa cobrada pelas escaladas será de $ 5 por pessoa. Se está prevista uma vida útil de 10 anos e espera-se um retorno de 12% ao ano, determine se a construção da montanha artificial é economicamente justificável.

18.26 O proprietário da Ace Roofing pode investir $ 200.000 em um novo equipamento. Há a previsão de uma vida útil de 6 anos e um valor recuperado de 12% do custo de aquisição. A receita adicional anual dependerá da situação da indústria de moradias e construção. Espera-se que a receita adicional seja de somente $ 20.000 ao ano, se a atual queda abrupta na indústria persistir. Os economistas do setor imobiliário calculam uma chance de 50% de a queda persistir por 3 anos e atribuem a ela 20% de chance de continuar por mais 3 anos. Entretanto, se a depressão de mercado diminuir durante o primeiro ou o segundo período de 3 anos, há a expectativa de que a receita do investimento aumente um total de $ 35.000 por ano. A empresa pode esperar obter um retorno de 8% ao ano para seu investimento? Utilize a análise do valor presente.

18.27 Jeremy tem $ 5.000 para investir. Se ele aplicar o dinheiro em um certificado de depósito (CD), tem a garantia de receber uma taxa efetiva de 6,35% ao ano, durante 5 anos. Se ele investir o dinheiro em títulos, tem uma chance de 50–50 de obter uma das seguintes seqüências de fluxo de caixa, durante os próximos 5 anos.

	Fluxo de Caixa Anual, $/ano	
	Probabilidade = 0,5	Probabilidade = 0,5
Ano	Título 1	Título 2
0	−5.000	−5.000
1–4	+250	+600
5	+6.800	+4.000

Finalmente, Jeremy pode investir seus $ 5.000 em imóveis, durante os 5 anos, com as seguintes estimativas de fluxo de caixa e probabilidades.

	Fluxo de Caixa Anual, $/Ano		
Ano	Probabilidade = 0,3	Probabilidade = 0,5	Probabilidade = 0,2
0	−5.000	−5.000	−5.000
1	−425	0	+500
2	−425	0	+600
3	−425	0	+700
4	−425	0	+800
5	+9.500	+7.200	+5.200

Qual das três oportunidades de investimento oferece a melhor taxa de retorno esperada?

18.28 A Califórnia Company tem $1 milhão aplicado em um *pool* de investimentos que a diretoria planeja colocar em projetos com diferentes combinações de D–E (*debt-equity*), que variam de 20–80 a 80–20. Para auxiliá-los na decisão, será utilizado o gráfico a seguir, preparado pelo diretor financeiro, das taxas de retorno anuais estimadas para o patrimônio líquido (*i* do capital social) em relação a várias combinações de D–E. O investimento integral será para 10 anos, sem nenhuma entrada ou saída de fluxos de caixa intermediários dos projetos. A moção aprovada pelo quadro de diretores é investir da seguinte maneira:

Combinação de D–E	20–80	50–50	80–20
Porcentagem do *pool*	30%	50%	20%

(a) Qual é a estimativa atual da taxa de retorno anual esperada do capital social da empresa para o investimento de $ 1 milhão, depois de 10 anos?

(b) Qual é o montante atual do capital social, investido agora, e qual é o valor total esperado, depois de 10 anos, para o plano aprovado pelo quadro de diretores?

(c) Se a expectativa de inflação é de uma média de 4,5% ao ano, durante o período de 10 anos seguintes, determine as taxas de juros reais, de acordo com as quais os fundos de investimento com capital próprio crescerão, e o poder de compra, em termos de dólares de hoje (valor constante), do montante real acumulado depois de 10 anos.

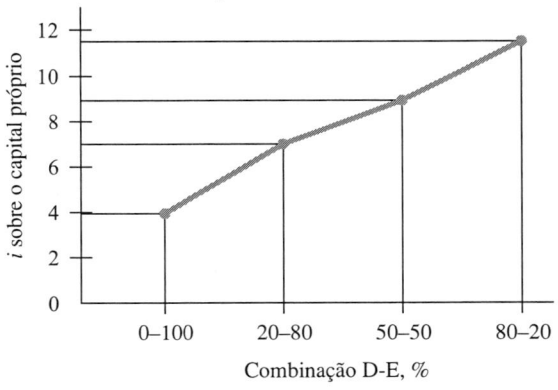

18.29 O hotel principal de uma rede, localizado em Cedar Falls, precisa construir um muro de contenção próximo ao seu estacionamento, devido ao alagamento da principal via pública da cidade, localizada em frente ao hotel. A quantidade de chuvas em um curto intervalo de tempo pode provocar estragos em níveis variáveis, e a construção do muro de proteção de chuvas mais intensas e mais rápidas aumenta o custo. As probabilidades de uma quantidade de chuva em um intervalo específico de 30 minutos e as estimativas de custo do muro são as seguintes:

Chuva, Milímetros/30 minutos	Probabilidade de Chuva mais Intensa	Custo Inicial Estimado do Muro, $
2,0	0,3	−200.000
2,25	0,1	−225.000
2,5	0,05	−300.000
3,0	0,01	−400.000
3,25	0,005	−450.000

O muro será financiado por meio de um empréstimo de 6% ao ano para a quantia integral, que será reembolsada ao longo de um período de 10 anos.

Os registros indicam que ocorreram danos médios de $ 50.000 com chuvas fortes, devido às propriedades coesivas relativamente ruins do solo ao longo da via pública. Uma taxa de 6% ao ano é aplicável. Encontre a quantidade de chuva da qual proteger-se, escolhendo o muro de contenção com o menor valor VA ao longo do intervalo de 10 anos.

Árvores de Decisão

18.30 Considerando a ramificação da árvore de decisão apresentada, determine os valores esperados dos dois resultados, se a decisão D3 já tiver sido selecionada e se o valor máximo do resultado for procurado. (Esta ramificação de decisão faz parte de uma árvore maior.)

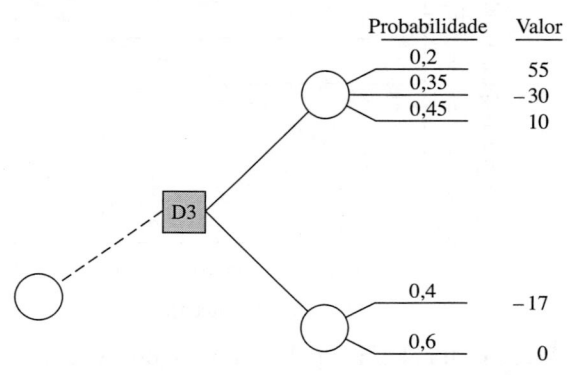

18.31 Uma grande árvore de decisão tem uma ramificação de resultados que é detalhada para este problema. Se as decisões D1, D2 e D3 são opções no período de um ano, encontre a decisão que maximiza o valor do resultado. Há investimentos específicos em dólares que são necessários para os nós de decisão D1, D2 e D3, conforme é indicado em cada ramificação.

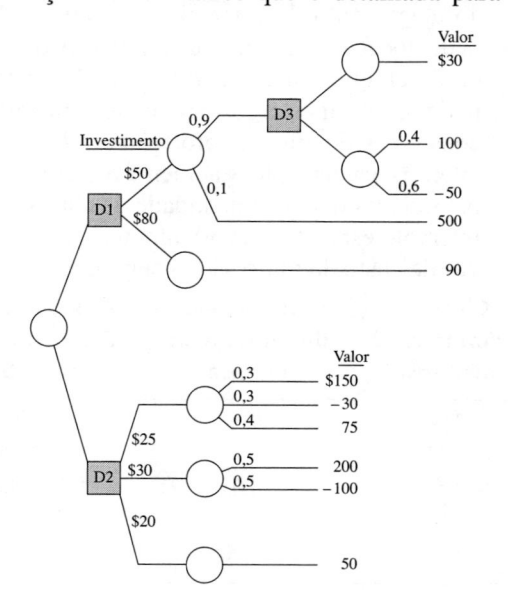

18.32 A decisão D4, que tem três alternativas possíveis – x, y ou z –, precisa ser tomada no ano 3 de um período de estudo de 6 anos, a fim de maximizar o valor esperado do valor presente. Utilizando uma taxa de retorno de 15% ao ano, o investimento necessário no ano 3 e os fluxos de caixa estimados para os anos 4 a 6, determine qual decisão deve ser tomada no ano 3. (Este nó de decisão faz parte de uma árvore maior.)

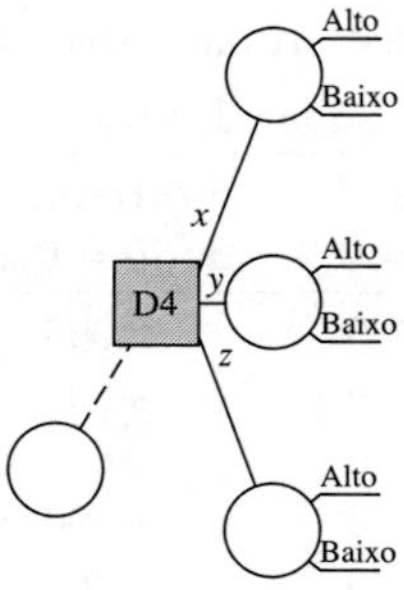

	Investimento necessário, no ano 3	Fluxo de caixa (× $1.000)			Probabilidade de resultado
		Ano 4	Ano 5	Ano 6	
Alto	$–200.000	$50	$50	$50	0,7
Baixo		40	30	20	0,3
Alto	–75.000	30	40	50	0,45
Baixo		30	30	30	0,55
Alto	–350.000	190	170	150	0,7
Baixo		–30	–30	–30	0,3

18.33 Um total de 5.000 componentes mecânicos é necessário anualmente em uma linha de montagem final. Os componentes podem ser obtidos de três maneiras: (1) *Produzi-los* em uma das três fábricas pertencentes à empresa; (2) *comprá-los prontos* do único fabricante; ou (3) *contratar para que sejam produzidos*, de acordo com as especificações, por um fornecedor.

O custo anual estimado de cada alternativa depende de circunstâncias específicas da fábrica, do produtor ou da empreiteira. As informações apresentadas detalham a circunstância, a probabilidade de ocorrência e o custo anual estimado. Construa e resolva uma árvore de decisão para determinar a alternativa de menor custo para produzir os componentes mecânicos.

Alternativa de Decisão	Resultados	Probabilidade	Custo Anual de 5.000 Unidades, $/ano
1. Produzir	Fábrica:		
	A	0,3	−250.000
	B	0,5	−400.000
	C	0,2	−350.000
2. Comprar pronto	Quantidade:		
	< 5.000, paga preço com ágio	0,2	−550.000
	5.000 disponíveis	0,7	−250.000
	> 5.000, obrigado a comprar	0,1	−290.000
3. Contratar	Entrega:		
	Entrega no prazo	0,5	−175.000
	Entrega com atraso; necessidade de comprar certa quantidade pronta para utilização	0,5	−450.000

18.34 O presidente da ChemTech está tentando decidir se deve iniciar uma nova linha de produto ou comprar uma pequena empresa. Não é financeiramente possível fazer ambos. Produzir o produto, durante um período de 3 anos, exigirá um investimento inicial de $ 250.000. Os fluxos de caixa anuais esperados, com as probabilidades entre parênteses, são: $ 75.000 (0,5), $ 90.000 (0,4) e $ 150.000 (0,1).

Comprar a pequena empresa custará agora $ 450.000. Pesquisas de mercado indicam 55% de chance de a empresa ter suas vendas aumentadas e 45% de chances de haver sérias quedas de mercado, com um fluxo de caixa anual de $ 25.000. Se as quedas forem enfrentadas no primeiro ano, a empresa será vendida imediatamente (durante o ano 1) a um preço de $ 200.000. O aumento das vendas poderia ser de $ 100.000 nos 2 primeiros anos. Se isso ocorrer, será considerada a decisão de se expandirem depois de 2 anos, a um investimento adicional de $ 100.000. Essa expansão poderia gerar os seguintes fluxos de caixa, com as probabilidades indicadas entre parênteses: $ 120.000 (0,3), $ 140.000 (0,3) e $ 175.000 (0,4). Se optarem por não se expandir, o tamanho atual será mantido, com a continuação das vendas previstas.

Presuma que não haja nenhum valor recuperado para nenhum dos investimentos. Utilize a descrição dada e uma taxa de retorno de 15% ao ano para fazer o seguinte:

(a) Construa uma árvore de decisão apresentando todos os valores e as probabilidades.
(b) Determine os valores VP esperados no nó de decisão de "expansão/sem expansão" depois de 2 anos, desde que as vendas cresçam.
(c) Determine qual decisão deve ser tomada agora para proporcionar o maior retorno possível à ChemTech.
(d) Explique, com suas palavras, o que aconteceria aos valores esperados em cada nó de decisão, se o horizonte de planejamento fosse estendido para além de 3 anos e todos os valores de fluxo de caixa continuassem de acordo com o previsto na descrição.

EXERCÍCIO AMPLIADO

OLHANDO PARA AS ALTERNATIVAS POR DIFERENTES ÂNGULOS

A Berkshire Controllers habitualmente financia seus projetos de engenharia por meio de uma combinação de capital próprio e de terceiros. A TMA utilizada varia de um baixo índice de 8% ao ano, se o setor estiver lento, a um índice elevado de 15% ao ano. Normalmente, é esperado um retorno de 10% ao ano. Além disso, as estimativas de vida útil do ativo tendem a cair cerca de 20% do normal em um ambiente empresarial vigoroso, até cerca de 10%, em uma economia recessiva. As estimativas seguintes são os valores mais prováveis para duas instalações que estão sendo avaliadas atualmente. Utilize estes dados e uma planilha para responder às questões a seguir.

	Plano A	Plano B	
		Ativo 1	Ativo 2
Custo de aquisição, $	−10.000	−30.000	−5.000
COA, $ por ano	−500	−100	−200
Valor recuperado, $	1.000	5.000	−200
Vida útil estimada, em anos	40	40	20

Questões

1. Os valores VP, para os planos A e B, são sensíveis às mudanças na TMA?
2. Os valores VP são sensíveis às estimativas de vida útil variáveis?
3. Esboce os resultados, encontrados anteriormente, em gráficos separados, correspondentes à TMA e às estimativas de vida útil.
4. O *breakeven* para o custo de aquisição do Plano A é sensível às mudanças na TMA, à medida que os negócios passam de vigorosos a recessivos?

ESTUDO DE CASO

ANÁLISE DE SENSIBILIDADE DE PROJETOS DO SETOR PÚBLICO – PLANOS DE ABASTECIMENTO DE ÁGUA

Introdução

Um dos serviços mais básicos prestados por um governo municipal é o fornecimento de água segura e confiável. À medida que as cidades crescem e ampliam suas fronteiras para as áreas adjacentes, freqüentemente herdam sistemas de abastecimento de água que não foram construídos de acordo com as normas municipais. A atualização desses sistemas, muitas vezes, é mais dispendiosa do que instalar um novo sistema desde o princípio. Para evitar esses problemas, as autoridades municipais, às vezes, instalam sistemas de água além dos limites municipais atuais, em antecipação ao crescimento futuro. Este Estudo de Caso foi extraído de um desses planos nacionais de gerenciamento de abastecimento de água e tratamento de esgotos e limita-se somente a algumas das alternativas de abastecimento de água.

Procedimento

Dentre aproximadamente uma dúzia de planos sugeridos, cinco métodos foram desenvolvidos por uma comissão executiva, como formas alternativas de abastecimento de água para a área de estudo. Esses métodos foram, então, submetidos a uma avaliação preliminar, para que fossem identificadas as alternativas mais promissoras. Seis atributos ou fatores utilizados na classificação inicial foram: capacidade de servir a região, custo relativo, viabilidade de engenharia, questões institucionais, considerações quanto ao meio ambiente e necessidade de estabelecer um tempo de execução e entrega (*lead time*). Cada fator tinha o mesmo peso e valores que variavam de 1 a 5, sendo 5 o melhor. Depois que as três melhores alternativas foram identificadas, cada uma foi submetida a uma detalhada avaliação econômica para a escolha da melhor alternativa. As avaliações detalhadas incluíram uma estimativa de cada alternativa, amortizada ao longo de 20 anos, a uma taxa de juros de 8%, e os custos anuais de manutenção e operação (M&O). O custo anual (um valor VA) era então dividido pela população atendida, para chegar a um custo mensal por família.

Resultados da Triagem Preliminar

A Tabela 18–5 apresenta os resultados da triagem utilizando os seis fatores classificados, em uma escala de 1 a 5. As alternativas 1A, 3 e 4 foram determinadas como as três melhores e foram escolhidas para avaliação adicional.

Estimativas de Custo Detalhadas para as Alternativas Selecionadas

Todos os valores são estimativas de custos.

Alternativa 1A

Custo de capital, em $	
Terras com direitos de utilização da água: 1.720 hectares @ $ 5.000 por hectare	8.600.000
Estação de tratamento primário	2.560.000
Sistema auxiliar na estação de tratamento	221.425
Reservatório no sistema auxiliar	50.325
Custo do lugar	40.260
Linha de transmissão a partir do rio	3.020.000
Linha de transmissão em faixa de domínio	23.350
Leitos de percolação	2.093.500
Tubulação dos leitos de percolação	60.400
Poços de produção	510.000
Sistema de coleta dos poços de produção	77.000
Sistema de distribuição	1.450.000
Sistema adicional de distribuição	3.784.800
Reservatórios	250.000
Local, terreno e desenvolvimento do reservatório	17.000
Subtotal	22.758.060
Engenharia e contingências	5.641.940
Investimento de capital total	$ 28.400.000
Custos (anuais) de manutenção e operação	
Bombeamento de 9.812.610 kWh por ano @ $ 0,08 por kWh	$ 785.009
Custo operacional fixo	180.520
Custo operacional variável	46.730
Impostos pelos direitos de utilização da água	48.160
Custo anual total de M&O	$ 1.060.419

Custo anual total = investimento de capital equivalente + custos de M&O

$= 28.400.000(A/P;8\%;20) + 1.060.419$
$= 2.892.540 + 1.060.419$
$= \$ 3.952.959$

O custo médio mensal por família para servir 95% das 4.980 famílias é

Custo por família $= (3.952.959)\dfrac{1}{12}\dfrac{1}{4.980}\dfrac{1}{0,95}$
$= \$ 69,63$ por mês

Alternativa 3

Investimento de capital total	= $ 29.600.000
Custo anual total de M&O	= $ 867.119
Custo anual total	= 29.600.000(A/P;8%;20) + 867.119
	= 3.014.760 + 867.119
	= $ 3.881.879
Custo por família	= $ 68,38 por mês

Alternativa 4

Investimento de capital total	= $ 29.000.000
Custo anual total de M&O	= $ 1.063.449
Custo anual total	= 29.000.000(A/P;8%;20) + 1.063.449
	= 2.953.650 + 1.063.449
	= $ 4.017.099
Custo por família	= $ 70,76 por mês

TABELA 18-5 Resultados da Classificação de Seis Fatores para Cada Alternativa, no Estudo de Caso

		Fatores						
Alternativa	Descrição	Capacidade para Abastecer a Região	Custo Relativo	Viabilidade de Engenharia	Questões Institucionais	Considerações Relativas ao Meio Ambiente	Necessidade de Estabelecer o Tempo de Execução e Entrega	Total
1A	Água e poços de recarga recebidos da cidade	5	4	3	4	5	3	24
3	Estação de tratamento pertencente conjuntamente ao município e à comarca	5	4	4	3	4	3	23
4	Estação de tratamento pertencente à comarca	4	4	3	3	4	3	21
8	Dessalinizar água do lençol freático	1	2	1	1	3	4	12
12	Desenvolver tratamento de água para utilização militar	5	5	4	1	3	1	19

Conclusão

Com base no menor custo mensal por família, a alternativa 3 (estação de tratamento pertencente conjuntamente ao município e à comarca) é a mais atraente do ponto de vista econômico.

Exercícios do Estudo de Caso

1. Se o fator "considerações relativas ao meio ambiente" tiver o dobro do peso de qualquer um dos outros cinco fatores, qual é o seu peso médio?
2. Se cada um dos fatores "capacidade para abastecer a região" e "custo relativo" tiverem peso de 20% e os outros quatro fatores 15% cada um, quais alternativas estariam classificadas entre as três melhores?
3. Quanto o investimento de capital da alternativa 4 teria de diminuir, a fim de torná-la mais atraente do que a alternativa 3?
4. Se a alternativa 1A servisse 100% das famílias em vez de 95%, em quanto diminuiria o custo mensal para cada família?
5. (*a*) Realize uma análise de sensibilidade dos dois parâmetros, "custos de M&O" e "número de famílias", para determinar se a alternativa 3 continua sendo a melhor opção econômica. Na Tabela 18–6 são apresentadas três estimativas correspondentes a cada parâmetro. Os custos de M&O podem variar para cima (pessimista) ou para baixo (otimista), a partir das estimativas mais prováveis apresentadas na formulação do Estudo de Caso. O número estimado de famílias (4.980) foi determinado como a alternativa pessimista. O crescimento de 2% a 5% (otimista) tenderá a diminuir o custo mensal por família.
   (*b*) Considere o custo mensal por família da alternativa 4, a estimativa otimista. O número de famílias é 5% maior do que 4.980, ou seja, 5.230. Qual é o número de famílias que precisaria estar disponível para que esta opção tenha exatamente o mesmo custo mensal por família apresentado pela alternativa 3, à estimativa otimista de 5.230 famílias?

TABELA 18–6 Estimativas Pessimista, Mais Provável e Otimista de Dois Parâmetros

	Custos anuais de M&O	Número de famílias
Alternativa 1A		
Pessimista	+1%	4.980
Mais provável	$1.060.419	+2%
Otimista	−1%	+5%
Alternativa 3		
Pessimista	+5%	4.980
Mais provável	$867.119	+2%
Otimista	0%	+5%
Alternativa 4		
Pessimista	+2%	4.980
Mais provável	$1.063.449	+2%
Otimista	−10%	+5%

CAPÍTULO 19

Ampliação do Estudo sobre Variação e Tomada de Decisões sob Risco

Este capítulo amplia ainda mais a nossa capacidade de analisar variações nas estimativas, considerar probabilidades e tomar decisões sob risco. Os fundamentos aqui discutidos incluem as distribuições de probabilidade, especialmente seus gráficos e propriedades de valor esperado e dispersão, amostragem aleatória e utilização de simulação para justificar a variação nos estudos de engenharia econômica.

Ao tratar do critério de variação e probabilidade, este capítulo complementa os tópicos das primeiras seções do Capítulo 1: o papel da engenharia econômica na tomada de decisões e a análise econômica no processo de resolução de problemas. Essas técnicas consomem mais tempo do que a utilização de estimativas feitas com certeza, de forma que devem ser utilizadas principalmente para parâmetros críticos.

OBJETIVOS DE APRENDIZAGEM

Propósito: Incorporar a tomada de decisões sob risco em uma análise de engenharia econômica utilizando os fundamentos das distribuições de probabilidade, amostragem e simulação.

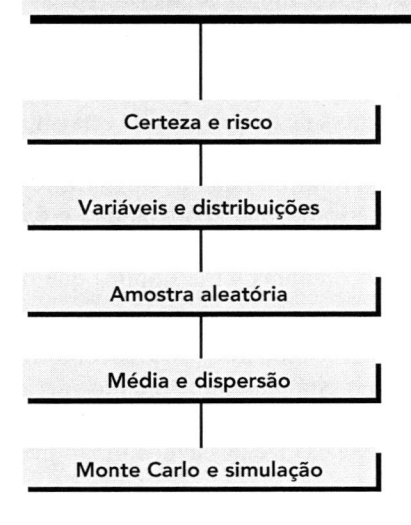

- Certeza e risco
- Variáveis e distribuições
- Amostra aleatória
- Média e dispersão
- Monte Carlo e simulação

Este capítulo ajudará você a:

1. Entender os diferentes procedimentos relacionados à tomada de decisões em ambientes de certeza e de risco.
2. Construir a distribuição de probabilidade e a distribuição cumulativa de uma variável.
3. Desenvolver uma amostra aleatória a partir da distribuição cumulativa de uma variável.
4. Estimar o valor esperado e o desvio padrão de uma população com base em uma amostra aleatória.
5. Utilizar o método de Monte Carlo e o critério de simulação para selecionar uma alternativa.

19.1 INTERPRETAÇÃO DE CERTEZA, RISCO E INCERTEZA

Todas as coisas no mundo variam com o passar do tempo, quando submetidas a ambientes diferentes. Temos a garantia de que ocorrerá uma variação nos resultados obtidos pela engenharia econômica devido à ênfase na tomada de decisões para o futuro. Com exceção da utilização da análise do *breakeven*, da análise de sensibilidade e de uma introdução muito breve em valores esperados, praticamente todas as nossas estimativas foram *certas*; ou seja, não foi introduzida nenhuma variação de quantidade nos cálculos do VP, do VA, da ROR ou de quaisquer outras relações utilizadas. Por exemplo, a estimativa de que o fluxo de caixa no próximo ano será de $ +4.500 é uma estimativa feita com certeza. A certeza, é evidente, não está presente no mundo real agora e certamente não estará no futuro. Podemos observar resultados com um grau elevado de certeza, mas até mesmo isso depende da exatidão e da precisão da escala ou do instrumento de medição.

Permitir que um parâmetro de um estudo de engenharia econômica varie implica que o fator risco e, possivelmente, incerteza sejam introduzidos.

Risco. Quando há dois ou mais valores observáveis para um parâmetro *e,* é possível estimar as chances de cada valor ocorrer, e neste caso o risco está presente. Para ilustrar, a tomada de decisão sob risco é introduzida quando uma estimativa de fluxo de caixa tem uma chance de 50–50 de ser ou $ –1.000 ou $ +500. Nesse caso, é possível afirmar que as tomadas de decisões são efetuadas *sob risco*.

Incerteza. Tomada de decisão sob incerteza significa que há dois ou mais valores observáveis, mas as chances de sua ocorrência ou não podem ser estimadas ou ninguém está disposto a dimensioná-las. Os valores observáveis na análise da incerteza freqüentemente são chamados de *estados da natureza*. Por exemplo, considere que os estados da natureza venham a ser a taxa de inflação nacional de determinado país durante os próximos 2 a 4 anos: permanecem baixos, aumentam de 5% a 10% ao ano ou aumentam de 20% a 50% anualmente. Se não houver de forma alguma nenhum indício de que os três valores sejam igualmente prováveis ou de que um seja mais provável do que os outros, essa é uma afirmação que indica uma tomada de decisão sob incerteza.

O Exemplo 19.1 explica como um parâmetro pode ser descrito e representado graficamente, em preparação para a tomada de decisão sob risco.

EXEMPLO 19.1

Sue e Charles estão, ambos, no final do curso universitário e planejam se casar no próximo ano. Baseado em conversas com amigos que se casaram recentemente, o casal decidiu fazer estimativas separadas de quanto cada um espera que a cerimônia custe, e as chances de cada estimativa realmente se verificar estão expressas como uma porcentagem. (*a*) Suas estimativas separadas estão tabuladas no topo da Figura 19–1. Construa dois gráficos: um dos custos estimados por Charles em relação às suas estimativas das chances, e o outro, por Sue. Comente a forma de um gráfico em relação a outro. (*b*) Depois de alguma discussão, eles concluíram que a cerimônia custará algo entre $ 7.500 e $ 10.000. Todos os valores entre os dois limites são igualmente prováveis, com chance de 1 em 25. Trace graficamente esses valores em relação às chances.

Charles		Sue	
Custo Estimado, $	Chance, %	Custo Estimado, $	Chance, %
3.000	65	8.000	33,3
5.000	25	10.000	33,3
10.000	10	15.000	33,3

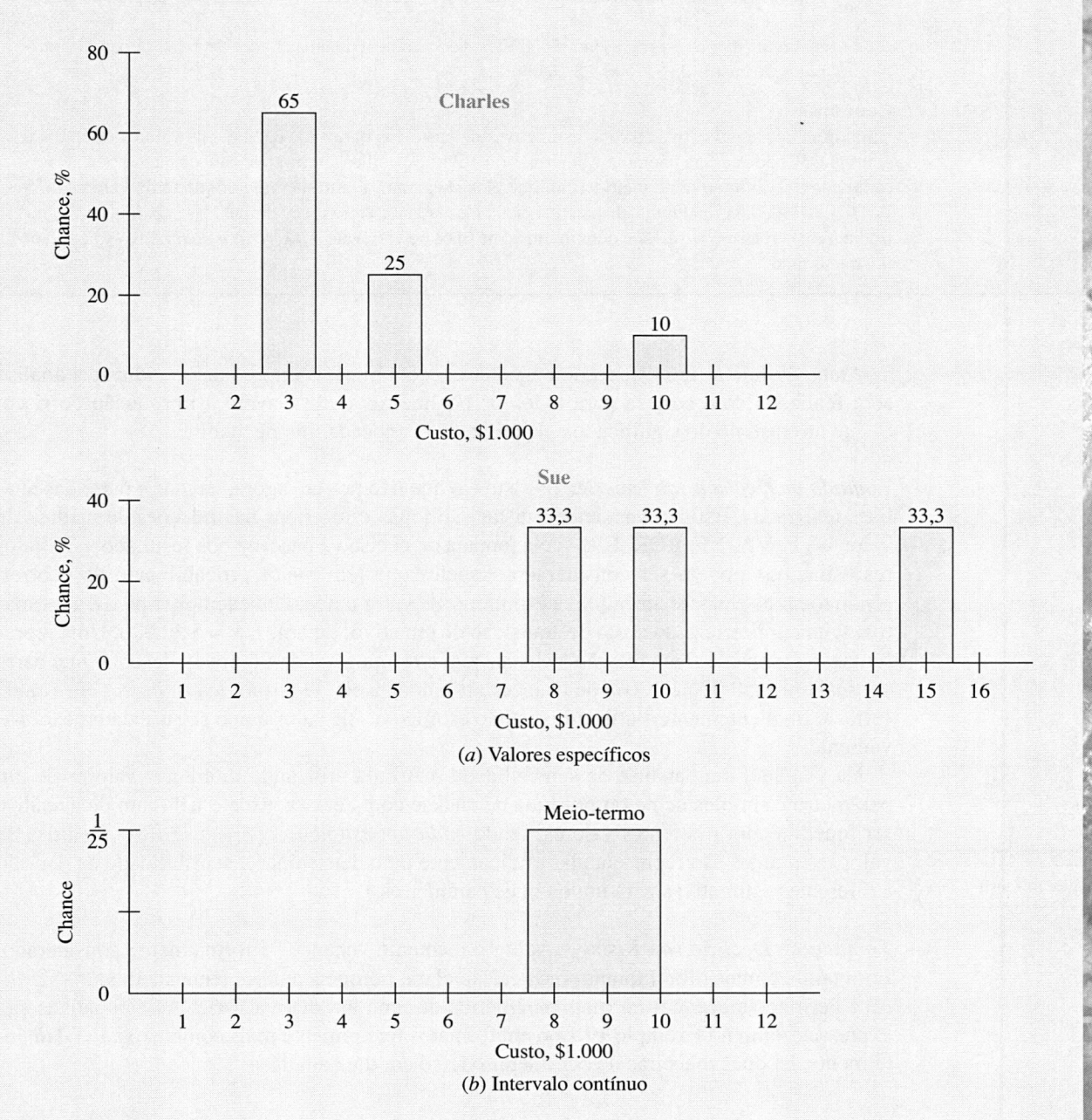

Figura 19–1
Representação gráfica das estimativas de custo em relação às chances, no Exemplo 19.1.

(a) Valores específicos

(b) Intervalo contínuo

Solução

(a) A Figura 19–1*a* apresenta os gráficos das estimativas de Charles e de Sue, com as escalas de custo alinhadas. Sue espera que o custo seja consideravelmente maior do que a estimativa de Charles. Além disso, Sue atribui chances iguais (ou uniformes) a cada valor. Charles atribui uma chance muito maior a valores de custo menores; 65% das chances atribuídas por ele são dedicadas a $ 3.000 e somente 10% a $ 10.000, que é a estimativa de custo médio feita por Sue. Os gráficos mostram claramente as diferentes percepções acerca de suas estimativas para os custos de casamento.

(b) A Figura 19–1*b* é a representação gráfica da ocorrência de uma chance de 1 em 25 para o *continuum* de custos de $ 7.500 a $ 10.000.

Comentário

Uma diferença significativa entre as estimativas de custo nas partes (*a*) e (*b*) é de valores discretos e contínuos. Charles e Sue fizeram, primeiro, estimativas específicas, discretas, com chances associadas a cada valor. A estimativa de meio-termo, que eles chegaram, é um intervalo contínuo de valores de $ 7.500 a $ 10.000, com alguma chance associada a cada valor entre esses limites. Na próxima seção, introduziremos o termo *variável* e definiremos dois tipos de variáveis – *discretas* e *contínuas* – que foram ilustradas aqui.

Antes de iniciar um estudo de engenharia econômica, é importante decidir se a análise será realizada com certeza para todos os parâmetros ou se haverá a introdução de risco. Segue um resumo do significado e da utilização para cada tipo de análise.

Tomada de Decisão sob Incerteza   Isto é o que fizemos até agora, na maior parte das análises realizadas. Estimativas deterministas são feitas e inseridas nas relações de medida de valor – VP, VA, VF, ROR, C/B –, e a tomada de decisão é baseada nos resultados. Os valores estimados podem ser considerados aqueles que têm maior probabilidade de ocorrer, sendo todas as chances atribuídas à estimativa de valor único. Um exemplo típico é a estimativa feita com certeza do custo de aquisição de um ativo, digamos, $P = \$ 50.000$. Uma representação gráfica de P em relação à chance tem a forma geral da Figura 19-1*a* com uma barra vertical em $ 50.000 e 100% de chances atribuídas a ela. O termo *determinista*, em vez de certeza, freqüentemente é utilizado quando estimativas de valor único são utilizadas exclusivamente.

Na verdade, uma análise de sensibilidade realizada utilizando diferentes valores de um parâmetro é simplesmente outra forma de análise com certeza, exceto pelo fato de a análise ser repetida com diferentes valores, sendo *cada um estimado com certeza*. As medidas de valor resultantes são representadas graficamente para determinar a sensibilidade da decisão a diferentes estimativas para um ou mais parâmetros.

Tomada de Decisão sob Risco   Agora o elemento "chance" é formalmente considerado. Entretanto, é mais difícil tomar uma decisão clara, porque a análise tenta acomodar a *variação*. Permite-se que um ou mais parâmetros de uma alternativa varie. As estimativas são expressas como no Exemplo 19.1 ou em formatos ligeiramente mais complexos. Fundamentalmente, há duas maneiras de considerar o risco em uma análise:

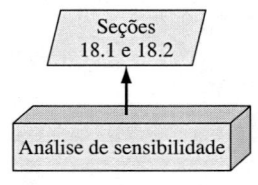

(Seções 18.1 e 18.2 — Análise de sensibilidade)

Análise do valor esperado. Utilize as estimativas da chance e dos parâmetros para calcular os valores esperados, E(parâmetro), por meio de fórmulas como a Equação [18.2]. A análise resulta em E(fluxo de caixa), E(COA) e afins; e o resultado final é o valor esperado de uma medida de valor; por exemplo: E(VP), E(VA), E(ROR), E(C/B). Para selecionar a alternativa, escolha o valor esperado mais favorável da medida de valor. De modo elementar, isto é o que aprendemos sobre valores esperados no Capítulo 18. Os cálculos podem se tornar mais elaborados, mas o princípio é fundamentalmente o mesmo.

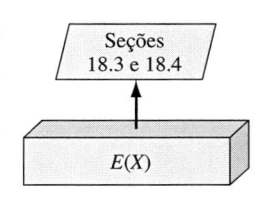

Análise de simulação. Utilize as estimativas da chance e dos parâmetros para gerar cálculos repetidos da medida de valor ao extrair aleatoriamente amostras de um gráfico para cada parâmetro variável, similar às da Figura 19–1. Quando uma amostra representativa e aleatória é concluída, uma alternativa é selecionada, utilizando-se uma tabela ou um gráfico do resultado. Habitualmente, os gráficos são parte importante do processo de tomada de decisão por meio da análise de simulação. Basicamente, este é o procedimento discutido no restante deste capítulo.

Tomada de Decisão sob Incerteza   Quando não se conhecem as chances de ocorrência dos estados da natureza, identificados como parâmetros de incerteza, a utilização da tomada de decisão sob risco baseada no valor esperado, conforme foi esboçada anteriormente, não é uma opção. Realmente, é difícil determinar qual critério utilizar para tomar a decisão.

Se for possível concordar que cada estado é igualmente provável, então, todos os estados têm a mesma chance, e a situação se reduz a tomar decisões sob risco, pois valores esperados podem ser determinados.

Devido aos procedimentos relativamente inconclusivos necessários para incorporar a tomada de decisão sob incerteza em um estudo de engenharia econômica, as técnicas podem ser muito úteis, mas estão além do escopo pretendido neste livro.

Em um estudo de engenharia econômica, bem como em outras formas de análise e tomada de decisões, os valores do parâmetro observado no futuro variarão a partir do valor estimado no tempo em que se realiza o estudo. Entretanto, quando se realiza a análise, nem todos os parâmetros devem ser considerados probabilísticos (ou sob risco). Aqueles estimáveis com um grau relativamente alto de certeza devem ser fixados para o estudo. Do mesmo modo, métodos de amostragem, simulação e análise estatística de dados são seletivamente utilizados nos parâmetros considerados importantes para o processo de tomada de decisão. Conforme mencionamos no Capítulo 18, parâmetros baseados na taxa de juros (TMA, outras taxas de juros e inflação), habitualmente, não são tratados como variáveis aleatórias nas discussões que se seguem. Parâmetros como, por exemplo, P, COA, n, R, custos de matérias-primas e custos unitários, receitas etc. são alvo da tomada de decisão sob risco e simulação. A variação antecipada e previsível das taxas de juros é mais comumente tratada pelos critérios de análise de sensibilidade, analisados nas duas primeiras seções do Capítulo 18.

O restante deste capítulo concentra-se na tomada de decisão sob risco, quando aplicada para um estudo de engenharia econômica. As três seções seguintes fornecem o material básico necessário para se projetar e realizar, corretamente, uma análise de simulação (Seção 19.5).

19.2 ELEMENTOS IMPORTANTES PARA A TOMADA DE DECISÃO SOB RISCO

Alguns conceitos básicos de probabilidades e de estatística são fundamentais para se executar corretamente a tomada de decisão sob risco por meio da análise do valor esperado ou de simulação. Esses conceitos básicos são tratados aqui. (Se você já estiver familiarizado com eles, esta seção lhe proporcionará uma revisão.)

Variável (eis) Aleatória(s) Esta é uma característica ou parâmetro que pode assumir qualquer um de diversos valores. As variáveis são classificadas como *discretas* ou *contínuas*. Variáveis discretas têm valores isolados, específicos, enquanto variáveis contínuas podem assumir qualquer valor entre dois limites estabelecidos, denominados *intervalo* da variável.

A vida útil estimada de um ativo é uma variável discreta. Por exemplo, pode-se esperar que n tenha valores $n = 3, 5, 10$ ou 15 anos e nenhum outro. A taxa de retorno é um exemplo de variável contínua; i pode variar de -100% a ∞, ou seja, $-100\% \leq i < \infty$. Os intervalos dos valores possíveis para n (discretos) e i (contínuos) são conhecidos como eixos x na Figura 19–2a. (Em textos sobre probabilidades, letras maiúsculas simbolizam uma variável, digamos X, e letras minúsculas, por exemplo, x, identificam um valor específico da variável. Embora correto, esse nível de rigor quanto à terminologia não é incluído neste capítulo.)

Probabilidade Este é um número entre 0 e 1,0 que expressa, de forma decimal, a chance de uma variável aleatória (discreta ou contínua) assumir qualquer valor dentre os que foram identificados para ela. Probabilidade é simplesmente a quantidade de chances dividida por 100. Probabilidades são comumente identificadas por $P(X_i)$, ou $P(X = X_i)$, onde se lê: "a probabilidade de a variável X assumir o valor X_i". (De fato, para uma variável contínua, a probabilidade de um valor único é zero, conforme será mostrado em um exemplo posterior.)

Figura 19–2
(*a*) Escalas das variáveis discreta e contínua e
(*b*) escalas de uma variável em relação à sua probabilidade.

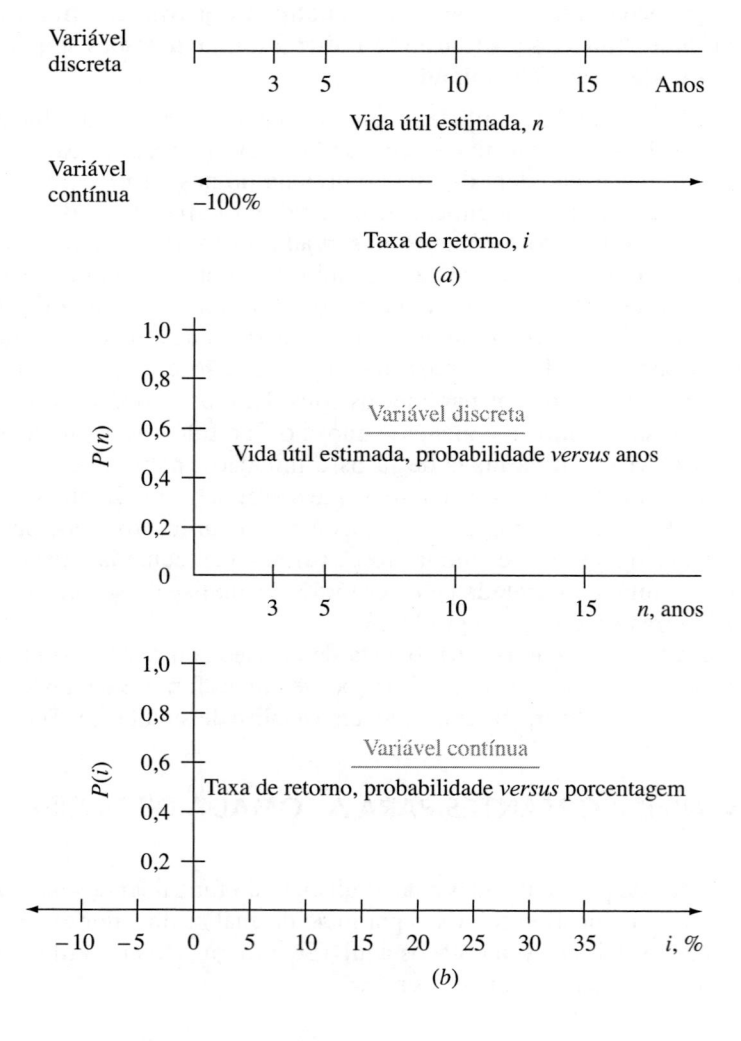

A soma de todos os $P(X_i)$ de uma variável deve ser 1,0, exigência esta já discutida. A escala de probabilidades, igual à escala de porcentagens para as chances da Figura 19–1, é indicada no eixo das ordenadas (eixo *y*) de um gráfico. A Figura 19–2*b* apresenta o intervalo de probabilidades de 0 a 1,0 das variáveis *n* e *i*.

Distribuição de Probabilidade   Ela descreve como a probabilidade se distribui ao longo dos diferentes valores de uma variável. As distribuições de variáveis discretas parecem significativamente diferentes das distribuições de variáveis contínuas, como indicado na inserção à direita. Os valores individuais da probabilidade são formulados como:

$$P(X_i) = \text{probabilidade de } X \text{ ser igual a } X_i \quad [19.1]$$

A distribuição pode ser desenvolvida de duas maneiras: listando o valor de cada probabilidade para cada valor possível da variável (veja o Exemplo 19.2) ou por meio de uma descrição ou expressão matemática que declare a probabilidade em termos dos possíveis valores da variável (veja o Exemplo 19.3).

Distribuição Cumulativa   Também chamada de distribuição cumulativa de probabilidade, isto é, o acúmulo de probabilidade sobre todos os valores de uma variável até um valor especificado, incluindo-o. Identificada por $F(X_i)$, cada valor cumulativo é calculado como:

$$F(X_i) = \text{soma de todas as probabilidades até o valor } X_i$$
$$= P(X \le X_i) \quad [19.2]$$

Como ocorre com a distribuição de probabilidade, a distribuição cumulativa tem uma aparência diferente para as variáveis discretas (em degraus) e para as variáveis contínuas (curva uniforme). Os dois exemplos seguintes ilustram as distribuições cumulativas que correspondem a distribuições de probabilidade específicas. Esses fundamentos sobre $F(X_i)$ serão aplicados na próxima seção, para desenvolvermos uma amostra aleatória.

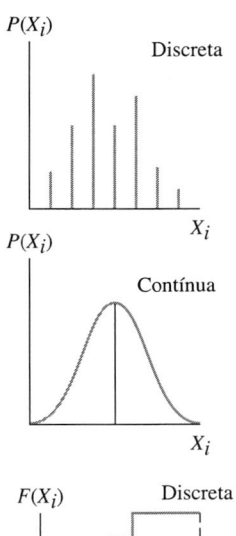

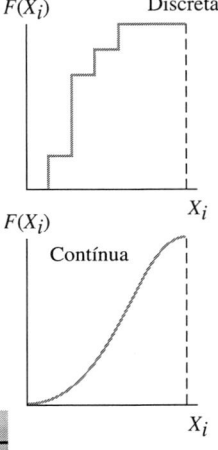

EXEMPLO 19.2

Alvin é um médico e engenheiro biomédico que trabalha no Medical Center Hospital. Ele planeja começar a prescrever um antibiótico que pode reduzir as infecções em pacientes com ferimentos no corpo. Testes indicam que a droga foi aplicada até 6 vezes ao dia sem efeitos colaterais danosos. Se nenhum medicamento for utilizado, há sempre a probabilidade positiva de a infecção ser reduzida pelo próprio sistema imunológico da pessoa.

Os resultados publicados de testes da droga fornecem boas estimativas da probabilidade de haver uma reação positiva (ou seja, redução da infecção) dentro de 48 horas, para diferentes números de aplicações por dia. Utilize as probabilidades listadas a seguir para construir uma distribuição de probabilidade e uma distribuição cumulativa para o número de aplicações por dia.

Número de Aplicações por Dia	Probabilidade de Redução da Infecção
0	0,07
1	0,08
2	0,10
3	0,12
4	0,13
5	0,25
6	0,25

Solução

Defina a variável aleatória T como o número de tratamentos por dia. Uma vez que T pode assumir somente 7 valores diferentes, é uma variável discreta. A probabilidade de redução da infecção está listada para cada valor na coluna 2 da Tabela 19–1. A probabilidade cumulativa $F(T_i)$ é determinada pela Equação [19.2], somando todos os valores de $P(T_i)$ até T_i, conforme é indicado na coluna 3.

A Figura 19–3, partes a e b, apresenta os diagramas da distribuição de probabilidade e da distribuição cumulativa, respectivamente. A soma das probabilidades de se obter $F(T_i)$ fornece à distribuição cumulativa a aparência de degraus e, em todos os casos, a $F(T_i) = 1,0$, uma vez que o total de todos os valores $P(T_i)$ deve ser igual a 1,0.

TABELA 19–1 Distribuição de Probabilidade e Distribuição Cumulativa, no Exemplo 19.2

(1) Número por dia T_i	(2) Probabilidade $P(T_i)$	(3) Probabilidade Cumulativa $F(T_i)$
0	0,07	0,07
1	0,08	0,15
2	0,10	0,25
3	0,12	0,37
4	0,13	0,50
5	0,25	0,75
6	0,25	1,00

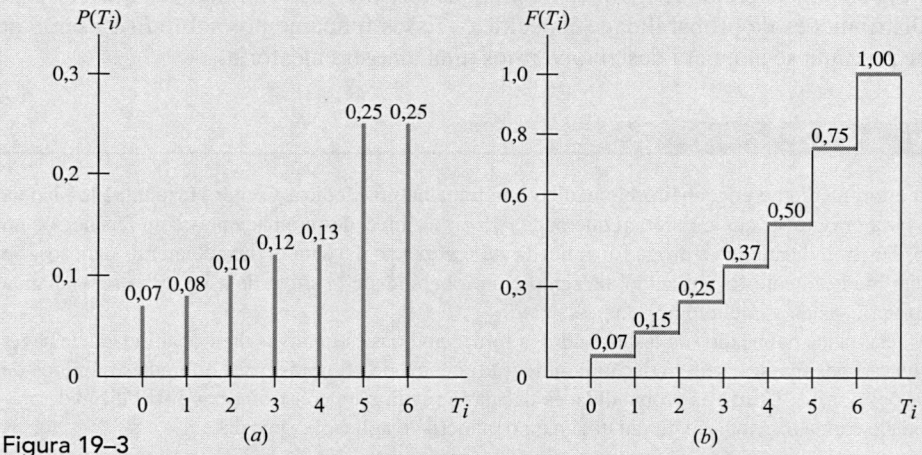

Figura 19–3
(a) Distribuição de probabilidade $P(T_i)$ e (b) distribuição cumulativa $F(T_i)$, no Exemplo 19.2.

Comentário

Em vez de utilizar uma forma tabular, como na Tabela 19–1, para declarar os valores $P(T_i)$ e $F(T_i)$, é possível expressá-los para cada valor da variável:

$$P(T_i) = \begin{cases} 0,07 & T_1 = 0 \\ 0,08 & T_2 = 1 \\ 0,10 & T_3 = 2 \\ 0,12 & T_4 = 3 \\ 0,13 & T_5 = 4 \\ 0,25 & T_6 = 5 \\ 0,25 & T_7 = 6 \end{cases} \qquad F(T_i) = \begin{cases} 0,07 & T_1 = 0 \\ 0,15 & T_2 = 1 \\ 0,25 & T_3 = 2 \\ 0,37 & T_4 = 3 \\ 0,50 & T_5 = 4 \\ 0,75 & T_6 = 5 \\ 1,00 & T_7 = 6 \end{cases}$$

SEÇÃO 19.2   Elementos Importantes para a Tomada de Decisão sob Risco   651

Em situações básicas de engenharia econômica, a distribuição de probabilidade de uma variável contínua é comumente expressa como uma função matemática como, por exemplo, uma *distribuição uniforme*, uma *distribuição triangular* (ambas discutidas no Exemplo 19.3 em termos de fluxo de caixa) ou a mais complexa, mas comumente utilizada, *distribuição normal*. Quanto às distribuições de variáveis contínuas, rotineiramente o símbolo $f(X)$ é utilizado em vez de $P(X_i)$, e $F(X)$ é utilizado em vez de $F(X_i)$, isso porque a probabilidade pontual de uma variável contínua é zero. Assim, $f(X)$ e $F(X)$ são linhas e curvas contínuas.

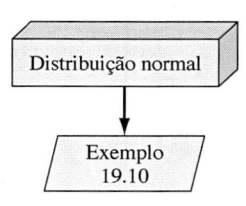

Distribuição normal → Exemplo 19.10

EXEMPLO 19.3

Como presidente de uma firma de consultoria em sistemas de produção, Sallie observou os fluxos de caixa mensais que ocorreram, durante os últimos 3 anos, nas contas empresariais de dois antigos clientes. Sallie concluiu o seguinte, a respeito da distribuição destes fluxos de caixa mensais:

Cliente 1
Estimativa de baixo fluxo de caixa: $ 10.000
Estimativa de alto fluxo de caixa: $ 15.000
Fluxo de caixa mais provável: igual para todos os valores
Distribuição de probabilidade: uniforme

Cliente 2
Estimativa de baixo fluxo de caixa: $ 20.000
Estimativa de alto fluxo de caixa: $ 30.000
Fluxo de caixa mais provável: $ 28.000
Distribuição de probabilidade: moda em $ 28.000

Moda é o valor de uma variável observado mais freqüentemente. Sallie presume que o fluxo de caixa seja uma variável contínua denominada C. (*a*) Escreva e trace graficamente as duas distribuições de probabilidade e as distribuições cumulativas para o fluxo de caixa mensal e (*b*) determine a probabilidade de o fluxo de caixa mensal não ser maior do que $ 12.000 para o cliente 1 e não ser maior do que $ 25.000 para o cliente 2.

Solução
Todos os valores do fluxo de caixa estão expressos em unidades de $ 1.000.

Cliente 1: distribuição do fluxo de caixa mensal
(*a*) A distribuição dos fluxos de caixa para o cliente 1, identificada pela variável C_1, segue a *distribuição uniforme*. A probabilidade e a probabilidade cumulativa assumem as seguintes formas gerais:

$$f(C_1) = \frac{1}{\text{alto} - \text{baixo}} \quad \text{valor baixo} \leq C_1 \leq \text{valor alto}$$

$$f(C_1) = \frac{1}{A - B} \quad B \leq C_1 \leq A \quad [19.3]$$

$$F(C_1) = \frac{\text{valor} - \text{baixo}}{\text{alto} - \text{baixo}} \quad \text{valor baixo} \leq C_1 \leq \text{valor alto}$$

$$F(C_1) = \frac{C_1 - B}{A - B} \quad B \leq C_1 \leq A \quad [19.4]$$

Para o cliente 1, o fluxo de caixa mensal é uniformemente distribuído, com $B = \$10$, $A = \$15$ e $\$10 \leq C_1 \leq \$15$. A Figura 19–4 é um gráfico de $f(C_1)$ e $F(C_1)$, com base nas Equações [19.3] e [19.4].

$$f(C_1) = \frac{1}{5} = 0,2 \quad \$10 \leq C_1 \leq \$15$$

$$F(C_1) = \frac{C_1 - 10}{5} \quad \$10 \leq C_1 \leq \$15$$

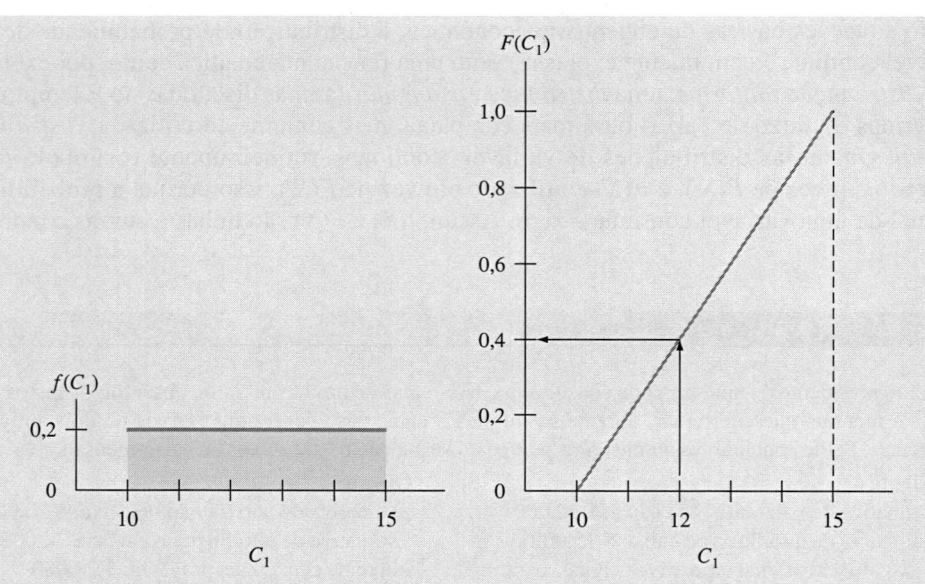

Figura 19–4
Distribuição uniforme do fluxo de caixa mensal, no Exemplo 19.3.

(b) A probabilidade de o cliente 1 ter um fluxo de caixa mensal menor do que $ 12 é facilmente determinada por meio do gráfico de $F(C_1)$ como 0,4, ou 40% de chance. Se a relação $F(C_1)$ for utilizada diretamente, o cálculo será:

$$F(\$12) = P(C_1 \leq \$12) = \frac{12-10}{5} = 0,4$$

Cliente 2: distribuição do fluxo de caixa mensal

(a) A distribuição dos fluxos de caixa para o cliente 2, identificado pela variável C_2, segue uma *distribuição triangular*. Essa distribuição de probabilidade tem a forma de um triângulo que aponta para cima, com o pico na moda M, e as linhas de seu declive unindo o eixo x tanto no lado do valor baixo (B) quanto no lado do valor alto (A). A moda de distribuição triangular tem o seguinte valor máximo de probabilidade:

$$f(\text{moda}) = f(M) = \frac{2}{A-B} \qquad [19.5]$$

A distribuição cumulativa é composta de dois segmentos encurvados, de 0 a 1, com um *breakeven* na moda, em que:

$$F(\text{moda}) = F(M) = \frac{M-B}{A-B} \qquad [19.6]$$

Para C_2, o valor baixo é B = $ 20, o valor alto é A = $ 30 e o fluxo de caixa mais provável é a moda M = $ 28. A probabilidade para M, por meio da Equação [19.5], é:

$$f(28) = \frac{2}{30-20} = \frac{2}{10} = 0,2$$

E o *breakeven* na distribuição cumulativa ocorre em C_2 = 28. Utilizando a Equação [19.6]:

$$F(28) = \frac{28-20}{30-20} = 0,8$$

A Figura 19–5 apresenta os gráficos de $f(C_2)$ e $F(C_2)$. Note que $f(C_2)$ é assimétrico, uma vez que a moda não está no ponto médio do intervalo $A - B$, e que $F(C_2)$ é uma curva em forma de S, com um ponto de inflexão na moda.

(b) Da distribuição cumulativa da Figura 19–5, é possível identificar uma chance, estimada em 31,25%, de que o fluxo de caixa seja de $ 25 ou menos.

$$F(\$\ 25) = P(C_2 \leq \$\ 25) = 0,3125$$

Comentário
Note que as relações gerais $f(C_2)$ e $F(C_2)$ não são desenvolvidas aqui. A variável C_2 *não* é uma distribuição uniforme, ela é triangular. Portanto, ela requer a utilização de uma integral para encontrar os valores de probabilidade cumulativa, por meio da distribuição de probabilidade $f(C_2)$.

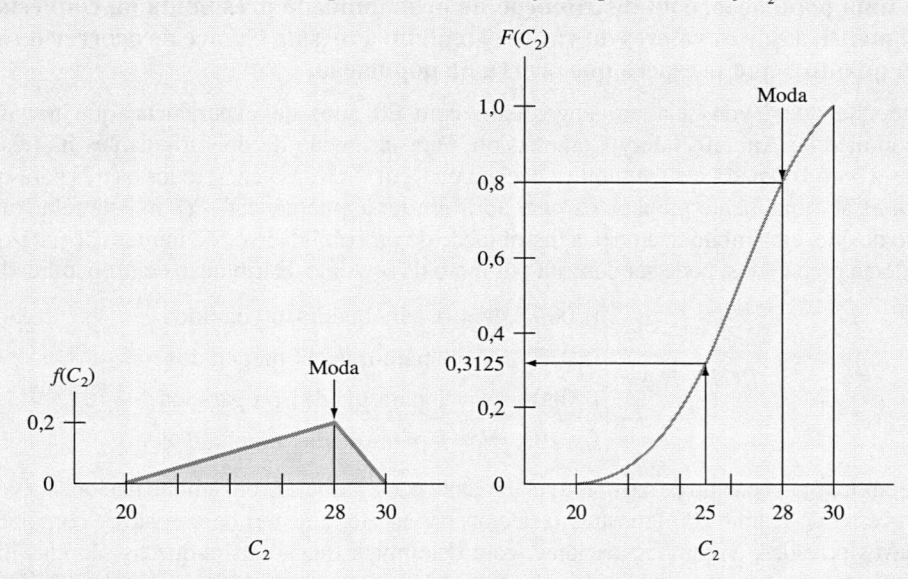

Figura 19–5
Distribuição triangular para o fluxo de caixa mensal, no Exemplo 19.3.

Exemplo adicional 19.9

19.3 AMOSTRAS ALEATÓRIAS

Estimar um parâmetro com um único valor, como foi realizado nos capítulos anteriores, é equivalente a extrair uma *amostra aleatória, de tamanho 1, de uma população inteira* de possíveis valores. Se todos os valores da população fossem conhecidos, a distribuição de probabilidade e a distribuição cumulativa seriam conhecidas. Então, uma amostra não seria necessária. Para ilustrar, suponha que as estimativas de custo de aquisição, custo operacional anual, taxa de juros e outros parâmetros sejam utilizadas para calcular o valor VP, a fim de que se possa aceitar ou rejeitar uma alternativa. Cada estimativa é uma amostra de tamanho 1 da população inteira de valores possíveis para cada parâmetro. Ora, se uma segunda estimativa for realizada para cada parâmetro e um segundo valor VP for determinado, uma amostra de tamanho 2 terá sido extraída.

Sempre que executamos um estudo de engenharia econômica e utilizamos tomadas de decisão sob certeza, utilizamos uma estimativa para cada parâmetro para calcular uma medida de valor (ou seja, uma amostra de tamanho 1 para cada parâmetro). A estimativa é o valor mais provável, ou seja, uma estimativa do valor esperado. Sabemos que todos os parâmetros variarão um bocado; contudo, alguns são tão importantes, ou variarão tanto, que uma distribuição de probabilidade deve ser determinada ou presumida, e o parâmetro deve ser tratado como uma variável aleatória. Isso envolve risco, e uma amostra da distribuição de probabilidade – $P(X)$ para discreta ou $f(X)$ para contínua – do parâmetro ajuda a formular as declarações de probabilidade a respeito das estimativas. Este procedimento complica bastante a análise; entretanto, também proporciona uma sensação de confiança (ou falta de confiança, em alguns casos) sobre a decisão tomada com respeito à viabilidade econômica da alternativa, com base no parâmetro variável. (Discutiremos este aspecto mais tarde, depois de aprendermos a extrair corretamente uma variável aleatória de qualquer distribuição de probabilidade.)

Uma amostra aleatória de tamanho n é a escolha feita de modo aleatório de n valores de uma população, com distribuição de probabilidade presumida ou conhecida, de tal maneira que os valores da variável tenham a mesma chance de ocorrer na amostra quanto o que se espera que ocorra na população.

Suponha que Yvon seja um engenheiro com 20 anos de experiência, que trabalha na Noncommercial Aircraft Safety Commission. Para um avião de dois tripulantes há três pára-quedas a bordo. O padrão de segurança declara que, em 99% das vezes, todos os três pára-quedas devem estar "totalmente preparados para abrir em uma emergência". Yvon está relativamente seguro de que, em âmbito nacional, a distribuição de probabilidade de N, número de pára-quedas totalmente preparados, pode ser descrita por meio da seguinte distribuição de probabilidade:

$$P(N = N_i) = \begin{cases} 0,005 & N = 0 \text{ pára-quedas preparados} \\ 0,015 & N = 1 \text{ pára-quedas preparados} \\ 0,060 & N = 2 \text{ pára-quedas preparados} \\ 0,920 & N = 3 \text{ pára-quedas preparados} \end{cases}$$

Isso significa que o padrão de segurança claramente não é cumprido em âmbito nacional. Yvon está no processo de extrair 200 amostras (selecionadas aleatoriamente) de aeronaves corporativas e aeronaves privadas, em âmbito nacional, para determinar quantos pára-quedas são classificados como plenamente preparados. Se a amostra for verdadeiramente aleatória e a distribuição de probabilidade obtida por Yvon for uma representação correta da adequação dos pára-quedas, os valores observados N, nas 200 aeronaves, se aproximarão das mesmas proporções obtidas para as probabilidades da população, ou seja, 1 aeronave com 0 pára-quedas preparado etc. Como se trata de uma amostra, é provável que os resultados não acompanhem exatamente os resultados para a população. Entretanto, se os resultados estiverem relativamente próximos, o estudo indicará que os resultados da amostra podem ser úteis para prever a segurança dos pára-quedas em âmbito nacional.

TABELA 19–2 Dígitos Aleatórios Agrupados em Números de Dois Dígitos

51	82	88	18	19	81	03	88	91	46	39	19	28	94	70	76	33	15	64	20	14	52
73	48	28	59	78	38	54	54	93	32	70	60	78	64	92	40	72	71	77	56	39	27
10	42	18	31	23	80	80	26	74	71	03	90	55	61	61	28	41	49	00	79	96	78
45	44	79	29	81	58	66	70	24	82	91	94	42	10	61	60	79	30	01	26	31	42
68	65	26	71	44	37	93	94	93	72	84	39	77	01	97	74	17	19	46	61	49	67
75	52	14	99	67	74	06	50	97	46	27	88	10	10	70	66	22	56	18	32	06	24

Para desenvolver uma amostra aleatória, utilize *números aleatórios (NA)*, gerados de uma distribuição de probabilidade uniforme, para os números discretos de 0 a 9, ou seja:

$$P(X_i) = 0,1 \qquad \text{para } X_i = 0, 1, 2, \ldots, 9$$

Em forma tabular, os dígitos aleatórios, assim gerados, comumente são reunidos em grupos de dois dígitos, três dígitos ou mais. A Tabela 19–2 é uma amostra de 264 dígitos aleatórios agrupados em números de dois dígitos. Esse formato é muito útil, pois os números que variam de 00 a 99 se relacionam, convenientemente, com os valores da distribuição cumulativa: 0,01 a 1,00. Isso facilita escolher um NA de dois dígitos e inserir $F(X)$ para determinar um valor da variável com proporções idênticas à que ocorre na distribuição de probabilidade. Para aplicar essa lógica manualmente e desenvolver uma amostra aleatória de tamanho n, com base em uma distribuição de probabilidade discreta $P(X)$ ou em uma distribuição de probabilidade contínua $f(X)$, é possível utilizar o procedimento a seguir.

1. Desenvolva a distribuição cumulativa $F(X)$ por meio da distribuição de probabilidade. Trace o gráfico de $F(X)$.
2. Atribua os valores NA de 00 a 99 à escala $F(X)$ (o eixo y) na mesma proporção aplicada às probabilidades. Em relação ao exemplo da segurança dos pára-quedas, as probabilidades de 0,0 a 0,15 são representadas pelos números aleatórios 00 a 14. Indique o NA no gráfico.
3. Para utilizar uma tabela de números aleatórios, determine o esquema ou a seqüência de seleção dos valores NA – decrescente, crescente, de lado a lado, diagonalmente. Qualquer direção e padrão são aceitáveis, mas o esquema deve ser utilizado coerentemente em uma amostra inteira.
4. Selecione o primeiro número da tabela de números aleatórios, insira a escala $F(X)$, observe e registre o valor da variável correspondente. Repita esta etapa até obter n valores para a variável, o que constituirá a amostra aleatória.
5. Utilize os n valores da amostra para análise e tomada de decisão sob risco. Isso poderá corresponder a:

   - Traçar graficamente a distribuição de probabilidade da amostra.
   - Desenvolver declarações de probabilidade a respeito do parâmetro.
   - Comparar os resultados da amostra com a distribuição presumível da população.
   - Determinar a estatística da amostra (Seção 19.4).
   - Realizar uma análise de sensibilidade (Seção 19.5).

EXEMPLO 19.4

Desenvolva uma amostra aleatória de tamanho 10 para a variável N, número de meses, conforme é descrito pela distribuição de probabilidade:

$$P(N = N_i) = \begin{cases} 0,20 & N = 24 \\ 0,50 & N = 30 \\ 0,30 & N = 36 \end{cases} \quad [19.7]$$

Solução
Aplique o procedimento anteriormente apresentado utilizando os valores $P(N = N_i)$ na Equação [19.7]

1. A distribuição cumulativa, Figura 19–6, refere-se à variável discreta N, que pode assumir três diferentes valores.
2. Atribua 20 números (00 a 19) para $N_1 = 24$ meses, no qual $P(N = 24) = 0,2$; 50 números para $N_2 = 30$; e 30 números para $N_3 = 36$.
3. Inicialmente, selecione qualquer posição na Tabela 19–2 e percorra a linha para a direita e depois, na linha debaixo, para a esquerda. (Qualquer rotina pode ser desenvolvida, e uma seqüência diferente para cada amostra aleatória pode ser utilizada.)
4. Selecione o número inicial 45 (quarta linha, primeira coluna) e insira a Figura 19–6 no intervalo NA de 20 a 69, para obter $N = 30$ meses.

5. Selecione e registre os nove valores restantes da Tabela 19–2, conforme é apresentando a seguir.

NA	45	44	79	29	81	58	66	70	24	82
N	30	30	36	30	36	30	30	36	30	36

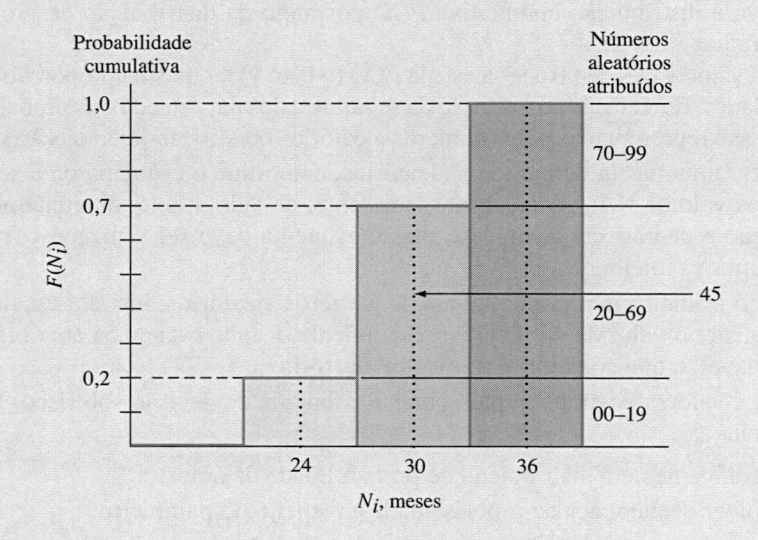

Figura 19–6
Distribuição cumulativa com valores numéricos aleatórios, atribuídos proporcionalmente às probabilidades, no Exemplo 19.4.

Agora, utilizando os 10 valores, desenvolva as probabilidades da amostra.

N Meses	Número de Vezes na Amostra	Probabilidade da Amostra	Probabilidade da Equação [19.7]
24	0	0,00	0,2
30	6	0,60	0,5
36	4	0,40	0,3

Com somente 10 valores, podemos esperar que as estimativas de probabilidade da amostra sejam diferentes dos valores da Equação [19.7]. Somente o valor $N = 24$ meses é significativamente diferente, uma vez que não ocorreu nenhum NA igual a 19 ou menos. Uma amostra maior, definitivamente, fará com que as probabilidades se aproximem mais dos dados originais.

Para se extrair uma *amostra aleatória de tamanho n para uma variável contínua*, o mesmo procedimento apresentado anteriormente é aplicado, com exceção de que os valores numéricos aleatórios são atribuídos à distribuição cumulativa em uma escala contínua de 00 a 99, correspondente aos valores de $F(X)$. Como ilustração, considere a Figura 19–4, na qual C_1 é a variável dos *fluxos de caixa uniformemente distribuídos* para o cliente 1, no Exemplo 19.3. Aqui, $B = \$ 10$, $A = \$ 15$ e $f(C_1) = 0,2$ para todos os valores entre B e A (todos os valores foram divididos por $ 1.000). O $F(C_1)$ é repetido na Figura 19–7 com os valores numéricos aleatórios atribuídos apresentados à direita, na escala. Se o NA de dois dígitos, 45, for escolhido, o C_1 correspondente é, graficamente, estimado em $ 12,25. Ele também pode ser interpolado linearmente como $ 12,25 = 10 + (45/100)(15 − 10)$.

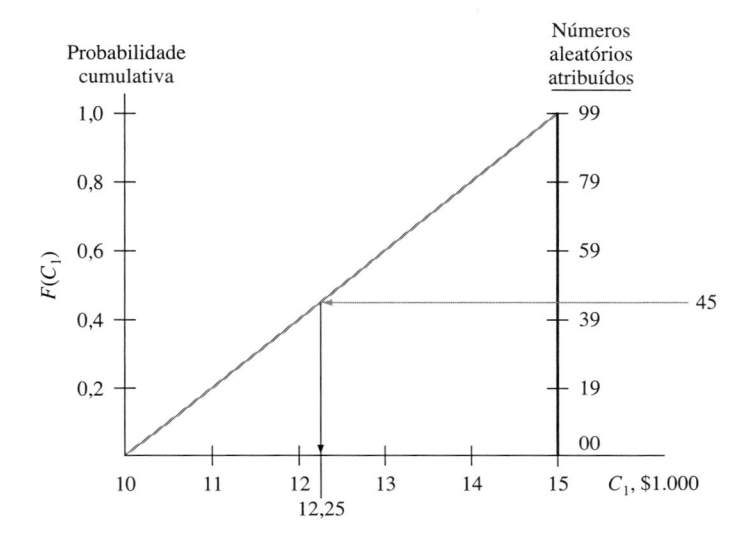

Figura 19–7
Números aleatórios atribuídos à variável contínua dos fluxos de caixa do cliente 1, no Exemplo 19.3.

Para se obter maior precisão ao desenvolver uma amostra aleatória, especialmente para uma variável contínua, é possível utilizar números aleatórios com 3, 4 ou 5 dígitos. Eles podem ser obtidos por meio da Tabela 19–2, simplesmente combinando-se dígitos das colunas e linhas, ou em tabelas de NA, em agrupamentos de mais dígitos. Na amostragem computadorizada, a maior parte dos pacotes de software de simulação incorpora um gerador de números aleatórios que gera valores no intervalo de 0 a 1 com base em uma distribuição uniforme contínua, habitualmente identificada pelo símbolo $U(0,1)$. Os valores NA, usualmente entre 0,00000 e 0,99999, são utilizados para extrair amostras diretamente de uma distribuição cumulativa, empregando fundamentalmente o mesmo procedimento aqui explicado. As funções ALEATÓRIO e RANDBETWEEN, do Excel, são descritas no Apêndice A, Seção A3.

Uma questão inicial na amostragem aleatória é o *tamanho mínimo de n* necessário para garantir a segurança dos resultados. Sem detalhar a lógica matemática, a teoria da amostragem, que se baseia na lei dos grandes números e no teorema do limite central (consulte um livro de estatística básica sobre esses assuntos), indica que um *n* igual a 30 é suficiente. Entretanto, como a realidade não segue exatamente a teoria, e considerando que a engenharia econômica lida com estimativas incompletas, amostras no intervalo de *100 a 200* são a prática comum. Mas amostras pequenas, de 10 a 25, fornecem uma base muito melhor para a tomada de decisão sob risco do que a estimativa pontual para um parâmetro que pode variar amplamente.

19.4 VALOR ESPERADO E DESVIO PADRÃO

Duas medidas ou propriedades muito importantes de uma variável aleatória são o valor esperado e o desvio padrão. Se uma população inteira de uma variável fosse conhecida, essas propriedades seriam calculadas diretamente. Como isso normalmente não ocorre, são utilizadas amostras aleatórias para estimá-las por meio da média e do desvio padrão amostral. Apresentamos, a seguir, uma breve introdução à interpretação e cálculo dessas propriedades, utilizando uma amostra aleatória de tamanho *n* para uma dada população.

Os símbolos usuais são letras gregas para as medidas da população real e letras do alfabeto latino para as estimativas da amostra.

	Medida da População Real		Estimativa Amostral	
	Símbolo	Nome	Símbolo	Nome
Valor esperado	μ ou $E(X)$	Mu ou média verdadeira	$\bar{X}$	Média amostral
Desvio padrão	σ ou $\sqrt{\text{Var}(X)}$ ou $\sqrt{\sigma^2}$	Sigma ou desvio padrão verdadeiro	s ou $\sqrt{s^2}$	Desvio padrão da amostra

O *valor esperado* é a média esperada de longo prazo se a variável for amostrada muitas vezes.

O valor esperado da população não é conhecido exatamente, uma vez que a própria população não é conhecida completamente. Então, μ é estimado ou por meio de $E(X)$, com base em uma distribuição, ou por meio de $\bar{X}$, a média amostral. A Equação [18.2], aqui repetida como Equação [19.8], é utilizada para calcular o $E(X)$ de uma distribuição de probabilidade, e a Equação [19.9] é a média amostral, também chamada de termo médio da amostra.

População: μ

Distribuição de probabilidade: $E(X) = \sum X_i P(X_i)$ [19.8]

Amostra: $\bar{X} = \dfrac{\text{soma dos valores da amostra}}{\text{tamanho da amostra}}$

$$= \frac{\sum X_i}{n} = \frac{\sum f_i X_i}{n}$$ [19.9]

O f_i na segunda forma da Equação [19.9] é a freqüência de X_i, ou seja, o número de vezes que cada valor ocorre na amostra. O $\bar{X}$ resultante não é, necessariamente, um valor observado da variável; ele é o valor médio de longo prazo e pode assumir qualquer valor dentro do intervalo da variável. (Omitimos o subscrito i em X e em f quando não existe risco de gerar confusão.)

EXEMPLO 19.5

Kayeu, um engenheiro da Pacific NW Utilities, planeja testar diversas hipóteses a respeito das contas residenciais de consumo de energia elétrica, em países norte-americanos e asiáticos. A variável de interesse é X, a conta residencial mensal em dólares americanos (arredondados para o valor mais próximo). Duas pequenas amostras foram selecionadas de diferentes países da América do Norte e da Ásia. Calcule o valor esperado da população. As amostras (de uma perspectiva não estatística) parecem ter sido extraídas de uma população de contas de consumo de energia elétrica ou de duas populações diferentes?

País norte-americano, amostra 1, $	40	66	75	92	107	159	275
País asiático, amostra 2, $	84	90	104	187	190		

Solução
Utilize a Equação [19.9] para obter a média amostral.

Amostra 1: $n = 7$ $\sum X_i = 814$ $\bar{X} = \$116,29$

Amostra 2: $n = 5$ $\sum X_i = 655$ $\bar{X} = \$131,00$

Baseando-se unicamente nas pequenas médias amostrais, a diferença aproximada de $ 15, menor do que 10% da menor conta média, não parece ser suficientemente grande para que se possa concluir que as duas populações são diferentes. Há diversos testes estatísticos disponíveis para determinar se as amostras vêm da mesma população ou de populações diferentes. (Consulte um livro de estatística básica para conhecê-los.)

Comentário
Três medidas da tendência central dos dados comumente são utilizadas. A média amostral é a mais popular, mas a *moda* e a *mediana* também são boas medidas. A moda, que é o valor observado mais freqüentemente, foi utilizada no Exemplo 19.3, para uma distribuição triangular. Não há uma moda específica nas duas amostras apresentadas por Kayeu, uma vez que todos os valores são diferentes. A mediana é o valor médio da amostra, sem a influência dos valores extremos, como ocorre com a média. As medianas das duas amostras são $ 92 e $ 104. Com base unicamente nas medianas, a conclusão ainda é que as amostras não vêm, necessariamente, de duas populações diferentes de contas de consumo de energia elétrica.

O *desvio padrão* é a dispersão ou o desdobramento de valores nas proximidades do valor esperado $E(X)$ ou da média amostral $\bar{X}$.

O desvio padrão s da amostra estima a propriedade σ, que é a medida de dispersão populacional nas proximidades do valor esperado da variável. Uma distribuição de probabilidade para dados que têm uma forte tendência central é agrupada mais estreitamente nas proximidades do centro dos dados e tem um s menor do que uma distribuição mais ampla e mais dispersa. Na Figura 19–8, as amostras com valores s maiores – s_1 e s_4 – têm uma distribuição de probabilidade mais uniforme, mais ampla.

Na prática, a variância s^2 é citada freqüentemente como medida da dispersão. Como o desvio padrão é simplesmente a raiz quadrada da variância, qualquer medida pode ser utilizada. Entretanto, o valor s é o que utilizamos rotineiramente para efetuar cálculos de risco e probabilidade. Matematicamente, as fórmulas e os símbolos da variância e desvio padrão de uma variável discreta e uma amostra aleatória de tamanho n são os seguintes:

População: $\quad \sigma^2 = \text{Var}(X) \quad$ e $\quad \sigma = \sqrt{\sigma^2} = \sqrt{\text{Var}(X)}$

Distribuição de probabilidade: $\text{Var}(X) = \sum [X_i - E(X)]^2 P(X_i)$ [19.10]

Amostra: $\quad s^2 = \dfrac{\text{soma de (valor da amostra − média amostral)}^2}{\text{tamanho da amostra} - 1}$

$$= \frac{\Sigma (X_i - \bar{X})^2}{n-1} \quad [19.11]$$

$s = \sqrt{s^2}$

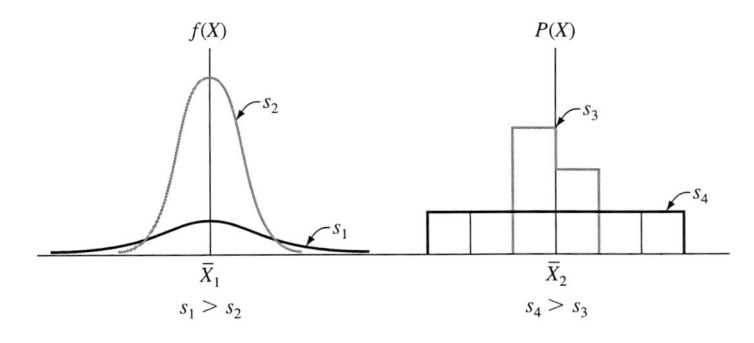

Figura 19–8
Esboços de distribuições com diferentes valores médios e desvios padrão.

A Equação [19.11] da variância amostral habitualmente é aplicada de uma forma computacionalmente mais conveniente.

$$s^2 = \frac{\sum X_i^2}{n-1} - \frac{n}{n-1}\overline{X}^2 = \frac{\sum f_i X_i^2}{n-1} - \frac{n}{n-1}\overline{X}^2 \qquad [19.12]$$

O desvio padrão utiliza a média amostral como base sobre a qual mede o desdobramento ou dispersão dos dados, por meio do cálculo $(X - \overline{X})$, que pode ter um sinal de menos (–) ou de mais (+). Para medir precisamente a dispersão em ambas as direções com base na média, a quantidade $(X - \overline{X})$ é elevada ao quadrado. Para retornar à dimensão da própria variável, é extraída a raiz quadrada da Equação [19.11]. O termo $(X - \overline{X})^2$ é chamado de *desvio médio quadrático*, e s é historicamente chamada de *desvio da raiz média quadrática*. O f_i na segunda forma da Equação [19.12] utiliza a freqüência de cada X_i para calcular s^2.

Uma maneira simples de combinar a média e o desvio padrão é determinar a porcentagem ou fração da amostra que está dentro de ±1, ±2 ou ±3 desvios padrão da média, ou seja,

$$\overline{X} \pm ts \quad \text{para } t = 1, 2, \text{ou } 3 \qquad [19.13]$$

Em termos de probabilidade, isto é declarado como:

$$P(\overline{X} - ts \leq X \leq \overline{X} + ts) \qquad [19.14]$$

Virtualmente todos os valores da amostra estarão dentro do intervalo de ±3s de $\overline{X}$, mas o percentual dentro de ±1s vai variar, dependendo de como os dados se distribuem nas proximidades de $\overline{X}$. O exemplo seguinte ilustra o cálculo de s para se estimar σ e incorpora s à média amostral utilizando $\overline{X} \pm ts$.

EXEMPLO 19.6

(a) Utilize as duas amostras do Exemplo 19.5 para estimar a variância da população e o desvio padrão das contas de consumo de energia elétrica. (b) Determine as porcentagens de cada amostra que estão dentro dos intervalos de 1 e 2 do desvios padrão da média.

Solução

(a) Apenas para ilustrar, aplique as duas diferentes relações para calcular s das duas amostras. Em relação à amostra 1 (países norte-americanos) com $n = 7$, utilize X para identificar os valores. A Tabela 19–3 apresenta o cálculo de $\Sigma(x - \overline{x})^2$ para a Equação [19.11], com $\overline{X} = \$ 116,29$. Os valores s^2 e s resultantes são:

$$s^2 = \frac{37.743,40}{6} = 6.290,57$$
$$s = \$79,31$$

Em relação à amostra 2 (países asiáticos), utilize Y para identificar os valores. Com $n = 5$ e $\overline{Y} = 131$, a Tabela 19–4 apresenta o ΣY^2 da Equação [19.12]. Então,

$$s^2 = \frac{97.041}{4} - \frac{5}{4}(131)^2 = 42.260,25 - 1,25(17.161) = 2.809$$
$$s = \$ 53$$

TABELA 19–3	Cálculo do Desvio Padrão Utilizando a Equação [19.11], com $\bar{X}$ = $ 116,29, no Exemplo 19.6	
X	(X − $\bar{X}$)	(X − $\bar{X}$)²
$ 40	−76,29	5.820,16
66	−50,29	2.529,08
75	−41,29	1.704,86
92	−24,29	590,00
107	−9,29	86,30
159	+42,71	1.824,14
275	+158,71	25.188,86
$814		$37.743,40

TABELA 19–4	Cálculo do Desvio Padrão Utilizando a Equação [19.12], com $\bar{Y}$ = $ 131, no Exemplo 19.6
Y	Y²
$ 84	7.056
90	8.100
104	10.816
187	34.969
190	36.100
$655	97.041

A dispersão é menor para a amostra de países asiáticos ($ 53) do que para a amostra de países norte-americanos ($ 79,31).

(b) A Equação [19.13] determina os intervalos de $\bar{X} \pm 1s$ e $\bar{X} \pm 2s$. Conte o número de pontos de dados da amostra entre os limites e calcule a porcentagem correspondente. Veja na Figura 19–9 um gráfico dos dados e os intervalos do desvio padrão.

Amostra norte-americana

$$\bar{X} \pm 1s = 116,29 \pm 79,31 \quad \text{para um intervalo de \$36,98 a \$195,60}$$

Seis dentre sete valores estão dentro deste intervalo, de forma que a porcentagem é 85,7%.

$$\bar{X} \pm 2s = 116,29 \pm 158,62 \quad \text{para um intervalo de \$ }-42,33 \text{ a \$274,91}$$

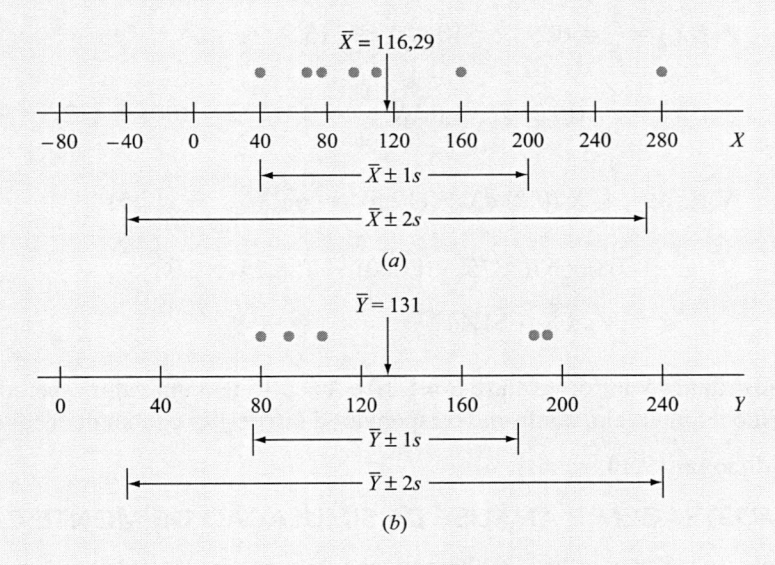

Figura 19–9
Valores, médias e intervalos de desvio padrão para (a) amostras de países norte-americanos e (b) asiáticos, no Exemplo 19.6.

> Há seis dos sete valores dentro do intervalo $\bar{X} \pm 2s$. O limite \$ –42,33 é significativo somente da perspectiva probabilística, do ponto de vista prático, utilize zero. Ou seja, nenhum valor é faturado.
> *Amostra asiática*
>
> $$\bar{Y} \pm 1s = 131 \pm 53 \qquad \text{para um intervalo de \$ 78 a \$ 184}$$
>
> Há três dentre cinco valores, ou 60%, dentro do intervalo.
>
> $$\bar{Y} \pm 2s = 131 \pm 106 \qquad \text{para um intervalo de \$ 25 a \$ 237}$$
>
> Todos os cinco valores estão dentro do intervalo $\bar{Y} \pm 2s$.
>
> **Comentário**
> Uma segunda medida comum de dispersão é o *intervalo*, que é simplesmente o resultado dos maiores valores amostrais menos os menores valores amostrais. Nas duas amostras em questão, as estimativas do intervalo são \$ 235 e \$ 106.

Antes de realizarmos uma análise de simulação em engenharia econômica, talvez seja útil resumirmos as relações de valor esperado e de desvio padrão de uma variável contínua, uma vez que as Equações [19.8] a [19.12] tratam somente de variáveis discretas. As principais diferenças referem-se ao fato de o símbolo de somatório ser substituído pela integral ao longo do intervalo definido da variável, que é definida por R, e que $P(X)$ é substituído pelo elemento diferencial $f(X)dX$. Para uma distribuição contínua de probabilidade $f(X)$, as fórmulas são:

Valor esperado: $\qquad E(X) = \int_R X f(X) \, dX \qquad$ [19.15]

Variância: $\qquad \text{Var}(X) = \int_R X^2 f(X) \, dX - [E(X)]^2 \qquad$ [19.16]

Para um exemplo numérico, utilize novamente a distribuição uniforme do Exemplo 19.3 (Figura 19–4) ao longo do intervalo R de \$ 10 a \$ 15. Se identificarmos a variável como X, em vez de C_1, os seguintes cálculos são corretos:

$$f(X) = \frac{1}{5} = 0{,}2 \qquad \$10 \le X \le \$15$$

$$E(X) = \int_R X(0{,}2) \, dX = 0{,}1X^2 \Big|_{10}^{15} = 0{,}1(225 - 100) = \$12{,}5$$

$$\text{Var}(X) = \int_R X^2(0{,}2) \, dX - (12{,}5)^2 = \frac{0{,}2}{3} X^3 \Big|_{10}^{15} - (12{,}5)^2$$

$$= 0{,}06667(3375 - 1.000) - 156{,}25 = 2{,}08$$

$$\sigma = \sqrt{2{,}08} = \$1{,}44$$

Portanto, a distribuição uniforme entre $B = \$ 10$ e $A = \$ 15$ tem um valor esperado de \$ 12,5 (o ponto médio do intervalo, conforme o esperado) e um desvio padrão de \$ 1,44.

Exemplo Adicional 19.10

19.5 AMOSTRAGEM E ANÁLISE DE SIMULAÇÃO DE MONTE CARLO

Até este ponto, todas as escolhas de alternativas foram realizadas utilizando-se estimativas com certeza, possivelmente seguidas de algum teste da decisão, por meio de análise de sensibilidade ou valores esperados. Nesta seção, utilizaremos um critério de simulação que incorpora a matéria das seções anteriores, para facilitar a decisão de engenharia econômica a respeito de uma alternativa ou entre duas ou mais alternativas.

A técnica de amostragem aleatória, discutida na Seção 19.3, é chamada de *amostragem de Monte Carlo*. O procedimento geral, esboçado a seguir, utiliza a amostragem de Monte Carlo para obter amostras de tamanho n, para parâmetros selecionados de alternativas formuladas. Esses parâmetros, que se espera variem de acordo com a distribuição de probabilidade estabelecida, garantem a tomada de decisão sob risco. Todos os outros parâmetros de uma alternativa são considerados certos, ou seja, são conhecidos ou podem ser estimados com bastante precisão. Uma hipótese importante é feita, usualmente, sem que se perceba.

Todos os parâmetros são independentes; ou seja, a distribuição de uma variável não afeta o valor de nenhuma outra variável da alternativa. Isso é chamado de *propriedade das variáveis aleatórias independentes*.

O critério de simulação para análise de engenharia econômica é resumido nestes passos básicos:

Passo 1. **Formule a(s) alternativa(s).** Crie cada alternativa na forma que deve ser considerada pelos métodos de engenharia econômica e escolha a medida de valor sobre a qual basear a decisão. Determine a forma da(s) relação(ões) para calcular a medida de valor.

Passo 2. **Parâmetros com variação.** Selecione os parâmetros, em cada alternativa, a serem tratados como variáveis aleatórias. Estime valores para todos os outros parâmetros (certos) da análise.

Passo 3. **Determine distribuições de probabilidade.** Determine se cada variável é discreta ou contínua e descreva uma distribuição de probabilidade para cada variável de cada alternativa. Utilize distribuições padrão onde for possível, para simplificar o processo de amostragem e preparar a simulação computadorizada.

Passo 4. **Amostragem aleatória.** Incorpore o procedimento de amostragem aleatória da Seção 19.3 (os quatro primeiros passos) a este procedimento. Isso implica distribuição cumulativa de números aleatórios (NA), seleção dos NA e definição de uma amostra de tamanho n para cada variável.

Passo 5. **Cálculo da medida de valor.** Calcule n valores da medida de valor escolhida com base na(s) relação(ões) determinada(s) no passo 1. Utilize as estimativas feitas com certeza e os n valores amostrais, para os parâmetros variáveis. (Neste ponto é que a propriedade das variáveis aleatórias independentes é de fato aplicada.)

Passo 6. **Descrição da medida de valor.** Construa uma distribuição de probabilidade da medida de valor utilizando de 10 a 20 células de dados e calcule medidas como, por exemplo, $\bar{X}$, s, $\bar{X} \pm ts$, e probabilidades relevantes.

Passo 7. **Conclusões.** Tire conclusões a respeito de cada alternativa e decida qual deve ser escolhida. Se a(s) alternativa(s) foi (foram) avaliada(s) anteriormente sob a presunção de certeza para todos os parâmetros, uma comparação dos resultados pode ajudar na decisão final.

O Exemplo 19.7 ilustra esse procedimento utilizando uma análise de simulação manual abreviada, e o Exemplo 19.8 utiliza uma simulação em planilha das mesmas estimativas.

EXEMPLO 19.7

Yvonne Ramos é a CEO de uma rede de 50 academias de ginástica, nos Estados Unidos e no Canadá. Um vendedor de equipamentos ofereceu a Yvonne duas oportunidades, de longo prazo, para aquisição de novos sistemas de exercícios aeróbicos, sendo que os clientes pagam uma taxa mensal de acordo com a utilização. Como atrativo, a oferta inclui uma garantia de receita anual para um dos sistemas, durante os 5 primeiros anos.

Uma vez que esse é um conceito de geração de receita novo e totalmente arriscado, Yvonne quer fazer uma análise cuidadosa de cada alternativa. Seguem os detalhes dos dois sistemas:

Sistema 1. O custo de aquisição é $P = \$12.000$ durante um período definido de $n = 7$ anos, sem nenhum valor recuperado. Nenhuma garantia de receita líquida anual é oferecida.

Sistema 2. O custo de aquisição é $P = \$\,8.000$, não há nenhum valor recuperado e há uma garantia de receita líquida anual de $\$\,1.000$, durante cada um dos 5 primeiros anos, mas, depois desse período, não há nenhuma garantia. O equipamento, mediante atualizações, pode ser útil durante 15 anos, mas o número exato não é conhecido. O cancelamento do contrato é permitido a qualquer tempo, depois dos 5 anos iniciais, sem nenhuma multa.

Para qualquer um dos sistemas, novas versões do equipamento serão instaladas sem nenhum custo adicional. Se uma TMA de 15% ao ano é necessária, utilize a análise do valor presente (VP) para determinar se nenhum dos sistemas, um deles, ou ambos devem ser instalados.

Solução Manual

As estimativas que Yvonne faz, para utilizar corretamente o procedimento de análise de simulação, estão incluídas nestes passos:

Passo 1. Formule alternativas. Utilizando a análise do VP, as relações para o sistema 1 e para o sistema 2 são desenvolvidas, incluindo-se os parâmetros conhecidos com certeza. O símbolo FCL indica os fluxos de caixa líquidos (receitas) e FCL_G garantido de $\$\,1.000$ para o sistema 2.

$$VP_1 = -P_1 + FCL_1(P/A;15\%;n_1) \qquad [19.17]$$

$$VP_2 = -P_2 + FCL_G(P/A;15\%;5) \qquad [19.18]$$
$$+ FCL_2(P/A;15\%;n_2-5)(P/F;15\%;5)$$

Passo 2. Parâmetros com variação. Yvonne resume as estimativas dos parâmetros com certeza e faz hipóteses de distribuição sobre os três parâmetros tratados como variáveis aleatórias.

Sistema 1

Certeza. $P_1 = \$\,12.000$; $n_1 = 7$ anos.

Variável. FCL_1 é uma variável contínua, uniformemente distribuída entre $B = \$\,-4.000$ e $A = \$\,6.000$ por ano, pois este é considerado um empreendimento de alto risco.

Sistema 2

Certeza. $P_2 = \$\,8.000$; $FCL_G = \$\,1.000$ durante os 5 primeiros anos.

Variável. FCL_2 é uma variável discreta, uniformemente distribuída ao longo dos valores $B = \$\,1.000$ e $A = \$\,6.000$, somente em incrementos de $\$\,1.000$, ou seja, $\$\,1.000$, $\$\,2.000$ etc.
Variável. n_2 é uma variável contínua uniformemente distribuída entre $B = 6$ e $A = 15$ anos.

Agora, reescreva as Equações [19.17] e [19.18] para que reflitam as estimativas realizadas com certeza.

$$VP_1 = -12.000 + FCL_1(P/A;15\%;7)$$
$$= -12.000 + FCL_1(4,1604) \qquad [19.19]$$

$$VP_2 = -8.000 + 1.000(P/A;15\%;5)$$
$$+ FCL_2(P/A;15\%;n_2-5)(P/F;15\%;5)$$
$$= -4.648 + FCL_2(P/A;15\%;n_2-5)(0,4972) \qquad [19.20]$$

Passo 3. Determine as distribuições de probabilidade. A Figura 19–10 (lado esquerdo) apresenta as distribuições de probabilidade presumidas para FCL_1, FCL_2 e n_2.

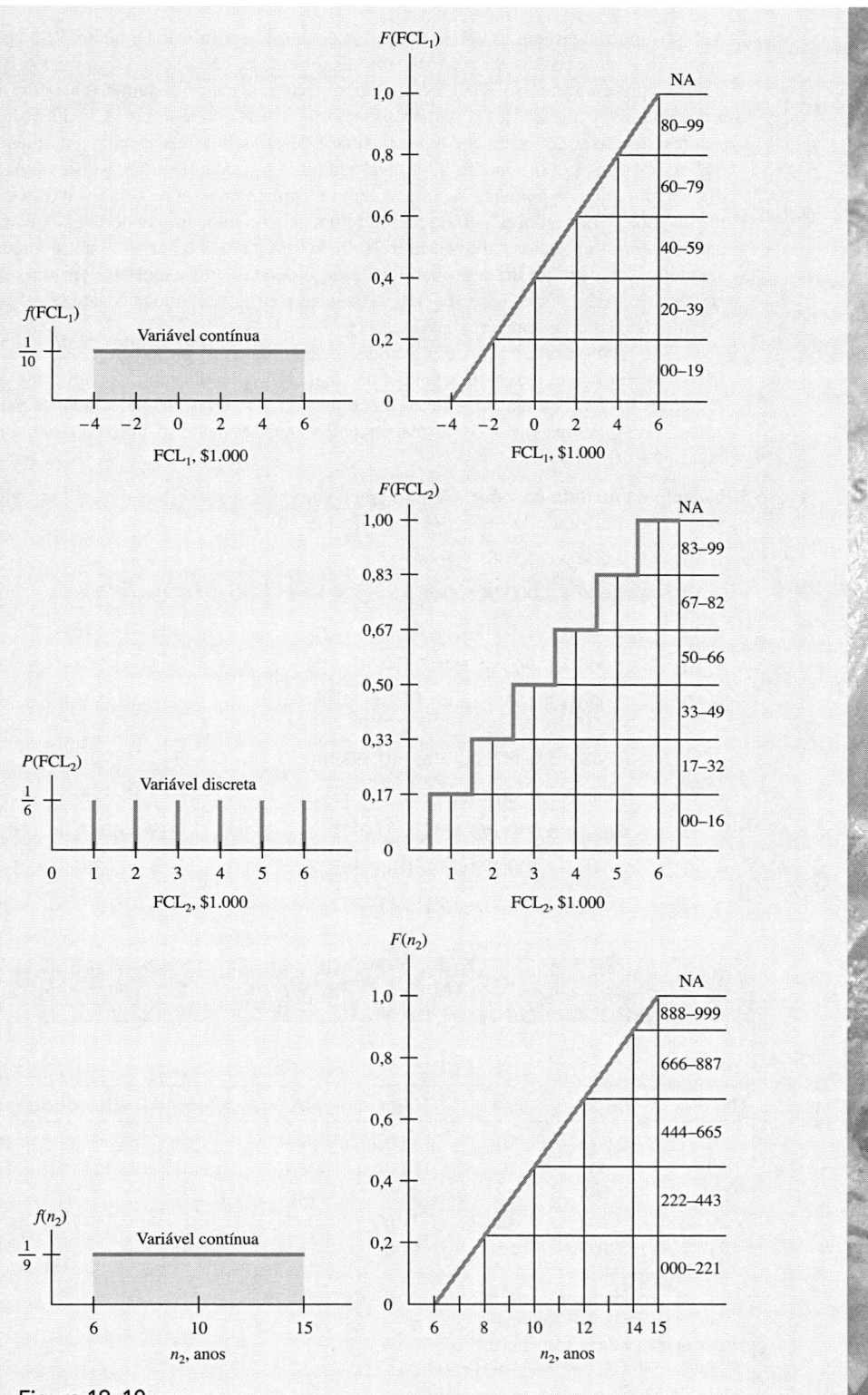

SEÇÃO 19.5   Amostragem e Análise de Simulação de Monte Carlo   665

Figura 19–10
Distribuições utilizadas para amostras aleatórias, no Exemplo 19.7.

Passo 4. Amostragem aleatória. Yvonne decide-se por uma amostra de tamanho 30 e aplica os quatro primeiros passos de amostragem aleatória da Seção 19.3. A Figura 19–10 (lado direito) apresenta as distribuições cumulativas (passo 1) e atribui números aleatórios (NA) a cada variável (passo 2). Os números aleatórios correspondentes a FCL_2 identificam os valores do eixo x, de forma que todos os fluxos de caixa líquidos se darão em quantidades uniformes de $ 1.000. Quanto à variável contínua n_2, são utilizados valores NA de três dígitos, para que os números se apresentem uniformemente, apresentados nas células somente como "indexadores", como fácil referência, para indicar quando um NA é utilizado para encontrar um valor variável. Entretanto, arredondamos o número para o maior valor seguinte de n_2, porque há a probabilidade de o contrato ser cancelado em uma data de aniversário. Além disso, agora, os fatores de juros compostos tabulados para $(n_2 - 5)$ podem ser utilizados diretamente (veja a Tabela 19–5).

Tão logo o primeiro NA é selecionado aleatoriamente, na Tabela 19–2, a seqüência (passo 3) continuará descendo a coluna da tabela NA e depois subirá a coluna à esquerda. A Tabela 19–5 apresenta somente os cinco primeiros valores NA selecionados para cada amostra e os valores variáveis correspondentes tomados das distribuições cumulativas da Figura 19–10 (passo 4).

Passo 5. Cálculo da medida de valor. Com os cinco valores amostrais da Tabela 19–5, calcule os valores VP utilizando as Equações [19.19] e [19.20].

1. $VP_1 = -12.000 + (-2.200)(4,1604)$ = $ –21.153
2. $VP_1 = -12.000 + 2.000\,(4,1604)$ = $ –3.679
3. $VP_1 = -12.000 + (-1.100)(4,1604)$ = $ –16.576
4. $VP_1 = -12.000 + (-900)(4,1604)$ = $ –15.744
5. $VP_1 = -12.000 + 3.100(4,1604)$ = $ +897

1. $VP_2 = -4.648 + 1.000(P/A;15\%;7)(0,4972)$ = $ –2.579
2. $VP_2 = -4.648 + 1.000(P/A;15\%;5)(0,4972)$ = $ –2.981
3. $VP_2 = -4.648 + 5.000(P/A;15\%;8)(0,4972)$ = $ +6.507
4. $VP_2 = -4.648 + 3.000(P/A;15\%;10)(0,4972)$ = $ +2.838
5. $VP_2 = -4.648 + 4.000(P/A;15\%;3)(0,4972)$ = $ –107

TABELA 19–5 Números Aleatórios e Valores Variáveis para FCL_1, FCL_2 e n_2, no Exemplo 19.7

FCL$_1$		FCL$_2$		n_2		
NA*	Valor	NA†	Valor	NA‡	Valor	Arredondado§
18	$–2.200	10	$1.000	586	11,3	12
59	+2.000	10	1.000	379	9,4	10
31	–1.100	77	5.000	740	12,7	13
29	–900	42	3.000	967	14,4	15
71	+3.100	55	4.000	144	7,3	8

*Iniciar aleatoriamente com a linha 1, coluna 4 da Tabela 19–2.
† Iniciar com a linha 6, coluna 14.
‡ Iniciar com a linha 4, coluna 6.
§ Então o valor n_2 é arredondado para cima.

SEÇÃO 19.5   Amostragem e Análise de Simulação de Monte Carlo   667

Agora, 25 ou mais NAs estão selecionados para cada variável com base na Tabela 19–2, e os valores VP são calculados.

Passo 6. **Descrição da medida de valor.** As partes *a* e *b* da Figura 19–11 apresentam as distribuições de probabilidade VP_1 e VP_2 correspondentes a 30 amostras, com 14 e 15 células, respectivamente, bem como o intervalo de valores VP individuais e os valores $\bar{X}$ e s.

VP_1. Os valores amostrais variam de $ –24.481 a $ +12.962. As medidas calculadas dos 30 valores são:

$$\bar{X}_1 = \$ -7.729$$
$$s_1 = \$ 10.190$$

VP_2. Os valores amostrais variam de $ –3.031 a $ +10.324. As medidas da amostra são:

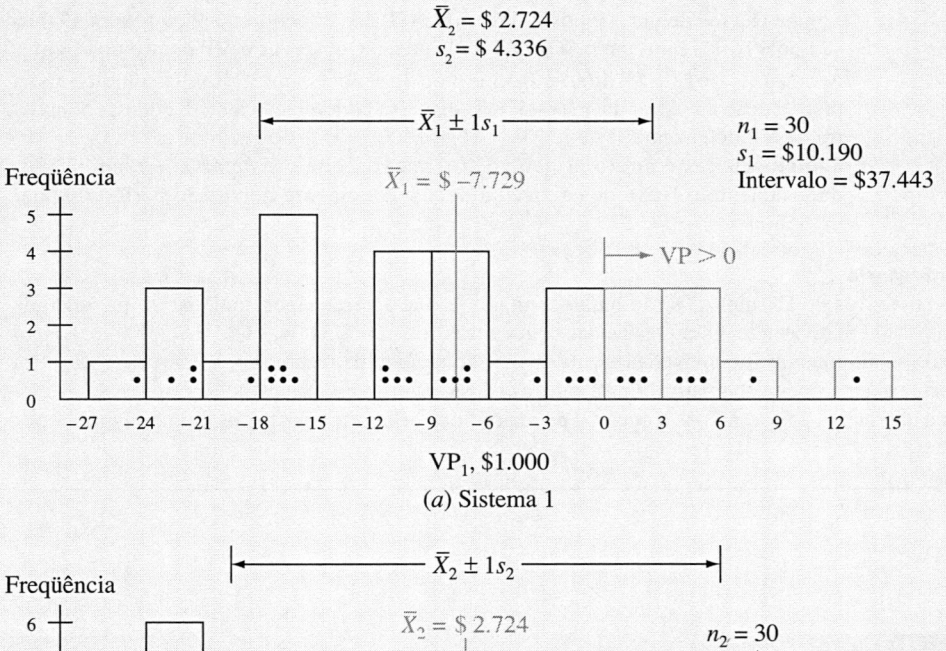

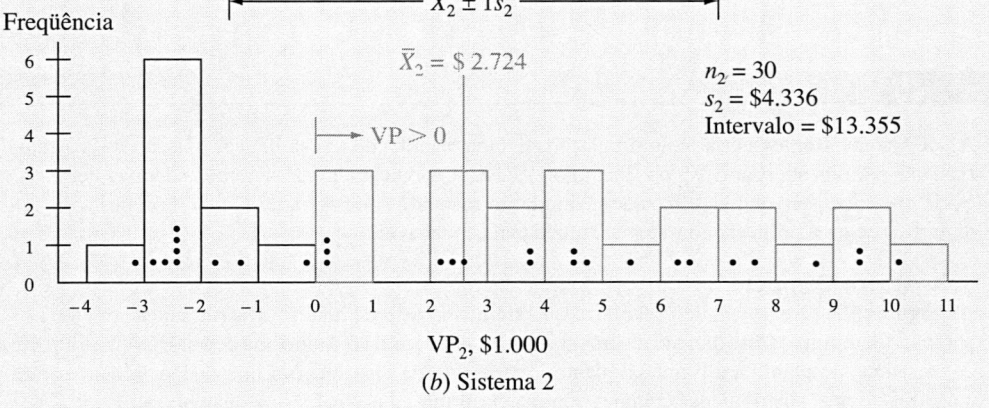

$$\bar{X}_2 = \$ 2.724$$
$$s_2 = \$ 4.336$$

[Gráfico (a) Sistema 1: histograma de frequência de VP_1, $1.000, com $\bar{X}_1 = \$ -7.729$, $n_1 = 30$, $s_1 = \$10.190$, Intervalo = $37.443]

(*a*) Sistema 1

[Gráfico (b) Sistema 2: histograma de frequência de VP_2, $1.000, com $\bar{X}_2 = \$ 2.724$, $n_2 = 30$, $s_2 = \$4.336$, Intervalo = $13.355]

(*b*) Sistema 2

Figura 19–11
Distribuições de probabilidade de valores VP simulados para uma amostra de tamanho 30, no Exemplo 19.7.

Passo 7. Conclusões. Valores amostrais adicionais certamente tornarão a tendência central das distribuições do VP mais evidente e podem reduzir os valores s que, neste caso, são muito altos. Certamente, muitas conclusões são possíveis assim que as distribuições do VP são conhecidas, mas as observações seguintes parecem claras.

Sistema 1. Com base nesta pequena amostra de 30 observações, *não aceite* esta alternativa. A possibilidade de obter a TMA de 15% é relativamente pequena, uma vez que a amostra indica uma probabilidade igual a 0,27 (8 valores em 30) de o VP ser positivo e $\bar{X}_1$ é um valor negativo elevado. O desvio padrão pode ser utilizado para determinar que aproximadamente 20 dos 30 valores VP da amostra (dois terços) estão dentro dos limites $\bar{X} \pm 1s$, que são $ –17.919 e $ 2.461. Uma amostra maior pode alterar bastante esta análise.

Sistema 2. Se Yvonne estiver disposta a aceitar o compromisso de prazo mais longo, que pode aumentar o FCL por mais alguns anos, a amostra de 30 observações indica a *aceitação* desta alternativa. A uma TMA de 15%, a simulação aproxima a chance de um VP positivo de 67% (20 dos 30 valores VP da Figura 19-11*b* são positivos). Entretanto, a probabilidade de se observar o VP dentro dos limites $\bar{X} \pm 1s$ ($ –1.612 e $ 7.060) é 0,53 (16 de 30 valores amostrais). Isso indica que a distribuição amostral do VP está mais dispersa com relação à média do que a amostra do VP do sistema 1.

Conclusão neste ponto. Rejeite o sistema 1; aceite o sistema 2; e examine cuidadosamente o fluxo de caixa líquido, especialmente depois do período inicial de 5 anos.

Comentário

As estimativas do Exemplo 5.8 são muito similares às que apresentamos aqui, exceto pelo fato de todas as alternativas terem sido realizadas com certeza (FCL$_1$ = $ 3.000, FCL$_2$ = $ 3.000 e n_2 = 14 anos). As alternativas foram avaliadas pela análise do período de reembolso, à TMA de 15%, e foi selecionada a primeira alternativa. Entretanto, a análise do VP subseqüente, no Exemplo 5.8, selecionou a alternativa 2 baseando-se, em parte, no maior fluxo de caixa previsto nos últimos anos.

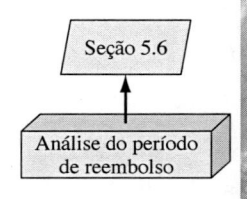

EXEMPLO 19.8

Ajude Yvonne Ramos a criar uma simulação em uma planilha do Excel, para as três variáveis aleatórias, que permita analisar o VP no Exemplo 19.7. A distribuição do VP varia consideravelmente daquela que foi desenvolvida utilizando a simulação manual? A decisão de rejeitar a proposta do sistema 1 e aceitar a proposta do sistema 2 ainda parece razoável?

Solução por Computador

As Figuras 19–12 e 19–13 são planilhas que simulam parte da análise descrita anteriormente nos passos 3 (determine a distribuição de probabilidade) a 6 (descrição da medida de valor). A maior parte dos sistemas de planilha é limitada quanto à variedade de distribuições que podem aceitar para a amostragem, mas distribuições comuns, como a uniforme e a normal, estão disponíveis.

A Figura 19–12 apresenta os resultados de uma pequena amostra de 30 valores (somente uma parte da planilha foi impressa aqui) das três distribuições utilizando as funções ALEATÓRIO e SE. (Veja a Seção A.3 no Apêndice A.)

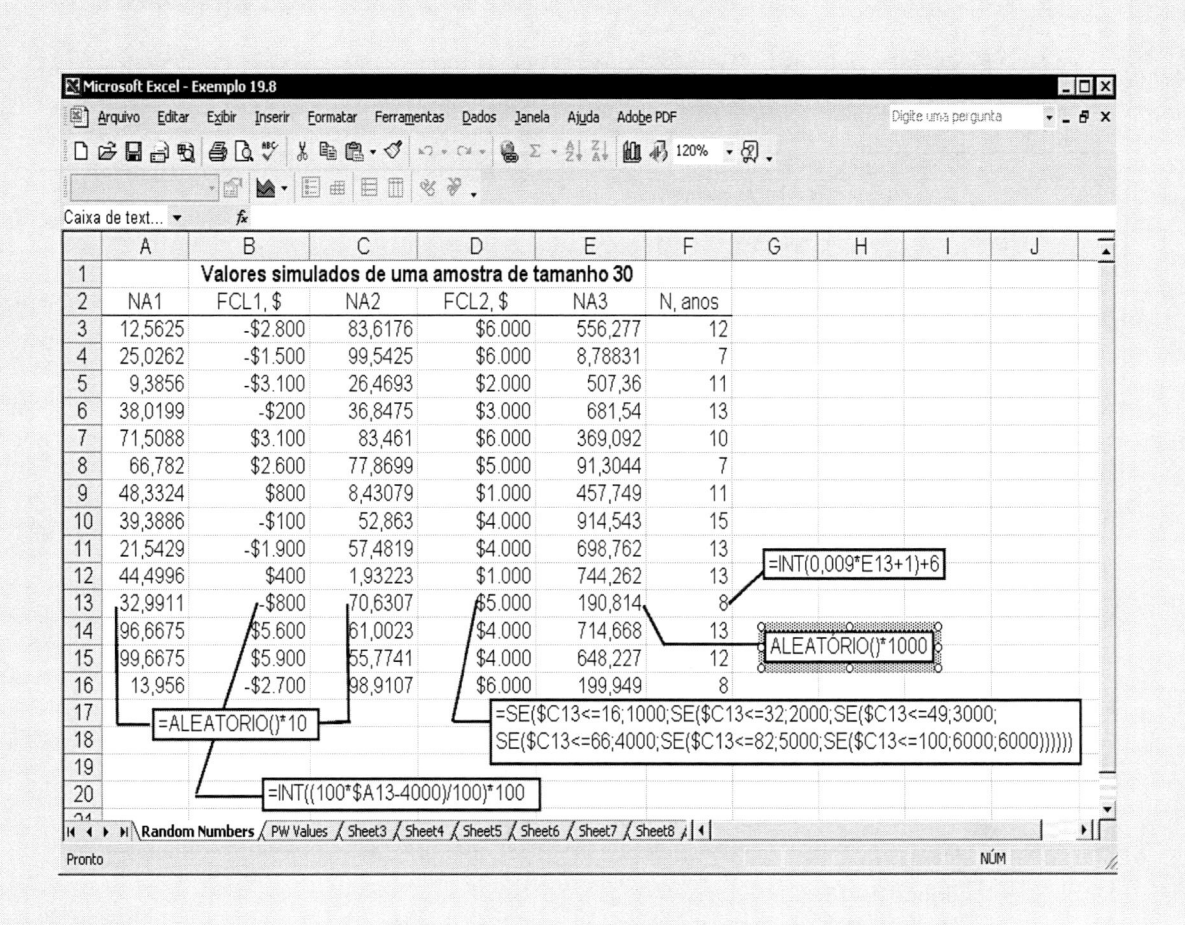

SEÇÃO 19.5 Amostragem e Análise de Simulação de Monte Carlo

	A	B	C	D	E	F
1		Valores simulados de uma amostra de tamanho 30				
2	NA1	FCL1, $	NA2	FCL2, $	NA3	N, anos
3	12,5625	-$2.800	83,6176	$6.000	556,277	12
4	25,0262	-$1.500	99,5425	$6.000	8,78831	7
5	9,3856	-$3.100	26,4693	$2.000	507,36	11
6	38,0199	-$200	36,8475	$3.000	681,54	13
7	71,5088	$3.100	83,461	$6.000	369,092	10
8	66,782	$2.600	77,8699	$5.000	91,3044	7
9	48,3324	$800	8,43079	$1.000	457,749	11
10	39,3886	-$100	52,863	$4.000	914,543	15
11	21,5429	-$1.900	57,4819	$4.000	698,762	13
12	44,4996	$400	1,93223	$1.000	744,262	13
13	32,9911	-$800	70,6307	$5.000	190,814	8
14	96,6675	$5.600	61,0023	$4.000	714,668	13
15	99,6675	$5.900	55,7741	$4.000	648,227	12
16	13,956	-$2.700	98,9107	$6.000	199,949	8

Anotações:
- =INT(0,009*E13+1)+6
- =ALEATORIO()*1000
- =ALEATORIO()*10
- =SE($C13<=16;1000;SE($C13<=32;2000;SE($C13<=49;3000; SE($C13<=66;4000;SE($C13<=82;5000;SE($C13<=100;6000;6000))))))
- =INT((100*$A13-4000)/100)*100

Figura 19–12
Valores amostrais gerados com uma simulação de planilha, no Exemplo 19.8.

FCL$_1$: Contínuo uniforme, de $ –4.000 a $ 6.000. A relação na coluna B converte os valores NA1 (coluna A) em quantidades de FCL1.

FCL$_2$: Uniforme discreto em incrementos de $ 1.000, de $ 1.000 a $ 6.000. As células da coluna D exibem o FCL2, em incrementos de $ 1.000, utilizando a função lógica SE para efetuar a conversão dos valores NA2.

n_2: Uniformes contínuos, de 6 a 15 anos. Os resultados na coluna F são valores inteiros obtidos utilizando a função INT que opera sobre os valores de NA3.

A Figura 19–13 apresenta as estimativas das duas alternativas na parte superior. Os cálculos do VP1 e VP2 para as 30 repetições de FCL1, FCL2 e n$_2$ são os equivalentes das Equações [19.19] e [19.20] em forma de planilha. O critério tabular aqui utilizado reúne o número de valores VP menores que zero ($ 0) e iguais ou superiores a zero utilizando o operador SE. Por exemplo, a célula C17 contém um 1, indicando que VP1 > 0 quando o FCL1 = $ 3.100 (na célula B7 da Figura 19–12) foi utilizado para calcular VP1 = $ 897 pela Equação [19.19].

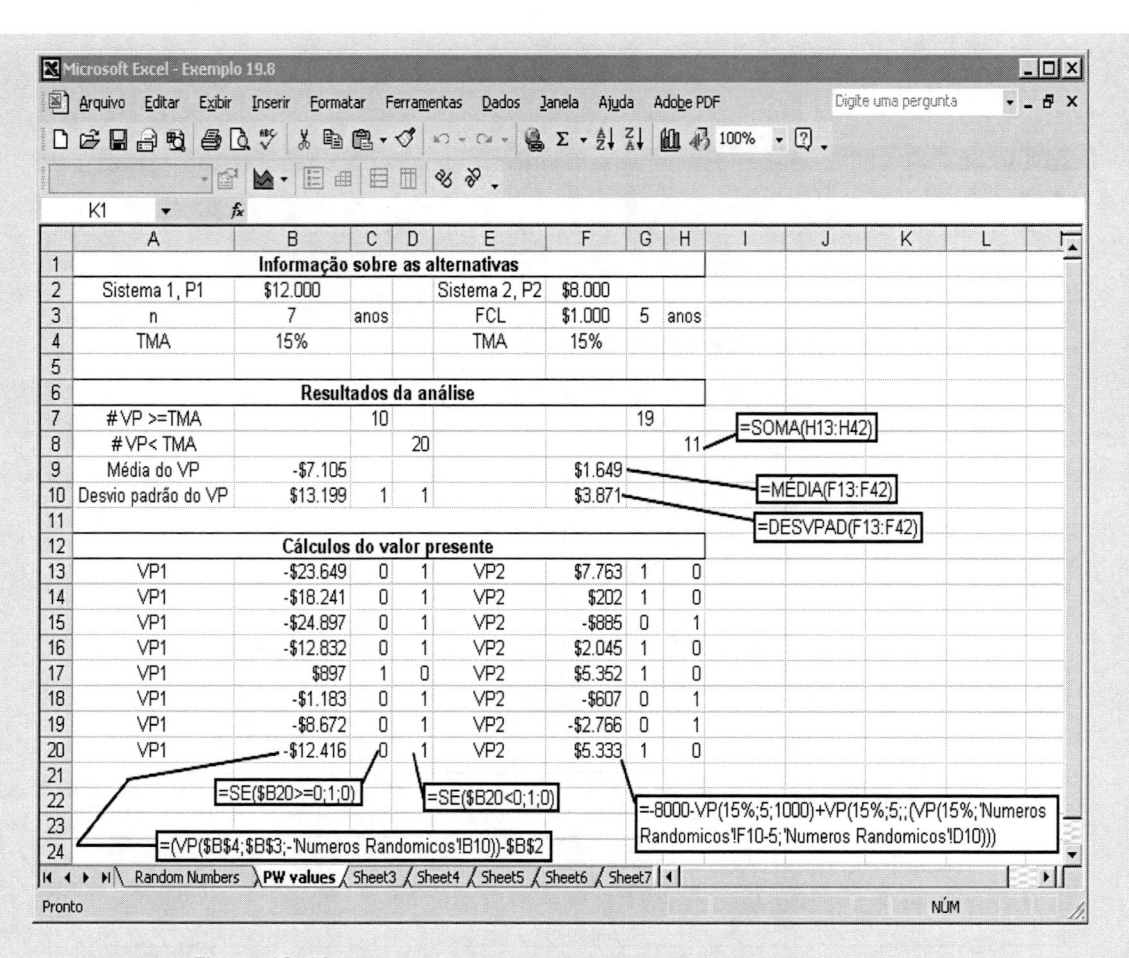

CAPÍTULO 19 Ampliação do Estudo sobre Variação e Tomada de Decisões sob Risco

	A	B	C	D	E	F	G	H
1		Informação sobre as alternativas						
2	Sistema 1, P1	$12.000			Sistema 2, P2	$8.000		
3	n	7	anos		FCL	$1.000	5	anos
4	TMA	15%			TMA	15%		
5								
6		Resultados da análise						
7	#VP >=TMA		10				19	
8	#VP< TMA			20				11
9	Média do VP	-$7.105				$1.649		
10	Desvio padrão do VP	$13.199	1	1		$3.871		
11								
12		Cálculos do valor presente						
13	VP1	-$23.649	0	1	VP2	$7.763	1	0
14	VP1	-$18.241	0	1	VP2	$202	1	0
15	VP1	-$24.897	0	1	VP2	-$885	0	1
16	VP1	-$12.832	0	1	VP2	$2.045	1	0
17	VP1	$897	1	0	VP2	$5.352	1	0
18	VP1	-$1.183	0	1	VP2	-$607	0	1
19	VP1	-$8.672	0	1	VP2	-$2.766	0	1
20	VP1	-$12.416	0	1	VP2	$5.333	1	0

Anotações:
- H7: =SOMA(H13:H42)
- F9: =MÉDIA(F13:F42)
- F10: =DESVPAD(F13:F42)
- C22: =SE($B20>=0;1;0)
- E22: =SE($B20<0;1;0)
- F22: =-8000-VP(15%;5;1000)+VP(15%;5;;(VP(15%;'Numeros Randomicos'!F10-5;'Numeros Randomicos'!D10)))
- B24: =(VP($B$4;$B$3;-'Numeros Randomicos'!B10))-$B$2

Figura 19-13
Resultados da simulação em planilha de 30 valores VP, no Exemplo 19.8.

As células das linhas 7 e 8 apresentam o número de vezes, nas 30 amostras, que o sistema 1 e o sistema 2 podem retornar, no mínimo, a TMA de 15%, pois o VP correspondente é maior ou igual a zero. As médias amostrais e os desvios padrão também são indicados.

A comparação entre as simulações feitas manualmente e por planilha é apresentada a seguir.

	VP do Sistema 1			VP do Sistema 2		
	$\bar{X}$, $	s, $	Nº de VP $\geq$ 0	$\bar{X}$, $	s, $	Nº de VP $\geq$ 0
Manualmente	−7.729	10.190	8	2.724	4.336	20
Planilha	−7.105	13.199	10	1.649	3.871	19

Para as simulações realizadas com planilha, 10 (33%) dos valores VP1 são maiores do que zero, enquanto a simulação manual conclui que 8 (27%) dos valores são positivos. Esses resultados comparativos se alterarão todas as vezes que essa planilha for ativada, uma vez que a função ALEATÓRIO foi configurada (nesse caso) para produzir um novo NA a cada vez. É possível definir a função ALEATÓRIO de modo que ela mantenha os mesmos valores NA. Consulte o Guia do Usuário do Excel.

A conclusão de rejeitar a proposta do sistema 1 e aceitar a do sistema 2 ainda é apropriada para a simulação realizada com planilha, tanto quanto foi para a simulação manual, uma vez que há chances equiparáveis de VP $\geq$ 0.

EXEMPLOS ADICIONAIS

EXEMPLO 19.9

DECLARAÇÕES DE PROBABILIDADE, SEÇÃO 19.2 Utilize distribuições cumulativas para a variável C_1 na Figura 19–4 (Exemplo 19.3, fluxo de caixa mensal para o cliente 1), para determinar as seguintes probabilidades:

(a) Mais de $ 14.

(b) Entre $ 12 e $ 13.

(c) Não mais do que $ 11 ou mais do que $ 14.

(d) Exatamente $ 12.

Solução

As áreas sombreadas das partes *a* a *d* da Figura 19–14 indicam os pontos da distribuição cumulativa $F(C_1)$ utilizados para determinar as probabilidades.

(a) A probabilidade de mais de $ 14 por mês é facilmente determinada subtraindo o valor de $F(C_1)$ em 14 do valor em 15. (Desde que a probabilidade em um ponto seja igual a zero, para uma variável contínua, os sinais de igualdade não alteram o valor da probabilidade resultante.)

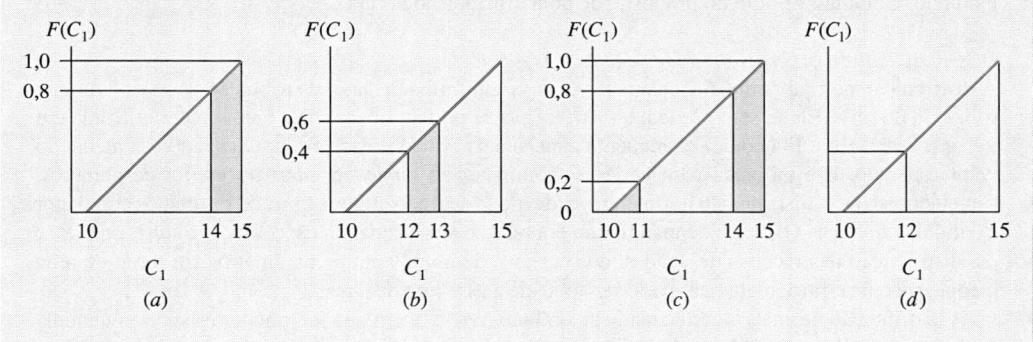

Figura 19–14
Cálculos de probabilidades da distribuição cumulativa para uma variável contínua que está distribuída uniformemente, no Exemplo 19.9.

$$P(C_1 > 14) = P(C_1 \le 15) - P(C_1 \le 14)$$
$$= F(15) - F(14) = 1,0 - 0,8$$
$$= 0,2$$

(b)
$$P(12 \le C_1 \le 13) = P(C_1 \le 13) - P(C_1 \le 12) = 0,6 - 0,4$$
$$= 0,2$$

(c)
$$P(C_1 \le 11) + P(C_1 > 14) = [F(11) - F(10)] + [F(15) - F(14)]$$
$$= (0,2 - 0) + (1,0 - 0,8)$$
$$= 0,2 + 0,2$$
$$= 0,4$$

(d)
$$P(C_1 = 12) = F(12) - F(12) = 0,0$$

Não há nenhuma região sob a curva de distribuição cumulativa em um ponto correspondente a uma variável contínua, conforme mencionamos anteriormente. Se forem utilizados dois pontos colocados muito proximamente, é possível obter uma probabilidade; por exemplo, entre 12,0 e 12,1 ou entre 12 e 13, como na parte (b).

EXEMPLO 19.10

A DISTRIBUIÇÃO NORMAL, SEÇÃO 19.4 Camilla é a engenheira de segurança regional de uma rede de postos de gasolina e mercearias operados por meio de franquia. O escritório central tem recebido muitas reclamações e ações judiciais de empregados e clientes, em decorrência de escorregões e quedas, devido a líquidos (água, óleo, gasolina, refrigerante etc.) em superfícies de concreto. A administração da corporação autorizou cada engenheiro regional a contratar empresas locais para aplicar, em todas as superfícies de concreto exteriores, um produto comercializado recentemente que absorve líquidos, com uma capacidade de até 100 vezes o seu próprio peso, e a cobrar do escritório central os custos de instalação. A carta de autorização a Camilla declara que, com base nas simulações e amostras aleatórias que fizeram, há a suposição de uma população normal, que o custo da instalação, providenciada localmente, estará perto de $ 10.000 e que quase sempre está no intervalo de $ 8.000 a $ 12.000.

Camilla pede a você, TJ, um graduado em engenharia tecnológica, para escrever um breve, mas meticuloso, resumo sobre a distribuição normal. Explique a declaração do intervalo de $ 8.000 a $ 12.000 e explique, também, a frase "amostras aleatórias que presumem uma população normal".

Solução
Você guardou este livro e um texto de engenharia estatística quando se formou e desenvolveu a seguinte resposta para Camilla, utilizando-os juntamente com a carta recebida do escritório central.

Camilla,

Eis um breve resumo de como o escritório central parece estar utilizando a distribuição normal. Como lembrete, incluí um resumo do propósito de uma distribuição normal.

Distribuição normal, probabilidades e amostras aleatórias.
A distribuição normal também é chamada de curva em forma de sino, distribuição gaussiana ou distribuição do erro. Ela é, sem dúvida, a distribuição de probabilidade mais comumente utilizada em todas as aplicações. Ela coloca exatamente a metade da probabilidade em um dos lados da média do valor esperado. E é utilizada para variáveis contínuas, ao longo do intervalo inteiro de números. Considera-se que a distribuição normal prevê, de modo acurado, muitos tipos de resultados como, por exemplo, valores de QI, erros de manufatura em relação a um tamanho específico, volume, peso etc.; e a distribuição das receitas de vendas, dos custos e de muitos outros parâmetros em torno de uma média específica, razão pela qual pode ser aplicada a esse tipo de situação.

A distribuição normal, identificada pelo símbolo $N(\mu, \sigma^2)$, em que μ é o valor esperado ou média e σ^2 é a variância, ou medida de dispersão, pode ser descrita da seguinte maneira:

- A média μ localiza a distribuição de probabilidade (Figura 19–15a), e a dispersão da distribuição varia com a variância (Figura 19–15b), tornando-se mais larga e mais plana para valores de variância maiores.
- Quando uma amostra é extraída, as estimativas são identificadas como média amostral $\bar{X}$ para μ e desvio padrão s da amostra para σ.
- A distribuição de probabilidade normal $f(X)$ de uma variável X é bastante complicada, pois sua fórmula é:

$$f(X) = \frac{1}{\sigma\sqrt{2\pi}} \exp\left\{-\left[\frac{(X-\mu)^2}{2\sigma^2}\right]\right\}$$

em que exp representa o número $e = 2,71828+$ e é elevado à potência do termo $-[\ ]$. Em suma, se a X são atribuídos diferentes valores, para determinada média μ e desvio padrão σ, desenvolve-se uma curva que tem o aspecto das apresentadas nas partes a e b da Figura 19–15.

Uma vez que $f(X)$ é de difícil manejo, amostras aleatórias e declarações de probabilidade são desenvolvidas utilizando uma transformação, denominada *distribuição normal padrão* (DNP), que utiliza μ e σ (população) ou $\bar{X}$ e s (amostra) para calcular valores da variável Z.

População: $\quad Z = \dfrac{\text{afastamento da média}}{\text{desvio padrão}} = \dfrac{X - \mu}{\sigma}$ [19.21]

Amostra: $\quad Z = \dfrac{X - \bar{X}}{s}$ [19.22]

A DNP de Z (Figura 19–15c) é idêntica para X, exceto pelo fato de ela ter sempre uma média igual a 0 e um desvio padrão igual a 1, e ser identificada pelo símbolo $N(0,1)$. Portanto, os valores de probabilidade sob a curva DNP podem ser declarados de maneira exata. Sempre é possível retornar aos valores originais dos dados da amostra resolvendo o X da Equação [19.21]:

$$X = Z\sigma + \mu \qquad [19.23]$$

Diversas declarações de probabilidade para Z e X estão resumidas na tabela seguinte e apresentadas na curva de distribuição de Z, na Figura 19–15c.

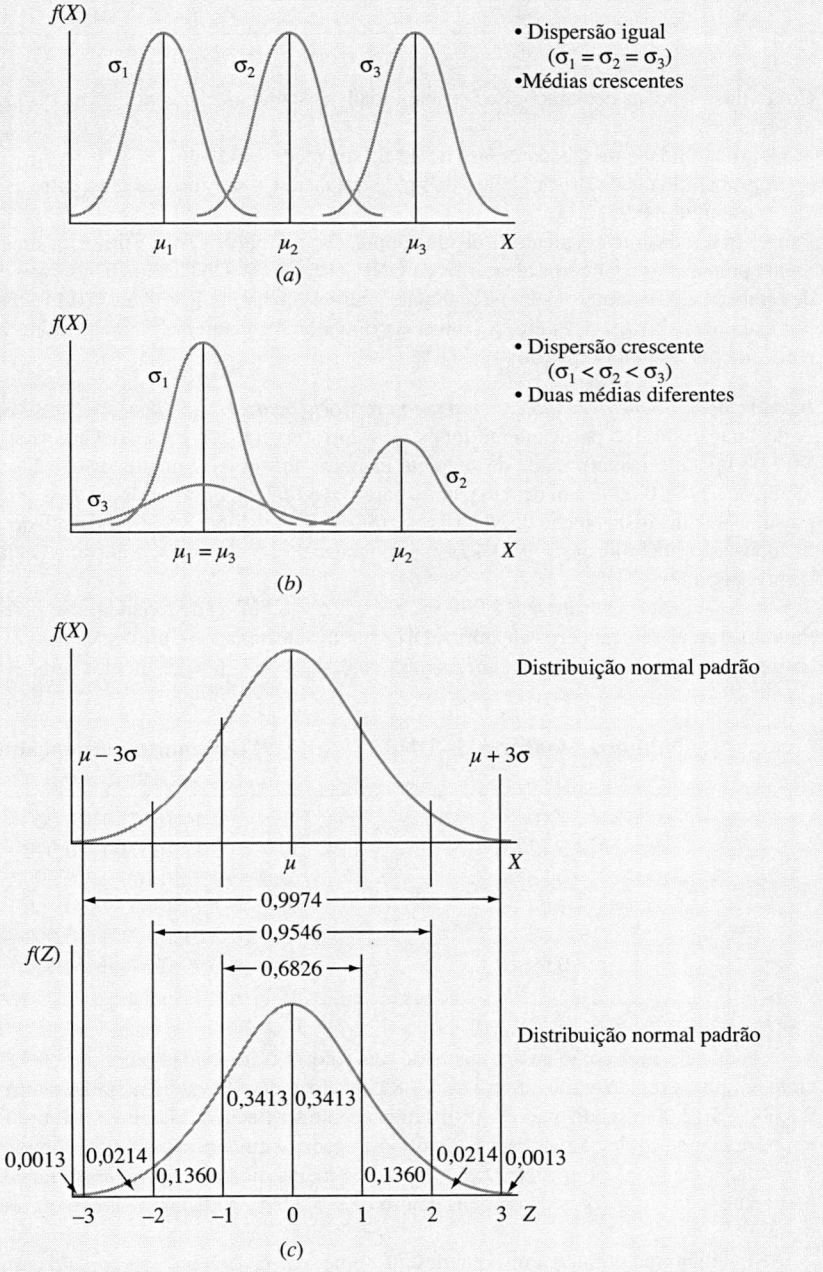

Figura 19–15
Distribuição normal apresentando (a) diferentes valores μ da média; (b) diferentes valores σ de desvio padrão; e (c) relação da distribuição normal X com a distribuição normal Z.

Intervalo da Variável X	Probabilidade	Intervalo da Variável Z
$\mu + 1\sigma$	0,3413	0 a +1
$\mu \pm 1\sigma$	0,6826	−1 a +1
$\mu + 2\sigma$	0,4773	0 a +2
$\mu \pm 2\sigma$	0,9546	−2 a +2
$\mu + 3\sigma$	0,4987	0 a +3
$\mu \pm 3\sigma$	0,9974	−3 a +3

Como ilustração, as declarações de probabilidade desta tabulação e da Figura 19–15c para X e Z são as seguintes:

A probabilidade de X estar dentro de 2σ de sua média é 0,9546.

A probabilidade de Z estar dentro de 2σ de sua média, o mesmo que estar entre os valores −2 e +2, é também 0,9546.

Para extrair uma amostra aleatória de uma população normal $N(\mu, \sigma^2)$, é utilizada uma tabela especialmente preparada de números aleatórios da DNP. (Tabelas de DNP estão disponíveis em muitos livros de estatística.) Os números são, na realidade, valores da distribuição Z ou $N(0,1)$ e têm valores como, por exemplo, −2,10; + 1,24 etc. A conversão do valor Z novamente para os valores amostrais de X é realizada por meio da Equação [19.23].

Interpretação do memorando enviado pelo escritório central:

A declaração de que praticamente todos os valores contratuais locais devem estar entre $ 8.000 e $ 12.000 pode ser interpretada da seguinte maneira: Presume-se uma distribuição normal com uma média de μ = $ 10.000 e um desvio padrão para σ = $ 667, ou uma variância de σ^2 = ($ 667)^2; ou seja, presume-se uma distribuição de $N[\$ 10.000, (\$ 667)^2]$. O valor σ = $ 667 é calculado utilizando o fato de todas as probabilidades (99,74%) estarem dentro de 3σ da média, conforme declaramos anteriormente. Portanto:

$$3\sigma = \$ 2.000 \quad \text{e} \quad \sigma = \$ 667 \text{ (arredondada)}$$

Para ilustrar, se seis números aleatórios DNP forem selecionados e utilizados para extrair uma amostra de tamanho 6 da distribuição normal $N[\$ 10.000, (\$ 667)^2]$, os resultados serão os seguintes:

Número Aleatório da DNP Z	X Utilizando a Equação [19.23] $X = Z\sigma + \mu$
−2,10	X = (−2,10)(667) + 10.000 = $8.599
+3,12	X = (+3,12)(667) + 10.000 = $12.081
−0,23	X = (−0,23)(667) + 10.000 = $9.847
+1,24	X = (+1,24)(667) + 10.000 = $10.827
−2,61	X = (−2,61)(667) + 10.000 = $8.259
−0,99	X = (−0,99)(667) + 10.000 = $9.340

Se os considerarmos como uma amostra de seis valores contratuais típicos para revestimento de concreto em nossa região, a média será de $ 9.825, e cinco de seis valores estarão dentro do intervalo de $ 8.000 e $ 12.000, sendo que o sexto estará somente $ 81 acima do limite máximo. Desse modo, não temos nenhum problema real, mas é importante observar cuidadosamente os valores contratuais, pois a presunção de haver uma distribuição normal com uma média de aproximadamente $ 10.000, e virtualmente todos os valores contratuais dentro de ± $ 2.000, pode não se mostrar correta para a nossa região.

Se tiver alguma questão a respeito deste resumo, por favor, entre em contato comigo.

TJ

RESUMO DO CAPÍTULO

Tomar decisões sob risco implica tratar alguns parâmetros de uma alternativa de engenharia econômica como variáveis aleatórias. São utilizados pressupostos sobre a forma da distribuição de probabilidade da variável para explicar como as estimativas de valores do parâmetro podem variar. Além disso, medidas como o valor esperado e o desvio padrão descrevem a forma característica da distribuição. Neste capítulo, apresentamos diversas distribuições simples, mas úteis, de populações discretas e contínuas – uniformes e triangulares – utilizadas em engenharia econômica, bem como especificamos nossa própria distribuição ou pressupomos a distribuição normal.

Uma vez que a distribuição de probabilidade da população, com respeito a determinado parâmetro, não é amplamente conhecida, uma variável aleatória de tamanho n, usualmente é considerada, e sua média amostral e desvio padrão são determinados. Os resultados são utilizados para fazer declarações de probabilidade a respeito do parâmetro, que auxiliam na tomada de decisão final, considerando o risco.

O método de amostragem de Monte Carlo é combinado com relações de engenharia econômica para uma medida de valor como o valor presente (VP), para implementar um critério de simulação à análise de risco. Os resultados desse tipo de análise podem, então, ser comparados com decisões tomadas quando as estimativas do parâmetro são realizadas com certeza.

PROBLEMAS

Certeza, Risco e Incerteza

19.1 Para cada situação apresentada a seguir, determine (1) se a(s) variável(is) é (são) discreta(s) ou contínua(s) e (2) se a informação envolve certeza, risco e/ou incerteza. Quando houver risco, trace graficamente a informação na forma geral da Figura 19–1.

  (a) Um amigo que trabalha no ramo imobiliário lhe pergunta o preço, por pé quadrado (0.093m²), de casas novas que serão construídas, lentamente ou rapidamente, durante os próximos 6 meses.

  (b) Seu gerente informa à equipe que há uma chance igual de as vendas se situarem entre 50 e 55 unidades no próximo mês.

  (c) Jane recebeu seu salário ontem, e $ 400 foram deduzidos para o imposto de renda. A quantia que será retida no próximo mês será maior, devido a um aumento salarial entre 3% e 5%.

  (d) Há 20% de chance de chover e 30% de chance de nevar hoje.

19.2 Um engenheiro soube que o resultado (*output*) da produção situa-se entre 1.000 e 2.000 unidades por semana 90% das vezes e que pode ficar abaixo de 1.000 ou acima de 2.000. Ele quer utilizar E(resultado) no processo de tomada de decisão. Identifique pelo menos duas informações que devem ser obtidas ou presumidas para finalizar a informação sobre o resultado para essa finalidade.

Probabilidade de Distribuições

19.3 Uma pesquisa domiciliar incluiu uma pergunta sobre o N, número de automóveis em operação pertencentes às pessoas que moram na residência, e sobre a taxa i, de juros de empréstimos mais baixos para a compra de automóveis. Os resultados de 100 famílias consultadas são apresentados a seguir.

N Número de Carros	Famílias
0	12
1	56
2	26
3	3
≥4	3

Taxa i de Juros	Famílias
0,0–2	22
2,01–4	10
4,01–6	12
6,01–8	42
8,01–10	8
10,01–12	6

(*a*) Declare se cada variável é discreta ou contínua.

(*b*) Trace graficamente as distribuições de probabilidade e as distribuições cumulativas para N e i.

(*c*) Com base nos dados coletados, qual é a probabilidade de uma família ter 1 ou 2 carros? E 3 ou mais carros?

(*d*) Utilize os dados referentes a i para estimar as chances de a taxa de juros se situar entre 7% e 11% ao ano.

19.4 Uma autoridade da comissão estadual de loterias extraiu uma amostra de compradores de bilhetes de loteria durante o período de 1 semana, em determinada localidade. Os valores redistribuídos aos compradores e as probabilidades associadas para 5.000 bilhetes são os seguintes:

Distribuição, $	0	2	5	10	100
Probabilidade	0,91	0,045	0,025	0,013	0,007

(*a*) Trace graficamente a distribuição cumulativa dos ganhadores.

(*b*) Calcule o valor esperado da distribuição de dólares por bilhete.

(*c*) Se os bilhetes custam $ 2, qual é a receita esperada, no longo prazo, por bilhete para o Estado, com base nesta amostra?

19.5 Bob trabalha em dois projetos distintos, relacionados a probabilidades. O primeiro envolve uma variável N, que é o número de peças produzidas, consecutivamente, que pesam acima do limite de especificação de peso. A variável N é descrita por meio da fórmula $(0,5)^N$, pois cada unidade tem 50–50 de chance de estar abaixo ou acima do limite de peso. O segundo envolve a vida útil V de uma bateria, que varia entre 2 e 5 meses. A distribuição de probabilidade é triangular, com a moda em 5 meses, que é a vida útil prevista para o projeto. Algumas baterias se descarregam antes, mas 2 meses é a vida útil mínima experimentada até agora. (*a*) Escreva e trace graficamente as distribuições de probabilidade e as distribuições cumulativas para Bob. (*b*) Determine a probabilidade de N estar 1, 2 ou 3 unidades acima do limite de peso.

19.6 As alternativas de comprar ou de alugar um elevador hidráulico foram formuladas a seguir. Utilize as estimativas dos parâmetros e os dados de distribuição pressupostos, para traçar em um gráfico as distribuições de probabilidade dos parâmetros correspondentes. Rotule os parâmetros cuidadosamente.

Alternativa de Comprar

Parâmetro	Valor Estimado		Distribuição Presumida
	Alto	Baixo	
Custo de aquisição, $	25.000	20.000	Contínua, uniforme
Valor residual, $	3.000	2.000	Triangular, moda em $ 2.500
Vida útil, em anos	8	4	Triangular, moda em 6
COA, $/ano	9.000	5.000	Contínua, uniforme

Alternativa de Alugar

Parâmetro	Valor Estimado		Distribuição Presumida
	Alto	Baixo	
Custo inicial para alugar, $	2.000	1.800	Contínua, uniforme
COA, $/ano	9.000	5.000	Triangular, moda em $ 7.000
Prazo do aluguel, em anos	2	2	Certeza

19.7 Carla trabalha como estatística em um banco e coletou dados sobre a composição *debt-to-equity* de empresas maduras (M) e empresas jovens (J). As porcentagens de financiamento com capital de terceiros (*debt*) variam de 20% a 80% em sua amostra. Carla definiu D_M como variável para as empresas maduras, de 0 a 1, sendo $D_M = 0$ interpretada como baixo endividamento, de 20%, e $D_M = 1,0$ como alto endividamento, de 80%. A variável correspondente às porcentagens de financiamento com capital de terceiros (endividamento) das corporações jovens, D_J, é definida de maneira idêntica. As distribuições de probabilidade utilizadas para descrever D_M e D_J são:

$$f(D_M) = 3(1 - D_M)^2 \qquad 0 \leq D_M \leq 1$$
$$f(D_J) = 2D_J \qquad 0 \leq D_J \leq 1$$

(a) Utilize diferentes valores de porcentagens de endividamento, entre 20% e 80%, para calcular valores para as distribuições de probabilidade e depois trace-os graficamente. (b) O que se pode comentar sobre a probabilidade de uma empresa madura ou de uma empresa jovem ter uma baixa porcentagem de endividamento? E uma alta porcentagem de endividamento?

19.8 Uma variável discreta X pode assumir valores inteiros de 1 a 10. A amostra de tamanho 50 resulta nas seguintes estimativas de probabilidade:

X_i	1	2	3	6	9	10
$P(X_i)$	0,2	0,2	0,2	0,1	0,2	0,1

(a) Escreva e trace graficamente a distribuição cumulativa.

(b) Calcule as seguintes probabilidades, utilizando a distribuição cumulativa: X está entre 6 e 10 e X tem os valores 4, 5 e 6.

(c) Utilize a distribuição de probabilidade para demonstrar que $P(X = 7 \text{ ou } 8) = 0,0$. Não obstante esta probabilidade ser zero, a declaração sobre X é que ele pode assumir valores inteiros de 1 a 10. Como você explica a evidente contradição contida nessas duas declarações?

Amostras Aleatórias

19.9 Utilize a distribuição de probabilidade da variável discreta do Problema 19.8 para desenvolver uma amostra de tamanho 25. Estime as probabilidades para cada valor de X com base em sua amostra e compare-as com as dos valores $P(X_i)$ que as originaram.

19.10 O aumento percentual p dos preços dos alimentos vendidos no varejo, ao longo do período de 1 ano, variou de 5% a 10% em todos os casos. Devido à distribuição dos valores p, a distribuição de probabilidade presumida para o próximo ano é:

$$f(X) = 2X \qquad 0 \leq X \leq 1$$

em que

$$X = \begin{cases} 0 & \text{onde } p = 5\% \\ 1 & \text{onde } p = 10\% \end{cases}$$

Para uma variável contínua, a distribuição cumulativa $F(X)$ é a integral de $f(X)$ ao longo do mesmo intervalo da variável. Neste caso:

$$F(X) = X^2 \qquad 0 \leq X \leq 1$$

(a) Atribua graficamente números aleatórios (NA) à distribuição cumulativa e extraia uma amostra de tamanho 30 para a variável. Transforme os valores X em taxas de juros.

(b) Calcule o valor p médio para a amostra.

19.11 Desenvolva uma distribuição de probabilidade discreta para a variável G, graduação esperada neste curso, em que G = A, B, C, D, F ou I (incompleto). Atribua números aleatórios a $F(G)$ e extraia uma amostra. Esboce os valores de probabilidade para cada valor G.

19.12 Utilize a função ALEATÓRIO ou RANDBETWEEN do Excel (ou um gerador de números aleatórios correspondente de outro programa de planilhas) para gerar 100 valores de uma distribuição $U(0,1)$.

(a) Calcule a média e compare-a com 0,5, o valor esperado de uma amostra aleatória entre 0 e 1.

(b) Para a amostra da função ALEATÓRIO, agrupe os resultados em células com amplitude 0,1, ou seja, 0,0–0,1; 0,1–0,2 etc., em que o valor de limite máximo é excluído de cada célula. Determine a probabilidade correspondente a cada agrupamento com base nos resultados. Sua amostra chega perto de ter, aproximadamente, 10% em cada célula?

Estimativas Amostrais

19.13 Carol extraiu amostras dos custos mensais de manutenção de máquinas de soldagem automatizadas em um total de 100 vezes, durante um ano. Ela agrupou os custos em células de $ 200; por exemplo, $ 500 a $ 700, sendo $ 600, $ 800, $ 1.000 etc. os pontos médios das células. Ela indicou o número de vezes (freqüência) que o valor de cada célula foi observado. Os dados de custos e de freqüência são os seguintes:

Ponto Médio da Célula	Freqüência
600	6
800	10
1.000	9
1.200	15
1.400	28
1.600	15
1.800	7
2.000	10

(a) Estime o valor esperado e o desvio padrão dos custos de manutenção que a empresa deve prever com base na amostra extraída por Carol.

(b) Qual é a melhor estimativa da porcentagem de custos que se situará dentro de dois desvios padrão da média?

(c) Desenvolva uma distribuição de probabilidade dos custos mensais de manutenção, com base nas amostras extraídas por Carol, e indique as respostas às duas questões anteriores sobre ela.

19.14 (a) Determine os valores da média amostral e do desvio padrão dos dados do Problema 19.8. (b) Determine os valores de 1 e 2 de desvios padrão da média. Dos 50 pontos amostrais, quantos se situam dentro destes dois intervalos?

19.15 (a) Utilize as relações da Seção 19.4, de variáveis contínuas, para determinar o valor esperado e o desvio padrão para a distribuição de $f(D_J)$ do Problema 19.7. (b) É possível calcular a probabilidade de uma variável contínua X entre dois pontos (a, b) utilizando a integral apresentada a seguir?

$$P(a \leq X \leq b) = \int_a^b f(X)\, dx$$

Determine a probabilidade de D_J estar dentro de dois desvios padrão do valor esperado.

19.16 (a) Utilize as relações da Seção 19.4, de variáveis contínuas, para determinar o valor esperado

e a variância da distribuição de D_M no Problema 19.7.

$$f(D_M) = 3(1 - D_M)^2 \qquad 0 \leq D_M \leq 1$$

(b) Determine a probabilidade de D_M estar dentro de dois desvios padrão do valor esperado. Utilize a relação do Problema 19.15.

19.17 Calcule o valor esperado para a variável N, no Problema 19.5.

19.18 O gerente de uma banca de jornal está acompanhando Y, o número de revistas semanais que ficam na prateleira quando uma nova edição é entregue. Os dados coletados durante um período de 30 semanas foram resumidos na distribuição de probabilidade apresentada a seguir. Esboce a distribuição, as estimativas do valor esperado e um desvio padrão em cada lado de $E(Y)$ no gráfico.

Y cópias	3	7	10	12
P(Y)	1/3	1/4	1/3	1/12

Simulação

19.19 Carl, um colega engenheiro, estimou o fluxo de caixa líquido depois do desconto dos impostos (FCDI) para o projeto em que está trabalhando. O FCDI adicional de $ 2.800, no ano 10, é o valor recuperado dos bens de capital.

Ano	FCDI, $
0	−28.800
1–6	5.400
7–10	2.040
10	2.800

O montante do VP, à TMA atual de 7% ao ano, é:
VP = −28.800 + 5.400(P/A;7%;6)

   + 2.040(P/A;7%;4)(P/F;7%;6)

   + 2.800(P/F;7%;10)

= $ 2.966

Carl acredita que a TMA vai variar ao longo de um intervalo relativamente estreito, assim como o FCDI, exceto para os anos 7 a 10. Ele está disposto a aceitar as outras estimativas como certas. Utilize as seguintes hipóteses de distribuição de probabilidade para a TMA e o FCDI para realizar uma simulação – manualmente e por computador.

TMA. Distribuição uniforme ao longo do intervalo de 6% a 10%.

FCDI nos anos 7 a 10. Distribuição uniforme ao longo do intervalo de $ 1.600 a $ 2.400 para cada ano.

Trace graficamente a distribuição VP resultante. O plano deve ser aceito utilizando o critério de tomada de decisão com certeza? Sob risco?

19.20 Repita o Problema 19.19, mas utilize a distribuição normal para o FCDI nos anos 7 a 10 com um valor esperado de $ 2.040 e um desvio padrão de $ 500.

EXERCÍCIO AMPLIADO

UTILIZAÇÃO DE SIMULAÇÃO E DA FERRAMENTA GNA DO EXCEL PARA ANÁLISE DE SENSIBILIDADE

Nota: Este exercício exige que você conheça e saiba utilizar o pacote Ferramenta de Análise Geração de Números Aleatórios (GNA) do programa Microsoft Excel. A função de ajuda online explica como iniciar e utilizar a GNA para gerar números aleatórios por meio de uma série de distribuições de probabilidade: normais, uniformes (variável contínua), binomiais, de Poisson e discretas. A opção discreta é utilizada para gerar números aleatórios com base em uma distribuição de probabilidade discreta, que você especifica na planilha. Essa opção é a que utilizaremos a seguir, para a distribuição uniforme discreta.

Releia a situação no Exemplo 18.3, em que três alternativas mutuamente exclusivas são comparadas. Os parâmetros de valor recuperado R, custo operacional anual (COA) e vida útil n são variados, utilizando o critério de três estimativas para análise de sensibilidade. Crie uma simulação, de acordo com os passos propostos a seguir, por meio dos dados fornecidos.

Questões

1. Familiarize-se com a Ferramenta de Análise de Dados GNA do Excel dando um clique sobre o botão "Ajuda", para instalá-la, se necessário, e aplique-a.

2. Desenvolva uma amostra de 10 números aleatórios, com base em cada uma das seguintes distribuições:
   - Normal, com uma média igual a 100 e desvio padrão igual a 20.
   - Uniforme (contínua), entre 5 e 10.
   - Uniforme (discreta), entre 5 e 10, com a probabilidade de 0,2 para os valores 5 a 7, de 0,05 para 8 e 9 e de 0,3 para 10.

3. Desenvolva uma simulação de 50 pontos amostrais de valores VA, à TMA de 12% ao ano, para as três alternativas descritas no Exemplo 18.3. Utilize a distribuição de probabilidade apresentada a seguir. Os resultados de sua simulação indicam que a alternativa B ainda é uma escolha evidente? Caso contrário, qual é a melhor escolha?

Parâmetro	Alternativa		
	A	B	C
COA	Normal Média: $ 8.000 Desvio padrão: $ 1.000	Normal Média: $ 3.000 Desvio padrão: $ 500	Normal Média: $ 6.000 Desvio padrão: $ 700
R	Uniforme: 0 a $ 1.000	Uniforme: $ 500 a $ 2.000	Fixo: $ 3.000
n	Discreto uniforme: 3 a 8 anos, com igual probabilidade	Discreto uniforme: 3 a 7 anos, com igual probabilidade	Discreto uniforme: 5 a 8 anos, com igual probabilidade

APÊNDICE A

USANDO PLANILHAS E O MICROSOFT EXCEL©

Este apêndice explica o layout de uma planilha e o uso de funções do Microsoft Excel© (a partir de agora chamado apenas de Excel) em engenharia econômica. Consulte o Guia do Usuário e o sistema de ajuda do Excel de seu computador e da versão do Excel em particular.

A.1 INTRODUÇÃO AO USO DO EXCEL

Rode o Excel no Windows

Depois de iniciar o computador, dê um clique no ícone do Microsoft Excel para abri-lo. Se o ícone não estiver na área de trabalho do seu computador, dê um clique com o botão esquerdo do mouse em Iniciar, localizado no canto inferior esquerdo da tela. Coloque o cursor do mouse sobre o menu "Todos os Programas" e aparecerá um menu secundário à direita. Procure o ícone Microsoft Excel e dê um clique com o botão esquerdo para executar o programa.

Se o ícone do Microsoft Excel não estiver no menu secundário "Todos os Programas", vá ao ícone do Microsoft Office e realce Microsoft Excel. Dê um clique com o botão esquerdo, para abri-lo.

Insira uma Fórmula

Alguns exemplos de cálculos estão detalhados a seguir. O símbolo "=" é necessário para executar qualquer cálculo de fórmula ou de função em uma célula.

1. Desloque o cursor do mouse para a célula B4 e dê um clique com o botão esquerdo.
2. Digite =4+3, tecle <Enter> e o resultado 7 aparecerá na célula B4.
3. Para editar, use o mouse ou as <setas de direção> no teclado para retornar à célula B4, tecle <F2> ou use o mouse para ir à Barra de Fórmulas localizada na parte superior da tela.
4. Em qualquer uma das localizações, tecle <Backspace> duas vezes para apagar +3.
5. Digite –3 e tecle <Enter>.
6. A resposta 1 aparecerá na célula B4.
7. Para excluir a célula inteiramente, vá à célula B4 e pressione a tecla <Delete> uma vez.
8. Para sair, desloque o cursor do mouse para o canto superior esquerdo e dê um clique com o botão esquerdo em Arquivo, no menu localizado na barra superior.
9. Movimente o mouse para baixo no menu secundário Arquivo, marque Sair e dê um clique com o botão esquerdo.
10. Quando a caixa "Deseja salvar as alterações feitas..." aparecer, dê um clique com o botão esquerdo em "Não", para sair sem salvar.
11. Se você deseja salvar seu arquivo, dê um clique com o botão esquerdo em "Sim."
12. Digite um nome de arquivo (por exemplo, calcs 1) e dê um clique em "Salvar".

As fórmulas e as funções da planilha podem ser exibidas pressionando-se Ctrl e `. O símbolo ` habitualmente se encontra no canto superior esquerdo do teclado, junto com o til (~). Pressionar Ctrl+` uma segunda vez ocultará as fórmulas e funções.

Use Funções do Excel

1. Abra o Excel.
2. Vá à célula C3. (Desloque o cursor do mouse para C3 e dê um clique com o botão esquerdo.)
3. Digite =VP(5%;12;10) e tecle <Enter>. Esta função calculará o valor presente de 12 pagamentos de $ 10 a uma taxa de juros de 5% ao ano.

Outro uso: Para calcular o valor futuro de 12 pagamentos de $ 10 a uma taxa de juros de 6% ao ano, faça o seguinte:

1. Vá à célula B3 e digite JUROS.
2. Vá à célula C3 e digite 6% ou =6/100.
3. Vá à célula B4 e digite PAGAMENTO.
4. Vá à célula C4 e digite 10 (para representar o tamanho de cada pagamento).
5. Vá à célula B5 e digite NÚMERO DE PAGAMENTOS.
6. Vá à célula C5 e digite 12 (para representar o número de pagamentos).
7. Vá à célula B7 e digite VALOR FUTURO.
8. Vá à célula C7 e digite =VF(C3;C5;C4) e tecle <Enter>. O resultado aparecerá na célula C7.

Para editar os valores nas células (este recurso é utilizado repetidamente em análises de sensibilidade e do ponto de equilíbrio):

1. Vá à célula C3 e digite =5/100 (o valor anterior será substituído).
2. O valor contido na célula C7 alterará sua resposta automaticamente.

Referências de Célula em Fórmulas e Funções

Se for utilizada uma referência de célula em vez de um número específico, é possível alterar o número uma vez e realizar a análise de sensibilidade de qualquer variável (entrada) que seja referenciada pelo número da célula; por exemplo, C5. Esta abordagem define a célula referenciada como uma *variável global* da planilha. Há dois tipos de referência de célula: relativos e absolutos.

Referências Relativas Se uma referência de célula for inserida, por exemplo, A1, em uma fórmula ou função que seja copiada ou arrastada para outra célula, a referência é alterada em relação ao movimento da célula original. Se a fórmula que está em C5 é =A1 e ela é copiada para a célula C6, a fórmula é alterada para =A2. Este recurso é utilizado quando se arrasta uma função ao longo de várias células e os lançamentos originais precisam alterar-se de acordo com a coluna ou linha.

Referências Absolutas Se o ajuste de referências de célula não for desejado, coloque um símbolo $ diante da parte da referência de célula que não deve ser ajustada – a coluna, a linha ou ambas. Por exemplo, =$A$1 manterá a fórmula quando ela for deslocada para qualquer parte da planilha. Similarmente, =$A1 manterá a coluna A, mas a referência relativa em 1 ajustará o número da linha após a movimentação na planilha.

Referências absolutas são utilizadas em engenharia econômica para análise de sensibilidade de parâmetros como, por exemplo, a TMA, o custo inicial e os fluxos de caixa anuais. Nesses casos, uma alteração na entrada de célula da referência absoluta pode ajudar a determinar a sensibilidade de um resultado, por exemplo, do VP ou do VA.

Imprima a Planilha

Primeiro, defina a parte da planilha (ou toda ela) a ser impressa.

1. Desloque o cursor do mouse para o canto superior esquerdo de sua planilha.
2. Pressione o botão esquerdo do mouse e mantenha-o preso.
3. Arraste o cursor do mouse para o canto inferior direito de sua planilha ou até o ponto em que você quer que a impressão se interrompa.
4. Solte o botão esquerdo do mouse. (Está pronto para imprimir.)
5. Dê um clique com o botão esquerdo do mouse em "Arquivo", na barra do menu localizada na parte superior da tela.
6. Desloque o cursor do mouse para baixo, para selecionar "Imprimir", e dê um clique com o botão esquerdo.
7. Na caixa de diálogo "Imprimir", dê um clique com o botão esquerdo na opção "Seleção", na caixa "Imprimir" (ou comando similar).
8. Dê um clique com o botão esquerdo em OK, para iniciar a impressão.

Dependendo do ambiente de seu computador, talvez seja necessário selecionar uma impressora de rede e colocar o material a ser impresso na fila de um servidor.

Salve a Planilha

Você pode salvar sua planilha a qualquer tempo durante a realização ou depois de concluir o trabalho. É recomendável salvar o trabalho periodicamente.

1. Dê um clique em "Arquivo", na barra do menu localizada na parte superior da tela.
2. Para salvar a planilha pela primeira vez, dê um clique com o botão esquerdo do mouse na opção "Salvar Como".
3. Digite o nome do arquivo, por exemplo, calcs2, e dê um clique com o botão esquerdo do mouse em "Salvar".

Para salvar a planilha depois de ter salvo uma primeira vez, isto é, depois que ela já recebeu um nome de arquivo, dê um clique com o botão esquerdo do mouse no menu "Arquivo", desloque o cursor do mouse e dê um clique com o botão esquerdo em "Salvar".

Crie um Gráfico de Colunas

1. Abra o Excel.
2. Vá à célula A1 e digite 1. Desça até a célula A2 e digite 2. Digite 3 na célula A3; 4, na célula A4; e 5, na célula A5.
3. Vá à célula B1 e digite 4. Digite 3,5 na célula B2; 5, na célula B3; 7, na célula B4; e 12, na célula B5.
4. Desloque o cursor do mouse para a célula A1, dê um clique com o botão esquerdo do mouse e mantenha-o preso enquanto arrasta o cursor do mouse para a célula B5. (Todas as células com números serão realçadas.)
5. Dê um clique com o botão esquerdo do mouse no botão "Assistente de Gráfico", na barra de ferramentas.
6. Selecione a opção "Coluna" em "etapa 1 de 4" e escolha o primeiro subtipo de gráfico de colunas.
7. Dê um clique com o botão esquerdo do mouse e mantenha preso o botão "Manter Pressionado para Exibir Exemplo", para determinar que selecionou o tipo e o estilo do gráfico desejado. Dê um clique em "Avançar".
8. Uma vez que os dados foram realçados anteriormente, a etapa 2 pode ser ignorada. Dê um clique com o botão esquerdo em "Avançar".

9. Para a "etapa 3 de 4", dê um clique na guia "Título" e na caixa "Título do Gráfico". Digite "Exemplo 1".
10. Dê um clique com o botão esquerdo na caixa "Eixo das Categorias (X)" e digite "Ano"; depois, dê um clique com o botão esquerdo na caixa "Eixo dos Valores (Y)" e digite "Taxa de Retorno". Há outras opções (linhas de grade, legenda etc.) em guias adicionais. Quando tiver concluído, dê um clique em "Avançar".
11. Para a "etapa 4 de 4", dê um clique com o botão esquerdo em "Como Objeto Em"; "Plan1" será realçada.
12. Dê um clique com o botão esquerdo em "Concluir" e o gráfico aparecerá na planilha.
13. Para ajustar o tamanho da janela do gráfico, dê um clique com o botão esquerdo em qualquer parte do gráfico para exibir pequenas alças (pontos) nos lados e nos cantos da área do gráfico. As palavras "Área do Gráfico" aparecerão imediatamente abaixo do cursor do mouse. Desloque o cursor do mouse para uma das alças, dê um clique com o botão esquerdo e mantenha-o preso; então, arraste a alça para modificar o tamanho do gráfico.
14. Para deslocar o gráfico para outra posição, dê um clique com o botão esquerdo e mantenha-o preso dentro da janela do gráfico, mas fora do próprio gráfico. Um pequeno indicador em forma de retículos de fios cruzados aparecerá tão logo o movimento do mouse se iniciar. Mudar a posição do mouse fará deslocar o gráfico inteiro para outra localização na planilha.
15. Para ajustar o tamanho da área de esboço (o próprio gráfico) dentro da janela do gráfico, dê um clique com o botão esquerdo do mouse dentro do gráfico. As palavras "Área de Plotagem" aparecerão. Dê um clique com o botão esquerdo do mouse sobre qualquer uma das alças localizadas nos cantos ou nos lados do gráfico, mantenha o botão do mouse preso e arraste-o para modificar o tamanho do gráfico até o tamanho da área do gráfico.

Outros recursos estão disponíveis para alterar características específicas do gráfico. Dê um clique com o botão esquerdo dentro da janela do gráfico e dê um clique no botão "Gráfico" na barra de ferramentas localizada no topo da tela. As opções são: "Tipo de Gráfico", "Dados de Origem" e "Opções de Gráfico". Para obter ajuda detalhada sobre esses itens, leia a função "Ajuda" ou pratique com o exemplo "Gráfico de Colunas".

Crie um Gráfico (de Dispersão) xy

Este é o gráfico mais comumente utilizado em análise científica, inclusive em engenharia econômica. Ele desenha pares de dados e coloca múltiplas séries de lançamentos no eixo Y. O gráfico de dispersão xy é especialmente útil para resultados como, por exemplo, o gráfico do VP em relação a i, em que i é o eixo X e o eixo Y exibe os resultados da função VPL de diversas alternativas.

1. Abra o Excel
2. Insira os seguintes números nas colunas A, B e C, respectivamente:
   Coluna A, célula A1 a A6: Taxa $i\%$, 4, 6, 8, 9, 10
   Coluna B, célula B1 a B6: $ para A, 40, 55, 60, 45, 10
   Coluna C, célula C1 a C6: $ para B, 100, 70, 65, 50, 30
3. Desloque o cursor do mouse para A1, dê um clique com o botão esquerdo e mantenha-o preso enquanto arrasta até a célula C6. Todas as células serão realçadas, inclusive a célula do título de cada coluna.
4. Se todas as colunas do gráfico não estiverem adjacentes entre si, primeiro, pressione a tecla Control (Ctrl) do teclado durante a etapa 3 inteira. Depois de arrastar sobre uma

coluna de dados, solte o botão esquerdo do mouse momentaneamente e, depois, desloque-o para o topo da coluna seguinte (não adjacente) dos dados do gráfico. Não solte a tecla Ctrl até que todas as colunas a serem esboçadas tenham sido realçadas.
5. Dê um clique com o botão esquerdo em "Assistente de Gráfico" na barra de ferramentas.
6. Selecione a opção "Dispersão (XY)", em "etapa 1 de 4", e escolha um subtipo de gráfico de dispersão.

As etapas restantes (a partir de 7) são idênticas às detalhadas anteriormente para o "Gráfico de Colunas". A guia "Legenda" em "etapa 3 de 4" do processo do "Assistente de Gráfico" exibe os rótulos da série das colunas realçadas. (Somente a linha inferior do título pode ser realçada.) Se os títulos não forem realçados, os conjuntos de dados serão genericamente identificados na legenda como "Série1, "Série2" etc.

Obtenha Ajuda enquanto Utiliza o Excel

1. Para informações gerais de ajuda, dê um clique com o botão esquerdo do mouse em "Ajuda", localizada na barra de menus.
2. Dê um clique com o botão esquerdo do mouse em "Ajuda do Microsoft Excel".
3. Por exemplo, se quiser saber mais a respeito de como salvar um arquivo, digite a palavra "Salvar" na caixa 1.
4. Selecione as palavras coincidentes apropriadas na caixa 2. Você pode explorar as palavras selecionadas na caixa 2, dando um clique com o botão esquerdo do mouse nas palavras sugeridas.
5. Observe os tópicos listados na caixa 3.
6. Se encontrar um tópico listado na caixa 3 que corresponda ao que você procura, dê um clique duplo, com o botão esquerdo do mouse, no tópico da caixa 3.

A.2 ORGANIZAÇÃO (LAYOUT) DA PLANILHA

Uma planilha pode ser utilizada de diversas maneiras para obter respostas nas questões numéricas. A primeira, como ferramenta de resolução rápida, utilizada freqüentemente para o lançamento de poucos números, ou como uma função predefinida. Neste livro, a aplicação é identificada pelo ícone "Solução Rápida" na margem da página.

1. Abra o Excel.
2. Desloque o cursor do mouse para a célula A1 e digite =SOMA(45;15; –20). A resposta de 40 será exibida na célula.
3. Desloque o cursor do mouse para a célula B4 e digite =VF(8%;5; –2.500). A resposta de $ 14.666,50 será exibida como o valor futuro a 8% ao ano no final do quinto ano de cinco pagamentos de $ 2.500 cada um.

A segunda aplicação é mais formal. A planilha com os resultados pode servir de documentação daquilo que os outros lançamentos significam. A planilha pode ser apresentada a um colega de trabalho, chefe ou professor; ou a planilha final pode ser colocada em um relatório para a administração. Esse tipo de planilha é identificado pelo ícone "Sol. Excel" no texto. Apresentamos, a seguir, algumas diretrizes fundamentais úteis na elaboração de planilhas.

Um layout muito simples é exibido na Figura A–1. À medida que as soluções se tornam mais complexas, uma disposição bem organizada das informações deixa a planilha mais fácil de ler e usar.

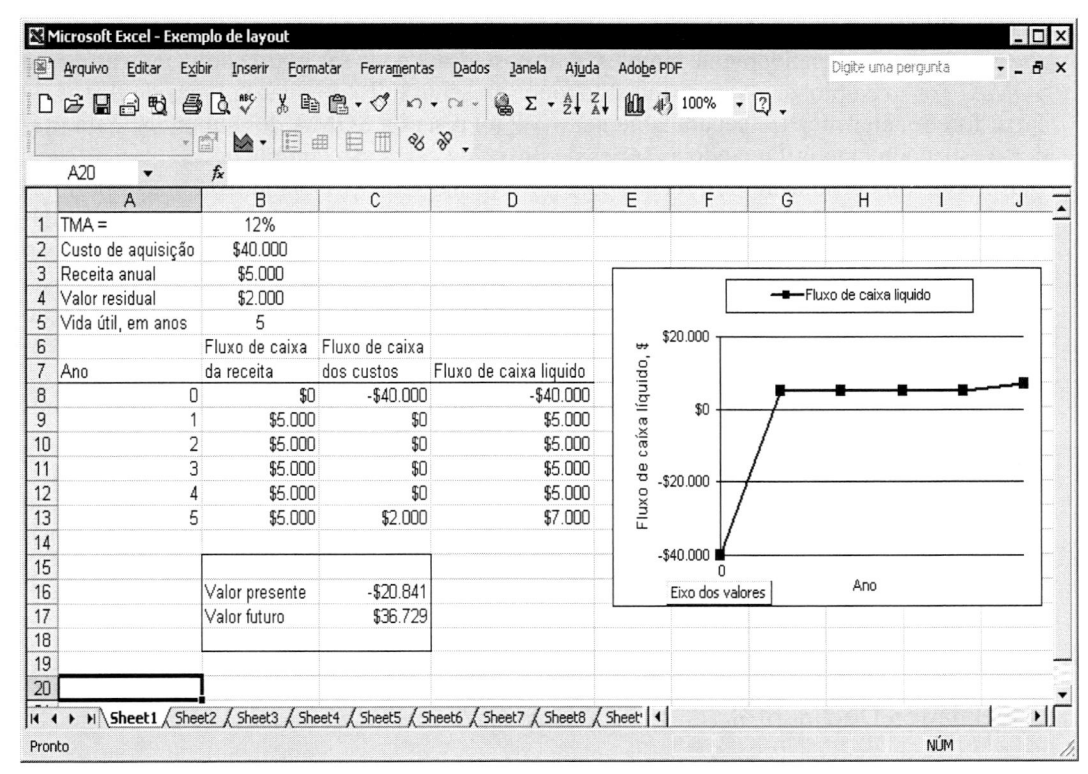

SEÇÃO A.2   Organização (Layout) da Planilha   **685**

Figura A–1
Exemplo de layout de planilha com estimativas, resultados de fórmulas e funções e um gráfico de dispersão *xy*.

Agrupe os dados e as respostas. É aconselhável organizar os dados fornecidos ou estimados no canto superior esquerdo da planilha. Um rótulo muito curto deve ser utilizado para identificar os dados. Por exemplo, TMA = na célula A1 e seu valor, 12%, na célula B1. Então, B1 pode ser a célula referenciada para todas as entradas que exijam a TMA. Além disso, talvez seja melhor agrupar as respostas em uma região e emoldurar usando o botão "Bordas", localizado na barra de ferramentas. Freqüentemente, as respostas são mais bem apresentadas na parte inferior ou superior da coluna de lançamentos utilizados na fórmula ou função predefinida.

Insira títulos para as colunas e para as linhas. Cada coluna ou linha deve ser rotulada a fim de que seus lançamentos sejam claros para o leitor. É muito fácil selecionar de uma coluna ou de uma linha errada, quando não há nenhum título breve no cabeçalho dos dados.

Insira os fluxos de caixa de receita e de custos separadamente. Quando fluxos de caixa de receita e fluxos de caixa de custos estão, ambos, envolvidos, recomendamos fortemente que as estimativas de receita (usualmente positivas) e do custo de aquisição, do valor recuperado e dos custos anuais (usualmente negativas, sendo o valor recuperado um número positivo) sejam inseridas em duas colunas adjacentes.

Então, uma fórmula combinando-as em uma terceira coluna exibe o fluxo de caixa líquido. Há duas vantagens imediatas nesta prática: menos erros são cometidos quando se efetua a soma e a subtração mentalmente, e alterações para análise de sensibilidade são feitas mais facilmente.

Use referências de célula. O uso de referências de célula absolutas e relativas é necessário quando se esperam quaisquer alterações nos lançamentos (entradas). Por exemplo, suponha que a TMA seja inserida na célula B1 e que três referências distintas sejam feitas à TMA nas funções da planilha. O lançamento da referência de célula absoluta $B$1 nas três funções permite que a TMA seja alterada uma vez, não três.

Obtenha uma resposta final por meio de soma e incorporação. Quando as fórmulas e funções são mantidas relativamente simples, a resposta final pode ser obtida utilizando a função SOMA. Por exemplo, se os montantes do valor presente (VP) de duas colunas de fluxos de caixa forem determinados separadamente, o VP total será a SOMA dos subtotais. Esta prática é especialmente útil quando as séries de fluxos de caixa são complexas.

Embora a incorporação de funções seja possível no Excel, isso significa mais oportunidades para erros de lançamento. Separar os cálculos torna mais fácil para o leitor entender os lançamentos. Uma aplicação comum desta prática em engenharia econômica é a função PGTO, que encontra o valor anual de uma série de fluxos de caixa. A função VPL pode ser incorporada como o montante do valor presente (P) em PGTO. De outro modo, a função VPL pode ser aplicada primeiro e, depois, a célula com a resposta do VP pode ser referenciada na função PGTO. (Veja mais comentários na Seção 3.1.)

Prepare-se para fazer um gráfico. Se for necessário desenvolver um gráfico (grafo), reserve antecipadamente espaço suficiente à direita dos dados e respostas. Gráficos podem ser colocados na mesma planilha ou em uma planilha separada quando o "Assistente de Gráfico" é utilizado, conforme discutimos na Seção A.1, sobre a elaboração de gráficos. A colocação na mesma planilha é recomendável, especialmente quando os resultados da análise de sensibilidade são esboçados.

A.3 FUNÇÕES DO EXCEL IMPORTANTES PARA A ENGENHARIA ECONÔMICA

BD (Balanço Declinante)

Calcula a depreciação de um ativo para um período n especificado, utilizando o método do balanço declinante. A taxa de depreciação, d, utilizada no cálculo, é determinada com base nos valores R (valor recuperado) e B (custo básico ou custo inicial) de um ativo como $d = 1 - (R/B)^{1/n}$. Essa é a Equação [16.11]. Uma precisão de três casas decimais é utilizada para d.

=BD(custo;recuperação;vida_útil;período;mês)

custo	O custo inicial ou o custo básico do ativo.
recuperação	Valor recuperado.
vida_útil	Período de depreciação (período de recuperação).
período	O período, em anos, para o qual a depreciação deve ser calculada.
mês	(Entrada opcional.) Se este lançamento for omitido, um ano inteiro é considerado para o primeiro ano.

Exemplo Uma nova máquina custa $ 100.000 e espera-se que ela dure 10 anos. No fim dos 10 anos, o valor recuperado da máquina é de $ 50.000. Qual é a depreciação da máquina no primeiro ano e no quinto ano?

Depreciação no primeiro ano: =BD(100.000;50.000;10;1)
Depreciação no quinto ano: =BD(100.000;50.000;10;5)

BDD (Balanço Declinante Duplo)

Calcula a depreciação de um ativo para um período n especificado, utilizando o método de balanço declinante duplo. Um fator também pode ser inserido para algum outro método de depreciação por balanço declinante ao especificar um fator na função.

=**BDD(custo;recuperação;vida_útil;período;fator)**

custo	O custo inicial ou o custo básico do ativo.
recuperação	Valor recuperado do ativo.
vida_útil	O período, em anos, para o qual a depreciação deve ser calculada.
fator	(Entrada opcional.) Se este lançamento for omitido, a função usará um método de balanço declinante duplo com o dobro da taxa linear (linha reta). Se, por exemplo, o lançamento for de 1,5, será utilizado o método de balanço declinante de 150%.

Exemplo Uma nova máquina custa $ 200.000 e espera-se que ela dure 10 anos. O valor recuperado é de $ 10.000. Calcule a depreciação da máquina para o primeiro ano e para o oitavo ano. Por fim, calcule a depreciação para o quinto ano, utilizando o método de balanço declinante de 175%.

Depreciação no primeiro ano: =BDD(200.000;10.000;10;1)
Depreciação no oitavo ano: =BDD(200.000;10.000;10;8)
Depreciação no quinto ano com BD de 175%:
=**BDD(200.000;10.000;10;5;1,75)**

VF (Valor Futuro)

Calcula o montante (valor) futuro em pagamentos periódicos a uma taxa de juros específica.

=**VF(taxa;nper;pgto;vp;tipo)**

taxa	Taxa de juros por período de capitalização.
nper	Número de períodos de capitalização.
pgto	Valor constante do pagamento.
vp	O montante do valor presente. Se vp não for especificado, a função presumirá que ele é 0 (zero).
tipo	(Entrada opcional.) Ou 0 ou 1. O 0 (zero) representa pagamentos efetuados no final do período e o 1 (um) representa pagamentos no início do período. Se for omitido, presume-se que seja 0.

Exemplo Jack quer iniciar uma conta de poupança que possa ser aumentada quando ele quiser. Ele depositará $ 12.000 para iniciar a conta e planeja depositar $ 500 na conta no início de cada mês, durante os próximos 24 meses. O banco paga 0,25% ao mês. Quanto haverá na conta de Jack no fim dos 24 meses?

O valor futuro em 24 meses: =VF(0,25%;24;500;12.000;1)

SE (Função Lógica SE)

Determina qual de dois lançamentos é inserido em uma célula, com base no resultado de uma verificação lógica do resultado de outra célula. O teste lógico pode ser uma função ou uma verificação de valor simples, mas precisa usar um sentido de igualdade ou de desigualdade. Se a resposta for uma seqüência de texto, coloque-a entre aspas (" "). As respostas podem ser, elas próprias, funções SE. Até sete funções SE podem ser aninhadas para testes lógicos muito complexos.

$$\text{=SE(teste\_lógico;valor\_se\_verdadeiro;valor\_se\_falso)}$$

teste_lógico	Qualquer função de planilha pode ser utilizada aqui, inclusive uma operação matemática.
valor_se_verdadeiro	Este é o resultado se o argumento teste_lógico for verdadeiro.
valor_se_falso	Este é o resultado se o argumento teste_lógico for falso.

Exemplo O lançamento na célula B4 deve ser "selecionado" se o montante do VP na célula B3 for maior ou igual a zero e "rejeitado" se VP < 0.

Lançamento na célula B4:   =SE(B3 >=0;"selecionado";"rejeitado")

Exemplo O lançamento na célula C5 deve ser "selecionado" se o montante do VP na célula C4 for maior ou igual a zero, "rejeitado" se VP < 0 e "fantástico" se VP ≥ 200.

Lançamento na célula C5:   =SE(C4<0;"rejeitado";SE(C4>=200;"fantástico"; "selecionado"))

IPGTO (Pagamento de Juros)

Calcula os juros acumulados durante determinado período *n*, com base nos pagamentos periódicos constantes e na taxa de juros.

$$\text{=IPGTO(taxa;período;nper;vp;vf;tipo)}$$

taxa	Taxa de juros por período de capitalização.
período	Período para o qual os juros serão calculados.
nper	Número de períodos de capitalização.
vp	Valor presente. Se vp não for especificado, a função considerará que é 0 (zero).
vf	Valor futuro. Se vf for omitido, a função considerará que ele é 0 (zero). O vf também pode ser considerado um saldo de caixa depois que o último pagamento é efetuado.
tipo	(Entrada opcional.) Ou 0 ou 1. O 0 (zero) representa pagamentos efetuados no final do período; e o 1 (um) representa pagamentos efetuados no início do período. Se for omitido, presume-se que seja 0.

Exemplo Calcule os juros em haver no décimo mês para um empréstimo de $ 20.000 com vencimento em 48 meses. A taxa de juros é de 0,25% ao mês.

Juros em haver: =IPGTO(0,25%;10;48;20.000)

TIR (Taxa Interna de Retorno)

Calcula a taxa interna de retorno entre –100% e o infinito para uma série de fluxos de caixa em períodos constantes.

=TIR(valores;estimativa)

valores Um conjunto de números na coluna (ou linha) de uma planilha para os quais a taxa de retorno será calculada. O conjunto de números deve ser composto de pelo menos *um* número positivo e *um* número negativo. Números negativos denotam pagamento efetuado ou saída de caixa; números positivos denotam receita ou entrada de caixa.

estimativa (Entrada opcional.) Para reduzir o número de interações, uma *taxa de retorno estimada* pode ser inserida. Na maioria dos casos, uma estimativa não é necessária e presume-se uma taxa de retorno de 10% inicialmente. Se o erro #NUM! aparecer, tente usar valores diferentes para a estimativa. Inserir valores diferentes possibilita determinar as múltiplas raízes para a equação da taxa de retorno de uma série de fluxos de caixa não convencionais.

Exemplo John quer iniciar uma empresa gráfica. Ele precisará de um capital de $ 25.000 e prevê que o negócio gerará as seguintes receitas durante os 5 primeiros anos. Calcule sua taxa de retorno depois de 3 anos e depois de 5 anos.

Ano 1	$ 5.000
Ano 2	$ 7.500
Ano 3	$ 8.000
Ano 4	$ 10.000
Ano 5	$ 15.000

Monte uma matriz na planilha.

Na célula A1, digite –25.000 (número negativo para pagamentos).

Na célula A2, digite 5.000 (número positivo para receitas).

Na célula A3, digite 7.500.

Na célula A4, digite 8.000.

Na célula A5, digite 10.000.

Na célula A6, digite 15.000.

Portanto, as células A1 a A6 contêm a matriz de fluxos de caixa para os primeiros 5 anos, incluindo o dispêndio de capital. *Note que quaisquer anos que tenham um fluxo de caixa nulo precisam ter um zero inserido* para garantir que o valor do ano seja corretamente mantido para propósitos de cálculo.

Para calcular a taxa interna de retorno depois de 3 anos, vá à célula A7 e digite =TIR(A1:A4).

Para calcular a taxa interna de retorno depois de 5 anos e especificar um valor de 5% para a estimativa, vá à célula A8 e digite =TIR(A1:A6;5%).

MTIR (Taxa Interna de Retorno Modificada)

Calcula a taxa interna de retorno modificada para uma série de fluxos de caixa e o reinvestimento da receita e os juros a uma taxa estabelecida.

=**MTIR(valores;taxa_financ;taxa_reinvest)**

valores	Refere-se a uma matriz de células da planilha. Números negativos representam pagamentos efetuados, e números positivos representam receita. A série de pagamentos e a receita precisam ocorrer em períodos constantes e precisam conter pelo menos *um* número positivo e *um* número negativo.
taxa_financ	A taxa de juros do dinheiro utilizada nos fluxos de caixa.
taxa_reinvest	Taxa de juros para reinvestimento de fluxos de caixa positivos. (Esta não é a mesma taxa de reinvestimento que se aplica para os investimentos líquidos quando a série de fluxos de caixa é do tipo não convencional. Leia os comentários da Seção 7.5.)

Exemplo Jane abriu uma *hobby store*[1] há 4 anos. Quando iniciou o negócio, Jane tomou por empréstimo $ 50.000 de um banco a 12% ao ano. A partir de então, a empresa obteve uma receita de $ 10.000 no primeiro ano, $ 15.000 no segundo, $ 18.000 no terceiro e $ 21.000 no quarto ano. Jane reinvestiu seus lucros, com rendimentos de 8% ao ano. Qual é a taxa de retorno modificada depois de 3 anos e depois de 4 anos?

Na célula A1, digite –50.000.

Na célula A2, digite 10.000.

Na célula A3, digite 15.000.

Na célula A4, digite 18.000.

Na célula A5, digite 21.000.

Para calcular a taxa de retorno modificada depois de 3 anos, vá à célula A6 e digite =MTIR(A1:A4;12%;8%).

Para calcular a taxa de retorno modificada depois de 4 anos, vá à célula A7 e digite =MTIR(A1:A5;12%;8%).

NPER (Número de Períodos)

Calcula o número de períodos do valor presente de um investimento de acordo com o valor futuro especificado, com base em pagamentos constantes e uniformes e uma taxa de juros estabelecida.

=**NPER(taxa;pgto;vp;vf;tipo)**

taxa	Taxa de juros por período de capitalização.
pgto	Quantia paga durante cada período de capitalização.
vp	Valor presente (quantia bruta).
vf	(Entrada opcional.) Valor futuro ou saldo de caixa depois do último pagamento. Se vf for omitido, a função considerará o valor 0 (zero).
tipo	(Entrada opcional.) Digite 0 (zero), se houver pagamentos em haver no fim do período de capitalização e 1 (um), se houver pagamentos em haver no início do período. Se for omitido, presume-se que seja 0.

---

[1] **N. T.:** Loja dedicada à venda de produtos colecionáveis: miniaturas de automóveis, de aviões e de trens, selos, moedas, jogos, revistas etc.

Exemplo Sally planeja abrir uma conta de poupança que paga 0,25% por mês. Seu depósito inicial é de $ 3.000 e planeja depositar $ 250 no início de cada mês. Quantos depósitos ela precisará fazer para acumular $ 15.000 a fim de comprar um carro novo?

Número de depósitos: =NPER(0,25%; –250; –3.000;15.000;1)

VPL (Valor Presente Líquido)

Calcula o valor presente líquido de uma série de fluxos de caixa futuros a uma taxa de juros estabelecida.

=VPL(taxa;valor1;valor2;...)

taxa	Taxa de juros por período de capitalização.
valor1;valor2;...	Série de custos e receitas dispostos em uma faixa da planilha.

Exemplo Mark está pensando em comprar uma loja de produtos esportivos por $.100.000 e espera receber a seguinte receita durante os próximos 6 anos de negócios: $ 25.000, $ 40.000, $ 42.000, $ 44.000, $ 48.0000, $ 50.000. A taxa de juros é de 8% ao ano.

Na célula A1, digite –100000.
Na célula A2, digite 25.000.
Na célula A3, digite 40.000.
Na célula A4, digite 42.000.
Na célula A5, digite 44.000.
Na célula A6, digite 48.000.
Na célula A7, digite 50.000.
Na célula A8, digite =VPL(8%;A2:A7) + A1.

O valor da célula A1 já é um valor presente. *Qualquer ano que tenha um fluxo de caixa nulo (zero) deve conter um 0* para assegurar um resultado correto.

PGTO (Pagamentos)

Calcula os valores periódicos equivalentes com base no valor presente e/ou valor futuro a uma taxa de juros constante.

=PGTO(taxa;nper;vp;vf;tipo)

taxa	Taxa de juros por período de capitalização.
nper	Número total de períodos.
vp	Valor presente.
vf	Valor futuro.
tipo	(Entrada opcional.) Digite 0 (zero), para pagamentos em haver no fim do período de capitalização e 1 (um), para pagamentos em haver no início do período de capitalização. Se for omitido, presume-se que seja 0.

Exemplo Jim planeja tomar emprestado $ 15.000 para comprar um carro novo. A taxa de juros é de 7%. Ele quer liquidar o empréstimo em 5 anos (60 meses). Quais são seus pagamentos mensais?

Pagamentos mensais: =PGTO(7%/12;60;15.000)

PPGTO (Pagamento do Capital)

Calcula o pagamento do capital (principal) com base em pagamentos constantes a uma taxa de juros especificada.

=PPGTO(taxa;período;nper;vp;vf;tipo)

taxa	Taxa de juros por período de capitalização.
período	Período durante o qual o pagamento do capital é necessário.
nper	Número total de períodos.
vp	Valor presente.
vf	Valor futuro.
tipo	(Entrada opcional.) Digite 0 (zero), para pagamentos que estão em haver no final do período de capitalização e 1 (um), para pagamentos que estão em haver no início do período de capitalização. Se for omitido, presume-se que seja 0.

Exemplo Jovita planeja investir $ 10.000 em equipamentos, esperando que durem 10 anos sem nenhum valor recuperado. A taxa de juros é de 5%. Qual é o pagamento do principal no final do ano 4 e ano 8?

No final do ano 4: =PPGTO(5%;4;10; –10.000)

No final do ano 8: =PPGTO(5%;8;10; –10.000)

VP (Valor Presente)

Calcula o valor presente de uma série futura de fluxos de caixa iguais e um único valor global no último período a uma taxa de juros constante.

=VP(taxa;nper;pgto;vf;tipo)

taxa	Taxa de juros por período de capitalização.
nper	Número total de períodos.
pgto	Fluxo de caixa a intervalos constantes. Números negativos representam pagamentos (saídas de caixa) e números positivos representam receita.
vf	Valor futuro ou fluxos de caixa no final do último período.
tipo	(Entrada opcional.) Digite 0 (zero), se houver pagamentos em haver no final do período de capitalização e 1 (um), se houver pagamentos em haver no início de cada período de capitalização. Se for omitido, presume-se que seja 0.

Há duas diferenças fundamentais entre a função VP e a função VPL: a função VP permite fluxos de caixa no final ou no início do período e exige que todos os valores tenham o mesmo montante; ao passo que os valores podem variar quando se trata da função VPL.

Exemplo José está pensando em arrendar um carro por $ 300 ao mês, durante 3 anos (36 meses). Depois do arrendamento de 36 meses, ele quer comprar o carro por $ 12.000. Usando uma taxa de juros de 8% ao ano, encontre o valor presente desta opção.

$$\text{Valor presente:} \quad =\text{VP}(8\%/12;36;-300;-12.000)$$

Note os sinais de menos (–) dos valores de pgto e vf.

ALEATÓRIO (Número Aleatório)

Retorna números uniformemente distribuídos, ou seja, (1) ≥ 0 e < 1; (2) ≥ 0 e < 100; ou (3) entre dois números especificados.

=**ALEATÓRIO( )**	**para o intervalo de 0 a 1**
=**ALEATÓRIO( )*100**	**para o intervalo de 0 a 100**
=**ALEATÓRIO( )*(b–a) + a**	**para o intervalo de a a b**

a = número inteiro mínimo a ser gerado
b = número inteiro máximo a ser gerado

A função RANDBETWEEN(a,b) do Excel também pode ser utilizada para se obter um número aleatório entre dois valores.

Exemplo Grace precisa de números aleatórios entre 5 e 10 com 3 dígitos depois da casa decimal. Qual é a função do Excel? Aqui, a = 5 e b = 10.

$$\text{Número aleatório:} \quad =\text{ALEATÓRIO}()*5 + 5$$

Exemplo Randi quer gerar números aleatórios entre o limite de –10 e 25. Qual é a função do Excel? Os valores mínimo e máximo são $a = -10$ e $b = 25$, de forma que $b - a = 25 - (-10) = 35$.

$$\text{Número aleatório:} \quad =\text{ALEATÓRIO}()*35 - 10$$

Taxa (Taxa de Juros)

Calcula a taxa de juros por período de capitalização para uma série de pagamentos ou receitas.

TAXA(nper;pgto;vp;vf;tipo;estimativa)

nper	Número total de períodos.
pgto	Valor do pagamento efetuado a cada período de capitalização.
vp	Valor presente.
vf	Valor futuro (não incluindo o valor do pgto).
tipo	(Entrada opcional.) Digite 0 (zero), para pagamentos em haver no final do período de capitalização e 1 (um), para pagamentos em haver no início de cada período de capitalização. Se for omitido, presume-se que seja 0.
estimativa	(Entrada opcional.) Para minimizar o tempo de cálculo, inclua uma taxa de juros estimada. Se um valor de estimativa não for especificado, a função presumirá uma taxa de 10%. Esta função habitualmente converge para uma solução, se a taxa está entre 0% e 100%.

Exemplo Mary quer iniciar uma conta de poupança em um banco. Ela fará um depósito inicial de $ 1.000 para abrir a conta e um plano para depositar $ 100 no início de cada mês. Ela planeja fazer isso durante os próximos 3 anos (36 meses). No final de 3 anos, ela quer ter pelo menos $ 5.000. Qual é o mínimo de juros necessário para que obtenha esse resultado?

Taxa de juros: =TAXA(36;–100;–1.000;5.000;1)

DPD (Depreciação em Linha Reta)

Calcula a depreciação em linha reta de um ativo durante determinado ano.

=DPD(custo;recuperação;vida_útil)

custo	O custo inicial ou o custo básico do ativo.
recuperação	Valor recuperado.
vida_útil	Período de depreciação.

Exemplo Maria comprou uma impressora por $ 100.000. A impressora tem um período de depreciação permitido de 8 anos e um valor recuperado estimado de $ 15.000. Qual é a depreciação em cada ano?

Depreciação: =DPD(100.000;15.000;8)

SDA (Depreciação pela Soma dos Dígitos dos Anos

Calcula a depreciação pela soma dos dígitos dos anos de um ativo durante determinado ano.

=SDA(custo;recuperação;vida_útil;per)

custo	O custo inicial ou o custo básico do ativo.
recuperação	Valor recuperado.
vida_útil	Período de depreciação.
período	O ano para o qual a depreciação é procurada.

Exemplo Jack comprou um equipamento por $ 100.000 que tem um período de depreciação de 10 anos. O valor recuperado é de $ 10.000. Qual é a depreciação para o ano 1 e para o ano 9?

Depreciação para o ano 1: =SDA(100.000;10.000;10;1)

Depreciação para o ano 9: =SDA(100.000;10.000;10;9)

BDV (Balanço Declinante Variável)

Calcula a depreciação utilizando o método de balanço declinante sem mudança para a depreciação em linha reta no ano em que a linha reta tem um valor de depreciação maior. Esta função implementa automaticamente a mudança da depreciação BD para a LR, a não ser que haja uma instrução específica para não mudar.

=BDV(custo;recuperação;vida_útil;início_período;final_período;fator;sem_mudança)

custo	O custo inicial do ativo.
recuperação	Valor recuperado.
vida_útil	Período de depreciação.
início_período	Primeiro período de depreciação a ser calculado.
final_período	Último período de depreciação a ser calculado.
fator	(Entrada opcional.) Se for omitida, a função usará a taxa declinante dupla de $2/n$, ou o dobro da taxa linear. Outras entradas definem o método da depreciação de balanço declinante. Por exemplo, 1,5 para o balanço declinante de 150%.
sem_mudança	(Entrada opcional.) Se for omitida ou se for inserido FALSO, a função mudará da depreciação de balanço declinante para a depreciação em linha reta, quando esta for maior do que a depreciação pelo BD. Se for inserido VERDADEIRO, a função não mudará para a depreciação em linha reta em nenhum momento durante o período de depreciação.

Exemplo Um equipamento comprado recentemente com um custo de aquisição de $ 300.000 tem uma vida útil depreciável de 10 anos, sem nenhum valor recuperado. Calcule a depreciação pelo balanço declinante de 175% para o primeiro ano e para o nono ano, se a mudança para a depreciação LR for aceitável e se a mudança não for permitida.

Depreciação para o primeiro ano, com mudança: =BDV(300.000;0;10;0;1;1,75)

Depreciação para o nono ano, com mudança: =BDV(300.000;0;10;8;9;1,75)

Depreciação para o primeiro ano, sem mudança:
 =BDV(300.000;0;10;0;1;1,75;VERDADEIRO)

Depreciação para o nono ano, sem mudança:
 =BDV(300.000;0;10;8;9;1,75;VERDADEIRO)

A.4 SOLVER – UMA FERRAMENTA DO EXCEL PARA ANÁLISE DO PONTO DE EQUILÍBRIO E CÁLCULO DE PROBABILIDADES "WHAT IF?"

O SOLVER é uma poderosa ferramenta do Excel utilizada para modificar o valor em uma ou mais células com base no valor da célula especificada (destino). Ela é especialmente útil para realizar a análise do ponto de equilíbrio (*breakeven*) e de sensibilidade, para responder a questões "what if?"[2]. A caixa de diálogo "Parâmetros do Solver" é apresentada na Figura A–2.

Campo *Definir Célula de Destino*. Insira uma referência ou um nome de célula. A própria célula de destino precisa conter uma fórmula ou função. O valor contido na célula pode ser maximizado (Max), minimizado (Min) ou restringido a um valor específico (Valor de).

Campo *Células Variáveis*. Digite a referência de célula para cada célula a ser ajustada, utilizando ponto-e-vírgula entre células não adjacentes. Cada célula deve estar direta ou indiretamente relacionada à célula de destino. O SOLVER propõe um valor para a célula variável com base na entrada fornecida para a célula de destino.

---

[2] **N. T.:** Cálculo de probabilidades. Literalmente, significa "O que aconteceria se...".

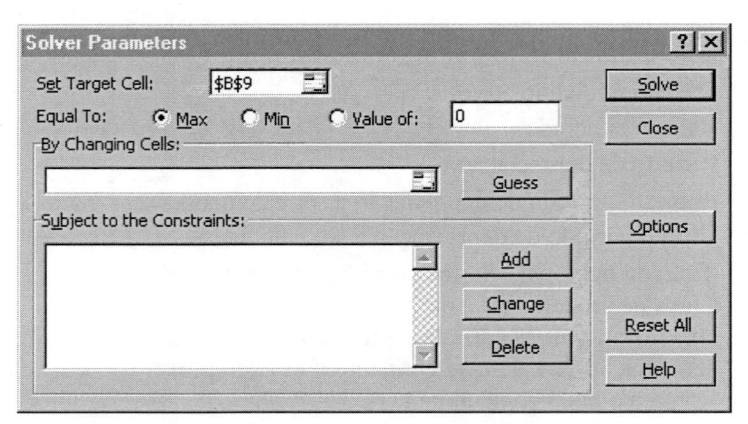

Figura A–2
Caixa de diálogo "Parâmetros do Solver".

O botão "Estimar" listará todas as células variáveis possíveis relacionadas à célula de destino.

Caixa *Submeter às Restrições*. Insira quaisquer restrições que possam ser aplicáveis; por exemplo, $C$1 < $ 50.000. Variáveis inteiras e binárias são determinadas nesta caixa.

Caixa *Opções*. As escolhas feitas aqui permitem ao usuário especificar vários parâmetros da solução: tempo máximo e número mínimo de iterações permitidas, a precisão e a tolerância dos valores determinados, bem como os requisitos de convergência quando a solução final for determinada. Além disso, as hipóteses do modelo linear e não-linear podem ser definidas aqui. *Se variáveis inteiras ou binárias estiverem envolvidas, a opção de tolerância precisa ser fixada em um número pequeno*, digamos, 0,0001. Isso é especialmente importante para as variáveis binárias quando se faz a seleção de projetos independentes (Capítulo 12). Se a tolerância for mantida no nível padrão de 5%, o projeto pode ser incorretamente incluído no conjunto solução em um nível muito baixo.

Caixa *Resultados do Solver*. Ela é exibida depois que se dá um clique no botão *Resolver,* e aparece uma solução. É possível, evidentemente, que nenhuma solução seja encontrada para o cenário descrito. É possível atualizar a planilha dando um clique em *Manter Soluções do Solver* ou retornar às entradas originais usando *Redefinir Tudo*.

A.5 LISTA DE FUNÇÕES FINANCEIRAS DO EXCEL

Eis uma relação com breve descrição do resultado (*output*) de todas as funções financeiras do Excel. Note que todas estas funções estão disponíveis em todas as versões do programa Microsoft Excel©. O comando "Suplementos" pode ajudar a determinar se a função está disponível na versão utilizada.

JUROSACUM	Retorna os juros acumulados de um título de crédito que paga juros periódicos.
JUROSACUMV	Retorna os juros acumulados de um título de crédito que paga juros em seu vencimento.
AMORDEGRC	Retorna a depreciação de cada período contábil.
AMORLINC	Retorna a depreciação de cada período contábil.
CUPDIASINLIQ	Retorna o número de dias entre o início do cupom e a data de liquidação.

CUPDIAS	Retorna o número de dias no período do cupom que contém a data de liquidação.
CUPDIASPRÓX	Retorna o número de dias entre a data de liquidação e a próxima data do cupom.
CUPDATAPRÓX	Retorna a próxima data do cupom depois da data de liquidação.
CUPNÚM	Retorna o número de cupons a serem pagos entre a data de liquidação e a data de vencimento.
CUPDATAANT	Retorna a última data do cupom antes da data de liquidação.
PGTOJURACUM	Retorna os juros cumulativos pagos entre dois períodos.
PGTOCAPACUM	Retorna o capital cumulativo pago em um empréstimo entre dois períodos.
BD	Retorna a depreciação de um ativo durante determinado período utilizando o método do balanço declinante fixo.
BDD	Retorna a depreciação de um ativo durante um período especificado utilizando o método do balanço declinante duplo ou algum outro método que você especifique.
DESC	Retorna a taxa de desconto de um título.
MOEDADEC	Converte um preço em moeda expresso como uma fração em um preço em moeda expresso como um número decimal.
MOEDAFRA	Converte um preço em moeda expresso como um número decimal em um preço em moeda expresso como uma fração.
DURAÇÃO	Retorna a duração anual de um título com pagamentos periódicos de juros.
EFETIVA	Retorna a taxa efetiva anual de juros.
VF	Retorna o valor futuro de um investimento.
VFPLANO	Retorna o valor futuro de um capital inicial depois da aplicação de uma série de taxas de juros compostos.
TAXAJUROS	Retorna a taxa de juros de um título totalmente investido.
IPGTO	Retorna o pagamento de juros de um investimento durante determinado período.
TIR	Retorna a taxa interna de retorno de uma série de fluxos de caixa.
ÉPGTO	Retorna os juros pagos durante um período específico de um investimento (oferece compatibilidade com o programa Lotus 1-2-3).
MDURAÇÃO	Retorna a duração de Macauley modificada de um título com valor de paridade equivalente a R$ 100.
MIRR	Retorna a taxa interna de retorno em que série de fluxos de caixa positivos e negativos são financiados a diferentes taxas.
NOMINAL	Retorna a taxa anual nominal de juros.
NPER	Retorna o número de períodos de um investimento.
VPL	Retorna o valor líquido atual de um investimento, com base em uma série de fluxos de caixa periódicos e uma taxa de desconto.
PREÇOPRIMINC	Retorna o preço por R$ 100 do valor nominal de um título com um período inicial incompleto.
LUCROPRIMINC	Retorna o rendimento de um título com um período inicial incompleto.
PREÇOÚLTINC	Retorna o preço por R$ 100 do valor nominal de um título com um período final incompleto.
LUCROÚLTINC	Retorna o rendimento de um título com um período final incompleto.

PGTO	Retorna o pagamento periódico de uma anuidade.
PPGTO	Retorna o pagamento do capital de um investimento durante determinado período.
PREÇO	Retorna o preço por R$ 100 do valor nominal de um título que paga juros periódicos.
PREÇODESC	Retorna o preço por R$ 100 do valor nominal de um título com deságio.
PREÇOVENC	Retorna o preço por R$ 100 do valor nominal de um título que paga juros no vencimento.
VP	Retorna o valor presente de um investimento.
TAXA	Retorna a taxa de juros por período de uma anuidade.
RECEBER	Retorna a quantia recebida no vencimento de um título totalmente investido.
DPD	Retorna a depreciação em linha reta de um ativo durante um período.
SDA	Retorna a depreciação da soma dos dígitos dos anos de um ativo durante período especificado.
OTN	Retorna o rendimento de uma Letra do Tesouro equivalente ao rendimento de um título.
OTNVALOR	Retorna o preço por R$ 100 do valor nominal de uma Letra do Tesouro.
OTNLUCRO	Retorna o rendimento de uma Letra do Tesouro.
BDV	Retorna a depreciação de um ativo durante um período específico ou parcial utilizando o método da depreciação do balanço declinante, com mudança para a depreciação em linha reta, quando for melhor.
XTIR	Retorna a taxa interna de retorno de um programa de fluxos de caixa que não é necessariamente periódico.
XVPL	Retorna o valor presente líquido de um programa de fluxos de caixa que não é necessariamente periódico.
LUCRO	Retorna o rendimento de um título que paga juros periódicos.
LUCRODESC	Retorna o rendimento de um título com deságio. Por exemplo, uma Letra do Tesouro.
LUCROVENC	Retorna o rendimento anual de um título que paga juros no vencimento.

Há muitas outras funções disponíveis no Excel em outras áreas: matemática e trigonometria, estatística, data e hora, banco de dados, lógica e informações.

A.6 MENSAGENS DE ERRO

Se o Excel for incapaz de concluir o cálculo de uma fórmula ou função, uma mensagem de erro será exibida. Algumas das mensagens mais comuns são as seguintes:

#DIV/0!	Requer divisão por zero.
#N/A	Refere-se a um valor que não está disponível.
#NAME?	Usa um nome que o Excel não reconhece.
#NULL!	Especifica uma interseção inválida de duas áreas.
#NUM!	Usa um número incorretamente.
#REF!	Refere-se a uma célula que não é válida.
#VALUE!	Usa um argumento ou um operando inválidos.
#####	Produz um resultado, ou inclui um valor de número constante, demasiadamente longo para caber na célula. (Alargue a coluna.)

APÊNDICE B

INFORMAÇÕES BÁSICAS SOBRE RELATÓRIOS CONTÁBEIS E ÍNDICES COMERCIAIS

Este apêndice fornece uma descrição básica dos relatórios financeiros. Os documentos aqui discutidos o(a) ajudarão a revisar ou entender os aspectos básicos de relatórios financeiros e a reunir informações úteis em um estudo de engenharia econômica.

OBJETIVOS DE APRENDIZAGEM

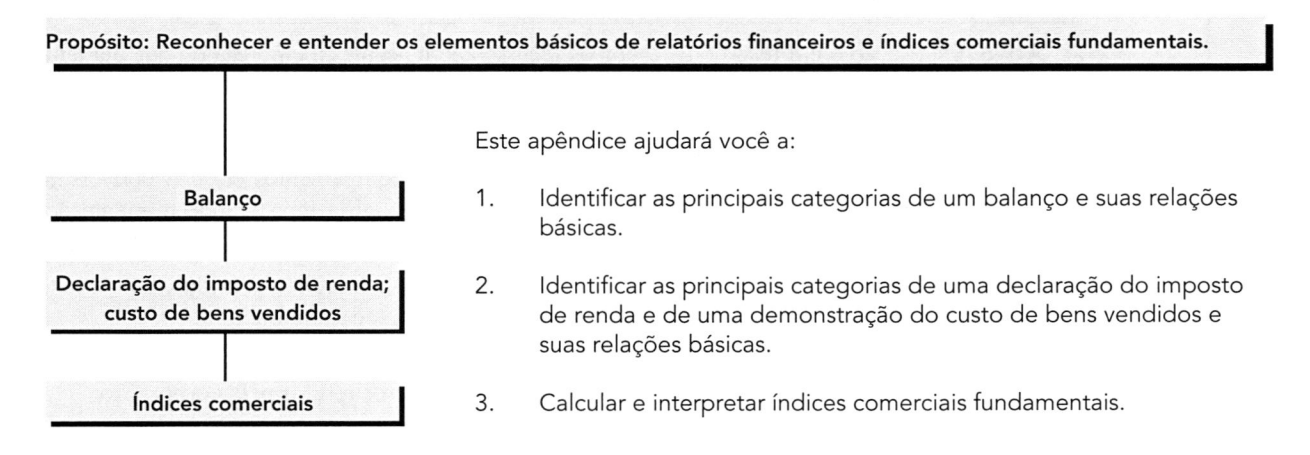

Propósito: Reconhecer e entender os elementos básicos de relatórios financeiros e índices comerciais fundamentais.

Este apêndice ajudará você a:

Balanço	1. Identificar as principais categorias de um balanço e suas relações básicas.
Declaração do imposto de renda; custo de bens vendidos	2. Identificar as principais categorias de uma declaração do imposto de renda e de uma demonstração do custo de bens vendidos e suas relações básicas.
Índices comerciais	3. Calcular e interpretar índices comerciais fundamentais.

B.1 O BALANÇO

O exercício e o ano fiscal são definidos identicamente para uma empresa ou para um indivíduo: 12 meses de duração. O exercício (E) comumente não é o ano do calendário (AC) para empresas. O governo dos Estados Unidos usa os meses de outubro a setembro como seu exercício. Por exemplo, para eles, os meses de outubro de 2005 a setembro de 2006 constituem o exercício de 2006. Tanto o exercício quanto o ano-base correspondem ao ano do calendário para pessoas físicas.

No final de cada exercício, as empresas publicam um *balanço*. Um exemplo de balanço da TeamWork Corporation é apresentado na Tabela B–1. Trata-se de um demonstrativo anual da situação da empresa em um tempo em particular; por exemplo, 31 de dezembro de 2006. Entretanto, um balanço também é habitualmente preparado trimestralmente e anualmente. Note que são utilizadas três categorias principais:

TABELA B–1	Exemplo de Balanço		

TEAMWORK CORPORATION
Balanço
31 de dezembro de 2006

Ativo		Passivo	
Circulante			
Disponível	$ 10.500	Contas a pagar	$ 19.700
Contas a receber	18.700	Dividendos a pagar	7.000
Juros acumulados a receber	500	Obrigações de longo prazo a pagar	16.000
Estoques	52.000	Títulos a pagar	20.000
Ativo circulante total	$ 81.700	Passivo total	$ 62.700
Fixo		**Valor Líquido**	
Terras	$ 25.000	Ações ordinárias	$ 275.000
Prédios e equipamentos	438.000	Ações preferenciais	100.000
Menos: Abatimento de		Lucros retidos	25.000
$ 82.000 da depreciação	356.000		
Ativo fixo total	381.000	Valor líquido total	400.000
Ativo total	$ 462.700	Passivo e valor líquido totais	$ 462.700

Ativo. Esta seção é um resumo de todos os recursos pertencentes à empresa ou que ela tem a receber. Há duas categorias principais de ativos. O ativo circulante representa o capital realizável de prazo mais curto (caixa, contas a receber etc.), o qual é mais facilmente convertido em moeda sonante, habitualmente dentro de um ano. Os ativos com ciclos de vida mais longos são chamados de ativos fixos (terras, equipamentos etc.). A conversão desses bens em moeda sonante em um período breve exigiria uma grande reorientação empresarial.

Passivo. Esta seção é um resumo de todas as obrigações financeiras (dívidas, hipotecas, empréstimos etc.) de uma corporação. A dívida de títulos é incluída aqui.

Valor líquido. Também chamado de capital social, esta seção constitui um resumo do valor financeiro da propriedade, inclusive ações emitidas e lucros retidos pela corporação.

O balanço é elaborado utilizando-se a relação:

$$\text{Ativo} = \text{passivo} + \text{valor líquido}$$

Na Tabela B–1, cada categoria principal é dividida em subcategorias padrão. Por exemplo, o ativo circulante compõe-se do caixa, de contas a receber etc.

Cada subdivisão tem uma interpretação específica como, por exemplo, contas a receber, que representam todo o dinheiro devido zà empresa por seus clientes.

B.2 DECLARAÇÃO DO IMPOSTO DE RENDA E DECLARAÇÃO DO CUSTO DOS BENS VENDIDOS

Uma segunda demonstração financeira importante é a *declaração do imposto de renda* (Tabela B–2). A declaração do imposto de renda resume os lucros ou os prejuízos da corporação durante um período de tempo estabelecido. As declarações do imposto de renda sempre acompanham os balanços. As principais categorias de uma declaração de imposto de renda são:

Receitas. Incluem todas as receitas de vendas e de juros que a empresa recebeu no período contábil passado.

Despesas. Resumo de todas as despesas efetuadas durante o período. Alguns valores de despesas são detalhados em outras declarações; por exemplo, o custo dos bens vendidos e o imposto de renda.

A declaração do imposto de renda, publicada na mesma época do balanço, usa a equação básica:

Receitas – despesas = lucro (ou prejuízo)

O *custo dos bens vendidos* é um termo contábil importante. Ele representa o custo líquido para se produzir o produto comercializado pela firma. O custo dos bens vendidos também pode ser chamado de *custo de fábrica*. Uma declaração do custo dos bens vendidos como, por exemplo, a apresentada na Tabela B–3, é útil para determinar exatamente quanto custa para se produzir um produto durante um intervalo de tempo determinado, habitualmente, um ano. Note que o total da declaração do custo dos bens vendidos é inserido como um item de despesa na declaração do imposto de renda.

TABELA B–2 Exemplo de Declaração de Imposto de Renda

TEAMWORK CORPORATION
Declaração de Imposto de Renda
Ano Encerrado em 31 de dezembro de 2006

Receitas		
Vendas	$ 505.000	
Receita de juros	3.500	
Receitas totais		$ 508.500
Despesas		
Custo dos bens vendidos (da Tabela B–3)	$ 290.000	
Venda	28.000	
Administrativas	35.000	
Outras	12.000	
Despesas totais		365.000
Receita antes do desconto dos impostos		143.500
Impostos do ano		64.575
Lucro líquido do ano		$ 78.925

TABELA B–3 Exemplo de Declaração do Custo dos Bens Vendidos

TEAMWORK CORPORATION
Declaração do Custo dos Bens Vendidos
Ano Encerrado em 31 de dezembro de 2006

Matéria-prima		
Estoques, 1º de janeiro de 2006	$ 54.000	
Compras durante o ano	174.500	
Total	$ 228.500	
Menos: Estoques de 31 de dezembro de 2006	50.000	
Custo de matérias-primas		$ 178.500
Mão-de-obra direta		110.000
Custo direto		288.500
Custos indiretos		7.000
Custo de fábrica		295.500
Menos: Aumento dos estoques de produtos acabados durante o ano		5.500
Custo dos bens vendidos (na Tabela B–2)		$ 290.000

Esse total é determinado utilizando-se as relações:

$$\text{Custo dos bens vendidos} = \text{custo direto} + \text{custo indireto} \quad [\text{B.1}]$$
$$\text{Custo direto} = \text{matéria-prima direta} + \text{mão-de-obra direta}$$

Os custos indiretos incluem todos os custos indiretos e encargos gerais relacionados a um produto, processo ou centro de custo. Os métodos de alocação de custos indiretos foram discutidos no Capítulo 15.

B.3 ÍNDICES COMERCIAIS

Contadores, analistas financeiros e engenheiros-economistas freqüentemente utilizam a análise de índices comerciais para avaliar a saúde (situação) financeira de uma empresa, ao longo do tempo e em relação às normas industriais. Uma vez que o engenheiro-economista precisa comunicar-se continuamente com outras pessoas, ele precisa ter uma compreensão básica de diversos índices. Para fins de comparação, é necessário calcular os índices de diversas empresas da mesma indústria. Índices médios da indústria são publicados anualmente por empresas como a Dun & Bradstreet, em *Industry Norms and Key Business Ratios*. Os índices são classificados de acordo com o papel que desempenham na avaliação da empresa.

Índices de solvência. Avaliam a capacidade de cumprir as obrigações financeiras de curto prazo e de longo prazo.

Índices de eficiência. Medem a capacidade da administração de usar e controlar os ativos.

Índices de lucratividade. Avaliam a capacidade de ganhar um retorno para os proprietários da corporação.

Numerosos dados referentes a diversos índices importantes são discutidos aqui e foram extraídos do balanço e da declaração do imposto de renda da TeamWork, das Tabelas B–1 e B–2.

Índice de Liquidez Este índice é utilizado para analisar a situação do capital realizável da empresa. Ele é definido como:

$$\text{Índice de liquidez} = \frac{\text{ativo circulante}}{\text{passivo circulante}}$$

O passivo circulante inclui todas as dívidas de curto prazo como, por exemplo, contas e dividendos a pagar. Note que somente dados do balanço são utilizados no índice de liquidez; ou seja, não é feita nenhuma associação com receitas ou despesas. Quanto ao balanço da Tabela B–1, o passivo circulante equivale a $ 19.700 + $ 7.000 = $ 26.700 e o índice de liquidez é calculado assim:

$$\text{Índice de liquidez} = \frac{81.700}{26.700} = 3,06$$

Uma vez que o passivo circulante são todas as dívidas a pagar no próximo ano, o valor do índice de liquidez 3,06 significa que o ativo circulante cobriria as dívidas de curto prazo em, aproximadamente, 3 vezes. Valores de 2 a 3 para o índice de liquidez são comuns.
O índice de liquidez presume que o capital realizável investido em estoques pode ser convertido em caixa muito rapidamente. Muitas vezes, entretanto, pode-se obter uma visão melhor da situação financeira *imediata* de uma empresa utilizando o índice de liquidez geral (*acid test ratio*).

Índice de Liquidez Geral (Quociente de Liquidez Imediata) Ele é calculado assim:

$$\text{Índice de liquidez geral} = \frac{\text{ativo realizável em curto prazo}}{\text{passivo circulante}}$$

$$= \frac{\text{ativo circulante} - \text{inventário}}{\text{passivo circulante}}$$

Esse índice é significativo para uma situação de emergência em que a firma precisa cobrir dívidas de curto prazo, utilizando ativos prontamente conversíveis em moeda sonante. Para a TeamWork Corporation, ele representa:

$$\text{Índice de liquidez geral} = \frac{81.700 - 52.000}{26.700} = 1,11$$

A comparação deste índice com o índice de liquidez mostra que, aproximadamente, duas vezes as dívidas atuais da empresa estão investidas em estoques. Entretanto, um índice de liquidez geral de aproximadamente 1,0 é geralmente considerado uma posição atual forte, independentemente da quantidade de ativos do inventário.

Índice de Endividamento É uma medida da força financeira, desde que ela seja definida como:

$$\text{Índice de endividamento} = \frac{\text{passivo total}}{\text{ativo total}}$$

Para a TeamWork Corporation:

$$\text{Índice de endividamento} = \frac{62.700}{462.700} = 0,136$$

Da TeamWork, 13,6% pertencem aos credores e 86,4% pertencem aos acionistas. Um índice de endividamento na faixa de 20%, ou menos, geralmente indica uma situação financeira sólida, com pouco temor de reorganização forçada devido a passivos não liquidados. Entretanto, uma empresa com nenhuma dívida virtualmente, ou seja, uma empresa com um índice de endividamento muito baixo, pode não ter um futuro promissor devido a sua inexperiência em lidar com um financiamento de curto prazo e de longo prazo com capital de terceiros. O composto *debt-equity*[3] (D–E) é outra medida da força financeira de uma empresa.

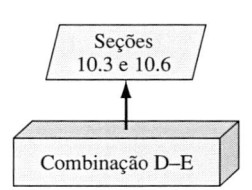

Índice de Retorno das Vendas Ele é freqüentemente citado e indica a margem de lucro da empresa. Este índice é definido como:

$$\text{Retorno das vendas} = \frac{\text{lucro líquido}}{\text{vendas líquidas}} = (100\%)$$

O lucro líquido é o valor depois do desconto dos impostos que consta na declaração do imposto de renda. Este índice mede o lucro ganho por dólar das vendas e indica a capacidade que a corporação tem para enfrentar condições adversas ao longo do tempo como, por exemplo, queda de preços, aumento dos custos e declínio das vendas. Para a TeamWork Corporation:

$$\text{Retorno das vendas} = \frac{78.925}{505.000} = (100\%) = 15,6\%$$

As empresas podem identificar índices pequenos de retorno das vendas, digamos, de 2,5% a 4,0%, como indícios de condições econômicas declinantes. Na verdade, para uma empresa relativamente grande, de alto giro, um índice de receita de 3% é bastante saudável. De fato, um índice continuamente decrescente indica um aumento dos dispêndios da empresa, o qual absorve o lucro líquido depois do desconto dos impostos.

---
[3] **N. T.:** Combinação de financiamento com capital alheio (*debt*) e com capital próprio (*equity*).

Índice de Retorno sobre o Ativo É o principal indicador de lucratividade, uma vez que avalia a capacidade da empresa de transformar ativos em lucro operacional. A definição e o valor para a TeamWork são:

$$\text{Retorno sobre o ativo} = \frac{\text{lucro líquido}}{\text{ativo total}} = (100\%)$$

$$= \frac{78.925}{462.700} = (100\%) = 17,1\%$$

O uso eficiente dos ativos indica que a empresa obterá um retorno elevado, enquanto valores menores para este índice geralmente são acompanhados de baixos retornos, em comparação aos índices coletivos da indústria.

Índice de Rotatividade do Estoque Dois índices diferentes são utilizados aqui. Ambos indicam o número de vezes em que o estoque médio passa pelas operações da empresa. Se a relação entre a rotatividade do estoque e as *vendas líquidas* for desejada, a fórmula é:

$$\text{Vendas líquidas em relação ao estoque} = \frac{\text{vendas líquidas}}{\text{estoque médio}}$$

na qual "estoque médio" é o valor registrado no balanço. Para a TeamWork Corporation, essa relação é:

$$\text{Vendas líquidas em relação ao estoque} = \frac{505.000}{52.000} = 9,71$$

Isso significa que o estoque médio foi vendido 9,71 vezes durante o ano. Os valores desse índice variam muito de indústria para indústria.

Se a rotatividade de estoque estiver relacionada ao *custo dos bens vendidos*, a relação a ser utilizada é:

$$\text{Custo dos bens vendidos em relação ao estoque} = \frac{\text{custo dos bens vendidos}}{\text{estoque médio}}$$

Ora, o estoque médio é calculado como a média dos valores iniciais e finais do estoque, na declaração de custo dos bens vendidos. Essa relação é utilizada comumente como uma medida do índice de rotatividade do estoque nas empresas de manufatura. Ela varia de acordo com a indústria, mas a administração gosta que ela permaneça relativamente constante à medida que os negócios aumentam. Para a TeamWork, utilizando os valores apresentados na Tabela B–3, os cálculos são os seguintes:

$$\text{Custo dos bens vendidos em relação ao estoque} = \frac{290.000}{\frac{1}{2}(54.000 + 50.000)} = 5,58$$

Há, evidentemente, muitos outros índices a serem utilizados em circunstâncias variadas; entretanto, os que apresentamos aqui comumente são utilizados tanto por contadores, quanto por analistas financeiros.

EXEMPLO B.1

Valores típicos dos índices financeiros ou porcentagens de quatro empresas pesquisadas nacionalmente são apresentados a seguir. Compare os valores correspondentes da TeamWork Corporation com estas referências e comente as diferenças e as similaridades.

Índice ou Porcentagem	Veículos Motorizados e Fabricação de Peças	Transportes Aéreos (Tamanho Médio)	Produção de Máquinas Industriais	Móveis Domésticos
Índice de liquidez	2,4	0,4	1,7	2,6
Ativo realizável em curto prazo	1,6	0,3	0,9	1,2
Índice de endividamento	59,3%	96,8%	61,5%	52,4%
Retorno sobre o ativo	40,9%	8,1%	6,4%	5,1%

*Código do *North American Industry Classification System* (NAICS) para este setor industrial.
FONTE: L. Troy, *Almanac of Business and Industrial Financial Ratios*, 33. ed. anual, Prentice-Hall, Paramus, NJ, 2002.

Solução
Não é correto compararmos índices de uma empresa a índices de indústrias diferentes, ou seja, que tenham códigos NAICS diferentes. Assim, a comparação apresentada abaixo tem somente o propósito de ilustrar. Os valores correspondentes para a TeamWork são:

Índice de liquidez = 3,06
Ativo realizável em curto prazo = 1,11
Índice de endividamento = 13,5%
Retorno sobre o ativo = 17,1%

A TeamWork tem um índice maior do que todas essas quatro indústrias, uma vez que 3,06 indica que ela pode cobrir o passivo circulante 3 vezes, em comparação com 2,6, e muito menos, no caso da empresa de transportes aéreos "média". A TeamWork tem um índice de endividamento significativamente menor do que qualquer uma das indústrias pesquisadas; desse modo, é provável que ela seja mais sólida. O retorno sobre o ativo, medida da capacidade de transformar ativos em lucratividade, não é tão grande na TeamWork quanto na indústria de veículos motorizados, mas a TeamWork compete bem com os outros setores da indústria.

Para fazermos uma comparação justa dos índices da TeamWork com outros valores, é necessário termos valores de referência do tipo de indústria, bem como índices de outras empresas pertencentes à mesma categoria NAICS e, aproximadamente, do mesmo tamanho em termos de ativos totais. Os ativos corporativos são classificados em categorias que variam em unidades de $ 100.000. Por exemplo, 100 a 250, 1.001 a 5.000, mais de 250.000 etc.

PROBLEMAS

Os seguintes dados financeiros (em milhares de dólares) referem-se ao mês de julho de 20XX para a Non-Stop. Use estas informações, para resolver os Problemas B.1 a B.5.

B.1 Use o resumo de informações da conta para (*a*) elaborar um balanço para a Non-Stop em 31 de julho de 20XX e (*b*) determinar o valor de cada termo da equação básica do balanço.

B.2 Qual foi a alteração líquida do estoque de matérias-primas durante o mês?

Situação atual, em 30 de julho de 20XX

Conta	Balanço
Contas a pagar	$ 35.000
Contas a receber	29.000
Títulos a pagar (em 20 anos)	110.000
Prédios (valor líquido)	605.000
Dinheiro em caixa	17.000
Dividendos a pagar	8.000
Valor de inventário (todo o inventário)	31.000
Valor do terreno	450.000
Hipoteca de longo prazo a pagar	450.000
Lucros retidos	154.000
Valor de ações em haver	375.000

Transações para julho de 20XX		
Categoria		Valor
Mão-de-obra direta		$ 50.000
Despesas		
Seguro	$ 20.000	
Vendas	62.000	
Aluguel e arrendamento	40.000	
Salários	110.000	
Outros	62.000	
Total		294.000
Imposto de renda		20.000
Aumento do estoque de produtos acabados		25.000
Inventário de matérias-primas, 1º de julho de 20XX		46.000
Inventário de matérias-primas, 31 de julho de 20XX		25.000
Compra de matérias-primas		20.000
Lançamentos de gastos gerais		75.000
Receita de vendas		500.000

B.3 Use as informações resumidas para desenvolver (*a*) uma declaração do imposto de renda para julho de 20XX e (*b*) a equação básica de declaração do imposto. (*c*) Qual porcentagem da receita é declarada como renda depois do desconto dos impostos?

B.4 (*a*) Calcule o valor de cada índice comercial que use somente informações do balanço da declaração que você construiu no Problema B.1. (*b*) Qual porcentagem da dívida atual da empresa é indisponível e faz parte do inventário?

B.5 Calcule o índice de rotatividade de estoque (com base nas vendas líquidas) da Non-Stop e defina o seu significado. (*b*) Qual porcentagem de cada dólar de vendas a empresa pode contar como lucro? (*c*) Se a Non-Stop é uma empresa aérea, como o seu principal indicador de lucratividade se compara com o valor do índice médio para o seu NAICS?

APÊNDICE C

APOIO AO CONTEÚDO

FORMATO DE FUNÇÕES DE PLANILHA USADAS NO EXCEL©

Valor Presente
    VP(taxa;nper;pgto;vf;tipo)   Para séries A constantes
    VPL(taxa;valor1;valor2; ...)   Para séries de fluxos de caixa variáveis

Valor futuro
    VF(taxa;nper;pgto;vp;tipo)   Para séries A constantes

Valor anual
    PGTO(taxa;nper;vp;vf;tipo)   Para valores únicos sem nenhum pagamento

Número de períodos (anos):
    NPER(taxa;pgto;vp;vf;tipo)   Para séries A constantes

(Nota: As funções VP, VF e PGTO alteram o sentido do sinal. Coloque um sinal de menos antes da função para que o sinal permaneça o mesmo. As funções VPL e TIR assumem o sinal dos fluxos de caixa tabulados.)

Taxa de retorno:
    TAXA(nper;pgto;vp;vf;tipo;estimativa)   Para séries de pagamentos constantes
    TIR(valores;estimativa)   Para séries de fluxos de caixa variáveis

Depreciação
    DPD(custo;valor residual;vida_útil)   Depreciação linear de um ativo em cada período
    BDD(custo;valor residual;vida_útil;período;fator)   Depreciação de um ativo usando o método dos saldos decrescentes duplos no período t a uma taxa d (opcional)
    BD(custo;valor residual;vida_útil;período;mês)   Depreciação de um ativo, sendo a taxa determinada pela função
    SDA(custo;valor residual;vida_útil;per)   Depreciação da soma dos dígitos dos anos correspondentes ao período t

Funções SE lógicas:
    SE(teste_lógico;valor_se_verdadeiro;valor_se_falso)   Para operações lógicas do tipo verdadeiro ou falso

Uma função pode estar incorporada em outra função.
Todas as funções devem ser precedidas por um símbolo de igualdade (=).

RELAÇÕES DE FLUXOS DE CAIXA DISCRETOS COM CAPITALIZAÇÃO NO FIM DO PERÍODO

Tipo	Procurar/Dado	Notação e Fórmula do Fator	Relação	Exemplo de Diagrama de Fluxo de Caixa
Valor único	F/P Valor capitalizado	$(F/P,i,n) = (1+i)^n$	$F = P(F/P,i,n)$	
	P/F Valor presente	$(P/F,i,n) = \dfrac{1}{(1+i)^n}$	$P = F(P/F,i,n)$ (Sec. 2.1)	
Séries Uniformes	P/A Valor presente	$(P/A,i,n) = \dfrac{(1+i)^n - 1}{i(1+i)^n}$	$P = A(P/A,i,n)$	
	A/P Recuperação do capital	$(A/P,i,n) = \dfrac{i(1+i)^n}{(1+i)^n - 1}$	$A = P(A/P,i,n)$ (Sec. 2.2)	
	F/A Valor futuro	$(F/A,i,n) = \dfrac{(1+i)^n - 1}{i}$	$F = A(F/A,i,n)$	
	A/F Fundo de capitalização	$(A/F,i,n) = \dfrac{i}{(1+i)^n - 1}$	$A = F(A/F,i,n)$ (Sec. 2.3)	
Gradiente Aritmético	P_G/G Valor presente	$(P/G,i,n) = \dfrac{(1+i)^n - in - 1}{i^2(1+i)^n}$	$P_G = G(P/G,i,n)$	
	A_G/G Séries Uniformes	$(A/G,i,n) = \dfrac{1}{i} - \dfrac{n}{(1+i)^n - 1}$	$A_G = G(A/G,i,n)$ (Sec. 2.5)	
Gradiente Geométrico	Valor presente P_g/A_1 e g	$P_g = \begin{cases} \dfrac{A_1\left[1 - \left(\dfrac{1+g}{1+i}\right)^n\right]}{i - g} & g \neq i \\ A_1 \dfrac{n}{1+i} & g = i \end{cases}$ (Sec. 2.6)		

COMPARAÇÃO DE ALTERNATIVAS MUTUAMENTE EXCLUSIVAS USANDO DIFERENTES MÉTODOS DE AVALIAÇÃO

Método de Avaliação	Relação de Equivalência	Ciclos de Vida das Alternativas	Intervalo de Tempo da Análise	Avalie esta Série	Taxa de Juros	Selecione a Alternativa com*	Seção de Referência
Valor Presente	VP	Iguais	Vida útil	Fluxos de caixa	TMA	O melhor VP	5.2
	VP	Desiguais	MMC	Fluxos de caixa	TMA	O melhor VP	5.3
	VP	Período de estudo	Período de estudo	Fluxos de caixa atualizados	TMA	O melhor VP	5.3
	(CP) Custo capitalizado	Longos a infinitos	Infinito	Fluxos de caixa	TMA	O melhor CP	5.5
Valor Futuro	VF		Idêntico ao valor presente para ciclos de vida iguais, desiguais e para o período de estudo.				5.4
Valor Anual	VA	Iguais ou desiguais	Vida útil	Fluxos de caixa	TMA	O melhor VA	6.3
	VA	Período de estudo	Período de estudo	Fluxos de caixa atualizados	TMA	O melhor VA	6.3
	VA	Longos a infinitos	Infinito	Fluxos de caixa	TMA	O melhor VA	6.4
Taxa de Retorno	VP ou VA	Iguais	Vida útil	Fluxos de caixa incrementais	Encontre Δi^*	Último $\Delta i^* >$ TMA	8.4
	VP ou VA	Desiguais	MMC do par	Fluxos de caixa incrementais	Encontre Δi^*	Último $\Delta i^* >$ TMA	8.4
	VA	Desiguais	Vida útil	Fluxos de caixa	Encontre Δi^*	Último $\Delta i^* >$ TMA	8.5
	VP ou VA	Período de estudo	Período de estudo	Fluxos de caixa incrementais atualizados	Encontre Δi^*	Último $\Delta i^* >$ TMA	8.4
Custo/ Benefício	VA	Iguais ou desiguais	Vida útil	Fluxos de caixa incrementais	Taxa de desconto	Último $\Delta C/B > 1,0$	9.3
	VP ou VA	Longos a infinitos	Infinito	Fluxos de caixa incrementais	Taxa de desconto	Último $\Delta C/B > 1,0$	9.3
	VP	Iguais ou desiguais	MMC dos pares	Fluxos de caixa incrementais	Taxa de desconto	Último $\Delta C/B > 1,0$	9.3

*A alternativa que tem o maior valor numericamente tem o menor custo equivalente ou a maior receita equivalente.

GLOSSÁRIO DE TERMOS COMUNS

Termo	Símbolo	Descrição (a seção de referência inicial está entre parênteses)
Montante ou valor anual	A ou VA	Valor anual uniforme equivalente de todas as entradas e saídas de caixa ao longo do ciclo de vida estimado (1.7, 6.1).
Custo operacional anual	COA	Custos anuais estimados para a manutenção e suporte de uma alternativa (1.3).
Relação de custo/benefício	C/B	Relação entre os custos e os benefícios de um projeto, expressa em termos de VP, de VA ou de VF (9.2).
Ponto de equilíbrio (*breakeven*)	Q_{BE}	Valor no qual as receitas e os custos são iguais ou duas alternativas são equivalentes (13.1).
Valor contábil	VC	Investimento do capital restante em um ativo depois que a depreciação é contabilizada (16.1)
Orçamento de capital	b	Montante disponível para projetos de investimento de capital (12.1)
Recuperação de capital	RC ou A	Custo anual equivalente da propriedade de um ativo mais o retorno necessário sobre o investimento inicial (6.2).
Custo capitalizado	CC ou P	Valor presente de uma alternativa que durará para sempre (ou por um longo tempo) (5.5).
Fluxo de caixa	FC	Valores de caixa anuais, que são receitas (entrada) e desembolsos (saída) (1.10).
Fluxo de caixa antes do desconto dos impostos ou depois do desconto dos impostos	FCAI ou FCDI	Valor do fluxo de caixa antes da aplicação de impostos relevantes ou depois que os impostos são aplicados (17.2).
Taxa composta de juros	i'	Taxa de retorno única quando uma taxa de reinvestimento c é aplicada a uma série de fluxos de caixa com múltiplas taxas de juros (7.5).
Relações para estimar os custos	C_2 ou C_T	Relações que usam variáveis de projeto e que alteram os custos ao longo do tempo para estimar custos atuais e futuros (15.3–4).
Custo de capital	i ou CMPC	Taxa de juros paga pelo uso de fundos de investimento; inclui tanto o financiamento com capital alheio (*debt*), quanto o financiamento com capital próprio (*equity*). Quando *debt* e *equity* são considerados, ele é o custo médio ponderado de capital – CMPC (10.2–3).
Combinação *debt-equity*	D–E	Porcentagens de investimento com capital de terceiros e com capital próprio usadas por uma empresa (1.9, 10.3).
Depreciação	D	Redução do valor de ativos usando modelos e regras específicos: há métodos da depreciação contábil e fiscal (16.1).
Taxa de depreciação	d_t	Taxa anual para reduzir o valor de ativos por meio de métodos da depreciação (16.1).
Vida útil econômica	VUE ou n	Número de anos em que o VA dos custos tem o valor mínimo (11.2).
Valor esperado	$\bar{X}$, μ ou $E(X)$	Média esperada de longo prazo se uma variável aleatória for amostrada muitas vezes, (18.3, 19.4).
Despesas	E	Custos empresariais totais envolvidos nas transações comerciais (17.1).

Continuação

Termo	Símbolo	Descrição (a seção de referência inicial está entre parênteses)
Custo de aquisição (inicial)	F	Custo inicial total: compra, construção, preparo etc. (1.3, 16.1).
Montante ou valor futuro	F ou VF	Montante em certa data futura considerando o valor do dinheiro no tempo (1.7).
Gradiente aritmético	G	Variação uniforme (+ ou −) do fluxo de caixa em cada intervalo de tempo (2.5, 3.3–4).
Gradiente geométrico	g	Taxa constante de variação (+ ou −) em cada intervalo de tempo (2.6).
Receita bruta	RB	Receita proveniente de todas as fontes ou de pessoas físicas (17.1).
Taxa de inflação	f	Taxa que reflete as variações do valor de uma moeda ao longo do tempo (14.1).
Taxa de juros	i ou r	Juros expressos como uma porcentagem do montante original por intervalo de tempo; taxas nominais (r) e taxas efetivas (i) (1.4, 4.1).
Vida útil (estimada)	n	Número de anos ou períodos durante os quais uma alternativa ou um ativo será usado; o tempo de avaliação (1.7).
Custo do ciclo de vida	CCV	Avaliação dos custos de um sistema durante todas as etapas: viabilidade do projeto até a fase de descontinuação (5.7).
Medida de valor	Varia	Valor (por exemplo, VP, VA, i^*) usado para julgar a viabilidade econômica (1.2).
Taxa de retorno de mínima atratividade	TMA	Valor mínimo da taxa de retorno de uma alternativa para que ela seja financeiramente viável (1.9, 10.2).
Fluxo de caixa líquido	FCL	Valor resultante e real de fluxos de caixa que entram ou saem durante um intervalo de tempo (1.10).
Valor presente líquido	VPL	Outro nome para o valor presente, VP.
Período de reembolso	n_p	Número de anos para recuperar o investimento inicial e obter uma taxa de retorno estabelecida (5.6).
Valor (montante) presente	P ou VP	Quantidade de recursos financeiros no tempo presente ou em um tempo denotado como *atual* (1.7, 5.1).
Distribuição de lucratividade	$P(X)$	Distribuição da lucratividade ao longo de diferentes valores de uma variável (19.2).
Variável aleatória	X	Parâmetro ou característica que pode assumir qualquer um de diversos valores; discreta ou contínua (19.2).
Taxa de retorno	i^*	Taxa de juros compostos sobre saldos não pagos ou não recuperados como, por exemplo, os resultados finais em um saldo zero (7.1).
Período de recuperação	n	Número de anos para depreciar completamente um ativo (16.1).
Valor recuperado	R	Valor de *trade-in* ou valor de mercado quando um ativo é negociado ou alienado (16.1).
Desvio padrão	s ou σ	Medida de dispersão ou desdobramento nas proximidades do valor esperado ou da média (19.4).
Rendimento tributável	RT	Valor em relação ao qual se baseia o imposto de renda (17.1).
Alíquota	T	Taxa decimal, usualmente escalonada, usada para calcular o imposto de renda de pessoas jurídicas ou de pessoas físicas (17.1).
Alíquota efetiva	T_e	Alíquota de valor único que incorpora diversas taxas e bases (17.1).
Tempo	t	Indicador de um intervalo de tempo (período) (1.7).
Valor adicionado	EVA	O valor econômico adicionado (ou agregado) reflete o lucro líquido depois do desconto dos impostos após eliminar o custo dos investimentos de capital durante o ano (17.8).

REFERÊNCIAS

LIVROS DIDÁTICOS SOBRE TÓPICOS RELACIONADOS

Bowman, M. S.: *Applied Economic Analysis for Technologists, Engineers, and Managers*, Pearson Prentice-Hall, Upper Saddle River, NJ, 2ª. ed., 2003.

Bussey, L. E. e T. G. Eschenbach: *The Economic Analysis of Industrial Projects*, Pearson Prentice-Hall, Upper Saddle River, NJ, 2ª. ed., 1992.

Canadá, J. R., W. G. Sullivan e J. A. White: *Capital Investment Analysis for Engineering and Management*, Pearson Prentice-Hall, Upper Saddle River, NJ, 2ª. ed., 1996.

Collier, C. A. e C. R. Glagola: *Engineering and Economic Cost Analysis*, Pearson Prentice-Hall, Upper Saddle River, NJ, 3ª. ed., 1999.

Eschenbach, T. G.: *Engineering Economy: Applying Theory to Practice*, McGraw-Hill, New York, 1995.

Fabrycky, W. J., G. J. Thuesen e D. Verma: *Economic Decision Analysis*, Pearson Prentice-Hall, Upper Saddle River, NJ, 3ª. ed., 1998.

Innes, J., F. Mitchell e T. Yoshikawa: *Activity Costing for Engineers*, John Wiley & Sons, Hoboken, New Jersey, 1994.

Levy, S. M.: *Build, Operate, Transfer: Paving the Way for Tomorrow's Infrastructure*, John Wiley & Sons, Hoboken, New Jersey, 1996.

Newnan, D. G., T. G. Eschenbach e J. P. Lavelle: *Engineering Economic Analysis*, Oxford University Press, New York, 9ª. ed., 2004.

Ostwald, P. F.: *Construction Cost Analysis and Estimating*, Pearson Prentice-Hall, Upper Saddle River, NJ, 2001.

Ostwald, P. F. e T. S. McLaren: *Cost Analysis and Estimating for Engineering and Management*, Pearson Prentice-Hall, Upper Saddle River, NJ, 2004.

Park, C. S.: *Contemporary Engineering Economics*, Pearson Prentice-Hall, Upper Saddle River, NJ, 3ª. ed., 2002.

Park, C. S.: *Fundamentals of Engineering Economics,* Pearson Prentice-Hall, Upper Saddle River, NJ, 2004.

Peurifoy, R. L. e G. D. Oberlender: *Estimating Construction Costs,* McGraw-Hill, New York, 5ª. ed., 2002.

Stewart, R. D., R. M. Wyskida e J. D. Johannes: *Cost Estimator's Reference Manual,* John Wiley & Sons, Hoboken, New Jersey, 2ª. ed., 1995.

Sullivan, W. G., E. Wicks e J. Luxhoj: *Engineering Economy*, Pearson Prentice-Hall, Upper Saddle River, NJ, 12ª. ed., 2003.

Thuesen, G. J. e W. J. Fabrycky: *Engineering Economy*, Pearson Prentice-Hall, Upper Saddle River, NJ, 9ª. ed., 2001.

White, J. A., K. E. Case, D. B. Pratt e M. H. Agee: *Principles of Engineering Economic Analysis,* John Wiley & Sons, Hoboken, New Jersey, 4ª. ed., 1997.

Young, D.: *Modern Engineering Economy,* John Wiley & Sons, Hoboken, New Jersey, 1993.

O USO DO EXCEL EM ENGENHARIA ECONÔMICA

Gottfried, B. S.: *Spreadsheet Tools for Engineers Using Excel*, McGraw-Hill, New York, 2003.

PERIÓDICOS E PUBLICAÇÕES SELECIONADOS

Corporations, Publication 52, Department of the Treasury, Internal Revenue Service, Government Printing Office, Washington, DC, publicação anual.

Engineering News-Record, McGraw-Hill, New York, publicação mensal.

Harvard Business Review, Harvard University Press, Boston, 6 edições por ano.

How to Depreciate Property, Publication 946, U. S. Department of the Treasury, Internal Revenue Service, Government Printing Office, Washington, DC, publicação anual.

Journal of Finance, American Finance Association, New York, 5 edições por ano.

Sales and Other Dispositions of Assets, Publication 542, Department of the Treasury, Internal Revenue Service, Government Printing Office, Washington, DC, publicação anual.

The Engineering Economist, publicação conjunta da Engineering Economy Divisions of ASEE and IIE, publicada pela Taylor and Francis, Filadélfia, PA, publicação trimestral.

U.S. Master Tax Guide, Commerce Clearing House, Chicago, publicação anual.

TABELAS DE FATORES

0,25% TABELA 1 Fluxo de Caixa Discreto: Fatores de Juros Compostos 0,25%

	Pagamentos únicos		Série Uniforme de Pagamentos				Gradientes Aritméticos	
n	Montante capitalizado F/P	Valor presente P/F	Fundo de amortização A/F	Montante capitalizado F/A	Recuperação de capital A/P	Valor presente P/A	Valor presente de uma série gradiente P/G	Série gradiente uniforme A/G
1	1,0025	0,9975	1,00000	1,0000	1,00250	0,9975		
2	1,0050	0,9950	0,49938	2,0025	0,50188	1,9925	0,9950	0,4994
3	1,0075	0,9925	0,33250	3,0075	0,33500	2,9851	2,9801	0,9983
4	1,0100	0,9901	0,24906	4,0150	0,25156	3,9751	5,9503	1,4969
5	1,0126	0,9876	0,19900	5,0251	0,20150	4,9627	9,9007	1,9950
6	1,0151	0,9851	0,16563	6,0376	0,16813	5,9478	14,8263	2,4927
7	1,0176	0,9827	0,14179	7,0527	0,14429	6,9305	20,7223	2,9900
8	1,0202	0,9802	0,12391	8,0704	0,12641	7,9107	27,5839	3,4869
9	1,0227	0,9778	0,11000	9,0905	0,11250	8,8885	35,4061	3,9834
10	1,0253	0,9753	0,09888	10,1133	0,10138	9,8639	44,1842	4,4794
11	1,0278	0,9729	0,08978	11,1385	0,09228	10,8368	53,9133	4,9750
12	1,0304	0,9705	0,08219	12,1664	0,08469	11,8073	64,5886	5,4702
13	1,0330	0,9681	0,07578	13,1968	0,07828	12,7753	76,2053	5,9650
14	1,0356	0,9656	0,07028	14,2298	0,07278	13,7410	88,7587	6,4594
15	1,0382	0,9632	0,06551	15,2654	0,06801	14,7042	102,2441	6,9534
16	1,0408	0,9608	0,06134	16,3035	0,06384	15,6650	116,6567	7,4469
17	1,0434	0,9584	0,05766	17,3443	0,06016	16,6235	131,9917	7,9401
18	1,0460	0,9561	0,05438	18,3876	0,05688	17,5795	148,2446	8,4328
19	1,0486	0,9537	0,05146	19,4336	0,05396	18,5332	165,4106	8,9251
20	1,0512	0,9513	0,04882	20,4822	0,05132	19,4845	183,4851	9,4170
21	1,0538	0,9489	0,04644	21,5334	0,04894	20,4334	202,4634	9,9085
22	1,0565	0,9466	0,04427	22,5872	0,04677	21,3800	222,3410	10,3995
23	1,0591	0,9442	0,04229	23,6437	0,04479	22,3241	243,1131	10,8901
24	1,0618	0,9418	0,04048	24,7028	0,04298	23,2660	264,7753	11,3804
25	1,0644	0,9395	0,03881	25,7646	0,04131	24,2055	287,3230	11,8702
26	1,0671	0,9371	0,03727	26,8290	0,03977	25,1426	310,7516	12,3596
27	1,0697	0,9348	0,03585	27,8961	0,03835	26,0774	335,0566	12,8485
28	1,0724	0,9325	0,03452	28,9658	0,03702	27,0099	360,2334	13,3371
29	1,0751	0,9301	0,03329	30,0382	0,03579	27,9400	386,2776	13,8252
30	1,0778	0,9278	0,03214	31,1133	0,03464	28,8679	413,1847	14,3130
36	1,0941	0,9140	0,02658	37,6206	0,02908	34,3865	592,4988	17,2306
40	1,1050	0,9050	0,02380	42,0132	0,02630	38,0199	728,7399	19,1673
48	1,1273	0,8871	0,01963	50,9312	0,02213	45,1787	1040,06	23,0209
50	1,1330	0,8826	0,01880	53,1887	0,02130	46,9462	1125,78	23,9802
52	1,1386	0,8782	0,01803	55,4575	0,02053	48,7048	1214,59	24,9377
55	1,1472	0,8717	0,01698	58,8819	0,01948	51,3264	1353,53	26,3710
60	1,1616	0,8609	0,01547	64,6467	0,01797	55,6524	1600,08	28,7514
72	1,1969	0,8355	0,01269	78,7794	0,01519	65,8169	2265,56	34,4221
75	1,2059	0,8292	0,01214	82,3792	0,01464	68,3108	2447,61	35,8305
84	1,2334	0,8108	0,01071	93,3419	0,01321	75,6813	3029,76	40,0331
90	1,2520	0,7987	0,00992	100,7885	0,01242	80,5038	3446,87	42,8162
96	1,2709	0,7869	0,00923	108,3474	0,01173	85,2546	3886,28	45,5844
100	1,2836	0,7790	0,00881	113,4500	0,01131	88,3825	4191,24	47,4216
108	1,3095	0,7636	0,00808	123,8093	0,01058	94,5453	4829,01	51,0762
120	1,3494	0,7411	0,00716	139,7414	0,00966	103,5618	5852,11	56,5084
132	1,3904	0,7192	0,00640	156,1582	0,00890	112,3121	6950,01	61,8813
144	1,4327	0,6980	0,00578	173,0743	0,00828	120,8041	8117,41	67,1949
240	1,8208	0,5492	0,00305	328,3020	0,00555	180,3109	19399	107,5863
360	2,4568	0,4070	0,00172	582,7369	0,00422	237,1894	36264	152,8902
480	3,3151	0,3016	0,00108	926,0595	0,00358	279,3418	53821	192,6699

0,5% TABELA 2 Fluxo de Caixa Discreto: Fatores de Juros Compostos 0,5%

	Pagamentos únicos		Série Uniforme de Pagamentos				Gradientes Aritméticos	
n	Montante capitalizado F/P	Valor presente P/F	Fundo de amortização A/F	Montante capitalizado F/A	Recuperação de capital A/P	Valor presente P/A	Valor presente de uma série gradiente P/G	Série gradiente uniforme A/G
1	1,0050	0,9950	1,00000	1,0000	1,00500	0,9950		
2	1,0100	0,9901	0,49875	2,0050	0,50375	1,9851	0,9901	0,4988
3	1,0151	0,9851	0,33167	3,0150	0,33667	2,9702	2,9604	0,9967
4	1,0202	0,9802	0,24813	4,0301	0,25313	3,9505	5,9011	1,4938
5	1,0253	0,9754	0,19801	5,0503	0,20301	4,9259	9,8026	1,9900
6	1,0304	0,9705	0,16460	6,0755	0,16960	5,8964	14,6552	2,4855
7	1,0355	0,9657	0,14073	7,1059	0,14573	6,8621	20,4493	2,9801
8	1,0407	0,9609	0,12283	8,1414	0,12783	7,8230	27,1755	3,4738
9	1,0459	0,9561	0,10891	9,1821	0,11391	8,7791	34,8244	3,9668
10	1,0511	0,9513	0,09777	10,2280	0,10277	9,7304	43,3865	4,4589
11	1,0564	0,9466	0,08866	11,2792	0,09366	10,6770	52,8526	4,9501
12	1,0617	0,9419	0,08107	12,3356	0,08607	11,6189	63,2136	5,4406
13	1,0670	0,9372	0,07464	13,3972	0,07964	12,5562	74,4602	5,9302
14	1,0723	0,9326	0,06914	14,4642	0,07414	13,4887	86,5835	6,4190
15	1,0777	0,9279	0,06436	15,5365	0,06936	14,4166	99,5743	6,9069
16	1,0831	0,9233	0,06019	16,6142	0,06519	15,3399	113,4238	7,3940
17	1,0885	0,9187	0,05651	17,6973	0,06151	16,2586	128,1231	7,8803
18	1,0939	0,9141	0,05323	18,7858	0,05823	17,1728	143,6634	8,3658
19	1,0994	0,9096	0,05030	19,8797	0,05530	18,0824	160,0360	8,8504
20	1,1049	0,9051	0,04767	20,9791	0,05267	18,9874	177,2322	9,3342
21	1,1104	0,9006	0,04528	22,0840	0,05028	19,8880	195,2434	9,8172
22	1,1160	0,8961	0,04311	23,1944	0,04811	20,7841	214,0611	10,2993
23	1,1216	0,8916	0,04113	24,3104	0,04613	21,6757	233,6768	10,7806
24	1,1272	0,8872	0,03932	25,4320	0,04432	22,5629	254,0820	11,2611
25	1,1328	0,8828	0,03765	26,5591	0,04265	23,4456	275,2686	11,7407
26	1,1385	0,8784	0,03611	27,6919	0,04111	24,3240	297,2281	12,2195
27	1,1442	0,8740	0,03469	28,8304	0,03969	25,1980	319,9523	12,6975
28	1,1499	0,8697	0,03336	29,9745	0,03836	26,0677	343,4332	13,1747
29	1,1556	0,8653	0,03213	31,1244	0,03713	26,9330	367,6625	13,6510
30	1,1614	0,8610	0,03098	32,2800	0,03598	27,7941	392,6324	14,1265
36	1,1967	0,8356	0,02542	39,3361	0,03042	32,8710	557,5598	16,9621
40	1,2208	0,8191	0,02265	44,1588	0,02765	36,1722	681,3347	18,8359
48	1,2705	0,7871	0,01849	54,0978	0,02349	42,5803	959,9188	22,5437
50	1,2832	0,7793	0,01765	56,6452	0,02265	44,1428	1035,70	23,4624
52	1,2961	0,7716	0,01689	59,2180	0,02189	45,6897	1113,82	24,3778
55	1,3156	0,7601	0,01584	63,1258	0,02084	47,9814	1235,27	25,7447
60	1,3489	0,7414	0,01433	69,7700	0,01933	51,7256	1448,65	28,0064
72	1,4320	0,6983	0,01157	86,4089	0,01657	60,3395	2012,35	33,3504
75	1,4536	0,6879	0,01102	90,7265	0,01602	62,4136	2163,75	34,6679
84	1,5204	0,6577	0,00961	104,0739	0,01461	68,4530	2640,66	38,5763
90	1,5666	0,6383	0,00883	113,3109	0,01383	72,3313	2976,08	41,1451
96	1,6141	0,6195	0,00814	122,8285	0,01314	76,0952	3324,18	43,6845
100	1,6467	0,6073	0,00773	129,3337	0,01273	78,5426	3562,79	45,3613
108	1,7137	0,5835	0,00701	142,7399	0,01201	83,2934	4054,37	48,6758
120	1,8194	0,5496	0,00610	163,8793	0,01110	90,0735	4823,51	53,5508
132	1,9316	0,5177	0,00537	186,3226	0,01037	96,4596	5624,59	58,3103
144	2,0508	0,4876	0,00476	210,1502	0,00976	102,4747	6451,31	62,9551
240	3,3102	0,3021	0,00216	462,0409	0,00716	139,5808	13416	96,1131
360	6,0226	0,1660	0,00100	1004,52	0,00600	166,7916	21403	128,3236
480	10,9575	0,0913	0,00050	1991,49	0,00550	181,7476	27588	151,7949

0,75% — TABELA 3 — Fluxo de Caixa Discreto: Fatores de Juros Compostos — 0,75%

	Pagamentos únicos		Série Uniforme de Pagamentos				Gradientes Aritméticos	
	Montante capitalizado	Valor presente	Fundo de amortização	Montante capitalizado	Recuperação de capital	Valor presente	Valor presente de uma série gradiente	Série gradiente uniforme
n	F/P	P/F	A/F	F/A	A/P	P/A	P/G	A/G
1	1,0075	0,9926	1,00000	1,0000	1,00750	0,9926		
2	1,0151	0,9852	0,49813	2,0075	0,50563	1,9777	0,9852	0,4981
3	1,0227	0,9778	0,33085	3,0226	0,33835	2,9556	2,9408	0,9950
4	1,0303	0,9706	0,24721	4,0452	0,25471	3,9261	5,8525	1,4907
5	1,0381	0,9633	0,19702	5,0756	0,20452	4,8894	9,7058	1,9851
6	1,0459	0,9562	0,16357	6,1136	0,17107	5,8456	14,4866	2,4782
7	1,0537	0,9490	0,13967	7,1595	0,14717	6,7946	20,1808	2,9701
8	1,0616	0,9420	0,12176	8,2132	0,12926	7,7366	26,7747	3,4608
9	1,0696	0,9350	0,10782	9,2748	0,11532	8,6716	34,2544	3,9502
10	1,0776	0,9280	0,09667	10,3443	0,10417	9,5996	42,6064	4,4384
11	1,0857	0,9211	0,08755	11,4219	0,09505	10,5207	51,8174	4,9253
12	1,0938	0,9142	0,07995	12,5076	0,08745	11,4349	61,8740	5,4110
13	1,1020	0,9074	0,07352	13,6014	0,08102	12,3423	72,7632	5,8954
14	1,1103	0,9007	0,06801	14,7034	0,07551	13,2430	84,4720	6,3786
15	1,1186	0,8940	0,06324	15,8137	0,07074	14,1370	96,9876	6,8606
16	1,1270	0,8873	0,05906	16,9323	0,06656	15,0243	110,2973	7,3413
17	1,1354	0,8807	0,05537	18,0593	0,06287	15,9050	124,3887	7,8207
18	1,1440	0,8742	0,05210	19,1947	0,05960	16,7792	139,2494	8,2989
19	1,1525	0,8676	0,04917	20,3387	0,05667	17,6468	154,8671	8,7759
20	1,1612	0,8612	0,04653	21,4912	0,05403	18,5080	171,2297	9,2516
21	1,1699	0,8548	0,04415	22,6524	0,05165	19,3628	188,3253	9,7261
22	1,1787	0,8484	0,04198	23,8223	0,04948	20,2112	206,1420	10,1994
23	1,1875	0,8421	0,04000	25,0010	0,04750	21,0533	224,6682	10,6714
24	1,1964	0,8358	0,03818	26,1885	0,04568	21,8891	243,8923	11,1422
25	1,2054	0,8296	0,03652	27,3849	0,04402	22,7188	263,8029	11,6117
26	1,2144	0,8234	0,03498	28,5903	0,04248	23,5422	284,3888	12,0800
27	1,2235	0,8173	0,03355	29,8047	0,04105	24,3595	305,6387	12,5470
28	1,2327	0,8112	0,03223	31,0282	0,03973	25,1707	327,5416	13,0128
29	1,2420	0,8052	0,03100	32,2609	0,03850	25,9759	350,0867	13,4774
30	1,2513	0,7992	0,02985	33,5029	0,03735	26,7751	373,2631	13,9407
36	1,3086	0,7641	0,02430	41,1527	0,03180	31,4468	524,9924	16,6946
40	1,3483	0,7416	0,02153	46,4465	0,02903	34,4469	637,4693	18,5058
48	1,4314	0,6986	0,01739	57,5207	0,02489	40,1848	886,8404	22,0691
50	1,4530	0,6883	0,01656	60,3943	0,02406	41,5664	953,8486	22,9476
52	1,4748	0,6780	0,01580	63,3111	0,02330	42,9276	1022,59	23,8211
55	1,5083	0,6630	0,01476	67,7688	0,02226	44,9316	1128,79	25,1223
60	1,5657	0,6387	0,01326	75,4241	0,02076	48,1734	1313,52	27,2665
72	1,7126	0,5839	0,01053	95,0070	0,01803	55,4768	1791,25	32,2882
75	1,7514	0,5710	0,00998	100,1833	0,01748	57,2027	1917,22	33,5163
84	1,8732	0,5338	0,00859	116,4269	0,01609	62,1540	2308,13	37,1357
90	1,9591	0,5104	0,00782	127,8790	0,01532	65,2746	2578,00	39,4946
96	2,0489	0,4881	0,00715	139,8562	0,01465	68,2584	2853,94	41,8107
100	2,1111	0,4737	0,00675	148,1445	0,01425	70,1746	3040,75	43,3311
108	2,2411	0,4462	0,00604	165,4832	0,01354	73,8394	3419,90	46,3154
120	2,4514	0,4079	0,00517	193,5143	0,01267	78,9417	3998,56	50,6521
132	2,6813	0,3730	0,00446	224,1748	0,01196	83,6064	4583,57	54,8232
144	2,9328	0,3410	0,00388	257,7116	0,01138	87,8711	5169,58	58,8314
240	6,0092	0,1664	0,00150	667,8869	0,00900	111,1450	9494,12	85,4210
360	14,7306	0,0679	0,00055	1830,74	0,00805	124,2819	13312	107,1145
480	36,1099	0,0277	0,00021	4681,32	0,00771	129,6409	15513	119,6620

1% TABELA 4 Fluxo de Caixa Discreto: Fatores de Juros Compostos 1%

	Pagamentos únicos		Série Uniforme de Pagamentos				Gradientes Aritméticos	
n	Montante capitalizado F/P	Valor presente P/F	Fundo de amortização A/F	Montante capitalizado F/A	Recuperação de capital A/P	Valor presente P/A	Valor presente de uma série gradiente P/G	Série gradiente uniforme A/G
1	1,0100	0,9901	1,00000	1,0000	1,01000	0,9901		
2	1,0201	0,9803	0,49751	2,0100	0,50751	1,9704	0,9803	0,4975
3	1,0303	0,9706	0,33002	3,0301	0,34002	2,9410	2,9215	0,9934
4	1,0406	0,9610	0,24628	4,0604	0,25628	3,9020	5,8044	1,4876
5	1,0510	0,9515	0,19604	5,1010	0,20604	4,8534	9,6103	1,9801
6	1,0615	0,9420	0,16255	6,1520	0,17255	5,7955	14,3205	2,4710
7	1,0721	0,9327	0,13863	7,2135	0,14863	6,7282	19,9168	2,9602
8	1,0829	0,9235	0,12069	8,2857	0,13069	7,6517	26,3812	3,4478
9	1,0937	0,9143	0,10674	9,3685	0,11674	8,5660	33,6959	3,9337
10	1,1046	0,9053	0,09558	10,4622	0,10558	9,4713	41,8435	4,4179
11	1,1157	0,8963	0,08645	11,5668	0,09645	10,3676	50,8067	4,9005
12	1,1268	0,8874	0,07885	12,6825	0,08885	11,2551	60,5687	5,3815
13	1,1381	0,8787	0,07241	13,8093	0,08241	12,1337	71,1126	5,8607
14	1,1495	0,8700	0,06690	14,9474	0,07690	13,0037	82,4221	6,3384
15	1,1610	0,8613	0,06212	16,0969	0,07212	13,8651	94,4810	6,8143
16	1,1726	0,8528	0,05794	17,2579	0,06794	14,7179	107,2734	7,2886
17	1,1843	0,8444	0,05426	18,4304	0,06426	15,5623	120,7834	7,7613
18	1,1961	0,8360	0,05098	19,6147	0,06098	16,3983	134,9957	8,2323
19	1,2081	0,8277	0,04805	20,8109	0,05805	17,2260	149,8950	8,7017
20	1,2202	0,8195	0,04542	22,0190	0,05542	18,0456	165,4664	9,1694
21	1,2324	0,8114	0,04303	23,2392	0,05303	18,8570	181,6950	9,6354
22	1,2447	0,8034	0,04086	24,4716	0,05086	19,6604	198,5663	10,0998
23	1,2572	0,7954	0,03889	25,7163	0,04889	20,4558	216,0660	10,5626
24	1,2697	0,7876	0,03707	26,9735	0,04707	21,2434	234,1800	11,0237
25	1,2824	0,7798	0,03541	28,2432	0,04541	22,0232	252,8945	11,4831
26	1,2953	0,7720	0,03387	29,5256	0,04387	22,7952	272,1957	11,9409
27	1,3082	0,7644	0,03245	30,8209	0,04245	23,5596	292,0702	12,3971
28	1,3213	0,7568	0,03112	32,1291	0,04112	24,3164	312,5047	12,8516
29	1,3345	0,7493	0,02990	33,4504	0,03990	25,0658	333,4863	13,3044
30	1,3478	0,7419	0,02875	34,7849	0,03875	25,8077	355,0021	13,7557
36	1,4308	0,6989	0,02321	43,0769	0,03321	30,1075	494,6207	16,4285
40	1,4889	0,6717	0,02046	48,8864	0,03046	32,8347	596,8561	18,1776
48	1,6122	0,6203	0,01633	61,2226	0,02633	37,9740	820,1460	21,5976
50	1,6446	0,6080	0,01551	64,4632	0,02551	39,1961	879,4176	22,4363
52	1,6777	0,5961	0,01476	67,7689	0,02476	40,3942	939,9175	23,2686
55	1,7285	0,5785	0,01373	72,8525	0,02373	42,1472	1032,81	24,5049
60	1,8167	0,5504	0,01224	81,6697	0,02224	44,9550	1192,81	26,5333
72	2,0471	0,4885	0,00955	104,7099	0,01955	51,1504	1597,87	31,2386
75	2,1091	0,4741	0,00902	110,9128	0,01902	52,5871	1702,73	32,3793
84	2,3067	0,4335	0,00765	130,6723	0,01765	56,6485	2023,32	35,7170
90	2,4486	0,4084	0,00690	144,8633	0,01690	59,1609	2240,57	37,8724
96	2,5993	0,3847	0,00625	159,9273	0,01625	61,5277	2459,43	39,9727
100	2,7048	0,3697	0,00587	170,4814	0,01587	63,0289	2605,78	41,3426
108	2,9289	0,3414	0,00518	192,8926	0,01518	65,8578	2898,42	44,0103
120	3,3004	0,3030	0,00435	230,0387	0,01435	69,7005	3334,11	47,8349
132	3,7190	0,2689	0,00368	271,8959	0,01368	73,1108	3761,69	51,4520
144	4,1906	0,2386	0,00313	319,0616	0,01313	76,1372	4177,47	54,8676
240	10,8926	0,0918	0,00101	989,2554	0,01101	90,8194	6878,60	75,7393
360	35,9496	0,0278	0,00029	3494,96	0,01029	97,2183	8720,43	89,6995
480	118,6477	0,0084	0,00008	11765	0,01008	99,1572	9511,16	95,9200

1,25%   **TABELA 5**   Fluxo de Caixa Discreto: Fatores de Juros Compostos   **1,25%**

	Pagamentos únicos		Série Uniforme de Pagamentos				Gradientes Aritméticos	
	Montante capitalizado	Valor presente	Fundo de amortização	Montante capitalizado	Recuperação de capital	Valor presente	Valor presente de uma série gradiente	Série gradiente uniforme
n	F/P	P/F	A/F	F/A	A/P	P/A	P/G	A/G
1	1,0125	0,9877	1,00000	1,0000	1,01250	0,9877		
2	1,0252	0,9755	0,49680	2,0125	0,50939	1,9631	0,9755	0,4969
3	1,0380	0,9634	0,32920	3,0377	0,34170	2,9265	2,9023	0,9917
4	1,0509	0,9515	0,24536	4,0756	0,25786	3,8781	5,7569	1,4845
5	1,0641	0,9398	0,19506	5,1266	0,20756	4,8178	9,5160	1,9752
6	1,0774	0,9282	0,16153	6,1907	0,17403	5,7460	14,1569	2,4638
7	1,0909	0,9167	0,13759	7,2680	0,15009	6,6627	19,6571	2,9503
8	1,1045	0,9054	0,11963	8,3589	0,13213	7,5681	25,9949	3,4348
9	1,1183	0,8942	0,10567	9,4634	0,11817	8,4623	33,1487	3,9172
10	1,1323	0,8832	0,09450	10,5817	0,10700	9,3455	41,0973	4,3975
11	1,1464	0,8723	0,08537	11,7139	0,09787	10,2178	49,8201	4,8758
12	1,1608	0,8615	0,07776	12,8604	0,09026	11,0793	59,2967	5,3520
13	1,1753	0,8509	0,07132	14,0211	0,08382	11,9302	69,5072	5,8262
14	1,1900	0,8404	0,06581	15,1964	0,07831	12,7706	80,4320	6,2982
15	1,2048	0,8300	0,06103	16,3863	0,07353	13,6005	92,0519	6,7682
16	1,2199	0,8197	0,05685	17,5912	0,06935	14,4203	104,3481	7,2362
17	1,2351	0,8096	0,05316	18,8111	0,06566	15,2299	117,3021	7,7021
18	1,2506	0,7996	0,04988	20,0462	0,06238	16,0295	130,8958	8,1659
19	1,2662	0,7898	0,04696	21,2968	0,05946	16,8193	145,1115	8,6277
20	1,2820	0,7800	0,04432	22,5630	0,05682	17,5993	159,9316	9,0874
21	1,2981	0,7704	0,04194	23,8450	0,05444	18,3697	175,3392	9,5450
22	1,3143	0,7609	0,03977	25,1431	0,05227	19,1306	191,3174	10,0006
23	1,3307	0,7515	0,03780	26,4574	0,05030	19,8820	207,8499	10,4542
24	1,3474	0,7422	0,03599	27,7881	0,04849	20,6242	224,9204	10,9056
25	1,3642	0,7330	0,03432	29,1354	0,04682	21,3573	242,5132	11,3551
26	1,3812	0,7240	0,03279	30,4996	0,04529	22,0813	260,6128	11,8024
27	1,3985	0,7150	0,03137	31,8809	0,04387	22,7963	279,2040	12,2478
28	1,4160	0,7062	0,03005	33,2794	0,04255	23,5025	298,2719	12,6911
29	1,4337	0,6975	0,02882	34,6954	0,04132	24,2000	317,8019	13,1323
30	1,4516	0,6889	0,02768	36,1291	0,04018	24,8889	337,7797	13,5715
36	1,5639	0,6394	0,02217	45,1155	0,03467	28,8473	466,2830	16,1639
40	1,6436	0,6084	0,01942	51,4896	0,03192	31,3269	559,2320	17,8515
48	1,8154	0,5509	0,01533	65,2284	0,02783	35,9315	759,2296	21,1299
50	1,8610	0,5373	0,01452	68,8818	0,02702	37,0129	811,6738	21,9295
52	1,9078	0,5242	0,01377	72,6271	0,02627	38,0677	864,9409	22,7211
55	1,9803	0,5050	0,01275	78,4225	0,02525	39,6017	946,2277	23,8936
60	2,1072	0,4746	0,01129	88,5745	0,02379	42,0346	1084,84	25,8083
72	2,4459	0,4088	0,00865	115,6736	0,02115	47,2925	1428,46	30,2047
75	2,5388	0,3939	0,00812	123,1035	0,02062	48,4890	1515,79	31,2605
84	2,8391	0,3522	0,00680	147,1290	0,01930	51,8222	1778,84	34,3258
90	3,0588	0,3269	0,00607	164,7050	0,01857	53,8461	1953,83	36,2855
96	3,2955	0,3034	0,00545	183,6411	0,01795	55,7246	2127,52	38,1793
100	3,4634	0,2887	0,00507	197,0723	0,01757	56,9013	2242,24	39,4058
108	3,8253	0,2614	0,00442	226,0226	0,01692	59,0865	2468,26	41,7737
120	4,4402	0,2252	0,00363	275,2171	0,01613	61,9828	2796,57	45,1184
132	5,1540	0,1940	0,00301	332,3198	0,01551	64,4781	3109,35	48,2234
144	5,9825	0,1672	0,00251	398,6021	0,01501	66,6277	3404,61	51,0990
240	19,7155	0,0507	0,00067	1497,24	0,01317	75,9423	5101,53	67,1764
360	87,5410	0,0114	0,00014	6923,28	0,01264	79,0861	5997,90	75,8401
480	388,7007	0,0026	0,00003	31016	0,01253	79,7942	6284,74	78,7619

1,5% — TABELA 6 — Fluxo de Caixa Discreto: Fatores de Juros Compostos — 1,5%

	Pagamentos únicos		Série Uniforme de Pagamentos				Gradientes Aritméticos	
	Montante capitalizado	Valor presente	Fundo de amortização	Montante capitalizado	Recuperação de capital	Valor presente	Valor presente de uma série gradiente	Série gradiente uniforme
n	F/P	P/F	A/F	F/A	A/P	P/A	P/G	A/G
1	1,0150	0,9852	1,00000	1,0000	1,01500	0,9852		
2	1,0302	0,9707	0,49628	2,0150	0,51128	1,9559	0,9707	0,4963
3	1,0457	0,9563	0,32838	3,0452	0,34338	2,9122	2,8833	0,9901
4	1,0614	0,9422	0,24444	4,0909	0,25944	3,8544	5,7098	1,4814
5	1,0773	0,9283	0,19409	5,1523	0,20909	4,7826	9,4229	1,9702
6	1,0934	0,9145	0,16053	6,2296	0,17553	5,6972	13,9956	2,4566
7	1,1098	0,9010	0,13656	7,3230	0,15156	6,5982	19,4018	2,9405
8	1,1265	0,8877	0,11858	8,4328	0,13358	7,4859	25,6157	3,4219
9	1,1434	0,8746	0,10461	9,5593	0,11961	8,3605	32,6125	3,9008
10	1,1605	0,8617	0,09343	10,7027	0,10843	9,2222	40,3675	4,3772
11	1,1779	0,8489	0,08429	11,8633	0,09929	10,0711	48,8568	4,8512
12	1,1956	0,8364	0,07668	13,0412	0,09168	10,9075	58,0571	5,3227
13	1,2136	0,8240	0,07024	14,2368	0,08524	11,7315	67,9454	5,7917
14	1,2318	0,8118	0,06472	15,4504	0,07972	12,5434	78,4994	6,2582
15	1,2502	0,7999	0,05994	16,6821	0,07494	13,3432	89,6974	6,7223
16	1,2690	0,7880	0,05577	17,9324	0,07077	14,1313	101,5178	7,1839
17	1,2880	0,7764	0,05208	19,2014	0,06708	14,9076	113,9400	7,6431
18	1,3073	0,7649	0,04881	20,4894	0,06381	15,6726	126,9435	8,0997
19	1,3270	0,7536	0,04588	21,7967	0,06088	16,4262	140,5084	8,5539
20	1,3469	0,7425	0,04325	23,1237	0,05825	17,1686	154,6154	9,0057
21	1,3671	0,7315	0,04087	24,4705	0,05587	17,9001	169,2453	9,4550
22	1,3876	0,7207	0,03870	25,8376	0,05370	18,6208	184,3798	9,9018
23	1,4084	0,7100	0,03673	27,2251	0,05173	19,3309	200,0006	10,3462
24	1,4295	0,6995	0,03492	28,6335	0,04992	20,0304	216,0901	10,7881
25	1,4509	0,6892	0,03326	30,0630	0,04826	20,7196	232,6310	11,2276
26	1,4727	0,6790	0,03173	31,5140	0,04673	21,3986	249,6065	11,6646
27	1,4948	0,6690	0,03032	32,9867	0,04532	22,0676	267,0002	12,0992
28	1,5172	0,6591	0,02900	34,4815	0,04400	22,7267	284,7958	12,5313
29	1,5400	0,6494	0,02778	35,9987	0,04278	23,3761	302,9779	12,9610
30	1,5631	0,6398	0,02664	37,5387	0,04164	24,0158	321,5310	13,3883
36	1,7091	0,5851	0,02115	47,2760	0,03615	27,6607	439,8303	15,9009
40	1,8140	0,5513	0,01843	54,2679	0,03343	29,9158	524,3568	17,5277
48	2,0435	0,4894	0,01437	69,5652	0,02937	34,0426	703,5462	20,6667
50	2,1052	0,4750	0,01357	73,6828	0,02857	34,9997	749,9636	21,4277
52	2,1689	0,4611	0,01283	77,9249	0,02783	35,9287	796,8774	22,1794
55	2,2679	0,4409	0,01183	84,5296	0,02683	37,2715	868,0285	23,2894
60	2,4432	0,4093	0,01039	96,2147	0,02539	39,3803	988,1674	25,0930
72	2,9212	0,3423	0,00781	128,0772	0,02281	43,8447	1279,79	29,1893
75	3,0546	0,3274	0,00730	136,9728	0,02230	44,8416	1352,56	30,1631
84	3,4926	0,2863	0,00602	166,1726	0,02102	47,5786	1568,51	32,9668
90	3,8189	0,2619	0,00532	187,9299	0,02032	49,2099	1709,54	34,7399
96	4,1758	0,2395	0,00472	211,7202	0,01972	50,7017	1847,47	36,4381
100	4,4320	0,2256	0,00437	228,8030	0,01937	51,6247	1937,45	37,5295
108	4,9927	0,2003	0,00376	266,1778	0,01876	53,3137	2112,13	39,6171
120	5,9693	0,1675	0,00302	331,2882	0,01802	55,4985	2359,71	42,5185
132	7,1370	0,1401	0,00244	409,1354	0,01744	57,3257	2588,71	45,1579
144	8,5332	0,1172	0,00199	502,2109	0,01699	58,8540	2798,58	47,5512
240	35,6328	0,0281	0,00043	2308,85	0,01543	64,7957	3870,69	59,7368
360	212,7038	0,0047	0,00007	14114	0,01507	66,3532	4310,72	64,9662
480	1269,70	0,0008	0,00001	84580	0,01501	66,6142	4415,74	66,2883

TABELA 7 — Fluxo de Caixa Discreto: Fatores de Juros Compostos — 2%

	Pagamentos únicos		Série Uniforme de Pagamentos				Gradientes Aritméticos	
n	Montante capitalizado F/P	Valor presente P/F	Fundo de amortização A/F	Montante capitalizado F/A	Recuperação de capital A/P	Valor presente P/A	Valor presente de uma série gradiente P/G	Série gradiente uniforme A/G
1	1,0200	0,9804	1,00000	1,0000	1,02000	0,9804		
2	1,0404	0,9612	0,49505	2,0200	0,51505	1,9416	0,9612	0,4950
3	1,0612	0,9423	0,32675	3,0604	0,34675	2,8839	2,8458	0,9868
4	1,0824	0,9238	0,24262	4,1216	0,26262	3,8077	5,6173	1,4752
5	1,1041	0,9057	0,19216	5,2040	0,21216	4,7135	9,2403	1,9604
6	1,1262	0,8880	0,15853	6,3081	0,17853	5,6014	13,6801	2,4423
7	1,1487	0,8706	0,13451	7,4343	0,15451	6,4720	18,9035	2,9208
8	1,1717	0,8535	0,11651	8,5830	0,13651	7,3255	24,8779	3,3961
9	1,1951	0,8368	0,10252	9,7546	0,12252	8,1622	31,5720	3,8681
10	1,2190	0,8203	0,09133	10,9497	0,11133	8,9826	38,9551	4,3367
11	1,2434	0,8043	0,08218	12,1687	0,10218	9,7868	46,9977	4,8021
12	1,2682	0,7885	0,07456	13,4121	0,09456	10,5753	55,6712	5,2642
13	1,2936	0,7730	0,06812	14,6803	0,08812	11,3484	64,9475	5,7231
14	1,3195	0,7579	0,06260	15,9739	0,08260	12,1062	74,7999	6,1786
15	1,3459	0,7430	0,05783	17,2934	0,07783	12,8493	85,2021	6,6309
16	1,3728	0,7284	0,05365	18,6393	0,07365	13,5777	96,1288	7,0799
17	1,4002	0,7142	0,04997	20,0121	0,06997	14,2919	107,5554	7,5256
18	1,4282	0,7002	0,04670	21,4123	0,06670	14,9920	119,4581	7,9681
19	1,4568	0,6864	0,04378	22,8406	0,06378	15,6785	131,8139	8,4073
20	1,4859	0,6730	0,04116	24,2974	0,06116	16,3514	144,6003	8,8433
21	1,5157	0,6598	0,03878	25,7833	0,05878	17,0112	157,7959	9,2760
22	1,5460	0,6468	0,03663	27,2990	0,05663	17,6580	171,3795	9,7055
23	1,5769	0,6342	0,03467	28,8450	0,05467	18,2922	185,3309	10,1317
24	1,6084	0,6217	0,03287	30,4219	0,05287	18,9139	199,6305	10,5547
25	1,6406	0,6095	0,03122	32,0303	0,05122	19,5235	214,2592	10,9745
26	1,6734	0,5976	0,02970	33,6709	0,04970	20,1210	229,1987	11,3910
27	1,7069	0,5859	0,02829	35,3443	0,04829	20,7069	244,4311	11,8043
28	1,7410	0,5744	0,02699	37,0512	0,04699	21,2813	259,9392	12,2145
29	1,7758	0,5631	0,02578	38,7922	0,04578	21,8444	275,7064	12,6214
30	1,8114	0,5521	0,02465	40,5681	0,04465	22,3965	291,7164	13,0251
36	2,0399	0,4902	0,01923	51,9944	0,03923	25,4888	392,0405	15,3809
40	2,2080	0,4529	0,01656	60,4020	0,03656	27,3555	461,9931	16,8885
48	2,5871	0,3865	0,01260	79,3535	0,03260	30,6731	605,9657	19,7556
50	2,6916	0,3715	0,01182	84,5794	0,03182	31,4236	642,3606	20,4420
52	2,8003	0,3571	0,01111	90,0164	0,03111	32,1449	678,7849	21,1164
55	2,9717	0,3365	0,01014	98,5865	0,03014	33,1748	733,3527	22,1057
60	3,2810	0,3048	0,00877	114,0515	0,02877	34,7609	823,6975	23,6961
72	4,1611	0,2403	0,00633	158,0570	0,02633	37,9841	1034,06	27,2234
75	4,4158	0,2265	0,00586	170,7918	0,02586	38,6771	1084,64	28,0434
84	5,2773	0,1895	0,00468	213,8666	0,02468	40,5255	1230,42	30,3616
90	5,9431	0,1683	0,00405	247,1567	0,02405	41,5869	1322,17	31,7929
96	6,6929	0,1494	0,00351	284,6467	0,02351	42,5294	1409,30	33,1370
100	7,2446	0,1380	0,00320	312,2323	0,02320	43,0984	1464,75	33,9863
108	8,4883	0,1178	0,00267	374,4129	0,02267	44,1095	1569,30	35,5774
120	10,7652	0,0929	0,00205	488,2582	0,02205	45,3554	1710,42	37,7114
132	13,6528	0,0732	0,00158	632,6415	0,02158	46,3378	1833,47	39,5676
144	17,3151	0,0578	0,00123	815,7545	0,02123	47,1123	1939,79	41,1738
240	115,8887	0,0086	0,00017	5744,44	0,02017	49,5686	2374,88	47,9110
360	1247,56	0,0008	0,00002	62328	0,02002	49,9599	2482,57	49,7112
480	13430	0,0001			0,02000	49,9963	2498,03	49,9643

3% — TABELA 8 — Fluxo de Caixa Discreto: Fatores de Juros Compostos — 3%

	Pagamentos únicos		Série Uniforme de Pagamentos				Gradientes Aritméticos	
	Montante capitalizado	Valor presente	Fundo de amortização	Montante capitalizado	Recuperação de capital	Valor presente	Valor presente de uma série gradiente	Série gradiente uniforme
n	F/P	P/F	A/F	F/A	A/P	P/A	P/G	A/G
1	1,0300	0,9709	1,00000	1,0000	1,03000	0,9709		
2	1,0609	0,9426	0,49261	2,0300	0,52261	1,9135	0,9426	0,4926
3	1,0927	0,9151	0,32353	3,0909	0,35353	2,8286	2,7729	0,9803
4	1,1255	0,8885	0,23903	4,1836	0,26903	3,7171	5,4383	1,4631
5	1,1593	0,8626	0,18835	5,3091	0,21835	4,5797	8,8888	1,9409
6	1,1941	0,8375	0,15460	6,4684	0,18460	5,4172	13,0762	2,4138
7	1,2299	0,8131	0,13051	7,6625	0,16051	6,2303	17,9547	2,8819
8	1,2668	0,7894	0,11246	8,8923	0,14246	7,0197	23,4806	3,3450
9	1,3048	0,7664	0,09843	10,1591	0,12843	7,7861	29,6119	3,8032
10	1,3439	0,7441	0,08723	11,4639	0,11723	8,5302	36,3088	4,2565
11	1,3842	0,7224	0,07808	12,8078	0,10808	9,2526	43,5330	4,7049
12	1,4258	0,7014	0,07046	14,1920	0,10046	9,9540	51,2482	5,1485
13	1,4685	0,6810	0,06403	15,6178	0,09403	10,6350	59,4196	5,5872
14	1,5126	0,6611	0,05853	17,0863	0,08853	11,2961	68,0141	6,0210
15	1,5580	0,6419	0,05377	18,5989	0,08377	11,9379	77,0002	6,4500
16	1,6047	0,6232	0,04961	20,1569	0,07961	12,5611	86,3477	6,8742
17	1,6528	0,6050	0,04595	21,7616	0,07595	13,1661	96,0280	7,2936
18	1,7024	0,5874	0,04271	23,4144	0,07271	13,7535	106,0137	7,7081
19	1,7535	0,5703	0,03981	25,1169	0,06981	14,3238	116,2788	8,1179
20	1,8061	0,5537	0,03722	26,8704	0,06722	14,8775	126,7987	8,5229
21	1,8603	0,5375	0,03487	28,6765	0,06487	15,4150	137,5496	8,9231
22	1,9161	0,5219	0,03275	30,5368	0,06275	15,9369	148,5094	9,3186
23	1,9736	0,5067	0,03081	32,4529	0,06081	16,4436	159,6566	9,7093
24	2,0328	0,4919	0,02905	34,4265	0,05905	16,9355	170,9711	10,0954
25	2,0938	0,4776	0,02743	36,4593	0,05743	17,4131	182,4336	10,4768
26	2,1566	0,4637	0,02594	38,5530	0,05594	17,8768	194,0260	10,8535
27	2,2213	0,4502	0,02456	40,7096	0,05456	18,3270	205,7309	11,2255
28	2,2879	0,4371	0,02329	42,9309	0,05329	18,7641	217,5320	11,5930
29	2,3566	0,4243	0,02211	45,2189	0,05211	19,1885	229,4137	11,9558
30	2,4273	0,4120	0,02102	47,5754	0,05102	19,6004	241,3613	12,3141
31	2,5001	0,4000	0,02000	50,0027	0,05000	20,0004	253,3609	12,6678
32	2,5751	0,3883	0,01905	52,5028	0,04905	20,3888	265,3993	13,0169
33	2,6523	0,3770	0,01816	55,0778	0,04816	20,7658	277,4642	13,3616
34	2,7319	0,3660	0,01732	57,7302	0,04732	21,1318	289,5437	13,7018
35	2,8139	0,3554	0,01654	60,4621	0,04654	21,4872	301,6267	14,0375
40	3,2620	0,3066	0,01326	75,4013	0,04326	23,1148	361,7499	15,6502
45	3,7816	0,2644	0,01079	92,7199	0,04079	24,5187	420,6325	17,1556
50	4,3839	0,2281	0,00887	112,7969	0,03887	25,7298	477,4803	18,5575
55	5,0821	0,1968	0,00735	136,0716	0,03735	26,7744	531,7411	19,8600
60	5,8916	0,1697	0,00613	163,0534	0,03613	27,6756	583,0526	21,0674
65	6,8300	0,1464	0,00515	194,3328	0,03515	28,4529	631,2010	22,1841
70	7,9178	0,1263	0,00434	230,5941	0,03434	29,1234	676,0869	23,2145
75	9,1789	0,1089	0,00367	272,6309	0,03367	29,7018	717,6978	24,1634
80	10,6409	0,0940	0,00311	321,3630	0,03311	30,2008	756,0865	25,0353
84	11,9764	0,0835	0,00273	365,8805	0,03273	30,5501	784,5434	25,6806
85	12,3357	0,0811	0,00265	377,8570	0,03265	30,6312	791,3529	25,8349
90	14,3005	0,0699	0,00226	443,3489	0,03226	31,0024	823,6302	26,5667
96	17,0755	0,0586	0,00187	535,8502	0,03187	31,3812	858,6377	27,3615
108	24,3456	0,0411	0,00129	778,1863	0,03129	31,9642	917,6013	28,7072
120	34,7110	0,0288	0,00089	1123,70	0,03089	32,3730	963,8635	29,7737

5% TABELA 10 Fluxo de Caixa Discreto: Fatores de Juros Compostos 5%

	Pagamentos únicos		Série Uniforme de Pagamentos				Gradientes Aritméticos	
	Montante capitalizado	Valor presente	Fundo de amortização	Montante capitalizado	Recuperação de capital	Valor presente	Valor presente de uma série gradiente	Série gradiente uniforme
n	F/P	P/F	A/F	F/A	A/P	P/A	P/G	A/G
1	1,0500	0,9524	1,00000	1,0000	1,05000	0,9524		
2	1,1025	0,9070	0,48780	2,0500	0,53780	1,8594	0,9070	0,4878
3	1,1576	0,8638	0,31721	3,1525	0,36721	2,7232	2,6347	0,9675
4	1,2155	0,8227	0,23201	4,3101	0,28201	3,5460	5,1028	1,4391
5	1,2763	0,7835	0,18097	5,5256	0,23097	4,3295	8,2369	1,9025
6	1,3401	0,7462	0,14702	6,8019	0,19702	5,0757	11,9680	2,3579
7	1,4071	0,7107	0,12282	8,1420	0,17282	5,7864	16,2321	2,8052
8	1,4775	0,6768	0,10472	9,5491	0,15472	6,4632	20,9700	3,2445
9	1,5513	0,6446	0,09069	11,0266	0,14069	7,1078	26,1268	3,6758
10	1,6289	0,6139	0,07950	12,5779	0,12950	7,7217	31,6520	4,0991
11	1,7103	0,5847	0,07039	14,2068	0,12039	8,3064	37,4988	4,5144
12	1,7959	0,5568	0,06283	15,9171	0,11283	8,8633	43,6241	4,9219
13	1,8856	0,5303	0,05646	17,7130	0,10646	9,3936	49,9879	5,3215
14	1,9799	0,5051	0,05102	19,5986	0,10102	9,8986	56,5538	5,7133
15	2,0789	0,4810	0,04634	21,5786	0,09634	10,3797	63,2880	6,0973
16	2,1829	0,4581	0,04227	23,6575	0,09227	10,8378	70,1597	6,4736
17	2,2920	0,4363	0,03870	25,8404	0,08870	11,2741	77,1405	6,8423
18	2,4066	0,4155	0,03555	28,1324	0,08555	11,6896	84,2043	7,2034
19	2,5270	0,3957	0,03275	30,5390	0,08275	12,0853	91,3275	7,5569
20	2,6533	0,3769	0,03024	33,0660	0,08024	12,4622	98,4884	7,9030
21	2,7860	0,3589	0,02800	35,7193	0,07800	12,8212	105,6673	8,2416
22	2,9253	0,3418	0,02597	38,5052	0,07597	13,1630	112,8461	8,5730
23	3,0715	0,3256	0,02414	41,4305	0,07414	13,4886	120,0087	8,8971
24	3,2251	0,3101	0,02247	44,5020	0,07247	13,7986	127,1402	9,2140
25	3,3864	0,2953	0,02095	47,7271	0,07095	14,0939	134,2275	9,5238
26	3,5557	0,2812	0,01956	51,1135	0,06956	14,3752	141,2585	9,8266
27	3,7335	0,2678	0,01829	54,6691	0,06829	14,6430	148,2226	10,1224
28	3,9201	0,2551	0,01712	58,4026	0,06712	14,8981	155,1101	10,4114
29	4,1161	0,2429	0,01605	62,3227	0,06605	15,1411	161,9126	10,6936
30	4,3219	0,2314	0,01505	66,4388	0,06505	15,3725	168,6226	10,9691
31	4,5380	0,2204	0,01413	70,7608	0,06413	15,5928	175,2333	11,2381
32	4,7649	0,2099	0,01328	75,2988	0,06328	15,8027	181,7392	11,5005
33	5,0032	0,1999	0,01249	80,0638	0,06249	16,0025	188,1351	11,7566
34	5,2533	0,1904	0,01176	85,0670	0,06176	16,1929	194,4168	12,0063
35	5,5160	0,1813	0,01107	90,3203	0,06107	16,3742	200,5807	12,2498
40	7,0400	0,1420	0,00828	120,7998	0,05828	17,1591	229,5452	13,3775
45	8,9850	0,1113	0,00626	159,7002	0,05626	17,7741	255,3145	14,3644
50	11,4674	0,0872	0,00478	209,3480	0,05478	18,2559	277,9148	15,2233
55	14,6356	0,0683	0,00367	272,7126	0,05367	18,6335	297,5104	15,9664
60	18,6792	0,0535	0,00283	353,5837	0,05283	18,9293	314,3432	16,6062
65	23,8399	0,0419	0,00219	456,7980	0,05219	19,1611	328,6910	17,1541
70	30,4264	0,0329	0,00170	588,5285	0,05170	19,3427	340,8409	17,6212
75	38,8327	0,0258	0,00132	756,6537	0,05132	19,4850	351,0721	18,0176
80	49,5614	0,0202	0,00103	971,2288	0,05103	19,5965	359,6460	18,3526
85	63,2544	0,0158	0,00080	1245,09	0,05080	19,6838	366,8007	18,6346
90	80,7304	0,0124	0,00063	1594,61	0,05063	19,7523	372,7488	18,8712
95	103,0347	0,0097	0,00049	2040,69	0,05049	19,8059	377,6774	19,0689
96	108,1864	0,0092	0,00047	2143,73	0,05047	19,8151	378,5555	19,1044
98	119,2755	0,0084	0,00042	2365,51	0,05042	19,8323	380,2139	19,1714
100	131,5013	0,0076	0,00038	2610,03	0,05038	19,8479	381,7492	19,2337

4% TABELA 9 Fluxo de Caixa Discreto: Fatores de Juros Compostos 4%

	Pagamentos únicos		Série Uniforme de Pagamentos				Gradientes Aritméticos	
n	Montante capitalizado F/P	Valor presente P/F	Fundo de amortização A/F	Montante capitalizado F/A	Recuperação de capital A/P	Valor presente P/A	Valor presente de uma série gradiente P/G	Série gradiente uniforme A/G
1	1,0400	0,9615	1,00000	1,0000	1,04000	0,9615		
2	1,0816	0,9246	0,49020	2,0400	0,53020	1,8861	0,9246	0,4902
3	1,1249	0,8890	0,32035	3,1216	0,36035	2,7751	2,7025	0,9739
4	1,1699	0,8548	0,23549	4,2465	0,27549	3,6299	5,2670	1,4510
5	1,2167	0,8219	0,18463	5,4163	0,22463	4,4518	8,5547	1,9216
6	1,2653	0,7903	0,15076	6,6330	0,19076	5,2421	12,5062	2,3857
7	1,3159	0,7599	0,12661	7,8983	0,16661	6,0021	17,0657	2,8433
8	1,3686	0,7307	0,10853	9,2142	0,14853	6,7327	22,1806	3,2944
9	1,4233	0,7026	0,09449	10,5828	0,13449	7,4353	27,8013	3,7391
10	1,4802	0,6756	0,08329	12,0061	0,12329	8,1109	33,8814	4,1773
11	1,5395	0,6496	0,07415	13,4864	0,11415	8,7605	40,3772	4,6090
12	1,6010	0,6246	0,06655	15,0258	0,10655	9,3851	47,2477	5,0343
13	1,6651	0,6006	0,06014	16,6268	0,10014	9,9856	54,4546	5,4533
14	1,7317	0,5775	0,05467	18,2919	0,09467	10,5631	61,9618	5,8659
15	1,8009	0,5553	0,04994	20,0236	0,08994	11,1184	69,7355	6,2721
16	1,8730	0,5339	0,04582	21,8245	0,08582	11,6523	77,7441	6,6720
17	1,9479	0,5134	0,04220	23,6975	0,08220	12,1657	85,9581	7,0656
18	2,0258	0,4936	0,03899	25,6454	0,07899	12,6593	94,3498	7,4530
19	2,1068	0,4746	0,03614	27,6712	0,07614	13,1339	102,8933	7,8342
20	2,1911	0,4564	0,03358	29,7781	0,07358	13,5903	111,5647	8,2091
21	2,2788	0,4388	0,03128	31,9692	0,07128	14,0292	120,3414	8,5779
22	2,3699	0,4220	0,02920	34,2480	0,06920	14,4511	129,2024	8,9407
23	2,4647	0,4057	0,02731	36,6179	0,06731	14,8568	138,1284	9,2973
24	2,5633	0,3901	0,02559	39,0826	0,06559	15,2470	147,1012	9,6479
25	2,6658	0,3751	0,02401	41,6459	0,06401	15,6221	156,1040	9,9925
26	2,7725	0,3607	0,02257	44,3117	0,06257	15,9828	165,1212	10,3312
27	2,8834	0,3468	0,02124	47,0842	0,06124	16,3296	174,1385	10,6640
28	2,9987	0,3335	0,02001	49,9676	0,06001	16,6631	183,1424	10,9909
29	3,1187	0,3207	0,01888	52,9663	0,05888	16,9837	192,1206	11,3120
30	3,2434	0,3083	0,01783	56,0849	0,05783	17,2920	201,0618	11,6274
31	3,3731	0,2965	0,01686	59,3283	0,05686	17,5885	209,9556	11,9371
32	3,5081	0,2851	0,01595	62,7015	0,05595	17,8736	218,7924	12,2411
33	3,6484	0,2741	0,01510	66,2095	0,05510	18,1476	227,5634	12,5396
34	3,7943	0,2636	0,01431	69,8579	0,05431	18,4112	236,2607	12,8324
35	3,9461	0,2534	0,01358	73,6522	0,05358	18,6646	244,8768	13,1198
40	4,8010	0,2083	0,01052	95,0255	0,05052	19,7928	286,5303	14,4765
45	5,8412	0,1712	0,00826	121,0294	0,04826	20,7200	325,4028	15,7047
50	7,1067	0,1407	0,00655	152,6671	0,04655	21,4822	361,1638	16,8122
55	8,6464	0,1157	0,00523	191,1592	0,04523	22,1086	393,6890	17,8070
60	10,5196	0,0951	0,00420	237,9907	0,04420	22,6235	422,9966	18,6972
65	12,7987	0,0781	0,00339	294,9684	0,04339	23,0467	449,2014	19,4909
70	15,5716	0,0642	0,00275	364,2905	0,04275	23,3945	472,4789	20,1961
75	18,9453	0,0528	0,00223	448,6314	0,04223	23,6804	493,0408	20,8206
80	23,0498	0,0434	0,00181	551,2450	0,04181	23,9154	511,1161	21,3718
85	28,0436	0,0357	0,00148	676,0901	0,04148	24,1085	526,9384	21,8569
90	34,1193	0,0293	0,00121	827,9833	0,04121	24,2673	540,7369	22,2826
96	43,1718	0,0232	0,00095	1054,30	0,04095	24,4209	554,9312	22,7236
108	69,1195	0,0145	0,00059	1702,99	0,04059	24,6383	576,8949	23,4146
120	110,6626	0,0090	0,00036	2741,56	0,04036	24,7741	592,2428	23,9057
144	283,6618	0,0035	0,00014	7066,55	0,04014	24,9119	610,1055	24,4906

TABELA 11 — Fluxo de Caixa Discreto: Fatores de Juros Compostos — 6%

	Pagamentos únicos		Série Uniforme de Pagamentos				Gradientes Aritméticos	
n	Montante capitalizado F/P	Valor presente P/F	Fundo de amortização A/F	Montante capitalizado F/A	Recuperação de capital A/P	Valor presente P/A	Valor presente de uma série gradiente P/G	Série gradiente uniforme A/G
1	1,0600	0,9434	1,00000	1,0000	1,06000	0,9434		
2	1,1236	0,8900	0,48544	2,0600	0,54544	1,8334	0,8900	0,4854
3	1,1910	0,8396	0,31411	3,1836	0,37411	2,6730	2,5692	0,9612
4	1,2625	0,7921	0,22859	4,3746	0,28859	3,4651	4,9455	1,4272
5	1,3382	0,7473	0,17740	5,6371	0,23740	4,2124	7,9345	1,8836
6	1,4185	0,7050	0,14336	6,9753	0,20336	4,9173	11,4594	2,3304
7	1,5036	0,6651	0,11914	8,3938	0,17914	5,5824	15,4497	2,7676
8	1,5938	0,6274	0,10104	9,8975	0,16104	6,2098	19,8416	3,1952
9	1,6895	0,5919	0,08702	11,4913	0,14702	6,8017	24,5768	3,6133
10	1,7908	0,5584	0,07587	13,1808	0,13587	7,3601	29,6023	4,0220
11	1,8983	0,5268	0,06679	14,9716	0,12679	7,8869	34,8702	4,4213
12	2,0122	0,4970	0,05928	16,8699	0,11928	8,3838	40,3369	4,8113
13	2,1329	0,4688	0,05296	18,8821	0,11296	8,8527	45,9629	5,1920
14	2,2609	0,4423	0,04758	21,0151	0,10758	9,2950	51,7128	5,5635
15	2,3966	0,4173	0,04296	23,2760	0,10296	9,7122	57,5546	5,9260
16	2,5404	0,3936	0,03895	25,6725	0,09895	10,1059	63,4592	6,2794
17	2,6928	0,3714	0,03544	28,2129	0,09544	10,4773	69,4011	6,6240
18	2,8543	0,3503	0,03236	30,9057	0,09236	10,8276	75,3569	6,9597
19	3,0256	0,3305	0,02962	33,7600	0,08962	11,1581	81,3062	7,2867
20	3,2071	0,3118	0,02718	36,7856	0,08718	11,4699	87,2304	7,6051
21	3,3996	0,2942	0,02500	39,9927	0,08500	11,7641	93,1136	7,9151
22	3,6035	0,2775	0,02305	43,3923	0,08305	12,0416	98,9412	8,2166
23	3,8197	0,2618	0,02128	46,9958	0,08128	12,3034	104,7007	8,5099
24	4,0489	0,2470	0,01968	50,8156	0,07968	12,5504	110,3812	8,7951
25	4,2919	0,2330	0,01823	54,8645	0,07823	12,7834	115,9732	9,0722
26	4,5494	0,2198	0,01690	59,1564	0,07690	13,0032	121,4684	9,3414
27	4,8223	0,2074	0,01570	63,7058	0,07570	13,2105	126,8600	9,6029
28	5,1117	0,1956	0,01459	68,5281	0,07459	13,4062	132,1420	9,8568
29	5,4184	0,1846	0,01358	73,6398	0,07358	13,5907	137,3096	10,1032
30	5,7435	0,1741	0,01265	79,0582	0,07265	13,7648	142,3588	10,3422
31	6,0881	0,1643	0,01179	84,8017	0,07179	13,9291	147,2864	10,5740
32	6,4534	0,1550	0,01100	90,8898	0,07100	14,0840	152,0901	10,7988
33	6,8406	0,1462	0,01027	97,3432	0,07027	14,2302	156,7681	11,0166
34	7,2510	0,1379	0,00960	104,1838	0,06960	14,3681	161,3192	11,2276
35	7,6861	0,1301	0,00897	111,4348	0,06897	14,4982	165,7427	11,4319
40	10,2857	0,0972	0,00646	154,7620	0,06646	15,0463	185,9568	12,3590
45	13,7646	0,0727	0,00470	212,7435	0,06470	15,4558	203,1096	13,1413
50	18,4202	0,0543	0,00344	290,3359	0,06344	15,7619	217,4574	13,7964
55	24,6503	0,0406	0,00254	394,1720	0,06254	15,9905	229,3222	14,3411
60	32,9877	0,0303	0,00188	533,1282	0,06188	16,1614	239,0428	14,7909
65	44,1450	0,0227	0,00139	719,0829	0,06139	16,2891	246,9450	15,1601
70	59,0759	0,0169	0,00103	967,9322	0,06103	16,3845	253,3271	15,4613
75	79,0569	0,0126	0,00077	1300,95	0,06077	16,4558	258,4527	15,7058
80	105,7960	0,0095	0,00057	1746,60	0,06057	16,5091	262,5493	15,9033
85	141,5789	0,0071	0,00043	2342,98	0,06043	16,5489	265,8096	16,0620
90	189,4645	0,0053	0,00032	3141,08	0,06032	16,5787	268,3946	16,1891
95	253,5463	0,0039	0,00024	4209,10	0,06024	16,6009	270,4375	16,2905
96	268,7590	0,0037	0,00022	4462,65	0,06022	16,6047	270,7909	16,3081
98	301,9776	0,0033	0,00020	5016,29	0,06020	16,6115	271,4491	16,3411
100	339,3021	0,0029	0,00018	5638,37	0,06018	16,6175	272,0471	16,3711

7% TABELA 12 Fluxo de Caixa Discreto: Fatores de Juros Compostos 7%

	Pagamentos únicos		Série Uniforme de Pagamentos				Gradientes Aritméticos	
n	Montante capitalizado F/P	Valor presente P/F	Fundo de amortização A/F	Montante capitalizado F/A	Recuperação de capital A/P	Valor presente P/A	Valor presente de uma série gradiente P/G	Série gradiente uniforme A/G
1	1,0700	0,9346	1,00000	1,0000	1,07000	0,9346		
2	1,1449	0,8734	0,48309	2,0700	0,55309	1,8080	0,8734	0,4831
3	1,2250	0,8163	0,31105	3,2149	0,38105	2,6243	2,5060	0,9549
4	1,3108	0,7629	0,22523	4,4399	0,29523	3,3872	4,7947	1,4155
5	1,4026	0,7130	0,17389	5,7507	0,24389	4,1002	7,6467	1,8650
6	1,5007	0,6663	0,13980	7,1533	0,20980	4,7665	10,9784	2,3032
7	1,6058	0,6227	0,11555	8,6540	0,18555	5,3893	14,7149	2,7304
8	1,7182	0,5820	0,09747	10,2598	0,16747	5,9713	18,7889	3,1465
9	1,8385	0,5439	0,08349	11,9780	0,15349	6,5152	23,1404	3,5517
10	1,9672	0,5083	0,07238	13,8164	0,14238	7,0236	27,7156	3,9461
11	2,1049	0,4751	0,06336	15,7836	0,13336	7,4987	32,4665	4,3296
12	2,2522	0,4440	0,05590	17,8885	0,12590	7,9427	37,3506	4,7025
13	2,4098	0,4150	0,04965	20,1406	0,11965	8,3577	42,3302	5,0648
14	2,5785	0,3878	0,04434	22,5505	0,11434	8,7455	47,3718	5,4167
15	2,7590	0,3624	0,03979	25,1290	0,10979	9,1079	52,4461	5,7583
16	2,9522	0,3387	0,03586	27,8881	0,10586	9,4466	57,5271	6,0897
17	3,1588	0,3166	0,03243	30,8402	0,10243	9,7632	62,5923	6,4110
18	3,3799	0,2959	0,02941	33,9990	0,09941	10,0591	67,6219	6,7225
19	3,6165	0,2765	0,02675	37,3790	0,09675	10,3356	72,5991	7,0242
20	3,8697	0,2584	0,02439	40,9955	0,09439	10,5940	77,5091	7,3163
21	4,1406	0,2415	0,02229	44,8652	0,09229	10,8355	82,3393	7,5990
22	4,4304	0,2257	0,02041	49,0057	0,09041	11,0612	87,0793	7,8725
23	4,7405	0,2109	0,01871	53,4361	0,08871	11,2722	91,7201	8,1369
24	5,0724	0,1971	0,01719	58,1767	0,08719	11,4693	96,2545	8,3923
25	5,4274	0,1842	0,01581	63,2490	0,08581	11,6536	100,6765	8,6391
26	5,8074	0,1722	0,01456	68,6765	0,08456	11,8258	104,9814	8,8773
27	6,2139	0,1609	0,01343	74,4838	0,08343	11,9867	109,1656	9,1072
28	6,6488	0,1504	0,01239	80,6977	0,08239	12,1371	113,2264	9,3289
29	7,1143	0,1406	0,01145	87,3465	0,08145	12,2777	117,1622	9,5427
30	7,6123	0,1314	0,01059	94,4608	0,08059	12,4090	120,9718	9,7487
31	8,1451	0,1228	0,00980	102,0730	0,07980	12,5318	124,6550	9,9471
32	8,7153	0,1147	0,00907	110,2182	0,07907	12,6466	128,2120	10,1381
33	9,3253	0,1072	0,00841	118,9334	0,07841	12,7538	131,6435	10,3219
34	9,9781	0,1002	0,00780	128,2588	0,07780	12,8540	134,9507	10,4987
35	10,6766	0,0937	0,00723	138,2369	0,07723	12,9477	138,1353	10,6687
40	14,9745	0,0668	0,00501	199,6351	0,07501	13,3317	152,2928	11,4233
45	21,0025	0,0476	0,00350	285,7493	0,07350	13,6055	163,7559	12,0360
50	29,4570	0,0339	0,00246	406,5289	0,07246	13,8007	172,9051	12,5287
55	41,3150	0,0242	0,00174	575,9286	0,07174	13,9399	180,1243	12,9215
60	57,9464	0,0173	0,00123	813,5204	0,07123	14,0392	185,7677	13,2321
65	81,2729	0,0123	0,00087	1146,76	0,07087	14,1099	190,1452	13,4760
70	113,9894	0,0088	0,00062	1614,13	0,07062	14,1604	193,5185	13,6662
75	159,8760	0,0063	0,00044	2269,66	0,07044	14,1964	196,1035	13,8136
80	224,2344	0,0045	0,00031	3189,06	0,07031	14,2220	198,0748	13,9273
85	314,5003	0,0032	0,00022	4478,58	0,07022	14,2403	199,5717	14,0146
90	441,1030	0,0023	0,00016	6287,19	0,07016	14,2533	200,7042	14,0812
95	618,6697	0,0016	0,00011	8823,85	0,07011	14,2626	201,5581	14,1319
96	661,9766	0,0015	0,00011	9442,52	0,07011	14,2641	201,7016	14,1405
98	757,8970	0,0013	0,00009	10813	0,07009	14,2669	201,9651	14,1562
100	867,7163	0,0012	0,00008	12382	0,07008	14,2693	202,2001	14,1703

TABELA 13 — Fluxo de Caixa Discreto: Fatores de Juros Compostos — 8%

	Pagamentos únicos		Série Uniforme de Pagamentos				Gradientes Aritméticos	
n	Montante capitalizado F/P	Valor presente P/F	Fundo de amortização A/F	Montante capitalizado F/A	Recuperação de capital A/P	Valor presente P/A	Valor presente de uma série gradiente P/G	Série gradiente uniforme A/G
1	1,0800	0,9259	1,00000	1,0000	1,08000	0,9259		
2	1,1664	0,8573	0,48077	2,0800	0,56077	1,7833	0,8573	0,4808
3	1,2597	0,7938	0,30803	3,2464	0,38803	2,5771	2,4450	0,9487
4	1,3605	0,7350	0,22192	4,5061	0,30192	3,3121	4,6501	1,4040
5	1,4693	0,6806	0,17046	5,8666	0,25046	3,9927	7,3724	1,8465
6	1,5869	0,6302	0,13632	7,3359	0,21632	4,6229	10,5233	2,2763
7	1,7138	0,5835	0,11207	8,9228	0,19207	5,2064	14,0242	2,6937
8	1,8509	0,5403	0,09401	10,6366	0,17401	5,7466	17,8061	3,0985
9	1,9990	0,5002	0,08008	12,4876	0,16008	6,2469	21,8081	3,4910
10	2,1589	0,4632	0,06903	14,4866	0,14903	6,7101	25,9768	3,8713
11	2,3316	0,4289	0,06008	16,6455	0,14008	7,1390	30,2657	4,2395
12	2,5182	0,3971	0,05270	18,9771	0,13270	7,5361	34,6339	4,5957
13	2,7196	0,3677	0,04652	21,4953	0,12652	7,9038	39,0463	4,9402
14	2,9372	0,3405	0,04130	24,2149	0,12130	8,2442	43,4723	5,2731
15	3,1722	0,3152	0,03683	27,1521	0,11683	8,5595	47,8857	5,5945
16	3,4259	0,2919	0,03298	30,3243	0,11298	8,8514	52,2640	5,9046
17	3,7000	0,2703	0,02963	33,7502	0,10963	9,1216	56,5883	6,2037
18	3,9960	0,2502	0,02670	37,4502	0,10670	9,3719	60,8426	6,4920
19	4,3157	0,2317	0,02413	41,4463	0,10413	9,6036	65,0134	6,7697
20	4,6610	0,2145	0,02185	45,7620	0,10185	9,8181	69,0898	7,0369
21	5,0338	0,1987	0,01983	50,4229	0,09983	10,0168	73,0629	7,2940
22	5,4365	0,1839	0,01803	55,4568	0,09803	10,2007	76,9257	7,5412
23	5,8715	0,1703	0,01642	60,8933	0,09642	10,3711	80,6726	7,7786
24	6,3412	0,1577	0,01498	66,7648	0,09498	10,5288	84,2997	8,0066
25	6,8485	0,1460	0,01368	73,1059	0,09368	10,6748	87,8041	8,2254
26	7,3964	0,1352	0,01251	79,9544	0,09251	10,8100	91,1842	8,4352
27	7,9881	0,1252	0,01145	87,3508	0,09145	10,9352	94,4390	8,6363
28	8,6271	0,1159	0,01049	95,3388	0,09049	11,0511	97,5687	8,8289
29	9,3173	0,1073	0,00962	103,9659	0,08962	11,1584	100,5738	9,0133
30	10,0627	0,0994	0,00883	113,2832	0,08883	11,2578	103,4558	9,1897
31	10,8677	0,0920	0,00811	123,3459	0,08811	11,3498	106,2163	9,3584
32	11,7371	0,0852	0,00745	134,2135	0,08745	11,4350	108,8575	9,5197
33	12,6760	0,0789	0,00685	145,9506	0,08685	11,5139	111,3819	9,6737
34	13,6901	0,0730	0,00630	158,6267	0,08630	11,5869	113,7924	9,8208
35	14,7853	0,0676	0,00580	172,3168	0,08580	11,6546	116,0920	9,9611
40	21,7245	0,0460	0,00386	259,0565	0,08386	11,9246	126,0422	10,5699
45	31,9204	0,0313	0,00259	386,5056	0,08259	12,1084	133,7331	11,0447
50	46,9016	0,0213	0,00174	573,7702	0,08174	12,2335	139,5928	11,4107
55	68,9139	0,0145	0,00118	848,9232	0,08118	12,3186	144,0065	11,6902
60	101,2571	0,0099	0,00080	1253,21	0,08080	12,3766	147,3000	11,9015
65	148,7798	0,0067	0,00054	1847,25	0,08054	12,4160	149,7387	12,0602
70	218,6064	0,0046	0,00037	2720,08	0,08037	12,4428	151,5326	12,1783
75	321,2045	0,0031	0,00025	4002,56	0,08025	12,4611	152,8448	12,2658
80	471,9548	0,0021	0,00017	5886,94	0,08017	12,4735	153,8001	12,3301
85	693,4565	0,0014	0,00012	8655,71	0,08012	12,4820	154,4925	12,3772
90	1018,92	0,0010	0,00008	12724	0,08008	12,4877	154,9925	12,4116
95	1497,12	0,0007	0,00005	18702	0,08005	12,4917	155,3524	12,4365
96	1616,89	0,0006	0,00005	20199	0,08005	12,4923	155,4112	12,4406
98	1885,94	0,0005	0,00004	23562	0,08004	12,4934	155,5176	12,4480
100	2199,76	0,0005	0,00004	27485	0,08004	12,4943	155,6107	12,4545

TABELA 14 — Fluxo de Caixa Discreto: Fatores de Juros Compostos — 9%

	Pagamentos únicos		Série Uniforme de Pagamentos				Gradientes Aritméticos	
n	Montante capitalizado F/P	Valor presente P/F	Fundo de amortização A/F	Montante capitalizado F/A	Recuperação de capital A/P	Valor presente P/A	Valor presente de uma série gradiente P/G	Série gradiente uniforme A/G
1	1,0900	0,9174	1,00000	1,0000	1,09000	0,9174		
2	1,1881	0,8417	0,47847	2,0900	0,56847	1,7591	0,8417	0,4785
3	1,2950	0,7722	0,30505	3,2781	0,39505	2,5313	2,3860	0,9426
4	1,4116	0,7084	0,21867	4,5731	0,30867	3,2397	4,5113	1,3925
5	1,5386	0,6499	0,16709	5,9847	0,25709	3,8897	7,1110	1,8282
6	1,6771	0,5963	0,13292	7,5233	0,22292	4,4859	10,0924	2,2498
7	1,8280	0,5470	0,10869	9,2004	0,19869	5,0330	13,3746	2,6574
8	1,9926	0,5019	0,09067	11,0285	0,18067	5,5348	16,8877	3,0512
9	2,1719	0,4604	0,07680	13,0210	0,16680	5,9952	20,5711	3,4312
10	2,3674	0,4224	0,06582	15,1929	0,15582	6,4177	24,3728	3,7978
11	2,5804	0,3875	0,05695	17,5603	0,14695	6,8052	28,2481	4,1510
12	2,8127	0,3555	0,04965	20,1407	0,13965	7,1607	32,1590	4,4910
13	3,0658	0,3262	0,04357	22,9534	0,13357	7,4869	36,0731	4,8182
14	3,3417	0,2992	0,03843	26,0192	0,12843	7,7862	39,9633	5,1326
15	3,6425	0,2745	0,03406	29,3609	0,12406	8,0607	43,8069	5,4346
16	3,9703	0,2519	0,03030	33,0034	0,12030	8,3126	47,5849	5,7245
17	4,3276	0,2311	0,02705	36,9737	0,11705	8,5436	51,2821	6,0024
18	4,7171	0,2120	0,02421	41,3013	0,11421	8,7556	54,8860	6,2687
19	5,1417	0,1945	0,02173	46,0185	0,11173	8,9501	58,3868	6,5236
20	5,6044	0,1784	0,01955	51,1601	0,10955	9,1285	61,7770	6,7674
21	6,1088	0,1637	0,01762	56,7645	0,10762	9,2922	65,0509	7,0006
22	6,6586	0,1502	0,01590	62,8733	0,10590	9,4424	68,2048	7,2232
23	7,2579	0,1378	0,01438	69,5319	0,10438	9,5802	71,2359	7,4357
24	7,9111	0,1264	0,01302	76,7898	0,10302	9,7066	74,1433	7,6384
25	8,6231	0,1160	0,01181	84,7009	0,10181	9,8226	76,9265	7,8316
26	9,3992	0,1064	0,01072	93,3240	0,10072	9,9290	79,5863	8,0156
27	10,2451	0,0976	0,00973	102,7231	0,09973	10,0266	82,1241	8,1906
28	11,1671	0,0895	0,00885	112,9682	0,09885	10,1161	84,5419	8,3571
29	12,1722	0,0822	0,00806	124,1354	0,09806	10,1983	86,8422	8,5154
30	13,2677	0,0754	0,00734	136,3075	0,09734	10,2737	89,0280	8,6657
31	14,4618	0,0691	0,00669	149,5752	0,09669	10,3428	91,1024	8,8083
32	15,7633	0,0634	0,00610	164,0370	0,09610	10,4062	93,0690	8,9436
33	17,1820	0,0582	0,00556	179,8003	0,09556	10,4644	94,9314	9,0718
34	18,7284	0,0534	0,00508	196,9823	0,09508	10,5178	96,6935	9,1933
35	20,4140	0,0490	0,00464	215,7108	0,09464	10,5668	98,3590	9,3083
40	31,4094	0,0318	0,00296	337,8824	0,09296	10,7574	105,3762	9,7957
45	48,3273	0,0207	0,00190	525,8587	0,09190	10,8812	110,5561	10,1603
50	74,3575	0,0134	0,00123	815,0836	0,09123	10,9617	114,3251	10,4295
55	114,4083	0,0087	0,00079	1260,09	0,09079	11,0140	117,0362	10,6261
60	176,0313	0,0057	0,00051	1944,79	0,09051	11,0480	118,9683	10,7683
65	270,8460	0,0037	0,00033	2998,29	0,09033	11,0701	120,3344	10,8702
70	416,7301	0,0024	0,00022	4619,22	0,09022	11,0844	121,2942	10,9427
75	641,1909	0,0016	0,00014	7113,23	0,09014	11,0938	121,9646	10,9940
80	986,5517	0,0010	0,00009	10951	0,09009	11,0998	122,4306	11,0299
85	1517,93	0,0007	0,00006	16855	0,09006	11,1038	122,7533	11,0551
90	2335,53	0,0004	0,00004	25939	0,09004	11,1064	122,9758	11,0726
95	3593,50	0,0003	0,00003	39917	0,09003	11,1080	123,1287	11,0847
96	3916,91	0,0003	0,00002	43510	0,09002	11,1083	123,1529	11,0866
98	4653,68	0,0002	0,00002	51696	0,09002	11,1087	123,1963	11,0900
100	5529,04	0,0002	0,00002	61423	0,09002	11,1091	123,2335	11,0930

10% TABELA 15 Fluxo de Caixa Discreto: Fatores de Juros Compostos 10%

	Pagamentos únicos		Série Uniforme de Pagamentos				Gradientes Aritméticos	
	Montante capitalizado	Valor presente	Fundo de amortização	Montante capitalizado	Recuperação de capital	Valor presente	Valor presente de uma série gradiente	Série gradiente uniforme
n	F/P	P/F	A/F	F/A	A/P	P/A	P/G	A/G
1	1,1000	0,9091	1,00000	1,0000	1,10000	0,9091		
2	1,2100	0,8264	0,47619	2,1000	0,57619	1,7355	0,8264	0,4762
3	1,3310	0,7513	0,30211	3,3100	0,40211	2,4869	2,3291	0,9366
4	1,4641	0,6830	0,21547	4,6410	0,31547	3,1699	4,3781	1,3812
5	1,6105	0,6209	0,16380	6,1051	0,26380	3,7908	6,8618	1,8101
6	1,7716	0,5645	0,12961	7,7156	0,22961	4,3553	9,6842	2,2236
7	1,9487	0,5132	0,10541	9,4872	0,20541	4,8684	12,7631	2,6216
8	2,1436	0,4665	0,08744	11,4359	0,18744	5,3349	16,0287	3,0045
9	2,3579	0,4241	0,07364	13,5795	0,17364	5,7590	19,4215	3,3724
10	2,5937	0,3855	0,06275	15,9374	0,16275	6,1446	22,8913	3,7255
11	2,8531	0,3505	0,05396	18,5312	0,15396	6,4951	26,3963	4,0641
12	3,1384	0,3186	0,04676	21,3843	0,14676	6,8137	29,9012	4,3884
13	3,4523	0,2897	0,04078	24,5227	0,14078	7,1034	33,3772	4,6988
14	3,7975	0,2633	0,03575	27,9750	0,13575	7,3667	36,8005	4,9955
15	4,1772	0,2394	0,03147	31,7725	0,13147	7,6061	40,1520	5,2789
16	4,5950	0,2176	0,02782	35,9497	0,12782	7,8237	43,4164	5,5493
17	5,0545	0,1978	0,02466	40,5447	0,12466	8,0216	46,5819	5,8071
18	5,5599	0,1799	0,02193	45,5992	0,12193	8,2014	49,6395	6,0526
19	6,1159	0,1635	0,01955	51,1591	0,11955	8,3649	52,5827	6,2861
20	6,7275	0,1486	0,01746	57,2750	0,11746	8,5136	55,4069	6,5081
21	7,4002	0,1351	0,01562	64,0025	0,11562	8,6487	58,1095	6,7189
22	8,1403	0,1228	0,01401	71,4027	0,11401	8,7715	60,6893	6,9189
23	8,9543	0,1117	0,01257	79,5430	0,11257	8,8832	63,1462	7,1085
24	9,8497	0,1015	0,01130	88,4973	0,11130	8,9847	65,4813	7,2881
25	10,8347	0,0923	0,01017	98,3471	0,11017	9,0770	67,6964	7,4580
26	11,9182	0,0839	0,00916	109,1818	0,10916	9,1609	69,7940	7,6186
27	13,1100	0,0763	0,00826	121,0999	0,10826	9,2372	71,7773	7,7704
28	14,4210	0,0693	0,00745	134,2099	0,10745	9,3066	73,6495	7,9137
29	15,8631	0,0630	0,00673	148,6309	0,10673	9,3696	75,4146	8,0489
30	17,4494	0,0573	0,00608	164,4940	0,10608	9,4269	77,0766	8,1762
31	19,1943	0,0521	0,00550	181,9434	0,10550	9,4790	78,6395	8,2962
32	21,1138	0,0474	0,00497	201,1378	0,10497	9,5264	80,1078	8,4091
33	23,2252	0,0431	0,00450	222,2515	0,10450	9,5694	81,4856	8,5152
34	25,5477	0,0391	0,00407	245,4767	0,10407	9,6086	82,7773	8,6149
35	28,1024	0,0356	0,00369	271,0244	0,10369	9,6442	83,9872	8,7086
40	45,2593	0,0221	0,00226	442,5926	0,10226	9,7791	88,9525	9,0962
45	72,8905	0,0137	0,00139	718,9048	0,10139	9,8628	92,4544	9,3740
50	117,3909	0,0085	0,00086	1163,91	0,10086	9,9148	94,8889	9,5704
55	189,0591	0,0053	0,00053	1880,59	0,10053	9,9471	96,5619	9,7075
60	304,4816	0,0033	0,00033	3034,82	0,10033	9,9672	97,7010	9,8023
65	490,3707	0,0020	0,00020	4893,71	0,10020	9,9796	98,4705	9,8672
70	789,7470	0,0013	0,00013	7887,47	0,10013	9,9873	98,9870	9,9113
75	1271,90	0,0008	0,00008	12709	0,10008	9,9921	99,3317	9,9410
80	2048,40	0,0005	0,00005	20474	0,10005	9,9951	99,5606	9,9609
85	3298,97	0,0003	0,00003	32980	0,10003	9,9970	99,7120	9,9742
90	5313,02	0,0002	0,00002	53120	0,10002	9,9981	99,8118	9,9831
95	8556,68	0,0001	0,00001	85557	0,10001	9,9988	99,8773	9,9889
96	9412,34	0,0001	0,00001	94113	0,10001	9,9989	99,8874	9,9898
98	11389	0,0001	0,00001		0,10001	9,9991	99,9052	9,9914
100	13781	0,0001	0,00001		0,10001	9,9993	99,9202	9,9927

11% TABELA 16 Fluxo de Caixa Discreto: Fatores de Juros Compostos 11%

	Pagamentos únicos		Série Uniforme de Pagamentos				Gradientes Aritméticos	
n	Montante capitalizado F/P	Valor presente P/F	Fundo de amortização A/F	Montante capitalizado F/A	Recuperação de capital A/P	Valor presente P/A	Valor presente de uma série gradiente P/G	Série gradiente uniforme A/G
1	1,1100	0,9009	1,00000	1,0000	1,11000	0,9009		
2	1,2321	0,8116	0,47393	2,1100	0,58393	1,7125	0,8116	0,4739
3	1,3676	0,7312	0,29921	3,3421	0,40921	2,4437	2,2740	0,9306
4	1,5181	0,6587	0,21233	4,7097	0,32233	3,1024	4,2502	1,3700
5	1,6851	0,5935	0,16057	6,2278	0,27057	3,6959	6,6240	1,7923
6	1,8704	0,5346	0,12638	7,9129	0,23638	4,2305	9,2972	2,1976
7	2,0762	0,4817	0,10222	9,7833	0,21222	4,7122	12,1872	2,5863
8	2,3045	0,4339	0,08432	11,8594	0,19432	5,1461	15,2246	2,9585
9	2,5580	0,3909	0,07060	14,1640	0,18060	5,5370	18,3520	3,3144
10	2,8394	0,3522	0,05980	16,7220	0,16980	5,8892	21,5217	3,6544
11	3,1518	0,3173	0,05112	19,5614	0,16112	6,2065	24,6945	3,9788
12	3,4985	0,2858	0,04403	22,7132	0,15403	6,4924	27,8388	4,2879
13	3,8833	0,2575	0,03815	26,2116	0,14815	6,7499	30,9290	4,5822
14	4,3104	0,2320	0,03323	30,0949	0,14323	6,9819	33,9449	4,8619
15	4,7846	0,2090	0,02907	34,4054	0,13907	7,1909	36,8709	5,1275
16	5,3109	0,1883	0,02552	39,1899	0,13552	7,3792	39,6953	5,3794
17	5,8951	0,1696	0,02247	44,5008	0,13247	7,5488	42,4095	5,6180
18	6,5436	0,1528	0,01984	50,3959	0,12984	7,7016	45,0074	5,8439
19	7,2633	0,1377	0,01756	56,9395	0,12756	7,8393	47,4856	6,0574
20	8,0623	0,1240	0,01558	64,2028	0,12558	7,9633	49,8423	6,2590
21	8,9492	0,1117	0,01384	72,2651	0,12384	8,0751	52,0771	6,4491
22	9,9336	0,1007	0,01231	81,2143	0,12231	8,1757	54,1912	6,6283
23	11,0263	0,0907	0,01097	91,1479	0,12097	8,2664	56,1864	6,7969
24	12,2392	0,0817	0,00979	102,1742	0,11979	8,3481	58,0656	6,9555
25	13,5855	0,0736	0,00874	114,4133	0,11874	8,4217	59,8322	7,1045
26	15,0799	0,0663	0,00781	127,9988	0,11781	8,4881	61,4900	7,2443
27	16,7386	0,0597	0,00699	143,0786	0,11699	8,5478	63,0433	7,3754
28	18,5799	0,0538	0,00626	159,8173	0,11626	8,6016	64,4965	7,4982
29	20,6237	0,0485	0,00561	178,3972	0,11561	8,6501	65,8542	7,6131
30	22,8923	0,0437	0,00502	199,0209	0,11502	8,6938	67,1210	7,7206
31	25,4104	0,0394	0,00451	221,9132	0,11451	8,7331	68,3016	7,8210
32	28,2056	0,0355	0,00404	247,3236	0,11404	8,7686	69,4007	7,9147
33	31,3082	0,0319	0,00363	275,5292	0,11363	8,8005	70,4228	8,0021
34	34,7521	0,0288	0,00326	306,8374	0,11326	8,8293	71,3724	8,0836
35	38,5749	0,0259	0,00293	341,5896	0,11293	8,8552	72,2538	8,1594
40	65,0009	0,0154	0,00172	581,8261	0,11172	8,9511	75,7789	8,4659
45	109,5302	0,0091	0,00101	986,6386	0,11101	9,0079	78,1551	8,6763
50	184,5648	0,0054	0,00060	1668,77	0,11060	9,0417	79,7341	8,8185
55	311,0025	0,0032	0,00035	2818,20	0,11035	9,0617	80,7712	8,9135
60	524,0572	0,0019	0,00021	4755,07	0,11021	9,0736	81,4461	8,9762
65	883,0669	0,0011	0,00012	8018,79	0,11012	9,0806	81,8819	9,0172
70	1488,02	0,0007	0,00007	13518	0,11007	9,0848	82,1614	9,0438
75	2507,40	0,0004	0,00004	22785	0,11004	9,0873	82,3397	9,0610
80	4225,11	0,0002	0,00003	38401	0,11003	9,0888	82,4529	9,0720
85	7119,56	0,0001	0,00002	64714	0,11002	9,0896	82,5245	9,0790

12%				TABELA 17 Fluxo de Caixa Discreto: Fatores de Juros Compostos				12%
	Pagamentos únicos		Série Uniforme de Pagamentos				Gradientes Aritméticos	
n	Montante capitalizado F/P	Valor presente P/F	Fundo de amortização A/F	Montante capitalizado F/A	Recuperação de capital A/P	Valor presente P/A	Valor presente de uma série gradiente P/G	Série gradiente uniforme A/G
1	1,1200	0,8929	1,00000	1,0000	1,12000	0,8929		
2	1,2544	0,7972	0,47170	2,1200	0,59170	1,6901	0,7972	0,4717
3	1,4049	0,7118	0,29635	3,3744	0,41635	2,4018	2,2208	0,9246
4	1,5735	0,6355	0,20923	4,7793	0,32923	3,0373	4,1273	1,3589
5	1,7623	0,5674	0,15741	6,3528	0,27741	3,6048	6,3970	1,7746
6	1,9738	0,5066	0,12323	8,1152	0,24323	4,1114	8,9302	2,1720
7	2,2107	0,4523	0,09912	10,0890	0,21912	4,5638	11,6443	2,5512
8	2,4760	0,4039	0,08130	12,2997	0,20130	4,9676	14,4714	2,9131
9	2,7731	0,3606	0,06768	14,7757	0,18768	5,3282	17,3563	3,2574
10	3,1058	0,3220	0,05698	17,5487	0,17698	5,6502	20,2541	3,5847
11	3,4785	0,2875	0,04842	20,6546	0,16842	5,9377	23,1288	3,8953
12	3,8960	0,2567	0,04144	24,1331	0,16144	6,1944	25,9523	4,1897
13	4,3635	0,2292	0,03568	28,0291	0,15568	6,4235	28,7024	4,4683
14	4,8871	0,2046	0,03087	32,3926	0,15087	6,6282	31,3624	4,7317
15	5,4736	0,1827	0,02682	37,2797	0,14682	6,8109	33,9202	4,9803
16	6,1304	0,1631	0,02339	42,7533	0,14339	6,9740	36,3670	5,2147
17	6,8660	0,1456	0,02046	48,8837	0,14046	7,1196	38,6973	5,4353
18	7,6900	0,1300	0,01794	55,7497	0,13794	7,2497	40,9080	5,6427
19	8,6128	0,1161	0,01576	63,4397	0,13576	7,3658	42,9979	5,8375
20	9,6463	0,1037	0,01388	72,0524	0,13388	7,4694	44,9676	6,0202
21	10,8038	0,0926	0,01224	81,6987	0,13224	7,5620	46,8188	6,1913
22	12,1003	0,0826	0,01081	92,5026	0,13081	7,6446	48,5543	6,3514
23	13,5523	0,0738	0,00956	104,6029	0,12956	7,7184	50,1776	6,5010
24	15,1786	0,0659	0,00846	118,1552	0,12846	7,7843	51,6929	6,6406
25	17,0001	0,0588	0,00750	133,3339	0,12750	7,8431	53,1046	6,7708
26	19,0401	0,0525	0,00665	150,3339	0,12665	7,8957	54,4177	6,8921
27	21,3249	0,0469	0,00590	169,3740	0,12590	7,9426	55,6369	7,0049
28	23,8839	0,0419	0,00524	190,6989	0,12524	7,9844	56,7674	7,1098
29	26,7499	0,0374	0,00466	214,5828	0,12466	8,0218	57,8141	7,2071
30	29,9599	0,0334	0,00414	241,3327	0,12414	8,0552	58,7821	7,2974
31	33,5551	0,0298	0,00369	271,2926	0,12369	8,0850	59,6761	7,3811
32	37,5817	0,0266	0,00328	304,8477	0,12328	8,1116	60,5010	7,4586
33	42,0915	0,0238	0,00292	342,4294	0,12292	8,1354	61,2612	7,5302
34	47,1425	0,0212	0,00260	384,5210	0,12260	8,1566	61,9612	7,5965
35	52,7996	0,0189	0,00232	431,6635	0,12232	8,1755	62,6052	7,6577
40	93,0510	0,0107	0,00130	767,0914	0,12130	8,2438	65,1159	7,8988
45	163,9876	0,0061	0,0074	1358,23	0,12074	8,2825	66,7342	8,0572
50	289,0022	0,0035	0,00042	2400,02	0,12042	8,3045	67,7624	8,1597
55	509,3206	0,0020	0,00024	4236,01	0,12024	8,3170	68,4082	8,2251
60	897,5969	0,0011	0,00013	7471,64	0,12013	8,3240	68,8100	8,2664
65	1581,87	0,0006	0,00008	13174	0,12008	8,3281	69,0581	8,2922
70	2787,80	0,0004	0,00004	23223	0,12004	8,3303	69,2103	8,3082
75	4913,06	0,0002	0,00002	40934	0,12002	8,3316	69,3031	8,3181
80	8658,48	0,0001	0,00001	72146	0,12001	8,3324	69,3594	8,3241
85	15259	0,0001	0,00001		0,12001	8,3328	69,3935	8,3278

14% — TABELA 18 — Fluxo de Caixa Discreto: Fatores de Juros Compostos — 14%

	Pagamentos únicos		Série Uniforme de Pagamentos				Gradientes Aritméticos	
n	Montante capitalizado F/P	Valor presente P/F	Fundo de amortização A/F	Montante capitalizado F/A	Recuperação de capital A/P	Valor presente P/A	Valor presente de uma série gradiente P/G	Série gradiente uniforme A/G
1	1,1400	0,8772	1,00000	1,0000	1,14000	0,8772		
2	1,2996	0,7695	0,46729	2,1400	0,60729	1,6467	0,7695	0,4673
3	1,4815	0,6750	0,29073	3,4396	0,43073	2,3216	2,1194	0,9129
4	1,6890	0,5921	0,20320	4,9211	0,34320	2,9137	3,8957	1,3370
5	1,9254	0,5194	0,15128	6,6101	0,29128	3,4331	5,9731	1,7399
6	2,1950	0,4556	0,11716	8,5355	0,25716	3,8887	8,2511	2,1218
7	2,5023	0,3996	0,09319	10,7305	0,23319	4,2883	10,6489	2,4832
8	2,8526	0,3506	0,07557	13,2328	0,21557	4,6389	13,1028	2,8246
9	3,2519	0,3075	0,06217	16,0853	0,20217	4,9464	15,5629	3,1463
10	3,7072	0,2697	0,05171	19,3373	0,19171	5,2161	17,9906	3,4490
11	4,2262	0,2366	0,04339	23,0445	0,18339	5,4527	20,3567	3,7333
12	4,8179	0,2076	0,03667	27,2707	0,17667	5,6603	22,6399	3,9998
13	5,4924	0,1821	0,03116	32,0887	0,17116	5,8424	24,8247	4,2491
14	6,2613	0,1597	0,02661	37,5811	0,16661	6,0021	26,9009	4,4819
15	7,1379	0,1401	0,02281	43,8424	0,16281	6,1422	28,8623	4,6990
16	8,1372	0,1229	0,01962	50,9804	0,15962	6,2651	30,7057	4,9011
17	9,2765	0,1078	0,01692	59,1176	0,15692	6,3729	32,4305	5,0888
18	10,5752	0,0946	0,01462	68,3941	0,15462	6,4674	34,0380	5,2630
19	12,0557	0,0829	0,01266	78,9692	0,15266	6,5504	35,5311	5,4243
20	13,7435	0,0728	0,01099	91,0249	0,15099	6,6231	36,9135	5,5734
21	15,6676	0,0638	0,00954	104,7684	0,14954	6,6870	38,1901	5,7111
22	17,8610	0,0560	0,00830	120,4360	0,14830	6,7429	39,3658	5,8381
23	20,3616	0,0491	0,00723	138,2970	0,14723	6,7921	40,4463	5,9549
24	23,2122	0,0431	0,00630	158,6586	0,14630	6,8351	41,4371	6,0624
25	26,4619	0,0378	0,00550	181,8708	0,14550	6,8729	42,3441	6,1610
26	30,1666	0,0331	0,00480	208,3327	0,14480	6,9061	43,1728	6,2514
27	34,3899	0,0291	0,00419	238,4993	0,14419	6,9352	43,9289	6,3342
28	39,2045	0,0255	0,00366	272,8892	0,14366	6,9607	44,6176	6,4100
29	44,6931	0,0224	0,00320	312,0937	0,14320	6,9830	45,2441	6,4791
30	50,9502	0,0196	0,00280	356,7868	0,14280	7,0027	45,8132	6,5423
31	58,0832	0,0172	0,00245	407,7370	0,14245	7,0199	46,3297	6,5998
32	66,2148	0,0151	0,00215	465,8202	0,14215	7,0350	46,7979	6,6522
33	75,4849	0,0132	0,00188	532,0350	0,14188	7,0482	47,2218	6,6998
34	86,0528	0,0116	0,00165	607,5199	0,14165	7,0599	47,6053	6,7431
35	98,1002	0,0102	0,00144	693,5727	0,14144	7,0700	47,9519	6,7824
40	188,8835	0,0053	0,00075	1342,03	0,14075	7,1050	49,2376	6,9300
45	363,6791	0,0027	0,00039	2590,56	0,14039	7,1232	49,9963	7,0188
50	700,2330	0,0014	0,00020	4994,52	0,14020	7,1327	50,4375	7,0714
55	1348,24	0,0007	0,00010	9623,13	0,14010	7,1376	50,6912	7,1020
60	2595,92	0,0004	0,00005	18535	0,14005	7,1401	50,8357	7,1197
65	4998,22	0,0002	0,00003	35694	0,14003	7,1414	50,9173	7,1298
70	9623,64	0,0001	0,00001	68733	0,14001	7,1421	50,9632	7,1356
75	18530	0,0001	0,00001		0,14001	7,1425	50,9887	7,1388
80	35677				0,14000	7,1427	51,0030	7,1406
85	68693				0,14000	7,1428	51,0108	7,1416

TABELA 19 Fluxo de Caixa Discreto: Fatores de Juros Compostos — 15%

	Pagamentos únicos		Série Uniforme de Pagamentos				Gradientes Aritméticos	
n	Montante capitalizado F/P	Valor presente P/F	Fundo de amortização A/F	Montante capitalizado F/A	Recuperação de capital A/P	Valor presente P/A	Valor presente de uma série gradiente P/G	Série gradiente uniforme A/G
1	1,1500	0,8696	1,00000	1,0000	1,15000	0,8696		
2	1,3225	0,7561	0,46512	2,1500	0,61512	1,6257	0,7561	0,4651
3	1,5209	0,6575	0,28798	3,4725	0,43798	2,2832	2,0712	0,9071
4	1,7490	0,5718	0,20027	4,9934	0,35027	2,8550	3,7864	1,3263
5	2,0114	0,4972	0,14832	6,7424	0,29832	3,3522	5,7751	1,7228
6	2,3131	0,4323	0,11424	8,7537	0,26424	3,7845	7,9368	2,0972
7	2,6600	0,3759	0,09036	11,0668	0,24036	4,1604	10,1924	2,4498
8	3,0590	0,3269	0,07285	13,7268	0,22285	4,4873	12,4807	2,7813
9	3,5179	0,2843	0,05957	16,7858	0,20957	4,7716	14,7548	3,0922
10	4,0456	0,2472	0,04925	20,3037	0,19925	5,0188	16,9795	3,3832
11	4,6524	0,2149	0,04107	24,3493	0,19107	5,2337	19,1289	3,6549
12	5,3503	0,1869	0,03448	29,0017	0,18448	5,4206	21,1849	3,9082
13	6,1528	0,1625	0,02911	34,3519	0,17911	5,5831	23,1352	4,1438
14	7,0757	0,1413	0,02469	40,5047	0,17469	5,7245	24,9725	4,3624
15	8,1371	0,1229	0,02102	47,5804	0,17102	5,8474	26,6930	4,5650
16	9,3576	0,1069	0,01795	55,7175	0,16795	5,9542	28,2960	4,7522
17	10,7613	0,0929	0,01537	65,0751	0,16537	6,0472	29,7828	4,9251
18	12,3755	0,0808	0,01319	75,8364	0,16319	6,1280	31,1565	5,0843
19	14,2318	0,0703	0,01134	88,2118	0,16134	6,1982	32,4213	5,2307
20	16,3665	0,0611	0,00976	102,4436	0,15976	6,2593	33,5822	5,3651
21	18,8215	0,0531	0,00842	118,8101	0,15842	6,3125	34,6448	5,4883
22	21,6447	0,0462	0,00727	137,6316	0,15727	6,3587	35,6150	5,6010
23	24,8915	0,0402	0,00628	159,2764	0,15628	6,3988	36,4988	5,7040
24	28,6252	0,0349	0,00543	184,1678	0,15543	6,4338	37,3023	5,7979
25	32,9190	0,0304	0,00470	212,7930	0,15470	6,4641	38,0314	5,8834
26	37,8568	0,0264	0,00407	245,7120	0,15407	6,4906	38,6918	5,9612
27	43,5353	0,0230	0,00353	283,5688	0,15353	6,5135	39,2890	6,0319
28	50,0656	0,0200	0,00306	327,1041	0,15306	6,5335	39,8283	6,0960
29	57,5755	0,0174	0,00265	377,1697	0,15265	6,5509	40,3146	6,1541
30	66,2118	0,0151	0,00230	434,7451	0,15230	6,5660	40,7526	6,2066
31	76,1435	0,0131	0,00200	500,9569	0,15200	6,5791	41,1466	6,2541
32	87,5651	0,0114	0,00173	577,1005	0,15173	6,5905	41,5006	6,2970
33	100,6998	0,0099	0,00150	664,6655	0,15150	6,6005	41,8184	6,3357
34	115,8048	0,0086	0,00131	765,3654	0,15131	6,6091	42,1033	6,3705
35	133,1755	0,0075	0,00113	881,1702	0,15113	6,6166	42,3586	6,4019
40	267,8635	0,0037	0,00056	1779,09	0,15056	6,6418	43,2830	6,5168
45	538,7693	0,0019	0,00028	3585,13	0,15028	6,6543	43,8051	6,5830
50	1083,66	0,0009	0,00014	7217,72	0,15014	6,6605	44,0958	6,6205
55	2179,62	0,0005	0,00007	14524	0,15007	6,6636	44,2558	6,6414
60	4384,00	0,0002	0,00003	29220	0,15003	6,6651	44,3431	6,6530
65	8817,79	0,0001	0,00002	58779	0,15002	6,6659	44,3903	6,6593
70	17736	0,0001	0,00001		0,15001	6,6663	44,4156	6,6627
75	35673				0,15000	6,6665	44,4292	6,6646
80	71751				0,15000	6,6666	44,4364	6,6656
85					0,15000	6,6666	44,4402	6,6661

16% — TABELA 20 — Fluxo de Caixa Discreto: Fatores de Juros Compostos — 16%

	Pagamentos únicos		Série Uniforme de Pagamentos				Gradientes Aritméticos	
n	Montante capitalizado F/P	Valor presente P/F	Fundo de amortização A/F	Montante capitalizado F/A	Recuperação de capital A/P	Valor presente P/A	Valor presente de uma série gradiente P/G	Série gradiente uniforme A/G
1	1,1600	0,8621	1,00000	1,0000	1,16000	0,8621		
2	1,3456	0,7432	0,46296	2,1600	0,62296	1,6052	0,7432	0,4630
3	1,5609	0,6407	0,28526	3,5056	0,44526	2,2459	2,0245	0,9014
4	1,8106	0,5523	0,19738	5,0665	0,35738	2,7982	3,6814	1,3156
5	2,1003	0,4761	0,14541	6,8771	0,30541	3,2743	5,5858	1,7060
6	2,4364	0,4104	0,11139	8,9775	0,27139	3,6847	7,6380	2,0729
7	2,8262	0,3538	0,08761	11,4139	0,24761	4,0386	9,7610	2,4169
8	3,2784	0,3050	0,07022	14,2401	0,23022	4,3436	11,8962	2,7388
9	3,8030	0,2630	0,05708	17,5185	0,21708	4,6065	13,9998	3,0391
10	4,4114	0,2267	0,04690	21,3215	0,20690	4,8332	16,0399	3,3187
11	5,1173	0,1954	0,03886	25,7329	0,19886	5,0286	17,9941	3,5783
12	5,9360	0,1685	0,03241	30,8502	0,19241	5,1971	19,8472	3,8189
13	6,8858	0,1452	0,02718	36,7862	0,18718	5,3423	21,5899	4,0413
14	7,9875	0,1252	0,02290	43,6720	0,18290	5,4675	23,2175	4,2464
15	9,2655	0,1079	0,01936	51,6595	0,17936	5,5755	24,7284	4,4352
16	10,7480	0,0930	0,01641	60,9250	0,17641	5,6685	26,1241	4,6086
17	12,4677	0,0802	0,01395	71,6730	0,17395	5,7487	27,4074	4,7676
18	14,4625	0,0691	0,01188	84,1407	0,17188	5,8178	28,5828	4,9130
19	16,7765	0,0596	0,01014	98,6032	0,17014	5,8775	29,6557	5,0457
20	19,4608	0,0514	0,00867	115,3797	0,16867	5,9288	30,6321	5,1666
22	26,1864	0,0382	0,00635	157,4150	0,16635	6,0113	32,3200	5,3765
24	35,2364	0,0284	0,00467	213,9776	0,16467	6,0726	33,6970	5,5490
26	47,4141	0,0211	0,00345	290,0883	0,16345	6,1182	34,8114	5,6898
28	63,8004	0,0157	0,00255	392,5028	0,16255	6,1520	35,7073	5,8041
30	85,8499	0,0116	0,00189	530,3117	0,16189	6,1772	36,4234	5,8964
32	115,5196	0,0087	0,00140	715,7475	0,16140	6,1959	36,9930	5,9706
34	155,4432	0,0064	0,00104	965,2698	0,16104	6,2098	37,4441	6,0299
35	180,3141	0,0055	0,00089	1120,71	0,16089	6,2153	37,6327	6,0548
36	209,1643	0,0048	0,00077	1301,03	0,16077	6,2201	37,8000	6,0771
38	281,4515	0,0036	0,00057	1752,82	0,16057	6,2278	38,0799	6,1145
40	378,7212	0,0026	0,00042	2360,76	0,16042	6,2335	38,2992	6,1441
45	795,4438	0,0013	0,00020	4965,27	0,16020	6,2421	38,6598	6,1934
50	1670,70	0,0006	0,00010	10436	0,16010	6,2463	38,8521	6,2201
55	3509,05	0,0003	0,00005	21925	0,16005	6,2482	38,9534	6,2343
60	7370,20	0,0001	0,00002	46058	0,16002	6,2492	39,0063	6,2419

18%   TABELA 21   Fluxo de Caixa Discreto: Fatores de Juros Compostos   **18%**

	Pagamentos únicos		Série Uniforme de Pagamentos				Gradientes Aritméticos	
n	Montante capitalizado F/P	Valor presente P/F	Fundo de amortização A/F	Montante capitalizado F/A	Recuperação de capital A/P	Valor presente P/A	Valor presente de uma série gradiente P/G	Série gradiente uniforme A/G
1	1,1800	0,8475	1,00000	1,0000	1,18000	0,8475		
2	1,3924	0,7182	0,45872	2,1800	0,63872	1,5656	0,7182	0,4587
3	1,6430	0,6086	0,27992	3,5724	0,45992	2,1743	1,9354	0,8902
4	1,9388	0,5158	0,19174	5,2154	0,37174	2,6901	3,4828	1,2947
5	2,2878	0,4371	0,13978	7,1542	0,31978	3,1272	5,2312	1,6728
6	2,6996	0,3704	0,10591	9,4420	0,28591	3,4976	7,0834	2,0252
7	3,1855	0,3139	0,08236	12,1415	0,26236	3,8115	8,9670	2,3526
8	3,7589	0,2660	0,06524	15,3270	0,24524	4,0776	10,8292	2,6558
9	4,4355	0,2255	0,05239	19,0859	0,23239	4,3030	12,6329	2,9358
10	5,2338	0,1911	0,04251	23,5213	0,22251	4,4941	14,3525	3,1936
11	6,1759	0,1619	0,03478	28,7551	0,21478	4,6560	15,9716	3,4303
12	7,2876	0,1372	0,02863	34,9311	0,20863	4,7932	17,4811	3,6470
13	8,5994	0,1163	0,02369	42,2187	0,20369	4,9095	18,8765	3,8449
14	10,1472	0,0985	0,01968	50,8180	0,19968	5,0081	20,1576	4,0250
15	11,9737	0,0835	0,01640	60,9653	0,19640	5,0916	21,3269	4,1887
16	14,1290	0,0708	0,01371	72,9390	0,19371	5,1624	22,3885	4,3369
17	16,6722	0,0600	0,01149	87,0680	0,19149	5,2223	23,3482	4,4708
18	19,6733	0,0508	0,00964	103,7403	0,18964	5,2732	24,2123	4,5916
19	23,2144	0,0431	0,00810	123,4135	0,18810	5,3162	24,9877	4,7003
20	27,3930	0,0365	0,00682	146,6280	0,18682	5,3527	25,6813	4,7978
22	38,1421	0,0262	0,00485	206,3448	0,18485	5,4099	26,8506	4,9632
24	53,1090	0,0188	0,00345	289,4945	0,18345	5,4509	27,7725	5,0950
26	73,9490	0,0135	0,00247	405,2721	0,18247	5,4804	28,4935	5,1991
28	102,9666	0,0097	0,00177	566,4809	0,18177	5,5016	29,0537	5,2810
30	143,3706	0,0070	0,00126	790,9480	0,18126	5,5168	29,4864	5,3448
32	199,6293	0,0050	0,00091	1103,50	0,18091	5,5277	29,8191	5,3945
34	277,9638	0,0036	0,00065	1538,69	0,18065	5,5356	30,0736	5,4328
35	327,9973	0,0030	0,00055	1816,65	0,18055	5,5386	30,1773	5,4485
36	387,0368	0,0026	0,00047	2144,65	0,18047	5,5412	30,2677	5,4623
38	538,9100	0,0019	0,00033	2988,39	0,18033	5,5452	30,4152	5,4849
40	750,3783	0,0013	0,00024	4163,21	0,18024	5,5482	30,5269	5,5022
45	1716,68	0,0006	0,00010	9531,58	0,18010	5,5523	30,7006	5,5293
50	3927,36	0,0003	0,00005	21813	0,18005	5,5541	30,7856	5,5428
55	8984,84	0,0001	0,00002	49910	0,18002	5,5549	30,8268	5,5494
60	20555			114190	0,18001	5,5553	30,8465	5,5526

20% — TABELA 22 Fluxo de Caixa Discreto: Fatores de Juros Compostos — 20%

	Pagamentos únicos		Série Uniforme de Pagamentos				Gradientes Aritméticos	
n	Montante capitalizado F/P	Valor presente P/F	Fundo de amortização A/F	Montante capitalizado F/A	Recuperação de capital A/P	Valor presente P/A	Valor presente de uma série gradiente P/G	Série gradiente uniforme A/G
1	1,2000	0,8333	1,00000	1,0000	1,20000	0,8333		
2	1,4400	0,6944	0,45455	2,2000	0,65455	1,5278	0,6944	0,4545
3	1,7280	0,5787	0,27473	3,6400	0,47473	2,1065	1,8519	0,8791
4	2,0736	0,4823	0,18629	5,3680	0,38629	2,5887	3,2986	1,2742
5	2,4883	0,4019	0,13438	7,4416	0,33438	2,9906	4,9061	1,6405
6	2,9860	0,3349	0,10071	9,9299	0,30071	3,3255	6,5806	1,9788
7	3,5832	0,2791	0,07742	12,9159	0,27742	3,6046	8,2551	2,2902
8	4,2998	0,2326	0,06061	16,4991	0,26061	3,8372	9,8831	2,5756
9	5,1598	0,1938	0,04808	20,7989	0,24808	4,0310	11,4335	2,8364
10	6,1917	0,1615	0,03852	25,9587	0,23852	4,1925	12,8871	3,0739
11	7,4301	0,1346	0,03110	32,1504	0,23110	4,3271	14,2330	3,2893
12	8,9161	0,1122	0,02526	39,5805	0,22526	4,4392	15,4667	3,4841
13	10,6993	0,0935	0,02062	48,4966	0,22062	4,5327	16,5883	3,6597
14	12,8392	0,0779	0,01689	59,1959	0,21689	4,6106	17,6008	3,8175
15	15,4070	0,0649	0,01388	72,0351	0,21388	4,6755	18,5095	3,9588
16	18,4884	0,0541	0,01144	87,4421	0,21144	4,7296	19,3208	4,0851
17	22,1861	0,0451	0,00944	105,9306	0,20944	4,7746	20,0419	4,1976
18	26,6233	0,0376	0,00781	128,1167	0,20781	4,8122	20,6805	4,2975
19	31,9480	0,0313	0,00646	154,7400	0,20646	4,8435	21,2439	4,3861
20	38,3376	0,0261	0,00536	186,6880	0,20536	4,8696	21,7395	4,4643
22	55,2061	0,0181	0,00369	271,0307	0,20369	4,9094	22,5546	4,5941
24	79,4968	0,0126	0,00255	392,4842	0,20255	4,9371	23,1760	4,6943
26	114,4755	0,0087	0,00176	567,3773	0,20176	4,9563	23,6460	4,7709
28	164,8447	0,0061	0,00122	819,2233	0,20122	4,9697	23,9991	4,8291
30	237,3763	0,0042	0,00085	1181,88	0,20085	4,9789	24,2628	4,8731
32	341,8219	0,0029	0,00059	1704,11	0,20059	4,9854	24,4588	4,9061
34	492,2235	0,0020	0,00041	2456,12	0,20041	4,9898	24,6038	4,9308
35	590,6682	0,0017	0,00034	2948,34	0,20034	4,9915	24,6614	4,9406
36	708,8019	0,0014	0,00028	3539,01	0,20028	4,9929	24,7108	4,9491
38	1020,67	0,0010	0,00020	5098,37	0,20020	4,9951	24,7894	4,9627
40	1469,77	0,0007	0,00014	7343,86	0,20014	4,9966	24,8469	4,9728
45	3657,26	0,0003	0,00005	18281	0,20005	4,9986	24,9316	4,9877
50	9100,44	0,0001	0,00002	45497	0,20002	4,9995	24,9698	4,9945
55	22645		0,00001		0,20001	4,9998	24,9868	4,9976

22% — TABELA 23 Fluxo de Caixa Discreto: Fatores de Juros Compostos — 22%

	Pagamentos únicos		Série Uniforme de Pagamentos				Gradientes Aritméticos	
n	Montante capitalizado F/P	Valor presente P/F	Fundo de amortização A/F	Montante capitalizado F/A	Recuperação de capital A/P	Valor presente P/A	Valor presente de uma série gradiente P/G	Série gradiente uniforme A/G
1	1,2200	0,8197	1,00000	1,0000	1,22000	0,8197		
2	1,4884	0,6719	0,45045	2,2200	0,67045	1,4915	0,6719	0,4505
3	1,8158	0,5507	0,26966	3,7084	0,48966	2,0422	1,7733	0,8683
4	2,2153	0,4514	0,18102	5,5242	0,40102	2,4936	3,1275	1,2542
5	2,7027	0,3700	0,12921	7,7396	0,34921	2,8636	4,6075	1,6090
6	3,2973	0,3033	0,09576	10,4423	0,31576	3,1669	6,1239	1,9337
7	4,0227	0,2486	0,07278	13,7396	0,29278	3,4155	7,6154	2,2297
8	4,9077	0,2038	0,05630	17,7623	0,27630	3,6193	9,0417	2,4982
9	5,9874	0,1670	0,04411	22,6700	0,26411	3,7863	10,3779	2,7409
10	7,3046	0,1369	0,03489	28,6574	0,25489	3,9232	11,6100	2,9593
11	8,9117	0,1122	0,02781	35,9620	0,24781	4,0354	12,7321	3,1551
12	10,8722	0,0920	0,02228	44,8737	0,24228	4,1274	13,7438	3,3299
13	13,2641	0,0754	0,01794	55,7459	0,23794	4,2028	14,6485	3,4855
14	16,1822	0,0618	0,01449	69,0100	0,23449	4,2646	15,4519	3,6233
15	19,7423	0,0507	0,01174	85,1922	0,23174	4,3152	16,1610	3,7451
16	24,0856	0,0415	0,00953	104,9345	0,22953	4,3567	16,7838	3,8524
17	29,3844	0,0340	0,00775	129,0201	0,22775	4,3908	17,3283	3,9465
18	35,8490	0,0279	0,00631	158,4045	0,22631	4,4187	17,8025	4,0289
19	43,7358	0,0229	0,00515	194,2535	0,22515	4,4415	18,2141	4,1009
20	53,3576	0,0187	0,00420	237,9893	0,22420	4,4603	18,5702	4,1635
22	79,4175	0,0126	0,00281	356,4432	0,22281	4,4882	19,1418	4,2649
24	118,2050	0,0085	0,00188	532,7501	0,22188	4,5070	19,5635	4,3407
26	175,9364	0,0057	0,00126	795,1653	0,22126	4,5196	19,8720	4,3968
28	261,8637	0,0038	0,00084	1185,74	0,22084	4,5281	20,0962	4,4381
30	389,7579	0,0026	0,00057	1767,08	0,22057	4,5338	20,2583	4,4683
32	580,1156	0,0017	0,00038	2632,34	0,22038	4,5376	20,3748	4,4902
34	863,4441	0,0012	0,00026	3920,20	0,22026	4,5402	20,4582	4,5060
35	1053,40	0,0009	0,00021	4783,64	0,22021	4,5411	20,4905	4,5122
36	1285,15	0,0008	0,00017	5837,05	0,22017	4,5419	20,5178	4,5174
38	1912,82	0,0005	0,00012	8690,08	0,22012	4,5431	20,5601	4,5256
40	2847,04	0,0004	0,00008	12937	0,22008	4,5439	20,5900	4,5314
45	7694,71	0,0001	0,00003	34971	0,22003	4,5449	20,6319	4,5396
50	20797		0,00001	94525	0,22001	4,5452	20,6492	4,5431
55	56207				0,22000	4,5454	20,6563	4,5445

24% — TABELA 24 — Fluxo de Caixa Discreto: Fatores de Juros Compostos — 24%

	Pagamentos únicos		Série Uniforme de Pagamentos				Gradientes Aritméticos	
n	Montante capitalizado F/P	Valor presente P/F	Fundo de amortização A/F	Montante capitalizado F/A	Recuperação de capital A/P	Valor presente P/A	Valor presente de uma série gradiente P/G	Série gradiente uniforme A/G
1	1,2400	0,8065	1,00000	1,0000	1,24000	0,8065		
2	1,5376	0,6504	0,44643	2,2400	0,68643	1,4568	0,6504	0,4464
3	1,9066	0,5245	0,26472	3,7776	0,50472	1,9813	1,6993	0,8577
4	2,3642	0,4230	0,17593	5,6842	0,41593	2,4043	2,9683	1,2346
5	2,9316	0,3411	0,12425	8,0484	0,36425	2,7454	4,3327	1,5782
6	3,6352	0,2751	0,09107	10,9801	0,33107	3,0205	5,7081	1,8898
7	4,5077	0,2218	0,06842	14,6153	0,30842	3,2423	7,0392	2,1710
8	5,5895	0,1789	0,05229	19,1229	0,29229	3,4212	8,2915	2,4236
9	6,9310	0,1443	0,04047	24,7125	0,28047	3,5655	9,4458	2,6492
10	8,5944	0,1164	0,03160	31,6434	0,27160	3,6819	10,4930	2,8499
11	10,6571	0,0938	0,02485	40,2379	0,26485	3,7757	11,4313	3,0276
12	13,2148	0,0757	0,01965	50,8950	0,25965	3,8514	12,2637	3,1843
13	16,3863	0,0610	0,01560	64,1097	0,25560	3,9124	12,9960	3,3218
14	20,3191	0,0492	0,01242	80,4961	0,25242	3,9616	13,6358	3,4420
15	25,1956	0,0397	0,00992	100,8151	0,24992	4,0013	14,1915	3,5467
16	31,2426	0,0320	0,00794	126,0108	0,24794	4,0333	14,6716	3,6376
17	38,7408	0,0258	0,00636	157,2534	0,24636	4,0591	15,0846	3,7162
18	48,0386	0,0208	0,00510	195,9942	0,24510	4,0799	15,4385	3,7840
19	59,5679	0,0168	0,00410	244,0328	0,24410	4,0967	15,7406	3,8423
20	73,8641	0,0135	0,00329	303,6006	0,24329	4,1103	15,9979	3,8922
22	113,5735	0,0088	0,00213	469,0563	0,24213	4,1300	16,4011	3,9712
24	174,6306	0,0057	0,00138	723,4610	0,24138	4,1428	16,6891	4,0284
26	268,5121	0,0037	0,00090	1114,63	0,24090	4,1511	16,8930	4,0695
28	412,8642	0,0024	0,00058	1716,10	0,24058	4,1566	17,0365	4,0987
30	634,8199	0,0016	0,00038	2640,92	0,24038	4,1601	17,1369	4,1193
32	976,0991	0,0010	0,00025	4062,91	0,24025	4,1624	17,2067	4,1338
34	1500,85	0,0007	0,00016	6249,38	0,24016	4,1639	17,2552	4,1440
35	1861,05	0,0005	0,00013	7750,23	0,24013	4,1664	17,2734	4,1479
36	2307,71	0,0004	0,00010	9611,28	0,24010	4,1649	17,2886	4,1511
38	3548,33	0,0003	0,00007	14781	0,24007	4,1655	17,3116	4,1560
40	5455,91	0,0002	0,00004	22729	0,24004	4,1659	17,3274	4,1593
45	15995	0,0001	0,00002	66640	0,24002	4,1664	17,3483	4,1639
50	46890		0,00001		0,24001	4,1666	17,3563	4,1653
55					0,24000	4,1666	17,3593	4,1663

TABELA 25 Fluxo de Caixa Discreto: Fatores de Juros Compostos — 25%

	Pagamentos únicos		Série Uniforme de Pagamentos				Gradientes Aritméticos	
n	Montante capitalizado F/P	Valor presente P/F	Fundo de amortização A/F	Montante capitalizado F/A	Recuperação de capital A/P	Valor presente P/A	Valor presente de uma série gradiente P/G	Série gradiente uniforme A/G
1	1,2500	0,8000	1,00000	1,0000	1,25000	0,8000		
2	1,5625	0,6400	0,44444	2,2500	0,69444	1,4400	0,6400	0,4444
3	1,9531	0,5120	0,26230	3,8125	0,51230	1,9520	1,6640	0,8525
4	2,4414	0,4096	0,17344	5,7656	0,42344	2,3616	2,8928	1,2249
5	3,0518	0,3277	0,12185	8,2070	0,37185	2,6893	4,2035	1,5631
6	3,8147	0,2621	0,08882	11,2588	0,33882	2,9514	5,5142	1,8683
7	4,7684	0,2097	0,06634	15,0735	0,31634	3,1611	6,7725	2,1424
8	5,9605	0,1678	0,05040	19,8419	0,30040	3,3289	7,9469	2,3872
9	7,4506	0,1342	0,03876	25,8023	0,28876	3,4631	9,0207	2,6048
10	9,3132	0,1074	0,03007	33,2529	0,28007	3,5705	9,9870	2,7971
11	11,6415	0,0859	0,02349	42,5661	0,27349	3,6564	10,8460	2,9663
12	14,5519	0,0687	0,01845	54,2077	0,26845	3,7251	11,6020	3,1145
13	18,1899	0,0550	0,01454	68,7596	0,26454	3,7801	12,2617	3,2437
14	22,7374	0,0440	0,01150	86,9495	0,26150	3,8241	12,8334	3,3559
15	28,4217	0,0352	0,00912	109,6868	0,25912	3,8593	13,3260	3,4530
16	35,5271	0,0281	0,00724	138,1085	0,25724	3,8874	13,7482	3,5366
17	44,4089	0,0225	0,00576	173,6357	0,25576	3,9099	14,1085	3,6084
18	55,5112	0,0180	0,00459	218,0446	0,25459	3,9279	14,4147	3,6698
19	69,3889	0,0144	0,00366	273,5558	0,25366	3,9424	14,6741	3,7222
20	86,7362	0,0115	0,00292	342,9447	0,25292	3,9539	14,8932	3,7667
22	135,5253	0,0074	0,00186	538,1011	0,25186	3,9705	15,2326	3,8365
24	211,7582	0,0047	0,00119	843,0329	0,25119	3,9811	15,4711	3,8861
26	330,8722	0,0030	0,00076	1319,49	0,25076	3,9879	15,6373	3,9212
28	516,9879	0,0019	0,00048	2063,95	0,25048	3,9923	15,7524	3,9457
30	807,7936	0,0012	0,00031	3227,17	0,25031	3,9950	15,8316	3,9628
32	1262,18	0,0008	0,00020	5044,71	0,25020	3,9968	15,8859	3,9746
34	1972,15	0,0005	0,00013	7884,61	0,25013	3,9980	15,9229	3,9828
35	2465,19	0,0004	0,00010	9856,76	,025010	3,9984	15,9367	3,9858
36	3081,49	0,0003	0,00008	12322	0,25008	3,9987	15,9481	3,9883
38	4814,82	0,0002	0,00005	19255	0,25005	3,9992	15,9651	3,9921
40	7523,16	0,0001	0,00003	30089	0,25003	3,9995	15,9766	3,9947
45	22959		0,00001	91831	0,25001	3,9998	15,9915	3,9980
50	70065				0,25000	3,9999	15,9969	3,9993
55					0,25000	4,0000	15,9989	3,9997

30%   TABELA 26   Fluxo de Caixa Discreto: Fatores de Juros Compostos   30%

	Pagamentos únicos		Série Uniforme de Pagamentos				Gradientes Aritméticos	
n	Montante capitalizado F/P	Valor presente P/F	Fundo de amortização A/F	Montante capitalizado F/A	Recuperação de capital A/P	Valor presente P/A	Valor presente de uma série gradiente P/G	Série gradiente uniforme A/G
1	1,3000	0,7692	1,00000	1,0000	1,30000	0,7692		
2	1,6900	0,5917	0,43478	2,3000	0,73478	1,3609	0,5917	0,4348
3	2,1970	0,4552	0,25063	3,9900	0,55063	1,8161	1,5020	0,8271
4	2,8561	0,3501	0,16163	6,1870	0,46163	2,1662	2,5524	1,1783
5	3,7129	0,2693	0,11058	9,0431	0,41058	2,4356	3,6297	1,4903
6	4,8268	0,2072	0,07839	12,7560	0,37839	2,6427	4,6656	1,7654
7	6,2749	0,1594	0,05687	17,5828	0,35687	2,8021	5,6218	2,0063
8	8,1573	0,1226	0,04192	23,8577	0,34192	2,9247	6,4800	2,2156
9	10,6045	0,0943	0,03124	32,0150	0,33124	3,0190	7,2343	2,3963
10	13,7858	0,0725	0,02346	42,6195	0,32346	3,0915	7,8872	2,5512
11	17,9216	0,0558	0,01773	56,4053	0,31773	3,1473	8,4452	2,6833
12	23,2981	0,0429	0,01345	74,3270	0,31345	3,1903	8,9173	2,7952
13	30,2875	0,0330	0,01024	97,6250	0,31024	3,2233	9,3135	2,8895
14	39,3738	0,0254	0,00782	127,9125	0,30782	3,2487	9,6437	2,9685
15	51,1859	0,0195	0,00598	167,2863	0,30598	3,2682	9,9172	3,0344
16	66,5417	0,0150	0,00458	218,4722	0,30458	3,2832	10,1426	3,0892
17	86,5042	0,0116	0,00351	285,0139	0,30351	3,2948	10,3276	3,1345
18	112,4554	0,0089	0,00269	371,5180	0,30269	3,3037	10,4788	3,1718
19	146,1920	0,0068	0,00207	483,9734	0,30207	3,3105	10,6019	3,2025
20	190,0496	0,0053	0,00159	630,1655	0,30159	3,3158	10,7019	3,2275
22	321,1839	0,0031	0,00094	1067,28	0,30094	3,3230	10,8482	3,2646
24	542,8008	0,0018	0,00055	1806,00	0,30055	3,3272	10,9433	3,2890
25	705,6410	0,0014	0,00043	2348,80	0,30043	3,3286	10,9773	3,2979
26	917,3333	0,0011	0,00033	3054,44	0,30033	3,3297	11,0045	3,3050
28	1550,29	0,0006	0,00019	5164,31	0,30019	3,3312	11,0437	3,3153
30	2620,00	0,0004	0,00011	8729,99	0,30011	3,3321	11,0687	3,3219
32	4427,79	0,0002	0,00007	14756	0,30007	3,3326	11,0845	3,3261
34	7482,97	0,0001	0,00004	24940	0,30004	3,3329	11,0945	3,3288
35	9727,86	0,0001	0,00003	32423	0,30003	3,3330	11,0980	3,3297

35% — TABELA 27 — Fluxo de Caixa Discreto: Fatores de Juros Compostos — 35%

	Pagamentos únicos		Série Uniforme de Pagamentos				Gradientes Aritméticos	
n	Montante capitalizado F/P	Valor presente P/F	Fundo de amortização A/F	Montante capitalizado F/A	Recuperação de capital A/P	Valor presente P/A	Valor presente de uma série gradiente P/G	Série gradiente uniforme A/G
1	1,3500	0,7407	1,00000	1,0000	1,35000	0,7407		
2	1,8225	0,5487	0,42553	2,3500	0,77553	1,2894	0,5487	0,4255
3	2,4604	0,4064	0,23966	4,1725	0,58966	1,6959	1,3616	0,8029
4	3,3215	0,3011	0,15076	6,6329	0,50076	1,9969	2,2648	1,1341
5	4,4840	0,2230	0,10046	9,9544	0,45046	2,2200	3,1568	1,4220
6	6,0534	0,1652	0,06926	14,4384	0,41926	2,3852	3,9828	1,6698
7	8,1722	0,1224	0,04880	20,4919	0,39880	2,5075	4,7170	1,8811
8	11,0324	0,0906	0,03489	28,6640	0,38489	2,5982	5,3515	2,0597
9	14,8937	0,0671	0,02519	39,6964	0,37519	2,6653	5,8886	2,2094
10	20,1066	0,0497	0,01832	54,5902	0,36832	2,7150	6,3363	2,3338
11	27,1439	0,0368	0,01339	74,6967	0,36339	2,7519	6,7047	2,4364
12	36,6442	0,0273	0,00982	101,8406	0,35982	2,7792	7,0049	2,5205
13	49,4697	0,0202	0,00722	138,4848	0,35722	2,7994	7,2474	2,5889
14	66,7841	0,0150	0,00532	187,9544	0,35532	2,8144	7,4421	2,6443
15	90,1585	0,0111	0,00393	254,7385	0,35393	2,8255	7,5974	2,6889
16	121,7139	0,0082	0,00290	344,8970	0,35290	2,8337	7,7206	2,7246
17	164,3138	0,0061	0,00214	466,6109	0,35214	2,8398	7,8180	2,7530
18	221,8236	0,0045	0,00158	630,9247	0,35158	2,8443	7,8946	2,7756
19	299,4619	0,0033	0,00117	852,7483	0,35117	2,8476	7,9547	2,7935
20	404,2736	0,0025	0,00087	1152,21	0,35087	2,8501	8,0017	2,8075
22	736,7886	0,0014	0,00048	2102,25	0,35048	2,8533	8,0669	2,8272
24	1342,80	0,0007	0,00026	3833,71	0,35026	2,8550	8,1061	2,8393
25	1812,78	0,0006	0,00019	5176,50	0,35019	2,8556	8,1194	2,8433
26	2447,25	0,0004	0,00014	6989,28	0,35014	2,8560	8,1296	2,8465
28	4460,11	0,0002	0,00008	12740	0,35008	2,8565	8,1435	2,8509
30	8128,55	0,0001	0,00004	23222	0,35004	2,8568	8,1517	2,8535
32	14814	0,0001	0,00002	42324	0,35002	2,8569	8,1565	2,8550
34	26999		0,00001	77137	0,35001	2,8570	8,1594	2,8559
35	36449		0,00001		0,35001	2,8571	8,1603	2,8562

40% — TABELA 28 Fluxo de Caixa Discreto: Fatores de Juros Compostos — 40%

	Pagamentos únicos		Série Uniforme de Pagamentos				Gradientes Aritméticos	
n	Montante capitalizado F/P	Valor presente P/F	Fundo de amortização A/F	Montante capitalizado F/A	Recuperação de capital A/P	Valor presente P/A	Valor presente de uma série gradiente P/G	Série gradiente uniforme A/G
1	1,4000	0,7143	1,00000	1,0000	1,40000	0,7143		
2	1,9600	0,5102	0,41667	2,4000	0,81667	1,2245	0,5102	0,4167
3	2,7440	0,3644	0,22936	4,3600	0,62936	1,5889	1,2391	0,7798
4	3,8416	0,2603	0,14077	7,1040	0,54077	1,8492	2,0200	1,0923
5	5,3782	0,1859	0,09136	10,9456	0,49136	2,0352	2,7637	1,3580
6	7,5295	0,1328	0,06126	16,3238	0,46126	2,1680	3,4278	1,5811
7	10,5414	0,0949	0,04192	23,8534	0,44192	2,2628	3,9970	1,7664
8	14,7579	0,0678	0,02907	34,3947	0,42907	2,3306	4,4713	1,9185
9	20,6610	0,0484	0,02034	49,1526	0,42034	2,3790	4,8585	2,0422
10	28,9255	0,0346	0,01432	69,8137	0,41432	2,4136	5,1696	2,1419
11	40,4957	0,0247	0,01013	98,7391	0,41013	2,4383	5,4166	2,2215
12	56,6939	0,0176	0,00718	139,2348	0,40718	2,4559	5,6106	2,2845
13	79,3715	0,0126	0,00510	195,9287	0,40510	2,4685	5,7618	2,3341
14	111,1201	0,0090	0,00363	275,3002	0,40363	2,4775	5,8788	2,3729
15	155,5681	0,0064	0,00259	386,4202	0,40259	2,4839	5,9688	2,4030
16	217,7953	0,0046	0,00185	541,9883	0,40185	2,4885	6,0376	2,4262
17	304,9135	0,0033	0,00132	759,7837	0,40132	2,4918	6,0901	2,4441
18	426,8789	0,0023	0,00094	1064,70	0,40094	2,4941	6,1299	2,4577
19	597,6304	0,0017	0,00067	1491,58	0,40067	2,4958	6,1601	2,4682
20	836,6826	0,0012	0,00048	2089,21	0,40048	2,4970	6,1828	2,4761
22	1639,90	0,0006	0,00024	4097,24	0,40024	2,4985	6,2127	2,4866
24	3214,20	0,0003	0,00012	8033,00	0,40012	2,4992	6,2294	2,4925
25	4499,88	0,0002	0,00009	11247	0,40009	2,4994	6,2347	2,4944
26	6299,83	0,0002	0,00006	15747	0,40006	2,4996	6,2387	2,4959
28	12348	0,0001	0,00003	30867	0,40003	2,4998	6,2438	2,4977
30	24201		0,00002	60501	0,40002	2,4999	6,2466	2,4988
32	47435		0,00001		0,40001	2,4999	6,2482	2,4993
34	92972				0,40000	2,5000	6,2490	2,4996
35					0,40000	2,5000	6,2493	2,4997

TABELA 29 — Fluxo de Caixa Discreto: Fatores de Juros Compostos — 50%

	Pagamentos únicos		Série Uniforme de Pagamentos				Gradientes Aritméticos	
n	Montante capitalizado F/P	Valor presente P/F	Fundo de amortização A/F	Montante capitalizado F/A	Recuperação de capital A/P	Valor presente P/A	Valor presente de uma série gradiente P/G	Série gradiente uniforme A/G
1	1,5000	0,6667	1,00000	1,0000	1,50000	0,6667		
2	2,2500	0,4444	0,40000	2,5000	0,90000	1,1111	0,4444	0,4000
3	3,3750	0,2963	0,21053	4,7500	0,71053	1,4074	1,0370	0,7368
4	5,0625	0,1975	0,12308	8,1250	0,62308	1,6049	1,6296	1,0154
5	7,5938	0,1317	0,07583	13,1875	0,57583	1,7366	2,1564	1,2417
6	11,3906	0,0878	0,04812	20,7813	0,54812	1,8244	2,5953	1,4226
7	17,0859	0,0585	0,03108	32,1719	0,53108	1,8829	2,9465	1,5648
8	25,6289	0,0390	0,02030	49,2578	0,52030	1,9220	3,2196	1,6752
9	38,4434	0,0260	0,01335	74,8867	0,51335	1,9480	3,4277	1,7596
10	57,6650	0,0173	0,00882	113,3301	0,50882	1,9653	3,5838	1,8235
11	86,4976	0,0116	0,00585	170,9951	0,50585	1,9769	3,6994	1,8713
12	129,7463	0,0077	0,00388	257,4927	0,50388	1,9846	3,7842	1,9068
13	194,6195	0,0051	0,00258	387,2390	0,50258	1,9897	3,8459	1,9329
14	291,9293	0,0034	0,00172	581,8585	0,50172	1,9931	3,8904	1,9519
15	437,8939	0,0023	0,00114	873,7878	0,50114	1,9954	3,9224	1,9657
16	656,8408	0,0015	0,00076	1311,68	0,50076	1,9970	3,9452	1,9756
17	985,2613	0,0010	0,00051	1968,52	0,50051	1,9980	3,9614	1,9827
18	1477,89	0,0007	0,00034	2953,78	0,50034	1,9986	3,9729	1,9878
19	2216,84	0,0005	0,00023	4431,68	0,50023	1,9991	3,9811	1,9914
20	3325,26	0,0003	0,00015	6648,51	0,50015	1,9994	3,9868	1,9940
22	7481,83	0,0001	0,00007	14962	0,50007	1,9997	3,9936	1,9971
24	16834	0,0001	0,00003	33666	0,50003	1,9999	3,9969	1,9986
25	25251		0,00002	50500	0,50002	1,9999	3,9979	1,9990
26	37877		0,00001	75752	0,50001	1,9999	3,9985	1,9993
28	85223		0,00001		0,50001	2,0000	3,9993	1,9997
30					0,50000	2,0000	3,9997	1,9998
32					0,50000	2,0000	3,9998	1,9999
34					0,50000	2,0000	3,9999	2,0000
35					0,50000	2,0000	3,9999	2,0000

ÍNDICE

A

A, 23, 26
Ações
   modelo CAPM, 360-61
   no financiamento com capital próprio, 352, 359
   ordinárias, 352, 359
   preferenciais, 352, 359
Alavancagem, 363-64
ALEATÓRIO, função, 677
Alíquota efetiva, 569, 594
Alíquota média, 568
Alíquotas graduadas, 569
Alíquotas marginais, 569
Alternativa *do-nothing*, 11, 170, 173
   e a taxa de retorno, 282-83, 282, 292, 295
   e projetos independentes, 425, 426
Alternativas com ciclo de vida finito, 183
Alternativas com diferentes ciclos de vida, 174-77, 197-99
Alternativas de serviço, 172, 279
   e taxa de retorno incremental, 585
Alternativas de serviço igual, 172, 279, 291, 295, 584
Alternativas de receita, 172, 279, 293, 584
Alternativas independentes, 170-72, 283, 331. *Veja também* Orçamento de capital
Alternativas múltiplas
   análise do custo/benefício para, 324-33
   independentes, 170-72, 283, 331 (*Veja também* Orçamento de capital)
   taxa de retorno incremental, 283-97
   mutuamente exclusivas, 170, 223, 348-50
Alternativas mutuamente exclusivas, 170
   e o valor anual, 223
   e o valor presente, 172-77
   escolha do método de avaliação, 348-51
Avaliação baseada no atributo, 368-69
   alternativa, 11
   durabilidade infinita, 228-31, 331
   e análise de reembolso, 186
   e análise do ponto de equilíbrio (*breakeven*), 287
   e a taxa de retorno incremental, 585
   em simulação, 667, 668
   e o EVA™, 596-99

independentes, 170, 293, 331 (*veja também* Orçamento de capital)
   mutuamente exclusivas, 170, 223-28, 348-50
   receita, 172
   serviço, 172
   tipos de estimativa do fluxo de caixa, 220-21
Amortização. *Veja* depreciação
Amostragem, 657-62
   Monte Carlo, 663-73, 673-75
Amostras aleatórias, 657-65, 672
Análise da recuperação (reembolso)
   análise por meio de planilha, 200-202
   cálculo, 185-89, 200-201
   definição, 185
   limitações, 187
   uso, 186, 188-89
Análise da substituição
   ativos com ciclos de vida desiguais, 402, 409
   com valor anual, 391, 392, 394-95
   critério de custo da oportunidade, 402
   critério do fluxo de caixa, 402
   custos irreversíveis, 389
   depois do desconto dos impostos, 592-96
   e período de estudo, 403-409
   ganhos e perdas, 604
   necessidade de, 388
   retomada da depreciação, 591
   um ano depois, 398
   valor de mercado, 388-90, 392-93
   vida útil econômica, 388, 391-97
   visão geral, 398
Análise da substituição depois do desconto dos impostos, 592-96
Análise de sensibilidade. *Veja também* Análise do ponto de equilíbrio; Solver
   com três estimativas, 621
   critério, 7-8
   de um parâmetro, 612-614
   duas alternativas, 620, 627
   e referência em células do Excel©, 685
Análise do período de recuperação (*payback*), 185-89
Análise do ponto de equilíbrio (*breakeven*).
   aplicação de planilha, 455
   custo médio por unidade, 446
   custos fixos, 442

descrição, 464
e a taxa de retorno, 287, 291, 588
e decisões *make-buy* (produzir ou comprar), 453
e o valor anual, 220
e reembolso, 185, 448
projeto único, 457
três ou mais alternativas, 453
variável, 451
veja também Função, VP *vs. i*; análise de sensibilidade, 440, 618-19

Análise do valor adicionado, depois do desconto dos impostos, 596-600. *Veja também* Valor econômico adicionado

Análise incremental do custo/benefício
para duas alternativas, 324-27
para três ou mais alternativas, 339

Ano(s). *Veja também* Norma semestral (*half-year convention*); Estudos da substituição com um ano adicional
e norma de fim do período (*end-of-year convention*), 31-32
fiscal *vs.* calendário, 703
símbolos, 23

Árvores de decisão, 630-31

Aspectos internacionais
contratos, 319
deflação, 472
depois do desconto dos impostos, 600-2
depreciação, 528, 529, 600-2
estimativa de custos, 459
hiperinflação, 483
projeto e manufatura, 6

Ativo circulante, 703

Ativos. *Veja também* Valor nominal; Depleção; Depreciação; Vida útil; Valor recuperado
no balanço, 704
recuperação de capital, 221
custo irreversível, 389

Ativos fixos, 700

Atributos
avaliação de múltiplos, 371, 379
identificação, 364-65
ponderação, 368

Avaliação de atributos múltiplos, 366-67, 369-70

B

β, 360, 361
Balanço
categorias, 705
e índices comerciais, 706

equação básica, 705

Balanço declinante duplo, 537, 545
na mudança de método de depreciação, 552
e os impostos, 576
no Excel©, 538

Base não-ajustada, 528
BD, função, 537, 686
BDD, função, 537-40, 686
BDV, função, 556, 560-61, 694

Benefícios
diretos *versus* implícitos, 327
em projetos do setor público, 312-344

Benefícios diretos, 327-28
Bens imóveis, 537-539

C

c. Veja Taxa externa de retorno
C/B. *Ver* Relação de Custo/Benefício
Canadá, depreciação e impostos, 600-1

Capital
custo do (*veja* Custo do investimento)
realizável, 700, 702
de terceiros *versus* próprio, 29, 352
limitado, 353, 420
não-recuperado, 389

Capital de terceiros (*debt*), 351, 352, 354
Capital investido, custo do, 565, 599
Capital não-recuperado. *Veja também* Custos irreversíveis
Capital próprio, 352, 703

Capitalização
anual, 130-36, 151
contínua, 149
e juros simples, 17-22
freqüência, 128, 135, 136
interperíodos, 147
tempo de duplicação, 18-22, 35

CAPM. *Veja* Modelo de apreçamento de bens de capital

Carry-back e *carry-forward*, 573
Categoria de propriedade, 529, 541
CAUE (custo anual uniforme equivalente). *Veja* Valor anual
Centros de custo, 508-10
Certeza, 647, 653, 662
Ciclo de vida de custo mínimo do ativo. *Veja* Vida útil econômica
Ciclo de vida, e valor anual, 218

CMPC. *Veja* Custo médio ponderado de capital (CMPC)
CO. *Veja* Custos operacionais anuais
Combinação (*pool*) de custos, 511
Componentes de custo, 492
Computadores, uso de, 26-28, 36.
Contratos, tipos, 333
Convenção de fim do período, 31-32
Corporação altamente alavancada, 362
Corporações (empresas)
    alavancadas, 378
    valor financeiro, 597-98
Critério "*design-to-cost*" (do projeto ao custo), 494
Critério *bottom-up*, 494
Critério de Norstrom, 250, 586
Critérios de avaliação, 11, 348-51
Curva senoidal. *Veja* Distribuição, normal
Custeio Baseado em Atividades (ABC), 512-16
    Fator A/F, 60
Custo anual equivalente. *Veja* Valor anual
Custo anual uniforme equivalente, 388. *Veja* também Valor anual
Custo de oportunidade, 30, 352
    e análise da substituição, 391, 404
Custo de aquisição (inicial), 10, 389, 451. *Veja também* Investimento inicial
    e análise de sensibilidade, 615
    e depreciação, 532, 541, 579
    e estimativa, 492-495
    em planilhas do Excel©, 685, 695
Custo de aquisição (*ou custo inicial*), 10
Custo de fábrica, 507, 701
Custo do capital
    definição, 28-30, 352
    e a combinação *debt-equity*, 354, 362
    para financiamento com capital próprio (*equity*), 359-62
    para financiamento com recursos de terceiros (*debt*), 362
    média ponderada, 29-30
    versus TMA, 28, 351-54
Custo do capital investido, 597-98
Custo do investimento
    e o valor presente, 179
    e projetos do setor público, 314, 319
    na avaliação de alternativas
Custo dos bens vendidos, 504, 701
    declaração, 701
Custo e benefício, diferença, 321

Custo médio ponderado de capital (CMPC), 29-30, 355-57
Custo médio por unidade, 448
Custo, ciclo de vida, 190-93
Custos. *Veja também* Custo do capital; Custos incrementais; Custo de oportunidade;
    relação entre o custo total e a avaliação de alternativas, 172
    ciclo de vida, 190
    convenção de sinais, 235
    e economias aparentes, 193
    e o valor anual, 221
    de propriedade do ativo, 222
    diretos, 494, 505-6,
    do capital investido, 351-54, 578
    em projetos do setor público, 319
    estimando, 496-99
    fixos, 444-45, 450
    indiretos, 505-7, 508-16, 706
    irreversíveis, 389
    operacionais, 71-73
    periódico, 180
    variáveis, 444-45, 451, 454
    VA (Veja Valor anual uniforme equivalente)
    marginal, 391
Custos da construção civil, alteração dos, 71
Custos de fábrica, 497
Custos de instalação, 389
Custos diretos, 494, 505-7
Custos do ciclo de vida, 190
Custos fixos, 444-45, 451
Custos incrementais
    definição, 282
    e análise do custo/benefício, 321
    e a taxa de retorno, 283-97
Custos indiretos
    alíquotas, 508-10
    carga de, 507
    e custeio baseado em atividades, 512
    e o método de fatores, 505-7
    na declaração do custo dos bens vendidos, 706
    variância de alocação, 510-11
Custos irreversíveis, 389
Custos marginais, 395-96
Custos operacionais. *Veja* Custos operacionais anuais; Estimativa de custos
Custos operacionais anuais (COA), 10, 220, 392, 492
    e estimativa, 493
Custos variáveis, 444-48

D

Debt-equity, combinação, 355, 362-63
Decisões *make-or-buy* (produzir ou comprar), 220, 451. *Veja também* Análise do ponto de equilíbrio
Declaração do imposto de renda
    categorias, 700
    equação básica, 700
    Dedução dos custos de investimentos, 528
Defensora (alternativa)
    na análise de substituição, 388-89, 588
    na avaliação de alternativas múltiplas, 293, 327
Deflação, 472
Depleção
    custo, 546-47, 548
    porcentagem, 548
Depleção de custos. *Veja* Depleção
Depleção percentual. *Veja* Depleção
Depois do desconto dos impostos e seleção da alternativa, 11, 599
    e a TMA, 352, 590
    e depreciação, 532
    e o custo médio ponderado do capital (CMPC), 356
    e o valor anual, 609
    financiamento com capital alheio *versus* capital próprio, 638
    fluxo de caixa, 571-77, 584-90, 603
    internacional 600-3
    taxa de retorno, 586-93
Depósitos geotérmicos. *Veja* Depleção
Depreciação. *Veja também* Taxa de depreciação Retomada da depreciação; Análise da substituição
    acelerada, 532
    ACRS, 530
    alternativa em linha reta (linear), 545
    balanço declinante, 533, 536-37, 694-95
    balanço declinante duplo, 537
    contábil, 532, 534, 599
    definição, 528
    e o imposto de renda, 532, 541-44, 573-74
    imposto, 532
    linha reta, 531, 546
        funções do Excel©, 693-700
    MACRS, 534, 541-45, 563-65
        valor presente, 557
            período de recuperação pelo, 538
    métodos de mudança, 561, 698-99
    não-usada, 531
    norma semestral (*half-year convention*), 538, 541
    SGD (sistema global de depreciação), 542
    sistema alternativo, 548
    soma dos dígitos dos anos, 530, 551, 694
    taxa de, 533
    taxa de recuperação, 529
    vida útil por categoria, 528
Depreciação em linha reta, 535-36, 596
Depreciação fiscal, 532
Depreciação pela soma dos dígitos dos anos, 530, 694
Depreciação pelo método de balanço declinante, 529, 530-533
    no Excel©, 686, 698
Desafiante (alternativa)
    na análise de substituição, 388, 389, 391, 399, 409
    na avaliação de alternativas múltiplas, 293, 327
Desembolsos, 31, 244
Despesas, 568, 706. *Veja também* Estimativa de custos; Custos
Desvantagens, 315, 319
Desvio médio quadrático, 660
Desvio padrão
    definição, 663
    para variável contínua, 648, 662
    para variável discreta, 648, 662
Diagramas de fluxo de caixa, 32-34, 39-41
    decomposto, 70
Dinheiro
    e a inflação, 14-15, 471, 474
    unidades financeiras, 3
    valor no tempo, 9
Distribuição
    normal, 672-73
    normal padrão, 672-73
    triangular, 653, 659
    uniforme, 653, 657, 662
Dinheiro tomado por empréstimo. *Veja* Capital de terceiros.
Distribuição cumulativa, 653-57
Distribuição de probabilidade, 652-68
    de variáveis contínuas, 651-678
    de variáveis discretas, 649-62
    e amostras, 672
    em simulação, 662
    e o Excel©, 680
    propriedades, 657
Distribuição do erro. *Veja* Distribuição normal

Distribuição gaussiana. *Veja* Distribuição normal
Distribuição normal, 651, 672-73
Distribuição normal padrão, 672-73
Distribuição triangular, 653, 659
Distribuição uniforme, 653, 657, 662
Dividendos, 194, 359
Dólares, atuais *vs.* futuros, 474
DPD, função, 532, 711

E

Economias, fiscais, 575, 590
Engenharia econômica
    critério de estudo, 9-11
    definição, 6
    papel nas tomadas de decisão, 7-9
    terminologia e símbolos, 23
    uso, 6
Equações de custo/capacidade, 500
Equivalência, 15-17, 20-22, 243
    período de capitalização maior do que o período de pagamento, 147-49
    período de capitalização menor do que o período de pagamento, 139-46
Equivalência econômica. *Veja* Equivalência
Erros de arredondamento, 53, 103
Escala Likert, 368
Escolha do método de avaliação, 348-51
Estimativa
    de taxas de juros, 35
    do fluxo de caixa, 11, 30-34, 314
    do tempo de duplicação, 35
    e alternativas, 10
    e a análise de sensibilidade, 615
    método dos fatores, 502
    TMA antes do desconto dos impostos, 587
Estimativa de custos
    critérios, 494-501
    e a inflação, 14-15
    e índices de custo, 498
    equação de custo/capacidade, 495, 499
    método de fatores, 495, 501
    método unitário, 501
Estimativa pelo método dos fatores, 501
Estimativa otimista, 641
Estimativa mais provável, 618, 621
Estimativas de distribuição, 31
Estimativas pontuais, 31, 632
Estudos da substituição com um ano adicional, 398

Estudos de caso,
    análise da substituição, 420-21
    análise de sensibilidade, 490
    análise do ponto de equilíbrio, 464-67
    análise do reembolso, 213-15
    capital próprio, 382, 635, 638
    descrição da alternativa, 46-47
    financiamento com capital de terceiros *versus* financiamento de uma casa, 162
    juros compostos, 46-47, 90-91
    projeto do setor público, 332
    seleção de projeto independente, 440-41
    taxas de retorno, 273-75
    taxas múltiplas de juros, 310-11
    valor anual, 236
    venda da empresa, 309-10
Etapa de análise de sistemas, 190
Etapa de aquisição, 190
Etapa de construção, 191
Etapa de descontinuação, 191
Etapa de operações, 191, 192
Etapa de uso, 191
Etapas de projeto, preliminar e detalhada, 190, 193
EVA. *Veja* Valor econômico adicionado
Excel©. *Veja também* Planilha; *funções específicas*
    VA e VP depois do desconto dos impostos, 580
    fundamentos, 680
    e análise do ponto de equilíbrio, 442
    e a depreciação, 528, 530, 531, 532, 534, 536, 547-48
    e programação linear, 433-36
    e simulação, 675, 679
    e valor de substituição, 402-3
    e taxa de retorno, 254, 296
    exibição dos lançamentos (entradas), 39
    geração de números aleatórios, 693
    gráficos, 686
    incorporação de funções, 686
    introdução, 26-29
    layout de planilha, 680
    listagem das funções, 686
    mensagens de erro, 698
Exercício fiscal, 699

F

F, 23, 26
Fase de alienação, 191
Fase de implementação, 191

Fator A/G, 68. *Veja também* Gradientes aritméticos
Fator A/P, 58-59, 221
Fator de montante capitalizado de pagamento único, 50
Fator de recuperação do investimento
 e o valor anual equivalente, 221
 e quantias únicas aleatórias, 98
Fator do valor presente de pagamento único, 51-52
Fator F/A, 60. *Veja também* Série uniforme, fator de montante capitalizado
Fator F/G, 69. *Veja* Gradientes aritméticos
Fator F/P, 50. *Veja também* Fatores de pagamento único
Fatores. *Veja também* Fatores de valor presente
 recuperação de capital (*Veja* Fator de recuperação de capital)
 derivações, 50-74
 fundo de amortização, 60-63
 gradiente
  aritmético, 65-71
  geométrico, 71-74
 juros compostos contínuos, 151
 juros compostos discretos, 147, 150
 intangíveis, 6
 notação, 51, 58, 61
 pagamento único, 50-56
 séries uniformes, 56-58, 60-63, 80-81
 tabelas, 51-52, 711-39
Fatores de montante capitalizado
 pagamento único (simples) F/P, 50
 série uniforme F/A, 60
Fatores de pagamento único, 50-56
Fatores de valor presente
 fator de pagamento único, 50-52
 gradiente, 65-71
Fatores intangíveis, 6. *Veja também* Avaliação de atributos múltiplos
 atributos não-econômicos, 10
FCAI. *Veja* Fluxo de caixa antes do desconto dos impostos
FCDI. *Veja* Fluxo de caixa depois do desconto dos impostos
Financiamento com capital de terceiros, 29, 352
 alavancagem, 362-63
 custos do, 357-59
 e a inflação, 479-80
 no balanço, 704
Financiamento com capital próprio, 29-30, 352
 custo do, 359-62

Financiamento do capital. *Veja também* Custo do investimento
 capital de terceiros, 29, 352
 capital de terceiros *vs.* capital próprio (*debt-equity*), 362, 635
 combinado (capital de terceiros e capital próprio), 355-57, 362-64
 patrimônio líquido, 29-30, 354, 635
Financiamento a prestações, 241
Financiamento. *Veja* Financiamento com capital de terceiros; Financiamento com capital próprio
Fluxo de caixa. *Veja também* Fluxos de caixa discretos; Gradiente aritmético; Período de pagamento
 além do período de estudo, 175
 antes do desconto dos impostos, 570
 como variável contínua, 648
 contínuo, 151
 definição, 11
 depois do desconto dos impostos, 572-74
  e o EVA^{TM}, 597-600
 descontado, 168, 623, 632
 diagramação, 30, 40, 70
 diagrama, gradiente convencional, 70
 e a função VPL, 198
 e análise da substituição, 402, 569
 e projetos do setor público, 315-16
 fatores de séries, 71-73
 futuro, 692-93
 incremental, 279, 291
  depois do desconto dos impostos, 578, 580, 590, 592, 594
 líquido, 31, 98, 570
  no Excel$^©$, 689-90
  e período de reembolso, 186-87
 líquido positivo, e a ROR, 255
 não-convencional, 249
 nulo (zero), 111, 198, 691
 periódico, 180
 real *versus* incremental, 568, 593
 receita *versus* serviço, 172
 recorrente e não-recorrente, 180
 saída e entrada, 30-31
 série com valores únicos, 98-103
 série convencional, 249
Fluxo de caixa antes do desconto dos impostos (FCAI), 569, 633-34
Fluxo de caixa depois dos impostos (FCDI), 569-604
 e o EVA^{TM}, 569, 633
Fluxo de caixa descontado, 168, 623
Fluxo de caixa incremental, 279-82, 291-92, 582-584

Fluxo de caixa líquido, 31, 435, 568
Fluxo de caixa nulo (zero) em funções do Excel©, 11, 198, 693, 695
Fluxos de caixa discretos
    capitalização discreta, 147, 150
    fatores de juros compostos (tabelas), 711-39
Fluxos de caixa não-recorrentes, 180
Fluxos de caixa periódicos, 180
Fluxos de caixa recorrentes, 180
Fundo de amortização (A/F), fator, 60-63

G

Ganhos de capital
    de curto prazo e de longo prazo, 576
    definição, 580
    impostos para, 581-84
Gastos gerais. *Veja* custos indiretos
IPGTO, função, 688
Gradiente convencional, 66-70
Gradientes aritméticos
    convencional, 66, 70, 103
    crescentes, 69
    decrescente, 69, 108
    definição, 65
    derivação de fatores para, 67-68
    deslocados, 103-7
    montante, 65
    montante básico, 69, 103
    séries anuais uniformes equivalentes, 60
    uniformes, 68
    uso de planilhas, 69
    valor presente, 67
Gradientes decrescentes, 69, 108
Gradientes deslocados. *Veja* Gradientes aritméticos
Gradientes geométricos, 71-73
    deslocados, 103
    e a inflação, 476
    fatores, 71-73
Gráfico VP *vs. i*, 245, 287, 586
Gráficos de dispersão. *Veja* Gráficos *xy* do Excel©
Gráficos do Excel©, 680
Gráficos *xy* do Excel©, 247, 683

H

Hiperinflação, 473, 483
Horizonte de planejamento. *Veja* Período de estudo

I

i^*, 243. *Veja também* TMA; Taxa de retorno
i, 23, 26. *Veja também* Taxa efetiva de juros; Taxa de juros; Taxa interna de retono
i'. *Veja* Taxa composta de retorno
Impacto do tempo sobre a moeda, 31, 32, 470-472
    alíquota média, 569-70
    alíquotas, 568-70
    alíquotas efetivas, 569, 592
    definição, 580
    de pessoa jurídica (tabela), 598
    economias fiscais, 575-577
    e contribuintes individuais, 598
    e depreciação, 530, 534, 572
        retomada, 575, 580
    e estudos da substituição, 562
    e fluxo de caixa, 573-75, 583-89, 603
    e ganhos e perdas de capital, 575
    e o valor anual, 220
Imposto de renda
    internacional, 603
    negativo, 571
Impostos. *Veja* Renda tributável
    alíquotas, 572, 573
    e a TMA, 353-54
    e capital de terceiros, 357-58
    e capital próprio, 361
Impulsionadores de custo, 512-16
Incerteza, 647, 675
Inconsistência de classificação (avaliação), 291
Indexação, imposto de renda, 505
Índice de custo/benefício modificado, 320
Índice de endividamento, 705-07
Índice de liquidez geral, 703
Índice de liquidez imediata, 702
Índice de liquidez, 703
Índice de lucratividade, 238. *Veja também* Taxa de retorno
Índice de retorno das vendas, 703
Índice de retorno sobre o ativo, 704
Índice de rotatividade do estoque, 704
Índices (relações) contábeis, 699
Índices de custo, 491
Índices de eficiência, 702
Índices de lucratividade, 702
Índices de Solvência, 702
Infinito, ciclo de vida, 180, 229, 314

Inflação
  alta, 483, 485
  consideração da, no VP e no VA, 175, 218
  definição, 473
  e análise de sensibilidade, 618
  e a TMA, 481
  e o valor futuro, 480-83
  e o valor presente, 473
  e recuperação de capital, 484-85
  e taxas de juros, 473
  impacto da, 471
Interpolação, em tabelas de taxa de juros, 63-65, 133
Intervalo, 667
Investimento adicional, 282-83, 292-95
Investimento de capital e avaliação de alternativas, 172
Investimento de renda fixa, 488
  Veja também Títulos
Investimento inicial. *Veja também* Custo de aquisição (inicial)
  definição, 220
  maior, 279, 287, 293
  menor, 295
  na análise de substituição, 388-89, 402-4
  na análise por meio de planilha, 197
Investimento líquido do projeto, 256-61
Investimento por tempo indeterminado. *Veja* Custo do investimento
Investimento seguro, *28-29*, 360
Investimentos. *Veja também* Investimento inicial
  adicionais, 282, 292
  líquidos, 256
  permanentes, 228
  IPGTO, função, 688
Investimentos permanentes, 228-31. *Veja também* Custo do investimento

J

Juros
  capitalização contínua, 149-51
  compostos, 18-22, 38-39, 46-47
  definição, 12
  interperíodos, 147
  simples, 17-18, 35, 36
  taxa [taxa(s) de juros)]
Juros compostos, 18-22, 38-39, 697-702

Veja também Capitalização
Juros simples, 17-18, 36-37

L

Lang, fatores, 501
Linha reta, alternativa, no MACRS, 541-42, 549
Lucro e prejuízo, declaração. *Veja* Declaração do imposto de renda
Lucro líquido depois do desconto dos impostos (NPAT), 564, 593, 601
Lucro operacional líquido depois do desconto dos impostos (NOPAT), 565
Lucros e prejuízos. *Veja* Ganhos de capital; Perda de capital
Lucros retidos, 29, 352, 360

M

M&O, custos; *Veja* Custos operacionais anuais
m. *Veja* Período de capitalização, número por ano
MACRS (Sistema Acelerado Modificado de Recuperação de Custos), 528, 530
  alternativa da depreciação (SAD), 542 (tabela)
  Estados Unidos, obrigatório, 537, 544
  mudança, 557-62
  período de recuperação, 541, 545-46, 561
  uso do computador, 535
  taxas de depreciação, 541-45
  VP da, depreciação, 556
Mais provável, a estimativa, 622
Matéria-prima. *Veja* Custos diretos
Média. *Veja* Valor esperado
Mediana, 659
Medida do valor, 9, 11, 647
Método da porcentagem fixa. *Veja* Depreciação pelo método de balanço declinante
Método da porcentagem uniforme. *Veja* Balanço declinante
Método de avaliação, 348-51
Método Delfos, 365
Método do atributo ponderado, 369
Método unitário, 495-501
México, depreciação e impostos, 597
Mínimo múltiplo comum, 174
  e análise por meio de planilha, 197
  e fluxos de caixa incrementais, 279-81, 291

em métodos de avaliação, 349-50
e o valor anual, 218, 226
e o valor futuro, 177
e projetos independentes, 432
e taxas de retorno incrementais, 282, 291-92, 585
Moda, 653, 659, 662-63, 676
Modelo da lei da potência e dimensionamento, 499
Modelo de apreçamento de bens de capital (CAPM) 360-61
Montante básico
    definição, 69
    e gradientes deslocados, 103, 108
Monte Carlo, simulação, 666-74, 673-86
MTIR, função, 261, 690
Mudanças de sinal, número de, 249-54

N

n, 26, 103. *Veja também* Interpolação em tabelas de taxa de juros; Mínimo múltiplo comum; Período de estudo
Norma semestral (*half-year convention*), 533, 542, 545
Notação de fatores, 51, 58, 61, 72
NPER, função, 690-693
    e *n* desconhecido, 77-78
    e o valor anual, 230
Números aleatórios, 656 (tabela)
    geração de, 693

O

Obrigações não-garantidas por contrato (*debênture bonds*), 195
Obsolescência, 388
Operacionais e de manutenção (M&O), custos, 320, 564
    Veja também Custos do ciclo de vida
Oportunidade de investimento, 353
Orçamento. *Veja* Orçamento de capital
Orçamento de capital
    descrição, 422, 424-27
    e fluxo de caixa líquido, 439
    hipótese de reinvestimento, 428
    pacotes mutuamente exclusivos, 425
    programação linear, 432-37
    projetos com ciclos de vida desiguais, 427-29
    projetos com ciclos de vida iguais, 425

    solução por meio de planilha, 433-36
    uso do valor presente, 426-32

P

P, 23, 26
P/A, fator, 56, 71. *Veja também* Gradientes geométricos; Série uniforme; fatores de valor presente
P/F, fator, 67. *Veja também* Fatores de valor presente
P/G, fator, 67. *Veja também* Gradientes aritméticos
Pacotes, 424, 426.
Pagamento de empréstimos, 20-22
Passivo, 703
Passivo circulante, 705
Perda de capital
    definição, 580
    impostos para, 578
Período de "aposentadoria". *Veja* Vida útil econômica
Período de capitalização
    contínua, 149
    definição, 128
    e a taxa efetiva anual, 132 (tabela)
    e período de pagamento, 139
    mensal, 141 (tabela)
    número por ano, 130
Período de estudo
    e análise da substituição, 390, 397, 403-409
    e análise do VF, 177
    e orçamento de capital, 425
    e o valor anual, 218, 223
    e o valor recuperado, 220
    exemplo de planilha, 197-200
    igual serviço, 427
Período de juros, 12, 14
Período de pagamento
    definição, 136
    de títulos, 194
    equivalência com períodos de capitalização, 142 (tabela)
    função do Excel©, 693
    maior do que o período de capitalização, 139
    valor único, 139-42, 147-49
Período de recuperação
    definição, 529
    efeito sobre os impostos, 572
    linha reta, opção, 549
    MACRS, 541, 544, 545-46, 560, 570
Período de recuperação sem retorno (simples), 186-87

Período desconhecido, em anos, 77-78
Perspectiva
    e o setor público, 316-19
    para análise da substituição, 389-90
Pessimista, estimativa, 625-26
PGTO, função, 697-98
    e análise C/B, 323
    e análise da substituição, 392-93
    e análise depois do desconto dos impostos, 580
    e custo capitalizado, 184-85
    e fator de fundo de amortização, 62
    e gradientes aritméticos, 69
    e gradientes geométricos, 73
    e montantes (valores) únicos aleatórios, 102
    e o valor anual, 225, 349
    e o valor presente de séries uniformes, 59
    e recuperação de capital, 220
    e séries deslocadas, 96-98, 106
    e vida útil econômica, 392
    e VPL incorporada, 686
Planilha. *Veja também* Excel© 392
    análise da substituição. 401-2
        depois do desconto dos impostos, 595-96
    e a inflação, 480
    e análise de sensibilidade, 621-22, 615
    e análise do ponto de equilíbrio, 451-52
    e a taxa de retorno, 75-77, 263, 287, 297-300
    e FCAI com depreciação, 576
    e o EVA™, 599
    e o valor presente, 197-202
    e projetos independentes, 430, 434-6
    e séries uniformes deslocadas, 110-11
    na análise de C/B, 323, 330-31
    para juros simples e compostos, 36-39
        incremental, depois do desconto dos impostos, 585
    referência de célula absoluta, 247, 685
    valor anual, 225, 228
Planilhas Contábeis,
    declarações, 700-01
    índices, 706-09
Poder de compra, 470, 478, 480, 482
Ponto de equilíbrio, 440-465
PPGTO, função, 698
Probabilidade
    definição, 663
    em árvores de decisão, 631-34
    e o valor esperado, 628, 661-62
Procedimento de investimento líquido, 256-61

Programação linear, 432-6
Programação linear inteira, método de, 432-6
Projetos com ciclos de vida iguais, 424
Projetos independentes, 420-439
Projetos do setor público, 314-19
    análise do custo/benefício, 319-24
    contratos pelo método BOT, 319
    custo capitalizado, 179-85
    e o valor anual, 228
    estimativa, 327, 493
    joint-ventures, 318
Projetos governamentais. *Veja* Projetos do setor público
Propriedade de variáveis aleatórias independentes, 663
Propriedade privada, 543

R

r. Veja Taxa nominal de juros
Rank-and-rate, método, 369
Receita anual, estimativa da, 10
Receita bruta, 568
Receita líquida (RL), 565
Recuperação de capital 220-23. *Veja também* Fator A/P; Depreciação
    custos decrescentes de, 391
    definição, 220
    e a inflação, 485-86
    e análise da substituição, 391, 394, 403, 406
    e o EVA™, 599
Recuperação do investimento em ativos. *Veja* Depreciação
Recursos naturais. *Veja Depleção*
Reembolso de empréstimos, 20-22
Referências de célula, 685
    absolutas, 247
    sinal, 247, 681
Regra de sinais, 249, 251, 253
Regra (de sinais) de Descartes, 249-50, 251, 253
Regra de 100, 35
Regra de 72, 35, 179
Reinvestimento, hipótese no orçamento de capital, 426-28
Relação de custo/benefício
    análise incremental, 339
    cálculo, 324, 330
    convencional, 320
    modificada, 320

para duas alternativas, 324-27
para três ou mais alternativas, 326
quando usar, 332 (tabela)
Relação do custo total, 443. *Veja também* Análise do ponto de equilíbrio
Renda
anual estimada, 10
bruta e líquida, 564
em planilhas do Excel©, 585
tributável, 567, 579
Renda tributável, 568-69, 564
e depreciação, 570
e impostos, 570
e o FCDI, 571
negativa, 570
Rendimento Percentual Anual (RPA), 127-28
Retomada da depreciação
definição, 580
e impostos, 580, 583, 602
em estudos da substituição, 575, 588
Retorno do investimento (ROI), 14, 238. *Veja também* Índice de retorno
Retorno dos investimentos de capital, 256
RIC. *Veja* Retorno dos investimentos de capital
Risco
descrição, 649
e a combinação *debt-equity*, 355
e amostragem aleatória, 663
e análise do período de pagamento, 186, 188-89
e a TMA, 353, 362
e tomada de decisões, 648-50, 652-654
ROI. *Veja* Retorno do investimento
ROR. *Veja* Taxa de retorno
RPA, 127-128

S

s. *Veja* Desvio padrão
Saldo não-recuperado, 240-1, 255-6
SDA, função, 556, 698
SE, função, no Excel©, 691-92
Section 1231, transações, 577
Section 179 Deduction, investimento em equipamentos, 530
Série de fluxos de caixa convencional, 249, 261
Série de fluxos de caixa simples, 249
Série uniforme
descrição, 23
deslocada, 94, 95, 110-
fator de montante capitalizado, 60-63

período de capitalização maior do que o período de pagamento, 147-49
período de capitalização menor do que o período de pagamento, 142
fatores de valor presente, 56-58, 80-81, 114
Séries de fluxos de caixa não-convencionais, 249-5
Séries de fluxos de caixa não-simples, 249-5
Séries deslocadas, 94
Símbolos, 23
Simulação, 647, 667-73
Sistema Acelerado de Recuperação de Custos (MACRS), 534
Sistema alternativo de depreciação (SAD), 541
Sistema global de depreciação (SDG), valor, 541
Sistema, etapas de análise de, 190-1
Sites da Web, IRS, 542
Blank and Tarquin, xviii
Sol. Excel (E-Solv), 28
Solução Rápida (Q-Solv), 28
Solver, 434-36, 455-59, 695
SOMA, função, 684

T

Tabelas
taxas efetivas de juros, 133
Tabelas de juros
interpolação, 63-65
Taxa anual de juros
efetiva, 130
nominal, 130, 131
Taxa composta de retorno (TCR), 255, 283
Taxa de barreira. *Veja* Taxa de retorno de mínima atratividade
Taxa de cupom, 194
Taxa de depreciação
balanço declinante, 537
linha reta, 533
MACRS, 561-570
soma dos dígitos dos anos, 55-56
Taxa de desconto, 316, 333
Taxa de desconto social, 316
Taxa de horas trabalhadas, 509
Taxa de juro desconhecida, 74
Taxa de recuperação. *Veja* Taxa de depreciação
Taxa de reinvestimento, 256
Taxa de retorno. *Veja também* Investimento líquido
composta, 255, 283
definição, 240

depois do desconto dos impostos, 586-91
determinando, 74-76, 242-49
de títulos, 242
e a inflação, 14-15, 473, 481
e alternativas mutuamente exclusivas, 278
e análise de sensibilidade, 615
eliminando, 255
em projetos independentes, 283
e o valor anual, 248, 291-92
e o valor presente, 242, 283-91
e taxa de reinvestimento, 256
externa, 256
financiamento parcelado, 241-42
inconsistência de classificação (avaliação), 291
incremental, 278-82
interna, 75-76, 255, 696-97
método de avaliação, 350 (tabela)
mínima atratividade. (*Veja* Taxa de retorno de mínima atratividade)
múltipla, 248, 249-61, 273-75
no Excel©, 26, 686, 698
no orçamento de capital, 432-36
ponto de equilíbrio, 287, 588
precauções, 248
presença da, 249-50
sobre o capital de terceiros, 257
sobre o investimento adicional, 282-83soluções
por computador, 245, 247, 248, 252, 253, 263

Taxa de retorno antes do desconto dos impostos
e depois dos impostos, 596
cálculo, 242

Taxa de retorno de mínima atratividade
depois do desconto dos impostos, 353, 586, 588, 600
ajustada à inflação, 484
antes do desconto dos impostos, 583
como taxa de barreira, 28
definição, 28
e a taxa de retorno, 282-83, 284, 287, 291, 293
e o CMPC (custo médio ponderado de capital), 29-30, 361-2
e orçamento de capital, 425-32
e projetos independentes, 430
e títulos, 195-6
na análise de sensibilidade, 615
na avaliação de alternativas, 172, 174-75, 177-223

Taxa de retorno incremental
ciclos de vida iguais, 349, 426
para alternativas múltiplas, 292-7, 584
para duas alternativas, 283, 586-88

Taxa efetiva de juros
anual, 130
definição, 128, 153
de títulos, 196
e períodos de capitalização, 132 (tabela), 136
fluxograma, 165
para períodos de capitalização, 149-51
para qualquer período, 136
Taxa externa de retorno, 256. *Veja também* Taxa de retorno
Taxa interna de retorno, 255. *Veja também* Taxa de retorno
Taxa linear, 548-550
Taxa nominal de juros, 126, 128
anual, 130, 131
de títulos, 196
e alíquotas efetivas, 133 (tabelas), 138
qualquer período de pagamento, 131
Taxa Percentual Anual (TPA) de juros, 127-28
Taxa real de juros, 473, 476, 478, 482
Taxa(s) de juro(s). *Veja também* Taxa efetiva de juros
ajustada(s) pela inflação, 471
definição, 12
desconhecida(s), 77-78
e análise de sensibilidade, 615
e análise do ponto de equilíbrio, 451
e risco, 360-61
estimativa, 35
interpolação, 64-65
mercado, 472
múltipla(s), 310-11
no Excel©, 698
nominal *versus* efetiva, 126
para o setor público, 316
sem inflação (real), 473, 479, 485
sobre o saldo não-recuperado (ROR), 240
variável ao longo do tempo, 151
TAXA, função, 76-77, 245, 693
TCR. *Veja* Taxa composta de retorno
Tempo
taxas de juros ao longo do, 151-53
termo de, 23
Tempo de duplicação, 35
Terreno, 529
Teste de sinais de fluxos de caixa cumulativos, 250
Tipos de comparação, seleção de, 348-51
TIR, função, 75-77, 245, 697
Títulos
cálculo dos juros, 194
e a inflação, 490-91

e financiamento com capital de terceiros, 352, 357-59, 363-64
    para projetos do setor público, 316
    períodos de pagamento, 194
    taxa de retorno, 262
    tipos, 194, 315
    valor presente, 194-95
Títulos conversíveis, 195
Títulos do Tesouro, 194-95, 315
Títulos mobiliários garantidos por hipoteca, 194
Títulos municipais, 194, 315
TMA. *Veja* Taxa de retorno de mínima atratividade
Tomada de decisão
    atributos, 365-69
    diretriz, 351
    papel da engenharia econômica, 7-9
    sob certeza, 653
    sob incerteza, 647
    sob risco, 650-51, 651-57
TPA, 127
Triagem de projetos, 186, 188-9

V

Valor anual
    análise depois do desconto dos impostos, 584-86
    avaliação pelo, 218
    componentes, 221
    de projetos com ciclo de vida infinito, 228-31
    dos custos operacionais anuais, 391
    e a análise da substituição, 389, 391, 392-95, 403-409, 404-10
    e a inflação, 218, 485-86
    e análise de custo/benefício (C/B), 319-21,
    e análise de sensibilidade, 615
    e análise do ponto de equilíbrio, 451
    e a taxa de retorno incremental, 582, 584
    e o EVA™, 596-599
    e o ciclo futuro, 218
    e o valor presente, 218
    e recuperação de capital mais juros, 221-23
    quando usar, 350 (tabela)
    soluções por computador, 225, 227-28, 230-31
    uniforme equivalente, 221, 229
    vantagens, 218, 254
Valor contábil
    definição, 529
    e o EVA™, 597

    método da linha reta (linear), 528
    método da soma dos dígitos dos anos, 561
    pelo MACRS, 541, 543
    pelo método de balanço declinante, 529, 532
    pelo método de balanço declinante duplo, 532
    versus valor de mercado, 529
Valor da substituição, 402
Valor de mercado
    como valor recuperado, 220, 387
    e depreciação, 533
    e o VP, alternativas com ciclos de vida diferentes, 175
    estimando o, 389-97
    na análise da VUE (vida útil econômica), 392
    na análise da substituição, 388-90
Valor de *trade-in*, 402, 529
Valor do dinheiro no tempo, 9, 127
    Veja também Inflação
    e custo capitalizado, 179-80
    e equivalência, 15
    e pagamento sem retorno, 187
Valor econômico adicionado, 220, 593-599, 609
Valor esperado
    cálculo, 628
    definição, 663
    e árvores de decisão, 626
    e decisões sob risco, 643
    em simulação, 667, 673, 674
Valor financeiro das empresas, 593, 599
Valor futuro. *Veja também* Análise de sensibilidade
    a partir do valor anual, 218
    avaliação pelo, 177-79
    cálculo, 69
    de séries deslocadas, 94-96, 98
    e inflação, 480, 485
    e taxa efetiva de juros, 130
    no Excel©, 686-698
    quando usar, 177, 350 (tabela)
Valor líquido, 705
Valor nominal, de títulos, 194
Valor presente, 170-202
    análise depois do desconto dos impostos, 584-86
    de títulos, 194
    e análise de sensibilidade, 615
    e análise do ponto de equilíbrio, 451
    e custo do ciclo de vida, 190
    e depreciação, 559
    e inflação, 473-80
    em séries deslocadas, 94-96
    em simulação, 647

e orçamento de capital, 432-36
e projetos independentes, 428-34
e taxa de retorno, 244, 283-91
e taxas múltiplas de juros, 249-54, 310-11
e valor anual, 218
fator de pagamento único, 50-52
hipóteses, 175
imposto de renda, 578
método de avaliação, 350 (tabela)
na avaliação de alternativas, 168
para ciclos de vida desiguais, 174
para ciclos de vida iguais, 172
série gradiente geométrico, 71-74
Valor presente líquido. *Veja* VPL, função; Valor presente
Valor presente líquido. *Veja* VPL, função; Valor presente
Valor recuperado. *Veja também* Valor de *trade-in*
e recuperação do capital, 221
atualização por período de estudo, 348
definição, 10, 220
e depreciação, 533, 537, 539, 543, 557
em análise da substituição, 349, 388
e o VP sobre o MMC, 175
e projetos do setor público, 319
e valor de mercado, 388, 389, 392
Valor, medidas de, 9, 667
Valor, revenda, 10. *Veja também* Valor recuperado; Valor de *trade-in*
Variação de parâmetro, 631
Variância
definição, 663
e a distribuição normal, 672, 679
fórmula para, 662
na alocação de custos, 506
Variáveis aleatórias
contínuas, 651, 672, 675, 678
desvio padrão, 657-62
discretas, 649, 662, 675, 679
distribuição cumulativa, 653-57

distribuição de probabilidade de, 653-54, valor esperado, 661-62
Variável. *Veja* Variáveis aleatórias
VAUE (Valor anual uniforme equivalente). *Veja* Valor anual, uniforme equivalente
Vendas, retorno das, 703
VF, função, 611-92
e fatores de pagamento único, 52-53
e séries uniformes deslocadas, 111
e valores únicos aleatórios, 102-3
Vida útil do equipamento reposto. *Veja* Vida útil econômica
Vida útil econômica (VUE), 388, 391-98, 403
Vida, ciclo de,
custo mínimo, 391
finito, 183
indefinido ou muito longo, 180, 184, 314, 326
recuperação (imposto), 537
útil, 10, 541
Vidas
desiguais, 281, 297, 332, 349, 402, 451
e a taxa de retorno, 281
e projetos independentes, 425
iguais, 172, 279, 426-28
infinita ou longa, 180, 184, 314, 326
VP, função, 26, 59, 696-97
e a função VPL, 695
e o valor presente, 349
e o valor presente de séries uniformes, 59
e pagamento único, 52, 55
e séries uniformes deslocadas, 111
VPL, função, 693
análise de sensibilidade, 617
depois do desconto dos impostos, 585, 586
em gráficos do VP *vs. i*, 245, 247
e o valor presente, 197-200
gradientes geométricos, 73
incorporada à função PGTO, 227, 392, 690
para gradientes aritméticos, 69
projetos independentes, 430
VUE. *Veja* Vida útil econômica